U0179516

江苏省水生生物资源重大专项丛书

主编

徐　跑　张建军

江苏省十大湖泊
水生生物资源与环境

主编 · 徐跑

副主编 · 潘建林　徐东坡　匡箴

JIANGSUSHENG SHIDA HUPO

SHUISHENG SHENGWU ZIYUAN YU HUANJING

上海科学技术出版社

图书在版编目（CIP）数据

江苏省十大湖泊水生生物资源与环境 / 徐跑主编
. -- 上海 : 上海科学技术出版社, 2021.5
（江苏省水生生物资源重大专项丛书 / 徐跑, 张建
军主编）
ISBN 978-7-5478-5177-7

Ⅰ. ①江… Ⅱ. ①徐… Ⅲ. ①湖泊－水生生物－生物
资源－生态环境－研究－江苏 Ⅳ. ①Q178.1

中国版本图书馆CIP数据核字(2021)第075751号

江苏省十大湖泊水生生物资源与环境

主编　徐　跑

上海世纪出版(集团)有限公司
上海科学技术出版社
出版、发行
(上海钦州南路71号　邮政编码200235　www.sstp.cn)
浙江新华印刷技术有限公司印刷
开本 889×1194　1/16　印张 28.5
字数 680千字
2021年5月第1版　2021年5月第1次印刷
ISBN 978-7-5478-5177-7 / S·211
定价: 280.00元

“江苏省水生生物资源重大专项丛书”

编委会

《江苏省十大湖泊水生生物资源与环境》

编委会

主编

徐 跑

副主编

潘建林 徐东坡 匡 箴

编写人员

（按姓氏拼音为序）

中国水产科学研究院淡水渔业研究中心

陈永进 丁隆强 凡迎春 方弟安 冯超群 葛 优 龚 江 何晓辉 胡长岁 蒋书伦
景 丽 李佩杰 李新丰 蔺丹清 刘剑羽 刘 凯 刘鹏飞 卢绪鑫 任 泷 任文强
谈龙飞 王银平 王 媛 熊满辉 杨彦平 叶学瑶 尤 洋 于海馨 俞振飞 詹振军
张敏莹 张希昭 赵旭昊 郑宇辰 周彦锋

江苏省淡水水产研究所

谷先坤 桂泽禹 何浩然 李大命 刘小维 刘燕山 沈冬冬 唐晟凯
殷稼雯 张彤晴 张 增

江苏省渔业技术推广中心

陈焕根 段翠兰 樊祥科 胡 翔 黄春贵 陆尚明 梅肖乐 王苗苗 王习达 徐 虹
杨 振 张 莉 张 岩 张永江 张朝晖 张智敏 郑 浩 邹宏海 邹 勇

渔获物测量

样品采集

样品采集

网具放置

序

古往今来，江苏碧波浩荡的水域滋润了广阔的鱼米之乡，弹奏着保障生命供给的优美乐章，也续写了中华文明的辉煌。绵延数千年的中华文明史告诫人们：只有人、水、鱼和谐共生，才能构建协同发展的生态文明蓝图。

近年来，随着江苏经济的腾飞，水网纵横的沃泽之地已不复往昔。水体污染、江湖阻隔、过度捕捞等问题突出，渔业资源严重衰退，珍稀物种正在不断减少乃至濒临灭绝。渔业资源的好坏是整个水生生态环境的晴雨表，唯有客观掌握实际情况，才能有效地养护水生生物资源、保护水域生态环境，才能绘就水清岸绿、鱼翔浅底的新画卷。水生生物的“家底”到底如何？它们的生存面临着哪些新的挑战和威胁？一些濒危物种该如何专项救护？长江流域“共抓大保护，不搞大开发”，实施长江禁渔、修复长江生态环境、保护渔业资源可持续发展等是否有据可依和有章可循？

2016年，江苏在全国率先全面启动水生野生动物资源摸底调查，即江苏省水生生物资源重大专项暨首次水生野生动物资源普查（以下简称“水野普查”）。该项目是原江苏省海洋与渔业局资源环保类重大专项，由中国水产科学研究院淡水渔业研究中心牵头承担。这是一项摸清省情省力的全面调查，更是深入推进生态文明建设的迫切需要。

如果没有生命河湖，就不可能有美丽中国。建设人与自然和谐共生的现代化，必须把保护城市生态环境摆在更加突出的位置。2020年11月，习近平总书记视察江苏时强调：生态文明建设关系经济社会高质量发展，关系人民生活幸福，关系青少年健康成长。江苏省要坚决贯彻新发展理念，转变发展方式，优化发展思路，实现生态效益和经济、社会效益统一，走出一条生态优先、绿色发展的新路子，为长江经济带高质量发展、可持续发展提供有力支撑。

在此次水野普查中，江苏省农业农村厅担当作为，拨付4 500万元专项资金予以支持。普查汇集了国家级研究机构及省内6家专业院所的力量，先后组织100余名科技人员与全省渔业系统近300名相关人员，不辞辛劳、奔赴各地、深入野外长达4年之久，大规模地在全省开展水生野生动物资源普查，更新和充实全省水生野生动物资源的基础信息，摸清水生野生动物资源的物种组成、资源量、分布、时空动态变化等本底资料。时隔40年，江苏再次揭开一个真实的“水下生命世界”，完善了“水生生物名录”，为全国树立了标杆和典范。

一切为了“母亲河”水长绿、鱼长欢。此次水野普查将为评估全省水生野生动物保护现状和水产种质资源保护区建设成效提供有效途径，也为认清影响和威胁水生野生动物资源的客观因素提供科学依据，更为有效保护和合理利用水生野生动物资源提供行之有效的决策支撑。我们相信，此次普查成果必将为江苏省特色渔业经济的可持续发展提供基础资料和技术素材，力促全省水生野生动物资源的保护和管理迈上新台阶，为建设“强富美高”新江苏、落实生态文明建设和绿色发展理念作出新贡献。

在《江苏省十大湖泊水生生物资源与环境》付梓之际，再次衷心地感谢参与本次普查项目的有关科研、教学单位，感谢所有参与项目研究与本书编写出版的同仁。同时，也真诚地希望有更多的科技工作者关注江苏水生野生动物资源发展研究，为江苏水生生物资源保护和可持续发展建言献策。

张建华

2020年11月

前　言

江苏省水域类型多样、资源丰富，海岸线长954 km，长江横穿省境东西425 km，京杭大运河纵贯省境南北718 km，有淮河、沂河、沭河、泗河、秦淮河、苏北灌溉总渠等大小河流2 900多条。全国五大淡水湖，江苏占其二，太湖2 250 km^2、居第三，洪泽湖2 069 km^2、居第四。此外，还有高宝湖、邵伯湖、滆湖、骆马湖、石臼湖等大小湖泊290多个，其中50 km^2以上的湖泊有12个。江苏省得天独厚的地理位置和纵横交织的水资源特点孕育了独特的鱼类区系，也促使江苏水域成为中华鲟、白鲟、江豚、胭脂鱼、松江鲈和花鳗鲡等国家级水生野生保护动物的主要分布区。据21世纪初的调查数据表明，江苏地区共有淡水和海洋性鱼类476余种，约占全国鱼类总数的10.30%，渔业生物栖息环境多样，种质资源十分丰富。

我国颁布了一系列法律法规，用以保护水生生物资源。例如，《中华人民共和国水生野生动物保护实施条例》第六条规定“国务院渔业行政主管部门和省、自治区、直辖市人民政府渔业行政主管部门，应当定期组织水生野生动物资源调查”；2013年发布的《国务院关于促进海洋渔业持续健康发展的若干意见》中规定“每五年开展一次渔业资源全面调查”；2010年国务院颁布的《中国生物多样性保护战略与行动计划》（2011 ～ 2030年）中，行动7即为“开展生物物种资源和生态系统本底调查”等。尽管江苏省渔业资源十分丰富，但与之配套的资源普查制度相对落后，渔业资源的基础和本底资料相对匮乏。2006 ～ 2007年开展的江苏省“908专项”对海洋生物资源进行了专项调查。这是江苏省自20世纪80年代以来的首次海洋（生物资源）综合调查，至今已过去10年。而内陆水域已近40年未开展过大规模的调查工作。尽管省财政每年投入一定的经费进行重点水域的资源监测工作，但受限于财力、人力和物力，调查的广度和深度远未达到大规模调查的要求。加之，近年来飞速发展的经济建设对水生野生动物资源及其生态环境带来了严重的影响，特别是水利工程的兴建、江湖阻隔、水体污染、航运等导致原有水域生态环境发生了重大改变，进而导致了渔业资源种群结构和区系组成已经发生了变化。

本书主要对江苏省内十大湖泊（太湖、洪泽湖、高宝邵伯湖、滆湖、骆马湖、阳澄湖、长荡湖、石臼湖、白马湖和固城湖）的渔业资源与环境作了详细描述。全书共设五章，第一章流域自然概况，介绍了江苏省十大湖泊的自然状况；第二章调查方案，介绍了江苏省十大湖泊调查工作内容；第三章栖息环境现状及评价，介绍了江苏省十大湖泊水体理化指标、浮游植物、浮游动物及底栖生物的现状；第四章渔业资源现状及评价，介绍了江苏省十大湖泊鱼类群落结构、时空分布及生物学特征等内容；第五章渔业管理政策。

本书太湖、滆湖、阳澄湖、长荡湖、石臼湖和固城湖的鱼类、浮游植物、浮游动物及底栖生物内容由中国水产科学研究院淡水渔业研究中心撰写；洪泽湖、高宝邵伯湖、骆马湖和白马湖的鱼类、浮游植物、浮游动物及底栖生物内容由江苏省淡水水产研究所撰写；江苏省十大湖泊的水体理化指标内容由江苏省渔业技术推广中心撰写。全书由中国水产科学研究院淡水渔业研究中心统稿，由徐跑、潘建林审核并进行定稿。

本书内容可为有效保护、科学管理和可持续利用江苏省十大湖泊渔业资源提供基础数据，也可为进一步实施渔业资源养护、生态环境修复、实现渔业生物资源良性循环利用提供重要参考，还可为落实国家中长期发展规划和国家发展战略等重点任务提供重要依据。

由于笔者知识和水平所限，书中难免存在一些不足，敬请广大读者和同行指正！

编　者

2020年10月于无锡

目　录

第一章
流域自然概况

江苏省位于我国华东地区，地处30°46′～31°07′N、119°52′32″～120°36′10″E，东临黄海和东海，西接安徽，南接上海和浙江，北与山东接壤，总面积为10.26万km^2。境内海岸线漫长（约1 039.7 km），长江、淮河贯穿其中，江河辽阔，自然条件优越，气候温和湿润，渔业资源丰富。

江苏省水域资源十分丰富（图1-1），在江苏省各类内陆水域中，湖泊是主体，原有面积约95万hm^2，因围垦等原因减少29.4万hm^2，现有面积67.4万hm^2，占内陆水域总面积的46.3%。其中，长江流域28.8万hm^2，占全省湖泊面积的42.7%；淮河流域38.6万hm^2，占57.3%。江苏省湖泊数量之多、面积之大，在全国非常突出，这是江苏省一大宝贵资源，几乎所有湖泊都有河流连接，与长江、淮河、外海相通。面积在6.7 hm^2（100亩）以上的湖荡有322个，其中6.7万hm^2（100万亩）以上的大型湖泊

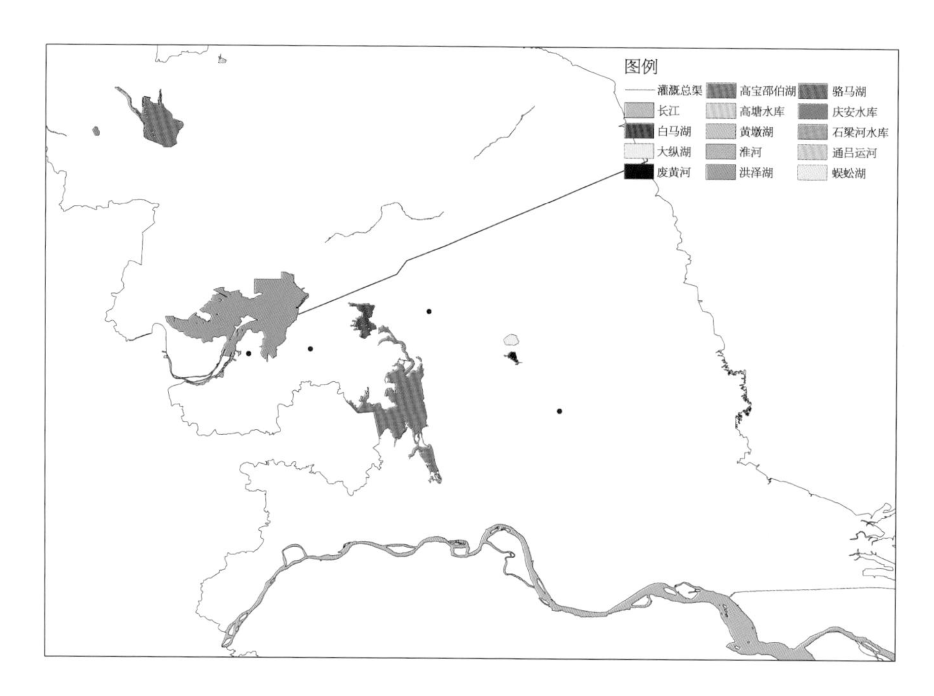

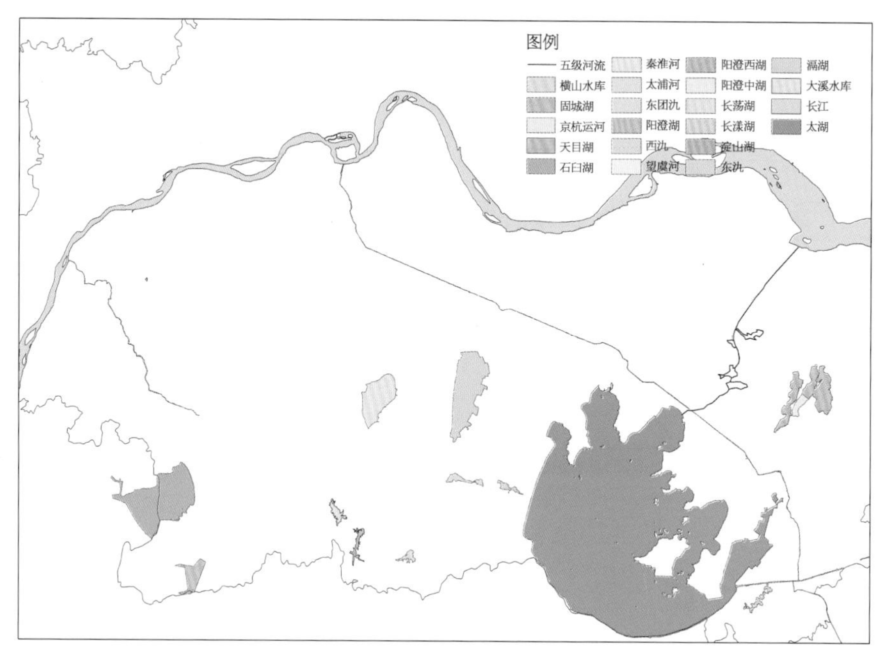

图1-1 江苏水域资源一览图

湖荡有2个，即太湖和洪泽湖；0.67万～6.7万 hm^2（10万～100万亩）的湖荡有8个，即高邮湖、骆马湖、白马湖、滆湖、阳澄湖、长荡湖、邵伯湖和石臼湖；0.067万～0.67万 hm^2（1万～10万亩）的湖荡有27个，主要有澄湖、宝应湖、斗湖、广洋湖、固城湖、大纵湖、墩湖、独墅湖、漕湖等；333.3～666.7 hm^2（0.5万～1万亩）的湖荡有16个，主要的有赤山湖、白莲湖、鹅镇荡、钱资荡、武湖、猫耳湖等；100～333.3 hm^2（0.15万～0.5万亩）的湖荡有48个，主要有东五里湖、同里湖、团氿等；33.3～100 hm^2（0.05万～0.15万亩）的湖荡有71个；6.7～33.3 hm^2（0.01万亩～0.05万亩）的湖荡有150个。面对如此广阔的渔业水域，了解其水质、饵料生物及鱼类资源现状是很有必要的，然而关于这些湖泊的调查资料大多比较老旧，部分水域如固城湖上次调查已是20世纪80年代。因此，我们选取了江苏省十大代表性湖泊，并于2016～2018年对其进行了部分水质及渔业资源调查，以掌握其最新渔业资源与环境情况。

1.1 · 概述

水域理化性质

水域理化性质是个比较复杂的问题，测定结果既受检测手段的影响，又受时空变化的影响。全国《内陆水域渔业自然资源调查试行规范》要求，1980年以来曾对江苏省主要湖泊开展了水质状况的调查。本次调查采用科学的点位布置等，对江苏省主要湖泊的部分水质指标进行了全新的调查。

水温

在自然条件下，水温反映了光辐射强度和日照时数的长短，其变化直接关系到水域的理化性质和水生生物的种类、数量和分布。水温与气温相适应，具有明显的年、月、日变化。比较1964～1986年太湖洞庭西山水温和吴县东山站气温资料，历年平均水温较气温高1.3 ℃，历年各月平均水温均高于气温，其月平均值年变化过程与气温完全对应；最高值在7～8月，最低值在1月，分别为29 ℃和4.5 ℃。江苏省历年（1967～1978年）最高水温为38.1 ℃，最低水温为0 ℃，历年平均水温为17.1 ℃。1982～1984年洪泽湖水温，8月最高，为28.3 ℃，1月或2月最低，为1.6 ℃，年平均水温为15.6 ℃。湖泊水温一般从3月开始缓慢上升，4月以后增长较快，9月以后又逐渐下降。洪泽湖的月平均水温和气温的年变化趋势比较一致，一般3～5月水温低于气温，6～7月水温和气温接近，8～12月水温高于气温。个别年份在强冷空气的侵袭下，苏北湖泊可发生全湖封冻，如洪泽湖在1955年、1969年、1972年和1991年均全湖封冻过。湖泊水温的日变化，显示表层最高水温一般出现在14～16时，最低出现在4～6时。太湖水温日变幅为0.3～3.4 ℃，平均1.8 ℃左右。江苏省湖泊多属浅水湖泊，表层和底层水温差别不大，温差大多在2 ℃以内，以正温层分布为主，在大风和阴雨天气情况下，会出现同温层，一般不会产生温跃层。但有些湖泊曾在天气晴朗、无风闷热的夏秋季，观察到出现温跃层。这易造成上下层理化性质的较大差异，不利于水体内的物质交换。浅水湖泊的温跃层在风力搅动下，很快会消失。

透明度和水色

表层水对光的吸收和散射的程度与水中悬浮杂质、浮游生物及水体营养盐类含量等因素有关，并对浮游生物、底栖动物的分布与数量有一定影响。太湖的透明度低、水色低，其变幅不大。据中国科学院南京地理与湖泊研究所1987年5月～1988年3月调查资料，太湖透明度变化为0.35～1.30 m，大部分为0.4～0.5 m，东太湖因水草密集最大，平均透明度为0.70～1.30 m，形成这种地域分布不均主要是风浪、潮流和水生高等植物生长分布不均。调查期间，平均水色为16号；东太湖水色最高，为12～15号；西南大雷山周围及乌龟山附近最低，为17～18号。洪泽湖据1989年9月调查资料，西部溧河洼实测水深2.30 m时，湖水清澈见底；临淮头水深2.30 m时，透明度达2.05 m。在敞水区，因风浪作用强烈，湖水混浊，透明度小，一般仅为0.15～0.20 m。淮河入湖河口区，随河水带来一定量泥沙，透明度约为0.10 m。

洪泽湖是全国水色号数最大的浅水湖泊，其河流的入湖河口地区及开敞水域水色为17～18号，湖西部水色约为12号。滆湖属浅水草型湖泊，一般透明度较高，1992年10月至1993年10月实测，透明度年平均值为1.04 m，最高达2.20 m。固城湖最大透明度为3.65 m，水色一般为11号。骆马湖全湖透明度在0.50 m以上，南部深水区高达2.0～2.6 m。高邮湖和邵伯湖含沙量大，透明度偏低，通常为0.10～0.20 m。宝应湖因水草较多，一般为0.60～1.30 m。据1998年5月至1999年5月调查资料，全省水库透明度平均值为1.10 m，北部和南部水库比较接近，高于中部地区。桂五水库因夏季出现“水华”，透明度最低，仅为0.32 m；横山水库最高，达2.29 m。

pH

pH即水的酸碱度，决定于游离的氢离子浓度，对水生生物具有多方面的影响，它的变化直接或间接影响鱼类的生活和生存，超出极限范围时，将造成水生生物死亡。鱼类人工繁殖及苗种培育以中性偏微碱性水为好，高产池塘的pH为7.0～7.5。江苏省主要湖泊呈弱酸或弱碱性，以弱碱性为多，符合渔业用水pH为6.5～8.5的允许范围，适宜水生生物的生存。pH有一定的年际和年内变化，也存在一定的地区差异。太湖湖水pH为6.5～9.7，平均为7.82，1987～1988年pH实测为7.3～8.5，五里湖附近pH偏高。洪泽湖1978～1979年和1988～1989年，平均值分别为7.96和8.01。骆马湖pH偏高，为7.9～9.5，1998年平均值为8.6。高邮湖、宝应湖和邵伯湖pH为7.4～8.3。滆湖1993年10月至1994年10月年均测定pH为7.0～9.6，平均为8.4，季节变化不明显。江苏省湖泊pH的年内变化趋势为冬春低，夏秋高；昼夜变化为白天高，夜间低。

溶解氧

溶解氧是水生动物生存的必要条件之一。鲤科鱼类喜好生活在溶氧为4～5 mg/L以上的水域中，当溶氧低于1 mg/L时多数鱼类会窒息死亡。天然水体中溶氧主要来源于水生植物的光合作用、风浪作用等使水和空气充分接触，将大气中的氧溶入水中。江苏省湖泊、水库和河流等大中型水体的溶氧比较高，一般均在6 mg/L以上。溶氧随季节水温的变化而不同，夏季水温高，溶氧较低，冬春季水温低，溶氧较高。太湖6月溶氧为7.2～9.3 mg/L，3月为7.3～9.9 mg/L；高邮湖夏季为6.7 mg/L，春季高达12.2 mg/L；骆马湖夏、春季分别为7.9 mg/L和9.9 mg/L；宝应湖水草丰盛，全年溶解氧达10.1 mg/L；兴化县下圩河沟全年溶氧平均为8.6 mg/L，1月高达11.4 mg/L；江苏48座大中型水库平均溶氧为8.02 mg/L（1998～1999年测定）。溶氧昼夜变化也很明显，白天高，夜间低。精养鱼池因鱼类密度较高，投饵施肥多，耗氧大，夏季黎明前鱼类常因缺氧浮头。

主要营养物质与污染趋势

氮元素是重要的生物元素，也是反映水域水质污染状况的主要指标之一。湖泊水体中氮元素主要有无机氮和有机氮，合称总氮（TN）。无机氮以铵离子（NH_4-N）、亚硝酸根（NO_2-N）和硝酸根（NO_3-N）三种形式存在，合称三态氮，其中以NO_3-N为主，NH_4-N次之，NO_2-N含量较低。太湖无机氮和总氮含量的年际变化较大，总体呈上升趋势；1960年无机氮仅为0.05 mg/L；1977年无机氮达到1.60 mg/L；1981年无机氮下降为0.894 mg/L；1987～1988年无机氮测定含量为1.12 mg/L，总氮达到1.840 mg/L；1999年无机氮和总氮分别为1.79 mg/L和2.57 mg/L。这表明太湖富营养化的发展较为明显，受到较大程度的污染。1980年前后测定江苏几个湖泊的三态氮含量，然而对比以后的一些年份的测定结果，均有不同程度的增长。例如，1998年实测骆马湖总氮为1.75 mg/L，其中总无机氮为1.42 mg/L（以硝态氮为主，占93.7%），比1980年测定结果增长2倍多。江苏大中型水库总氮平均值为1.06 mg/L，石梁河水库最大、为3.57 mg/L，卧龙山水库最小、为0.38 mg/L（1998～1999年）。1987～1988年江苏省大中型水库有机磷上升较快，达到0.022 mg/L，总磷为0.032 mg/L；1995年无机磷为0.011 mg/L，总磷达0.111 mg/L。固城湖和骆马湖在20世纪70～80年代初大部分测定没有测出磷，1998年测定骆马湖总磷年均值为0.041 mg/L，其中无机磷为0.003 mg/L。洪泽湖1989年测定总磷含量为0.08～0.36 mg/L，平均0.22 mg/L，主要以悬浮态与可溶有机态存在于水中，占总磷的75%。滆湖1985～1986年测定总磷平均为0.028 mg/L，1993～1994年为0.046 mg/L，上升64.2%。高邮邵伯湖磷含量较高，为0.078～0.465 mg/L。1998～1999年测定江苏48座水库总磷平均值为0.206 mg/L，南部>北部>中部，房山水库最高、为0.400 mg/L，赭山头水库最小、为0.029 mg/L。据水域环境质量现状及其趋势资料统计，2002年全省废水排放总量为43.3亿t，比1983年的24.96亿t增长73.4%；其中工业废水排放量为26.3亿t，占废水排放总量的60.9%；生活污水排放量为16.9亿t，占废水排放总量的39.1%，比1983年的3.8亿t增长344.7%。废水中化学需氧量（COD）排放总量为78.4万t，其中工业废水中COD排放量为30.2万t，占COD排放总量的38.5%；生活污水中COD排放量为48.2万t，占COD排放总量的61.5%。氨氮排放量为7.8万t，石油类排放总量为1 851.53 t，挥发酚排放量为69.15 t。这些成为江苏省水环境的主要污染源，同时，农田面源污染、畜禽养殖污染、水产养殖污染、船舶交通污染以及旅游污染等也为维护水域环境的质量造成了较大的压力。

饵料生物及鱼类资源

水体中饵料生物主要有浮游植物、浮游动物、水生维管束植物（水草）和底栖动物四大类，其种类和数量的多寡标志着水体生产力的高低，它们直接或间接以食物链的方式被不同鱼类所利用。由于各类饵料生物的种类、数量和分布具有很大的时空变化，因此有必要对江苏各大湖泊进行分别调查。

浮游植物

水体的初级生产者，其中一部分藻类为鱼类直接摄食，如鲢鱼等以浮游植物为食，另一部分则先通过食物链的次级生产者，如原生动物、轮虫、枝角类、桡足类和底栖动物等水生动物利用再被某些鱼类摄取。因此，浮游植物是水域内的基础饵料，其种类和数量决定水体生产力的大小。根据1985年《江苏省渔业区划》调查统计资料，江苏省内陆水域浮游植物共有9门156属200余种，其中绿藻门78属，占50.0%；硅藻门29属，占18.6%；蓝藻门29属，占18.6%；隐藻门2属，占1.3%；金藻门5属，占3.2%；黄藻门2属，占1.3%；甲藻门4属，占2.6%；裸藻门6属，占3.8%；轮藻门1属，占0.6%；以绿藻门的属、种最多，其次为硅藻门和蓝藻门。

浮游动物

鱼类食物链的初级消费者，有些鱼类如鲥、鳙、陈氏新银鱼等终生以浮游动物为主食，且为绝大多数仔鱼和稚鱼的重要饵料。据1985年《江苏省渔业区划》调查统计资料，江苏省内陆水域共有浮游动物288种。其中，原生动物有94种，占32.6%；轮虫106种，占36.8%；枝角类有50种，占17.4%；桡足类有38种，占13.2%。大部分浮游动物为温带普生种类，少数为南方种或北方种。

底栖动物

天然淡水水域底栖动物有固着、底栖、底埋、钻蚀和自由移动等多种生活方式，一些种类如虾、蟹、螺、蚬、蚌等是人们喜食的重要水产品。大多数底栖动物既是浮游生物、有机质的消费者，又是底层鱼类的饵料生物，在食物链中占据重要的一环。根据几个主要湖泊和水库的调查资料粗略统计，全省共有底栖动物114属种，其中软体动物中腹足类23种、斧足类22种，节肢动物的甲壳类14种，水生昆虫27种，环节动物的多毛类与寡毛类等17种，其他1种。太湖1980～1981年调查资料显示，底栖动物共有68种，其中环节动物7种、软体动物24种、节肢动物25种，优势种为河蚬、光滑狭口螺、中国圆田螺、环棱螺、霍甫水丝蚓、淡水沙蚕和颤蚓等。洪泽湖报道底栖动物76种，其中环节动物7种、软体动物43种、节肢动物25种，优势种为苏氏尾鳃蚓、河蚬、环棱螺、淡水壳菜、栉水虱和钩虾等。滆湖（1991～1994年）被鉴定出底栖动物共有47种，其中以螺类的环棱螺和寡毛类的苏氏尾鳃蚓、霍甫水丝蚓为优势种。48座水库被鉴定出底栖动物共有82种，其中环节动物17种、软体动物30种、节肢动物的水生昆虫27种，优势种为尾鳃蚓、管水蚓、长足摇蚊和隐摇蚊。

鱼类

江苏省淡水鱼类资源的记述较多，且历史悠久。据淮安青莲岗、无锡仙蠡墩和吴江梅埝等出土的陶网坠、石网坠和鱼骨镖，人类早在5 000年前即开始从事捕鱼活动。江苏省淡水鱼类资源主要可分为以下三类：一是淡水定居性鱼类，如鲤、鲫、鳊、鲌、花䱻、银鱼等，终生生活在淡水湖泊江河中，成为这些水域的优势种群，但随着某些湖泊生态环境的改变，特别是水生高等植物的减少，敞水产卵的小型鱼类占有优势，鱼类小型化和低龄化的倾向十分明显，如太湖鲚鱼已占太湖捕捞产量的60%以上；二是半洄游性鱼类，如草鱼、青鱼、鲢、鳙等需经江、湖洄游，溯河产卵，幼鱼顺流而下进入湖泊育肥生长，自20世纪50年代末以来，沿江通湖河道大多建有闸坝，因而江苏省长江和淮河两大流域的湖泊失去苗源补充，资源急剧下降，如高宝邵伯湖这四种鱼类的产量由1954年的1.4万t降为1963年的0.8万t；三是江、海洄游性鱼类，如中华鲟、刀鲚、鲥、暗纹东方鲀、鳗鲡等，因受闸坝阻断洄游、生态环境恶化、酷鱼滥捕损害幼鱼严重等原因，资源受到严重破坏，产量大幅度下降，如1954年江苏省河鲀产量约1 000 t，1973年不足50 t，80年代后已很少捕获而无法统计产量，而长江鲥鱼由发展到衰亡只经历了30年的时间。

1.2 · 太湖流域湖群

■ 太湖

太湖位于长江三角洲南缘坦荡的太湖平原上，古称震泽、具区，又名五湖、笠泽，是中国第三大淡水湖，地处30°55′40″～31°32′58″N和119°52′32″～120°36′10″E，横跨苏、浙两省，北临无锡，南濒湖州，西依宜兴，东近苏州。根据1984年测量数据及中国科学院南京地理与湖泊研究所1993年资料，太湖湖泊面积2 427.8 km^2，除去湖中岛屿外，实际水域面积为2 338.1 km^2，湖岸线全长393.2 km。太湖总体呈椭圆形，南北长68.5 km，东西平均宽34 km，最宽处55.9 km，平均水深1.89 m。全湖最深处在平台山西北，实测水深4.87 m，地势向四周逐渐高起，湖盆平均坡度为0.47%，由于水浅底平，湖盆容积不大，仅为4.656 km^3。太湖以东洞庭山的东胶嘴至湖南岸的西浜、庙港一线为界，其东侧通常称为东太湖，面积为130 km^2，占太湖总面积的5.4%，平均水深仅0.9 m，最大水深1.3 m，水生植被生长茂盛，为典型的浅水草型湖湾；西侧为西太湖，面积2 297.8 km^2，其东北部沿岸较大的湖湾分别称为小北湖、胥湖、游湖、贡湖、三山湖（梅梁湾）和竺山湖，其余即为太湖的开敞水域。这些不同水域的生态类型在一定程度上决定着渔业生物的种类组成及其数量，也形成了渔业利用的不同模式。

太湖集水面积为36 500 km^2，补给系数为15.0。湖水依赖地表径流和湖面降水补给，共有160余条入湖河流。其中，南路系源于浙西天目山的苕溪水系，以东、西苕溪为最大，两溪在吴兴会合，主流向北由小梅口、大钱口入太湖，另有分流向东，称为荻塘（又称东北塘），旁纳杭嘉湖平原地区诸小溪而后注入太湖，荻塘又有分流向东至平望与江南运河通连，南部入湖口计有72港；西路水系源于苏、浙、皖三省交界处之界岭山地的南溪水系，又称荆溪水系，历史上曾由于胥溪河的开通，丹阳、石臼和固城三湖之水通过南溪河东泄入太湖，明代因东坝建成，水源中断，东坝以下来水除由南溪至大浦口入湖的主流外，其余分散入湖的溪渎总称为百渎；北路水系来自镇江至苏州段的江南运河，环运河北、东、南三面，北岸河港通长江，南岸河港连太湖，在水利上担负着江湖吞吐的转输任务。太湖出水口集中于太湖的东部和北部，分别由沙墩港、胥口港、瓜泾港、南厍港等排入长江，合计港渎59条。其中，东太湖出水量约占总出水量的67%，西太湖仅占33%。

太湖湖底十分平坦，平均坡度仅0°0′19.66″，湖底平均高程仅1.1 m。根据地形测量与钻孔及浅层剖面仪的探测，均表明平坦的太湖湖底由坚硬的黄土物质所组成。在黄土层之上，还发现一系列被淤泥充填的洼地及河道，它们多呈东西向分布，与现东太湖东部出口河道大体吻合，较大的有望亭湾、胥口湾、东太湖等。湖中一些岛屿上（如竹叶岛等）尚有河流砾石分布，表明太湖湖底地形原为既覆盖着黄土又有横贯河流分布的冲积平原环境。

太湖地处亚热带，气候温和，无霜期200余天，冰期50余天，季节变化明显，四季分明。据湖区各气象站1956～1985年30年同步资料，太湖湖区的年平均气温为15.3～16.0 ℃；1月最冷，平均气温为2.5～3.3 ℃；7月最热，平均气温为28.1～28.7 ℃；气温年温差较大，极端最高气温为38.4～39.8 ℃，极端最低气温为−14.3～−8.7 ℃，相差极为明显，故太湖湖区具有盛夏炎热、隆冬寒冷的特征。太湖属季风气候，夏季受热带海洋气团影响，盛行东南风，温和多雨；冬季受北方高压气团控制，盛行偏北风，寒冷干燥。以湖中东山站1956～1980年多年风向平均状况表示太湖的风向特征，即太湖1～8月的风向以ESE最多，其次为SE，此两方位的风向频率占27%～32%；盛夏以SSE～SSW的频率为多；10月至翌年2月以NNE或NNW为最多，其次大多为N，两者频率约占28%；3月和9月为冬夏风向转换期，3月多ESE，9月以偏北风为多。太湖的这种风向特征是决定湖区温度场、温效特征和沿岸风速分布状况的重要因素之一。

太湖所处的苏南平原、宜溧山地及天目山区，地势由东向西及南逐渐升高，故年降水量也呈西南高而东北低的趋势。太湖降水量的年过程为双峰型，一般6月和9月为峰值。太湖降水以锋面雨和台风雨为主，其次为热雷雨，多年平均降水量为1 100～1 200 mm，大都集中于6～8月，12月至翌年2月降水量最小。2015年度太湖流域年降雨量为1 540.6 mm，较常年偏多30%，其中中北部一些地方降雨量创出了历史新高，中南部地区则是正常偏多；2015年太湖水位整体偏高，最高水位（为4.19 m）出现在7月14日，是1999年流域性大洪水后第二次出现超过4.0 m的高水位；但是受大运河沿线城市排涝影响，江南运河洪水位创出了新高（秦建国，2019）。

水质方面，2016年太湖TN浓度年平均值为2.16 mg/L，为劣Ⅴ类水质；TP浓度均值和TN浓度趋势相似，在2008年达到0.18 mg/L的峰值后，快速下降，2010～2015年呈现波动，2016年又趋上升达到0.12 mg/L，为Ⅳ类水质；NH_4^+-N浓度在2007年达到峰值0.88 mg/L之后，快速下降，2008～2014年趋于平稳，2015～2016年显著下降，2016年均值为0.20 mg/L，达到Ⅱ类水质标准；高锰酸盐指数的变化趋势与TP相似，2008年峰值为6.34 mg/L，其后下降明显并趋于平稳，2011年均值为4.54 mg/L，2016年年均值为4.45 mg/L；Chl-*a*平均浓度在2008年达到峰值58.66 μg/L后，2009年急剧下降为13.36 μg/L，2009～2013年有小幅平稳回升，2014～2016年出现较大增幅，2016年均值为29.99 μg/L；而太湖透明度（SD）均值呈现先升高后下降的波段性变化趋势，2016年为0.38 m，相比2007年的0.33 m略有升高，但改善较小，而且存在波动性。值得注意的是，太湖TN、TP、Chl-*a*等指标均值的峰值并非水危机事件发生的2007年，而是出现在2008年。有文献认为可能是2007年前期藻类生物量并不高，而随着夏季蓝藻水华的大暴发，污染物累积而导致2008年平均值显著升高。这也说明太湖水危机事件的偶然性及其与太湖蓝藻水华暴发强度的非对称性。

据1960年调查，太湖浮游植物有91属，主要种类为微胞藻、项圈藻、直链藻、双菱藻、空球藻、盘藻等；1980～1981年调查有114属，主要种类有铜绿微囊藻、螺旋鱼腥藻、尖尾蓝隐藻、颗粒直链藻、条纹小环藻、双菱藻、针杆藻、舟形藻等；1987～1988年调查有97属（种），其中铜绿微囊藻、水华微囊藻、色球藻、啮蚀隐藻、小环藻、颗粒直链藻和舟形藻为优势种，绿藻门种类虽多，但无明显优势种。2013年调查结果显示，在太湖中共发现124种浮游植物，鉴定到种的有88种，鉴定到属的有36种；其中，蓝藻门30种、绿藻门47种、硅藻门34种、隐藻门3种、裸藻门6种和甲藻门4种。从浮游植物密度来看，太湖浮游植物群落主要包括蓝藻门、绿藻门、硅藻门和隐藻门四大门类，偶尔发现少量的裸藻门和甲藻门种群；优势种群为微囊藻属，占80.8%。可见数十年间随着营养化程度的加深，太湖浮游植物群落发生了显著的变化，优势种群已变为蓝藻门微囊藻属。

中国科学院地理与湖泊研究所2007～2011年的调查共采集到大型底栖动物40种，隶属于3门8纲19科，其中寡毛类3科7属9种，摇蚊幼虫10属11种，软体动物腹足纲5科7属7种、瓣鳃纲3科5属5种和其他8种，物种丰富度与1987～1988年调查的59种相比有所降低。

历史上太湖地区鱼类资源十分丰富，曾有记录的鱼类达107种。几十年来的围垦、建闸控制、水质污染等导致太湖鱼类发生了较为明显的衰退：2014～2016年间的持续调查显示，太湖采集到鱼类61种，鱼类生态类型以湖泊定居性种类为主，组成发生较大变化，优势种主要种群为湖鲚，以及其他一些小型的鱼类如间下鱵、陈氏短吻银鱼、大银鱼等。1956～2016年的60年间的太湖渔业统计资料显示，太湖鱼类捕捞产量总体呈不断增长趋势，从1956年的6 742 t升高至2016年的73 152 t，60年总量增长9.9倍，单位水域产量达到312.9 kg/hm^2；尤其在1996～2016年的20年间，捕捞产量增长速度加快，平均每年增长2 551 t，特别是从2009年起增殖放流量加大，年捕捞产量迅速增长。太湖不同年份自然渔业结构表明，20世纪50年代渔业结构相对合理，从20世纪90年代开始，湖鲚产量较大幅度上升，所占比例从1956年的30.4%增至2006年的60.2%；而鲢、鳙、青鱼、草鱼、鲤、鲫、鲌等大中型鱼类所占渔获物的比例从1956年的45.9%下降到2006年的19.7%；2009年后鱼类放流数量增加，大中型鱼类的比重增长，鲢、鳙比例从2006年的7.4%增高至2016年的36.9%，湖鲚的比例降至37.8%。

阳澄湖

阳澄湖位于江苏南部，《吴县志》中称：湖广七十里，通过河流、港汊与周围的湖荡相串通。阳澄湖界30°55′40″～30°32′58″N和119°51′32″～120°36′10″E，跨今苏州市工业园区、相城区和昆山市，为太湖下游湖群之一，系古太湖的残留，是长江水系下游重要湖泊。阳澄湖东依上海，西临苏州，面积约118.9 km^2，南北长17 km，东西最大宽度8 km，蓄水量0.37 km^3。湖中纵列沙埂2条，将阳澄湖分为东、中、西3湖。其中，东湖最大，水深1.7～2.5 m；中湖和西湖，水深1.5～3.0 m。阳澄湖西纳元和塘来水，东出戚浦塘、杨林塘和齐河注入长江，南出娄江与吴淞江、澄湖、淀泖湖群等相通。湖水依赖地表径流及湖面降水补给，共有大小进出河港92条，其中进水河港34条，出水河港58条。上游地区的长江和太湖来水经由16条大小河港入湖；湖南部有大小21条出湖河港，湖水下泻，经阳澄湖、淀山湖入黄浦江；湖东有17条大小出湖河港，湖水东排，经浏河、七浦塘、杨林塘等入长江。历年最高水位3.87 m（1980年8月22日），最低水位2.15 m（1968年2月28日），警戒水位3.50 m。

苏州工业园区阳澄半岛阳咀头与昆山巴城镇林石嘴连线以南的阳澄东湖水域，包括阳澄东湖西湾区域，为阳澄湖中华绒螯蟹国家级水产种质资源保护区（以下简称“保护区”）。马鞍山道路最西端建有阳澄湖公园，保有复杂、稳定的阳澄湖原生植物群落。阳澄湖担负着苏州市区、昆山市及沿湖乡镇两百万人口的饮用水水源地和战略备用水源的功能，还兼有渔业养殖、工业用水、灌溉、旅游、航运及防汛等多种功能。湖面辽阔平静，四周均是肥沃的农田，是典型的鱼米之乡。阳澄湖水产资源十分丰富，盛产70种淡水产品。

随着新时期工农业的飞速发展和城市化进程的加快，阳澄湖流域的水质不断恶化，湖体富营养化进程加快。阳澄湖水源水质20世纪80年代达到Ⅱ类水水质标准，90年代下降到Ⅲ类，进入21世纪，水质进一步恶化为Ⅲ至Ⅴ类，阳澄湖水源区水质保护工作面临着严峻的形势，水环境质量问题亟需解决。吴菲、李健等于2014～2017年对近年来阳澄湖污染源已有较系统分析研究；周静、刘松华于2015～2016年对阳澄湖水质现状、存在的问题进行了研究并提出了若干对策。各大污染源中纺织业废水排放量所占比重最高，占废水排放总量的40%；其次为酒、饮料和精制茶制造业，占废水排放总量24%。综合各类污染物排放情况可知，纺织业、酒、饮料和精制茶制造业为区域的主要污染源，其余污染物来源则为其他工业企业、畜禽养殖业、水产养殖业及生活污水。

同时由于生态环境破坏（如流域开发和港口、码头、航道等工程的建设）、捕捞强度过大等因素，湖区渔业资源也受到了破坏，生物多样性逐步降低。2010～2011年时阳澄湖底栖动物种类较少，群落组成趋于简单，底栖动物群落已十分脆弱。阳澄湖大型底栖动物空间分布差异显著：2014～2015年阳澄湖西湖的敞水区主要以河蚬占优，大型底栖动物的多样性最高；在阳澄湖中湖和东湖南部的水生植被区，腹足纲为主要的优势种；到了阳澄湖中湖和东湖北部的人类活动频繁区，红裸须摇蚊、中国长足摇蚊和霍甫水丝蚓是主要优势种，生物多样性最低。浮游生物群落则明显受到水体富营养化影响，夏季生物密度大幅增长及下降都是由蓝藻门引起的，尤其是微囊藻属。如今在鲢、鳙增殖放流政策下，微囊藻可以得到一定的控制。桡足类种类共9种及幼体，种类并不丰富，各季度种类变化较小。通过对湖区桡足类的调查分析，2013年时阳澄湖已转为较为严重的富营养化状态。对于湖区渔业资源的生物学分析及整体渔业资源量评估，包括鱼类区系、群落组成情况等则尚无系统调查。

滆湖

滆湖，又称西太湖、沙子湖，位于太湖西北部，属姚滆水系，横跨常州武进区和无锡宜兴市，滆湖总面积164 km^2，是苏南地区仅次于太湖的第二大湖，系古太湖分化残留湖之一。其位于太湖上游，东临太湖，西接长荡湖，南连宜兴氿湖，北经扁担河、德胜河通长江。沿湖河港纵横交错，湖体呈浅碟形，南北长25 km，东西平均宽6.6 km。滆湖湖底平坦无明显起伏，湖底平均高程2.19 m，最低高程1.79 m，常年平均水深1.27 m，总蓄水量2.15×10^8 m^3。全湖网围养殖面积15.3 km^2，网围养殖户856户，养殖品种以鲢鳙为主（孔优佳等，2015）。

滆湖地处亚热带季风气候区，气候温暖湿润，雨量较为丰富，多年平均降雨量为1 079 mm，年进出湖水量较大，平均年入湖水量大概为14.41×10^8 m^3，出湖水量为13.03×10^8 m^3，进出水量基本平衡，湖水滞留时间较短，换水次数较高，滆湖的水资源比较丰富（熊春晖等，2016）。沿岸水系发达，水网交错，入湖河流有扁担河、北干河、夏溪河等，出湖河流有太滆运河、武南河等。该湖为典型的浅水湖泊，具有饮用水后备水源、水产养殖、蓄洪灌溉、水上运输、小气候调节等多种功能（陶雪梅等，2013）。滆湖湖面如一长茄形，沿湖河港纵横，水网交错，池塘星罗棋布，有着良好宜人的自然环境，有史以来，一直承担着供水、泄洪、通航、鱼鸟生息繁衍、渔业生产等多重功能。自20世纪60年代以来，滆湖大量湿地被改造成农田，加上城市建设过度地开发和污染，湿地面积大幅度缩小，水域面积缩减了近1/3，调蓄能力下降，湿地物种受到破坏（石宇熙，2012）。滆湖主要入湖河道有北部扁担河承接京杭大运河来水，西北部夏溪河承接金坛区东南部降雨径流和部分丹金溧漕河来水，西部主要有湟里河、北干河、中干河承接洮湖水以及洮滆之间降雨径流，主要出湖河道有武南河、太滆运河、漕桥河、殷村港、高渎港、烧香港等东注太湖，入出湖河道上均无水工建筑物控制。滆湖周边水系为平原水网，无明显的汇水边界（吴云波等，2010）。

根据《江苏省地表水（环境）功能区划》，滆湖划分为两个水功能区，分别为滆湖武进渔业用水、景观娱乐用水区和滆湖宜兴渔业用水、工业用水区，2020年目标水质均为Ⅲ类。2009年滆湖全湖水质均为劣Ⅴ类，主要污染指标有总磷、总氮和化学需氧量。根据《湖泊富营养化程度评分和分级标准》，滆湖富营养化程度的综合评分为70.7，属富营养水平。从空间分布上看，湖区西北部水质较差，中部和南部水质稍好（韦忠等，2013）。根据江苏省水文水资源勘测局常州分局实测水量资料及部分推算结果，滆湖的5条主要入湖河道为中干河、北干河、湟里河、夏溪河和扁担河。滆湖南部水域水质状况较好，自然资源相对丰富，且长期以来一直从事河蟹养殖，技术水平较为完善，目前该区域仍以养殖河蟹为主，面积超过1 333.3 hm^2（2万亩），占该区域网围面积的70%以上，养殖方式以种草型为主，年底或年初外购水草在网围内栽植养护。北部和中部由于受外来废水侵袭较为频繁，水质状况较差且富营养化严重，该水域网围养殖以常规鱼生产为主，养殖模式是主养鲢鳙鱼搭配部分团头鲂、银鲫、草鱼和青鱼（孔优佳，2007）。

滆湖已由20世纪80年代前的草型清水态（沉水植物占优势）向藻型浊水态（浮游植物占优势）转变，生态系统结构退化，生态服务功能丧失，富营养化严重。这严重降低了滆湖水产品的品质，制约了常州市尤其是武进区社会经济发展，同时更严重的是太湖失去了水质保护的天然屏障，制约了太湖水环境的治理（黄峰，2011）。20世纪90年代末以前，滆湖水生植被覆盖率都在90%以上，种类较丰富，大概有40种之多，其中沉水植物主要有苦草、轮叶黑藻、菹草、马来眼子菜等十几种。但是从1999年洪涝灾害以后，水生植被的覆盖面积每年以10%以上的速度递减，近些年，沉水植物的覆盖率进一步减小，呈点状分布（陶花等，2010）。2010年在湖北区开展了底泥疏浚工程，并对北区进行了水生植被恢复，但沉水植物仍呈现点状分布。现阶段涌湖沉水植物大部分已消失，在湖北区和湖南区有部分芦苇和菱白呈现点状分布，另外在湖北区重新种植了一部分荷花和菱角。

对于滆湖的研究主要集中在湖泊成因与演化、水质调查与富营养化状态评价、水中浮游动植物群落组成与分布、湖泊沉水植物群落重建与水质净化效果、鱼类学调查与分析等方面。2009年对后生浮游动物群落结构的研究，发现100种后生浮游动物，轮虫25属52种，枝角类12属21种，桡足类14属27种；后生浮游动物种类在春、秋两季较多（65种、64种），夏季略少（50种），冬季最少（35种）；群落结构特征表现为小型浮游动物（轮虫）的种类数和密度在后生浮游动物总种数和总密度中所占比例较高，大型浮游动物（枝角类和桡足类）所占比例较低；依据滆湖后生浮游动物优势种组成和Shannon-Weaver多样性指数对其水质状况进行评价，判定滆湖水体处于轻至中污染状态（陶花等，2010）。2013年调查研究发现滆湖中大型底栖动物15种，隶属于3门8科13属。其中，环节动物有2科3属5种、占总种数的33.3%，软体动物有2科2属2种、占总种数的13.3%，节肢动物有4科8属8种、占总种数的53.3%；霍甫水丝蚓和中国长足摇蚊是主要的优势种，霍甫水丝蚓的丰度在时间上的变化显著，总体表现为秋季 > 夏季 > 冬季 > 春季，且在夏季的出现频率最高，冬季的出现频率最低；中国长足摇蚊在时间上的分布规律与霍甫水丝蚓类似，其丰度表现为秋季 > 夏季 > 冬季 > 春季，且夏季的出现频率最高，冬季的出现频率最低（陈志宁等，2016）。2008年调查研究发现鱼类30种，隶属于7目9科，大多为长江冲积平原地区常见种类，与长江中下游其他湖泊的鱼类区系大致相同，以鲤科鱼类居多，有似鳊、鲫、鳙、红鳍原鲌、鲢、鲤、刀鲚等优势种，未发现20世纪60～80年代初盛产的银鱼、蒙古鲌、花䱻等；湖区鱼类在整体上呈现小型化，推测与捕捞力度及湖区类型由草型转化为藻型有关。2018年渔业资源研究发现滆湖现有主要鱼类26种，为青、草、鲢、鳙、鲤、鲫、鳊、乌鳢、黄颡鱼、鲌类等；甲壳类3种，为日本沼虾、秀丽白虾和中华绒螯蟹；底栖蚌类主要有增殖放流品种三角帆蚌、褶纹冠蚌等（唐晟凯等，2009）。

滆湖人工放流始于20世纪70年代，主要放流种类为鲤鱼夏花、蟹苗等，效果比较明显。近几年放流种类以青鱼、草鱼、团头鲂和鲤鱼为主，这些鱼类经济价值高，市场需求量大，深受消费者欢迎。根据苗源情况放流一些名特种类，如蟹苗、蟹种、鳗种、稚鳖、三角帆蚌、褶纹冠蚌等。放流方法由原来的湖边低好塘暂养、内塘暂养和湖中网围暂养改为1986年的直接投放到湖中心常年繁保区。据主要下泄河道太滆河拦河簖的测试，放流鱼种的初期外逃率仅为0.5‰～1.0‰，提高了放流效果（孔优佳，1994）。

滆湖自1984年开始网围养殖试验，当时网围养殖面积仅占湖泊总面积的0.1%左右；1986年起，养殖面积逐年扩大，至1994年网围面积达23.18 km^2，占湖泊总面积的15.8%；1997年网围养殖区域的面积达64.13 km^2；1998年以后网围养殖区域的面积更是达到113.2 km^2，占湖泊总面积的78.8%。1998年相比1984年，网围养殖区面积增加了113.05 km^2，年平均增长约8.08 km^2，这主要是受政策影响和经济利益驱动造成的，在“七五”（1986～1990年）和“八五”（1991～1995年）期间曾作为农业部重点攻关对象进行了网围养殖技术的研究。网围养殖区的迅速扩大，加剧了湖泊富营养化过程，导致滆湖水体生态环境日益恶化，对网围养殖进行控制就显得尤为重要。2001年，滆湖网围养殖区面积减少为111.76 km^2，占湖泊总面积的76.29%，相比1998年减少1.44 km^2，滆湖网围养殖区迅速增长的态势得到了有效遏制（王静等，2008）。根据《中华人民共和国渔业法》《中华人民共和国自然保护区条例》《水产种质资源保护区管理暂行办法》等有关规定，为了改善湖区水体环境，实现养殖业的可持续发展，从2005年，政府开始大力拆除围网，缩小养殖规模，调整养殖结构，旨在建设新型高标准渔业基地（贾佩峤等，2013）。滆湖自2017年10月启动围网清理整治，沿湖各级政府作为实施主体，省滆湖渔管办协调配合，到2019年4月，滆湖1 520 hm^2围网已全部拆除。同时，在整治过程中，滆湖武进区范围内的捕捞也已全部退出。目前，仅剩宜兴范围内的62张捕捞证从事生产，渔业生产已所占极小。

据滆湖渔业管理委员会统计，2011年全湖渔业总产量达1.73万t，比2010年增长6.12%，渔业总产值达1.77亿元，比2010年增长23.76%，网围养殖面积1 600 hm^2，主要养殖的淡水鱼类有青鱼、草鱼、鲢、鳙、鲫、团头鲂等。目前，渔业已成为滆湖地区农村主要的经济来源。

长荡湖

长荡湖，又名洮湖，是太湖流域上游的第三大湖泊，位于金坛区和溧阳市交界处，周边有6个乡镇，被当地人称为“母亲湖”，曾有“日出斗金，夜出斗银”的美誉。湖区地势西高东低，主要承接西侧丹金溧漕河、北河和北、东两面当洮滆间高地来水，通过湖东的湟里河、北干河、中干河等东泄至滆湖，转注太湖。长荡湖南部窄、北部宽，南北长约15.5 km，东西宽约9 km，湖周岸线长约40 km，湖泊面积85.31 km^2；其中，金坛区水域面积76.78 km^2，溧阳市水域面积8.53 km^2。长荡湖湖底平坦，最大水深1.31 m，平均水深1.10 m；平水年进出长荡湖水量为6×10^8 ~ 7×10^8 m^3，蓄水量约0.98×10^8 m^3，换水周期55.7 d；湖流以风生流为主，流速0.17 ~ 3.00 cm/s（李勇等，2005）。目前长荡湖不仅是金坛区的重要饮用水源地（长荡湖水厂），还是江苏省省级度假区（郭刘超等，2019）。

长荡湖湖水依赖地表径流和湖面降水补给，沿岸共有大小河港45条，其中进水河港21条，出水河港24条。主要进出口河港有12条，其中西侧的蛋金溧漕河、北河为主要入湖河流，湖水通过湖东的湟里河、北干河、中干河等东泄至滆湖，转注太湖。

随着经济的发展，长荡湖接纳了大量工业、农业、生活等多种混杂污水，底泥中已积蓄了大量的耗氧性有机物、氮磷、重金属等污染物，底泥中的各类无机和有机污染物在一定条件下重新释放出来，污染上覆水体，使长荡湖生态问题日益凸显。湖体水质总体呈下降趋势，富营养化趋势加快。1997 ~ 2007年11年，湖水水质由Ⅲ类变为劣Ⅴ类（王晓杰，2009）。2010年和2011年水质由Ⅲ类变为Ⅳ类，2012年水质在Ⅲ类和Ⅳ类之间。因此可以看出，2009年之后，长荡湖总体水质呈下降的趋势，导致水质变化的主要指标是BOD、COD、TN和COD_{Mn}（赵苇航等，2014）。水体富营养化程度，2001 ~ 2007年为轻度富营养化，2009 ~ 2010年偏于中度富营养化（王菲菲等，2012）。

同时，长荡湖水生植被退化较严重，水体自净能力下降，存在由草型湖泊向藻型湖泊转化的风险。20世纪80年代长荡湖水生植物分布面积近76.5 km^2，约占全湖面积的90%，种类数也达到了25种。另有研究表明，长荡湖挺水植物主要分布在离沿岸0 ~ 200 m范围内；浮叶植物和漂浮植物在长荡湖西岸和东岸占优势，但是东岸盖度小于5%，南部亦有分布；沉水植物主要分布于南部养殖区，面积不到全湖的30%。南部湖区水生植物主要为浮叶植物和沉水植物，生物量较大；湖心区水生植被覆盖度低，生物量极小。总体而言，长荡湖水生植被出现面积锐减、覆盖度降低、种类减少、生物量降低的现象。

2012年调查发现底栖动物28种，软体动物较少（共5种），优势种主要为铜锈环棱螺、霍甫水丝蚓、中国长足摇蚊、多巴小摇蚊、苏氏尾鳃蚓和半折摇蚊；底栖动物种类丰富度不高，均为长江中下游浅水湖泊习见种类（蔡永久等，2014）。长荡湖底栖动物密度主要以寡毛类和摇蚊幼虫占优。2014年调查到4类12种，其中环节动物8种，节肢动物2种，娇俏类和软体动物各1种；优势种为苏氏尾鳃蚓、巨毛水丝蚓和中华颤蚓（何玮，2015）。2016年浮游动物水样镜检见到的种类共有48属74种，其中原生动物17属23种，轮虫15属30种，枝角类8属10种，桡足类8属11种（郭刘超等，2019）。浮游动物优势种属中砂壳虫、臂尾轮虫、龟甲轮虫、针簇多肢轮虫、广布种剑水蚤等富营养水体指示种较多，说明长荡湖已经为富营养型湖泊。2014年的研究表明，长荡湖浮游植物共计7门61属96种，其中绿藻门种类最多、为40种，其次为硅藻门、为21种，金藻门最少、为1种；优势种类群为4门8属11种，有卵形衣藻、简单衣藻、球衣藻等。调查到长荡湖鱼类3目3科14属17种，未采集到虾、蟹等甲壳类渔业生物，其中鲤形目（14种）占主要优势，优势种有鲢、刀鲚、似鳊、鳊、红鳍原鲌、鲫等（何玮，2015）。

据统计，1998年长荡湖的网围养殖面积达3 907 hm^2，占全湖可利用水面的58.6%。过大面积的养殖既削弱了湖泊调控能力，又大量消耗了各类水生生物和植物资源，破坏了湖体生态平衡，加快了水质地恶化。另外因水产养殖每年要向湖中投放600多万kg水产饲料，湖泊富营养化进程加快。据调查，全湖网围养殖区水草覆盖率仅30%（诸葛玮琳，2000）。为加快改善和恢复长荡湖生态环境，促进长荡湖可持续发展，2004年4月，金坛市委、市政府出台了《关于切实加强长荡湖生态环境保护工作的意见》，全面部署了长荡湖生态环境保护工作，先后对长荡湖湖区网围养殖和湖区餐饮船进行了综合整治，加快实施了生态修复工程、外源性污染整治工程等一系列重点工程，有效保护和改善了长荡湖生态环境。为缩减长荡湖网围养殖面积，减轻湖泊内源污染，从2004年开始，长荡湖先后进行了两次网围整治。第一次整治时间为2004～2005年，按照“大稳定，小调整”的原则，采取开辟泄洪通道和航道、鼓励湿地规划区内的网围养殖户自愿搬迁等形式实施整治，将部分网围按比例压缩面积后进行搬迁安置，共拆除网围面积400多hm^2。2007年夏季，太湖蓝藻事件暴发，引起了党中央、国务院的高度重视，全面启动了太湖流域水污染治理工程。省政府《关于印发江苏省太湖水污染治理工作方案的通知》明确提出：长荡湖网围养殖面积必须压缩控制在0.23万hm^{2}以内。由此，长荡湖第二次网围整治被提上了议事日程。为顺利实施长荡湖网围整治工程，从2007年下半年开始，金坛、溧阳市长荡湖水产管委会开展了大量前期调研和准备工作，并组织专门班子草拟长荡湖网围整治实施方案。2009年7月28日，常州市政府批准了金坛、溧阳两市《长荡湖网围整治实施方案》，按照“外地渔民回家，本地专业渔民妥善安置，本地非专业渔民适当安置”的原则确定了整治形式。这一方案与省政府对太湖流域网围整治的原则要求相一致，参考了滆湖等周边湖泊网围整治的做法，结合了长荡湖网围养殖的实际情况，同时又考虑到广大养殖户的实际利益，得到了各方面的充分认可（杨建新等，2011）。

2008年渔产量达到13 000 t，平均产量为1 461 kg/hm^2。其中，鳙占总产量的27%，河蟹占15%，鲢占12%，鳜占8%，鲤占5%，黄颡鱼占5%，青虾占4%。常用网具包括拦网、刺网、张网等，除此还采用电鱼的方法。

1.3 · 水阳江水系湖群

水阳江流域面积为10 385 km^2，流域内还有南漪湖、固城湖等湖泊（张晓峰，2009）。固城湖与石臼湖原系湖泊洼地，古为丹阳湖，由于长期洪水挟带泥沙沉积和围垦，古丹阳湖已经消失，后分割为石臼湖、固城湖及其他诸小湖泊，其余形成河网圩区。

石臼湖

石臼湖又名北湖，是苏南第二大湖，湖面曲折，但湖汊不多，呈锅底状，四周地形单一，均为湖积平原。石臼湖地处118°46′～118°56′E、31°23′～31°33′N，位于江苏溧水、高淳和安徽博望、当涂三区一县交界。湖面东西最长约22 km，南北最宽约14 km，湖岸周长约80 km，在正常水位7.5 m时，水面面积207.65 km^2。其中溧水区境内湖面约为90.4 km^2，高淳境内湖面约25 km^2，其余位于安徽省马鞍山市境内。湖区属北亚热带季风气候，具有温和湿润、雨量充沛、四季分明、光照充足、季风明显、无霜期长等气候特点。冬、夏温差较显著，冬季平均气温小于10 ℃，夏季平均气温大于22 ℃，春、秋季平均气温为10～22 ℃。多年平均降水量1 046 mm，年蒸发量1 106.1 mm。

石臼湖周边区域汇水面积为969 km^2（张晓峰，2009），主要入湖河流有源于皖南山区的水阳江、青弋江、姑溪河和溧水区的新桥河、天生桥河等，由鲁港、芜湖及当涂三口直接与长江相通。长江汛期高水位时江水倒灌入湖，石臼湖是过水性、吞吐型和季节性的湖泊。在平水年，区域年径流总量4.7亿m^3，过境水年径流总量为23.11亿m^3。石臼湖水位随长江水位波动，4月份水位随春洪而上升，整个夏天都是高水位，秋冬季水位下降。据蛇山站1977～2017年的水位监测资料，石臼湖最高月平均水位为7月的10.00 m，最低月平均水位为2月的5.62 m（马祥中等，2018）。多年平均水位为6.97 m，历年最高水位为13.07 m（1999年7月2日），最低水位干涸（2011年），年内水位变幅差最大达7.03 m，警戒水位为10.00 m。平均水位时水深1.67 m，相应库容为3.5亿m^3（张晓峰，2009）。

随着人类活动的加剧，湖泊受到围垦造田、水利建设、渔业养殖和污水排放的影响，水环境发生较大变化，特别是水产养殖面积达到30%，超过水体自净承载范围，对湖泊造成极大影响。1995～2002年水质监测资料显示：湖水溶解氧（DO）为9.7 mg/L，COD_{Mn}为5.5 mg/L，NO_3-N为0.62 mg/L，总磷（TP）为0.05 mg/L，总氮（TN）为3.02 mg/L，为劣Ⅴ类水质，处于中富营养水平，主要超标类物质为TN、TP和石油类（于忠华等，2010）。2009年调查显示，3月水温为16.15 ℃，8月水温为29.32 ℃；夏季透明度介于60～260 cm，秋季透明度介于25～100 cm；pH为8.76（8.23～9.65）；春季和夏季电导率分别为278.5 μs/cm和204.6 μs/cm；总硬度分别为6.1°和3.9°；阳离子Ca^{2+}、Mg^{2+}、K^+和Na^+含量春季分别为33.68 mg/L、6.13 mg/L、3.10 mg/L和10.44 mg/L，夏季分别为20.38 mg/L、4.59 mg/L、2.47 mg/L和8.88 mg/L；阴离子SO_4^{2-}和Cl^-春季分别为39.43 mg/L和20.18 mg/L，夏季分别为24.95 mg/L和15.32 mg/L；春季和夏季SiO_2含量分为0.68 mg/L和1.80 mg/L；TN和TP春季分别为2.44 mg/L（1.50～3.06 mg/L）和0.083 mg/L（0.043～0.182 mg/L），夏季分别为1.07 mg/L（0.54～1.45 mg/L）和0.081 mg/L（0.027～0.257 mg/L）；春、夏季NH_4^+-N分别为0.092 mg/L（0.062～0.137 mg/L）和0.352 mg/L（0.136～0.983 mg/L）；春、夏季NO_3^--N分别为1.688 mg/L（0.613～3.186 mg/L）和0.119 mg/L（0.001～0.537 mg/L）；春、夏季PO_4^{3-}-P分别为1.71 μg/L（1.46～1.90 μg/L）和5.26 μg/L（1.14～8.71 μg/L）；春、夏季COD_{Mn}分别为4.83 mg/L（2.53～6.74 mg/L）和6.07 mg/L（5.26～7.49 mg/L）；春、夏季TOC分别为2.83 mg/L（2.15～3.53 mg/L）和3.14 mg/L（2.79～3.96 mg/L）；春、夏季Chl-*a*分别为13.58 μg/L（6.16～27.10 μg/L）和24.29 μg/L（7.09～48.63 μg/L）；水体处于中营养—轻度富营养状态。2010年水质调查结果均表明石臼湖的水质现状为Ⅲ类或Ⅳ类（王荣娟和张金池，2011）（刘涛等，2011），3月份TN为1.61 mg/L、TP为0.077 mg/L，6月份TN和TP分别为1.9～2.2 mg/L和1.3～1.8 mg/L，影响各站点水质的主要污染物为高锰酸盐、硫化物、总氮和总磷。

2008年5月综合营养状态指数（TLI）评价石臼湖富营养化水平，结果为轻度富营养化。石臼湖浮游植物数量组成中以硅藻为主，优势种为绿藻门小球藻（Chlorella），占浮游植物总数的16.6%。唐雅萍等调查到浮游植物40种，蓝藻门、隐藻门、金藻门、甲藻门、硅藻门、裸藻门和绿藻门所占比例分别为27.7%、9.0%、0.1%、1.5%、30.6%、0.3%和30.8%（唐雅萍等，2008）。2009年春季全湖共观察到浮游植物8门81属，其中以绿藻门出现种类最多，硅藻门次之；优势种类为硅藻门的直链藻属和菱形藻属、蓝藻门的微囊藻属、金藻门的锥囊藻属及绿藻门的栅藻属。2009年夏季全湖共观察到浮游植物6门55属，其中以绿藻门出现种类最多，蓝藻门次之，未发现黄藻与金藻；优势种类为蓝藻门的微囊藻属、硅藻门的直链藻属和甲藻门的角甲藻属。

2012～2013年共鉴定浮游动物55种，原生动物8种，轮虫34种，枝角类6种，桡足类7种；2014～2015年共鉴定浮游动物60种，原生动物16

种，轮虫28种，枝角类8种，桡足类9种，可见原生动物物种数增加了1倍，说明浮游动物小型物种数在增加。2012～2013年底栖动物14种，摇蚊科幼虫7种，水栖寡毛4种，软体动物2种，蛭类1种；2014～2015年共鉴定底栖动物14种，摇蚊科幼虫8种，水栖寡毛3种，软体动物1种，蛭类1种，多毛类1种（王冬梅等，2016）。2009年底栖动物平均数量、生物量分别为283 ind./m^2（48～704 ind./m^2）、12.98 g/m^2（2.12～54.68 g/m^2），其中寡毛类为211 ind./m^2（16～512 ind./m^2）、3.316 g/m^2（0.016～10.824 g/m^2），摇蚊幼虫为4 ind./m^2（0～32 ind./m^2）、0.027 g/m^2（00.325 g/m^2），软体动物为55 ind./m^2（0～144 ind./m^2）、9.55 g/m^2（0～47.85 g/m^2）。优势种为铜锈环棱螺、长角涵螺、纹沼螺、旋螺、苏氏尾鳃蚓和巨毛水丝蚓，平均数量和生物量分别达32 ind./m^2、44.942 g/m^2，22 ind./m^2、2.709 g/m^2，40 ind./m^2、4.555 g/m^2，37 ind./m^2、0.703 g/m^2，101 ind./m^2、5.389 g/m^2，197 ind./m^2、0.422 g/m^2。2009年调查水生高等植物大于6种，分别为黄丝草、菹草、轮叶黑藻、金鱼藻、狐尾藻、微齿眼子菜等。

1996～1999年调查显示，鱼类资源有9目34种（王德富，2000）。2009年渔产量为10 420 t，平均产量为495 kg/hm^2。其中，鲫占总产量的25%，鲤占17%，鳙占13%，鲢占8%，河蟹占8%，草鱼占7%，青虾占4%，黄颡鱼占4%，翘嘴鲌占3%，鳊占2%，乌鳢占2%。常用网具包括拦网、刺网、张网等。

固城湖

固城湖又名小南湖，是原有河道切割的平原盆地，后因水位上升而淹没成湖，湖底呈浅盆型（岑宇玉，1994）。地处118°53′～118°57′E和31°14′～31″18′N，位于南京市高淳区和安徽省宣城市宣州区交界。湖泊周长约为43 km，水位8.18 m，湖泊面积为30.95 km^2，湖底高程5 m（吴淞基面）（邢平生，2006）。湖区地处亚热带季风气候区，具有季风气候明显、冬冷夏热、四季分明、雨量充沛、光照充足、无霜期长等气候特点。年均气温15.5 ℃，1月平均气温为2.4 ℃，7月平均气温为27.1 ℃。降水量为1 105.1 mm，蒸发量为940.7 mm。

固城湖来水主要源自皖南山区的河流补给，其次是长江高水位时倒灌和湖区周围山地丘陵的地表径流。汇流面积为454 km^2，入湖河流主要有港口河、胥河、漆桥河、横溪河等，官溪河为唯一的出湖河流。固城湖湖岸平直，水位易陡涨陡落，目前沿湖岸都筑有人工防洪石堤，沿湖沿河建有节制闸调节湖区库容，固城湖已由过水型湖泊转变为相对封闭的水库型湖泊。由于多年围垦，湖泊形态已发生很大变化，由心形湖泊隔离成两个湖区，分别为大湖区和小湖区，大湖区面积约为小湖区的8～10倍。常年水位在8.5 m以下，历年最高水位为13.07 m（1999年7月1日），警戒水位为10.00 m。

随着固城湖水域资源的开发利用及区域经济的迅猛发展，工业点源污染、农业面源污染、居民生活污染、湖内网围养殖的二次污染等，导致大量污染物及氮、磷等营养物质汇入湖体，固城湖水环境质量明显下降。据1987年6月至1988年7月的每月监测资料，全湖平均的TP变幅为30～60 μg/L，TN/TP的变幅为20～60，pH的年内变幅为7.0～9.0、呈弱碱性，DO年内呈周期性变化、年变幅为7～12 mg/L（郑英铭和匡翠萍，1993）。1992年8月至1993年7月研究表明，对水质影响最大的指标是化学需氧量、凯氏氮、石油类、挥发性酚、总大肠菌群、高锰酸盐指数等，这说明水源主要污染物是含氮、含碳有机物、石油类等。胡本龙对固城湖1996～2009年水质研究结果表明，1996～2000年的5年的总氮浓度比较稳定，维持在0.49～0.99 mg/L，单项指标属于Ⅲ类水质，2000年后的近10年总氮平均为1.97 mg/L ± 0.59（± SD）mg/L，属于Ⅴ类水；1996～2001年，固城湖总磷浓度为0.02 mg/L，属于Ⅱ至Ⅲ类水；2002～2005年水质恶化，总磷浓度逐年上升，水质标准均下降了一个等级；1996～2002年，高锰酸盐指数缓慢上升，由2.8 mg/L上升到4.5 mg/L左右，随后直至2007年维持在较为稳定的水平，2007～2009年达6.75 mg/L（胡本龙等，2010）。根据2009年调查资料，3月水温为12.73 ℃，7月水温为31.90 ℃；透明度介于50～220 cm；

春、夏季pH分别为8.25和9.81，春、夏季电导率分别为334.5 μs/cm和233.9 μs/cm，春、夏季总硬度分别为7.1和4.3度；阳离子Ca^{2+}、Mg^{2+}、K^{+}和Na^{+}含量春季分别为37.61 mg/L、7.80 mg/L、4.56 mg/L和13.31 mg/L，夏季分别为21.08 mg/L、5.94 mg/L、3.13 mg/L和11.00 mg/L；阴离子SO_4^{2-}和Cl^-春季分别为48.06 mg/L和22.17 mg/L，夏季分别为31.56 mg/L和17.91 mg/L；春、夏季SiO_2含量分别为0.85 mg/L和4.23 mg/L；TN和TP春季分别为2.71 mg/L和0.065 mg/L，夏季分别为1.61 mg/L和0.266 mg/L；春、夏季NH_4^+-N分别为0.376 mg/L和0.150 mg/L，NO_3^--N分别为1.629 mg/L和0.171 mg/L，PO_4^{3-}-P分别为2.16 μg/L和6.60 μg/L，COD_{Mn}分别为2.46 mg/L和6.23 mg/L，TOC分别为3.65 mg/L和5.18 mg/L，Chl-*a*分别为9.52 μg/L和31.79 μg/L；水体处于中营养至轻度富营养状态。

据1999年冬季调查，固城湖浮游植物共有29种，无明显的优势种，平均数量为1 443.06 × 10^4 ind./L，平均生物量为10.73 mg/L（谷孝鸿等，2002）。1999～2000年调查到浮游植物平均数量和平均生物量为779.48 × 10^4 ind./L和6.24 mg/L，当水位和水温较低时（1～3月），绿藻和隐藻占优势，数量和生物量均占70%以上；当水位和水温较高时（5～9月），以蓝藻、硅藻和绿藻为主，数量和生物量均占85%以上（谷孝鸿等，2002）。2009年春季全湖共观察到浮游植物7门53属，其中以绿藻门出现种类最多，硅藻门次之，未发现黄藻门；优势种类为硅藻门的小环藻属和针杆藻属、隐藻门的蓝隐藻属、金藻门的锥囊藻属及绿藻门的小球藻属。2009年夏季全湖共观察到浮游植物6门53属，其中以绿藻门出现种类最多，蓝藻门次之，未发现黄藻门与金藻门；优势种类为蓝藻门的微囊藻属和甲藻门的角甲藻属。2015～2016年对固城湖调查表明，春季浮游植物种类最多，绿藻在春季大量增殖，比例达到全年最高峰，约占44.2%；冬季浮游植物种类相对较少；浮游植物丰度的季节变化基本一致，最高值都出现在秋季，其次是夏季；各采样点夏、秋季节，蓝藻丰度都最大，分别占浮游植物总丰度的78.7%和94.1%；大部分采样点在冬季时浮游植物的丰度处于最低值，冬季硅藻丰度增加，比例达到最大，其次是鞭毛藻、绿藻、蓝藻（陆晓平等，2017）。

据1999年冬季调查，固城湖冬季浮游动物种群单一，数量和生物量较低，平均为228.56 ind./L和0.29 mg/L，浮游动物主要有鳞壳虫、针簇多肢轮虫、螺形龟甲轮虫、长额象鼻蚤和剑水蚤属一种（谷孝鸿等，2002）。1999～2000年调查表明浮游动物主要以轮虫和原生动物为主，其生物量约占浮游动物总生物量的75%（谷孝鸿等，2005）。2015～2016调查到固城湖含有较多的砂壳虫、臂尾轮虫、暗小异尾轮虫、螺形龟甲轮虫、长三肢轮虫等耐污种类。

1999年冬季在固城湖调查到水生植物2科2属3种，均为沉水植物，主要为眼子菜科的微齿眼子菜、菹草及金鱼藻科的金鱼藻。1999年5月全湖总生物量中微齿眼子菜占49.25%，菹草占39.68%，苦草占8.30%，轮叶黑藻占1.30%，金鱼藻占1.33%，菱仅占0.13%（谷孝鸿等，2005）。2009～2010年对固城湖的野外调查，共发现水生植物8科10属11种，其中水鳖科的水生植物占到了全部种类的33.3%，其次是眼子菜科，占到总数的22.2%，主要优势种有眼子菜科的微齿眼子菜（黄丝草）、菹草和小二仙草科的狐尾藻（赵红叶和孔一江，2013）。2015年5月和9月的调查结果显示，固城湖水生植物共计14种，分别隶属于10科12属（陆晓平等，2017）。

1999年冬季调查湖区底栖动物平均生物量为6.773 g/m^2（谷孝鸿等，2002）。2015年3月至2016年2月固城湖共鉴定出底栖动物21种，优势种主要为苏氏尾鳃蚓、中国长足摇蚊、内摇蚊和环棱螺（陆晓平等，2017）。2009年底栖动物平均数量和生物量分别为418 ind./m^2（112～1 584 ind./m^2）和13.57 g/m^2（2.82～27.32 g/m^2），其中寡毛类为226 ind./m^2（32～944 ind./m^2）和2.689 g/m^2（0.067～9.477 g/m^2），摇蚊幼虫为134 ind./m^2（0～640 ind./m^2）和0.365 g/m^2（0～1.637 g/m^2），软体动物为52 ind./m^2（0～240 ind./m^2）和10.51 g/m^2（0～27.23 g/m^2）。优势种为铜锈环棱螺、长角涵螺、纹沼螺、中国长足摇蚊、小摇蚊、霍甫水丝蚓和苏氏尾鳃蚓，其数量和生物量分别可达36 ind./m^2和13.487 g/m^2、80 ind./m^2和12.296 g/m^2、56 ind./m^2和

7.089 g/m^2、136 ind./m^{2}和0.508 g/m^2、184 ind./m^{2}和0.046 g/m^2、267 ind./m^{2}和0.264 g/m^2、84 ind./m^{2}和4.680 g/m^2。

据《中国湖泊志》记载：固城湖有鱼类11目25科82种，其中鲤形目51种，年产量40 × 10^4 kg。渔获物中草、鲢、鳙的放养群体占53.3% ～ 79.5%。2008年渔产量达到2 300 t，平均产量为939 kg/hm^2。固城湖属典型的草型湖泊，具有丰富的自然饵料，特别适宜养殖中华绒螯蟹，现螃蟹围网养殖占据固城湖水产养殖的主体。河蟹产量占总产量的42%，鲢占15%，鳙占15%，鲤占8%，鲫占6%，细鳞斜颌鲴占4%。

1.4 · 淮河中下游湖群

淮河中下游湖群湖泊面积为2 950 km^2，占全省湖泊总面积的43%，该湖群在江苏仅次于太湖流域湖群。淮河中下游湖群以大运河大堤为界分运东和运西两片。运西片湖泊面积相对于运东片较大，湖泊数量相对较少，主要有洪泽湖、白马湖、宝应湖、高邮湖、邵伯湖、斗湖等。运东片主要湖泊有大纵湖、蜈蚣湖、郭正湖等，运东片水面面积占该湖群的1/3，是苏北著名的水网圩区。

洪泽湖

洪泽湖为中国第四大淡水湖，地处33°06′ ～ 33°40′N、118°10′ ～ 118°52′E，位于江苏省西北部，京杭大运河以西，地处淮河下游，湖盆呈浅碟形，湖底十分平坦，高程为1 011 m。水位为12.5 m时，湖泊长度65.0 km，最大宽55.0 km，平均宽度为24.3 km，面积为1 576.9 km^2，平均水深1.77 m，蓄水量27.9 × 10^8 m^3。洪泽湖在防洪灌溉、交通航运、维持生态系统平衡等方面发挥着不可替代的作用。洪泽湖气候温和、湖面辽阔，有利于各类水生生物的生长繁殖，渔业资源十分丰富。

但自20世纪80年代以来，随着淮河流域经济快速发展，面源污染物不断汇入洪泽湖，湖泊水体质量持续下降，水污染事件频发；同时，由于水利工程建设、过度捕捞等多重因素的影响，洪泽湖的优质渔业资源不断减少，鱼类群落结构和生物多样性特征发生显著变化，进而影响到洪泽湖生态系统的健康与稳定。

洪泽湖鱼类区系的系统研究始于20世纪60年代，中国水产科学研究院长江水产研究所、江苏省淡水水产研究所（原江苏省水产科学研究所）、江苏省洪泽湖水产研究所、中国科学院南京地理湖泊研究所等单位先后对该湖的鱼类和渔业进行了调查。迄今为止，洪泽湖累计记录鱼类88种（不包括同种异名和鉴定错误的种类），隶属19科，其中鲤科48种，占总种数的55%；其次为鲿科9种，占10%；再次是鳅科7种，占总种数的8%，银鱼科4种，占5%；其他科种类数均小于3种。单次调查种类数最高为2010 ～ 2011年中科院水生生物研究所的调查结果（63种）。

高宝邵伯湖

高宝邵伯湖是江苏省第三大的淡水水域，地处扬州，由北向南分别为宝应湖、高邮湖和邵伯湖。东通京杭运河，西纳丘陵地区区间径流，北会白马湖，南经六闸注入归江河道入长江。地处32°33′53″ ～ 33° 18′41″N和119°7′24″ ～ 119°24′52″E。湖泊总面积约901.47 km^2，平均水深约2.6 m，是一座集蓄水、灌溉、养殖等功能为一体的典型静水性湖。

白马湖

白马湖古称马濑湖，位于江苏省淮安市境内，为淮河下游段左岸水系湖泊，位于高邮湖之北、洪泽湖之南，为运西湖群中位置最北的一个湖泊。跨金湖、洪泽、宝应、淮安四县市。湖盆浅碟形，人工湖岸，岸线规则，湖底平坦，淤泥深厚。湖中散布有大小土墩近百个，是1855年黄泛后湖区群众垦荒时所遗弃的居民点。原与宝应湖相连，1969年于两湖间筑堤建闸（阮桥闸），从此成为一个独立湖泊。面积为113.4 km^2，其中淮安市境内92.1 km^2。南北长17.8 km，东西平均宽6.4 km。拥有总长为77.8 km的环湖大堤，其中淮安市境内66 km。湖面海拔6.5 m，贮水量1.05亿m^3。

1.5 · 沂河水系湖泊

骆马湖为该水系中唯一湖泊，其原为沂河上的一块季节性滞洪洼地，汛期蓄水，冬涸种植，1958年经筑堤建闸，拦洪蓄水，成为一个大型的人工调蓄性湖泊，水位变化较大，是原江苏省第四大湖。

骆马湖

骆马湖属于沂河水系，位于34°00′～34°14′N和118°05′～118°19′E，流域积水面积49 000 km^2，全湖面积约400 km^2，湖底真高19～21 m，并呈北高南低的自然态势，通常水深2～5 m。江苏省淡水水产研究所根据1976年对骆马湖渔业资源状况调查，于1997年3月编写了《江苏省骆马湖水库渔业资源调查报告》(内部资料)。报告中列有9目16科56种的骆马湖鱼类名录(经分析实际为54种)。徐州师范学院周化民、白延明根据1993年调查，于1994年报道了骆马湖鱼类56种，比先前的研究增加了4种(棒花鱼、花鳅、副沙鳅和河豚)，提出来60种鱼类名录(实际为58种)。

第二章
调查方案

2.1 · 调查区域及时间

为了解湖泊水生态环境质量的现状及变化特征，本次监测点位的布设遵从以下原则。

连续性原则：尽可能使用历史观测点位，水生生物监测点位应与水体理化指标监测点位相同，尽可能获取足够信息用于解释其生态效应。

代表性原则：根据监测目的建立大范围、全面的流域生物数据网络，设置点位覆盖整个流域范围。

实用性原则：在保证达到必要的精度和样本量的前提下，监测点位尽量减少，兼顾技术标志跟费用投入。

本次调查采用随机布点方案，尽量均匀地在监测范围内设置点位，使其尽可能精确提供整个区域的整体环境信息。同时要使监测点位能反映生态系统的时空变化特征和受人类活动的影响。点位布设兼顾湖滨和湖心，如无明显功能分区，可采用网格法均匀布设。本次调查结合实际情况，共在江苏省十大湖泊内设置点位171个（表2.1-1和图2.1-1），并在相对一致的时间内（春季、夏季、秋季和冬季），对不同区域水生野生动物进行调查。调查内容包括水环境（水温、水深、浊度、透明度、pH、溶解氧、总氮、氨氮、亚硝氮、总溶解性氮、总磷、总溶解性磷、磷酸盐、高锰酸盐指数和叶绿素A）和水生生物（浮游植物、浮游动物、底栖动物、鱼类、虾类、蟹类、贝类和螺类）。

表 2.1-1 调查区域及时间一览表

调 查 区 域	调查站位（个）	调 查 时 间
太 湖	30	2016年12月、2017年7月和10月及2018年4月
洪泽湖	24	2016年12月、2017年6月和9月及2018年4月
高宝邵伯湖	20	2016年11月、2017年8月和10月及2018年4月
滆 湖	16	2017年2月、7月和10月及2018年4月
骆马湖	16	2017年2月、7月和10月及2018年4月
阳澄湖	16	2017年2月、7月和10月及2018年4月
长荡湖	12	2016年12月、2017年7月和11月及2018年4月
石臼湖	16	2017年1月、7月和9月及2018年3月
白马湖	13	2016年11月、2017年6月和9月及2018年3月
固城湖	8	2017年1月、7月和10月及2018年4月

2.2 · 调查及评价方法

调查方法

水体理化指标测定

水深（H）、水温（T）、浊度（Tur）、透明度（SD）、溶解氧（DO）、酸碱度（pH）等指标采用哈希便携式水质分析仪器现场测定；总氮（TN）、氨氮（NH_4^+–N）、亚硝酸盐氮（NO^{2-}–N）、总溶解性氮（DTN）、总磷（TP）、总溶解性磷（DTP）、磷酸盐（PO_4^{3-}–P）、高锰酸盐指数（COD_{Mn}）和叶绿素a（Chl–*a*）9项水质指标按照以下测定方法在实验室进行分析（表2.2-1）。

浮游生物资源调查

浮游植物样品采集：定量样品在定性样品之前采集，用1 L有机玻璃采水器采取水样1 000 mL；分层采样时，可将各层水样等量混合后取1 000 mL。样品取完，立即加入15 mL鲁哥试剂固定，带回实验室避光静置，24～36 h后进行浓缩定量，如样品需较长

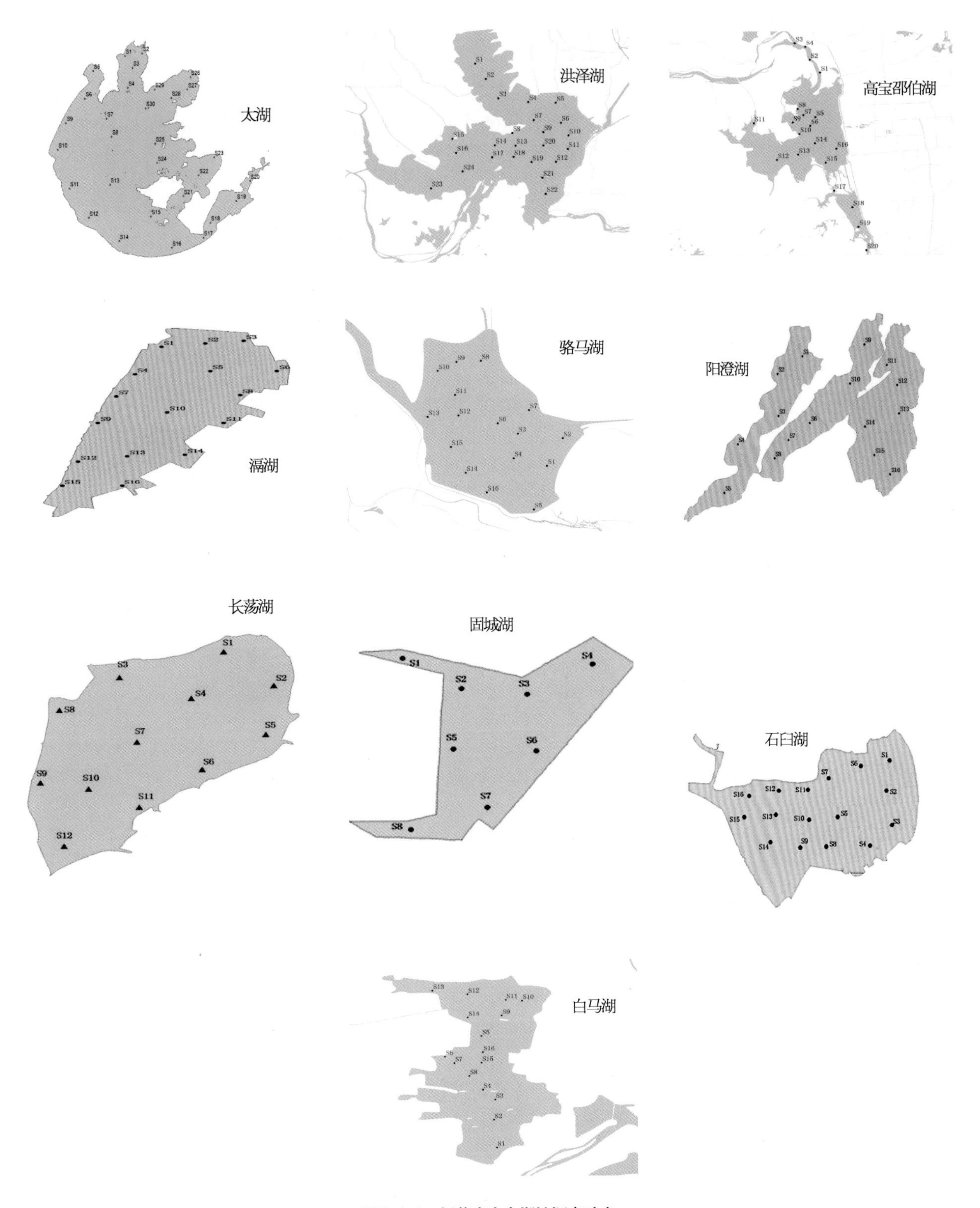

图2.1-1 江苏省十大湖泊调查站点

时间保存，则应该加入40%甲醛溶液，用量为水样体积的4%，实验室内镜检分析。定性样品则用25#浮游生物网在表层缓慢拖曳采集，固定方法同定量样品。

浮游动物样品采集：定量样品在定性样品之前采集；每个采样点采集水样20 L，再用25#浮游生物网过滤浓缩；枝角类和桡足类定量样品加40%甲醛固定，用量为水样体积的4%；原生动物、轮虫和无节幼体定量可以采用浮游植物的定量样品，进行实验

表 2.2-1　水体理化指标测定方法一览表

序　号	监 测 项 目	测定分析方法
1	水　深	水深测量仪器　第3部分：超声波测深仪　GB/T 27992.3—2016
2	水　温	水质　水温的测定　温度计或颠倒温度计测定法　GB/T 13195—1991
3	浊　度	便携式浊度计法《水和废水监测分析方法》（第四版）国家环境保护总局（2002年）
4	透明度	《水和废水监测分析方法》（第四版）国家环境保护总局（2002年）
5	溶解氧	水质　溶解氧的测定　电化学探头法　HJ 506—2009
6	pH	水质　pH的测定玻璃电极法　GB/T 6920—1986
7	总　氮	水质　总氮的测定碱性过硫酸钾消解—紫外分光光度法　HJ 636—2012
8	氨　氮	水质氨氮的测定纳氏试剂分光光度法　HJ 535—2009
9	亚硝酸盐氮	水质　亚硝酸盐氮的测定　分光光度法　GB/T 7493—1987
10	总溶解性氮	水质　总氮的测定　碱性过硫酸钾消解—紫外分光光度法　HJ 636—2012
11	总　磷	水质　总磷的测定　钼酸铵分光光度法　GB/T 11893—1989
12	总溶解性磷	水质　总磷的测定　钼酸铵分光光度法　GB/T 11893—1989
13	磷酸盐	水质　无机阴离子的测定　离子色谱法　HJ/T84—2001
14	叶绿素a	水质　叶绿素a的测定　分光光度法　征求意见稿（HJ 897—2017　2018年2月1日正式实施）
15	高锰酸盐指数	水质　高锰酸盐指数的测定　GB/T 11892—1989

室内镜检分析；枝角类和桡足类定性样品用13#浮游生物网在表层缓慢拖曳采集，用40%甲醛溶液固定；原生动物、轮虫和无节幼体定性样品用25#浮游生物网在表层缓慢拖曳采集，固定方法同植物定量样品固定。

浮游生物种类鉴定参照《中国淡水藻类》（胡鸿钧 等，2006）、《中国淡水生物图谱》（韩茂森 等，1995）和《淡水生物学》（大连水产学院，1983）进行鉴定。

· 底栖动物资源调查

定量样品使用1/40 m^2 的改良彼得森采泥器采集底泥样品，每个样点采集3次。样品经 200 μm网径的纱网筛洗干净后，在解剖盘中将底栖动物捡出，置入塑料标本瓶中保存（10%的福尔马林），然后将样品带回实验室进行种类鉴定、计数，并用解剖镜及显微镜进行观察。湿重的测定方法是：先用滤纸吸干底栖动物体表层水分，然后在电子天平上称重。鉴定物种主要参考资料有Aquatic Insects of China Useful For Monitoring Water Quality、Identification manual for the larval Chironomidae（Diptera）of North and South Carolina、《中国小蚓类研究》《医学贝类学》《中国经济动物志·淡水软体动物》等。

· 鱼类资源调查

每个站点每次放置3条刺网及3条定置串联笼壶，其中刺网为多网目复合刺网（1.2 cm、2 cm、4 cm、6 cm、8 cm、10 cm和14 cm），长125 m、高1.5 m，定置串联笼壶网目为1.6 cm，长10 m、宽0.4 m、高0.4 m，放置12小时后收集所有渔获物。对采集的大型鱼类现场进行种类鉴定，进行全长（由吻端到尾鳍末端的水平距离）、体长（由吻端到最后一枚尾椎的水平距离）、体重等生物学测量，并记录测量数量、采集地等相关数据。采集到的小型鱼类利用碎冰冷藏带回实验室，进行生物学测量后，选取部分固定于4%的甲醛溶液中。渔获物种类鉴定和生态类型划分参考地区相关资料。单种类渔获多于30尾的抽样测量，少于30尾的全部测量。虾类测定全长、体长和体重；蟹类测定壳宽、壳高、壳厚和重量，精确度同鱼类测定。

评价方法

· 综合营养状态指数评价

综合营养指数法是美国科学家卡尔森在1977年提出来的，这一评价方法克服了单一因子评价富营养化的片面性，而是综合各项参数。

单个项目营养状态指数计算公式：

TLI（Chl−a）=10（2.5+1.086 lnChl−a）

TLI（TP）=10（9.436+1.624 lnTP）

TLI（TN）=10（5.453+1.694 lnTN）

TLI（SD）=10（5.118−1.94 lnSD）

TLI（COD_{Mn}）=10（0.109+2.661 lnCOD_{Mn}）

式中：Chl−a单位为mg/m^3，SD单位为m，其他项目单位均为mg/L。

综合营养状态指数公式为：

$$TLI\left(\sum\right)=\sum_{j=1}^{m} wj\cdot TLI(j)$$

式中：TLI（Σ）表示综合营养状态指数；TLI（j）代表第j种参数的营养状态指数；wj为第j种参数的营养状态指数的相关权重。营养状态分级为了说明湖泊富营养状态情况，采用0～100的一系列连续数字对湖泊营养状态进行分级：TLI（Σ）<30，表示贫营养；0≤TLI（Σ）≤50，表示中营养；TLI（Σ）> 50，表示富营养；50<TLI（Σ）< 60表示轻度富营养；60< TLI（Σ）≤70表示中度富营养，TLI（Σ）> 70表示重度富营养，在同一营养状态下，指数值越高，其营养程度越重。

· 浮游植物数量

$$N=\frac{C_s}{F_sF_n}\frac{V}{v}P_n$$

式中：N为1 L水样中浮游植物的数量，cells/L；C_s为计数框面积，mm^2；F_s为视野面积，mm^2；F_n为视野数；V为1 L水样经过浓缩后体积，mL；V为计数框容积，mL；P_n为在F_n个视野中，所计数到的浮游植物个数。

· 浮游动物数量

$$N=(vn)/(VC)$$

式中：N为1 L水样中浮游动物的数量，ind/L；v为水样经过浓缩后体积，mL；C为计数框容积，mL；V为采样体积，L；N为所计数到的浮游动物个数（两片平均数），ind。

· 底栖动物数量

$$D=T/\pi d^2\times 10^4$$

式中：D为个体密度，ind./m^2；T为重复芯样的个体平均数，ind.；d为取样管内径，cm。

· 优势度

优势种的概念有两个方面，即一方面占有广泛的生态环境，可以利用较高的资源，有着广泛的适应性，在空间分布上表现为空间出现频率（fi）较高；另一方面，表现为个体数量（ni）庞大，密度ni/N较高。一般取Y≥0.02的物种为优势种。

设：fi为第i个种在各样方中出现频率；ni为群落中第i个种在空间中的个体数量；N为群落中所有种

表 2.2-2　水质类别与评分值对应表

营养状态分级	评分值 TLI（Σ）	定 性 评 价
贫营养	0 < TLI（Σ）≤ 30	优
中营养	30 < TLI（Σ）≤ 50	良好
（轻度）富营养	50 < TLI（Σ）≤ 60	轻度污染
（中度）富营养	60 < TLI（Σ）≤ 70	中度污染
（重度）富营养	70 < TLI（Σ）≤ 100	重度污染

的个体数总和。综合优势种概念的两个方面，得出优势种优势度（Y）的计算公式：

$$Y=n_i/N\times f_i$$

· 鱼类群落结构

$$出现率（F\%）=\frac{调查中某种鱼类出现的次数}{调查次数}\times 100\%$$

$$数量百分比（N\%）=\frac{某种鱼类的尾数}{鱼类总尾数}\times 100\%$$

$$重量百分比（W\%）=\frac{某种鱼类重量}{鱼类总重量}\times 100\%$$

$$相对重要性指数（IRI）=（W\%+N\%）\times F\%$$

式中：IRI_i为第 i 种食物的相对重要性指数，IRI为优势种判定指标，其中IRI大于1 000的为优势种，100<IRI<1 000的为主要种。

· 群落多样性

物种多样性指数采用Margalef丰富度指数（R）、Shannon-Weaver多样性指数（H'）、Pielou均匀度指数（J）和Simpson优势度指数（λ）进行计算。上述4个指数计算公式如下。

$$R=（S-1）/\ln N$$

$$H'=-\sum(n_i/N)\ln(n_i/N)$$

$$J=H'/\ln（S）$$

$$\lambda=\frac{n_i(n_i-1)}{N(N-1)}$$

式中：S、n_i和N分别为物种数、某物种的尾数和所有物种的尾数。

· 单位努力捕获量

单位努力捕捞量（CPUE）是指单位时间、单位面积的捕捞量，计算公式如下。

刺网单位努力捕获数量（CPUEn）：

$$CPUEn=n/(ts)$$

刺网单位努力捕获重量（CPUEp）：

$$CPUEb=b/(ts)$$

定置串联笼壶单位努力捕获数量（CPUEn）：

$$CPUEn=n/(tv)$$

定置串联笼壶单位努力捕获重量（CPUEp）：

$$CPUEb=b/(tv)$$

式中：n表示渔获物数量，p表示渔获物重量，t表示时间，s表示刺网面积，v表示定置串联笼壶体积。

· 地表水环境质量标准

水质评价标准依据GB 3838—2002《地表水环境质量标准》，相关指标见表2.2-3。

水域功能和标准分类依据地表水水域环境功能和保护目标，按功能高低依次划分为五类：

Ⅰ类主要适用于源头水和国家自然保护区；

Ⅱ类主要适用于集中式生活饮用水地表水源地一级保护区、珍稀水生生物栖息地、鱼虾类产卵场、仔稚幼鱼的索饵场等；

Ⅲ类主要适用于集中式生活饮用水地表水源地二级保护区、鱼虾类越冬场、洄游通道、水产养殖区等渔业水域及游泳区；

Ⅳ类主要适用于一般工业用水区及人体非直接接触的娱乐用水区；

Ⅴ类主要适用于农业用水区及一般景观要求水域。

对应地表水上述五类水域功能，将地表水环境质量标准基本项目标准值分为五类，不同功能类别分为执行相应类别的标准值。水域功能类别高的标准值严于水域功能类别低的标准值。同一水域兼有多类使用功能的，执行最高功能类别对应的标准值。实现水域功能与达功能类别标准为同一含义。

表 2.2-3 **部分地表水环境质量标准限值**

序号	项　目		Ⅰ类	Ⅱ类	Ⅲ类	Ⅳ类	Ⅴ类
1	水温（℃）		人为造成的环境水温变化应限制在：周平均最大温升≤1；周平均最大温降≤2				
2	pH（无量纲）		6～9				
3	溶解氧	≥	饱和率 90% （或7.5）	6	5	3	2
4	高锰酸盐指数	≤	2	4	6	10	15
5	化学需氧量（COD）	≤	15	15	20	30	40
6	五日生化需氧量（BOD5）	≤	3	3	4	6	10
7	氨氮（NH_3-N）	≤	0.15	0.5	1.0	1.5	2.0
8	总磷（以 P 计）	≤	0.02 （湖、库0.01）	0.1 （湖、库0.025）	0.2 （湖、库0.05）	0.3 （湖、库0.1）	0.4 （湖、库0.2）
9	总氮（湖、库，以N计）	≤	0.2	0.5	1.0	1.5	2.0

第三章
栖息环境现状及评价

3.1 · 水体理化指标

太湖

· 监测结果

太湖水质4个频次各监测90项目统计结果如表3.1–1和表3.1–2所示。

· 季节变化

根据四个季度太湖监测数据可知：溶解氧春季 > 冬季 > 秋季 > 夏季；浊度春季 > 冬季 > 夏季 > 秋季；总氮春季 > 冬季 > 秋季 > 夏季；总磷夏季 > 冬季 > 秋季 > 春季；氨氮春季 > 秋季 > 夏季 > 冬季；亚硝酸盐氮夏季 > 秋季 > 春季 > 冬季；高锰酸盐指数冬季 > 秋季 > 夏季 > 春季；叶绿素a夏季 > 秋季 > 春季 > 冬季（如图3.1–1）。

· 总体评价

根据四个季度的监测结果进行评价，评价结果如下。

表3.1–1 各监测项目统计结果（春季和夏季）

监测项目	春季		夏季	
	范围	均值	范围	均值
pH	7.91 ～ 8.98	8.51	7.99 ～ 9.40	8.52
水温（℃）	15.6 ～ 24.7	19.6	30.8 ～ 34.5	32.1
水深（m）	1.0 ～ 2.9	2.0	1.1 ～ 2.8	2.1
溶解氧（mg/L）	8.46 ～ 12.8	11.05	5.33 ～ 7.98	6.73
浊度（NTU）	20 ～ 108	73	24 ～ 141	67
总氮（mg/L）	1.12 ～ 4.01	2.22	0.268 ～ 7.44	1.09
氨氮（mg/L）	0.079 ～ 0.742	0.266	0.048 ～ 0.556	0.136
亚硝酸盐氮（mg/L）	0.004 ～ 0.127	0.026	0.012 ～ 0.102	0.051
总溶解性氮（mg/L）	0.580 ～ 2.66	1.25	0.150 ～ 7.28	0.979
总磷（mg/L）	ND ～ 0.151	0.036	0.037 ～ 0.491	0.103
总溶解性磷（mg/L）	ND ～ 0.058	0.013	0.035 ～ 0.479	0.089
磷酸盐（mg/L）	ND ～ 0.049	0.020	ND	ND
高锰酸盐指数（mg/L）	2.1 ～ 6.7	3.6	2.2 ～ 11.4	3.9
透明度（m）	0.18 ～ 0.60	0.34	0.10 ～ 0.45	0.22
叶绿素a（μg/L）	0 ～ 19.0	5.58	1.20 ～ 78.6	11.56

表3.1–2 各监测项目统计结果（秋季和冬季）

监测项目	秋季		冬季	
	范围	均值	范围	均值
pH	7.31 ～ 9.07	8.42	7.05 ～ 9.22	8.30
水温（℃）	17.1 ～ 19.5	18.1	5.9 ～ 12.0	7.9
水深（m）	1.6 ～ 3.1	2.5	1.2 ～ 21.0	2.5
溶解氧（mg/L）	7.24 ～ 10.55	9.34	7.90 ～ 12.13	11.13

（续表）

表3.1-2　各监测项目统计结果（秋季和冬季）

监测项目	秋季		冬季	
	范围	均值	范围	均值
浊度（NTU）	14～136	56	6～274	74
总氮（mg/L）	0.38～3.25	1.40	0.78～4.39	1.83
氨氮（mg/L）	0.040～0.660	0.230	0.040～1.12	0.120
亚硝酸盐氮（mg/L）	ND～0.08	0.029	ND～0.043	0.009
总溶解性氮（mg/L）	0.24～2.99	1.18	—	—
总磷（mg/L）	ND～0.191	0.067 3	0.027～0.264	0.085
总溶解性磷（mg/L）	ND～0.101	0.030	—	—
磷酸盐（mg/L）	ND	ND	—	—
高锰酸盐指数（mg/L）	2.6～5.9	4.1	2.7～10.6	4.4
透明度（m）	0.10～0.60	0.29	0.06～1.00	0.24
叶绿素a（μg/L）	0.09～66.1	10.5	1.1～9.8	4.1

春季太湖水质监测中，pH符合《地表水环境质量标准》(GB 3838—2002)；溶解氧符合Ⅰ类水标准；总氮Ⅲ类水超标率为100%，Ⅳ类水超标率为86.7%，Ⅴ类水超标率为50%；氨氮Ⅰ类水超标率为80%，Ⅱ类水超标率为10%，符合Ⅲ类水标准；总磷Ⅰ类水超标率为86.7%，Ⅱ类水超标率为50%，Ⅲ类水超标率为26.7%，Ⅳ类水超标率为3.3%，符合Ⅴ类水标准；高锰酸盐指数Ⅰ类水超标率为100%，Ⅱ类水超标率为23.3%，Ⅲ类水超标率为3.3%，符合Ⅳ类水标准。

夏季太湖水质监测中，pH超标率为10.3%；溶解氧Ⅰ类水超标率为82.8%，Ⅱ类水超标率为10.3%，符合Ⅲ类水标准；总氮Ⅱ类水超标率为83.3%，Ⅲ类水超标率为30%，Ⅳ类水超标率为13.3%，Ⅴ类水超标率为6.7%；氨氮Ⅰ类水超标率为26.7%，Ⅱ类水超标率为3.3%，符合Ⅲ类水标准；总磷Ⅱ类水超标率为100%，Ⅲ类水超标率为63.3%，Ⅳ类水超标率为33.3%，Ⅴ类水超标率为10%；高锰酸盐指数Ⅰ类水超标率为100%，Ⅱ类水超标率为36.7%，Ⅲ类水超标率为3.3%，Ⅴ类水超标率为3.3%。

秋季太湖水质监测中，pH超标率为6.7%；溶解氧Ⅰ类水超标率为6.7%，符合Ⅱ类水标准；总氮Ⅱ类水超标率为100%，Ⅲ类水超标率为53.3%，Ⅳ类水超标率为33.3%，Ⅴ类水超标率为20%；氨氮Ⅰ类水超标率为66.7%，Ⅱ类水超标率为10%，符合Ⅲ类水标准；总磷Ⅰ类水超标率为86.7%，Ⅱ类水超标率为70%，Ⅲ类水超标率为60%，Ⅳ类水超标率为16.7%，符合Ⅴ类水标准；高锰酸盐指数Ⅰ类水超标率为100%，Ⅱ类水超标率为66.7%，符合Ⅲ类水标准。

冬季太湖水质监测中，pH超标率为20%；溶解氧符合Ⅰ类水标准；总氮Ⅱ类水超标率为100%，Ⅲ类水超标率为76.7%，Ⅳ类水超标率为53.3%，Ⅴ类水超标率为33.3%；氨氮Ⅰ类水超标率为10%，Ⅱ类水超标率为3.3%；总磷Ⅱ类水超标率为100%，Ⅲ类水超标率为80%，Ⅳ类水超标率为30%，符合Ⅴ类水标准；高锰酸盐指数Ⅰ类水超标率为100%，Ⅱ类水超标率为50%，Ⅲ类水超标率为10%，Ⅳ类水超标率为3.3%，符合Ⅴ类水标准。

洪泽湖

监测结果

洪泽湖水质4个频次各监测项目统计结果如表

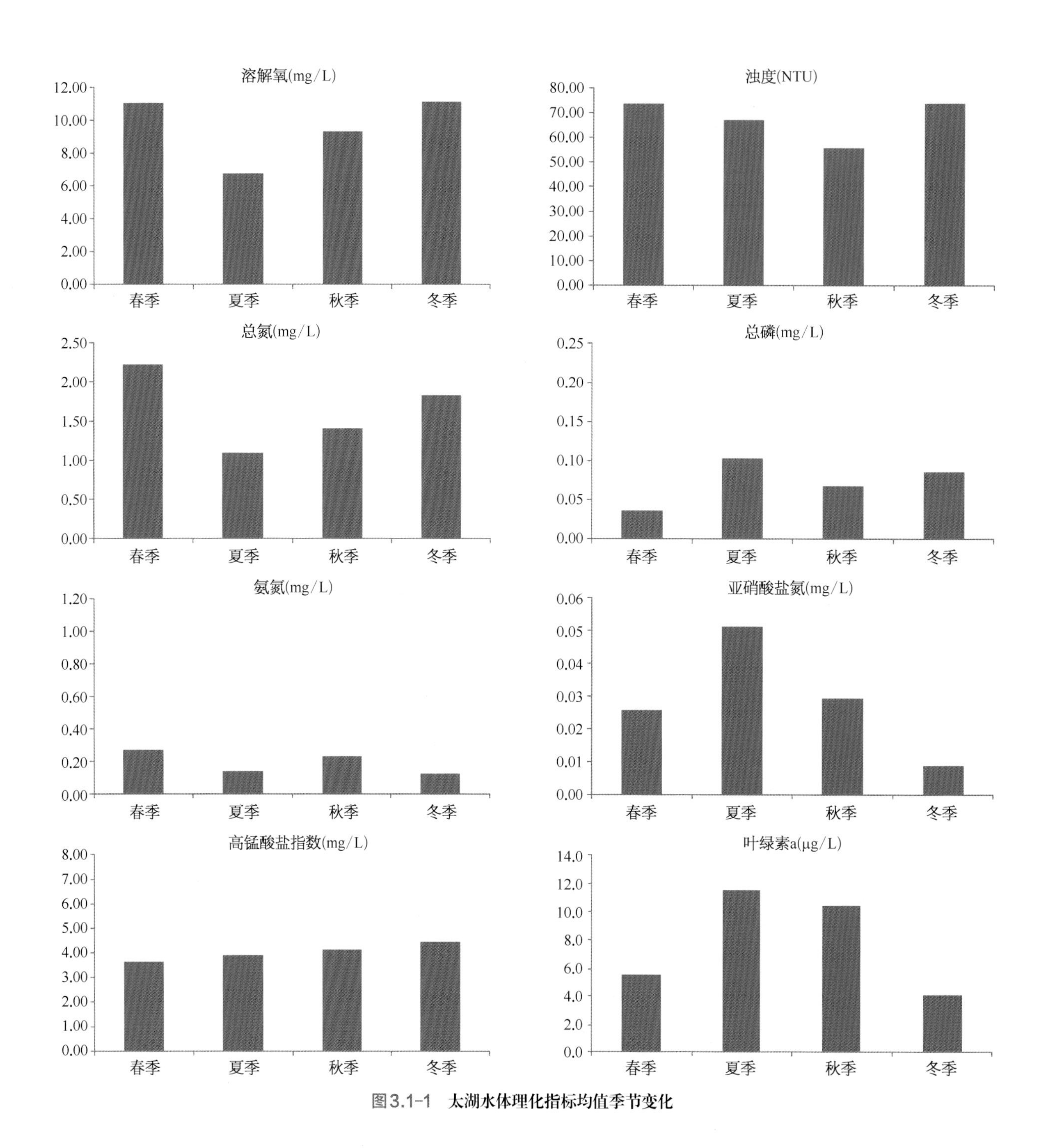

图3.1-1 太湖水体理化指标均值季节变化

3.1-3和表3.1-4所示。

· 季节变化

根据四个季度洪泽湖监测数据可知：溶解氧春季＞秋季＞冬季＞夏季；浊度秋季＞夏季＞春季＞冬季；总氮冬季＞秋季＞夏季＞春季；总磷秋季＞夏季＞春季＞冬季；氨氮冬季＞夏季＞春季＞秋季；亚硝酸盐氮春季＞夏季＞冬季＞秋季；高锰酸盐指数秋季＞夏季＞春季＞冬季；叶绿素a夏季＞春季＞冬季＞秋季（如图3.1-2）。

· 总体评价

春季洪泽湖水质监测中，pH符合《地表水环境质量标准》(GB 3838—2002)；溶解氧Ⅰ类水超标率为8.3%，Ⅱ类水超标率为4.2%，符合Ⅲ类水标准；总氮Ⅱ类水超标率为100%，Ⅲ类水超标率为70.8%，Ⅳ类

表 3.1-3 各监测项目统计结果（春季和夏季）

监测项目	春季		夏季	
	范围	均值	范围	均值
pH	7.64 ～ 8.66	8.30	7.21 ～ 8.39	8.03
水温（℃）	18.54 ～ 22.33	20.00	27.12 ～ 32.30	29.00
水深（m）	2.1 ～ 5.7	3.3	2.5 ～ 6.0	3.4
溶解氧（mg/L）	5.14 ～ 12.06	9.26	4.56 ～ 10.75	8.26
浊度（NTU）	5 ～ 79	32	11 ～ 68	42
总氮（mg/L）	0.620 ～ 2.64	1.47	0.920 ～ 3.40	1.78
氨氮（mg/L）	0.078 ～ 0.776	0.300	0.054 ～ 1.29	0.317
亚硝酸盐氮（mg/L）	0.017 ～ 0.16	0.039	0.015 ～ 0.046	0.030
总溶解性氮（mg/L）	0.320 ～ 2.36	1.15	0.760 ～ 2.10	1.33
总磷（mg/L）	0.014 ～ 0.425	0.077	0.045 ～ 0.241	0.114
总溶解性磷（mg/L）	0.011 ～ 0.192	0.046	0.042 ～ 0.239	0.092
磷酸盐（mg/L）	ND ～ 0.207	0.038	ND	ND
高锰酸盐指数（mg/L）	2.9 ～ 5.0	3.7	2.7 ～ 7.1	4.6
透明度（m）	0.15 ～ 0.50	0.27	0.30 ～ 0.70	0.44
叶绿素 a（μg/L）	0 ～ 12.3	6.74	0.70 ～ 37.2	12.8

表 3.1-4 各监测项目统计结果（秋季和冬季）

监测项目	秋季		冬季	
	范围	均值	范围	均值
pH	6.38 ～ 8.14	7.70	7.01 ～ 7.68	7.28
水温（℃）	13.97 ～ 15.52	14.88	9.2 ～ 11.7	10.82
水深（m）	2.0 ～ 5.0	3.1	1.4 ～ 4.1	2.8
溶解氧（mg/L）	7.38 ～ 10.91	9.08	6.58 ～ 10.28	8.84
浊度（NTU）	48 ～ 230	112	1 ～ 18	8
总氮（mg/L）	1.50 ～ 2.86	2.22	1.21 ～ 9.24	2.41
氨氮（mg/L）	0.070 ～ 0.302	0.155	0 ～ 3.68	0.351
亚硝酸盐氮（mg/L）	0.004 ～ 0.099	0.020	0.003 ～ 0.118	0.027
总溶解性氮（mg/L）	1.36 ～ 2.72	2.08	0.989 ～ 3.68	1.88
总磷（mg/L）	0.073 ～ 0.259	0.139	0.013 ～ 0.218	0.050
总溶解性磷（mg/L）	0.061 ～ 0.175	0.110	ND ～ 0.068	0.010
磷酸盐（mg/L）	ND	ND	ND ～ 0.308	0.021
高锰酸盐指数（mg/L）	4.0 ～ 5.3	4.7	2.6 ～ 6.9	3.2
透明度（m）	0.10 ～ 0.25	0.19	0.20 ～ 0.50	0.30
叶绿素 a（μg/L）	0.082 ～ 5.34	3.09	1.40 ～ 15.9	3.67

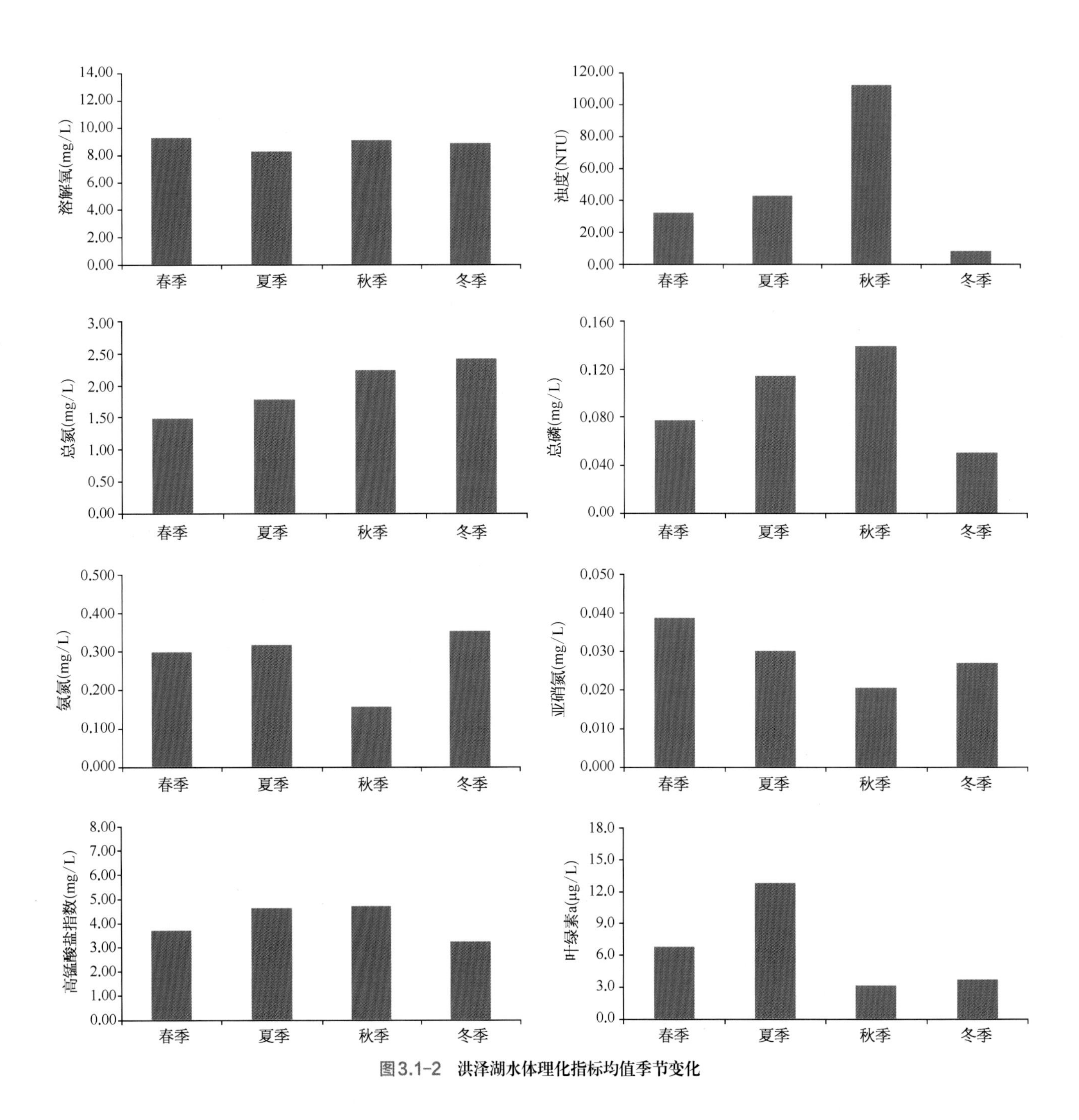

图3.1-2 洪泽湖水体理化指标均值季节变化

水超标率为37.5%，Ⅴ类水超标率为29.2%；氨氮Ⅰ类水超标率为87.5%，Ⅱ类水超标率为20.8%，符合Ⅲ类水标准；总磷Ⅰ类水超标率为100%，Ⅱ类水超标率为91.7%，Ⅲ类水超标率为45.8%，Ⅳ类水超标率为12.5%，Ⅴ类水超标率为8.3%；高锰酸盐指数Ⅰ类水超标率为100%，Ⅱ类水超标率为29.2%，符合Ⅲ类水标准。

夏季洪泽湖水质监测中，pH超标率为16.7%；溶解氧Ⅰ类水超标率为33.3%，Ⅱ类水超标率为16.7%，Ⅲ类水超标率为4.2%，符合Ⅳ类水标准；总氮Ⅱ类水超标率为100%，Ⅲ类水超标率为95.8%，Ⅳ类水超标率为62.5%，Ⅴ类水超标率为20.8%；氨氮Ⅰ类水超标率为66.7%，Ⅱ类水超标率为16.7%，Ⅲ类水超标率为4.2%，符合Ⅳ类水标准；总磷Ⅱ类水超标率为100%，Ⅲ类水超标率为95.8%，Ⅳ类水超标率为58.3%，Ⅴ类水超标率为4.2%；高锰酸盐指数Ⅰ类水超标率为100%，Ⅱ类水超标率为62.5%，Ⅲ类水超标率为20.8%，符合Ⅳ类水标准。

秋季洪泽湖水质监测中，pH符合《地表水环境质量标准》(GB 3838—2002)；溶解氧Ⅰ类水超标率为4.2%，符合Ⅱ类水标准；总氮Ⅲ类水超标率为100%，Ⅳ类水超标率为95.8%，Ⅴ类水超标率为8.3%；氨氮Ⅰ类水超标率为50%，符合Ⅱ类水标准；总磷Ⅲ类水超标率为100%，Ⅳ类水超标率为79.2%，Ⅴ类水超标率为8.3%；高锰酸盐指数Ⅰ类水超标率为100%，Ⅱ类水超标率为95.8%，符合Ⅲ类水标准。

冬季洪泽湖水质监测中，pH符合《地表水环境质量标准》(GB 3838—2002)；溶解氧Ⅰ类水超标率为12.5%，符合Ⅱ类水标准；总氮Ⅲ类水超标率为100%，Ⅳ类水超标率为95.8%，Ⅴ类水超标率为37.5%；氨氮Ⅰ类水超标率为66.7%，Ⅱ类水超标率为8.3%，Ⅲ类水超标率为4.2%，Ⅳ类水超标率为4.2%，Ⅴ类水超标率为4.2%；总磷Ⅰ类水超标率为100%，Ⅱ类水超标率为54.2%，Ⅲ类水超标率为16.7%，Ⅳ类水超标率为12.5%，Ⅴ类水超标率为8.3%；高锰酸盐指数Ⅰ类水超标率为100%，Ⅱ类水超标率为4.2%，Ⅲ类水超标率为4.2%，符合Ⅳ类水标准。

高宝邵伯湖

高邮湖

监测结果

高邮湖水质4个频次各监测项目统计结果如表3.1-5和表3.1-6所示。

表3.1-5 各监测项目统计结果(春季和夏季)

监测项目	春季		夏季	
	范围	均值	范围	均值
pH	8.29 ~ 9.75	8.99	7.92 ~ 9.07	8.56
水温(℃)	12.34 ~ 17.70	14.96	26.57 ~ 31.16	28.25
水深(m)	1.6 ~ 2.0	1.9	1.2 ~ 2.5	1.7
溶解氧(mg/L)	8.58 ~ 10.91	9.79	5.71 ~ 13.45	9.30
浊度(NTU)	3 ~ 41	19	16 ~ 137	83
总氮(mg/L)	0.49 ~ 4.10	2.11	0.14 ~ 4.09	0.81
氨氮(mg/L)	0.179 ~ 0.756	0.337	0.050 ~ 0.274	0.134
亚硝酸盐氮(mg/L)	0 ~ 0.289	0.072	0.045 ~ 0.055	0.051
总溶解性氮(mg/L)	0.390 ~ 3.91	1.87	0.110 ~ 1.20	0.509
总磷(mg/L)	0.036 ~ 0.079	0.053	0.035 ~ 2.91	0.314
总溶解性磷(mg/L)	ND ~ 0.045	0.022	ND ~ 0.112	0.049
磷酸盐(mg/L)	0.020 ~ 0.069	0.030	ND	ND
高锰酸盐指数(mg/L)	3.1 ~ 4.6	3.8	4.1 ~ 6.6	5.6
透明度(m)	0.18 ~ 0.30	0.23	0.15 ~ 0.50	0.30
叶绿素a(μg/L)	1.80 ~ 16.3	6.44	0.70 ~ 31.4	8.17

表3.1-6 各监测项目统计结果(秋季和冬季)

监测项目	秋季		冬季	
	范围	均值	范围	均值
pH	7.86 ~ 8.86	8.37	8.56 ~ 9.28	8.77
水温(℃)	10.02 ~ 13.73	12.50	8.16 ~ 10.86	9.23

（续表）

表3.1-6 各监测项目统计结果（秋季和冬季）

监测项目	秋季		冬季	
	范围	均值	范围	均值
水深（m）	1.5 ～ 3.2	2.3	1.2 ～ 2.0	1.5
溶解氧（mg/L）	10.10 ～ 13.30	11.40	10.58 ～ 13.27	11.27
浊度（NTU）	22 ～ 83	49	2 ～ 10	5
总氮（mg/L）	1.00 ～ 1.69	1.33	0.912 ～ 3.03	1.80
氨氮（mg/L）	0.125 ～ 0.393	0.248	0.034 ～ 0.293	0.081
亚硝酸盐氮（mg/L）	0.003 ～ 0.046	0.017	0.020 ～ 0.101	0.050
总溶解性氮（mg/L）	0.770 ～ 1.41	1.07	0.604 ～ 2.53	1.54
总磷（mg/L）	0.010 ～ 0.137	0.061	0.012 ～ 0.126	0.053
总溶解性磷（mg/L）	ND ～ 0.070	0.026	ND ～ 0.093	0.030
磷酸盐（mg/L）	ND	ND	ND	ND
高锰酸盐指数（mg/L）	4.1 ～ 5.0	4.4	3.1 ～ 7.6	4.5
透明度（m）	0.15 ～ 0.32	0.22	0.15 ～ 0.70	0.25
叶绿素a（μg/L）	4.0 ～ 31.9	14.3	1.9 ～ 24.8	8.23

· 季节变化

根据四个季度高邮湖监测数据可知：溶解氧秋季＞冬季＞春季＞夏季；浊度夏季＞秋季＞春季＞冬季；总氮春季＞冬季＞秋季＞夏季；总磷夏季＞秋季＞冬季=春季；氨氮春季＞秋季＞夏季＞冬季；亚硝酸盐氮春季＞夏季＞冬季＞秋季；高锰酸盐指数夏季＞冬季＞秋季＞春季；叶绿素a秋季＞夏季=冬季＞春季（如图3.1-3）。

· 总体评价

春季高邮湖水质监测中，pH超标率为41.7%；溶解氧符合Ⅰ类水标准；总氮Ⅰ类水超标率为100%，Ⅱ类水超标率为91.7%，Ⅲ类水超标率为75%，Ⅳ类水超标率为50%，Ⅴ类水超标率为50%；氨氮Ⅰ类水超标率为100%，Ⅱ类水超标率为16.7%，符合Ⅲ类水标准；总磷Ⅰ类水超标率为100%，Ⅱ类水超标率为50%，符合Ⅲ类水标准；高锰酸盐指数Ⅰ类水超标率为100%，Ⅱ类水超标率为25%，符合Ⅲ类水标准。

夏季高邮湖水质监测中，pH超标率为8.3%；溶解氧Ⅰ类水超标率为25%，Ⅱ类水超标率为8.3%，符合Ⅲ类水标准；总氮Ⅰ类水超标率为83.3%，Ⅱ类水超标率为58.3%，Ⅲ类水超标率为16.7%，Ⅳ类水超标率为16.7%，Ⅴ类水超标率为8.3%；氨氮Ⅰ类水超标率为33.3%，符合Ⅱ类水标准；总磷Ⅱ类水超标率为50%，Ⅲ类水超标率为75%，Ⅳ类水超标率为33.3%，Ⅴ类水超标率为8.3%；高锰酸盐指数Ⅱ类水超标率为100%，Ⅲ类水超标率为50%，符合Ⅳ类水标准。

秋季高邮湖水质监测中，pH符合《地表水环境质量标准》（GB 3838—2002）；溶解氧符合Ⅰ类水标准；总氮Ⅱ类水超标率为100%，Ⅲ类水超标率为91.7%，Ⅳ类水超标率为16.7%，符合Ⅴ类水标准；氨氮Ⅰ类水超标率为91.7%，符合Ⅱ类水标准；总磷Ⅰ类水超标率为100%，Ⅱ类水超标率为58.3%，Ⅲ类水超标率为58.3%，Ⅳ类水超标率为16.7%，符合Ⅴ类水标准；高锰酸盐指数Ⅱ类水超标率为100%，符合Ⅲ类水标准。

冬季高邮湖水质监测中，pH超标率为25%；溶解氧符合Ⅰ类水标准；总氮Ⅱ类水超标率为100%，Ⅲ类水超标率为83.3%，Ⅳ类水超标率为66.7%，Ⅴ

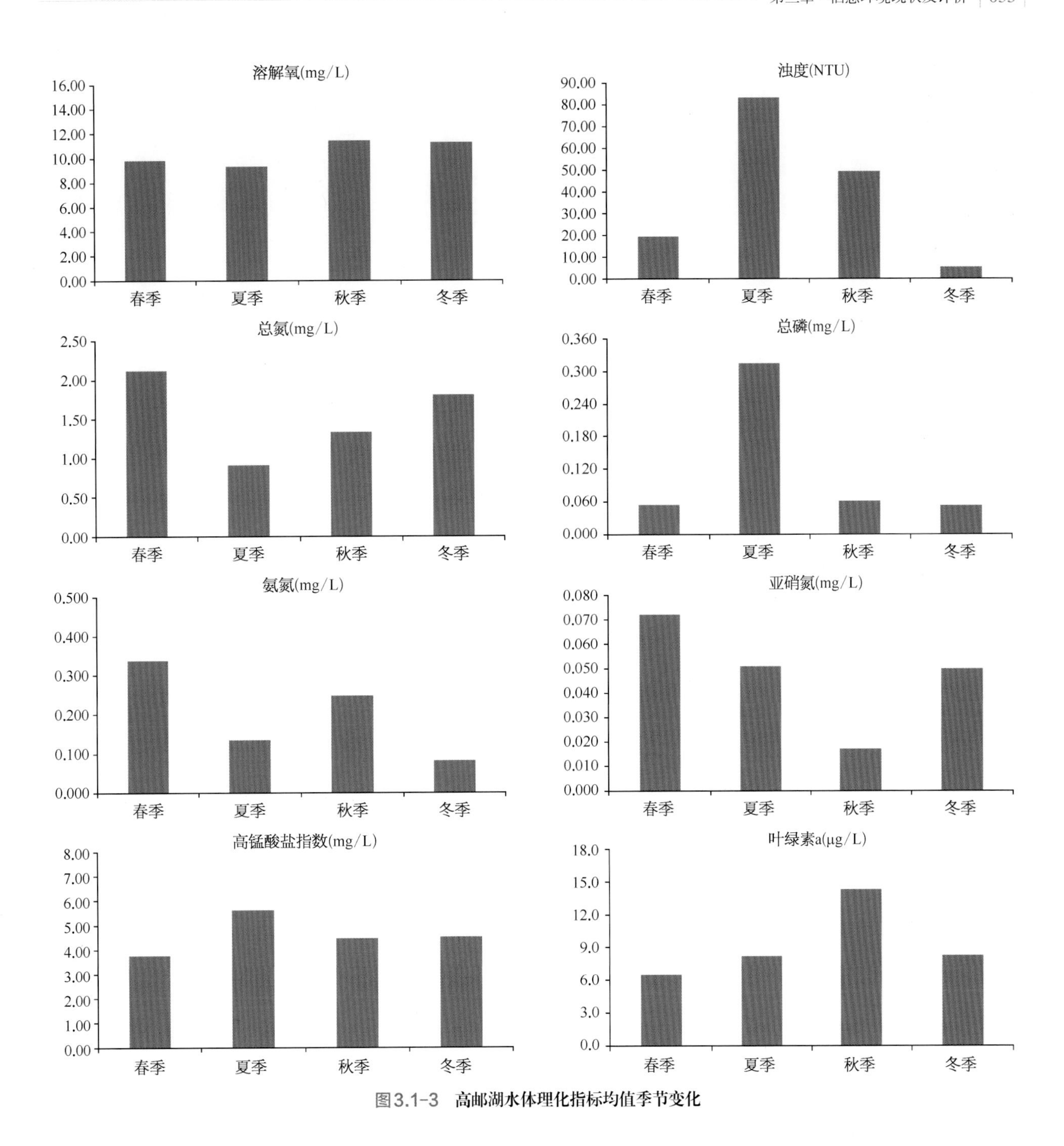

图3.1-3 高邮湖水体理化指标均值季节变化

类水超标率为41.7%；氨氮Ⅰ类水超标率为8.3%，符合Ⅱ类水标准；总磷Ⅰ类水超标率为100%，Ⅱ类水超标率为75%，Ⅲ类水超标率为33.3%，Ⅳ类水超标率为8.3%，符合Ⅴ类水标准；高锰酸盐指数Ⅰ类水超标率为100%，Ⅱ类水超标率为58.3%，Ⅲ类水超标率为16.7%，符合Ⅳ类水标准。

宝应湖

监测结果

宝应湖水质4个频次各监测项目统计结果如表3.1-7和表3.1-8所示。

季节变化

根据四个季度宝应湖监测数据可知：溶解氧春季＞冬季＞秋季＞夏季；浊度秋季＞夏季＞春季＞冬季；总氮秋季＞春季＞夏季＞冬季；总磷夏季＞冬季＞春季＞秋季；氨氮春季＞秋季＞夏季＞冬季；亚硝酸盐氮夏季＞冬季＞春季＞秋季；高锰酸盐指数夏季＞冬季＞秋季＝春季；叶绿素a秋季＞夏季＞冬季＞春季（如图3.1-4）。

表 3.1-7 各监测项目统计结果（春季和夏季）

监测项目	春季		夏季	
	范围	均值	范围	均值
pH	8.61 ～ 9.18	8.80	7.25 ～ 8.37	7.83
水温（℃）	17.15 ～ 18.21	17.63	28.25 ～ 29.45	28.82
水深（m）	2.5 ～ 3.0	2.6	1.2 ～ 2.2	1.7
溶解氧（mg/L）	10.92 ～ 13.49	11.90	1.91 ～ 8.45	5.29
浊度（NTU）	2 ～ 9	4	6 ～ 20	13
总氮（mg/L）	1.10 ～ 1.19	1.08	0.820 ～ 1.09	1.01
氨氮（mg/L）	0.163 ～ 0.279	0.203	0.059 ～ 0.208	0.121
亚硝酸盐氮（mg/L）	0.011 ～ 0.020	0.013	0.046 ～ 0.054	0.049
总溶解性氮（mg/L）	0.740 ～ 1.00	0.862	0.710 ～ 0.970	0.857
总磷（mg/L）	0.032 ～ 0.037	0.033	0.039 ～ 0.171	0.105
总溶解性磷（mg/L）	0.015 ～ 0.026	0.020	0.010 ～ 0.122	0.063
磷酸盐（mg/L）	0.017 ～ 0.024	0.020	ND	ND
高锰酸盐指数（mg/L）	3.8 ～ 4.9	4.3	6.4 ～ 6.6	6.5
透明度（m）	0.20 ～ 0.30	0.25	0.40 ～ 0.60	0.50
叶绿素 a（μg/L）	1.7 ～ 12.9	5.6	1.8 ～ 26.5	12.8

表 3.1-8 各监测项目统计结果（秋季和冬季）

监测项目	秋季		冬季	
	范围	均值	范围	均值
pH	8.20 ～ 8.51	8.39	8.65 ～ 9.38	9.11
水温（℃）	12.34 ～ 12.94	12.73	9.32 ～ 10.17	9.70
水深（m）	1.6 ～ 1.9	1.8	2.5 ～ 3.0	2.6
溶解氧（mg/L）	11.25 ～ 12.25	11.90	10.07 ～ 15.55	12.97
浊度（NTU）	17 ～ 25	21	2 ～ 4	2
总氮（mg/L）	1.20 ～ 1.27	1.23	0.642 ～ 1.06	0.804
氨氮（mg/L）	0.125 ～ 0.248	0.180	0.028 ～ 0.211	0.114
亚硝酸盐氮（mg/L）	0.005 ～ 0.021	0.013	0.020 ～ 0.026	0.024
总溶解性氮（mg/L）	0.960 ～ 1.02	0.982	0.604 ～ 0.931	0.734
总磷（mg/L）	0.016 ～ 0.038	0.030	0.029 ～ 0.053	0.037
总溶解性磷（mg/L）	ND ～ 0.018	0.011	ND ～ 0.025	0.014
磷酸盐（mg/L）	ND	ND	ND	ND
高锰酸盐指数（mg/L）	4.9 ～ 5.9	5.3	5.9 ～ 6.6	6.3
透明度（m）	0.25 ～ 0.38	0.32	0.35 ～ 1.20	0.86
叶绿素 a（μg/L）	11.5 ～ 20.5	16.2	4.3 ～ 8.8	6.1

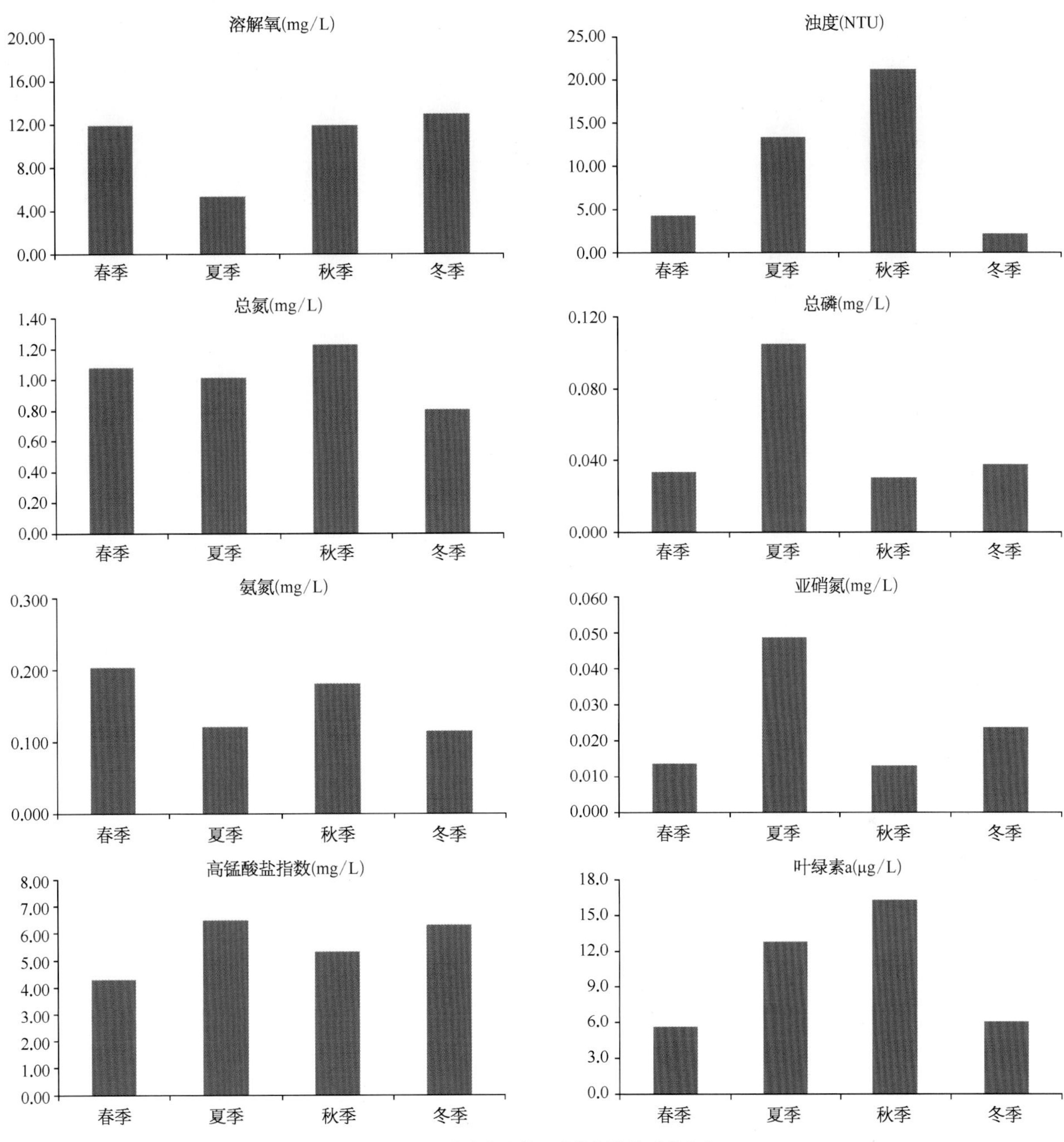

图3.1-4 宝应湖水体理化指标均值季节变化

· 总体评价

根据四个季度的监测结果进行评价，评价结果显示如下。

春季宝应湖水质监测中，pH超标率为25%；溶解氧符合Ⅰ类水标准；总氮Ⅲ类水超标率为100%，符合Ⅳ类水标准；氨氮Ⅰ类水超标率为100%，符合Ⅱ类水标准；总磷Ⅱ类水超标率为100%，符合Ⅲ类水标准；高锰酸盐指数Ⅰ类水超标率为100%，Ⅱ类水超标率为50%，符合Ⅲ类水标准。

夏季宝应湖水质监测中，pH符合《地表水环境质量标准》（GB 3838—2002）；溶解氧Ⅰ类水超标率为50%，Ⅱ类水超标率为50%，Ⅲ类水超标率为50%，Ⅳ类水超标率为50%，Ⅴ类水超标率为25%；总氮Ⅱ类水超标率为100%，Ⅲ类水超标率为75%，符合Ⅳ类水标准；氨氮Ⅰ类水超标率为25%，符合Ⅱ类水标准；总磷Ⅱ类水超标率为100%，Ⅲ类水超标率为75%，Ⅳ类水超标率为50%，符合Ⅴ类水标准；高锰酸盐指数Ⅲ类水超标率为100%，符合Ⅳ类水标准。

秋季宝应湖水质监测中，pH符合《地表水环境质量标准》（GB 3838—2002）；溶解氧符合Ⅰ类水标准；总氮Ⅲ类水超标率为100%，符合Ⅳ类水标准；氨氮Ⅰ类水超标率为50%，符合Ⅱ类水标准；总磷Ⅰ类水超标率为100%，Ⅱ类水超标率为75%，符合Ⅲ类水标准；高锰酸盐指数Ⅱ类水超标率为100%，符合Ⅲ类水标准。

冬季宝应湖水质监测中，pH超标率为25%；溶解氧符合Ⅰ类水标准；总氮Ⅱ类水超标率为100%，Ⅲ类水超标率为25%，符合Ⅳ类水标准；氨氮Ⅰ类水超标率为25%，符合Ⅱ类水标准；总磷Ⅱ类水超标率为100%，Ⅲ类水超标率为25%，符合Ⅳ类水标准；高锰酸盐指数Ⅱ类水超标率为100%，Ⅲ类水超标率为75%，符合Ⅳ类水标准。

邵伯湖

监测结果

邵伯湖水质4个频次各监测项目统计结果如表3.1-9和表3.1-10所示。

表3.1-9 各监测项目统计结果（春季和夏季）

监测项目	春季		夏季	
	范围	均值	范围	均值
pH	7.72 ～ 8.27	8.00	7.96 ～ 8.61	8.25
水温（℃）	15.55 ～ 15.66	15.61	27.20 ～ 28.89	27.90
水深（m）	2.0 ～ 6.0	3.4	1.5 ～ 3.8	2.3
溶解氧（mg/L）	12.65 ～ 13.35	13.02	6.38 ～ 9.36	8.03
浊度（NTU）	47 ～ 103	72	75 ～ 187	134
总氮（mg/L）	1.85 ～ 3.26	2.88	0.140 ～ 0.530	0.342
氨氮（mg/L）	1.22 ～ 1.55	1.40	0.104 ～ 0.122	0.111
亚硝酸盐氮（mg/L）	0.036 ～ 0.055	0.049	0.047 ～ 0.051	0.049
总溶解性氮（mg/L）	1.82 ～ 3.14	2.69	0.080 ～ 0.440	0.260
总磷（mg/L）	0.049 ～ 0.059	0.054	0.082 ～ 0.171	0.113
总溶解性磷（mg/L）	0.022 ～ 0.030	0.028	0.032 ～ 0.076	0.057
磷酸盐（mg/L）	0.019 ～ 0.045	0.029	ND	ND
高锰酸盐指数（mg/L）	3.3 ～ 5.5	4.0	3.4 ～ 6.0	4.7
透明度（m）	0.30 ～ 0.40	0.34	0.20 ～ 0.40	0.29
叶绿素a（μg/L）	3.6 ～ 8.7	5.8	5.2 ～ 16.4	9.0

表3.1-10 各监测项目统计结果（秋季和冬季）

监测项目	秋季		冬季	
	范围	均值	范围	均值
pH	8.02 ～ 8.27	8.18	8.74 ～ 8.95	8.87
水温（℃）	11.83 ～ 12.53	12.15	8.97 ～ 9.60	9.21
水深（m）	1.3 ～ 4.4	2.3	2.0	2.0
溶解氧（mg/L）	10.57 ～ 10.92	10.78	10.25 ～ 11.4	10.9

（续表）

表 3.1-10 各监测项目统计结果（秋季和冬季）

监测项目	秋季		冬季	
	范围	均值	范围	均值
浊度（NTU）	43 ～ 151	88	4 ～ 10	7
总氮（mg/L）	1.19 ～ 1.56	1.37	2.08 ～ 2.57	2.29
氨氮（mg/L）	0.163 ～ 0.224	0.197	0.039 ～ 0.056	0.046
亚硝酸盐氮（mg/L）	0.008 ～ 0.015	0.012	0.056 ～ 0.066	0.061
总溶解性氮（mg/L）	0.950 ～ 1.29	1.11	2.05 ～ 2.24	2.10
总磷（mg/L）	0.075 ～ 0.109	0.088	0.039 ～ 0.076	0.056
总溶解性磷（mg/L）	0.029 ～ 0.063	0.043	ND ～ 0.037	0.021
磷酸盐（mg/L）	ND	ND	ND	ND
高锰酸盐指数（mg/L）	3.8 ～ 4.4	4.2	3.6 ～ 5.7	4.7
透明度（m）	0.15 ～ 0.32	0.23	0.15 ～ 0.20	0.18
叶绿素a（μg/L）	1.4 ～ 15.6	8.6	1.2 ～ 7.7	4.1

· 季节变化

根据四个季度邵伯湖监测数据可知：溶解氧春季 > 冬季 > 秋季 > 夏季；浊度夏季 > 秋季 > 春季 > 冬季；总氮春季 > 冬季 > 秋季 > 夏季；总磷夏季 > 秋季 > 冬季 > 春季；氨氮春季 > 秋季 > 夏季 > 冬季；亚硝酸盐氮冬季 > 春季=夏季 > 秋季；高锰酸盐指数夏季 > 冬季 > 秋季 > 春季；叶绿素a夏季 > 秋季 > 春季 > 冬季（如图3.1-5）。

· 总体评价

春季邵伯湖水质监测中，pH符合《地表水环境质量标准》（GB 3838—2002）；溶解氧符合Ⅰ类水标准；总氮Ⅳ类水超标率为100%，Ⅴ类水超标率为75%；氨氮Ⅲ类水超标率为100%，Ⅳ类水超标率为25%，符合Ⅴ类水标准；总磷Ⅱ类水超标率为100%，Ⅲ类水超标率为75%，符合Ⅳ类水标准；高锰酸盐指数Ⅰ类水超标率为100%，Ⅱ类水超标率为25%，符合Ⅲ类水标准。

夏季邵伯湖水质监测中，pH符合《地表水环境质量标准》（GB 3838—2002）；溶解氧Ⅰ类水超标率为25%，符合Ⅱ类水标准；总氮Ⅰ类水超标率为75%，Ⅱ类水超标率为25%，符合Ⅲ类水标准；氨氮符合Ⅰ类水标准；总磷Ⅲ类水超标率为100%，Ⅳ类水超标率为50%，符合Ⅴ类水标准；高锰酸盐指数Ⅰ类水超标率为100%，Ⅱ类水超标率为75%，符合Ⅲ类水标准。

秋季邵伯湖水质监测中，pH符合《地表水环境质量标准》（GB 3838—2002）；溶解氧符合Ⅰ类水标准；总氮Ⅲ类水超标率为100%，Ⅳ类水超标率为25%，符合Ⅴ类水标准；氨氮Ⅰ类水超标率为100%，符合Ⅱ类水标准；总磷Ⅲ类水超标率为100%，Ⅳ类水超标率为25%，符合Ⅴ类水标准；高锰酸盐指数Ⅰ类水超标率为100%，Ⅱ类水超标率为75%，符合Ⅲ类水标准。

冬季邵伯湖水质监测中，pH符合《地表水环境质量标准》（GB 3838—2002）；溶解氧符合Ⅰ类水标准；总氮Ⅴ类水超标率为100%；氨氮符合Ⅰ类水标准；总磷Ⅱ类水超标率为100%，Ⅲ类水超标率为50%，符合Ⅳ类水标准；高锰酸盐指数Ⅰ类水超标率为100%，Ⅱ类水超标率为75%，符合Ⅲ类水标准。

滆湖

· 监测结果

滆湖水质4个频次各监测项目统计结果如表

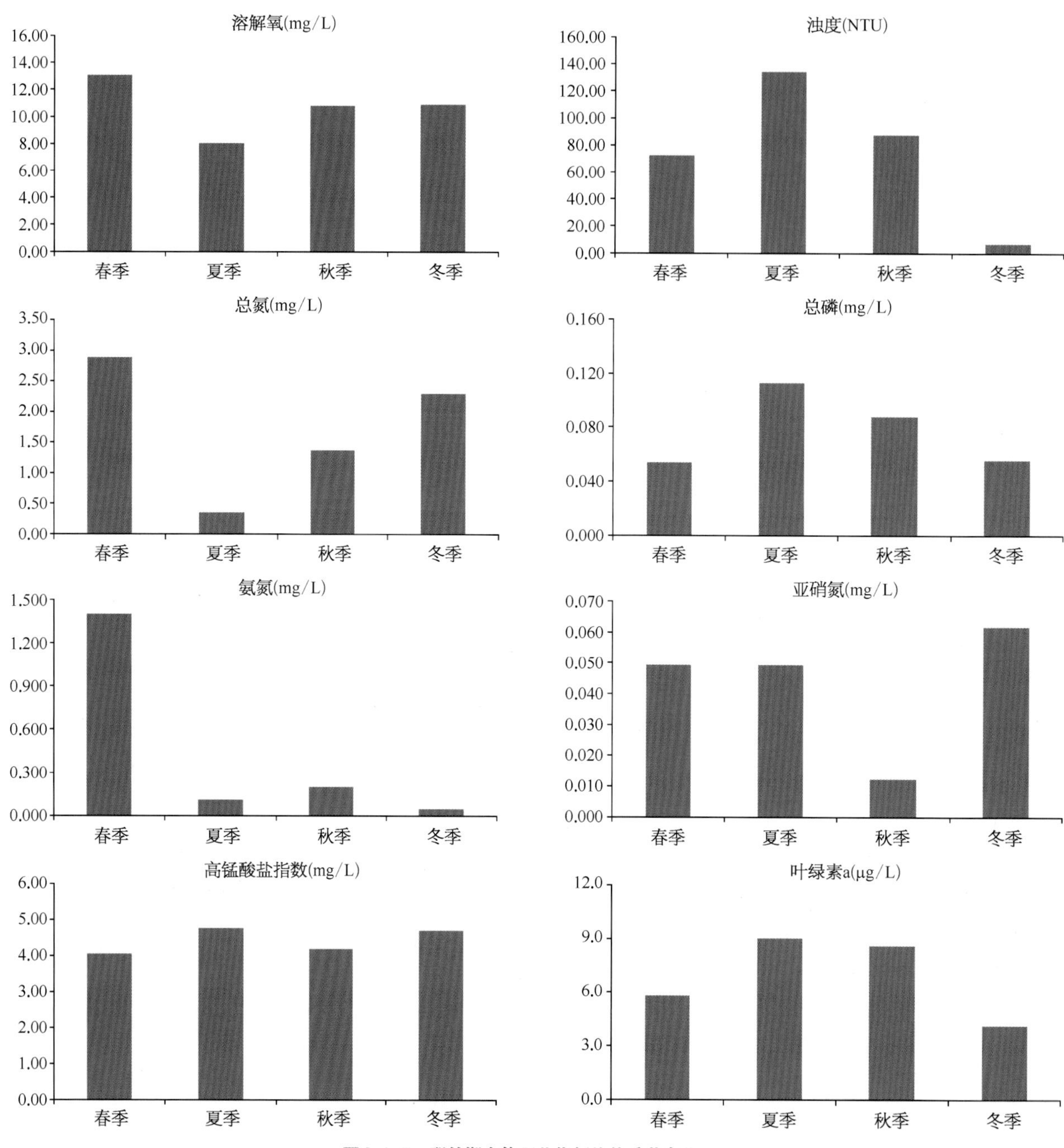

图3.1-5 邵伯湖水体理化指标均值季节变化

3.1-11和表3.1-12所示。

· 季节变化

根据四个季度滆湖监测数据可知：溶解氧春季 > 秋季 > 冬季 > 夏季；浊度夏季 > 秋季 > 冬季 > 春季；总氮冬季 > 春季 > 夏季 > 秋季；总磷冬季 > 夏季 > 秋季 > 春季；氨氮冬季 > 春季 > 秋季 > 夏季；亚硝酸盐氮夏季 > 春季 > 秋季 > 冬季；高锰酸盐指数春季 > 夏季 > 冬季 > 秋季；叶绿素a秋季 > 夏季 > 春季 > 冬季（如图3.1-6）。

· 总体评价

根据四个季度的监测结果进行评价，评价结果如下。

春季滆湖水质监测中，pH符合《地表水环境质量标准》（GB 3838—2002）；溶解氧Ⅰ类水超标率为6.3%，符合Ⅱ类水标准；总氮劣于地表水环境质量Ⅴ类标准；氨氮Ⅱ类水超标率为100%，Ⅲ类水超标率为81.2%，Ⅳ类水超标率为18.8%；总磷Ⅱ类水超标率为100%，Ⅲ类水超标率为81.2%，Ⅳ类水超标率为

表 3.1-11 各监测项目统计结果（春季和夏季）

监测项目	春季		夏季	
	范围	均值	范围	均值
pH	6.83 ～ 8.29	7.59	7.46 ～ 8.60	8.19
水温（℃）	8.2 ～ 11.0	9.70	24.4 ～ 25.0	24.8
水深（m）	1.0 ～ 4.1	1.7	1.3 ～ 3.3	1.8
溶解氧（mg/L）	7.18 ～ 12.97	11.03	3.31 ～ 8.15	6.73
浊度（NTU）	19 ～ 61	34.6	56 ～ 164	94
总氮（mg/L）	2.22 ～ 4.89	3.16	1.51 ～ 4.87	2.45
氨氮（mg/L）	0.591 ～ 1.72	1.12	0.097 ～ 0.332	0.179
亚硝酸盐氮（mg/L）	0.014 ～ 0.119	0.048	0.059 ～ 0.207	0.123
总溶解性氮（mg/L）	2.04 ～ 4.64	2.91	1.33 ～ 4.55	2.23
总磷（mg/L）	0.030 ～ 0.204	0.075	0.098 ～ 0.312	0.168
总溶解性磷（mg/L）	0.024 ～ 0.177	0.057	0.089 ～ 0.289	0.154
磷酸盐（mg/L）	0.020 ～ 0.214	0.052	ND ～ 0.165	0.057
高锰酸盐指数（mg/L）	3.3 ～ 4.0	3.6	2.7 ～ 4.6	3.6
透明度（m）	0.14 ～ 0.54	0.29	0.09 ～ 0.26	0.14
叶绿素 a（μg/L）	0.50 ～ 6.40	3.50	4.10 ～ 38.3	21.2

表 3.1-12 各监测项目统计结果（秋季和冬季）

监测项目	秋季		冬季	
	范围	均值	范围	均值
pH	5.58 ～ 8.92	7.82	7.00 ～ 8.02	7.73
水温（℃）	15.8 ～ 19.7	18.4	7.4 ～ 8.7	7.9
水深（m）	1.2 ～ 4.4	1.7	0.9 ～ 3.4	1.7
溶解氧（mg/L）	4.82 ～ 12.26	9.50	5.72 ～ 10.54	9.12
浊度（NTU）	34 ～ 73	53	28 ～ 76	44
总氮（mg/L）	1.28 ～ 4.08	1.99	3.22 ～ 7.45	5.14
氨氮（mg/L）	0.085 ～ 0.930	0.270	0.767 ～ 2.62	1.64
亚硝酸盐氮（mg/L）	ND ～ 0.132	0.038	0.006 ～ 0.074	0.031
总溶解性氮（mg/L）	1.09 ～ 3.69	1.74	2.82 ～ 6.38	4.04
总磷（mg/L）	0.038 ～ 0.387	0.095	0.110 ～ 0.389	0.216
总溶解性磷（mg/L）	0.013 ～ 0.137	0.057	0.039 ～ 0.128	0.072
磷酸盐（mg/L）	ND	ND	ND	ND
高锰酸盐指数（mg/L）	2.1 ～ 3.0	2.51	2.6 ～ 4.1	3.46
透明度（m）	0.18 ～ 0.45	0.27	0.29 ～ 0.37	0.33
叶绿素 a（μg/L）	6.2 ～ 89.6	32.0	1.0 ～ 7.1	2.3

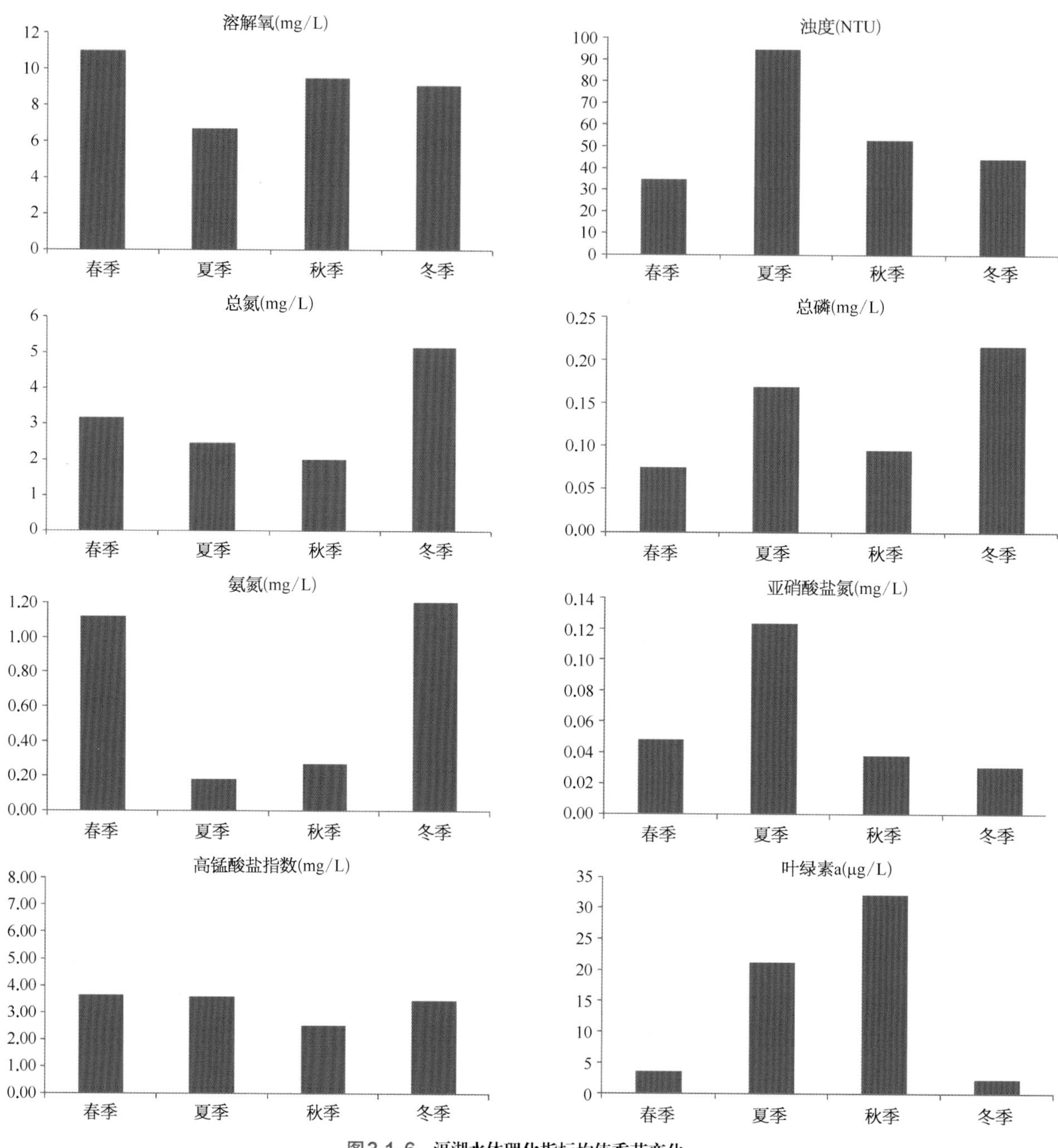

图3.1-6 滆湖水体理化指标均值季节变化

12.6%，Ⅴ类水超标率为6.2%；高锰酸盐指数Ⅰ类水超标率为100%，Ⅱ类水超标率为6.2%，符合Ⅲ类水标准。

夏季滆湖水质监测中，pH符合《地表水环境质量标准》(GB 3838—2002)；溶解氧Ⅰ类水超标率为62.5%，Ⅱ类水超标率为25%，Ⅲ类水超标率为12.5%，符合Ⅳ类水标准；总氮Ⅳ类水超标率为100%，Ⅴ类水超标率为62.5%；氨氮Ⅰ类水超标率为68.8%，符合Ⅱ类水标准；总磷Ⅲ类水超标率为100%，Ⅳ类水超标率为93.8%，Ⅴ类水超标率为18.8%；高锰酸盐指数Ⅰ类水超标率为100%，Ⅱ类水超标率为25%，符合Ⅲ类水标准。

秋季滆湖水质监测中，pH超标率为6.3%；溶解氧Ⅰ类水超标率为6.3%，Ⅱ类水超标率为6.3%，Ⅲ类水超标率为6.3%，符合Ⅳ类水标准；总氮Ⅲ类水超标率为100%，Ⅳ类水超标率为75%，Ⅴ类水超标率为25%；氨氮Ⅰ类水超标率为87.5%，Ⅱ类水超标率为6.2%，符合Ⅲ类水标准；总磷Ⅱ类水超标率为100%，Ⅲ类水超标率为87.5%，Ⅳ类水超标率为25%，Ⅴ类水超标率为6.2%；高锰酸盐指数Ⅰ类水超标率为100%，符合Ⅱ类水标准。

冬季滆湖水质监测中，pH符合《地表水环境质量标准》(GB 3838—2002)；溶解氧Ⅰ类水超标率为18.8%，Ⅱ类水超标率为6.3%，符合Ⅲ类水标准；总氮劣于地表水环境质量Ⅴ类标准；氨氮Ⅱ类水超标率为100%，Ⅲ类水超标率为87.5%；总磷Ⅳ类水超标率为100%，Ⅴ类水超标率为50%；高锰酸盐指数Ⅰ类水超标率为100%，Ⅱ类水超标率为18.8%，符合Ⅲ类水标准。

骆马湖

监测结果

骆马湖水质4个频次各监测项目统计结果如表3.1-13和表3.1-14所示。

表3.1-13 各监测项目统计结果（春季和夏季）

监测项目	春季		夏季	
	范围	均值	范围	均值
pH	7.77 ~ 8.57	8.23	6.95 ~ 7.00	6.97
水温（℃）	18.28 ~ 22.79	21.17	25.7 ~ 29.3	27.69
水深（m）	3.5 ~ 5.0	4.0	0.6 ~ 13.7	3.8
溶解氧（mg/L）	8.02 ~ 10.06	9.27	7.75 ~ 10.90	9.10
浊度（NTU）	4 ~ 19	9	6 ~ 21	10
总氮（mg/L）	0.510 ~ 1.58	0.896	0.547 ~ 1.33	0.840
氨氮（mg/L）	0.087 ~ 0.428	0.165	0.232 ~ 0.588	0.371
亚硝酸盐氮（mg/L）	0.005 ~ 0.054	0.021	0.011 ~ 0.092	0.046
总溶解性氮（mg/L）	0.390 ~ 1.37	0.774	0.355 ~ 1.23	0.642
总磷（mg/L）	0.012 ~ 0.054	0.021	0.021 ~ 0.045	0.030
总溶解性磷（mg/L）	0.010 ~ 0.018	0.013	0.014 ~ 0.034	0.022
磷酸盐（mg/L）	ND ~ 0.042	0.017	ND ~ 0.050	0.011
高锰酸盐指数（mg/L）	2.6 ~ 5.0	3.2	3.7 ~ 4.4	4.0
透明度（m）	0.20 ~ 0.50	0.26	0.10 ~ 0.90	0.57
叶绿素a（μg/L）	0.70 ~ 18.5	5.05	1.60 ~ 7.10	3.54

表3.1-14 各监测项目统计结果（秋季和冬季）

监测项目	秋季		冬季	
	范围	均值	范围	均值
pH	8.02 ~ 8.92	8.57	8.51 ~ 8.73	8.64
水温（℃）	12.74 ~ 13.84	13.25	8.21 ~ 9.44	8.97
水深（m）	3.2 ~ 8.9	5.6	3.5 ~ 5.0	4.0
溶解氧（mg/L）	4.75 ~ 12.12	9.43	8.98 ~ 10.64	9.67
浊度（NTU）	9 ~ 29	19	2 ~ 7	3
总氮（mg/L）	1.00 ~ 4.40	2.96	1.08 ~ 3.08	2.16

（续表）

表3.1-14 各监测项目统计结果（秋季和冬季）

监测项目	秋季		冬季	
	范围	均值	范围	均值
氨氮（mg/L）	0.084 ～ 0.530	0.226	0.060 ～ 0.169	0.112
亚硝酸盐氮（mg/L）	0 ～ 0.090	0.060	0.004 ～ 0.026	0.014 2
总溶解性氮（mg/L）	0.630 ～ 3.45	1.68	0.946 ～ 2.95	2.03
总磷（mg/L）	0.039 ～ 0.145	0.074	0.025 ～ 0.066	0.038
总溶解性磷（mg/L）	ND ～ 0.130	0.036	ND ～ 0.023	0.016
磷酸盐（mg/L）	ND	ND	ND	ND
高锰酸盐指数（mg/L）	3.6 ～ 6.0	4.5	3.2 ～ 4.2	3.6
透明度（m）	0.85 ～ 1.20	0.94	0.20 ～ 0.30	0.22
叶绿素a（μg/L）	3.20 ～ 39.2	22.9	0.90 ～ 6.40	2.98

· 季节变化

根据四个季度骆马湖监测数据可知：溶解氧冬季＞秋季＞春季＞夏季；浊度秋季＞夏季＞春季＞冬季；总氮秋季＞冬季＞春季＞夏季；总磷秋季＞冬季＞夏季＞春季；氨氮夏季＞秋季＞春季＞冬季；亚硝酸盐氮秋季＞夏季＞春季＞冬季；高锰酸盐指数秋季＞夏季＞冬季＞春季；叶绿素a秋季＞春季＞夏季＞冬季（如图3.1-7）。

· 总体评价：根据四个季度的监测结果进行评价，评价结果如下。

春季骆马湖水质监测中，pH符合《地表水环境质量标准》（GB 3838—2002）；溶解氧符合Ⅰ类水标准；总氮Ⅱ类水超标率为100%，Ⅲ类水超标率为37.5%，Ⅳ类水超标率为6.25%，符合Ⅴ类水标准；氨氮Ⅰ类水超标率为37.5%，符合Ⅱ类水标准；总磷Ⅰ类水超标率为100%，Ⅱ类水超标率为6.25%，Ⅲ类水超标率为6.25%，符合Ⅳ类水标准；高锰酸盐指数Ⅰ类水超标率为100%，Ⅱ类水超标率为6.25%，符合Ⅲ类水标准。

夏季骆马湖水质监测中，pH符合《地表水环境质量标准》（GB 3838—2002）；溶解氧符合Ⅰ类水标准；总氮Ⅱ类水超标率为100%，Ⅲ类水超标率为25%，符合Ⅳ类水标准；氨氮Ⅰ类水超标率为100%，Ⅱ类水超标率为12.5%，符合Ⅲ类水标准；总磷Ⅰ类水超标率为100%，Ⅱ类水超标率为75%，符合Ⅲ类水标准；高锰酸盐指数Ⅰ类水超标率为100%，Ⅱ类水超标率为43.8%，符合Ⅲ类水标准。

秋季骆马湖水质监测中，pH符合《地表水环境质量标准》（GB 3838—2002）；溶解氧Ⅰ类水超标率为12.5%，Ⅱ类水超标率为12.5%，Ⅲ类水超标率为6.25%，符合Ⅳ类水标准；总氮Ⅱ类水超标率为100%，Ⅲ类水超标率为93.8%，Ⅳ类水超标率为93.8%，Ⅴ类水超标率为81.2%；氨氮Ⅰ类水超标率为62.5%，Ⅱ类水超标率为6.25%，符合Ⅲ类水标准；总磷Ⅱ类水超标率为100%，Ⅲ类水超标率为62.5%，Ⅳ类水超标率为18.8%，符合Ⅴ类水标准；高锰酸盐指数Ⅰ类水超标率为100%，Ⅱ类水超标率为75%，Ⅲ类水超标率为6.25%，符合Ⅳ类水标准。

冬季骆马湖水质监测中，pH符合《地表水环境质量标准》（GB 3838—2002）；溶解氧符合Ⅰ类水标准；总氮Ⅲ类水超标率为100%，Ⅳ类水超标率为68.8%，Ⅴ类水超标率为56.2%；氨氮Ⅰ类水超标率为12.5%，符合Ⅱ类水标准；总磷Ⅰ类水超标率为100%，Ⅱ类水超标率为93.8%，Ⅲ类水超标率为12.5%，符合Ⅳ类水标准；高锰酸盐指数Ⅰ类水超标率为100%，Ⅱ类水超标率为6.25%，符合Ⅲ类水标准。

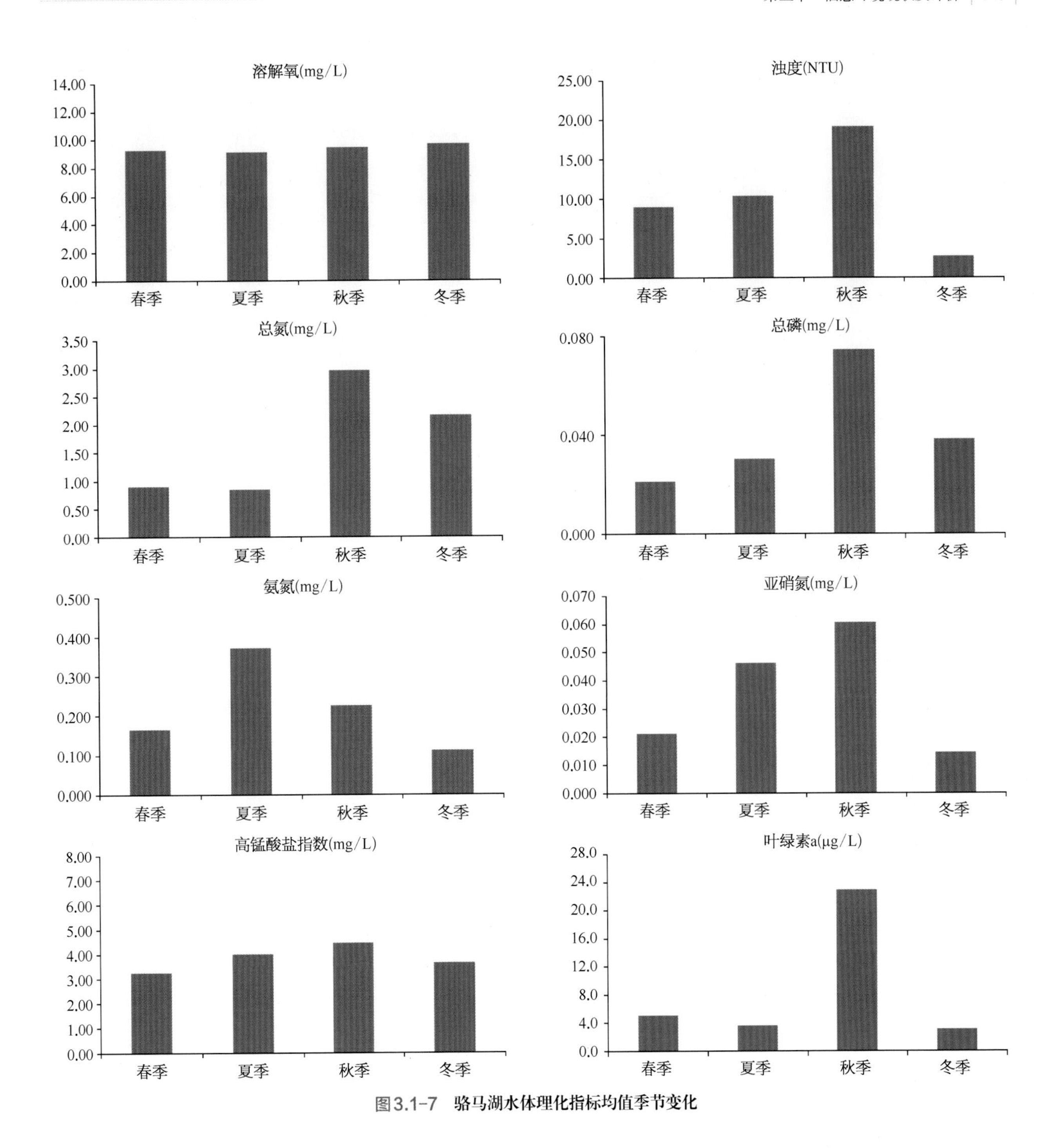

图3.1-7 骆马湖水体理化指标均值季节变化

阳澄湖

监测结果

阳澄湖水质4个频次各监测项目统计结果如表3.1-15和表3.1-16所示。

季节变化

根据四个季度阳澄湖监测数据可知：溶解氧春季>冬季>秋季>夏季；浊度夏季>秋季>春季>冬季；总氮冬季>春季>秋季>夏季；总磷夏季>秋季>冬季>春季；氨氮夏季>春季>秋季>冬季；亚硝酸盐氮夏季>春季>秋季>冬季；高锰酸盐指数夏季>秋季>冬季>春季；叶绿素a夏季>秋季>春季>冬季（如图3.1-8）。

总体评价

根据四个季度的监测结果进行评价，评价结果如下。

表 3.1-15 各监测项目统计结果（春季和夏季）

监测项目	春季		夏季	
	范围	均值	范围	均值
pH	8.17 ~ 9.41	8.72	5.68 ~ 9.73	8.28
水温（℃）	16.8 ~ 18.7	17.8	32.8 ~ 36.9	34.9
水深（m）	1.2 ~ 4.7	2.1	1.5 ~ 8.8	4.0
溶解氧（mg/L）	11.34 ~ 18.33	14.31	5.06 ~ 12.34	10.01
浊度（NTU）	3 ~ 19	10	4 ~ 145	35
总氮（mg/L）	0.720 ~ 2.33	1.60	0.551 ~ 3.37	1.07
氨氮（mg/L）	0.153 ~ 0.464	0.258	0.063 ~ 2.57	0.378
亚硝酸盐氮（mg/L）	0.010 ~ 0.039	0.026	0.042 ~ 0.081	0.054
总溶解性氮（mg/L）	0.430 ~ 1.93	1.27	0.542 ~ 3.27	1.04
总磷（mg/L）	0.037 ~ 0.088	0.049	0.030 ~ 0.374	0.092
总溶解性磷（mg/L）	0.032 ~ 0.083	0.043	0.019 ~ 0.362	0.081
磷酸盐（mg/L）	0.027 ~ 0.101	0.045	ND	ND
高锰酸盐指数（mg/L）	2.6 ~ 4.2	3.5	2.6 ~ 12.0	4.9
透明度（m）	0.35 ~ 1.96	0.75	0.16 ~ 1.02	0.59
叶绿素 a（μg/L）	0.4 ~ 7.7	3.5	4.5 ~ 110	23.9

表 3.1-16 各监测项目统计结果（秋季和冬季）

监测项目	秋季		冬季	
	范围	均值	范围	均值
pH	8.17 ~ 8.94	8.58	8.27 ~ 9.11	8.70
水温（℃）	17.2 ~ 20.1	18.7	1.2 ~ 9.5	8.4
水深（m）	1.2 ~ 4.6	2.3	0.8 ~ 4.1	1.9
溶解氧（mg/L）	8.41 ~ 12.80	10.12	10.30 ~ 15.46	13.14
浊度（NTU）	7.7 ~ 24.1	14.6	3.7 ~ 18.4	8.1
总氮（mg/L）	0.639 ~ 2.11	1.34	1.24 ~ 3.32	2.29
氨氮（mg/L）	0.072 ~ 0.254	0.162	0.012 ~ 0.14	0.078
亚硝酸盐氮（mg/L）	ND ~ 0.057	0.020	ND ~ 0.020	0.008
总溶解性氮（mg/L）	0.500 ~ 1.97	1.20	0.580 ~ 2.05	1.33
总磷（mg/L）	0.018 ~ 0.138	0.069	0.028 ~ 0.103	0.051
总溶解性磷（mg/L）	0.015 4 ~ 0.110	0.050	0.019 ~ 0.028	0.022
磷酸盐（mg/L）	ND	ND	ND	ND
高锰酸盐指数（mg/L）	4.2 ~ 5.0	4.6	3.4 ~ 6.0	4.2
透明度（m）	0.42 ~ 1.17	0.75	0.45 ~ 1.40	0.90
叶绿素 a（μg/L）	2.3 ~ 168	21.5	0.1 ~ 4.49	2.11

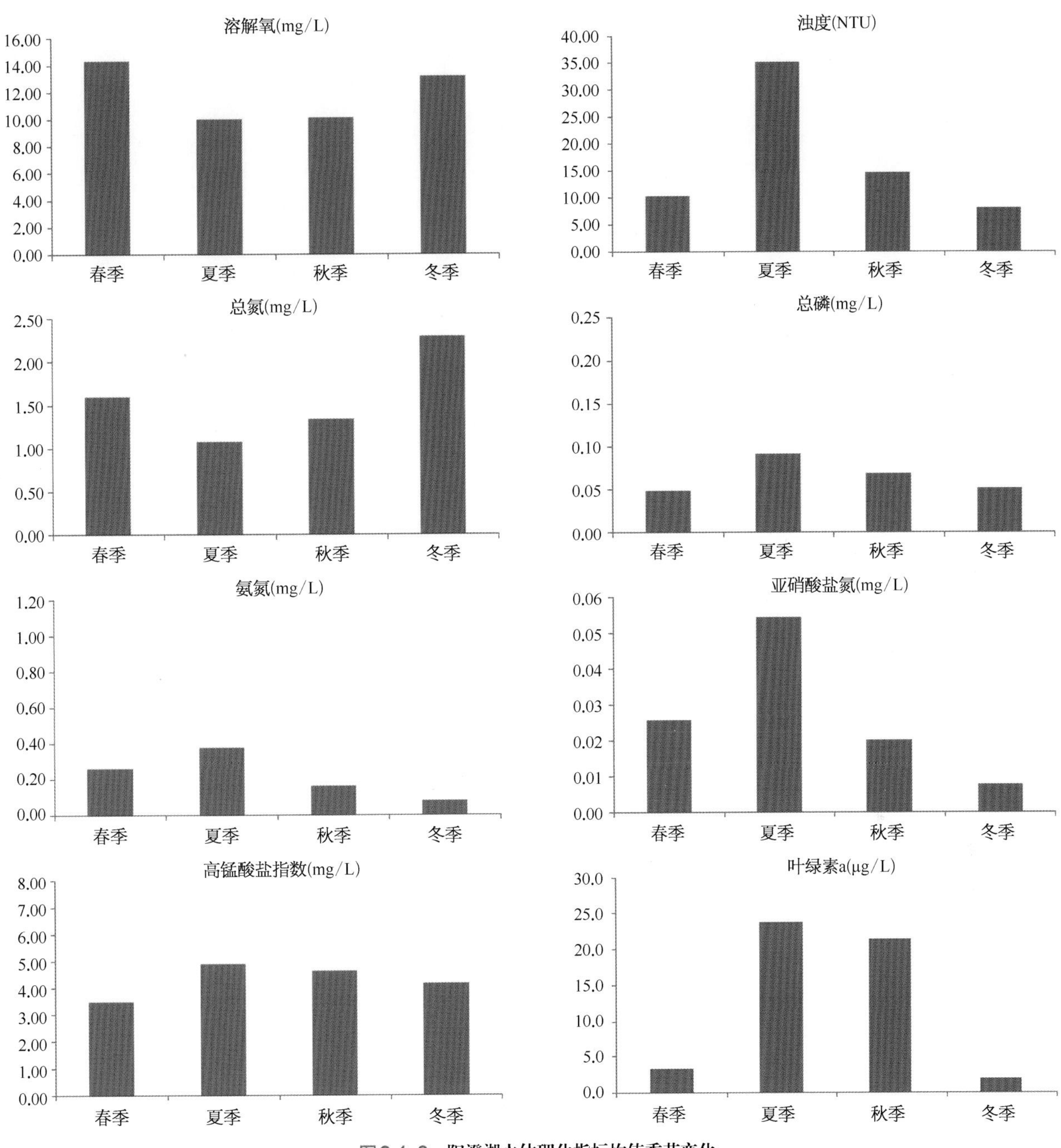

图3.1-8　阳澄湖水体理化指标均值季节变化

春季阳澄湖水质监测中，pH超标率为25%；溶解氧符合Ⅰ类水标准；总氮Ⅱ类水超标率为100%，Ⅲ类水超标率为87.5%，Ⅳ类水超标率为62.5%，Ⅴ类水超标率为18.8%；氨氮Ⅰ类水超标率为100%，符合Ⅱ类水标准；总磷Ⅱ类水超标率为100%，Ⅲ类水超标率为31.2%，符合Ⅳ类水标准；高锰酸盐指数Ⅰ类水超标率为100%，Ⅱ类水超标率为18.8%，符合Ⅲ类水标准。

夏季阳澄湖水质监测中，pH超标率为18.8%；溶解氧Ⅰ类水超标率为6.3%，Ⅱ类水超标率为6.3%，符合Ⅲ类水标准；总氮Ⅱ类水超标率为100%，Ⅲ类水超标率为25%，Ⅳ类水超标率为12.5%，Ⅴ类水超标率为12.5%；氨氮Ⅰ类水超标率为18.8%，Ⅱ类水超标率为12.5%，Ⅲ类水超标率为12.5%；总磷Ⅱ类水超标率为100%，Ⅲ类水超标率为68.8%，Ⅳ类水超标率为18.8%，Ⅴ类水超标率为12.5%；高锰酸盐指数Ⅰ类水超标率为100%，Ⅱ类水超标率为，62.5%，Ⅲ类水超标率为12.5%，Ⅳ类水超标率为6.2%。

秋季阳澄湖水质监测中，pH符合《地表水环境质量标准》(GB 3838—2002)；溶解氧符合Ⅰ类水标准；总氮Ⅱ类水超标率为100%，Ⅲ类水超标率为68.8%，Ⅳ类水超标率为37.5%，Ⅴ类水超标率为18.8%；氨氮Ⅰ类水超标率为62.5%，符合Ⅱ类水标准；总磷Ⅰ类水超标率为100%，Ⅱ类水超标率为87.5%，Ⅲ类水超标率为56.2%，Ⅳ类水超标率为31.2%，符合Ⅴ类水标准；高锰酸盐指数Ⅱ类水超标率为100%，符合Ⅲ类水标准。

冬季阳澄湖水质监测中，pH超标率为12.5%；溶解氧符合Ⅰ类水标准；总氮Ⅲ类水超标率为100%，Ⅳ类水超标率为87.5%，Ⅴ类水超标率为43.8%；氨氮符合Ⅰ类水质量标准；总磷Ⅱ类水超标率为100%，Ⅲ类水超标率为43.8%，Ⅳ类水超标率为6.2%，符合Ⅴ类水标准；高锰酸盐指数Ⅰ类水超标率为100%，Ⅱ类水超标率为43.8%，Ⅲ类水超标率为6.2%，符合Ⅳ类水标准。

长荡湖

监测结果

长荡湖水质4个频次各监测项目统计结果如表3.1-17和表3.1-18所示。

表3.1-17 各监测项目统计结果（春季和夏季）

监测项目	春季		夏季	
	范围	均值	范围	均值
pH	4.87～5.48	5.32	6.57～8.78	7.82
水温（℃）	17.2～22.1	19.0	28.1～33.5	30.1
水深（m）	0.4～1.1	0.9	1.1～4.0	1.9
溶解氧（mg/L）	11.82～18.62	13.93	3.48～8.12	5.78
浊度（NTU）	58～165	106	37～282	135
总氮（mg/L）	1.62～2.93	1.97	0.787～2.72	1.62
氨氮（mg/L）	0.433～1.05	0.644	0.114～0.740	0.359
亚硝酸盐氮（mg/L）	0.017～0.094	0.030	0.031～0.072	0.051
总溶解性氮（mg/L）	1.18～2.88	1.73	0.598～2.57	1.42
总磷（mg/L）	0.088～0.232	0.135	0.123～0.250	0.182
总溶解性磷（mg/L）	0.035～0.089	0.066	0.109～0.219	0.162
磷酸盐（mg/L）	0.026～0.083	0.056	ND～0.075	0.020
高锰酸盐指数（mg/L）	3.1～5.9	4.6	4.9～7.8	5.8
透明度（m）	0.12～0.21	0.17	0.03～0.17	0.10
叶绿素a（μg/L）	0～53.6	21.3	7.8～52.9	27.4

表3.1-18 各监测项目统计结果（秋季和冬季）

监测项目	秋季		冬季	
	范围	均值	范围	均值
pH	8.99～10.12	9.33	7.81～8.74	8.32
水温（℃）	15.0～17.0	16.1	11.5～12.2	11.9
水深（m）	0.8～1.3	1.1	0.8～1.4	1.0

（续表）

表 3.1-18　各监测项目统计结果（秋季和冬季）

监测项目	秋季		冬季	
	范围	均值	范围	均值
溶解氧（mg/L）	11.75 ～ 16.92	13.58	8.84 ～ 12.55	11.21
浊度（NTU）	41 ～ 62	50	33 ～ 99	67
总氮（mg/L）	0.540 ～ 2.11	1.19	0.993 ～ 1.769	1.44
氨氮（mg/L）	0.064 ～ 0.217	0.155	0.209 ～ 0.541	0.389
亚硝酸盐氮（mg/L）	0.006 ～ 1.10	0.121	0.038 ～ 0.077	0.048
总溶解性氮（mg/L）	0.480 ～ 1.85	1.11	—	—
总磷（mg/L）	0.014 ～ 0.136	0.058	0.090 ～ 0.221	0.155
总溶解性磷（mg/L）	ND ～ 0.099	0.032	—	—
磷酸盐（mg/L）	ND	ND	ND ～ 0.024	0.014
高锰酸盐指数（mg/L）	2.6 ～ 3.8	3.1	0.1 ～ 4.7	3.5
透明度（m）	0.18 ～ 0.30	0.22	0.12 ～ 0.20	0.16
叶绿素 a（μg/L）	9.1 ～ 34.9	21.6	11.1 ～ 24.3	18.0

· 季节变化

根据四个季度太湖监测数据可知：溶解氧春季 > 秋季 > 冬季 > 夏季；浊度夏季 > 春季 > 冬季 > 秋季；总氮春季 > 夏季 > 冬季 > 秋季；总磷夏季 > 冬季 > 春季 > 秋季；氨氮春季 > 冬季 > 夏季 > 秋季；亚硝酸盐氮秋季 > 夏季 > 冬季 > 春季；高锰酸盐指数夏季 > 春季 > 冬季 > 秋季；叶绿素 a 夏季 > 秋季 > 春季 > 冬季（如图 3.1-9）。

· 总体评价

根据四个季度的监测结果进行评价，评价结果如下。

春季长荡湖水质监测中，pH 不符合《地表水环境质量标准》（GB 3838—2002）；溶解氧符合Ⅰ类水标准；总氮Ⅳ类水超标率为 100%，Ⅴ类水超标率为 33.3%；氨氮Ⅰ类水超标率为 100%，Ⅱ类水超标率为 83.3%，Ⅲ类水超标率为 8.3%，符合Ⅳ类水标准；总磷Ⅲ类水超标率为 100%，Ⅳ类水超标率为 83.3%，Ⅴ类水超标率为 8.3%；高锰酸盐指数Ⅰ类水超标率为 100%，Ⅱ类水超标率为 83.3%，符合Ⅲ类水标准。

夏季长荡湖水质监测中，pH 符合《地表水环境质量标准》（GB 3838—2002）；溶解氧Ⅰ类水超标率为 83.3%，Ⅱ类水超标率为 50%，Ⅲ类水超标率为 16.6%，符合Ⅴ类水标准；总氮Ⅲ类水超标率为 100%，Ⅳ类水超标率为 75%，Ⅴ类水超标率为 41.7%；氨氮Ⅰ类水超标率为 100%，Ⅱ类水超标率为 16.7%，符合Ⅲ类水标准；总磷Ⅳ类水超标率为 100%，Ⅴ类水超标率为 50%；高锰酸盐指数Ⅱ类水超标率为 100%，Ⅲ类水超标率为 33.3%，符合Ⅳ类水标准。

秋季长荡湖水质监测中，pH 超标率为 91.7%；溶解氧符合Ⅰ类水标准；总氮Ⅱ类水超标率为 100%，Ⅲ类水超标率为 66.7%，Ⅳ类水超标率为 16.7%，Ⅴ类水超标率为 8.3%；氨氮Ⅰ类水超标率为 58.3%，符合Ⅱ类水标准；总磷Ⅰ类水超标率为 100%，Ⅱ类水超标率为 66.7%，Ⅲ类水超标率为 33.3%，Ⅳ类水超标率为 16.7%，符合Ⅴ类水标准；高锰酸盐指数Ⅰ类水超标率为 100%，符合Ⅱ类水标准。

冬季长荡湖水质监测中，pH 符合《地表水环境质量标准》（GB 3838—2002）；溶解氧符合Ⅰ类水标准；总氮Ⅱ类水超标率为 100%，Ⅲ类水超标率为 91.7%，Ⅳ类水超标率为 33.3%，符合Ⅴ类水标准；氨氮Ⅰ类水超标率为 100%，Ⅱ类水超标率为 8.3%，符合Ⅲ类水标准；总磷Ⅲ类水超标率为 100%，Ⅳ

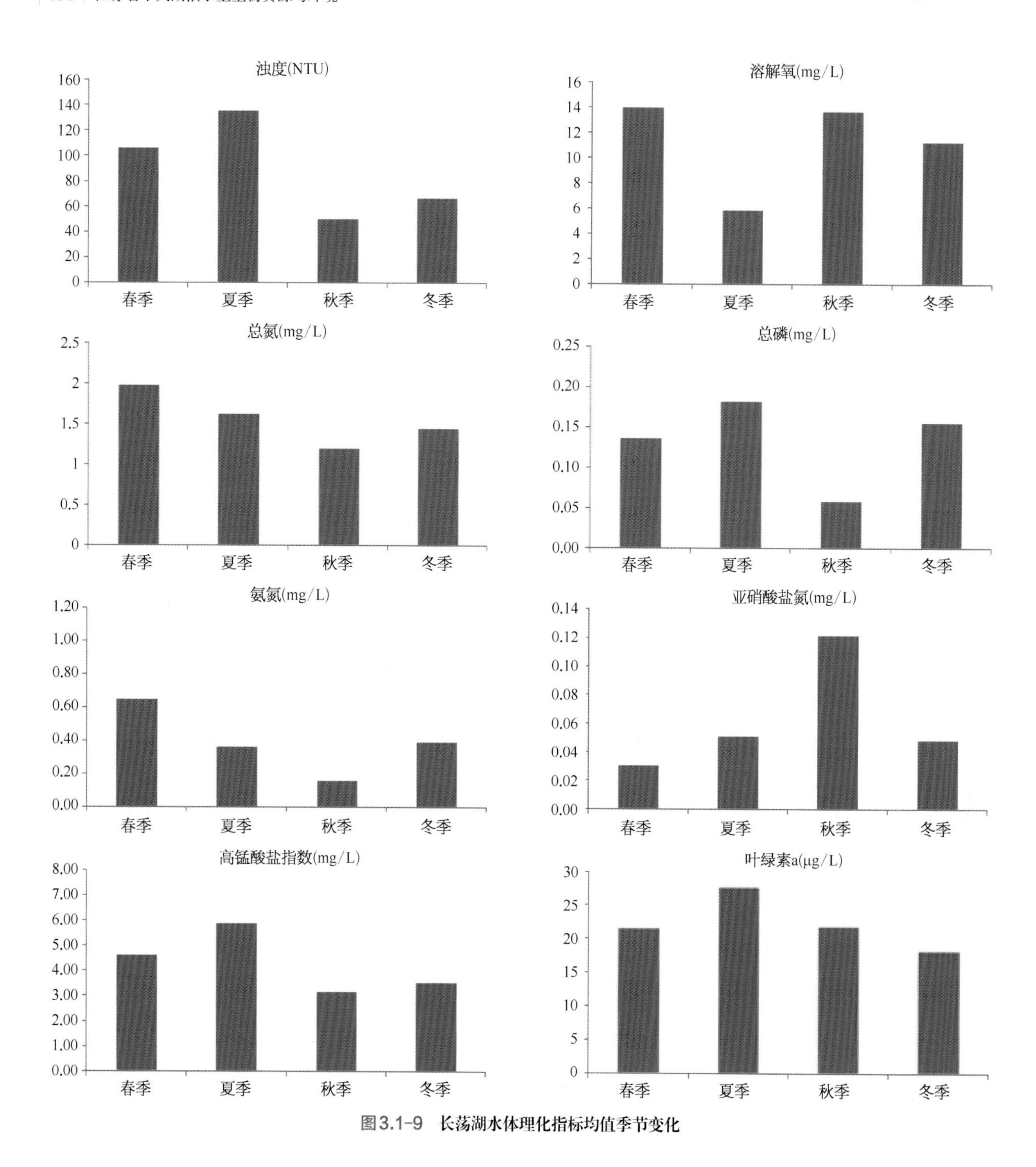

图3.1-9 长荡湖水体理化指标均值季节变化

类水超标率为91.7%，Ⅴ类水超标率为16.7%；高锰酸盐指数Ⅰ类水超标率为91.7%，Ⅱ类水超标率为16.7%，符合Ⅲ类水标准。

石臼湖

监测结果

石臼湖水质4个频次各监测项目统计结果如表3.1-19和表3.1-20所示。

季节变化

根据四个季度石臼湖监测数据可知：溶解氧春季 > 冬季 > 秋季 > 夏季；浊度春季 > 冬季 > 夏季 > 秋季；总氮冬季 > 春季 > 夏季 > 秋季；总磷冬季 > 夏季 > 秋季 > 春季；氨氮冬季 > 夏季 > 秋季 > 春季；亚硝酸盐氮夏季 > 冬季 > 秋季 > 春季；高锰酸盐指数春季 > 冬季 > 秋季 > 夏季；叶绿素a夏季 > 秋季 > 春季 > 冬季（如图3.1-10）。

表 3.1-19　各监测项目统计结果（春季和夏季）

监测项目	春季		夏季	
	范围	均值	范围	均值
pH	7.70 ~ 8.40	8.02	8.62 ~ 9.98	8.94
水温（℃）	8.2 ~ 16.3	12.7	25.7 ~ 28.1	27.4
水深（m）	0.6 ~ 2.8	1.0	3.4 ~ 3.9	3.6
溶解氧（mg/L）	12.21 ~ 16.54	14.28	8.07 ~ 12.77	9.16
浊度（NTU）	60 ~ 110	86	20 ~ 70	46
总氮（mg/L）	1.11 ~ 2.54	1.53	0.694 ~ 1.31	1.04
氨氮（mg/L）	0.078 ~ 0.464	0.136	0.295 ~ 0.65	0.399
亚硝酸盐氮（mg/L）	0.010 ~ 0.040	0.016	0.016 ~ 0.028	0.023
总溶解性氮（mg/L）	0.950 ~ 2.32	1.33	0.475 ~ 1.50	0.998
总磷（mg/L）	0.017 ~ 0.061	0.034	0.038 ~ 0.089	0.051
总溶解性磷（mg/L）	ND ~ 0.029	0.016	0.024 ~ 0.069	0.037
磷酸盐（mg/L）	0.003 ~ 0.031	0.017	ND	ND
高锰酸盐指数（mg/L）	4.0 ~ 4.7	4.3	2.0 ~ 5.2	3.0
透明度（m）	0.05 ~ 0.20	0.11	0.28 ~ 0.72	0.55
叶绿素 a（μg/L）	0.40 ~ 4.00	2.60	5.30 ~ 60.9	14.7

表 3.1-20　各监测项目统计结果（秋季和冬季）

监测项目	秋季		冬季	
	范围	均值	范围	均值
pH	7.74 ~ 8.69	8.25	8.18 ~ 9.18	8.75
水温（℃）	23.4 ~ 26.6	24.9	5.8 ~ 8.0	6.5
水深（m）	1.6 ~ 2.9	2.1	1.1 ~ 3.2	1.45
溶解氧（mg/L）	7.45 ~ 11.57	9.48	11.45 ~ 13.30	12.07
浊度（NTU）	15 ~ 43	26	9 ~ 142	86
总氮（mg/L）	0.325 ~ 1.44	0.730	1.70 ~ 2.84	2.34
氨氮（mg/L）	0.067 ~ 0.367	0.176	0.270 ~ 0.680	0.420
亚硝酸盐氮（mg/L）	ND ~ 0.068	0.020	0.008 ~ 0.043	0.022
总溶解性氮（mg/L）	0.180 ~ 1.29	0.580	1.23 ~ 2.73	2.09
总磷（mg/L）	ND ~ 0.186	0.035	0.026 ~ 0.108	0.064
总溶解性磷（mg/L）	ND ~ 0.178	0.017	0.016 ~ 0.060	0.031
磷酸盐（mg/L）	ND	ND	ND	ND
高锰酸盐指数（mg/L）	2.6 ~ 3.7	3.0	2.6 ~ 3.6	3.1
透明度（m）	0.32 ~ 0.62	0.50	0.06 ~ 0.85	0.19
叶绿素 a（μg/L）	0.88 ~ 13.8	4.30	0.15 ~ 6.50	1.73

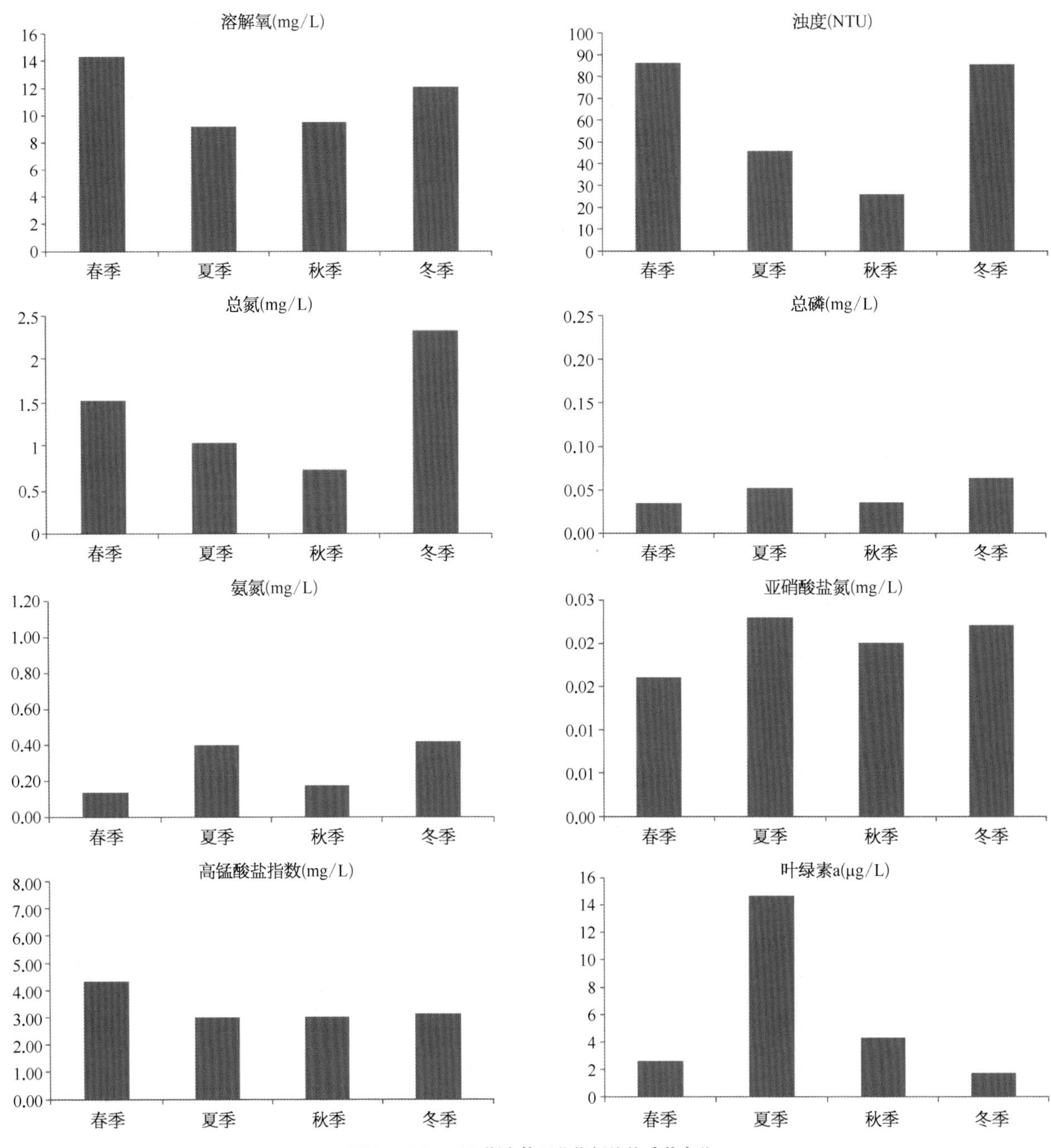

图3.1-10 石臼湖水体理化指标均值季节变化

· 总体评价

根据四个季度的监测结果进行评价，评价结果如下。

春季石臼湖水质监测中，pH符合《地表水环境质量标准》(GB 3838—2002)；溶解氧符合Ⅰ类水标准；总氮Ⅲ类水超标率为100%，Ⅳ类水超标率为43.8%，Ⅴ类水超标率为16.7%；氨氮Ⅰ类水超标率为12.5%，符合Ⅱ类水标准；总磷Ⅰ类水超标率为100%，Ⅱ类水超标率为75%，Ⅲ类水超标率为18.8%，符合Ⅳ类水标准；高锰酸盐指数Ⅰ类水超标率为100%，Ⅱ类水超标率为93.8%，符合Ⅲ类水标准。

夏季石臼湖水质监测中，pH符合《地表水环境质量标准》(GB 3838—2002)；溶解氧符合Ⅰ类水标准；总氮Ⅰ类水超标率为100%，Ⅱ类水超标率为56.2%，符合Ⅲ类水标准；氨氮Ⅰ类水超标率为100%，Ⅱ类水超标率为12.5%，符合Ⅲ类水标准；总磷Ⅱ类水超标率为100%，Ⅲ类水超标率为37.5%，符合Ⅳ类水标准；高锰酸盐指数Ⅰ类水超标率为93.8%，

Ⅱ类水超标率为12.5%，符合Ⅲ类水标准。

秋季石臼湖水质监测中，pH符合《地表水环境质量标准》(GB 3838—2002)；溶解氧符合Ⅰ类水标准；总氮Ⅱ类水超标率为62.8%，Ⅲ类水超标率为18.8%，符合Ⅳ类水标准；氨氮Ⅰ类水超标率为50%，符合Ⅱ类水标准；总磷Ⅰ类水超标率为93.8%，Ⅱ类水超标率为43.8%，Ⅲ类水超标率为12.5%，Ⅳ类水超标率为6.2%，符合Ⅴ类水标准；高锰酸盐指数Ⅰ类水超标率为100%，符合Ⅱ类水标准。

冬季石臼湖水质监测中，pH超标率为37.5%；溶解氧符合Ⅰ类水标准；总氮Ⅳ类水超标率为100%，Ⅴ类水超标率为81.2%；氨氮Ⅰ类水超标率为100%，Ⅱ类水超标率为25%，符合Ⅲ类水标准；总磷Ⅱ类水超标率为100%，Ⅲ类水超标率为75%，Ⅳ类水超标率为6.25%，符合Ⅴ类水标准；高锰酸盐指数Ⅰ类水超标率为100%，符合Ⅱ类水标准。

白马湖

监测结果

白马湖水质4个频次各监测项目统计结果如表3.1-21和表3.1-22所示。

表3.1-21 各监测项目统计结果（春季和夏季）

监测项目	春季		夏季	
	范围	均值	范围	均值
pH	7.17 ~ 8.69	7.97	7.82 ~ 9.74	8.39
水温（℃）	19.7 ~ 21.8	20.82	33.13 ~ 35.16	34.61
水深（m）	1.0 ~ 2.0	1.5	1.1 ~ 2.5	1.9
溶解氧（mg/L）	8.32 ~ 9.04	8.74	4.08 ~ 12.8	8.38
浊度（NTU）	2 ~ 35	18	2 ~ 83	33
总氮（mg/L）	0.320 ~ 2.34	1.13	0.454 ~ 1.94	1.37
氨氮（mg/L）	0.057 ~ 0.858	0.249	0.105 ~ 0.257	0.166
亚硝酸盐氮（mg/L）	0.004 ~ 0.317	0.105	0.050 ~ 0.068	0.059
总溶解性氮（mg/L）	0.240 ~ 2.03	0.999	0.447 ~ 1.91	1.33
总磷（mg/L）	0.012 ~ 0.421	0.068	0.013 ~ 0.156	0.097
总溶解性磷（mg/L）	0.010 ~ 0.044	0.026	0.007 ~ 0.148	0.089
磷酸盐（mg/L）	0.010 ~ 0.055	0.036	ND	ND
高锰酸盐指数（mg/L）	1.9 ~ 8.4	4.1	4.1 ~ 7.0	5.4
透明度（m）	0.20 ~ 0.70	0.32	0.25 ~ 0.80	0.41
叶绿素a（μg/L）	0 ~ 12.6	5.91	0.15 ~ 11.2	5.44

表3.1-22 各监测项目统计结果（秋季和冬季）

监测项目	秋季		冬季	
	范围	均值	范围	均值
pH	7.182 ~ 8.647	8.13	7.82 ~ 9.97	8.63
水温（℃）	24.10 ~ 27.00	26.10	8.44 ~ 9.45	9.04
水深（m）	1.4 ~ 2.2	1.8	1.1 ~ 4.1	2.0

（续表）

表 3.1-22 各监测项目统计结果（秋季和冬季）

监测项目	秋季		冬季	
	范围	均值	范围	均值
溶解氧（mg/L）	6.66 ～ 11.97	8.60	8.45 ～ 9.23	8.90
浊度（NTU）	2 ～ 56	25	2 ～ 7	4
总氮（mg/L）	0.460 ～ 2.33	1.14	0.878 ～ 3.73	2.20
氨氮（mg/L）	0.072 ～ 0.455	0.223	0.058 ～ 1.68	0.617
亚硝酸盐氮（mg/L）	ND ～ 0.336	0.069	0.011 ～ 0.087	0.036
总溶解性氮（mg/L）	0.193 ～ 2.07	0.881	0.576 ～ 3.40	1.96
总磷（mg/L）	ND ～ 0.077	0.028	0.023 ～ 0.710	0.140
总溶解性磷（mg/L）	ND ～ 0.061	0.012	0.016 ～ 0.346	0.081
磷酸盐（mg/L）	ND	ND	ND	ND
高锰酸盐指数（mg/L）	3.9 ～ 5.7	4.8	2.2 ～ 9.3	3.9
透明度（m）	0.23 ～ 0.62	0.39	0.20 ～ 1.00	0.56
叶绿素 a（μg/L）	0.65 ～ 24.4	9.36	0.50 ～ 12.6	4.89

· 季节变化

根据四个季度白马湖监测数据可知：溶解氧冬季 > 春季 > 秋季 > 夏季；浊度夏季 > 秋季 > 春季 > 冬季；总氮冬季 > 夏季 > 秋季 > 春季；总磷冬季 > 夏季 > 春季 > 秋季；氨氮冬季 > 春季 > 秋季 > 夏季；亚硝酸盐氮春季 > 秋季 > 夏季 > 冬季；高锰酸盐指数夏季 > 秋季 > 春季 > 冬季；叶绿素 a 秋季 > 春季 > 夏季 > 冬季（如图 3.1-11）。

· 总体评价

根据四个季度的监测结果进行评价，评价结果如下。

春季白马湖水质监测中，pH 符合《地表水环境质量标准》（GB 3838—2002）；溶解氧符合Ⅰ类水标准；总氮Ⅰ类水超标率为 100%，Ⅱ类水超标率为 87.5%，Ⅲ类水超标率为 50%，Ⅳ类水超标率为 18.8%，Ⅴ类水超标率为 12.5%；氨氮Ⅰ类水超标率为 56.2%，Ⅱ类水超标率为 12.5%，符合Ⅲ类水标准；总磷Ⅰ类水超标率为 100%，Ⅱ类水超标率为 87.5%，Ⅲ类水超标率为 31.2%，Ⅳ类水超标率为 6.25%，Ⅴ类水超标率为 6.25%；高锰酸盐指数Ⅰ类水超标率为 93.8%，Ⅱ类水超标率为 31.2%，Ⅲ类水超标率为 6.25%，符合Ⅳ类水标准。

夏季白马湖水质监测中，pH 超标率为 6.25%；溶解氧Ⅰ类水超标率为 37.5%，Ⅱ类水超标率为 25%，Ⅲ类水超标率为 18.8%；总氮Ⅰ类水超标率为 100%，Ⅱ类水超标率为 93.8%，Ⅲ类水超标率为 81.2%，Ⅳ类水超标率为 37.5%，符合Ⅴ类水标准；氨氮Ⅰ类水超标率为 50%，符合Ⅱ类水标准；总磷Ⅰ类水超标率为 100%，Ⅱ类水超标率为 93.8%，Ⅲ类水超标率为 81.2%，Ⅳ类水超标率为 43.8%，符合Ⅴ类水标准；高锰酸盐指数Ⅱ类水超标率为 100%，Ⅲ类水超标率为 18.8%，符合Ⅳ类水标准。

秋季白马湖水质监测中，pH 符合《地表水环境质量标准》（GB 3838—2002）；溶解氧Ⅰ类超标率为 25%，符合Ⅱ类水标准；总氮Ⅰ类水超标率为 100%，Ⅱ类水超标率为 93.8%，Ⅲ类水超标率为 62.5%，Ⅳ类水超标率为 12.5%，Ⅴ类水超标率为 6.25%；氨氮Ⅰ类水超标率为 81.2%，符合Ⅱ类水标准；总磷Ⅰ类水超标率为 68.6%，Ⅱ类水超标率为 50%，Ⅲ类水超标率为 18.8%，符合Ⅳ类水标准；高锰酸盐指数Ⅰ类水超标率为 100%，Ⅱ类水超标率为 87.5%，符合Ⅲ类水标准。

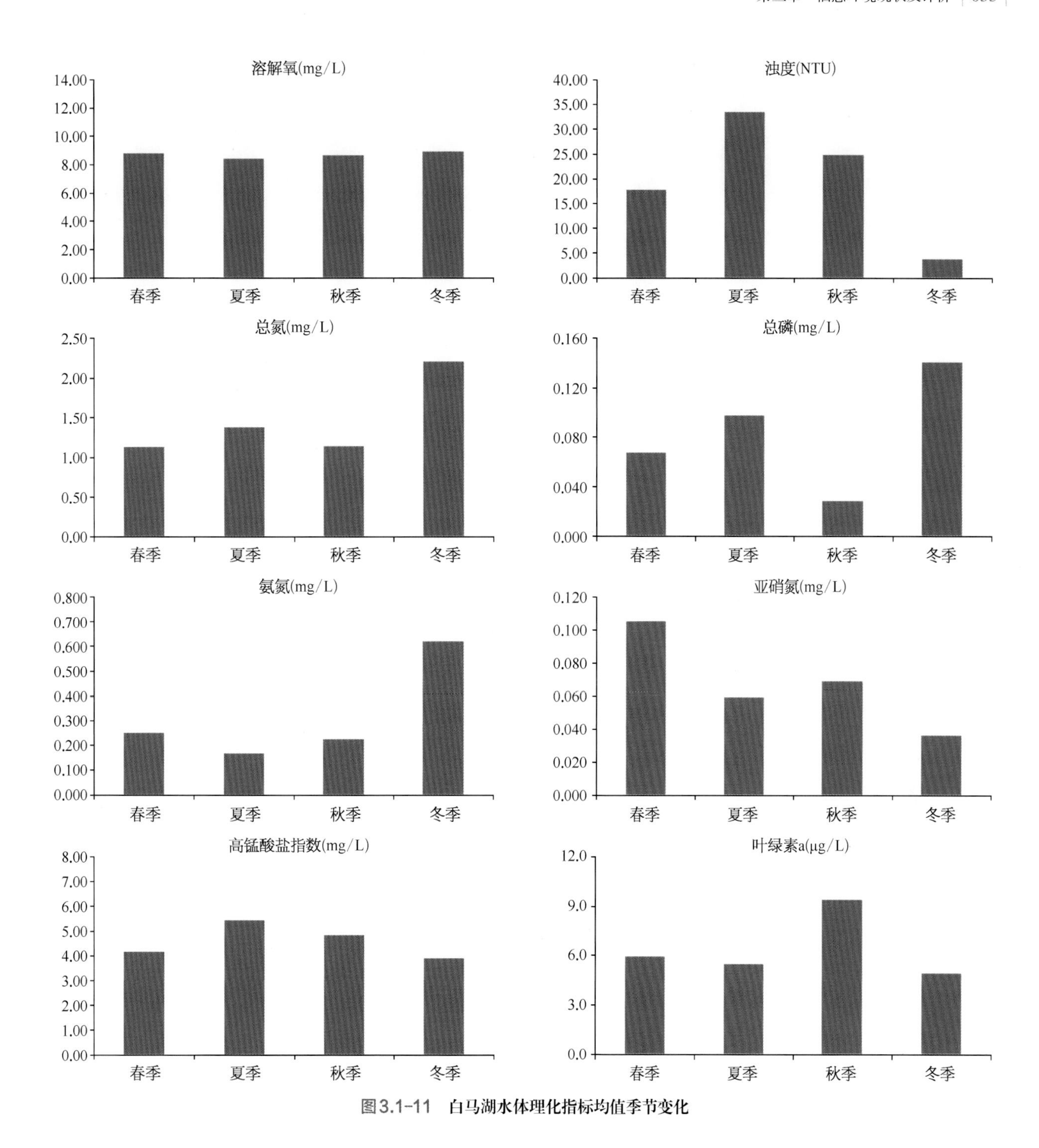

图3.1-11　白马湖水体理化指标均值季节变化

冬季白马湖水质监测中，pH超标率为18.75%；溶解氧符合Ⅰ类水标准；总氮Ⅱ类水超标率为100%，Ⅲ类水超标率为87.5%，Ⅳ类水超标率为68.8%，Ⅴ类水超标率为50%；氨氮Ⅰ类水超标率为75%，Ⅱ类水超标率为56.2%，Ⅲ类水超标率为12.5%，Ⅳ类水超标率为6.25%，符合Ⅴ类水标准；总磷Ⅰ类水超标率为100%，Ⅱ类水超标率为93.8%，Ⅲ类水超标率为68.8%，Ⅳ类水超标率为31.3%，Ⅴ类水超标率为18.8%；高锰酸盐指数Ⅰ类水超标率为100%，Ⅱ类水超标率为31.2%，Ⅲ类水超标率为12.5%，符合Ⅳ类水标准。

固城湖

监测结果

固城湖水质4个频次各监测项目统计结果如表3.1-23和表3.1-24所示。

表 3.1-23 各监测项目统计结果（春季和夏季）

监测项目	春季		夏季	
	范围	均值	范围	均值
pH	8.68 ～ 8.86	8.78	8.34 ～ 8.85	8.57
水温（℃）	18.4 ～ 19.5	18.9	25.3 ～ 26.2	25.8
水深（m）	2.0 ～ 7.6	3.2	1.3 ～ 2.0	1.7
溶解氧（mg/L）	9.87 ～ 11.40	10.51	7.39 ～ 8.56	7.96
浊度（NTU）	4 ～ 10	6	20 ～ 36	27
总氮（mg/L）	0.670 ～ 0.990	0.820	0.384 ～ 1.40	0.566
氨氮（mg/L）	0.050 ～ 0.173	0.106	0.243 ～ 0.398	0.320
亚硝酸盐氮（mg/L）	0.002 ～ 0.009	0.004	0.013 ～ 0.055	0.024
总溶解性氮（mg/L）	0.620 ～ 0.870	0.710	0.114 ～ 1.14	0.329
总磷（mg/L）	ND ～ 0.058	0.036	0.028 ～ 0.058	0.039
总溶解性磷（mg/L）	ND ～ 0.012	0.008	0.021 ～ 0.052	0.031
磷酸盐（mg/L）	ND ～ 0.043	0.024	ND	ND
高锰酸盐指数（mg/L）	1.52 ～ 3.51	2.68	2.92 ～ 4.09	3.39
透明度（m）	0.70 ～ 2.05	1.41	0.48 ～ 1.08	0.79
叶绿素 a（μg/L）	0 ～ 20.1	2.8	1.1 ～ 20.3	5.6

表 3.1-24 各监测项目统计结果（秋季和冬季）

监测项目	秋季		冬季	
	范围	均值	范围	均值
pH	7.90 ～ 8.64	8.28	7.78 ～ 8.46	7.91
水温（℃）	25.1 ～ 25.7	25.5	7.2 ～ 7.4	7.3
水深（m）	3.1 ～ 4.8	4.0	2.5 ～ 3.1	2.8
溶解氧（mg/L）	5.28 ～ 7.03	6.22	9.88 ～ 10.81	10.29
浊度（NTU）	18 ～ 26	21	4 ～ 9	6
总氮（mg/L）	1.14 ～ 1.57	1.33	1.87 ～ 3.45	2.40
氨氮（mg/L）	0.490 ～ 0.665	0.588	0.186 ～ 0.389	0.242
亚硝酸盐氮（mg/L）	ND ～ 0.032	0.008	0.011 ～ 0.091	0.024
总溶解性氮（mg/L）	0.936 ～ 1.34	1.11	1.56 ～ 2.46	1.94
总磷（mg/L）	ND ～ 0.029	0.020	0.011 ～ 0.252	0.077
总溶解性磷（mg/L）	ND ～ 0.020	0.010	ND ～ 0.146	0.050
磷酸盐（mg/L）	ND	ND	ND	ND
高锰酸盐指数（mg/L）	3.7 ～ 5.2	4.5	2.6 ～ 2.9	2.7
透明度（m）	0.43 ～ 0.49	0.47	1.40 ～ 1.97	1.71
叶绿素 a（μg/L）	2.45 ～ 16.16	11.82	0.15 ～ 0.40	0.27

季节变化

根据四个季度固城湖监测数据可知：溶解氧春季>冬季>夏季>秋季；浊度夏季>秋季>冬季>春季；总氮冬季>秋季>春季>夏季；总磷冬季>夏季>春季>秋季；氨氮秋季>夏季>冬季>春季；亚硝酸盐氮夏季>冬季>秋季>春季；高锰酸盐指数秋季>夏季>冬季>春季；叶绿素a秋季>夏季>春季>冬季（如图3.1-12）。

总体评价

根据四个季度的监测结果进行评价，评价结果如下。

春季固城湖水质监测中，pH符合《地表水环境质量标准》（GB 3838—2002）；溶解氧符合Ⅰ类水标准；总氮Ⅱ类水超标率为100%，符合Ⅲ类水标准；氨氮Ⅰ类水超标率为25%，符合Ⅱ类水标准；总磷Ⅰ类水超标率为87.5%，Ⅱ类水超标率为87.5%，Ⅲ类

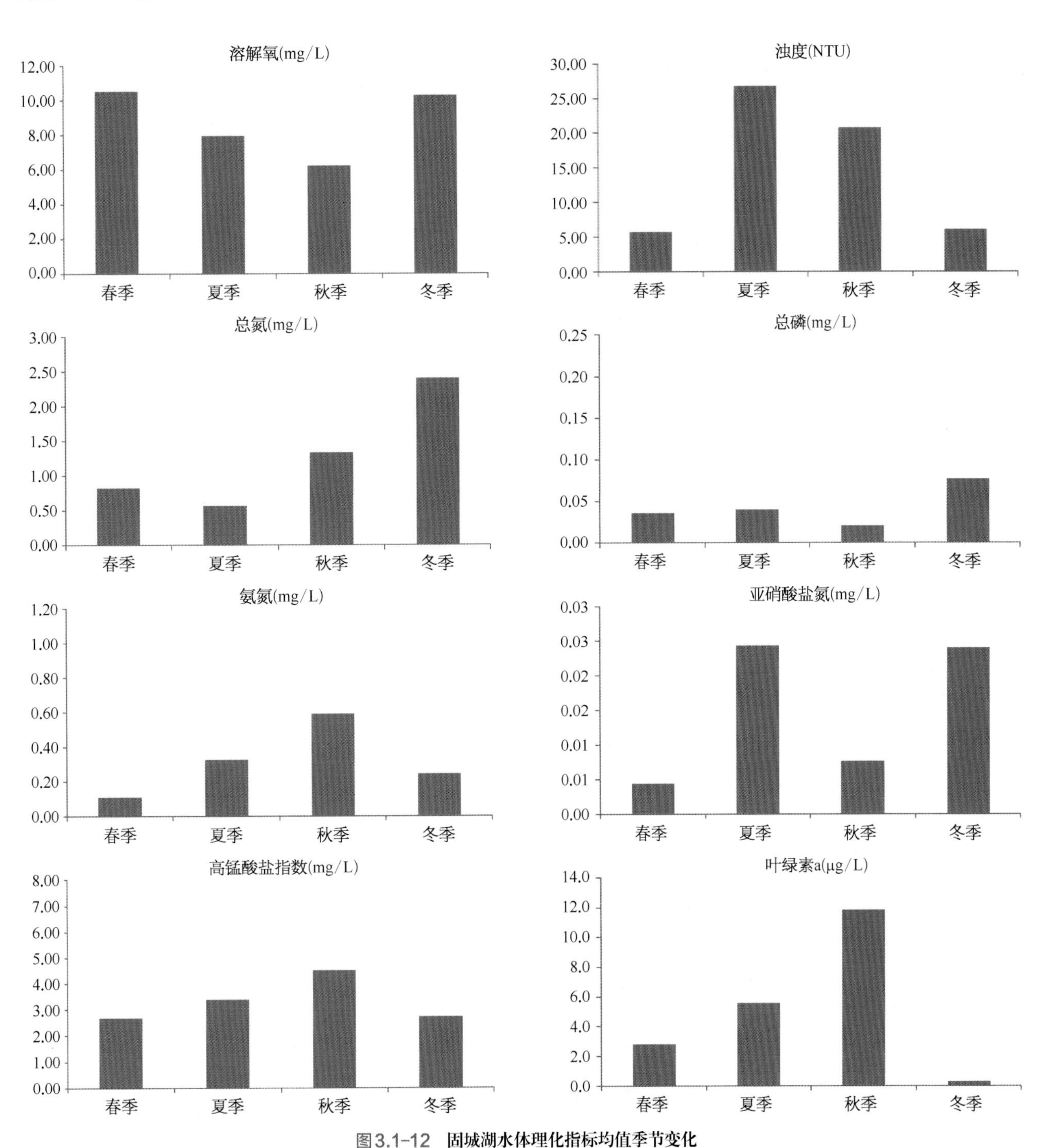

图3.1-12　固城湖水体理化指标均值季节变化

水超标率为25%，符合Ⅳ类水标准；高锰酸盐指数Ⅰ类水超标率为100%，符合Ⅱ类水标准。

夏季固城湖水质监测中，pH符合《地表水环境质量标准》(GB 3838—2002)；溶解氧符合Ⅰ类水标准；总氮Ⅰ类水超标率为25%，Ⅱ类水超标率为12.5%，符合Ⅲ类水标准；氨氮Ⅰ类水超标率为100%，符合Ⅱ类水标准；总磷Ⅱ类水超标率为100%，Ⅲ类水超标率为25%，符合Ⅳ类水标准；高锰酸盐指数Ⅰ类水超标率为100%，Ⅱ类水超标率为12.5%，符合Ⅲ类水标准。

秋季固城湖水质监测中，pH符合《地表水环境质量标准》(GB 3838—2002)；溶解氧Ⅰ类水超标率为100%，Ⅱ类水超标率为25%，符合Ⅲ类水标准；总氮Ⅲ类水超标率为100%，Ⅳ类水超标率为12.5%，符合Ⅴ类水标准；氨氮Ⅰ类水超标率为100%，Ⅱ类水超标率为87.5%，符合Ⅲ类水标准；总磷Ⅰ类水超标率为87.5%，Ⅱ类水超标率为37.5%，符合Ⅲ类水标准；高锰酸盐指数Ⅰ类水超标率为100%，Ⅱ类水超标率为75%，符合Ⅲ类水标准。

冬季固城湖水质监测中，pH符合《地表水环境质量标准》(GB 3838—2002)；溶解氧符合Ⅰ类水标准；总氮Ⅳ类水超标率为100%，Ⅴ类水超标率为75%；氨氮Ⅰ类水超标率为100%，符合Ⅱ类水标准；总磷Ⅰ类水超标率为100%，Ⅱ类水超标率为87.5%，Ⅲ类水超标率为50%，Ⅳ类水超标率为25%，Ⅴ类水超标率为12.5%；高锰酸盐指数Ⅰ类水超标率为100%，符合Ⅱ类水标准。

3.2 · 浮游植物

太湖

群落组成

通过2017～2108年春夏秋冬四季对太湖水域内30个采样点浮游植物的调查，结果显示春季共鉴定出蓝藻门(Cyanophyta)、硅藻门(Bacillariophyta)、隐藻门(Cryptophyta)、裸藻门(Euglenophyta)、绿藻门(Chlorophyta)、金藻门(Chrysophyta)和黄藻门(Xanthophyta)，共7门43属75种(包括变种和变型)浮游植物。

夏季共鉴定出蓝藻门(Cyanophyta)、甲藻门(Pyrrophyta)、硅藻门(Bacillariophyta)、隐藻门(Cryptophyta)、裸藻门(Euglenophyta)、绿藻门(Chlorophyta)和金藻门(Chrysophyta)，共7门62属113种(包括变种和变型)浮游植物。

秋季共鉴定出蓝藻门(Cyanophyta)、甲藻门(Pyrrophyta)、硅藻门(Bacillariophyta)、隐藻门(Cryptophyta)、裸藻门(Euglenophyta)、绿藻门(Chlorophyta)和金藻门(Chrysophyta)，共7门61属112种(包括变种和变型)浮游植物。

冬季共鉴定出蓝藻门(Cyanophyta)、甲藻门(Pyrrophyta)、硅藻门(Bacillariophyta)、隐藻门(Cryptophyta)、裸藻门(Euglenophyta)、绿藻门(Chlorophyta)、金藻门(Chrysophyta)和黄藻门(Xanthophyta)，共8门58属98种(包括变种和变型)浮游植物。太湖浮游植物调查物种名录详见附录2。

从藻类组成上看，春季绿藻门物种数最多，达37种，占浮游植物物种数的49.33%；其次为硅藻门，为20种，占26.67%；蓝藻门为11种，占14.67%；隐藻门3种，占4.00%；金藻门为2种，占2.67%；裸藻门和黄藻门物种最少，仅1种，各占1.33%。

夏季绿藻门物种数最多，达71种，占浮游植物物种数的62.83%；其次为硅藻门，为18种，占15.93%；蓝藻门为16种，占14.16%；隐藻门和裸藻门各为3种，各占2.65%；甲藻门和金藻门物种最少，各1种，各占0.88%。

秋季绿藻门物种数最多，达72种，占浮游植物物种数的64.29%；其次为硅藻门，为16种，占14.29%；蓝藻门为15种，占13.39%；隐藻门和裸藻门各为3种，各占2.68%；甲藻门为2种，占1.79%；金藻门物种最少，仅1种，占0.89%。

冬季绿藻门物种数最多，达49种，占浮游植物物种数的50%；其次为硅藻门，为25种，占25.51%；蓝藻门为8种，占8.16%；金藻门为5种，占5.10%；裸藻门为4种，占4.08%；甲藻门和隐藻门各为3种，各占3.06%；黄藻门物种最少，仅1种，占1.02%。

· 群落优势种

据现行通用标准，以优势度指数Y>0.02定为优势种，太湖春季浮游植物优势类群共计2门3属3种：其中蓝藻门2属2种，分别为微囊藻和水华鱼腥藻，优势度分别为0.82和0.05；其次为隐藻门1属1种，为尖尾蓝隐藻，优势度是0.04。

夏季浮游植物优势类群共计1门2属2种：全为蓝藻门，分别为微囊藻和假鱼腥藻，优势度分别为0.83和0.02。

秋季浮游植物优势类群共计1门2属2种：全为蓝藻门，分别为微囊藻和细小平裂藻，优势度分别为0.81和0.07。

冬季浮游植物优势类群共计4门6属6种：其中蓝藻门3属3种，为微囊藻、卷曲鱼腥藻和针晶蓝纤维藻，优势度分别为0.26、0.22和0.06；硅藻门1属1种，为梅尼小环藻，优势度为0.06；隐藻门为1属1种，为尖尾蓝隐藻，优势度为0.08；绿藻门为1属1种，为丝藻，优势度为0.06。

· 现存量

通过对太湖春季采样调查结果显示，30个采样点浮游植物密度变幅为4.34×10^6 ～ 2.91×10^8 cell/L，均值为4.84×10^7 cell/L。密度最大值出现在29号采样点，最小值出现在5号采样点。浮游植物生物量变幅为0.50 ～ 13.02 mg/L，均值为2.96 mg/L。生物量最大值出现在29号采样点，最小值出现在4号采样点。春季浮游植物密度和生物量变化情况如图3.2-1。

夏季采样调查结果显示，30个采样点浮游植物密度变幅为4.93×10^6 ～ 6.90×10^8 cell/L，均值为9.82×10^7 cell/L。密度最大值出现在3号采样点，最小值出现在15号采样点。浮游植物生物量变幅为1.55 ～ 43.61 mg/L，均值为8.96 mg/L。生物量最大值出现在3号采样点，最小值出现在15号采样点。夏季浮游植物密度和生物量变化情况如图3.2-2。

秋季采样调查结果显示，30个采样点浮游植物密度变幅为2.73×10^6 ～ 2.90×10^8 cell/L，均值为5.10×10^7 cell/L。密度最大值出现在7号采样点，最小值出现在5号采样点。浮游植物生物量变幅为1.13 ～ 14.85 mg/L，均值为4.79 mg/L。生物量最大值出现在7号采样点，最小值出现在5号采样点。秋季浮游植物密度和生物量变化情况如图3.2-3。

冬季采样调查结果显示，30个采样点浮游植物密度变幅为1.03×10^6 ～ 3.22×10^7 cell/L，均值为8.38×10^6 cell/L。密度最大值出现在6号采样点，最小值出现在5号采样点。浮游植物生物量变幅为0.28 ～ 8.34 mg/L，均值为1.96 mg/L。生物量最大值出现在6号采样点，最小值出现在3号采样点。冬季浮游植物密度和生物量变化情况如图3.2-4。

· 群落多样性

调查结果显示春季太湖30个采样点的浮游植

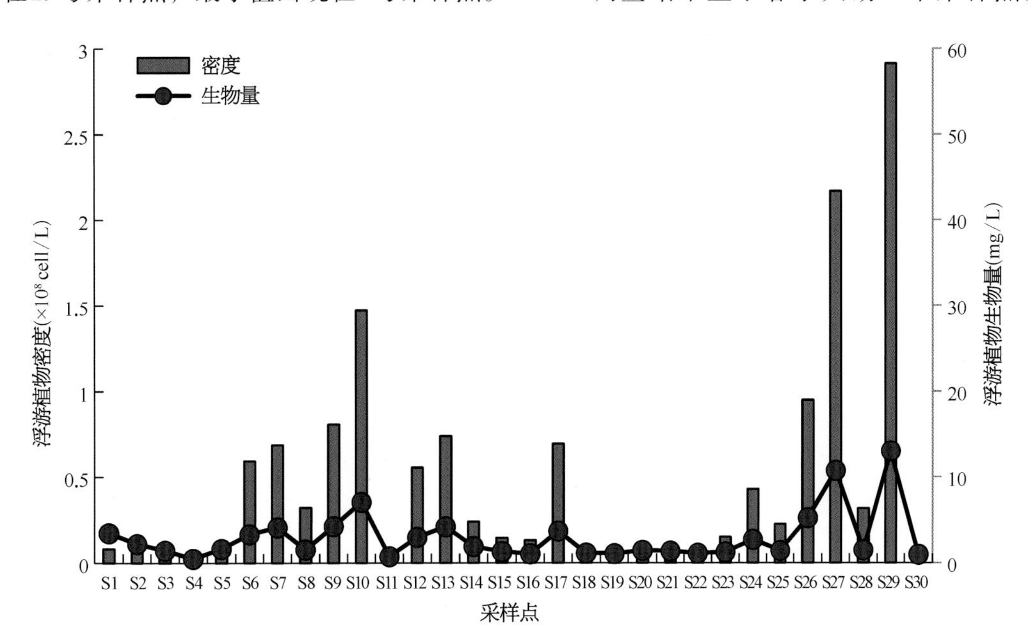

图3.2-1　春季太湖各采样点浮游植物密度和生物量空间特征

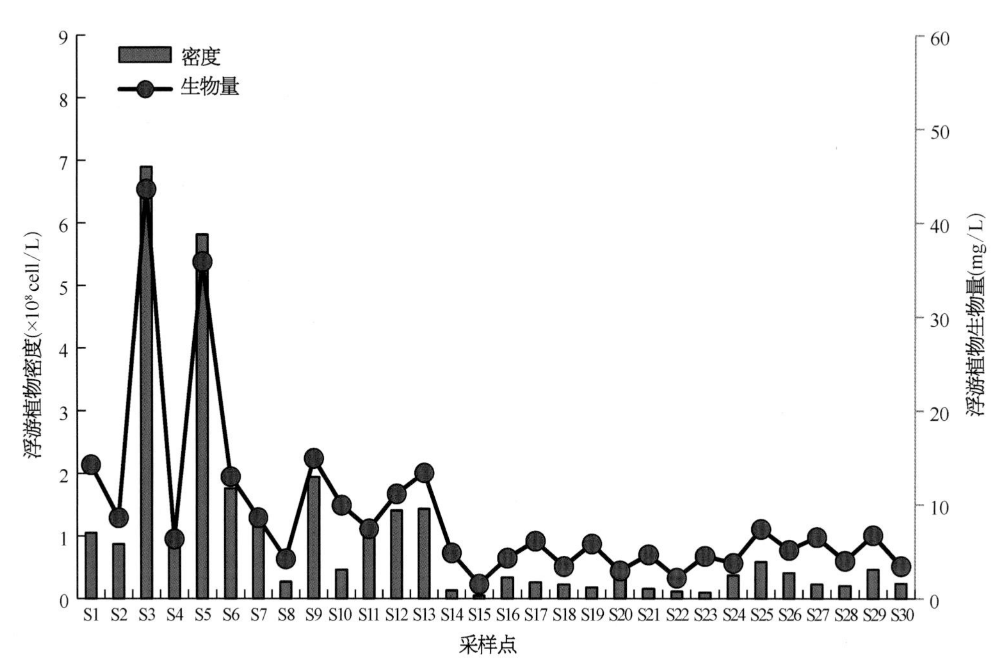

图3.2-2 夏季太湖各采样点浮游植物密度和生物量空间特征

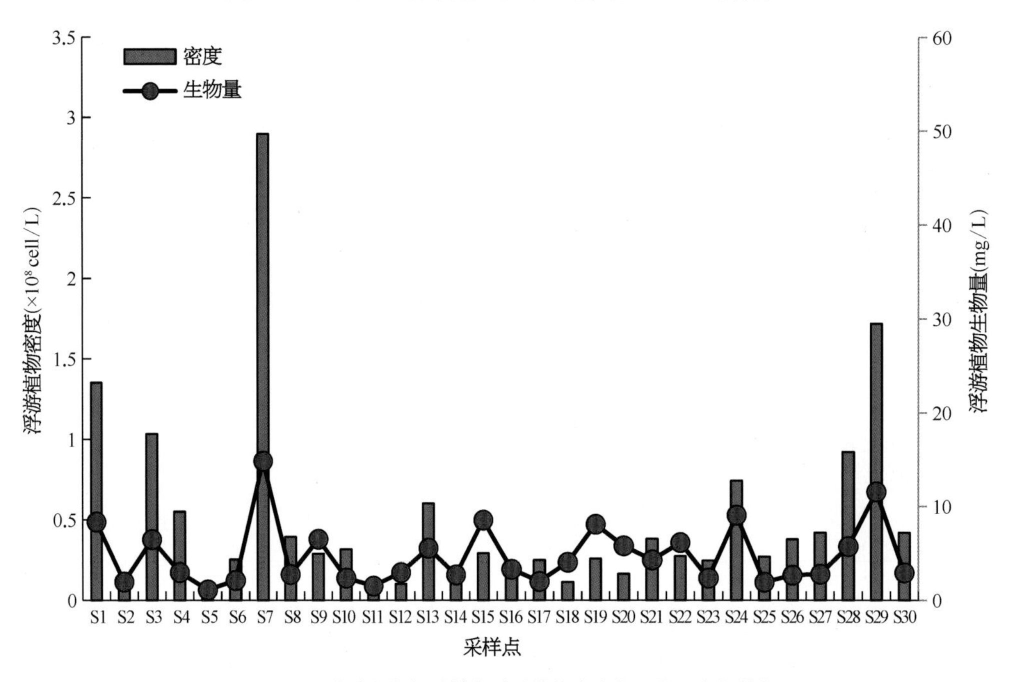

图3.2-3 秋季太湖各采样点浮游植物密度和生物量空间特征

物群落Shannon-Weaver多样性指数（H'）变幅为0.10～2.49，平均为1.14。其中，Shannon-Weaver多样性指数（H'）最大值出现在5号采样点，最小值出现在27号采样点。浮游植物Pielou均匀度指数（J）变幅为0.05～0.78，均值为0.37。其中，浮游植物群落Pielou均匀度指数（J）最大值出现在5号采样点，最小值出现在27号采样点。浮游植物Margalef丰富度指数（R）变幅为0.42～1.99，均值为1.18。丰富度Margalef指数（R）最大值出现在2号采样点，最小值出现在27号采样点。春季各采样点浮游植物H'、J和R的空间变化特征如图3.2-5。

夏季太湖30个采样点的浮游植物群落Shannon-Weaver多样性指数（H'）变幅为1.14～2.98，平均为2.11。其中，Shannon-Weaver多样性指数（H'）最大值出现在23号采样点，最小值出现在11号采样点。浮游植物Pielou均匀度指数（J）变幅为0.10～0.75，

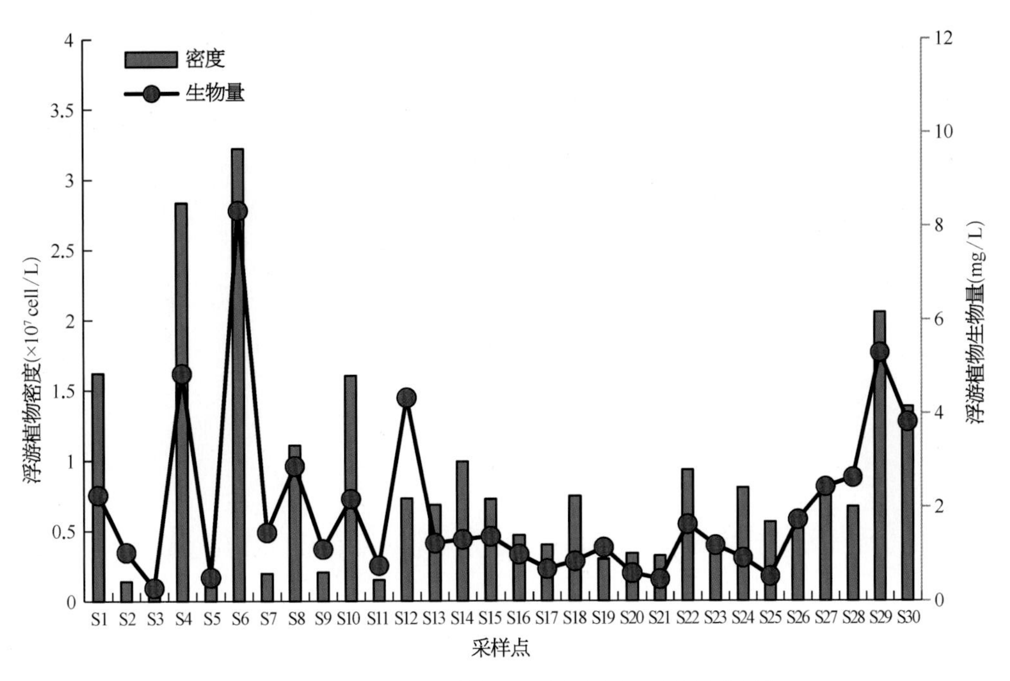

图3.2-4　冬季太湖各采样点浮游植物密度和生物量空间特征

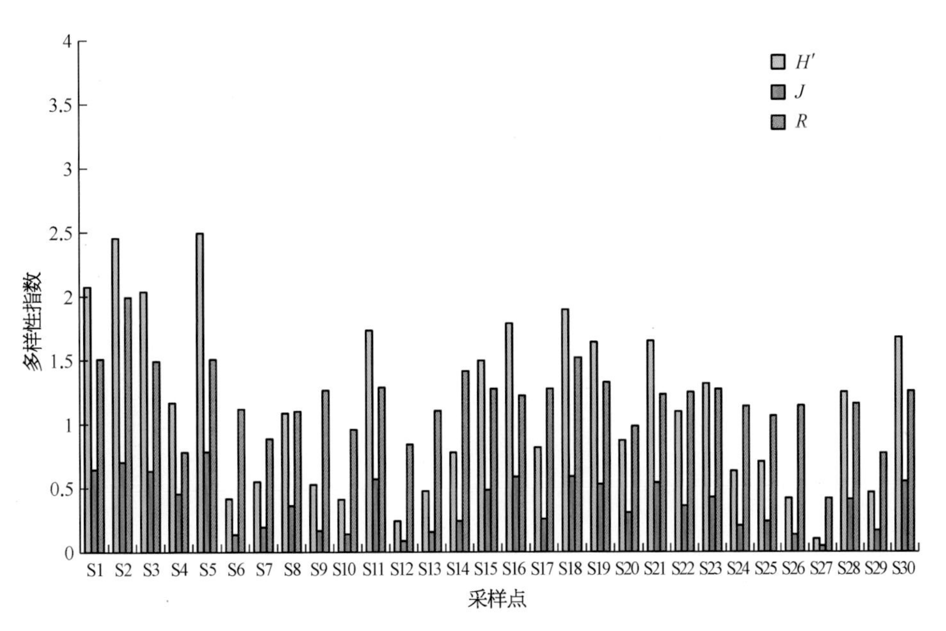

图3.2-5　春季太湖各采样点浮游植物多样性空间特征

均值为0.42。其中，浮游植物群落Pielou均匀度指数（J）最大值出现在23号采样点，最小值出现在3号采样点。浮游植物Margalef丰富度指数（R）变幅为0.33～2.90，均值为1.54。Margalef丰富度指数（R）最大值出现在23号采样点，最小值出现在3号采样点。夏季各采样点浮游植物H'、J和R的空间变化特征如图3.2-6。

秋季太湖30个采样点的浮游植物群落Shannon-Weaver多样性指数（H'）变幅为0.03～2.59，平均为1.24。其中，Shannon-Weaver多样性指数（H'）最大值出现在20号采样点，最小值出现在7号采样点。浮游植物Pielou均匀度指数（J）变幅为0.02～0.72，均值为0.36。其中，浮游植物群落Pielou均匀度指数（J）最大值出现在5号采样点，最小值出现在7号采样点。浮游植物Margalef丰富度指数（R）变幅为0.26～3.14，均值为1.60。Margalef丰富度指数（R）

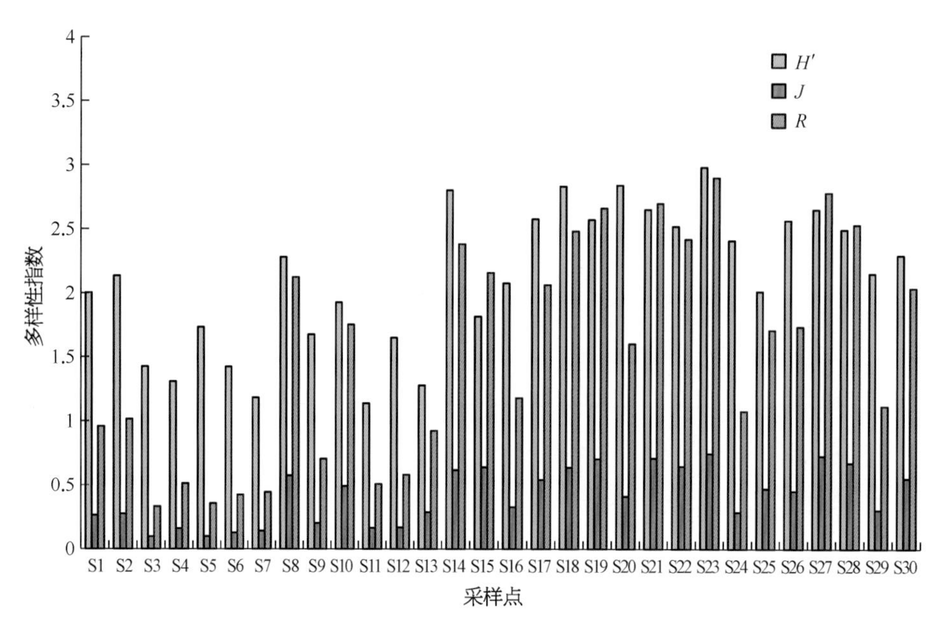

图3.2-6 夏季太湖各采样点浮游植物多样性空间特征

最大值出现在15号采样点，最小值出现在7号采样点。秋季各采样点浮游植物H'、J和R的空间变化特征如图3.2-7。

冬季太湖30个采样点的浮游植物群Shannon-Weaver多样性指数（H'）变幅为1.08～2.59，平均为1.73。其中，Shannon-Weaver多样性指数（H'）最大值出现在8号采样点，最小值出现在3号采样点。浮游植物Pielou均匀度指数（J）变幅为0.35～0.84，均值为0.57。其中，浮游植物群落Pielou均匀度指数（J）最大值出现在11号采样点，最小值出现于24号采样点。浮游植物Margalef丰富度指数（R）变幅为1.10～2.68，均值为1.90。Margalef丰富度指数（R）最大值出现在11号采样点，最小值出现在24号采样点。冬季各采样点浮游植物H'、J和R的空间变化特征如图3.2-8。

• 功能群

根据Reynold等提出的功能群分类法，将具备相同或类似生态属性的浮游植物归在一个功能群内，太

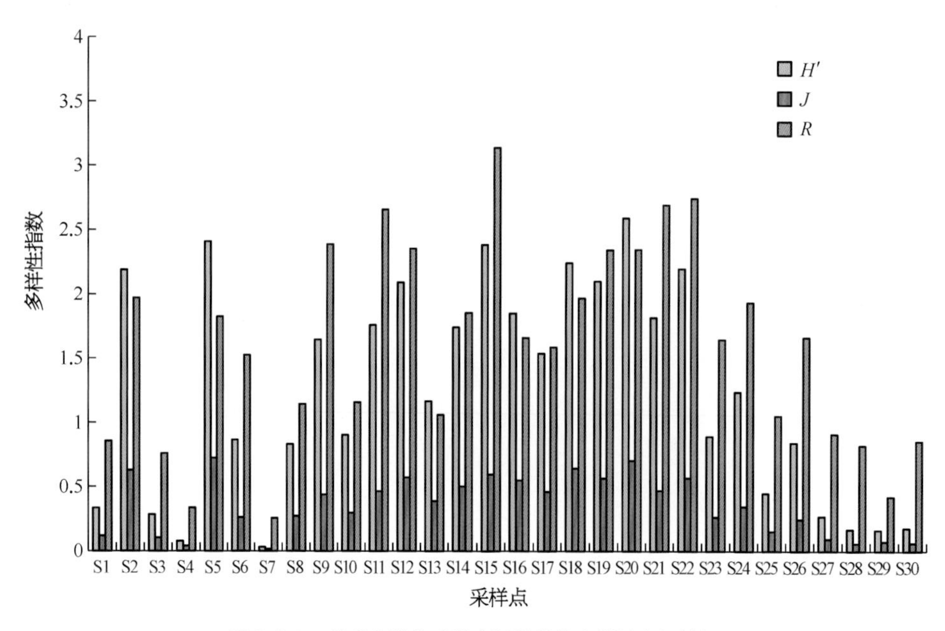

图3.2-7 秋季太湖各采样点浮游植物多样性空间特征

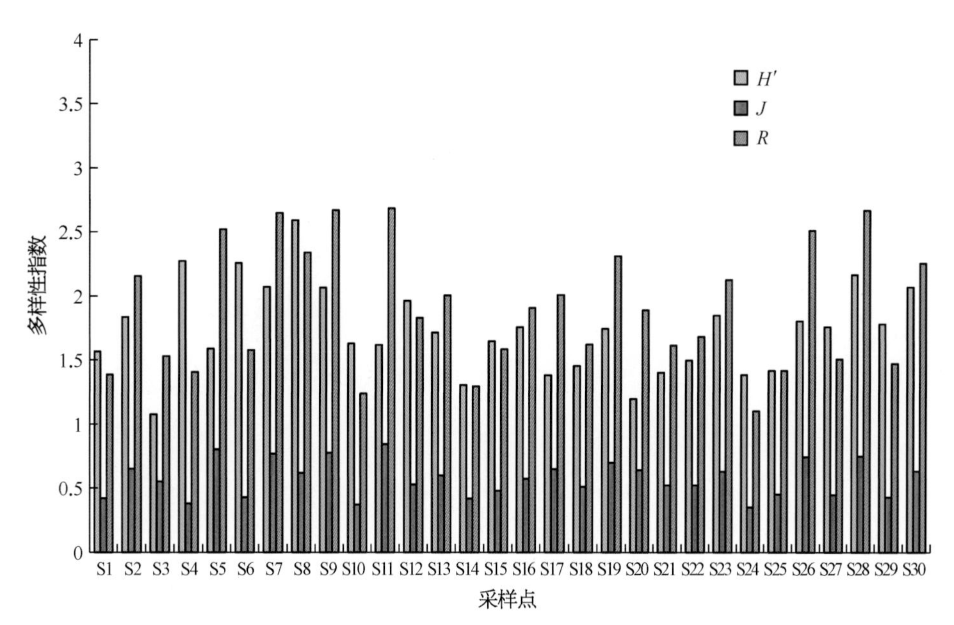

图3.2-8　冬季太湖各采样点浮游植物多样性空间特征

湖浮游植物可分为24个功能群：A、B、C、D、E、F、G、H1、J、Lo、M、MP、N、P、S1、S2、T、W1、W2、Ws、X1、X2、X3和Y（表3.2-1）。其中，冬季浮游植物功能群为B、D、E、F、G、H1、J、Lo、M、MP、N、P、S1、T、W1、Ws、X1、X2、X3和Y；春季浮游植物功能群为B、C、D、E、F、G、H1、J、M、MP、N、P、S1、T、W1、X1、X2、X3和Y；夏季浮游植物功能群为A、B、D、E、F、G、H1、J、Lo、M、MP、N、P、S1、S2、T、W1、W2、X1、X2、X3和Y；秋季浮游植物功能群为B、C、D、E、F、G、H1、J、M、MP、N、P、S1、T、W1、X1、X2、X3和Y。

表3.2-1　太湖浮游植物功能群划分

功能群	代表性种（属）	功能群生境特征
A	根管藻 *Rhizosolenia* sp.、扎卡四棘藻 *Attheya zachariasi*	贫营养水体，对pH升高敏感
B	小环藻 *Cyclotella* sp.、冠盘藻 *Stephanodiscus* sp.	中营养水体，对分层敏感
C	星杆藻 *Asterionella* sp.	富营养中小水体，对分层敏感
D	针杆藻 *Synedra* sp.、菱形藻 *Nitzschia* sp.、菱板藻 *Hantzschia* sp.	较浑浊的浅水水体
E	锥囊藻 *Dinobryon* sp.、鱼鳞藻 *Mallomonas* sp.	较浅的贫中营养型水体
F	月牙藻 *Selenastrum* sp.、韦斯藻 *Westella* sp.、浮球藻 *Planktosphaeria* sp.、网球藻 *Dictyosphaerium* sp.、球囊藻 *Sphaerocystis* sp.、卵囊藻 *Oocystis* sp.、蹄形藻 *Kirchneriella* sp.、四棘藻 *Treubaria* sp.、微芒藻 *Micractinium pusillum* sp.	中富营养型湖泊变温层
G	实球藻 *PanDOrina* sp.、空球藻 *EuDOrina* sp.、四鞭藻 *Carteria* sp.、杂球藻 *Pleodorina* sp.	富营养型小型湖泊或池塘
H1	鱼腥藻 *Anabaena* sp.、束丝藻 *Aphanizomenon* sp.	富营养分层水体，浅水湖泊
J	十字藻 *Crucigenia* sp.、顶棘藻 *Chodatella* sp.、四星藻 *Tetrastrum* sp.、空星藻 *Coelastrum* sp.、盘星藻 *Pediastrum* sp.、集星藻 *Actinastrum* sp.、四角藻 *Tetraedron* sp.、栅藻 *Scenedesmus* sp.、多芒藻 *Golenkinia* sp.	混合的高富营养浅水水体
Lo	平裂藻 *Merismopedia* sp.、色球藻 *Chroococcus* sp.、羽纹藻 *Pinnularia* sp.、等片藻 *Diatoma* sp.、双眉藻 *Amphora* sp.、角甲藻 *Ceratium* sp.、多甲藻 *Peridinium* sp.、腔球藻 *Coclosphaerium* sp.	广适性

（续表）

表 3.2-1　太湖浮游植物功能群划分

功能群	代表性种（属）	功能群生境特征
M	微囊藻 *Microcystis* sp.	较稳定的中富营养水体，透明度不宜太低
MP	伪鱼腥藻 *Pseudanabaena catenata*、鞘丝藻 *Lyngbya* sp.、颤藻 *Oscillatoria* sp.、环丝藻 *Ulothrix zonata*、丝藻 *Ulothrix* sp.、舟形藻 *Navicula* sp.、卵形藻 *Cocconeis* sp.、双菱藻 *Surirella* sp.、异极藻 *Gomphonema* sp.、辐节藻 *Stauroneis* sp.、桥弯藻 *Cymbella* sp.、短缝藻 *Eunotia* sp.、曲壳藻 *Achnathes* sp.	频繁扰动的浑浊型浅水湖泊
N	鼓藻 *Cosmarium* sp.	中营养型水体混合层
P	新月藻 *Closterium* sp.、角星鼓藻 *Staurastrum* sp.、直链藻 *Melosira* sp.、脆杆藻 *Fragilaria* sp.	混合程度较高中富营养浅水水体
S1	假鱼腥藻 *Anabaenas* sp.、席藻 *Phormidium* sp.	透明度较低的混合水体，多为丝状蓝藻，对冲刷敏感
S2	螺旋藻 *Spirulina* sp.	浅层浑浊混合层
T	游丝藻 *Planctonema* sp.、并联藻 *Quadrigula* sp.、黄丝藻属 *Tribonema* sp.、转板藻 *Mougeotia* sp.	混合均匀的深水水体变温层
W1	裸藻 *Euglena* sp.、扁裸藻 *Phacus* sp.、盘藻 *Gonium* sp.	富含有机质，或农业废水和生活污水的水体
W2	囊裸藻 *Trachelomonas* sp.、陀螺藻 *Strombomonas* sp.	浅水型中营养湖泊
Ws	黄群藻 *Synura* sp.	中营养型的静止水体
X1	弓形藻 *Schroederia* sp.、纤维藻 *Ankistrodesmus* sp.、小球藻 *Chlorella* sp.	混合程度较高的富营养浅水水体
X2	衣藻 *Chlamydomonas* sp.、翼膜藻 *Pteromonas* sp.、蓝隐藻 *Chroomonas* sp.	混合程度较高的中—富营养浅水水体
X3	布纹藻 *Gyrosigma* sp.、波缘藻 *Cymatopleura* sp.、双壁藻 *Diploneis* sp.、肋缝藻 *Frustulia* sp.、色金藻 *Chromulina* sp.、棕鞭藻 *Chromulina* sp.	浅水、清水、混合层
Y	裸甲藻 *Gymnodinium* sp.、薄甲藻 *Glenodinium* sp.、隐藻 *Cryptomonas* sp.	广适性（多反映了牧食压力低的静水环境）

以优势度指数Y>0.02定为优势种，太湖冬季浮游植物优势功能群为P、H1、T、S1、X2、Y、D和W1；优势度分别为0.23、0.21、0.10、0.08、0.07、0.06、0.04和0.03。春季浮游植物优势功能群为H1、M、B和X2；优势度分别为0.39、0.29、0.04和0.04。夏季浮游植物优势功能群为A、D、J、G、B和F；优势度分别为0.41、0.22、0.13、0.09、0.05和0.04。秋季浮游植物优势功能群为D、B、J和H1；优势度分别为0.57、0.29、0.05和0.04（图3.2-9）。

· 结果与讨论

浮游植物是水生态系统中的初级生产者，也是水环境监测中的重要指示生物，了解其种类组成及现存量的空间分布有利于提高对湖泊的认知。太湖全年浮游植物种类组成结果显示，浮游植物群落组成中绿藻门种类数最多，其次为硅藻门和蓝藻门，并且四个季度浮游植物种类组成基本一致。陈洋等2013 ～ 2015年对太湖不同区域浮游植物群落结构特征调查结果表明，太湖浮游植物共有121种，隶属于7门74属；其中绿藻门最多，共有28属59种，其次为硅藻门，共有17属27种，蓝藻门10属17 种。这一结果与本研究一致，太湖浮游植物群落结构稳定性较高，水生生态系统抵抗外界干扰能力较强。优势度结果显示，太湖4个季节均存在蓝藻门的水华藻类占据优势地位，特别是在夏、秋季节蓝藻门成为绝对优势种。因此，太湖夏、秋季节仍然存在蓝藻水华现象。现生物量结果显示，太湖浮游植物季节分布表现为夏季 > 秋季 >

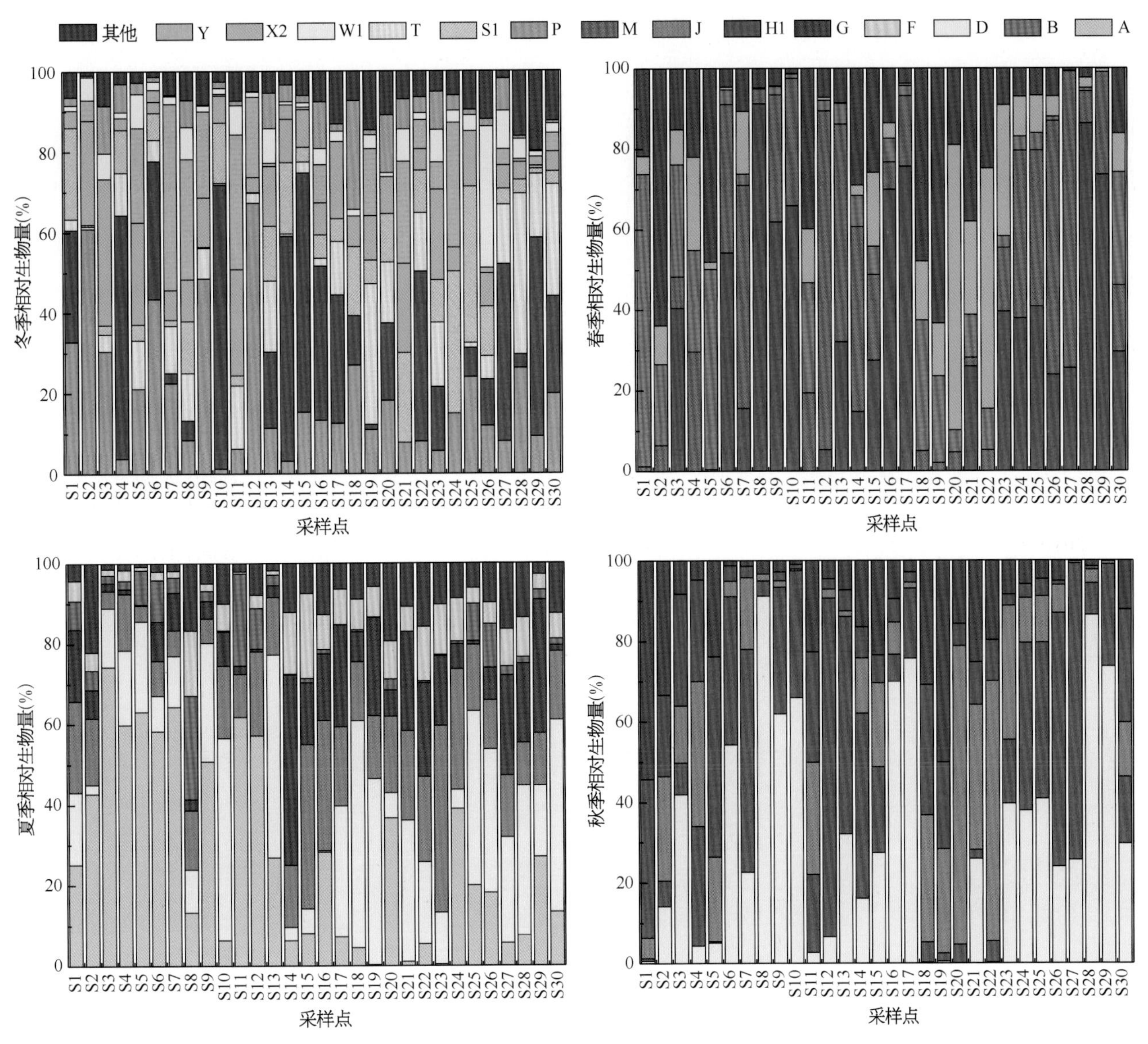

图3.2-9 太湖浮游植物优势功能群季节变化特征

春季>冬季，空间部分表现为北部湖区>南部湖区，五里湖与东太湖显著低于其他水域。与历史资料相比，太湖虽然夏、秋季节蓝藻门占据优势地位，但其生物量相较之前已经呈现明显下降趋势。多样性指数结果显示，太湖东北部湖区与西北部湖区群落多样性较低，北部湖区与南部湖区群落多样性相对较高。这一现象主要与渔业活动、生态修复等人为活动有关。

划分功能群的主要依据是利用浮游植物的相似性，包括形态特征以及对生境适应性特征，因此不仅可以简化对浮游植物群落的研究，也能从物种的功能性上对水体生态系统进行研究，除此之外还能更为精确地展现浮游植物与环境因子的关系。夏莹霏等于2013～2015年对太湖进行了采样调查，分析太湖浮游植物功能群组成、时空变化及其理化影响因子。主要代表性功能群有11组，分别为M、Y、C、J、P、S1、D、H1、T、MP和W1。RDA分析显示，以M、C功能群为主的夏、秋季功能群分布主要受到透明度的影响；以Y功能群为主的春季功能群分布主要是受到总氮浓度的影响。与本次调查结果相比，太湖浮游植物功能群基本组成及优势功能群类似，但不同季节优势功能群演替规律存在差异。本次调查中夏季优势功能群组成中存在A、B功能群，并且主要由水华藻类组成的功能群M、H1未能占据优势地位。结果表明，本次调查中太湖在夏季高温季节为防止蓝藻暴发方面采取的措施起到了一定的控制作用。

综上所述，太湖浮游植物的种类组成相对稳定，群落演替具有明显的季节性。蓝藻仍然在夏、秋季节成为单一优势种，不过其生物量相较之前已经有了显著的降低。生态修复措施在一定程度上有利于控制太湖蓝藻的暴发，并且在部分湖区已经取得了一定的效果。此外，控制太湖中氮营养盐的浓度是治理太湖蓝藻的关键。

洪泽湖

群落组成

2016 ～ 2018年春夏秋冬四季对洪泽湖水域内24个采样点的浮游植物调查结果显示，春季共鉴定出蓝藻门（Cyanophyta）、硅藻门（Bacillariophyta）、隐藻门（Cryptophyta）、裸藻门（Euglenophyta）、绿藻门（Chlorophyta）、金藻门（Chrysophyta）和黄藻门（Xanthophyta），共7门64属121种（包括变种和变型）浮游植物。

夏季共鉴定出蓝藻门（Cyanophyta）、硅藻门（Bacillariophyta）、裸藻门（Euglenophyta）、绿藻门（Chlorophyta）和黄藻门（Xanthophyta），共5门49属93种（包括变种和变型）浮游植物。

秋季共鉴定出蓝藻门（Cyanophyta）、硅藻门（Bacillariophyta）、隐藻门（Cryptophyta）、裸藻门（Euglenophyta）和绿藻门（Chlorophyta），共5门31属45种（包括变种和变型）浮游植物。

冬季共鉴定出蓝藻门（Cyanophyta）、硅藻门（Bacillariophyta）和绿藻门（Chlorophyta），共3门21属34种（包括变种和变型）浮游植物。洪泽湖浮游植物调查物种名录详见附录2。

从藻类组成上看，春季绿藻门物种数最多，达54种，占浮游植物物种数的44.6%；其次为硅藻门，为29种，占23.96%；蓝藻门为16种，占13.22%；裸藻门14种，占11.57%；隐藻门为3种，占2.48%；黄藻门为3种，占2.48%；金藻门最少，为2种，占1.65%。

夏季绿藻门物种数最多，达42种，占浮游植物物种数的45.16%；其次为硅藻门，为24种，占25.80%；蓝藻门为16种，占17.20%；裸藻门为6种，占6.45%；黄藻门，仅1种，各占1.08%。

秋季绿藻门物种数最多，达23种，占浮游植物物种数的51.1%；其次为硅藻门为15种，占33.3%；蓝藻门为5种，占11.1%；裸藻门和隐藻门物种最少，各1种，各占2.2%。

冬季绿藻门物种数最多，达23种，占浮游植物物种数的67.64%；其次为蓝藻门，为6种，占17.65%；硅藻门为5种，占14.71%。

群落优势种

据现行通用标准，以优势度指数Y>0.02定为优势种，洪泽湖春季浮游植物优势类群共计2门5属5种：其中绿藻门3属3种，分别为湖生卵囊藻、弓形藻和月牙藻，优势度分别为0.04、0.05和0.05；其次为硅藻门2属2种，分别为尖针杆藻和梅尼小环藻，优势度分别为是0.05和0.05。

夏季浮游植物优势类群共计2门4属5种：其中蓝藻门4属3种，为双对栅藻、小球藻、肾形鼓藻和圆鼓藻，优势度分别为0.02、0.61、0.06和0.45；黄藻门1属1种，优势度为0.05。

秋季浮游植物优势类群共计2门3属3种：绿藻门2属2种，分别为小球藻和雨生红球藻，优势度分别为0.96和0.15；硅藻门1属1种，为尖针杆藻，优势度为0.05。

冬季浮游植物优势类群共计2门5属5种：其中绿藻门3属3种，为小球藻、狭形纤维藻和四足十字藻，优势度分别为0.66、0.3和0.59；蓝藻门2属2种，分别为小席藻和微囊藻，优势度分别为0.33和0.94。

现存量

通过对洪泽湖春季采样调查结果显示，24个采样点浮游植物密度变幅为0.2×10^5 ～ 30.42×10^5 cell/L，均值为$6.447\ 5 \times 10^5$ cell/L。密度最大值出现在24号采样点，最小值出现在23号采样点。浮游植物生物量变幅为0.006 ～ 7.866 mg/L，均值为1.763 2 mg/L。生物量最大值出现在4号采样点，最小值出现在23号采样点。春季浮游植物密度和生物量变化情况如图3.2-10。

夏季采样调查结果显示，24个采样点浮游植

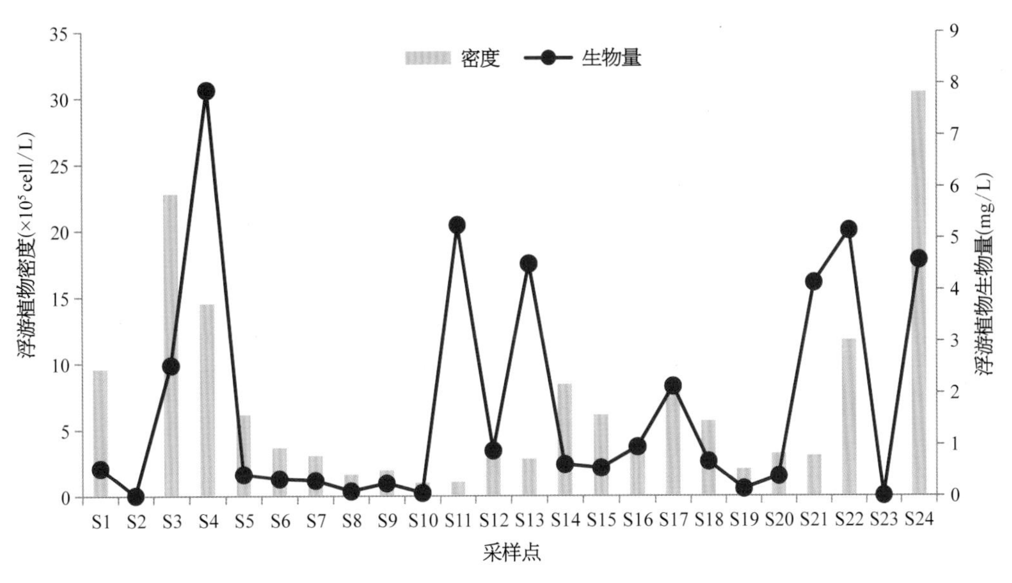

图3.2-10 春季洪泽湖各采样点浮游植物密度和生物量空间特征

物密度变幅为0 ~ $32.0^5\times10^5$ cell/L，均值为6.50×10^5 cell/L。密度最大值出现在16号采样点，最小值出现在17号、21号和22号采样点。浮游植物生物量变幅为0 ~ 12.167 mg/L，均值为1.95 mg/L。生物量最大值出现在15号采样点，最小值出现在17号、21号和22号采样点。夏季浮游植物密度和生物量变化情况如图3.2-11。

秋季采样调查结果显示，24个采样点浮游植物密度变幅为0.2×10^5 ~ 20.35×10^5 cell/L，均值为2.82×10^5 cell/L。密度最大值出现在4号采样点，最小值出现在11号采样点。浮游植物生物量变幅为0.02 ~ 4.093 mg/L，均值为0.838 4 mg/L。生物量最大值出现在4号采样点，最小值出现在2号采样点。秋季浮游植物密度和生物量变化情况如图3.2-12。

冬季采样调查结果显示，24个采样点浮游植物密度变幅为0.033×10^5 ~ 1.5×10^5 cell/L，均值为$0.439\ 1\times10^5$ cell/L。密度最大值出现在23号采样点，最小值出现在11号采样点。浮游植物生物量变幅为0.000 33 ~ 0.683 3 mg/L，均值为0.093 mg/L。生物量最大值出现在6号采样点，最小值出现在11号采样点。冬季浮游植物密度和生物量变化情况如图3.2-13。

· 群落多样性

调查结果显示春季洪泽湖24个采样点的浮游植物群落Shannon-Weaver多样性指数（H'）变幅为0.50 ~ 3.03，平均为2.03。其中，Shannon-Weaver多样性指数（H'）最大值出现在17号采样点，最小值出现在2号采样点。浮游植物Pielou均匀度指数（J）变

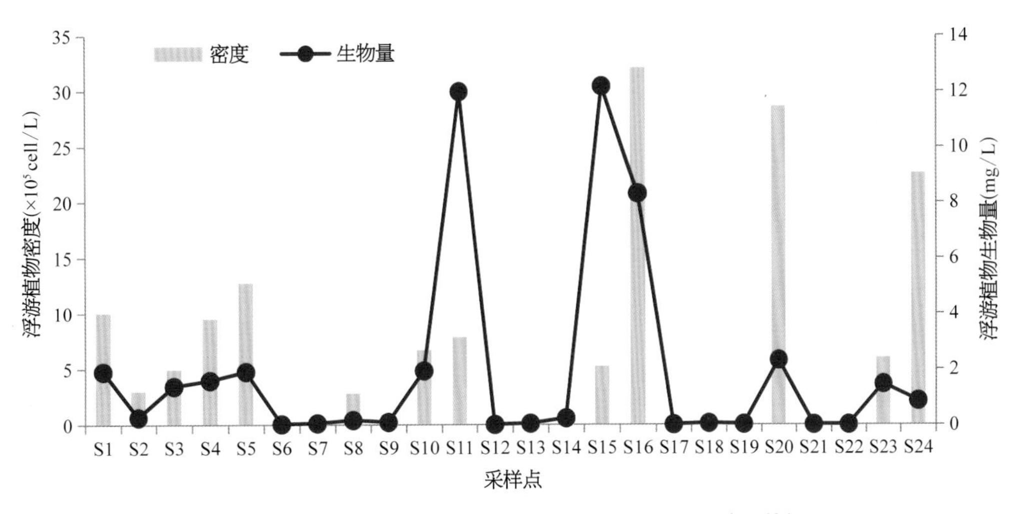

图3.2-11 夏季洪泽湖各采样点浮游植物密度和生物量空间特征

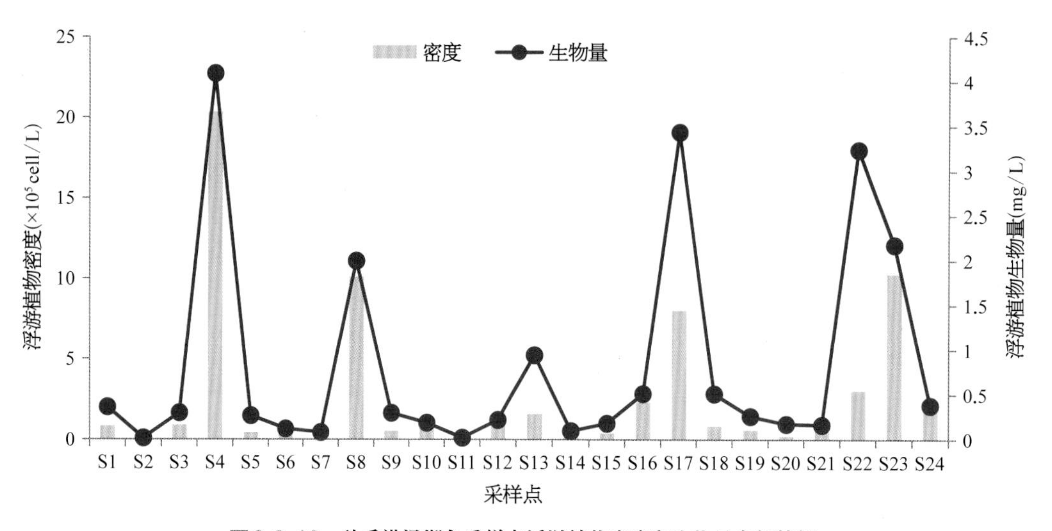

图3.2-12 秋季洪泽湖各采样点浮游植物密度和生物量空间特征

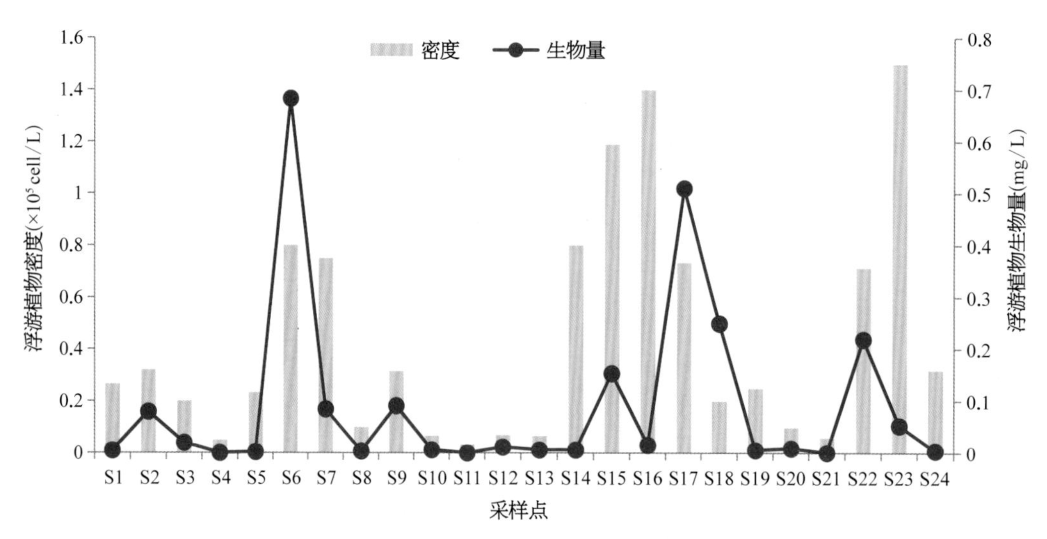

图3.2-13 冬季洪泽湖各采样点浮游植物密度和生物量空间特征

幅为0.60～1.00，均值为0.84。其中，浮游植物群落Pielou均匀度指数（*J*）最大值出现在23号采样点，最小值出现在14号采样点。浮游植物Margalef丰富度指数（*R*）变幅为0.099～2.49，均值为1.03。Margalef丰富度指数（*R*）最大值出现在17号采样点，最小值出现于2号采样点。春季各采样点浮游植物*H'*、*J*和*R*的空间变化特征如图3.2-14。

夏季洪泽湖24个采样点的浮游植物群落Shannon-Weaver多样性指数（*H'*）变幅为0～2.80，平均为1.57。其中，Shannon-Weaver多样性指数（*H'*）最大值出现在4号采样点，最小值出现在17号、21号和22号采样点。浮游植物Pielou均匀度指数（*J*）变幅为0～1，均值为0.715。其中，浮游植物群落Pielou均匀度指数（*J*）最大值出现在19号采样点，最小值出现在17号、21号和22号采样点。浮游植物Margalef丰富度指数（*R*）变幅为0～1.52，均值为0.703。Margalef丰富度指数（*R*）最大值出现在1号采样点，最小值出现在17号、21号和22号采样点。夏季各采样点浮游植物*H'*、*J*和*R*的空间变化特征如图3.2-15。

秋季洪泽湖24个采样点的浮游植物群落Shannon-Weaver多样性指数（*H'*）变幅为0.056～1.83，平均为1.02。其中，Shannon-Weaver多样性指数（*H'*）最大值出现在1号采样点，最小值出现在8号采样点。浮游植物Pielou均匀度指数（*J*）变幅为0.06～1，均值为0.715。其中，浮游植物群落Pielou均匀度指数（*J*）最大值出现在11号采样点，最小值出现在4

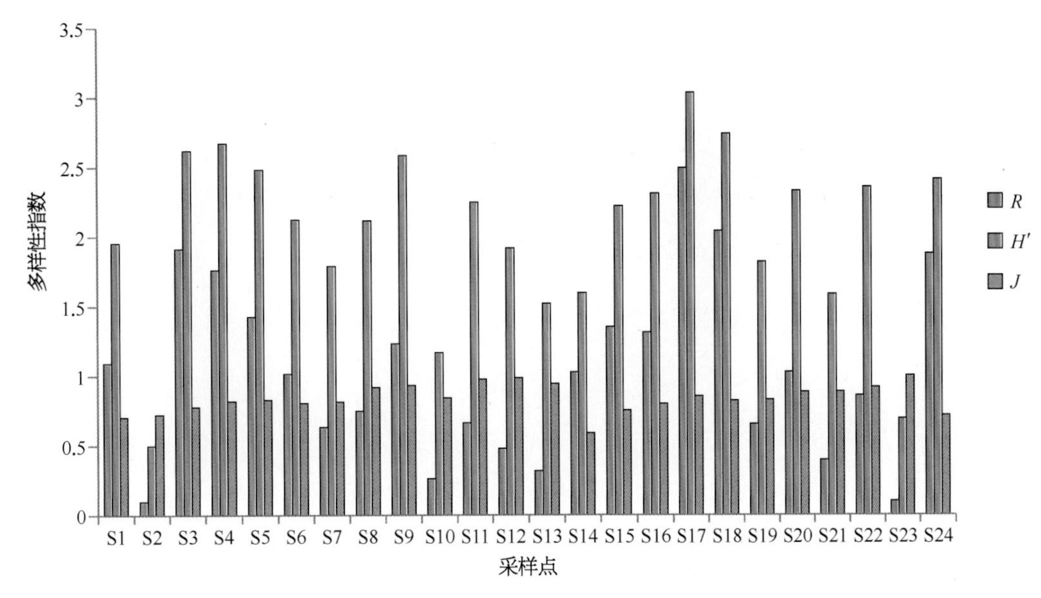

图3.2-14　春季洪泽湖各采样点浮游植物多样性空间特征

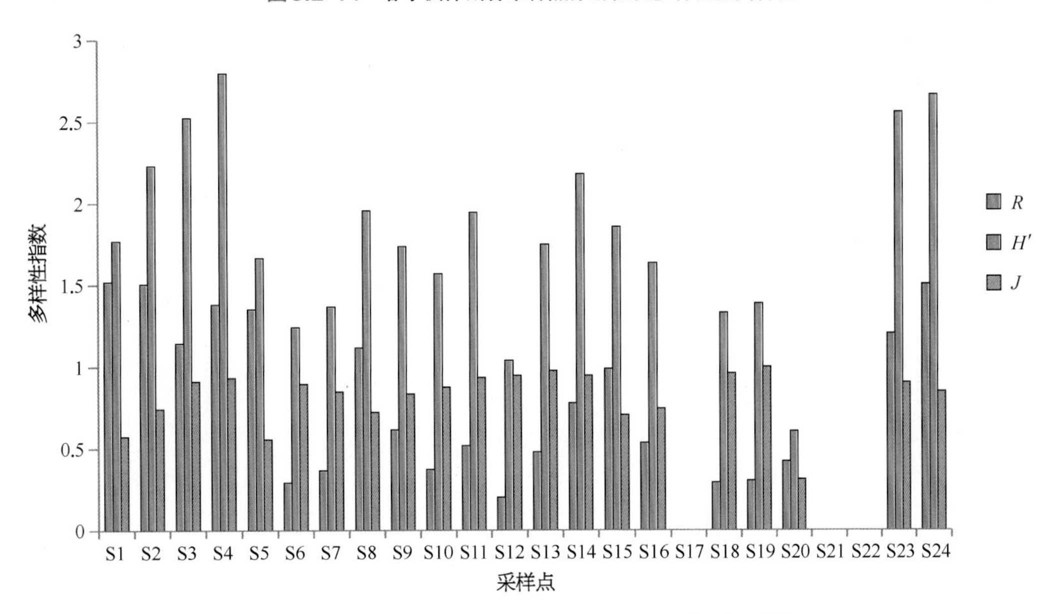

图3.2-15　夏季洪泽湖各采样点浮游植物多样性空间特征

号采样点。浮游植物Margalef丰富度指数（R）变幅为0.072～0.617，均值为0.31。Margalef丰富度指数（R）最大值出现在1号采样点，最小值出现在8号采样点。秋季各采样点浮游植物H'、J和R的空间变化特征如图3.2-16。

冬季洪泽湖24个采样点的浮游植物群落Shannon-Weaver多样性指数（H'）变幅为0～1.98，平均0.723。其中，Shannon-Weaver多样性指数（H'）最大值出现在23号采样点，最小值出现在4号、10号和11号采样点。浮游植物Pielou均匀度指数（J）变幅为0～1，均值为0.662 3。其中，浮游植物群落Pielou均匀度指数（J）最大值出现在8号、13号和21号采样点，最小值出现在4号、10号和11号采样点。浮游植物Margalef丰富度指数（R）变幅为0～0.755，均值为0.188。Margalef丰富度指数（R）最大值出现在23号采样点，最小值出现在4号、10号和11号采样点。冬季各采样点浮游植物H'、J和R的空间变化特征如图3.2-17。

· 功能群

根据Reynold等提出的功能群分类法，将具备相同或类似生态属性的浮游植物归在一个功能群内，洪泽湖浮游植物可分为27个功能群：A、B、C、D、E、F、G、

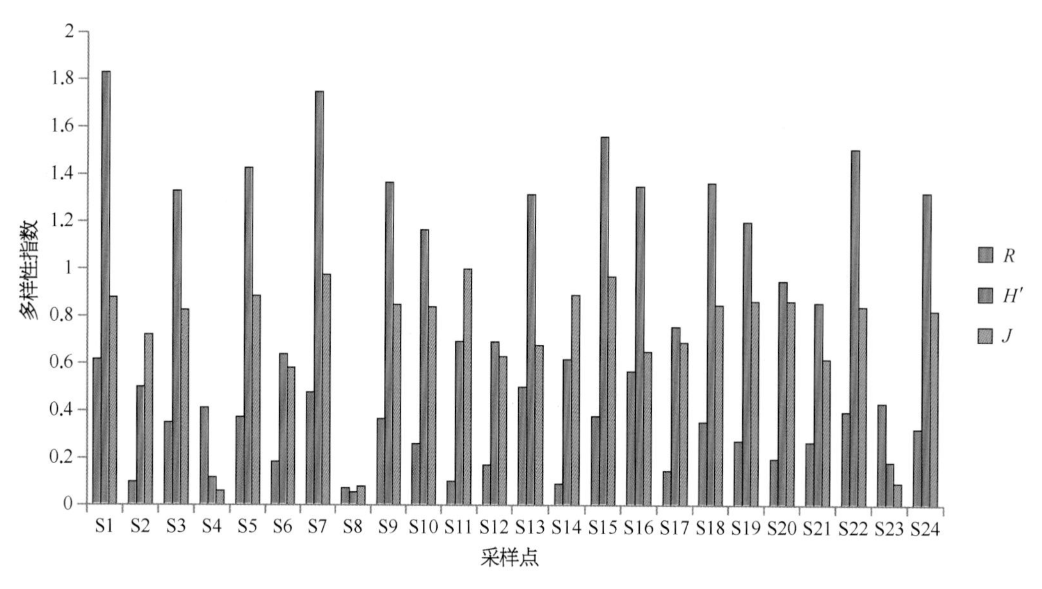

图3.2-16 秋季洪泽湖各采样点浮游植物多样性空间特征

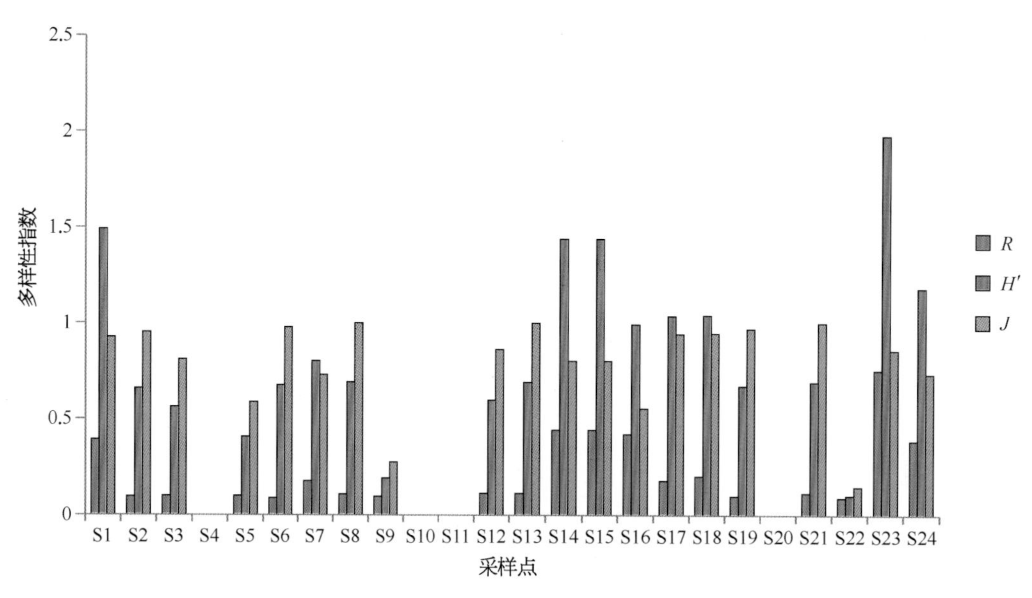

图3.2-17 冬季洪泽湖各采样点浮游植物多样性空间特征

H1、J、Lo、M、MP、N、P、S1、S2、T、W1、W2、X1、X2、X3、Y、K、LM、Q和TC（表3.2-2）。其中，冬季浮游植物功能群为J、N、F、D、X2、X1、H1、G、M、K、S1、Lo、P和MP；春季浮游植物功能群为A、B、C、D、E、F、G、H1、J、Lo、M、MP、N、P、S1、S2、T、W1、W2、X1、X2、X3、Y、K、LM、Q和TC；夏季浮游植物功能群为TC、H1、Lo、W1、J、MP、X1、P、T、S2、S1、F、D、B、A、G、X3、W2、N和M；秋季浮游植物功能群为P、D、F、J、X1、X2、TC、B、W2、Lo、N、MP和S1。

以优势度指数Y>0.02定为优势种，洪泽湖冬季浮游植物优势功能群为X1，优势度分别为0.479；春季浮游植物优势功能群为B、D、F、J、Lo、MP、S1、X1和X2，优势度分别为0.057、0.052、0.053、0.055、0.049、0.025、0.033、0.175和0.035；夏季浮游植物优势功能群为B、D、F、J、N、S1和X1，优势度分别为0.029、0.022 6、0.023、0.061、0.078、0.023和0.27；秋季浮游植物优势功能群为D和X1，优势度分别为0.033和0.764（图3.2-18）。

· 结果与讨论

洪泽湖全年浮游植物种类组成结果显示，浮游植物群落组成中绿藻门种类数最多，其次为硅藻门和蓝

表 3.2-2 洪泽湖浮游植物功能群划分

功能群	代表性种（属）	功能群生境特征
A	根管藻 *Rhizosolenia* sp.、扎卡四棘藻 *Attheya zachariasi*	贫营养水体，对pH升高敏感
B	小环藻 *Cyclotella* sp.、冠盘藻 *Stephanodiscus* sp.	中营养水体，对分层敏感
C	星杆藻 *Asterionella* sp.	富营养中小水体，对分层敏感
D	针杆藻 *Synedra* sp.、菱形藻 *Nitzschia* sp.、菱板藻 *Hantzschia* sp.	较浑浊的浅水水体
E	锥囊藻 *Dinobryon* sp.、鱼鳞藻 *Mallomonas* sp.	较浅的贫中营养型水体
F	月牙藻 *Selenastrum* sp.、韦斯藻 *Westella* sp.、浮球藻 *Planktosphaeria* sp.、网球藻 *Dictyosphaerium* sp.、球囊藻 *Sphaerocystis* sp.、卵囊藻 *Oocystis* sp.、蹄形藻 *Kirchneriella* sp.、四棘藻 *Treubaria* sp.、微芒藻 *Micractinium pusillum* sp.	中富营养型湖泊变温层
G	实球藻 *Pandorina* sp.、空球藻 *Eudorina* sp.、四鞭藻 *Carteria* sp.、杂球藻 *Pleodorina* sp.	富营养型小型湖泊或池塘
H1	鱼腥藻 *Anabaena* sp.、束丝藻 *Aphanizomenon* sp.	富营养分层水体，浅水湖泊
J	十字藻 *Crucigenia* sp.、顶棘藻 *Chodatella* sp.、四星藻 *Tetrastrum* sp.、空星藻 *Coelastrum* sp.、盘星藻 *Pediastrum* sp.、集星藻 *Actinastrum* sp.、四角藻 *Tetraedron* sp.、栅藻 *Scenedesmus* sp.、多芒藻 *Golenkinia* sp.	混合的高富营养浅水水体
Lo	平裂藻 *Merismopedia* sp.、色球藻 *Chroococcus* sp.、羽纹藻 *Pinnularia* sp.、等片藻 *Diatoma* sp.、双眉藻 *Amphora* sp.、角甲藻 *Ceratium* sp.、多甲藻 *Peridinium* sp.、腔球藻 *Coclosphaerium* sp.	广适性
M	微囊藻 *Microcystis* sp.	较稳定的中富营养水体，透明度不宜太低
MP	伪鱼腥藻 *Pseudanabaena catenata*、鞘丝藻 *Lyngbya* sp.、颤藻 *Oscillatoria* sp.、环丝藻 *Ulothrix zonata*、丝藻 *Ulothrix* sp.、舟形藻 *Navicula* sp.、卵形藻 *Cocconeis* sp.、双菱藻 *Surirella* sp.、异极藻 *Gomphonema* sp.、辐节藻 *Stauroneis* sp.、桥弯藻 *Cymbella* sp.、短缝藻 *Eunotia* sp.、曲壳藻 *Achnathes* sp.	频繁扰动的浑浊型浅水湖泊
N	鼓藻 *Cosmarium* sp.	中营养型水体混合层
P	新月藻 *Closterium* sp.、角星鼓藻 *Staurastrum* sp.、直链藻 *Melosira* sp.、脆杆藻 *Fragilaria* sp.	混合程度较高中富营养浅水水体
S1	假鱼腥藻 *Anabaenas* sp.、席藻 *Phormidium* sp.	透明度较低的混合水体，多为丝状蓝藻，对冲刷敏感
S2	螺旋藻 *Spirulina* sp.	浅层浑浊混合层
T	游丝藻 *Planctonema* sp.、并联藻 *Quadrigula* sp.、黄丝藻属 *Tribonema* sp.、转板藻 *Mougeotia* sp.	混合均匀的深水水体变温层
W1	裸藻 *Euglena* sp.、扁裸藻 *Phacus* sp.、盘藻 *Gonium* sp.	富含有机质，或农业废水和生活污水的水体
W2	囊裸藻 *Trachelomonas* sp.、陀螺藻 *Strombomonas* sp.	浅水型中营养湖泊
X1	弓形藻 *Schroederia* sp.、纤维藻 *Ankistrodesmus* sp.、小球藻 *Chlorella* sp.	混合程度较高的富营养浅水水体
X2	衣藻 *Chlamydomonas* sp.、翼膜藻 *Pteromonas* sp.、蓝隐藻 *Chroomonas* sp.	混合程度较高的中—富营养浅水水体
X3	布纹藻 *Gyrosigma* sp.、波缘藻 *Cymatopleura* sp.、双壁藻 *Diploneis* sp.、肋缝藻 *Frustulia* sp.、色金藻 *Chromulina* sp.、棕鞭藻 *Chromulina* sp.	浅水、清水和混合层
Y	裸甲藻 *Gymnodinium* sp.、薄甲藻 *Glenodinium* sp.、隐藻 *Cryptomonas* sp.	广适性（多反映了牧食压力低的静水环境）
K	隐球藻属 *Aphanocapsa* sp.、隐杆藻属 *Aphanothece* sp.	营养物质丰富的浅水水体
LM	角甲藻 *Ceratium hirundinella*、束球藻 *Gomphosphaeria* sp.	富营养型到高度富营养型的小中型湖泊
Q	扁平膝口藻 *Gonyostomum* sp.	酸性的、腐殖质丰富的小型湖泊
TC	颤藻 *Oscillatoria* sp.、鞘丝藻 *Lyngbya* sp.	富营养型静止水体，或藻类暴发的缓流型河流

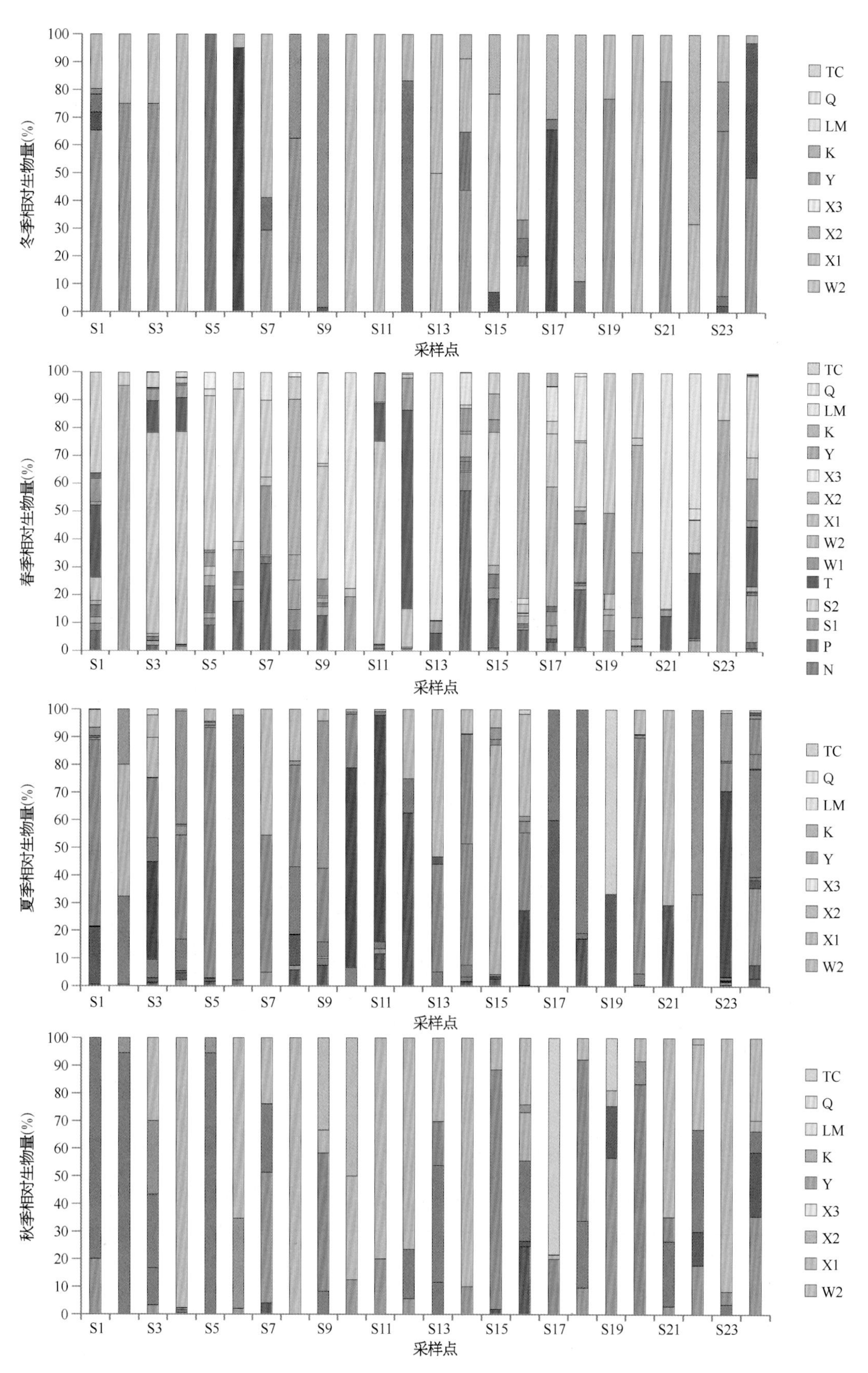

图3.2-18 洪泽湖浮游植物优势功能群季节变化特征

藻门，并且四个季度浮游植物种类组成基本一致。吴天浩等于2015～2016年对洪泽湖不同区域浮游植物群落结构特征调查结果表明，洪泽湖浮游植物共有147种，隶属于8门70属；其中绿藻门最多，共有27属，其次为硅藻门，共有18属，蓝藻门共16属。这一结果与本研究一致，洪泽湖浮游植物群落结构稳定性较高，水生生态系统抵抗外界干扰能力较强。优势度结果显示，洪泽湖4个季节绿藻门占据优势地位，特别是在夏、秋季节绿藻门成为绝对优势种。因此，洪泽湖目前不存在蓝藻水华现象。生物量结果显示，洪泽湖浮游植物季节分布表现为春季＞夏季＞秋季＞冬季，空间部分表现为东北部湖区＞西南部湖区。与历史资料相比，洪泽湖种（属）数有所下降，丰富度和均匀度也低于早期调查结果。这主要与洪泽湖环境污染、富营养化、渔业活动、非法采砂等人类活动有关。

划分功能群的主要依据是利用浮游植物的相似性，包括形态特征以及对生境适应性特征，因此不仅可以简化对浮游植物群落的研究，更能从物种的功能性上对水体生态系统进行研究，除此之外还能更为精确地展现浮游植物与环境因子的关系。本研究结果显示，洪泽湖浮游植物被划分为27个功能群，且季节间功能群组成有明显差异。整体来看，洪泽湖浮游植物功能群以适应富营养化且具有一定扰动强度的浅水湖泊为主。夏季浮游植物功能群主要有B、D、F、J、N、S1和X1，种类组成以硅藻及绿藻为主，还有部分丝状蓝藻，因此洪泽湖夏季尚未出现微囊藻水华。

综上所述，洪泽湖浮游植物的种类组成相对稳定，群落演替具有明显的季节性，需要采取生态修复措施降低水体富营养化水平，优化浮游植物群落结构，恢复种类多样性。

高宝邵伯湖

群落组成

通过2017～2018年对高宝邵伯湖春夏秋冬四季20个采样点浮游植物的调查，结果显示春季共鉴定出甲藻门（Pyrrophyta）、蓝藻门（Cyanophyta）、硅藻门（Bacillariophyta）、裸藻门（Euglenophyta）、绿藻门（Chlorophyta）、金藻门（Chrysophyta）、隐藻门（Cryptophyta）和黄藻门（Xanthophyta），共8门50属92种（包括变种和变型）浮游植物。

夏季共鉴定出甲藻门（Pyrrophyta）、蓝藻门（Cyanophyta）、硅藻门（Bacillariophyta）、裸藻门（Euglenophyta）、绿藻门（Chlorophyta）和黄藻门（Xanthophyta），共6门51属107种（包括变种和变型）浮游植物。

秋季共鉴定出蓝藻门（Cyanophyta）、硅藻门（Bacillariophyta）、隐藻门（Cryptophyta）、裸藻门（Euglenophyta）、绿藻门（Chlorophyta）和黄藻门（Xanthophyta），共6门36属68种（包括变种和变型）浮游植物。

冬季共鉴定出甲藻门（Pyrrophyta）、蓝藻门（Cyanophyta）、硅藻门（Bacillariophyta）、隐藻门（Cryptophyta）、裸藻门（Euglenophyta）、绿藻门（Chlorophyta）、金藻门（Chrysophyta）和黄藻门（Xanthophyta），共7门44属77种（包括变种和变型）浮游植物。高宝邵伯湖浮游植物调查物种名录详见附录2。

从藻类组成上看，春季绿藻门物种数最多，达44种，占浮游植物物种数的47.8%；其次为硅藻门，为16种，占17.4%；蓝藻门为13种，占14.1%；裸藻门9种，占9.8%；隐藻门为3种，占3.3%；金藻门为3种，占3.3%；黄藻门3种，占3.3%；甲藻门最少，仅占2.2%。

夏季绿藻门物种数最多，达47种，占浮游植物物种数的44%；其次为硅藻门，为22种，占20.6%；蓝藻门为20种，占18.7%；裸藻门为11种，占10.3%；黄藻门为5种，占4.7%；甲藻门最少，仅2种，占1.9%。

秋季绿藻门物种数最多，达35种，占浮游植物物种数的51.5%；其次为硅藻门，为13种，占19.1%；蓝藻门为11种，占16.2%；裸藻门为4种，占5.9%；黄藻门为4种，占5.9%；隐藻门物种最少，仅1种，占1.5%。

冬季绿藻门物种数最多，达44种，占浮游植物物种数的57.1%；其次为硅藻门，为20种，占26%；蓝藻门为8种，占10.4%；黄藻门为2种，占2.6%；甲藻门、金藻门和裸藻门物种最少，各1种，各占1.3%。

群落优势种

据现行通用标准，以优势度指数Y>0.02定为优势种，高宝邵伯湖春季浮游植物优势类群共计2门2属2种：其中绿藻门1属1种，为小球藻，优势度为0.527；蓝藻门1属1种，为小席藻，优势度为0.056。

夏季浮游植物优势类群共计3门4属4种：其中硅藻门2属2种，为尖针杆藻，优势度为0.024，颗粒直链藻，优势度为0.022；蓝藻门1属1种，为小席藻，优势度为0.08；绿藻门1属1种，为小球藻，优势度为0.32。

秋季浮游植物优势类群共计2门2属2种：其中绿藻门1属1种，为小球藻，优势度为0.624；蓝藻门1属1种，为小席藻，优势度为0.022。

冬季浮游植物优势类群共计2门3属3种：其中绿藻门2属2种，为小球藻，优势度为0.055，四尾栅藻，优势度为0.054；蓝藻门1属1种，为小席藻，优势度为0.092。

现存量

通过对高宝邵伯湖春季采样调查结果显示，20个采样点浮游植物密度变幅为1×10^5 ～ 1.666×10^7 cell/L，均值为3.177×10^6 cell/L。密度最大值出现在14号采样点，最小值出现在5号采样点。浮游植物生物量变幅为0.029 ～ 5.805 mg/L，均值为1.085 mg/L。生物量最大值出现在14号采样点，最小值出现在5号采样点。春季浮游植物密度和生物量变化情况如图3.2–19。

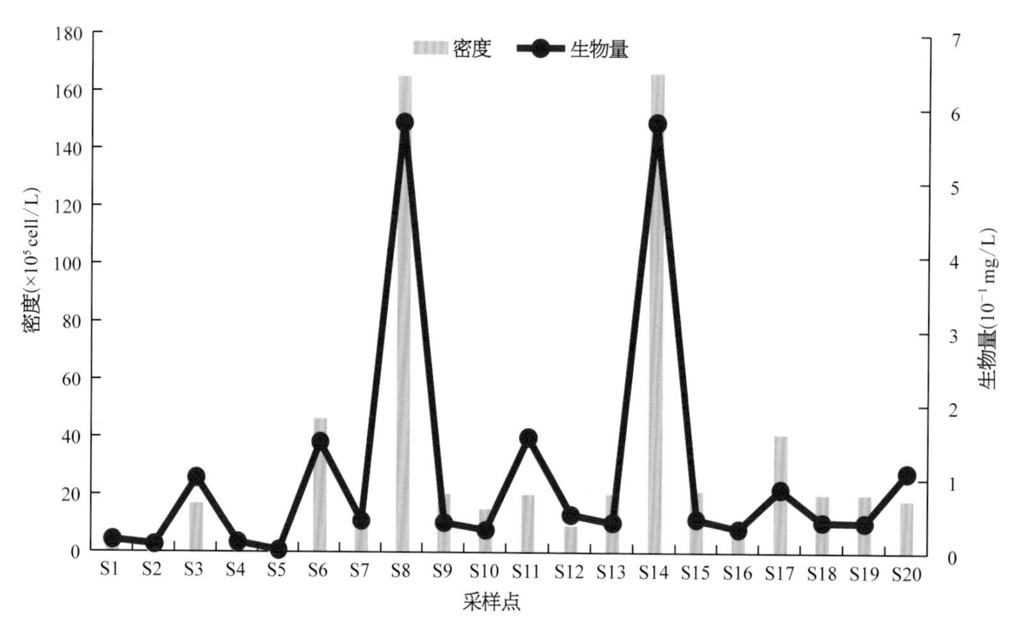

图3.2–19 春季高宝邵伯湖各采样点浮游植物密度和生物量空间特征

夏季采样调查结果显示，20个采样点浮游植物密度变幅为0.6×10^5 ～ 6.931×10^6 cell/L，均值为1.661×10^6 cell/L。密度最大值出现在7号采样点，最小值出现在20号采样点。浮游植物生物量变幅为0.033 9 ～ 31.087 mg/L，均值为6.674 mg/L。生物量最大值出现在7号采样点，最小值出现在20号采样点。夏季浮游植物密度和生物量变化情况如图3.2–20。

秋季采样调查结果显示，20个采样点浮游植物密度变幅为0.4×10^5 ～ 4.73×10^6 cell/L，均值为1.132×10^6 cell/L。密度最大值出现在3号采样点，最小值出现在9号采样点。浮游植物生物量变幅为0.049 ～ 1.386 mg/L，均值为0.461 mg/L。生物量最大值出现在1号采样点，最小值出现在9号采样点。秋季浮游植物密度和生物量变化情况如图3.2–21。

冬季采样调查结果显示，20个采样点浮游植物密度变幅为0.083×10^5 ～ 5.5×10^5 cell/L，均值为1.183×10^5 cell/L。密度最大值出现在1号采样点，最小值出现在16号采样点。浮游植物生物量变幅为0.017 ～ 17.064 mg/L，均值为1.807 mg/L。生物量最大值出现在4号采样点，最小值出现在19号采样点。

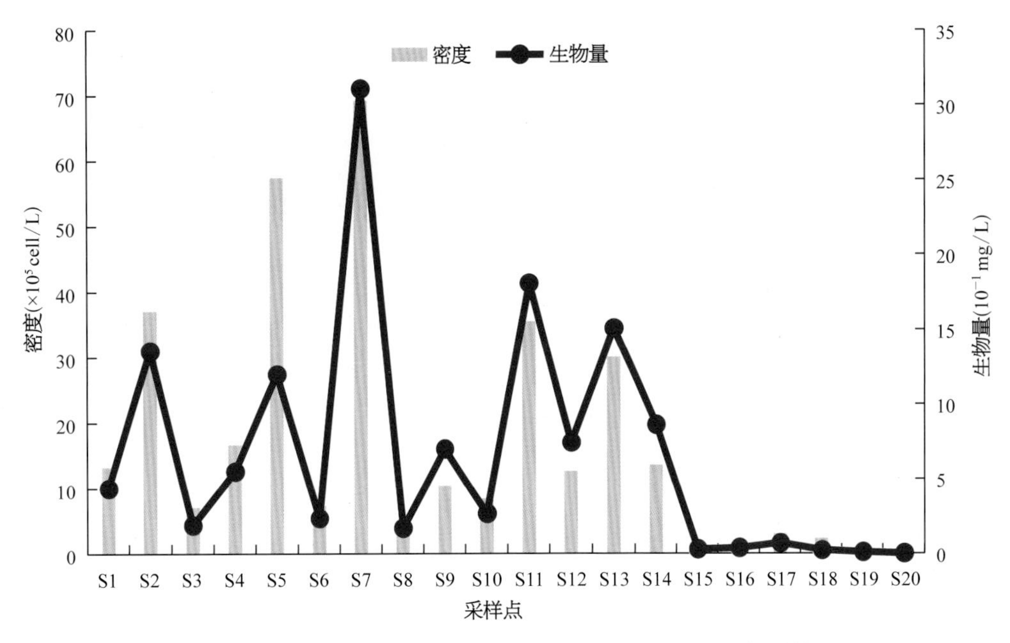

图3.2-20 夏季高宝邵伯湖各采样点浮游植物密度和生物量空间特征

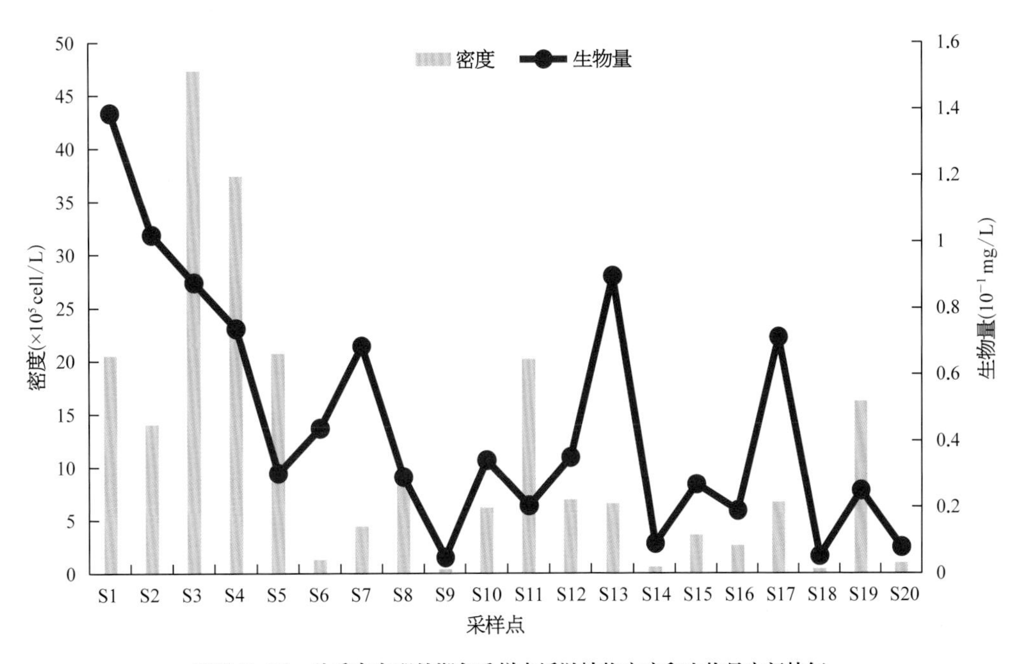

图3.2-21 秋季高宝邵伯湖各采样点浮游植物密度和生物量空间特征

冬季浮游植物密度和生物量变化情况如图3.2-22。

· 群落多样性

调查结果显示春季高宝邵伯湖20个采样点的浮游植物群落Margalef丰富度指数（R）变幅为0.275～1.844，平均为0.781。其中，Margalef丰富度指数（R）最大值出现在4号采样点，最小值出现在13号采样点。浮游植物Shannon-Weaver多样性指数（H'）变幅为0.088～2.869，均值为1.449。其中，最大值出现在4号采样点，最小值出现在10号采样点。浮游植物Pielou均匀度指数（J）变幅为0.055～0.989，均值为0.568，最大值出现在12号采样点，最小值出现于10号采样点。春季各采样点浮游植物H'、J和R的空间变化特征如图3.2-23。

夏季高宝邵伯湖20个采样点的浮游植物群落Margalef丰富度指数（R）变幅为0.364～2.108，平均为1.238。其中，Margalef丰富度指数（R）最大值

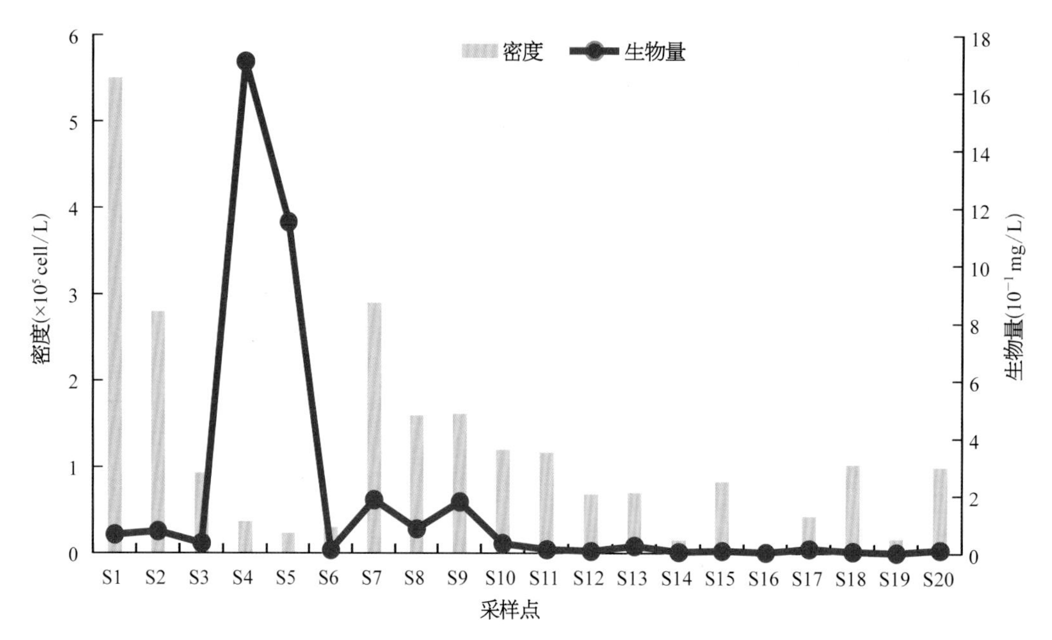

图3.2-22 冬季高宝邵伯湖各采样点浮游植物密度和生物量空间特征

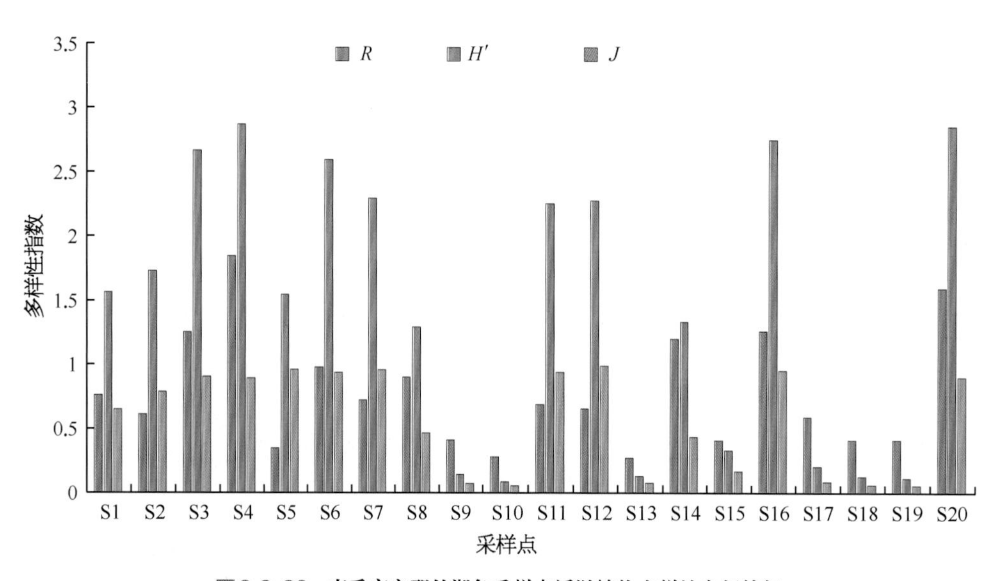

图3.2-23 春季高宝邵伯湖各采样点浮游植物多样性空间特征

出现在8号采样点，最小值出现于20号采样点。浮游植物Shannon-Weaver多样性指数（H'）变幅为0.267～3.00，均值为2.078。其中，最大值出现在3号采样点，最小值出现在5号采样点。浮游植物Pielou均匀度指数（J）变幅为0.099～0.97，均值为0.745，最大值出现在20号采样点，最小值出现于5号采样点。夏季各采样点浮游植物H'、J和R的空间变化特征如图3.2-24。

秋季高宝邵伯湖20个采样点的浮游植物群落Margalef丰富度指数（R）变幅为0.207～2.202，平均为0.895。其中，Margalef丰富度指数（R）最大值出现在1号采样点，最小值出现在11号采样点。浮游植物Shannon-Weaver多样性指数（H'）变幅为0.066～2.781，均值为1.692。其中，最大值出现在2号采样点，最小值出现在11号采样点。浮游植物Pielou均匀度指数（J）变幅为0.047～0.987，均值为0.71，最大值出现在6号采样点，最小值出现在11号采样点。秋季各采样点浮游植物H'、J和R的空间变化特征如图3.2-25。

冬季高宝邵伯湖20个采样点的浮游植物群落

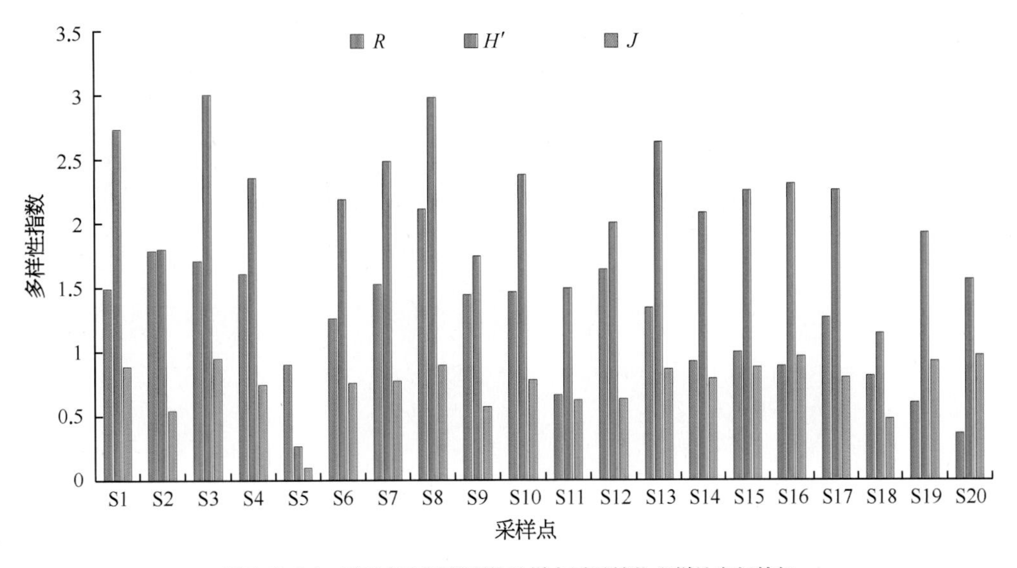

图3.2-24　夏季高宝邵伯湖各采样点浮游植物多样性空间特征

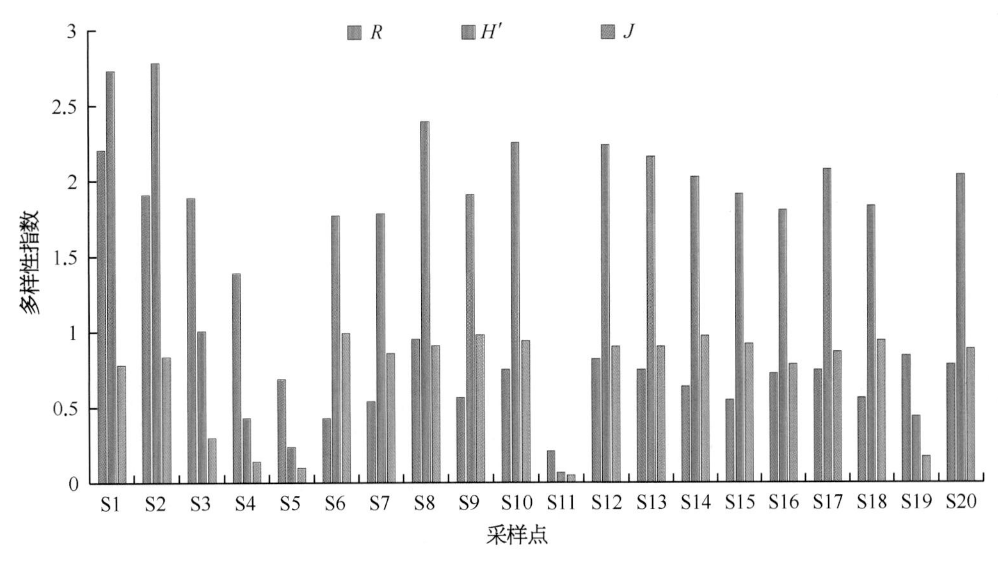

图3.2-25　秋季高宝邵伯湖各采样点浮游植物多样性空间特征

Margalef丰富度指数（*R*）变幅为0.094～1.586，平均为0.745。其中，Margalef丰富度指数（*R*）最大值出现在8号采样点，最小值出现在20号采样点。浮游植物Shannon-Weaver多样性指数（*H′*）变幅为0.94～2.55，均值为1.79。其中，最大值出现在1号采样点，最小值出现在20号采样点。浮游植物Pielou均匀度指数（*J*）变幅为0.58～1.00，均值为0.87，最大值出现在14号和19号采样点，最小值出现在9号采样点。冬季各采样点浮游植物*H′*、*J*和*R*的空间变化特征如图3.2-26。

· 功能群

根据Reynold等提出的功能群分类法，将具备相同或类似生态属性的浮游植物归在一个功能群内，高宝邵伯湖浮游植物可分为22个功能群：S1、H1、W1、W2、J、X1、N、F、P、X2、G、Y、X3、MP、D、A、B、T、S2、Lo、M和C（表3.2-3）。其中，冬季浮游植物功能群为P、MP、X3、A、B、C、Lo、D、T、S2、M、S1、W1、X1、N、J、F、G和X2；春季浮游植物功能群为P、D、A、B、C、MP、T、Y、Lo、X3、E、S1、M、H1、W1、W2、J、X1、N、F、X2和G；夏季浮游植物功能群为X3、P、MP、D、A、B、T、Y、S1、S2、Lo、M、H1、W1、W2、F、X1、N、J和G；秋季浮游植物功能群为P、D、MP、B、Lo、T、S1、M、H1、W1、X1、N、J、F、G和X2。

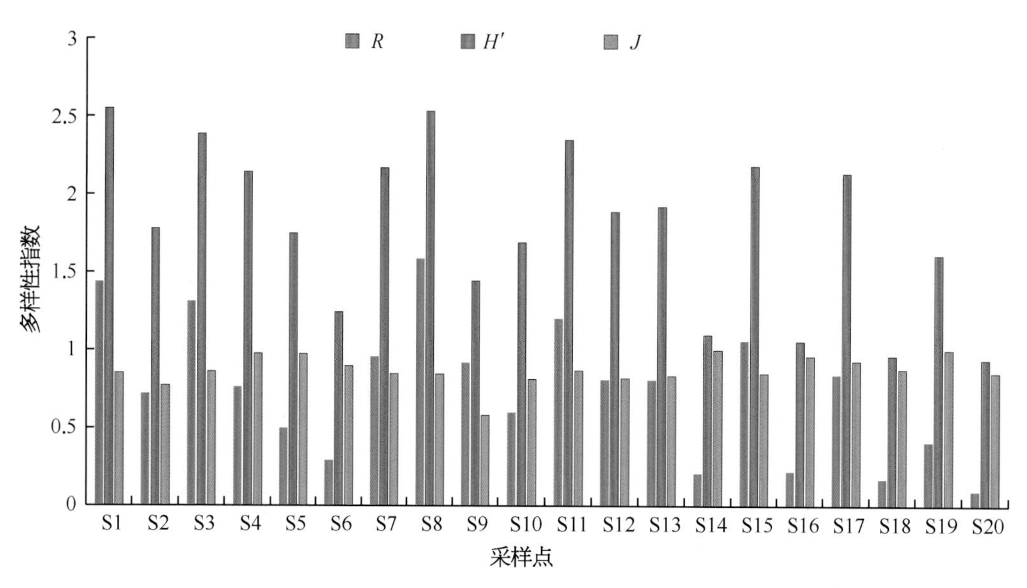

图3.2-26 冬季高宝邵伯湖各采样点浮游植物多样性空间特征

表3.2-3 高宝邵伯湖浮游植物功能群划分

功能群	代表性种（属）	功能群生境特征
A	科曼小环藻 *Cyclotella comensis Grun*、扎卡四棘藻 *Attheya zachariasi*	贫营养水体，对pH升高敏感
B	小环藻 *Cyclotella* sp.	中营养水体，对分层敏感
C	星杆藻 *Asterionella* sp.	富营养中小水体，对分层敏感
D	针杆藻 *Synedra* sp.、菱形藻 *Nitzschia* sp.	较浑浊的浅水水体
F	月牙藻 *Selenastrum* sp.、韦斯藻 *Westella* sp.、浮球藻 *Planktosphaeria* sp.、球囊藻 *Sphaerocystis* sp.、卵囊藻 *Oocystis* sp.、蹄形藻 *Kirchneriella* sp.	中富营养型湖泊变温层
G	实球藻 *Pandorina* sp.、空球藻 *Eudorina* sp.、杂球藻 *Pleodorina* sp.	富营养型小型湖泊或池塘
H1	鱼腥藻 *Anabaena* sp.、项圈藻 *Anabaena* sp.	富营养分层水体，浅水湖泊
J	十字藻 *Crucigenia* sp.、顶棘藻 *Chodatella* sp.、四星藻 *Tetrastrum* sp.、空星藻 *Coelastrum* sp.、盘星藻 *Pediastrum* sp.、集星藻 *Actinastrum* sp.、四角藻 *Tetraedron* sp.、栅藻 *Scenedesmus* sp.、多芒藻 *Golenkinia* sp.	混合的高富营养浅水水体
Lo	平裂藻 *Merismopedia* sp.、色球藻 *Chroococcus* sp.、羽纹藻 *Pinnularia* sp.、角甲藻 *Ceratium* sp.	广适性
M	微囊藻 *Microcystis* sp.	较稳定的中富营养水体，透明度不宜太低
MP	颤藻 *Oscillatoria* sp.、环丝藻 *Ulothrix zonata*、丝藻 *Ulothrix* sp.、舟形藻 *Navicula* sp.、双菱藻 *Surirella* sp.、异极藻 *Gomphonema* sp.、辐节藻 *Stauroneis* sp.、桥弯藻 *Cymbella* sp.	频繁扰动的浑浊型浅水湖泊
N	鼓藻 *Cosmarium* sp.	中营养型水体混合层
P	新月藻 *Closterium* sp.、角星鼓藻 *Staurastrum* sp.、直链藻 *Melosira* sp.、脆杆藻 *Fragilaria* sp.	混合程度较高中富营养浅水水体
S1	席藻 *Phormidium* sp.	透明度较低的混合水体，多为丝状蓝藻，对冲刷敏感
S2	螺旋藻 *Spirulina* sp.	浅层浑浊混合层
T	黄丝藻属 *Tribonema* sp.	混合均匀的深水水体变温层

（续表）

表 3.2-3　高宝邵伯湖浮游植物功能群划分

功能群	代表性种（属）	功能群生境特征
W1	裸藻 *Euglena* sp.、扁裸藻 *Phacus* sp.、	富含有机质，或农业废水和生活污水的水体
W2	囊裸藻 *Trachelomonas* sp.、陀螺藻 *Strombomonas* sp.	浅水型中营养湖泊
X1	弓形藻 *Schroederia* sp.、纤维藻 *Ankistrodesmus* sp.、小球藻 *Chlorella* sp.	混合程度较高的富营养浅水水体
X2	衣藻 *Chlamydomonas* sp.、蓝隐藻 *Chroomonas* sp.	混合程度较高的中—富营养浅水水体
X3	布纹藻 *Gyrosigma* sp.、双壁藻 *Diploneis* sp.	浅水、清水和混合层
Y	裸甲藻 *Gymnodinium* sp.、薄甲藻 *Glenodinium* sp.、隐藻 *Cryptomonas* sp.	广适性（多反映了牧食压力低的静水环境）

以优势度指数Y>0.02定为优势种，高宝邵伯湖冬季浮游植物优势功能群为F、J、MP、N、P、S1和X1，优势度分别为0.03、0.24、0.02、0.03、0.03、0.12和0.13；春季浮游植物优势功能群为S1和X1，优势度分别为0.06和0.40；夏季浮游植物优势功能群为D、J、MP、N、P、S1、W1和X1，优势度分别为0.08、0.05、0.04、0.05、0.06、0.09、0.02和0.33； 秋季浮游植物优势功能群为J、P、S1、T和X1，优势度分别为0.05、0.04、0.05、0.02和0.64（如图3.2-27）。

· 结果与讨论

浮游植物是水生态系统中的初级生产者，也是水环境监测中的重要指示生物，了解其种类组成及现存量的空间分布有利于加强对湖泊的认知。高宝邵伯湖全年浮游植物种类组成结果显示，浮游植物群落组成中绿藻门种类数最多，其次为硅藻门和蓝藻门，并且四个季度浮游植物种类组成基本一致。魏文志等于2008 ～ 2009年对宝应湖和高邮湖不同区域浮游植物群落结构特征调查结果表明，高邮湖夏季共有浮游植物8门38属66种，宝应湖浮游植物有8门36属62种，种类组成以绿藻门、硅藻门及蓝藻门为主，与本研究结果一致，表明高宝邵伯湖浮游植物群落结构稳定性较高，水生生态系统抵抗外界干扰能力较强；优势度结果显示，高宝邵伯湖四个季节均存在绿藻门的小球藻类占据优势地位，特别是在春、夏季节绿藻门成为绝对优势种；现物量结果显示，高宝邵伯湖浮游植物季节分布表现为春季 > 夏季 > 秋季 > 冬季。与历史资料相比，高宝邵伯湖虽然春、夏季绿藻门占据优势地位，但其生物量相较之前已经呈现明显下降趋势。

划分功能群的主要依据是利用浮游植物的相似性，包括形态特征以及对生境适应性特征，因此不仅可以简化对浮游植物群落的研究，更能从物种的功能性上对水体生态系统进行研究，除此之外还能更为精确地展现浮游植物与环境因子的关系。本研究结果显示，高宝邵伯湖浮游植物被划分为22个功能群，且季节间功能群组成有明显差异。整体来看，高宝邵伯浮游植物功能群以适应富营养化且具有一定扰动强度的浅水湖泊为主。夏、秋季浮游植物功能群主要为J、P、S1和X1，种类组成以硅藻和绿藻为主，因此高宝邵伯湖夏、秋季尚未出现微囊藻水华。

综上所述，高宝湖浮游植物的种类组成相对稳定，群落演替具有明显的季节性。绿藻仍然在春、夏季成为单一优势种，不过其生物量相较之前已经有了显著的降低，需要采取措施控制环境污染，降低富营养化水平，优化浮游植物群落结构。

滆湖

· 群落组成

通过2017 ～ 2018年春夏秋冬四季对滆湖水域内16个采样点浮游植物的调查，结果显示春季共鉴定出蓝藻门（Cyanophyta）、甲藻门（Pyrrophyta）、硅藻

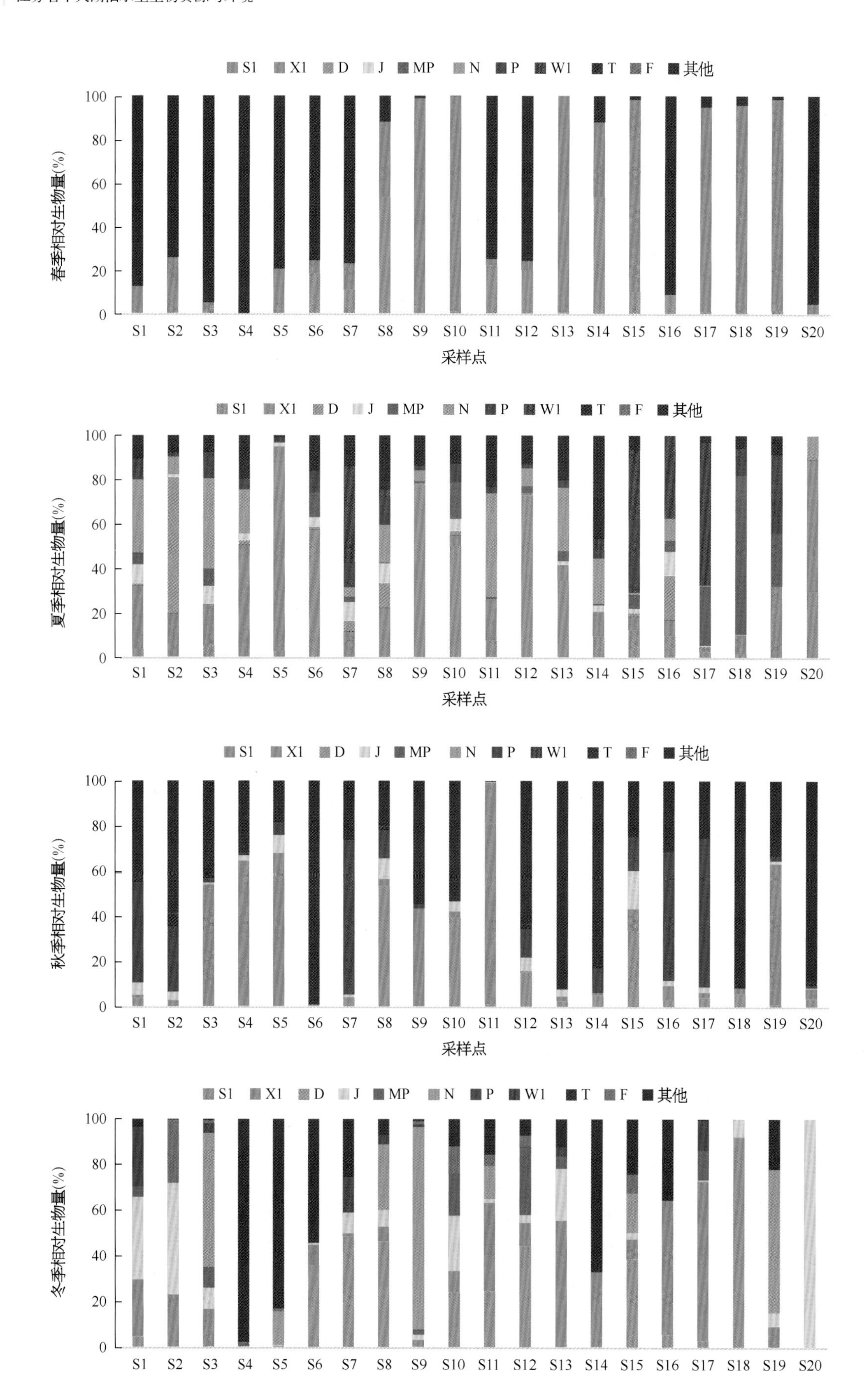

图3.2-27 高宝邵伯湖浮游植物优势功能群季节变化特征

门（Bacillariophyta）、隐藻门（Cryptophyta）、裸藻门（Euglenophyta）、绿藻门（Chlorophyta）、金藻门（Chrysophyta）和黄藻门（Xanthophyta），共8门61属98种（包括变种和变型）浮游植物。

夏季共鉴定出蓝藻门（Cyanophyta）、甲藻门（Pyrrophyta）、硅藻门（Bacillariophyta）、隐藻门（Cryptophyta）、裸藻门（Euglenophyta）、绿藻门（Chlorophyta）和金藻门（Chrysophyta），共7门65属114种（包括变种和变型）浮游植物。

秋季共鉴定出蓝藻门（Cyanophyta）、甲藻门（Pyrrophyta）、硅藻门（Bacillariophyta）、隐藻门（Cryptophyta）、裸藻门（Euglenophyta）、绿藻门（Chlorophyta）和金藻门（Chrysophyta），共7门62属116种（包括变种和变型）浮游植物。

冬季共鉴定出蓝藻门（Cyanophyta）、甲藻门（Pyrrophyta）、硅藻门（Bacillariophyta）、隐藻门（Cryptophyta）、裸藻门（Euglenophyta）、绿藻门（Chlorophyta）、金藻门（Chrysophyta）和黄藻门（Xanthophyta），共8门44属79种（包括变种和变型）浮游植物。滆湖浮游植物调查物种名录详见附录2。

从藻类组成上看，春季绿藻门物种数最多，达49种，占浮游植物物种数的50.00%；其次为硅藻门，为24种，占24.49%；蓝藻门为10种，占10.20%；裸藻门和金藻门各为4种，各占4.08%；甲藻门和隐藻门各为3种，各占3.06%；黄藻门物种最少，仅1种，占1.02%。

夏季绿藻门物种数最多，达53种，占浮游植物物种数的46.49%；其次为硅藻门，为25种，占21.93%；蓝藻门为19种，占16.67%；裸藻门为11种，占9.65%；隐藻门为3种，占2.63%；甲藻门为2种，占1.75%；金藻门物种最少，仅1种，占0.88%。

秋季绿藻门物种数最多，达69种，占浮游植物物种数的59.48%；其次为蓝藻门和硅藻门，各为16种，各占13.79%；裸藻门为9种，占7.76%；隐藻门为3种，占2.59%；甲藻门为2种，占1.72%；金藻门物种最少，仅1种，占0.86%。

冬季绿藻门物种数最多，达38种，占浮游植物物种数的48.10%；其次为硅藻门，为19种，占24.05%；蓝藻门为8种，占10.13%；裸藻门为5种，占6.33%；甲藻门和隐藻门各为3种，各占3.80%；金藻门为2种，占2.53%; 黄藻门物种最少，仅1种，占1.27%。

· 群落优势种

据现行通用标准，以优势度指数Y>0.02定为优势种，滆湖春季浮游植物优势类群共计4门7属7种：其中蓝藻门2属2种，为微囊藻和鱼腥藻，优势度为0.04和0.02；硅藻门为1属1种，为梅尼小环藻，优势度为0.17；隐藻门为2属2种，为啮蚀隐藻和尖尾蓝隐藻，优势度为0.07和0.20；绿藻门为2属2种，为美丽网球藻和丝藻，优势度为0.03和0.08。

夏季浮游植物优势类群共计3门3属7种：其中蓝藻门3属4种，为假鱼腥藻、颤藻、微小平裂藻和细小平裂藻，优势度为0.04、0.03、0.07和0.28；硅藻门为2属2种，为针杆藻和梅尼小环藻，优势度为0.06和0.14；绿藻门为1属1种，为丝藻，优势度为0.04。

秋季浮游植物优势类群共计3门5属6种：其中蓝藻门2属3种，为微囊藻、细小平裂藻和旋折平裂藻，优势度为0.02、0.45和0.04；硅藻门为1属1种，为梅尼小环藻，优势度为0.05；绿藻门为2属2种，为丝藻和长绿梭藻，优势度为0.13和0.02。

冬季浮游植物优势类群共计5门10属10种：其中蓝藻门1属1种，为针晶蓝纤维藻，优势度为0.06；硅藻门3属3种，为梅尼小环藻、变异直链藻和针形菱形藻，优势度为0.11、0.02和0.16；隐藻门为2属2种，为啮蚀隐藻和尖尾蓝隐藻，优势度分别为0.03和0.16；绿藻门为3属3种，为小球藻、平滑四星藻和丝藻，优势度为0.02、0.03和0.09；黄藻门为1属1种，为黄丝藻，优势度为0.02。

· 现存量

通过对春季采样调查结果显示，16个采样点浮游植物密度变幅为3.51×10^6 ～ 2.77×10^7 cell/L，均值为7.01×10^6 cell/L。密度最大值出现在4号采样点，最小值出现在15号采样点。浮游植物生物量变幅为1.20 ～ 6.71 mg/L，均值为2.75 mg/L。生物量最大值出现在5号采样点，最小值出现在12号采样点。春季浮游植物密度和生物量变化情况如图3.2–28。

夏季采样调查结果显示，16个采样点浮游植物密度变幅为1.19×10^7 ～ 9.61×10^7 cell/L，均值为

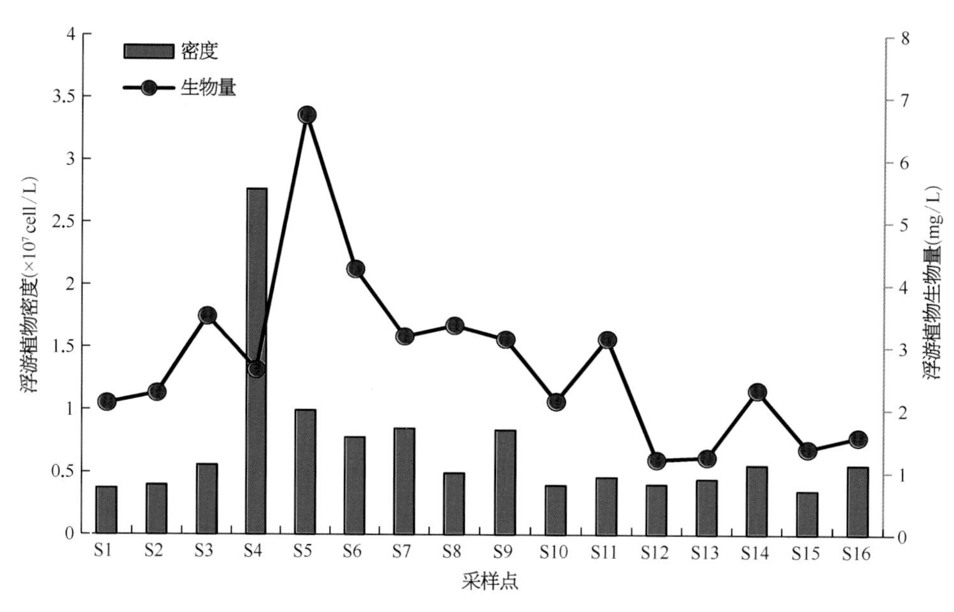

图3.2-28 春季滆湖各采样点浮游植物密度和生物量空间特征

5.13×10^{7} cell/L。密度最大值出现在7号采样点，最小值出现在3号采样点。浮游植物生物量变幅为2.88～21.33 mg/L，均值为10.75 mg/L。生物量最大值出现在9号采样点，最小值出现在8号采样点。夏季浮游植物密度和生物量变化情况如图3.2-29。

秋季采样调查结果显示，16个采样点浮游植物密度变幅为3.55×10^{6}～2.40×10^{8} cell/L，均值为9.94×10^{7} cell/L。密度最大值出现在13号采样点，最小值出现在8号采样点。浮游植物生物量变幅为2.89～83.44 mg/L，均值为21.75 mg/L。生物量最大值出现在10号采样点，最小值出现在8号采样点。秋季浮游植物密度和生物量变化情况如图3.2-30。

冬季采样调查结果显示，16个采样点浮游植物密度变幅为8.38×10^{5}～4.09×10^{6} cell/L，均值为1.92×10^{6} cell/L。密度最大值出现在7号采样点，最小值出现在4号采样点。浮游植物生物量变幅为0.44～1.47 mg/L，均值为0.90 mg/L。生物量最大值出现在7号采样点，最小值出现在2号采样点。冬季浮游植物密度和生物量变化情况如图3.2-31。

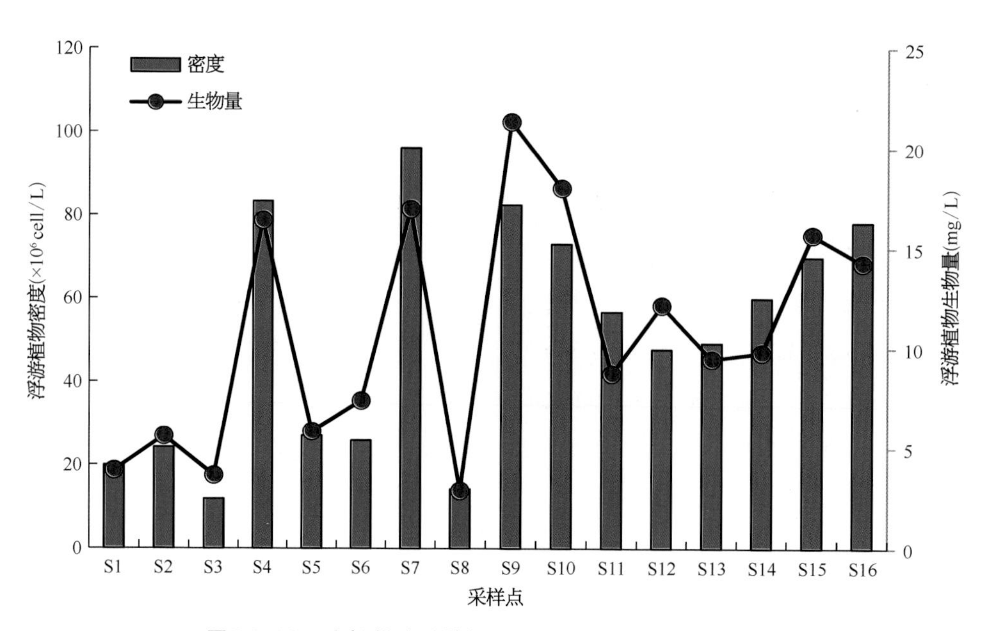

图3.2-29 夏季滆湖各采样点浮游植物密度和生物量空间特征

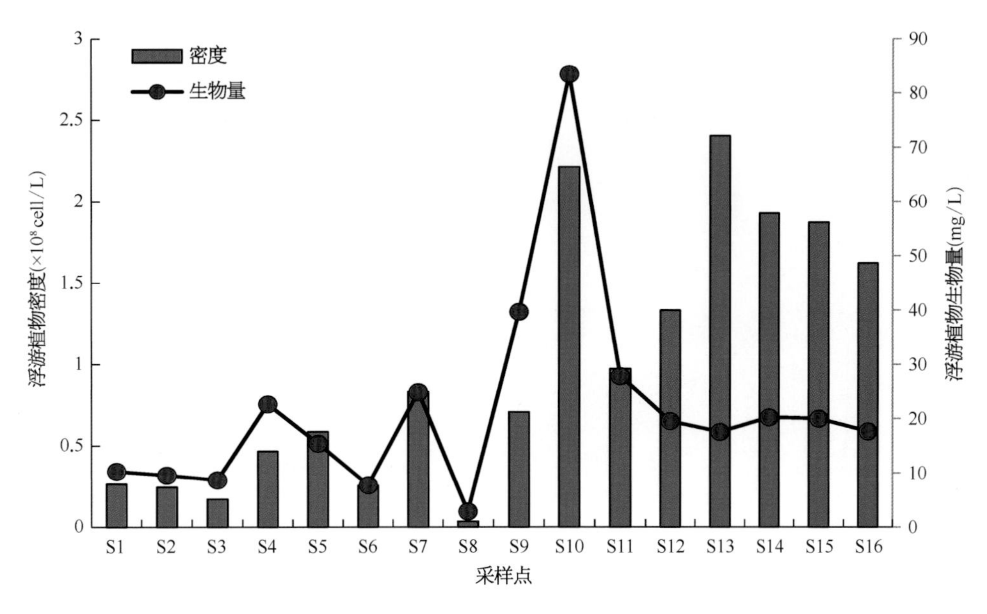

图3.2-30　秋季滆湖各采样点浮游植物密度和生物量空间特征

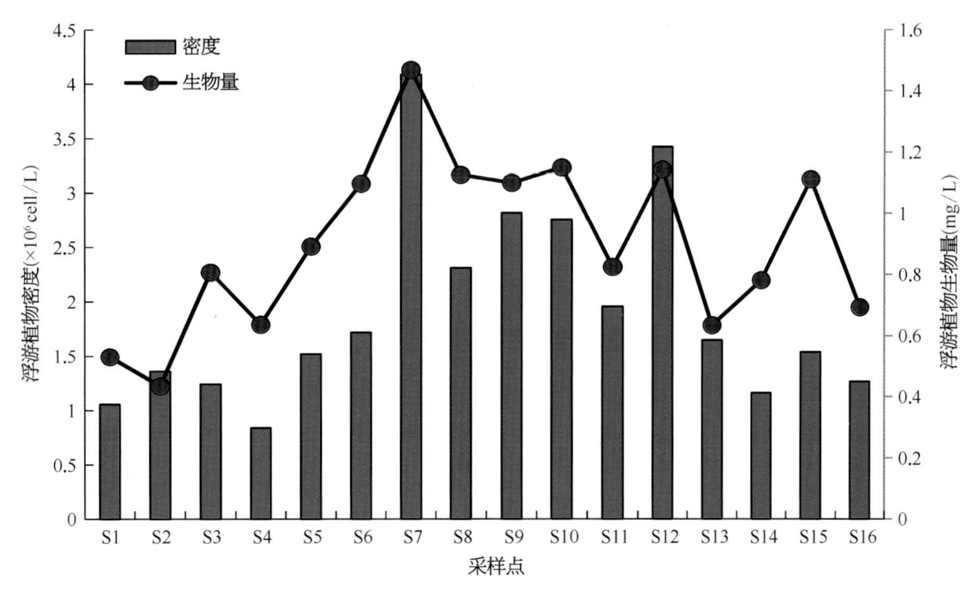

图3.2-31　冬季滆湖各采样点浮游植物密度和生物量空间特征

· 群落多样性

调查结果显示春季滆湖16个采样点的浮游植物群落Shannon-Weaver多样性指数（H'）变幅为1.24～2.60，平均为2.13。其中，Shannon-Weaver多样性指数（H'）最大值出现在1号采样点，最小值出现在4号采样点。浮游植物Pielou均匀度指数（J）变幅为0.32～0.75，均值为0.62。其中，浮游植物群落Pielou均匀度指数（J）最大值出现在15号采样点，最小值出现在4号采样点。浮游植物Margalef丰富度指数（R）变幅为1.44～2.63，均值为1.94。Margalef丰富度指数（R）最大值出现在4号采样点，最小值出现在13号采样点。春季各采样点浮游植物H'、J和R的空间变化特征如图3.2-32。

夏季滆湖16个采样点的浮游植物群落Shannon-Weaver多样性指数（H'）变幅为2.75～4.55，平均为3.84。其中，Shannon-Weaver多样性指数（H'）最大值出现在4号采样点，最小值出现在5号采样点。浮游植物Pielou均匀度指数（J）变幅为0.55～0.70，均值为0.64。其中，浮游植物群落Pielou均匀度指数（J）最大值出现在6号采样点，最小值出现在10号

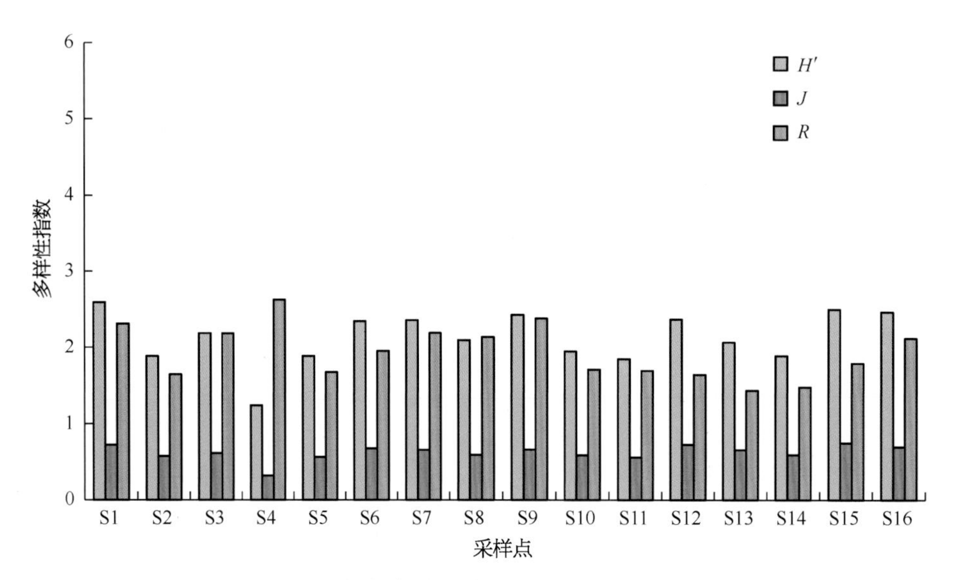

图3.2-32 春季滆湖各采样点浮游植物多样性空间特征

采样点。浮游植物Margalef丰富度指数（R）变幅为2.30～3.07，均值为2.71。Margalef丰富度指数（R）最大值出现在15号采样点，最小值出现在2号采样点。夏季各采样点浮游植物H'、J和R的空间变化特征如图3.2-33。

秋季滆湖16个采样点的浮游植物群落Shannon-Weaver多样性指数（H'）变幅为1.35～2.69，平均为2.05。其中，Shannon-Weaver多样性指数（H'）最大值出现在8号采样点，最小值出现在13号采样点。浮游植物Pielou均匀度指数（J）变幅为0.34～0.79，均值为0.54。其中，浮游植物群落Pielou均匀度指数（J）最大值出现在8号采样点，最小值出现在13号采样点。浮游植物Margalef丰富度指数（R）变幅为1.90～2.99，均值为2.48。Margalef丰富度指数（R）最大值出现在9号采样点，最小值出现在5号采样点。秋季各采样点浮游植物H'、J和R的空间变化特征如图3.2-34。

冬季滆湖16个采样点的浮游植物群落Shannon-Weaver多样性指数（H'）变幅为1.25～2.59，平均为1.88。其中，Shannon-Weaver多样性指数（H'）最大值出现在12号采样点，最小值出现在4号采样点。浮游植物Pielou均匀度指数（J）变幅为0.68～0.86，均值为0.78。其中，浮游植物群落Pielou均匀度指数（J）最大值出现在10号采样点，最小值出现在7号

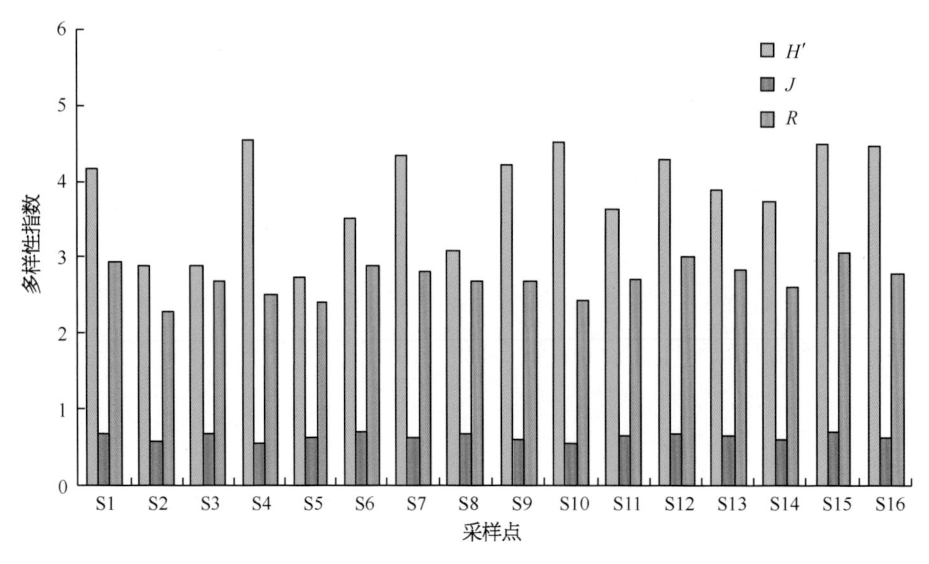

图3.2-33 夏季滆湖各采样点浮游植物多样性空间特征

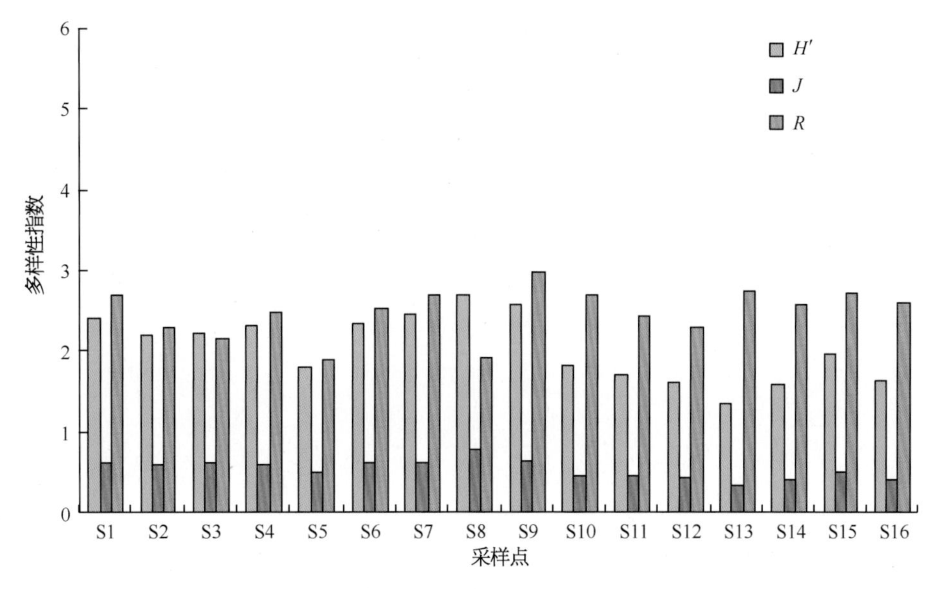

图3.2-34 秋季滆湖各采样点浮游植物多样性空间特征

采样点。浮游植物Margalef丰富度指数（*R*）变幅为2.37～3.06，均值为2.58。Margalef丰富度指数（*R*）最大值出现在10号采样点，最小值出现在4号采样点。冬季各采样点浮游植物*H′*、*J*和*R*的空间变化特征如图3.2-35。

· 功能群

根据Reynold等提出的功能群分类法，将具备相同或类似生态属性的浮游植物归在一个功能群内，滆湖浮游植物可分为25个功能群：A、B、D、E、F、G、H1、J、K、LM、Lo、M、MP、N、P、S1、S2、T、Ws、W1、W2、X1、X2、X3和Y（表3.2-4）。其中，冬季浮游植物功能群为D、P、Y、J、F、Lo、W1、T、S1、X2、X1、MP、B、E、LM、W2、N、M和H1；春季浮游植物功能群为J、MP、D、F、X1、X2、S1、K、H1、W1、Y、G、W2、N、X3、M、T、P、Lo、S2、B、A和E；夏季浮游植物功能群为Lo、B、Y、H1、J、MP、D、X2、G、P、W1、F、M、X1、E、W2、A、N和LM；秋季浮游植物功能群为Y、B、X2、H1、D、Lo、MP、T、P、J、F、E、M、Ws、LM、X1、S1、G、W1、W2、X3和A。

以优势度指数Y>0.02定为优势种，滆湖冬季浮游植物优势功能群为D、P、Y、J、F、Lo和W1，优势

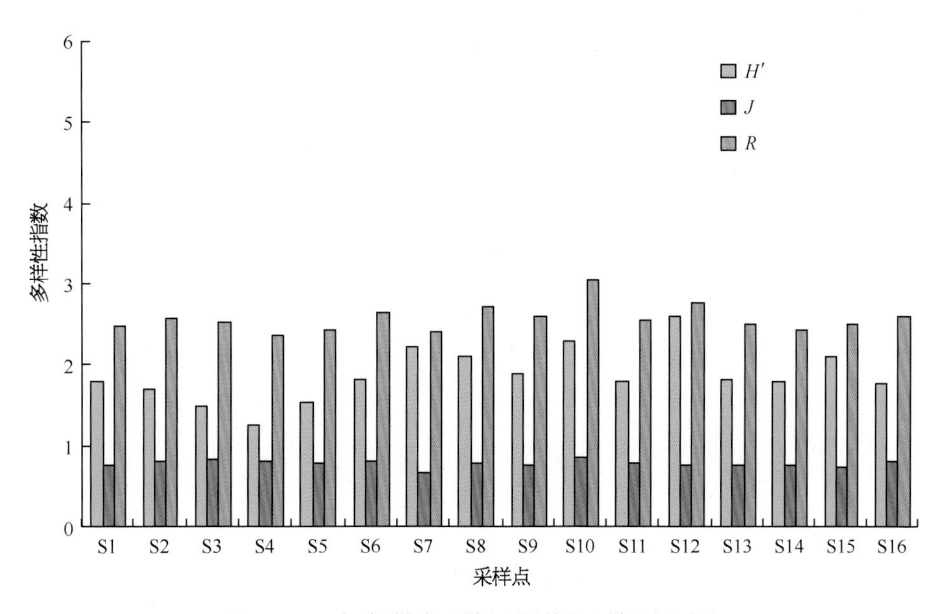

图3.2-35 冬季滆湖各采样点浮游植物多样性空间特征

表 3.2-4 滆湖浮游植物功能群划分

功能群	代表性种（属）	功能群生境特征
A	根管藻 *Rhizosolenia* sp.、扎卡四棘藻 *Attheya zachariasi*	贫营养水体，对pH升高敏感
B	小环藻 *Cyclotella* sp.、冠盘藻 *Stephanodiscus* sp.	中营养水体，对分层敏感
D	针杆藻 *Synedra* sp.、菱形藻 *Nitzschia* sp.、菱板藻 *Hantzschia* sp.	较浑浊的浅水水体
E	锥囊藻 *Dinobryon* sp.、鱼鳞藻 *Mallomonas* sp.	较浅的贫中营养型水体
F	月牙藻 *Selenastrum* sp.、韦斯藻 *Westella* sp.、浮球藻 *Planktosphaeria* sp.、网球藻 *Dictyosphaerium* sp.、球囊藻 *Sphaerocystis* sp.、卵囊藻 *Oocystis* sp.、蹄形藻 *Kirchneriella* sp.、四棘藻 *Treubaria* sp.、微芒藻 *Micractinium* sp.	中富营养型湖泊变温层
G	实球藻 *Pandorina* sp.、空球藻 *Eudorina* sp.、四鞭藻 *Carteria* sp.、杂球藻 *Pleodorina* sp.	富营养型小型湖泊或池塘
H1	鱼腥藻 *Anabaena* sp.、束丝藻 *Aphanizomenon* sp.	富营养分层水体，浅水湖泊
J	十字藻 *Crucigenia* sp.、顶棘藻 *Chodatella* sp.、四星藻 *Tetrastrum* sp.、空星藻 *Coelastrum* sp.、盘星藻 *Pediastrum* sp.、集星藻 *Actinastrum* sp.、四角藻 *Tetraedron* sp.、栅藻 *Scenedesmus* sp.、多芒藻 *Golenkinia* sp.	混合的高富营养浅水水体
K	隐球藻 Aphanocapsa sp.	富营养浅水湖泊
LM	蓝纤维藻 *Dactylococcopsis* sp.	富营养湖泊变温层
Lo	平裂藻 *Merismopedia* sp.、色球藻 *Chroococcus* sp.、羽纹藻 *Pinnularia* sp.、等片藻 *Diatoma* sp.、双眉藻 *Amphora* sp.、角甲藻 *Ceratium* sp.、多甲藻 *Peridinium* sp.、腔球藻 *Coclosphaerium* sp.	广适性
M	微囊藻 *Microcystis* sp.	较稳定的中富营养水体，透明度不宜太低
MP	伪鱼腥藻 *Pseudanabaena catenata*、鞘丝藻 *Lyngbya* sp.、颤藻 *Oscillatoria* sp.、环丝藻 *Ulothrix zonata*、丝藻 *Ulothrix* sp.、舟形藻 *Navicula* sp.、卵形藻 *Cocconeis* sp.、双菱藻 *Surirella* sp.、异极藻 *Gomphonema* sp.、辐节藻 *Stauroneis* sp.、桥弯藻 *Cymbella* sp.、短缝藻 *Eunotia* sp.、曲壳藻 *Achnathes* sp.	频繁扰动的浑浊型浅水湖泊
N	鼓藻 *Cosmarium* sp.	中营养型水体混合层
P	新月藻 *Closterium* sp.、角星鼓藻 *Staurastrum* sp.、直链藻 *Melosira* sp.、脆杆藻 *Fragilaria* sp.	混合程度较高中富营养浅水水体
S1	假鱼腥藻 *Anabaenas* sp.、席藻 *Phormidium* sp.	透明度较低的混合水体，多为丝状蓝藻，对冲刷敏感
S2	螺旋藻 *Spirulina* sp.	浅层浑浊混合层
T	游丝藻 *Planctonema* sp.、并联藻 *Quadrigula* sp.、黄丝藻属 *Tribonema* sp.、转板藻 *Mougeotia* sp.	混合均匀的深水水体变温层
W1	裸藻 *Euglena* sp.、扁裸藻 *Phacus* sp.、盘藻 *Gonium* sp.	富含有机质，或农业废水和生活污水的水体
W2	囊裸藻 *Trachelomonas* sp.、陀螺藻 *Strombomonas* sp.	浅水型中营养湖泊
Ws	黄群藻 *Synura* sp.	中营养型的静止水体
X1	弓形藻 *Schroederia* sp.、纤维藻 *Ankistrodesmus* sp.、小球藻 *Chlorella* sp.	混合程度较高的富营养浅水水体
X2	衣藻 *Chlamydomonas* sp.、翼膜藻 *Pteromonas* sp.、蓝隐藻 *Chroomonas* sp.	混合程度较高的中—富营养浅水水体
X3	布纹藻 *Gyrosigma* sp.、波缘藻 *Cymatopleura* sp.、双壁藻 *Diploneis* sp.、肋缝藻 *Frustulia* sp.、色金藻 *Chromulina* sp.、棕鞭藻 *Chromulina* sp.	浅水、清水和混合层
Y	裸甲藻 *Gymnodinium* sp.、薄甲藻 *Glenodinium* sp.、隐藻 *Cryptomonas* sp.	广适性（多反映了牧食压力低的静水环境）

度分别为0.26、0.20、0.14、0.08、0.07、0.05和0.04；春季浮游植物优势功能群为J、MP、D、F和X1，优势度分别为0.61、0.18、0.07、0.06和0.02；夏季浮游植物优势功能群为Lo、B、Y、H1、J、MP、D、X2、G和P，优势度分别为0.28、0.15、0.14、0.08、0.08、0.06、0.03、0.02、0.02和0.02；秋季浮游植物优势功能群为Y、B、X2、H1、D和Lo，优势度分别为0.32、0.27、0.05、0.05、0.04和0.04（如图3.2-36）。

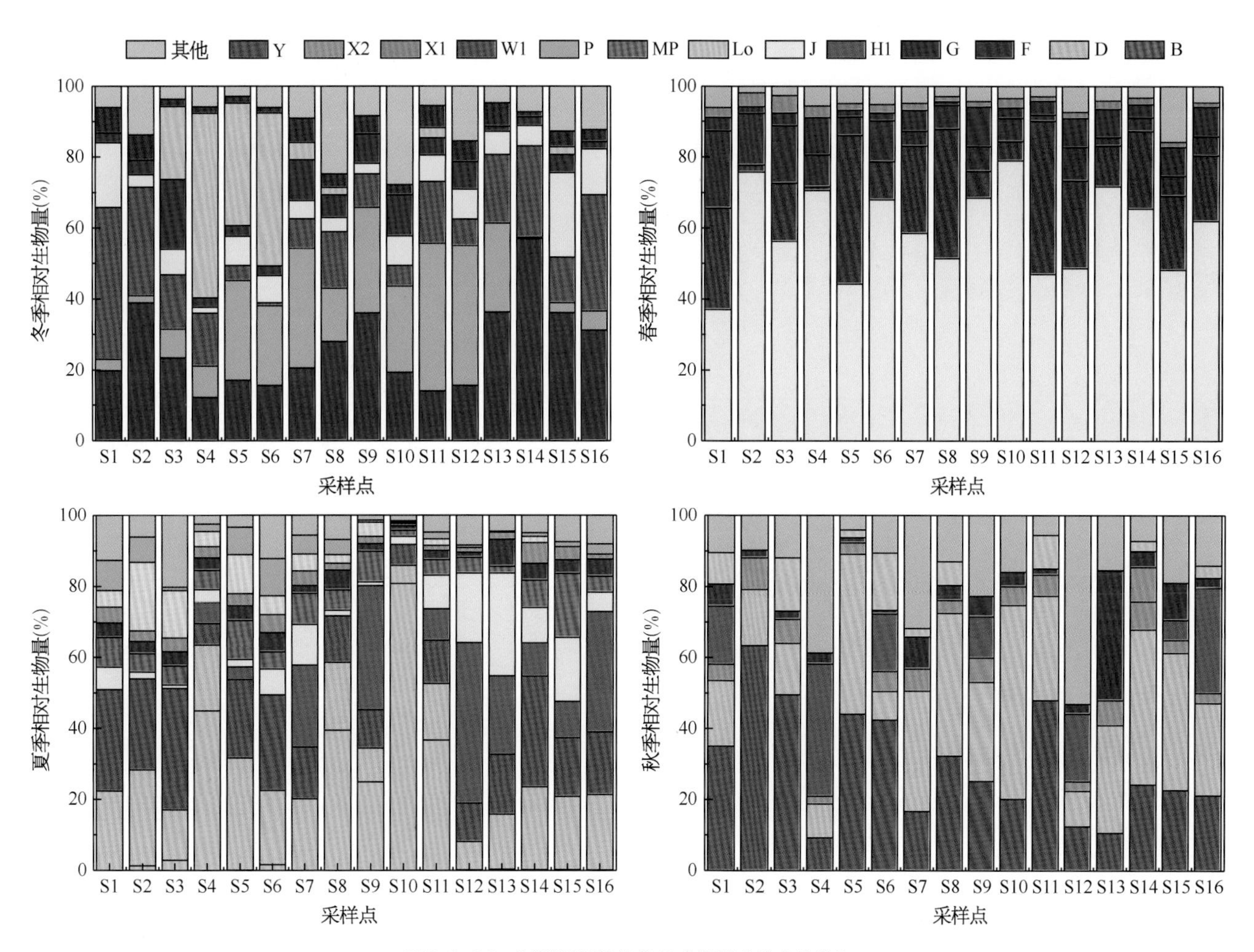

图3.2-36　滆湖浮游植物优势功能群季节变化特征

· 结果与讨论

浮游植物作为水生生态系统的重要组成部分，也是初级生产力的主要贡献者，其种类组成、群落结构和生物量变化既能反映水环境的变化，又能在很大程度上决定着水生生态系统的结构和功能，是反映水体富营养化程度和水质状况的重要指标。滆湖浮游植物种类组成结果显示，浮游植物种类组成季节变化为秋季>夏季>春季>冬季，其中绿藻门种类最多，其次为硅藻门和蓝藻门，并且蓝藻门在秋季种类数与硅藻门一样，而夏季蓝藻门所占比例达到最大值。有关于滆湖全湖浮游植物的研究相对较少，高亚等于2012年1～10月对滆湖北部区整治后浮游植物进行了研究，其浮游植物种类组成比例与本研究基本一致，但种类数量相较于本次调查有所减少，结果表明滆湖北区整治后浮游植物的种类一直处于增长状态。优势度结果显示，滆湖浮游植物优势种组成多样性较高，其中仅在夏季优势种出现明显降低，种类主要以蓝藻门为主。历史研究结果也表明，滆湖8月份和9月份容易暴发蓝藻水华。现存量结果显示，滆湖浮游植物时空分布特征表现为春季全湖几乎均匀分布；夏季北部>南部；秋季南部>北部；冬季湖心>岸边。造成这一现象的原因除了氮、磷等营养盐与水温外，很大程度上与滆湖的水位波动相关。多样性指数结果显示，滆湖浮游植物空间分布比较均匀，除夏季外季节差异也不明显。夏季滆湖浮游植物多样性程度较高，虽然仅有蓝藻门成为优势种，但其他浮游植物的生存条件仍然能维持其种群的生存。正因如此，滆湖优势种组成在冬季达到做大值。

浮游植物功能群将具有相似生理、形态和生态特征的浮游植物种类划分为一个功能群，功能群内的浮游植物具有相同或相近的生态位，不同的功能群可以反映其特定的生境类型。本次调查在滆湖全湖布设16个采样点，对四个季度的滆湖浮游植物进行功能群划分，并通过优势度分析筛选滆湖具有代表性的优势功能群。根据优势功能群的演替特征分析，从而对滆湖的生境变化进行监测。关于滆湖浮游植物的调查的历史研究相对较少，刘其根等于2013～2014年对滆湖控藻网围内外及工程示范区浮游植物群落结构进行了周年变化特征对比研究。结果表明，水温、Chl-*a*和COD_{Mn}是影响滆湖浮游植物群落结构的主要环境因子。与本次调查结果相比发现，滆湖全湖功能群组成基本相同，不同采样点功能群的分布及演替规律受不同环境因子的影响且均呈现出季节差异。

综上所述，滆湖浮游植物种类组成稳定且丰富，并且季节变化对浮游植物种类组成影响较小。夏季蓝藻成为单一优势种，但其他藻类的发展未受到极大的限制。与历史研究相比，滆湖浮游植物生物量明显降低，蓝藻水华现象也得到了一定的控制。并且对于滆湖的整治在一定程度上可以改善浮游植物群落结构，增加其多样性。滆湖目前正在往良性循环方向发展。

骆马湖

群落组成

通过2017～2018年春夏秋冬四季对骆马湖水域内16个采样点浮游植物的调查，结果显示春季共鉴定出蓝藻门（Cyanophyta）、硅藻门（Bacillariophyta）、隐藻门（Cryptophyta）、裸藻门（Euglenophyta）、绿藻门（Chlorophyta）、金藻门（Chrysophyta）、黄藻门（Xanthophyta）和甲藻门（Pyrrophyta），共8门60属121种（包括变种和变型）浮游植物。

夏季共鉴定出蓝藻门（Cyanophyta）、硅藻门（Bacillariophyta）、黄藻门（Xanthophyta）、裸藻门（Euglenophyta）、绿藻门（Chlorophyta）和金藻门（Chrysophyta），共6门49属78种（包括变种和变型）浮游植物。

秋季共鉴定出蓝藻门（Cyanophyta）、金藻门（Chrysophyta）、硅藻门（Bacillariophyta）、绿藻门（Chlorophyta）和黄藻门（Xanthophyta），共5门34属58种（包括变种和变型）浮游植物。

冬季共鉴定出蓝藻门（Cyanophyta）、硅藻门（Bacillariophyta）、裸藻门（Euglenophyta）、绿藻门（Chlorophyta）和黄藻门（Xanthophyta），共5门25属36种（包括变种和变型）浮游植物。骆马湖浮游植物调查物种名录详见附录2。

从藻类组成上看，春季绿藻门物种数最多，达58种，占浮游植物物种数的47.93%；其次为硅藻门，为22种，占18.18%；蓝藻门为17种，占14.05%；裸藻门12种，占9.92%；隐藻门为4种，占3.31%；甲藻门为3种，占2.48%；金藻门为3种，占2.48%；黄藻门物种最少，仅2种，占1.65%。

夏季绿藻门物种数最多，达40种，占浮游植物物种数的51.28%；其次为蓝藻门，为17种，占21.79%；硅藻门为15种，占19.23%；裸藻门为4种，占5.13%；黄藻门和金藻门物种最少，各1种，各占1.28%。

秋季绿藻门物种数最多，达38种，占浮游植物物种数的65.52%；其次为硅藻门，为10种，占17.24%；蓝藻门为8种，占13.79%；黄藻门和金藻门物种最少，各1种，各占1.72%。

冬季绿藻门物种数最多，达22种，占浮游植物物种数的61.11%；其次为硅藻门为6种，占16.67%；蓝藻门，为5种，占13.89%；黄藻门，为2种，各占5.56%；裸藻门最少，仅1种，占2.78%。

群落优势种

据现行通用标准，以优势度指数Y>0.02定为优势种，骆马湖春季浮游植物优势类群共计3门3属3种：其中硅藻门1属1种，为尖针杆藻，优势度为0.026 7；其次为蓝藻门1属1种，为小席藻，优势度为0.178；最后绿藻门1属1种，为小球藻，优势度为0.38。

夏季浮游植物优势类群共计3门3属3种：其中蓝藻门1属1种，为小席藻，优势度分别为0.203；绿藻门1属1种，为小球藻，优势度分别为0.025；硅藻门1属1种，为尖针杆藻，优势度为0.109。

秋季浮游植物优势类群共计2门4属4种：其中蓝藻门2属2种，分别为小席藻和小颤藻，优势度分别为0.032和0.023；绿藻门2属2种，分别为肾形鼓藻和小球藻，优势度分别为0.031和0.795。

冬季浮游植物优势类群共计2门2属2种：其中蓝藻门1属1种，为小席藻，优势度为0.103；绿藻门1属1种，为小球藻，优势度为0.26。

• 现存量

通过对骆马湖春季采样调查结果显示，16个采样点浮游植物密度变幅为11.7 × 10^5 ～ 5.53 × 10^6 cell/L，均值为1.928 × 10^6 cell/L。密度最大值出现在8号采样点，最小值出现在4号、6号和13号采样点。浮游植物生物量变幅为0.153 4 ～ 1.216 mg/L，均值为0.37 mg/L。生物量最大值出现在8号采样点，最小值出现在15号采样点。春季浮游植物密度和生物量变化情况如图3.2-37。

夏季采样调查结果显示，16个采样点浮游植物密度变幅为0.95 × 10^5 ～ 1.445 × 10^6 cell/L，均值为6.43 × 10^5 cell/L。密度最大值出现在2号采样点，最小值出现在4号航标西号采样点。浮游植物生物量变幅为0.083 ～ 4.022 mg/L，均值为1.036 mg/L。生物量最大值出现在5号采样点，最小值出现在15号采样点。夏季浮游植物密度和生物量变化情况如图3.2-38。

秋季采样调查结果显示，16个采样点浮游植物密度变幅为0.85 × 10^5 ～ 1.123 × 10^7 cell/L，均值为3.546 × 10^6 cell/L。密度最大值出现在7号采样点，最小值出现在4号采样点。浮游植物生物量变幅为1.37 ～ 8.33 mg/L，均值为4.22 mg/L。生物量最大值

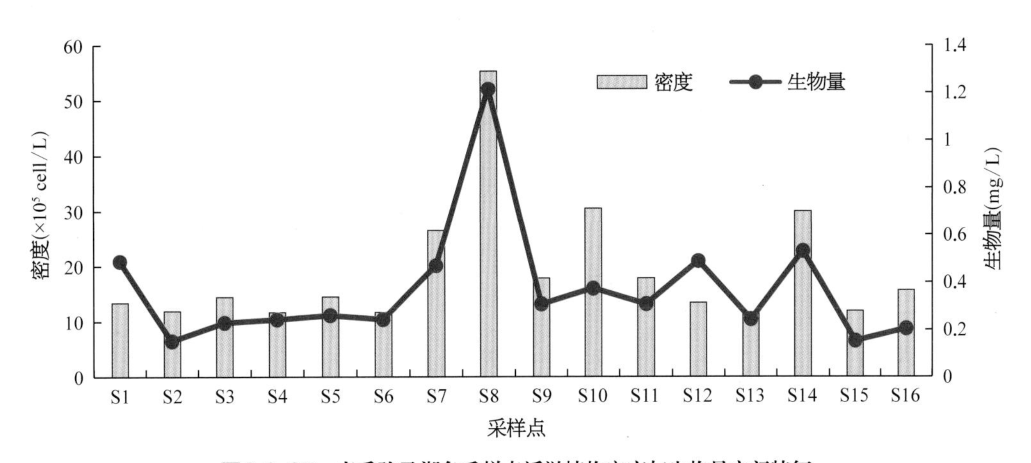

图3.2-37 春季骆马湖各采样点浮游植物密度与生物量空间特征

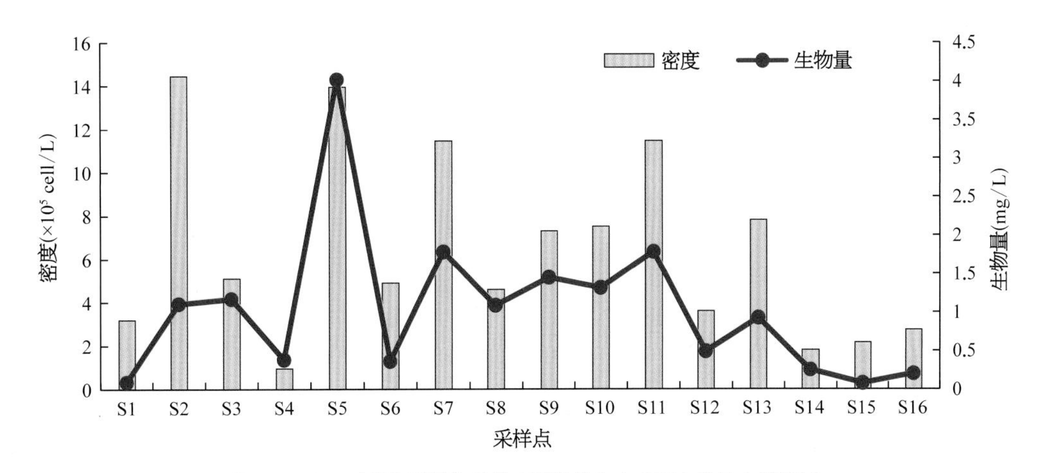

图3.2-38 夏季骆马湖各采样点浮游植物密度与生物量空间特征

出现在6号采点，最小值出现在10号采样点。秋季浮游植物密度和生物量变化情况如图3.2-39。

冬季采样调查结果显示，16个采样点浮游植物密度变幅为0.20×10^5 ～ 2.80×10^5 cell/L，均值为1.38×10^5 cell/L。密度最大值出现在3号采样点，最小值出现在2号采样点。浮游植物生物量变幅为0.018 ～ 0.565 mg/L，均值为0.19 mg/L。生物量最大值出现在3号采样点，最小值出现在2号采样点。冬季浮游植物密度和生物量变化情况如图3.2-40。

· 群落多样性

调查结果显示春季骆马湖16个采样点的浮游植物群落Shannon-Weaver多样性指数（H'）变幅为0.89 ～ 3.16，平均为2.31。其中，Shannon-Weaver多样性指数（H'）最大值出现在13号采样点，最小值出现在7号采样点。浮游植物Pielou均匀度指数（J）变幅为0.39 ～ 0.84，均值为0.69。其中，浮游植物群落Pielou均匀度指数（J）最大值出现在2号采样点，最小值出现在8号采样点。浮游植物Margalef丰富度指数（R）变幅为0.54 ～ 3.006，均值为1.906。Margalef丰富度指数（R）最大值出现在6号采样点，最小值出现在7号采样点。春季各采样点浮游植物H'、J和R的空间变化特征如图3.2-41。

夏季骆马湖16个采样点的浮游植物群落Shannon-Weaver多样性指数（H'）变幅为1.304 ～ 2.599，平均为1.85。其中，Shannon-Weaver多样性指数（H'）最大值出现在曹甸门口5号采样点，最小值出现在3号采样点。浮游植物Pielou均匀度指数（J）变幅为0.67 ～ 0.99，均值为0.84。其中，浮游植物群落Pielou均匀度指数（J）最大值出现在1号采样点，最小值出现在3号采样点。浮游植物Margalef丰富度指数（R）变幅为0.237 ～ 1.72，均值为0.778。Margalef丰富度指数（R）最大值出现在7号采样点，最小值

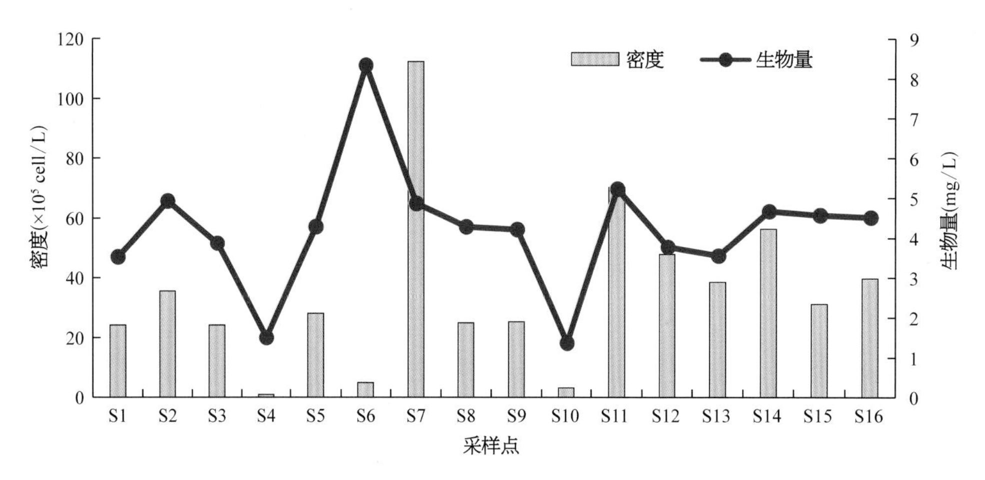

图3.2-39 秋季骆马湖各采样点浮游植物密度与生物量空间特征

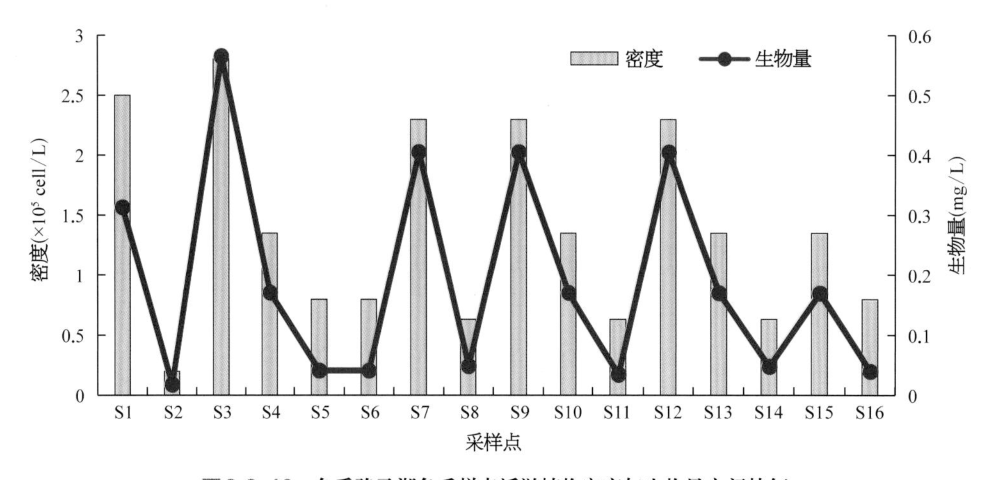

图3.2-40 冬季骆马湖各采样点浮游植物密度与生物量空间特征

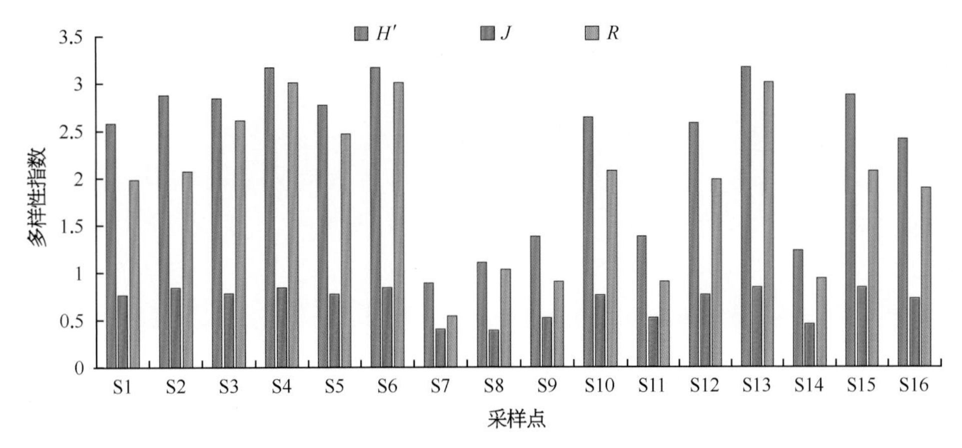

图3.2-41 春季骆马湖各采样点浮游植物多样性空间特征

出现在1号采样点。春季各采样点浮游植物H'、J和R的空间变化特征如图3.2-42。

秋季骆马湖16个采样点的浮游植物群落Shannon-Weaver多样性指数（H'）变幅为0.524～2.59，平均为1.14。其中，Shannon-Weaver多样性指数（H'）最大值出现在6号采样点，最小值出现在13号采样点。浮游植物Pielou均匀度指数（J）变幅为0.185～0.96，均值为0.44。其中，浮游植物群落Pielou均匀度指数（J）最大值出现在4号采样点，最小值出现于13号采样点。浮游植物Margalef丰富度指数（R）变幅为0.352～1.373，均值为1.019。Margalef丰富度指数（R）最大值出现在6号采样点，最小值出现在4号采样点。秋季各采样点浮游植物H'、J和R的空间变化特征如图3.2-43。

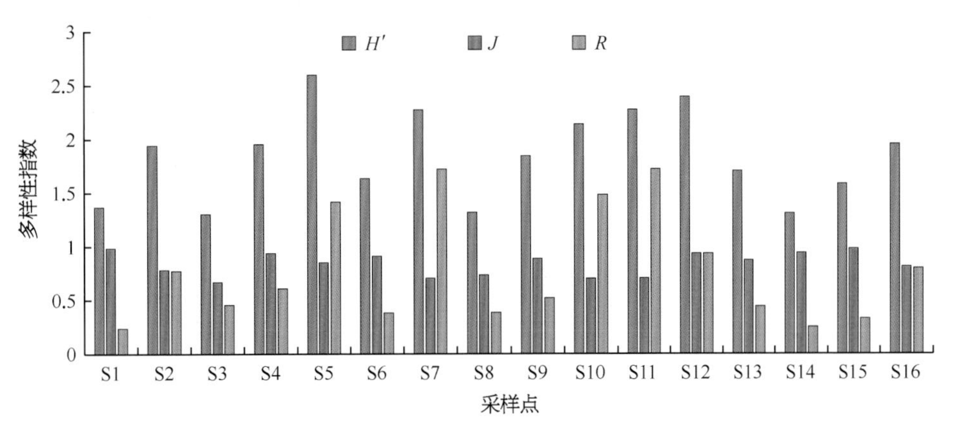

图3.2-42 夏季骆马湖各采样点浮游植物多样性空间特征

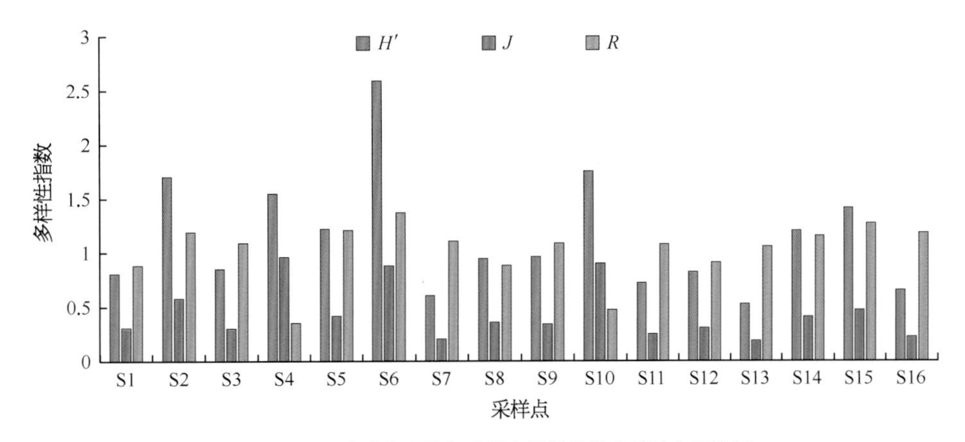

图3.2-43 秋季骆马湖各采样点浮游植物多样性空间特征

冬季骆马湖16个采样点的浮游植物群落Shannon-Weaver多样性指数（H'）变幅为1.38～2.04，平均为1.697。其中，Shannon-Weaver多样性指数（H'）最大值出现在3 号采样点，最小值出现在骆王口水4号采样点。浮游植物Pielou均匀度指数（J）变幅为0.77～0.97，均值为0.83。其中，浮游植物群落Pielou均匀度指数（J）最大值出现在2号采样点，最小值出现在4号采样点。浮游植物Margalef丰富度指数（R）变幅为0.402～0.797，均值为0.591。Margalef丰富度指数（R）最大值出现在5号、6号和16号采样点，最小值出现在1号采样点。冬季各采样点浮游植物H'、J和R的空间变化特征如图3.2-44。

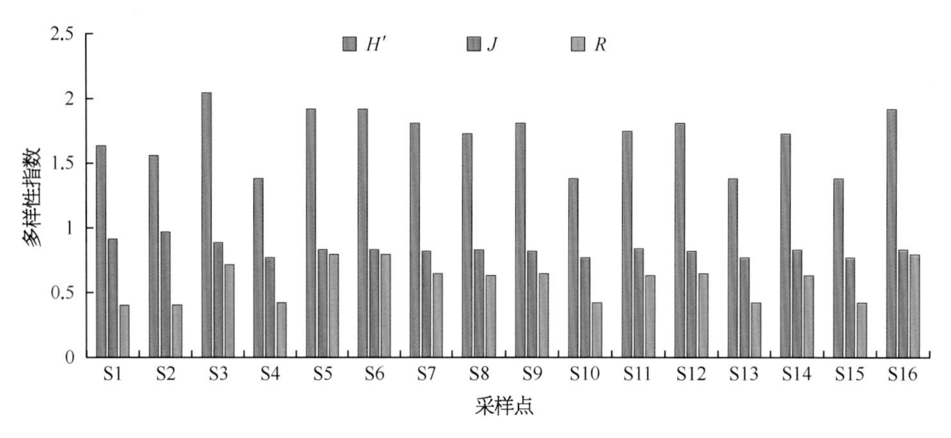

图3.2-44　冬季骆马湖各采样点浮游植物多样性空间特征

· 功能群

根据Reynold等提出的功能群分类法，将具备相同或类似生态属性的浮游植物归在一个功能群内，骆马湖浮游植物可分为24个功能群：A、B、C、D、E、F、G、H1、J、K、Lo、M、MP、N、P、Q、S1、S2、T、TC、W0、W1、W2、X1、X2、X3和Y（表3.2-5）。其中，春季浮游植物功能群为A、B、C、D、E、F、G、H1、J、K、Lo、MP、N、P、Q、S1、S2、T、TC、W0、W1、W2、X1、X2、X3和Y；夏季浮游植物功能群为A、B、C、D、E、F、G、J、Lo、M、MP、N、P、S1、S2、T、TC、W1、X1和X2；秋季浮游植物功能群为A、C、D、E、F、G、H1、J、Lo、MP、N、P、S1、S2、T、TC、X1和Y；冬季浮游植物功能群为B、D、F、H1、J、Lo、M、MP、N、P、S1、T、W1、X1和X3。

表3.2-5　骆马湖浮游植物功能群划分

功能群	代表性种（属）	功能群生境特征
A	长刺根管藻 *Rhizosolenia longiseta*、根管藻 *Rhizosolenia* sp.、科曼小环藻 *Cyclotella comensis Grun*	贫营养水体，对pH升高敏感
B	星形冠盘藻 *Stephanodiscus neoastraea*、具星小环藻 *Cyclotella stelligera*、小环藻 *Cyclotella* sp.	中营养水体，对分层敏感
C	梅尼小环藻 *Cyclotella meneghiniana*、华丽星杆藻 *Asterionella formosaHassall*	富营养中小水体，对分层敏感
D	弯形尖头藻 *Raphidiopsis curvata*、线形菱形藻 *Nitzschia linearis*、菱形藻 *Nitzschia* sp.、谷皮菱形藻 *Nitzschia palea*、双头菱形藻 *Nitzschia amphibia*、尖针杆藻 *Synedra acusvar* 双头针杆藻 *Synedra acus*、肘状针杆藻 *Synedra amphicephal*、针杆藻 *Cosmarium circulare*	较浑浊的浅水水体
E	卵形色金藻 *Chromulina ovalis*、密集锥囊藻 *Dinobryon sertularia*、锥囊藻 *Dinobryon* sp.、钟罩藻 *Dinobryon* sp.	较浅的贫中营养型水体
F	浮球藻 *Planktosphaeria gelotinosa*、波吉卵囊藻 *Oocystis borgei*、单生卵囊藻 *Oocystis solitaria*、湖生卵囊藻 *Oocystis lacustris*、卵囊藻 *Oocystis*、球囊藻 *Sphaerocystis schroeteri*、蹄形藻 *Kirchneriella lunaris*、微芒藻 *Micractinium* sp.、纤细月牙藻 *Selenastrum gracile*、月牙藻 *Selenastrum bibraianum*	中富营养型湖泊变温层

（续表）

表 3.2-5 骆马湖浮游植物功能群划分

功能群	代表性种（属）	功能群生境特征
G	空球藻 *Eudorina elegans*、实球藻 *Pandorina morum*、杂球藻 *Pleodorina californica*	富营养型小型湖泊或池塘
H1	沼泽念珠藻 *Nostoc paludosum*、水华束丝藻 *Aphanizomenon flosaquae*、拉式项圈藻 *Anabaenopsis* sp.、阿氏项圈藻 *Anabaenopsis arnolodii*	富营养分层水体，浅水湖泊
J	粗刺藻 *Acanthosphaera*、十字顶棘藻 *Chodatella wratislaviensis*、集星藻 *Actinastrum* sp.、小空星藻 *Coelastrum microporum*、单角盘星藻 *Pediastrum simplex*、单角盘星藻具孔变种 *Pediastrum simplex var.duodenarium*、二角盘星藻 *Pediastrum duplex*、二角盘星藻纤细变种 *Pediastrum duplex var. gracillimum*、盘星藻 *Pediastrum* sp.、不定腔球藻 *Coclosphaerlum dubium*、三角藻 *Triceratium*、三叶三角藻 *Triceratium* sp.、十字藻 *Crucigenia apiculata*、四足十字藻 *Crucigenia tetrapedia*、四角十字藻 *crucigenia quadrata*、华美十字藻 *Crucigenia lauterbornii*、三角四角藻 *Tetraedron trigonum*、三角四角藻小型变种 *Tetraedron trigonum var.gracile*、三叶四角藻 *TetraedrontrilobuIstam*、微小四角藻 *Tetraedron minimum*、具尾四角藻 *Tetraedron caudatum*、短棘四星藻 *Tetraedron* sp.、单刺四星藻 *Tetrastrum hastiferum*、短刺四星藻 *Tetrastrum staurogeniaeforme*、异刺四星藻 *Tetrastrum heterocanthum*、八角四星藻 *Tetraedron* sp.、粗刺四星藻 *Tetraedron* sp.、齿牙栅藻 *Scenedesmus denticulatus*、多棘栅藻 *Scenedesmus abundans*、二尾栅藻 *Scenedesmus bicaudatus*、二形栅藻 *Scenedesmus dimorphus*、双对栅藻 *Scenedesmus bijuga*、四尾栅藻 *Scenedemus quadricauda*、弯曲栅藻 *Scenedesmus arcuatus*、爪哇栅藻 *Scenedesmus javaensis*、裂孔栅藻 *Scenedesmus perforatus*	混合的高富营养浅水水体
K	美丽隐球藻 *Aphanocapsa pulchra*、细小隐球藻 *Aphanocapsa elachista*	营养物质丰富的浅水水体
Lo	二角多甲藻 *Peridinium bipes*、微小多甲藻 *Protoperidinium minutum Loeblich* Ⅱ、角甲藻 *Ceratium hirundinella*、平裂藻 *Merismopedia* sp.、色球藻 *Chroococcus* sp.、微小色球藻 *Chroococcus minutus*、小形色球藻 *Chroococcus minor*	广适性
M	铜绿微囊藻 *Microcystis aeruginosa*、惠氏微囊藻 *Microcystis wesenbergii*、具缘微囊藻 *Microcystis marginata*、微囊藻 *Microcystis* sp.	较稳定的中富营养水体，透明度不宜太低
MP	中型脆杆藻 *Fragilaria capucina*、蓖形短缝藻 *Eunotia factinalis*、双头辐节藻 *Stauroneis anceps*、卵形藻 *Cocconeis* sp.、埃伦桥弯藻 *Cymbella lanceolata*、近缘桥弯藻 *Cymbella cymbiformis*、膨胀桥弯藻 *Cymbella tumida*、颤藻 *Oseillatoria* sp.、纤细异极藻 *Gomphonema gracile*、异极藻 *Gomphonema* sp.、简单舟形藻 *Navicula simplex*、舟形藻 *Navicula* sp.、扁圆舟形藻 *Navicula palcentula*	频繁扰动的浑浊型浅水湖泊
N	肾形鼓藻 *Cosmarium reniforme*、项圈鼓藻 *Cosmarium moniliforme*、圆鼓藻 *Cosmarium circulare*、布莱鼓藻 *Cosmarium blyttii*、美丽鼓藻 *Cosmarium formosulum*、光滑鼓藻 *Cosmarium leave Rab*、球鼓藻 *Cosmarium globosum Buldh*、纤细角星鼓藻 *Staurastrum gracile*、平卧角星鼓藻 *Staurastrum dejectum*	中营养型水体混合层
P	库津新月藻 *Closterium kutzingii*、莱布新月藻 *Closterium leibleinii*、纤细新月藻 *Closterium gracile Breb*、线痕新月藻 *Closterium lineatum*、新月藻 *Closterium*、锐新月藻 *Closterium acerosum*、月牙新月藻 *Closterium cynthia*、变异直链藻 *Melosira varians*、颗粒直链藻 *Melosira granulata*、颗粒直链藻最窄变种 *Melosira granulata var. Angustissima*、直链藻 *Melosira* sp.	混合程度较高中富营养浅水水体
Q	扁平膝口藻 *Gonyostomum depressum*	酸性的、腐殖质丰富的小型湖泊
S1	蜂巢席藻 *phormidium foveolarum*、皮状席藻 *Phormidium corium*、窝形席藻 *Phormidium foveolarum*、小席藻 *Phormidium tenus*、席藻 *Phormidiaceae* sp.	透明度较低的混合水体，多为丝状蓝藻，对冲刷敏感
S2	大螺旋藻 *Spirulina major*、钝顶螺旋藻 *Spirulina platensis*、螺旋藻 *Spirulina* sp.、为首螺旋藻 *Spirulina princeps*	浅层浑浊混合层
T	拟丝藻黄丝藻 *Tribonemaul ulothrichoides*、黄丝藻 *Tribonema* sp.、近缘黄丝藻 *Tribonema affine*、小型黄丝藻 *Tribonema minus*、绒毛平板藻 *Tabellaria fenestrata*、平板藻 *Gyrosigma kützingii*、窗格平板藻 *Tabellaria* sp.、游丝藻 *Planctonema lauterbornii*	混合均匀的深水水体变温层
TC	阿氏颤藻 *Oseillatoria agardhii*、灿烂颤藻 *Oseillatoria splendida*、小颤藻 *Oscillatoria tennuis*、巨颤藻 *Oscillatoria princeps*、湖泊鞘丝藻 *Lyngbya limnetica*、马氏鞘丝藻 *Lyngbya martensiana*	富营养型静止水体，或藻类暴发的缓流型河流
W0	衣藻 *Chlamydomonas* sp.	有机物或腐殖质丰富的河流和池塘

（续表）

表 3.2-5 骆马湖浮游植物功能群划分

功能群	代表性种（属）	功能群生境特征
W1	钩状扁裸藻 *Phacus hamatus*、敏捷扁裸藻 *Phacus agilis*、长尾扁裸藻 *Phacus longicauda*、扁裸藻 *Phacus* sp.、卵形鳞孔藻 *Lepocinclls oxyuris*、近轴裸藻 *Euglena proxima*、绿色裸藻 *Euglena viridis*、尾裸藻 *Euglena oxyuris*、鱼形裸藻 *Euglena pisciformis*、裸藻 *Euglena* sp.	富含有机质，或农业废水和生活污水的水体
W2	棘刺囊裸藻 *Trachelomonas hispida*、矩圆囊裸藻 *Trachelomonas oblonga*、囊裸藻 *Trachelomonas* sp.、尾棘囊裸藻 *Trachelomonas armata*	浅水型中营养湖泊
X1	弓形藻 *Schroederia setigera*、拟菱形弓形藻 *Schroederia nitzschioides*、硬弓形藻 *Schroederia robusta*、针晶蓝纤维藻 *Dactylococcopsis rhaphidioides*、镰形纤维藻 *Ankistrodesmus falcatus*、螺旋纤维藻 *Ankistrodesmus spiralis*、狭形纤维藻 *Ankistrodesmus angustus*、纤维藻 *Ankistrodesmus* sp.、针形纤维藻 *Ankistrodesmus angustus*、小球藻 *Chlorella vulgaris*、雨生红球藻 *Haematococcus Pluvialis*	混合程度较高的富营养浅水水体
X2	尖尾蓝隐藻 *Chroomonas acuta*、简单衣藻 *Chlamydomonas simplex*、球衣藻 *Chlamydomonas globosa*、小球衣藻 *Chlamydomonas miicrosphaerella*	混合程度较高的中—富营养浅水水体
X3	草鞋形波缘藻 *Cymatopleura solea*、细布纹藻 *Gyrosigma* sp.、卵圆双壁藻 *Diploneis ovalis*	浅水、清水和混合层
Y	薄甲藻 *Glenodinium pulvisculus*、卵形隐藻 *Cryptomonas ovata*、啮蚀隐藻 *Cryptomonas erosa*	广适性（多反映了牧食压力低的静水环境）

以优势度指数Y>0.02定为优势种，骆马湖春季浮游植物优势功能群为B、D、J、P、S1和X1，优势度分别为0.02、0.05、0.06、0.03、0.22和0.38；夏季浮游植物优势功能群为D、J、MP、S1和X1，优势度分别为0.15、0.09、0.03、0.22和0.04；秋季浮游植物优势功能群为J、N、S1、TC和X1，优势度分别为0.04、0.03、0.05、0.02和0.81；冬季浮游植物优势功能群为F、J、N、S1和X1，优势度分别为0.02、0.12、0.02、0.10和0.31（如图3.2-45）。

· 结果与讨论

浮游植物是水生态系统中的初级生产者，也是水环境监测中的重要指示生物，了解其种类组成及现存量的空间分布有利于提高对湖泊的认知。骆马湖全年浮游植物种类组成结果显示，浮游植物群落组成中绿藻门种类数最多，其次为硅藻门和蓝藻门，并且四个季度浮游植物种类组成基本一致。彭凯等于2014年对骆马湖不同区域浮游植物群落结构特征调查结果表明，骆马湖浮游植物共有7门71种属，其中绿藻门最多，共有34种属，其次为硅藻门，共有15种属，蓝藻门10种属。这一结果与本研究一致，说明骆马湖浮游植物群落结构稳定性较高，水生生态系统抵抗外界干扰能力较强。优势度结果显示，骆马湖4个季节均存在蓝藻门的水华藻类占据优势地位，特别是在夏、秋季节蓝藻门成为绝对优势种，但骆马湖尚未出现蓝藻水华现象。生物量结果显示，骆马湖浮游植物季节分布表现为夏季>秋季>春季>冬季，空间分布表现为较大的差异性，主要受污染程度、水文状况及渔业活动影响。

划分功能群的主要依据是利用浮游植物的相似性，包括形态特征以及对生境适应性特征，因此不仅可以简化对浮游植物群落的研究，更能从物种的功能性上对水体生态系统进行研究，除此之外还能更为精确地展现浮游植物与环境因子的关系。本研究结果显示，骆马湖浮游植物被划分为24个功能群，且季节间功能群组成有明显差异。整体来看，骆马湖浮游植物功能群以适应富营养化且具有一定扰动强度的浅水湖泊为主。

综上所述，骆马湖浮游植物的种类组成相对稳定，群落演替具有明显的季节性。蓝藻仍然在夏、秋季节成为单一优势种，但尚未形成蓝藻水华。因此，需要采取生态修复措施控制骆马湖环境污染，降低富营养化水平，优化浮游植物群落结构，防止骆马湖出现蓝藻水华。

阳澄湖

· 群落组成

通过2017～2018年春夏秋冬四季对阳澄湖水

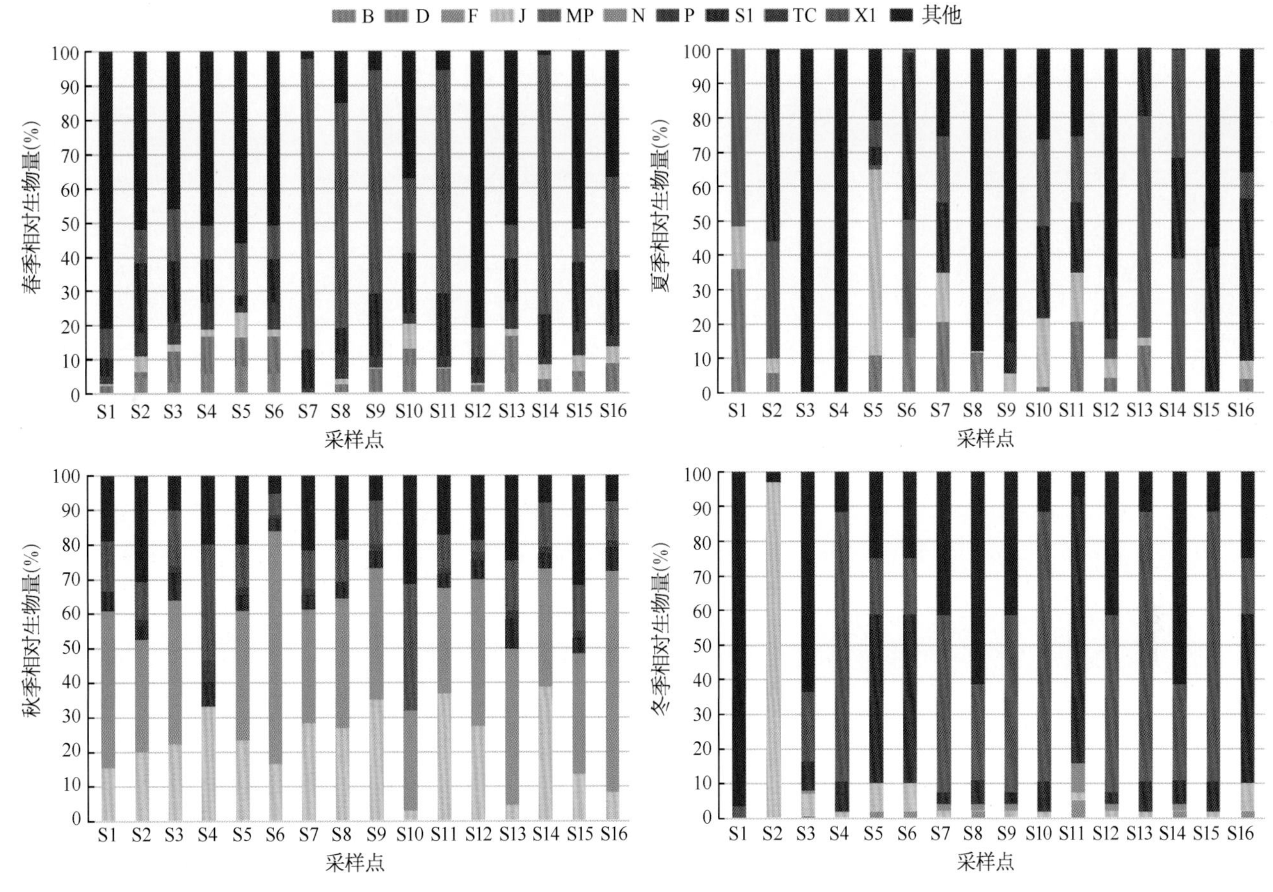

图3.2-45 骆马湖浮游植物优势功能群季节变化特征

域内16个采样点浮游植物的调查（附录2），结果显示春季共鉴定出蓝藻门（Cyanophyta）、甲藻门（Pyrrophyta）、硅藻门（Bacillariophyta）、隐藻门（Cryptophyta）、裸藻门（Euglenophyta）、绿藻门（Chlorophyta）、金藻门（Chrysophyta）和黄藻门（Xanthophyta），共8门59属102种（包括变种和变型）浮游植物。

夏季共鉴定出蓝藻门（Cyanophyta）、甲藻门（Pyrrophyta）、硅藻门（Bacillariophyta）、隐藻门（Cryptophyta）、裸藻门（Euglenophyta）、绿藻门（Chlorophyta）和金藻门（Chrysophyta），共7门62属115种（包括变种和变型）浮游植物。

秋季共鉴定出蓝藻门（Cyanophyta）、甲藻门（Pyrrophyta）、硅藻门（Bacillariophyta）、隐藻门（Cryptophyta）、裸藻门（Euglenophyta）、绿藻门（Chlorophyta）和金藻门（Chrysophyta），共7门65属117种（包括变种和变型）浮游植物。

冬季共鉴定出蓝藻门（Cyanophyta）、甲藻门（Pyrrophyta）、硅藻门（Bacillariophyta）、隐藻门（Cryptophyta）、裸藻门（Euglenophyta）、绿藻门（Chlorophyta）、金藻门（Chrysophyta）和黄藻门（Xanthophyta），共8门49属83种（包括变种和变型）浮游植物。阳澄湖浮游植物调查物种名录详见附录2。

从藻类组成上看，春季绿藻门物种数最多，达46种，占浮游植物物种数的45.10%；其次为硅藻门为30种，占29.41%；蓝藻门12种，占11.76%；裸藻门为4种，占3.92%；甲藻门、隐藻门和金藻门各为3种，各占2.94%；黄藻门物种最少，仅1种，占0.98%。

夏季绿藻门物种数最多，达73种，占浮游植物物种数的63.48%；其次为蓝藻门19种，占16.52%；硅藻门为13种，占11.30%；裸藻门为4种，占3.48%；隐藻门为3种，占2.61%；金藻门为2种，占1.74%；甲藻门物种最少，仅1种，占0.87%。

秋季绿藻门物种数最多，达72种，占浮游植物物种数的61.54%；其次为硅藻门，为18种，占15.38%；蓝藻门为15种，占12.82%；裸藻门为5种，占4.27%；甲藻门和隐藻门各为3种，各占2.56%；黄藻门仅为1种，占0.85%。

冬季绿藻门物种数最多，达38种，占浮游植物物种数的45.78%；其次为硅藻门，为25种，占30.12%；蓝藻门为8种，占9.64%；隐藻门和金藻门各为3种，各占3.61%；甲藻门、裸藻门和黄藻门各为2种，各占2.41%。

群落优势种

据现行通用标准，以优势度指数Y>0.02定为优势种，阳澄湖春季浮游植物优势类群共计4门6属6种：其中蓝藻门1属1种，为针晶蓝纤维藻，优势度为0.21；硅藻门2属2种，为梅尼小环藻和颗粒直链藻纤细变种，优势度为0.07和0.10；隐藻门为2属2种，为啮蚀隐藻和尖尾蓝隐藻，优势度分别为0.03和0.15；绿藻门为1属1种，为四尾栅藻，优势度为0.03。

夏季浮游植物优势类群共计1门4属5种：全为蓝藻门，分别为微囊藻、假鱼腥藻、卷曲鱼腥藻、鱼腥藻和细小平裂藻，优势度分别为0.64、0.04、0.04、0.03和0.05。

秋季浮游植物优势类群共计2门6属6种：其中蓝藻门5属5种，为微囊藻、假鱼腥藻属、鱼腥藻、束丝藻和细小平裂藻，优势度分别为0.20、0.22、0.02、0.04和0.06；绿藻门为1属1种，为啮蚀隐藻，优势度为0.04。

冬季浮游植物优势类群共计3门5属5种：其中硅藻门2属2种，为梅尼小环藻和线性菱形藻，优势度为0.28和0.02；隐藻门为1属1种，为尖尾蓝隐藻，优势度分别为0.26；绿藻门为2属2种，为丛球韦斯藻和丝藻，优势度为0.02和0.12。

现存量

通过阳澄湖春季采样调查结果显示，16个采样点浮游植物密度变幅为1.27×10^5 ～ 1.02×10^7 cell/L，均值为4.49×10^6 cell/L。密度最大值出现在16号采样点，最小值出现在3号采样点。浮游植物生物量变幅为0.09 ～ 5.44 mg/L，均值为2.21 mg/L。生物量最大值出现在16号采样点，最小值出现在3号采样点。春季浮游植物密度和生物量变化情况如图3.2-46。

夏季采样调查结果显示，16个采样点浮游植物密度变幅为7.69×10^5 ～ 7.54×10^8 cell/L，均值为1.64×10^8 cell/L。密度最大值出现在9号采样点，最小值出现在11号采样点。浮游植物生物量变幅为0.07 ～ 51.70 mg/L，均值为14.33 mg/L。生物量最大值出现在10号采样点，最小值出现在11号采样点。夏季浮游植物密度和生物量变化情况如图3.2-47。

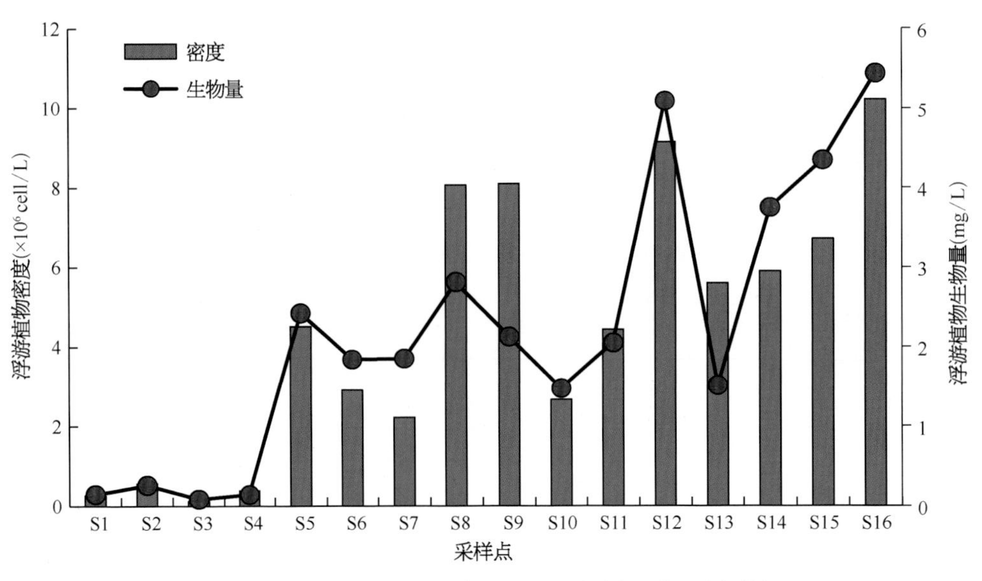

图3.2-46 春季阳澄湖各采样点浮游植物密度和生物量空间特征

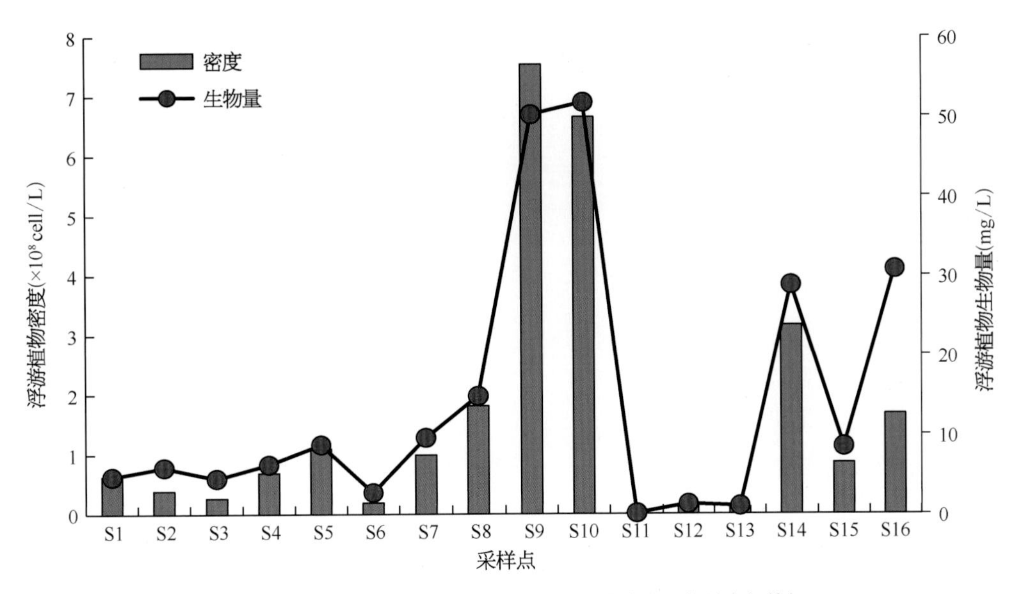

图3.2-47 夏季阳澄湖各采样点浮游植物密度和生物量空间特征

秋季采样调查结果显示，16个采样点浮游植物密度变幅为2.12×10^6～2.66×10^8 cell/L，均值为5.36×10^7 cell/L。密度最大值出现在13号采样点，最小值出现在6号采样点。浮游植物生物量变幅为1.46～104.6 mg/L，均值为25.17 mg/L。生物量最大值出现在13号采样点，最小值出现在6号采样点。秋季浮游植物密度和生物量变化情况如图3.2-48。

冬季采样调查结果显示，16个采样点浮游植物密度变幅为1.92×10^6～2.53×10^7 cell/L，均值为6.17×10^6 cell/L。密度最大值出现在5号采样点，最小值出现在11号采样点。浮游植物生物量变幅为0.51～10.74 mg/L，均值为2.57 mg/L。生物量最大值出现在5号采样点，最小值出现在11号采样点。冬季浮游植物密度和生物量变化情况如图3.2-49。

· 群落多样性

调查结果显示春季阳澄湖16个采样点的浮游植物群落Shannon-Weaver多样性指数（H'）变幅为2.09～3.11，平均为2.59。其中，Shannon-Weaver多样性指数（H'）最大值出现在15号采样点，最小值出现在3号采样点。浮游植物Pielou均匀度指数（J）变幅为0.63～0.80，均值为0.72。其中，浮游植物群落Pielou均匀度指数（J）最大值出现在4号采样点，最

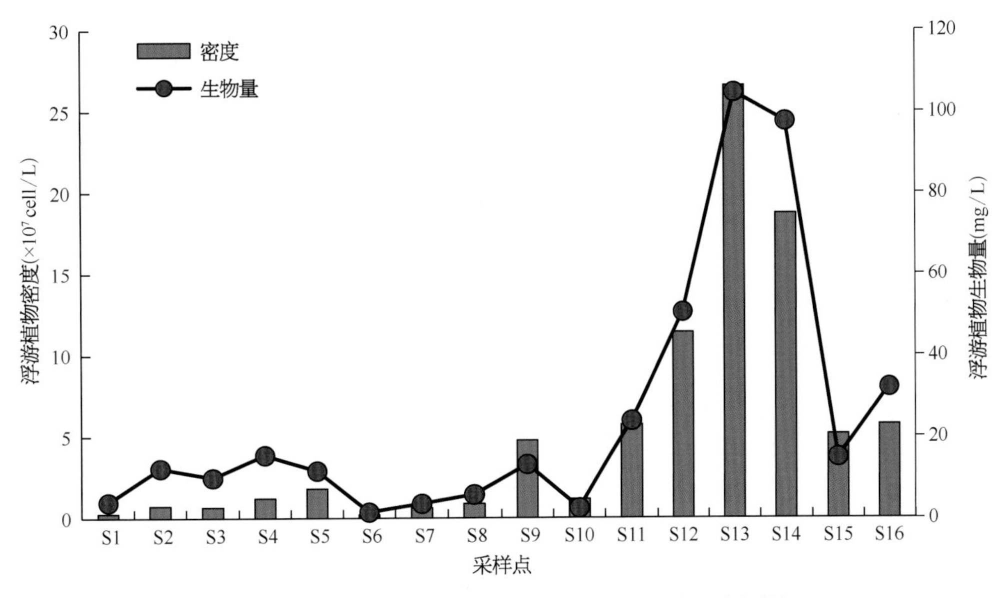

图3.2-48 秋季阳澄湖各采样点浮游植物密度和生物量空间特征

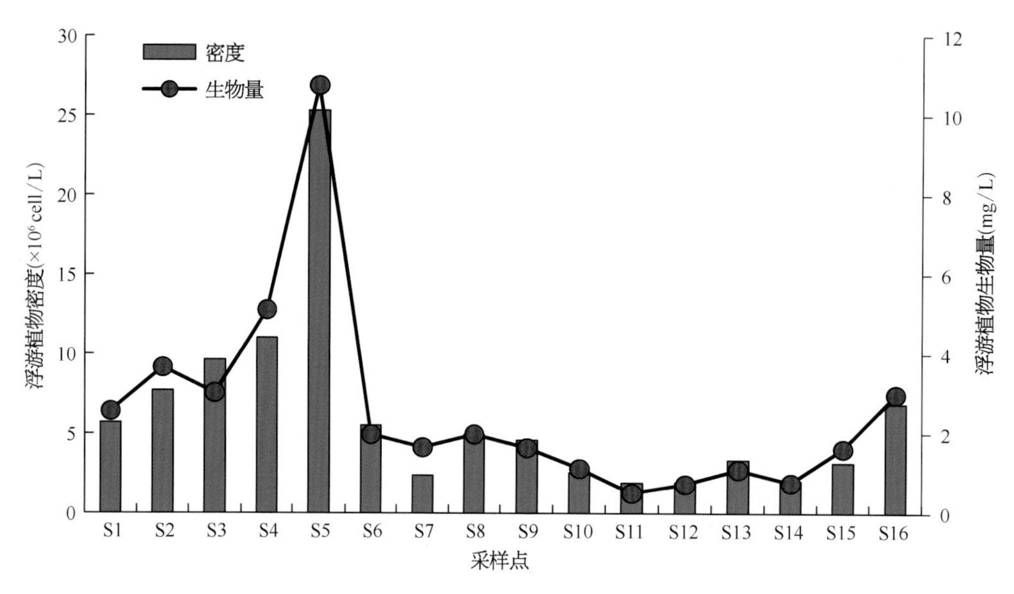

图3.2-49 冬季阳澄湖各采样点浮游植物密度和生物量空间特征

小值出现在5号采样点。浮游植物Margalef丰富度指数（R）变幅为1.19～3.48，均值为2.48。Margalef丰富度指数（R）最大值出现在12号采样点，最小值出现在3号采样点。春季各采样点浮游植物H'、J和R的空间变化特征如图3.2-50。

夏季阳澄湖16个采样点的浮游植物群落Shannon-Weaver多样性指数（H'）变幅为0.30～2.79，平均为1.66。其中，Shannon-Weaver多样性指数（H'）最大值出现在15号采样点，最小值出现在10号采样点。浮游植物Pielou均匀度指数（J）变幅为0.18～0.64，均值为0.45。其中，浮游植物群落Pielou均匀度指数（J）最大值出现在6号采样点，最小值出现在9号采样点。浮游植物Margalef丰富度指数（R）变幅为0.47～2.39，均值为1.49。Margalef丰富度指数（R）最大值出现在6号采样点，最小值出现在9号采样点。夏季各采样点浮游植物H'、J和R的空间变化特征如图3.2-51。

秋季阳澄湖16个采样点的浮游植物群落Shannon-Weaver多样性指数（H'）变幅为1.18～2.69，平均为2.00。其中，Shannon-Weaver多样性指数（H'）最大值出现在8号采样点，最小值出现在2号采样点。浮游植物Pielou均匀度指数（J）变幅为0.45～0.73，

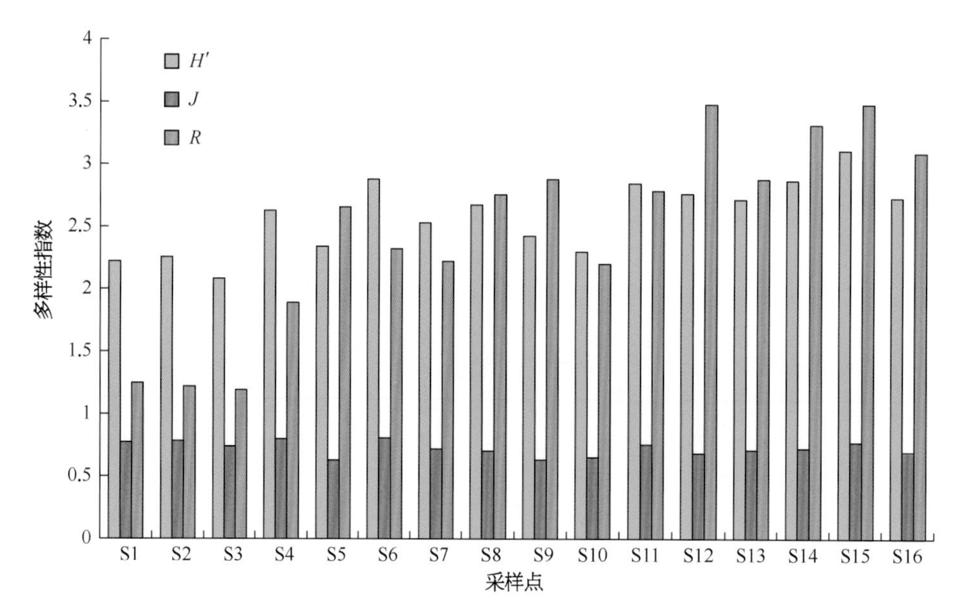

图3.2-50 春季阳澄湖各采样点浮游植物多样性空间特征

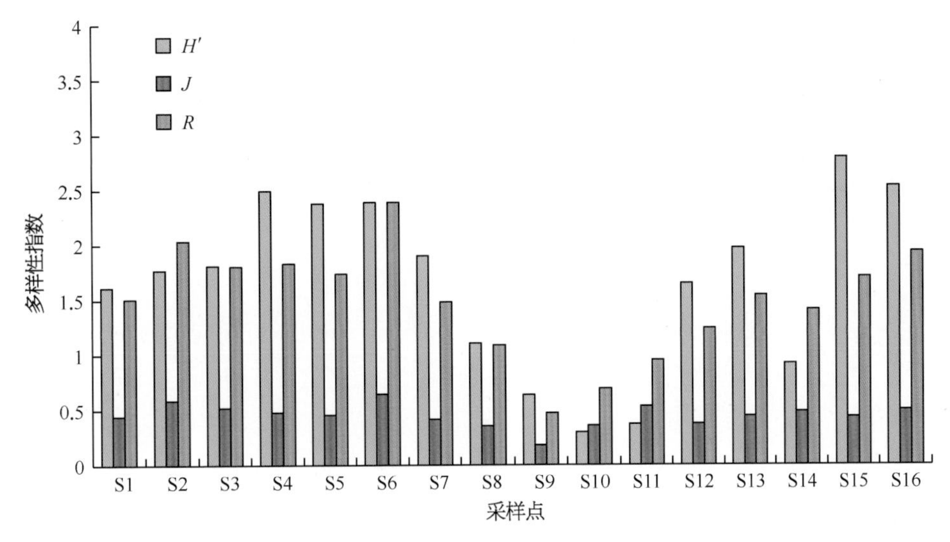

图3.2-51 夏季阳澄湖各采样点浮游植物多样性空间特征

均值为0.55。其中，浮游植物群落Pielou均匀度指数（J）最大值出现在8号采样点，最小值出现在13号采样点。浮游植物Margalef丰富度指数（R）变幅为0.76 ~ 3.75，均值为2.31。Margalef丰富度指数（R）最大值出现在16号采样点，最小值出现在2号采样点。秋季各采样点浮游植物H'、J和R的空间变化特征如图3.2-52。

冬季阳澄湖16个采样点的浮游植物群落Shannon-Weaver多样性指数（H'）变幅为1.29 ~ 2.67，平均为1.78。其中，Shannon-Weaver多样性指数（H'）最大值出现在16号采样点，最小值出现在10号采样点。浮游植物Pielou均匀度指数（J）变幅为0.37 ~ 0.79，均值为0.61。其中，浮游植物群落Pielou均匀度指数（J）最大值出现在14号采样点，最小值出现在11号采样点。浮游植物Margalef丰富度指数（R）变幅为1.16 ~ 2.84，均值为2.02。Margalef丰富度指数（R）最大值出现在16号采样点，最小值出现在11号采样点。冬季各采样点浮游植物H'、J和R的空间变化特征如图3.2-53。

· 功能群

根据Reynold等提出的功能群分类法，将具备相同或类似生态属性的浮游植物归在一个功能群内，阳

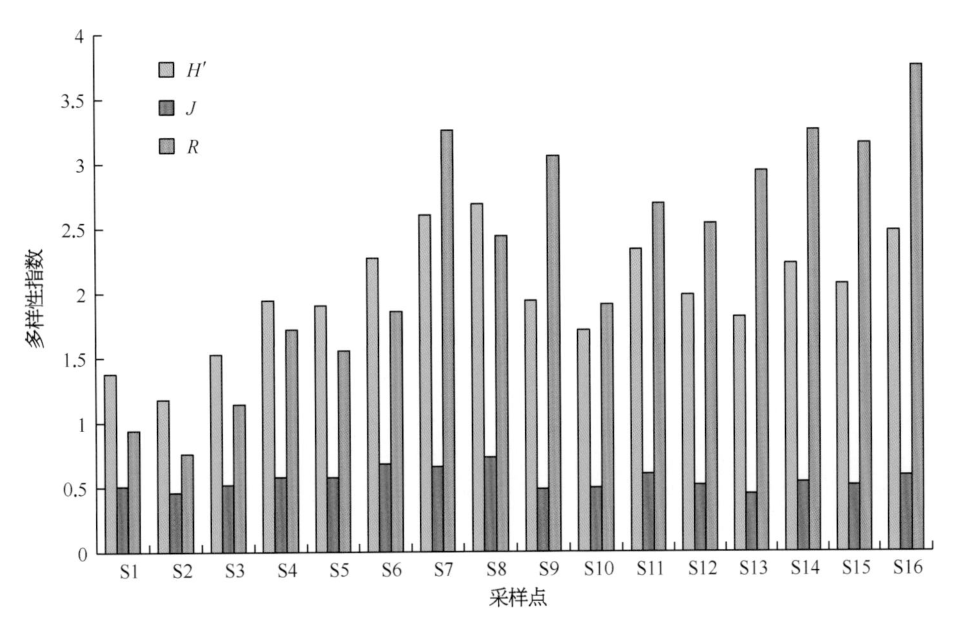

图3.2-52 秋季阳澄湖各采样点浮游植物多样性空间特征

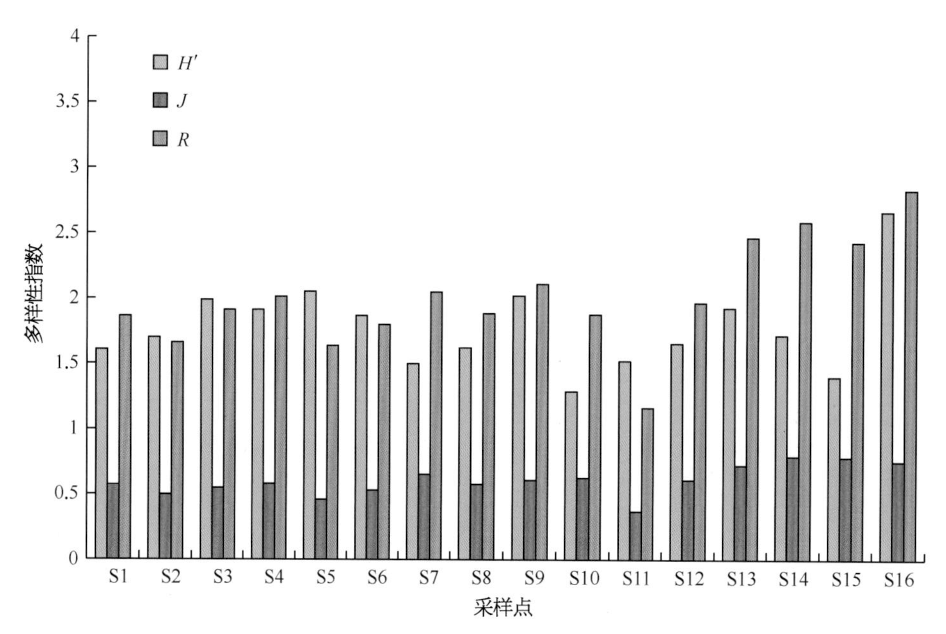

图3.2-53 冬季阳澄湖各采样点浮游植物多样性空间特征

澄湖浮游植物可分为24个功能群：A、B、C、D、E、F、G、H1、J、Lo、M、MP、N、P、S1、S2、T、Ws、W1、W2、X1、X2、X3和Y（表3.2-6）。其中，春季浮游植物功能群为A、B、C、D、E、F、G、H1、J、Lo、M、MP、N、P、S1、T、W1、W2、X1、X2、X3和Y；夏季浮游植物功能群为A、B、D、E、F、G、H1、J、Lo、M、MP、N、P、S1、S2、T、W1、W2、X1、X2和Y；秋季浮游植物功能群为A、B、D、E、F、G、H1、J、Lo、M、MP、N、P、S1、T、W1、X1、X2和Y；冬季浮游植物功能群为A、B、C、D、E、F、G、H1、J、Lo、M、MP、N、P、S1、T、Ws、W1、X1、X2和Y。

表3.2-6 阳澄湖浮游植物功能群划分

功能群	代表性种（属）	功能群生境特征
A	长刺根管藻 *Rhizosolenia longiseta*	贫营养水体，对pH升高敏感
B	小环藻 *Cyclotella* sp.、冠盘藻 *Stephanodiscus* sp.	中营养水体，对分层敏感
C	美丽星杆藻 *Asterionella. formosa*、梅尼小环藻 *Cyclotella meneghiniana*	富营养型的小中型湖泊，无分层现
D	针杆藻 *Synedra* sp.、菱形藻 *Nitzschia* sp.、菱板藻 *Hantzschia* sp.	较浑浊的浅水水体
E	锥囊藻 *Dinobryon* sp.	较浅的贫中营养型水体
F	月牙藻 *Selenastrum* sp.、韦斯藻 *Westella* sp.、浮球藻 *Planktosphaeria* sp.、网球藻 *Dictyosphaerium* sp.、球囊藻 *Sphaerocystis* sp.、卵囊藻 *Oocystis* sp.	中富营养型湖泊变温层
G	实球藻 *Pandorina* sp.、空球藻 *Eudorina* sp.	富营养型小型湖泊或池塘
H1	鱼腥藻 *Anabaena* sp.	富营养分层水体，浅水湖泊
J	棘藻 *Chodatella* sp.、四星藻 *Tetrastrum* sp.、空星藻 *Coelastrum* sp.、盘星藻 *Pediastrum* sp.、集星藻 *Actinastrum* sp.	混合的高富营养浅水水体
Lo	平裂藻 *Merismopedia* sp.、色球藻 *Chroococcus* sp.、羽纹藻 *Pinnularia* sp.、等片藻 *Diatoma* sp.、双眉藻 *Amphora* sp.、角甲藻 *Ceratium* sp.、多甲藻 *Peridinium* sp.	广适性
M	微囊藻 *Microcystis* sp.	较稳定的中富营养水体，透明度不宜太低

（续表）

表3.2-6　阳澄湖浮游植物功能群划分

功能群	代表性种（属）	功能群生境特征
MP	伪鱼腥藻 *Pseudanabaena catenata*、鞘丝藻 *Lyngbya* sp.、颤藻 *Oscillatoria* sp.、环丝藻 *Ulothrix zonata*、丝藻 *Ulothrix* sp.、舟形藻 *Navicula* sp.、卵形藻 *Cocconeis* sp.、双菱藻 *Surirella* sp.、异极藻 *Gomphonema* sp.、辐节藻 *Stauroneis* sp.、桥弯 *Cymbella* sp.、短缝藻 *Eunotia* sp.、曲壳藻 *Achnathes* sp.	频繁扰动的浑浊型浅水湖泊
N	鼓藻 *Cosmarium* sp.、叉星鼓藻 *Staurodesmus* sp.、角星鼓藻 *Staurastrum* sp.	栖息在2～3 m的连续或者半连续的水体混合层中
P	新月藻 *Closterium* sp.、角星鼓藻 *Staurastrum* sp.、直链藻 *Melosira* sp.、脆杆藻 *Fragilaria* sp.	混合程度较高中富营养浅水水体
S1	席藻 *Phormidium* sp.	透明度较低的混合水体，多为丝状蓝藻，对冲刷敏感
S2	顿顶节旋藻 *Arthrospira platensis*	温暖的、浅的、高碱度的水体
T	并联藻 *Quadrigula* sp.	混合均匀的深水水体变温层
Ws	黄群藻 *Synura* sp.	中营养型的静止水体，水流腐殖质丰富的池塘或临时形成的小水体，呈中性或碱性
W1	裸藻 *Euglena* sp.、扁裸藻 *Phacus* sp.	富含有机质，或农业废水和生活污水的水体
W2	囊裸藻 *Trachelomonas* sp.、陀螺藻 *Strombomonas* sp.	浅水型中营养湖泊
X1	弓形藻 *Schroederia* sp.、纤维藻 *Ankistrodesmus* sp.、小球藻 *Chlorella* sp.	混合程度较高的富营养浅水水体
X2	衣藻 *Chlamydomonas* sp.、翼膜藻 *Pteromonas* sp.、蓝隐藻 *Chroomonas* sp.	混合程度较高的中—富营养浅水水体
X3	布纹藻 *Gyrosigma* sp.、波缘藻 *Cymatopleura* sp.、双壁藻 *Diploneis* sp.、肋缝藻 *Frustulia* sp.	浅水、清水和混合层
Y	裸甲藻 *Gymnodinium* sp.、薄甲藻 *Glenodinium* sp.、隐藻 *Cryptomonas* sp.	广适性（多反映了牧食压力低的静水环境）

以优势度指数Y>0.02定为优势种，阳澄湖春季浮游植物优势功能群为B、C、D、E、J、Lo、M、MP、P、S1、X1、X2和Y，优势度分别为0.07、0.02、0.05、0.02、0.07、0.09、0.03、0.05、0.12、0.06、0.06、0.07和0.05；夏季浮游植物优势功能群为H1、M、MP、S1和Y，优势度分别为0.17、0.27、0.14、0.12和0.03；秋季浮游植物优势功能群为B、G、H1、J、M、MP、P、S1和Y，优势度分别为0.03、0.03、0.05、0.05、0.04、0.06、0.07、0.19和0.31；冬季浮游植物优势功能群为B、D、E、Lo、P、T、X2和Y，优势度分别为0.40、0.10、0.02、0.02、0.03、0.10、0.06和0.09（如图3.2-54）。

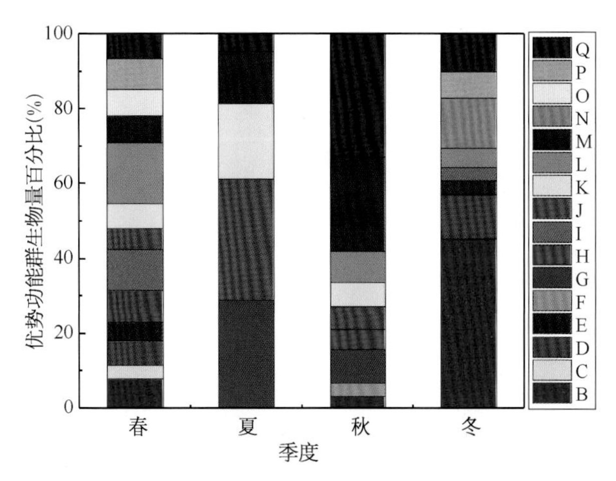

图3.2-54　阳澄湖浮游植物优势功能群季节变化特征

· 结果与讨论

丁娜等于2014年7～11月对阳澄湖群落结构及时空分布的调查结果显示，夏季共鉴定出浮游植物8门62属116种，秋季共鉴定出浮游植物8门53属82

种。与本次调查结果相比发现，夏季浮游植物种类基本一致，表明群落结构比较稳定，均以绿藻门物种最多；秋季浮游植物群落结构与历史调查一致，但绿藻门物种数增加了35种。调查显示四个季度阳澄湖绿藻门物种数均占优势，优势种中蓝藻门种数最多。由于水温、降雨量及水体流速等原因，夏季浮游植物密度（1.64×10^8 cell/L）明显高于其他季节，其中以蓝藻门密度最高。该数据相比翁建中等人的调查发现，近年来阳澄湖浮游植物密度及生物量有上升趋势，这可能与阳澄湖大面积压缩及拆除围网养殖后，湖体中藻类被滤食的压力减小，密度开始逐步增大有关。从湖区来看，包括S1至S5在内的阳澄湖西湖浮游植物密度及生物量明显小于中湖及东湖，与吴淑贤2008～2009年的调查结果一致，认为阳澄湖西湖周边人类活动明显，其溶氧等水体环境不适宜浮游植物的大量繁殖。浮游藻类作为水生生态系统的重要组成部分，是初级生产力的主要贡献者，其种类组成、群落结构和生物量变化既能反映水环境的变化，又能在很大程度上决定着水生生态系统的结构和功能，是反映水体富营养化程度和水质状况的重要指标。根据Ptacnik等人对浮游植物与富营养化的关系研究表明，阳澄湖春、夏、秋季均以蓝藻门为优势种，即水体处于富营养化状态。浮游动物生物多样性结果表明，生物多样性指数空间变化不明显，季节变化有显著性差异。

浮游植物功能群将具有相似生理、形态和生态特征的浮游植物种类划分为一个功能群，功能群内的浮游植物具有相同或相近的生态位，不同的功能群可以反映其特定的生境类型。葛优等于2015年3月～2016年2月对阳澄湖浮游藻类和环境因子进行的调查分析结果表明，阳澄湖浮游藻类可划分为21个功能群，其中10个功能群（B、D、E、G、J、Lo、S1、X1、X2和Y）为该湖的优势功能群，反映的生境特征表明该湖为分层敏感、扰动较少且混合程度较高的中—富营养浅水水体。阳澄湖浮游藻类功能群分布受环境影响较为明显，但不同季节影响因子不同。整体上，水温、pH、溶解氧、氨氮和浊度是影响阳澄西湖浮游藻类功能群分布格局的主要因素。与本次调查结果相比发现，阳澄湖不同湖区内功能群组成基本相同，不同湖区内功能群的分布及演替规律受不同环境因子的影响且均呈现出季节差异。根据功能群反映的生境类型，结果显示阳澄湖各湖区的水环境均向良性循环方向发展。

综上所述，根据对阳澄湖浮游植物的群落、优势种组成及现存量分析可见，阳澄湖浮游植物种类和群落结构相对稳定，密度和生物量在时间和空间变化有所差异，生物多样性整体良好，但阳澄湖仍处于富营养化阶段，与历史数据对比，近年来富营养化程度有逐渐加剧的趋势。

长荡湖

群落组成

通过2017～2018年春夏秋冬四季对长荡湖水域内12个采样点浮游植物的调查，结果显示春季共鉴定出蓝藻门（Cyanophyta）、甲藻门（Pyrrophyta）、硅藻门（Bacillariophyta）、隐藻门（Cryptophyta）、裸藻门（Euglenophyta）、绿藻门（Chlorophyta）、金藻门（Chrysophyta）和黄藻门（Xanthophyta），共8门52属90种（包括变种和变型）浮游植物。

夏季共鉴定出蓝藻门（Cyanophyta）、甲藻门（Pyrrophyta）、硅藻门（Bacillariophyta）、隐藻门（Cryptophyta）、裸藻门（Euglenophyta）、绿藻门（Chlorophyta）和金藻门（Chrysophyta），共7门67属123种（包括变种和变型）浮游植物。

秋季共鉴定出蓝藻门（Cyanophyta）、甲藻门（Pyrrophyta）、硅藻门（Bacillariophyta）、隐藻门（Cryptophyta）、裸藻门（Euglenophyta）、绿藻门（Chlorophyta）和金藻门（Chrysophyta），共7门64属120种（包括变种和变型）浮游植物。

冬季共鉴定出蓝藻门（Cyanophyta）、甲藻门（Pyrrophyta）、硅藻门（Bacillariophyta）、隐藻门（Cryptophyta）、裸藻门（Euglenophyta）、绿藻门（Chlorophyta）、金藻门（Chrysophyta）和黄藻门（Xanthophyta），共8门59属128种（包括变种和变型）浮游植物。长荡湖浮游植物调查物种名录见附录2。

从藻类组成上看，春季绿藻门物种数最多，达45种，占浮游植物物种数的50.00%；其次为硅藻门，为

17种，占18.89%；蓝藻门为15种，占16.67%；裸藻门为7种，占7.78%；隐藻门为3种，占3.33%；甲藻门、金藻门和黄藻门各为1种，各占1.11%。

夏季绿藻门物种数最多，达66种，占浮游植物物种数的53.66%；其次为硅藻门，为25种，占20.33%；蓝藻门为14种，占11.38%；裸藻门为11种，占8.94%；甲藻门和隐藻门各为3种，各占2.44%；金藻门物种最少，仅1种，占0.81%。

秋季绿藻门物种数最多，达75种，占浮游植物物种数的62.5%；其次为蓝藻门和硅藻门，各为25种，各占12.50%；裸藻门为8种，占6.67%；隐藻门和金藻门各为3种，各占2.50%；甲藻门物种最少，仅1种，占0.83%。

冬季绿藻门物种数最多，达64种，占浮游植物物种数的50.00%；其次为硅藻门，为32种，占25.00%；蓝藻门为15种，占11.72%；裸藻门为8种，占6.25%；隐藻门和金藻门各为3种，各占2.34%；甲藻门为2种，占1.56%；黄藻门物种最少，仅1种，占0.78%。

群落优势种

据现行通用标准，以优势度指数Y>0.02定为优势种，长荡湖春季浮游植物优势类群共计3门8属9种：其中蓝藻门5属6种，为假鱼腥藻属、泽丝藻、鱼腥藻、针晶蓝纤维藻、微小平裂藻和细小平裂藻，优势度为0.20、0.15、0.04、0.03、0.05和0.14；硅藻门2属2种，为梅尼小环藻和颗粒直链藻纤细变种，优势度为0.12和0.03；绿藻门为1属1种，为丝藻，优势度为0.06。

夏季浮游植物优势类群共计1门6属7种：全为蓝藻门，分别为微囊藻、假鱼腥藻1、假鱼腥藻2、鱼腥藻、颤藻、束丝藻和细小平裂藻，优势度分别为0.25、0.02、0.16、0.04、0.19、0.02和0.15。

秋季浮游植物优势类群共计3门4属6种：其中蓝藻门2属4种，为假鱼腥藻属、微小平裂藻、细小平裂藻和旋折平裂藻，优势度为0.03、0.07、0.48和0.13；硅藻门1属1种，为梅尼小环藻，优势度为0.05；绿藻门为1属1种，为丝藻，优势度为0.11。

冬季浮游植物优势类群共计3门7属7种：其中硅藻门2属2种，为梅尼小环藻和颗粒直链藻纤细变种，优势度为0.12和0.04；隐藻门为2属2种，为啮蚀隐藻和尖尾蓝隐藻，优势度均为0.03；绿藻门为3属3种，为小球藻、丝藻和衣藻，优势度为0.03、0.12和0.02。

现存量

通过对长荡湖春季采样调查结果显示，12个采样点浮游植物密度变幅为4.35×10^7～1.40×10^8 cell/L，均值为8.34×10^7 cell/L。密度最大值出现在8号采样点，最小值出现在3号采样点。浮游植物生物量变幅为16.22～36.87 mg/L，均值为25.43 mg/L。生物量最大值出现在11号采样点，最小值出现在3号采样点。春季浮游植物密度和生物量变化情况如图3.2-55。

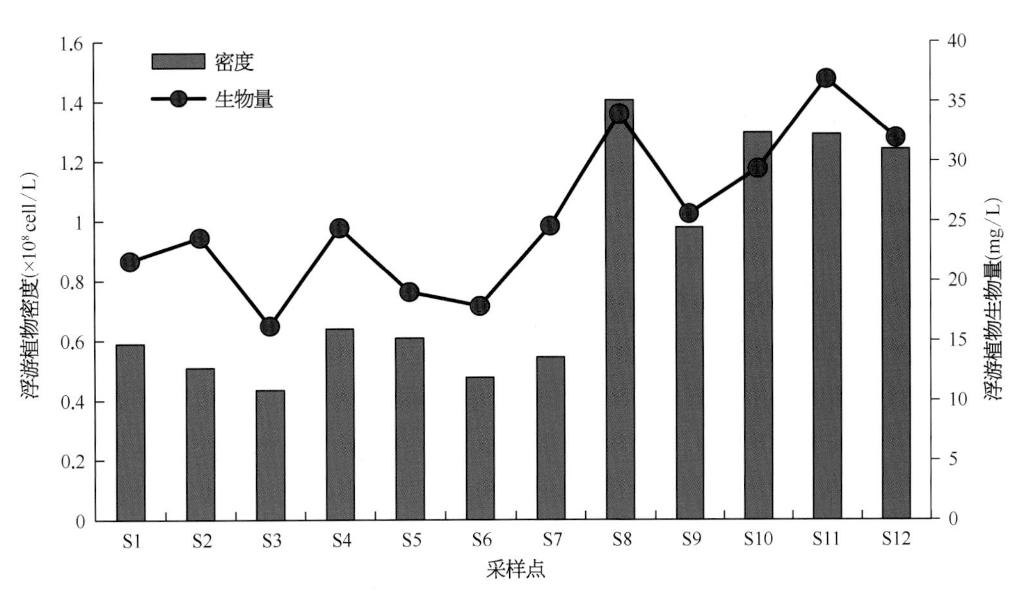

图3.2-55 春季长荡湖各采样点浮游植物密度和生物量空间特征

夏季采样调查结果显示，12个采样点浮游植物密度变幅为5.07×10^7～2.57×10^8 cell/L，均值为1.41×10^8 cell/L。密度最大值出现在12号采样点，最小值出现在4号采样点。浮游植物生物量变幅为8.88～33.61 mg/L，均值为18.89 mg/L。生物量最大值出现在11号采样点，最小值出现在2号采样点。夏季浮游植物密度和生物量变化情况如图3.2-56。

秋季采样调查结果显示，12个采样点浮游植物密度变幅为1.22×10^8～6.16×10^8 cell/L，均值为3.86×10^8 cell/L。密度最大值出现在6号采样点，最小值出现在8号采样点。浮游植物生物量变幅为21.76～55.98 mg/L，均值为37.92 mg/L。生物量最大值出现在5号采样点，最小值出现在8号采样点。秋季浮游植物密度和生物量变化情况如图3.2-57。

冬季采样调查结果显示，12个采样点浮游植物密度变幅为1.12×10^7～2.67×10^7 cell/L，均值为2.04×10^7 cell/L。密度最大值出现在4号采样点，最小值出现在8号采样点。浮游植物生物量变幅为5.01～10.10 mg/L，均值为7.59 mg/L。生物量最大值出现在10号采样点，最小值出现在2号采样点。冬季

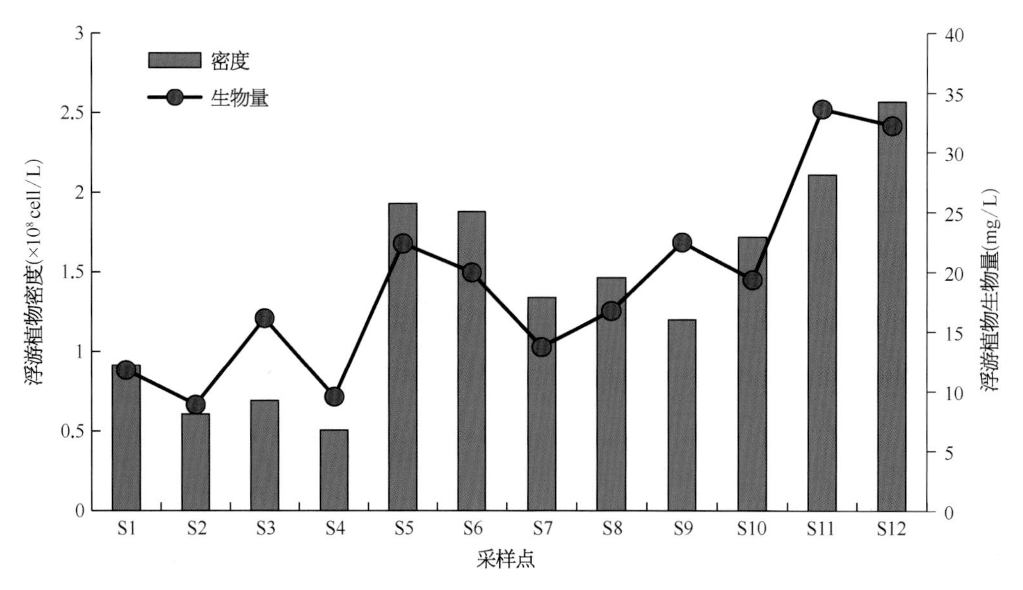

图3.2-56　夏季荡湖各采样点浮游植物密度和生物量空间特征

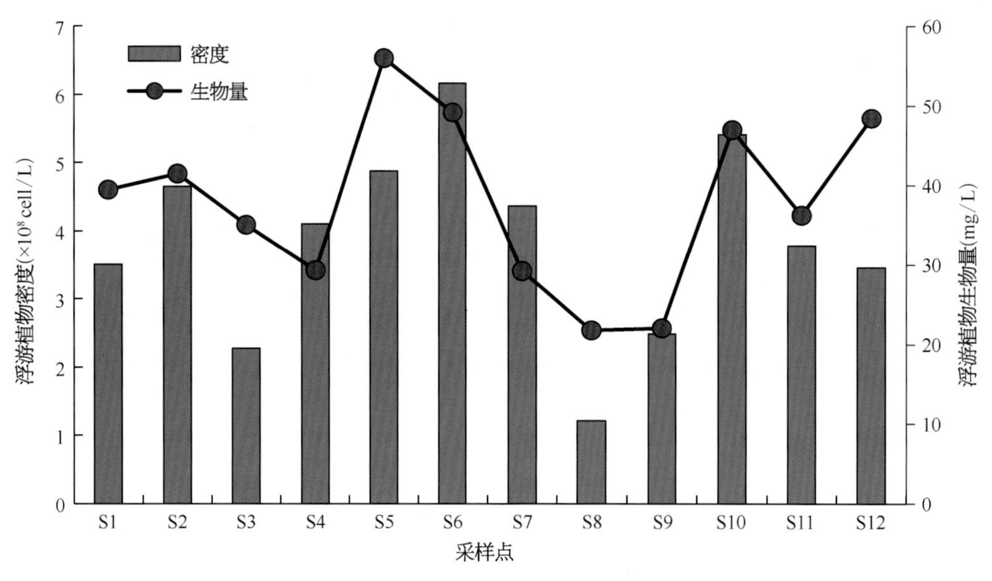

图3.2-57　秋季长荡湖各采样点浮游植物密度和生物量空间特征

浮游植物密度和生物量变化情况如图3.2-58。

· 群落多样性

调查结果显示长荡湖12个采样点的春季浮游植物群落Shannon-Weaver多样性指数（H'）变幅为2.09～3.04，平均为2.54。其中，Shannon-Weaver多样性指数（H'）最大值出现在2号采样点，最小值出现在10号采样点。浮游植物Pielou均匀度指数（J）变幅为0.55～0.80，均值为0.68。其中，浮游植物群落Pielou均匀度指数（J）最大值出现在2号采样点，最小值出现在10号采样点。浮游植物Margalef丰富度指数（R）变幅为1.92～2.74，均值为2.26。Margalef丰富度指数（R）最大值出现在1号采样点，最小值出现在8号采样点。春季各采样点浮游植物H'、J和R的空间变化特征如图3.2-59。

夏季浮游植物群落Shannon-Weaver多样性指数（H'）变幅为2.08～3.25，平均为2.62。其中，Shannon-Weaver多样性指数（H'）最大值出现在12号采样点，最小值出现在7号采样点。浮游植物Pielou均匀度指数（J）变幅为0.43～0.67，均值为0.54。其中，浮游植物群落Pielou均匀度指数（J）最大值出现在4号采样点，最小值出现在12号采样点。浮游植物Margalef丰富度指数（R）变幅为1.78～2.54，均值为2.09。Margalef丰富度指数（R）最大值出现在4

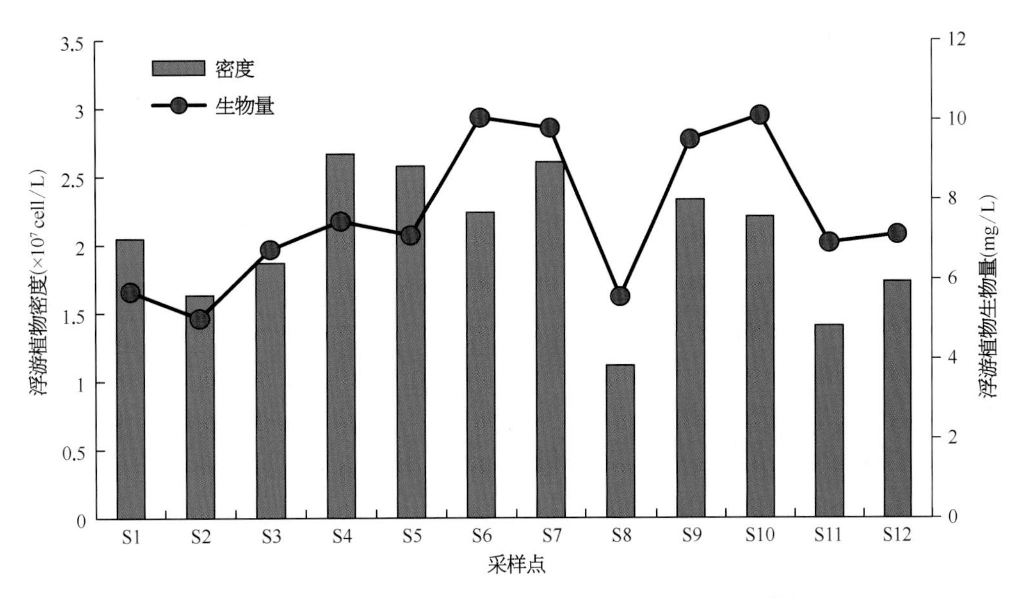

图3.2-58　冬季长荡湖各采样点浮游植物密度和生物量空间特征

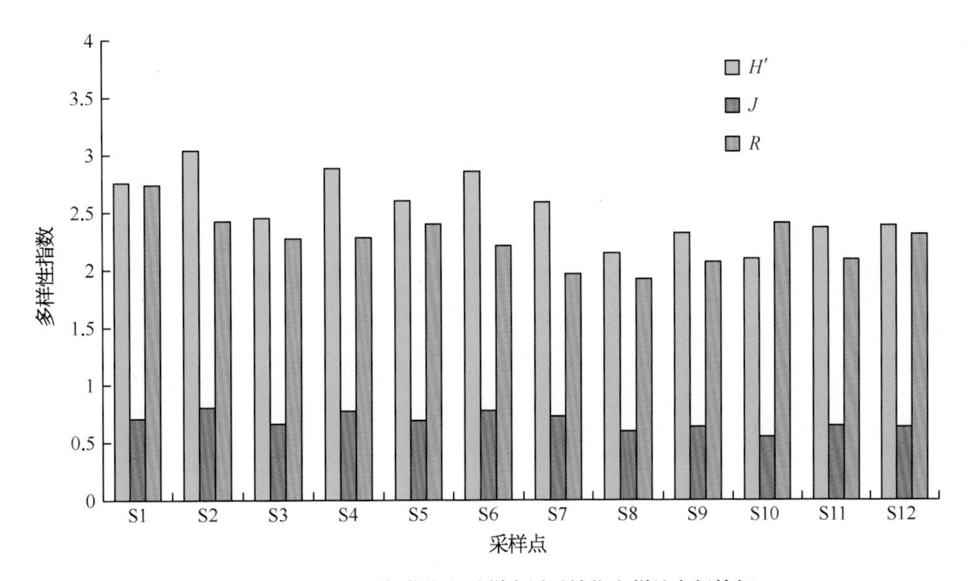

图3.2-59　春季长荡湖各采样点浮游植物多样性空间特征

号采样点，最小值出现在1号采样点。夏季各采样点浮游植物H'、J和R的空间变化特征如图3.2-60。

秋季浮游植物群落Shannon-Weaver多样性指数（H'）变幅为1.56～2.17，平均为1.81。其中，Shannon-Weaver多样性指数（H'）最大值出现在3号采样点，最小值出现在1号采样点。浮游植物Pielou均匀度指数（J）变幅为0.36～0.53，均值为0.44。其中，浮游植物群落Pielou均匀度指数（J）最大值出现在3号采样点，最小值出现在1号采样点。浮游植物Margalef丰富度指数（R）变幅为2.52～3.76，均值为3.18。Margalef丰富度指数（R）最大值出现在12号采样点，最小值出现在8号采样点。秋季各采样点浮游植物H'、J和R的空间变化特征如图3.2-61。

冬季浮游植物群落Shannon-Weaver多样性指数（H'）变幅为2.61～3.54，平均为3.06。其中，Shannon-Weaver多样性指数（H'）最大值出现在9号采样点，最小值出现于11号采样点。浮游植物Pielou均匀度指数（J）变幅为0.62～0.80，均值为0.71。其中，浮游植物群落Pielou均匀度指数（J）最大值出现在5号采样点，最小值出现在11号采样点。浮游植物Margalef丰富度指数（R）变幅为2.35～3.20，均值为2.81。Margalef丰富度指数（R）最大值出现在5号采样点，最小值出现在11号采样点。冬季各采样点浮游植物H'、J和R的空间变化特征如图3.2-62。

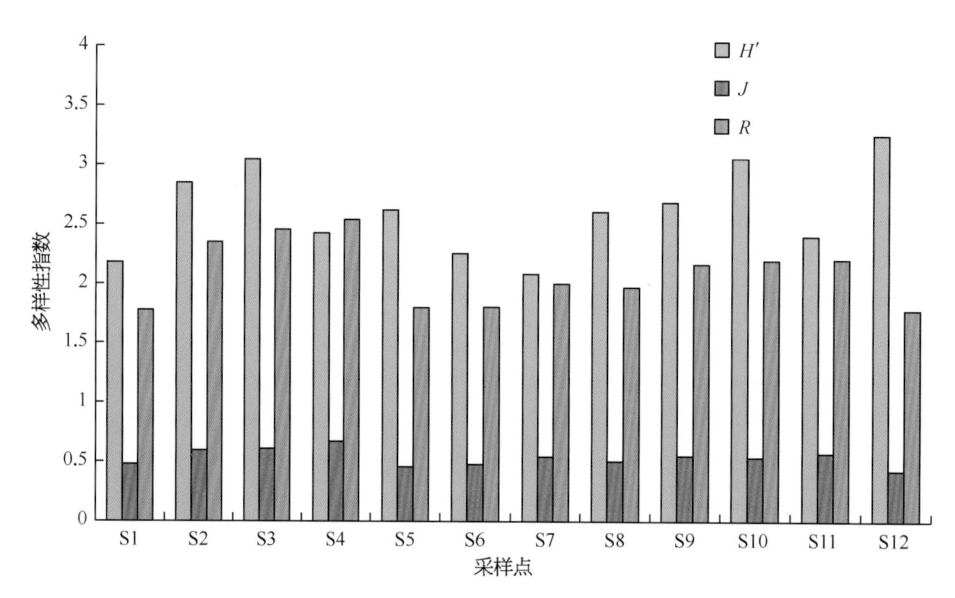

图3.2-60　长荡湖各采样点浮游植物多样性空间特征

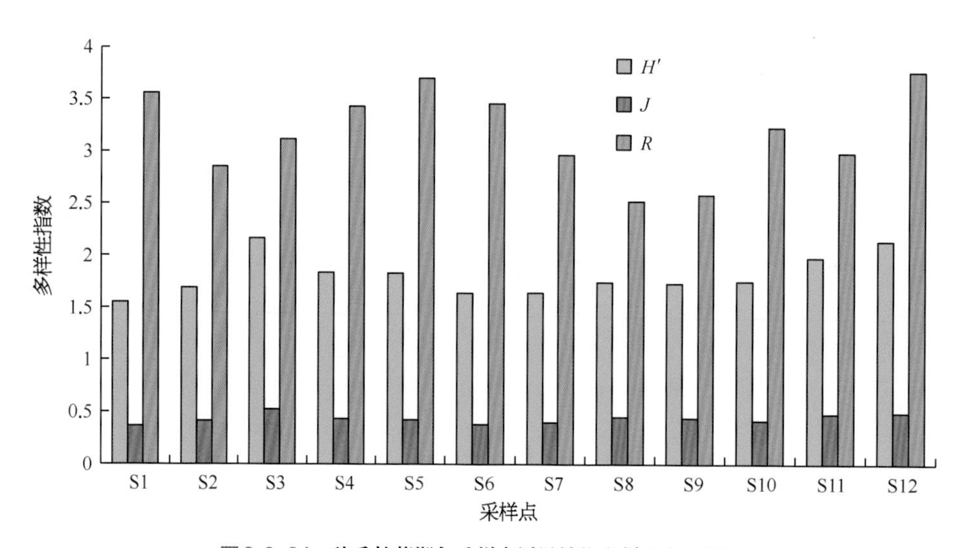

图3.2-61　秋季长荡湖各采样点浮游植物多样性空间特征

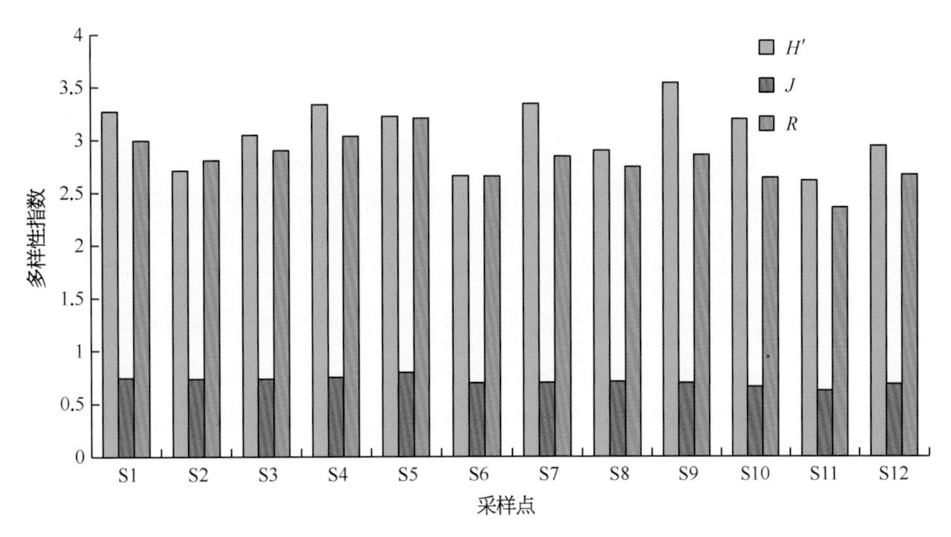

图3.2-62 冬季长荡湖各采样点浮游植物多样性空间特征

· 功能群

根据Reynold等提出的功能群分类法，将具备相同或类似生态属性的浮游植物归在一个功能群内，长荡湖浮游植物可分为23个功能群：A、B、D、E、F、G、H1、J、LM、Lo、M、MP、N、P、S2、T、W1、W2、Ws、X1、X2、X3和Y（表3.2-7）。其中，冬季浮游植物功能群为B、Y、P、MP、D、X2、J、G、F、Lo、LM、W1、X1、E、W2、X3、H1、M、T和N；春季浮游植物功能群为MP、B、H1、P、J、D、Y、W1、X2、Lo、LM、F、W2、X3、G、X1、E、T、M和N；夏季浮游植物功能群为M、P、H1、Y、M、S2、B、P、W1、Lo、J、D、G、F、X2、X1、W2、T、A、Ws、E、X3、LM和N；秋季浮游植物功能群为B、MP、H1、J、Y、D、Lo、P、X2、F、X1、G、W1、M、E、W2、X3、A、T、LM和N。

表3.2-7 长荡湖浮游植物功能群划分

功能群	代表性种（属）	功能群生境特征
A	根管藻 *Rhizosolenia* sp.、扎卡四棘藻 *Attheya zachariasi*	贫营养水体，对pH升高敏感
B	小环藻 *Cyclotella* sp.、冠盘藻 *Stephanodiscus* sp.	中营养水体，对分层敏感
D	针杆藻 *Synedra* sp.、菱形藻 *Nitzschia* sp.、菱板藻 *Hantzschia* sp.	较浑浊的浅水水体
E	锥囊藻 *Dinobryon* sp.、鱼鳞藻 *Mallomonas* sp.	较浅的贫中营养型水体
F	月牙藻 *Selenastrum* sp.、韦斯藻 *Westella* sp.、浮球藻 *Planktosphaeria* sp.、网球藻 *Dictyosphaerium* sp.、球囊藻 *Sphaerocystis* sp.、卵囊藻 *Oocystis* sp.、蹄形藻 *Kirchneriella* sp.、四棘藻 *Treubaria* sp.、微芒藻 *Micractinium* sp.	中富营养型湖泊变温层
G	实球藻 *Pandorina* sp.、空球藻 *Eudorina* sp.、四鞭藻 *Carteria* sp.、杂球藻 *Pleodorina* sp.	富营养型小型湖泊或池塘
H1	鱼腥藻 *Anabaena* sp. 、束丝藻 *Aphanizomenon* sp.	富营养分层水体，浅水湖泊
J	十字藻 *Crucigenia* sp.、顶棘藻 *Chodatella* sp.、四星藻 *Tetrastrum* sp.、空星藻 *Coelastrum* sp.、盘星藻 *Pediastrum* sp.、集星藻 *Actinastrum* sp.、四角藻 *Tetraedron* sp.、栅藻 *Scenedesmus* sp.、多芒藻 *Golenkinia* sp.	混合的高富营养浅水水体
LM	蓝纤维藻 *Dactylococcopsis* sp.	富营养湖泊变温层
Lo	平裂藻 *Merismopedia* sp.、色球藻 *Chroococcus* sp.、羽纹藻 *Pinnularia* sp.、等片藻 *Diatoma* sp.、双眉藻 *Amphora* sp.、角甲藻 *Ceratium* sp.、多甲藻 *Peridinium* sp.、腔球藻 *Coclosphaerium* sp.	广适性

（续表）

表3.2-7 长荡湖浮游植物功能群划分

功能群	代表性种（属）	功能群生境特征
M	微囊藻 *Microcystis* sp.	较稳定的中富营养水体，透明度不宜太低
MP	伪鱼腥藻 *Pseudanabaena catenata*、鞘丝藻 *Lyngbya* sp.、颤藻 *Oscillatoria* sp.、环丝藻 *Ulothrix zonata*、丝藻 *Ulothrix* sp.、舟形藻 *Navicula* sp.、卵形藻 *Cocconeis* sp.、双菱藻 *Surirella* sp.、异极藻 *Gomphonema* sp.、辐节藻 *Stauroneis* sp.、桥弯藻 *Cymbella* sp.、短缝藻 *Eunotia* sp.、曲壳藻 *Achnathes* sp.	频繁扰动的浑浊型浅水湖泊
N	鼓藻 *Cosmarium* sp.	中营养型水体混合层
P	新月藻 *Closterium* sp.、角星鼓藻 *Staurastrum* sp.、直链藻 *Melosira* sp.、脆杆藻 *Fragilaria* sp.	混合程度较高中富营养浅水水体
S2	螺旋藻 *Spirulina* sp.	浅层浑浊混合层
T	游丝藻 *Planctonema* sp.、并联藻 *Quadrigula* sp.、黄丝藻属 *Tribonema* sp.、转板藻 *Mougeotia* sp.	混合均匀的深水水体变温层
W1	裸藻 *Euglena* sp.、扁裸藻 *Phacus* sp.、盘藻 *Gonium* sp.	富含有机质，或农业废水和生活污水的水体
W2	囊裸藻 *Trachelomonas* sp.、陀螺藻 *Strombomonas* sp.	浅水型中营养湖泊
Ws	黄群藻 *Synura* sp.	中营养型的静止水体
X1	弓形藻 *Schroederia* sp.、纤维藻 *Ankistrodesmus* sp.、小球藻 *Chlorella* sp.	混合程度较高的富营养浅水水体
X2	衣藻 *ChlamyDOmonas* sp.、翼膜藻 *Pteromonas* sp.、蓝隐藻 *Chroomonas* sp.	混合程度较高的中—富营养浅水水体
X3	布纹藻 *Gyrosigma* sp.、波缘藻 *Cymatopleura* sp.、双壁藻 *Diploneis* sp.、肋缝藻 *Frustulia* sp.、色金藻 *Chromulina* sp.、棕鞭藻 *Chromulina* sp.	浅水、清水和混合层
Y	裸甲藻 *Gymnodinium* sp.、薄甲藻 *Glenodinium* sp.、隐藻 *Cryptomonas* sp.	广适性（多反映了牧食压力低的静水环境）

以优势度指数Y>0.02定为优势种，长荡湖冬季浮游植物优势功能群为B、Y、P、MP、D、X2和J，优势度分别为0.35、0.24、0.12、0.10、0.04、0.04和0.03；春季浮游植物优势功能群为MP、B、H1、P、J、D和Y，优势度分别为0.23、0.23、0.18、0.10、0.09、0.08和0.05；夏季浮游植物优势功能群为MP、H1、Y、M、S2、B和P，优势度分别为0.71、0.05、0.04、0.04、0.03、0.03和0.02；秋季浮游植物优势功能群为B、MP、H1、J、Y、D和Lo，优势度分别为0.35、0.14、0.14、0.11、0.07、0.07、0.03（如图3.2-63）。

· 结果与讨论

根据浮游植物对不同环境因子（水深、分层、营养盐含量等）限制的耐受性、浮游植物个体形态结构（细胞大小）及群落结构空间特征的差异性，将其划分为不同适应性特征的功能类群，即浮游植物功能群。它包括了浮游植物的群落结构特征和生境适应性特征，有别于传统的浮游植物形态分类方法，能更精确地表现浮游植物群落与不同水体环境压力的相关性，在群落生态学研究领域应用广泛。

关于长荡湖浮游植物的调查的历史研究相对较少，而浮游植物功能群划分目前仅在本次调查中被运用。滆湖浮游植物种类组成结果显示，种类组成季节变化为冬季>夏季>秋季>春季，其中藻类组成主要来源于绿藻门、硅藻门和蓝藻门。秋季蓝藻门种类为4个季节最大值。蔡琨等于2014年的调查结果显示，长荡湖浮游植物7门109个分类单元（以下简称种），其中蓝藻门12种、甲藻门3种、裸藻门8种、硅藻门34种、隐藻门2种、绿藻门49种、黄藻门1种。调查结果中种类组成与本次调查基本一致。优势度结果显

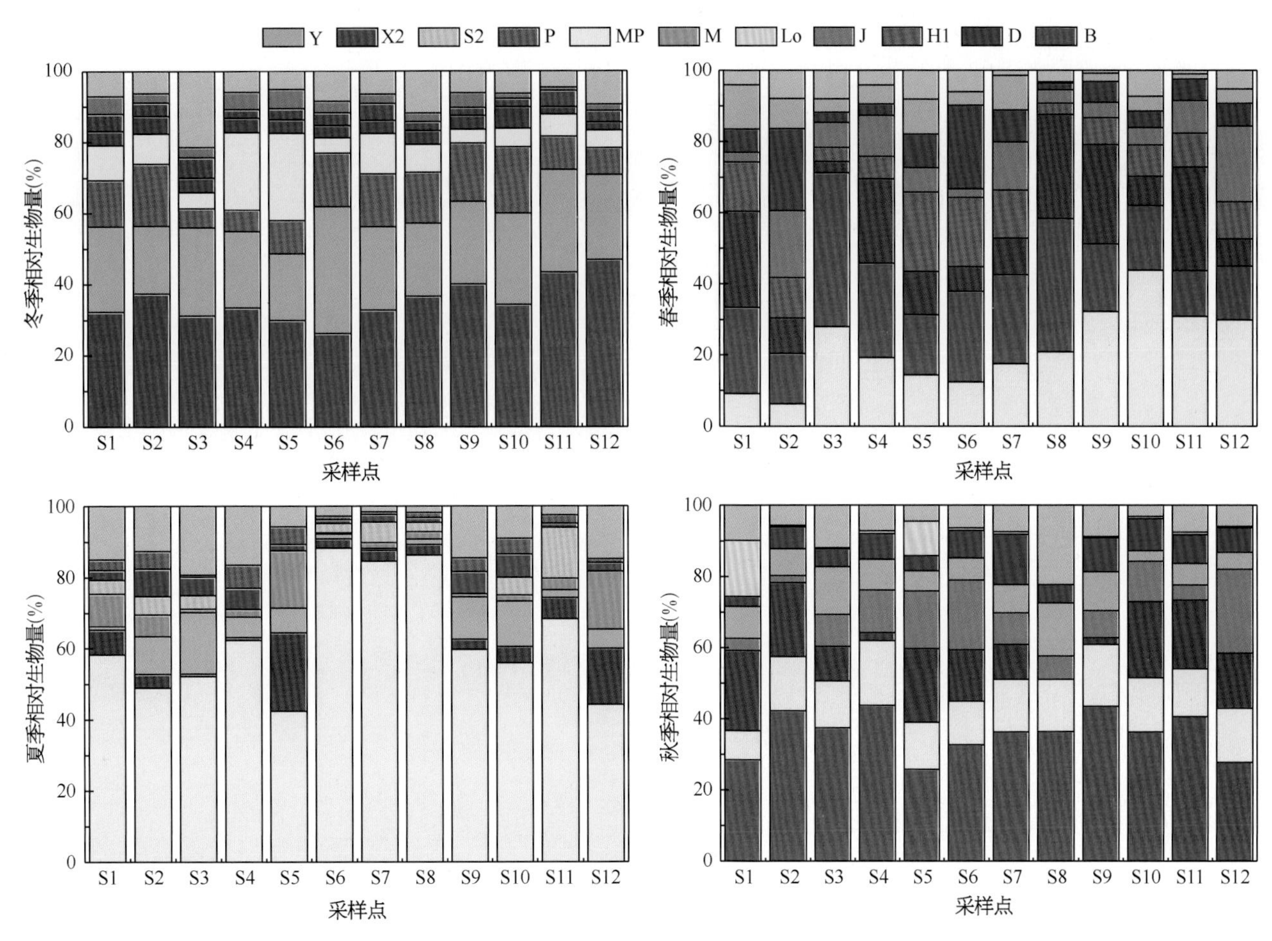

图3.2-63　长荡湖浮游植物优势功能群季节变化特征

示，长荡湖四个季度中仅在冬季蓝藻门浮游植物未形成优势种，其余季节均为主要优势种，特别是在夏季蓝藻门的藻类成为唯一优势种。这一结果表明，长荡湖夏季极易暴发蓝藻水华。现存量结果显示，长荡湖现存量时空分布特征差异显著，具体表现为春季西湖湖区 > 东部湖区，夏季北部湖区 > 南部湖区，秋季东湖湖区 > 西部湖区，冬季湖心 > 近岸。结果表明，长荡湖除了营养盐、温度等影响因子外，季风也是影响浮游植物分布的重要环境因素。多样性结果显示，长荡湖冬季水质表现为轻度污染，其他季节表现为轻度污染到中度污染，特别是在夏季，长荡湖表现为中度污染。本次调查中功能群B、MP和Y在四个季度均为优势功能群，根据浮游植物功能群的评价，长荡湖的生境类型为具有广适性的中营养且频繁扰动的浑浊型浅水湖泊。而功能群D、H1和J在特定季节占据优势地位，这一结果与之前关于长荡湖的研究结果一致，长荡湖在夏、秋季节存在暴发水华的可能。

综上所述，长荡湖浮游植物分布受季节影响变化较大，其中冬季种类组成最为丰富，多样性程度高；夏季高温季节在季风的作用下大量浮游植物在部分湖区聚集，极易暴发蓝藻水华。多样性指数表明，长荡湖总体处于轻度污染状态。

石臼湖

群落组成

通过2017 ～ 2018年春夏秋冬四季对石臼湖水域内16个采样点浮游植物的调查，结果显示春季共鉴定出蓝藻门（Cyanophyta）、甲藻门（Pyrrophyta）、硅藻门（Bacillariophyta）、隐藻门（Cryptophyta）、裸藻门（Euglenophyta）、绿藻门（Chlorophyta）、金藻门（Chrysophyta）和黄藻门（Xanthophyta），共8门55属93种（包括变种和变型）浮游植物。

夏季共鉴定出蓝藻门（Cyanophyta）、甲藻门

（Pyrrophyta）、硅藻门（Bacillariophyta）、隐藻门（Cryptophyta）、裸藻门（Euglenophyta）、绿藻门（Chlorophyta）和金藻门（Chrysophyta），共7门61属111种（包括变种和变型）浮游植物。

秋季共鉴定出蓝藻门（Cyanophyta）、甲藻门（Pyrrophyta）、硅藻门（Bacillariophyta）、隐藻门（Cryptophyta）、裸藻门（Euglenophyta）、绿藻门（Chlorophyta）和金藻门（Chrysophyta），共7门62属108种（包括变种和变型）浮游植物。

冬季共鉴定出蓝藻门（Cyanophyta）、甲藻门（Pyrrophyta）、硅藻门（Bacillariophyta）、隐藻门（Cryptophyta）、裸藻门（Euglenophyta）、绿藻门（Chlorophyta）、金藻门（Chrysophyta）和黄藻门（Xanthophyta），共8门58属100种（包括变种和变型）浮游植物。石臼湖浮游植物调查物种名录详见附录2。

从藻类组成上看，春季绿藻门物种数最多，达42种，占浮游植物物种数的45.16%；其次为硅藻门29种，占31.18%；蓝藻门为10种，占10.75%；隐藻门和裸藻门，各为3种，各占3.23%；甲藻门、金藻门和黄藻门各为2种，各占2.15%。

夏季绿藻门物种数最多，达73种，占浮游植物物种数的65.77%；其次为蓝藻门为15种，占13.51%；硅藻门为14种，占12.61%；甲藻门和隐藻门各为3种，各占2.7%；裸藻门为2种，占1.80%；金藻门物种最少，仅1种，占0.90%。

秋季绿藻门物种数最多，达69种，占浮游植物物种数的63.89%；其次硅藻门为14种，占12.96%；蓝藻门为11种，占10.19%；裸藻门为6种，占5.56%；甲藻门和隐藻门各为3种，各占2.78%；金藻门物种最少，仅2种，占1.85%。

冬季绿藻门物种数最多，达43种，占浮游植物物种数的43%；其次为硅藻门，为34种，占34%；蓝藻门为8种，占8%；裸藻门为5种，占5%；甲藻门、隐藻门和金藻门各为3种，各占3%；黄藻门物种最少，仅1种，占1%。

· 群落优势种

据现行通用标准，以优势度指数Y>0.02定为优势种，石臼湖春季浮游植物优势类群共计4门8属8种：其中蓝藻门1属1种，为针晶蓝纤维藻，优势度为0.11；硅藻门4属4种，为针杆藻属、针形菱形藻、梅尼小环藻和颗粒直链藻纤细变种，优势度为0.03、0.07、0.03和0.03；隐藻门为2属2种，为啮蚀隐藻和尖尾蓝隐藻，优势度为0.06和0.34；绿藻门为1属1种，为丝藻，优势度为0.03。

夏季浮游植物优势类群共计2门4属5种：其中蓝藻门3属4种，为微囊藻、假鱼腥藻1、假鱼腥藻2和细小平裂藻，优势度为0.38、0.08、0.08和0.27；隐藻门为1属1种，为尖尾蓝隐藻，优势度为0.02。

秋季浮游植物优势类群共计3门7属8种：其中蓝藻门4属5种，为微囊藻、假鱼腥藻属sp1、假鱼腥藻属sp2、束丝藻和细小平裂藻，优势度为0.11、0.13、0.21、0.02和0.09；隐藻门为1属1种，为尖尾蓝隐藻，优势度为0.03；绿藻门为2属2种，为双对栅藻和网球藻，优势度为0.10和0.08。

冬季浮游植物优势类群共计4门7属8种：其中蓝藻门2属2种，为假鱼腥藻和针晶蓝纤维藻，优势度为0.04和0.07；硅藻门3属4种，为梅尼小环藻、颗粒直链藻、颗粒直链藻纤细变种和针形菱形藻，优势度为0.10、0.03、0.03和0.06；绿藻门为1属1种，为丝藻，优势度为0.13；黄藻门为1属1种，为黄丝藻，优势度为0.13。

· 现存量

通过对石臼湖春季采样调查结果显示，16个采样点浮游植物密度变幅为1.70×10^6 ～ 1.25×10^7 cell/L，均值为3.18×10^6 cell/L。密度最大值出现在8号采样点，最小值出现在7号采样点。浮游植物生物量变幅为0.68 ～ 4.06 mg/L，均值为1.48 mg/L。生物量最大值出现在8号采样点，最小值出现在16号采样点。春季浮游植物密度和生物量变化情况如图3.2-64。

夏季采样调查结果显示，16个采样点浮游植物密度变幅为2.71×10^7 ～ 2.91×10^8 cell/L，均值为7.81×10^7 cell/L。密度最大值出现在6号采样点，最小值出现在3号采样点。浮游植物生物量变幅为2.67 ～ 26.52 mg/L，均值为9.12 mg/L。生物量最大值出现在6号采样点，最小值出现在3号采样点。夏季浮游植物密度和生物量变化情况如图3.2-65。

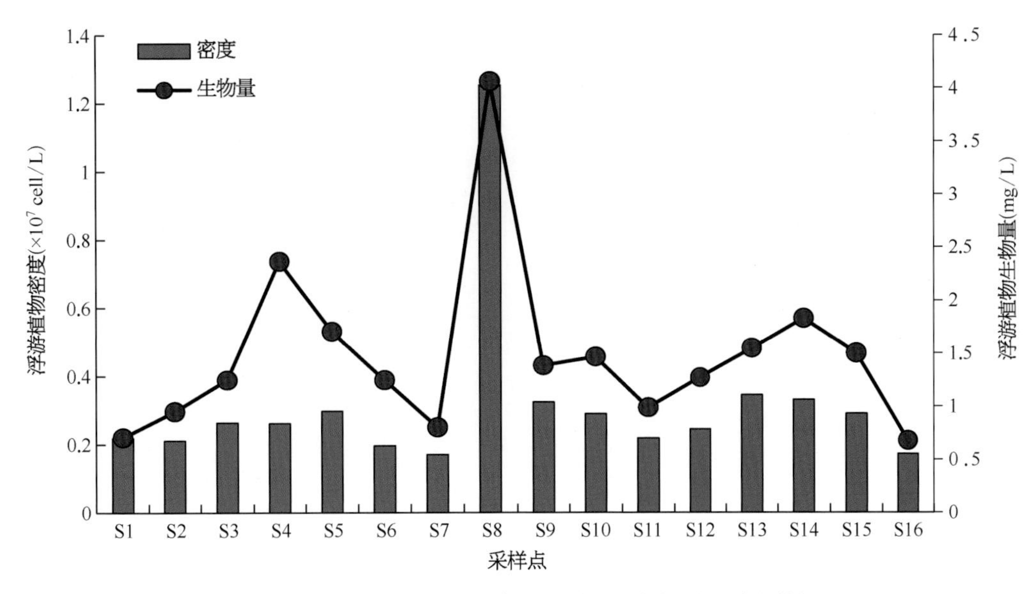

图3.2-64　春季石臼湖各采样点浮游植物密度和生物量空间特征

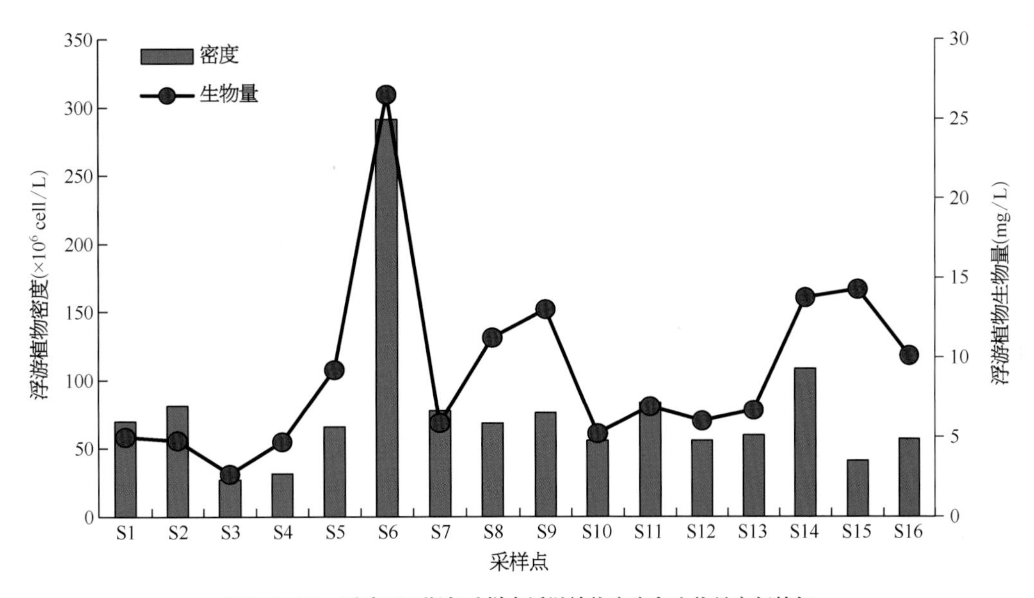

图3.2-65　夏季石臼湖各采样点浮游植物密度和生物量空间特征

秋季采样调查结果显示，16个采样点浮游植物密度变幅为1.61×10^7～5.25×10^7 cell/L，均值为2.78×10^7 cell/L。密度最大值出现在15号采样点，最小值出现在8号采样点。浮游植物生物量变幅为3.65～14.20 mg/L，均值为8.41 mg/L。生物量最大值出现在15号采样点，最小值出现在8号采样点。秋季浮游植物密度和生物量变化情况如图3.2-66。

冬季采样调查结果显示，16个采样点浮游植物密度变幅为7.05×10^5～5.35×10^6 cell/L，均值为2.99×10^6 cell/L。密度最大值出现在12号采样点，最小值出现在9号采样点。浮游植物生物量变幅为0.30～4.57 mg/L，均值为1.73 mg/L。生物量最大值出现在5号采样点，最小值出现在9号采样点。冬季浮游植物密度和生物量变化情况如图3.2-67。

· 群落多样性

调查结果显示春季石臼湖16个采样点的浮游植物群落Shannon-Weaver多样性指数（H'）变幅为1.30～2.91，平均为2.51。其中，Shannon-Weaver多样性指数（H'）最大值出现在7号采样点，最小值出现在8号采样点。浮游植物Pielou均匀度指数（J）变幅为0.35～0.85，均值为0.73。其中，浮游植物群落Pielou均匀度指数（J）最大值出现在6号采样点，最

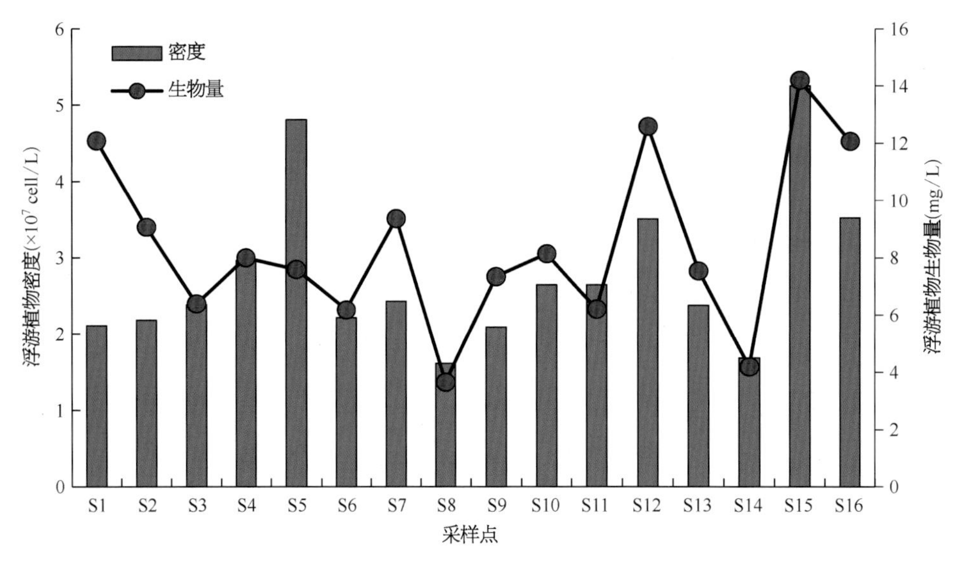

图3.2-66　秋季石臼湖各采样点浮游植物密度和生物量空间特征

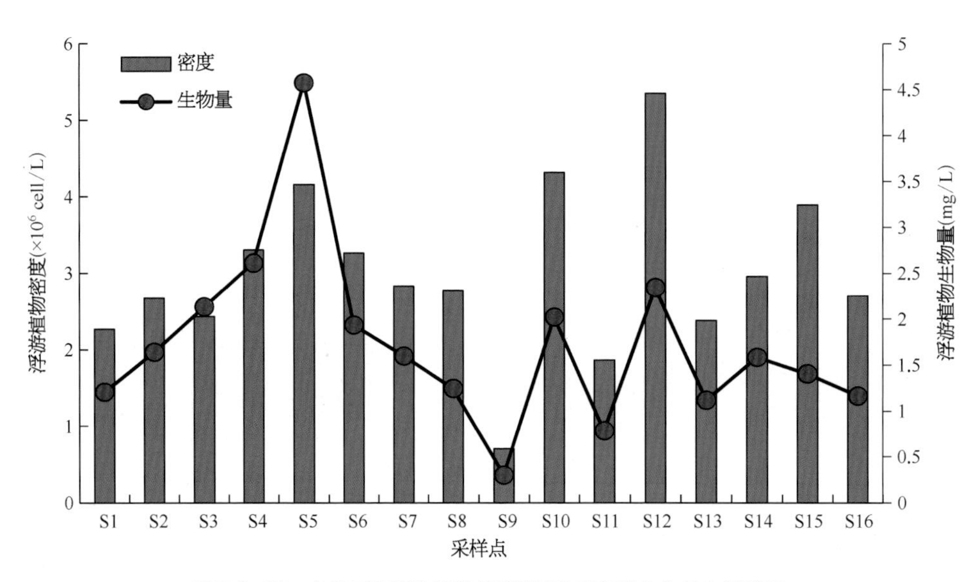

图3.2-67　冬季石臼湖各采样点浮游植物密度和生物量空间特征

小值出现在8号采样点。浮游植物Margalef丰富度指数（*R*）变幅为1.42～2.48，均值为2.03。Margalef丰富度指数（*R*）最大值出现在5号采样点，最小值出现在4号采样点。春季各采样点浮游植物*H'*、*J*和*R*的空间变化特征如图3.2-68。

夏季石臼湖16个采样点的浮游植物群落Shannon-Weaver多样性指数（*H'*）变幅为1.11～3.18，平均为2.26。其中，Shannon-Weaver多样性指数（*H'*）最大值出现在4号采样点，最小值出现在1号采样点。浮游植物Pielou均匀度指数（*J*）变幅为0.27～0.65，均值为0.50。其中，浮游植物群落Pielou均匀度指数（*J*）最大值出现在16号采样点，最小值出现在6号采样点。浮游植物Margalef丰富度指数（*R*）变幅为0.88～2.46，均值为1.86。Margalef丰富度指数（*R*）最大值出现在16号采样点，最小值出现在6号采样点。夏季各采样点浮游植物*H'*、*J*和*R*的空间变化特征如图3.2-69。

秋季石臼湖16个采样点的浮游植物群落Shannon-Weaver多样性指数（*H'*）变幅为1.92～2.81，平均为2.44。其中，Shannon-Weaver多样性指数（*H'*）最大值出现在9号采样点，最小值出现在15号采样点。浮游植物Pielou均匀度指数（*J*）变幅为0.48～0.72，均值为0.64。其中，浮游植物群落Pielou均匀度指数（*J*）最大值出现在9号采样点，最小值出现在15号

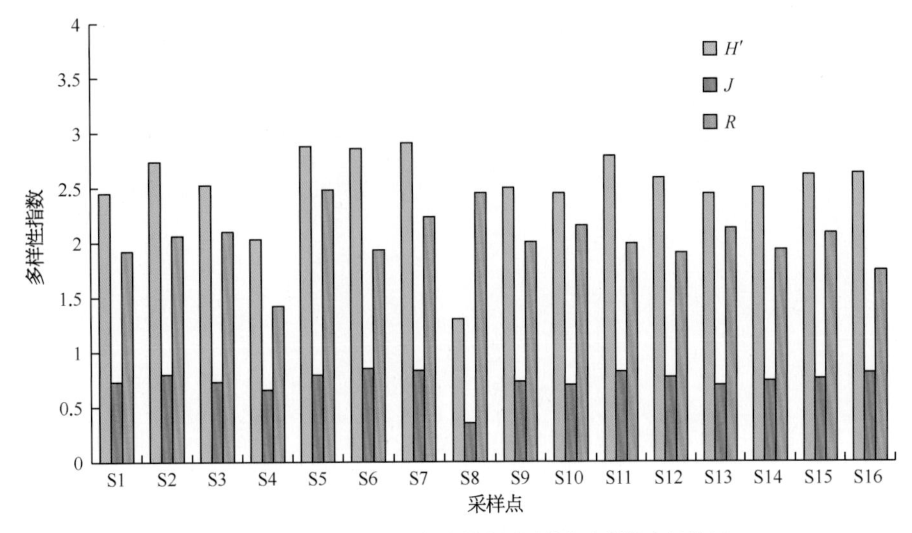

图3.2-68　春季石臼湖各采样点浮游植物多样性空间特征

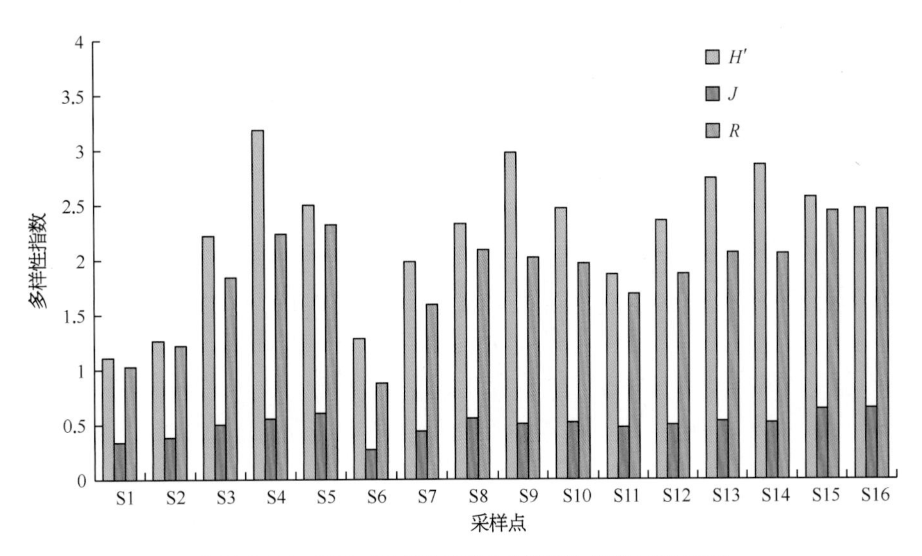

图3.2-69　夏季石臼湖各采样点浮游植物多样性空间特征

采样点。浮游植物Margalef丰富度指数（R）变幅为1.87～3.26，均值为2.70。Margalef丰富度指数（R）最大值出现在1号采样点，最小值出现在5号采样点。秋季各采样点浮游植物H'、J和R的空间变化特征如图3.2-70。

冬季石臼湖16个采样点的浮游植物群落Shannon-Weaver多样性指数（H'）变幅为1.56～2.76，平均为2.20。其中，Shannon-Weaver多样性指数（H'）最大值出现在5号采样点，最小值出现在9号采样点。浮游植物Pielou均匀度指数（J）变幅为0.59～0.82，均值为0.72。其中，浮游植物群落Pielou均匀度指数（J）最大值出现在9号采样点，最小值出现在15号采样点。浮游植物Margalef丰富度指数（R）变幅为2.08～2.72，均值为2.54。Margalef丰富度指数（R）最大值出现在4号采样点，最小值出现在15号采样点。冬季各采样点浮游植物H'、J和R的空间变化特征如图3.2-71。

· 功能群

根据Reynold等提出的功能群分类法，将具备相同或类似生态属性的浮游植物归在一个功能群内，石臼湖浮游植物可分为23个功能群：A、B、D、E、F、G、H1、J、LM、Lo、M、MP、N、P、S2、T、W1、W2、Ws、X1、X2、X3和Y（表3.2-8）。其中，冬季浮游植物功能群为P、T、B、D、MP、Y、LM、J、W1、Lo、E、X3、X2、Ws、H1、F、G、A、X1、M、W2和N；春季浮游植物功能群为D、Y、J、P、

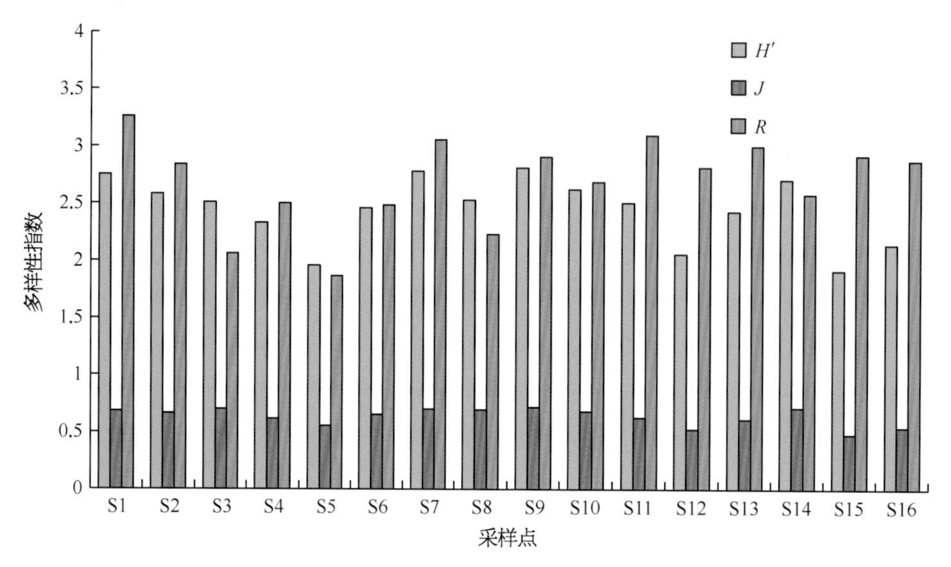

图3.2-70 秋季石臼湖各采样点浮游植物多样性空间特征

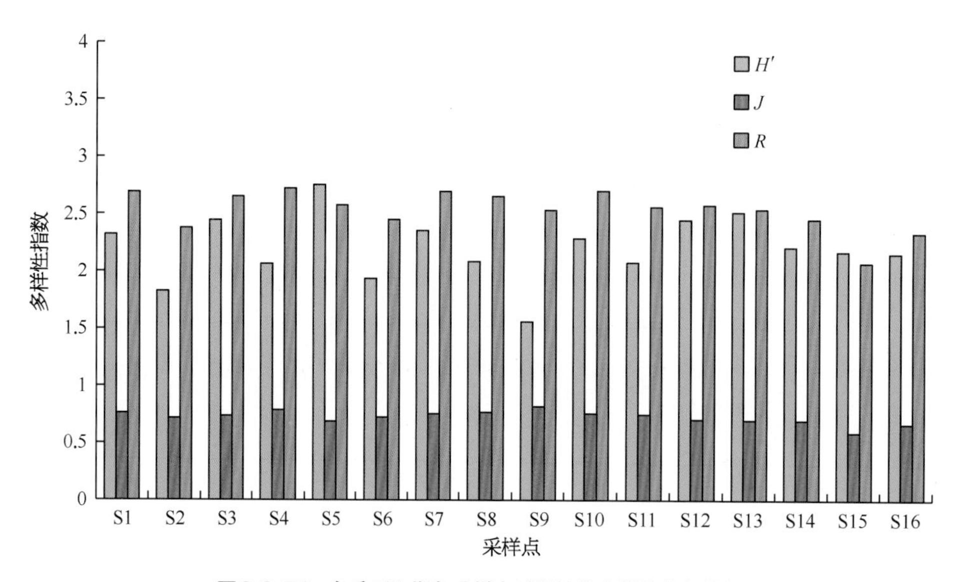

图3.2-71 冬季石臼湖各采样点浮游植物多样性空间特征

B、X2、MP、T、E、LM、Lo、W1、H1、F、X1、X3、M、A和W2；夏季浮游植物功能群为MP、Y、M、J、H1、B、P、X2、Lo、F、D、X1、W1、G、A、E、S2、T、W2、LM和N；秋季浮游植物功能群为MP、H1、P、J、Y、F、Lo、B、X2、G、M、T、W1、X1、D、Ws、A、E、W2、X3和N。

表3.2-8 石臼湖浮游植物功能群划分

功能群	代表性种（属）	功能群生境特征
A	根管藻 *Rhizosolenia* sp.、扎卡四棘藻 *Attheya zachariasi*	贫营养水体，对pH升高敏感
B	小环藻 *Cyclotella* sp.、冠盘藻 *Stephanodiscus* sp.	中营养水体，对分层敏感
D	针杆藻 *Synedra* sp.、菱形藻 *Nitzschia* sp.、菱板藻 *Hantzschia* sp.	较浑浊的浅水水体
E	锥囊藻 *Dinobryon* sp.、鱼鳞藻 *Mallomonas* sp.	较浅的贫中营养型水体

（续表）

表 3.2-8　石臼湖浮游植物功能群划分

功能群	代表性种（属）	功能群生境特征
F	月牙藻 *Selenastrum* sp.、韦斯藻 *Westella* sp.、浮球藻 *Planktosphaeria* sp.、网球藻 *Dictyosphaerium* sp.、球囊藻 *Sphaerocystis* sp.、卵囊藻 *Oocystis* sp.、蹄形藻 *Kirchneriella* sp.、四棘藻 *Treubaria* sp.、微芒藻 *Micractinium* sp.	中富营养型湖泊变温层
G	实球藻 *Pandorina* sp.、空球藻 *Eudorina* sp.、四鞭藻 *Carteria* sp.、杂球藻 *Pleodorina* sp.	富营养型小型湖泊或池塘
H1	鱼腥藻 *Anabaena* sp. 、束丝藻 *Aphanizomenon* sp.	富营养分层水体，浅水湖泊
J	十字藻 *Crucigenia* sp.、顶棘藻 *Chodatella* sp.、四星藻 *Tetrastrum* sp.、空星藻 *Coelastrum* sp.、盘星藻 *Pediastrum* sp.、集星藻 *Actinastrum* sp.、四角藻 *Tetraedron* sp.、栅藻 *Scenedesmus* sp.、多芒藻 *Golenkinia* sp.	混合的高富营养浅水水体
LM	蓝纤维藻 *Dactylococcopsis* sp.	富营养湖泊变温层
Lo	平裂藻 *Merismopedia* sp.、色球藻 *Chroococcus* sp.、羽纹藻 *Pinnularia* sp.、等片藻 *Diatoma* sp.、双眉藻 *Amphora* sp.、角甲藻 *Ceratium* sp.、多甲藻 *Peridinium* sp.、腔球藻 *Coclosphaerium* sp.	广适性
M	微囊藻 *Microcystis* sp.	较稳定的中富营养水体，透明度不宜太低
MP	伪鱼腥藻 *Pseudanabaena catenata*、鞘丝藻 *Lyngbya* sp.、颤藻 *Oscillatoria* sp.、环丝藻 *Ulothrix zonata*、丝藻 *Ulothrix* sp.、舟形藻 *Navicula* sp.、卵形藻 *Cocconeis* sp.、双菱藻 *Surirella* sp.、异极藻 *Gomphonema* sp.、辐节藻 *Stauroneis* sp.、桥弯藻 *Cymbella* sp.、短缝藻 *Eunotia* sp.、曲壳藻 *Achnathes* sp.	频繁扰动的浑浊型浅水湖泊
N	鼓藻 *Cosmarium* sp.	中营养型水体混合层
P	新月藻 *Closterium* sp.、角星鼓藻 *Staurastrum* sp.、直链藻 *Melosira* sp.、脆杆藻 *Fragilaria* sp.	混合程度较高中富营养浅水水体
S2	螺旋藻 *Spirulina* sp.	浅层浑浊混合层
T	游丝藻 *Planctonema* sp.、并联藻 *Quadrigula* sp.、黄丝藻属 *Tribonema* sp.、转板藻 *Mougeotia* sp.	混合均匀的深水水体变温层
W1	裸藻 *Euglena* sp.、扁裸藻 *Phacus* sp.、盘藻 *Gonium* sp.	富含有机质，或农业废水和生活污水的水体
W2	囊裸藻 *Trachelomonas* sp.、陀螺藻 *Strombomonas* sp.	浅水型中营养湖泊
Ws	黄群藻 *Synura* sp.	中营养型的静止水体
X1	弓形藻 *Schroederia* sp.、纤维藻 *Ankistrodesmus* sp.、小球藻 *Chlorella* sp.	混合程度较高的富营养浅水水体
X2	衣藻 *Chlamydomonas* sp.、翼膜藻 *Pteromonas* sp.、蓝隐藻 *Chroomonas* sp.	混合程度较高的中—富营养浅水水体
X3	布纹藻 *Gyrosigma* sp.、波缘藻 *Cymatopleura* sp.、双壁藻 *Diploneis* sp.、肋缝藻 *Frustulia* sp.、色金藻 *Chromulina* sp.、棕鞭藻 *Chromulina* sp.	浅水、清水和混合层
Y	裸甲藻 *Gymnodinium* sp.、薄甲藻 *Glenodinium* sp.、隐藻 *Cryptomonas* sp.	广适性（多反映了牧食压力低的静水环境）

以优势度指数Y>0.02定为优势种，石臼湖冬季浮游植物优势功能群为P、T、B、D、MP、Y、LM和J，优势度分别为0.27、0.21、0.12、0.09、0.04、0.04、0.03和0.02；春季浮游植物优势功能群为D、Y、J、P、B、X2和MP，优势度分别为0.27、0.24、0.12、0.08、0.08、0.08和0.04；夏季浮游植物优势功能群为MP、Y、M、J、H1、B、P、X2和Lo，优势度分别为0.33、0.16、0.16、0.08、0.04、0.04、0.03、0.03和0.02；秋季浮游植物优势功能群为MP、H1、P、J、Y、F、Lo、B和X2，优势度分别为0.24、0.17、0.12、0.10、0.09、0.04、0.04、0.03和0.02（如图3.2-72）。

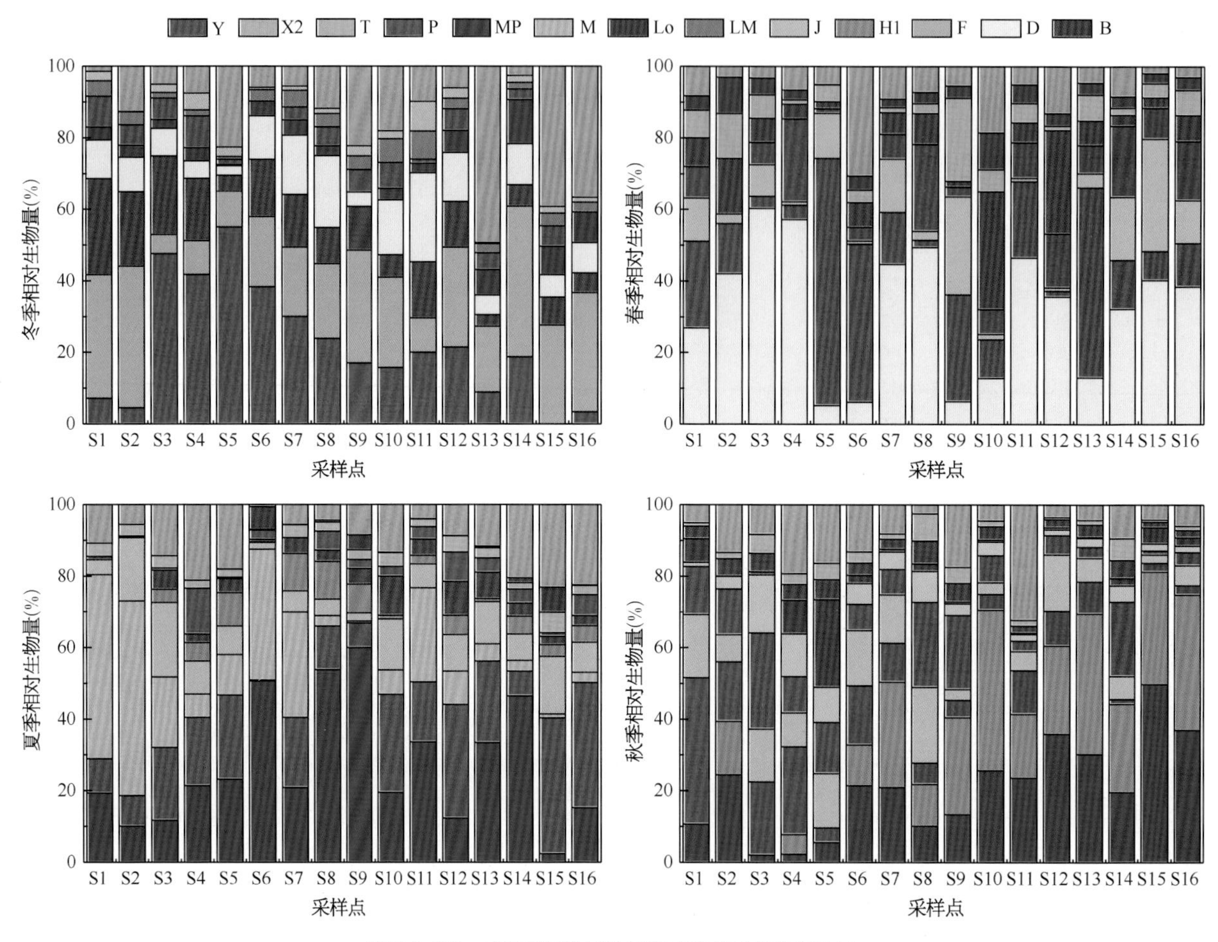

图3.2-72 石臼湖浮游植物优势功能群季节变化特征

· 结果与讨论

浮游植物作为水生态系统的初级生产者，具备生活周期短、对污染物敏感等特点，常被用作水质监测与评价的重要指示生物。石臼湖浮游植物种类组成结果显示，浮游植物种类组成季节变化为夏季＞秋季＞冬季＞春季，其中绿藻门种类最多，其次为硅藻门和蓝藻门，并且蓝藻门在夏季种类数仅次于绿藻门，而夏季蓝藻门的比例达到最大值。胡俊等于2012年平水期和枯水期调查结果表明，石臼湖共鉴定浮游植物105种（属），分属7个门。浮游植物主要是由硅藻门［41种（属）］、绿藻门［36种（属）］和蓝藻门［13种（属）］组成。这一结果与本研究基本一致。优势度结果显示，石臼湖春季、秋季和冬季优势种较为稳定，并且多样性较高。而夏季优势种数量降低，并且多以蓝藻门为主。结果表明，夏季蓝藻门占据优势地位，石臼湖存在暴发蓝藻的可能。胡俊等研究表明蓝藻门的藻类在大部分采样点均为优势种，本研究中蓝藻仅在夏季成为主要优势种。因此，石臼湖蓝藻在一定程度上得到了控制。现存量结果显示，浮游植物季节变化特征表现为夏季＞秋季＞冬季＞春季，全年除了个别点位外，浮游植物现存量分布均匀。此外，湖心附近浮游植物现存量与其他地方差异显著。这一结果可能与石臼湖的渔业活动有关。多样性指数结果显示，石臼湖浮游植物空间分布比较均匀，除夏季外其他季节差异不明显。夏季石臼湖东北部多样性指数相较于其他水域较低，结果表明夏季在此水域更容易暴发蓝藻水华。

传统的浮游植物鉴定是根据物种同源性特点进行归类，很少体现其生态属性及生境特征，存在一定局限性。功能群分类法能反映浮游植物的栖息地属性、对环境的耐受能力、水体的营养等级等各方面，极大地简化了传统生物分类系统的复杂性。近年来，该方法已成为我国湖泊研究者们使用最为广泛的方法之一。国超旋等于2012～2013年分析石臼湖江苏段浮游植物群落结构及对环境因子的响应，结果显示冬季以对水温和光照有较好适应能力的硅藻为主要优势种群，春季优势种类较丰富，夏、秋季节以小型丝状蓝藻占绝对优势。本次调查中功能群B、P、MP、J和Y在四个季节均占据优势地位，其中P功能群主要代表种为硅藻；功能群H1和J在夏、秋季节占据优势地位。此外，pH、溶解氧、透明度、氨氮和水温是影响浮游植物群落结构的主要环境因子。

综上所述，石臼湖浮游植物种类组成相对稳定，并且时空分布差异不显著。夏季浮游植物优势种以蓝藻门为主，特别是在东北湖区夏季存在暴发蓝藻的可能。综合历史研究结果表明，石臼湖蓝藻数量得到一定的削减，特别是优势种仅在夏季高温季节成为主要优势种。因此，石臼湖在水体富营养化的治理上取得了一定的成效。

白马湖

群落组成

通过对白马湖水域内采样点浮游植物的调查，春季共鉴定出蓝藻门（Cyanophyta）、硅藻门（Bacillariophyta）、裸藻门（Euglenophyta）、绿藻门（Chlorophyta）、黄藻门（Xanthophyceae）、金藻门（Chrysophyta）和隐藻门（Cryptophyta），共7门55属95种（包括变种和变型）浮游植物。

夏季共鉴定出蓝藻门（Cyanophyta）、硅藻门（Bacillariophyta）、裸藻门（Euglenophyta）、绿藻门（Chlorophyta）和黄藻门（Xanthophyceae），共5门54属109种（包括变种和变型）浮游植物。

秋季共鉴定出蓝藻门（Cyanophyta）、硅藻门（Bacillariophyta）、黄藻门（Xanthophyceae）、裸藻门（Euglenophyta）、绿藻门（Chlorophyta）和金藻门（Chrysophyta），共6门50属96种（包括变种和变型）浮游植物。

冬季共鉴定出蓝藻门（Cyanophyta）、硅藻门（Bacillariophyta）、裸藻门（Euglenophyta）、绿藻门（Chlorophyta）、金藻门（Chrysophyta）和黄藻门（Xanthophyta），共6门42属72种（包括变种和变型）浮游植物。

春季绿藻门物种数最多，达48种，占浮游植物物种数的50.53%；其次为硅藻门，为19种，占20%；蓝藻门为17种，占17.89%；裸藻门为7种，占7.37%；黄藻门为2种，占2.11%；金藻门和隐藻门最少，各为1种，各占1.05%。

夏季绿藻门物种数最多，达51种，占浮游植物物种数的46.79%；其次为硅藻门，为25种，占22.93%；蓝藻门为21种，占19.27%；裸藻门为8种，占7.34%；黄藻门最少，为4种，占3.67%。

秋季绿藻门物种数最多，达44种，占浮游植物物种数的45.83%；其次为硅藻门，为26种，占27.08%；蓝藻门为16种，占16.67%；裸藻门为5种，占5.21%；黄藻门为4种，占4.17%；金藻门物种最少，为1种，占1.04%。

冬季绿藻门物种数最多，达37种，占浮游植物物种数的51.39%；其次为蓝藻门，为15种，占20.83%；硅藻门为14种，占19.44%；裸藻门为3种，占4.17%；黄藻门为2种，占2.78%；金藻门物种最少，仅1种，占1.39%。

群落优势种

据现行通用标准，以优势度指数Y>0.02定为优势种，白马湖春季浮游植物优势类群共计3门3属3种，其中绿藻门1属1种，为小球藻，优势度为0.14；蓝藻门1属1种，为小席藻，优势度为0.024；硅藻门1属1种，为小环藻，优势度为0.023。

夏季浮游植物优势类群共计2门2属2种，其中绿藻门1属1种，为小球藻，优势度为0.15；蓝藻门1属1种，为小席藻，优势度为0.17。

秋季浮游植物优势类群共计2门2属2种，其中绿藻门1属1种，为小球藻，优势度为0.21；蓝藻门1属1种，为小席藻，优势度为0.04。

冬季浮游植物优势类群共计1门1属1种，为绿藻门的小球藻，优势度为0.06。

现存量

通过对白马湖春季采样调查结果显示，16个采样点浮游植物密度变幅为0.65×10^5～1.65×10^6 cell/L，平均密度为6.11×10^5 cell/L，其中浮游植物最大密度出现在S6采样点，浮游植物最小密度出现在S8采样点；浮游植物生物量变化范围为0.079～46.67 mg/L，平均生物量为6.84 mg/L，其中浮游植物最大生物量出现在S6采样点，浮游植物最小生物量出现在S8采样点。春季浮游植物密度和生物量变化情况如图3.2-73。

夏季白马湖16个采样点浮游植物密度变化范围为0.61 $\times 10^5$～3.03×10^6 cell/L，平均密度为9.44×10^5 cell/L，其中浮游植物最大密度出现在S15采样点，浮游植物最小密度出现在S5采样点；浮游植物生物量变化范围为0.19～7.49 mg/L，平均生物量为2.42 mg/L，其中浮游植物最大生物量出现在S13采样点，浮游植物最小生物量出现在S8采样点。春季浮游植物密度和生物量变化情况如图3.2-74。

秋季白马湖16个采样点浮游植物密度变化范围为0.1 $\times 10^5$～3.13×10^7 cell/L，平均密度为1.004 7 $\times 10^5$ cell/L，其中浮游植物最大密度出现在S15采样点，浮游植物最小密度出现在S13采样点；浮游植物生物量变化范围为0.013～59.06 mg/L，平均生物量为5.44 mg/L，其中浮游植物最大生物量出现在S15采样点，浮游植物最小生物量出现在S13采样点。秋季浮游植物密度和生物量变化情况如图3.2-75。

冬季白马湖16个采样点浮游植物密度变化范围为0.13 $\times 10^5$～2.75×10^6 cell/L，平均密度为4.71×10^5 cell/L，其中浮游植物最大密度出现在S15采样点，浮游植物最小密度出现在S6采样点；浮游植物生物量变化范围为0.055～4.67 mg/L，平均生物量为1.28 mg/L，其中浮游植物最大生物量出现在S14采样点，浮游植物最小生物量出现在S5采样点。冬季浮游植物密度和生物量变化情况如图3.2-76。

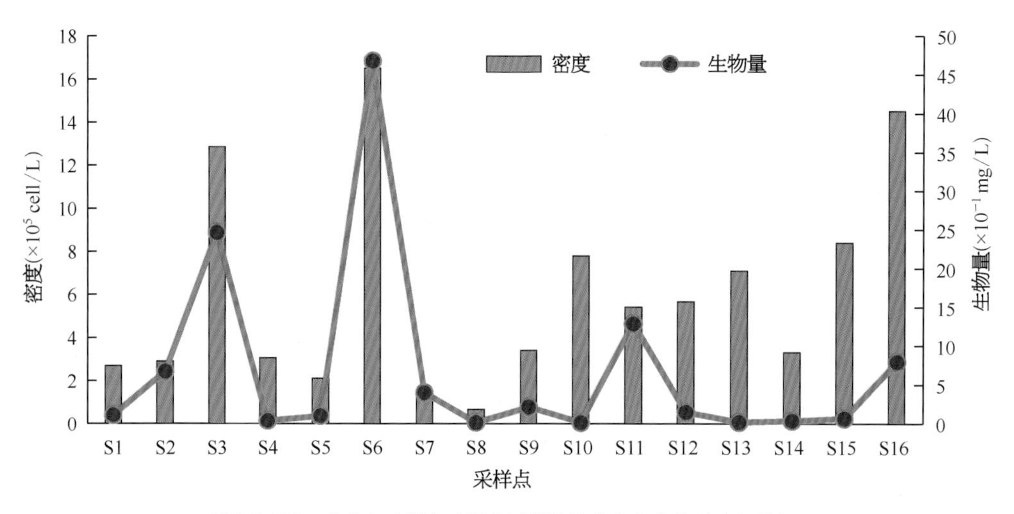

图3.2-73 春季白马湖各采样点浮游植物密度和生物量空间特征

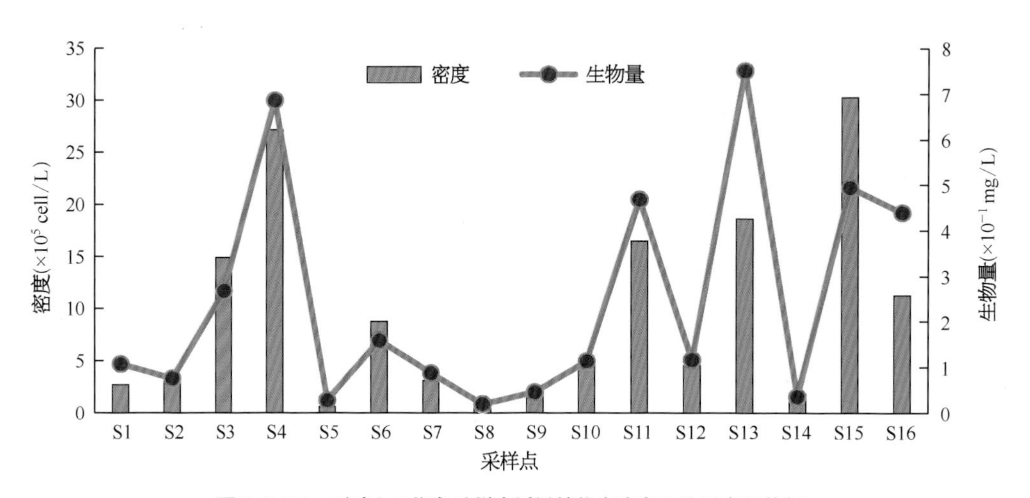

图3.2-74 夏季白马湖各采样点浮游植物密度和生物量空间特征

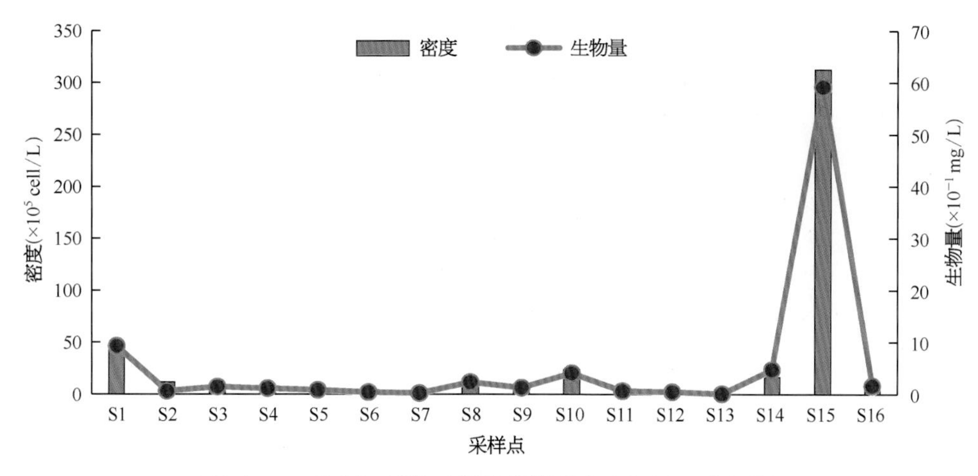

图3.2-75　秋季白马湖各采样点浮游植物密度和生物量空间特征

· 群落多样性

调查结果显示春季白马湖Shannon-Weaver多样性指数（H'）范围为0.82～2.67，平均为1.84，Shannon-Weaver多样性指数（H'）最大值出现在S16采样点，最小值出现在S10采样点。Pielou均匀度指数（J）范围为0.57～0.95，平均为0.77，Pielou均匀度指数（J）最大值出现在S8采样点，最小值出现在S13采样点。Margalef丰富度指数（R）范围为0.22～1.76，平均为0.84，Margalef丰富度指数（R）最大值出现在S16采样点，最小值出现在S10采样点。春季各采样点浮游植物H'、J和R的空间变化特征如图3.2-77。

夏季白马湖Shannon-Weaver多样性指数（H'）范围为0.89～3.03，平均为2.05，Shannon-Weaver多样性指数（H'）最大值出现在S16采样点，最小值出现在S2采样点。Pielou均匀度指数（J）范围为0.54～0.96，平均为0.78，Pielou均匀度指数（J）最大值出现在S5采样点，最小值出现在S15采样点。Margalef丰富度指数（R）范围为0.16～2.30，平均为1.19，Margalef丰富度指数（R）最大值出现在S16采样点，最小值出现在S2采样点。夏季各采样点浮游植物H'、J和R的空间变化特征如图3.2-78。

秋季白马湖Shannon-Weaver多样性指数（H'）范围为0.74～2.66，平均为1.77，Shannon-Weaver多样性指数（H'）最大值出现在S9采样点，最小值出现在S1采样点。Pielou均匀度指数（J）范围为0.26～1.00，平均为0.77，Pielou均匀度指数（J）最大值出现在S13采样点，最小值出现在S1采样点。Margalef丰富度指数（R）范围为0.16～1.35，平均为0.78，Margalef丰富度指数（R）最大值出现在S9采样点，最小值出现在S5采样点。秋季各采样点浮游植物H'、J和R的空间变化特征如图3.2-79。

冬季白马湖Shannon-Weaver多样性指数（H'）范

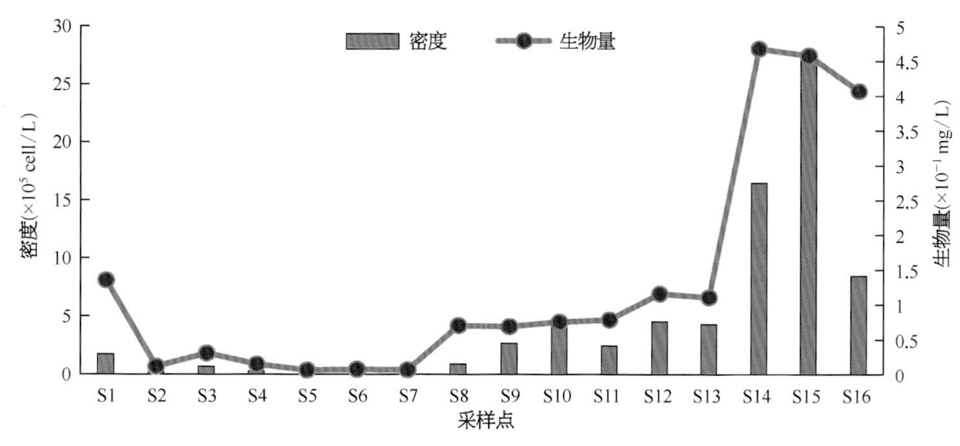

图3.2-76　冬季白马湖各采样点浮游植物密度和生物量空间特征

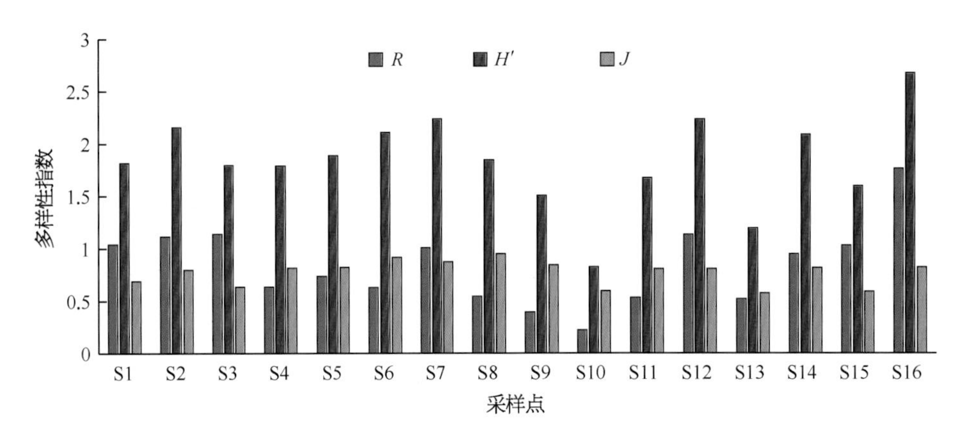

图3.2-77 春季白马湖各采样点浮游植物多样性空间特征

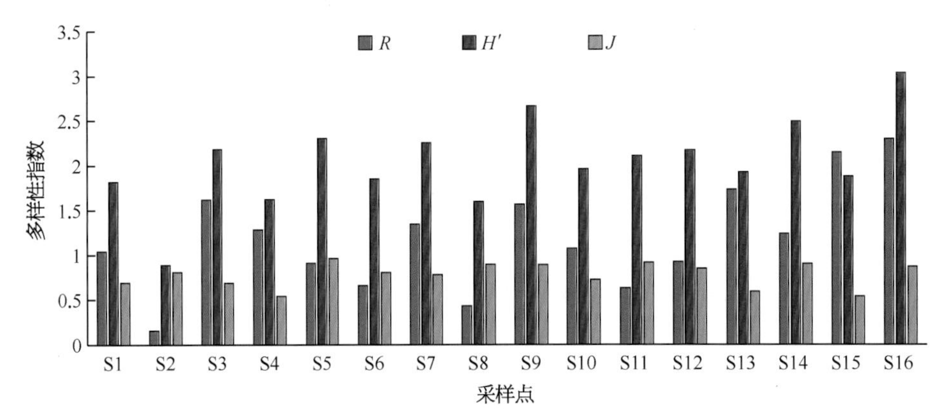

图3.2-78 夏季白马湖各采样点浮游植物多样性空间特征

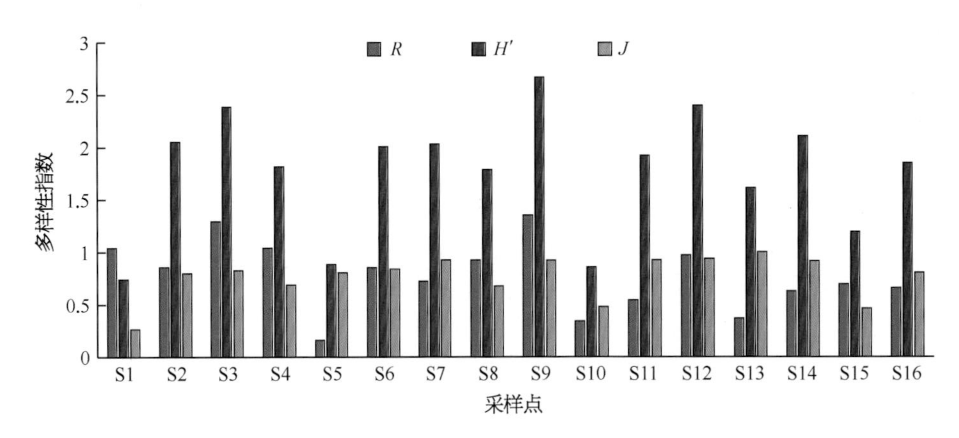

图3.2-79 秋季白马湖各采样点浮游植物多样性空间特征

围为0.93～2.51，平均为1.67，Shannon-Weaver多样性指数（H'）最大值出现在S16采样点，最小值出现在S1采样点。Pielou均匀度指数（J）范围为0.53～1.00，平均为0.85，Pielou均匀度指数（J）最大值出现在S4、S6和S7采样点，最小值出现在S15采样点。Margalef丰富度指数（R）范围为0.194～1.25，平均为0.62，Margalef丰富度指数（R）最大值出现在S16采样点，最小值出现在S4采样点。冬季各采样点浮游植物H'、J和R的空间变化特征如图3.2-80。

· 功能群

根据Reynold等提出的功能群分类法，将具备相同或类似生态属性的浮游植物归在一个功能群内，白马湖浮游植物可分为27个功能群：A、B、D、E、F、G、H1、J、K、LM、Lo、M、MP、N、P、Q、S1、

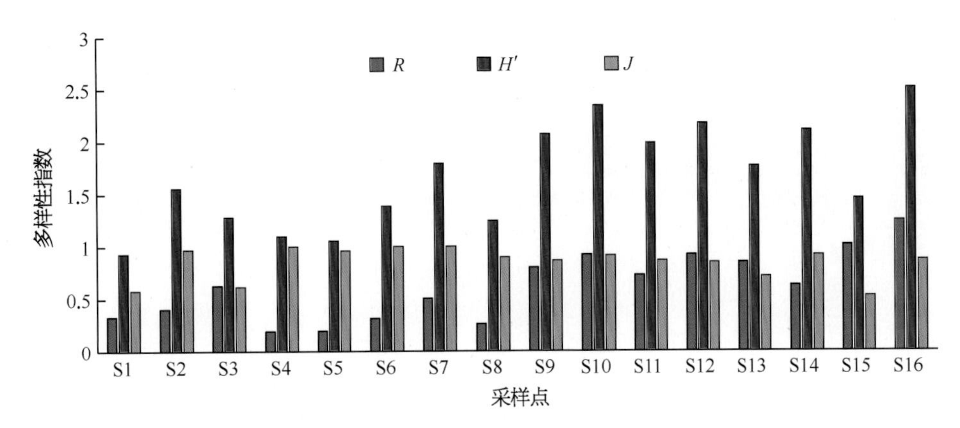

图3.2-80 冬季白马湖各采样点浮游植物多样性空间特征

S2、SN、T、Tc、W1、W2、X1、X2和X3（表3.2-9）。其中，春季浮游植物功能群为A、B、D、E、F、G、J、K、LM、Lo、M、MP、N、P、Q、S1、S2、SN、T、Tc、W1、W2、X1、X2和X3；夏季浮游植物功能群为A、B、D、F、G、H1、J、LM、Lo、M、MP、N、P、S1、S2、SN、T、Tc、W1、W2和X1；秋季浮游动物功能群为A、B、D、E、F、G、H1、J、LM、Lo、MP、N、P、S1、S2、SN、T、Tc、W1、W2和X1；冬季浮游植物功能群为B、D、E、F、G、H1、J、Lo、M、MP、N、P、S1、S2、SN、T、Tc、W1、X1和X2。

表3.2-9 白马湖浮游植物功能群划分

功能群	代表性种（属）	功能群生境特征
A	科曼小环藻 *Cyclotella comensis Grun*	贫营养水体，对pH升高敏感
B	具星小环藻 *Cyclotella stelligera*、梅尼小环藻 *Cyclotella meneghiniana*、小环藻 *Cyclotella* sp.、星形冠盘藻 *Stephanodiscus neoastraea*	中营养水体，对分层敏感
D	尖针杆藻 *Synedra acusvar*、双头菱形藻 *Nitzschia amphibia*、双头针杆藻 *Synedra acus*、线形菱形藻 *Nitzschia linearis*、针杆藻 *Synedra* sp.、肘状针杆藻 *Synedra amphicephal*	较浑浊的浅水水体
E	卵形色金藻 *Chromulina ovalis*、密集锥囊藻 *Dinobryon sertularia*、钟罩藻 *Dinobryon* sp.	较浅的贫中营养型水体
F	靶状蹄形藻 *Kirchneriella* sp.、波吉卵囊藻 *Oocystis borgei*、单生卵囊藻 *Oocystis solitaria*、肥壮蹄形藻 *Kirchneriella obesa*、湖生卵囊藻 *Oocystis lacustris*、卵囊藻 *Oocystis* sp.、球囊藻 *Sphaerocystis schroeteri*、四刺藻 *Treubaria triappendiculata*、蹄形藻 *Kirchneriella* sp.、韦斯藻 *Westella* sp.、纤细月牙藻 *Selenastrum gracile*、月牙藻 *Selenastrum* sp.	中富营养型湖泊变温层
G	空球藻 *Eudorina elegans*、实球藻 *Pandorina morum*、美丽盘藻 *Gonium formosum*	富营养型小型湖泊或池塘
H1	阿氏项圈藻 *Anabaenopsis arnolodii*、螺旋鱼腥藻 *Anabaena spiroides*	富营养分层水体，浅水湖泊
J	不定腔球藻 *Coclosphaerlum dubium*、单刺四星藻 *Tetrastrum hastiferum*、单角盘星藻 *Pediastrum simplex*、单角盘星藻具孔变种 *Pediastrum simplex var.duodenarium*、短刺四星藻 *Tetrastrum staurogeniaeforme*、短棘盘星藻 *Pediastrum boryanum*、多棘栅藻 *Scenedesmus abundans*、二角盘星藻 *Pediastrum duplex*、二尾栅藻 *Scenedesmus bicaudatus*、二形栅藻 *Scenedesmus dimorphus*、华美十字藻 *Crucigenia lauterbornii*、集星藻 *Actinastrum* sp.、具尾四角藻 *Tetraedron caudatum*、盘星藻 *Pediastrum* sp.、膨胀四角藻 *Tetraedron tumidulum*、三角四角藻 *Tetraedron trigonum*、三叶四角藻 *Tetraedrontrilobulstam*、十字顶棘藻 *Chodatella wratislaviensis*、十字藻 *Crucigenia* sp.、双对栅藻 *Scenedesmus bijuga*、四角十字藻 *Crucigenia quadrata*、四角藻 *Tetraedron* sp.、四尾栅藻 *Scenedemus quadricauda*、四足十字藻 *Crucigenia tetrapedia*、弯曲栅藻 *Scenedesmus arcuatus*、小空星藻 *Coelastrum microporum*、爪哇栅藻 *Scenedesmus javaensis*	混合的高富营养浅水水体
K	美丽隐球藻 *Aphanocapsa pulchra*	富营养的浅水
LM	飞燕角甲藻 *Ceratium hirundinella*、角甲藻 *Ceratium hirundinella*	富营养型到高度富营养型的小中型湖泊

（续表）

表 3.2-9 白马湖浮游植物功能群划分

功能群	代表性种（属）	功能群生境特征
Lo	大羽纹藻 *Cymatopleura solea*、平裂藻 *Merismopedia* sp.、卵圆双眉藻 *Amphora ovalis*、色球藻 *Chroococcus* sp.、弯羽纹藻线形变种 *Pinnularia gibba*、微小多甲藻 *Protoperidinium minutum*、微小色球藻 *Chroococcus minutus*	广适性
M	水华微囊藻 *Microcystis flos-aquae*、微囊藻 *Microcystis* sp.	较稳定的中富营养水体，透明度不宜太低
MP	蓖形短缝藻 *Eunotia factinalis*、粗壮双菱藻 *Surirella robusta*、端毛双菱藻 *Surirella capronii Breb*、放射舟形藻 *Navicula radiosa*、环丝藻 *Ulothrix zonata*、简单舟形藻 *Navicula simplex*、桥弯藻 *Cymbella* sp.、双头辐节藻 *Stauroneis anceps*、丝藻 *Ulothrix* sp.、微细异极藻 *Gomphonema parvulum*、新月形桥弯藻 *Cymbella parua*、纤细异极藻 *Gomphonema gracile*、缢缩异极藻头状变种 *Gomphonema constrictum*、舟形藻 *Navicula* sp.	频繁扰动的浑浊型浅水湖泊
N	光滑鼓藻 *Cosmarium leave*、颗粒瘤接鼓藻 *Sphaerozosma granulatum*、球鼓藻 *Cosmarium globosum*、肾形鼓藻 *Cosmarium reniforme*、纤细新月藻 *Closterium gracile*、圆鼓藻 *Cosmarium circulare*	中营养型水体混合层
P	变异直链藻 *Melosira varians*、颗粒直链藻 *Melosira granulata*、颗粒直链藻最窄变种 *Melosira granulata var. angustissima*、库津新月藻 *Closterium kutzingii*、莱布新月藻 *Closterium leibleinii*、螺旋颗粒直链藻 *Melosira granulata var.angustissima*、微小新月藻 *Closterium parvulum*、新月藻 *Closterium* sp.、月牙新月藻 *Closterium cynthia*、直链藻 *Melosira* sp.	混合程度较高中富营养浅水水体
Q	膝口藻 *Gonyostomum semen*	酸性的、腐殖质丰富的小型湖泊
S1	蜂巢席藻 *phormidium foveolarum*、皮状席藻 *Phormidium corium*、窝形席藻 *Phormidium foveolarum*、席藻 *Phormidiaceae* sp.、小席藻 *Phormidium tenus*、针晶蓝纤维藻 *Dactylococcopsis rhaphidioides*	透明度较低的混合水体，多为丝状蓝藻，对冲刷敏感
S2	钝顶螺旋藻 *Spirulina platensis*、螺旋藻 *Spirulina* sp.、为首螺旋藻 *Spirulina princeps*	浅层浑浊混合层
SN	点形念珠藻 *Nostoc punctiforme*、林氏念珠藻 *Nostoc linckia*、念珠藻 *Nostoc* sp.、沼泽念珠藻 *Nostoc paludosum*	温暖的混合水体
T	黄丝藻 *Tribonema* sp.、近缘黄丝藻 *Tribonema affine*、小型黄管藻 *Ophiocytium parvulum*、小型黄丝藻 *Tribonema minus*	混合均匀的深水水体变温层
Tc	阿氏颤藻 *Oseillatoria agardhii*、湖泊鞘丝藻 *Lyngbya limnetica*、小颤藻 *Oscillatoria tennuis*、巨颤藻 *Oscillatoria princeps*	富营养的静水或者流动缓慢的河流，且具有挺水植物
W1	扁裸藻 *Phacus* sp.、多形裸藻 *Euglena polymorpha*、鳞孔藻 *Lepocinclis* sp.、卵形鳞孔藻 *Lepocinclls oxyuris*、裸藻 *Euglena* sp.、敏捷扁裸藻 *Phacus agilis*、梭形鳞孔藻 *Lepocinclis marssonii*、椭圆鳞孔藻 *Lepocinclis steinii*、尾裸藻 *Euglena oxyuris*、长尾扁裸藻 *Phacus longicauda*	富含有机质，或农业废水和生活污水的水体
W2	糙纹囊裸藻 *Trachelomonas scabra*、河生陀螺藻 *Strombomonas fluviatilis*、剑尾陀螺藻 *Strombomonas ensifera*、尾棘囊裸藻 *Trachelomonas armata*、相似囊裸藻 *Trachelomonas similis*	浅水型中营养湖泊
X1	蛋白核小球藻 *Chlorella pyrenoidesa*、弓形藻 *Schroederia setigera*、镰形纤维藻 *Ankistrodesmus falcatus*、螺旋纤维藻 *Ankistrodesmus spiralis*、拟菱形弓形藻 *Schroederia nitzschioides*、狭形纤维藻 *Ankistrodesmus angustus*、纤维藻 *Ankistrodesmus* sp.、小球藻 *Chlorella vulgaris*、硬弓形藻 *Schroederia robusta*、针形纤维藻 *Ankistrodesmus angustus*	混合程度较高的富营养浅水水体
X2	简单衣藻 *Chlamydomonas simplex*、球衣藻 *Chlamydomonas globosa*、斯诺衣藻 *Chlamydomonas snowiae*、衣藻 *Chlamydomonas* sp.	混合程度较高的中—富营养浅水水体
X3	美丽双壁藻 *Diploneis purlla*	浅水、清水和混合层

以优势度指数Y>0.02定为优势种，白马湖春季浮游植物优势功能群为S1、D、F、N、Lo、J、B和X1，优势度分别为0.03、0.03、0.04、0.04、0.04、0.05、0.06和0.19；夏季浮游植物优势功能群为T、S2、SN、J、N、X1和S1，优势度分别为0.02、0.02、0.03、0.05、0.09、0.20和0.20；秋季浮游植物优势

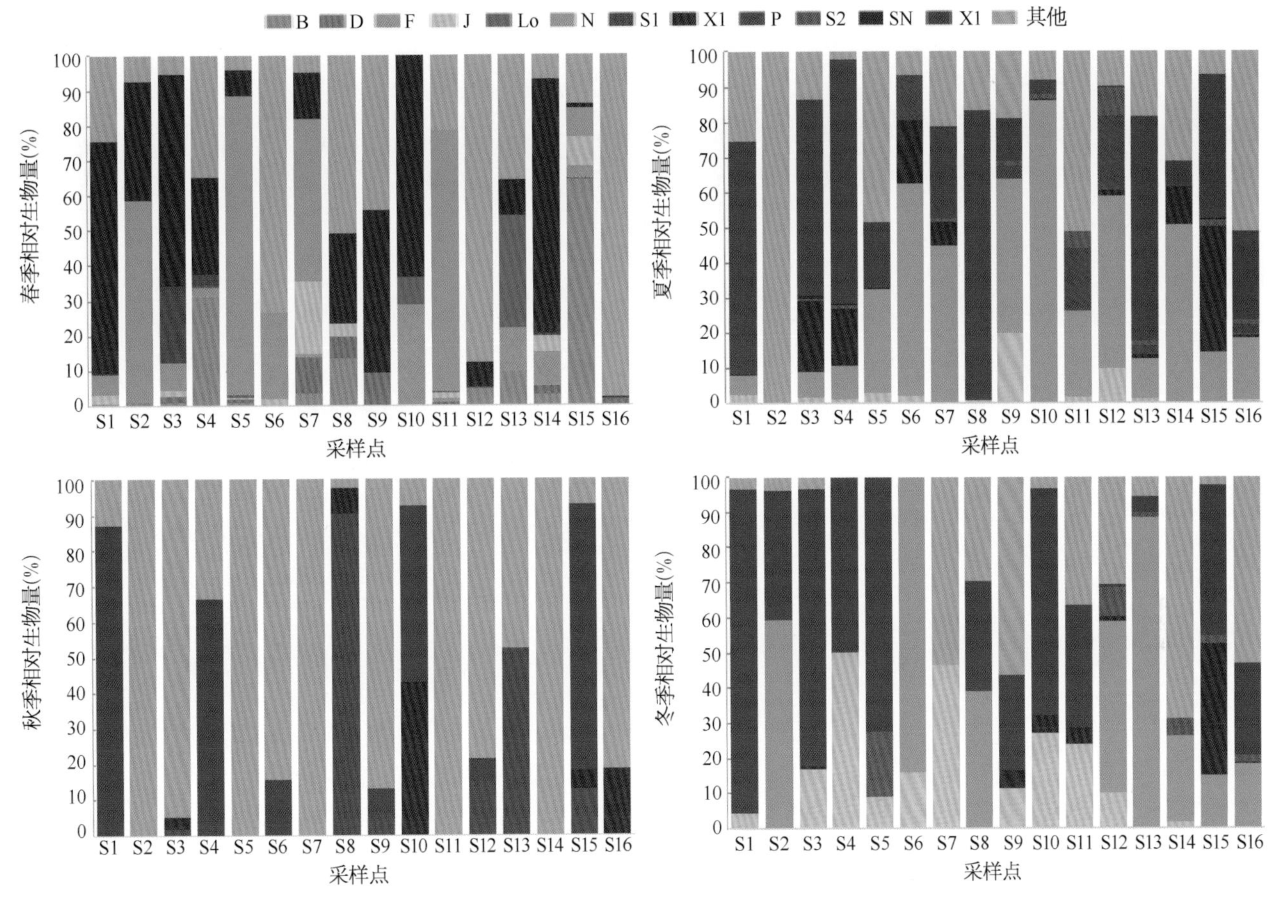

图3.2-81 白马湖浮游植物优势功能群季节变化特征

功能群为P、S1和X1，优势度分别为0.03、0.07和0.37；冬季浮游植物优势功能群为SN、N、J、S1和X1，优势度为0.03、0.06、0.09、0.13和0.15。

· 结果与讨论

浮游植物是水生态系统中的初级生产者，也是水环境监测中的重要指示生物，了解其种类组成及现存量的空间分布有利于提高对湖泊的认知。白马湖全年浮游植物种类组成结果显示，浮游植物群落组成中绿藻门种类数最多，其次为硅藻门和蓝藻门，并且四个季度浮游植物种类组成基本一致。吴苏舒等于2014～2017年对白马湖不同区域浮游植物群落结构进行调查。结果表明，2014年发现浮游植物119种，2016年和2017年分别发现浮游植物109种和114种，主要优势种为小球藻（*Chlorella* sp.）、小环藻（*Cyclotella* sp.）、颗粒直链藻（*Melosira granulata* var.angustissima）、尖针杆藻（*Synedra acus*）、卵形金杯藻（*Kephyrion ovale*）、尖尾蓝隐藻（*Chroomonas acuta*）、链状伪鱼藻（*Pseudanabaena catenata*）和席藻（*Phormidium* sp.），这一结果与本研究基本一致，说明白马湖浮游植物群落结构稳定性较高，水生生态系统抵抗外界干扰能力较强。优势度结果显示，白马湖四个季节均存在的绿藻门的小球藻类占据优势地位，特别是在春、秋季节，绿藻门成为绝对优势种。生物现物量结果显示，白马湖浮游植物季节分布表现为夏季＞秋季＞春季＞冬季，空间部分表现为西北部湖区较高，东北部和南部湖区较低。

功能群的主要依据是利用浮游植物的相似性，包括形态特征以及对生境适应性特征，因此不仅可以简化对浮游植物群落的研究，更能从物种的功能性上对水体生态系统进行研究，除此之外还能更为精确地展现浮游植物与环境因子的关系。本研究结果显示，白马湖浮游植物被划分为27个功能群（A、B、D、E、F、G、H1、J、K、LM、Lo、M、MP、N、P、Q、S1、S2、SN、T、Tc、W1、W2、X1、X2和X3），且季节间功能群组成有明显差异。整体来看，骆马湖浮游植物功能群以适应富营养化且具有一定扰动强度的浅水湖泊为主。

综上所述，白马湖浮游植物的种类组成相对稳定，群落演替具有明显的季节性。蓝藻在夏、秋季节成为单一优势种，需要引起注意。需要采取生态修复措施降低白马湖富营养化水平，控制环境污染，优化浮游植物群落结构，改善生态环境质量。

固城湖

群落组成

通过2017～2018年春夏秋冬四季对固城湖水域内8个采样点浮游植物的调查，结果显示春季共鉴定出蓝藻门（Cyanophyta）、甲藻门（Pyrrophyta）、硅藻门（Bacillariophyta）、隐藻门（Cryptophyta）、裸藻门（Euglenophyta）、绿藻门（Chlorophyta）、金藻门（Chrysophyta）和黄藻门（Xanthophyta），共8门39属55种（包括变种和变型）浮游植物。

夏季共鉴定出蓝藻门（Cyanophyta）、甲藻门（Pyrrophyta）、硅藻门（Bacillariophyta）、隐藻门（Cryptophyta）、裸藻门（Euglenophyta）、绿藻门（Chlorophyta）和金藻门（Chrysophyta），共7门59属109种（包括变种和变型）浮游植物。

秋季共鉴定出蓝藻门（Cyanophyta）、甲藻门（Pyrrophyta）、硅藻门（Bacillariophyta）、隐藻门（Cryptophyta）、裸藻门（Euglenophyta）、绿藻门（Chlorophyta）和金藻门（Chrysophyta），共7门34属48种（包括变种和变型）浮游植物。

冬季共鉴定出蓝藻门（Cyanophyta）、甲藻门（Pyrrophyta）、硅藻门（Bacillariophyta）、隐藻门（Cryptophyta）、裸藻门（Euglenophyta）、绿藻门（Chlorophyta）、金藻门（Chrysophyta）和黄藻门（Xanthophyta），共8门33属50种（包括变种和变型）浮游植物。固城湖浮游植物调查物种名录详见附录2。

从藻类组成上看，春季绿藻门物种数最多，达22种，占浮游植物物种数的40.00 %；其次为硅藻门，为13种，占23.64%；蓝藻门为11种，占20.00%；隐藻门为3种，占5.45%；金藻门和黄藻门各为2种，各占3.64%；甲藻门和隐藻门，各为1种，各占1.82%。

夏季绿藻门物种数最多，达58种，占浮游植物物种数的53.21%；其次为硅藻门，为21种，占19.27%；蓝藻门为15种，占13.76%；裸藻门为7种，占6.42%；隐藻门和金藻门各为3种，各占2.75%；甲藻门物种最少，仅1种，占1.83%。

秋季绿藻门物种数最多，达22种，占浮游植物物种数的45.83%；其次为蓝藻门，为12种，占25.00%；硅藻门为7种，占14.58%；甲藻门、隐藻门和金藻门各为2种，各占4.17%；裸藻门为1种，占2.08%。

冬季绿藻门物种数最多，达19种，占浮游植物物种数的38 %；其次为硅藻门，为14种，占28%；裸藻门为7种，占14%；蓝藻门为4种，占8%；隐藻门和金藻门各为2种，各占4%；甲藻门和黄藻门物种最少，各1种，各占2%。

群落优势种

据现行通用标准，以优势度指数Y>0.02定为优势种，固城湖春季浮游植物优势类群共计3门4属4种：其中蓝藻门2属2种，为微囊藻和针晶蓝纤维藻，优势度为0.13和0.11；硅藻门为1属1种，为梅尼小环藻，优势度为0.04；隐藻门为1属1种，为尖尾蓝隐藻，优势度为0.37。

夏季浮游植物优势类群共计3门6属6种：其中蓝藻门4属4种，为微囊藻、假鱼腥藻、束丝藻和细小平裂藻，优势度为0.06、0.50、0.02和0.08；硅藻门为1属1种，为颗粒直链藻纤细变种，优势度为0.03；隐藻门为1属1种，为尖尾蓝隐藻，优势度为0.02。

秋季浮游植物优势类群共计1门1属1种：全为蓝藻门，为尖细颤藻，优势度为0.93。

冬季浮游植物优势类群共计3门6属6种：其中蓝藻门2属2种，为微囊藻和针晶蓝纤维藻，优势度为0.07和0.05；硅藻门2属2种，为尖针杆藻和梅尼小环藻，优势度为0.04和0.04；隐藻门为2属2种，为啮蚀隐藻和尖尾蓝隐藻，优势度分别为0.03和0.34。

现存量

通过对固城湖春季采样调查结果显示，8个采样点浮游植物密度变幅为1.05×10^6～3.42×10^6 cell/L，均值为1.76×10^6 cell/L。密度最大值出现在8号采样点，最小值出现在3号采样点。浮游植物生物量变幅为0.14 ～ 0.70 mg/L，均值为0.31 mg/L。生物量最大值出现在8号采样点，最小值出现在3号采样点。春季浮游植物密度和生物量变化情况如图3.2-82。

夏季采样调查结果显示，8个采样点浮游植物密度变幅为3.95×10^5 ～ 6.18×10^7 cell/L，均值为2.99×10^7 cell/L。密度最大值出现在8号采样点，最小值出现在7号采样点。浮游植物生物量变幅为0.24 ～ 12.64 mg/L，均值为7.32 mg/L。生物量最大值出现在8号采样点，最小值出现在7号采样点。夏季浮游植物密度和生物量变化情况如图3.2-83。

秋季采样调查结果显示，8个采样点浮游植物密度变幅为2.21×10^8 ～ 6.09×10^8 cell/L，均值为4.33×10^8 cell/L。密度最大值出现在6号采样点，最小值出现在8号采样点。浮游植物生物量变幅为4.45 ～ 37.18 mg/L，均值为21.56 mg/L。生物量最大值出现在2号采样点，最小值出现在3号采样点。秋季浮游植物密度和生物量变化情况如图3.2-84。

冬季采样调查结果显示，8个采样点浮游植物密度变幅为1.75×10^5 ～ 8.47×10^5 cell/L，均值为5.11×10^5 cell/L。密度最大值出现在4号采样点，最小值出现在1号采样点。浮游植物生物量变幅为0.07 ～ 0.47 mg/L，均值为0.17 mg/L。生物量最大值

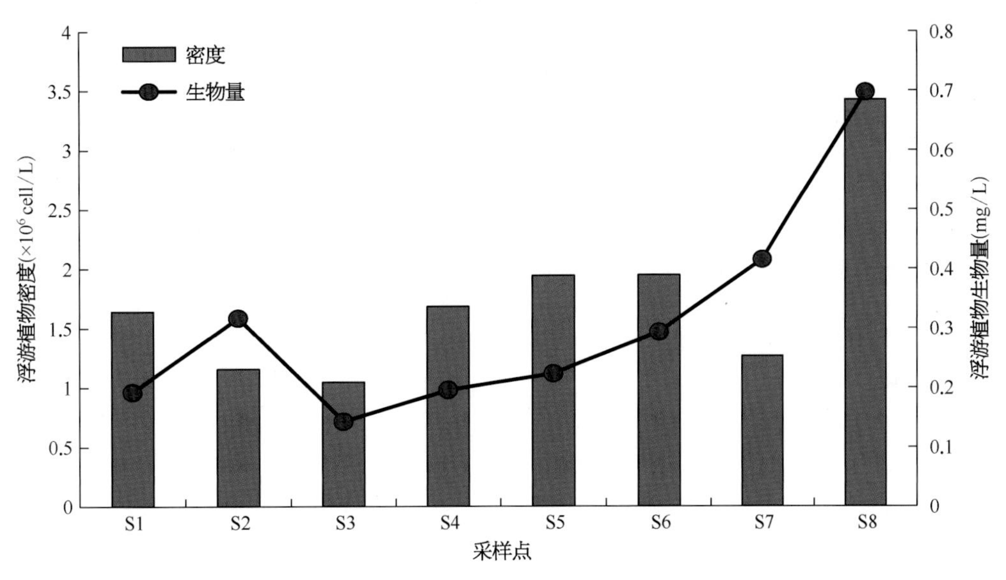

图3.2-82　春季固城湖各采样点浮游植物密度和生物量空间特征

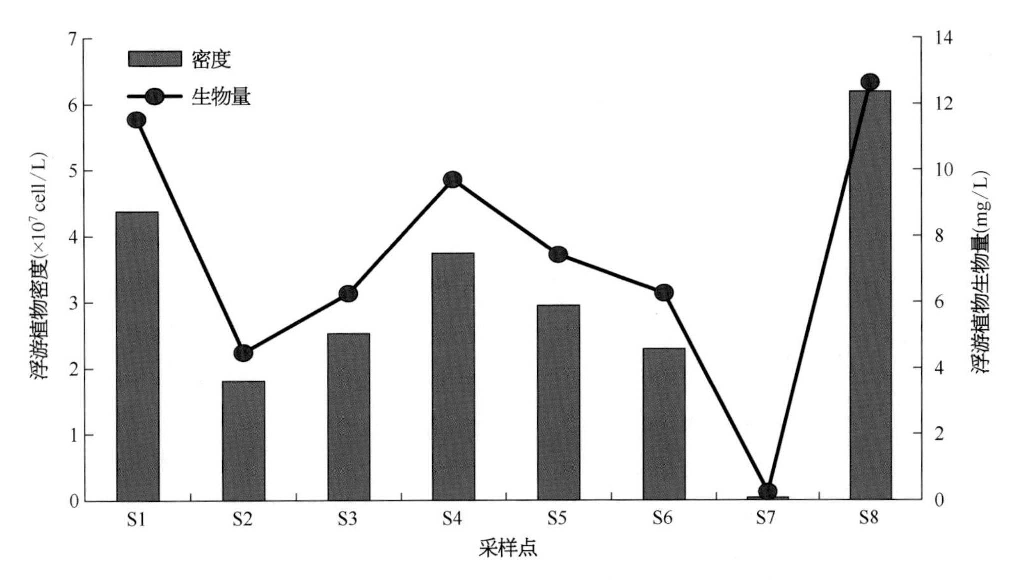

图3.2-83　夏季固城湖各采样点浮游植物密度和生物量空间特征

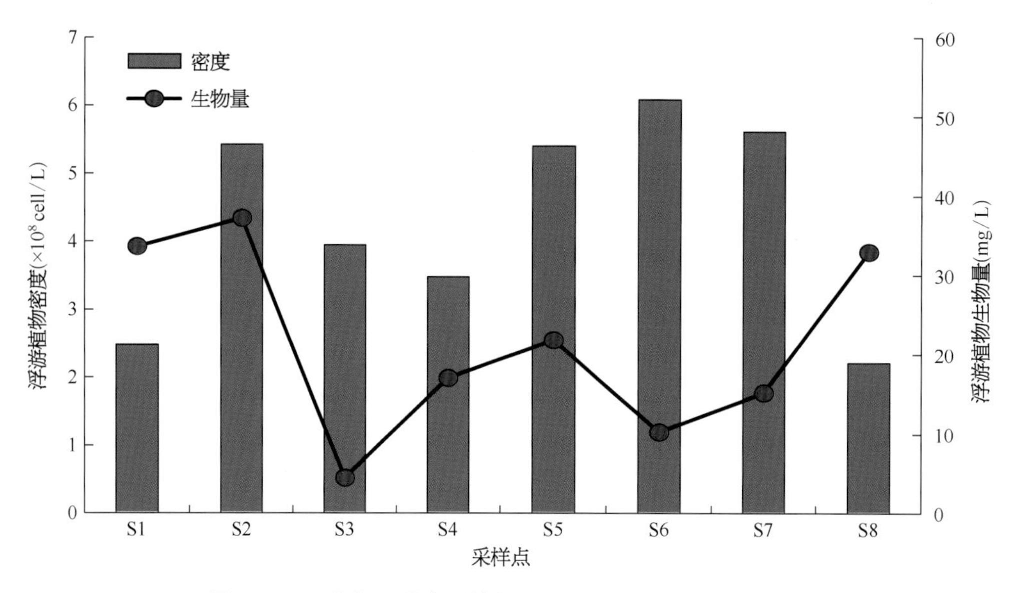

图3.2-84　秋季固城湖各采样点浮游植物密度和生物量空间特征

出现在7号采样点，最小值出现在6号采样点。冬季浮游植物密度和生物量变化情况如图3.2-85。

· 群落多样性

调查结果显示春季固城湖8个采样点的浮游植物群落Shannon-Weaver多样性指数（H'）变幅为1.13～2.54，平均为1.85。其中，Shannon-Weaver多样性指数（H'）最大值出现在4号采样点，最小值出现在3号采样点。浮游植物Pielou均匀度指数（J）变幅为0.47～0.76，均值为0.63。其中，浮游植物群落Pielou均匀度指数（J）最大值出现在4号采样点，最小值出现在3号采样点。浮游植物Margalef丰富度指数（R）变幅为0.72～1.88，均值为1.29。Margalef丰富度指数（R）最大值出现在4号采样点，最小值出现在3号采样点。春季各采样点浮游植物H'、J和R的空间变化特征如图3.2-86。

夏季固城湖8个采样点的浮游植物群落Shannon-Weaver多样性指数（H'）变幅为1.47～3.46，平均为2.61。其中，Shannon-Weaver多样性指数（H'）最大值出现在3号采样点，最小值出现在7号采样点。浮游植物Pielou均匀度指数（J）变幅为0.37～0.86，均值为

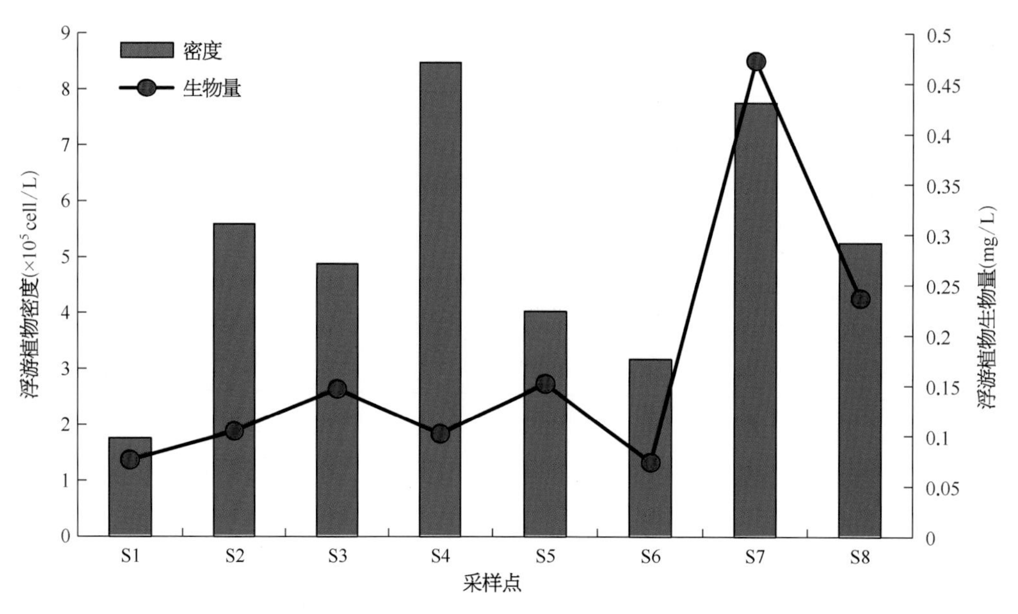

图3.2-85　冬季固城湖各采样点浮游植物密度和生物量空间特征

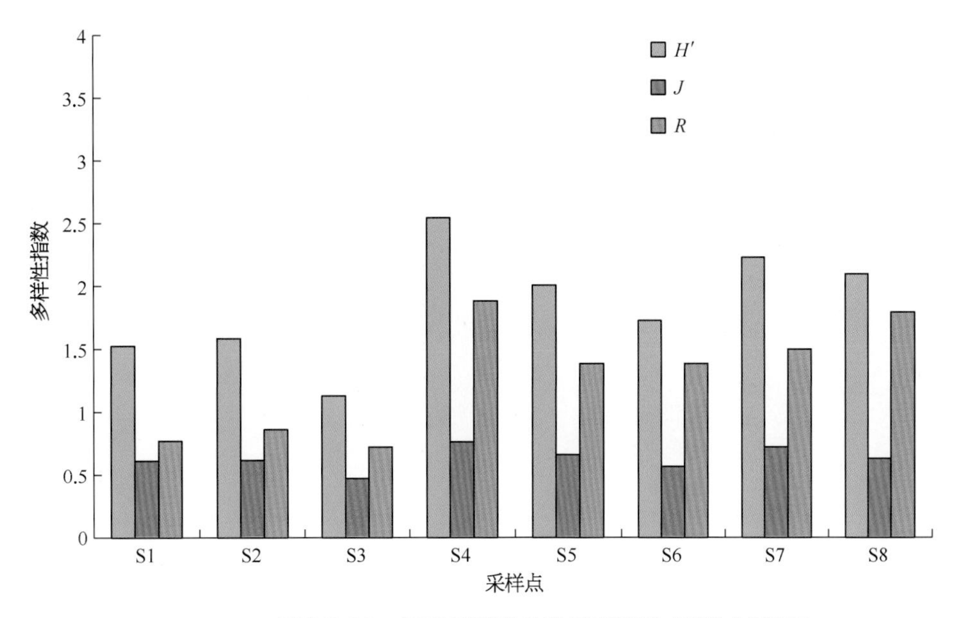

图3.2-86 春季固城湖各采样点浮游植物多样性空间特征

0.55。其中，浮游植物群落Pielou均匀度指数（J）最大值出现在7号采样点，最小值出现在5号采样点。浮游植物Margalef丰富度指数（R）变幅为1.38～2.94，均值为2.05。Margalef丰富度指数（R）最大值出现在3号采样点，最小值出现在6号采样点。夏季各采样点浮游植物H'、J和R的空间变化特征如图3.2-87。

秋季固城湖8个采样点的浮游植物群落Shannon-Weaver多样性指数（H'）变幅为0.23～0.71，平均为0.42。其中，Shannon-Weaver多样性指数（H'）最大值出现在1号采样点，最小值出现在6号采样点。浮游植物Pielou均匀度指数（J）变幅为0.08～0.23，均值为0.14。其中，浮游植物群落Pielou均匀度指数（J）最大值出现在1号采样点，最小值出现在3号采样点。浮游植物Margalef丰富度指数（R）变幅为0.66～1.19，均值为0.95。Margalef丰富度指数（R）最大值出现在7号采样点，最小值出现在4号采样点。秋季各采样点浮游植物H'、J和R的空间变化特征如图3.2-88。

冬季固城湖8个采样点的浮游植物群落Shannon-Weaver多样性指数（H'）变幅为0.41～1.37，平均为1.01。其中，Shannon-Weaver多样性指数（H'）最大值

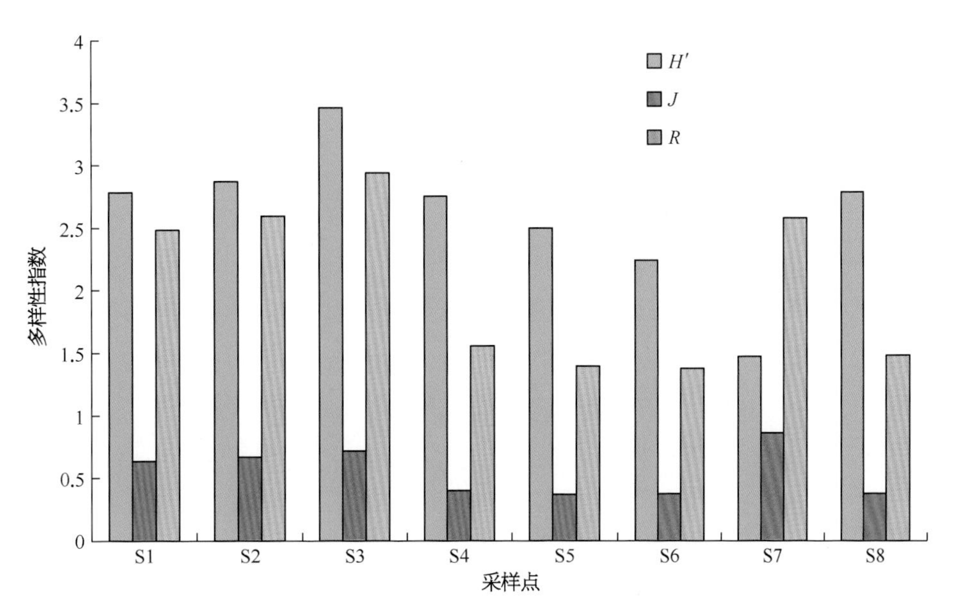

图3.2-87 夏季固城湖各采样点浮游植物多样性空间特征

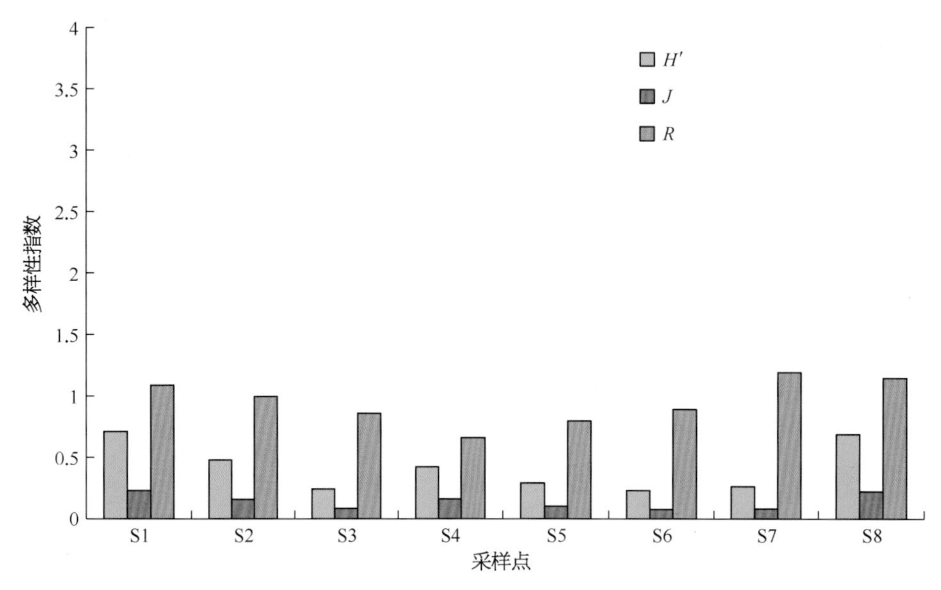

图3.2-88 秋季固城湖各采样点浮游植物多样性空间特征

出现在8号采样点，最小值出现在1号采样点。浮游植物Pielou均匀度指数（J）变幅为0.58～0.87，均值为0.71。其中，浮游植物群落Pielou均匀度指数（J）最大值出现在7号采样点，最小值出现在4号采样点。浮游植物Margalef丰富度指数（R）变幅为1.39～2.52，均值为1.86。Margalef丰富度指数（R）最大值出现在7号采样点，最小值出现在1号采样点。冬季各采样点浮游植物H'、J和R的空间变化特征如图3.2-89。

• 功能群

根据Reynold等提出的功能群分类法，将具备相同或类似生态属性的浮游植物归在一个功能群内，固城湖浮游植物可分为23个功能群：A、B、D、E、F、G、H1、J、LM、Lo、M、MP、N、P、S2、T、Ws、W1、W2、X1、X2、X3和Y（表3.2-10）。其中，冬季浮游植物功能群为Y、P、B、D、X2、J、LM、X3、F、M、MP、Lo、T、E、W1和X1；春季浮游植物功能群为B、D、E、F、H1、J、LM、Lo、M、MP、P、T、W1、X1、X2、X3和Y；夏季浮游植物功能群为M、P、Y、P、H1、B、D、S2、E、J、W1、X2、F、M、G、Lo、A、X1、T、LM、X3、W2和N；秋季浮游植物功能群为H1、MP、Lo、Y、J、Ws、P、D、W1、M、B、X2、F、X1、G、A、E、T、W2和N。

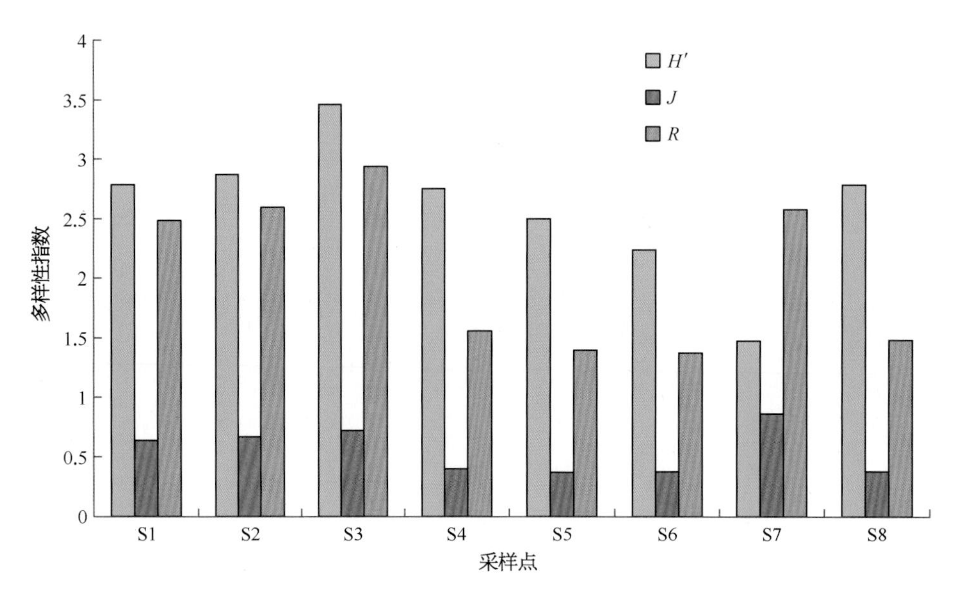

图3.2-89 冬季固城湖各采样点浮游植物多样性空间特征

表 3.2-10　固城湖浮游植物功能群划分

功能群	代表性种（属）	功能群生境特征
A	根管藻 *Rhizosolenia* sp.、扎卡四棘藻 *Attheya zachariasi*	贫营养水体，对pH升高敏感
B	小环藻 *Cyclotella* sp.、冠盘藻 *Stephanodiscus* sp.	中营养水体，对分层敏感
D	针杆藻 *Synedra* sp.、菱形藻 *Nitzschia* sp.、菱板藻 *Hantzschia* sp.	较浑浊的浅水水体
E	锥囊藻 *Dinobryon* sp.、鱼鳞藻 *Mallomonas* sp.	较浅的贫中营养型水体
F	月牙藻 *Selenastrum* sp.、韦斯藻 *Westella* sp.、浮球藻 *Planktosphaeria* sp.、网球藻 *Dictyosphaerium* sp.、球囊藻 *Sphaerocystis* sp.、卵囊藻 *Oocystis* sp.、蹄形藻 *Kirchneriella* sp.、四棘藻 *Treubaria* sp.、微芒藻 *Micractinium pusillum* sp.	中富营养型湖泊变温层
G	实球藻 *PanDOrina* sp.、空球藻 *EuDOrina* sp.、四鞭藻 *Carteria* sp.、杂球藻 *Pleodorina* sp.	富营养型小型湖泊或池塘
H1	鱼腥藻 *Anabaena* sp.、束丝藻 *Aphanizomenon* sp.	富营养分层水体，浅水湖泊
J	十字藻 *Crucigenia* sp.、顶棘藻 *Chodatella* sp.、四星藻 *Tetrastrum* sp.、空星藻 *Coelastrum* sp.、盘星藻 *Pediastrum* sp.、集星藻 *Actinastrum* sp.、四角藻 *Tetraedron* sp.、栅藻 *Scenedesmus* sp.、多芒藻 *Golenkinia* sp.	混合的高富营养浅水水体
LM	蓝纤维藻 *Dactylococcopsis* sp.	富营养湖泊变温层
Lo	平裂藻 *Merismopedia* sp.、色球藻 *Chroococcus* sp.、羽纹藻 *Pinnularia* sp.、等片藻 *Diatoma* sp.、双眉藻 *Amphora* sp.、角甲藻 *Ceratium* sp.、多甲藻 *Peridinium* sp.、腔球藻 *Coclosphaerium* sp.	广适性
M	微囊藻 *Microcystis* sp.	较稳定的中富营养水体，透明度不宜太低
MP	伪鱼腥藻 *Pseudanabaena catenata*、鞘丝藻 *Lyngbya* sp.、颤藻 *Oscillatoria* sp.、环丝藻 *Ulothrix zonata*、丝藻 *Ulothrix* sp.、舟形藻 *Navicula* sp.、卵形藻 *Cocconeis* sp.、双菱藻 *Surirella* sp.、异极藻 *Gomphonema* sp.、辐节藻 *Stauroneis* sp.、桥弯藻 *Cymbella* sp.、短缝藻 *Eunotia* sp.、曲壳藻 *Achnathes* sp.	频繁扰动的浑浊型浅水湖泊
N	鼓藻 *Cosmarium* sp.	中营养型水体混合层
P	新月藻 *Closterium* sp.、角星鼓藻 *Staurastrum* sp.、直链藻 *Melosira* sp.、脆杆藻 *Fragilaria* sp.	混合程度较高中富营养浅水水体
S2	螺旋藻 *Spirulina* sp.	浅层浑浊混合层
T	游丝藻 *Planctonema* sp.、并联藻 *Quadrigula* sp.、黄丝藻属 *Tribonema* sp.、转板藻 *Mougeotia* sp.	混合均匀的深水水体变温层
W1	裸藻 *Euglena* sp.、扁裸藻 *Phacus* sp.、盘藻 *Gonium* sp.	富含有机质，或农业废水和生活污水的水体
W2	囊裸藻 *Trachelomonas* sp.、陀螺藻 *Strombomonas* sp.	浅水型中营养湖泊
Ws	黄群藻 *Synura* sp.	中营养型的静止水体
X1	弓形藻 *Schroederia* sp.、纤维藻 *Ankistrodesmus* sp.、小球藻 *Chlorella* sp.	混合程度较高的富营养浅水水体
X2	衣藻 *ChlamyDOmonas* sp.、翼膜藻 *Pteromonas* sp.、蓝隐藻 *Chroomonas* sp.	混合程度较高的中—富营养浅水水体
X3	布纹藻 *Gyrosigma* sp.、波缘藻 *Cymatopleura* sp.、双壁藻 *Diploneis* sp.、肋缝藻 *Frustulia* sp.、色金藻 *Chromulina* sp.、棕鞭藻 *Chromulina* sp.	浅水、清水和混合层
Y	裸甲藻 *Gymnodinium* sp.、薄甲藻 *Glenodinium* sp.、隐藻 *Cryptomonas* sp.	广适性（多反映了牧食压力低的静水环境）

以优势度指数Y>0.02定为优势种，固城湖冬季浮游植物优势功能群为Y、P、B、D、X2、J和LM，优势度分别为0.17、0.17、0.09、0.08、0.06、0.04和0.03；春季浮游植物优势功能群为B、D、E、F、H1、J、LM和Lo，优势度分别为0.38、0.13、0.12、0.18、0.07、0.06、0.03和0.03；夏季浮游植物优势功能群为MP、Y、P、H1、B、D、S2、E、J和W1，优势度分别为0.50、0.09、0.06、0.05、0.04、0.03、0.03、0.03、0.02和0.02；秋季浮游植物优势功能群为H1和MP，优势度分别为0.96和0.02（如图3.2-90）。

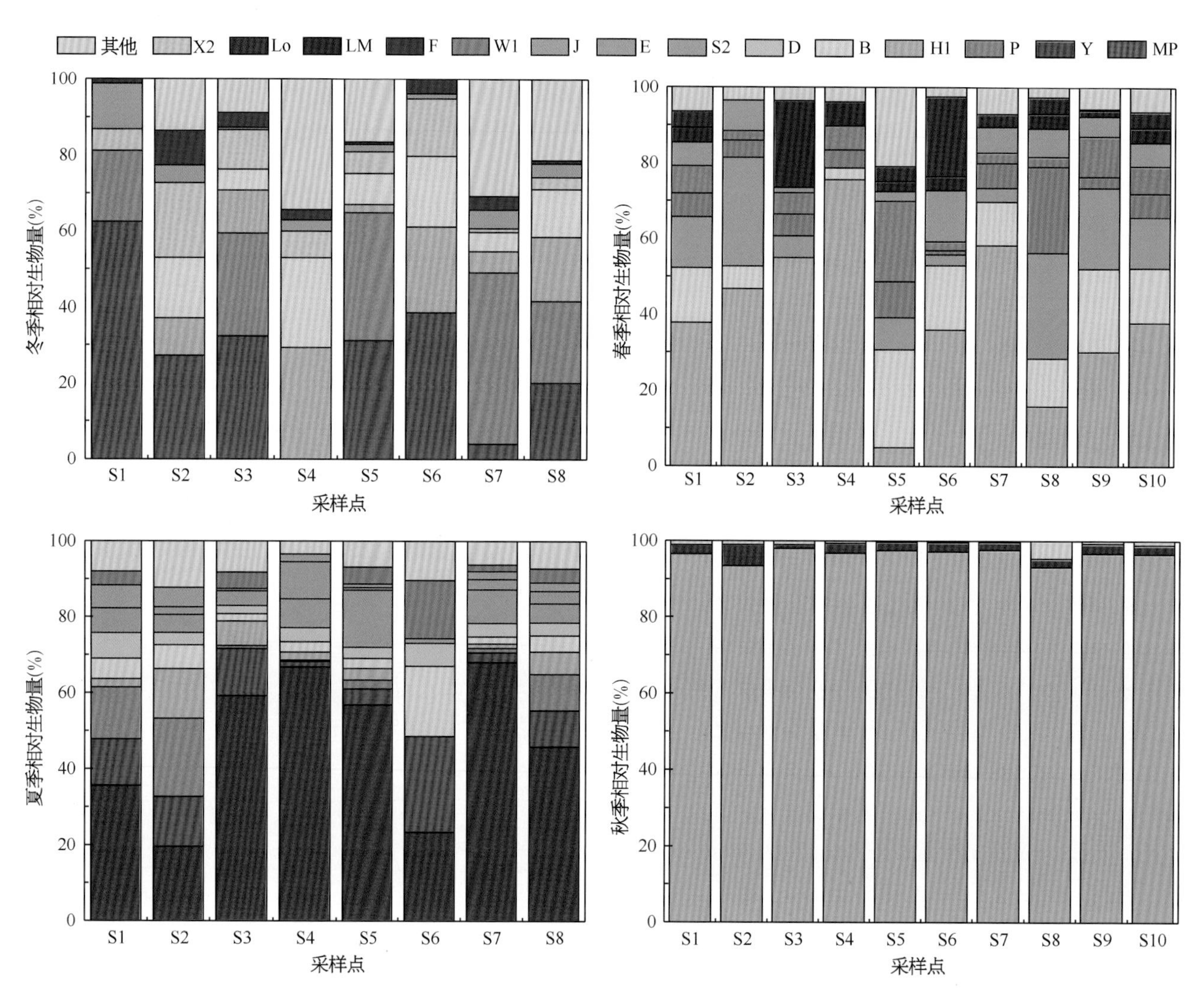

图3.2-90 固城湖浮游植物优势功能群季节变化特征

· 结果与讨论

作为淡水水体的主要初级生产者，浮游植物在水生生态系统中有着至关重要的作用。固城湖浮游植物种类组成结果显示，浮游植物种类组成季节变化为夏季 > 春季 > 冬季 > 秋季，其中绿藻门种类最多，其次为硅藻门和蓝藻门，并且蓝藻门在夏季种类数达到最大值仅次于绿藻门。浮游植物种类组成季节差异明显，其中夏季种类组成远远大于其他季节。王清华等于2012～2013年对固城湖浮游植调查结果表明，固城湖内浮游植物群落呈现一定的季节变化。在水位和水温较低时，浮游植物群落的密度和生物量最低，在水温和水位较高时，群落密度和生物量最高。这一结果与本次调查中夏季浮游植物种类组成远大于其他季节的结果类似。优势度结果表示，冬季与春季浮游植物优势种较多，冬季优势种种类组成比较丰富，而春季优势种主要以蓝藻门为主。夏季蓝藻门优势种增加，秋季固城湖中仅存在一种蓝藻门的优势种。因此，夏、秋季节是固城湖蓝藻水华高发的季节，特别是在秋季。现存量结果显示，固城湖浮游植物现存量季节变化差异明显。其中，夏、秋季节现存量要远远大于春、冬季节。春季现存量全湖分布比较均匀，最大值出现在最南部水域，南部水域主要靠近生活区，生活污水的排入增加了水体中的营养盐负荷，为浮游植物的生长发育提供了良好的条件。夏季现存量的分布与春季基本类似，浮游植物在7号点附近远小于其他水域，这一现象主要是因为当时7号点附近开展沿岸带整治工程。秋季固城湖蓝藻在全湖发生了全面的暴发，而到了冬季随着温度的降低，浮游植物现存量呈现全湖均匀分布的现象。多样性指数结果显示，秋季由于蓝藻成为唯一优势种，多样性指数相较于其他季节明显降低。

根据生态位原理，生态学家们把生活习性和生存策略相似的浮游植物种类归于同一个“功能群”，作为群落结构与响应分析的基本单元。浮游植物功能类群分类法以浮游植物的功能性特征为基础（包括生理学、形态学和生态学特征），将同一生境下共存的藻类归为一组，同组内的浮游植物通常具有相似的环境适应性特征。关于浮游植物功能类群生理和生态的相关研究已成为当今水域生态学的热点问题，目前已经广泛应用于湖泊、水库等生态系统的研究与保护中。唐雅萍等于2008年对固城湖的调查结果显示，固城湖中主要藻类为蓝藻门的柔细束丝藻。本次调查中功能群H1的代表种为束丝藻，并且H1在春、夏、秋季节均占据优势地位。此外，H1在秋季成为固城湖绝对优势功能群，优势度为0.96，这一结果与唐雅萍等人的调查结果一致。H1是由水华藻类组成的功能群，本次调查结果显示固城湖处于中富营养化状态，造成这一结果可能与渔业活动、水力交换周期等因素有关。

综上所述，固城湖浮游植物群落结构组成相对比较简单，仅在夏季种类组成比较丰富。水位与水温是影响固城湖浮游植物群落结构变化的主要环境因子。秋季为固城湖蓝藻水华暴发的最佳季节，并且全湖都存在蓝藻水华暴发的可能性。总体来说，浮游植物反映的固城湖水环境质量有待提高。

3.3 · 浮游动物

太湖

群落组成

2017 ～ 2018年春夏秋冬四季通过对太湖30个采样点浮游动物的调查采样，春季共鉴定出原生动物（Protozoa）、轮虫类（Rotifera）、枝角类（Cladocera）和桡足类（Copepoda），共4门25属42种。其中，原生动物类物种数最多，共7属14种，占浮游动物物种总数的比例为33.33%；其次为枝角类，有5属12种，占28.57%；桡足类有7属9种，占21.43%；轮虫类有6属7种，占16.67%。

夏季共鉴定出原生动物（Protozoa）、轮虫类（Rotifera）、枝角类（Cladocera）和桡足类（Copepoda），共4门31属58种。其中，轮虫类物种数最多，共10属20种，占浮游动物物种总数的比例为34.48%；其次为枝角类，有7属15种，占25.86%；原生动物类有6属12种，占20.69%；桡足类有8属11种，占18.97%。

秋季共鉴定出原生动物（Protozoa）、轮虫类（Rotifera）、枝角类（Cladocera）和桡足类（Copepoda），共4门37属73种。其中，原生动物类物种数最多，共11属24种，占浮游动物物种总数的比例为32.88%；其次为桡足类，有9属19种，占26.03%；轮虫类有10属18种，占24.66%；枝角类有7属12种，占16.44%。

冬季共鉴定出原生动物（Protozoa）、轮虫类（Rotifera）、枝角类（Cladocera）和桡足类（Copepoda），共4门27属48种。其中，桡足类物种数最多，共9属16种，占浮游动物物种总数的比例为33.33%；其次为原生动物，有8属15种，占31.25%；轮虫类有7属11种，占22.92%；枝角类有3属6种，占12.50%。

优势种

以优势度指数Y>0.02定位优势种，春季太湖30个采样点浮游动物的优势类群共计3门3属3种：为原生动物的钟虫（*Vorticella* sp.），优势度为0.09；轮虫类的独角聚花轮虫（*C. unicornis*），优势度为0.02；枝角类的长额象鼻溞（*Bosmina longirostris*），优势度为0.06。

夏季优势类群共计2门3属5种：为轮虫类的镰状臂尾轮虫（*Brachionus falcatus*）、萼花臂尾轮虫（*Brachionus calyciflorus*）和螺形龟甲轮虫（*Keratella cochlearis*），优势度分别为0.03、0.08和0.02；枝角类的简弧象鼻溞（*Bosmina coregoni*）和长额象鼻溞（*Bosmina longirostris*），优势度分别为0.03和0.03。

秋季优势类群共计2门2属2种：为原生动物类的江苏似铃壳虫（*Tintinnopsis kiangsuensis*），优势度为0.04；轮虫类的矩形龟甲轮虫（*Keratella quadrata*），优势度为0.03。

冬季优势类群共计2门4属5种：为原生动物的长筒似铃壳虫（*Tintinnopsis longus*）和中华似铃壳虫（*Tintinnopsis sinensis*），优势度分别为0.06和0.03；轮虫类的螺形龟甲轮虫（*Keratella cochlearis*）、针簇多肢轮虫（*Polyarthra trigla*）和萼花臂尾轮虫（*Brachionus calyciflorus*），优势度分别为0.03、0.09和0.02。

· 现存量

浮游动物是水域生态系统中一类极其重要的生物，既可作为许多经济鱼类的优质食物，又可调节控制藻类和细菌的生长、发展。浮游动物种类组成繁杂、数量大、分布广，有着极其重要的生态学意义。2017～2018年春夏秋冬四季太湖30个采样点浮游动物密度和生物量情况如下。

春季太湖浮游动物密度变化范围为1.50～3 910.50 ind./L，平均密度为419.68 ind./L，其中浮游动物最大密度出现在25号采样点，浮游动物最小密度出现在26号采样点；浮游动物生物量变化范围为0.01～3.49 mg/L，平均生物量为0.79 mg/L，其中浮游动物最大生物量出现在19号采样点，浮游动物最小生物量出现在26号采样点（图3.3-1）。

夏季太湖浮游动物密度变化范围为12.75～1 686.75 ind./L，平均密度为429.45 ind./L，其中浮游动物最大密度出现在19号采样点，浮游动物最小密度出现在27号采样点；浮游动物生物量变化范围为0.11～5.63 mg/L，平均生物量为1.28 mg/L，其中浮游动物最大生物量出现在14号采样点，浮游动物最小生物量出现在27号采样点（图3.3-2）。

秋季太湖浮游动物密度变化范围为6.75～6 159.45 ind./L，平均密度为1 210.17 ind./L，其中浮游动物最大密度出现在2号采样点，浮游动物最小密度出现在18号采样点；浮游动物生物量变化范围为0.09～3.31 mg/L，平均生物量为0.89 mg/L，其中浮游动物最大生物量出现在1号采样点，浮游动物最小生物量出现在23号采样点（图3.3-3）。

冬季太湖浮游动物密度变化范围为1.67～1 848.43 ind./L，平均密度为365.31 ind./L，其中浮游动物最大密度出现在12号采样点，浮游动物最小密度出现在10号采样点；浮游动物生物量变化范围为0.01～1.37 mg/L，平均生物量为0.25 mg/L，其中浮

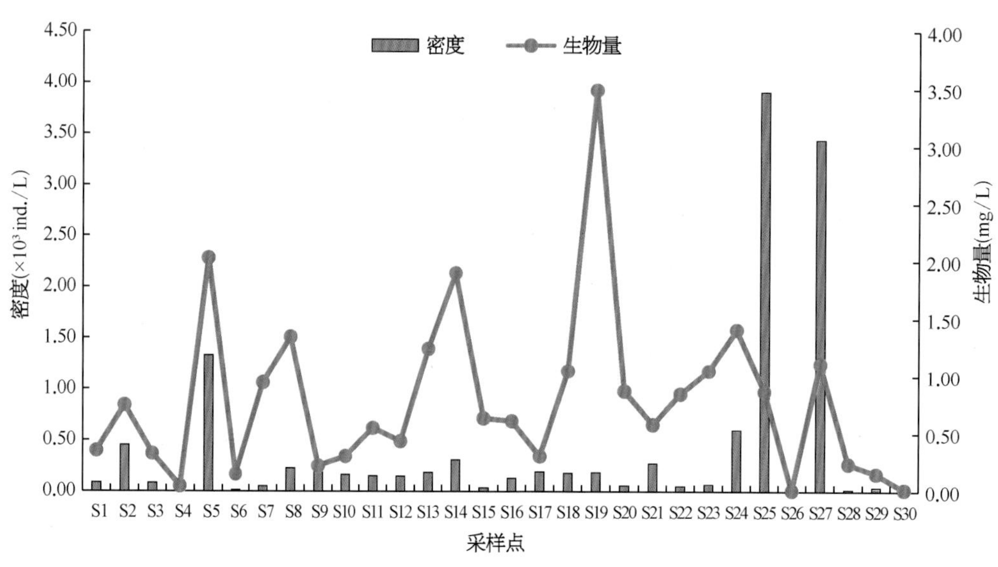

图3.3-1 春季太湖采样点浮游动物密度及生物量

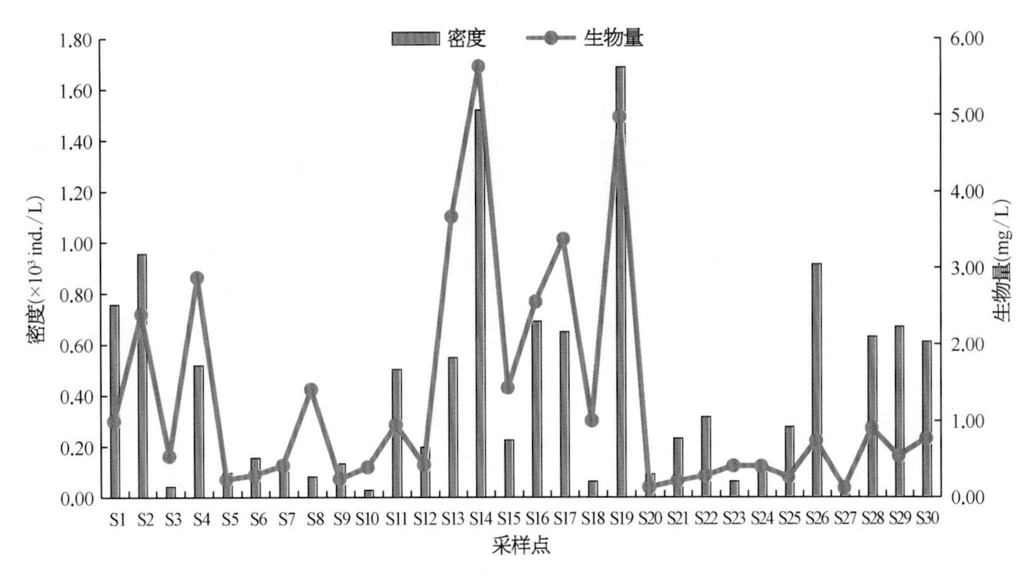

图3.3-2　夏季太湖采样点浮游动物密度及生物量

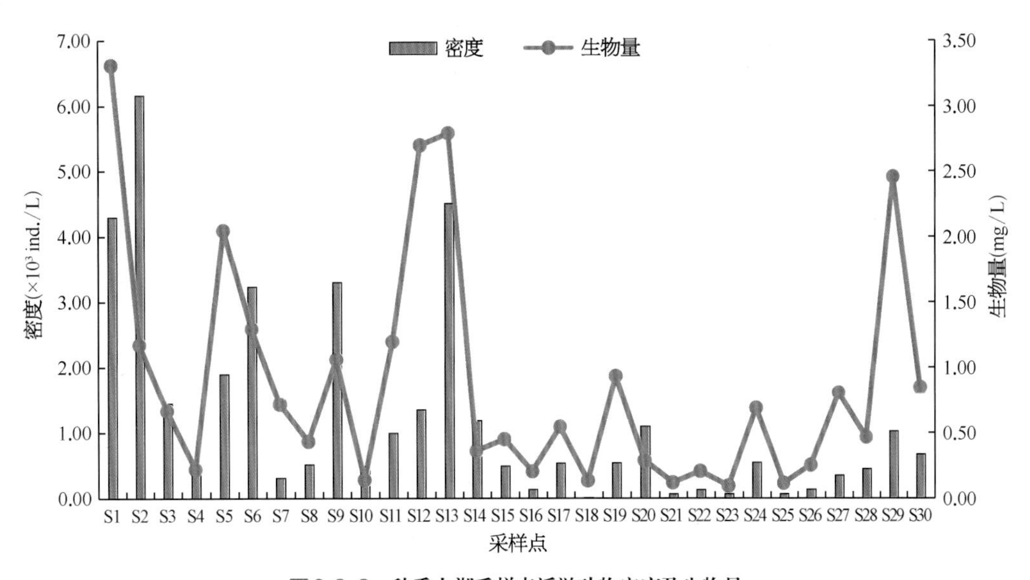

图3.3-3　秋季太湖采样点浮游动物密度及生物量

游动物最大生物量出现在12号采样点，浮游动物最小生物量出现在10号采样点（图3.3-4）。

· 群落多样性

为了更好地衡量太湖水域内浮游动物资源的丰富程度，分别采用Shannon-Weaver多样性指数、Pielou均匀度指数和Margalef丰富度指数对太湖30个采样点浮游动物群落的演替方向、速度和稳定程度进行描述。Shannon-Weaver多样性指数随浮游动物种（属）数的增多而增大。在受污染的水体中，Shannon-Weaver多样性指数降低，相似性增大。浮游动物Shannon-Weaver多样性指数是表示其种群多样性的特征值，一般认为大于1时浮游动物生长正常，小于1时可能受到环境因素的影响。Shannon-Weaver多样性指数越大，水质越好。Shannon-Weaver多样性指数值范围标准：0为水质严重污染，0～1为重污染，1～2为中污染，2～3为轻污染，>3为清洁水体。均匀度是实际Shannon-Weaver多样性指数与理论上最大Shannon-Weaver多样性指数的比值，是一个相对值，其数值范围为0～1，用它来评价生物群落的多样性更为直观、清晰，能够反映出各物种个体数目分配的均匀程度。通常以均匀度大于0.3作为生物群落多样性较好的标准进行综合评价。一般而言，较为稳

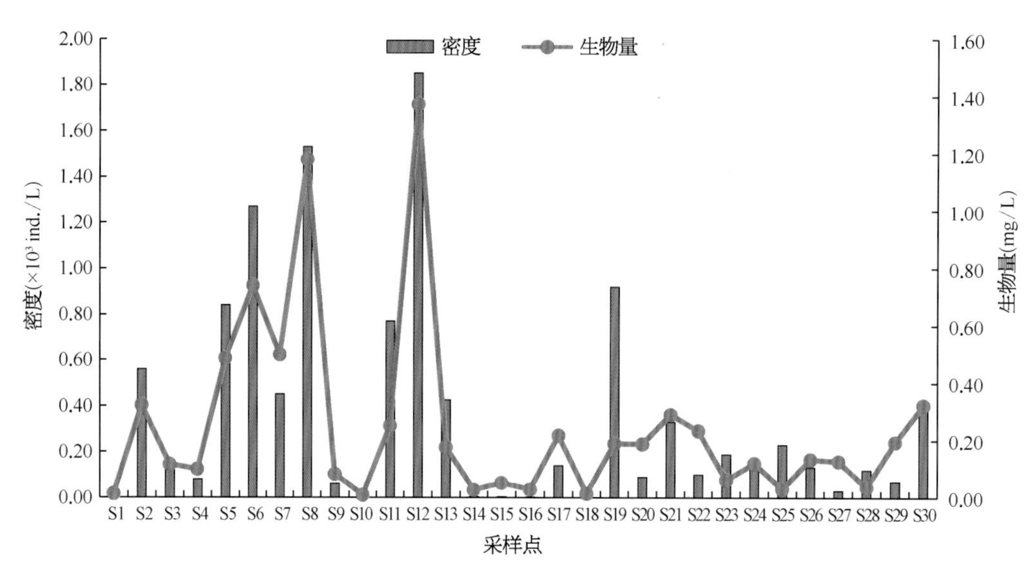

图3.3-4 冬季太湖采样点浮游动物密度及生物量

定的群落具有较高的多样性和均匀度。2017～2018年春夏秋冬四季太湖30个采样点浮游动物多样性、均匀度和丰富度的变化特征如下。

春季太湖Shannon-Weaver多样性指数（H'）范围为0.00～2.16，平均为0.94，Shannon-Weaver多样性指数（H'）最大值出现在5号采样点，最小值出现在26号采样点；Pielou均匀度指数（J）范围为0.00～0.98，平均为0.57，Pielou均匀度指数（J）最大值出现在6号采样点，最小值出现在26号采样点；Margalef丰富度指数（R）范围为0.00～2.64，平均为1.05，Margalef丰富度指数（R）最大值出现在5号采样点，最小值出现在26号采样点（图3.3-5）。

夏季太湖Shannon-Weaver多样性指数（H'）范围为0.31～2.27，平均为1.37，Shannon-Weaver多样性指数（H'）最大值出现在2号采样点，最小值出现在21号采样点；Pielou均匀度指数（J）范围为0.22～0.96，平均为0.65，Pielou均匀度指数（J）最大值出现在3号采样点，最小值出现在21号采样点；Margalef丰富度指数（R）范围为0.55～2.85，平均为1.35，Margalef丰富度指数（R）最大值出现在13号采样点，最小值出现在21号采样点（图3.3-6）。

秋季太湖Shannon-Weaver多样性指数（H'）范围为0.20～2.38，平均为1.53，Shannon-Weaver多样性指数（H'）最大值出现在9号采样点，最小值

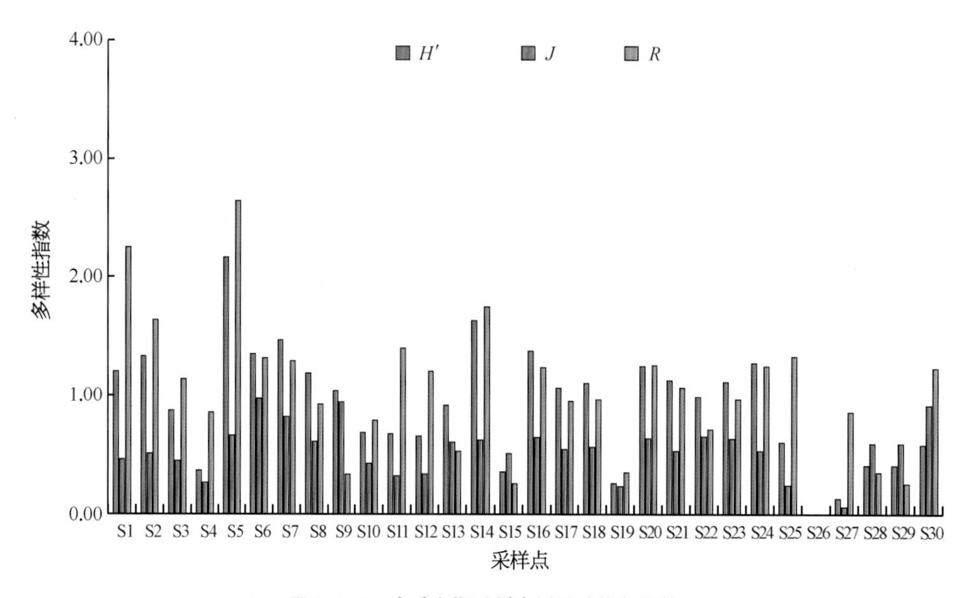

图3.3-5 春季太湖采样点浮游动物各指数

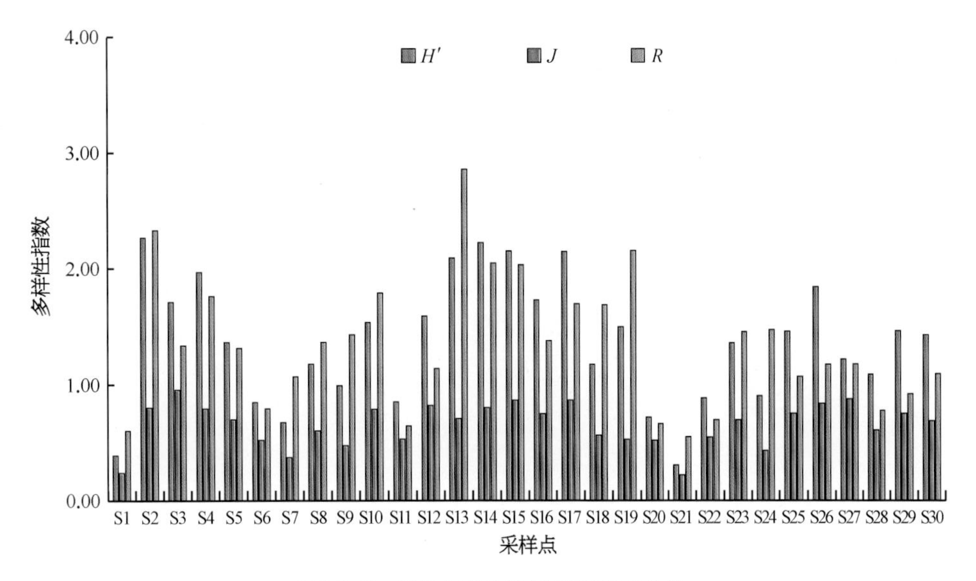

图3.3-6　夏季太湖采样点浮游动物各指数

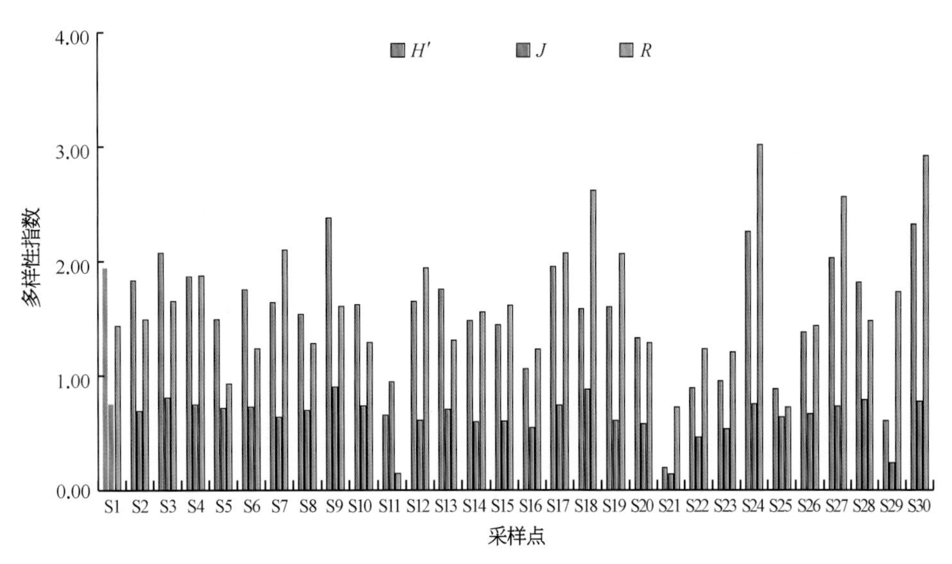

图3.3-7　秋季太湖采样点浮游动物各指数

出现在21号采样点；Pielou均匀度指数（J）范围为0.14 ～ 0.94，平均为0.67，Pielou均匀度指数（J）最大值出现在11号采样点，最小值出现在21号采样点；Margalef丰富度指数（R）范围为0.14 ～ 3.02，平均为1.59，Margalef丰富度指数（R）最大值出现在24号采样点，最小值出现在11号采样点（图3.3-7）。

冬季太湖Shannon-Weaver多样性指数（H'）范围为0.03 ～ 2.13，平均为1.30，Shannon-Weaver多样性指数（H'）最大值出现在8号采样点，最小值出现在9号采样点；Pielou均匀度指数（J）范围为0.28 ～ 0.99，平均为0.55，Pielou均匀度指数（J）最大值出现在15号采样点，最小值出现在20号采样点；Margalef丰富度指数（R）范围为0.24 ～ 5.48，平均为1.66，Margalef丰富度指数（R）最大值出现在16号采样点，最小值出现在9号采样点（图3.3-8）。

· 结果与讨论

浮游动物是水体中常见的生物类群之一，它们个体微小，却是水生态系统中不可缺少的一部分。一方面，它们作为水中食物链的一环，能够摄食碎屑和藻类，起到分解者和净化水质的作用；另一方面它们能够被鱼类等大型水生动物摄食，是一种很好的饵料。另外，浮游动物大多对水质变化较为敏感，因此常被用作污染指示种来监测水质变化。开展太湖内浮游动物调查，能够帮助我们动态了解太湖水质变化，以期

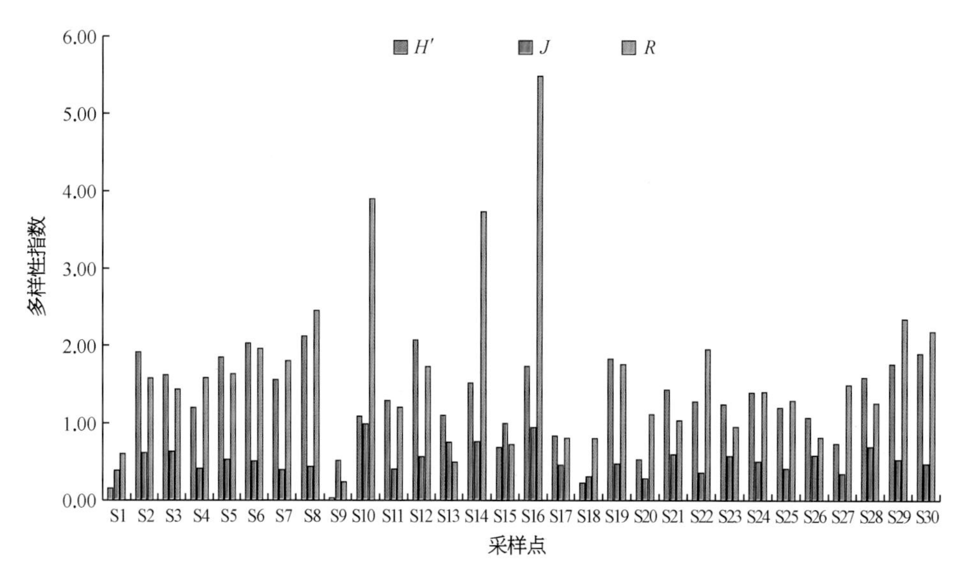

图3.3-8　冬季太湖采样点浮游动物各指数

为水环境治理、生态渔业工作提供有效的建议。

太湖全年调查发现原生动物、轮虫、枝角类和桡足类共4门85种，其中原生动物25种、轮虫25种、枝角类17种、桡足类18种。主要优势种为江苏似铃壳虫、长筒似铃壳虫、中华似铃壳虫、独角聚花轮虫、镰状臂尾轮虫、萼花臂尾轮虫、螺形龟甲轮虫、矩形龟甲轮虫、针簇多肢轮虫、长额象鼻溞和简弧象鼻溞。李娣等于2013年5月份和9月份对太湖浮游动物群落结构进行了调查，共发现浮游动物63种，其中原生动物11种、轮虫25种、枝角类14种、桡足类13种，主要优势种为砂壳虫和长多肢轮虫。沈振华等于同年6～10月份对太湖控藻围隔内浮游动物进行调查发现4门52种浮游动物。其中以轮虫居多，共21种；其次为原生动物，共12种；枝角类11种；桡足类最少，为8种。主要优势种有团状聚花轮虫、细异尾轮虫、蒲达臂尾轮虫、萼花臂尾轮虫、裂足臂尾轮虫和曲腿龟甲轮虫、脆弱象鼻溞、简弧象鼻溞和僧帽溞、湖泊美丽猛水蚤、汤匙华哲水蚤和英勇剑水蚤。与2013年调查结果相比，本次调查浮游动物物种数、优势种数明显增加，原因主要是本次调查相比以前范围更广、周期更长，因此发现的浮游动物种类较多。从几次调查结果来看，太湖浮游动物以小型的原生动物和轮虫为主，且轮虫种类多为耐污种，表明太湖水质处于富营养化水平。

在国内外研究工作者的基础上，根据浮游动物的大小、摄食习性以及浮游动物之间的相互作用，将淡水生态系统浮游动物划分为原生动物滤食者PF、原生动物捕食者PC、轮虫滤食者RF、轮虫捕食者RC、小型浮游动物滤食者SCF、小型浮游动物捕食者SCC、中型浮游动物滤食者MCF、中型浮游动物捕食者MCC、大型浮游动物滤食者LCF和大型浮游动物捕食者LCC，共10个浮游动物功能群。本次调查结果显示太湖浮游动物大致分为8个功能群，未发现小型浮游动物捕食者SCC和大型浮游动物捕食者LCC。各季节浮游动物功能群主要以原生动物滤食者PF和轮虫滤食者RF占优势，功能群PF主要由砂壳虫、似铃壳虫、表壳虫等组成，功能群RF主要由臂尾轮虫属、异尾轮虫属和龟甲轮虫属中的一些轮虫组成。另外，相比之下，夏季小型浮游动物滤食者SCF如象鼻溞密度较大，秋季中性浮游动物捕食者MCC如近邻剑水蚤、广布中剑水蚤等密度较大。

本次调查发现太湖浮游动物密度和生物量具有较明显的时空差异，具体表现为各采样点密度和生物量差距明显，秋季浮游动物密度最高，其次为春季和夏季，两季节密度相近，夏季略多于春季，最后是冬季；而生物量方面表现为夏季最高，之后依此为秋季、春季、冬季。研究表明，水温是影响浮游动物生长、发育、群落组成、数量变化等极为重要的环境因子，夏季水温最高，浮游动物种类及密度一般也多于其他月份。另外，浮游动物的季节变化还受营养盐、浮游植物的上行效应、鱼类摄食的下行效应、水文变化、种间竞争等影响。太湖浮游动物密度最大值出现在秋季，生物量最大值出现在夏季，原因主要是太湖夏季以小型浮游动物为食的大型浮游动物和鱼类等密度较大，占整体密度较大比例的原生动物和轮虫被大量摄食，导致夏季密度较低。冬季水温降低，浮游动物密度和生物量均低于其他季节。与2013年调查结果相比，此次调查秋季浮游动物密度明显高于2013年调查结果，而其他三个季节与之前的调查结果相近，生物量相比控藻区较低，主要是因为控藻区富营养化程度高，聚集了一些大型浮游动物所致。

浮游动物多样性指数能够说明群落结构的稳定程度和水质好坏。此次调查发现太湖春季Shannon-Weaver多样性指数最低，湖水呈重污染状态，其他三个季节呈中污染状态。Pielou均匀度指数表明太湖浮游动物群落结构比较稳定，夏、秋两季最为稳定。各采样点Shannon-Weaver多样性指数差异较大，与2013年调查相比有所下降，表明太湖水质相比2013年并未有所好转。

综上所述，太湖浮游动物种类和群落结构相对稳定，密度和生物量存在较明显的时空差异，生物丰富度和均匀度较好，多样性指数有所降低，湖水整体处于中污染状态。

洪泽湖

群落组成

2016～2018年春夏秋冬四季通过对洪泽湖24个采样点浮游动物的调查采样，春季共鉴定出原生动物（Protozoa）、轮虫类（Rotifera）、枝角类（Cladocera）、桡足类（Copepoda），共4门38属65种。其中，轮虫类物种数最多有10属21种，占32.30%；其次为枝角类，共10属19种，占浮游动物物种总数的比例为29.20%；桡足类有11属15种，占23.10%；原生动物有5属9种，占13.80 %。

夏季共鉴定出轮虫类（Rotifera）、枝角类（Cladocera）、桡足类（Copepoda），共3门27属45种。其中，枝角类和桡足类物种数最多。其中，枝角类有12属17种，占浮游动物物种总数的比例为37.78%；桡足类有8属16种，占35.56%；轮虫类有7属12种，占26.67%。

秋季共鉴定出原生动物（Protozoa）、轮虫类（Rotifera）、枝角类（Cladocera）、桡足类（Copepoda），共4门24属50种。其中轮虫类有11属18种，种数最多，占浮游动物物种总数的比例为36.00%；其次为原生动物有5属12种，占24.00%；桡足类4属4种，占8.00%；枝角类有4属6种，占12.00%。

冬季共鉴定出轮虫类（Rotifera）、枝角类（Cladocera）和桡足类（Copepoda），共3门16属32种。其中，轮虫类物种数最多，共8属17种，占浮游动物物种总数的比例为53.13%；其次为桡足类有7属12种，占37.50%；枝角类有1属3种，占9.40%。

优势种

以优势度指数Y>0.02定位优势种，春季洪泽湖24个采样点浮游动物的优势类群共计2门3属3种，为桡足类的无节幼体、桡足类的特异荡漂水蚤和枝角类的简弧象鼻溞，优势度分别为0.084、0.038 9和0.032。

夏季优势类群共计1门2属2种，为枝角类的简弧象鼻溞和角突网纹溞，其优势度分别为0.035 7和0.029 5。

秋季优势类群共计2门2属2种，为枝角类的长额象鼻溞和轮虫类的螺形龟甲轮虫，优势度分别为0.11和0.02。

冬季优势类群共计2门2属2种，为桡足类的无节幼体和轮虫类的针簇多肢轮虫，优势度分别为0.048和0.045。

现存量

春季洪泽湖浮游动物密度变化范围为2.00～63.30 ind./ L，平均密度为22.48 ind./L，其中浮游动物最大密度出现在2号采样点，浮游动物最小密度出现在22号采样点；浮游动物生物量变化范围为0.03～2.21 mg/L，平均生物量为0.54 mg/L，其中浮游动物最大生物量出现在2号采样点，浮游动物最小生物量出现在22号采样点（图3.3-9）。

夏季洪泽湖浮游动物密度变化范围为4.00～67.33 ind./ L，平均密度为27.40 ind./L，其中浮游动物最大密度出现在21号采样点，浮游动物最小密度出现在3号采样点；浮游动物生物量变化范围为0.13～2.20 mg/L，平均生物量为0.79 mg/L，其中浮游动物最大生物量出现在21号采样点，浮游动物最小生物量出现在3号采样点（图3.3-10）。

秋季洪泽湖浮游动物密度变化范围为1.00～

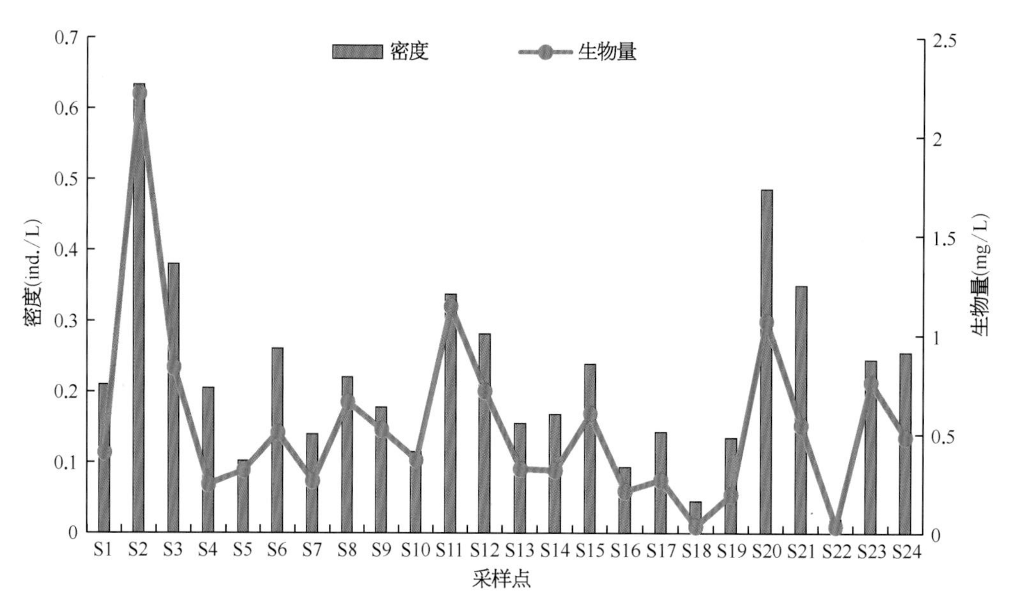

图3.3-9　春季洪泽湖采样点浮游动物密度及生物量

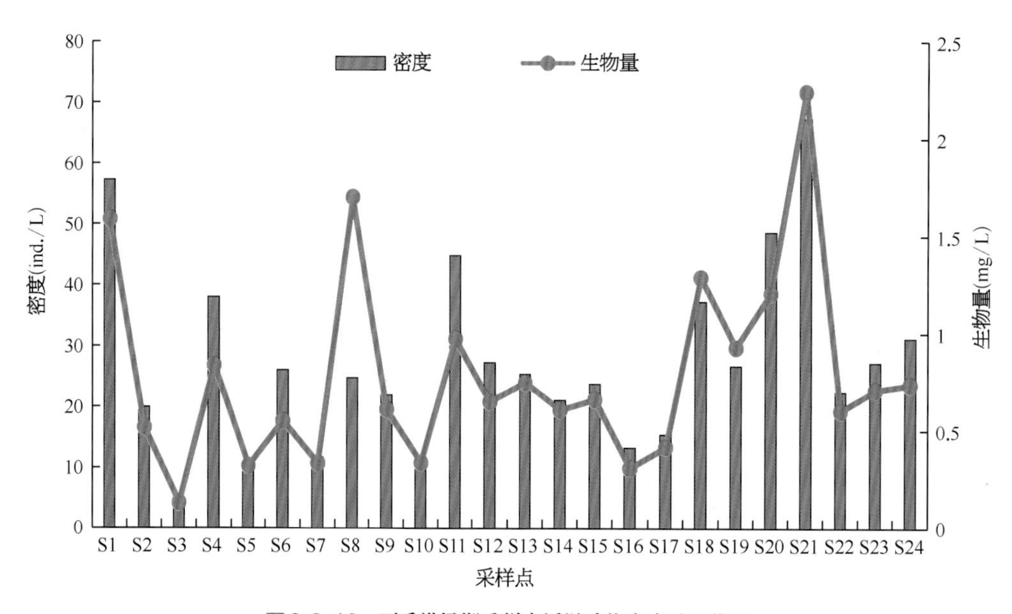

图3.3-10　夏季洪泽湖采样点浮游动物密度及生物量

110.50 ind./ L，平均密度为17.50 ind./L，其中浮游动物最大密度出现在3号采样点，浮游动物最小密度出现在19号采样点；浮游动物生物量变化范围为0.001 2 ～ 2.52 mg/L，平均生物量为0.32 mg/L，其中浮游动物最大生物量出现在3号采样点，浮游动物最小生物量出现在19号采样点（图3.3-11）。

冬季洪泽湖浮游动物密度变化范围为0.17 ～ 15.86 ind./L，平均密度为4.86 ind./L，其中浮游动物最大密度出现在18号采样点，浮游动物最小密度出现在10号采样点；浮游动物生物量变化范围为0.000 136 ～ 0.12 mg/L，平均生物量为0.04 mg/L，其中浮游动物最大生物量出现在16号采样点，浮游动物最小生物量出现在10号采样点（图3.3-12）。

· 群落多样性

春季洪泽湖Shannon-Weaver多样性指数（H'）范围为1.49 ～ 2.38，平均为1.97，Shannon-Weaver多样性指数（H'）最大值出现在21号采样点，最小值出现在22号采样点；Pielou均匀度指数（J）范围为0.70 ～ 0.93，平均为0.81，Pielou均匀度指数（J）最大值出现在22号采样点，最小值出现在1号采样点；Margalef丰富度指数（R）范围为1.84 ～ 5.91，平均为3.88，Margalef丰富度指数（R）最大值出现在21

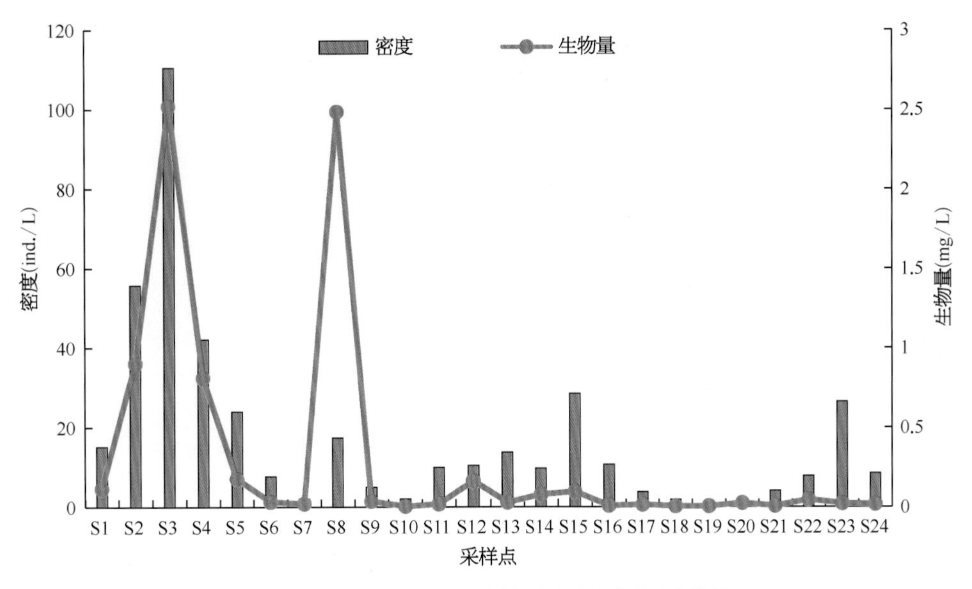

图3.3-11 秋季洪泽湖采样点浮游动物密度及生物量

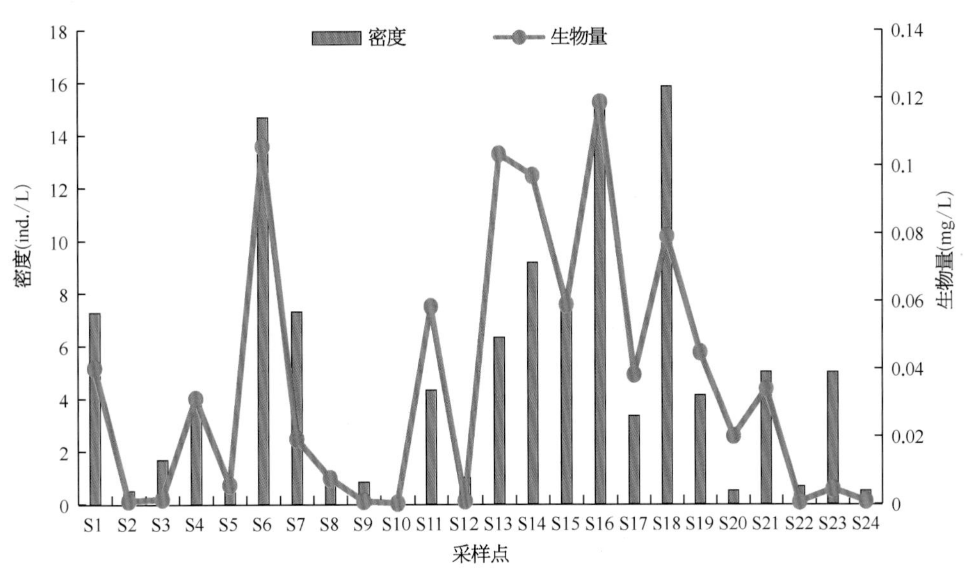

图3.3-12 冬季洪泽湖采样点浮游动物密度及生物量

号采样点，最小值出现在6号采样点（图3.3-13）。

夏季洪泽湖Shannon-Weaver多样性指数（H'）范围为1.47～2.31，平均为1.94，Shannon-Weaver多样性指数（H'）最大值出现在13号采样点，最小值出现在19号采样点；Pielou均匀度指数（J）范围为0.65～0.98，平均为0.82，Pielou均匀度指数（J）最大值出现在22号采样点，最小值出现在18号采样点；Margalef丰富度指数（R）范围为1.84～5.57，平均为3.24，Margalef丰富度指数（R）最大值出现在13号采样点，最小值出现在6号采样点（图3.3-14）。

秋季洪泽湖Shannon-Weaver多样性指数（H'）范围为1.28～2.42，平均为1.97，Shannon-Weaver多样性指数（H'）最大值出现在2号，最小值出现在18号采样点；Pielou均匀度指数（J）范围为0.73～1.00，平均为0.87，Pielou均匀度指数（J）最大值出现在7号、19号和20号采样点，最小值出现在3号采样点；Margalef丰富度指数（R）范围为0.00～10.72，平均为4.75，Margalef丰富度指数（R）最大值出现在20号采样点，最小值出现在19号采样点（图3.3-15）。

冬季洪泽湖Shannon-Weaver多样性指数（H'）范围为0.00～2.19，平均为1.13，Shannon-Weaver多样性指数（H'）最大值出现在13号采样点，最小值出现

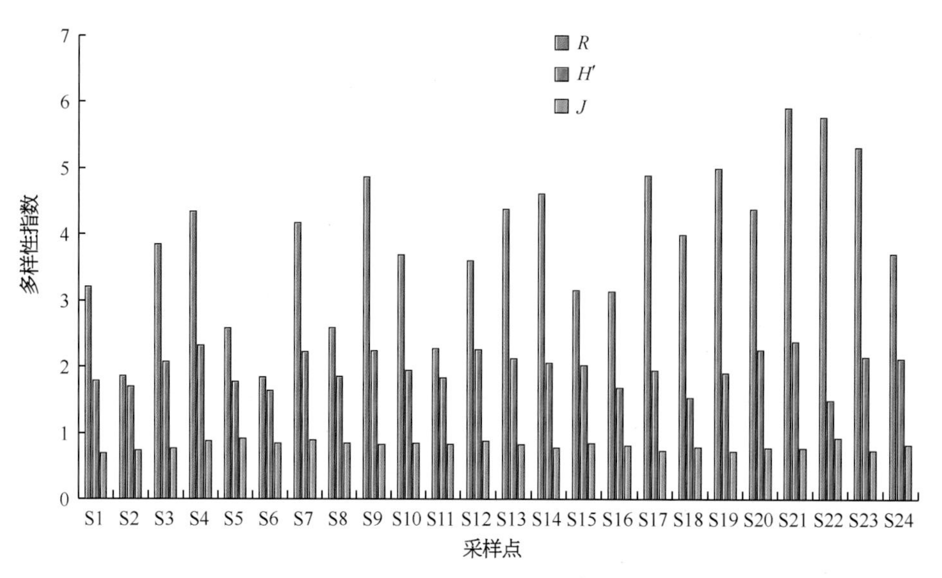

图3.3-13 春季洪泽湖采样点浮游动物各指数

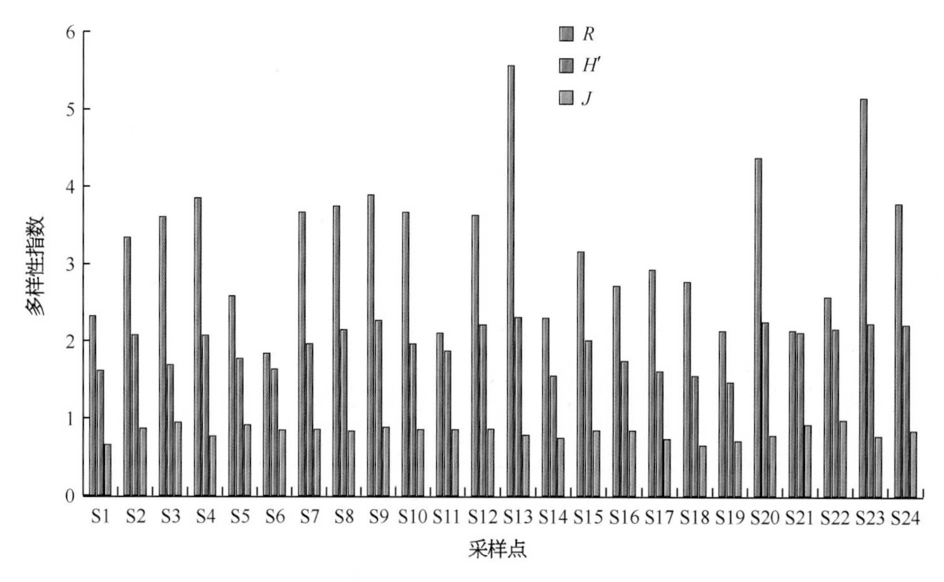

图3.3-14 夏季洪泽湖采样点浮游动物各指数

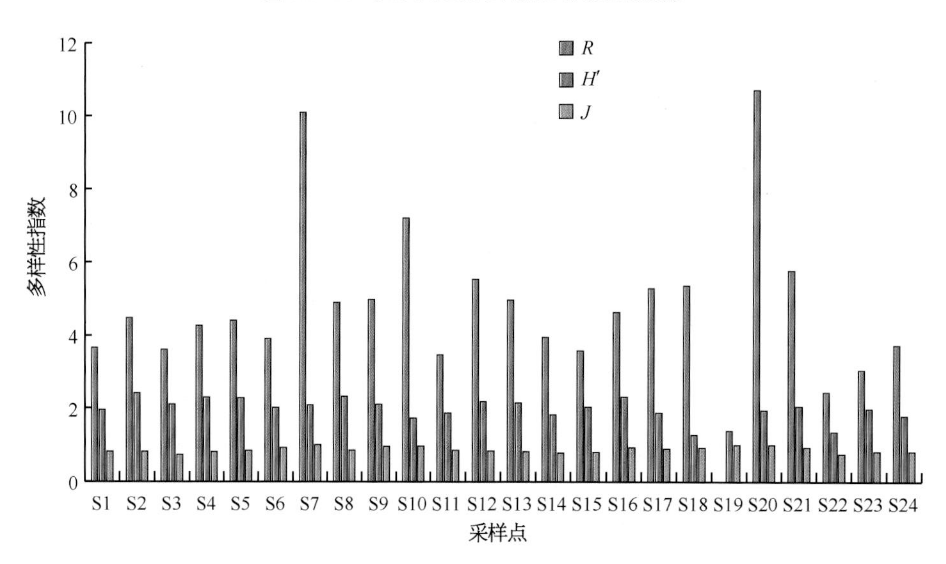

图3.3-15 秋季洪泽湖采样点浮游动物各指数

在9号、10号和12号采样点；Pielou均匀度指数（J）范围为0.00～0.97，平均为0.70，Pielou均匀度指数（J）最大值出现在17号采样点，最小值出现在9号、10号和12号采样点；Margalef丰富度指数（R）范围为0.00～6.20，平均为2.39，Margalef丰富度指数（R）最大值出现在21号采样点，最小值出现在2号、5号、8号、10号和13号采样点（图3.3-16）。

· 结果与讨论

洪泽湖全年调查发现原生动物、轮虫、枝角类和桡足类共4门79种，其中原生动物15种、轮虫28种、枝角类19种、桡足类15种。主要优势种为江苏拟铃壳虫、镰状臂尾轮虫、针簇多肢轮虫、螺形龟甲轮虫、角突网纹溞、简弧象鼻溞、长额象鼻溞和特异荡漂水溞。都雪等于2010年5月～2011年2月对洪泽湖浮游动物群落结构进行了调查，共发现浮游动物53种，其中轮虫34种、枝角类9种、桡足类10种，主要优势种为曲腿龟甲轮虫、前节晶囊轮虫、萼花臂尾轮虫、长额象鼻蚤、汤匙华哲水蚤和中华窄腹剑水蚤。杨士建2003年对洪泽湖浮游动物群落结构进行了调查，发现浮游动物35科63属91种，其中原生动物15科18属21种、轮虫9科24属37种、枝角类6科10属19种、桡足类5科11属14种 。与两次调查结果相比，本次调查浮游动物物种数、优势种数明显低于2003年高于2010年，原因主要是本次调查相比以前的范围、周期有一定变化，因此发现的浮游动物种类较多。从几次调查结果来看，洪泽湖浮游动物以小型的原生动物和枝角类为主，表明洪泽湖水质可能处于富营养化水平。

在国内外研究工作者的基础上，根据浮游动物的大小、摄食习性以及浮游动物之间的相互作用，将淡水生态系统浮游动物划分为原生动物滤食者PF、原生动物捕食者PC、轮虫滤食者RF、轮虫捕食者RC、小型浮游动物滤食者SCF、小型浮游动物捕食者SCC、中型浮游动物滤食者MCF、中型浮游动物捕食者MCC、大型浮游动物滤食者LCF和大型浮游动物捕食者LCC，共10个浮游动物功能群。本次调查结果显示洪泽湖浮游动物大致分为8个功能群，未发现小型浮游动物捕食者SCC和大型浮游动物捕食者LCC。各季节浮游动物功能群主要以原生动物滤食者PF和轮虫滤食者RF占优势，功能群PF主要由砂壳虫、拟铃壳虫、表壳虫等组成，功能群RF主要由多肢轮虫属和龟甲轮虫属中的一些轮虫组成。另外，相比之下，夏季小型浮游动物滤食者SCF如象鼻溞密度较大，秋季中性浮游动物捕食者MCC如近邻剑水蚤、广布中剑水蚤等密度较大。

本次调查发现洪泽湖浮游动物密度和生物量具有较明显的季节差异，具体表现为各采样点密度和生物量差距明显，夏季浮游动物密度最高，其次为春季和秋季，两季节密度相近，春季略多于秋季，最后是冬季；而生物量方面表现为夏季最高，之后依此为春季、秋季、冬季。研究表明，水温是影响浮游动物生长、发育、群落组成和数量变化等极为重要的环境因子，夏季水温最高，浮游动物种类及密度一般也多于

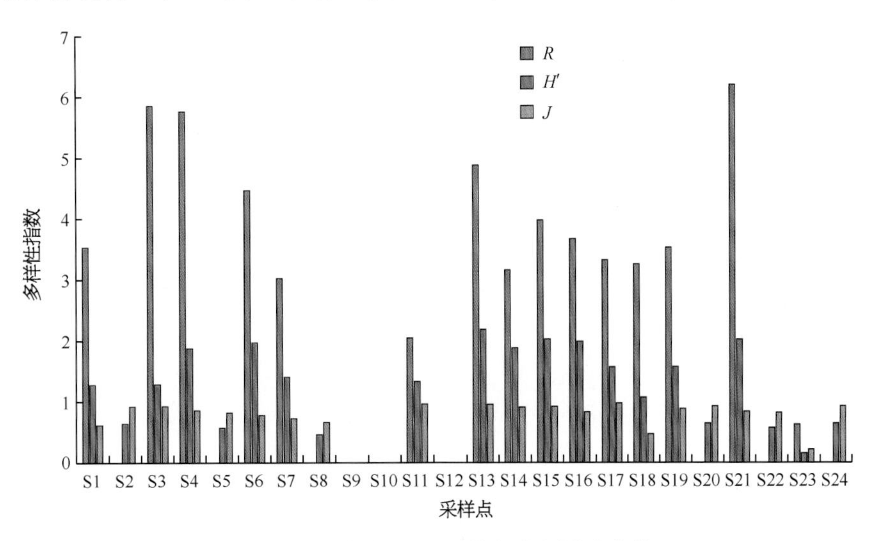

图3.3-16　冬季洪泽湖采样点浮游动物各指数

(高于)其他月份。另外，浮游动物的季节变化还受营养盐、浮游植物的上行效应、鱼类摄食的下行效应、水文变化、种间竞争等影响。洪泽湖浮游动物密度最大值出现在夏季，生物量最大值也出现在夏季。冬季水温降低，浮游动物密度和生物量均低于其他季节。

浮游动物多样性指数能够说明群落结构的稳定程度和水质好坏。此次调查发现洪泽湖冬季Shannon-Weaver多样性指数最低，湖水呈重污染状态，其他三个季节呈中污染状态。Pielou均匀度指数表明洪泽湖浮游动物群落结构比较稳定，夏秋两季最为稳定。各采样点Shannon-Weaver多样性指数差异不大。

综上所述，洪泽湖浮游动物种类和群落结构相对稳定，密度和生物量存在较明显的时空差异，生物丰富度和均匀度较好，多样性指数有所降低，湖水整体处于中污染状态。

高宝邵伯湖

群落组成

2016～2018年分别通过对高宝邵伯湖春夏秋冬20个采样点浮游动物的调查采样，春季共鉴定出原生动物(Protozoa)、轮虫类(Rotifera)、枝角类(Cladocera)和桡足类(Copepoda)，共4门36属66种。其中，轮虫类物种数最多，共18属33种，占浮游动物物种总数的比例为50.00%；桡足类有5属7种，占10.60%；枝角类有10属12种，占18.20%；原生动物3属8种，占12.12%。

夏季共鉴定出轮虫类(Rotifera)、枝角类(Cladocera)和桡足类(Copepoda)，共3门15属26种。其中，轮虫类物种数最多，共6属14种，占浮游动物物种总数的比例为53.80%；枝角类有5属6种，占23.10%；桡足类有4属6种，占23.10%。

秋季共鉴定出原生动物(Protozoa)、轮虫类(Rotifera)、枝角类(Cladocera)和桡足类(Copepoda)，共4门23属42种。其中，轮虫类物种数最多，共8属16种，占浮游动物物种总数的比例为38.10%；原生动物类有4属9种，占21.40%；枝角类有6属9种，占21.40%；桡足类有5属8种，占19.10%。

冬季共鉴定出桡足类(Copepoda)、轮虫类(Rotifera)和枝角类(Cladocera)，共3门13属23种。其中，轮虫类物种数最多，共7属14种，占浮游动物物种总数的比例为54.55%；枝角类有1属2种，占27.27%；桡足类物种有5属7种，占18.18%。

优势种

以优势度指数Y>0.02定位优势种，春季高宝邵伯湖20个采样点浮游动物的优势类群共计4门12属18种：为轮虫类的独角聚花轮虫、萼花臂尾轮虫、壶状臂尾轮虫、角突臂尾轮虫、矩形龟甲轮虫、螺形龟甲轮虫、脾状四肢轮虫、曲腿龟甲轮虫、圆筒异尾轮虫、针簇多肢轮虫、真胫腔轮虫和角突臂尾轮虫，优势度分别为0.07、0.47、0.08、0.17、0.11、0.14、0.10、0.04、0.22、0.03、0.02和0.17；枝角类的脆弱象鼻溞、简弧象鼻溞和长额象鼻溞，优势度分别为0.04、0.12和0.19；桡足类的近邻剑水蚤和汤匙华哲水蚤，优势度分别为0.03和0.03；原生动物类的樽形拟铃壳虫，优势度为0.11。

夏季优势类群共计3门9属10种：为轮虫类的萼花臂尾轮虫、晶囊轮虫和曲腿龟甲轮虫，优势度为0.18、0.24和0.08；枝角类的简弧象鼻溞、圆形盘肠溞、长额象鼻溞和僧帽溞，优势度分别为0.39、0.46、0.27和0.05；桡足类的广布中剑水蚤、近邻剑水蚤和锯缘真剑水蚤，优势度为0.11、0.09和0.14。

秋季优势类群共计4门20属27种：为轮虫类的刺盖异尾轮虫、萼花臂尾轮虫、剪形臂尾轮虫、晶囊轮虫、橘色轮虫、矩形龟甲轮虫、裂痕龟纹轮虫、螺形龟甲轮虫、迈氏三肢轮虫、曲腿龟甲轮虫和针簇多肢轮虫，优势度分别为0.05、0.03、0.02、0.05、0.05、0.02、0.07、0.06、0.02、0.06和0.09；枝角类的简弧象鼻溞、角突网纹溞、微型裸腹溞和长额象鼻溞，优势度分别为0.24、0.20、0.07和0.54；桡足类的粗壮温剑水蚤、等刺温剑水蚤、短尾温剑水蚤、广布中剑水蚤、锯缘真剑水蚤、汤匙华哲水蚤和透明温剑水蚤，优势度分别为0.05、0.02、0.02、0.06、0.02、0.04和0.04；原生动物类的淡水薄铃虫、江苏似铃壳虫、雷殿似铃壳虫、瘤棘砂壳虫和樽形似铃壳虫，优势度分别为0.04、0.03、0.04、0.08和0.02。

冬季优势类群共计3门10属15种：为轮虫类的

等刺异尾轮虫、萼花臂尾轮虫、壶状臂尾轮虫、角突臂尾轮虫、截头皱甲轮虫、晶囊轮虫、矩形龟甲轮虫、裂足臂尾轮虫、曲腿龟甲轮虫和针簇多肢轮虫，优势度分别为0.13、0.38、0.07、0.19、0.12、0.20、0.07、0.23、0.06和0.10；枝角类的简弧象鼻溞和长额象鼻溞，优势度分别为1.18和0.30。桡足类的广布中剑水蚤、近邻剑水蚤和锯缘真剑水蚤，优势度分别为0.13、0.09和0.04。

· 现存量

春季高宝邵伯湖浮游动物密度变化范围为7.00 ~ 140.00 ind./L，平均密度为43.27 ind./L，其中浮游动物最大密度出现在2号采样点，浮游动物最小密度出现在20号采样点；浮游动物生物量变化范围为0.015 ~ 2.30 mg/L，平均生物量为0.58 mg/L，其中浮游动物最大生物量出现在8号采样点，浮游动物最小生物量出现在4号采样点（图3.3–17）。

夏季高宝邵伯湖浮游动物密度变化范围为2.17 ~ 203.33 ind./L，平均密度为50.78 ind./L，其中浮游动物最大密度出现在16号采样点，浮游动物最小密度出现在11号采样点；浮游动物生物量变化范围为0.03 ~ 7.12 mg/L，平均生物量为1.80 mg/L，其中浮游动物最大生物量出现在16号采样点，浮游动物最小生物量出现在10号采样点（图3.3–18）。

秋季高宝邵伯湖浮游动物密度变化范围为

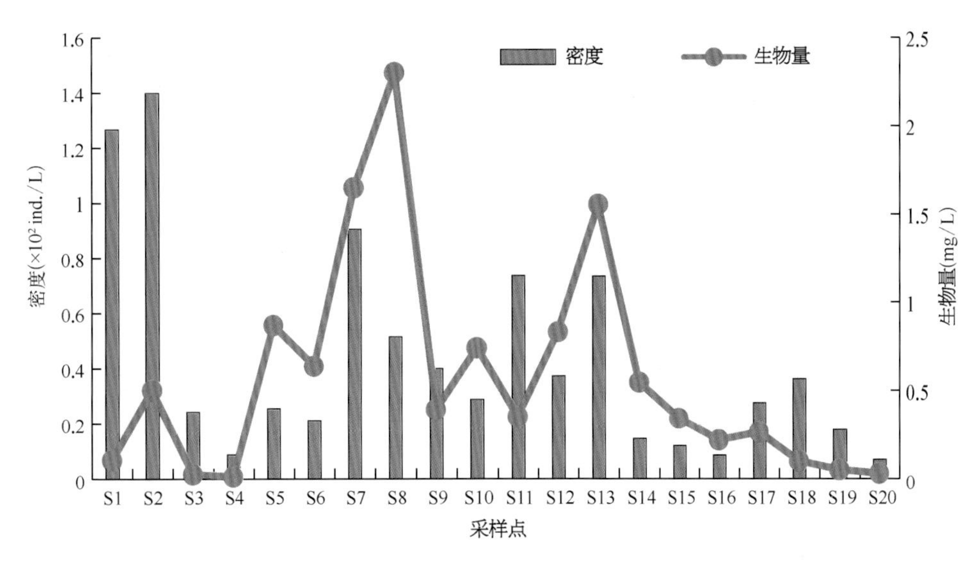

图3.3–17 春季高宝邵伯湖采样点浮游动物密度及生物量

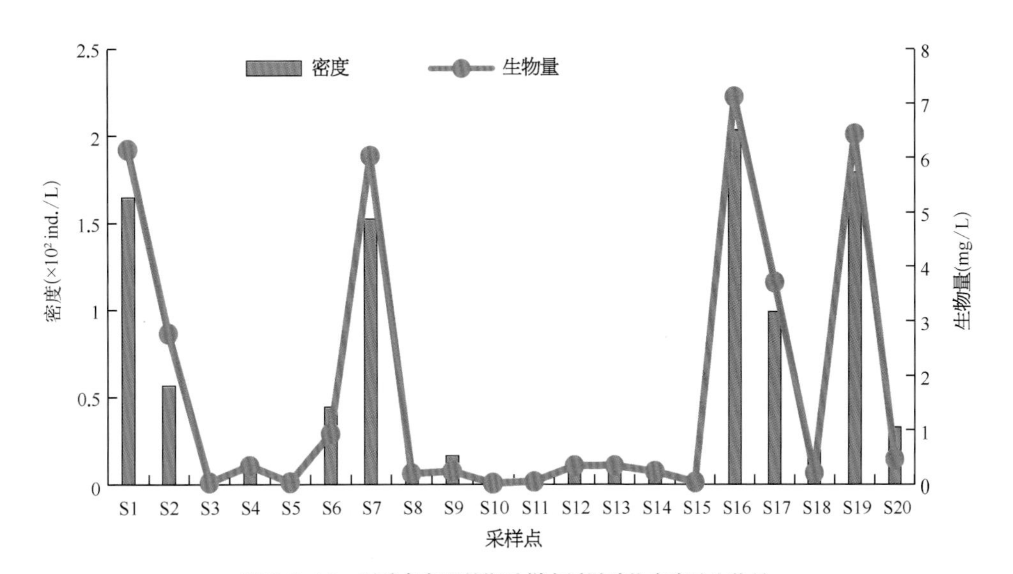

图3.3–18 夏季高宝邵伯湖采样点浮游动物密度及生物量

0.75 ~ 39.00 ind./L，平均密度为10.35 ind./L，其中浮游动物最大密度出现在11号采样点，浮游动物最小密度出现在10号采样点；浮游动物生物量变化范围为0.005 6 ~ 1.55 mg/L，平均生物量为0.32 mg/L，其中浮游动物最大生物量出现在11号采样点，浮游动物最小生物量出现在4号采样点（图3.3-19）。

冬季高宝邵伯湖浮游动物密度变化范围为0.00 ~ 67.50 ind./L，平均密度为10.30 ind./L，其中浮游动物最大密度出现在9号采样点，浮游动物最小密度出现在11号和18号采样点；浮游动物生物量变化范围为0.00 ~ 2.30 mg/L，平均生物量为0.27 mg/L，其中浮游动物最大生物量出现在9号采样点，浮游动物最小生物量出现在11号和18号采样点（图3.3-20）。

· 浮游动物多样性

春季高宝邵伯湖Margalef丰富度指数（R）范围为1.85 ~ 4.88，平均为3.59，Margalef丰富度指数（R）最大值出现在11号采样点，最小值出现在1号采样点；Shannon-Weaver多样性指数（H'）范围为1.15 ~ 2.31，平均为1.84，Shannon-Weaver多样性指数（H'）最大值出在12号采样点，最小值出现在18号采样点；Pielou均匀度指数（J）范围为0.50 ~ 0.91，平均为0.73，Pielou均匀度指数（J）最大值出现在4号采样点，最小值出现在18号采样点（图3.3-21）。

夏季高宝邵伯湖Margalef丰富度指数（R）范围为0.96 ~ 8.73，平均为3.60，Margalef丰富度指数

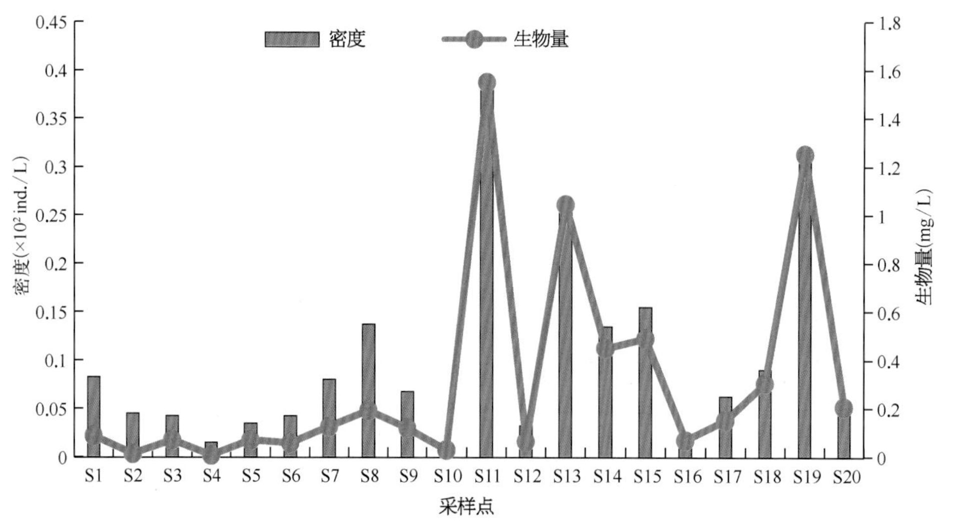

图3.3-19 秋季高宝邵伯湖采样点浮游动物密度及生物量

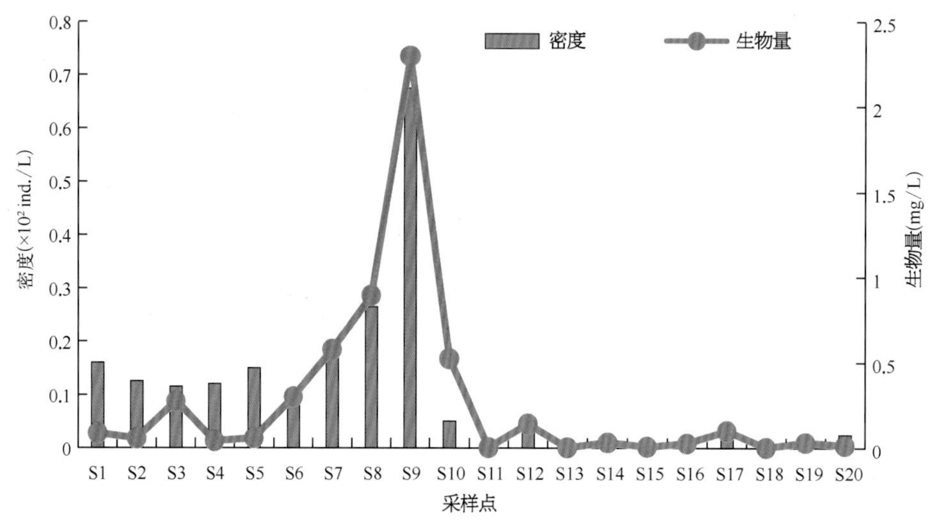

图3.3-20 冬季高宝邵伯湖采样点浮游动物密度及生物量

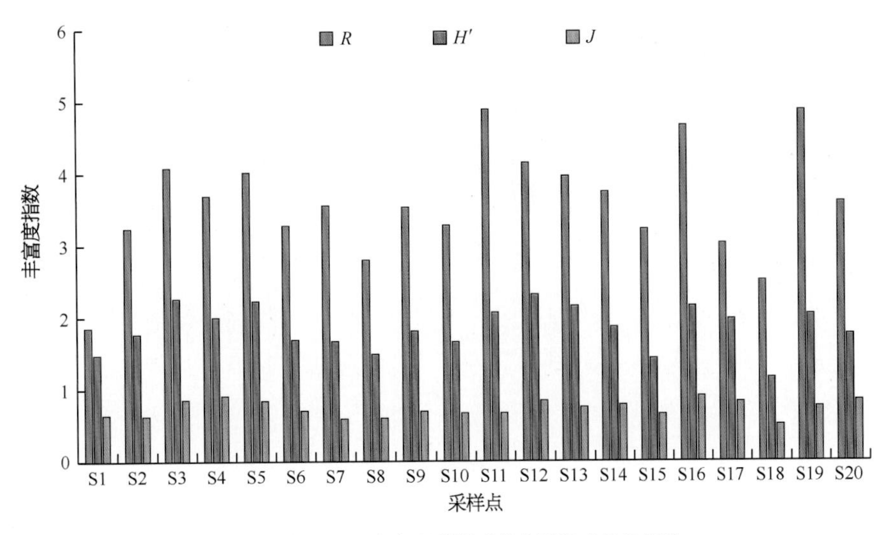

图3.3-21 春季高宝邵伯湖采样点浮游动物各指数

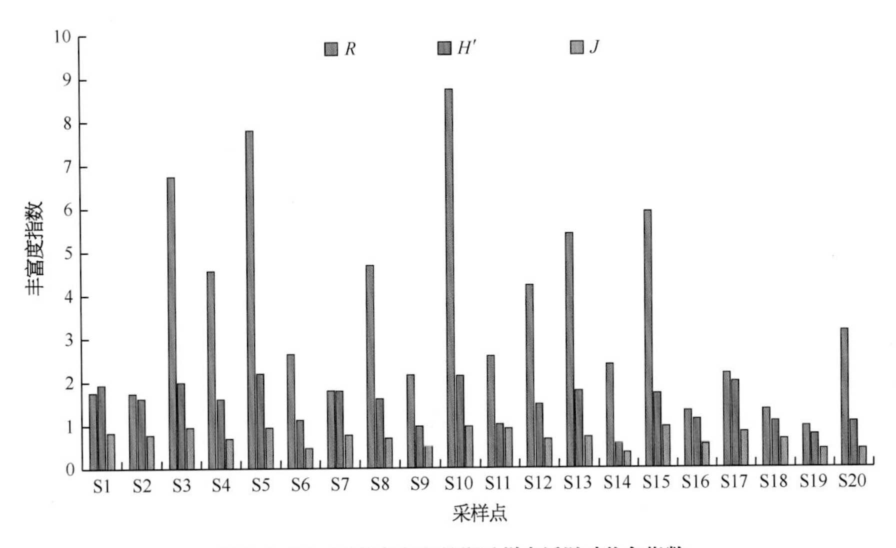

图3.3-22 夏季高宝邵伯湖采样点浮游动物各指数

（*R*）最大值出现在10号采样点，最小值出现在19号采样点；Shannon-Weaver多样性指数（*H′*）范围为0.56～2.19，平均为1.47，Shannon-Weaver多样性指数（*H′*）最大值出在5号采样点，最小值出现在14号采样点；Pielou均匀度指数（*J*）范围为0.35～0.97，平均为0.71，Pielou均匀度指数（*J*）最大值出现在10号采样点，最小值出现在14号采样点（图3.3-22）。

秋季高宝邵伯湖Margalef丰富度指数（*R*）范围为0～6.22，平均为3.94，Margalef丰富度指数（*R*）最大值出现在6号采样点，最小值出现在10号采样点；Shannon-Weaver多样性指数（*H′*）范围为0.51～2.42，平均为1.53，Shannon-Weaver多样性指数（*H′*）最大值出在1号采样点，最小值出现在19号采样点；Pielou均匀度指数（*J*）范围为0.26～0.51，平均为0.77，Pielou均匀度指数（*J*）最大值出现在6号采样点，最小值出现在19号采样点（图3.3-23）。

冬季高宝邵伯湖Margalef丰富度指数（*R*）范围为0.00～4.34，平均为1.28，Margalef丰富度指数（*R*）最大值出现在20号采样点，最小值出现在11号、13号、14号、15号、16号、18号和19号采样点；Shannon-Weaver多样性指数（*H′*）范围为0.00～1.93，平均为1.03，Shannon-Weaver多样性指数（*H′*）最大值出现在7号采样点，最小值出现在11号和18号采样点；Pielou均匀度指数（*J*）范围为0.00～15.00，平均为0.75，Pielou均匀度指数（*J*）最大值出现在15号采样点，最小值出现在11号和18号采样点（图3.3-24）。

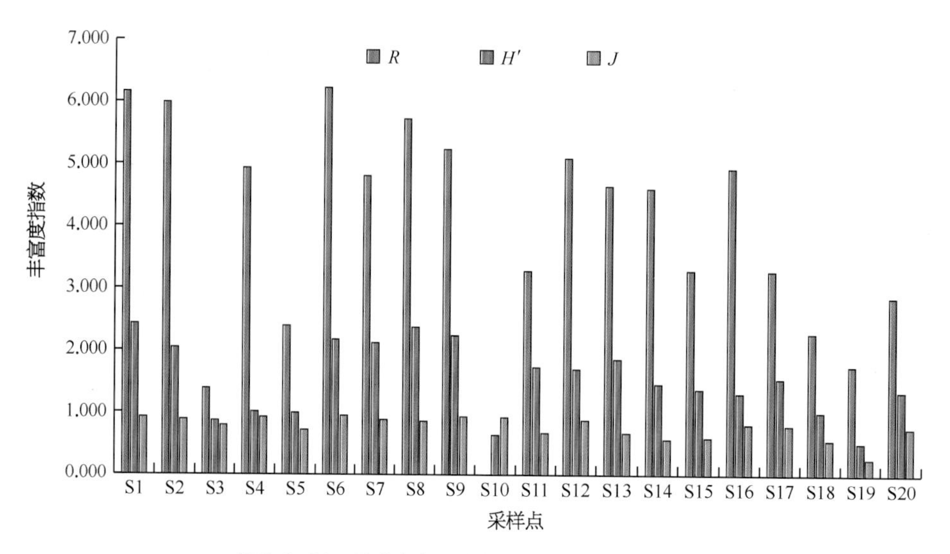

图3.3-23 秋季高宝邵伯湖采样点浮游动物各指数

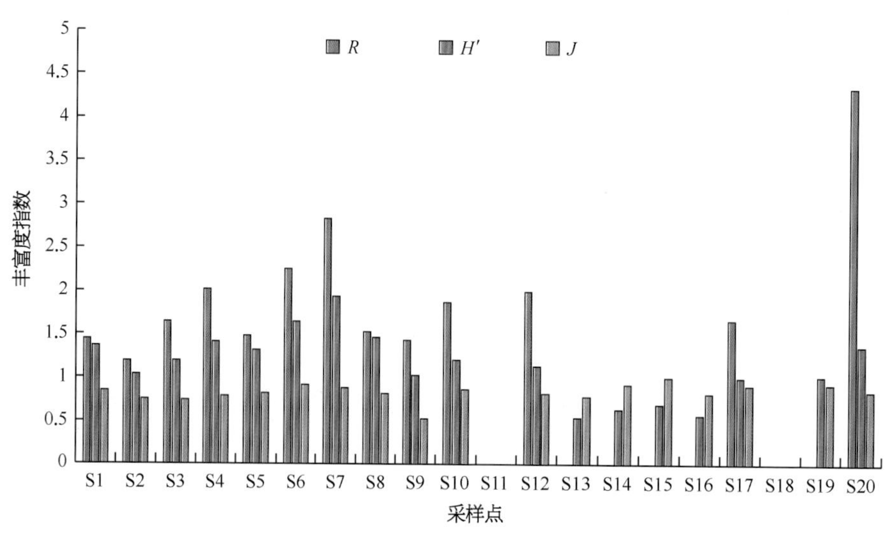

图3.3-24 冬季高宝邵伯湖采样点浮游动物各指数

◦结果与讨论

高宝邵伯湖全年调查发现原生动物、轮虫、枝角类和桡足类，共4门82种，其中原生动物16种、轮虫38种、枝角类16种、桡足类12种。主要优势种为萼花臂尾轮虫、角突臂尾轮虫、矩形龟甲轮虫、螺形龟甲轮虫、脾状四肢轮虫、圆筒异尾轮虫、等刺异尾轮虫、裂足臂尾轮虫、简弧象鼻溞、长额象鼻溞、罅形拟铃壳虫、晶囊轮虫、圆形盘肠溞、广布中剑水蚤、锯缘真剑水蚤等。马德高等于2017年春、夏、秋三个季节对邵伯湖浮游动物群落结构进行了调查，在邵伯湖水体中共检出浮游动物2门12科16属20种，其中节肢动物门6科6属6种，原腔动物门6科10属14种，优势种为螺形龟甲轮虫、矩形鬼甲轮虫、角突臂尾轮虫和广布中剑水蚤。从调查时间看，夏季的浮游动物生物丰度值和物种数目要高于其他三个季节；同年宝应湖浮游动物中，桡足类和枝角类物种数量较多，分别为13种和22种，隶属6科20属。与2013年调查结果相比，本次调查浮游动物物种数、优势种数明显增加，原因主要是本次调查相比以前范围更广、周期更长，因此发现的浮游动物种类较多。从几次调查结果来看，高宝邵伯湖浮游动物以小型的原生动物和轮虫为主，表明高宝邵伯湖水质可能处于富营养化水平。

在国内外研究工作者的基础上，根据浮游动物的大小、摄食习性以及浮游动物之间的相互作用，将淡水生态系统浮游动物划分为原生动物滤食者PF、原生动物捕食者PC、轮虫滤食者RF、轮虫捕食者

RC、小型浮游动物滤食者SCF、小型浮游动物捕食者SCC、中型浮游动物滤食者MCF、中型浮游动物捕食者MCC、大型浮游动物滤食者LCF和大型浮游动物捕食者LCC，共10个浮游动物功能群，本次调查结果显示高波邵伯湖浮游动物大致分为8个功能群，未发现小型浮游动物捕食者SCC和大型浮游动物捕食者LCC。各季节浮游动物功能群主要以原生动物滤食者PF和轮虫滤食者RF占优势，功能群PF主要由砂壳虫、似铃壳虫、表壳虫等组成，功能群RF主要由臂尾轮虫属、异尾轮虫属和龟甲轮虫属中的一些轮虫组成。另外，相比之下，夏季小型浮游动物滤食者SCF如象鼻溞密度较大，秋季中性浮游动物捕食者MCC如近邻剑水蚤、广布中剑水蚤等密度较大。

本次调查发现高宝邵伯湖浮游动物密度和生物量具有较明显的季节差异，具体表现为各采样点密度和生物量差距明显，秋季浮游动物密度最高，其次为春季和夏季，两季节密度相近，夏季略多于春季，最后是冬季；而生物量方面表现为夏季最高，之后依此为秋季、春季、冬季。研究表明，水温是影响浮游动物生长、发育、群落组成和数量变化等极为重要的环境因子，夏季水温最高，浮游动物种类及密度一般也多于其他月份。另外，浮游动物的季节变化还受营养盐、浮游植物的上行效应、鱼类摄食的下行效应、水文变化、种间竞争等影响。高宝邵伯湖浮游动物密度最大值出现在秋季，生物量最大值出现在夏季，原因主要是高宝邵伯湖夏季以小型浮游动物为食的大型浮游动物和鱼类等密度较大，占整体密度较大比例的原生动物和轮虫被大量摄食，导致夏季密度较低。冬季水温降低，其浮游动物密度和生物量均低于其他季节。

浮游动物多样性指数能够说明群落结构的稳定程度和水质好坏。此次调查发现高宝邵伯湖春季Shannon-Weaver多样性指数最低，湖水呈重污染状态，其他三个季节呈中污染状态。Pielou均匀度指数表明高宝邵伯湖浮游动物群落结构比较稳定，夏秋两季最为稳定。各采样点Shannon-Weaver多样性指数差异较大。

综上所述，高宝邵伯湖浮游动物种类和群落结构相对稳定，密度和生物量存在较明显的时空差异，生物丰富度和均匀度较好，多样性指数有所降低，湖水整体处于中污染状态。

滆湖

群落组成

2017～2018年春夏秋冬四季通过对滆湖16个采样点浮游动物的调查采样，春季共鉴定出原生动物（Protozoa）、轮虫类（Rotifera）、枝角类（Cladocera）和桡足类（Copepoda），共4门25属41种。其中，轮虫类物种数最多，共有8属14种，占浮游动物物种总数的比例34.15%；其次为原生动物，有6属13种，占浮游动物物种总数的比例为31.71%；桡足类有8属10种，占24.39%；枝角类有3属4种，占9.76%。

夏季共鉴定出原生动物（Protozoa）、轮虫类（Rotifera）、枝角类（Cladocera）和桡足类（Copepoda），共4门28属51种。其中，轮虫类物种种数最多，共有7属15种，占浮游动物的比例为29.41%；其次为桡足类，有9属13种，占25.49%；枝角类有6属12种，占23.53%；原生动物有6属11种，占21.57%。

秋季共鉴定出原生动物（Protozoa）、轮虫类（Rotifera）、枝角类（Cladocera）和桡足类（Copepoda），共4门29属55种。其中，原生动物物种数最多，共9属21种，占浮游动物物种总数的比例为38.18%；其次为轮虫类，有8属17种，占30.91%；枝角类有6属10种，占18.18%；桡足类有6属7种，占12.73%。

冬季共鉴定出原生动物（Protozoa）、轮虫类（Rotifera）、枝角类（Cladocera）和桡足类（Copepoda），共4门23属39种。其中，原生动物物种数最多，共7属16种，占浮游动物物种总数的比例为41.03%；其次为轮虫类，有7属12种，占30.77%；枝角类有4属6种，占15.38%；桡足类有5属5种，占12.82%。

优势种

以优势度指数Y>0.02定位优势种，春季滆湖16个采样点浮游动物的优势类群共计1门4属4种；为萼花臂尾轮虫（*Brachionus calyciflorus*）、聚花轮虫（*Conochilus Ehrenberg*）、螺形龟甲轮虫（*Keratella cochlearis*）和针簇多肢轮虫（*Polyarthra trigla*），优势度分别为0.07、0.03、0.04和0.37。

夏季滆湖16个采样点浮游动物的优势类群共

计1门3属5种：为晶囊轮虫（*Asplachna* sp.）、萼花臂尾轮虫（*Brachionus calyciflorus*）、尾突臂尾轮虫（*Brachionus caudatus*）、裂足臂尾轮虫（*Brachionus diversicornis*）和针簇多肢轮虫（*Polyarthra trigla*），优势度分别为0.04、0.22、0.05、0.11和0.02。

秋季滆湖16个采样点浮游动物的优势类群共计2门6属7种：为原生动物的球砂壳虫（*Difflugia globulosa*）、淡水薄铃虫（*Leprotintinnus fluviatile*）和长筒拟铃壳虫（*Tintinnopsis longus*），优势度分别为0.03、0.02和0.05；轮虫类的晶囊轮虫（*Asplachna* sp.）、萼花臂尾轮虫（*Brachionus calyciflorus*）、裂足臂尾轮虫（*Brachionus diversicornis*）和曲腿龟甲轮虫（*Keratella valga*），优势度分别为0.06、0.14、0.10和0.02。

冬季滆湖16个采样点浮游动物的优势类群共计2门4属6种：为原生动物的钵杵拟铃壳虫（*Tintinnopsis subpistillum*）和长筒拟铃壳虫（*Tintinnopsis longus*），优势度分别为0.02和0.11；轮虫类的迈氏三肢轮虫（*Filinia maior*）、针簇多肢轮虫（*Polyarthra trigla*）、角突臂尾轮虫（*Brachionus angularis*）和萼花臂尾轮虫（*Brachionus calyciflorus*），优势度分别为0.17、0.03、0.05和0.08。

· 现存量

春季滆湖16个采样点浮游动物密度和生物量情况见图3.3-25，滆湖浮游动物密度变化范围为92.25 ～ 6 033.00 ind./L，平均密度为2 164.92 ind./L，其中浮游动物最大密度出现在7号采样点，浮游动物最小密度出现在5号采样点；浮游动物生物量变化范围为0.12 ～ 7.03 mg/L，平均生物量为2.41 mg/L，其中浮游动物最大生物量出现在7号采样点，浮游动物最小生物量出现在5号采样点。

夏季滆湖16个采样点浮游动物密度和生物量情况见图3.3-26，滆湖浮游动物密度变化范围为240.75 ～ 3 485.25 ind./L，平均密度为1 216.47 ind./L，其中浮游动物最大密度出现在13号采样点，浮游动物最小密度出现在8号采样点；浮游动物生物量变化范围为0.25 ～ 4.72 mg/L，平均生物量为1.66 mg/L，其中浮游动物最大生物量出现在13号采样点，浮游动物最小生物量出现在2号采样点。

秋季滆湖16个采样点浮游动物密度和生物量情况见图3.3-27，滆湖浮游动物密度变化范围为860.40 ～ 45 724.50 ind./L，平均密度为8 561.50 ind./L，其中浮游动物最大密度出现在10号采样点，浮游动物最小密度出现在8号采样点；浮游动物生物量变化范围为0.04 ～ 21.01 mg/L，平均生物量为5.87 mg/L，其中浮游动物最大生物量出现在9号采样点，浮游动物最小生物量出现在8号采样点。

冬季滆湖16个采样点浮游动物密度和生物量情况见图3.3-28，滆湖浮游动物密度变化范围为0.84 ～

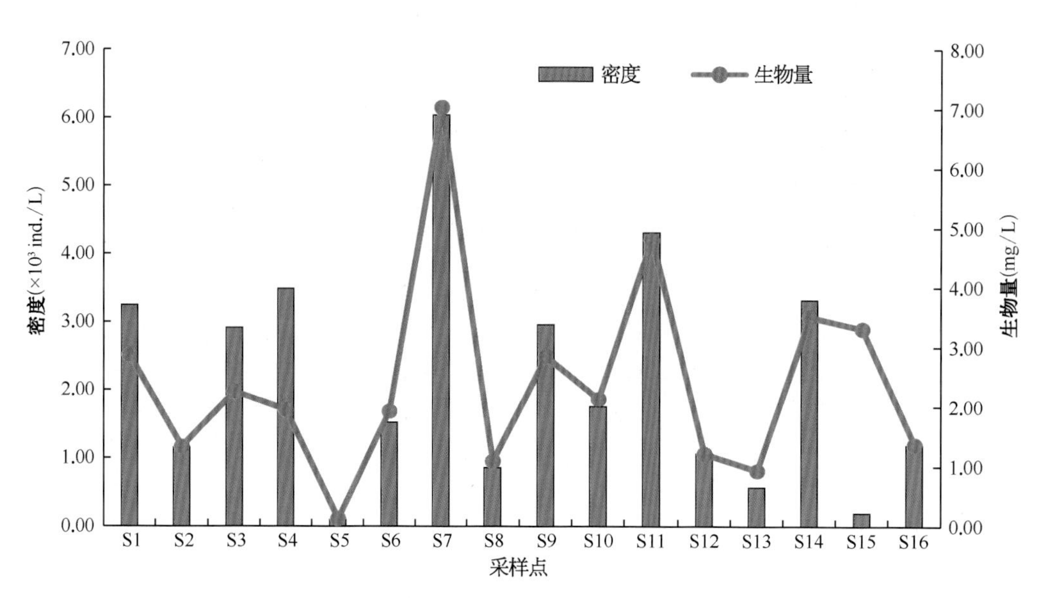

图3.3-25 春季滆湖采样点浮游动物密度及生物量

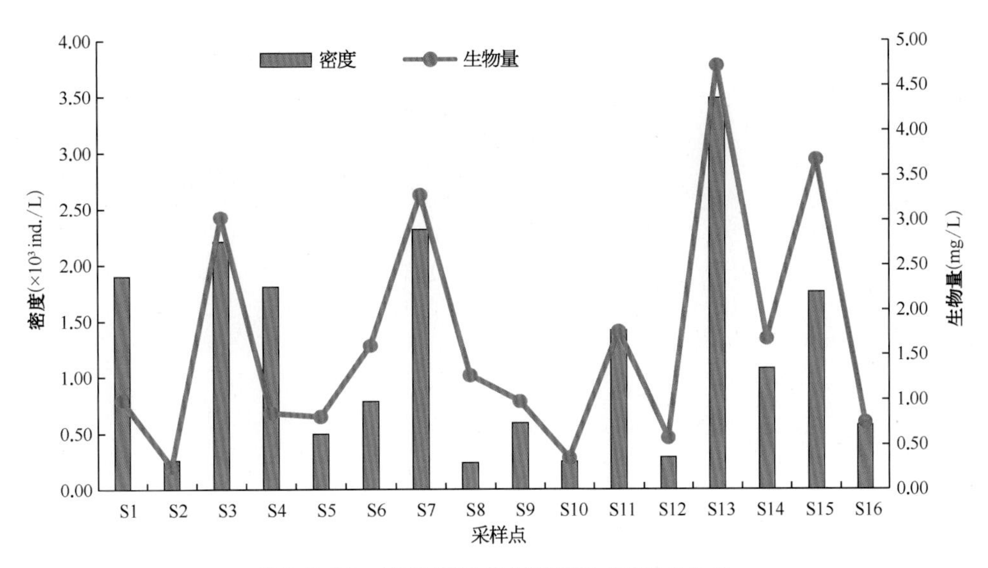

图3.3-26 夏季滆湖采样点浮游动物密度及生物量

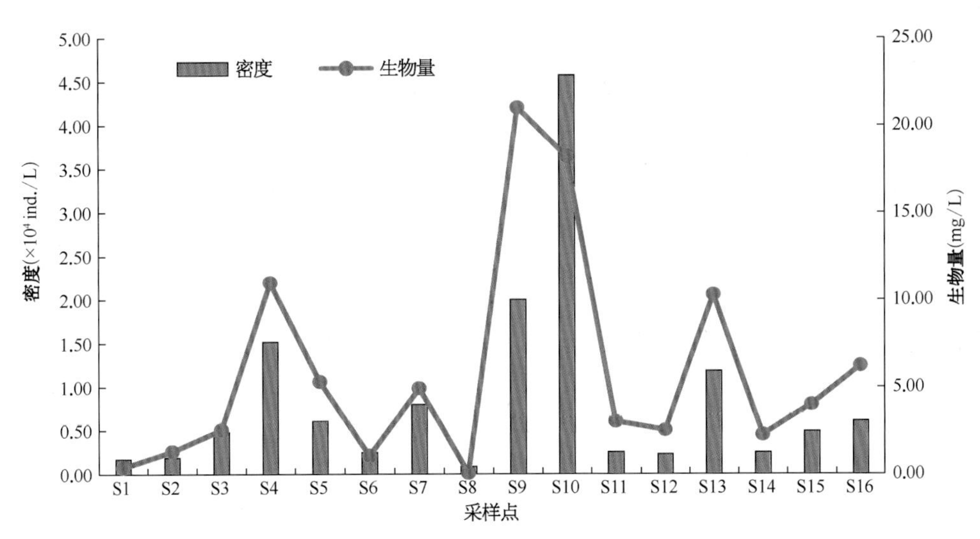

图3.3-27 秋季滆湖采样点浮游动物密度及生物量

1 187.30 ind./L，平均密度为445.30 ind./L，其中浮游动物最大密度出现在13号采样点，浮游动物最小密度出现在5号采样点；浮游动物生物量变化范围为0.01～1.00 mg/L，平均生物量为0.34 mg/L，其中浮游动物最大生物量出现在13号采样点，浮游动物最小生物量出现在5号采样点。

· 群落多样性

春季滆湖16个采样点浮游动物Shannon-Weaver多样性指数（H'）、Pielou均匀度指数（J）和Margalef丰富度指数（R）的变化特征见图3.3-29。滆湖Shannon-Weaver多样性指数（H'）范围为0.11～2.30，平均为1.41，Shannon-Weaver多样性指数（H'）最大值出现在9号采样点，最小值出现在5号采样点。Pielou均匀度指数（J）范围为0.17～0.79，平均为0.57，Pielou均匀度指数（J）最大值出现在12号采样点，最小值出现在5号采样点。Margalef丰富度指数（R）范围为0.22～2.38，平均为1.45，Margalef丰富度指数（R）最大值出现在9号采样点，最小值出现在5号采样点。

夏季滆湖16个采样点浮游动物Shannon-Weaver多样性指数（H'）、Pielou均匀度指数（J）和Margalef丰富度指数（R）的变化特征见图3.3-30。滆湖Shannon-Weaver多样性指数（H'）范围为0.32～2.16，平均为1.46，Shannon-Weaver多样性指数（H'）最大值出现在3号采样点，最小值出现在16号采样点。Pielou均匀

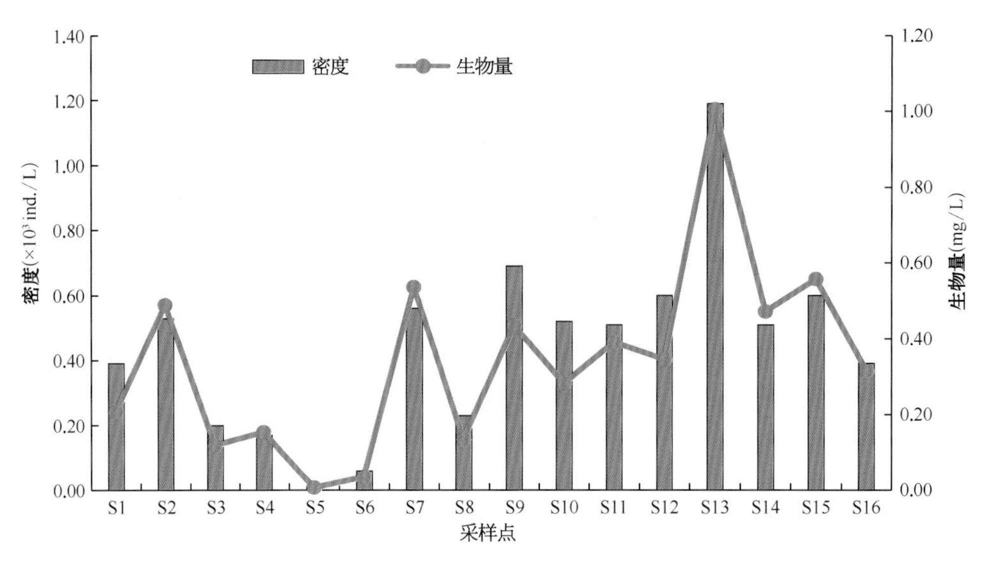

图3.3-28 冬季滆湖采样点浮游动物密度及生物量

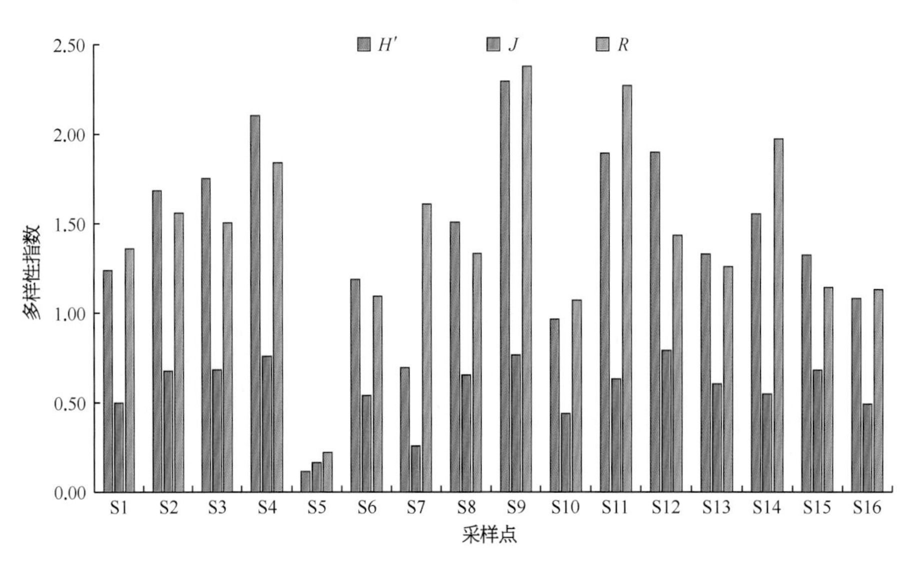

图3.3-29 春季滆湖采样点浮游动物各指数

度指数（J）范围为0.18～0.86，平均为0.61，Pielou均匀度指数（J）最大值出现在1号采样点，最小值出现在16号采样点。Margalef丰富度指数（R）范围为0.57～2.27，平均为1.50，Margalef丰富度指数（R）最大值出现在4号采样点，最小值出现在14号采样点。

秋季滆湖16个采样点浮游动物Shannon-Weaver多样性指数（H'）、Pielou均匀度指数（J）和Margalef丰富度指数（R）的变化特征见图3.3-31。滆湖Shannon-Weaver多样性指数（H'）范围为1.51～2.42，平均为2.04，Shannon-Weaver多样性指数（H'）最大值出现在7号采样点，最小值出现在8号采样点。Pielou均匀度指数（J）范围为0.63～0.97，平均为0.81，Pielou均匀度指数（J）最大值出现在4号采样点，最小值出现在9号采样点。Margalef丰富度指数（R）范围为0.59～2.18，平均为1.41，Margalef丰富度指数（R）最大值出现在16号采样点，最小值出现在8号采样点。

冬季滆湖16个采样点浮游动物Shannon-Weaver多样性指数（H'）、Pielou均匀度指数（J）和Margalef丰富度指数（R）的变化特征见图3.3-32。滆湖Shannon-Weaver多样性指数（H'）范围为0.50～2.25，平均为1.71，Shannon-Weaver多样性指数（H'）最大值出现在13号采样点，最小值出现在5号采样点。Pielou均匀度指数（J）范围为0.51～0.95，平均为0.70，Pielou

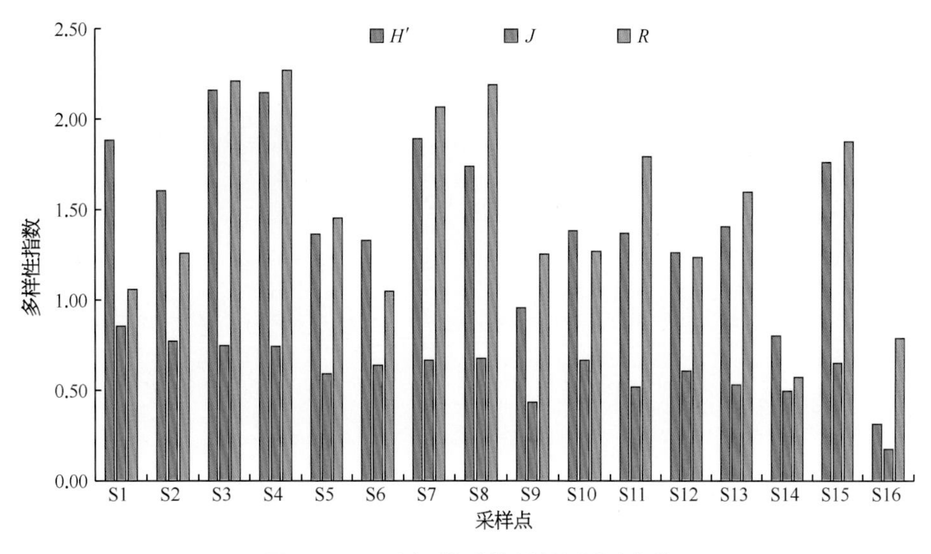

图3.3-30　夏季滆湖采样点浮游动物各指数

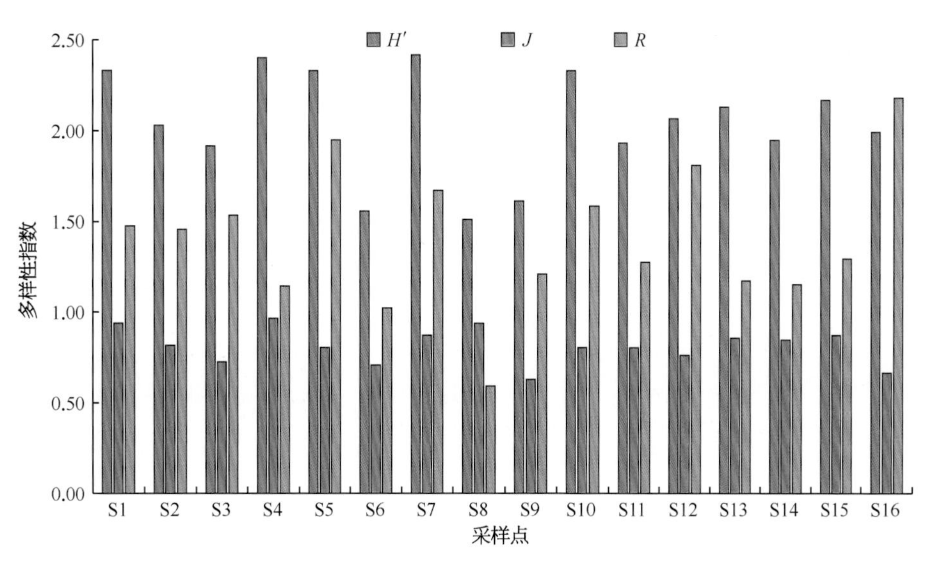

图3.3-31　秋季滆湖采样点浮游动物各指数

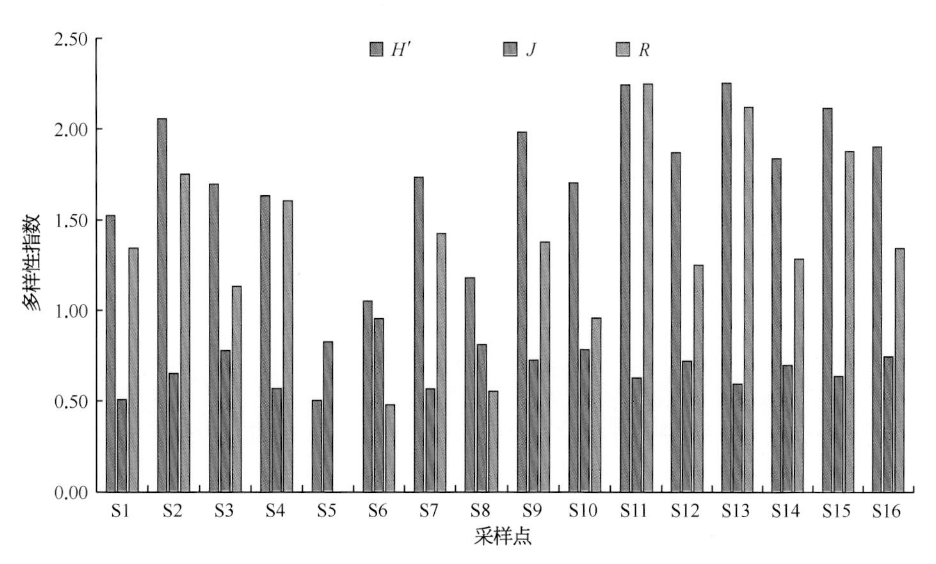

图3.3-32　冬季滆湖采样点浮游动物各指数

均匀度指数（J）最大值出现在6号采样点，最小值出现在1号采样点。Margalef丰富度指数（R）范围为0.00～2.25，平均为1.30，Margalef丰富度指数（R）最大值出现在11号采样点，最小值出现在5号采样点。

结果与讨论

本次滆湖浮游动物调查共检出浮游动物4门73种，其中原生动物22种、轮虫23种、枝角类14种、桡足类14种。优势种多为拟铃壳虫、臂尾轮虫、多肢轮虫等，枝角类和桡足类没有优势种。陶雪梅等于2009年5月至2010年3月对滆湖后生浮游动物进行了调查，共发现轮虫52种、枝角类21种、桡足类27种。优势种主要为萼花臂尾轮虫、角突臂尾轮虫、针簇多肢轮虫、桡足幼体、象鼻溞等。两次调查结果相比，此次调查发现的物种数明显较少，主要是因为湖水水质有所恶化，导致浮游动物多样性程度下降。优势种方面臂尾轮虫属和多肢轮虫属对环境的耐受范围较大，因此并没有太大变化，而大型浮游动物枝角类和桡足类受环境和肉食性鱼类影响更大，导致其丧失优势地位。

在国内外研究工作者的基础上，根据浮游动物的大小、摄食习性以及浮游动物之间的相互作用，将淡水生态系统浮游动物划分为原生动物滤食者PF、原生动物捕食者PC、轮虫滤食者RF、轮虫捕食者RC、小型浮游动物滤食者SCF、小型浮游动物捕食者SCC、中型浮游动物滤食者MCF、中型浮游动物捕食者MCC、大型浮游动物滤食者LCF和大型浮游动物捕食者LCC，共10个浮游功能群。本次调查发现滆湖共有8个浮游动物功能群，未发现小型浮游动物捕食者SCC和大型浮游动物滤食者LCF。根据密度大小来看，滆湖浮游动物功能群主要由原生动物滤食者PF和轮虫滤食者RF为主，其中PF功能群主要有砂壳虫和拟铃壳虫组成，RF功能群主要由臂尾轮虫属、龟甲轮虫属和异尾轮虫属的一些轮虫组成，而RC功能群主要由晶囊轮虫组成。另外，滆湖秋季主要由象鼻溞组成的SCF功能群密度较大，夏季主要由近邻剑水蚤和广布中剑水蚤组成的MCC功能群密度较大。

研究发现滆湖浮游动物密度与生物量具有明显的时空差异，具体表现为各采样点密度及生物量相差较大，秋季浮游动物密度及生物量最大，其次为春季，之后是夏季，最后为冬季。研究表明，浮游动物的季节变化主要受水温、营养盐、浮游植物的上行效应、鱼类摄食的下行效应、水文变化、种间竞争等影响。其中，浮游动物生殖和发育受温度影响较大，在一定范围内，温度升高，浮游动物生殖发育速度加快，密度升高；温度降低，生殖发育缓慢，甚至产生休眠卵，密度降低。陶雪梅等于2009年的研究发现后生浮游动物密度大小依此为春季、夏季、秋季、冬季；生物量大小依此为夏季、春季、秋季、冬季，而本次调查滆湖密度和生物量最大值均出现在秋季，原因是陶雪梅等只调查了后生浮游动物，而本次调查加入了原生动物，其在秋季大量繁殖，引起密度升高。另外，杨洋等于2013年对滆湖的调查研究发现，轮虫在秋季密度最高，与本次调查结果相似。冬季水温成为影响浮游动物密度的主要因素，浮游动物生殖发育受到影响，因此两次调查结果相同，冬季浮游动物密度和生物量均为最低。

浮游动物多样性指数表明，滆湖水质较为稳定，其中春、夏、冬季湖水处于中污染水平，秋季湖水处于轻污染状态。均匀度指数季节变化不大，表明滆湖湖水比较稳定。与之前的调查研究相比，各项指数均有所降低，表明滆湖污染化程度加重。

综上所述，滆湖浮游动物群落结构具有明显的时空变化，群落结构比较稳定，总物种数、多样性指数等相比之前有所下降，值得引起我们的注意。

骆马湖

群落组成

2016～2018年春夏秋冬四季通过对骆马湖16个采样点浮游动物的调查采样，春季共鉴定出原生动物（Protozoa）、轮虫类（Rotifera）、枝角类（Cladocera）和桡足类（Copepoda），共4门29属61种。其中，轮虫类物种数最多，共15属32种，占浮游动物物种总数的比例为52.50%；其次为原生动物，有4属11种，占18.03%；桡足类类有5属10种，占16.39%；枝角类有5属8种，占13.11%。

夏季共鉴定出原生动物（Protozoa）、轮虫类（Rotifera）、枝角类（Cladocera）和桡足类（Copepoda），

共4门14属29种。其中，轮虫类物种数最多，共6属14种，占浮游动物物种总数的比例为48.28%；其次为桡足类，有4属8种，占27.59%；枝角类有4属7种，占24.14%。

秋季共鉴定出原生动物（Protozoa）、轮虫类（Rotifera）、枝角类（Cladocera）和桡足类（Copepoda），共4门28属45种。其中，原生动物类物种数最多，共8属16种，占浮游动物物种总数的比例为35.56%；其次为轮虫类，有7属11种，占24.44%；枝角类有7属9种，占20.00%；桡足类有4属9种，占20.00%。

冬季共鉴定出原生动物（Protozoa）、轮虫类（Rotifera）、枝角类（Cladocera）和桡足类（Copepoda），共4门14属27种。其中，轮虫类物种数最多，共7属15种，占浮游动物物种总数的比例为55.56%；其次为枝角类，有3属6种，占22.22%；桡足类有3属4种，占14.81%；原生动物有1属2种，占7.41%。

· 优势种

以优势度指数Y>0.02定位优势种，春季骆马湖16个采样点浮游动物的优势类群共计4门7属7种：为原生动物的瓶累枝虫，优势度为0.88；轮虫类的晶囊轮虫、螺形龟甲轮虫、针簇多肢轮虫和圆筒异尾轮虫，优势度分别为0.06、0.30、0.03和0.07；枝角类的简弧象鼻溞，优势度为0.22；桡足类的无节幼体，优势度为0.04。

夏季优势类群共计3门6属10种：为轮虫类的剪形臂尾轮虫、矩形龟甲轮虫、裂足臂尾轮虫和螺形龟甲轮虫，优势度分别为0.96、0.11、0.28和0.03；枝角类的简弧象鼻溞和长额象鼻溞，优势度分别为0.09和0.06；桡足类的透明温剑水蚤、无节幼体、广布中剑水蚤和粗壮温剑水蚤，优势度分别为0.06、0.10、0.06和0.04。

秋季优势类群共计3门7属11种：为枝角类的长额象鼻溞和简弧象鼻溞，优势度分别为0.07和0.03；桡足类的无节幼体、汤匙华哲水蚤、广布中剑水蚤、粗壮温剑水蚤和等刺温剑水蚤，优势度分别为0.10、0.02、0.33、0.43和0.06；轮虫类的萼花臂尾轮虫、晶囊轮虫、螺形龟甲轮虫和曲腿龟甲轮虫，优势度分别为0.03、0.18、0.14和0.25。

冬季优势类群共计3门6属10种：为轮虫类的裂足臂尾轮虫、萼花臂尾轮虫、晶囊轮虫、螺形龟甲轮虫、曲腿龟甲轮虫和针簇多肢轮虫，优势度分别为0.83、0.29、0.20、0.29、0.27和0.14；桡足类的广布中剑水蚤、近邻剑水蚤和无节幼体，优势度分别为0.29、0.05和0.30；枝角类的简弧象鼻溞，优势度为0.11。

· 现存量

春季骆马湖浮游动物密度变化范围为90.00～1 660.00 ind./L，平均密度为479 ind./L，其中浮游动物最大密度出现在15号采样点，浮游动物最小密度出现在1号采样点；浮游动物生物量变化范围为0.35～6.08 mg/L，平均生物量为1.89 mg/L，其中浮游动物最大生物量出现在9号采样点，浮游动物最小生物量出现在6号采样点（图3.3-33）。

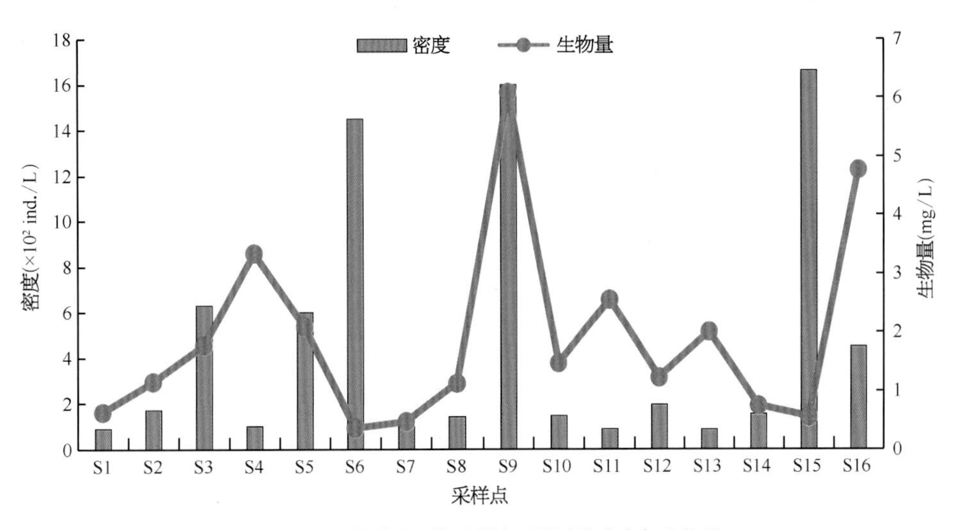

图3.3-33 春季骆马湖采样点浮游动物密度与生物量

夏季骆马湖浮游动物密度变化范围为1.00～75.00 ind./L，平均密度为12 ind./L，其中浮游动物最大密度出现在5号采样点，浮游动物最小密度出现在13号和15号采样点；浮游动物生物量变化范围为0.01～0.39 mg/L，平均生物量为0.14 mg/L，其中浮游动物最大生物量出现在9号采样点，浮游动物最小生物量出现在16号采样点（图3.3-34）。

秋季骆马湖浮游动物密度变化范围为8.50～85.00 ind./L，平均密度为20 ind./ L，其中浮游动物最大密度出现在8号采样点，浮游动物最小密度出现在1号采样点；浮游动物生物量变化范围为0.07～1.08 mg/L，平均生物量为0.29 mg/L，其中浮游动物最大生物量出现在8号采样点，浮游动物最小生物量出现在2号采样点（图3.3-35）。

冬季骆马湖浮游动物密度变化范围为0.17～12 ind./L，平均密度为3.4 ind./L，其中浮游动物最大密度出现在1号采样点，浮游动物最小密度出现在10号采样点；浮游动物生物量变化范围为0.000 14～0.17 mg/L，平均生物量为0.056 mg/L，其中浮游动物最大生物量出现在11号采样点，浮游动物最小生物量出现在4号采样点（图3.3-36）。

- 群落多样性

春季骆马湖Shannon-Weaver多样性指数（H'）范围为0.21～2.51，平均为1.47，Shannon-Weaver多样性指数（H'）最大值出现在14号采样点，最小值出现在6号采样点；Pielou均匀度指数（J）范围为0.085～0.76，平均为0.53，Pielou均匀度指数（J）最大值出现在13号采样点，最小值出现在6号采样点；Margalef丰富度指数（R）范围为1.51～5.17，平均为2.92，Margalef丰富度指数（R）最大值出现在

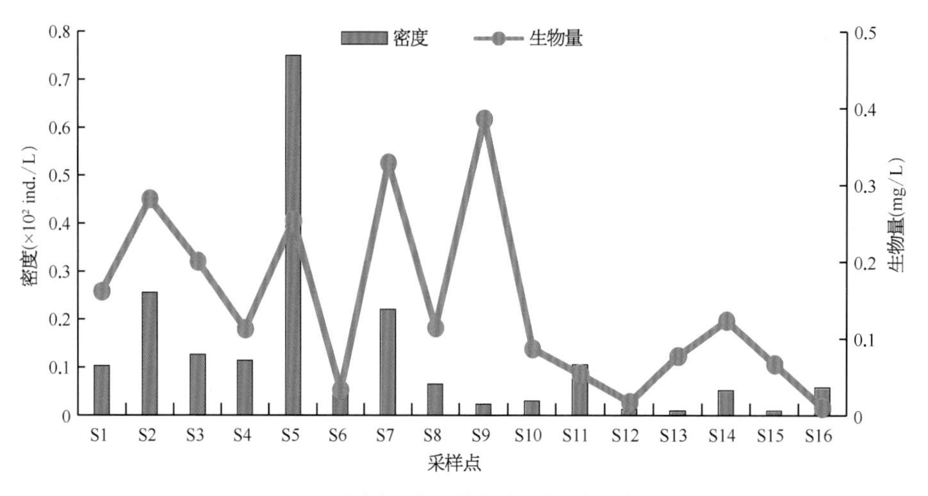

图3.3-34　夏季骆马湖采样点浮游动物密度与生物量

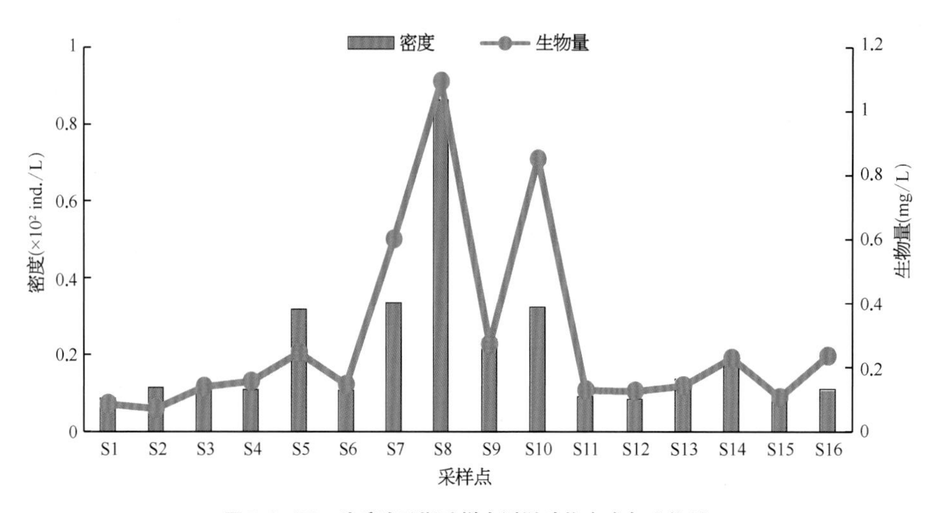

图3.3-35　秋季骆马湖采样点浮游动物密度与生物量

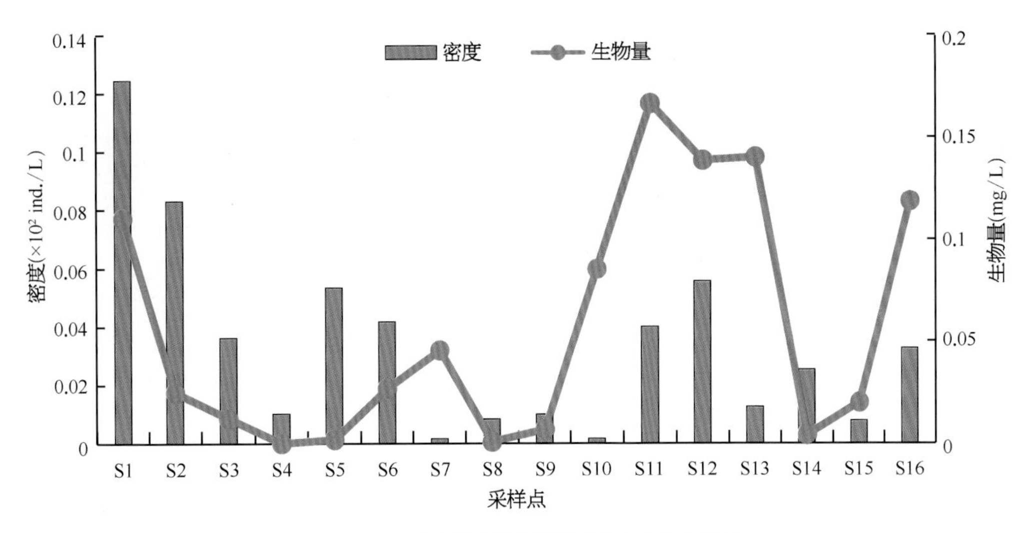

图3.3-36　骆马湖采样点浮游动物密度与生物量

14号采样点，最小值出现在6号采样点（图3.3-37）。

夏季骆马湖Shannon-Weaver多样性指数（H'）范围为0.48～2.06，平均为1.51，Shannon-Weaver多样性指数（H'）最大值出现在7号采样点，最小值出现在15号采样点；Pielou均匀度指数（J）范围为0.30～0.86，平均为0.80，Pielou均匀度指数（J）最大值出现在14号采样点，最小值出现在5号采样点；Margalef丰富度指数（R）范围为0.00～19.06，平均为4.15，Margalef丰富度指数（R）最大值出现在6号采样点，最小值出现在12号和16号采样点（图3.3-38）。

秋季骆马湖Shannon-Weaver多样性指数（H'）范围为1.80～2.44，平均为2.17，Shannon-Weaver多样性指数（H'）最大值出现在7号采样点，最小值出现在15号采样点；Pielou均匀度指数（J）范围为0.72～0.93，平均为0.82，Pielou均匀度指数（J）最大值出现在12号采样点，最小值出现在9号采样点；Margalef丰富度指数（R）范围为4.18～5.72，平均为4.88，Margalef丰富度指数（R）最大值出现在7号采样点，最小值出现在9号采样点（图3.3-39）。

冬季骆马湖Shannon-Weaver多样性指数（H'）范围为0.00～2.39，平均为1.13，Shannon-Weaver多样性指数（H'）最大值出现在11号采样点，最小值出现在4号采样点；Pielou均匀度指数（J）范围为0.00～1.00，平均为0.78，Pielou均匀度指数（J）最大值出现在9号采样点，最小值出现在4号采样点；Margalef丰富度指数（R）范围为0.00～5.05，平均

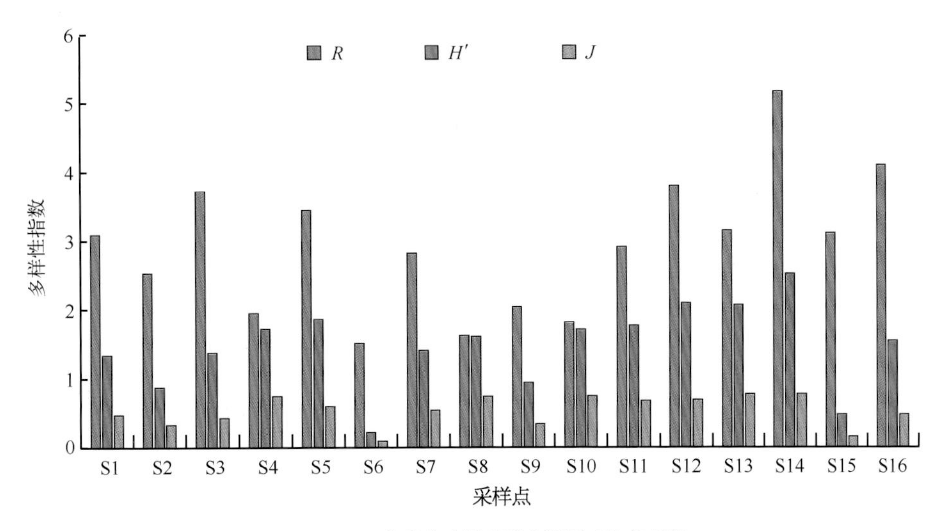

图3.3-37　春季骆马湖采样点浮游动物各指数

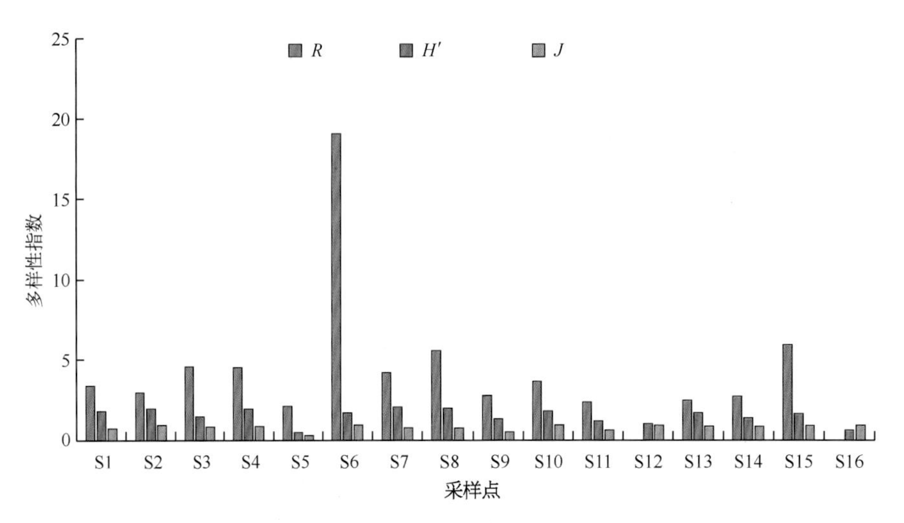

图3.3-38　夏季骆马湖采样点浮游动物各指数

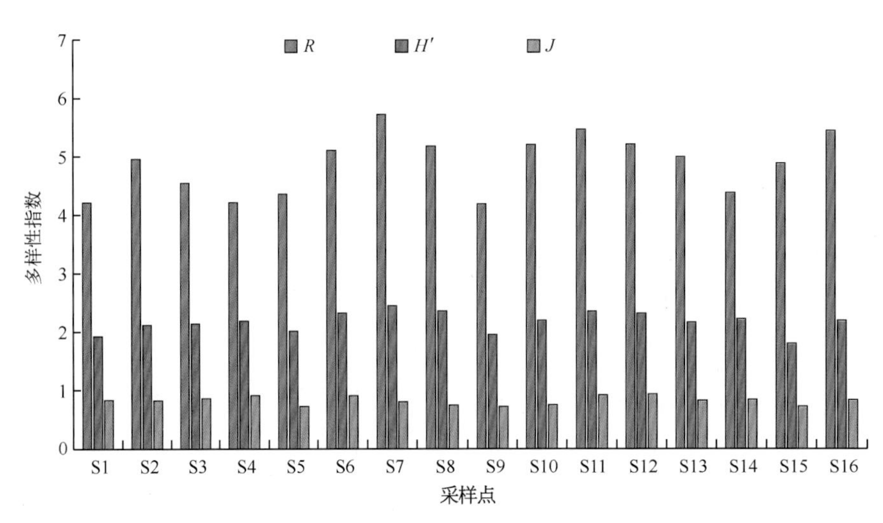

图3.3-39　秋季骆马湖采样点浮游动物各指数

为1.73，Margalef丰富度指数（R）最大值出现在16号采样点，最小值出现在2号、3号、4号、6号、9号和15号采样点（图3.3-40）。

· 结果与讨论

骆马湖全年调查发现原生动物、轮虫、枝角类和桡足类，共5门119种，其中原生动物27种、轮虫49种、枝角类20种、桡足类21种。主要优势种为江苏似铃壳虫、长筒似铃壳虫、中华似铃壳虫、独角聚花轮虫、镰状臂尾轮虫、萼花臂尾轮虫、螺形龟甲轮虫、矩形龟甲轮虫、针簇多肢轮虫、长额象鼻溞和简弧象鼻溞。葛家春等于2002年对骆马湖内浮游动物进行调查发现3门67种浮游动物。其中以轮虫居多，共38种；其次为枝角类，共12种；主要优势种有长肢多肢轮虫、广布多肢轮虫、僧帽溞、长额象鼻溞和近邻剑水蚤5种，终年可见。与2002年调查结果相比，本次调查浮游动物物种数和优势种数明显增加，原因主要是本次调查相比以前范围更广、周期更长，因此发现的浮游动物种类较多。从几次调查结果来看，骆马湖浮游动物以小型的原生动物和轮虫为主，表明骆马湖水质可能处于富营养化水平。

在国内外研究工作者的基础上，根据浮游动物的大小、摄食习性以及浮游动物之间的相互作用，将淡水生态系统浮游动物划分为原生动物滤食者PF、原生动物捕食者PC、轮虫滤食者RF、轮虫捕食者RC、小型浮游动物滤食者SCF、小型浮游动物捕食者SCC、中型浮游动物滤食者MCF、中型浮游动物捕食者MCC、大型浮游动物滤食者LCF和大型浮游动物捕食者LCC，共10个浮游功能群。本次调查结果显示

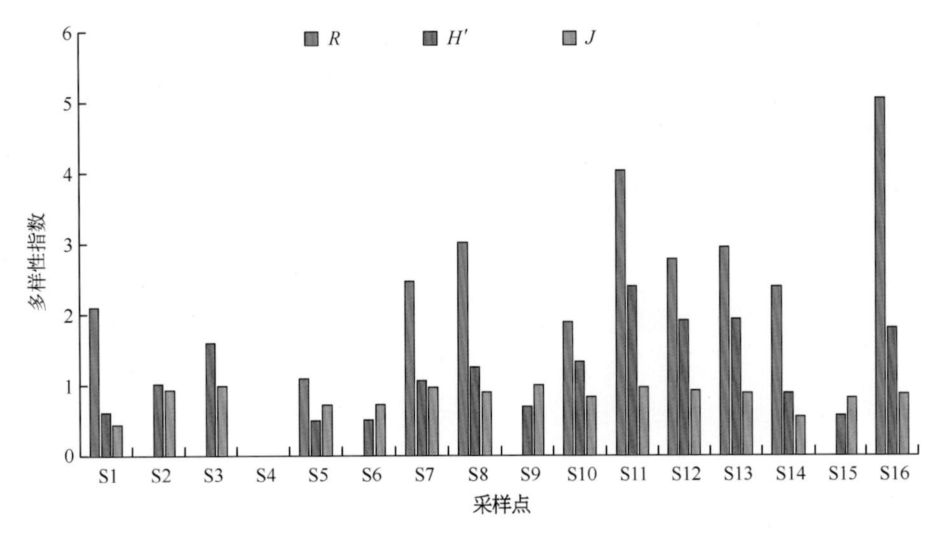

图3.3-40 冬季骆马湖采样点浮游动物各指数

骆马湖浮游动物大致分为8个功能群，未发现小型浮游动物捕食者SCC和大型浮游动物捕食者LCC。各季节浮游动物功能群主要以原生动物滤食者PF和轮虫滤食者RF占优势，功能群PF主要由砂壳虫、似铃壳虫、表壳虫等组成，功能群RF主要由臂尾轮虫属、异尾轮虫属和龟甲轮虫属中的一些轮虫组成。另外，相比之下，夏季小型浮游动物滤食者SCF如象鼻溞密度较大，秋季中性浮游动物捕食者MCC如近邻剑水蚤、广布中剑水蚤等密度较大。

本次调查发现骆马湖浮游动物密度和生物量具有较明显的季节差异，具体表现为各采样点密度和生物量差距明显，秋季浮游动物密度最高，其次为春季和夏季，两季节密度相近，夏季略多于春季，最后是冬季；而生物量方面表现为夏季最高，之后依此为秋季、春季、冬季。研究表明，水温是影响浮游动物生长、发育、群落组成、数量变化等极为重要的环境因子，夏季水温最高，浮游动物种类及密度一般也多于其他月份。另外，浮游动物的季节变化还受营养盐、浮游植物的上行效应、鱼类摄食的下行效应、水文变化、种间竞争等影响。骆马湖浮游动物密度最大值出现在秋季，生物量最大值出现在夏季，原因主要是骆马湖夏季以小型浮游动物为食的大型浮游动物和鱼类密度较大，占整体密度较大比例的原生动物和轮虫被大量摄食，导致夏季密度较低。冬季水温降低，浮游动物密度和生物量均低于其他季节。与2002年调查结果相比，此次调查全年浮游动物密度略低于2002年调查结果，生物量稍高于2002年调查结果。

浮游动物多样性指数能够说明群落结构的稳定程度和水质好坏。此次调查发现骆马湖春季香农指数最低，湖水呈重污染状态，其他三个季节呈中污染状态。Pielou均匀度指数表明骆马湖浮游动物群落结构比较稳定，夏、秋两季最为稳定。各采样点香农指数差异较大。

综上所述，骆马湖浮游动物种类和群落结构相对稳定，密度和生物量存在较明显的时空差异，生物丰富度和均匀度较好，多样性指数有所降低，湖水整体处于轻污染状态。

阳澄湖

群落组成

2017～2018年春夏秋冬四季通过对阳澄湖16个采样点浮游动物的调查采样，春季共鉴定出原生动物（Protozoa）、轮虫类（Rotifera）、枝角类（Cladocera）和桡足类（Copepoda），共4门24属35种。其中，轮虫类物种数最多，有10属17种，占浮游动物物种总数的比例为48.57%；其次为原生动物类，有6属8种，占22.86%；桡足类有6属7种，占20.00%；枝角类有2属3种，占8.57%。

夏季共鉴定出原生动物（Protozoa）、轮虫类（Rotifera）、枝角类（Cladocera）和桡足类（Copepoda），

共4门29属46种。其中，轮虫类物种数最多，有11属20种，占浮游动物物种总数的比例为43.48%；其次为枝角类和桡足类，分别有6属10种和7属10种，均占21.74%；原生动物类有5属6种，占13.04%。

秋季共鉴定出原生动物（Protozoa）、轮虫类（Rotifera）、枝角类（Cladocera）和桡足类（Copepoda），共4门16属21种。其中，轮虫类物种数最多，有7属11种，占浮游动物物种总数的比例为52.38%；其次为桡足类，有6属6种，占28.57%；枝角类有2属3种，占14.29%；原生动物类有1属1种，占4.76%。

冬季共鉴定出原生动物（Protozoa）、轮虫类（Rotifera）、枝角类（Cladocera）和桡足类（Copepoda），共4门23属38种。其中，原生动物和轮虫类物种数最多，分别有8属12种和6属12种，均占浮游动物物种总数的比例为31.58%；其次为桡足类，有7属10种，占26.32%；枝角类有2属4种，占10.52%。

- 优势种

以优势度指数Y>0.02定位优势种，春季阳澄湖16个采样点浮游动物的优势类群共计1门4属4种：为轮虫类的晶囊轮虫（*Asplachna* sp.）、萼花臂尾轮虫（*Brachionus calyciflorus*）、螺形龟甲轮虫（*Keratella cochlearis*）和针簇多肢轮虫（*Polyarthra trigla*），优势度分别为0.45、0.04、0.24和0.03。

夏季阳澄湖的优势类群共计1门1属3种：为轮虫类的角突臂尾轮虫（*Brachionus angularis*）、萼花臂尾轮虫（*Brachionus calyciflorus*）和裂足臂尾轮虫（*Brachionus diversicornis*），优势度分别为0.06、0.30和0.21。

秋季阳澄湖的优势类群共计1门2属2种：为轮虫类的螺形龟甲轮虫（*Keratella cochlearis*）和针簇多肢轮虫（*Polyarthra trigla*），优势度分别为0.06和0.09。

冬季阳澄湖的优势类群共计2门3属3种：为原生动物的长筒似铃壳虫（*Tintinnopsis longus*），优势度为0.27；轮虫类的针簇多肢轮虫（*Polyarthra trigla*）和萼花臂尾轮虫（*Brachionus calyciflorus*），优势度分别为0.02和0.10。

- 现存量

春季阳澄湖浮游动物密度变化范围为243.00～14 117.25 ind./L，平均密度为4 864.19 ind./L，其中浮游动物最大密度出现在7号采样点，浮游动物最小密度出现在1号采样点；浮游动物生物量变化范围为0.23～17.04 mg/L，平均生物量为5.82 mg/L，其中浮游动物最大生物量出现在7号采样点，浮游动物最小生物量出现在9号采样点（图3.3-41）。

夏季阳澄湖浮游动物密度变化范围为359.25～24 118.38 ind./L，平均密度为5 409.75 ind./L，其中浮游动物最大密度出现在3号采样点，浮游动物最小密度出现在16号采样点；浮游动物生物量变化范围为

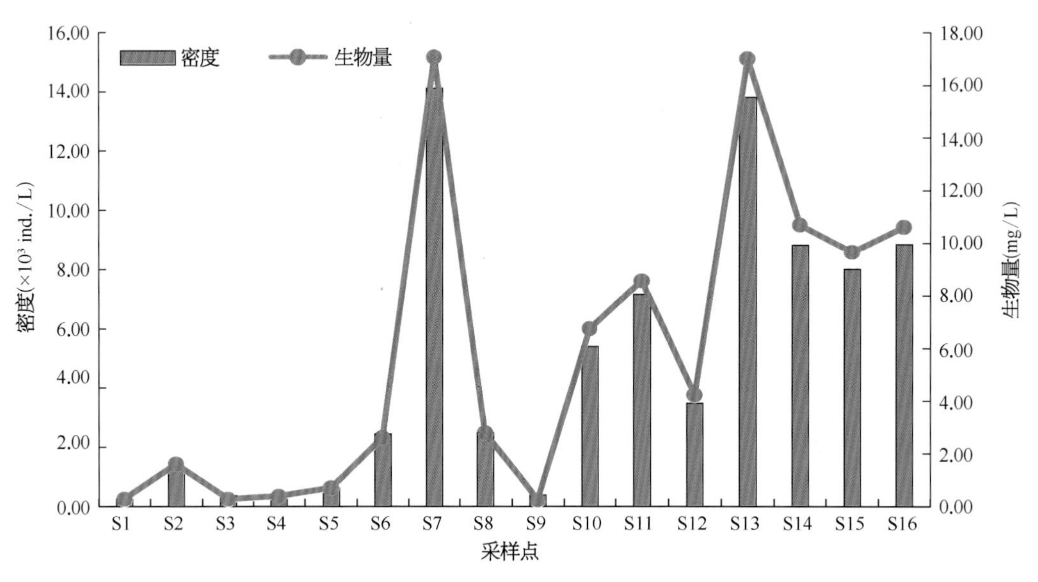

图3.3-41 春季阳澄湖采样点浮游动物密度及生物量

0.50 ～ 28.93 mg/L，平均生物量为6.63 mg/L，其中浮游动物最大生物量出现在3号采样点，浮游动物最小生物量出现在2号采样点（图3.3-42）。

秋季阳澄湖浮游动物密度变化范围为0.00 ～ 843.00 ind./L，平均密度为309.56 ind./L，其中浮游动物最大密度出现在9号采样点，浮游动物最小密度出现在6号采样点；浮游动物生物量变化范围为0.00 ～ 1.03 mg/L，平均生物量为0.45 mg/L，其中浮游动物最大生物量出现在9号采样点，浮游动物最小生物量出现在6号采样点（图3.3-43）。

冬季阳澄湖浮游动物密度变化范围为25.46 ～ 2 039.20 ind./L，平均密度为772.78 ind./L，其中浮游动物最大密度出现在5号采样点，浮游动物最小密度出现在10号采样点；浮游动物生物量变化范围为0.06 ～ 1.71 mg/L，平均生物量为0.46 mg/L，其中浮游动物最大生物量出现在5号采样点，浮游动物最小生物量出现在8号采样点（图3.3-44）。

· 群落多样性

春季阳澄湖Shannon-Weaver多样性指数（H'）范围为0.53 ～ 1.88，平均为1.10，Shannon-Weaver多样性指数（H'）最大值出现在11号采样点，最小值出现在7号采样点；Pielou均匀度指数（J）范围为0.27 ～ 0.89，平均为0.54，Pielou均匀度指数（J）最大值出现在5号采样点，最小值出现在7号采样点；

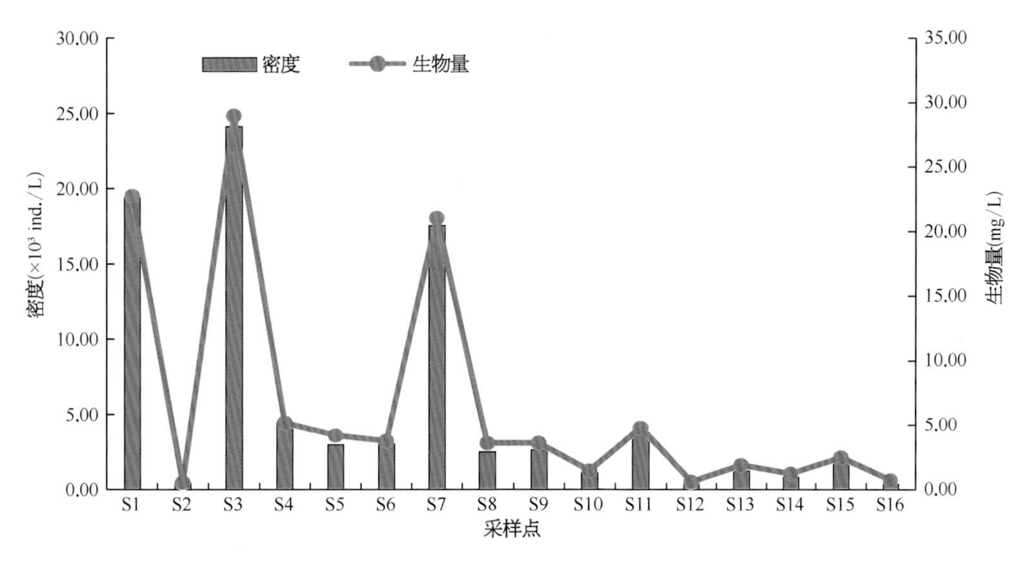

图3.3-42　夏季阳澄湖采样点浮游动物密度及生物量

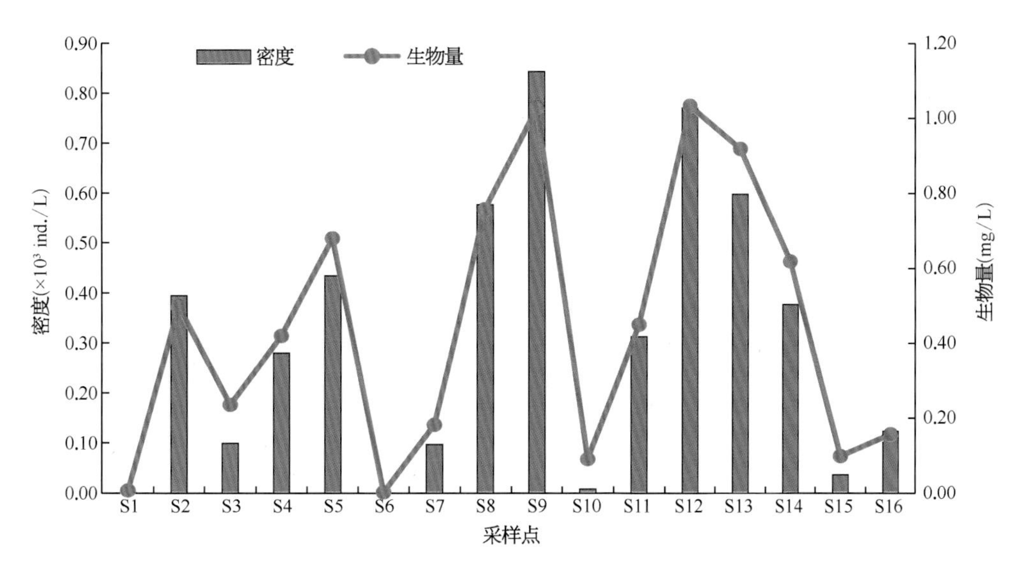

图3.3-43　秋季阳澄湖采样点浮游动物密度及生物量

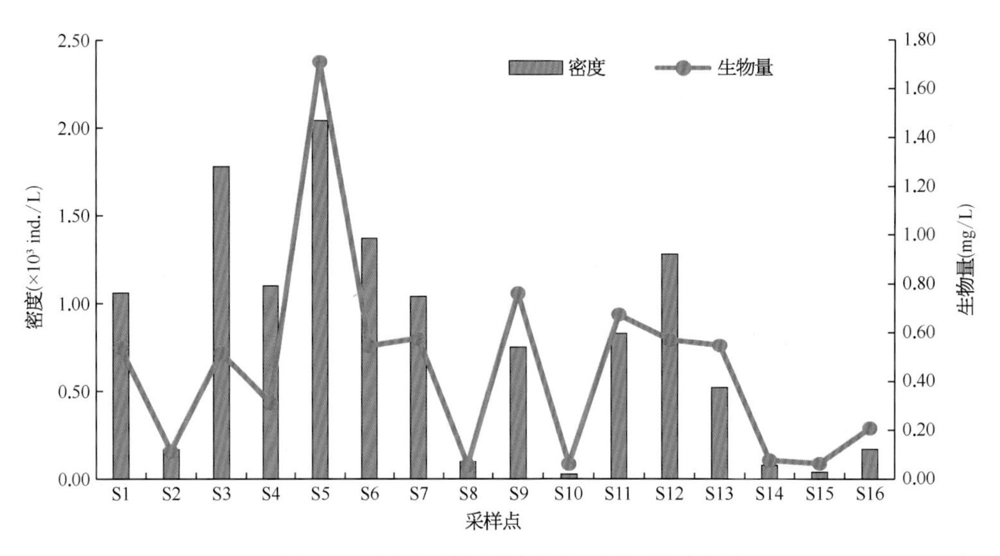

图3.3-44　冬季阳澄湖采样点浮游动物密度及生物量

Margalef丰富度指数（*R*）范围为0.35～1.92，平均为1.00，Margalef丰富度指数（*R*）最大值出现在11号采样点，最小值出现在4号采样点（图3.3-45）。

夏季阳澄湖Shannon-Weaver多样性指数（*H′*）范围为0.56～1.63，平均为1.01，Shannon-Weaver多样性指数（*H′*）最大值出现在7号采样点，最小值出现在8号采样点；Pielou均匀度指数（*J*）范围为0.27～0.75，平均为0.46，Pielou均匀度指数（*J*）最大值出现在10号采样点，最小值出现在11号采样点。Margalef丰富度指数（*R*）范围为0.66～1.62，平均为1.11，Margalef丰富度指数（*R*）最大值出现在6号采样点，最小值出现在15号采样点（图3.3-46）。

秋季阳澄湖Shannon-Weaver多样性指数（*H′*）范围为0.00～1.63，平均为0.84，Shannon-Weaver多样性指数（*H′*）最大值出现在12号采样点，最小值出现在1号和6号采样点；Pielou均匀度指数（*J*）范围为0.00～0.99，平均为0.50，Pielou均匀度指数（*J*）最大值出现在10号采样点，最小值出现在1号和6号采样点；Margalef丰富度指数（*R*）范围为0.00～1.57，平均为0.80，Margalef丰富度指数（*R*）最大值出现在11号采样点，最小值出现在1号和6号采样点（图3.3-47）。

冬季阳澄湖Shannon-Weaver多样性指数（*H′*）范围为0.71～1.95，平均为1.21，Shannon-Weaver多样性指数（*H′*）最大值出现在11号采样点，最小值出现在8号采样点；Pielou均匀度指数（*J*）范围为

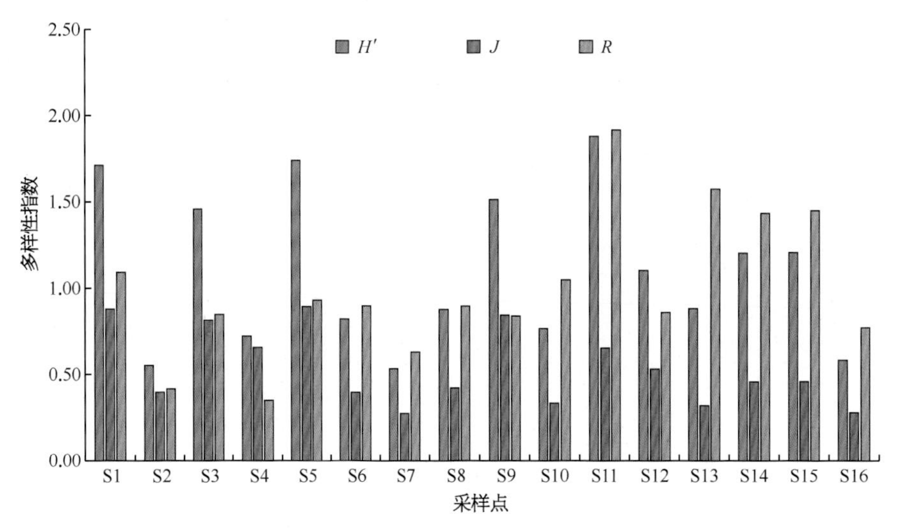

图3.3-45　春季阳澄湖采样点浮游动物各指数

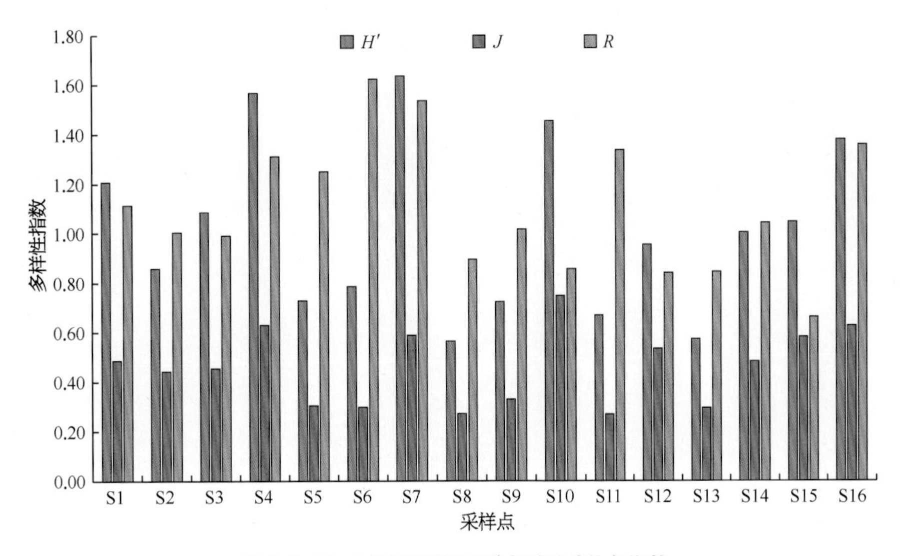

图3.3-46　夏季阳澄湖采样点浮游动物各指数

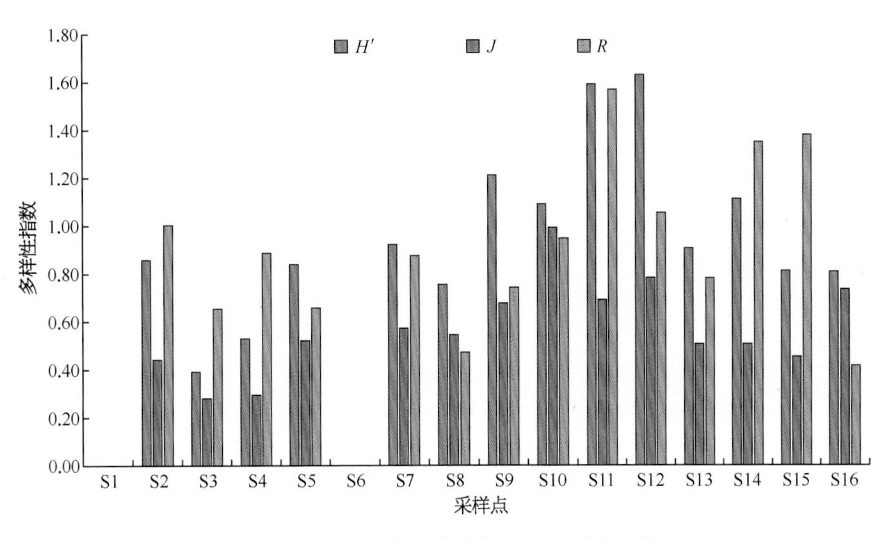

图3.3-47　秋季阳澄湖采样点浮游动物各指数

0.26 ～ 0.86，平均为0.39，Pielou均匀度指数（J）最大值出现在13号采样点，最小值出现在9号采样点；Margalef丰富度指数（R）范围为0.77 ～ 2.15，平均为1.41，Margalef丰富度指数（R）最大值出现在1号采样点，最小值出现在16号采样点（图3.3-48）。

· 结果与讨论

阳澄湖全年调查发现原生动物（Protozoa）、轮虫类（Rotifera）、枝角类（Cladocera）和桡足类（Copepoda），共4门62种，其中原生动物12种、轮虫26种、枝角类10种、桡足类14种。吴淑贤在2008年和2009年对阳澄湖轮虫进行了调查，发现2008年阳澄湖全年共有轮虫21种，2009年共有20种，主要优势种有针簇多肢轮虫、角突臂尾轮虫、曲腿龟甲轮虫和螺形龟甲轮虫，梳状疣毛轮虫为冬季优势种，裂痕龟纹轮虫为夏秋季优势种。刘孟宇于2015 ～ 2017年对阳澄湖桡足类进行了调查，共发现桡足类9种，主要优势种有汤匙华哲水蚤、中华窄腹剑水蚤等，桡足类密度空间及季节变化明显，呈春夏秋递增的趋势。2013年袁林等对阳澄湖围网内外浮游甲壳动物进行调查，共发现枝角类14种，主要优势种为简弧象鼻溞和短尾秀体溞；桡足类17种，主要优势种有广布中剑水蚤、球状许水蚤、中华窄腹剑水蚤和处于幼体的汤匙华哲水蚤。本次调查发现的轮虫、枝角类和桡足类种类数与上述的研究调查发现的种类数差异不大，表明阳澄湖浮游动物群落结构相对稳定，也反映出近年阳澄湖水质并未持续恶化下去。关于阳澄湖原

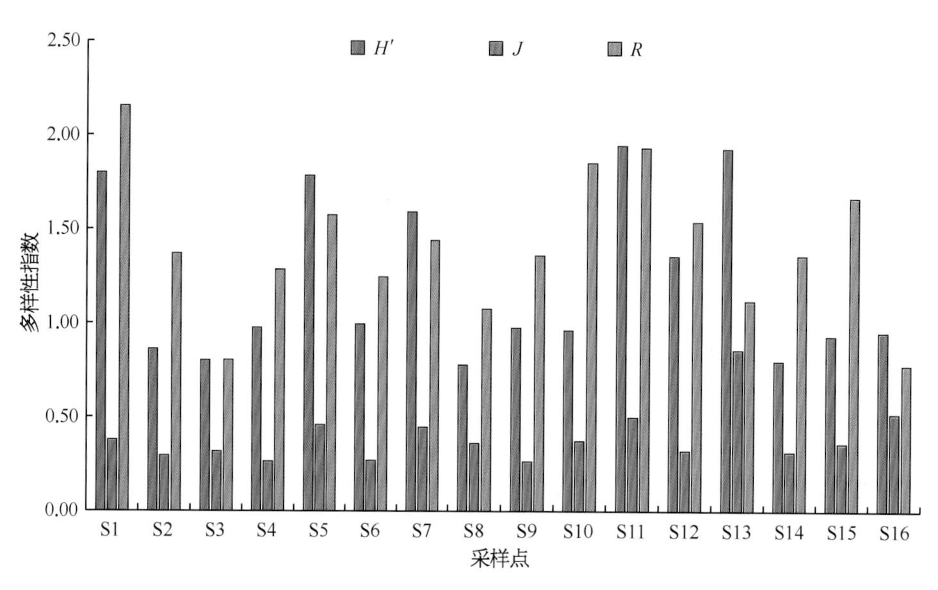

图3.3-48 冬季阳澄湖采样点浮游动物各指数

生动物的相关调查研究目前尚无明确的文献资料，本次调查结果可作为阳澄湖原生动物本底资料，为今后的研究提供基础支撑。

在国内外研究工作者的基础上，根据浮游动物的大小、摄食习性以及浮游动物之间的相互作用，将淡水生态系统浮游动物划分为原生动物滤食者PF、原生动物捕食者PC、轮虫滤食者RF、轮虫捕食者RC、小型浮游动物滤食者SCF、小型浮游动物捕食者SCC、中型浮游动物滤食者MCF、中型浮游动物捕食者MCC、大型浮游动物滤食者LCF和大型浮游动物捕食者LCC，共10个浮游功能群。本次调查结果显示太湖浮游动物大致分为8个功能群，未发现小型浮游动物捕食者SCC和大型浮游动物滤食者者LCF。其中PF功能群主要由似铃壳虫和累枝虫组成；PC功能群主要由纤毛虫组成；RF功能群主要由臂尾轮虫属、龟甲轮虫属和三肢轮属的一些轮虫组成；RC功能群主要由晶囊轮属组成；SCF功能群主要由象鼻溞组成；MCF功能群主要由哲水蚤、尖额溞等组成；MCC功能群主要由广布中剑水蚤和一些温剑水蚤组成；LCC功能群主要由透明薄皮溞组成。各季节浮游动物功能群主要以处于基础地位的原生动物滤食者PF和轮虫滤食者RF占优势。另外，受温度、浮游植物密度、鱼类捕食等影响，秋季功能群数量较少。

本次调查结果显示阳澄湖浮游动物中轮虫的密度大于枝角类和桡足类，浮游动物优势种多为轮虫。优势种主要为萼花臂尾轮虫、针簇多肢轮虫、裂足臂尾轮虫、螺形龟甲轮虫等。这与2008年、2009年调查相比，优势种种类发生了一些变化，但针簇多肢轮虫和螺形龟甲轮虫仍为主要优势种，一方面表明这两种轮虫对环境变化的适应能力较强，另外一方面表明群落结构趋于稳定。另外，本次调查发现阳澄湖浮游动物的密度及生物量变化具有明显的季节差异和空间差异，具体表现为夏季浮游动物平均密度和生物量最高，其次为春季，之后是冬季，秋季最低。研究表明，浮游动物的季节变化主要受水温、营养盐、浮游植物的上行效应、鱼类摄食的下行效应、水文变化、种间竞争等影响。一般来说，水体中浮游动物受温度影响较大，往往其密度及生物量在冬季最低，而在阳澄湖中浮游动物密度和生物量平均值在秋季最低。研究发现，鱼类摄食压力大的水体浮游动物生物量以小型的轮虫和小型枝角类为主，鱼类摄食压力小的水体以大型的枝角类和桡足类为主，因此造成阳澄湖秋季密度和生物量较低的原因主要是秋季各种大型水生生物（如鱼类等）大量摄食浮游动物所致。浮游动物密度及生物量的空间变化差异明显，这主要是由于阳澄湖修建了一些圩，造成湖水流动差，内部交换缓慢，造成各点位理化因子有所差异，阳澄西湖为围网养殖区，造成一定程度的水质退化，从而导致浮游动物密度和生物量在空间变化上较显著。

浮游动物生物多样性结果表明，生物多样性指数空间变化较大。根据生物多样性指数与水质的对应关系，表明阳澄湖水质处于中污染到轻度污染水平。在季节变化上多样性指数变化不大，说明阳澄湖周围的污染源还在持续的干扰水体环境。

综上所述，阳澄湖浮游动物种类和群落结构保持相对稳定，密度和生物量在时间和空间变化有所差异，生物多样性整体良好。浮游动物调查结果反映出阳澄湖水体环境虽然没有持续恶化，但是仍不容乐观，水质还处于中度至轻度污染水平的状态，仍需加强湖区监管，退出围网养殖，落实各项措施，使阳澄湖生物多样性逐步改善，实现渔业资源的可持续发展。

长荡湖

群落组成

2017 ～ 2018年春夏秋冬四季通过对长荡湖12个采样点浮游动物的调查采样，春季共鉴定出原生动物（Protozoa）、轮虫类（Rotifera）、枝角类（Cladocera）和桡足类（Copepoda），共4门20属30种。其中，原生动物类物种数最多，共6属12种，占浮游动物物种总数的比例为40.00%；其次为轮虫类，有7属10种，占33.33%；桡足类有5属6种，占20.00%；枝角类有2属2种，占6.67%。

夏季共鉴定出原生动物（Protozoa）、轮虫类（Rotifera）、枝角类（Cladocera）和桡足类（Copepoda），共4门42属75种。其中，轮虫类物种数最多，共21属43种，占浮游动物物种总数的比例为57.33%；其次为原生动物类，有8属16种，占21.33%；桡足类有7属8种，占10.67%；枝角类有6属8种，占10.67%。

秋季共鉴定出原生动物（Protozoa）、轮虫类（Rotifera）、枝角类（Cladocera）和桡足类（Copepoda），共4门27属51种。其中，原生动物类物种数最多，共9属19种，占浮游动物物种总数的比例为37.25%；其次为轮虫类和桡足类，分别有6属12种和8属12种，均占23.53%；枝角类有4属8种，占15.69%。

冬季共鉴定出原生动物（Protozoa）、轮虫类（Rotifera）、枝角类（Cladocera）和桡足类（Copepoda），共4门20属30种。其中，原生动物类物种数最多，共6属12种，占浮游动物物种总数的比例为40.00%；其次为轮虫类，有7属10种，占33.33%；桡足类有5属6种，占20.00%；枝角类有2属2种，占6.67%。

优势种

以优势度指数Y>0.02定位优势种，春季长荡湖20个采样点浮游动物的优势类群共计2门3属3种：为原生动物的纤毛虫（*Ciliate*），优势度为0.03；轮虫类的晶囊轮虫（*Asplachna* sp.）和针簇多肢轮虫（*Polyarthra trigla*），优势度分别为0.07和0.41。

夏季长荡湖的优势类群共计2门9属12种：为原生动物类的恩茨筒壳虫（*Tintinnidium entzii*）、倪氏似铃壳虫（*Tintinnopsis niei*），优势度分别为0.05和0.02；轮虫类的裂痕龟纹轮虫（*Anuraeopsis fissa*）、剪形臂尾轮虫（*Brachionus forficula*）、多态胶鞘轮虫（*Collotheca ambigua*）、猪吻轮虫（*Dicranophorus* sp.）、曲腿龟甲轮虫（*Keratella valaa*）、小多肢轮虫（*Polyarthra minor*）、针簇多肢轮虫（*Polyarthra trigla*）、暗小异尾轮虫（*Trichocerca pusilla*）、等刺异尾轮虫（*Trichocerca similis*）和异尾轮虫（*Trichocerca* sp.），优势度分别为0.02、0.03、0.02、0.05、0.02、0.03、0.16、0.07、0.08和0.03。

秋季长荡湖的优势类群共计2门3属3种：为原生动物的纤毛虫（Ciliate）、淡水薄铃虫（*Leprotintinnus fluviatile*）和江苏似铃壳虫（*Tintinnopsis kiangsuensis*），优势度分别为0.04、0.02和0.03；轮虫类的晶囊轮虫（*Asplachna* sp.）、萼花臂尾轮虫（*Brachionus calyciflorus*）、裂足臂尾轮虫（*Brachionus diversicornis*）和螺形龟甲轮虫（*Keratella cochlearis*），优势度分别为0.28、0.16、0.06和0.02。

冬季长荡湖的优势类群共计2门3属3种：为原生动物的钵杵似铃壳虫（*Tintinnopsis subpistillum*）和长筒似铃壳虫（*Tintinnopsis longus*），优势度分别为0.03和0.15；轮虫类的针簇多肢轮虫（*Polyarthra trigla*），优势度为0.33。

浮游动物现存量

春季长荡湖浮游动物密度变化范围为125.25 ～ 3 244.50 ind./L，平均密度为913.56 ind./L，其中浮游动物最大密度出现在1号采样点，浮游动物最小密度出现在2号采样点；浮游动物生物量变化范围为0.21 ～ 2.88 mg/L，平均生物量0.88 mg/L，其中浮游动物最大生物量出现在1号采样点，浮游动物最小生物量出现在2号采样点（图3.3-49）。

夏季长荡湖浮游动物密度变化范围为2 903.40 ～ 10 610.65 ind./L，平均密度为6 557.11 ind./L，其中浮游动物最大密度出现在10号采样点，浮游动物最小密度出现在6号采样点；浮游动物生物量变化范围为1.22 ～ 11.69 mg/L，平均生物量6.31 mg/L，其中浮游动物最大生物量出现在10号采样点，浮游动物最小生物量出现在8号采样点（图3.3-50）。

秋季长荡湖浮游动物密度变化范围为300.75 ～ 17 866.80 ind./L，平均密度为5 108.51 ind./L，其中浮游动物最大密度出现在1号采样点，浮游动物最小密度出现在6号采样点；浮游动物生物量变化范围为0.12 ～ 22.28 mg/L，平均生物量5.59 mg/L，其中浮游动物最大生物量出现在1号采样点，浮游动物最小生物量出现在6号采样点（图3.3-51）。

冬季长荡湖浮游动物密度变化范围为390.00 ～ 5 683.27 ind./L，平均密度为1 466.67 ind./L，其中浮游动物最大密度出现在4号采样点，浮游动物最小密

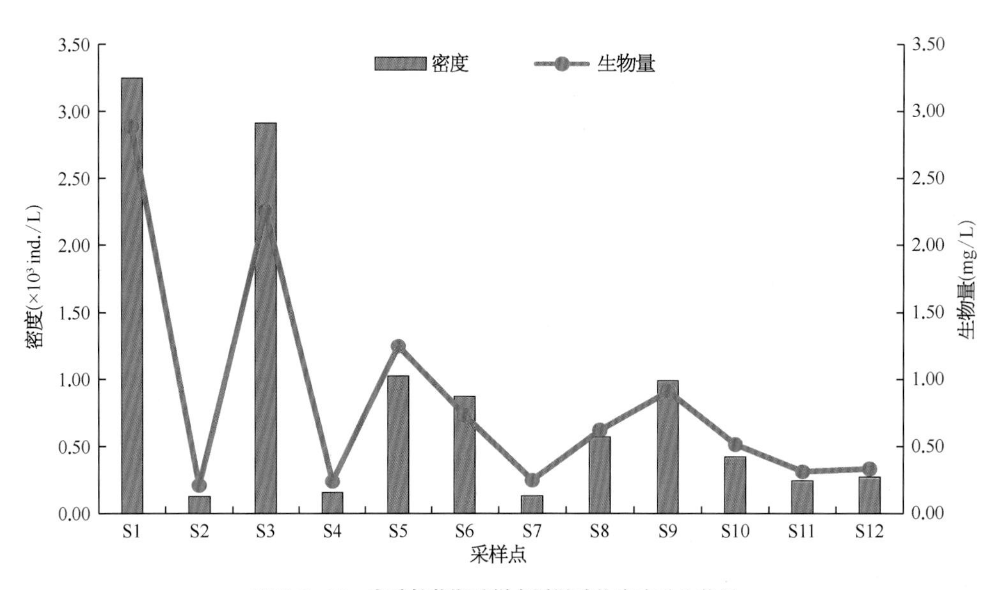

图3.3-49　春季长荡湖采样点浮游动物密度及生物量

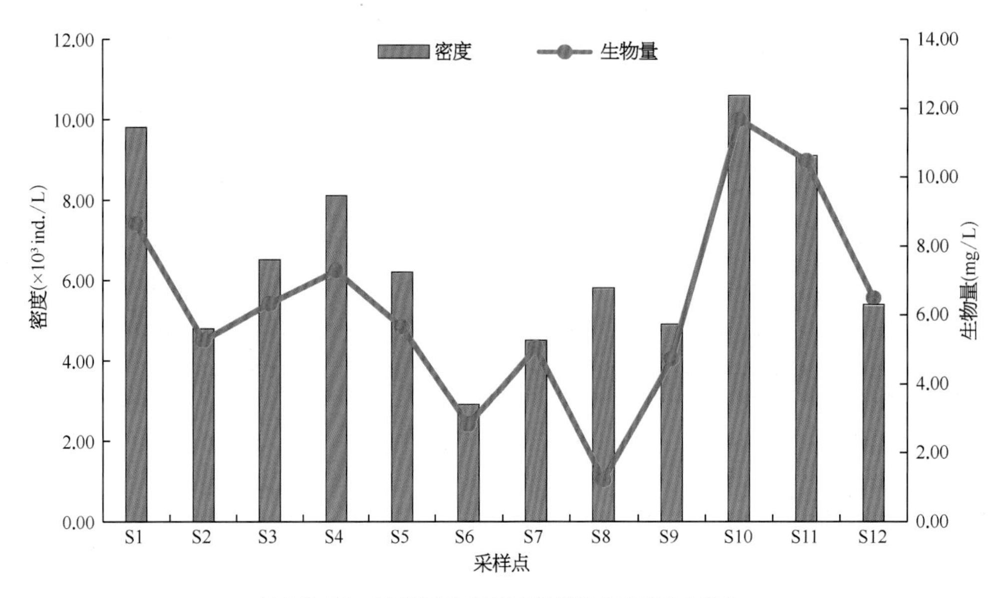

图3.3-50　夏季长荡湖采样点浮游动物密度及生物量

度出现在12号采样点；浮游动物生物量变化范围为0.32～3.50 mg/L，平均生物量1.28 mg/L，其中浮游动物最大生物量出现在4号采样点，浮游动物最小生物量出现在8号采样点（图3.3-52）。

· 群落多样性

春季长荡湖Shannon-Weaver多样性指数（H'）范围为0.03～1.81，平均为0.83，Shannon-Weaver多样性指数（H'）最大值出现在6号采样点，最小值出现在5号采样点；Pielou均匀度指数（J）范围为0.02～0.82，平均为0.41，Pielou均匀度指数（J）最大值出现在6号采样点，最小值出现在5号采样点；Margalef丰富度指数（R）范围为0.29～1.50，平均为0.82，Margalef丰富度指数（R）最大值出现在3号采样点，最小值出现在5号采样点（图3.3-53）。

夏季长荡湖Shannon-Weaver多样性指数（H'）范围为1.31～2.76，平均为2.41，Shannon-Weaver多样性指数（H'）最大值出现在3号采样点，最小值出现在8号采样点；Pielou均匀度指数（J）范围为0.44～0.81，平均为0.73，Pielou均匀度指数（J）最大值出现在6号采样点，最小值出现在8号采样点；Margalef丰富度指数（R）范围为2.19～3.92，平均为3.06，Margalef丰富度指数（R）最大值出现在1号

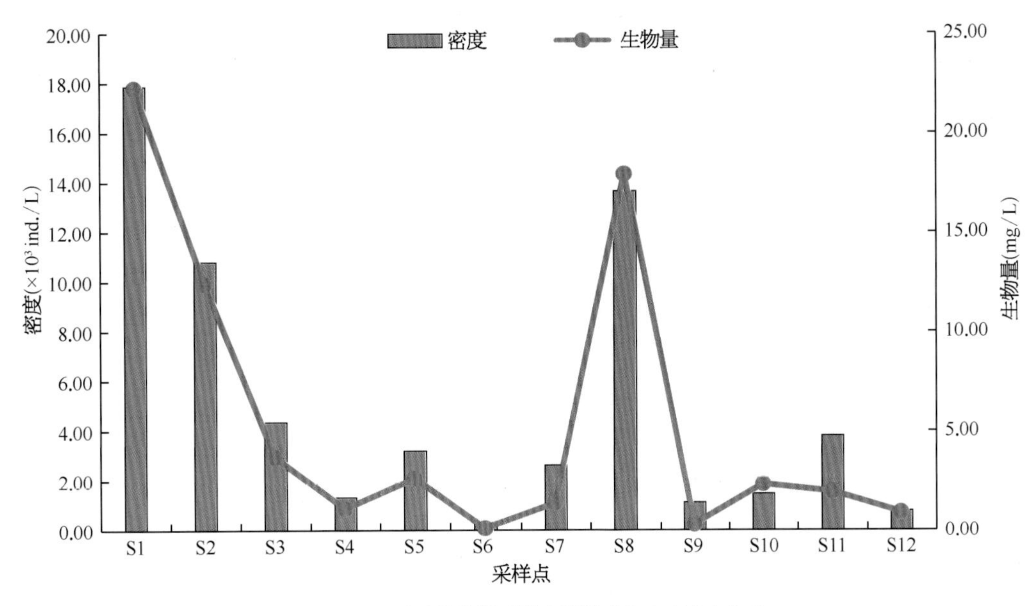

图3.3-51　秋季长荡湖采样点浮游动物密度及生物量

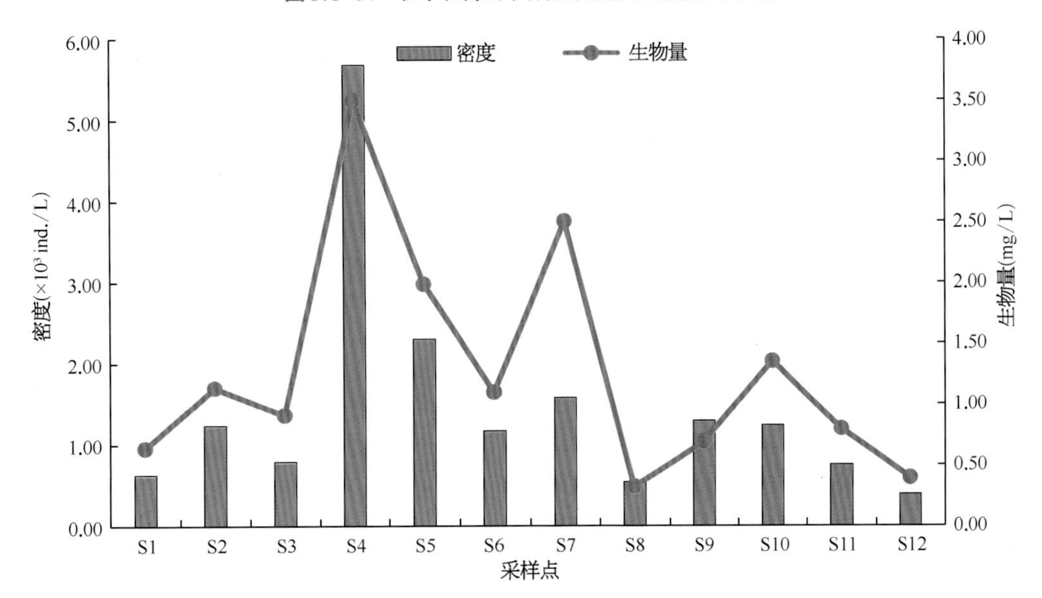

图3.3-52　冬季长荡湖采样点浮游动物密度及生物量

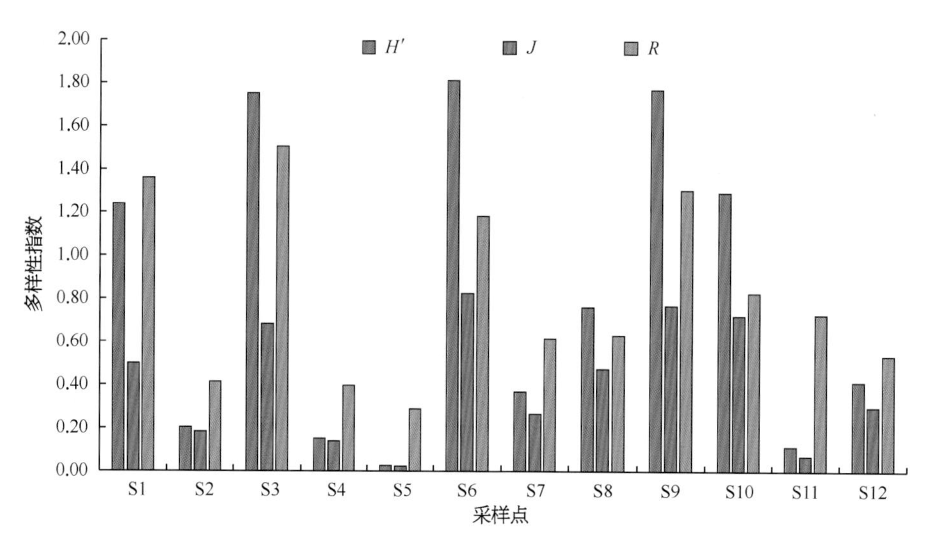

图3.3-53 春季长荡湖采样点浮游动物各指数

采样点，最小值出现在8号采样点（图3.3-54）。

秋季长荡湖Shannon-Weaver多样性指数（H'）范围为0.97～2.39，平均为1.83，Shannon-Weaver多样性指数（H'）最大值出现在11号采样点，最小值出现在1号采样点；Pielou均匀度指数（J）范围为0.34～0.80，平均为0.67，Pielou均匀度指数（J）最大值出现在11号采样点，最小值出现在1号采样点；Margalef丰富度指数（R）范围为0.88～3.05，平均为1.96，Margalef丰富度指数（R）最大值出现在7号采样点，最小值出现在6号采样点（图3.3-55）。

冬季长荡湖Shannon-Weaver多样性指数（H'）范围为1.39～2.05，平均为1.75，Shannon-Weaver多样性指数（H'）最大值出现在7号采样点，最小值出现在1号采样点；Pielou均匀度指数（J）范围为0.24～0.51，平均为0.35，Pielou均匀度指数（J）最大值出现在4号采样点，最小值出现在5号采样点；Margalef丰富度指数（R）范围为1.27～2.85，平均为2.30，Margalef丰富度指数（R）最大值出现在3号采样点，最小值出现在4号采样点（图3.3-56）。

· 结果与讨论

本次长荡湖水野调查共检出浮游动物4门97种，其中原生动物29种、轮虫41种、枝角类12种、桡足类15种。夏季浮游动物总物种数明显多于其他三个季节。浮游动物优势种包括原生动物的纤毛虫、似铃壳虫和轮虫的臂尾轮虫、多肢轮虫、异尾轮虫，枝角类和桡足类没有优势种。郭刘超等于2016年1～12月

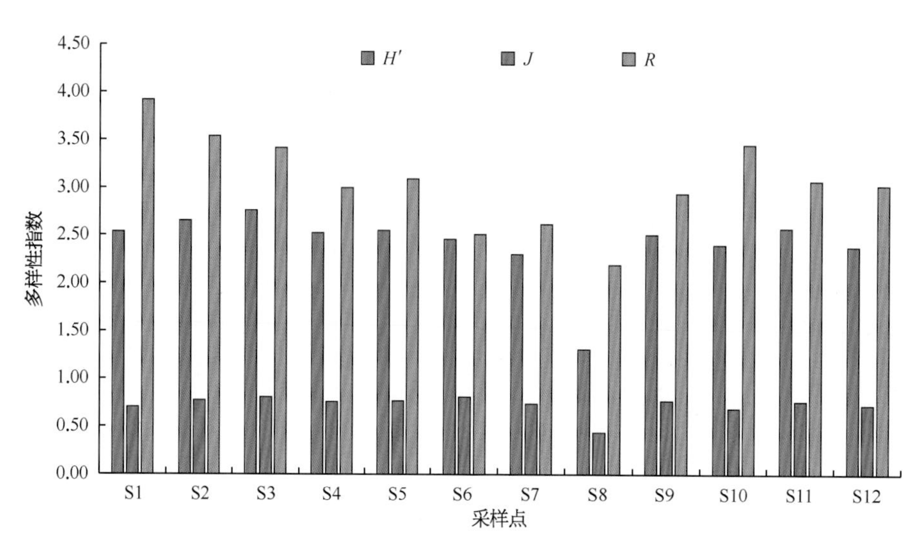

图3.3-54 夏季长荡湖采样点浮游动物各指数

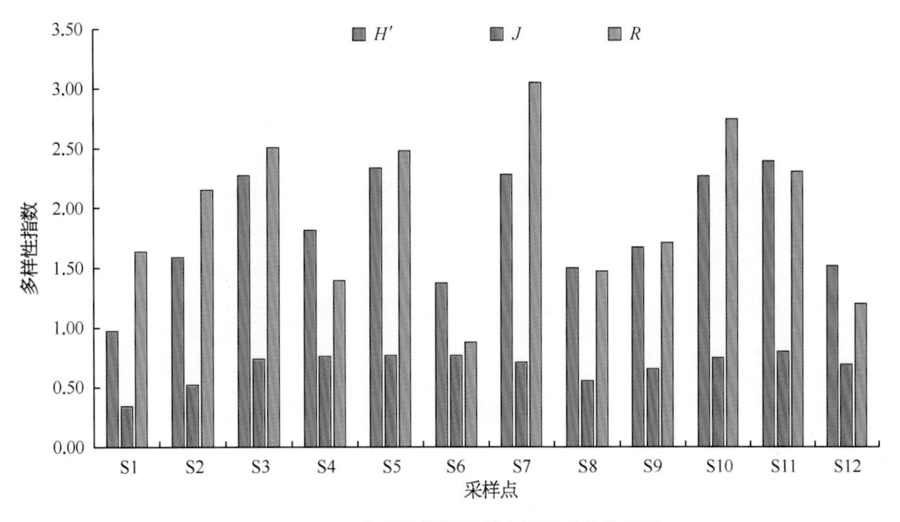

图3.3-55　秋季长荡湖采样点浮游动物各指数

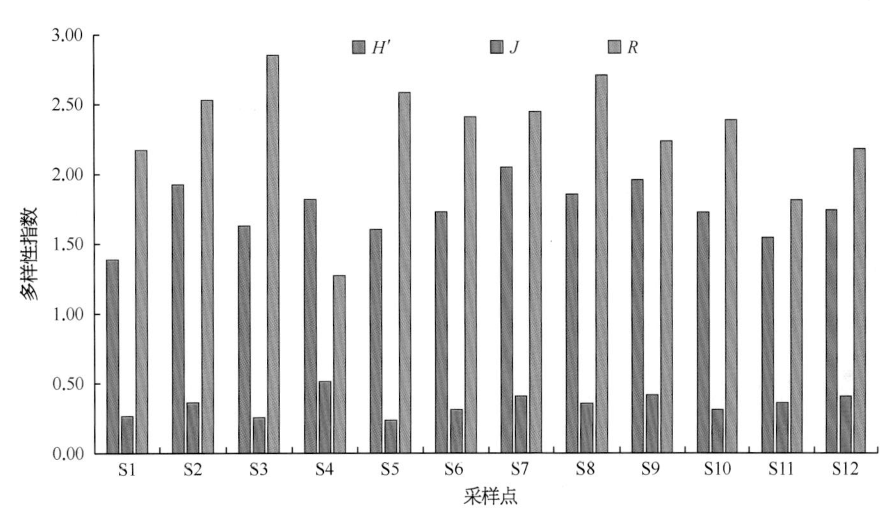

图3.3-56　冬季长荡湖采样点浮游动物各指数

对长荡湖进行了调查，共检出浮游动物74种，其中原生动物23种、轮虫30种、枝角类10种、桡足类11种。优势种较多，其中有砂壳虫、似铃壳虫、臂尾轮虫、龟甲轮虫、多肢轮虫、象鼻溞、秀体溞、剑水蚤等。相较之下，本次调查检出的四类浮游动物物种数均多于上次调查，然而郭刘超等检出的浮游动物优势种较多，表明长荡湖浮游动物群落结构受到干扰，优势地位重新排列。

在国内外研究工作者的基础上，根据浮游动物的大小、摄食习性以及浮游动物之间的相互作用，将淡水生态系统浮游动物划分为原生动物滤食者PF、原生动物捕食者PC、轮虫滤食者RF、轮虫捕食者RC、小型浮游动物滤食者SCF、小型浮游动物捕食者SCC、中型浮游动物滤食者MCF、中型浮游动物捕食者MCC、大型浮游动物滤食者LCF和大型浮游动物捕食者LCC，共10个浮游功能群。本次长荡湖调查共发现浮游动物7个功能群，未发现SCC、LCF和LCC功能群。其中PF功能群主要由砂壳虫、似铃壳虫等组成；PC功能群主要包含纤毛虫等；RF功能群主要为臂尾轮虫属、龟甲轮虫属和异尾轮虫属的一些轮虫组成；而RC功能群主要由晶囊轮虫组成；MCF功能群则主要哲水蚤组成；SCF功能群主要由象鼻溞等组成，MCC功能群则主要由广布中剑水蚤、粗壮温剑水蚤等组成。根据密度大小来看，各季节均以PF和RF功能群为主。另外在秋季，受温度、氮磷浓度、浮游植物密度等影响，其功能群所含种类及密度相比有所增大。

调查发现，长荡湖浮游动物密度和生物量具有明显的时空变化，具体表现为各点位密度及生物量值差距巨大，夏季和秋季密度及生物量远大于春季和冬季。研究表明，浮游动物的季节变化主要受水温、营养盐、浮游植物的上行效应、鱼类摄食的下行效应、水文变化、种间竞争等影响。其中，浮游动物生殖和发育受温度影响较大，水温高时，浮游动物大量繁殖，引起密度和生物量升高；水温低时，浮游动物生殖和发育会受到限制，甚至形成休眠卵，导致整体密度和生物量降低。然而水温只是其中的一个影响因素，夏、秋季与春、冬季密度及生物量的差距表明，长荡湖夏、秋季浮游动物群落结构还受其他因素的影响。有研究表明，氯离子和总氮的升高会促进浮游植物的生长，通过浮游植物的上行效应，进而间接影响浮游动物的生长。因此，长荡湖夏、秋季浮游动物密度高主要是因为夏、秋季湖水营养盐浓度升高引起的。郭刘超等人的调查也发现长荡湖夏、秋季浮游动物密度及生物量多于春、冬季。

通过浮游动物多样性指数看出，长荡湖水质年变化较大，夏季湖水为轻污染状态，秋冬季为中污染状态，而春季为重污染状态。王晓杰的研究发现长荡湖水质为劣Ⅴ类，水体呈富营养化状态，水质总体呈下降趋势，污染源主要来自上游来水和围网养殖等。对于夏季湖水污染较轻可能是夏季雨水比较充分，稀释了污染物，从而使得湖水水质整体变好。

石臼湖

群落组成

2017～2018年春夏秋冬四季通过对石臼湖16个采样点浮游动物的调查采样，春季共鉴定出原生动物（Protozoa）、轮虫类（Rotifera）、枝角类（Cladocera）和桡足类（Copepoda），共4门18属27种。其中，桡足类物种数最多，共7属9种，占浮游动物物种总数的比例为33.00%；其次为轮虫类，有6属8种，占30.00%；原生动物有3属6种，占22%；枝角类有2属4种，占15.00%。

夏季共鉴定出原生动物（Protozoa）、轮虫类（Rotifera）、枝角类（Cladocera）和桡足类（Copepoda），共4门20属40种。其中，轮虫类物种数最多，共7属18种，占浮游动物物种总数的比例为45.00%；其次为原生动物，有6属11种，占27.50%；枝角类有3属7种，占17.50%；桡足类有4属4种，占10.00%。

秋季共鉴定出原生动物（Protozoa）、轮虫类（Rotifera）、枝角类（Cladocera）和桡足类（Copepoda），共4门30属55种。其中，原生动物类物种数最多，共11属25种，占浮游动物物种总数的比例为45.50%；其次为轮虫类，有11属20种，占36.40%；枝角类有3属5种，占9.1%；桡足类有5属5种，占9.00%。

冬季共鉴定出原生动物（Protozoa）、轮虫类（Rotifera）、枝角类（Cladocera）和桡足类（Copepoda），共4门23属40种。其中，桡足类物种数最多，共8属12种，占浮游动物物种总数的比例为30.00%；其次为轮虫类有6属10种，占25%；原生动物有5属10种，占25.00%；枝角类有4属8种，占20.00%。

优势种

以优势度指数Y>0.02定位优势种，春季石臼湖16个采样点浮游动物的优势类群共计2门4属4种：为原生动物的王氏似铃壳虫（*Tintinnopsis wangi*），优势度为0.03；轮虫类的晶囊轮虫（*Asplachna* sp.）、萼花臂尾轮虫（*Brachionus calyciflorus*）和螺形龟甲轮虫（*Keratella cochlearis*），优势度分别为0.13、0.08和0.02。

夏季石臼湖16个采样点浮游动物的优势类群共计2门3属3种：为原生动物的长筒似铃壳虫（*Tintinnopsis longus*），优势度为0.02；轮虫类的螺形龟甲轮虫（*Keratella cochlearis*）和针簇多肢轮虫（*Polyarthra trigla*），优势度分别为0.06和0.27。

秋季石臼湖16个采样点浮游动物的优势类群共计2门3属5种：为原生动物的纤毛虫（Ciliate）、江苏似铃壳虫（*Tintinnopsis kiangsuensis*）、镈形似铃壳虫（*Tintinnopsis potiformis*）和王氏似铃壳虫（*Tintinnopsis wangi*），优势度分别为0.09、0.10、0.04和0.10；轮虫类的针簇多肢轮虫（*Polyarthra trigla*），优势度为0.11。

冬季石臼湖16个采样点浮游动物的优势类群共计2门4属5种：包括原生动物的长筒似铃壳虫（*Tintinnopsis longus*），优势度为0.02；轮虫类的迈氏三肢轮虫（*Filinia maior*）、针簇多肢轮虫（*Polyarthra *trigla*）、螺形龟甲轮虫（*Keratella cochlearis*）和萼花臂尾轮虫（*Brachionus calyciflorus*），优势度分别为0.12、0.26、0.03和0.08。

· 现存量

春季石臼湖浮游动物密度变化范围为1.50～404.25 ind./L，平均密度为147.05 ind./L，其中浮游动物最大密度出现在8号采样点，浮游动物最小密度出现在12号采样点；浮游动物生物量变化范围为0.01～0.74 mg/L，平均生物量为0.17 mg/L，其中浮游动物最大生物量出现在8号采样点，浮游动物最小生物量出现在14号采样点（图3.3-57）。

夏季石臼湖浮游动物密度变化范围为0.00～1 440.00 ind./L，平均密度为742.69 ind./L，其中浮游动物最大密度出现在13号采样点，浮游动物最小密度出现在9号采样点；浮游动物生物量变化范围为0.00～1.64 mg/L，平均生物量为0.62 mg/L，其中浮游动物最大生物量出现在14号采样点，浮游动物最小生物量出现在9号采样点（图3.3-58）。

秋季石臼湖浮游动物密度变化范围为300.00～9 590.31 ind./L，平均密度为3 807.80 ind./L，其中浮

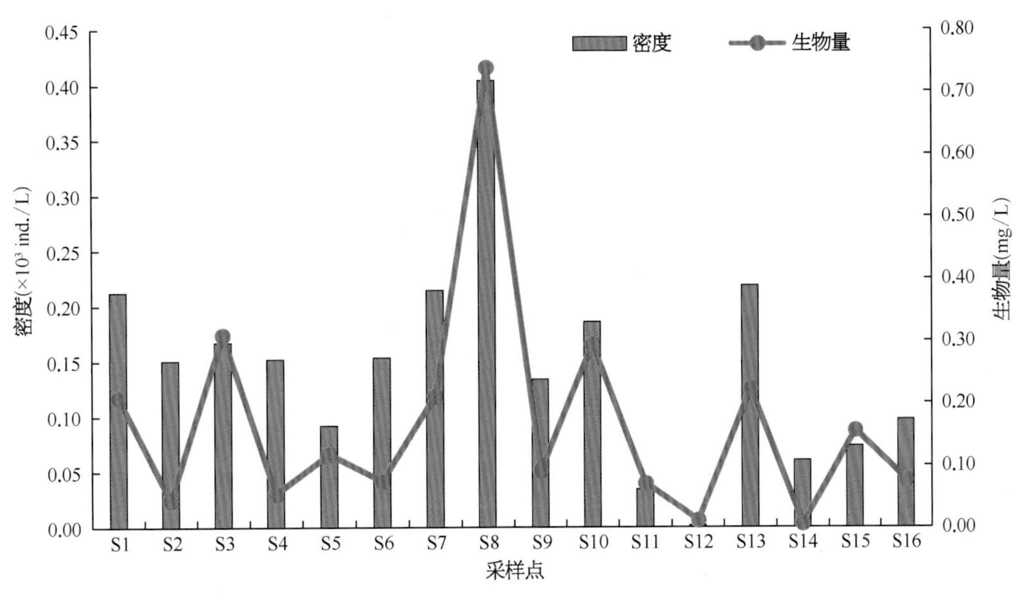

图3.3-57 春季石臼湖采样点浮游动物密度及生物量

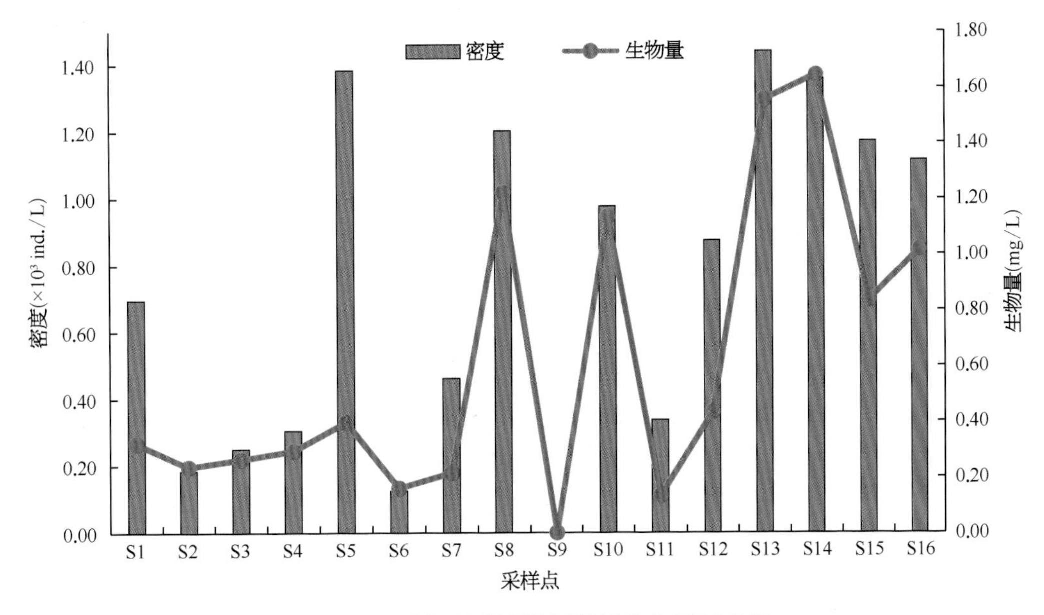

图3.3-58 夏季石臼湖采样点浮游动物密度及生物量

游动物最大密度出现在16号采样点，浮游动物最小密度出现在6号采样点；浮游动物生物量变化范围为0.05 ~ 6.85 mg/L，平均生物量为1.53 mg/L，其中浮游动物最大生物量出现在16号采样点，浮游动物最小生物量出现在6号采样点（图3.3-59）。

冬季石臼湖浮游动物密度变化范围为72.72 ~ 1 324.52 ind./L，平均密度为401.20 ind./L，其中浮游动物最大密度出现在8号采样点，浮游动物最小密度出现在14号采样点；浮游动物生物量变化范围为0.14 ~ 1.42 mg/L，平均生物量为0.44 mg/L，其中浮游动物最大生物量出现在8号采样点，浮游动物最小生物量出现在16号采样点（图3.3-60）。

• 群落多样性

春季石臼湖Shannon-Weaver多样性指数（H'）范围为0.07 ~ 1.80，平均为1.01，Shannon-Weaver多样性指数（H'）最大值出现在1号采样点，最小值出现在14号采样点；Pielou均匀度指数（J）范围为0.10 ~ 1.00，平均为0.56，Pielou均匀度指数（J）最大值出现在12号采样点，最小值出现在14号采样点；Margalef丰富度指数（R）范围为0.24 ~ 2.47，平均为1.26，Margalef丰富度指数最大值出现在12号采样点，最小值出现在14号采样点（图3.3-61）。

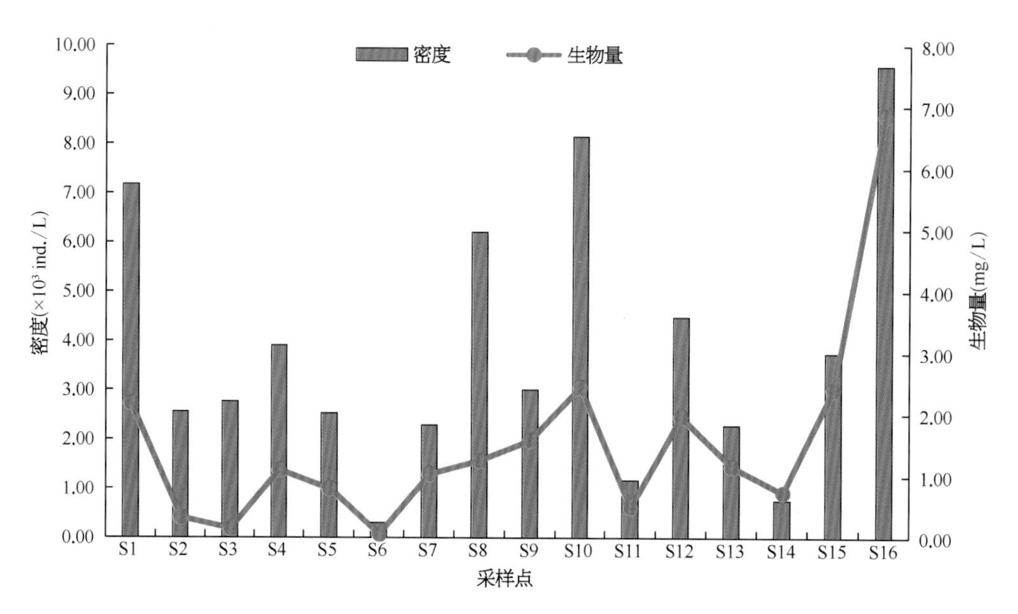

图3.3-59 秋季石臼湖采样点浮游动物密度及生物量

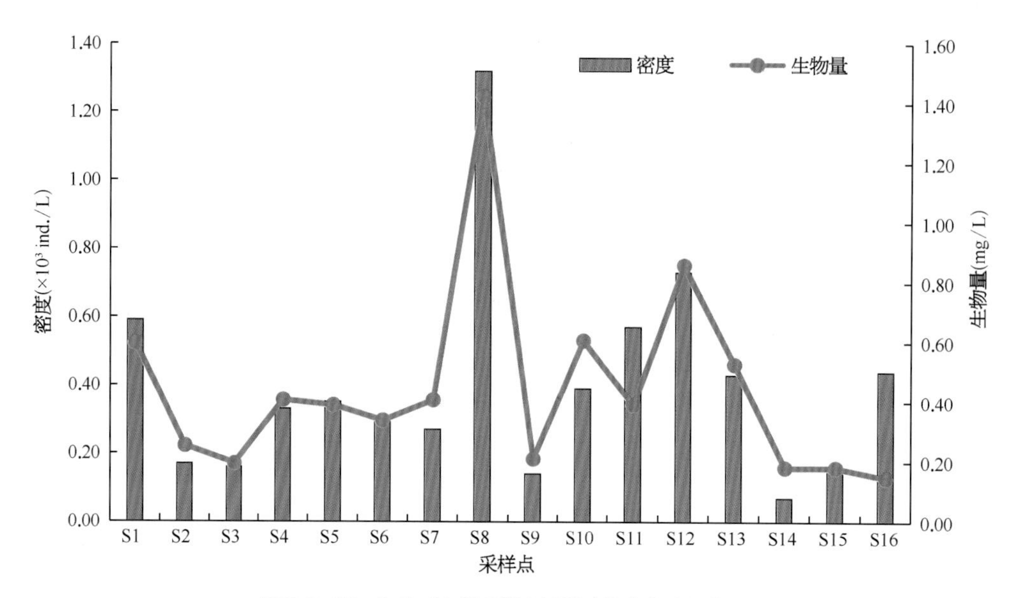

图3.3-60 冬季石臼湖采样点浮游动物密度及生物量

夏季石臼湖Shannon-Weaver多样性指数（H'）范围为0.00～1.92，平均为1.22，Shannon-Weaver多样性指数（H'）最大值出现在16号采样点，最小值出现在9号采样点；Pielou均匀度指数（J）范围为0.00～0.84，平均为0.62，Pielou均匀度指数（J）最大值出现在4号采样点，最小值出现在9号采样点；Margalef丰富度指数（R）范围为0.00～1.71，平均为0.96，Margalef丰富度指数（R）最大值出现在16号采样点，最小值出现在9号采样点（图3.3-62）。

秋季石臼湖Shannon-Weaver多样性指数（H'）范围为1.44～2.44，平均为2.01，Shannon-Weaver多样性指数（H'）最大值出现在12号采样点，最小值出现在11号采样点；Pielou均匀度指数（J）范围为0.61～0.90，平均为0.77，Pielou均匀度指数（J）最大值出现在6号采样点，最小值出现在14号采样点；Margalef丰富度指数（R）范围为0.88～2.18，平均为1.65，Margalef丰富度指数（R）最大值出现在4号采样点，最小值出现在6号采样点（图3.3-63）。

冬季石臼湖Shannon-Weaver多样性指数（H'）范围为0.53～2.17，平均为1.53，Shannon-Weaver多样性指数（H'）最大值出现在8号采样点，最小值出现在16号采样点；Pielou均匀度指数（J）范围为0.21～0.77，平均为0.48，Pielou均匀度指数（J）最大值出现在6号采样点，最小值出现在16号采样点；

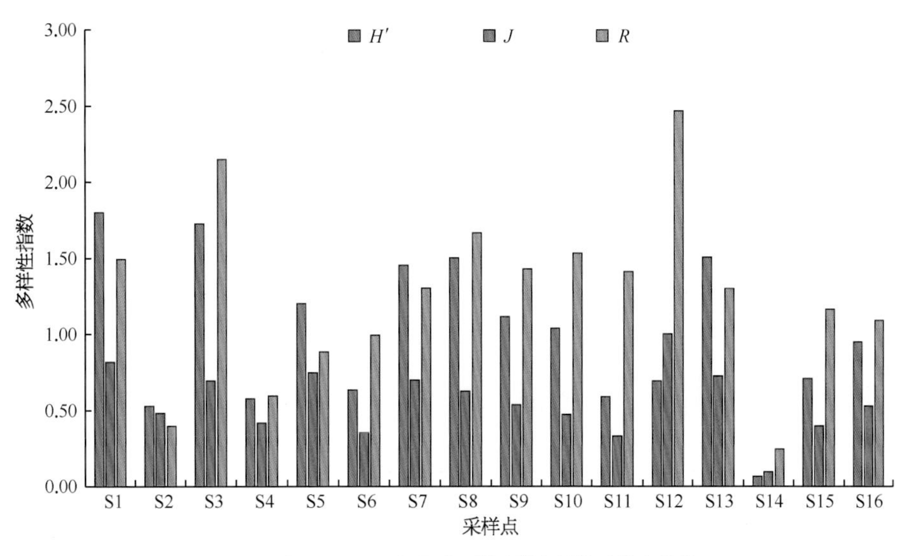

图3.3-61　春季石臼湖采样点浮游动物各指数

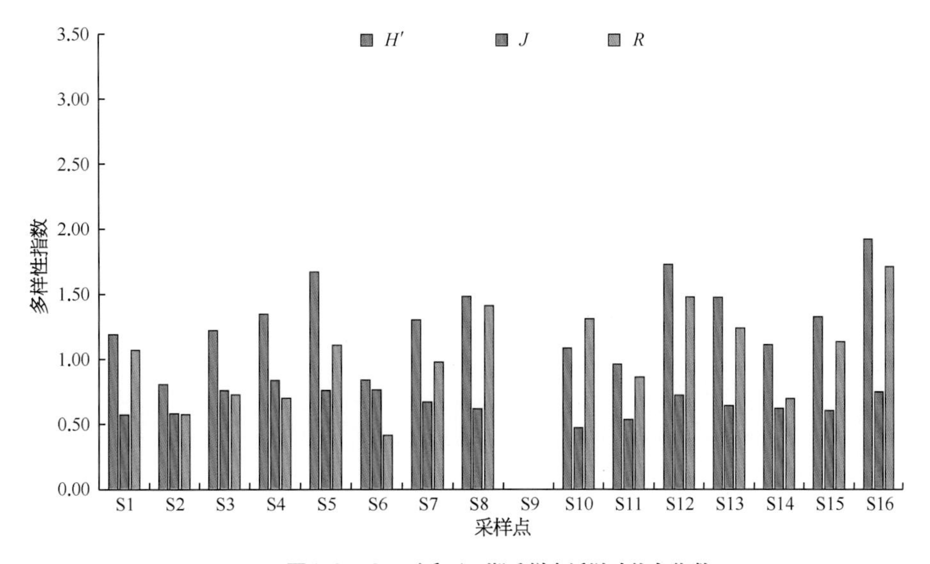

图3.3-62　夏季石臼湖采样点浮游动物各指数

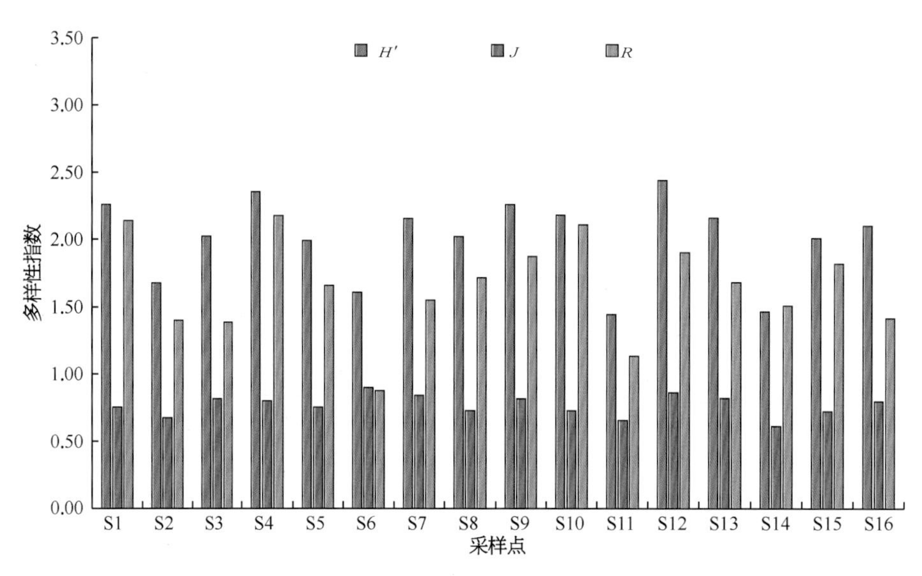

图3.3-63 秋季石臼湖采样点浮游动物各指数

Margalef丰富度指数（R）范围为0.59 ～ 3.22，平均为1.73，Margalef丰富度指数（R）最大值出现在9号采样点，最小值出现在3号采样点（图3.3-64）。

· 结果与讨论

本次石臼湖调查共检出浮游动物67种，其中原生动物25种、轮虫26种、枝角类8种、桡足类8种，其中秋季检出物种数最多，春季最少。浮游动物优势种主要为原生动物中的似铃壳虫和轮虫中的针簇多肢轮虫、萼花臂尾轮虫、螺形龟甲轮虫。陆晓平等于2016年的调查发现石臼湖含有较多的砂壳虫、臂尾轮虫、暗小异尾轮虫、螺形龟甲轮虫、长三肢轮虫等耐污种类，提出石臼湖有机污染加重，湖泊富营养化加剧。本次调查发现石臼湖物种没有较大变化，说明石臼湖水质仍然较差。

在国内外研究工作者的基础上，根据浮游动物的大小、摄食习性以及浮游动物之间的相互作用，将淡水生态系统浮游动物划分为原生动物滤食者PF、原生动物捕食者PC、轮虫滤食者RF、轮虫捕食者RC、小型浮游动物滤食者SCF、小型浮游动物捕食者SCC、中型浮游动物滤食者MCF、中型浮游动物捕食者MCC、大型浮游动物滤食者LCF和大型浮游动物捕食者LCC，共10个浮游功能群。本次石臼湖调查共发现浮游动物7个功能群，未发现SCC、LCF和LCC功能群。其中，PF功能群主要由砂壳虫、似铃壳虫等

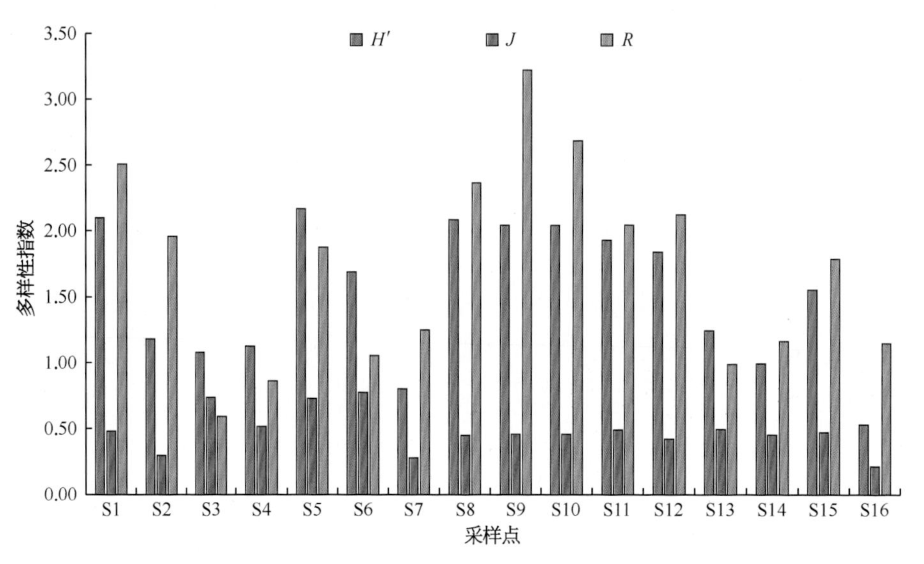

图3.3-64 冬季石臼湖采样点浮游动物各指数

组成；PC功能群主要由纤毛虫等组成；RF功能群主要由臂尾轮虫属、龟甲轮虫属、多肢轮虫属和异尾轮虫属的一些轮虫组成；RC功能群主要由晶囊轮虫组成；SCF功能群主要由象鼻溞、裸腹溞等组成；MCF功能群主要由哲水蚤、镖水蚤等组成；MCC功能群主要由近邻剑水蚤、广布中剑水蚤等组成。各季节均以PF和RF功能群为主，受水体理化因子等影响，秋季功能群数量明显多于其他季节，另外，春季MCC功能群所含种类明显多于其他三个季节。

调查发现石臼湖浮游动物群落结构具有明显的时空变化，具体表现为秋季浮游动物密度非常高，另外三个季节相对较低，密度大小依此为秋季 > 夏季 > 冬季 > 春季，每个季节密度极值出现的点位也不一样。本次调查发现石臼湖浮游动物优势种主要为原生动物中的似铃壳虫和轮虫中的臂尾轮虫、多肢轮虫、龟甲轮虫，枝角类和桡足类没有优势种。目前关于石臼湖浮游动物的调查较少，因此无法与之比较，但郑金秀等于2012对流入石臼湖的姑溪河和青弋江进行的调查发现轮虫31种，臂尾轮虫属、异尾轮虫属和龟甲轮虫属物种较多，枝角类13种，桡足类20种。整体来看，石臼湖浮游动物物种数少于其流入河中物种数。

调查发现石臼湖浮游动物密度及生物量同样具有明显的时空差异，其中秋季浮游动物密度和生物量最高，并且远大于春、夏、冬，其次为夏季，之后是冬季和春季。研究表明，浮游动物的季节变化主要受水温、营养盐、浮游植物的上行效应、鱼类摄食的下行效应、水文变化、种间竞争等影响。郑金秀等的调查发现轮虫全年平均密度为350 ind./L，低于石臼湖，主要是因为相比湖泊，河流营养物质浓度较低，水体流速大，导致浮游动物密度较低。每年4～10月份，长江进入汛期，河水大量流入石臼湖，稀释了湖水，汛期过后，营养盐浓度升高，温度适宜，浮游动物大量生殖，因此石臼湖秋季浮游动物密度达到最大值。冬季和春季水温较低，浮游动物生殖和发育受到影响，因此春季和冬季浮游动物密度和生物量较低。

通过浮游动物多样性指数可以看出，石臼湖秋季水质为轻污染状态，春、夏、冬季为中污染状态，其中春季污染程度最重。

白马湖

群落组成

2016～2018年春夏秋冬四季通过对白马湖16个采样点浮游动物的调查采样，春季共鉴定出原生动物（Protozoa）、轮虫类（Rotifera）、枝角类（Cladocera）和桡足类（Copepoda），共4门35属82种。其中，轮虫类物种数最多，共16属43种，占浮游动物物种总数的比例为52.44%；其次为原生动物类，有8属19种，占23.17%；枝角类有5属12种，占14.63%；桡足类有6属8种，占9.76%。

夏季共鉴定出轮虫类（Rotifera）、枝角类（Cladocera）和桡足类（Copepoda），共3门17属34种。其中，轮虫类物种数最多，共7属15种，占浮游动物物种总数的比例为44.12%；其次为枝角类，有6属11种，占32.35%；桡足类有4属8种，占25.53%。

秋季共鉴定出原生动物（Protozoa）、轮虫类（Rotifera）、枝角类（Cladocera）和桡足类（Copepoda），共4门27属54种。其中，轮虫类物种数最多，共10属22种，占浮游动物物种总数的比例为40.74%；枝角类有7属13种，占24.07%；原生动物类有7属12种，占22.22%；桡足类有3属7种，占12.96%。

冬季共鉴定出原生动物（Protozoa）、轮虫类（Rotifera）、枝角类（Cladocera）和桡足类（Copepoda），共4门26属45种。其中，轮虫类物种数最多，共13属23种，占浮游动物物种总数的比例为51.11%；其次为原生动物，有4属11种，占24.44%；枝角类有5属7种，占15.56%，桡足类有4属4种，占8.89%。

优势种

以优势度指数Y>0.02定位优势种，春季白马湖16个采样点浮游动物的优势类群共计2门2属3种：为轮虫类的螺形龟甲轮虫和曲腿龟甲轮虫，优势度分别为0.52和0.09；原生动物类的褶累枝虫，优势度为0.07。

夏季优势类群共计1门4属5种：全为轮虫类，分别为晶囊轮虫、真翅多肢轮虫、螺形龟甲轮虫和萼花臂尾轮虫，优势度分别为1.46、0.79、0.34和0.33。

秋季优势类群共计1门2属3种：为轮虫类的晶

囊轮虫、萼花臂尾轮虫和角突臂尾轮虫，优势度分别为0.33、0.3和0.24。

冬季优势类群共计1门3属3种：为轮虫类的晶囊轮虫、真翅多肢轮虫和螺形龟甲轮虫，优势度分别为1.17、0.63和0.27。

· 现存量

春季白马湖浮游动物密度变化范围为30.88～528.25 ind./L，平均密度为179.7 ind./L，其中浮游动物最大密度出现在S11采样点，浮游动物最小密度出现在S1采样点；浮游动物生物量变化范围为0.07～2.73 mg/L，平均生物量为0.86 mg/L，其中浮游动物最大生物量出现在S12采样点，浮游动物最小生物量出现在S15采样点。

夏季白马湖浮游动物密度变化范围1.76～185.38 ind. /L，平均密度为31.4 ind./ L，其中浮游动物最大密度出现在S6采样点，浮游动物最小密度出现在S1采样点；浮游动物生物量变化范围0.04～2.95 mg/L，平均生物量为0.75 mg/L，其中浮游动物最大生物量出现在S9采样点，浮游动物最小生物量出现在S1采样点（图3.3-66）。

秋季白马湖浮游动物密度变化范围为0～133.55 ind./L，平均密度为43.65 ind./ L，其中浮游动物最大密度出现在S13采样点，浮游动物最小密度出现在S12采样点；浮游动物生物量变化范围为

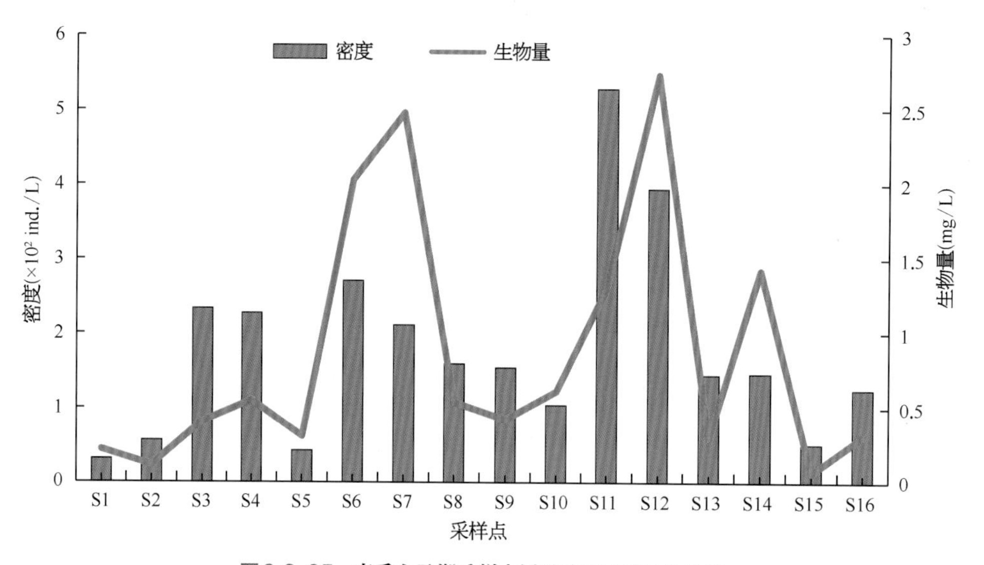

图3.3-65　春季白马湖采样点浮游动物密度及生物量

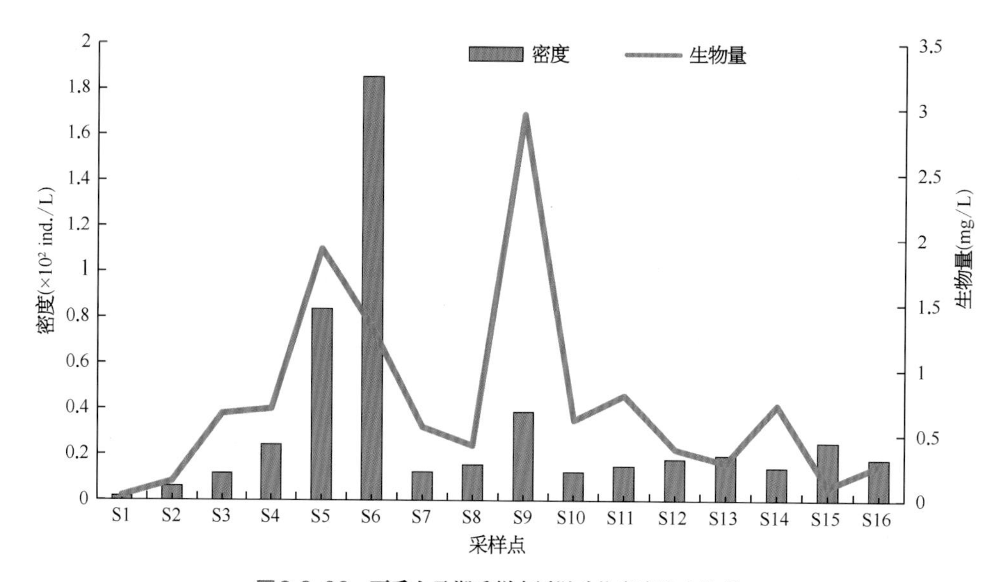

图3.3-66　夏季白马湖采样点浮游动物密度及生物量

0.00～1.65 mg/L，平均生物量为0.41 mg/L，其中浮游动物最大生物量出现S13采样点，浮游动物最小生物量出现在S12采样点（图3.3-67）。

冬季白马湖浮游动物密度变化范围为0～145.75 ind./L，平均密度为30.68 ind./ L，其中浮游动物最大密度出现在S14采样点，浮游动物最小密度出现在S11和S10采样点；浮游动物生物量变化范围为0～1.64 mg/L，平均生物量为0.22 mg/L，其中浮游动物最大生物量出现在S13采样点，浮游动物最小生物量出现在S11和S10采样点（图3.3-68）。

· 浮游动物多样性

春季白马湖Shannon-Weaver多样性指数（H'）范围为0.56～2.59，平均为1.77，Shannon-Weaver多样性指数（H'）最大值出现在S14采样点，最小值出现在S3采样点；Pielou均匀度指数（J）范围为0.23～0.92，平均为0.60，Pielou均匀度指数（J）最大值出现在S7采样点，最小值出现在S3采样点；Margalef丰富度指数（R）范围为2.02～6.90，平均为3.80，Margalef丰富度指数（R）最大值出现在S8采样点，最小值出现在S3采样点（图3.3-69）。

夏季白马湖Shannon-Weaver多样性指数（H'）范围为1.05～2.31，平均为1.78，Shannon-Weaver多样性指数（H'）最大值出现在S12采样点，最小值出现在S2采样点；Pielou均匀度指数（J）范围为

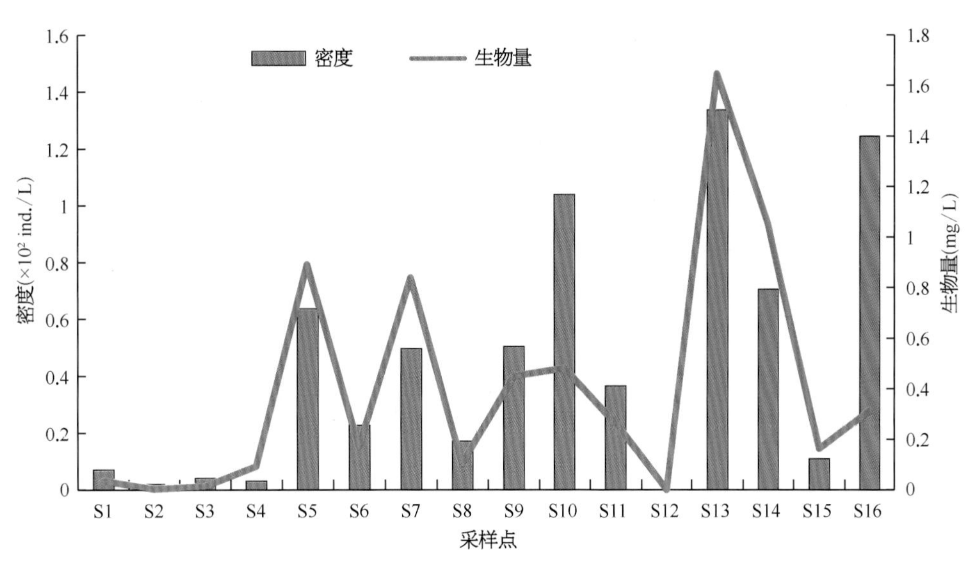

图3.3-67　秋季白马湖采样点浮游动物密度及生物量

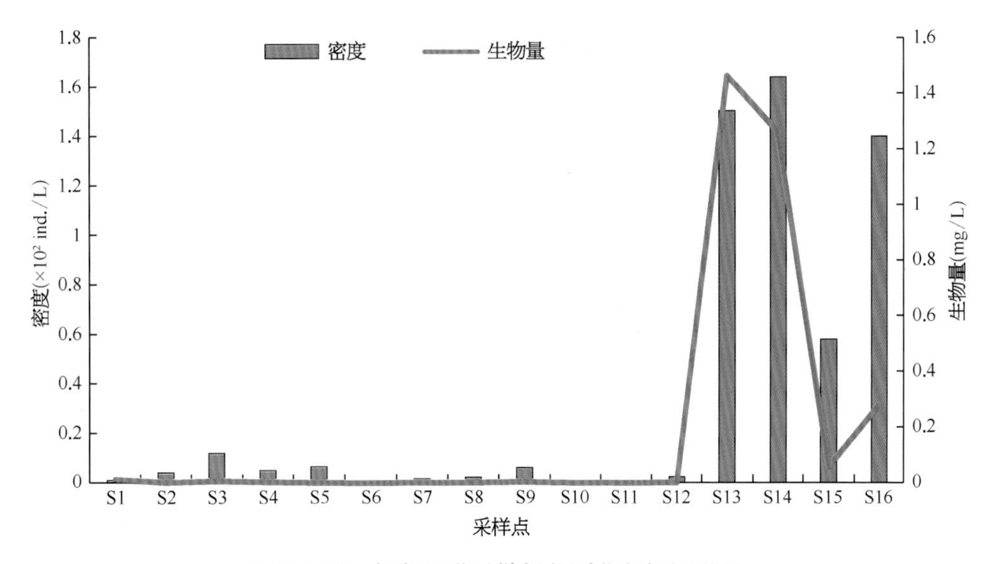

图3.3-68　冬季白马湖采样点浮游动物密度及生物量

0.63～0.98，平均为0.87，Pielou均匀度指数（J）最大值出现在S7采样点，最小值出现在S9采样点；Margalef丰富度指数（R）范围为0.96～8.00，平均为2.98，Margalef丰富度指数（R）最大值出现在S1采样点，最小值出现在S6采样点（图3.3-70）。

秋季白马湖Shannon-Weaver多样性指数（H'）范围为0.00～2.59，平均为1.70，Shannon-Weaver多样性指数（H'）最大值出现在S8采样点，最小值出现在S12采样点；Pielou均匀度指数（J）范围为0.00～0.89，平均为0.68，Pielou均匀度指数（J）最大值出现在S15采样点，最小值出现在S12采样点；Margalef丰富度指数（R）范围为0.00～7.06，平均为3.79，Margalef丰富度指数（R）最大值出现在S8采样点，最小值出现在S12采样点（图3.3-71）。

冬季白马湖Shannon-Weaver多样性指数（H'）范围为0.00～2.59，平均为0.97，Shannon-Weaver多样性指数（H'）最大值出现在S14采样点，最小值出现在S6、S7、S10和S11采样点；Pielou均匀度指数（J）范围为0.00～0.96，平均为0.54，Pielou均匀度指数（J）最大值出现在S1采样点，最小值出现在S6、S7、S10和S11采样点；Margalef丰富度指数（R）范围为0.00～5.07，平均为2.05，Margalef丰富度指数（R）最大值出现在S15采样点，最小值出现在S6、S7、S10和S11采样点（图3.3-72）。

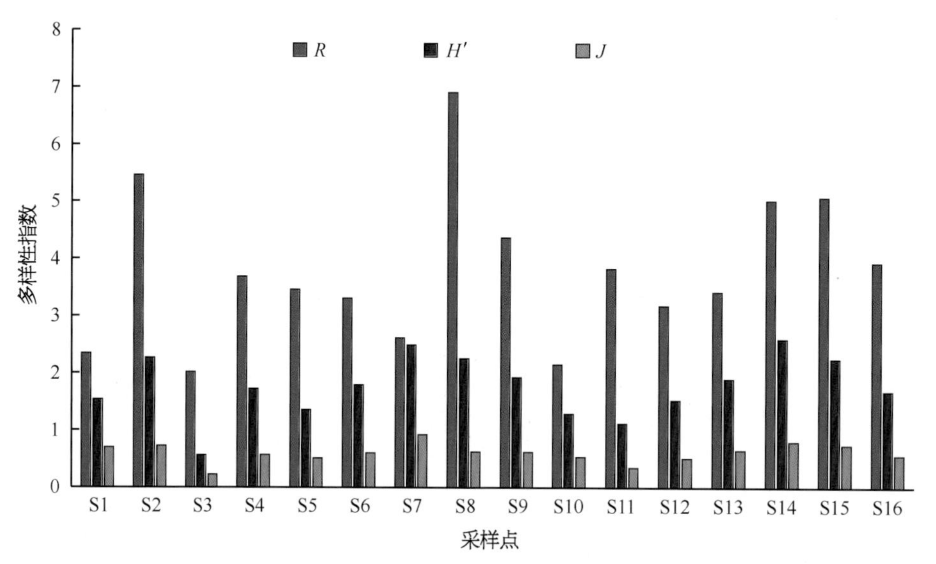

图3.3-69 春季白马湖采样点浮游动物各指数

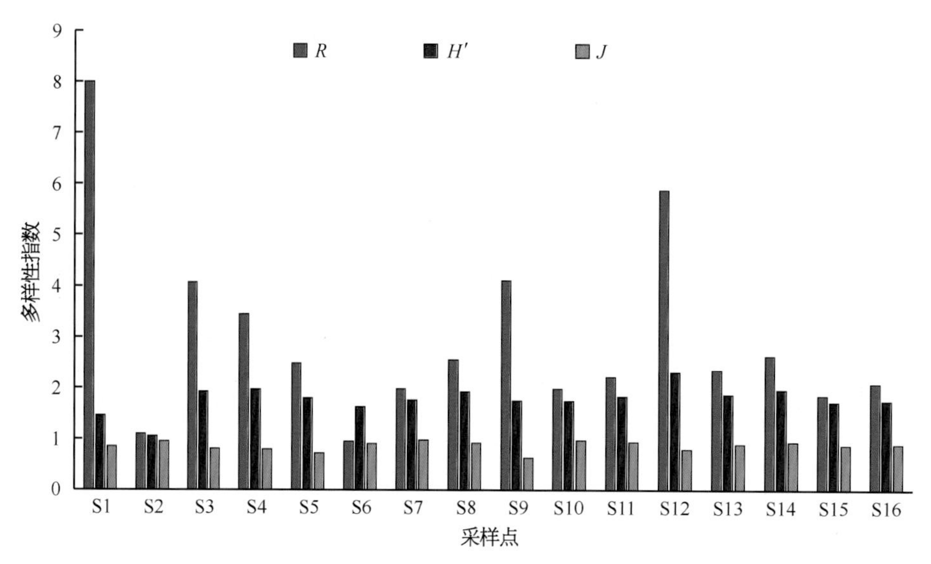

图3.3-70 夏季白马湖采样点浮游动物各指数

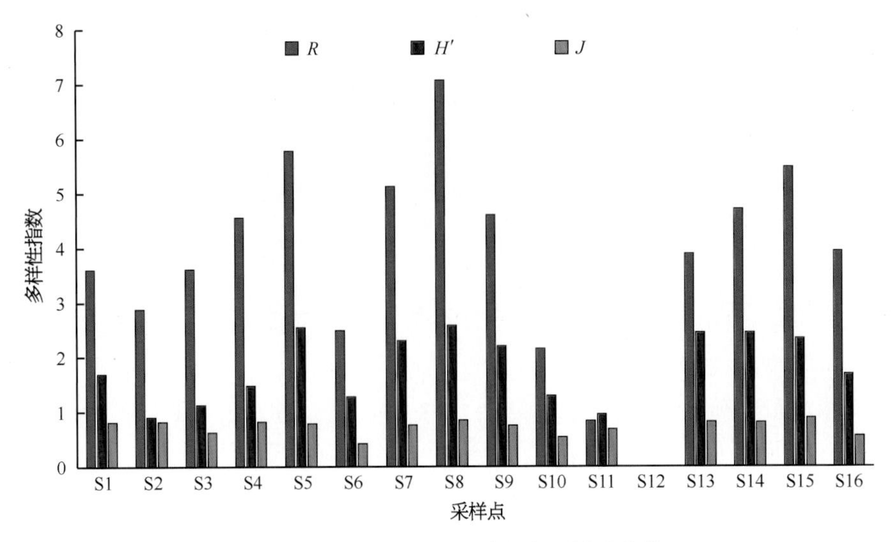

图3.3-71　秋季白马湖采样点浮游动物各指数

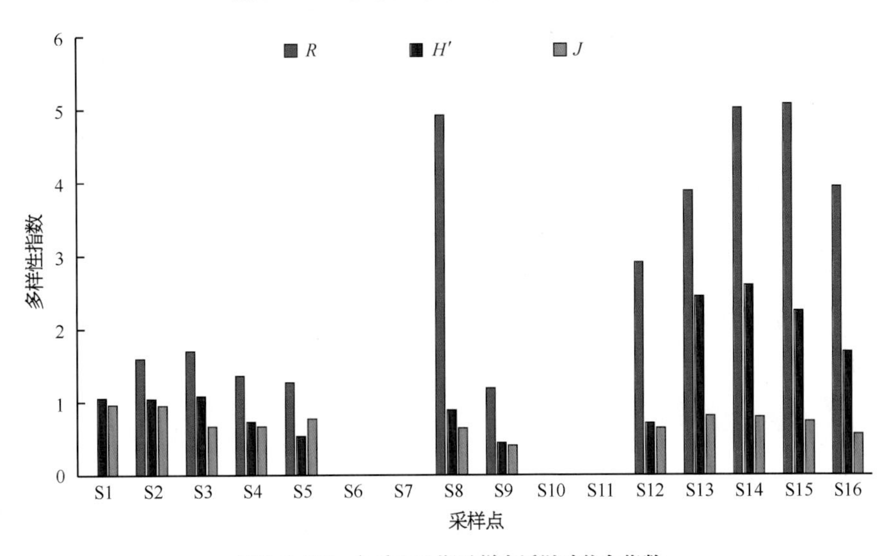

图3.3-72　冬季白马湖采样点浮游动物各指数

· 结果与讨论

白马湖全年调查发现原生动物、轮虫、枝角类和桡足类，共4门35属82种，其中原生动物21种、轮虫48种、枝角类17种、桡足类12种。主要优势种为独角聚花轮虫、镰状臂尾轮虫、萼花臂尾轮虫、螺形龟甲轮虫、矩形龟甲轮虫、针簇多肢轮虫、钟虫、长额象鼻溞、简弧象鼻溞、江苏似铃壳虫、长筒似铃壳虫和中华似铃壳虫。从几次调查结果来看，白马湖浮游动物以小型的原生动物和轮虫为主，且轮虫种类多为耐污种，表明白马湖水质可能处于富营养化水平。

在国内外研究工作者的基础上，根据浮游动物的大小、摄食习性以及浮游动物之间的相互作用，将淡水生态系统浮游动物划分为原生动物滤食者PF、原生动物捕食者PC、轮虫滤食者RF、轮虫捕食者RC、小型浮游动物滤食者SCF、小型浮游动物捕食者SCC、中型浮游动物滤食者MCF、中型浮游动物捕食者MCC、大型浮游动物滤食者LCF和大型浮游动物捕食者LCC，共10个浮游功能群，本次调查结果显示白马湖浮游动物大致分为8个功能群，未发现小型浮游动物捕食者SCC和大型浮游动物捕食者LCC。各季节浮游动物功能群主要以原生动物滤食者PF和轮虫滤食者RF占优势，功能群PF主要由砂壳虫、似铃壳虫、表壳虫等组成，功能群RF主要由臂尾轮虫属、异尾轮虫属和龟甲轮虫属中的一些轮虫组成。另外，相比之下，夏季小型浮游动物滤食者SCF如象鼻溞密度较大，秋季中性浮游动物捕食者MCC如近邻剑水蚤、广布中剑水蚤等密度较大。

本次调查发现白马湖浮游动物密度和生物量具有较明显的时空差异，具体表现为各采样点密度和生物量差距明显，秋季浮游动物密度最高，其次为春季和夏季，两季节密度相近，夏季略多于春季，最后是冬季；而生物量方面表现为夏季最高，之后依此为秋季、春季、冬季。研究表明，水温是影响浮游动物生长、发育、群落组成和数量变化等极为重要的环境因子，夏季水温最高，浮游动物种类及密度一般也多于其他季节。另外，浮游动物的季节变化还受营养盐、浮游植物的上行效应、鱼类摄食的下行效应、水文变化、种间竞争等影响。白马湖浮游动物密度最大值出现在秋季，生物量最大值出现在夏季，原因主要是白马湖夏季以小型浮游动物为食的大型浮游动物和鱼类密度较大，占整体密度较大比例的原生动物和轮虫被大量摄食，导致夏季密度较低。冬季水温降低，浮游动物密度和生物量均低于其他季节。

浮游动物多样性指数能够说明群落结构的稳定程度和水质好坏。此次调查发现白马湖秋季Shannon-Weaver多样性指数最低，湖水呈重污染状态，其他三个季节呈中污染状态。Pielou均匀度指数表明白马湖浮游动物群落结构比较稳定，夏、秋两季最为稳定。各采样点Shannon-Weaver多样性指数差异较大。

综上所述，白马湖浮游动物种类和群落结构相对稳定，密度和生物量存在较明显的时空差异，生物丰富度和均匀度较好，多样性指数有所降低，湖水整体处于中污染状态。

固城湖

群落组成

2017 ～ 2018年春夏秋冬四季通过对固城湖8个采样点浮游动物的调查采样，春季共鉴定出原生动物（Protozoa）、轮虫类（Rotifera）、枝角类（Cladocera）和桡足类（Copepoda），共4门22属29种。其中，桡足类物种数最多，共7属11种，占浮游动物物种总数的比例为37.93%；其次为轮虫类，有6属7种，占24.14%；原生动物有5属6种，占20.69%；枝角类有4属5种，占17.24%。

夏季共鉴定出原生动物（Protozoa）、轮虫类（Rotifera）、枝角类（Cladocera）和桡足类（Copepoda），共4门18属28种。其中，轮虫类有7属11种，占浮游动物物种总数的比例为39.29%；其次为原生动物，有4属7种，占25.00%；桡足类有4属5种，占17.86%；枝角类有3属5种，占17.86%。

秋季共鉴定出原生动物（Protozoa）、轮虫类（Rotifera）、枝角类（Cladocera）和桡足类（Copepoda），共4门22属36种。其中，原生动物有6属12种，占浮游动物物种总数的比例为33.33%；其次为轮虫类，有7属11种，占30.56%；桡足类有6属9种，占25.00%；枝角类有3属4种，占11.11%。

冬季共鉴定出原生动物（Protozoa）、轮虫类（Rotifera）、枝角类（Cladocera）和桡足类（Copepoda），共4门21属35种。其中，桡足类物种数最多，共8属13种，占浮游动物物种总数的比例为37.14%；其次为轮虫类，有5属8种，占22.86%；原生动物有4属6种，占17.14%；枝角类有4属8种，占22.86%。

优势种

以优势度指数Y>0.02定位优势种，春季固城湖8个采样点浮游动物的优势类群共计2门3属3种：为原生动物的钟虫（*Vorticella* sp.），优势度为0.09；轮虫类的晶囊轮虫（*Asplachna* sp.）和萼花臂尾轮虫（*Brachionus calyciflorus*），优势度分别为0.08和0.38。

夏季固城湖8个采样点浮游动物的优势类群共计2门3属3种：为原生动物的淡水薄铃虫（*Leprotintinnus fluviatile*）和长筒拟铃壳虫（*Tintinnopsis longus*），优势度为0.12和0.03；轮虫类的针簇多肢轮虫（*Polyarthra trigla*），优势度分别为0.27。

秋季固城湖8个采样点浮游动物的优势类群共计3门6属8种：为原生动物的纤毛虫（Ciliate）、恩茨筒壳虫（*Tintinnidium entzii*）和雷殿拟铃壳虫（*Tintinnopsis leidyi*），优势度为0.03、0.03和0.10；轮虫类的裂痕龟纹轮虫（*Anuraeopsis fissa*）、螺形龟甲轮虫（*Keratella cochlearis*）、等刺异尾轮虫（*Trichocerca similis*）和纤巧异尾轮虫（*Trichocerca tenuior*），优势度分别为0.15、0.14、0.12和0.02；桡足类的广布中剑水蚤（*Mesocyclops leuckarti*），优势度为0.03。

冬季固城湖8个采样点浮游动物的优势类群共计2门3属3种：为原生动物的太阳虫（*Actinophryida* sp.），优势度为0.02；轮虫类的迈氏三肢轮虫（*Filinia maior*）和萼花臂尾轮虫（*Brachionus calyciflorus*），优势度分别为0.07和0.14。

· 现存量

春季固城湖8个采样点浮游动物密度和生物量情况见图3.3-73，固城湖浮游动物密度变化范围为153.75 ～ 3 875.25 ind./L，平均密度为1 352.44 ind./L，其中浮游动物最大密度出现在1号采样点，浮游动物最小密度出现在2号采样点；浮游动物生物量变化范围为0.12 ～ 4.23 mg/L，平均生物量为1.42 mg/L，其中浮游动物最大生物量出现在1号采样点，浮游动物最小生物量出现在2号采样点。

夏季固城湖8个采样点浮游动物密度和生物量情况见图3.3-74，固城湖浮游动物密度变化范围为2.25 ～ 2 055.30 ind./L，平均密度为883.91 ind./L，其中浮游动物最大密度出现在2号采样点，浮游动物最小密度出现在7号采样点；浮游动物生物量变化范围为0.02 ～ 1.28 mg/L，平均生物量为0.65 mg/L，其中浮游动物最大生物量出现在2号采样点，浮游动物最小生物量出现在7号采样点。

秋季固城湖8个采样点浮游动物密度和生物量情况见图3.3-75，固城湖浮游动物密度变化范围为117.75 ～ 2 622.00 ind./L，平均密度为881.44 ind./L，其中浮游动物最大密度出现在8号采样点，浮游动物

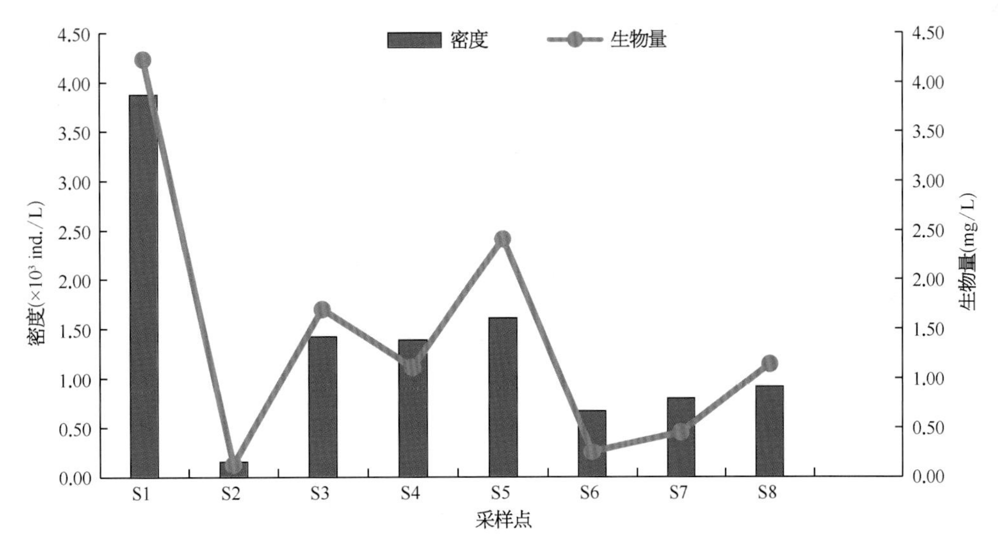

图3.3-73　春季固城湖采样点浮游动物密度及生物量

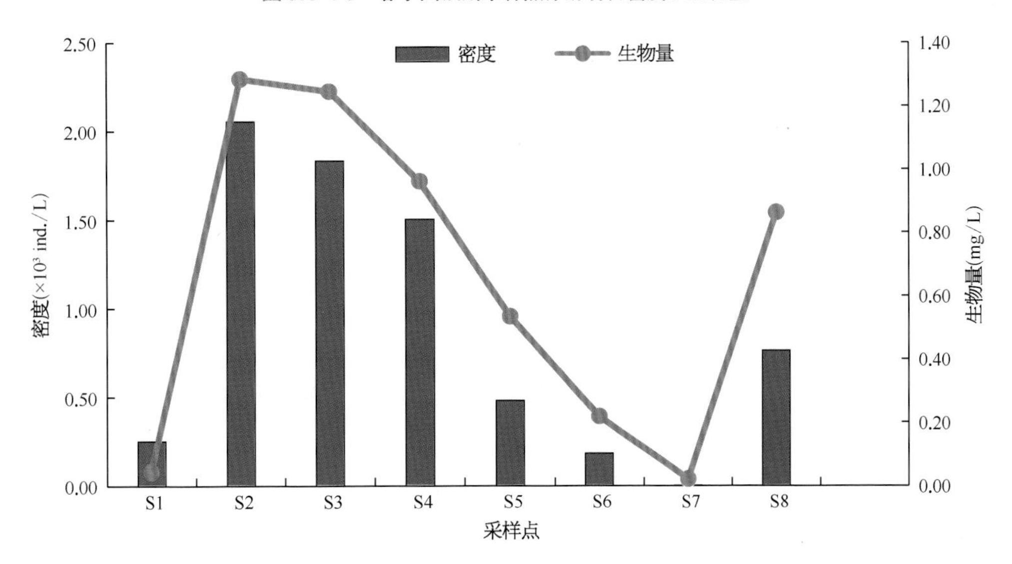

图3.3-74　夏季固城湖采样点浮游动物密度及生物量

最小密度出现在1号采样点；浮游动物生物量变化范围为0.30～4.55 mg/L，平均生物量为1.56 mg/L，其中浮游动物最大生物量出现在8号采样点，浮游动物最小生物量出现在1号采样点。

冬季固城湖8个采样点浮游动物密度和生物量情况见图3.3-76，固城湖浮游动物密度变化范围为0.00～650.92 ind./L，平均密度为195.27 ind./L，其中浮游动物最大密度出现在8号采样点，浮游动物最小密度出现在5号采样点；浮游动物生物量变化范围为0.00～1.05 mg/L，平均生物量为0.41 mg/L，其中浮游动物最大生物量出现在4号采样点，浮游动物最小生物量出现在5号采样点。

- 群落多样性

春季固城湖8个采样点浮游动物多样性、均匀度和丰富度的变化特征见图3.3-77。固城湖Shannon-Weaver多样性指数（H'）范围为0.37～1.42，平均为0.78，Shannon-Weaver多样性指数（H'）最大值出现在4号采样点，最小值出现在5号采样点。Pielou均匀度指数（J）范围为0.16～0.62，平均为0.39，Pielou均匀度指数（J）最大值出现在4号采样点，最小值出现在5号采样点。Margalef丰富度指数（R）范围为0.60～1.35，平均为1.02，Margalef丰富度指数（R）最大值出现在5号采样点，最小值出现在6号采样点。

夏季固城湖8个采样点浮游动物多样性、均匀度

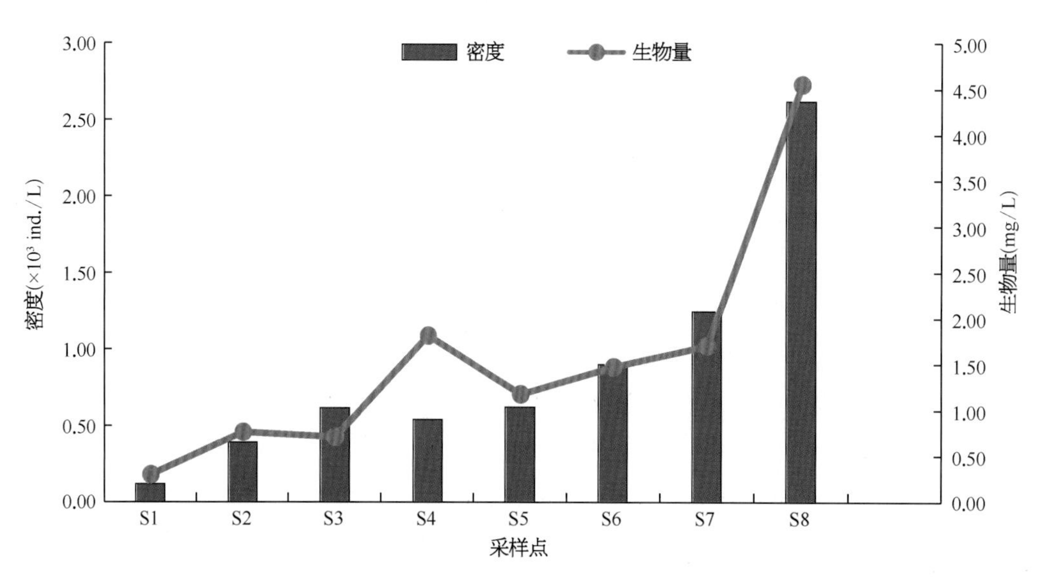

图3.3-75 秋季固城湖采样点浮游动物密度及生物量

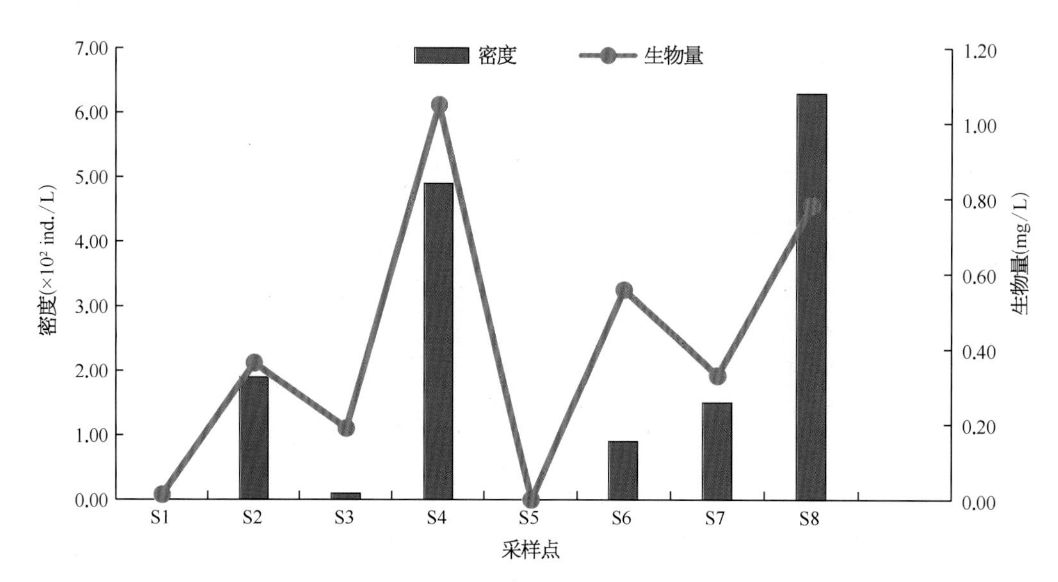

图3.3-76 冬季固城湖采样点浮游动物密度及生物量

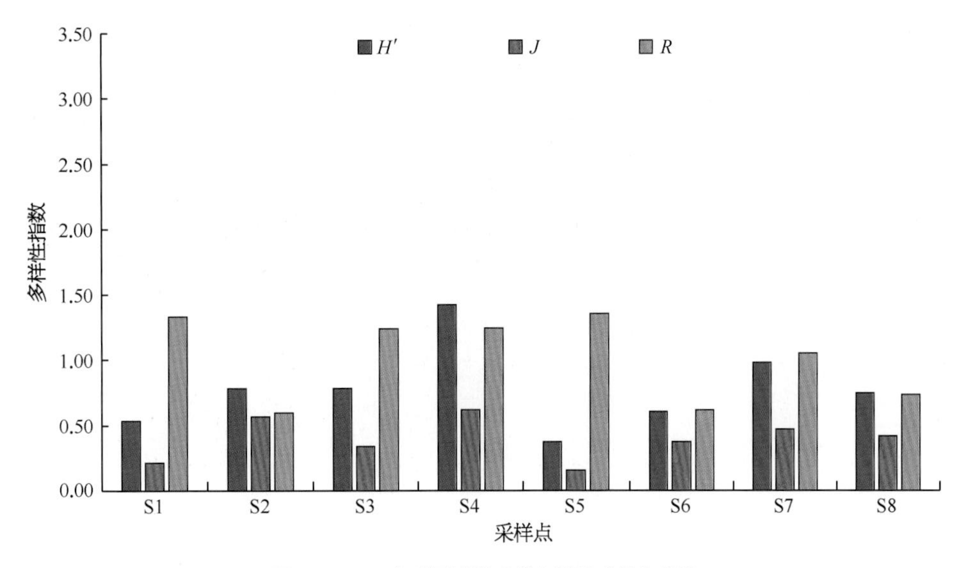

图3.3-77 春季固城湖采样点浮游动物各指数

和丰富度的变化特征见图3.3-78。固城湖Shannon-Weaver多样性指数（H'）范围为0.61～2.04，平均为1.20，Shannon-Weaver多样性指数（H'）最大值出现在8号采样点，最小值出现在6号采样点。Pielou均匀度指数（J）范围为0.38～0.92，平均为0.70，Pielou均匀度指数（J）最大值出现在7号采样点，最小值出现在6号采样点。Margalef丰富度指数（R）范围为0.36～2.41，平均为1.03，Margalef丰富度指数（R）最大值出现在8号采样点，最小值出现在1号采样点。

秋季固城湖8个采样点浮游动物多样性、均匀度和丰富度的变化特征见图3.3-79。固城湖Shannon-Weaver多样性指数（H'）范围为1.10～2.55，平均为2.04，Shannon-Weaver多样性指数（H'）最大值出现在7号采样点，最小值出现在1号采样点。Pielou均匀度指数（J）范围为0.48～0.81，平均为0.72，Pielou均匀度指数（J）最大值出现在2号采样点，最小值出现在1号采样点。Margalef丰富度指数（R）范围为1.34～3.11，平均为2.29，Margalef丰富度指数（R）最大值出现在7号采样点，最小值出现在1号采样点。

冬季固城湖8个采样点浮游动物多样性、均匀度和丰富度的变化特征见图3.3-80。固城湖Shannon-Weaver多样性指数（H'）范围为0.00～2.05，平均为1.10，Shannon-Weaver多样性指数（H'）最大值出现在8号采样点，最小值出现在5号采样点。Pielou均匀

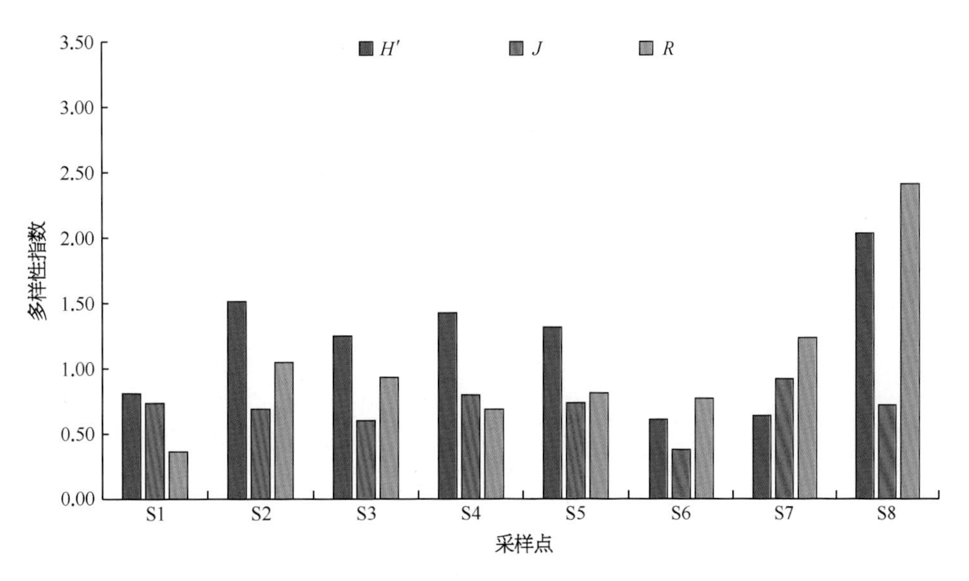

图3.3-78 夏季固城湖采样点浮游动物各指数

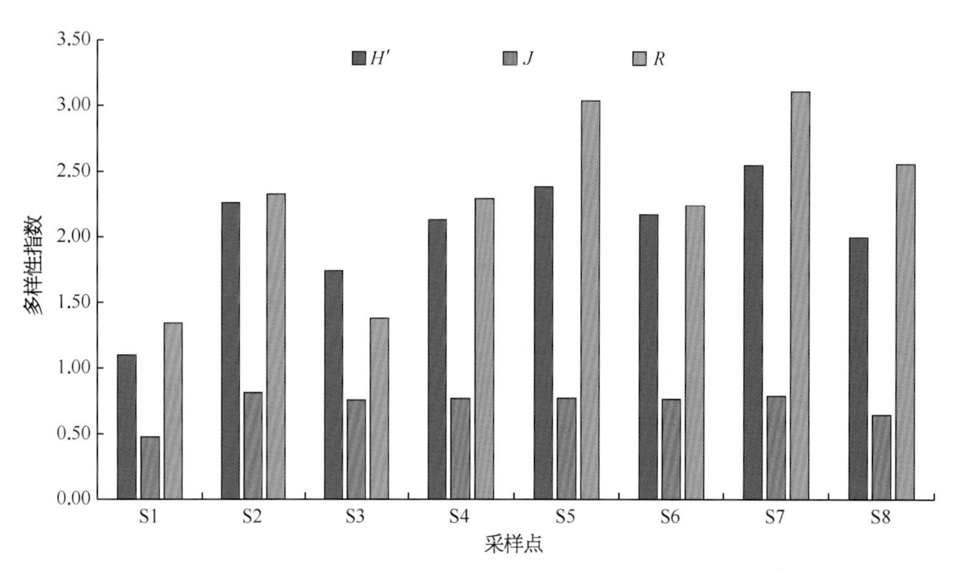

图3.3-79 秋季固城湖采样点浮游动物各指数

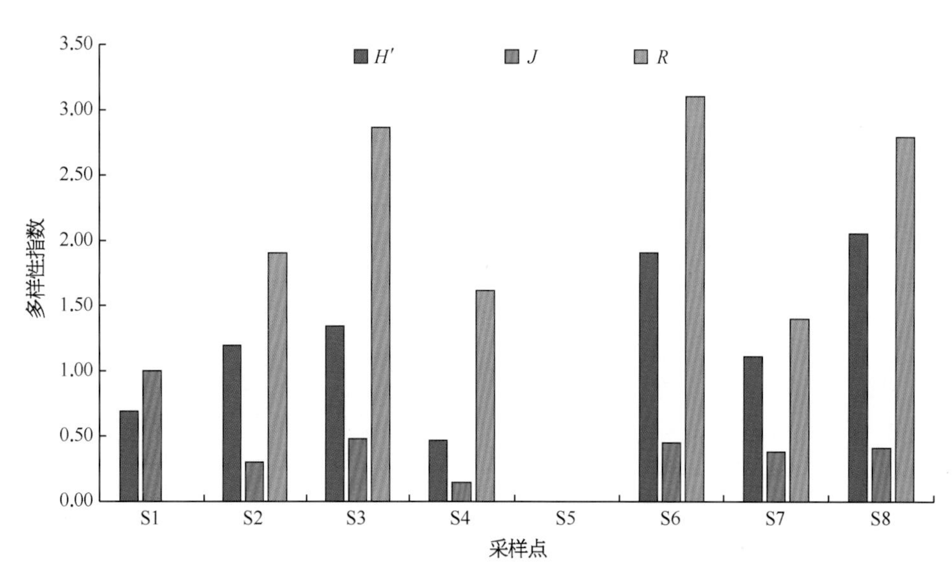

图3.3-80 冬季固城湖采样点浮游动物各指数

度指数（J）范围为0.00～1.00，平均为0.39，Pielou均匀度指数（J）最大值出现在1号采样点，最小值出现在5号采样点。Margalef丰富度指数（R）范围为0.00～3.10，平均为1.71，Margalef丰富度指数（R）最大值出现在6号采样点，最小值出现在5号采样点。

· 结果与讨论

固城湖全年共发现浮游动物29种，由于本次调查按季度采样，因此相比杨源浩等于2017年的逐月调查种类较少，但两次调查发现的优势种相似，主要以原生动物和轮虫为主，浮游动物趋于小型化。研究表明，水体中存在较多以浮游动物为食的鱼类时，浮游动物群落结构会趋于小型化，因为鱼类多优先捕食个体较大的浮游动物，因此固城湖浮游动物趋于小型化的一个原因是湖中肉食性鱼类密度较大所致。调查发现，固城湖浮游动物密度及生物量具有明显的时空变化，具体表现为春季密度最高，夏、秋季密度相似，冬季密度最低。研究表明，温度会对浮游动物的密度产生较大影响，冬季气温低，多数浮游动物种类生殖受到影响，因此密度最低。另外，浮游动物密度还受到水体理化因子如氮、磷、浮游植物密度、鱼类密度等影响，对于春季密度较高，可能是由于春季除温度外其他条件更为适宜。

在国内外研究工作者的基础上，根据浮游动物的大小、摄食习性以及浮游动物之间的相互作用，将淡水生态系统浮游动物划分为原生动物滤食者PF、原生动物捕食者PC、轮虫滤食者RF、轮虫捕食者RC、小型浮游动物滤食者SCF、小型浮游动物捕食者SCC、中型浮游动物滤食者MCF、中型浮游动物捕食者MCC、大型浮游动物滤食者LCF和大型浮游动物捕食者LCC，共10个浮游功能群，本次调查结果显示太湖浮游动物大致分为7个功能群，未发现小型浮游动物捕食者SCC、大型浮游动物滤食者者LCF和大型浮游动物捕食者LCC。其中PF功能群主要由似铃壳虫、累枝虫组成；PC功能群主要由纤毛虫组成；RF功能群主要由臂尾轮虫属、龟甲轮虫属和三肢轮属的一些轮虫组成；RC功能群主要由晶囊轮属组成；SCF功能群主要由象鼻溞组成；MCF功能群主要由哲水蚤、尖额溞等组成；MCC功能群主要由广布中剑水蚤和一些温剑水蚤组成。各季节浮游动物功能群主要以处于基础地位的原生动物滤食者PF和轮虫滤食者RF占优势。

浮游动物多样性指数能够在一定程度上表明水质的好坏和群落稳定性，根据固城湖Shannon-Weaver多样性指数可以得出固城湖秋季节水质为轻污染状态，冬、夏季节为中污染状态，春季为重污染状态。另外，根据Pielou均匀度和Margalef丰富度指数可以看出固城湖浮游动物群落结构不够稳定，春季可能受外界因素干扰，群落稳定性较低。

3.4 · 底栖动物

太湖

群落组成

本次调查共记录底栖动物43属种，其中多毛类4属种，占9.30 %；寡毛类12属种，占25.58 %；水生昆虫12属种，占27.91 %；软体动物11属种，占32.4%；其他类群4种，占9.30%。

从采集季节上，春季采集的大型底栖动物种类最多，为32种，其中水生昆虫摇蚊科最多，为10种，占采集总数的31.25 %，其次为寡毛类（8种）；冬季采集种类为26种，寡毛类最多，为9种，占采集总数的34.62 %；秋季采集种类数25种，寡毛类最多，为8种；夏季采集种类数最少，仅23种，分别为寡毛类9种、水生昆虫7种、软体动物4种、其他类群3种（图3.4-1和表3.4-1）。

现存量分布

太湖全湖大型底栖动物的四个季节的平均密度和年平均生物量分别为457 ind./m^{2}和44.71 g/m^2。数据显示密度的变化主要受寡毛类的影响，寡毛类的平均密度为209 ind./m^2，占总密度的45.61%；其次是水生昆虫，平均密度为157 ind./m^2，占总密度的34.29%；

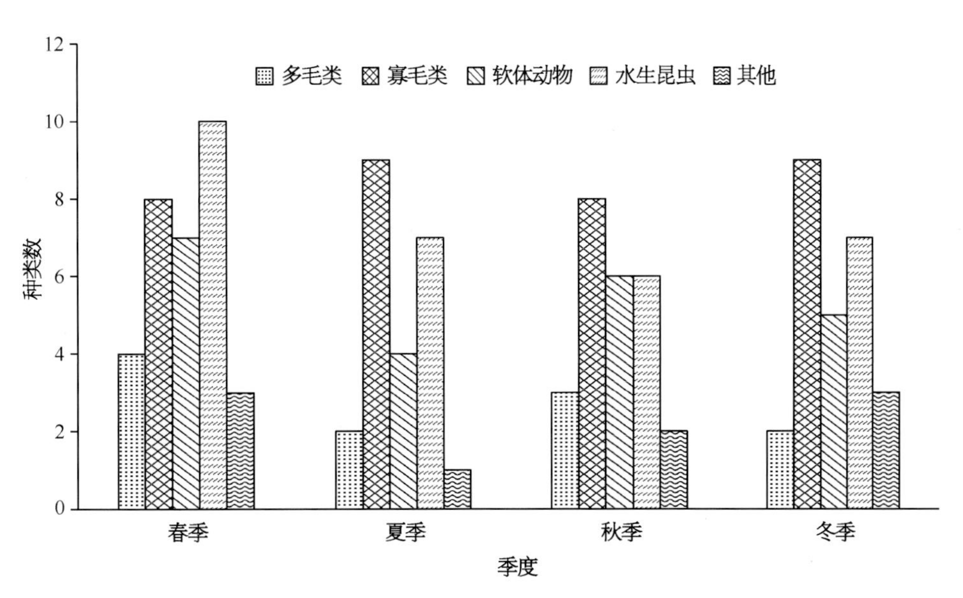

图3.4-1 不同季节太湖底栖动物物种数

表 3.4-1 太湖底栖动物名录表

种　类	春　季	夏　季	秋　季	冬　季
寡毛类 Oligochaetes				
正颤蚓 *Tubifex tubifex*		+		
霍甫水丝蚓 *Limnodrilus hoffmeisteri*	+	+		+
克拉泊水丝蚓 *Limnodrilus claparedeianus*	+	+	+	+
水丝蚓属 *Limnodrilus* sp.	+	+	+	
癞皮虫属 *Slavina* sp.				+
苏氏尾鳃蚓 *Branchiura sowerbyi*	+	+	+	+
水生昆虫 Aquatic Inscets				
小摇蚊属 *Microchironomus* sp.				+
隐摇蚊属 *Cryptochironomus* sp.	+		+	
菱跗摇蚊属 *Clinotanypus* sp.	+		+	
中国长足摇蚊 *Tanypus chinensis*	+	+	+	+
前突摇蚊属 *Procladius* sp.	+			+
太湖裸须摇蚊 *Propsilocerus taihuensis*	+			
裸须摇蚊属 *Propsilocerus* sp.				+
红裸须摇蚊 *Propsilocerus akamusi*	+			+
中华裸须摇蚊 *Propsilocerus sinicus*	+			
羽摇蚊 *Chironomus plumosus*		+		
花翅前突摇蚊 *Procladius choreus*		+	+	
软铗小摇蚊 *Microchironomus tener*		+	+	
软体动物 Molluscs				
环棱螺属一种 *Bellamya* sp.			+	+
铜锈环棱螺 *Bellamya aeruginosa*	+	+	+	
梨形环棱螺 *Bellamya purificata*	+	+	+	
方形环棱螺 *Bellamya quadrata*	+	+	+	
方格短沟蜷 *Semisulcospira cancellata*			+	+
纹沼螺 *Parafossarulus striatulus*	+	+		
大沼螺 *Parafossarulus eximius*	+		+	
背瘤丽蚌 *Lamprotula leai*			+	
背角无齿蚌 *Anodonta woodiana*			+	
圆顶珠蚌 *Unio douglasiae*			+	
河蚬 *Corbicula fluminea*	+	+	+	+

（续表）

表3.4-1 太湖底栖动物名录表

种　　类	春　季	夏　季	秋　季	冬　季
其他类群 Others				
沙蚕科 Nereididae sp.				+
齿吻沙蚕科 Nephtyidae sp.	+	+	+	+
钩虾科 Gammaridae sp.		+		
栉水虱 *Asellus aquaticus*		+	+	+
蜾蠃蜚科 Corophiidae sp.			+	

两者密度之和占总密度的79.9%。而生物量的变化主要受软体动物的影响，其平均生物量为43.72 g/m^2，占总生物量的97.78%，其他几个类群所占比重较小，其中寡毛类平均生物量为0.18 g/m^2，水生昆虫平均生物量为0.27 g/m^2。（图3.4–2 ～图3.4–4）

· 优势种与生物多样性

从这次调查结果来看，太湖底栖动物优势种为沙蚕科、水丝蚓属、克拉泊水丝蚓、河蚬、小摇蚊属、长足摇蚊属和太湖裸须摇蚊。

表3.4–2为太湖大型底栖动物优势种密度的季节变化。结果显示，冬季的优势种密度最高，其中太湖裸须摇蚊密度为8 400 ind./m^2，其次是秋季和春季，夏季优势种密度最低。克拉泊水丝蚓的密度变化为冬季 > 夏季>春季；河蚬密度在秋季达到最高，在春季密度最低；沙蚕在秋季为优势种，密度达800 ind./m^2。

太湖底栖动物Shannon-Weaver多样性指数（H）、Pielou均匀度指数（J）和Margalef丰富度指数（R）分别为0.9、0.56和0.75。整体来说，秋季和冬季Shannon-Weaver多样性指数较高，而冬季均匀度最低。图3.4–5显示了太湖各季节底栖动物的Shannon-Weaver多样性指数的变化趋势。可以看出，Shannon-Weaver指数和Margalef丰富度指数具有相似的规律，春季到冬季呈增长状态，变化并不是太明显，具有一定的稳定性；Pielou均匀度指数则呈现相反的趋势，春季最高，冬季最低。

· 结果与讨论

太湖流域是我国第三大淡水湖，位于长江三角洲太湖平原上。周边工业化、城市化的快速发展以及居民生活水平的提高，会直接影响太湖水域的富营养化

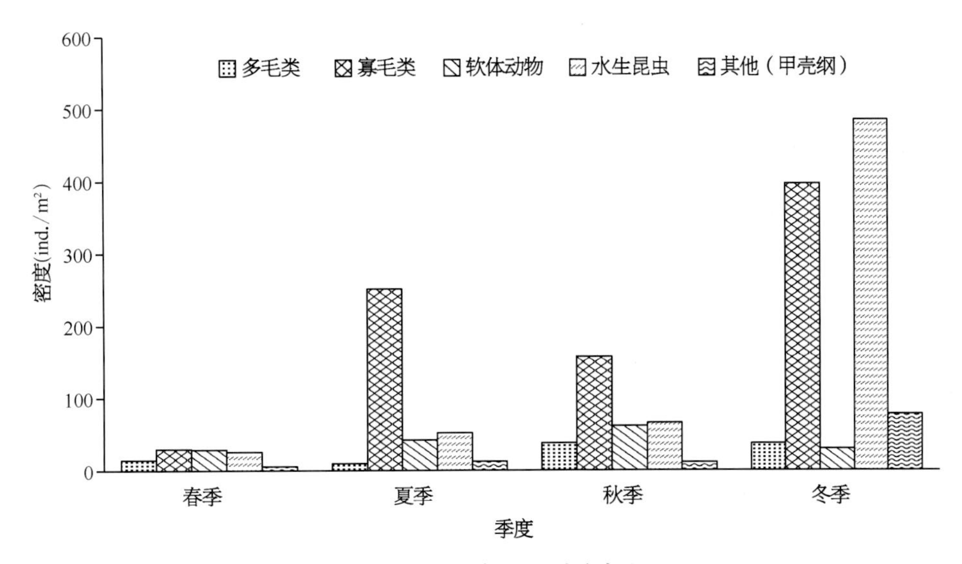

图3.4–2　太湖底栖动物密度变化

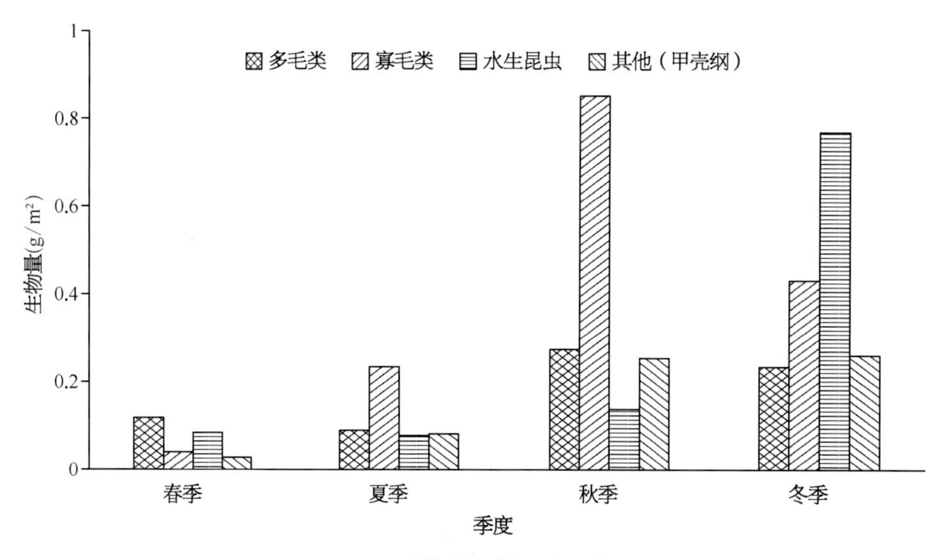

图3.4-3 太湖底栖动物生物量变化

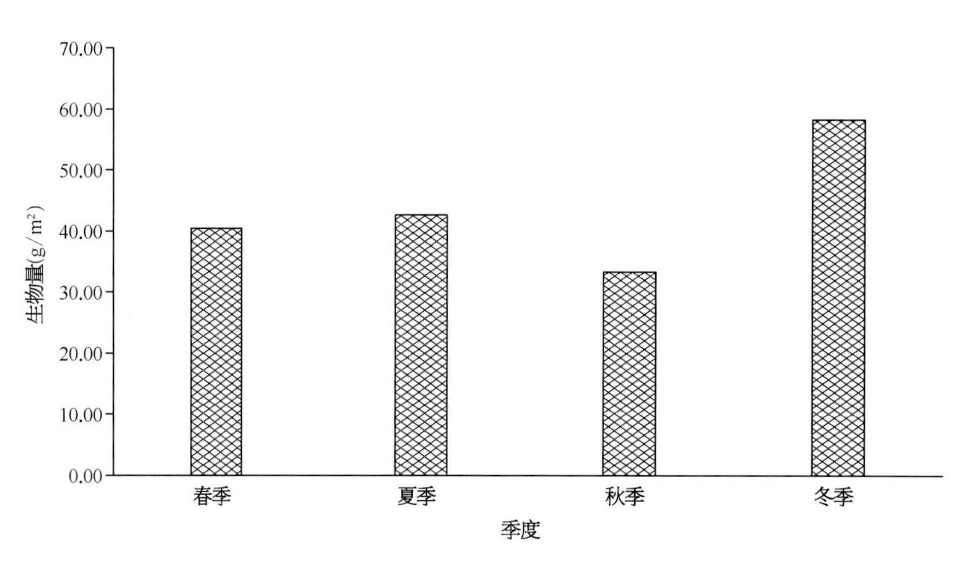

图3.4-4 太湖软体动物生物量变化

表3.4-2 太湖底栖动物优势种密度季节变化

	春	夏	秋	冬
沙蚕科 Nereididae sp.	—	—	800	—
水丝蚓属一种 *Limnodrilus* sp.	360	—	—	5 413
克拉泊水丝蚓 *Limnodrilus claparedeianus*	387	1 613	—	2 293
河蚬 *Corbicula fluminea*	587	773	1 573	—
小摇蚊属 *Microchironomus* sp.	360	760	—	—
长足摇蚊属 *Tanypus* sp.	—	—	1 373	1 747
太湖裸须摇蚊 *Propsilocerus taihuensis*	—	—	—	8 400

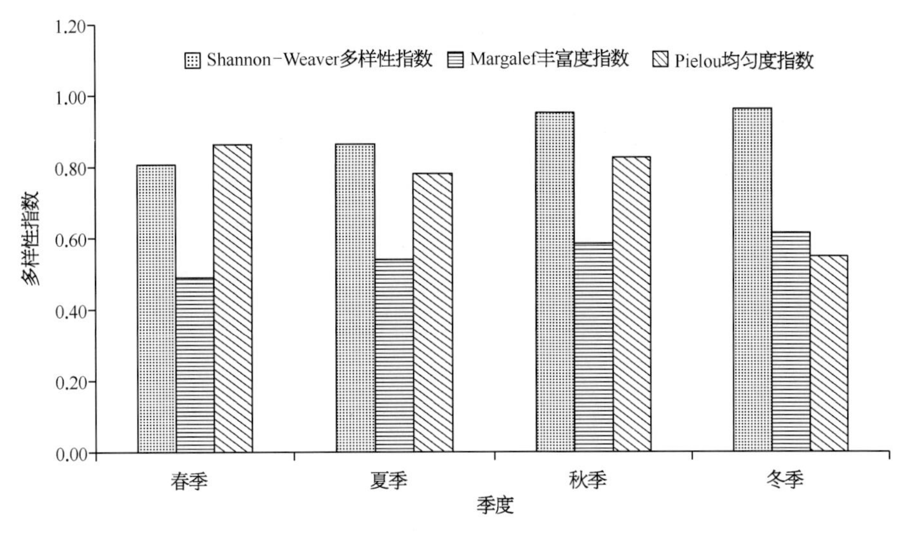

图3.4-5 太湖底栖动物Shannon-Weaver多样性指数变化

水平，如蓝藻暴发有从局部地区向全湖扩展的态势，严重影响了湖泊生态系统不同类群的生活史和栖息环境，对群落结构产生了重要影响。与此同时，太湖水域的底栖动物的调查一直受到研究人员的关注。其中梅梁湾是太湖水体富营养化的典型湖湾，据搜集到的历史数据，20世纪60年代中国科学院南京地理与湖泊研究所调查结果显示太湖以河蚬和环棱螺为主要种类；80年代黄漪平等人发现除了河蚬和环棱螺外出现了较多的颤蚓类；90年代秦伯强等人的调查分析表明水丝蚓属和摇蚊幼虫成为梅梁湾的优势种；2007～2008年中国科学院南京地理与湖泊研究所调查研究发现寡毛类水丝蚓成为绝对优势种。

本次调查在种类组成方面共记录了43属种，不同季节具有明显的差异，其中春季要明显高于其他三个季节，种类数达到32种，其他三个季节种类数在23～26种不等。在优势种方面显示，多毛类（沙蚕科）、寡毛类（水丝蚓属）、水生昆虫（小摇蚊属、长足摇蚊属和太湖裸须摇蚊）以及软体动物（河蚬）为主要优势种，不同季节优势种的密度具有微小差别，其中冬季密度最高，秋季最低。在生物多样性方面，Shannon-Weaver多样性指数和Margalef丰富度指数春季到冬季呈现增长的趋势，而Pielou均匀度指数则相反。

综合本次不同时间尺度的调查数据和历史数据，太湖水域的底栖动物呈现向耐污种发展趋势，生物多样性下降，这可能与湖泊富营养化加重有直接原因，富营养化直接影响了栖息环境，导致空间异质性降低。在未来亟需将底栖生物监测转为常态化，并严格控制周边工业以及生活污水的排入，适当增加水生植被盖度，以提高生境的多样性，为底栖动物生存提供良好的栖息环境。

洪泽湖

群落组成

本次调查共发现底栖动物51属种（图3.4-6），其中寡毛类7属种、多毛类1种、水生昆虫4属种、甲壳动物4属种、软体动物35属种。各站点中16号站点（S16）种类数最多，有24种；6号站点（S6）种类数最少，仅有4种。从不同季节来看，春季采集到的种类最多，有37种；其次为夏季和秋季，分别采到25种和24种；冬季种类最少，仅发现21种。

现存量分布

洪泽湖底栖动物年平均密度为339.9 ind./m^2，其中寡毛类的平均密度为8.6 ind./m^2，多毛类平均密度为0.1 ind./m^2，水生昆虫平均密度为0.8 ind./m^2，甲壳动物平均密度为1.6 ind./m^2，软体动物平均密度为328.8 ind./m^2。从空间分布来看，2号站点（S2）密度最高，高达859.4 ind./m^2，22号站点（S22）的密度最低，仅93.8 ind./m^2（图3.4-7）。从不同季节来看，夏季底栖动物密度最高，达482.8 ind./m^2，冬季最低，平均密度为226.0 ind./m^2（图3.4-8）。

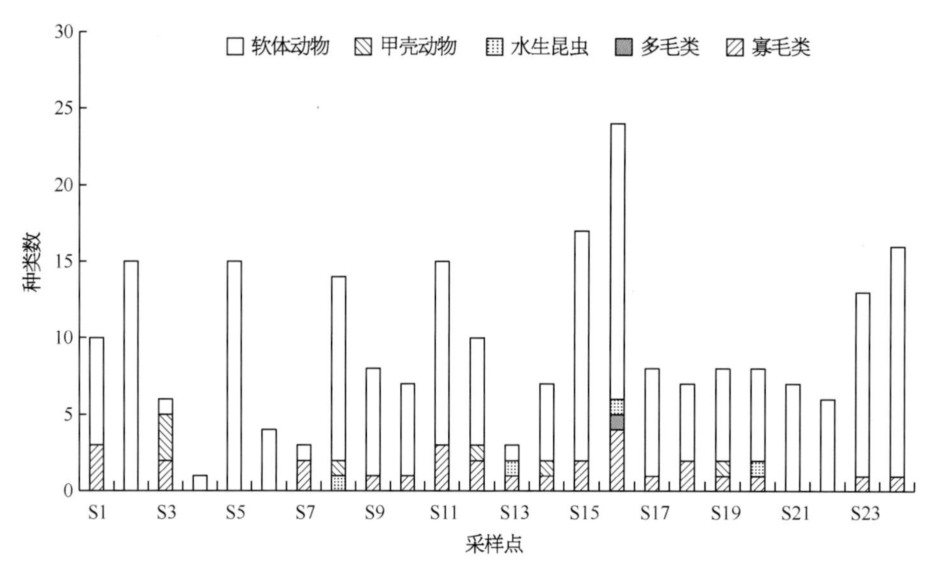

图3.4-6 洪泽湖各站点底栖动物种类数

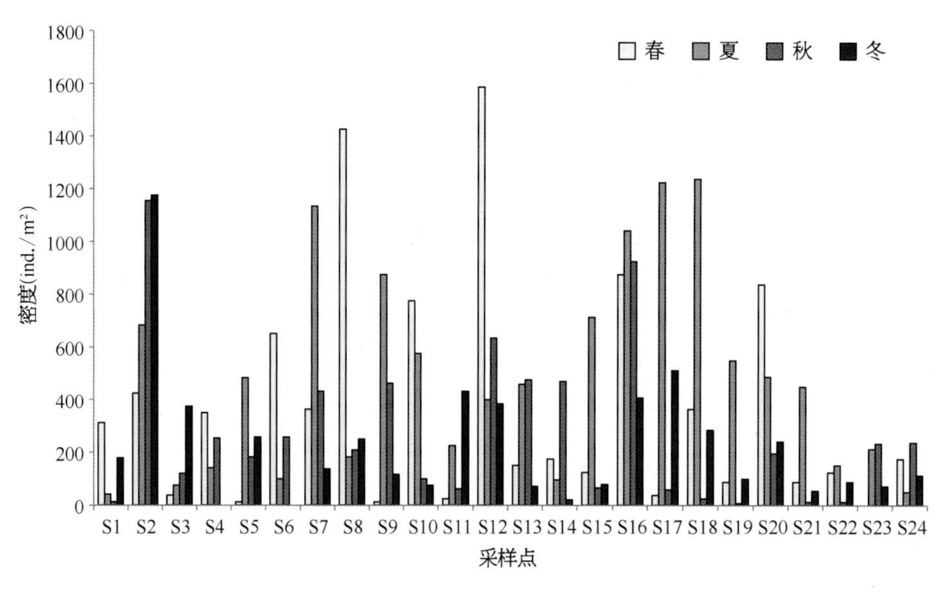

图3.4-7 洪泽湖各站点不同季节底栖动物密度

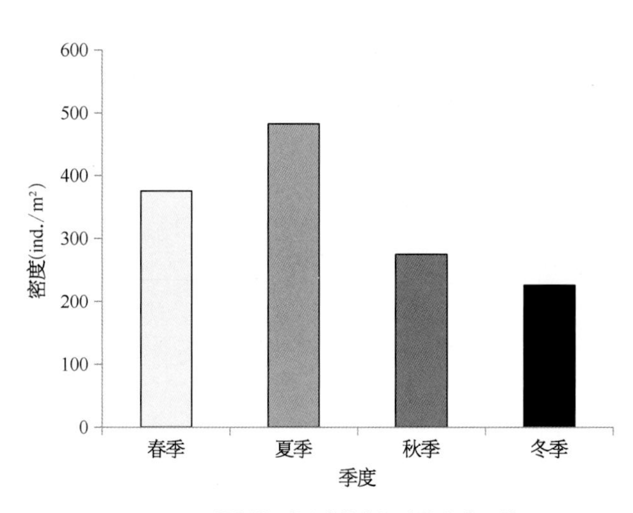

图3.4-8 洪泽湖不同季节底栖动物密度比较

洪泽湖底栖动物年平均生物量为20.54 g/m²。其中，寡毛类的平均生物量为0.14 g/m²，水生昆虫的平均生物量为0.30 g/m²，软体动物平均生物量为19.64 g/m²，多毛类的平均生物量为0.000 5 g/m²。因软体动物个体较大，对生物量的贡献最大，所以不同站点的生物量大小取决于软体动物生物量，4次调查在S4、S6和S10站点均未采集到软体动物活体（图3.4-9）。从不同季节来看，春季底栖动物生物量最高，达48.29 g/m²，其中软体动物生物量高，为45.16 g/m²（图3.4-10）。

· 优势种与生物多样性

从4次调查总体结果来看，洪泽湖底栖动物的优

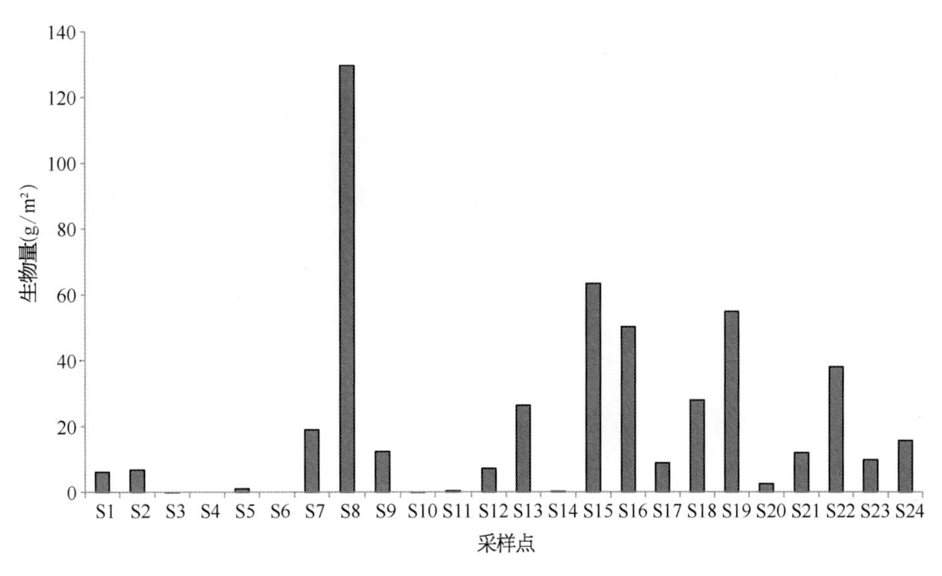

图3.4-9　洪泽湖各站点生物量

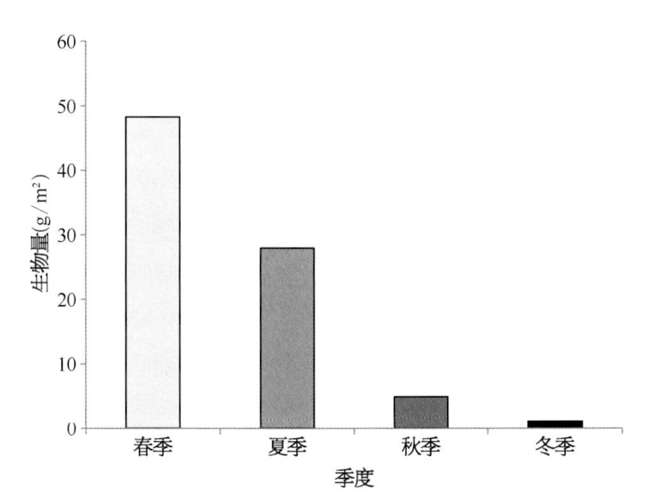

图3.4-10　洪泽湖不同季节底栖动物生物量

势种为河蚬、中国淡水蛭和方格短沟蜷。

洪泽湖底栖动物Shannon-Weaver多样性指数（H'）、Pielou均匀度指数（J）和Margalef丰富度指数（R）分别为1.786、0.498和4.336。整体来看，各站点Shannon-Weaver多样性指数差别不大（图3.4-11），S2相对其他站点Shannon-Weaver多样性指数较低。从不同季节来看，三个生物指数显示的生物多样性高低同样也各有不同（图3.4-12），Shannon-Weaver多样性指数（H'）显示秋季多样性最高，春季最低；Pielou均匀度指数（J）同样也显示出春季的多样性最低，但多样性最高的季节为冬季；Margalef丰富度指数（R）则显示春季的丰富度最高，夏季最低。

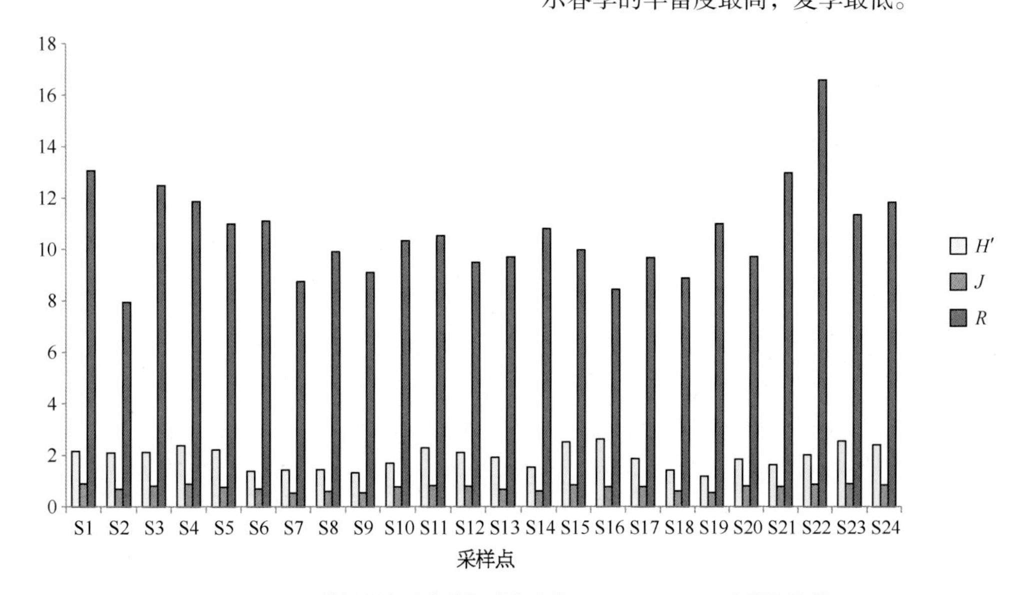

图3.4-11　洪泽湖各站点底栖动物生物Shannon-Weaver 多样性指数

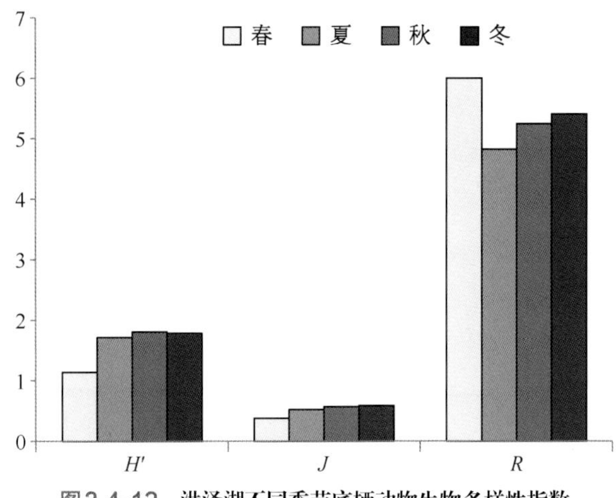

图3.4-12 洪泽湖不同季节底栖动物生物多样性指数

高宝邵伯湖

群落组成

4次调查共发现底栖动物51属种。其中，寡毛类5属种、多毛类1种、水生昆虫11种、甲壳动物5属种、软体动物29属种。

各样点中1号样点（S1）种类数最多，有30种；15号样点（S15）种类数最少，仅有7种（图3.4-13）。从不同季节来看，秋季采集到的种类最多，有42种，其次为夏季和春季，分别采到26种和25种，冬季种类最少，仅发现20种。

现存量分布

高宝邵伯湖底栖动物年平均密度为1 665.6 ind./m^2，其中寡毛类的平均密度为16.4 ind./m^2，多毛类平均密度为0.3 ind./m^2，水生昆虫平均密度为12.5 ind./ m^2，甲壳动物平均密度为44.4 ind./m^2，软体动物平均密度为1 591.1 ind./m^2。从空间分布看，3号样点（S3）密度最高，高达7 853.1 ind./m^2，20号样点（S20）的密度最低，仅281.3 ind./m^2（图3.4-14）。从不同季节来看，夏季底栖动物密度最高，达3 061.9 ind./ m^2，秋季最低，平均密度为1 091.3 ind./m^2（图3.4-15）。

高宝邵伯湖底栖动物年平均生物量为22.86 g/m^2。其中寡毛类的平均生物量为0.18 g/m^2，水生昆虫的平均生物量为0.35 g/m^2，软体动物平均生物量16.98 g/m^2，多毛类的平均生物量为0.002 2 g/m^2。因软体动物个体较大，对生物量的贡献最大，所以不同样点的生物量大小取决于软体动物生物量，四次调查在S4 ～ S6、S9 ～ S10、S12及S16 ～ S18样点均未采集到软体动物活体（图3.4-16）。从不同季节来看，春季底栖动物生物量最高，达50.29 g/m^2，其中软体动物生物量高，达49.89 g/m^2（图3.4-17）。

优势种与生物多样性

从4次调查总体结果来看，高宝邵伯湖底栖动物的优势种为河蚬、铜锈环棱螺和长角涵螺。四个季节中软体动物中的河蚬和铜锈环棱螺都占绝对优势，但不同季节优势类群仍有所差异，春季和冬季的调查数据中优势种均为铜锈环棱螺、河蚬和长角涵螺；夏季

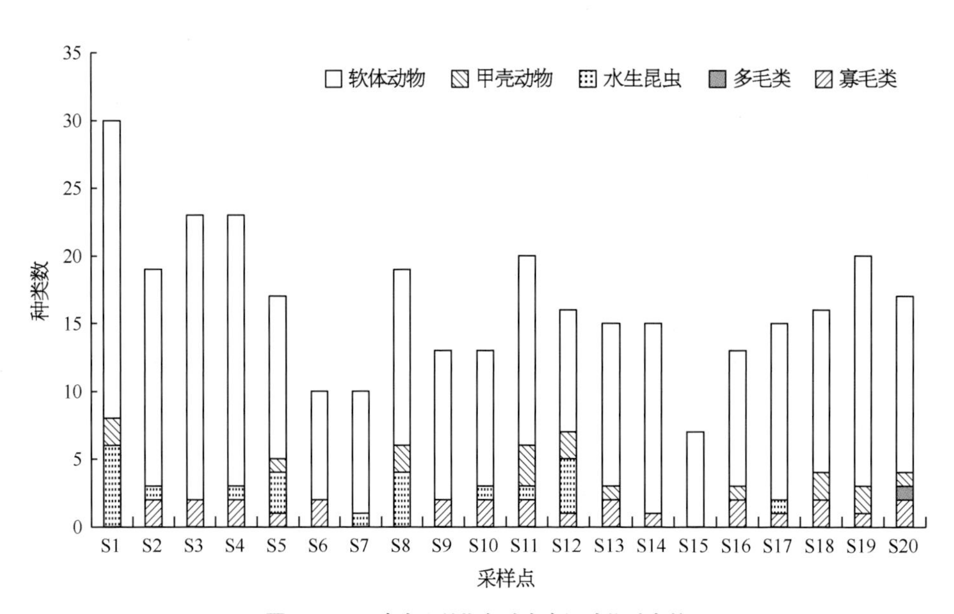

图3.4-13 高宝邵伯湖各站点底栖动物种类数

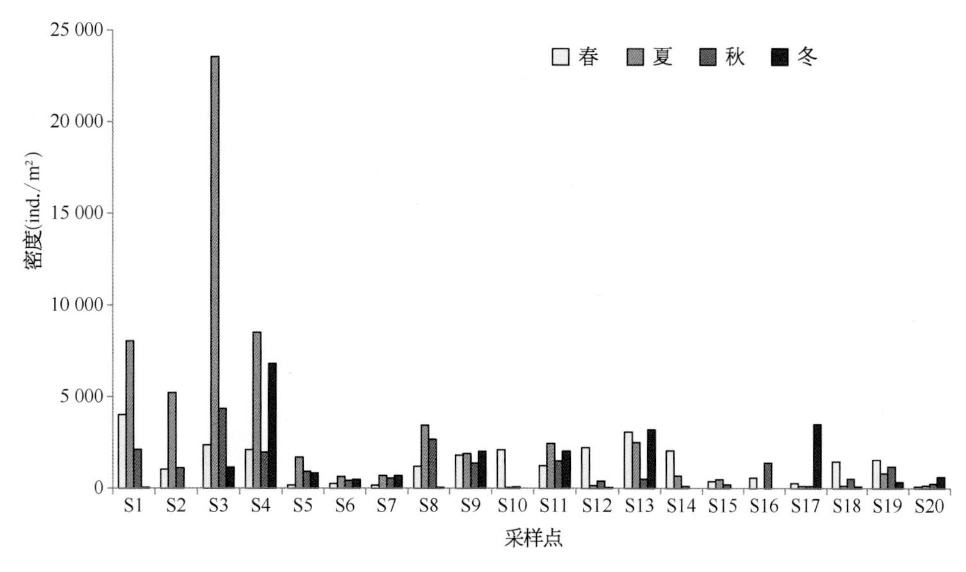

图3.4-14　高宝邵伯湖各站点不同季节底栖动物密度

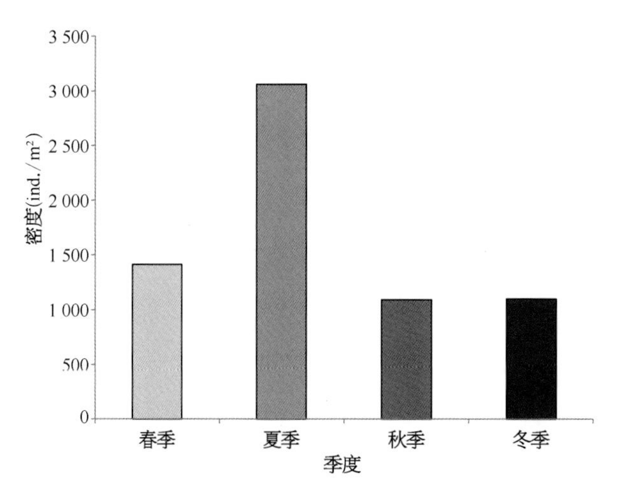

图3.4-15　高宝邵伯湖不同季节底栖动物密度比较

优势种仍是此三种，但河蚬占绝对优势，铜锈环棱螺和长角涵螺次之；相比春、夏、冬季，秋季调查结果中出现了甲壳动物日本沼虾，优势种为河蚬、日本沼虾和铜锈环棱螺。

高宝邵伯湖底栖动物Shannon-Weaver多样性指数（H'）、Pielou均匀度指数（J）和Margalef丰富度指数（R）分别为2.426、0.611和6.06。整体来看，各样点Shannon-Weaver多样性指数差别不大，S9和S2相对其他样点Shannon-Weaver多样性指数较低（图3.4-18）。从不同季节来看，三个生物指数显示的生物多样性高低同样也各有不同，Shannon-Weaver多样性指

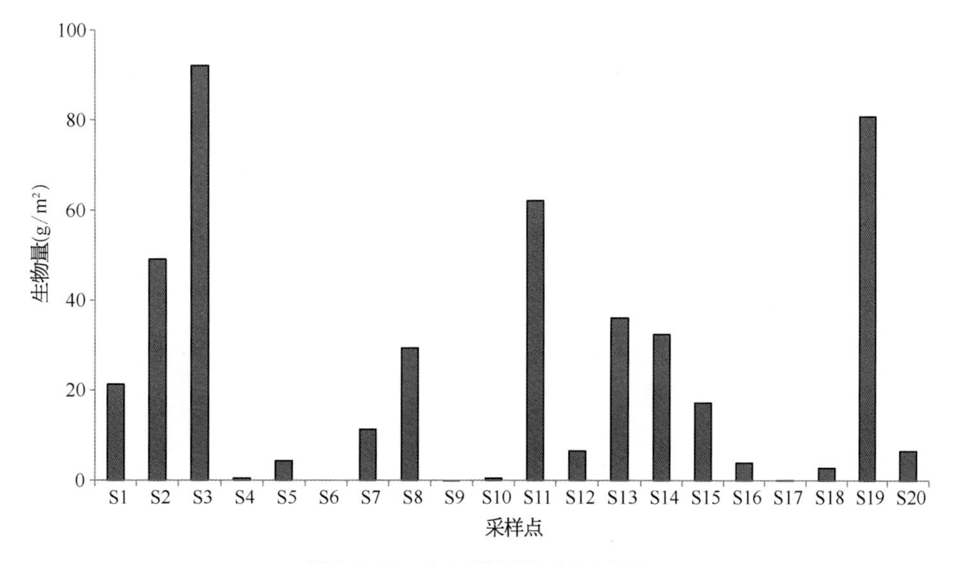

图3.4-16　高宝邵伯湖各站点生物量

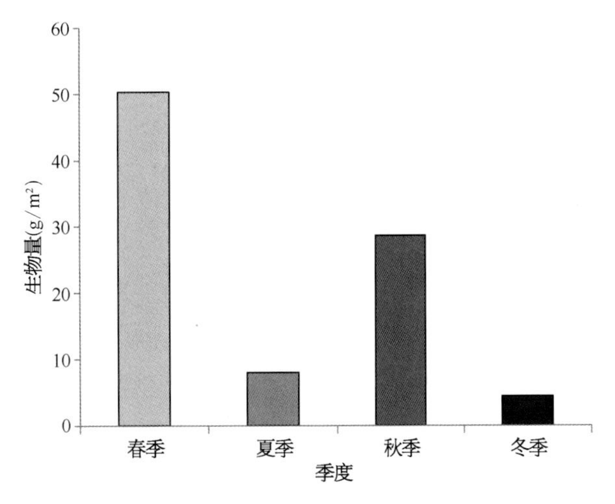

图3.4-17 高宝邵伯湖不同季节底栖动物生物量

数（H'）和Pielou均匀度指数（J）均显示秋季多样性最高，冬季最低；Margalef丰富度指数（R）则显示春季的丰富度最高，夏季最低（图3.4-19）。

滆湖

群落组成

4次调查共发现底栖动物23属种，其中寡毛类7属种，水生昆虫12属种，软体动物1属种，其他类群3属种（表3.4-3）。各站点的种类数差别不大，其中S16种类数最多，有12种；S6种类数最少，仅有4种（图3.4-20）。

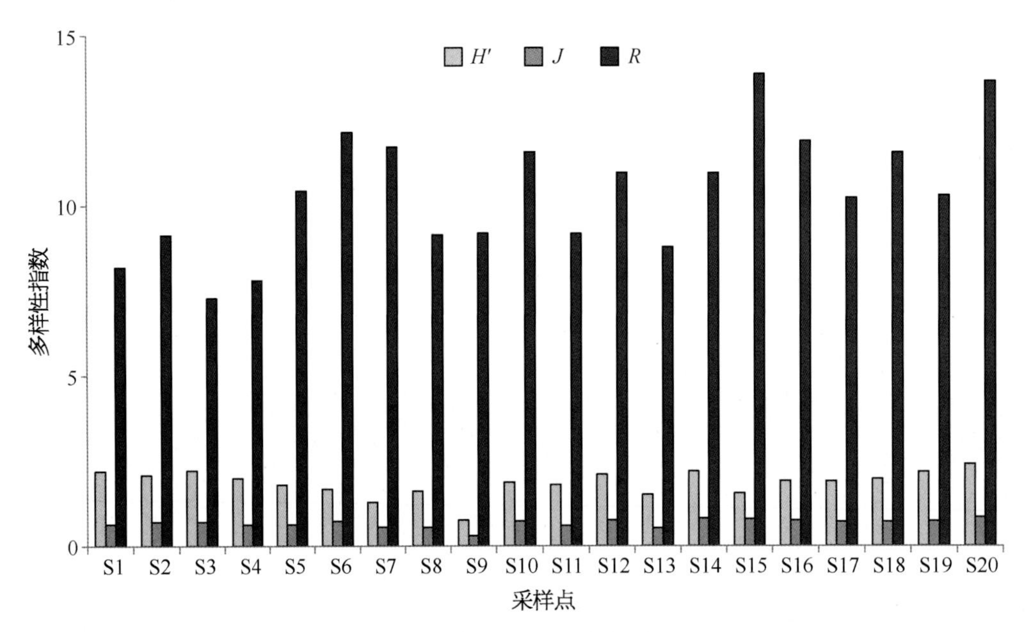

图3.4-18 高宝邵伯湖各站点底栖动物生物多样性指数

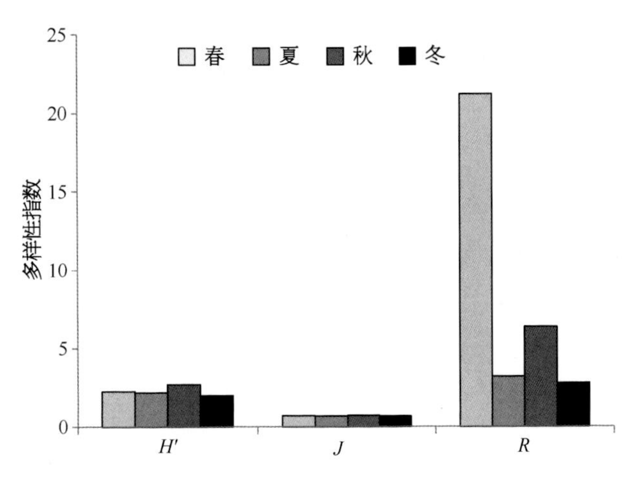

图3.4-19 高宝邵伯湖不同季节底栖动物生物多样性指数

现存量分布

滆湖底栖动物年平均密度为238 ind./m^2，其中寡毛类的平均密度为55 ind./m^2，水生昆虫平均密度为183 ind./m^2。从空间分布看，S3密度最高，高达600 ind./m^2，S2的密度最低，仅49 ind./m^2（图3.4-21）。从不同季节来看，春季底栖动物密度最高，达438 ind./m^2，秋季最低，平均密度为108 ind./m^2（图3.4-22）。

滆湖底栖动物年平均生物量为2.72 g/m^2，其中寡毛类的平均生物量为0.12 g/m^2，水生昆虫的平均生物量为0.91 g/m^2，软体动物平均生物量1.69 g/m^2。因软体动物个体较大，对生物量的贡献最大，所以生物量

表 3.4-3 滆湖底栖动物种类名录

种 类	春 季	夏 季	秋 季	冬 季
寡毛类 Oligochaetes				
霍甫水丝蚓 *Limnodrilus hoffmeisteri*	+	+	+	+
巨毛水丝蚓 *Limnodrilus grandisetosus*		+		
克拉泊水丝蚓 *Limnodrilus claparedeianus*	+	+	+	+
水丝蚓属 *Limnodrilus* sp.	+	+	+	+
多毛管水蚓 *Aulodrilus pluriseta*		+	+	
湖沼管水蚓 *Aulodrilus limnobius*				+
苏氏尾鳃蚓 *Branchiura sowerbyi*		+	+	
水生昆虫 Aquatic Inscets				
德永雕翅摇蚊 *Glyptotendipes tokunagai*			+	
羽摇蚊 *Chironomus plumosus*		+		
隐摇蚊属 *Cryptochironomus* sp.				+
多巴小摇蚊 *Microchironomus tabarui*	+		+	
软铗小摇蚊 *Microchironomus tener*		+		
中国长足摇蚊 *Tanypus chinensis*	+	+	+	+
刺铗长足摇蚊 *Tanypus punctipennis*		+	+	
花翅前突摇蚊 *Procladius choreus*			+	
中华裸须摇蚊 *Propsilocerus sinicus*		+	+	
红裸须摇蚊 *Propsilocerus akamusi*	+	+	+	+
太湖裸须摇蚊 *Propsilocerus taihuensis*	+		+	
等叶裸须摇蚊 *Propsilocerus paradoxus*		+		
软体动物 Molluscs				
方形环棱螺 *Bellamya quadrata*			+	
其他类群 Others				
长臂虾科 Palaemonidae sp.				+
蜾蠃蜚科 Corophiidae sp.			+	
线虫纲 Nematoda sp.		+		

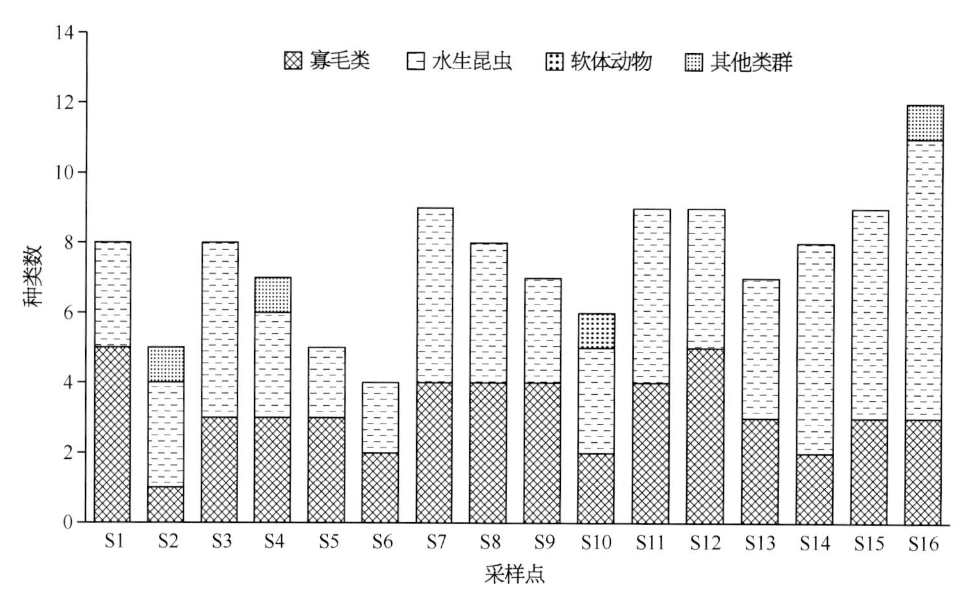

图3.4-20　滆湖各站点底栖动物种类数

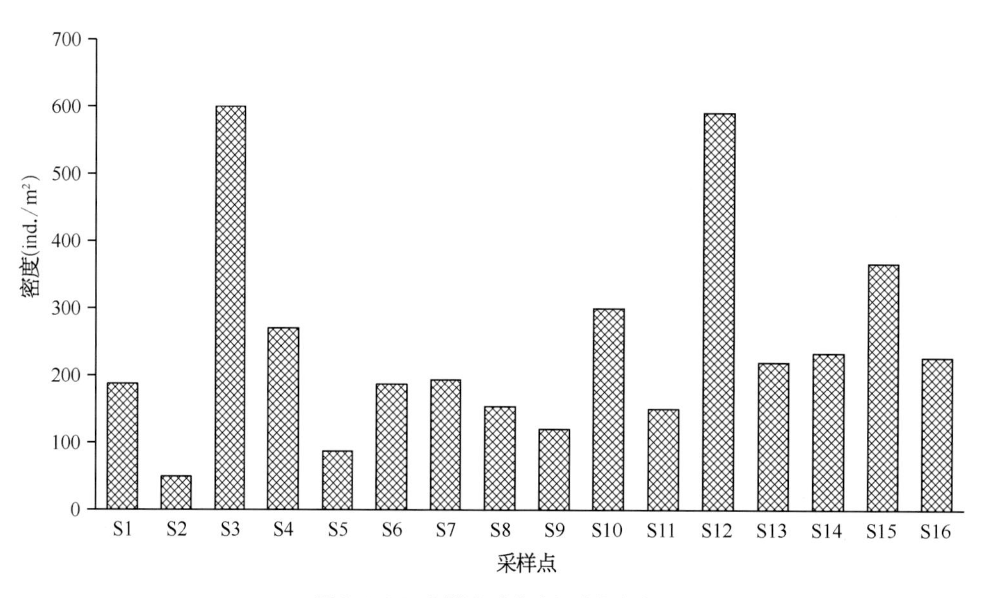

图3.4-21　滆湖各站点底栖动物密度

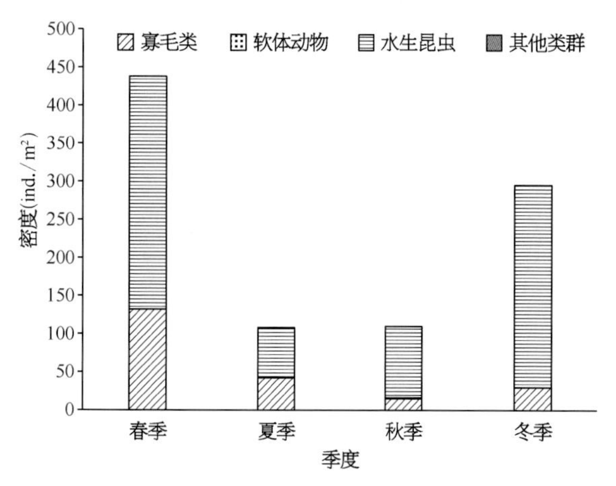

图3.4-22　滆湖不同季节底栖动物各类群密度

大小取决于软体动物生物量。S10采集到了环棱螺，生物量最高，达15.35 g/m²；S2生物量最低，仅0.21 g/m²（图3.4-23）。从不同季节来看，秋季底栖动物生物量最高，达4.30 g/m²；夏季底栖动物生物量最低，仅0.38 g/m²（图3.4-24）。

• 优势种与生物多样性

不同季节优势类群有所差异，从秋季和冬季调查数据看，优势种均为中国长足摇蚊（*Tanypus chinensis*）和红裸须摇蚊（*Propsilocerus akamusi*）；春季各类群都存在优势种，为水丝蚓属（*Limnodrilus* sp.）和裸须摇蚊

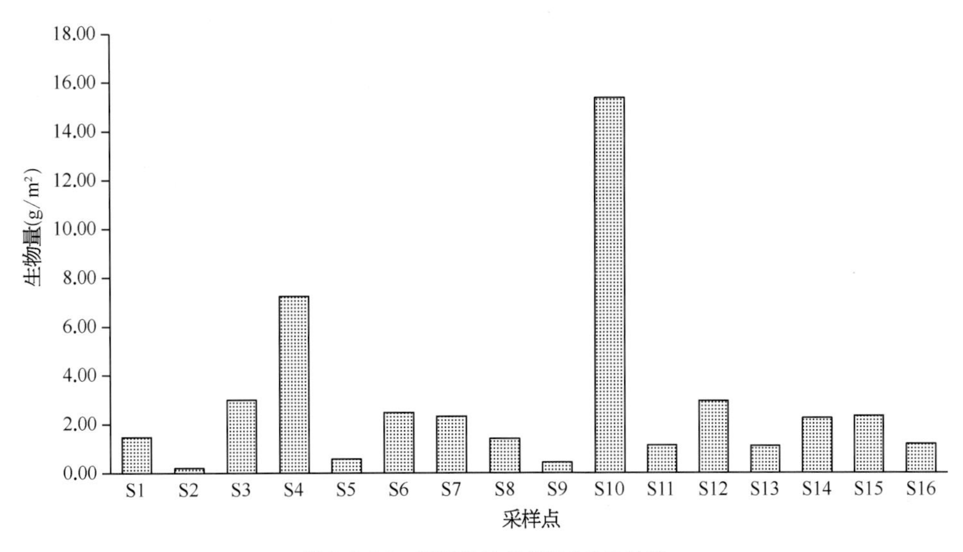

图3.4-23 滆湖各站点底栖动物生物量

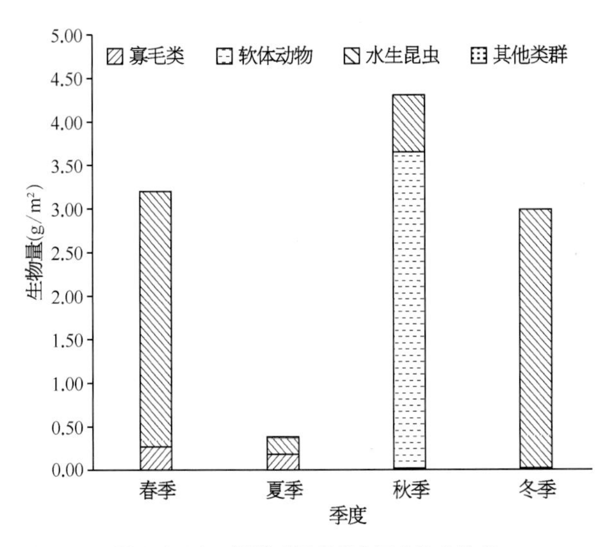

图3.4-24 滆湖不同季节底栖动物生物量

属（*Propsilocerus* sp.）；夏季调查结果显示，水丝蚓属（*Limnodrilus* sp.）、软铗小摇蚊（*Microchironomus tener*）和刺铗长足摇蚊（*Tanypus punctipennis*）为优势种。

滆湖底栖动物Shannon-Weaver多样性指数（*H'*）、Pielou均匀度指数（*J*）和Margalef丰富度指数（*R*）分别为0.67、0.78和0.37。各站点多样性指数存在一定的差异，总体来看，S7相对其他站点多样性指数较低，S12生物多样性较高（图3.4-25）。从不同季节来看，三个生物指数均变化不一致，Shannon-Weaver多样性指数和Margalef丰富度指数均表现为春季最高，Pielou均匀度指数显示夏季最高，三个生物指数均显示在冬季最低（图3.4-26）。

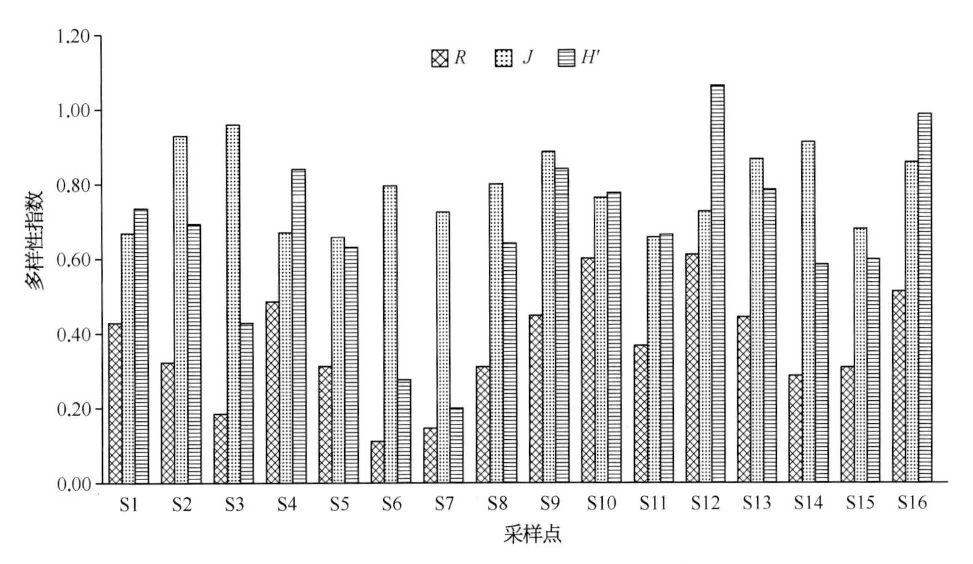

图3.4-25 滆湖各站点底栖动物生物多样性指数

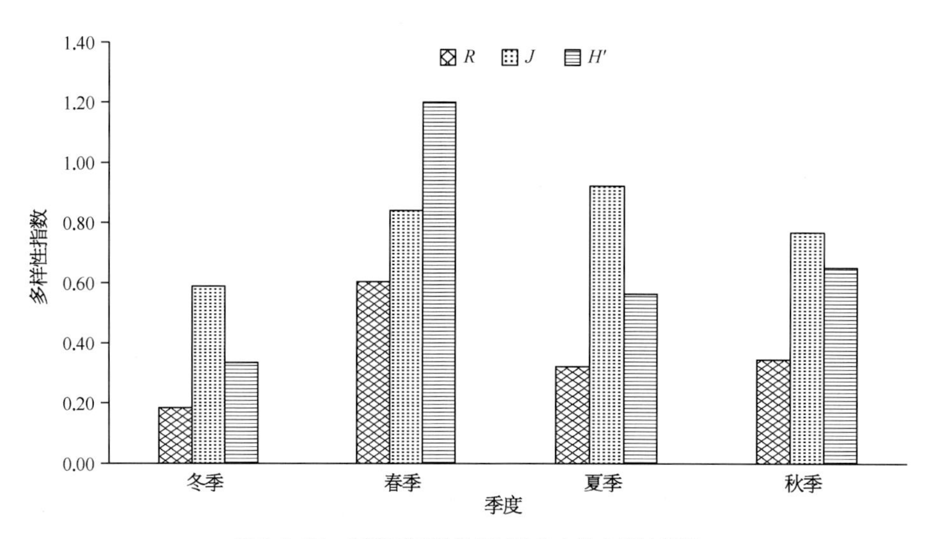

图3.4-26 滆湖不同季节底栖动物生物多样性指数

· 结果与讨论

滆湖是苏南地区仅次于太湖的第二大湖泊，是洮滆水系中心之一，其湖盆呈浅水碟形，属长江三角洲浅水湖泊类型，具有饮用、灌溉、航运、游览、水产增养殖等多种功能。近年来，工业、农业、生活等方面污染较严重影响了人民群众的饮水安全和生活体验。随着国家水体污染控制与治理科技重大专项的实施，开展了滆湖水污染的控制及水生态修复的研究。刘其根等人2005年曾报道了网围养殖对滆湖底栖动物群落组成及物种多样性的影响，其中共记录底栖动物31属种，主要优势种为梨形环棱螺和羽摇蚊。王丽卿等人2009年5月～2010年2月对滆湖底栖动物群落进行了调查，共记录底栖动物35属种，优势种为中国长足摇蚊、霍甫水丝蚓、苏氏尾鳃蚓、克拉泊水丝蚓和中华河蚓。

本次调查共发现底栖动物23属种，其中S16种类数最多，有12种；S6种类数最少，仅有4种。从不同季节来看，种类数差别不大。不同季节的优势类群虽有所差异，但均以水丝蚓属、长足摇蚊属、裸须摇蚊属等耐污种占优势。滆湖底栖动物年平均密度为238 ind./m^2，从不同类群看，水生昆虫的平均密度最高，为138 ind./m^2；其年平均生物量为2.72 g/m^2，主要由软体动物贡献，达1.69 g/m^2。不同站点看，S3密度最高，生物量最高为S10。从各个季节看，密度表现为冬、春季节高于夏、秋季；生物量方面，秋季最高，春季和冬季次之，夏季最低。

骆马湖

· 群落组成

4次调查共发现底栖动物51属种，其中寡毛类7属种、水生昆虫8属种、甲壳动物5属种、软体动物31属种。各站点中7号站点（S7）种类数最多，有25种；3号和8号站点（S3和S8）种类数最少，仅有6种（图3.4-27）。不同季节来看，春季采集到的种类最多，有27种，其次为冬季和秋季，分别采到26种和25种，夏季种类最少，仅发现19种。

· 现存量分布

骆马湖底栖动物年平均密度为600 ind./m^2，其中寡毛类的平均密度为15.6 ind./m^2，水生昆虫平均密度为29.3 ind./m^2，甲壳动物平均密度为34.0 ind./m^2，软体动物平均密度为520.7 ind./m^2。从空间分布来看（图3.4-28），13号站点（S13）密度最高，达2 568.8 ind./ m^2；3号站点（S3）的密度最低，仅43.8 ind./ m^2。从不同季节来看（图3.4-29），冬季底栖动物密度最高，达789.1 ind./m^2，夏季最低，其平均密度为320.3 ind./m^2。

骆马湖底栖动物年平均生物量为297.1 g/m^2，其中寡毛类的平均生物量为0.64 g/m^2，水生昆虫的平均生物量为0.072 g/m^2，甲壳类的平均生物量为1.45 g/ m^2，软体动物平均生物量294.96 g/m^2。因软体动物个体较大，对生物量的贡献最大，所以不同站点的生物量大小取决于软体动物生物量，4次调查在S2、S3、S5、

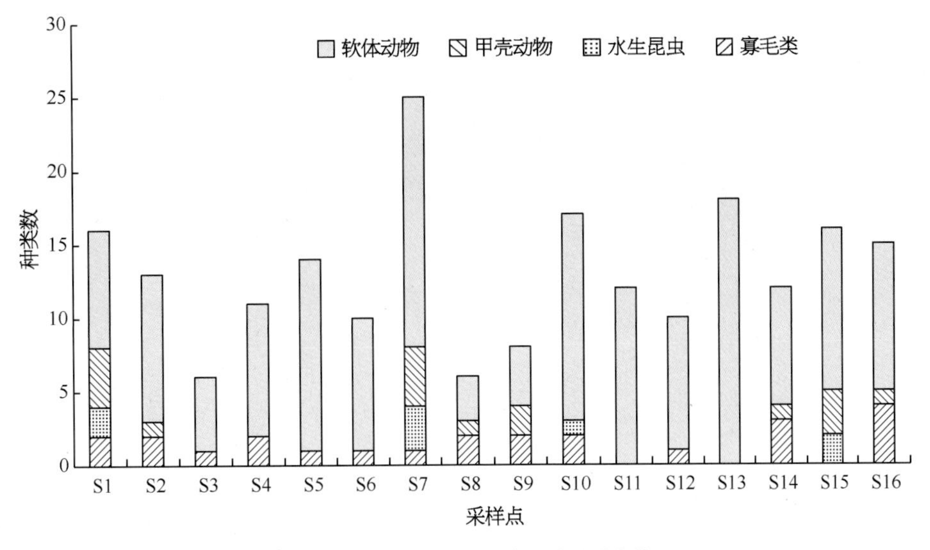

图3.4-27 骆马湖各站底栖动物种类数

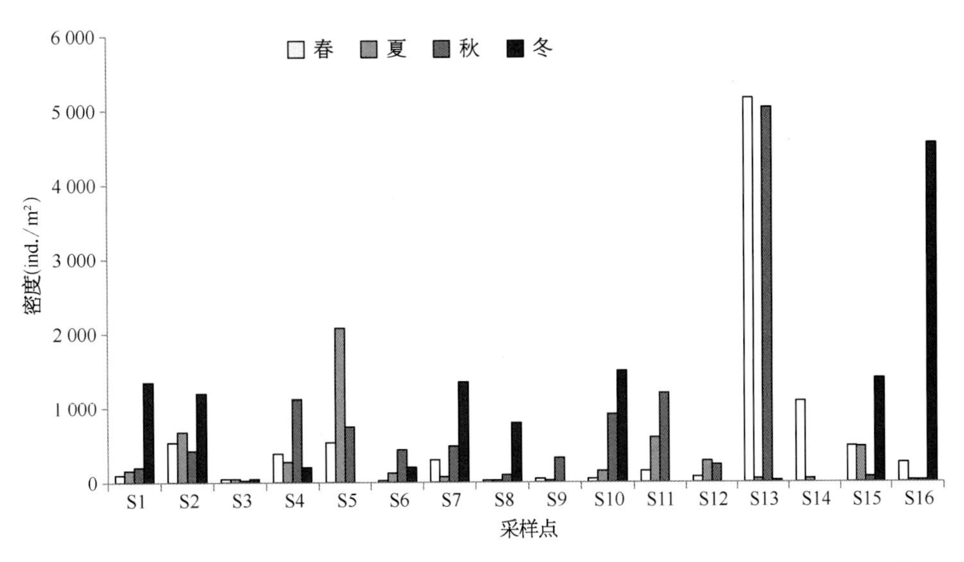

图3.4-28 骆马湖各站点不同季节底栖动物密度

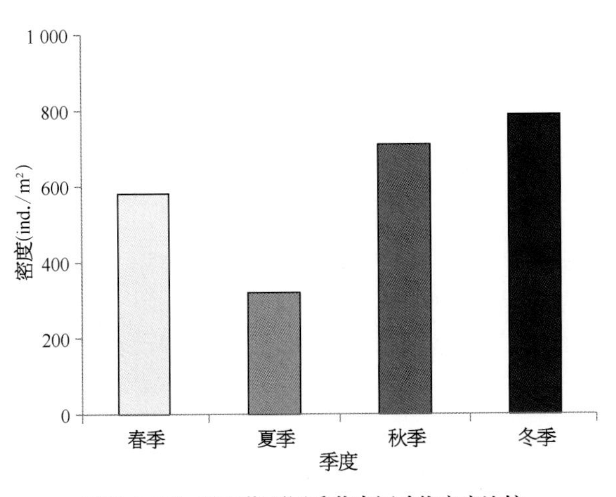

图3.4-29 骆马湖不同季节底栖动物密度比较

S12、S14和S16站点均未采集到软体动物活体（图3.4-30）。从不同季节来看（图3.4-31），秋季底栖动物生物量最高，达1 097.44 g/m^2，其中软体动物生物量高，为1 097.30 g/m^2。

· 优势种与生物多样性

从4次调查总体结果来看，骆马湖底栖动物的优势种为铜锈环棱螺、长角涵螺和河蚬。

四个季节中软体动物均占绝对优势，但不同季节优势类群仍有所差异。从春季调查数据看，优势种为长角涵螺、中国圆田螺和铜锈环棱螺；夏季调查结果中的优势种仍为此三种，只是长角涵螺降到了

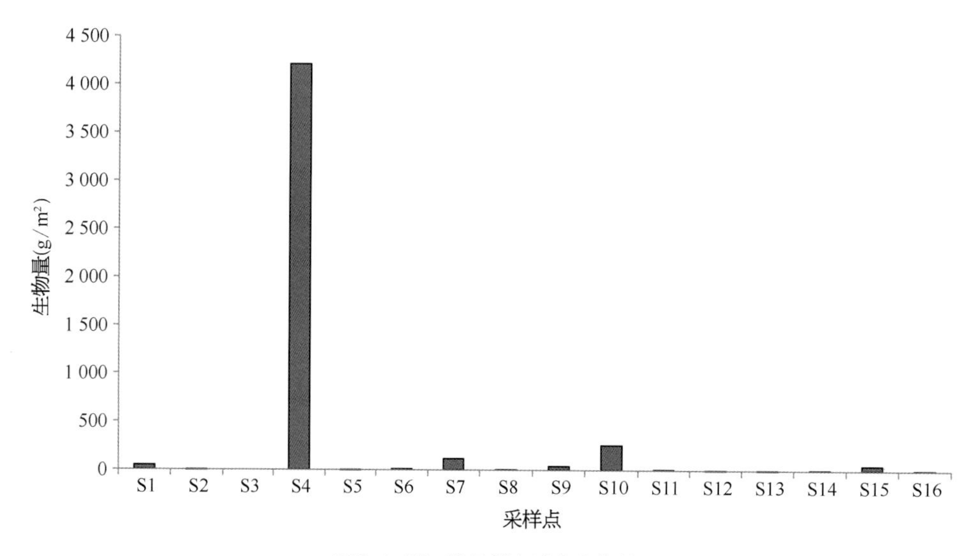

图3.4-30 骆马湖各站点生物量

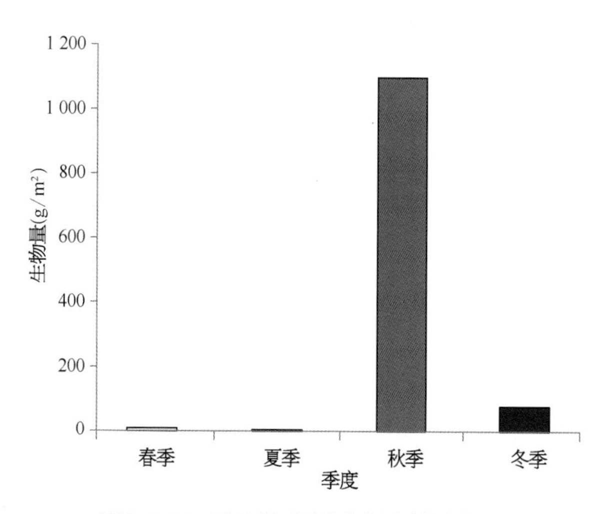

图3.4-31 骆马湖不同季节底栖动物生物量

第三位；秋季调查结果中长角涵螺、铜锈环棱螺和双壳类三角帆蚌成为优势种；相比春、夏、秋三季，冬季的优势类群出现了甲壳类和水生昆虫，优势种为铜锈环棱螺、甲壳类的米虾属动物和水生昆虫摇蚊幼虫。

骆马湖底栖动物Shannon-Weaver多样性指数（H'）、Pielou均匀度指数（J）和Margalef丰富度指数（R）分别为2.631、0.676和6.542。整体来看，各站点多样性指数差别不大（图3.4-32），S8和S13相对其他站点多样性指数较低。从不同季节来看，三个生物指数均显示春季的生物多样性指数最高，而夏季的则最低（图3.4-33）。

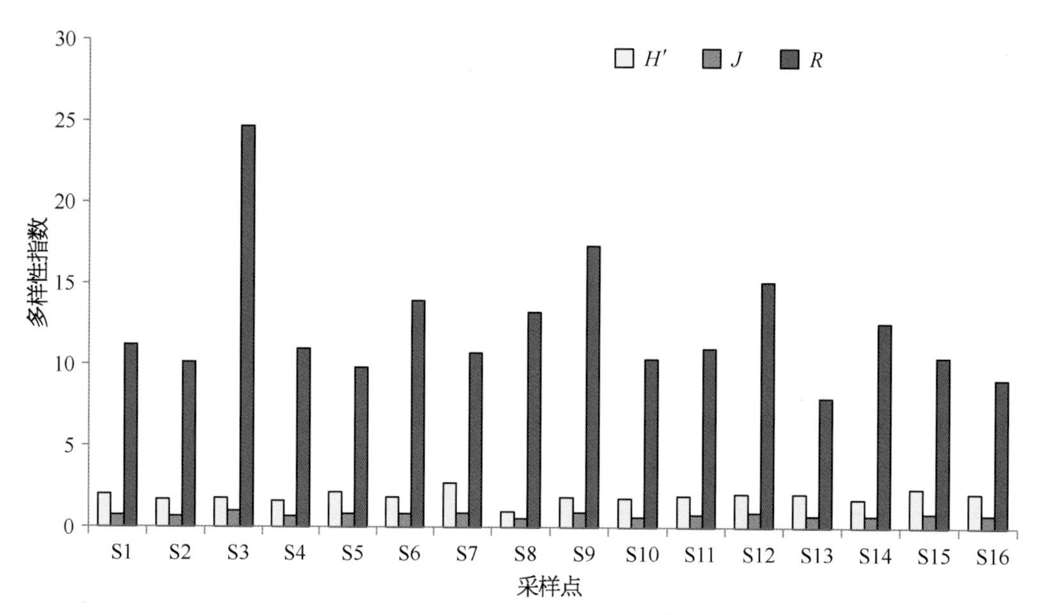

图3.4-32 骆马湖各站点底栖动物生物多样性指数

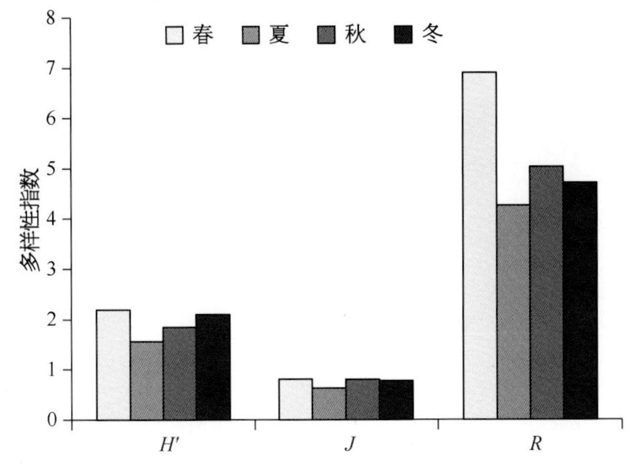

图3.4-33 骆马湖不同季节底栖动物生物多样性指数

阳澄湖

群落组成

4次调查共发现底栖动物40属种（表3.4-4），其中寡毛类9属种，水生昆虫13属种，软体动物11属种，其他类群7属种。各站点的种类数差别不大，其中S4和S9种类数最多，各有18种；S7种类数最少，仅有5种（图3.4-34）。

现存量分布

阳澄湖底栖动物年平均密度为385 ind./m^2，其中寡毛类的平均密度为86 ind./m^2，水生昆虫平均密度

表3.4-4 阳澄湖底栖动物种类名录

种 类	春 季	夏 季	秋 季	冬 季
寡毛类 Oligochaetes				
霍甫水丝蚓 *Limnodrilus hoffmeisteri*	+	+	+	+
巨毛水丝蚓 *Limnodrilus grandisetosus*		+		+
克拉泊水丝蚓 *Limnodrilus claparedeianus*	+	+	+	+
水丝蚓属 *Limnodrilus* sp.	+	+	+	+
参差仙女虫 *Nais variabilis*			+	
森珀头鳃虫 *Branchiodrilus semperi*			+	
正颤蚓 *Tubifex tubifex*			+	+
多毛管水蚓 *Aulodrilus pluriseta*			+	
苏氏尾鳃蚓 *Branchiura sowerbyi*	+	+	+	+
水生昆虫 Aquatic Inscets				
摇蚊属 *Chironomus* sp.	+		+	
羽摇蚊 *Chironomus plumosus*		+		+
软铗小摇蚊 *Microchironomus tener*	+	+		
隐摇蚊属 *Cryptochironomus* sp.	+			
花翅前突摇蚊 *Procladius choreus*	+	+		+
中国长足摇蚊 *Tanypus chinensis*	+	+	+	+
刺铗长足摇蚊 *Tanypus punctipennis*				+
长足摇蚊属 *Tanypus* sp.	+			
红裸须摇蚊 *Propsilocerus akamusi*	+		+	+
中华裸须摇蚊 *Propsilocerus sinicus*				+
太湖裸须摇蚊 *Propsilocerus taihuensis*	+		+	

（续表）

表3.4-4　阳澄湖底栖动物种类名录

种　　类	春　季	夏　季	秋　季	冬　季
小石蛾科 Hydroptilidae sp.		+		
摇蚊蛹 Chironomidae pupa	+			
软体动物 Molluscs				
梨形环棱螺 *Bellamya purificata*	+			+
铜锈环棱螺 *Bellamya aeruginosa*		+		+
方形环棱螺 *Bellamya quadrata*				+
环棱螺属 *Bellamya* sp.			+	
纹沼螺 *Parafossarulus striatulus*	+		+	+
大沼螺 *Parafossarulus eximius*	+			
长角涵螺 *Alocinma longicornis*	+	+		+
光滑狭口螺 *Stenothyra glabra*		+		
背角无齿蚌 *Anodonta woodiana*				+
背瘤丽蚌 *Lamprotula leai*			+	+
河蚬 *Corbicula fluminea*	+		+	+
其他类群 Others				
齿吻沙蚕科 Nephtyidae sp.	+	+	+	+
沙蚕科 Nereididae sp.			+	
长臂虾科 Palaemonidae sp.				+
钩虾科 Gammaridae sp.	+			
医蛭科 Hirudinidae sp.		+		
舌蛭科 Glossiphoniidae	+	+	+	
栉水虱科 Asellidae sp.		+	+	+

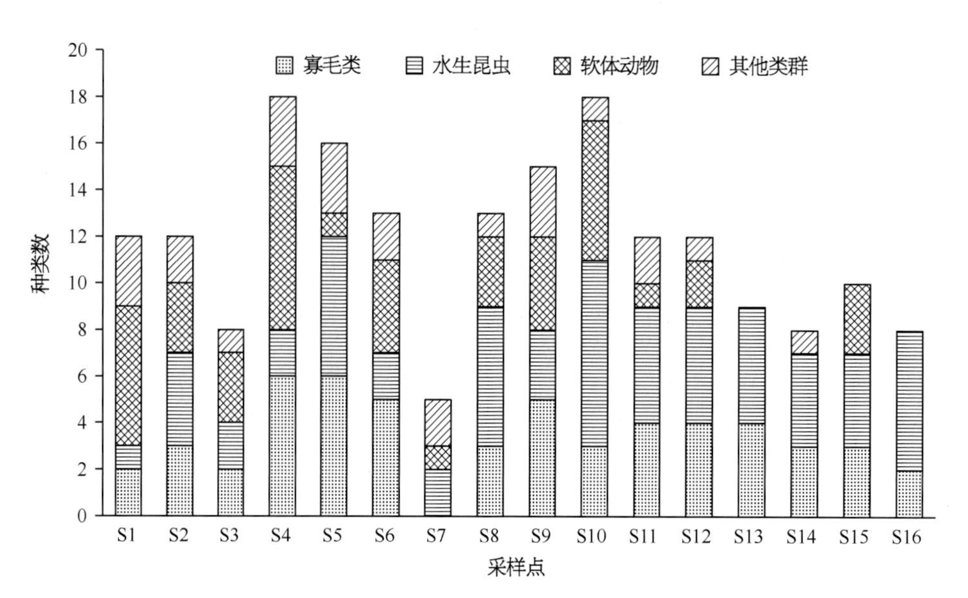

图3.4-34　阳澄湖各站点底栖动物种类数

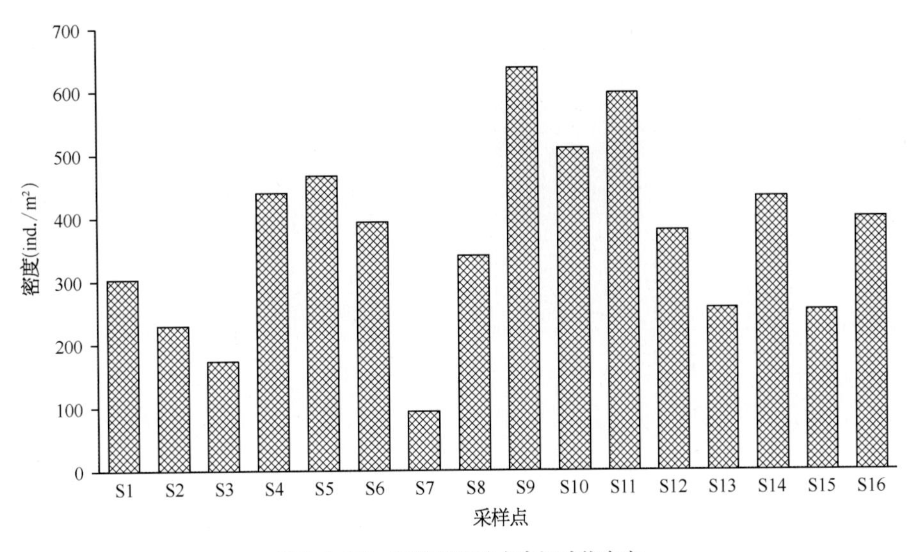

图3.4-35 阳澄湖各站点底栖动物密度

为160 ind./m^2，软体动物平均密度为109 ind./m^2，其他类群平均密度为30 ind./m^2。其中，S9密度最高，达637 ind./m^2；S7的密度最低，仅93 ind./m^2（图3.4-35）。从不同季节来看，春季底栖动物密度最高，达538 ind./m^2；秋季最低，平均密度为137 ind./m^2（图3.4-36）。

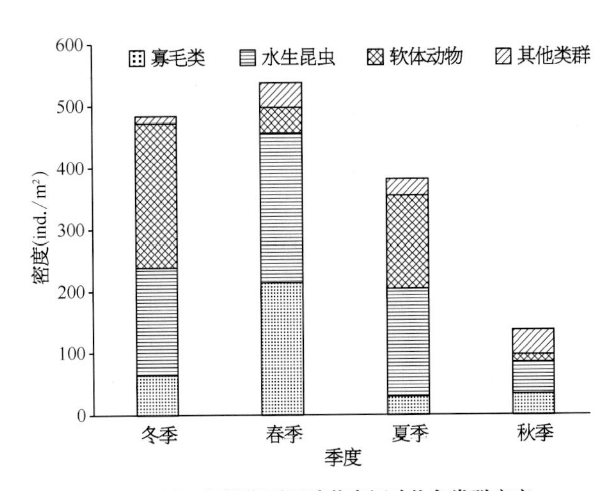

图3.4-36 阳澄湖不同季节底栖动物各类群密度

阳澄湖底栖动物年平均生物量为165.65 g/m^2，其中寡毛类的平均生物量为0.25 g/m^2，水生昆虫的平均生物量为1.15 g/m^2，软体动物平均生物量164.05 g/m^2，其他类群为0.20 g/m^2。因软体动物个体较大，对生物量的贡献最大，所以生物量大小取决于软体动物生物量。不同站点可以看出，阳澄湖中部区域（S6～S10）采集的软体动物最多，其次为西部区域（S1～S5），东部（S11～S16）仅零星分布（图3.4-37）。从不同季节来看，冬季底栖动物生物量最高，达445.30 g/m^2；秋季底栖动物生物量最低，仅6.29 g/m^2（图3.4-38）。

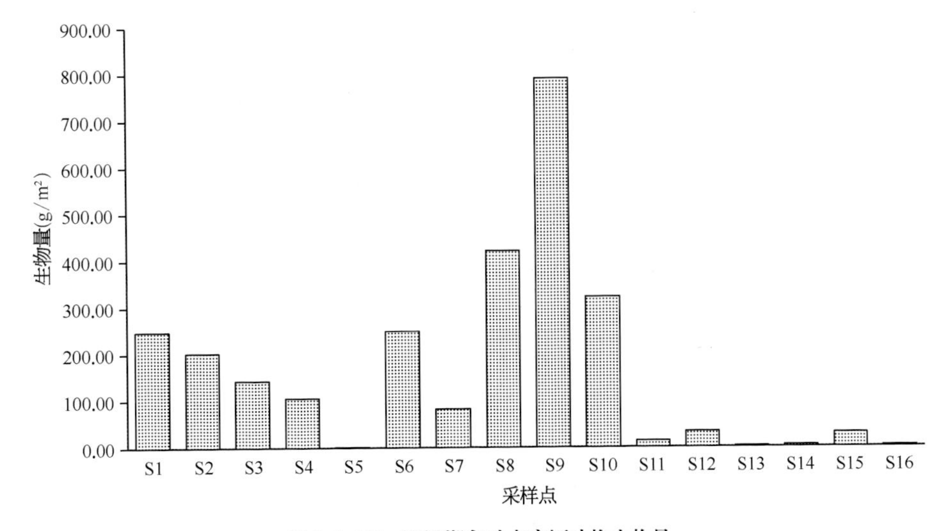

图3.4-37 阳澄湖各站点底栖动物生物量

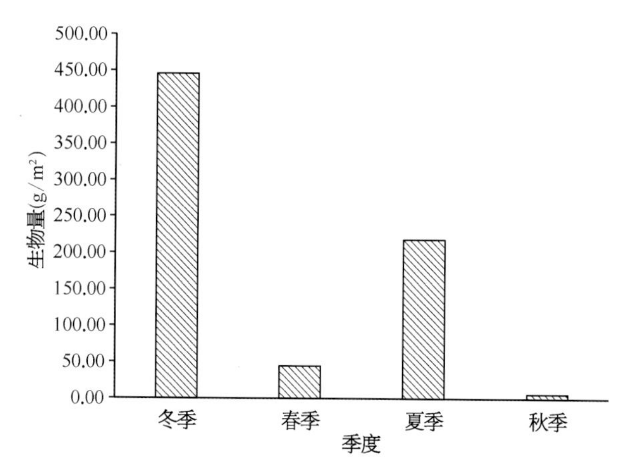

图3.4-38 阳澄湖不同季节底栖动物生物量

优势种与生物多样性

不同季节优势类群有所差异，从冬季调查数据看，优势种为克拉泊水丝蚓（*Limnodrilus claparedeianus*）、铜锈环棱螺（*Bellamya aeruginosa*）、河蚬（*Corbicula fluminea*）和红裸须摇蚊（*Propsilocerus akamusi*）。

春季各类群都存在优势种，为克拉泊水丝蚓（*Limnodrilus claparedeianus*）、霍甫水丝蚓（*Limnodrilus hoffmeisteri*）、前突摇蚊属（*Procladius* sp.）、太湖裸须摇蚊（*Propsilocerus taihuensis*）和齿吻沙蚕科（Nephtyidae sp.）。

夏季调查结果显示，水丝蚓属（*Limnodrilus sp.*）、中国长足摇蚊（*Tanypus chinensis*）和齿吻沙蚕科（Nephtyidae sp.）为优势种。

秋季底栖动物优势种为环棱螺属（Bellamya sp.）、中国长足摇蚊（Tanypus chinensis）和齿吻沙蚕科。

阳澄湖底栖动物Shannon-Weaver多样性指数（H'）、Pielou均匀度指数（J）和Margalef丰富度指数（R）分别为0.85、0.66和0.52。整体来看，各站点多样性指数存在一定的差异，S16相对其他站点多样性指数较低（图3.4-39）。从不同季节来看，三个生物指数均显示春季生物多样性最高，夏季最低（图3.4-40）。

结果与讨论

阳澄湖作为江苏省重要的淡水湖泊之一，对苏州市区、昆山市及沿湖乡镇的饮用水源、渔业养殖、工业用水、灌溉、旅游、航运及防汛起着重要的作用。但是随着沿湖地区工农业及第三产业的发展，向阳澄湖排放的污染物已显著增多，造成了阳澄湖水体水质的下降，从而使得沿湖地区环境问题不断恶化并威胁到渔业养殖的安全。

阳澄湖底栖动物年平均密度为385 ind./m^2。不同类群看，水生昆虫的平均密度最高，为160 ind./m^2；年平均生物量为165.65 g/m^2，主要由软体动物贡献，达164.05 g/m^2。不同站点看，S9密度和生物量最高。从各个季节看，密度表现为春季最高，夏季最低；生物量方面，冬季最高，秋季最低。历史针对阳澄湖底栖动物有一定的研究基础，孙月娟2008年曾对江苏阳

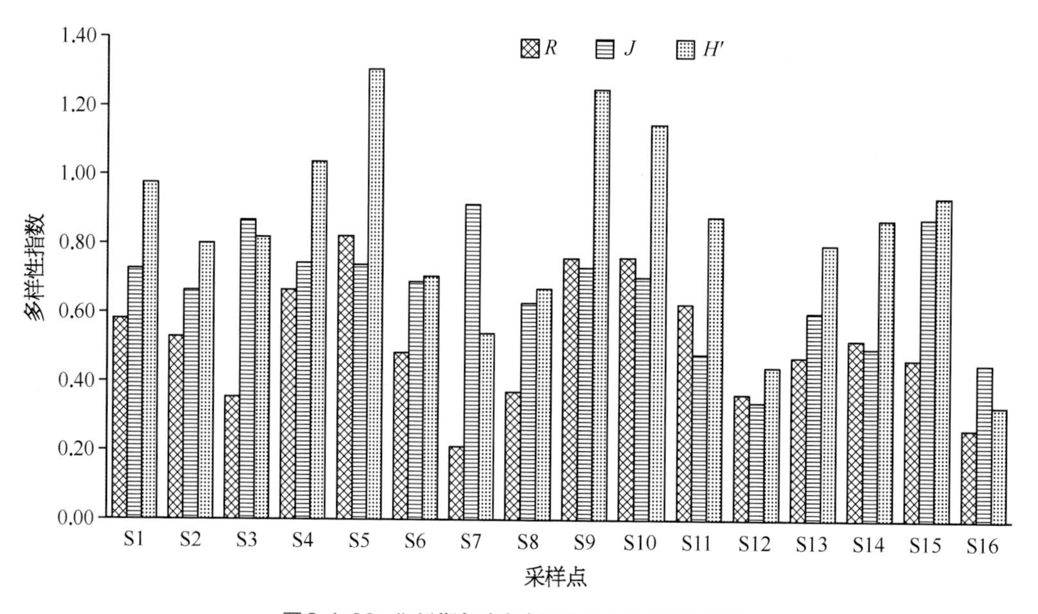

图3.4-39 阳澄湖各站点底栖动物生物多样性指数

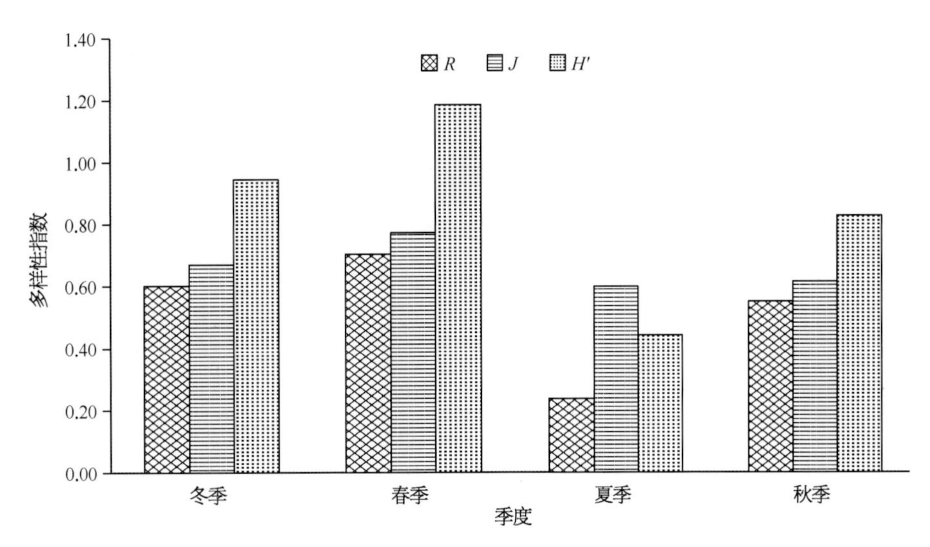

图3.4-40　阳澄湖不同季节底栖动物生物多样性指数

澄湖的底栖动物的群落结构进行了调查，共记录了大型底栖动物41属种，其铜锈环棱螺与中国长足摇蚊为优势种。本次调查共发现底栖动物40属种，优势种为克拉泊水丝蚓、中国长足摇蚊和齿吻沙蚕科。与2008年的数据比较，摇蚊类中的中国长足摇蚊依然占优势，其他优势类群发生了变化，由软体动物演变为寡毛类和多毛类，优势类群的变化主要由水生植被盖度与水质变化造成。

长荡湖

群落组成

4次调查共发现底栖动物23种（表3.4-5），其中寡毛类8属种、水生昆虫13属种、其他类群2属种。各站点的总种类数差别不大（图3.4-41），变化幅度为4 ～ 11种；其中S12种类数最多，为11种；S5种类最少，仅发现4种。不同季节来看，各季节采集到

表3.4-5　长荡湖底栖动物种类名录

种　　类	春　季	夏　季	秋　季	冬　季
寡毛类 Oligochaetes				
霍甫水丝蚓 *Limnodrilus hoffmeisteri*		+	+	+
巨毛水丝蚓 *Limnodrilus grandisetosus*	+	+		
克拉泊水丝蚓 *Limnodrilus claparedeianus*		+		+
水丝蚓属 *Limnodrilus* sp.	+	+	+	+
拟仙女虫属 *Paranais* sp.		+		
多毛管水蚓 *Aulodrilus pluriseta*		+	+	+
厚唇嫩丝蚓 *Teneridrilus mastix*				+
苏氏尾鳃蚓 *Branchiura sowerbyi*		+	+	+
水生昆虫 Aquatic Inscets				
羽摇蚊 *Chironomus plumosus*		+		
摇蚊属 *Chironomus* sp.		+		
雕翅摇蚊属 *Glyptotendipes* sp.				+

（续表）

表3.4-5 长荡湖底栖动物种类名录

种类	春季	夏季	秋季	冬季
前突摇蚊属 *Procladius* sp.				+
软铗小摇蚊 *Microchironomus tener*			+	
红裸须摇蚊 *Propsilocerus akamusi*	+		+	+
太湖裸须摇蚊 *Propsilocerus taihuensis*	+			
裸须摇蚊属 *Propsilocerus* sp.		+		
小摇蚊属 *Microchironomus* sp.	+	+		+
隐摇蚊属 *Cryptochironomus* sp.				+
刺铗长足摇蚊 *Tanypus punctipennis*		+		
中国长足摇蚊 *Tanypus chinensis*		+	+	+
长足摇蚊属 *Tanypus* sp.	+			
其他类群 Others				
齿吻沙蚕科 Nephtyidae sp.				+
涡虫纲 Turbellaria sp.		+		

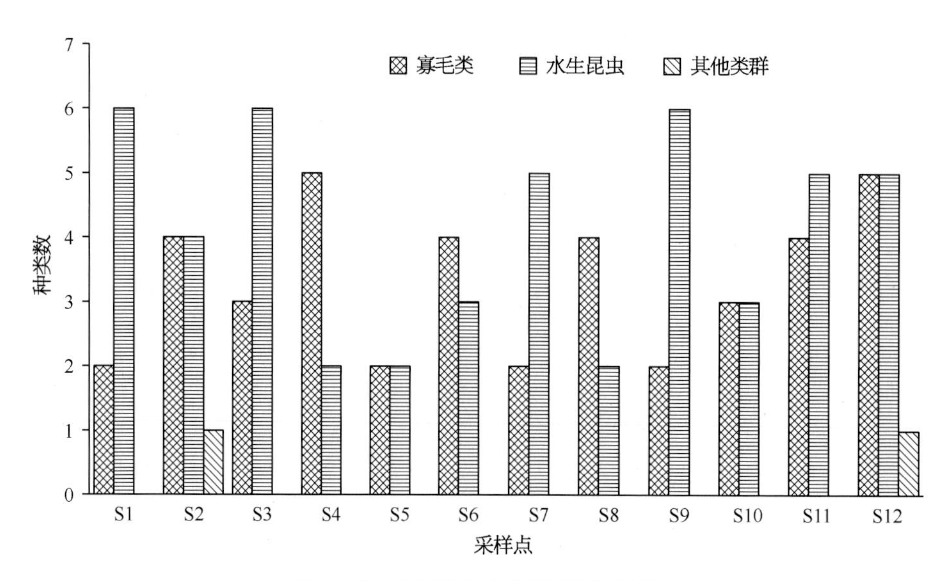

图3.4-41 长荡湖各站点底栖动物种类数

的种类数差别不大，种类数表现为夏季（14种）>冬季（13种）>秋季（7种）>春季（6种）。

· 现存量分布

长荡湖底栖动物年平均密度为121 ind./m^2，其中寡毛类的平均密度为26 ind./m^2，水生昆虫平均密度为94 ind./m^2，其他类群平均密度为1 ind./m^2。从空间分布来看（图3.4-42），S2密度最高，高达187 ind./m^2；S3的密度最低，仅15 ind./m^2。从不同季节来看（图3.4-43），夏季底栖动物密度最高，达168 ind./m^2，其次是冬季和秋季，春季密度最低，仅为84 ind./m^2。

长荡湖底栖动物年平均生物量为0.48 g/m^2，其中寡毛类的平均生物量为0.11 g/m^2，水生昆虫的平均生物量为0.35 g/m^2，其他类群为0.02 g/m^2。因在调查期间，未采集到软体动物，故整个水体生物量明显偏低

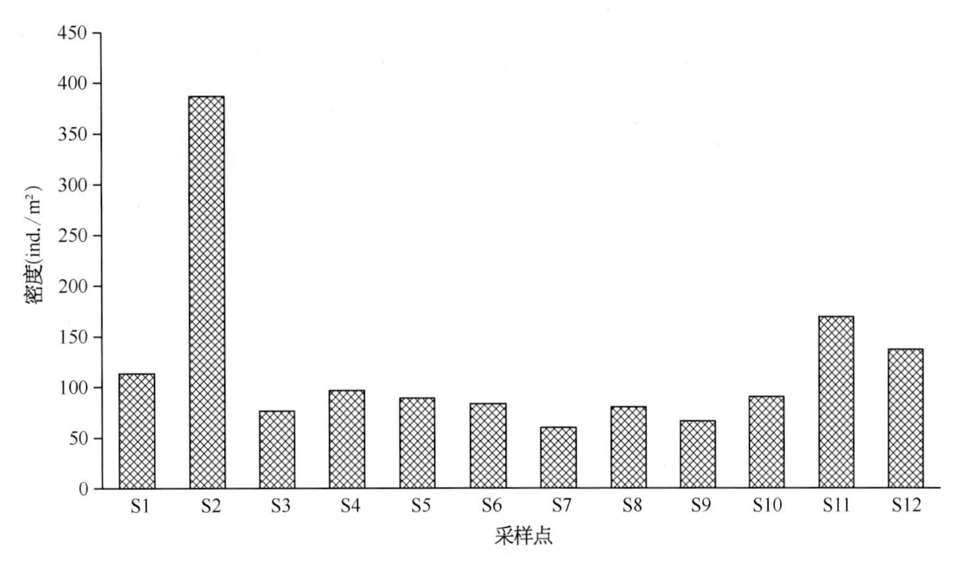

图3.4-42 长荡湖各站点不同季节底栖动物密度

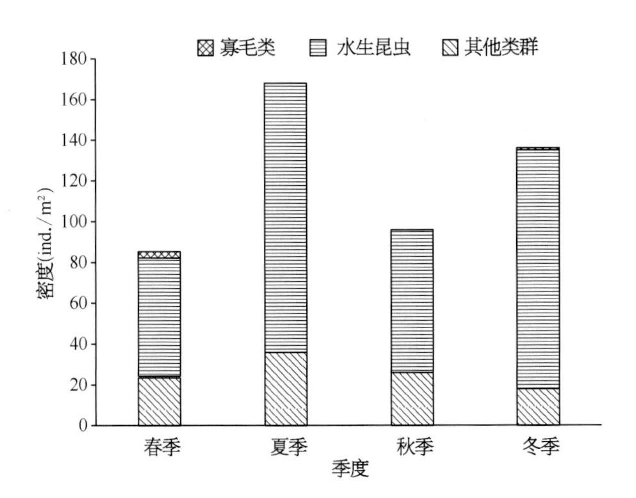

图3.4-43 长荡湖不同季节底栖动物密度比较

（图3.4-44）。从不同季节来看（图3.4-45），生物量表现为冬季>夏季>秋季>春季。

· 优势种与生物多样性

从4次调查结果来看，长荡湖底栖动物的优势种为水丝蚓属（*Limnodrilus* sp.）、小摇蚊属（*Microchironomus* sp.）、裸须摇蚊（*Propsilocerus* sp.）和长足摇蚊属（*Tanypus* sp.）。

长荡湖底栖动物Shannon-Weaver多样性指数（*H'*）、Pielou均匀度指数（*J*）和Margalef丰富度指数（*R*）分别为0.86、0.58和0.66。整体来看（图3.4-46），各站点多样性指数差别不大，不同多样性

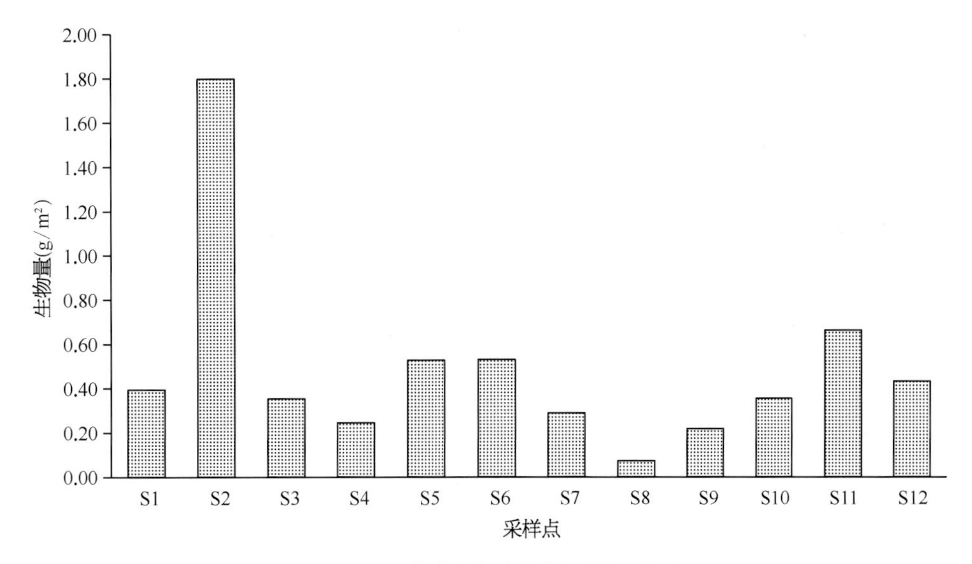

图3.4-44 长荡湖各站点底栖动物生物量

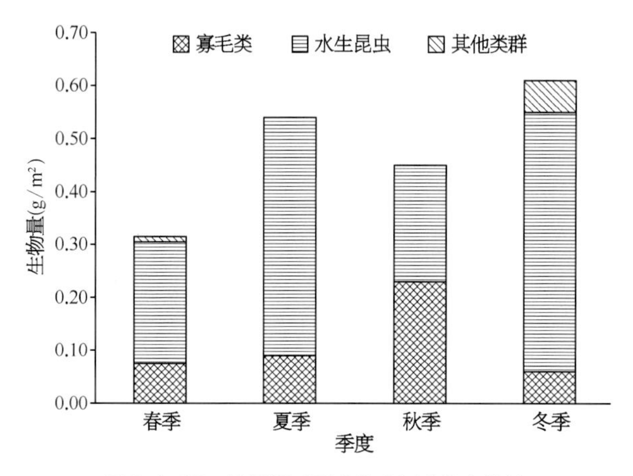

图3.4-45 长荡湖不同季节底栖动物生物量

指数变化趋势有所不同，Shannon-Weaver多样性指数和Margalef丰富度指数表现为S4最高，Pielou均匀度指数则显示S2处最高。从不同季节来看（图3.4-47），Shannon-Weaver多样性指数和Margalef丰富度指数结果较为一致，显示春季最高，夏季最低；Pielou均匀度指数在夏季最高。

· 结果与讨论

长荡湖（又名洮湖）是太湖流域上游的第三大湖泊，处于金坛和溧阳两市之间，西倚茅山，东接漏湖，北接长江。近年来，受上游、周边外源污染不断

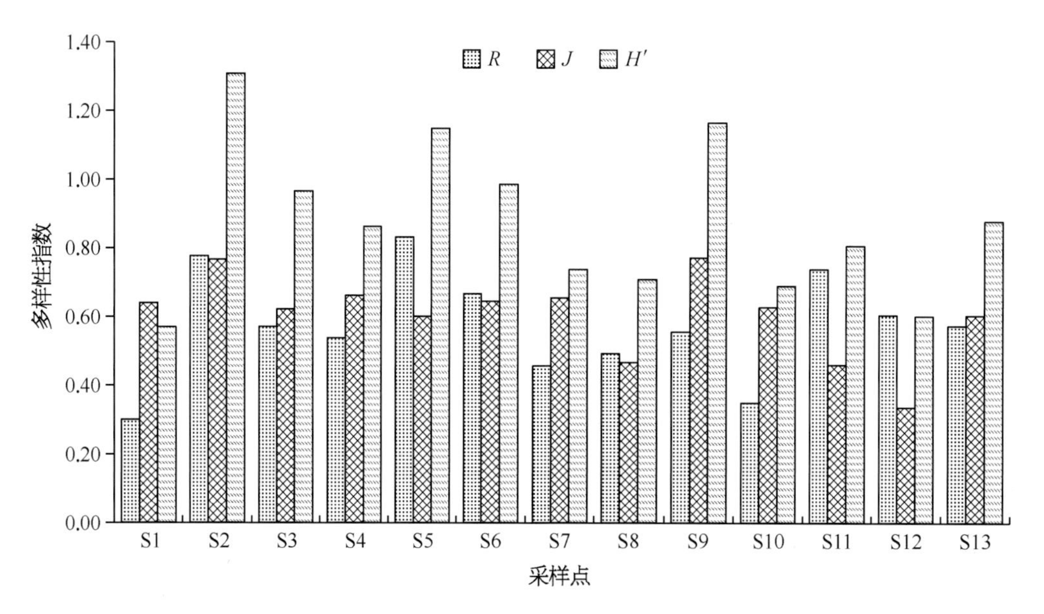

图3.4-46 长荡湖各站点底栖动物多样性指数

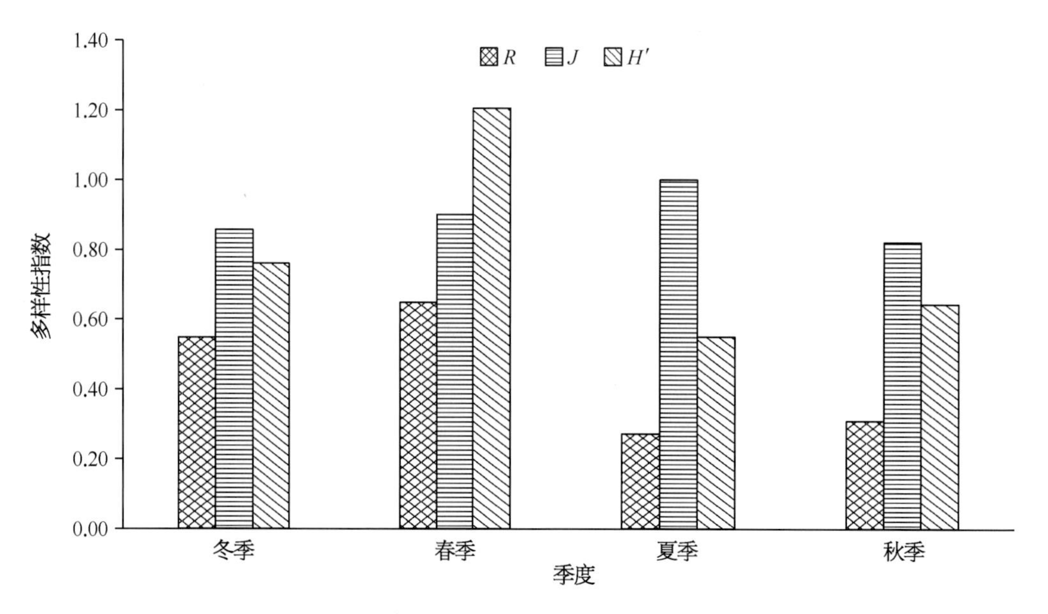

图3.4-47 长荡湖不同季节底栖动物生物多样性指数

流入及湖区不同程度的开发等因素影响，湖区生态环境受到不同程度的破坏，富营养化趋势明显，水草资源严重衰退，水体自净能力减弱。相比于大型湖泊，这类小型湖泊研究较少，仅有零星报道。蔡永久等人在2011年6月至2012年5月对长荡湖大型底栖动物进行了周年调查，记录共采集到底栖动28属种，其中摇蚊科幼虫10种、水栖寡毛类7种、软体动物5种、其他类6种；铜锈环棱螺、霍甫水丝蚓、中国长足摇蚊、多巴小摇蚊、苏氏尾鳃蚓和半折摇蚊为主要优势种。

本次调查共发现底栖动物22属种，各站点的总种类数差别不大，变化幅度为4～11种。不同季节来看，表现为夏季>冬季>秋季>春季。长荡湖底栖动物年平均密度为121 ind./m^2，其中S2密度最高，S3最低。不同季节看，夏季最高，春季最低。调查结果显示，长荡湖底栖动物优势种为水丝蚓属、小摇蚊属、裸须摇蚊属和长足摇蚊属。长荡湖底栖动物Shannon-Weaver多样性指数、Pielou均匀度指数和Margalef丰富度指数分别为0.86、0.58和0.66。总体来看，底栖动物种类变化不大，优势类群有一定变化，主要表现为软体动物不再占优势。

石臼湖

群落组成

4次调查共发现底栖动物25属种，其中寡毛类9属种、水生昆虫11属种、软体动物3属种、其他类群2属种（表3.4-6）。各站点的种类数差别较大（图3.4-48），其中S1和S9种类数最多，均有11种；S14种类数最少，仅为3种。不同季节来看，冬季和夏季种类数较多，分别为16种和12种；春季和秋季均采集到7种。

现存量分布

石臼湖底栖动物年平均密度为183 ind./m^2，其中寡毛类的平均密度为52 ind./m^2，水生昆虫平均密度为127 ind./m^2，软体动物平均密度为1 ind./m^2，其他类群平均密度为3 ind./m^2。从空间分布看（图3.4-49），S6密度最高，高达804 ind./m^2；S14的密度最低，仅23 ind./m^2。从不同季节来看（图3.4-50），春季底栖动物密度最高，达462 ind./m^2；秋季最低，平均密度仅33 ind./m^2。

表3.4-6　石臼湖底栖动物种类名录

种　类	春　季	夏　季	秋　季	冬　季
寡毛类 Oligochaetes				
霍甫水丝蚓 *Limnodrilus hoffmeisteri*		+	+	+
巨毛水丝蚓 *Limnodrilus grandisetosus*		+		+
克拉泊水丝蚓 *Limnodrilus claparedeianus*	+			
水丝蚓属 *Limnodrilus* sp.		+	+	+
多毛管水蚓 *Aulodrilus pluriseta*				+
有栉管水蚓 *Aulodrilus pectinatus*				+
正颤蚓 *Tubifex tubifex*		+		
厚唇嫩丝蚓 *Teneridrilus mastix*				+
苏氏尾鳃蚓 *Branchiura sowerbyi*	+	+	+	+
软体动物 Molluscs				
梨形环棱螺 *Bellamya purificata*	+			
铜锈环棱螺 *Bellamya aeruginosa*		+		
尖膀胱螺 *Physa acuta*		+		
水生昆虫 Aquatic Inscets				
羽摇蚊 *Chironomus plumosus*		+	+	+

（续表）

表3.4-6 石臼湖底栖动物种类名录

种　　类	春　季	夏　季	秋　季	冬　季
摇蚊属 *Chironomus* sp.	+			+
软铗小摇蚊 *Microchironomus tener*		+	+	
菱跗摇蚊属 *Clinotanypus* sp.	+			
中国长足摇蚊 *Tanypus chinensis*				+
花翅前突摇蚊 Procladius choreus		+		
前突摇蚊属 *Procladius* sp.				+
哈摇蚊属 *Harnischia* sp.		+	+	
中华裸须摇蚊 *Propsilocerus sinicus*				+
红裸须摇蚊 *Propsilocerus akamusi*				+
裸须摇蚊属 *Propsilocerus* sp.	+			+
其他类群 Others				
舌蛭科 Glossiphoniidae sp.		+	+	+
线虫纲一种 Nematoda sp.	+			+

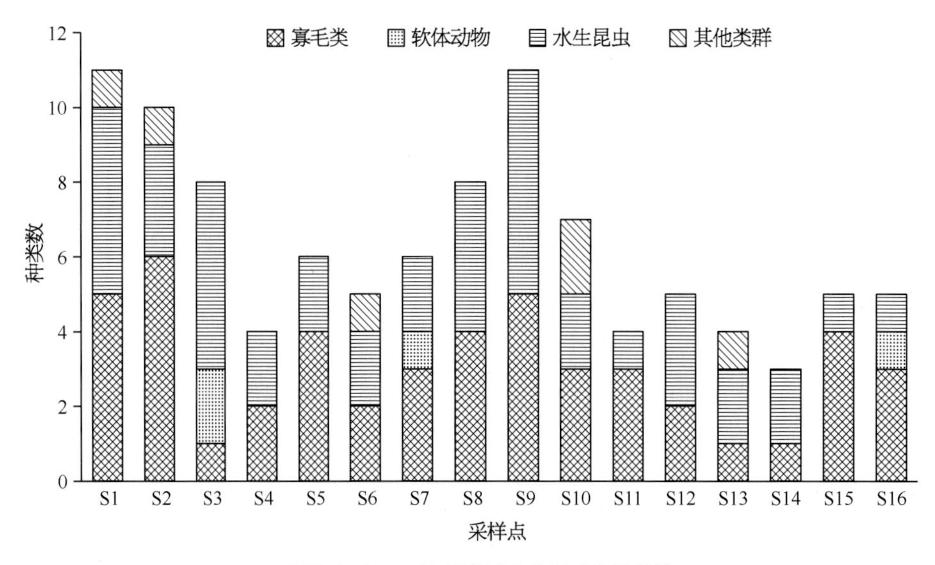

图3.4-48　石臼湖各站点底栖动物种类数

石臼湖底栖动物年平均生物量为5.06 g/m^2，其中寡毛类的平均生物量为0.43 g/m^2，水生昆虫的平均生物量为0.88 g/m^2，软体动物平均生物量为3.74 g/m^2，其他类群0.01 g/m^2。因软体动物个体较大，对生物量的贡献最大，所以不同站点的生物量大小取决于软体动物生物量，本次采集到软体动物的点位均在沿岸带，如生物量最高的站点为S16，生物量高达45.30 g/m^2（图3.4-51）。从不同季节来看（图3.4-52），春季和夏季底栖动物生物量较高，分别为13.38 g/m^{2}和5.09 g/m^2；秋季最低，生物量仅0.15 g/m^2。

· 优势种与生物多样性

从4次调查结果来看，石臼湖底栖动物的优势种为水丝蚓属（*Limnodrilus* sp.）和苏氏尾鳃蚓（*Branchiura sowerbyi*）。不同季节优势类群有所差异，冬季优势种为巨毛水丝蚓（*Limnodrilus grandisetosus*）、苏氏尾鳃蚓（*Branchiura sowerbyi*）和红裸须摇蚊（*Propsilocerus akamusi*）；春季优势种为苏氏尾鳃蚓和红裸须摇蚊（*Propsilocerus akamusi*）；夏季优势类群仅1属，为水

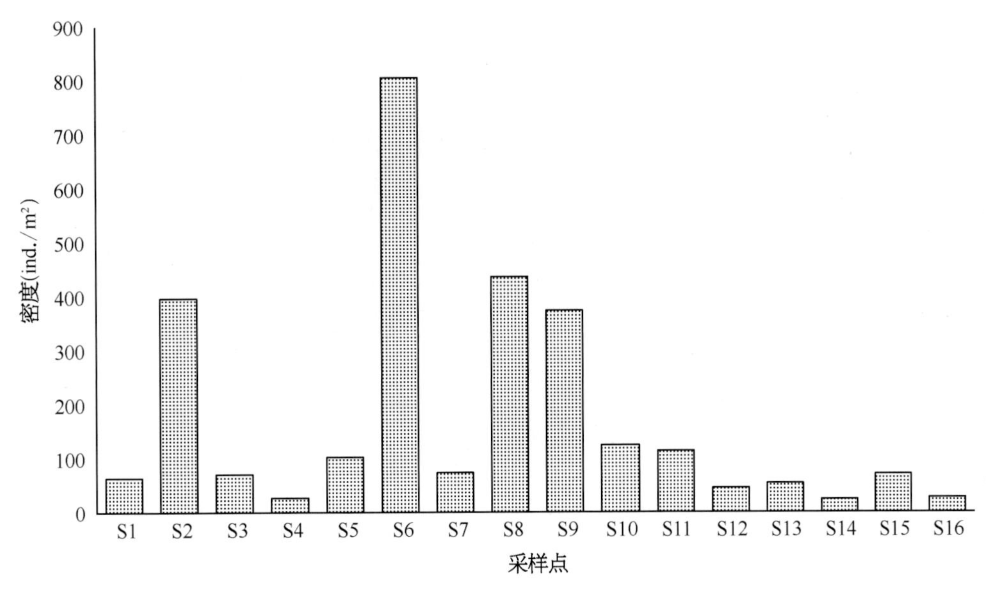

图3.4-49　石臼湖各站点不同季节底栖动物密度

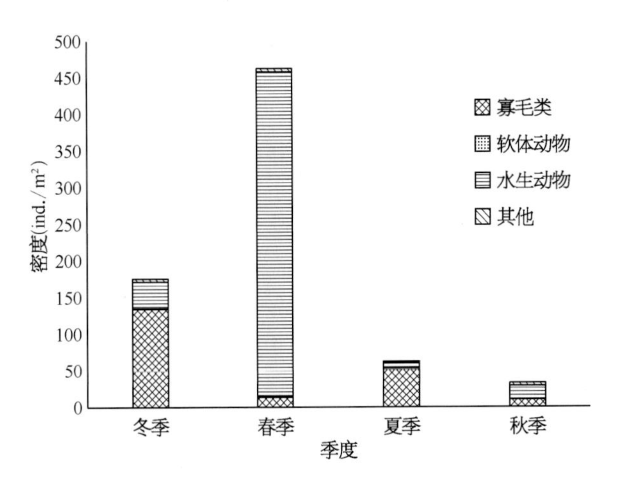

图3.4-50　石臼湖不同季节底栖动物密度比较

丝蚓属（*Limnodrilus* sp.）；秋季优势种为苏氏尾鳃蚓（*Branchiura sowerbyi*）和羽摇蚊（*Chironomus plumosus*）。

石臼湖底栖动物Shannon-Weaver多样性指数（H'）、Pielou均匀度指数（J）和Margalef丰富度指数（R）分别为0.54、0.74和0.30。整体来看（图3.4-53），各站点多样性指数差异不大，东北部的多样性相对较低。从不同季节来看（图3.4-54），生物指数变化趋势有所差异，其中Shannon-Weaver多样性指数显示冬季最高，春季最低；Pielou均匀度指数同样显示春季最低，其他三个季节差别不大；Margalef丰富度指数表现为冬、夏季节高于春、秋季节。

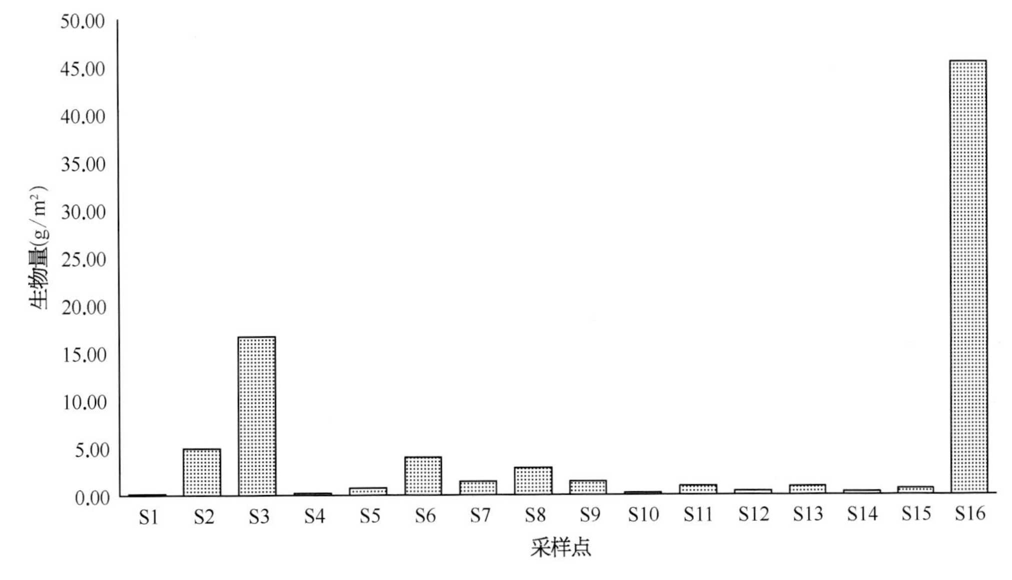

图3.4-51　石臼湖各站点底栖动物生物量

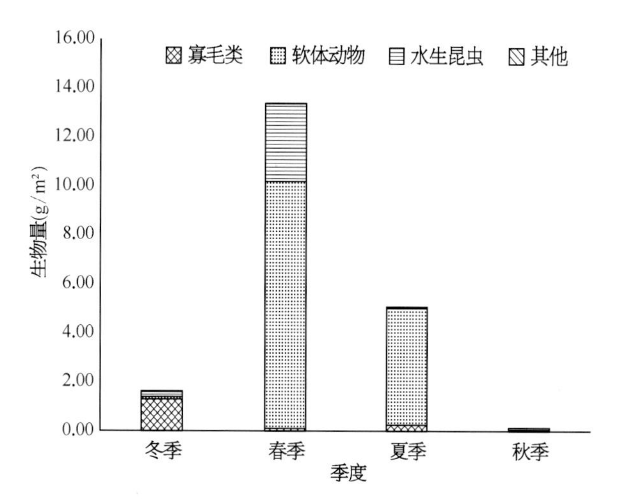

图3.4-52 石臼湖不同季节底栖动物生物量

· 结果与讨论

石臼湖又名北湖，地处长江中下游，是安徽省当涂县与江苏省溧水县、高淳县三县间的界湖。近几十年来，随着社会经济的快速发展，废水排放、围湖造田、过度养殖等人类活动严重威胁了石臼湖的生态环境。本次调查各站点的种类数差别较大，其中S1和S9种类数最多，S14种类数最少。从不同季节来看，秋季和夏季种类数较多。石臼湖底栖动物年平均密度为183 ind./m^2，平均生物量为5.06 g/m^2。

潘保柱等于2004年对石臼湖底栖动物进行了调查，共采集到39种，以软体动物组成为主，采

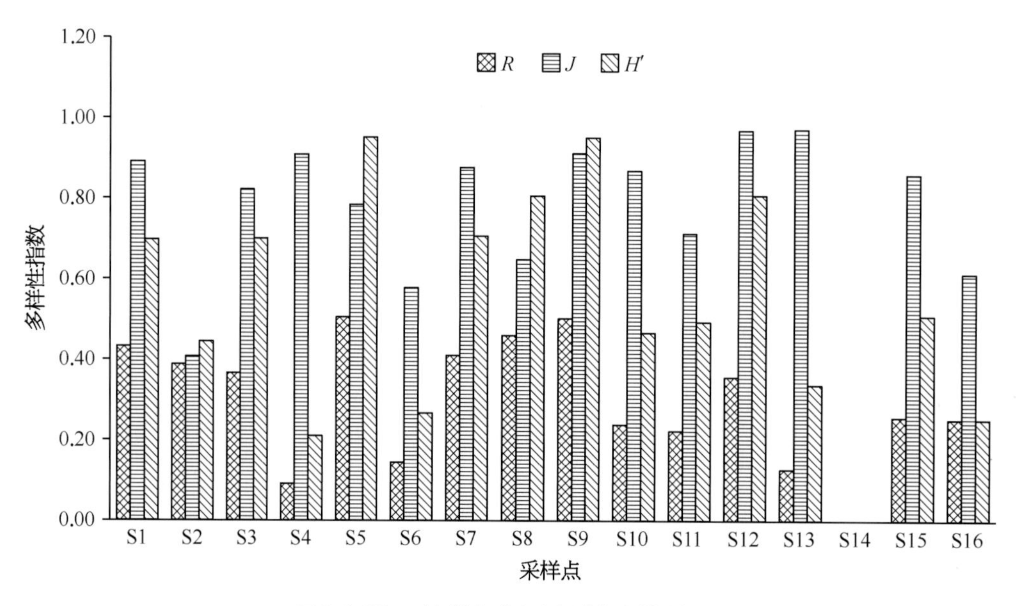

图3.4-53 石臼湖各站点底栖动物多样性指数

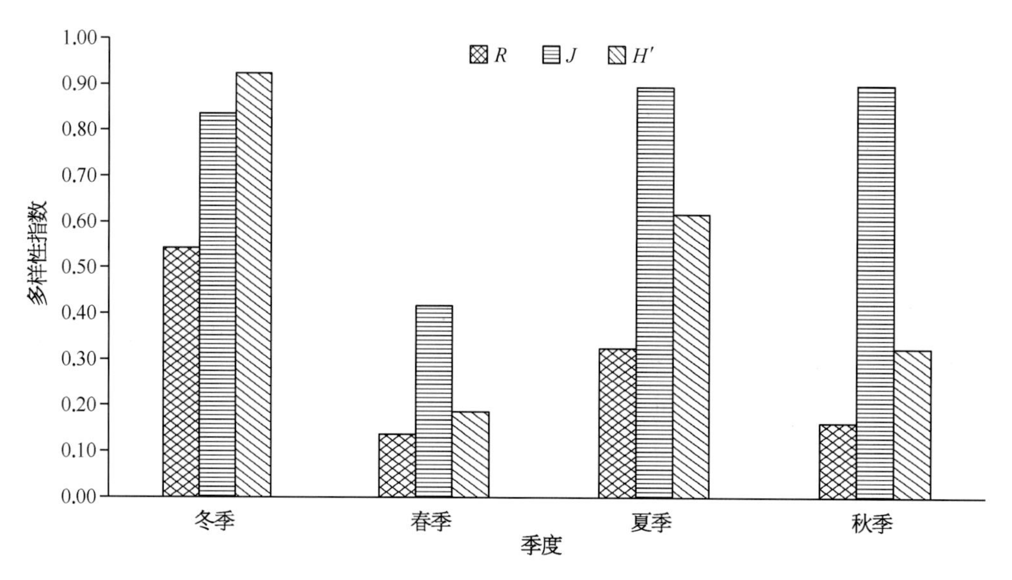

图3.4-54 石臼湖不同季节底栖动物生物多样性指数

集到了大量圆顶珠蚌、三角帆蚌、洞穴丽蚌等蚌壳科类群。而本次调查共发现底栖动物26属种，以水生昆虫为主，软体动物仅采集到了环棱螺和膀胱螺。由研究表明，双壳类的减少甚至消失主要是受生活水体环境的影响。在不受冲击或冲击较弱的湖泊，水生昆虫占优势。李冬玲等在2002年调查时，水生植被资源丰富，为软体动物等提供了良好的栖息环境，而本次普查植被多样性和盖度大幅度下降，从而导致了底栖动物种类数及现存量明显下降。

白马湖

种类组成

4次调查共发现底栖动物39属种，其中寡毛类5属种、水生昆虫4属种、甲壳动物4属种、软体动物26属种。各样点中7号和11号样点（S7和S11）种类数最多，各有20种；6号和13号样点（S6和S13）种类数最少，仅有8种（图3.4-55）。不同季节来看，春季采集到的种类最多，有27种；其次为秋季和冬季，分别采到21种和19种；夏季种类最少，仅发现18种。

现存量分布

白马湖底栖动物年平均密度为1 215.5 ind./m^2，其中寡毛类的平均密度为12.7 ind./m^2，水生昆虫平均密度为12.1 ind./m^2，甲壳动物平均密度为47.5 ind./m^2，软体动物平均密度为1 143.3 ind./m^2。整体来看（图3.4-56），其中14号样点（S14）密度最高，高达2 995.3 ind./m^2；13号样点（S13）的密度最低，仅143.7 ind./m^2。从

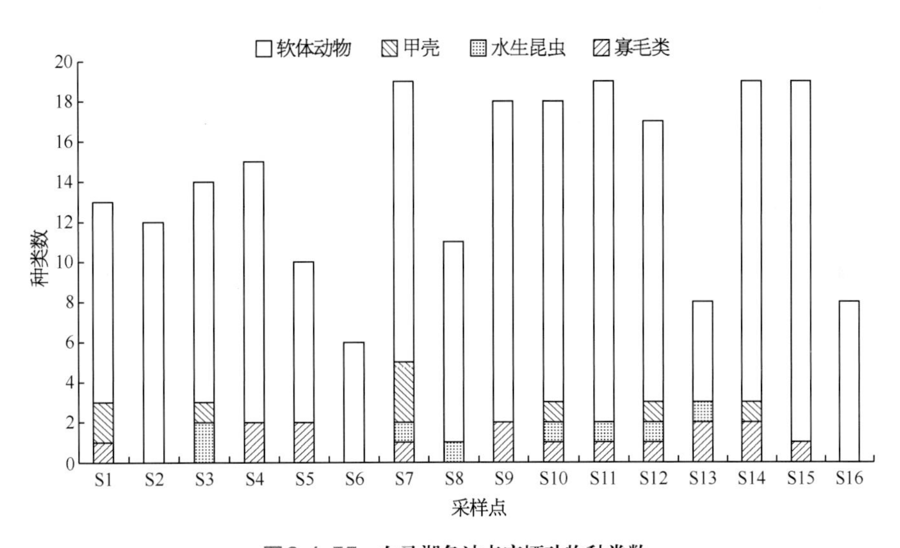

图3.4-55　白马湖各站点底栖动物种类数

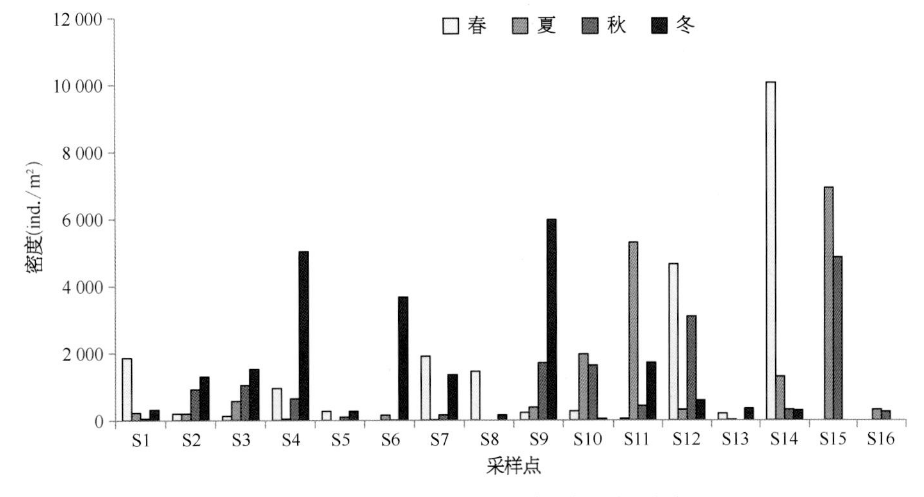

图3.4-56　白马湖各站点不同季节底栖动物密度

不同季节来看（图3.4–57），冬季底栖动物密度最高，达1 413.3 ind./m²；秋季最低，平均密度为951.2 ind./m²。

白马湖底栖动物年平均生物量为39.01 g/m²。其中寡毛类的平均生物量为7.63 g/m²，水生昆虫的平均生物量为0.61 g/m²，甲壳类的平均生物量为5.66 g/m²，软体动物平均生物量为25.11 g/m²。因软体动物个体较大，对生物量的贡献最大，所以不同样点的生物量大小取决于软体动物生物量，4次调查在S3～S5、S8～S10、S12及S15～S16样点均未采集到软体动物活体（图3.4–58）。从不同季节来看（图3.4–59），春季底栖动物生物量最高，达148.88 g/m²，其中软体动物生物量高达93.98 g/m²。

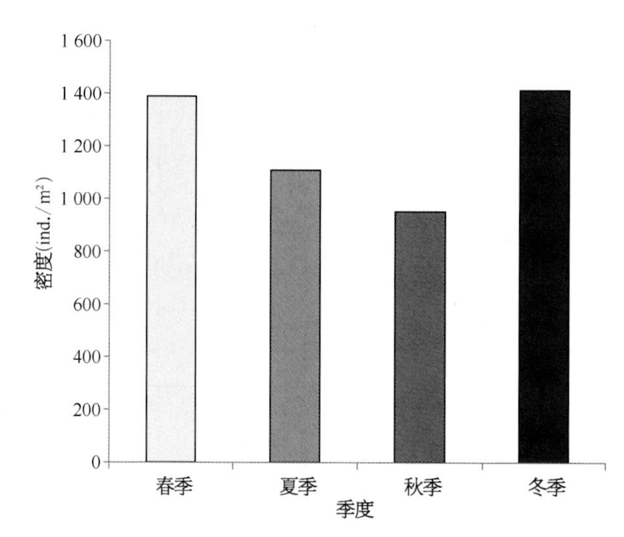

图3.4–57 白马湖不同季节底栖动物密度比较

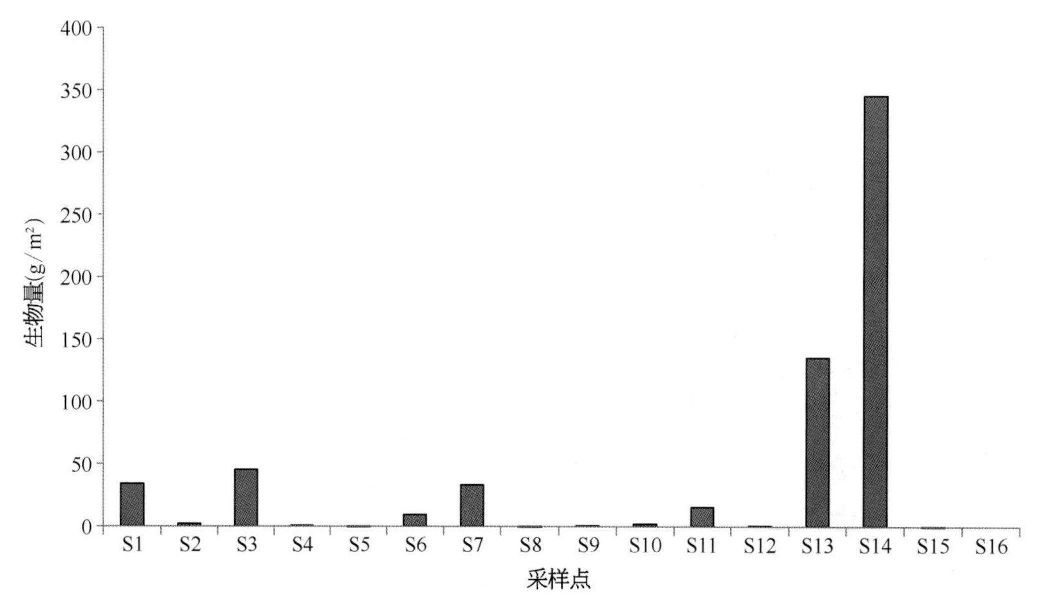

图3.4–58 白马湖各站点生物量

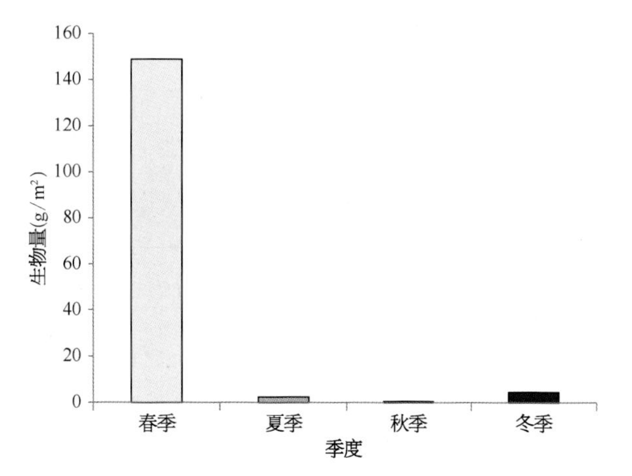

图3.4–59 白马湖不同季节底栖动物生物量

- 优势种

从4次调查总体结果来看，白马湖底栖动物的优势种为铜锈环棱螺、长角涵螺和椭圆萝卜螺。

四个季节中软体动物中的长角涵螺和铜锈环棱螺均占绝对优势，但不同季节优势类群仍有所差异，春季的调查数据中优势种为铜锈环棱螺、长角涵螺和纹沼螺；其他三个季节长角涵螺都是优势种中排第一位的；夏季的另两个优势种为扁旋螺和大沼螺；秋季调查结果中另两个优势种依次为椭圆萝卜螺和巴蜗牛科；冬季调查结果的优势种中，大沼螺和纹沼螺仅次于长角涵螺。

· 生物多样性

白马湖底栖动物Shannon-Weaver多样性指数（H'）、Pielou均匀度指数（J）和Margalef丰富度指数（R）分别为2.277，0.613和4.973。整体来看，各样点多样性指数差别不大（图3.4-60），S6和S14相对其他样点多样性指数较低。从不同季节来看（图3.4-61），各季节的多样性指数非常接近，但三个生物指数均显示秋季多样性最高，冬季最低。

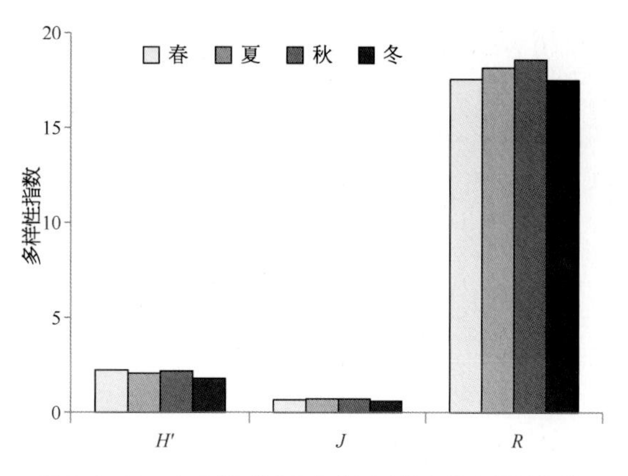

图3.4-61　白马湖不同季节底栖动物生物多样性指数

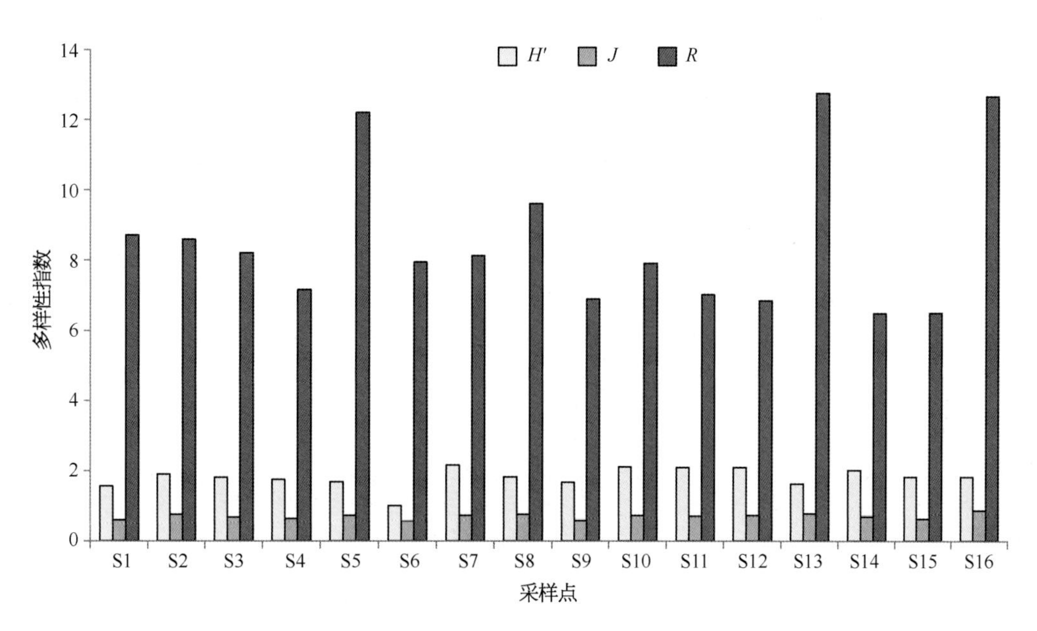

图3.4-60　白马湖各站点底栖动物生物多样性指数

固城湖

· 群落组成

4次调查共发现底栖动物31属种，其中寡毛类4属种，水生昆虫17属种，软体动物5属种，其他类群5属种（表3.4-7）。整体来看，各站点的种类数差别不大（图3.4-62），其中S1的种类数最多，为20种；S6的种类数最少，为8种。不同季节来看，种类数表现为冬季>夏季>秋季>春季。

· 现存量分布

固城湖底栖动物年平均密度为481 ind./m^2，其中寡毛类的平均密度为189 ind./m^2，水生昆虫平均密度为281 ind./m^2，软体动物平均密度为6 ind./m^2，其他类群平均密度为4 ind./m^2。整体来看（图3.4-63），S3的密度最高，高达543 ind./m^2；S4的密度最低，为143 ind./m^2。从不同季节来看（图3.4-64），夏季和冬季底栖动物密度较高，分别为768 ind./m^{2}和744 ind./m^2；其次为秋季，密度为295 ind./m^2；春季最低，为118 ind./m^2。不同季节，各个类群组成差别较大，其中夏季以寡毛类数量占优势，其他三个季节均以水生昆虫为主要类群。

固城湖底栖动物年平均生物量为10.92 g/m^2，其中寡毛类的平均生物量为0.76 g/m^2，水生昆虫的平均生物量为4.12 g/m^2，软体动物平均生物量6.00 g/m^2，其他类群仅0.04 g/m^2。从整个湖泊来看（图3.4-65），南部底栖动物生物量要高于北部区域。从不同季节来

表 3.4-7 固城湖底栖动物种类名录

种 类	春 季	夏 季	秋 季	冬 季
寡毛类 Oligochaetes				
克拉泊水丝蚓 *Limnodrilus claparedeianus*	+			
霍甫水丝蚓 *Limnodrilus hoffmeisteri*	+			
水丝蚓属 *Limnodrilus* sp.	+			+
苏氏尾鳃蚓 *Branchiura sowerbyi*	+	+	+	+
水生昆虫 Aquatic Insects				
羽摇蚊 *Chironomus plumosus*	+	+		+
摇蚊属 *Chironomus* sp.			+	
异腹鳃摇蚊属 *Einfeldia* sp.			+	
喙隐摇蚊 *Cryptochironomus rostratus*		+		
隐摇蚊属 *Cryptochironomus* sp.	+			
小摇蚊属 *Microchironomus* sp.		+		
弯铗摇蚊属 *Cryptotendipes* sp.		+		
雕翅摇蚊属 *Glyptotendipes* sp.				+
拟枝角摇蚊属 *Paracladopelma* sp.		+		
菱跗摇蚊属 *Clinotanypus* sp.	+	+	+	+
前突摇蚊属 *Procladius* sp.		+	+	+
直突摇蚊属 *Orthocladius* sp.				+
中国长足摇蚊 *Tanypus chinensis*	+	+		+
红裸须摇蚊 *Propsilocerus akamusi*	+		+	+
摇蚊亚科 Chironominae sp.				+
蠓科 Ceratopogouidae sp.				+
双翅目蛹 Diptera pupa	+	+		
软体动物 Molluscs				
铜锈环棱螺 *Bellamya aeruginosa*		+		
梨形环棱螺 *Bellamya purificata*			+	
纹沼螺 *Parafossarulus striatulus*				+
背角无齿蚌 *Anodonta woodiana*				+
河蚬 *Corbicula fluminea*		+	+	
其他类群 Others				
多毛纲 Polychaeta				+
齿吻沙蚕科 Nephtyidae sp.			+	
医蛭科 Hirudinidae				+
舌蛭科 Glossiphoniidae			+	+
石蛭科 Erpobdellidae		+		

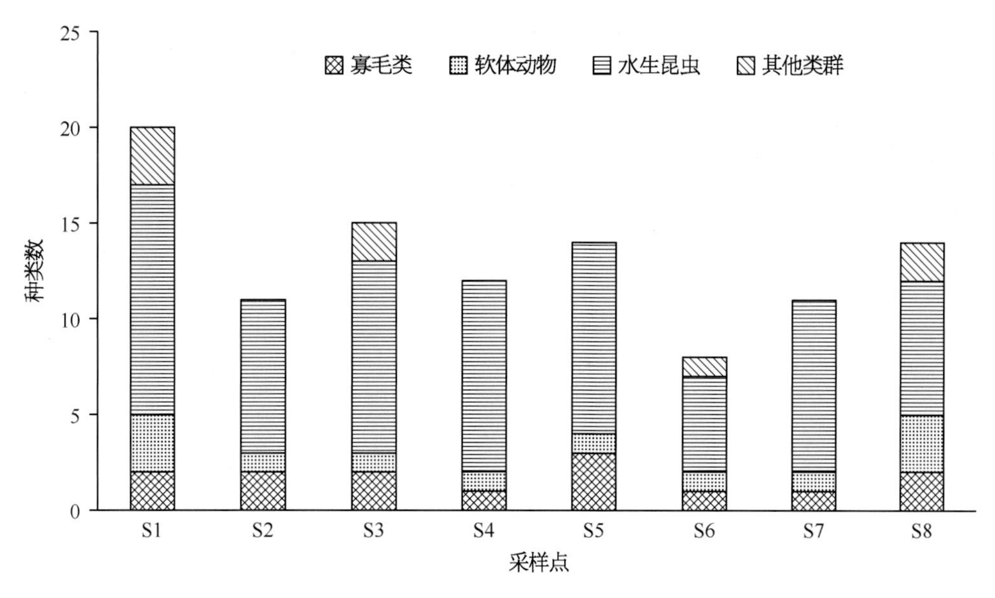

图3.4-62 固城湖各站点底栖动物种类数

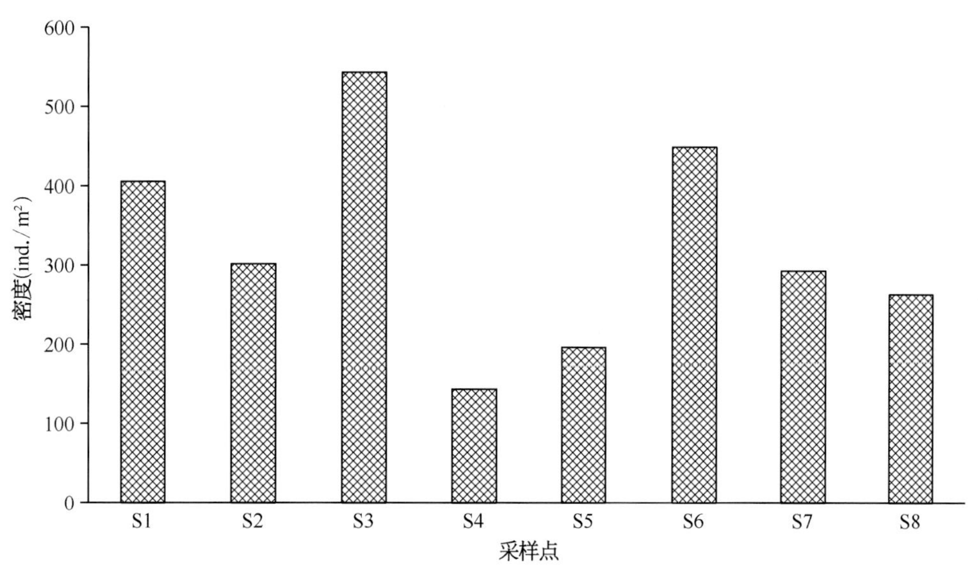

图3.4-63 固城湖各站点不同季节底栖动物密度

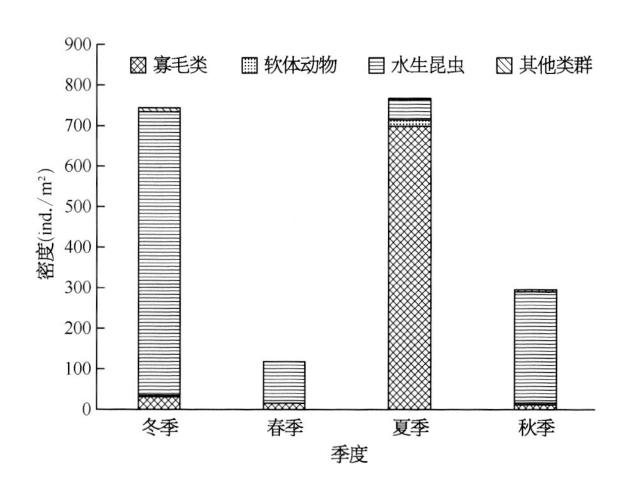

图3.4-64 固城湖不同季节底栖动物密度比较

看（图3.4-66），春季生物量最低，为3.45 g/m²，以水生昆虫占优势；冬季最高，达16.42 g/m²，与秋季和夏季均以软体动物生物量居首位。

· 优势种与生物多样性

从4次调查结果来看，固城湖底栖动物的优势种为苏氏尾鳃蚓（*Branchiura sowerbyi*）、羽摇蚊（*Chironomus plumosus*）、中国长足摇蚊（*Tanypus chinensis*）、红裸须摇蚊（*Propsilocerus akamusi*）和铜锈环棱螺（*Bellamya aeruginosa*）。

不同季节优势类群差异较大，冬季优势种均为

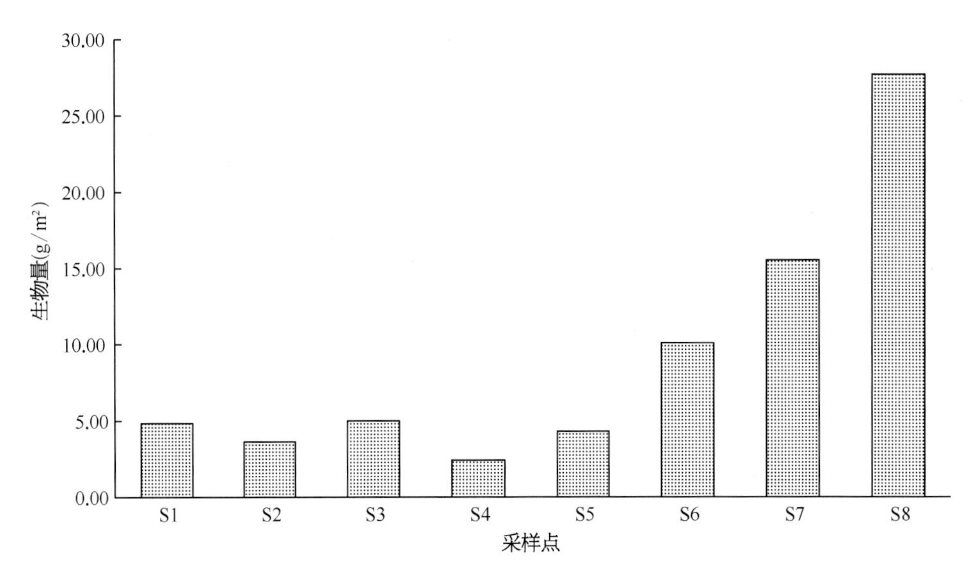

图3.4-65 固城湖各站点底栖动物生物量

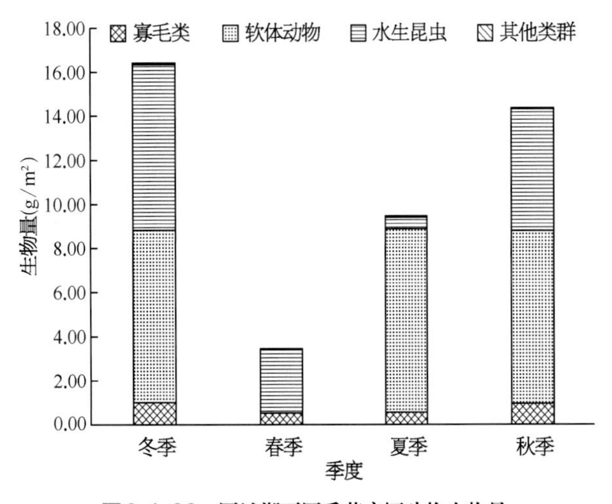

图3.4-66 固城湖不同季节底栖动物生物量

摇蚊类，包括前突摇蚊属（*Procladius* sp.）、直突摇蚊属（*Orthocladius* sp.）、中国长足摇蚊和红裸须摇蚊；春季优势种为苏氏尾鳃蚓、羽摇蚊和菱跗摇蚊属（*Clinotanypus* sp.）；夏季优势类群苏氏尾鳃蚓、铜锈环棱螺、羽摇蚊和菱跗摇蚊属；秋季优势种为摇蚊属（*Chironomus* sp.）和裸须摇蚊属（*Propsilocerus* sp.）。

固城湖底栖动物Shannon-Weaver多样性指数（H'）、Pielou均匀度指数（J）和Margalef丰富度指数（R）分别为1.10、0.78和0.67。整体来看（图3.4-67），各站点多样性指数差异不大，Shannon-Weaver多

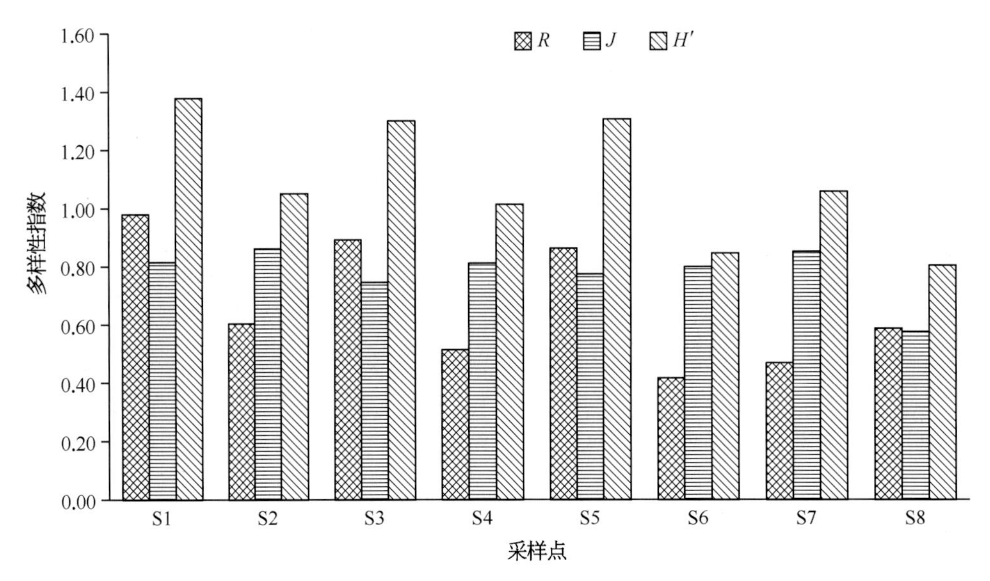

图3.4-67 固城湖各站点底栖动物多样性指数

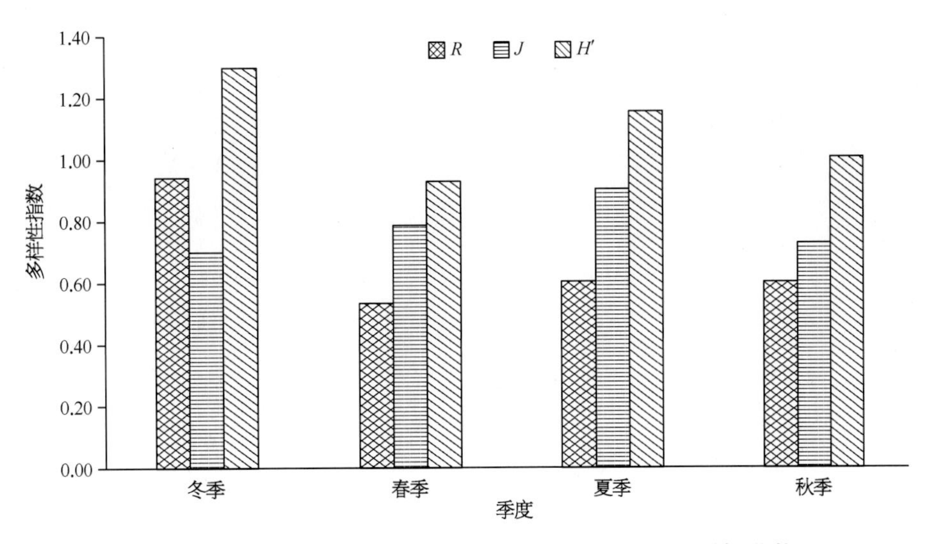

图3.4-68 固城湖不同季节底栖动物生物Shannon-Weaver多样性指数

样性指数变化幅度为0.80 ～ 1.38；Pielou均匀度指数变化幅度为0.58 ～ 0.86；Margalef丰富度指数变化幅度为0.42 ～ 0.98。从不同季节来看（图3.4-68），生物指数变化趋势有所差异，其中Shannon-Weaver多样性指数显示冬季最高，春季最低；Pielou均匀度指数表现为夏季最高，冬季最低；Margalef丰富度指数表现为冬季最高，其他三个季节差别不大。

· 结果与讨论

固城湖位于江苏省高淳区境内南部的苏皖接壤处，属青弋江、水阳江系的一个构造型过水湖泊，由中生代燕山运动后期的断裂作用凹陷而成。据江苏省水利科学研究院2015年3月～ 2016年2月对固城湖开展的全年的底栖动物监测与分析，共记录了底栖动物21属种，其中摇蚊科幼虫种类最多，共计11种，寡毛类8种，软体动物2种。主要优势种为苏氏尾鳃蚓、中国长足摇蚊、内摇蚊属和环棱螺。

4次调查共发现底栖动物31属种，以水生昆虫种类为主。各站点表现为S1种类数最多，S6种类数最少。不同季节来看，表现为冬季>夏季>秋季>春季。底栖动物年平均密度为481 ind./m^2，年平均生物量为10.92 g/m^2。固城湖底栖动物的优势种为苏氏尾鳃蚓、羽摇蚊、中国长足摇蚊、红裸须摇蚊和铜锈环棱螺。

第四章
渔业资源现状及评价

4.1 · 太湖

鱼类种类组成及生态、食性类型

鱼类种类组成

调查显示，太湖共采集鱼类52种，25 762尾，重336.97 kg，隶属于6目13科39属，以鲤形目较多，有2科32种（鲤科31种），占总种类数的63.5%，其次为鲈形目（6科10种）、鲇形目（2科5种）和鲑形目（1科2种），以及其他（图4.1–1）。数量百分比显示鲱形目鱼类比例较大（N%：84.1%），重量百分比显示鲤形目鱼类重量比较大（W%：69.3%），相对重要性指数显示鲤形目（鲤科）、鲱形目（鳀科）高于1 000，鲱形目明显较高（图4.1–2）。

数量百分比（N%）显示，刀鲚占绝对优势，占总数的84.1%；其次为子陵吻虾虎鱼、鲫等；贝氏䱗、鳙、银鱼等47种鱼类数量比例均小于1%，光泽黄颡鱼、棒花鱼等28种鱼均小于0.1%；重量百分比（W%）显示，刀鲚（27.8%）、鲤（17.5%）、鲫（13.7%）和鲢（13.2%）比重稍大，其他均较小，草鱼、泥鳅、似鳊等41种鱼重量比例均小于1%，瓦氏黄颡鱼、中华刺鳅、鲈等24种鱼均小于0.1%（表4.1–1）。

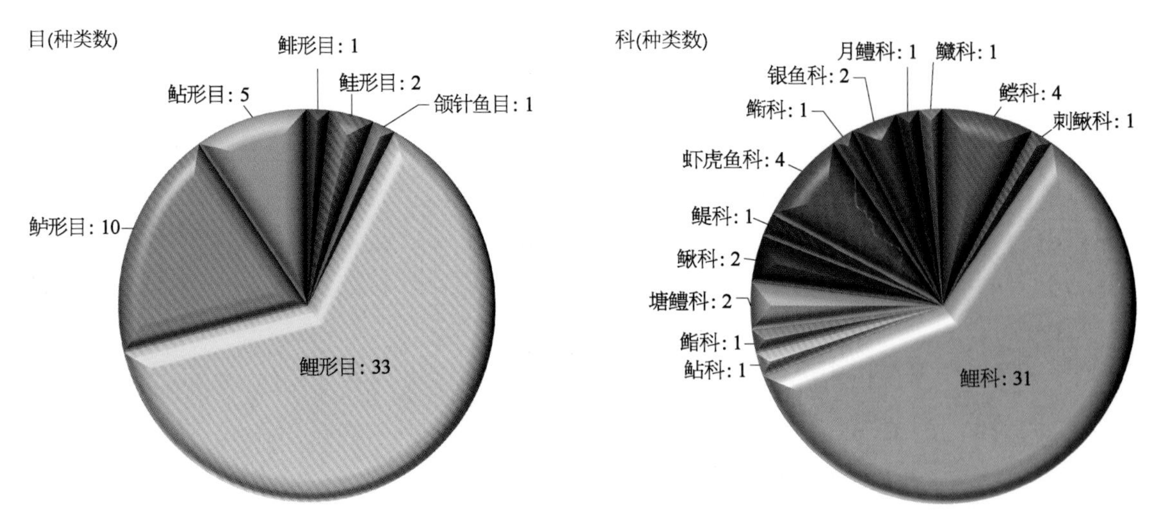

图4.1–1　太湖各目、科鱼类组成

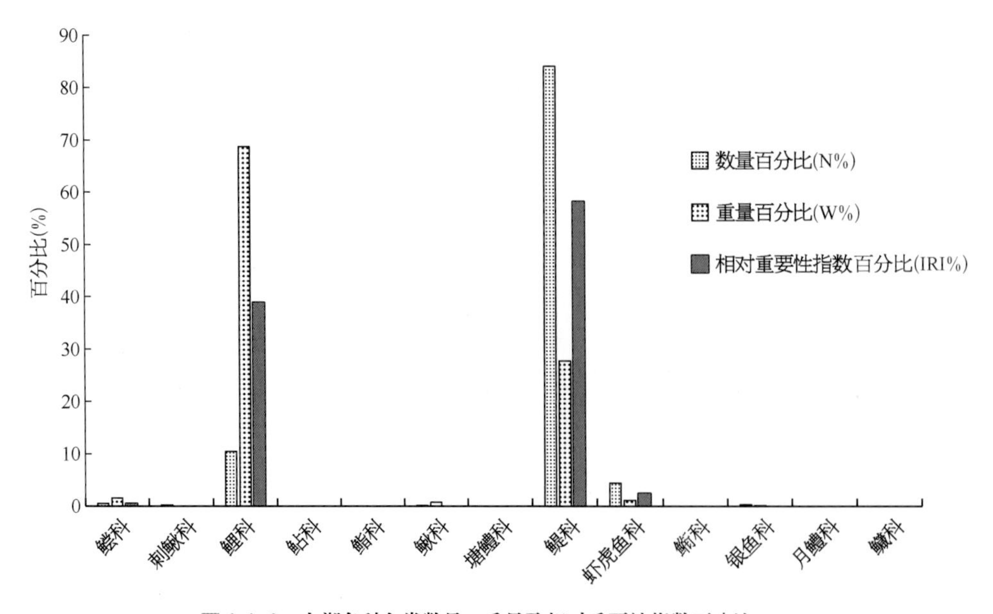

图4.1–2　太湖各科鱼类数量、重量及相对重要性指数百分比

表 4.1-1 太湖鱼类种类组成

种　　类	生态类型	数量百分比（%）	重量百分比（%）	相对重要性指数
一、鲱形目 Clupeiformes				
1. 鳀科 Engraulidae				
（1）刀鲚 *Coilia nasus*	C.U.D	84.12	27.79	10 991.12
二、颌针鱼目 Beloniformes				
2. 鱵科 Hemiraphidae				
（2）间下鱵 *Hyporhamphus intermedius*	O.U.R	0.01	0.00	0.02
三、鲤形目 Cypriniformes				
3. 鲤科 Cyprinidae				
（3）棒花鱼 *Abbottina rivularis*	O.B.R	0.05	0.05	0.71
（4）贝氏鳘 *Hemiculter bleekeri*	O.U.R	0.70	1.11	45.10
（5）鳊 *Parabramis pekinensis*	H.L.R	0.01	0.06	0.14
（6）鳘 *Hemiculter leucisculus*	O.U.R	0.40	0.50	12.96
（7）草鱼 *Ctenopharyngodon idellus*	H.U.P	0.02	0.09	0.37
（8）达氏鲌 *Culter dabryi*	C.U.R	0.02	0.11	0.60
（9）大鳍鱊 *Acheilognathus macropterus*	O.U.R	0.42	0.18	10.70
（10）鲂 *Megalobrama skolkovii*	H.U.R	0.00	0.00	0.00
（11）红鳍原鲌 *Cultrichthys erythropterus*	C.U.R	0.55	2.32	112.65
（12）黑鳍鳈 *Sarcocheilichthys nigripinnis*	O.L.R	0.19	0.18	5.32
（13）花䱻 *Hemibarbus maculatus*	O.L.R	0.35	2.91	110.66
（14）鲫 *Carassius auratus*	O.L.R	1.58	13.74	1 012.08
（15）鲤 *Cyprinus carpio*	O.L.R	0.61	17.49	840.27
（16）华鳈 *Sarcocheilichthys sinensis*	O.L.R	0.04	0.10	0.64
（17）黄尾鲴 *Xenocypris davidi*	H.L.R	0.01	0.06	0.13
（18）鲢 *Hypophthalmichthys molitrix*	F.U.P	0.56	13.22	455.11
（19）麦穗鱼 *Pseudorasbora parva*	O.L.R	1.33	0.35	67.50
（20）蒙古鲌 *Culter mongolicus*	C.U.R	0.02	0.14	0.57
（21）翘嘴鲌 *Culter alburnus*	C.U.R	0.16	1.89	47.55
（22）青鱼 *Mylopharyngodon piceus*	O.L.P	0.04	0.09	3.57
（23）蛇鮈 *Saurogobio dabryi*	H.B.R	0.04	0.07	0.78
（24）似鳊 *Pseudobrama simoni*	H.L.R	0.32	0.28	10.67
（25）似鱎 *Toxabramis swinhonis*	O.U.R	1.02	0.85	54.94

（续表）

表 4.1-1 太湖鱼类种类组成

种　　类	生态类型	数量百分比（%）	重量百分比（%）	相对重要性指数
（26）似刺鳊鮈 *Paracanthobrama guichenoti*	H.L.R	0.03	0.19	1.19
（27）团头鲂 *Megalobrama amblycephala*	H.L.R	0.25	2.28	47.51
（28）细鳞斜颌鲴 *Xenocypris microlepis*	O.L.R	0.00	0.00	0.01
（29）兴凯鱊 *Acheilognathus chankaensis*	O.U.R	0.33	0.11	10.64
（30）斑条鱊 *Acheilognathus taenianalis*	O.U.R	0.05	0.03	0.15
（31）银鲴 *Xenocypris argentea*	O.L.R	0.03	0.25	1.01
（32）银鮈 *Squalidus argentatus*	H.B.R	0.62	0.17	4.95
（33）鳙 *Aristichthys nobilis*	F.U.P	0.64	9.19	342.04
4. 鳅科 Cobitidae				
（34）泥鳅 *Misgurnus anguillicaudatus*	O.B.R	0.10	0.65	7.46
（35）中华花鳅 *Cobitis sinensis*	O.B.R	0.01	0.02	0.03
四、鲈形目 Perciformes				
5. 月鳢科 Odontobutidae				
（36）乌鳢 *Channa argus*	C.B.R	0.00	0.02	0.03
6. 鲔科 Callionymidae				
（37）香鲔 *Callionymus olidus*	C.B.E	0.00	0.00	0.01
7. 虾虎鱼科 Gobiidae				
（38）波氏吻虾虎鱼 *Rhinogobius cliffordpopei*	C.B.R	0.01	0.00	0.04
（39）纹缟虾虎鱼 *Tridentiger trigonocephalus*	C.B.R	0.06	0.02	0.34
（40）须鳗虾虎鱼 Taenioides *cirratus*	C.B.R	0.31	0.09	7.56
（41）子陵吻虾虎鱼 *Rhinogobius giurinus*	C.B.R	4.01	0.96	403.76
8. 刺鳅科 Mastacembeloidei				
（42）中华刺鳅 *Sinobdella sinensis*	O.B.R	0.16	0.07	1.46
9. 塘鳢科 Eleotridae				
（43）河川沙塘鳢 *Odontobutis potamophila*	O.B.R	0.00	0.02	0.02
（44）小黄黝鱼 Micropercops swinhonis	O.B.R	0.00	0.03	0.03
10. 鮨科 Serranidae				
（45）鲈 Lateolabrax maculatus	C.L.E	0.00	0.03	0.03
五、鲇形目 Siluriformes				
11. 鲿科 Bagridae				
（46）黄颡鱼 *Pelteobaggrus fulvidraco*	O.B.R	0.40	1.41	59.84
（47）长须黄颡鱼 *Pelteobagrus eupogon*	O.B.R	0.01	0.02	0.04

（续表）

表 4.1-1 太湖鱼类种类组成

种　　类	生态类型	数量百分比（%）	重量百分比（%）	相对重要性指数
（48）江黄颡鱼 *Pseudobagrus vachelli*	O.B.R	0.02	0.08	0.26
（49）光泽黄颡鱼 *Pelteobaggrus nitidus*	O.B.R	0.07	0.03	0.99
12. 鲇科 Siluridae				
（50）鲇 *Silurus asotus*	C.B.R	0.00	0.00	0.00
六、鲑形目 Salmoniformes				
13. 银鱼科 Salangidae				
（51）陈氏新银鱼 *Neosalanx tangkahkeii*	C.U.R	0.02	0.00	0.10
（52）大银鱼 *Protosalanx chinensis*	C.U.R	0.27	0.14	7.36

注：U.中上层，L.中下层，B.底层；D.江海洄游性，P.江湖半洄游性，E.河口性，R.淡水定居性；C.肉食性，O.杂食性，H.植食性，F.滤食性。

生态类型与区系组成

生态类型：根据鱼类洄游类型、栖息空间和摄食的不同，可将鱼类划分为不同生态类群。

根据鱼类洄游类型，可分为：定居性鱼类44种，包括鲤、鲫、鳊、鲂、黄颡鱼等，占总种数的86.27%；江湖半洄游性鱼类4种，包括青鱼、草鱼、鲢和鳙，占总种数的7.84%；河口性鱼类2种，分别为香鮠和鲈；江海洄游性鱼类仅刀鲚1种。

按栖息空间划分，可分为中上层、中下层和底栖三类。底栖鱼类19种，包括泥鳅、鲇、黄颡鱼、沙塘鳢等，占总种数的37.25%；中下层鱼类15种，有鲫、鲤、青鱼等，占总种数的29.41%；中上层鱼类有鲢、翘嘴鲌、鳙、刀鲚等17种，占总种数的33.33%。

按摄食类型划分，有植食性、杂食性、滤食性和肉食性四类。植食性鱼类有草鱼、似鳊、鲂等9种，占总种数的17.56%；杂食性鱼类有鲤、鲫、泥鳅等25种，占总种数的49.02%；滤食性有鲢和鳙2种；肉食性鱼类有鲇、乌鳢、翘嘴鲌等15种，占总种数的29.41%（表4.1–2）。

表 4.1–2 太湖鱼类生态类型

生态类型	种类数	百分比（%）
洄游类型		
江湖半洄游性	4	7.84
江海洄游	1	1.96
河口性	2	3.92
淡水定居性	44	86.27
食性类型		
植食性	9	17.65
杂食性	25	49.02
滤食性	2	3.92
肉食性	15	29.41
栖息空间		
中上层	17	33.33
中下层	15	29.41
底栖	19	37.25

区系组成：根据起源和地理分布特征，太湖鱼类区系可分为4个复合体。

① 中国江河平原区系复合体：是在喜马拉雅山升到一定高度并形成东亚季风气候之后，为适应新的自然条件，从旧类型鱼类分化出来的。以青鱼、草鱼、鲢、鳙、鲂等为代表种类。

② 南方热带区系复合体：原产于南岭以南各水系中，而后向长江流域伸展。乌鳢、河川沙塘鳢、黄颡鱼等鱼类为代表种。

③ 晚第三纪早期区系复合体：更新世以前北半球亚热带动物的残余，由于气候变化，被分割成若干不连续的区域。其种类有泥鳅、鲇、鳑鲏等。

④ 北方平原区系复合体：高纬度地区分布较广，

耐寒种类多，耐氧力强，凶猛种类少，性成熟早，补充群体大，种群恢复力强。代表种类有麦穗鱼。

群落时空特征

季节组成

以各季节鱼类数量为基础，聚类显示，四个季度鱼类组成可分为两类（图4.1-3），春季和秋季为一类，为刀鲚+子陵吻虾虎鱼类，刀鲚占比稍低；夏季及冬季为一类，为刀鲚类，刀鲚占比较高，另夏季鲫和麦穗鱼也较多。

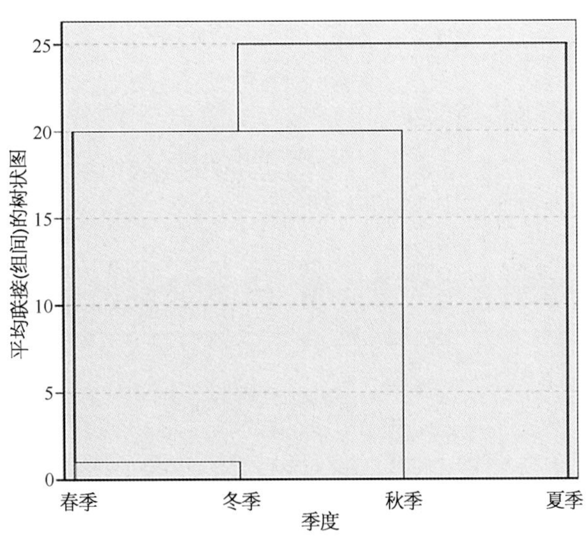

图4.1-3 鱼类季节聚类

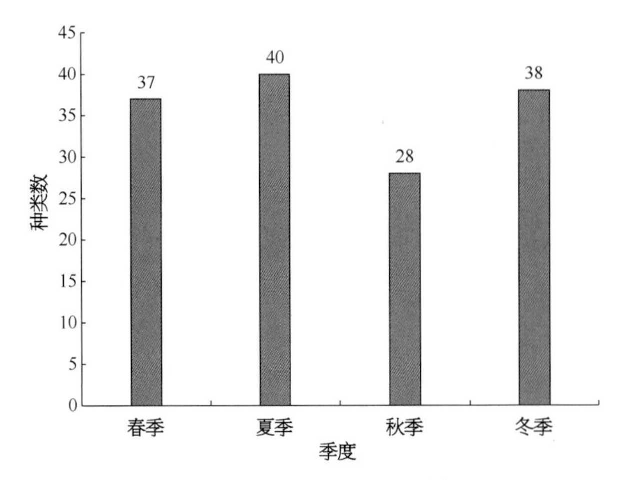

图4.1-4 不同季节鱼类种类数

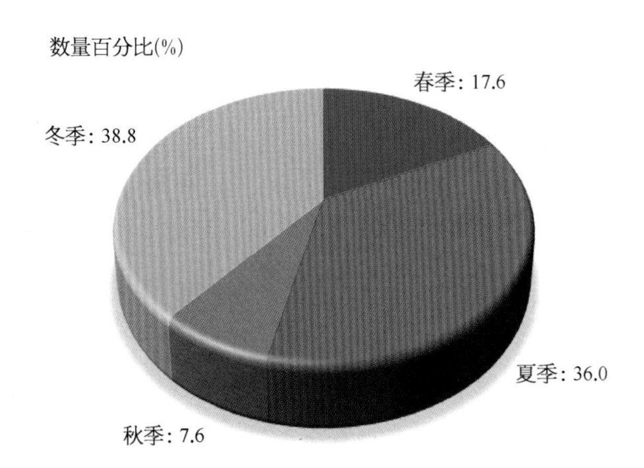

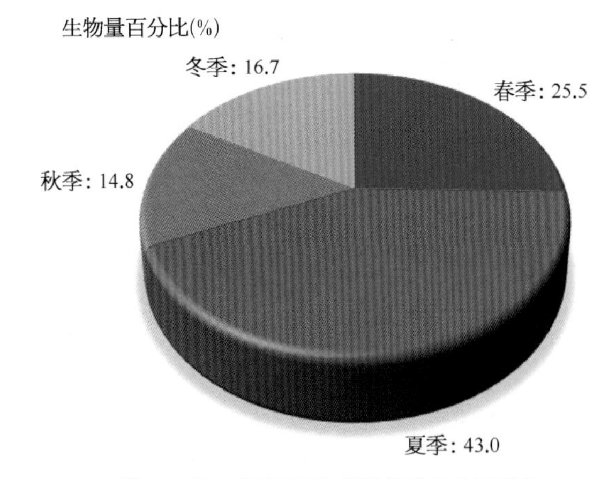

图4.1-5 不同季节鱼类数量及生物量百分比

调查分析显示，春季采集鱼类37种4 538尾（图4.1-4），占总数的17.6%，生物量占24.5%（图4.1-5），隶属于5目10科30属。数量百分比（N%）显示，刀鲚（66.3%）和子陵吻虾虎鱼（11.2%）比重较高；质量百分比（W%）显示刀鲚（22.1%）、鲤（19.3%）和鲫（13.9%）比重较高；不同季节鱼类相对重要性指数（IRI）（表4.1-3）显示刀鲚（8 543.3）和子陵吻虾虎鱼（1 346.6）两种鱼类高于1 000，为春季优势鱼类。

夏季采集鱼类40种9 278尾（图4.1-4），占总数的36.0%，生物量占43.0%（图4.1-5），隶属于6目8科30属。数量百分比（N%）显示，刀鲚（82.1%）比重较高，其次为鲫、子陵吻虾虎鱼等；质量百分比（W%）显示刀鲚（24.2%）、鲢（18.0%）和鲫（17.7%）比重较高；不同季节鱼类相对重要性指数（IRI）（表4.1-3）显示刀鲚（10 636.9）、鲫（1 874.3）和鲢（1 125.1）为夏季优势鱼类。

秋季采集鱼类28种1 954尾（图4.1-4），占总数的7.6%，生物量占14.8%（图4.1-5），隶属于5目6科23属。数量百分比（N%）显示，刀鲚（74.5%）比重较高，其次为子陵吻虾虎鱼、鲫等；质量百分比（W%）显示鲤（26.7%）、刀鲚（18.3%）和鲢（16.1%）比重较高；不同季节鱼类相对重要性指数

（IRI）（表4.1–3）显示刀鲚（7 426.6）和鲤（1 123.0）两种鱼类高于1 000，为秋季优势鱼类。

冬季采集鱼类38种9 992尾（图4.1–4），占总数的38.8%，生物量占16.7%（图4.1–5），隶属于6目9科31属。数量百分比（N%）显示，刀鲚（95.9%）比重较高；质量百分比（W%）显示刀鲚（54.0%）、鲤（16.7%）和鲫（6.8%）比重较高；不同季节鱼类相对重要性指数（IRI）（表4.1–3）显示仅刀鲚（13 499.5）一种鱼类高于1 000，为冬季优势鱼类。

分析显示，仅刀鲚在各个季节均为优势种类，夏、冬季鱼类数量较多，主要为刀鲚数量较多，四个季节均有采集到的鱼类有刀鲚、鲫、麦穗鱼等22种鱼类；仅在春季采集的鱼类有3种、夏季有3种、秋季有1种及冬季有5种。不同鱼类采集数据显示，49.4%的子陵吻虾虎鱼和99.4%的银鮈在春季采集；70.3%的鲫和75.8%的麦穗鱼在夏季采集。

表4.1–3　不同季节鱼类相对重要性指数（IRI）

种　类	春　季	夏　季	秋　季	冬　季
班条鱊	—	—	—	2.08
棒花鱼	1.59	0.24	1.12	0.38
贝氏䱗	169.82	52.30	2.00	8.18
鳊	—	0.09	—	1.27
波氏吻虾虎鱼	0.34	0.04	—	—
䱗	4.52	57.53	1.69	4.74
草鱼	0.27	0.04	—	28.39
陈氏新银鱼	—	0.04	—	0.72
达氏鲌	—	3.89	0.42	—
大鳍鱊	63.44	1.71	10.14	2.31
大银鱼	12.39	6.51	3.76	5.81
刀鲚	8 543.30	10 636.88	7 426.58	13 499.49
鲂	—	0.04	—	—
光泽黄颡鱼	0.11	0.94	0.95	2.29
河川沙塘鳢	—	—	—	0.37
黑鳍鳈	5.31	1.77	10.01	10.08
红鳍原鲌	186.69	215.06	20.27	97.13
花螖	247.84	7.86	213.40	35.42
华鳈	1.48	0.06	—	2.88
黄颡鱼	193.20	86.97	3.13	8.70
黄尾鲴	—	1.16	—	—
鲫	848.03	1 874.34	439.79	352.05
间下鱵	—	0.05	—	0.06
江黄颡鱼	—	—	1.12	1.73
鲤	939.09	863.30	1 122.95	448.32

（续表）

表 4.1-3 不同季节鱼类相对重要性指数（IRI）

种　类	春　季	夏　季	秋　季	冬　季
鲢	217.64	1 125.11	295.46	123.94
鲈	0.46	—	—	—
麦穗鱼	70.03	216.46	9.28	10.71
蒙古鲌	0.68	1.59	—	0.16
泥鳅	72.50	—	2.70	2.99
鲇	—	0.04	—	—
翘嘴鲌	9.72	73.19	164.77	5.75
青鱼	—	—	—	7.68
蛇鮈	8.75	0.04	—	0.15
似鳊	19.29	18.58	8.29	1.59
似刺鳊鮈	7.42	0.40	—	0.78
似鲚	189.72	56.71	3.06	32.38
团头鲂	48.37	113.68	11.22	5.03
纹缟虾虎鱼	1.52	—	—	1.12
乌鳢	—	—	—	0.53
细鳞斜颌鲴	—	—	—	0.13
香鮨	0.10	—	—	—
小黄黝鱼	0.08	—	—	—
兴凯鱊	21.86	29.44	4.08	0.43
须鳗虾虎鱼	0.13	38.18	17.61	—
银鲴	—	3.12	4.25	—
银鮈	83.44	0.05	—	—
鳙	391.28	818.02	187.15	13.57
长须黄颡鱼	0.12	0.14	—	—
中华刺鳅	0.73	9.29	—	—
中华花鳅	—	—	1.00	—
子陵吻虾虎鱼	1 346.59	281.26	730.63	42.10

注：“—” 表示此季节没有采集到此种鱼类。

· 空间组成

30个站点鱼类数量聚类显示，30个点鱼类组成可分为两类，以刀鲚数量为主要区分依据，其中S2单独为一类，为刀鲚类，数量极多；其他站点为一类，以刀鲚为主，其次为子陵虾虎鱼、鲫等（图4.1-6）。

如图4.1-7所示，各点鱼类种类数相差不大，最低为S8（11种），最高为S5（28种），另S2和S19～S28大部分站点物种数较高，S12～S15物种数稍低，

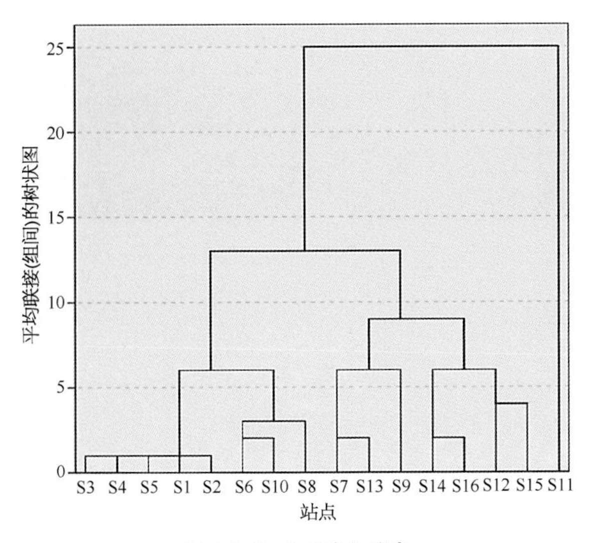

图4.1-6　鱼类空间聚类

整体显示物种数较多的站点多位于太湖北部湖湾、东部沿岸区等区域，物种数较少的站点多位于湖心区南部区域（表4.1-4）。数量及重量百分（图4.1-8）不显示相似情况，特别是竺山湖、梅梁湾、贡湖湾等湖湾区鱼类数量较多。各点位均以刀鲚为第一优势种，其次为子陵吻虾虎鱼、鲫、鲢等（表4.1-5）。

多样性指数

根据IRI（相对重要性指数）大于1 000定为优势种，100 < IRI < 1 000定为主要种等，分析显示，似鲚（2 246.3）、鲢（1 594.9）、鲫（1 290.1）、麦穗鱼（1 287.4）、刀鲚（1 268.4）和鳙（1 125.1）6种鱼类

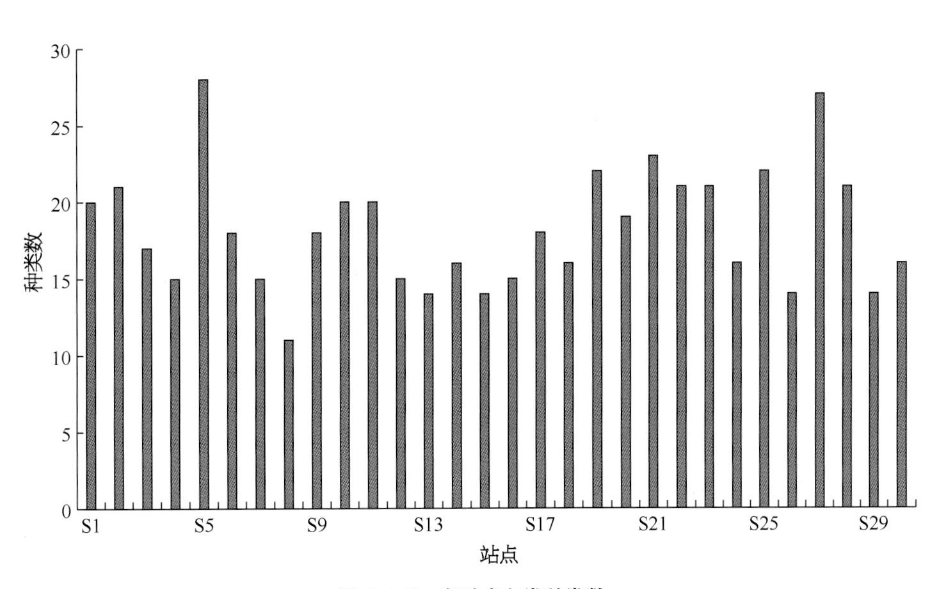

图4.1-7　各站点鱼类种类数

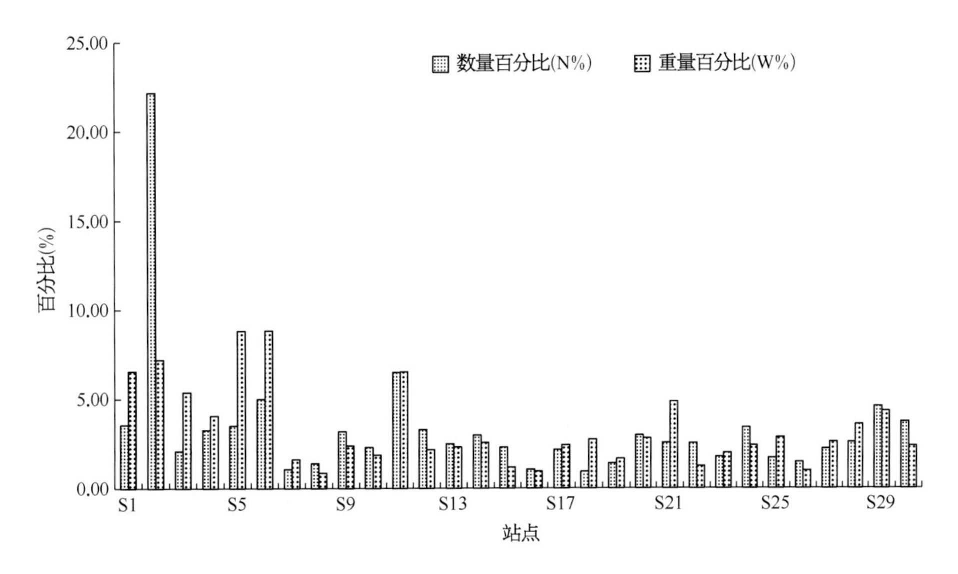

图4.1-8　各站点数量及重量百分比

表 4.1-4 各站点鱼类组成

站　点	目	科	属	种	数量百分比（%）	重量百分比（%）
S1	5	6	19	20	3.56	6.57
S2	4	5	19	21	22.19	7.22
S3	4	4	15	17	2.08	5.38
S4	4	4	14	15	3.26	4.06
S5	5	5	22	28	3.51	8.81
S6	4	5	16	18	4.98	8.83
S7	4	4	14	15	1.08	1.61
S8	4	5	11	11	1.40	0.86
S9	6	6	18	18	3.18	2.39
S10	6	6	18	20	2.29	1.87
S11	4	5	18	20	6.51	6.54
S12	5	6	14	15	3.28	2.16
S13	4	5	14	14	2.49	2.31
S14	4	4	16	16	2.96	2.55
S15	5	6	13	14	2.28	1.18
S16	4	5	13	15	1.06	0.93
S17	4	5	15	18	2.16	2.42
S18	4	4	15	16	0.92	2.73
S19	4	5	18	22	1.40	1.64
S20	4	5	18	19	2.95	2.79
S21	5	8	21	23	2.53	4.85
S22	5	7	19	21	2.52	1.25
S23	5	6	19	21	1.76	1.98
S24	4	5	5	16	3.40	2.40
S25	5	6	19	22	1.69	2.85
S26	4	4	14	14	1.46	0.99
S27	5	7	29	27	2.20	2.60
S28	5	5	19	21	2.58	3.57
S29	4	5	14	14	4.59	4.31
S30	5	5	15	16	3.72	2.37
总	6	13	39	52	100.00	100.00

表 4.1-5 各点鱼类分布

种 类	S1	S2	S3	S4	S5	S6	S7	S8	S9	S10	S11	S12	S13	S14	S15	S16	S17	S18	S19	S20	S21	S22	S23	S24	S25	S26	S27	S28	S29	S30
班条鳅					+																		+							
棒花鱼		+			+									+	+											+				
贝氏鳘	+	+	+	+	+	+	+	+	+	+	+								+	+		+	+		+	+	+	+		
鳊									+																		+			
波氏吻虾虎鱼						+																					+	+		
鳘		+	+	+						+	+	+		+		+		+	+			+		+	+		+			
草鱼	+						+										+		+											
陈氏新银鱼					+				+	+												+					+			
达氏鲌		+	+														+			+				+						
大鳍鱊					+				+	+					+	+	+	+	+	+	+	+	+	+	+		+			
大银鱼	+		+		+		+	+	+	+		+			+						+	+	+		+		+	+		+
刀鲚	+	+	+	+	+	+	+	+	+	+	+	+	+	+	+	+	+	+	+	+	+	+	+	+	+	+	+	+	+	+
鲂							+																							
光泽黄颡鱼	+				+					+	+	+			+	+	+		+									+		+
河川沙塘鳢																					+									
黑鳍鳈		+			+										+			+	+	+	+		+		+		+	+		
红鳍原鲌	+			+	+					+	+	+	+	+	+	+	+	+	+	+	+	+	+	+	+	+	+	+	+	+
花䱻		+	+		+		+	+	+		+	+	+		+	+	+		+	+	+	+	+	+		+	+	+	+	+
华鳈					+											+			+			+								+

（续表）

表 4.1-5 各点鱼类分布

种类	S1	S2	S3	S4	S5	S6	S7	S8	S9	S10	S11	S12	S13	S14	S15	S16	S17	S18	S19	S20	S21	S22	S23	S24	S25	S26	S27	S28	S29	S30
黄颡鱼	+	+		+	+	+			+		+	+	+	+		+	+	+	+	+	+			+	+	+	+	+	+	+
黄尾鲴											+			+																
鲫	+	+	+	+	+	+	+	+	+	+	+	+	+	+	+	+	+	+	+	+	+	+	+	+	+	+	+	+	+	+
间下鱵									+	+																				
江黄颡鱼					+																	+	+							
鲤	+	+	+	+	+	+	+	+	+	+	+	+	+	+		+		+	+	+		+	+	+	+	+	+	+	+	+
鲢	+	+	+	+	+	+	+		+	+	+		+				+	+		+			+	+	+		+	+	+	+
鲈											+																			
麦穗鱼	+	+	+		+	+				+	+		+	+	+	+	+	+	+	+	+	+	+		+	+	+	+	+	+
蒙古鲌									+											+	+				+					
泥鳅	+	+				+		+				+									+	+	+	+	+		+		+	
鲇																											+			
翘嘴鲌	+	+	+	+	+					+	+	+		+			+	+			+	+	+	+	+			+	+	+
青鱼						+															+				+				+	
蛇鮈									+		+	+	+	+						+										+
似鳊		+	+		+	+		+	+	+	+		+				+	+	+		+					+	+	+		
似刺鳊鮈														+	+				+		+	+								
似鱎	+	+	+	+	+		+					+	+	+		+	+	+	+	+	+	+	+	+	+	+	+	+		
团头鲂	+		+	+	+	+	+		+	+											+	+	+		+		+	+		+

（续表）

表 4.1-5　各点鱼类分布

种类	S1	S2	S3	S4	S5	S6	S7	S8	S9	S10	S11	S12	S13	S14	S15	S16	S17	S18	S19	S20	S21	S22	S23	S24	S25	S26	S27	S28	S29	S30
纹缟虾虎鱼							+												+						+	+	+			
乌鳢																					+									
细鳞斜颌鲴		+																												
香鮨																				+										
小黄黝鱼																			+											
兴凯鱊	+	+			+	+				+				+	+	+	+	+	+		+	+	+		+		+	+	+	
须鳗虾虎鱼	+	+	+	+	+	+	+	+	+	+	+													+			+	+	+	
银鲴				+	+	+																								
银鮈											+								+	+	+		+			+	+			
鳙	+	+	+	+	+	+	+	+		+	+	+	+	+			+	+		+	+		+	+	+		+	+		+
长须黄颡鱼					+	+																								
中华刺鳅													+		+	+	+					+								
中华花鳅	+																													
子陵吻虾虎鱼	+	+	+	+	+	+	+	+	+	+	+	+	+	+	+	+	+	+	+	+	+	+	+	+	+	+	+	+	+	+

注 “+” 表示有。

IRI大于1 000；鳌、似鳊、红鳍原鲌等7种鱼类IRI为100 ～ 1 000；大鳍鱊、达氏鲌、鳊等10种鱼类IRI为10 ～ 100；另24种鱼类IRI小于10。图4.1-9为IRI大于100的鱼类种类。

多样性指数显示，鱼类Margalef丰富度指数（R）为0.205 ～ 3.262，平均为1.463 ± 0.800（平均值 ± 标准差）；Shannon-Weaver多样性指数（H'）为0.018 ～ 2.283，平均为0.819 ± 0.522；Pielou均匀度指数（J）为0.097 ～ 0.895，平均为0.347 ± 0.174；Simpson优势度指数（λ）为0.134 ～ 0.996，平均为0.625 ± 0.235。

以季度及站点为因素，对各多样性指数进行双因素方差分析显示（图4.1-10和图4.1-11），各多样性指数季节间均显著差异（R：F=9.245，P < 0.001；H'：F=11.125，P < 0.001；λ：F=5.256，P=0.002；J：F=12.905，P < 0.001），除Pielou均匀度指数外（F=1.584，P=0.06），各多样性指数站点间显著差异（H'：F=2.805，P < 0.001；λ：F=2.422，P < 0.001；R：F=1.644，P=0.045）。其中，Shannon-Weaver多样性指数显示春季稍高，东部沿岸区稍高；Margalef丰富度指数显示春、夏季稍高，东部沿岸区稍高；Pielou均匀度指数显示春季稍高，东部沿岸区稍高；Simpson优势度指数显示冬季稍高，梅梁湾等湖湾处稍高（图4.1-10和图4.1-11）。

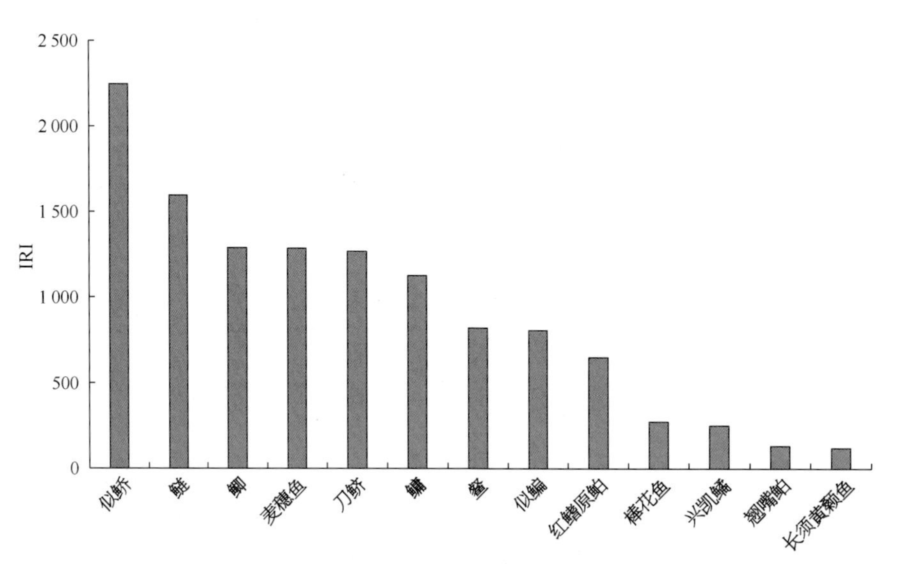

图4.1-9 鱼类相对重要性指数

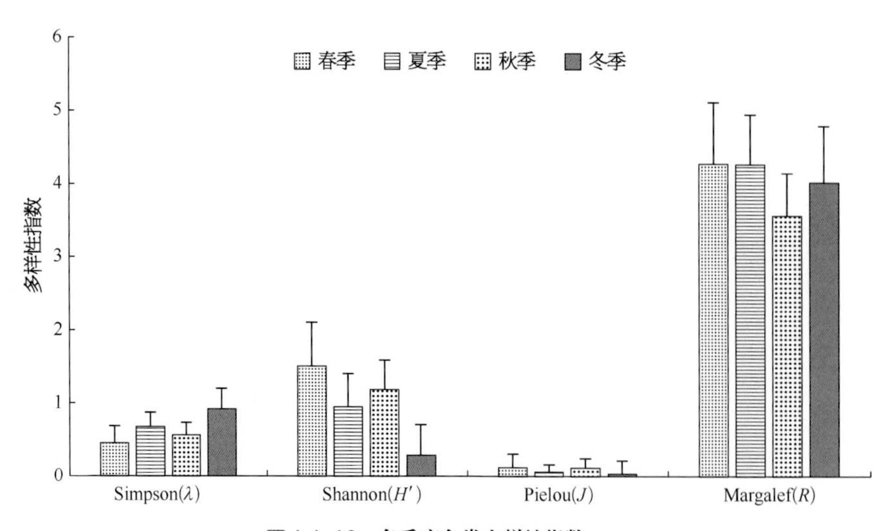

图4.1-10 各季度鱼类多样性指数

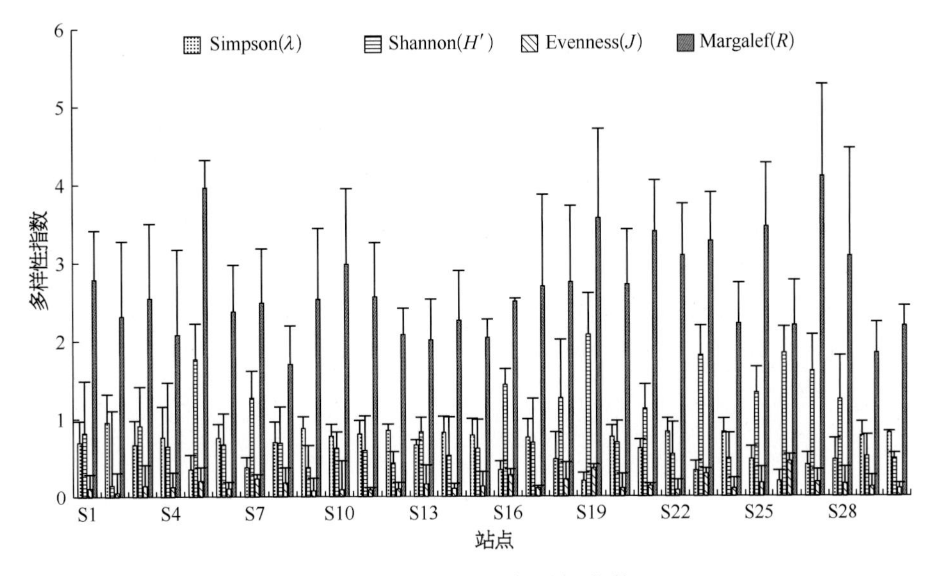

图4.1-11　各站点鱼类多样性指数

单位努力捕获量

如表4.1-6和图4.1-12所示的太湖30个站点基于数量及重量的刺网及定置串联笼壶的单位努力捕获量（CPEU），刺网及定置串联笼壶的CPUEn及CPUEw结果呈现相似趋势，刺网S1～S6站点的CPUEn及CPUEw稍高，定置串联笼壶S2、S5、S21等湖湾处CPUEn及CPUEw较高，小型鱼类较多。

表4.1-6　各点单位努力捕捞量

站　点	刺网 CPUEn（$n/m^2/h$）	刺网 CPUEw（$g/m^3/h$）	定置串联笼壶 CPUEn（$n/m^2/h$）	定置串联笼壶 CPUEw（$g/m^3/h$）
S1	0.025	0.783	1.085	4.258
S2	0.011	0.385	13.563	34.989
S3	0.014	0.637	0.686	4.065
S4	0.011	0.443	2.344	7.416
S5	0.018	0.804	1.753	34.625
S6	0.006	0.973	4.861	15.231
S7	0.004	0.171	0.768	3.617
S8	0.004	0.086	1.102	2.492
S9	0.008	0.179	2.578	13.914
S10	0.010	0.186	1.432	5.593
S11	0.008	0.599	6.367	25.512
S12	0.010	0.193	2.474	8.892
S13	0.004	0.189	2.305	11.638
S14	0.004	0.236	2.865	9.674
S15	0.004	0.092	2.079	6.480
S16	0.003	0.072	0.790	5.155

（续表）

表 4.1-6　各点单位努力捕捞量

站　点	刺网 CPUEn（$n/m^2/h$）	刺网 CPUEw（$g/m^3/h$）	定置串联笼壶 CPUEn（$n/m^2/h$）	定置串联笼壶 CPUEw（$g/m^3/h$）
S17	0.004	0.238	1.892	7.535
S18	0.003	0.316	0.616	2.879
S19	0.007	0.118	0.747	10.110
S20	0.008	0.291	2.413	6.696
S21	0.007	0.287	2.062	37.271
S22	0.003	0.079	2.457	8.933
S23	0.007	0.210	1.094	4.307
S24	0.004	0.234	3.333	7.614
S25	0.006	0.319	1.211	4.279
S26	0.004	0.100	1.189	2.763
S27	0.006	0.201	1.801	14.365
S28	0.009	0.403	1.871	4.979
S29	0.005	0.460	4.518	9.131
S30	0.011	0.230	2.817	7.711

生物学特征

根据调查显示，太湖鱼类全长在20.3～654.2 mm，平均为120.8 mm；体长在14.5～575.5 mm，平均为106.5 mm；体重在0.04～3 730 g，平均为22.9 g。分析表明（如图4.1-13和图4.1-14），93.55%的鱼类全长在200 mm以下，不到2%的鱼类全长高于300 mm，全长在100～120 mm的鱼类较多，占总数的24.29%；91.62%的鱼类体重在50 g以下，87.03%的鱼类体重在20 g以下，76.69%的鱼类体重在10 g以下，0～4 g鱼类较多，占总数的50.02%。

各季节及各站点鱼类生物学特征显示（图4.1-15和图4.1-16），秋季鱼类平均全长及体长较高，夏季平均体重稍高；梅梁湖、贡湖湾等湖湾处鱼类全长和体重稍高。非参数检验显示，各季节（全长：X^2=37.80，P < 0.001；体长：X^2=43.24，P < 0.001；体重：X^2=264.78，P=0.006）和各站点（全长：X^2=936.89，P < 0.001；体长：X^2=960.64，P < 0.001；体重：X^2=760.33，P=0.006）全长、体长及体重均呈显著性差异。

各鱼类平均体重显示（表4.1-7），仅草鱼平均体重高于500 g；鲤、鲢、鳙等6种体重为100～500 g；鲫、蒙古鲌、银鲴等13种体重为50～100 g；黄颡鱼、华鳈、黑鳍鳈等13种体重为10～50 g；其他大银鱼、刀鲚鱼类低于10 g，刀鲚平均体重仅6.1 g。

其他水生动物

调查结果显示，共采集虾蟹贝类8种，其中包括蚌2种（背角无齿蚌和三角帆蚌）、螺2种（铜锈环棱螺和方格短沟蜷）、蚬1种（河蚬）和虾蟹类3种（日本沼虾、秀丽白虾和中华绒螯蟹），共9 015尾，占总数的25.9%，以秀丽白虾（70.8%）、日本沼虾（22.9%）较多；生物量为12.20 kg，占总重的3.5%，以秀丽白虾（63.3%）和日本沼虾（22.4%）贡献较大。

根据调查数据显示，在8种非鱼类渔获物种中以日本沼虾、铜锈环棱螺和秀丽白虾分布较为广泛，其中日本沼虾和秀丽白虾在所设30个站点均有分布，铜锈环棱螺在24个站点均被捕获（表4.1-8）。日本

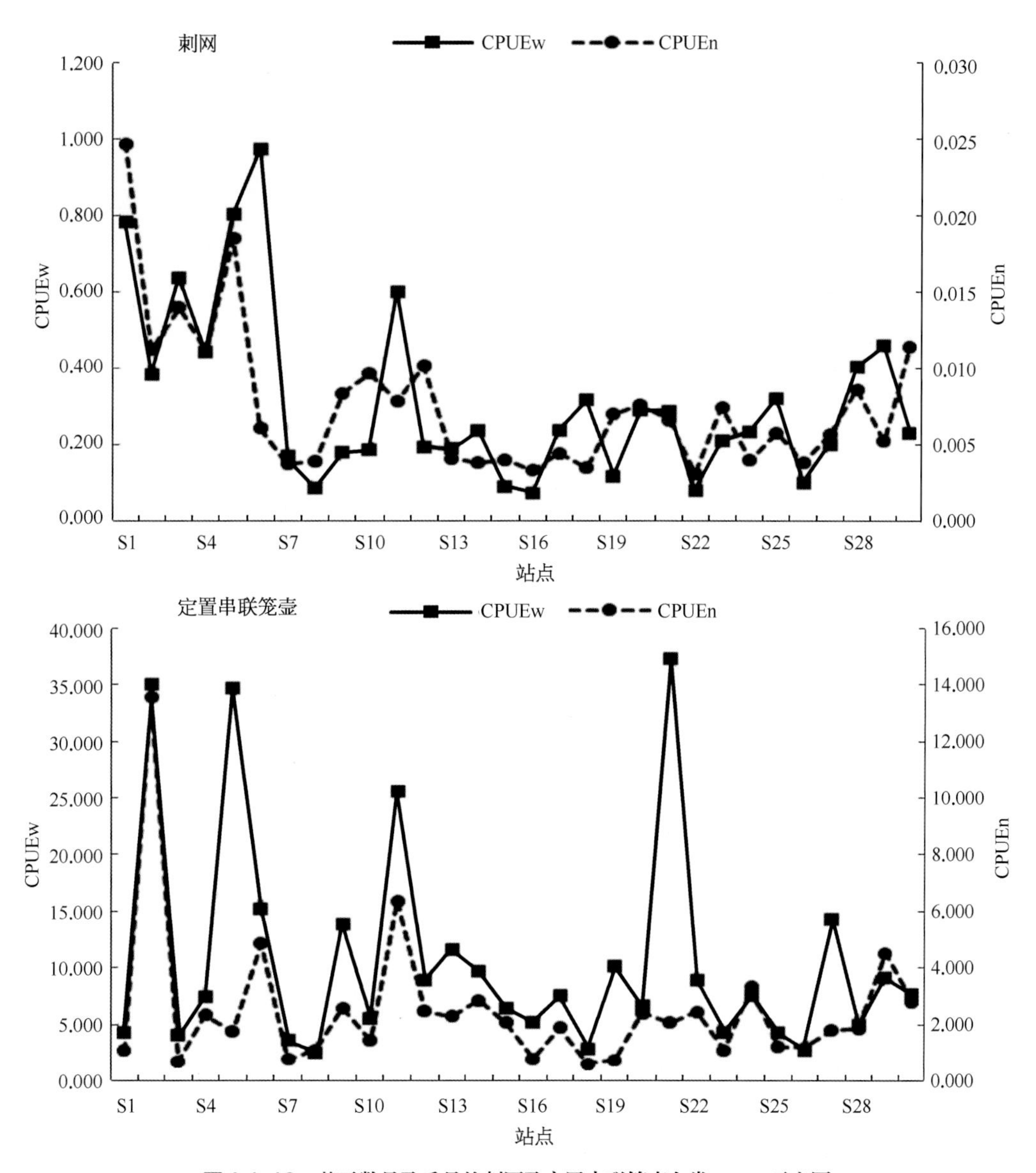

图4.1-12　基于数量及重量的刺网及定置串联笼壶鱼类CPUE示意图

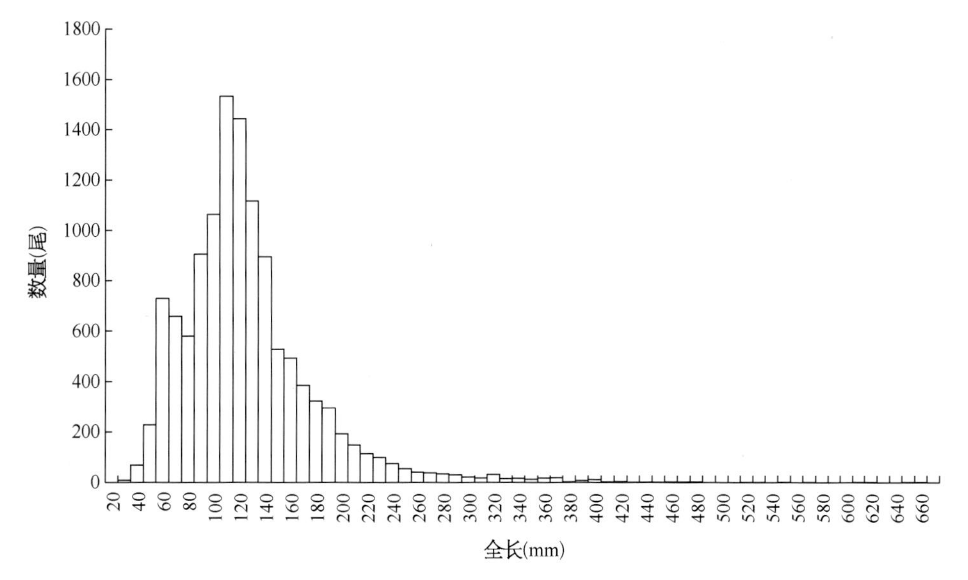

图4.1-13　鱼类全长分布

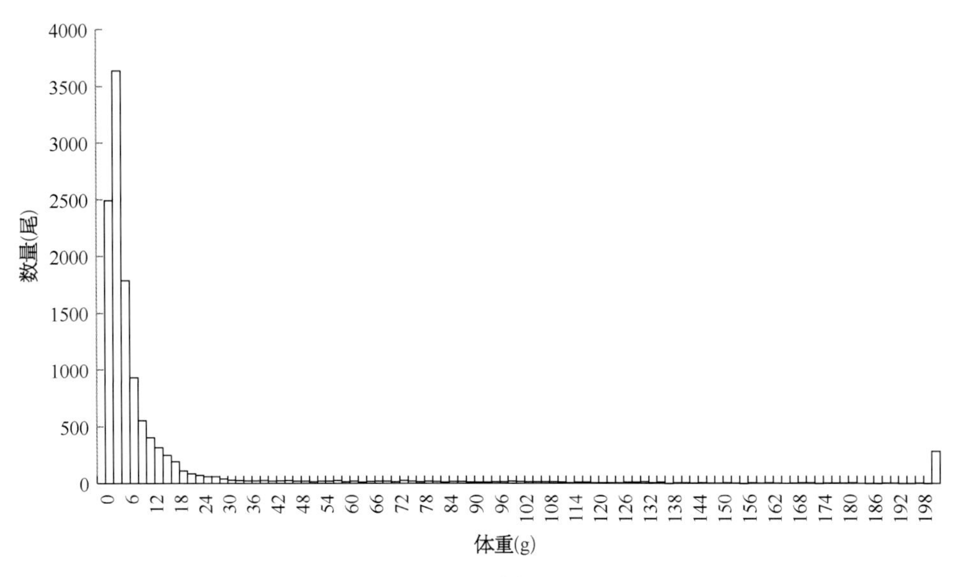

图4.1-14　鱼类体重分布

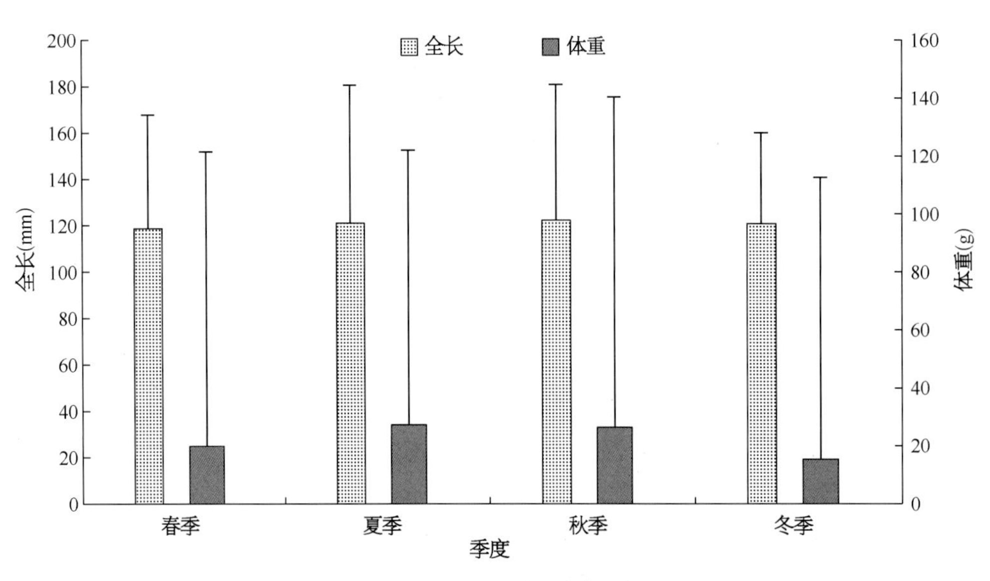

图4.1-15　各季节鱼类全长、体长及体重组成

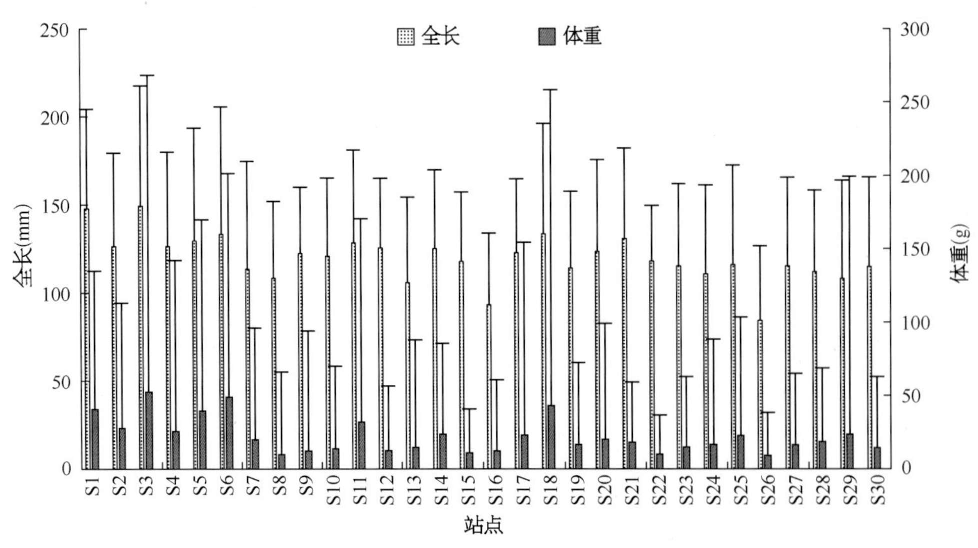

图4.1-16　各站点鱼类全长及体重组成

表 4.1-7 鱼类全长及体重组成

种类	全长（mm）			体重（g）		
	最小值	最大值	平均值	最小值	最大值	平均值
班条鳑	72.12	94.47	82.11	6.91	10.60	6.91
棒花鱼	30.92	125.68	92.89	14.82	59.93	14.82
贝氏䱗	65.79	183.13	119.20	15.65	56.88	15.65
鳊	77.16	285.10	147.97	73.01	209.00	73.01
波氏吻虾虎鱼	54.33	69.92	62.75	2.68	3.22	2.68
䱗	45.49	166.25	125.62	16.30	112.93	16.30
草鱼	62.24	521.50	237.84	609.13	2 274.00	609.13
陈氏新银鱼	72.69	95.81	83.54	1.85	2.88	1.85
达氏鲌	89.67	290.86	182.65	62.05	166.25	62.05
大鳍鳑	50.45	130.60	78.77	5.78	33.14	5.78
大银鱼	73.57	188.22	128.97	7.04	37.27	7.04
刀鲚	22.69	341.92	120.51	6.11	229.48	6.11
鲂	72.77	72.77	72.77	3.61	3.61	3.61
光泽黄颡鱼	38.90	120.87	85.94	5.74	13.80	5.74
河川沙塘鳢	160.90	160.90	160.90	56.70	56.70	56.70
黑鳍鳈	43.89	129.28	94.27	12.03	116.33	12.03
红鳍原鲌	63.44	304.78	163.13	55.45	244.60	55.45
花䱻	76.64	318.38	203.03	107.69	620.50	107.69
华鳈	98.19	199.17	134.21	35.20	96.60	35.20
黄颡鱼	38.17	261.00	144.53	45.61	190.81	45.61
黄尾鲴	95.16	201.88	166.31	68.78	99.49	68.78
鲫	46.04	361.00	165.20	98.24	668.00	98.24
间下鱵	109.77	139.03	124.40	4.73	5.07	4.73
江黄颡鱼	68.25	246.05	147.02	53.23	142.80	53.23
鲤	124.79	650.00	262.56	377.84	3 460.00	377.84
鲢	34.88	654.20	277.36	309.29	3 730.00	309.29
鲈	214.01	214.01	214.01	98.51	98.51	98.51
麦穗鱼	31.47	134.68	67.26	3.43	17.07	3.43
蒙古鲌	147.90	282.01	222.15	94.86	154.92	94.86
泥鳅	108.05	223.63	165.08	35.07	133.48	35.07
鲇	59.69	59.69	59.69	2.57	2.57	2.57
翘嘴鲌	77.80	440.00	253.63	155.27	587.96	155.27

（续表）

表 4.1-7 鱼类全长及体重组成

种 类	全长（mm）			体重（g）		
	最小值	最大值	平均值	最小值	最大值	平均值
青鱼	181.29	196.96	189.41	75.36	95.41	75.36
蛇鮈	50.37	245.36	152.76	20.56	32.32	20.56
似鳊	49.45	161.30	101.59	11.18	82.75	11.18
似刺鳊鮈	102.65	246.30	174.10	70.05	159.29	70.05
似鲚	78.87	162.03	120.52	10.74	49.59	10.74
团头鲂	56.97	346.84	175.32	118.27	616.26	118.27
纹缟虾虎鱼	54.86	98.53	68.43	4.03	11.80	4.03
乌鳢	200.37	200.37	200.37	83.60	83.60	83.60
细鳞斜颌鲴	122.28	122.28	122.28	16.21	16.21	16.21
香鲔	78.95	78.95	78.95	5.95	5.95	5.95
小黄黝鱼	44.00	44.00	44.00	0.86	0.86	0.86
兴凯鱊	34.42	165.39	67.81	4.22	29.94	4.22
须鳗虾虎鱼	66.19	191.24	112.87	3.69	16.00	3.69
银鲴	44.22	280.33	180.48	92.88	197.98	92.88
银鮈	51.71	83.54	63.69	3.86	197.00	3.86
鳙	51.18	545.00	217.11	188.74	1 782.00	188.74
长须黄颡鱼	132.25	157.00	144.63	28.00	44.40	28.00
中华刺鳅	75.27	190.28	121.32	5.61	15.71	5.61
中华花鳅	143.45	151.23	147.06	24.17	26.10	24.17
子陵吻虾虎鱼	20.25	136.95	57.92	2.14	17.71	2.14

表 4.1-8 太湖渔业资源调查中非鱼类渔获物的分布情况

站 点	背角无齿蚌	方格短沟蜷	河 蚬	日本沼虾	铜锈环棱螺	秀丽白虾	三角帆蚌	中华绒螯蟹
S1		+	+	+	+	+		
S2		+		+	+	+		
S3		+		+	+	+		
S4			+	+	+	+		+
S5		+		+	+	+		+
S6				+		+		
S7	+	+	+	+	+	+	+	
S8		+	+	+	+	+		+
S9				+		+		

（续表）

表 4.1–8　太湖渔业资源调查中非鱼类渔获物的分布情况

站　点	背角无齿蚌	方格短沟蜷	河　蚬	日本沼虾	铜锈环棱螺	秀丽白虾	三角帆蚌	中华绒螯蟹
S10				+	+	+		
S11		+		+	+	+		
S12			+	+		+		
S13				+	+	+		
S14		+		+	+	+		
S15				+	+	+		
S16				+	+	+		
S17				+		+		
S18				+	+	+		
S19				+	+	+		
S20				+		+		
S21			+	+		+		
S22				+	+	+		
S23				+	+	+		
S24				+	+	+		
S25			+	+	+	+		
S26		+		+	+	+		
S27			+	+	+	+		+
S28	+			+	+	+		
S29			+	+	+	+		
S30			+	+	+	+		

沼虾及秀丽白虾在四个季度采样调查中均有捕获，河蚬和铜锈环棱螺在春、夏、秋三个季度有捕获，背角无齿蚌在夏、秋两个季度有所捕获，方格短沟蜷在春、秋两个季度有捕获，中华绒螯蟹在春、冬两个季度有捕获，而三角帆蚌仅在秋季有捕获（表 4.1–9）。

表 4.1–9　非鱼类渔获物各季节出现频数

种　类	春　季	夏　季	秋　季	冬　季
背角无齿蚌		+	+	
方格短沟蜷	+		+	
河蚬	+	+	+	
日本沼虾	+	+	+	+
铜锈环棱螺	+	+	+	

（续表）

表4.1-9 非鱼类渔获物各季节出现频数

种 类	春 季	夏 季	秋 季	冬 季
秀丽白虾	+	+	+	+
三角帆蚌			+	
中华绒螯蟹	+			+

结果与讨论

太湖鱼类调查最早为伍献文报道的1951年采集鱼类63种；其后，1959年孙幗英等采集鱼类57种；1960年水产部长江水产研究所调查鱼类89种；1963～1964年中国科学院南京地理研究所调查鱼类63种；1980～1981年谷庆义等调查鱼类72种，记述鱼类101种，王玉芬等记述鱼类106种；2005年倪勇等在《太湖鱼类志》整理列出鱼类107种。这些鱼类调查反映了20世纪50～70年代太湖与长江畅通，沟通江湖间的以大运河为骨架的河网系统水质清新，饵料资源丰富，为江湖间鱼类通行提供了优良的环境条件，是太湖天然鱼类发展的鼎盛时期。进入21世纪以来，太湖鱼类的调查在持续进行，2002～2006年朱松泉记录鱼类60种；2009～2010年毛志刚等记录鱼类56种；2012年开始中国水产科学研究院淡水渔业研究中心连续多年对太湖鱼类进行监测，2012～2018年分别为60种、48种、53种、47种、50种、57种和58种。本次2016～2018年四个季度30个站点调查显示，共计鱼类52种。虽然21世纪的持续调查结果显示鱼类种类数变化不大，但与前期的调查结果相比（表4.1-10），21世纪的调查均显示太湖鱼类物种数量减少，鱼类种类数组成发生变化。特别是近几十年来，太湖沿江沿湖大量兴建闸坝，洄游性鱼类繁殖和洄游通道丧失，使洄游性鱼类几近消失；另外，围湖造田和工农业污染，造成沿岸带水生植被破坏，沿岸带产卵的定居性鱼类减少；且渔业资源的过度捕捞，导致一些具有地域性经济价值的鱼类（如蛇鮈、银鲴）数量较少。近些年，改善太湖水质的"引江济太"工程的建设，一定程度上沟通和加强了江湖之间的联系，消失多年的洄游性鱼类又重新出现。因此恢复江湖联系对太湖，甚至是长江及其附属湖泊的鱼类资源的保护有着重要意义。

本次调查显示，刀鲚为太湖的绝对优势鱼类（数量占84.1%），其次子陵吻虾虎鱼、麦穗鱼、似鲚等鱼类较多，多以经济价值不高且体型较小的种类为主。据历史渔业数据分析，1993年太湖中鳙、鲤、翘嘴鲌等大中型经济鱼类占总量的50%左右；本次调查显示，鲢和鳙虽然是太湖主要种类之一，但其数量仅占1%左右，生物量占20%左右，且平均规格较小，鲢仅309.3 g，鳙仅188.7 g。可见，太湖鱼类优势种单一化及小型化的趋势明显，鱼类资源质量整体下滑，主要是由于环境因素及捕捞因素共同作用的结果。

本次调查显示，鱼类组成在时间及空间上有一定差别，各个时间、各个站点内鱼类组成均以刀鲚数量最多，但渔获物中刀鲚的比例不同，春、秋季渔获物刀鲚数量相对稍少，夏、冬季渔获物刀鲚数量明显较多，比例明显较高。各站点显示，S2处刀鲚的数量极多，基本为幼苗，整体显示竺山湖、梅梁湾、贡湖等北部湖湾区及东部沿岸区鱼类数量及重量较高，其次为西南沿岸区的部分站点，湖心区多数站点鱼类数量稍少，这与太湖各区域水环境有一定关系。本次分析太湖鱼类多样性指数各站点稍低（0.153～2.075，平均0.934），多数点位低于Magurra提出的多样性指数的一般范围（1.5～3.5），这也表明了太湖鱼类群落结构特征具有其特殊性，一般而言鱼类种类数下降、大中型鱼类资源衰退以及优势种单一化，都伴随着生物多样性的降低，虽然近些年的保护力度较强，鱼类资源有一定维持，甚至有所恢复，但太湖鱼类的衰退形势依然严峻，需要继续加强对其资源的保护。

表 4.1-10 不同年份鱼类种群组成

年 代	目	科	属	种
1950 ～ 1953年	11	18	55	63
1963 ～ 1964年	13	23	64	89
1973 ～ 1975年	13	24	70	101
1980 ～ 1981年	15	24	71	106
2005年	14	25	73	107
2002 ～ 2006年	9	18	46	60
2009 ～ 2010年	11	16	44	56
2012年	10	19	44	48
2013年	6	13	39	48
2014年	6	14	41	53
2015年	6	12	40	47
2016年	5	12	36	50
2017年	8	15	43	57
2018年	8	15	44	58
本次（2017 ～ 2018年）	6	13	39	52

4.2 · 洪泽湖

鱼类种类组成及生态、食性类型

鱼类种类组成

调查显示，洪泽湖共采集鱼类48种20 391尾，重216.73 kg，隶属于7目14科37属，鲤形目较多，有2科32种（鲤科31种），占总种类数的64.58%，其次为鲈形目（7科8种）和鲇形目（2科4种），其他各1种（图4.2-1）。数量百分比显示鲱形目（63.74%）较多，重量百分比显示鲱形目（52.45%）和鲤形目（43.18%）比例较大，相对重要性指数显示鲤形目（鲤科）和鲱形目（鳀科）均高于1 000，且鲱形目稍高（图4.2-2）。

数量百分比（N%）显示，刀鲚占绝对优势，占总数的52.45%，其次为鲫、兴凯鱊、大鳍鱊、麦穗鱼、红鳍原鲌、䱗等41种鱼类数量百分比均小于1%，长须黄颡鱼、达氏鲌等30种鱼数量百分比均小于0.1%；重量百分比（W%）显示，刀鲚（63.74%）、

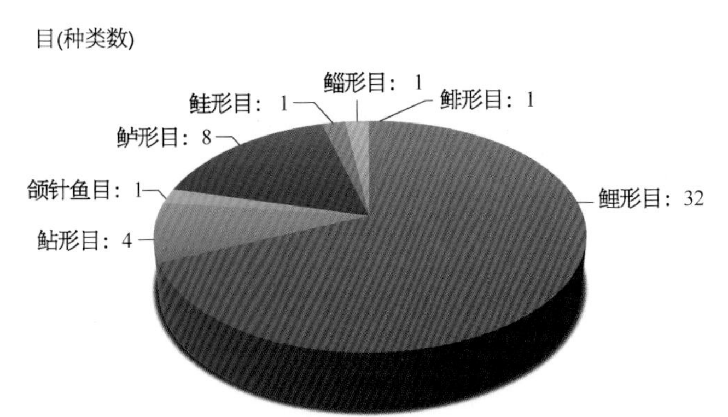

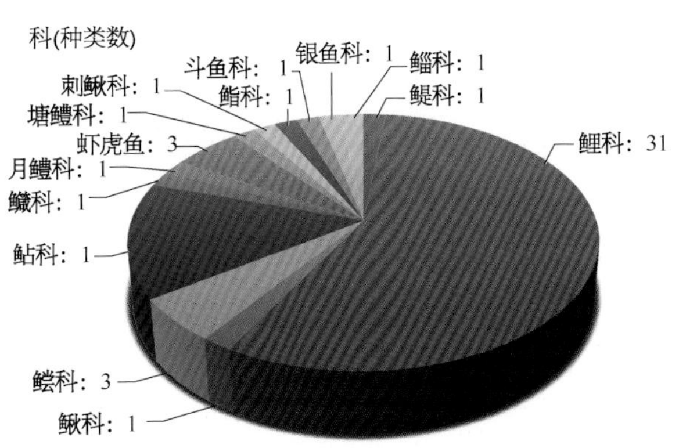

图4.2-1 洪泽湖各目、科鱼类组成

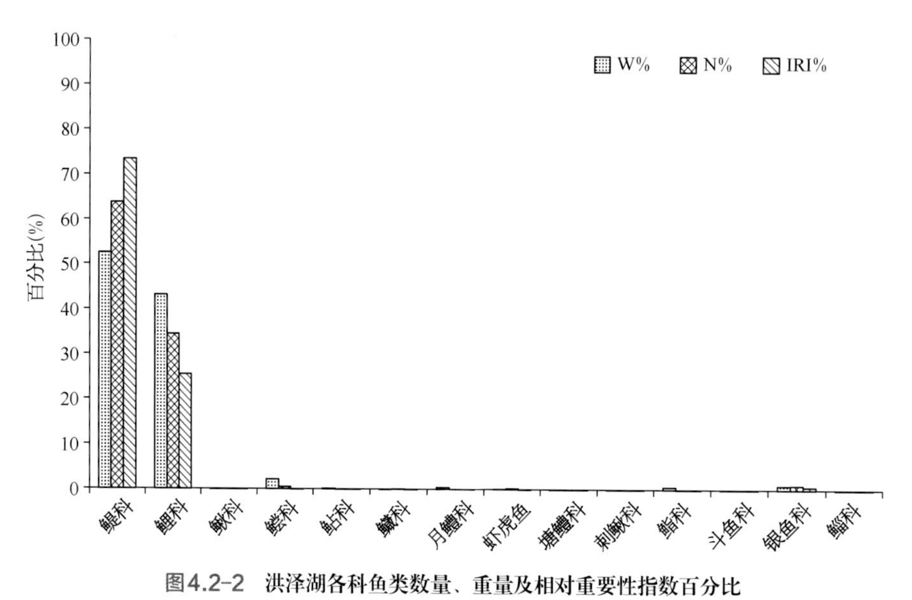

图4.2-2 洪泽湖各科鱼类数量、重量及相对重要性指数百分比

兴凯鱊（12.12%）、大鳍鱊（10.25%）和麦穗鱼（5.82%）比重稍大，其他均较小，贝氏䱗、似鳊等41种鱼重量百分比均小于1%，泥鳅、间下鱵等29种鱼重量百分比均小于0.1%。（表4.2-1）。

表4.2-1 洪泽湖渔获物种类组成

种　　类	生态类型	数量百分比（%）	重量百分比（%）	相对重要性指数
一、鲱形目 Clupeiformes				
1. 鳀科 Engraulidae				
（1）刀鲚 *Coilia nasus*	C.U.D	52.45	63.74	11 135.10
二、鲤形目 Cypriniformes				
2. 鲤科 Cyprinidae				
（2）青鱼 *Mylopharyngodon piceus*	O.L.P	0.09	0.00	0.10
（3）草鱼 *Ctenopharyngodon idellus*	H.U.P	0.12	0.00	0.13
（4）鲢 *Hypophthalmichthys molitrix*	F.U.P	1.18	0.01	2.48
（5）鳙 *Aristichthys nobilis*	F.U.P	1.24	0.03	5.30
（6）鲤 *Cyprinus carpio*	O.L.R	1.49	0.04	11.16
（7）鲫 *Carassius auratus*	O.L.R	12.59	1.80	959.62
（8）䱗 *Hemiculter leucisculus*	O.U.R	1.14	1.02	101.47
（9）贝氏䱗 *Hemiculter bleekeri*	O.U.R	0.38	0.18	9.34
（10）翘嘴鲌 *Culter alburnus*	C.U.R	0.36	0.07	4.01
（11）达氏鲌 *Culter dabryi*	C.U.R	0.03	0.01	0.08
（12）尖头鲌 *Culter oxycephalus*	C.U.R	0.14	0.00	0.15
（13）红鳍原鲌 *Cultrichthys erythropterus*	C.U.R	2.54	1.26	162.28

（续表）

表 4.2-1　洪泽湖渔获物种类组成

种　　类	生态类型	数量百分比（%）	重量百分比（%）	相对重要性指数
（14）鳊 *Parabramis pekinensis*	H.L.R	0.78	0.04	6.01
（15）鲂 *Megalobrama skolkovii*	H.L.R	0.06	0.00	0.07
（16）似鳊 *Pseudobrama simoni*	H.L.R	0.25	0.27	11.48
（17）大鳍鱊 *Acheilognathus macropterus*	O.U.R	5.34	10.25	1 055.76
（18）兴凯鱊 *Acheilognathus chankaensis*	O.U.R	6.37	12.12	828.34
（19）中华鳑鲏 *Rhodeus sinensis*	O.L.R	0.00	0.00	0.01
（20）高体鳑鲏 *Rhodeus ocellatus*	O.L.R	0.00	0.00	0.01
（21）麦穗鱼 *Pseudorasbora parva*	O.L.R	4.19	5.82	562.67
（22）棒花鱼 *Abbottina rivularis*	O.B.R	0.14	0.14	2.93
（23）长蛇鮈 *Saurogobio dumerili*	H.B.R	0.12	0.05	0.89
（24）蛇鮈 *Saurogobio dabryi*	H.B.R	1.09	0.53	49.07
（25）花䱻 *Hemibarbus maculatus*	O.L.R	1.31	0.16	35.06
（26）黑鳍鳈 *Sarcocheilichthys nigripinnis*	O.L.R	0.35	0.30	13.54
（27）华鳈 *Sarcocheilichthys sinensis*	O.L.R	0.02	0.02	0.25
（28）似刺鳊鮈 *Paracanthobrama guichenoti*	H.L.R	1.73	0.26	45.76
（29）飘鱼 *Pseudolaubuca sinensis*	O.U.R	0.00	0.00	0.01
（30）黄尾鲴 *Xenocypris davidi*	H.L.R	0.06	0.01	0.07
（31）银鲴 *Xenocypris argentea*	O.L.R	0.02	0.00	0.02
（32）细鳞斜颌鲴 *Xenocypris microlepis*	O.L.R	0.02	0.01	0.03
3. 鳅科 *Cobitidae*				
（33）泥鳅 *Misgurnus anguillicaudatus*	O.B.R	0.03	0.01	0.15
三、鲇形目 Siluriformes				
4. 鲿科 Bagridae				
（34）黄颡鱼 *Pelteobaggrusfulvidraco*	O.B.R	1.96	0.33	73.82
（35）光泽黄颡鱼 *Pelteobaggrus nitidus*	O.B.R	0.20	0.14	5.66
（36）长须黄颡鱼 *Pelteobagrus eupogon*	O.B.R	0.01	0.01	0.05
5. 鲇科 Siluridae				
（37）鲇 *Silurus asotus*	C.B.R	0.17	0.00	0.18
四、颌针鱼目 Beloniformes				
6. 鱵科 Hemiraphidae				
（38）间下鱵 *Hyporhamphus intermedius*	O.U.R	0.03	0.07	0.10
五、鲈形目 Perciformes				

（续表）

表 4.2-1 洪泽湖渔获物种类组成

种　　类	生态类型	数量百分比（%）	重量百分比（%）	相对重要性指数
7. 月鳢科 *Channidae*				
（39）乌鳢 *Channa argus*	C.B.R	0.40	0.01	0.86
8. 虾虎鱼科 Gobiidae				
（40）子陵吻虾虎鱼 *Rhinogobius giurinus*	C.B.R	0.04	0.18	3.99
（41）纹缟虾虎鱼 *Tridentiger trigonocephalus*	C.B.R	0.01	0.01	0.07
（42）须鳗虾虎鱼 *Taenioides cirratus*	C.B.R	0.04	0.02	0.12
9. 塘鳢科 Eleotridae				
（43）小黄黝鱼 *Micropercops swinhonis*	O.B.R	0.00	0.00	0.01
10. 刺鳅科 Mastacembeloidei				
（44）中华刺鳅 *Sinobdella sinensis*	O.B.R	0.00	0.00	0.01
11. 鮨科 Serranidae				
（45）鳜 *Siniperca chuatsi*	C.L.R	0.58	0.01	1.22
12. 斗鱼科 Belontiidae				
（46）圆尾斗鱼 *Macropodus chinensis*	C.U.R	0.00	0.01	0.03
六、鲑形目 Salmoniformes				
13. 银鱼科 Salangidae				
（47）大银鱼 *Protosalanx chinensis*	C.U.R	0.93	0.94	95.60
七、鲻形目 Perciformes				
14. 鲻科 Mugilidae				
（48）鲅 *Liza haematocheila*	C.B.E	0.01	0.02	0.04

注：U.中上层，L.中下层，B.底层；D.江海洄游性，P.江湖半洄游性，E.河口性，R.淡水定居性；C.肉食性，O.杂食性，H.植食性，F.滤食性。

· 生态类型与区系组成

生态类型：根据鱼类洄游类型、栖息空间和摄食的不同，可将鱼类划分为不同生态类群。

根据鱼类洄游类型，可分为：定居性鱼类42种，包括鲤、鲫、鳊、鲂、黄颡鱼等，占总种数的87.5%；江湖半洄游性鱼类4种，包括青鱼、草鱼、鲢和鳙，占总种数的8.33%；江海洄游性鱼类仅刀鲚1种；河口性鱼类仅鲅1种。

按栖息空间划分，可分为中上层、中下层和底栖3类。底栖鱼类15种，包括泥鳅、鲇、黄颡鱼等，占总种数的31.25%；中下层鱼类17种，有鲫、鲤、青鱼等，占总种数的35.42%；中上层鱼类有鲢、翘嘴鲌、鳙、刀鲚等16种，占总种数的33.33%。

按摄食类型划分，有植食性、杂食性、滤食性和肉食性四类。植食性鱼类有草鱼、似鳊、鲂等8种，占总种数的16.67%；杂食性鱼类有鲤、鲫、泥鳅等24种，占总种数的50%；滤食性有鲢和鳙两种；肉食性鱼类有鲇、乌鳢、翘嘴鲌等14种，占总种数的29.17%（表4.2-2）。

区系组成：根据起源和地理分布特征，洪泽湖鱼类区系可分为4个复合体。

① 中国江河平原区系复合体：是在喜马拉雅山升

表 4.2-2 洪泽湖鱼类生态类型

生态类型	种类数	百分比（%）
洄游类型		
江湖半洄游性	4	8.33
江海洄游	1	2.08
河口性	1	2.08
淡水定居性	42	87.5
食性类型		
植食性	8	16.67
杂食性	24	50
滤食性	2	4.17
肉食性	14	29.17
栖息空间		
中上层	16	33.33
中下层	17	35.42
底栖	15	31.25

到一定高度并形成东亚季风气候之后，为适应新的自然条件，从旧类型鱼类分化出来的。以青鱼、草鱼、鲢、鳙、鲂等为代表种类。

② 南方热带区系复合体：原产于南岭以南各水系中，而后向长江流域伸展。以乌鳢、河川沙塘鳢、黄颡鱼等鱼类为代表种。

③ 晚第三纪早期区系复合体：更新世以前北半球亚热带动物的残余，由于气候变化，被分割成若干不连续的区域。其种类有泥鳅、鲇、鳑鲏等。

④ 北方平原区系复合体：高纬度地区分布较广，耐寒种类多，耐氧力强，凶猛种类少，性成熟早，补充群体大，种群恢复力强。代表种类有麦穗鱼。

群落时空特征

季节组成

以各季节鱼类数量为基础，聚类显示，四个季度鱼类组成可分为两类（图4.2-3），夏季、冬季和秋季为一类，为刀鲚+大鳍鱊+大银鱼类，刀鲚占比较高；春季为一类，为刀鲚+兴凯鱊+鲫类，刀鲚占比较低。

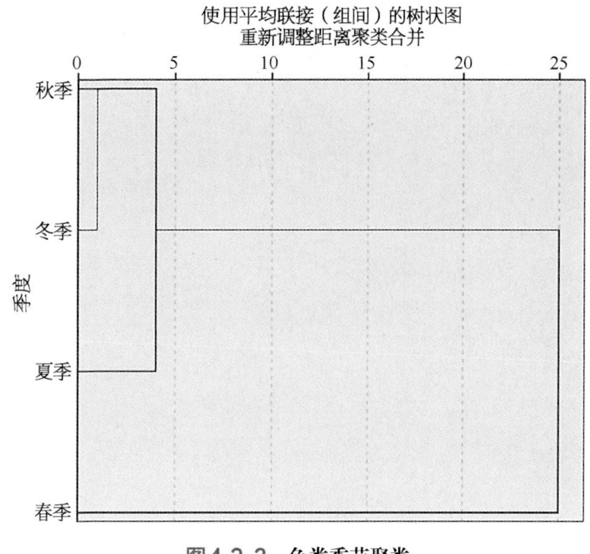

图4.2-3 鱼类季节聚类

调查分析显示，春季采集鱼类32种5 919尾（图4.2-4），占总数的29.03%，生物量占40.49%，隶属于5目8科26属。数量百分比（N%）显示，刀鲚（55.82%）、兴凯鱊（21.76%）和大鳍鱊（11.79%）比重较高；质量百分比（W%）显示刀鲚（46.15%）、鲫（16.18%）和兴凯鱊（8.63%）比重较高（图4.2-5）。不同季节鱼类相对重要性指数（IRI）显示刀鲚（9 932.41）、兴凯鱊（2 785.94）、鲫（1 859.24）和大鳍鱊（1 704.17）4种鱼类均高于1 000，为春季优势鱼类（表4.2-3）。

夏季采集鱼类29种7 857尾（图4.2-4），占总数的38.53%，生物量占31.27%，隶属于6目9科24属。数量百分比（N%）显示，刀鲚（68.93%）比重较高，其次为大鳍鱊（12.43%）、兴凯鱊（10.33%）等；

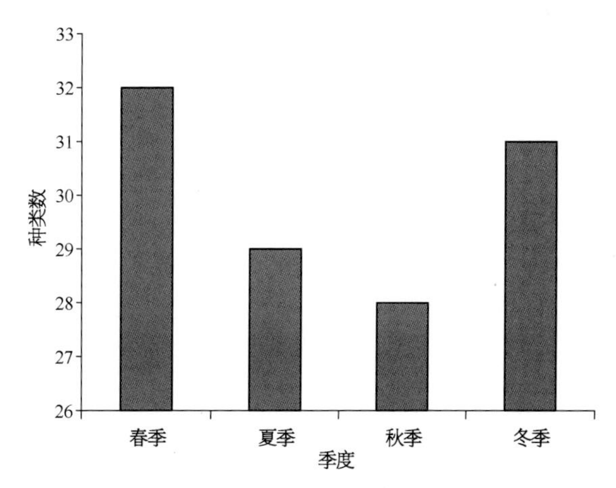

图4.2-4 不同季节鱼类种类数

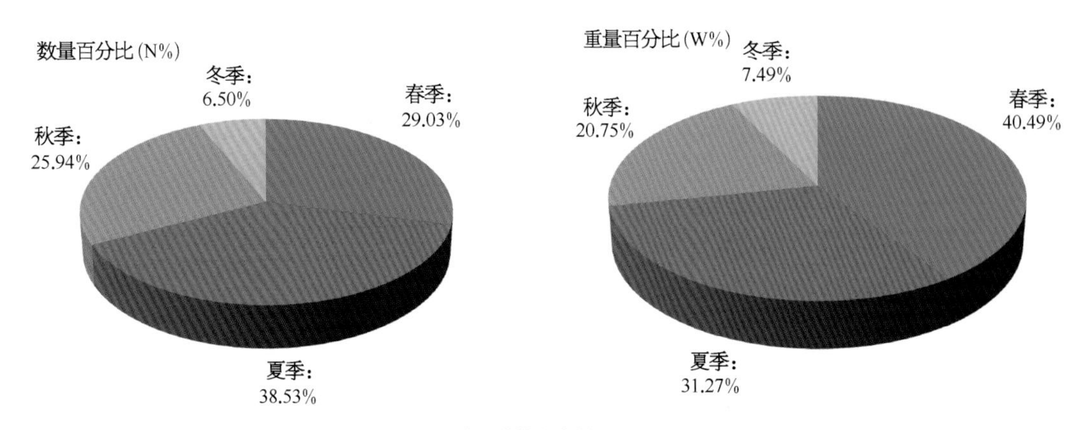

图4.2-5 不同季节鱼类数量及重量百分比

表 4.2-3 不同季节鱼类相对重要性指数（IRI）

种 类	春 季	夏 季	秋 季	冬 季
刀鲚	9 932.41	13 882.32	11 448.30	7 825.10
青鱼	—	—	—	5.18
草鱼	—	1.62	—	—
鲢	9.55	—	—	14.80
鳙	38.59	—	0.60	—
鲤	—	28.11	—	166.88
鲫	1 859.24	450.55	1 206.36	408.11
䱗	180.90	52.60	31.43	324.11
贝氏䱗	3.08	7.63	42.86	0.69
翘嘴鲌	2.69	2.85	1.84	22.95
达氏鲌	0.19	—	—	1.15
尖头鲌	—	—	2.88	—
红鳍原鲌	353.22	76.48	280.76	3.90
鳊	5.64	4.15	7.92	11.24
鲂	0.73	—	—	—
似鳊	31.15	8.35	8.58	1.03
大鳍鱊	1 704.17	1 167.28	667.11	572.87
兴凯鱊	2 785.94	477.89	635.82	0.45
中华鳑鲏	—	—	0.13	—
高体鳑鲏	—	—	—	0.37
麦穗鱼	330.56	208.24	1 674.53	650.71
棒花鱼	1.29	0.23	2.85	35.55
长蛇鮈	—	1.81	—	17.60
蛇鮈	46.12	53.75	133.05	—

（续表）

表4.2-3 不同季节鱼类相对重要性指数（IRI）

种　类	春　季	夏　季	秋　季	冬　季
花䱻	18.08	16.95	50.27	171.36
黑鳍鳈	51.22	1.85	22.34	—
华鳈	1.10	0.14	—	0.40
似刺鳊鮈	71.44	33.02	15.09	82.35
飘鱼	—	—	—	0.46
泥鳅	0.69	—	0.35	—
黄尾鲴	0.73	—	—	—
银鲴	—	—	0.38	—
细鳞斜颌鲴	—	—	—	1.79
黄颡鱼	303.12	34.10	6.37	19.31
光泽黄颡鱼	0.28	33.19	3.05	0.68
长须黄颡鱼	0.10	—	—	0.88
鲇	—	—	—	9.52
间下鱵	—	1.12	—	—
乌鳢	4.20	0.11	—	—
子陵吻虾虎鱼	16.89	0.24	4.38	1.47
纹缟虾虎鱼	0.39	—	0.12	—
须鳗虾虎鱼	0.14	0.55	—	—
小黄黝鱼	—	—	—	0.39
中华刺鳅	—	—	0.13	—
鳜	1.76	—	—	23.28
圆尾斗鱼	—	0.08	0.09	—
大银鱼	7.40	28.06	202.30	869.29
鮻	—	0.45	—	—

注："—" 表示此季节没有采集到此种鱼类。

质量百分比（W%）显示刀鲚（69.89%）、大鳍鱊（6.24%）、兴凯鱊（6.05%）和鲫（5.57%）比重较高（图4.2-5）。不同季节鱼类相对重要性指数（IRI）显示刀鲚（13 882.32）和大鳍鱊（1 167.28）均高于1 000，为夏季优势鱼类（表4.2-3）。

秋季采集鱼类28种5 289尾（图4.2-4），占总数的25.93%，生物量占20.74%，隶属于5目8科24属。数量百分比（N%）显示，刀鲚（67.31%）比重较高，其次为麦穗鱼（11.72%）等；质量百分比（W%）显示，刀鲚（47.17%）、鲫（16.28%）和麦穗鱼（11.92%）比重较高（图4.2-5）。不同季节鱼类相对重要性指数（IRI）显示刀鲚（11 448.30）、麦穗鱼（1 674.53）和鲫（1 206.36）3种鱼类高于1 000，为秋季优势鱼类（表4.2-3）。

冬季采集鱼类31种1 326尾（图4.2-4），占总数的6.50%，生物量占7.49%，隶属于5目9科25属。数量百分比（N%）显示，刀鲚（67.57%）比重较高，其次为大鳍鱊（9.28%）和麦穗鱼（9.58%）；质量百分比（W%）显示，刀鲚（26.33%）、鲤（13.12%）、鲫（9.60%）和大银鱼（6.61%）比重较高（图4.2-5）。不同季节鱼类相对重要性指数（IRI）显示仅刀鲚（7 825.10）1种鱼类高于1 000，为冬季优势鱼类（表4.2-3）。

分析显示，仅刀鲚在各个季节均为优势种类，夏、春季鱼类数量较多，主要为刀鲚数量较多，四个季节均有采集到的鱼类有刀鲚、鲫、麦穗鱼等17种鱼类；无仅在春季采集的鱼类，仅在夏季采集的鱼有1种、秋季有3种及冬季有6种。不同鱼类显示，78.94%的大鳍鱊、87.52%的兴凯鱊在春、夏季节被采集；65.8%的麦穗鱼在秋季被采集。

• 空间组成

对24个站点鱼类数量聚类显示，24个站点鱼类组成可分为3类，以刀鲚数量为主要区分依据，S6 ~ S9、S11 ~ S14、S17、S18和S20 ~ S22为一类，以刀鲚为主，数量百分比都在60%以上，其次为大鳍鱊等；S1 ~ S5、S10、S15、S16、S19和S24为一类，以刀鲚+兴凯鱊为主；S23单独为一类，为兴凯鱊类，数量极多，刀鲚数量占比较少（图4.2-6）。

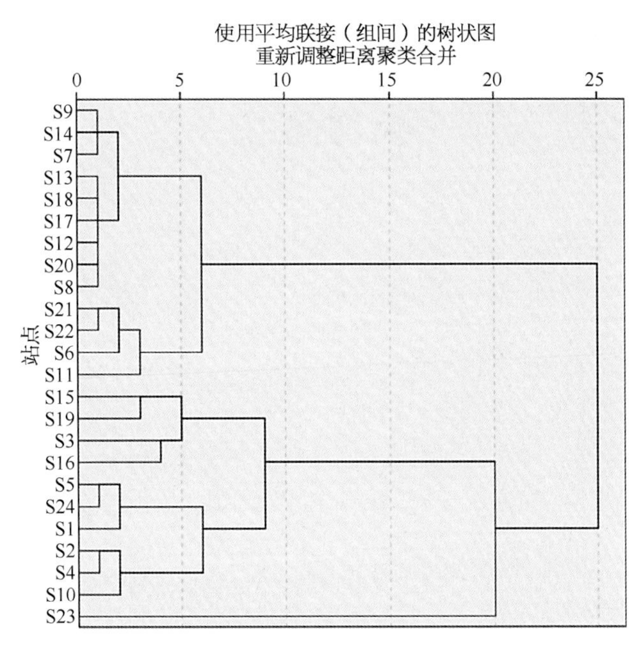

图4.2-6　鱼类空间聚类

如图4.2-7所示，各点鱼类种类数相差不大，最低为S14（10种），最高为S4（23种），另外，S7、S9、S10和S14站点物种数较低，其他站点物种数较高。整体显示（表4.2-4），物种数较多的站点多位于成子湖、南部湖湾、东部沿岸区等区域，物种数较少的站点多位于湖心区。数量及重量百分比显示相似情况（图4.2-8），特别是成子湖及南部湖湾区鱼类数量较多。各站点均以刀鲚为第一优势种，其次为大鳍鱊、兴凯鱊等（表4.2-5）。

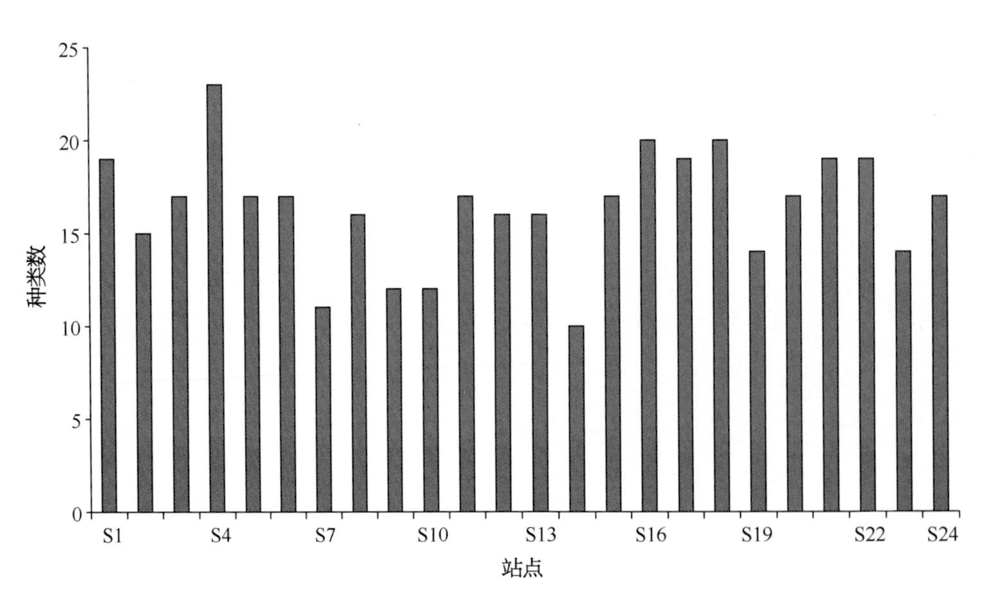

图4.2-7　各站点鱼类种类数

表 4.2-4　各站点鱼类组成

站　点	目	科	属	种	数量百分比（N%）	重量百分比（W%）
S1	6	7	17	19	3.41	2.86
S2	5	5	12	15	5.66	7.10
S3	6	6	15	17	6.85	7.81
S4	5	6	21	23	7.88	5.32
S5	5	5	15	17	4.77	4.44
S6	5	5	15	17	2.68	1.90
S7	4	4	9	11	5.23	6.33
S8	4	4	14	16	3.86	3.04
S9	4	4	8	12	3.38	3.96
S10	5	5	11	12	2.11	1.65
S11	4	4	12	17	2.73	1.74
S12	4	6	12	16	4.37	1.98
S13	4	4	13	16	5.03	5.29
S14	4	4	9	10	3.35	3.58
S15	6	6	15	17	3.59	2.93
S16	5	5	17	20	2.78	2.51
S17	6	6	14	19	4.28	6.95
S18	5	5	15	20	3.14	5.60
S19	5	5	11	14	2.69	2.72
S20	6	8	15	17	2.85	1.89
S21	4	4	14	19	5.44	5.76
S22	4	4	14	19	4.29	5.66
S23	5	5	12	14	3.98	4.74
S24	5	6	14	17	5.63	4.25
总	7	14	37	48	100	100

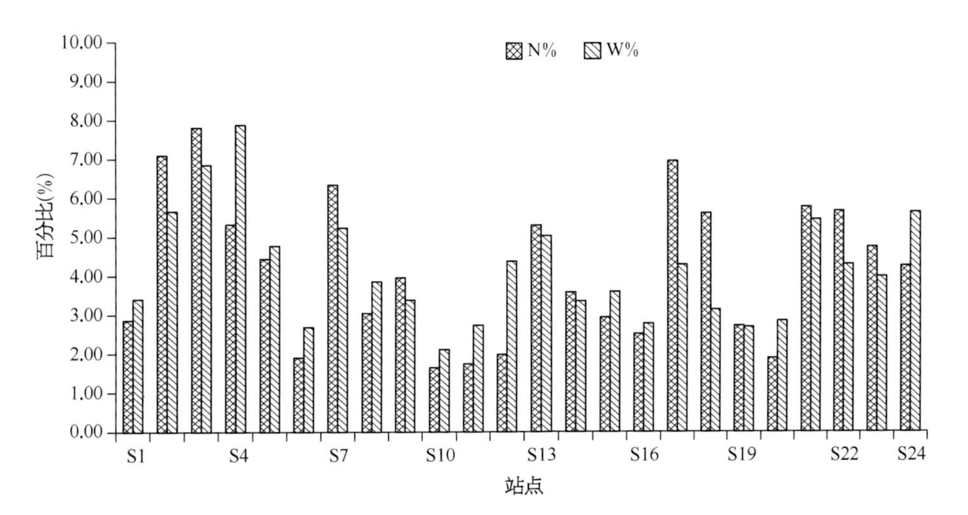

图4.2-8　各站点数量及重量百分比

表 4.2-5 各站点鱼类分布

种　类	S1	S2	S3	S4	S5	S6	S7	S8	S9	S10	S11	S12	S13	S14	S15	S16	S17	S18	S19	S20	S21	S22	S23	S24
刀鲚	+	+	+	+	+	+	+	+	+	+	+	+	+	+	+	+	+	+	+	+	+	+	+	+
青鱼	+							+																
草鱼											+													
鲢			+	+																				
鳙	+			+												+								
鲤				+		+		+					+				+			+	+			
鲫	+	+	+	+	+	+	+	+	+	+	+	+	+	+	+	+	+	+	+	+	+	+	+	+
鳘	+	+	+	+	+	+	+		+	+	+	+	+		+	+	+	+	+		+	+	+	+
贝氏鳘									+		+	+	+	+			+		+	+	+			
翘嘴鲌		+	+		+	+		+							+	+					+			
达氏鲌				+		+																		
尖头鲌																					+			
红鳍原鲌	+	+	+	+	+	+		+		+	+		+		+	+	+	+		+	+	+	+	+
鳊				+					+		+				+	+		+			+			
鲂				+																				
似鳊	+	+	+	+		+		+		+					+	+	+	+	+			+	+	+
大鳍鱊	+	+	+	+	+	+	+	+	+	+	+	+	+	+	+	+	+	+	+	+	+	+	+	+
兴凯鱊		+	+	+	+	+		+	+	+	+	+	+	+	+	+	+	+	+	+	+	+	+	+
中华鳑鲏													+											
高体鳑鲏		+	+						+			+	+											
麦穗鱼	+	+	+	+	+	+		+		+	+		+		+	+	+	+	+		+	+	+	+
棒花鱼	+			+	+																	+	+	
长蛇鮈									+				+			+	+	+						
蛇鮈							+	+	+		+	+	+	+			+	+	+	+	+	+		+
花䱻	+		+	+	+	+	+	+				+	+	+			+	+		+	+	+		

（续表）

表 4.2-5 各站点鱼类分布

种　类	S1	S2	S3	S4	S5	S6	S7	S8	S9	S10	S11	S12	S13	S14	S15	S16	S17	S18	S19	S20	S21	S22	S23	S24
黑鳍鳈		+	+	+	+			+					+		+	+	+	+	+			+	+	+
华鳈														+		+	+	+				+		
似刺鳊鮈				+	+	+	+			+	+	+				+		+		+	+	+		+
飘鱼									+						+									
泥鳅				+								+								+				
黄尾鲴																						+		
银鲴					+																			
细鳞斜颌鲴																+								
黄颡鱼		+	+	+	+	+	+	+	+		+	+	+		+	+	+	+	+	+	+	+	+	+
光泽黄颡鱼	+						+	+	+	+	+	+	+	+				+		+	+	+		
长须黄颡鱼	+																	+						
鲇																				+				
间下鱵	+																							
乌鳢															+					+				
子陵吻虾虎鱼	+	+	+	+	+	+				+						+	+		+	+				+
纹缟虾虎鱼	+					+						+												
须鳗虾虎鱼																						+		
小黄黝鱼																							+	
中华刺鳅										+		+												
鳜	+									+					+									
圆尾斗鱼																		+						+
大银鱼	+	+	+	+	+	+	+	+	+	+	+		+	+	+	+	+	+	+	+	+		+	+
鮻			+																					

注："+" 表示有。

多样性指数

根据IRI（相对重要性指数）大于1 000定为优势种，100 < IRI < 1 000定为主要种等，分析显示，刀鲚（11 135.10）和大鳍鱊（1 055.76）两种鱼类的IRI大于1 000；鲫（959.62）、兴凯鱊（828.34）、麦穗鱼（562.67）、红鳍原鲌（162.28）和鳘（101.47）5种鱼类的IRI处于100～1 000；鲤、似鳊、黄颡鱼、似刺鳊鮈等7种鱼类的IRI处于10～100；另外34种鱼类的IRI小于10，刀鲚的相对重要性指数占绝对优势。下图为IRI大于100的鱼类种类（图4.2-9）。

多样性指数显示，鱼类Margalef丰富度指数（R）为0.21～2.82，平均为1.37 ± 0.52（平均值 ± 标准差）；Shannon-Weaver多样性指数（H'）为0.06～1.00，平均为0.48 ± 0.26；Pielou均匀度指数（J）为0.09～2.06，平均为0.95 ± 0.58；Simpson优势度指数（λ）为0.03～0.85，平均为0.44 ± 0.26。

以季度及站点为因素，对各多样性指数进行双因素方差分析显示，各多样性指数季节间均显著差异（R：F=6.27，P < 0.001；H'：F=10.14，P < 0.001；λ：F=5.38，P=0.002；J：F=13.91，P < 0.001），除Pielou均匀度指数外（F=1.62，P=0.07），各多样性指数站点间显著差异（H'：F=2.89，P < 0.001；λ：F=3.88，P < 0.001；λ：F=1.88，P=0.038）。

其中，Shannon-Weaver多样性指数显示春季和秋季稍高，成子湖及西部湖湾区稍高；Margalef丰富度指数显示春、冬季稍高，成子湖及西部湖湾区稍高；Pielou均匀度显示春季稍高，成子湖及西部湖湾区稍

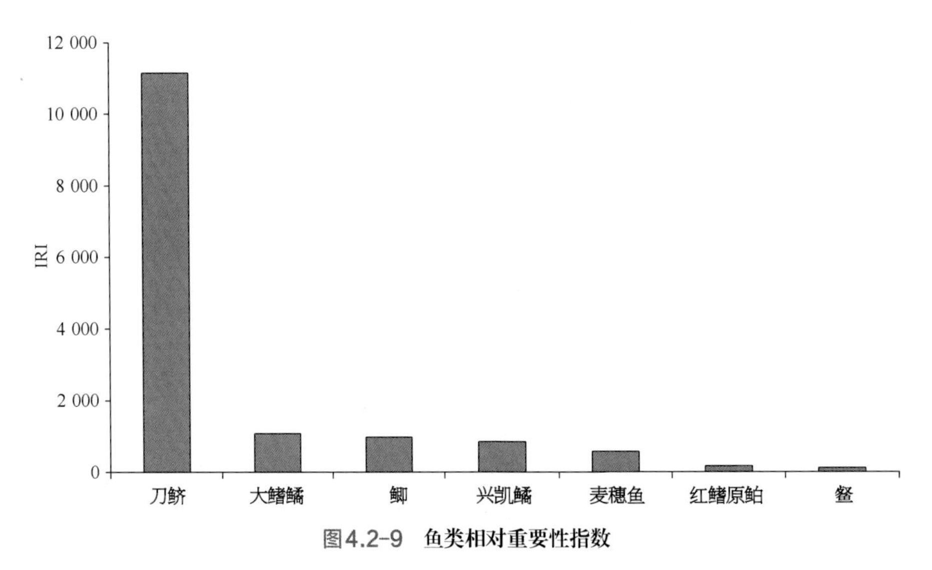

图4.2-9 鱼类相对重要性指数

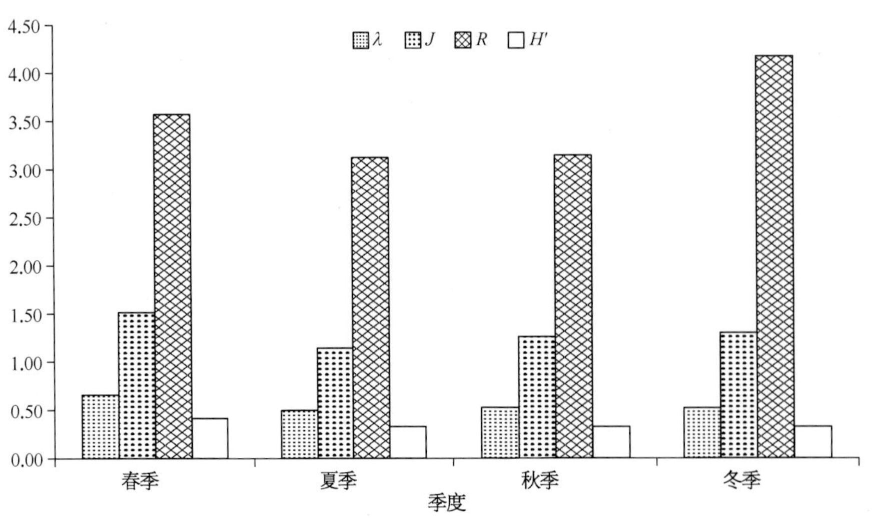

图4.2-10 各季度鱼类多样性指数

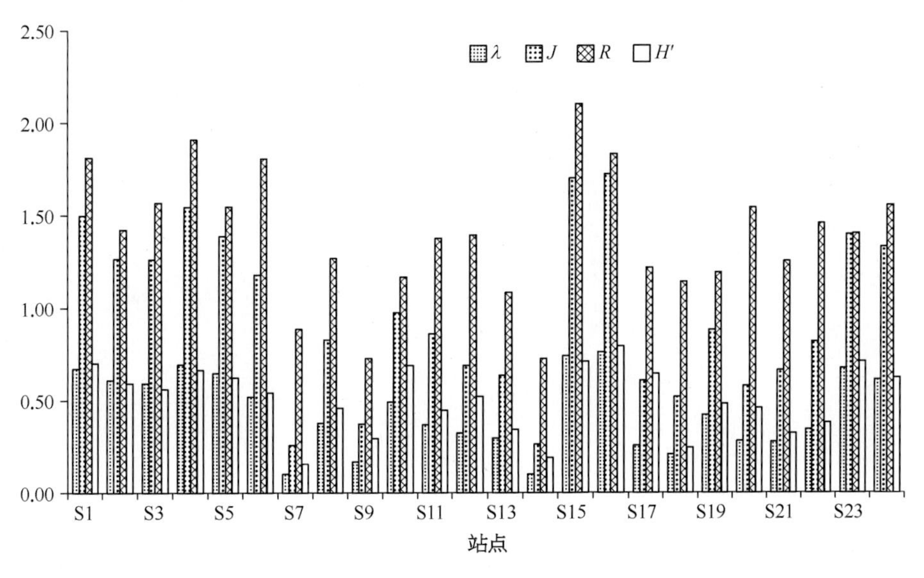

图4.2-11　各点鱼类多样性指数

高；Simpson优势度指数显示春季稍高，成子湖及西部湖湾区稍高（图4.2-10及图4.2-11）。

单位努力捕获量

如图4.2-12和表4.2-6洪泽湖24个站点基于数量及重量的刺网及定置串联笼壶的单位努力捕获量（CPEU）所示，刺网及定置串联笼壶的CPUEn及CPUEw结果呈现相似趋势，刺网S1～S5站点即成子湖的CPUEn及CPUEw稍高，定置串联笼壶S2、S12、S17、S22等湖湾处CPUEn及CPUEw较高，小型鱼类较多。

生物学特征

根据调查显示，洪泽湖鱼类体长在12.00～510.00 mm，平均为105.35 mm；体重在0.10～1 995.60 g，平均为18.22 g。调查结果显示，97.01%的鱼类体长在200 mm以下，不到2%的鱼类全长高于300 mm；92.42%的鱼类体重在50 g以下，84.33%的鱼类体重在20 g以下，63.39%的鱼类体重在10 g以下（图4.2-13和图4.2-14）。

统计各季节及各站点鱼类生物学特征显示（图4.2-15和图4.2-16），秋季鱼类平均体长较高，春季平均体重稍高；东部沿岸区、西部水草密集区等湖湾处鱼类体长和体重稍高。非参数检验显示，各季节（体长：X^2=38.10，$P < 0.01$；体重：X^2=160.04，$P < 0.01$）和各站点（体长：X^2=438.99，$P < 0.01$；体重：X^2=96.80，$P < 0.01$）体长及体重均呈显著性差异。

各类鱼平均体重显示（表4.2-7），仅鲢和鳜平均体重高于500 g，但鳜仅采集到1尾；鲤、鳙等10种体重为100～500 g；鲫、翘嘴鲌、似刺鳊鮈和黄颡鱼4种体重为50～100 g；刀鲚、华鳈、黑鳍鳈等17种体重为10～50 g；似鳊、大鳍鱊、兴凯鱊等15种鱼类低于10 g，高体鳑鲏和小黄黝鱼的体重最小，仅2.30 g。

其他水生动物

调查结果显示，共采集虾蟹贝类10种，包括蚌3种（背角无齿蚌、三角帆蚌和扭蚌）、螺2种（铜锈环棱螺和方格短沟蜷）、蚬1种（河蚬）和虾蟹类4种（日本沼虾、秀丽白虾、中华绒螯蟹和克氏原螯虾），共12 194尾，占总数的37.42%，以秀丽白虾（67.08%）、日本沼虾（15.08%）和铜锈环棱螺（14.94%）较多；生物量为18.76 kg，占总重的7.97%，以秀丽白虾（43.79%）、日本沼虾（16.60%）和铜锈环棱螺（18.48%）贡献较大。

根据调查数据显示，在10种非鱼类渔获物种中以秀丽白虾、日本沼虾和铜锈环棱螺分布较为广泛，其中日本沼虾和秀丽白虾在所设24个站点均有分布，铜锈环棱螺在9个站点被捕获（表4.2-8）。日本沼虾、

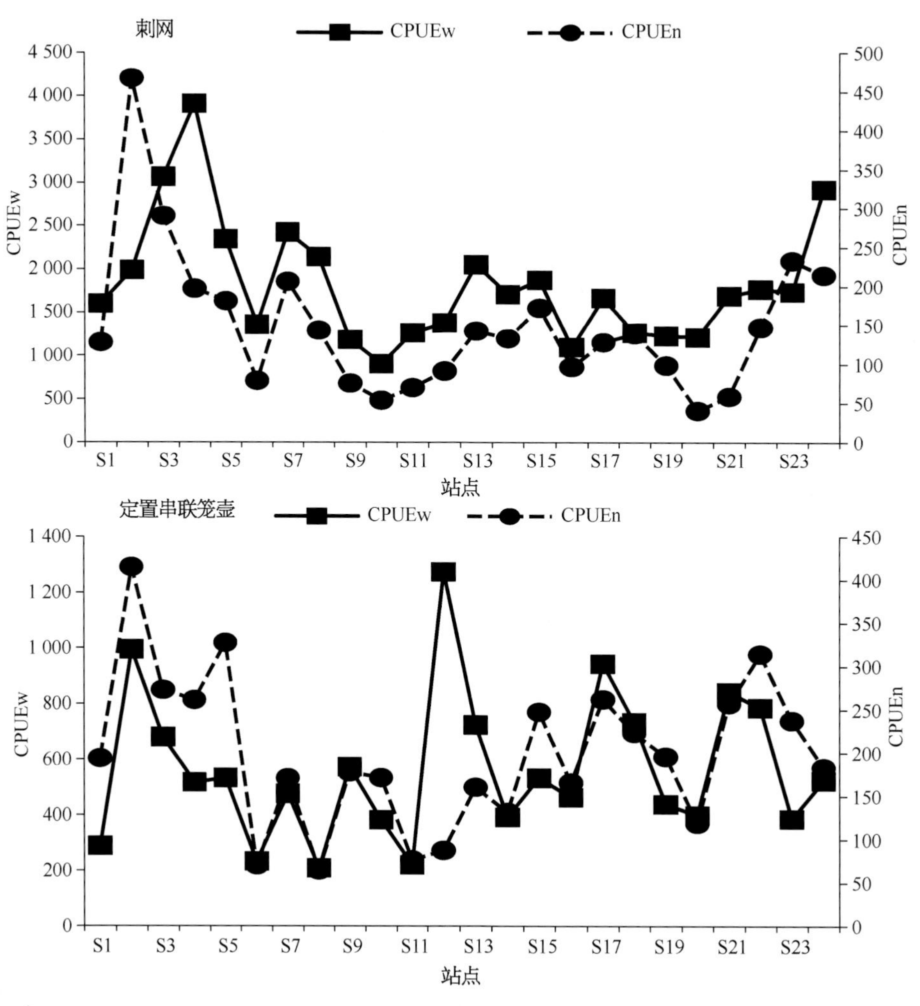

图4.2-12 基于数量及重量的刺网及定置串联笼壶鱼类CPUE示意图

表 4.2-6 各点单位努力捕捞量

站　　点	刺网 CPUEw（g/net・12 h）	刺网 CPUEn（n/net・12 h）	定置串联笼壶 CPUEw（g/net・12 h）	定置串联笼壶 CPUEn（n/net・12 h）
S1	1 602.58	129	289.00	194
S2	1 988.45	467	994.58	415
S3	3 068.50	291	680.65	273
S4	3 910.58	197	516.75	262
S5	2 346.53	181	533.35	328
S6	1 363.48	79	233.85	71
S7	2 424.85	206	476.75	171
S8	2 141.25	144	210.03	65
S9	1 189.05	76	572.63	178

（续表）

表 4.2-6 各点单位努力捕捞量

站 点	刺网 CPUEw（g/net · 12 h）	刺网 CPUEn（n/net · 12 h）	定置串联笼壶 CPUEw（g/net · 12 h）	定置串联笼壶 CPUEn（n/net · 12 h）
S10	905.50	54	381.90	172
S11	1 265.48	70	221.20	77
S12	1 382.18	91	1 274.65	88
S13	2 054.40	143	723.88	161
S14	1 709.23	133	392.10	132
S15	1 876.47	172	533.48	248
S16	1 098.40	97	463.33	166
S17	1 669.30	128	943.63	262
S18	1 266.38	139	734.10	223
S19	1 231.13	99	438.40	196
S20	1 215.00	41	398.95	119
S21	1 692.60	59	841.65	257
S22	1 769.70	147	785.25	315
S23	1 738.48	233	386.68	238
S24	2 920.55	215	523.75	183

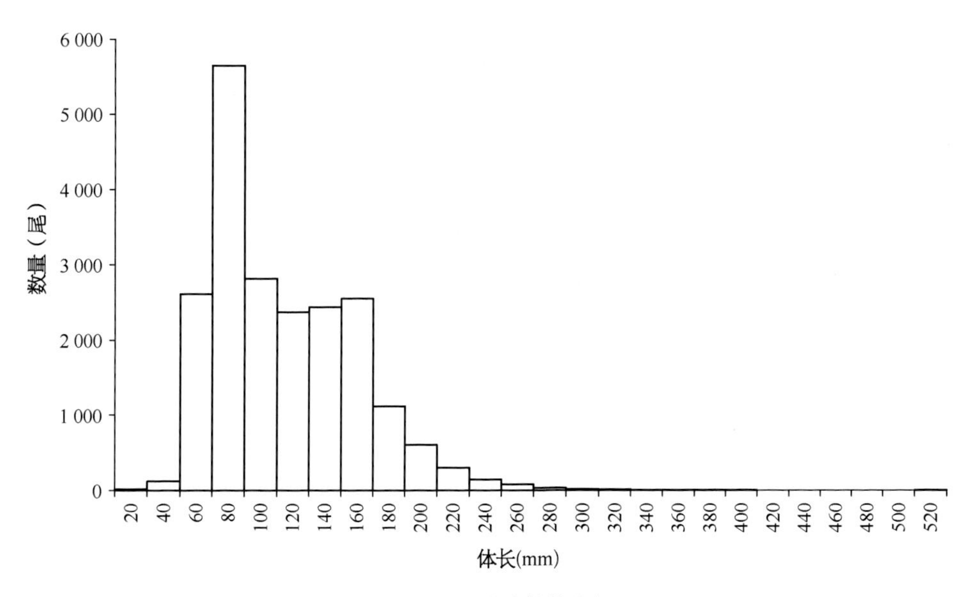

图4.2-13 鱼类体长分布

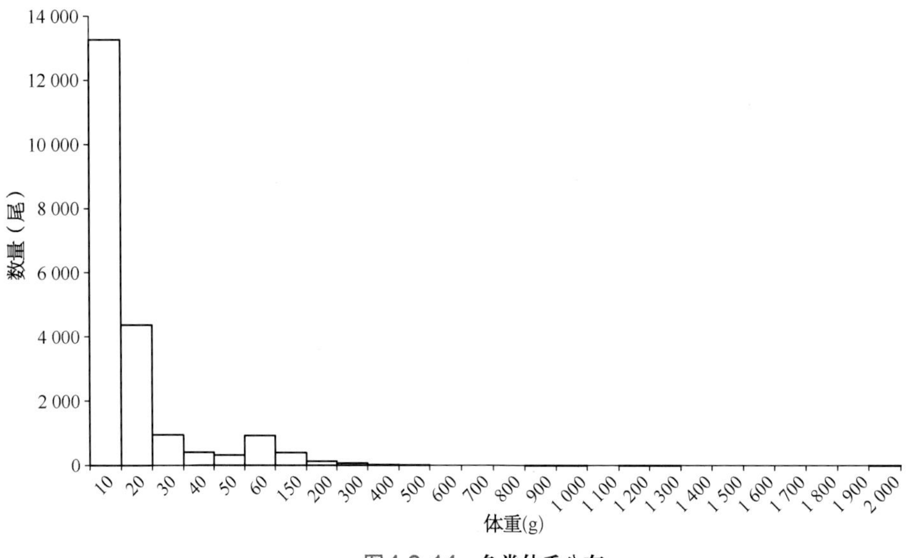

图4.2-14　鱼类体重分布

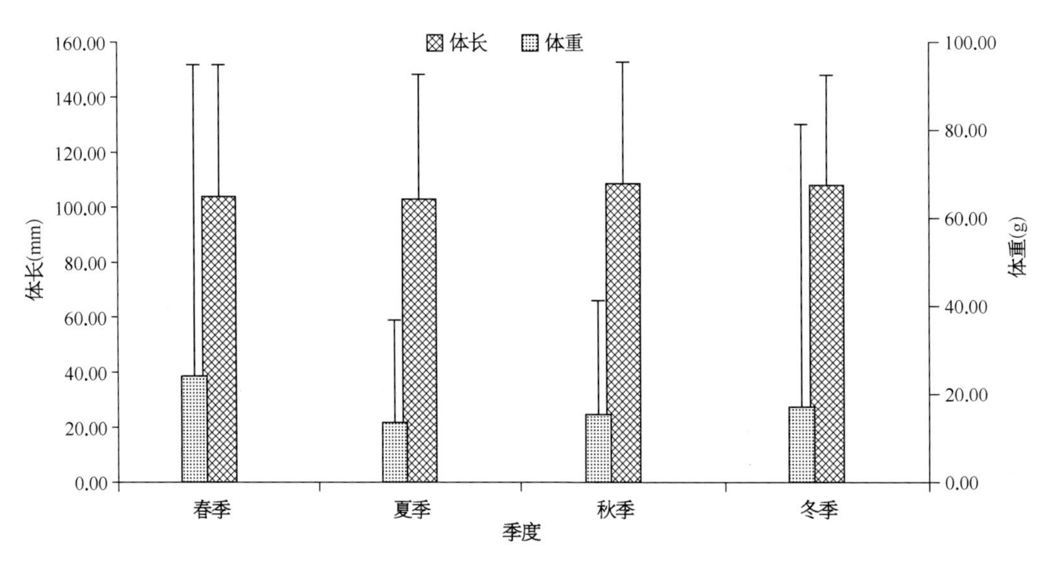

图4.2-15　各季节鱼类体长及体重组成

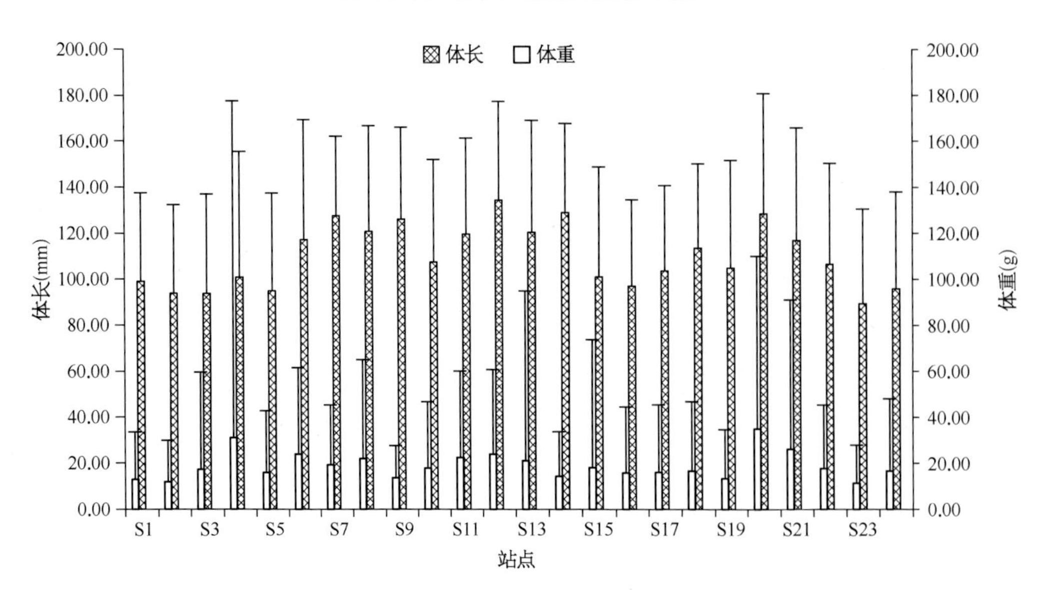

图4.2-16　各站点鱼类体长及体重组成

表 4.2-7 鱼类全长及体重组成

种 类	全长（mm）			体重（g）		
	最小值	最大值	平均值	最小值	最大值	平均值
刀鲚	23.00	291.00	136.76	0.20	82.20	10.25
青鱼	130.00	130.00	130.00	189.60	189.60	189.60
草鱼	158.00	158.00	158.00	254.60	254.60	254.60
鲢	123.60	510.00	316.80	564.20	1 995.60	1 279.90
鳙	105.00	391.00	206.50	19.80	1 207.80	339.03
鲤	150.00	341.00	232.44	73.80	907.10	357.89
鲫	38.00	252.00	129.12	0.40	447.10	75.00
䱗	42.00	152.00	9.65	4.60	48.00	11.82
贝氏䱗	83.00	147.00	123.35	8.80	39.60	22.48
翘嘴鲌	64.00	261.00	144.85	2.00	190.60	55.52
达氏鲌	136.00	136.00	136.00	26.20	26.20	26.20
尖头鲌	28.00	28.00	28.00	302.00	302.00	302.00
红鳍原鲌	56.00	259.00	108.52	1.80	301.80	23.28
鳊	77.00	240.00	197.50	5.00	219.80	158.13
鲂	200.00	200.00	200.00	139.70	139.70	139.70
似鳊	36.00	117.00	86.41	0.60	21.90	9.72
大鳍鱊	15.00	196.00	63.92	0.50	32.40	6.45
兴凯鱊	12.00	100.00	61.98	0.30	31.20	5.94
中华鳑鲏	35.00	35.00	35.00	5.20	5.20	5.20
高体鳑鲏	23.00	23.00	23.00	2.30	2.30	2.30
麦穗鱼	30.00	117.00	71.17	1.00	76.00	6.84
棒花鱼	52.00	105.00	86.78	1.60	17.20	11.09
长蛇鮈	97.00	185.00	133.75	8.20	44.40	22.61
蛇鮈	71.00	278.00	128.15	2.20	55.20	21.88
花䱻	104.00	290.00	173.42	3.80	403.00	100.06
黑鳍鳈	64.00	197.00	84.81	2.40	142.00	12.64
华鳈	69.00	111.00	83.50	2.40	24.00	11.60
似刺鳊鮈	73.00	253.00	145.87	6.00	224.60	65.64
飘鱼	34.00	34.00	34.00	5.60	5.60	5.60
黄尾鲴	132.00	229.00	168.00	14.20	72.30	46.17
银鲴	168.00	168.00	168.00	32.60	32.60	32.60
细鳞斜颌鲴	135.00	137.00	136.00	21.00	24.30	22.46

（续表）

表 4.2-7　鱼类全长及体重组成

种　类	全长（mm）			体重（g）		
	最小值	最大值	平均值	最小值	最大值	平均值
泥鳅	127.00	139.00	133.00	14.30	28.20	21.25
黄颡鱼	77.00	255.00	148.09	5.20	217.10	62.57
光泽黄颡鱼	79.00	145.00	105.14	5.80	45.00	14.76
长须黄颡鱼	81.00	95.00	88.00	6.60	22.00	14.30
鲇	234.00	234.00	234.00	358.60	358.60	358.60
间下鱵	86.00	136.00	114.78	2.30	6.40	4.43
乌鳢	90.00	335.00	216.17	9.2	491.2	154.67
子陵吻虾虎鱼	17.00	59.00	47.50	0.90	5.30	2.31
纹缟虾虎鱼	55.00	72.00	61.67	3.90	7.40	5.30
须鳗虾虎鱼	86.00	105.00	93.00	14.20	22.34	19.55
小黄黝鱼	23.00	23.00	23.00	3.10	3.10	3.10
中华刺鳅	112.00	112.00	112.00	5.60	5.60	5.60
鳜	313.00	313.00	313.00	894.20	894.20	894.20
圆尾斗鱼	31.00	33.00	32.00	1.30	3.70	2.50
大银鱼	50.00	191.00	130.47	0.10	40.30	11.81
鲮	72.00	75.00	73.40	5.10	7.30	6.10

表 4.2-8　洪泽湖渔业资源调查中非鱼类渔获物的分布情况

站　点	背角无齿蚌	方格短沟蜷	克氏原螯虾	扭　蚌	河　蚬	日本沼虾	铜锈环棱螺	秀丽白虾	三角帆蚌	中华绒螯蟹
S1					+	+	+	+		+
S2		+				+	+	+		
S3						+		+		
S4						+		+		
S5						+		+		
S6						+		+		
S7						+		+		
S8	+				+	+		+	+	
S9					+	+		+		
S10						+		+		
S11						+		+		
S12						+		+		

（续表）

表 4.2-8 洪泽湖渔业资源调查中非鱼类渔获物的分布情况

站 点	背角无齿蚌	方格短沟蜷	克氏原螯虾	扭 蚌	河 蚬	日本沼虾	铜锈环棱螺	秀丽白虾	三角帆蚌	中华绒螯蟹
S13					+	+		+	+	
S14						+		+		+
S15		+	+			+	+	+		+
S16		+		+	+	+	+	+		+
S17	+			+	+	+	+	+	+	+
S18	+					+		+	+	
S19					+	+		+		
S20						+		+		
S21						+	+	+		
S22						+	+	+		+
S23		+				+	+	+		+
S24		+				+	+	+		+

秀丽白虾和铜锈环棱螺在四个季度采样调查中均有捕获，河蚬和方格短沟蜷在春、夏、秋三个季度有捕获，克氏原螯虾仅在夏季采样中有捕获，扭蚌仅在冬季采样中有捕获（表4.2-9）。

结果与讨论

种类变化

中国水产科学院长江水产研究所、江苏省淡水水产研究所、中国科学院地理与湖泊研究所、南京大学生物系、洪泽县水产科学研究所等单位先后对洪泽湖水产资源进行过4次较为全面的调查。1960年调查记录鱼类15科55种；1973年记录鱼类15科81种；1981年记录鱼类16科84种；1989 ～ 1990年记录鱼类16科67种。江苏省淡水水产研究所于2002 ～ 2004年，根据江苏鱼类志编著过程中对洪泽湖鱼类的调查研究、资料整理、实物标本核实及分析，结合近年发表有关论文及专著的观点认为：洪泽湖历史记录的鱼类有效种为78种，2002 ～ 2004年补充调查新记录鱼类5种，合计湖区记录鱼类83种（10目18科59属），其中鲤科鱼类最多，共47种，占56.6%；其次鲿科9种，占10.8%；鳅科6种，占7.2%；银鱼科4种，占4.8%；塘鳢科、虾虎鱼科和鳗虾虎鱼科各2种，分别占2.4%；其他11科各1种，历史记录鱼类比洪泽湖少。

表 4.2-9 非鱼类渔获物各季节出现频数

种 类	春 季	夏 季	秋 季	冬 季
背角无齿蚌	+	+		
方格短勾蜷	+	+	+	
河蚬	+	+	+	
日本沼虾	+	+	+	+
铜锈环棱螺	+	+	+	+

（续表）

表 4.2-9 非鱼类渔获物各季节出现频数

种　类	春　季	夏　季	秋　季	冬　季
秀丽白虾	+	+	+	+
三角帆蚌	+	+		
中华绒螯蟹	+	+		
克氏原螯虾		+		
扭蚌				+

2008年张胜宇等渔业资源调查共监测出鱼类33种，虾类2种；2010年10月份和2011年6月份，中国科学院水生生物研究所调查所见鱼类63种，隶属17科44属，其中鲤科鱼类40种，占鱼类总数的63%，其他各科均在5种以下。2017～2018年中国科学院南京地理与湖泊研究所毛志刚等人记录鱼类51种，隶属10目16科41属。2008年起江苏省淡水水产研究所常年对洪泽湖进行调查监测，2011～2018年调查所见种类数分别为50种、47种、43种、41种、42种、42种、44种和50种。本次调查结果为48种，隶属于7目14科37属，其结果与中国科学院南京地理与湖泊研究所及江苏省淡水水产研究所的常规监测结果基本一致。

由图4.2-17可看出进入21世纪后洪泽湖鱼类种类数降低，鱼类组成发生变化。导致洪泽湖鱼类资源发生较大变动的主要原因是水利工程的建设。1953年三河闸建成后，洪泽湖正常水位提高，湖容增加，面积扩大，鱼类活动范围随之扩大，资源流失减少；加之淮河上游每年有大量草鱼、青鱼、鲢、鳙鱼苗入湖，种类数增加；但进入21世纪后过多的闸坝建设阻隔了河海洄游性鱼类（如鳗鲡、东方鲀等）和江湖洄游性鱼类（如鲟、四大家鱼等）的入湖通道，阻碍了来自长江和淮河干流的流水性鱼类的资源补充。这些闸坝修建后，洪泽湖已经由一个自然调蓄的天然湖泊变成人工调蓄水位的大型平原水库，水位、水流等水文条件发生很大的变化，导致一些流水性种类不适应而消失。此外，围湖造田、工农业污染、过度捕捞等因素也是造成资源数量减少的重要原因。

• 鱼类小型化及时空分布特征

本次调查显示，刀鲚为洪泽湖的绝对优势鱼类

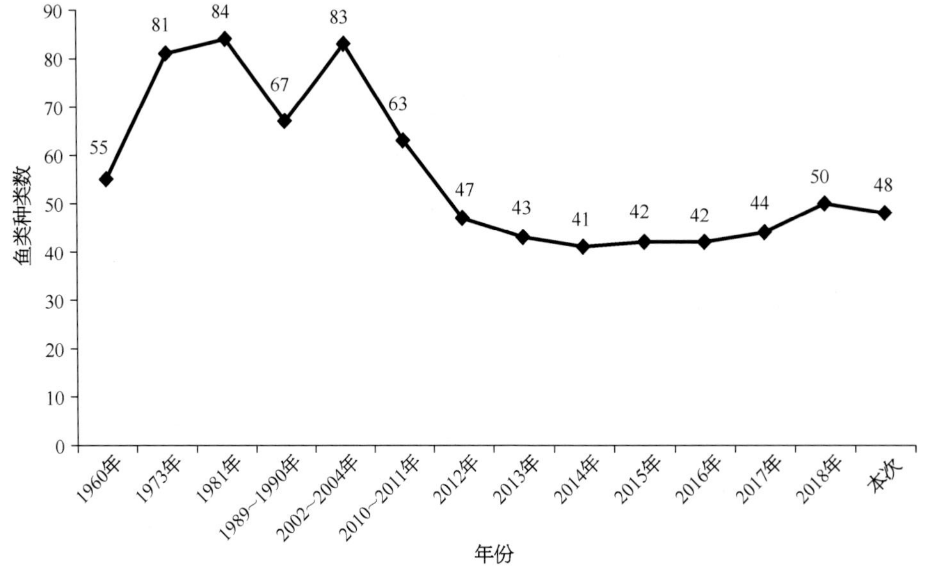

图4.2-17 各年份鱼类种类数

（数量占52.45%），与太湖一致。其次，鲫、兴凯鱊、大鳍鱊、麦穗鱼、红鳍原鲌、䱗等鱼类较多，多以经济价值不高且体型较小的种类为主。四大家鱼、翘嘴鲌、鳡、鳜等大型经济鱼类较为少见。虽然有人工放流的补充，但鲢、鳙数量较少，平均规格较小，鲢仅1 279.90 g，鳙仅339.03 g。总体趋势是湖区鱼类中性成熟年龄小的自繁鱼类如刀鲚、大鳍鱊、兴凯鱊等小型鱼类的种群比例在逐年增大，而其他中、大型鱼类的比例正逐渐减少，生物多样性正逐渐降低。

本次调查显示，鱼类组成在时间及空间上有一定差别，各个时间、各个站点内鱼类组成均以刀鲚数量最多，但渔获物中刀鲚的比例不同。季节上来看，春季生物多样性较为丰富，渔获物刀鲚数量相对较少，而夏、秋、冬三季渔获物刀鲚数量明显较多，比例明显较高。空间分布上来看，多数站点刀鲚数量较多，尤其是东部、南部和西部的湖湾处。整体显示，成子湖以及西部沿岸鱼类数量及重量百分比较高，这主要与水生植被的分布以及水环境有较大关系。洪泽湖各站点鱼类多样性指数均较低（0.06 ～ 1.00，平均0.41），且均低于Magurra提出的多样性指数的一般范围（1.5 ～ 3.5）。表明洪泽湖鱼类群落结构单一化，小型化加剧，大中型鱼类资源衰退，生物多样性降低，洪泽湖渔业资源急需保护。

渔业资源保护对策建议

建立江湖联通机制是增加洪泽湖鱼类生物多样性、恢复湖泊功能的必要措施。渔业管理部门可以与水利部门协商，在鱼类繁殖季节（5 ～ 8 月份），通过灌江纳苗和投放“江花”的方式，将淮河和长江干流的鱼苗引入湖泊，以增加渔产量和提高生物多样性。同时，疏通洪泽湖与附近骆马湖和高邮湖的联系，加强各水域之间水生生物物种和能量物质的流动，也是较为可行的措施。

加强增殖放流的针对性和有效性以应对湖区鱼类资源的小型化。鳜、翘嘴鲌、蒙古鲌、达氏鲌等食鱼性鱼类资源已经严重衰退，需通过繁殖生境保护、人工放流等方式恢复其种群数量。应当制订中长期规划表，规范放流工作，增加放流蒙古鲌、鳡等中上层食鱼性鱼类。同时，限制对小规格鲢、鳙等人工放流鱼类的捕捞，提升放流工作的效果，加强对增殖放流工作效果的评估。

4.3 · 高宝邵伯湖

鱼类种类组成及生态、食性类型

鱼类种类组成

调查结果显示，鱼类62种22 863尾，重402 890.1 g，隶属于8目14科，鲤形目较多，有2科40种，约占总种类数的64.5%，其次为鲈形目（5科10种）、鲇形目（2科5种）和鲑形目（1科3种），其他各1种（图4.3–1）。鲤形目鱼类的数量百分比（62.0%）与重量百分比（74.7%）均远高于其他目的鱼类（图4.3–2）。

数量百分比（N%）显示，刀鲚、䱗、鲫等占优势，分别占总数的35.2%、11.4%和10.2%；鳙、鳊、

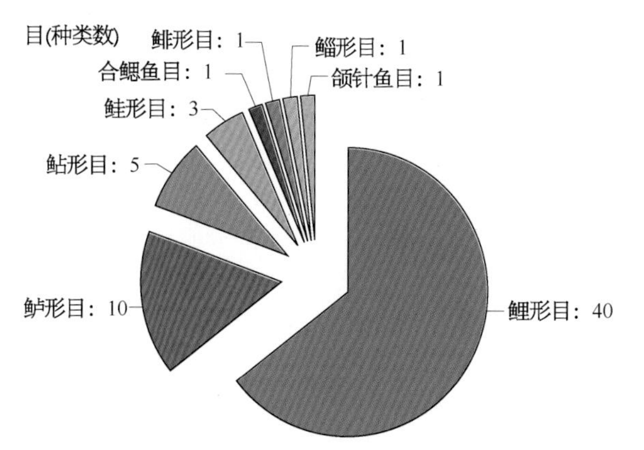

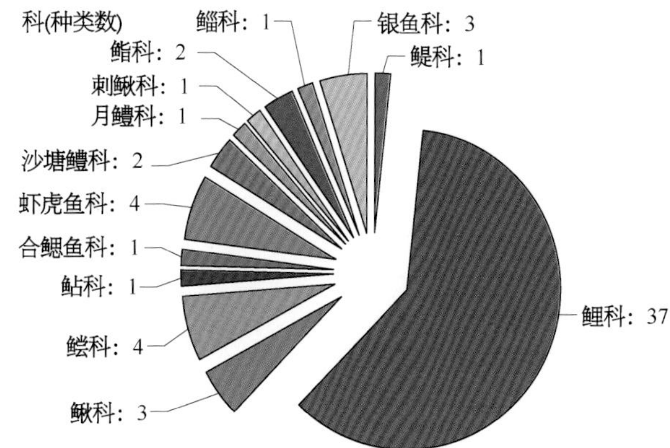

图4.3–1 高宝邵伯湖各目、各科的鱼类组成

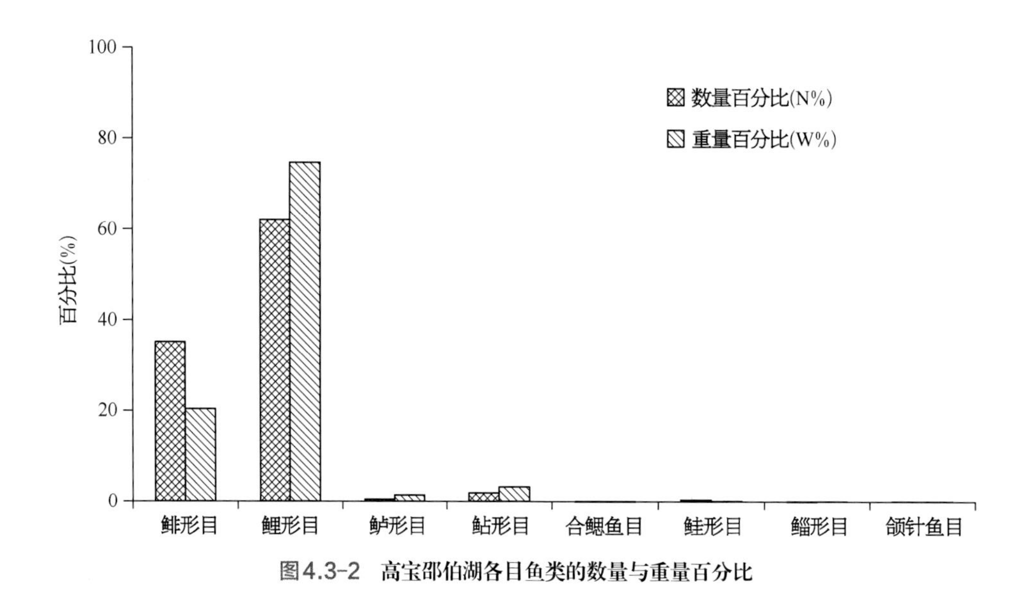

图4.3-2 高宝邵伯湖各目鱼类的数量与重量百分比

草鱼等20种鱼类数量比例为0.1%～1%；鳜、蒙古鲌、大鳞副泥鳅等29种鱼小于0.1%。重量百分比（W%）显示，刀鲚（20.4%）、鲫（17.4%）、鳙（9.1%）、鲢（9.0%）等鱼类的比重较大，鳊、黑鳍鳈、乌鳢等23种鱼重量比例为0.1%～1%，鲇、河川沙塘鳢、中华刺鳅等25种鱼均小于0.1%（表4.3-1）。

表4.3-1 高宝邵伯湖渔获物种类组成

种　　类	生态类型	数量百分比（%）	重量百分比（%）	相对重要性指数
一、鲱形目 Clupeiformes				
1. 鳀科 Engraulidae				
（1）刀鲚 *Coilia nasus*	C.U.D	35.16	20.41	4 722.86
二、鲤形目 Cypriniformes				
2. 鲤科 Cyprinidae				
（2）鳙 *Aristichthys nobilis*	F.U.P	0.54	9.06	108.67
（3）棒花鱼 *Abbottina rivularis*	O.B.R	1.78	0.92	85.81
（4）贝氏䱗 *Hemiculter bleekeri*	O.U.R	0.77	0.26	19.86
（5）鳡 *Elopichthys bambusa*	C.U.R	0.14	0.30	0.55
（6）鳊 *Parabramis pekinensis*	H.L.R	0.29	0.77	10.81
（7）䱗 *Hemiculter leucisculus*	O.U.R	11.42	6.42	949.44
（8）草鱼 *Ctenopharyngodon idellus*	H.U.P	0.29	1.02	16.38
（9）达氏鲌 *Culter dabryi*	C.U.R	0.74	0.98	28.29
（10）大鳍鱊 *Acheilognathus macropterus*	O.U.R	5.26	2.22	509.01
（11）鲂 *Megalobrama skolkovii*	H.U.R	0.02	0.21	0.29
（12）红鳍原鲌 *Cultrichthys erythropterus*	C.U.R	5.86	4.19	727.92
（13）黑鳍鳈 *Sarcocheilichthys nigripinnis*	O.L.R	0.76	0.56	23.54

（续表）

表 4.3-1 高宝邵伯湖渔获物种类组成

种　类	生态类型	数量百分比（%）	重量百分比（%）	相对重要性指数
（14）花䱻 *Hemibarbus maculatus*	O.L.R	0.22	0.87	13.84
（15）鲫 *Carassius auratus*	O.L.R	10.20	17.42	2 104.09
（16）鲤 *Cyprinus carpio*	O.L.R	0.26	2.97	48.87
（17）尖头鲌 *Culter oxycephalus*	C.U.R	0.23	0.80	7.93
（18）黄尾鲴 *Xenocypris davidi*	H.L.R	0.43	0.56	13.80
（19）鲢 *Hypophthalmichthys molitrix*	F.U.P	0.71	8.99	60.63
（20）麦穗鱼 *Pseudorasbora parva*	O.L.R	5.40	2.36	454.35
（21）蒙古鲌 *Culter mongolicus*	C.U.R	0.06	0.19	0.63
（22）翘嘴鲌 *Culter alburnus*	C.U.R	3.75	2.30	106.30
（23）青鱼 *Mylopharyngodon piceus*	O.L.P	0.14	0.30	0.55
（24）似鳊 *Pseudobrama simoni*	H.L.R	4.94	4.58	410.88
（25）团头鲂 *Megalobrama amblycephala*	H.U.R	1.48	4.48	111.75
（26）细鳞斜颌鲴 *Xenocypris microlepis*	O.L.R	2.41	0.23	20.49
（27）兴凯鱊 *Acheilognathus chankaensis*	O.U.R	3.13	0.81	179.11
（28）寡鳞飘鱼 *Pseudolaubuca engraulis*	O.U.R	0.01	0.01	0.05
（29）飘鱼 *Pseudolaubuca sinensis*	O.U.R	0.01	0.008	0.02
（30）似刺鳊鮈 *Paracanthobrama guichenoti*	H.L.R	0.13	0.36	6.22
（31）似鲚 *Toxabramis swinhonis*	O.U.R	0.02	0.02	0.10
（32）中华鳑鲏 *Rhodeus sinensis*	O.L.R	0.18	0.04	2.22
（33）高体鳑鲏 *Rhodeus ocellatus*	O.L.R	0.02	0.002	0.03
（34）长蛇鮈 *Saurogobio dumerili*	H.B.R	0.01	0.01	0.03
（35）蛇鮈 *Saurogobio dabryi*	H.B.R	0.10	0.18	1.44
（36）银鮈 *Squalidus argentatus*	H.B.R	0.28	0.23	1.28
（37）彩鱊 *Acheilognathus imberbis*	O.U.R	0.01	0.01	0.03
（38）华鳈 *Sarcocheilichthys sinensis*	O.L.R	0.01	0.01	0.03
3. 鳅科 Cobitidae				
（39）泥鳅 *Misgurnus anguillicaudatus*	O.B.R	0.01	0.02	0.12
（40）中华花鳅 *Cobitis sinensis*	O.B.R	0.01	0.001	0.01
（41）大鳞副泥鳅 *Paramisgurnus dabryanus*	O.B.R	0.01	0.03	0.05
三、鲈形目 Perciformes				
4. 月鳢科 Channidae				
（42）乌鳢 *Channa argus*	C.B.R	0.07	0.77	6.52

（续表）

表 4.3-1 高宝邵伯湖渔获物种类组成

种　　类	生态类型	数量百分比（%）	重量百分比（%）	相对重要性指数
5. 虾虎鱼科 Gobiidae				
（43）波氏吻虾虎鱼 *Rhinogobius cliffordpopei*	C.B.R	0.008	0.000 1	0.01
（44）子陵吻虾虎鱼 *Rhinogobius giurinus*	C.B.R	0.25	0.03	5.67
（45）拉氏狼牙虾虎鱼 *Odontamblyopus lacepedii*	C.B.R	0.005	0.005	0.01
（46）须鳗虾虎鱼 *Taenioides cirratus*	C.B.R	0.01	0.01	0.03
6. 刺鳅科 Mastacembeloidei				
（47）中华刺鳅 *Sinobdella sinensis*	O.B.R	0.02	0.02	0.05
7. 沙塘鳢科 Odontobutidae				
（48）小黄黝鱼 *Micropercops swinhonis*	O.B.R	0.05	0.005	0.21
（49）河川沙塘鳢 *Odontobutis potamophila*	O.B.R	0.03	0.05	0.10
8. 鮨科 Serranidae				
（50）中国花鲈 *Lateolabrax maculatus*	C.L.E	0.01	0.24	0.31
（51）鳜 *Siniperca chuatsi*	C.L.R	0.02	0.26	0.70
四、鲇形目 Siluriformes				
9. 鲿科 Bagridae				
（52）黄颡鱼 *Pelteobaggrus fulvidraco*	O.B.R	1.37	2.39	137.54
（53）长须黄颡鱼 *Pelteobagrus eupogon*	O.B.R	0.33	0.56	11.19
（54）江黄颡鱼 *Pseudobagrus vachelli*	O.B.R	0.05	0.10	0.38
（55）光泽黄颡鱼 *Pelteobagrus nitidus*	O.B.R	0.08	0.17	0.96
10. 鲇科 Siluridae				
（56）鲇 *Silurus asotus*	C.B.R	0.01	0.003	0.02
五、合鳃鱼目 Synbranchiformes				
11. 合鳃鱼科 Synbranchidae				
（57）黄鳝 *Monopterus albus*	O.B.R	0.01	0.02	0.08
六、鲑形目 Salmoniformes				
12. 银鱼科 Salangidae				
（58）乔氏新银鱼 *Neosalanx jordani*	C.U.R	0.01	0.01	0.05
（59）陈氏新银鱼 *Neosalanx tangkahkeii*	C.U.R	0.01	0.01	0.20
（60）大银鱼 *Protosalanx chinensis*	C.U.R	0.37	0.08	4.53
七、鲻形目 Mugiliformes				
13. 鲻科 Mugilidae				
（61）鲻 *Mugil cephalus*	C.L.E	0.02	0.08	0.13

（续表）

表 4.3-1 高宝邵伯湖渔获物种类组成

种　　类	生态类型	数量百分比（%）	重量百分比（%）	相对重要性指数
八、颌针鱼目 Beloniformes				
14. 鱵科 Hemirhamphidae				
（62）间下鱵 *Hyporhamphus intermedius*	O.U.R	0.07	0.08	0.38

注：U.中上层，L.中下层，B.底层；D.江海洄游性，P.江湖半洄游性，E.河口性，R.淡水定居性；C.肉食性，O.杂食性，H.植食性，F.滤食性。

生态类型与区系组成

生态类型：根据鱼类洄游类型、栖息空间和摄食的不同，可将鱼类划分为不同生态类群。

根据鱼类洄游类型，可分为：定居性鱼类54种，包括鲤、鲫、鳊、鲂、黄颡鱼等，占总种数的87.10%；江湖半洄游性鱼类5种，包括青鱼、草鱼、鳡、鲢和鳙，占总种数的8.06%；河口性鱼类2种，分别为鲻和中国花鲈；江海洄游性鱼类仅刀鲚1种。

按栖息空间划分，可分为中上层、中下层和底栖3类。中上层鱼类有鲢、翘嘴鲌、鳙、刀鲚等24种，占总种数的38.71%；底栖鱼类有21种，包括泥鳅、鲇、黄颡鱼等，占总种数的33.87%；中下层鱼类有17种，包括鲫、鲤、青鱼等，占总种数的27.42%。

按摄食类型划分，有植食性、杂食性、滤食性和肉食性四类。植食性鱼类有草鱼、似鳊、鲂等10种，占总种数的16.13%；杂食性鱼类有鲤、鲫、泥鳅等31种，占总种数的50.00%；肉食性鱼类有鲇、乌鳢、翘嘴鲌等19种，占总种数的30.65%；滤食性有鲢和鳙两种（表4.3-2）。

表 4.3-2 高宝邵伯湖鱼类生态类型

生态类型	种类数	百分比（%）
洄游类型		
江湖半洄游性	5	8.06
江海洄游	1	1.61
河口性	2	3.23
淡水定居性	54	87.10
食性类型		
植食性	10	16.13
杂食性	31	50.00
滤食性	2	3.23
肉食性	19	30.65
栖息空间		
中上层	24	38.71
中下层	17	27.42
底栖	21	33.87

区系组成：根据起源和地理分布特征，高宝邵伯湖鱼类区系可分为4个复合体。

① 中国江河平原区系复合体：是在喜马拉雅山升到一定高度并形成东亚季风气候之后，为适应新的自然条件，从旧类型鱼类分化出来的。以青鱼、草鱼、鲢、鳙、鲂等为代表种类。

② 南方热带区系复合体：原产于南岭以南各水系中，而后向长江流域伸展。以乌鳢、河川沙塘鳢、黄颡鱼等鱼类为代表种。

③ 晚第三纪早期区系复合体：更新世以前北半球亚热带动物的残余，由于气候变化，被分割成若干不连续的区域。其种类有泥鳅、鲇、鳑鲏等。

④ 北方平原区系复合体：高纬度地区分布较广，耐寒种类多，耐氧力强，凶猛种类少，性成熟早，补充群体大，种群恢复力强。代表种类有麦穗鱼。

群落时空特征

季节组成

以各季节鱼类数量为基础进行聚类分析的结果显示（图4.3-3），夏、秋季节鱼类组成较为接近，刀鲚、鲫、鳘、红鳍原鲌等为优势种，占比较高；冬季

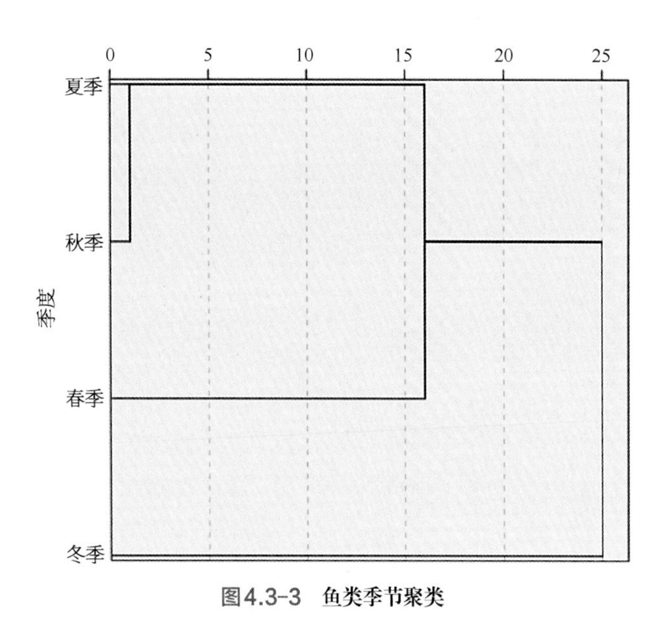

图4.3-3 鱼类季节聚类

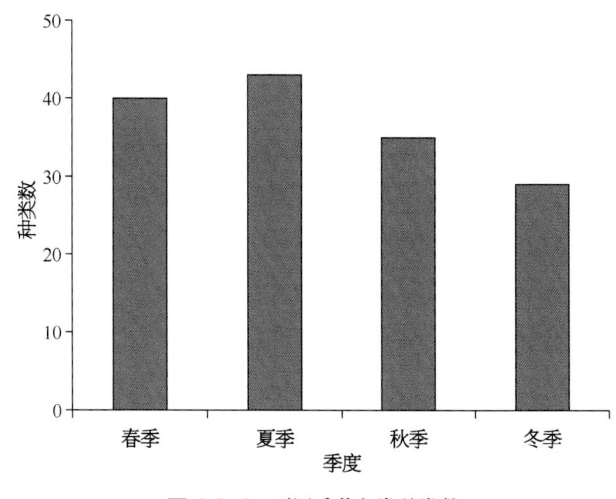

图4.3-4 不同季节鱼类种类数

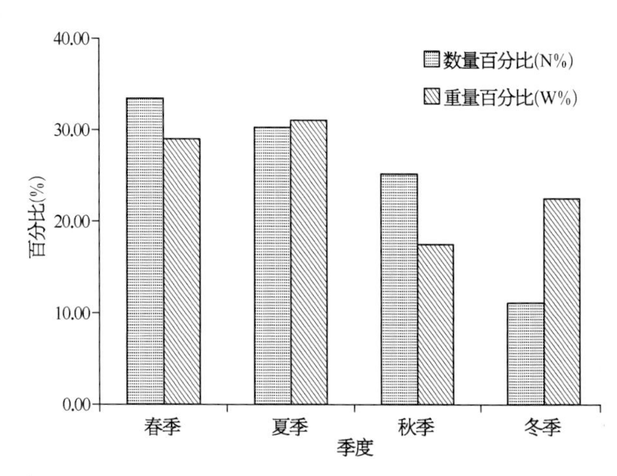

图4.3-5 不同季节鱼类数量及重量百分比

的鱼类组成与其他三个季节差异较大，除了刀鲚、鲫为优势种以外，翘嘴鲌、鳙、鲢等种类的占比较大。

春季采集鱼类40种7 638尾（图4.3-4），占总数的33.4%，生物量占29.0%，隶属于6目10科。数量百分比（N%）显示，刀鲚（43.0%）比重最高，其次为大鳍鱊（9.0%）、鳘（8.5%）等；重量百分比（W%）显示刀鲚（30.8%）比重最高，其次为鲫（11.7%）、团头鲂（10.7%）等（图4.3-5）。不同季节鱼类相对重要性指数（IRI）显示刀鲚（6 275.9）、麦穗鱼（1 095.8）、大鳍鱊（1 089.3）等为春季优势种（表4.3-3）。

夏季采集鱼类43种6 921尾（图4.3-4），占总数的30.3%，生物量占31.1%，隶属于7目10科。数量百分比（N%）显示，刀鲚（34.7%）比重最高，其次为鳘、红鳍原鲌等；重量百分比（W%）显示鲫（20.9%）、刀鲚（19.9%）、红鳍原鲌（7.5%）等比重较大（图4.3-5）。不同季节鱼类相对重要性指数（IRI）显示刀鲚（4 910.5）、鲫（3 123.5）、红鳍原鲌（1 675.7）等为夏季优势种（表4.3-3）。

秋季采集鱼类35种5 763尾（图4.3-4），占总数的25.2%，生物量占17.5%，隶属于5目8科。数量百分比（N%）显示，刀鲚（33.1%）比重最高，其次为鳘、鲫等；重量百分比（W%）显示刀鲚（24.2%）、鲫（23.3%）和鳘（11.6%）比重较高（图4.3-5）。不同季节鱼类相对重要性指数（IRI）显示刀鲚（4 817.6）、鲫（2 955.4）、鳘（1 650.4）等为秋季优势种（表4.3-3）。

冬季采集鱼类29种347尾（图4.3-4），占总数的11.1%，生物量占22.5%，隶属于6目8科。数量百分比（N%）显示，刀鲚（36.9%）、鲫（16.4%）、翘嘴鲌（14.4%）等比重较高；重量百分比（W%）显示鲢（29.9%）、鳙（20.8%）、鲫（15.7%）等比重较高（图4.3-5）。不同季节鱼类相对重要性指数（IRI）显示刀鲚（3 425.6）、鲫（1 929.7）、翘嘴鲌（730.7）等为冬季优势种（表4.3-3）。

分析显示，刀鲚和鲫在各个季节均为优势种类，春、夏季鱼类数量和生物量均较多，四个季节均有采集到的鱼类有刀鲚、鳙、棒花鱼等10种鱼类；仅在春季采集的鱼类有6种、夏季有6种、秋季有1种及冬季有6种。

表 4.3-3　不同季节鱼类相对重要性指数（IRI）

种　类	春　季	夏　季	秋　季	冬　季
刀鲚	6 275.91	4 910.48	4 867.31	3 425.61
鳙	16.87	124.27	12.37	338.27
棒花鱼	374.07	22.02	118.50	1.58
贝氏䱗	0.53	3.56	25.60	—
鳡	—	2.45	—	—
鳊	—	19.83	36.97	—
䱗	926.07	1 117.58	1 667.05	290.02
草鱼	—	—	24.12	20.54
达氏鲌	27.82	102.00	33.24	—
大鳍鱊	1 089.26	238.99	761.95	134.70
鲂	4.73	—	—	—
红鳍原鲌	476.28	1 675.65	1 058.93	164.82
黑鳍鳈	152.10	1.13	21.89	0.46
花䱻	42.02	11.17	25.41	—
鲫	894.58	3 123.50	3 002.29	1 929.68
鲤	239.12	15.93	23.21	8.60
尖头鲌	3.10	7.23	44.79	—
黄尾鲴	17.33	21.46	30.91	—
鲢	—	159.47	3.12	321.63
麦穗鱼	1 095.76	507.21	881.22	—
蒙古鲌	10.08	—	—	—
翘嘴鲌	3.45	47.33	4.13	730.68
青鱼	—	—	—	4.20
似鳊	659.14	916.88	627.98	—
团头鲂	592.38	4.65	—	244.08
细鳞斜颌鲴	—	8.70	205.08	—
兴凯鱊	597.61	68.63	37.57	121.08
寡鳞飘鱼	0.20	0.35	—	
飘鱼	—	0.38	—	0.25
似刺鳊鮈	4.12	18.17	13.04	—
似鲚	—	0.39	—	0.22
中华鳑鲏	11.87	1.35	1.24	—
高体鳑鲏	0.36	—	—	—

（续表）

表 4.3-3　不同季节鱼类相对重要性指数（IRI）

种　类	春　季	夏　季	秋　季	冬　季
长蛇鮈	—	0.36	—	—
蛇鮈	3.77	—	7.79	—
银鮈	—	—	—	20.63
彩鱊	—	—	0.48	—
华鳈	0.33	—	—	0.30
泥鳅	0.12	—	0.06	0.15
中华花鳅	0.19	—	—	—
大鳞副泥鳅	—	0.15	0.92	—
乌鳢	—	7.74	55.39	3.56
波氏吻虾虎鱼	0.17	—	—	—
子陵吻虾虎鱼	28.41	2.02	7.25	2.12
拉氏狼牙虾虎鱼	—	—	—	0.18
须鳗虾虎鱼	0.33	0.20	—	—
中华刺鳅	0.91	2.65	—	—
小黄黝鱼	0.52	—	1.25	—
河川沙塘鳢	—	—	—	0.39
中国花鲈	—	2.15	—	—
鳜	—	11.25	—	—
黄颡鱼	157.85	148.50	59.76	158.26
长须黄颡鱼	—	1.23	1.41	—
江黄颡鱼	—	—	—	1.68
光泽黄颡鱼	0.56	0.67	4.20	—
鲇	0.23	—	—	0.54
黄鳝	0.56	—	—	—
乔氏新银鱼	0.21	0.18	—	—
陈氏新银鱼	1.56	—	3.20	—
大银鱼	—	4.24	—	26.15
鲻		1.36	—	—
间下鱵	—	1.25	—	1.56

注："—" 表示此季节没有采集到此种鱼类。

· 空间组成

对20个站点鱼类数量进行聚类分析（图4.3-6）的结果显示，20个点鱼类组成整体上较为接近，S1和S17与其余站点的鱼类组成差异较大，产生差异性

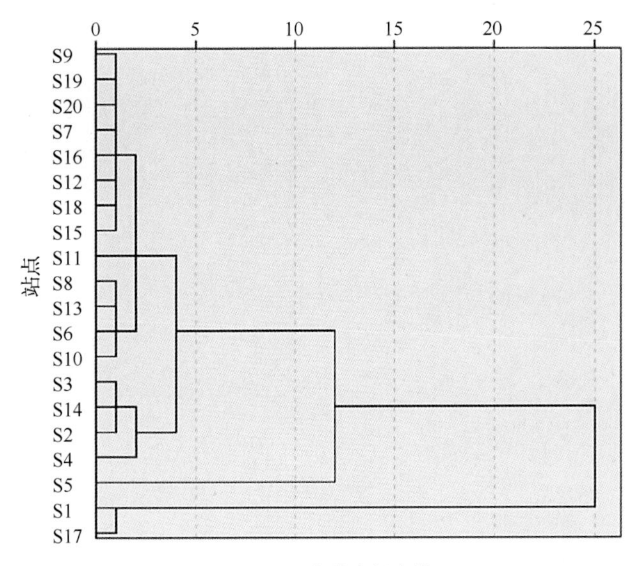

图4.3-6 鱼类空间聚类

的主要原因可能在于优势种组成的差异，以及各优势种数量分布上的差异。

如图4.3-7所示，各站点鱼类种类数有一定的差异，最低为S9（16种），最高为S15（30种）。整体上看，宝应湖（S1～S4）和邵伯湖（S17～S20）的各站点种类数相差较小，高邮湖（S5～S16）各站点种类数相差较大（表4.3-4和表4.3-5）。数量及重量百分比的统计显示（图4.3-8），各点位的数量百分比在2.5%～9.4%波动，各点位的重量百分比在1.9%～10.0%波动。

多样性指数

将IRI（鱼类相对重要性指数）大于1 000的种类

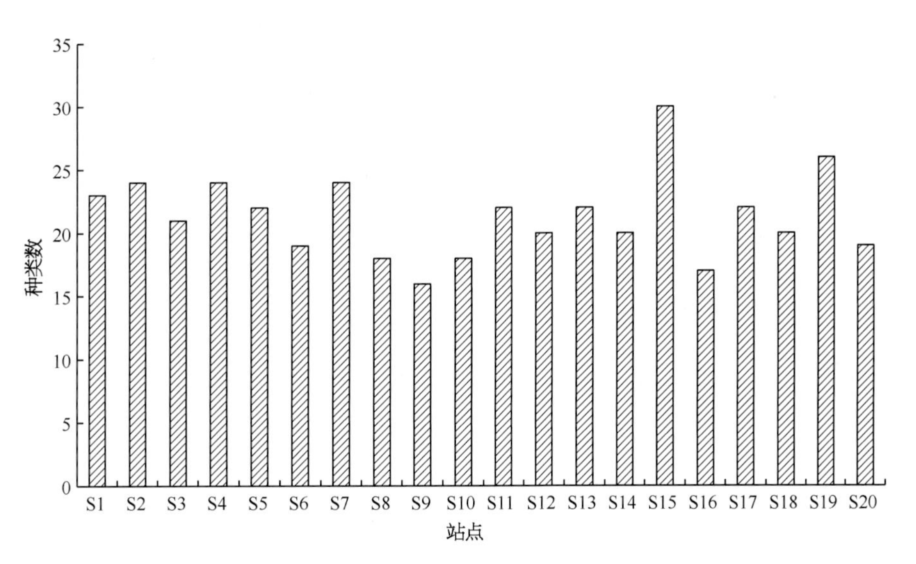

图4.3-7 各站点鱼类种类数

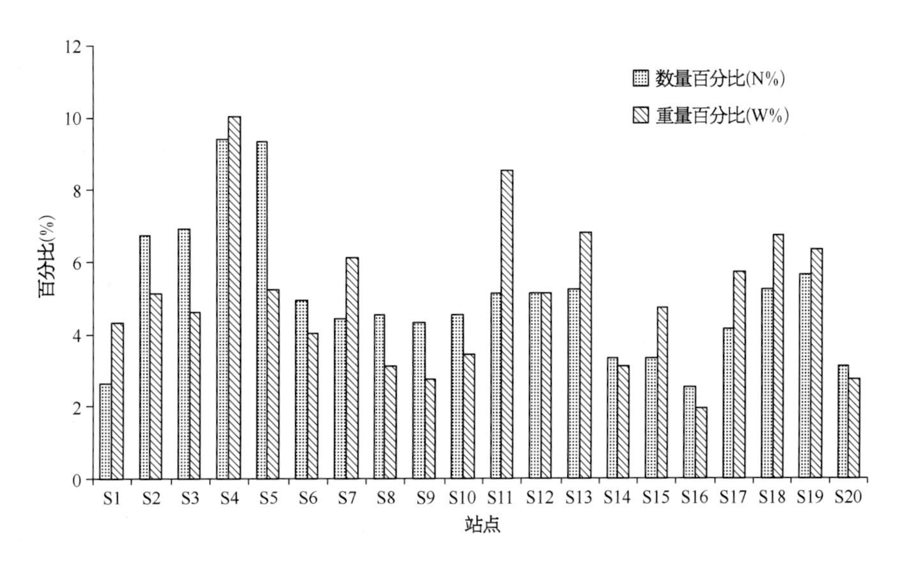

图4.3-8 各站点数量及重量百分比

表 4.3-4 各站点鱼类组成

站 点	目	科	种	数量百分比（%）	重量百分比（%）
S1	4	5	23	2.6	4.3
S2	4	7	24	6.7	5.1
S3	4	6	21	6.9	4.6
S4	4	7	24	9.4	10.0
S5	5	7	22	9.3	5.2
S6	5	5	19	4.9	4.0
S7	5	6	24	4.4	6.1
S8	4	4	18	4.5	3.1
S9	4	5	16	4.3	2.7
S10	4	5	18	4.5	3.4
S11	4	8	22	5.1	8.5
S12	4	4	20	5.1	5.1
S13	4	5	22	5.2	6.8
S14	4	5	20	3.3	3.1
S15	6	9	30	3.3	4.7
S16	4	6	17	2.5	1.9
S17	5	6	22	4.1	5.7
S18	3	4	20	5.2	6.7
S19	5	6	26	5.6	6.3
S20	6	7	19	3.1	2.7

定为优势种，100 < IRI < 1 000定为常见种。结果显示，刀鲚（4 722.9）和鲫（2 104.1）2种鱼类IRI大于1 000，为优势种；团头鲂、翘嘴鲌、兴凯鱊等8种鱼类IRI处于100 ～ 1 000；贝氏䱗、棒花鱼、草鱼等12种鱼类IRI处于10 ～ 100；似刺鳊鮈、鳡、尖头鲌等40种鱼类IRI小于10。下图为IRI大于1 000的鱼类种类（图4.3-9）。

多样性指数显示，鱼类Margalef丰富度指数（R）为12.699 ～ 53.151，平均为19.57 ± 8.04；Shannon-Weaver多样性指数（H'）为0.134 ～ 1.015，平均为0.625 ± 0.19；Pielou均匀度指数（J）为0.192 ～ 0.997，平均为0.700 ± 0.16；Simpson优势度指数（λ）为0.106 ～ 0.876，平均为0.325 ± 0.16。

以季节为因素对各多样性指数进行单因素方差分析（结果见表4.3-6），结果显示：各季节的R、H'、J、λ均无显著差异（$P > 0.05$）。

以站点为因素对各多样性指数进行单因素方差分析，结果显示（如表4.3-7）：各站点的λ无显著差异（$P > 0.05$），S9的R、H'和J均显著小于其他点位（$P < 0.05$）。

单位努力捕获量

如图4.3-10和表4.3-8所示的高宝邵伯湖20个站点基于数量及重量的刺网及定置串联笼壶的单位努力捕获量（CPUE），刺网及定置串联笼壶的CPUEn及CPUEw结果不呈现相似趋势，S1、S7、S19等站点

表 4.3-5 各站点鱼类分布

种 类	S1	S2	S3	S4	S5	S6	S7	S8	S9	S10	S11	S12	S13	S14	S15	S16	S17	S18	S19	S20
刀鲚	+	+	+	+	+	+	+	+	+	+	+	+	+	+	+	+	+	+	+	+
鳙	+				+	+	+				+		+	+		+				
棒花鱼		+	+	+	+		+					+	+	+		+	+	+	+	+
贝氏鳘								+	+	+								+		
鳡																			+	+
鳊			+								+		+		+	+		+		
鳘	+	+	+	+	+	+	+	+	+	+	+	+	+	+	+		+	+	+	+
草鱼									+	+				+						
达氏鲌	+	+		+	+			+		+							+	+	+	
大鳍鱊	+	+	+	+	+	+	+	+	+	+	+	+	+	+	+	+	+	+	+	+
鲂															+	+				
红鳍原鲌	+	+	+	+	+	+	+	+	+	+	+	+	+	+	+	+	+	+	+	+
黑鳍鳈	+	+	+	+	+	+	+	+	+		+	+	+	+	+	+	+	+	+	
花䱻	+	+		+	+		+	+	+	+	+	+	+	+	+	+	+	+	+	
鲫	+	+	+	+	+	+	+	+	+	+	+	+	+	+	+	+	+	+	+	+
鲤				+	+	+	+		+	+		+	+		+		+			
尖头鲌	+	+		+	+	+									+				+	+
黄尾鲴	+	+	+	+								+		+		+		+	+	+
鲢			+			+	+					+				+			+	+
麦穗鱼	+	+	+	+	+	+	+	+	+	+	+	+		+	+	+	+	+	+	+
蒙古鲌		+	+							+										
翘嘴鲌	+				+	+		+			+		+		+	+	+	+	+	

（续表）

表 4.3-5 各站点鱼类分布

种 类	S1	S2	S3	S4	S5	S6	S7	S8	S9	S10	S11	S12	S13	S14	S15	S16	S17	S18	S19	S20
青鱼			+						+											
似鳊	+	+	+	+	+	+	+	+			+	+	+	+	+	+		+	+	+
团头鲂	+			+			+					+	+	+	+	+	+	+	+	
细鳞斜颌鲴	+			+																
兴凯鱊	+	+	+	+		+	+	+	+	+	+		+	+	+	+	+	+	+	+
寡鳞飘鱼								+		+										
飘鱼																	+			
似刺鳊鮈								+			+	+	+					+	+	
似鱎												+		+						
中华鳑鲏	+	+	+				+						+		+	+			+	
高体鳑鲏															+					
长蛇鮈																				+
蛇鮈		+									+				+	+	+		+	
银鮈								+							+					
彩鱊												+	+	+						
华鳈							+			+										
泥鳅	+	+	+		+						+		+		+			+		
大鳞副泥鳅										+				+						+
中华花鳅															+					
乌鳢	+	+	+	+		+	+	+	+		+	+	+	+	+	+	+		+	
波氏吻虾虎鱼															+					

（续表）

表 4.3-5　各站点鱼类分布

种　类	S1	S2	S3	S4	S5	S6	S7	S8	S9	S10	S11	S12	S13	S14	S15	S16	S17	S18	S19	S20
子陵吻虾虎鱼		+		+			+		+		+				+	+	+		+	+
拉氏狼牙虾虎鱼																+				
须鳗虾虎鱼										+										
中华刺鳅		+		+											+					
小黄黝鱼											+				+					
河川沙塘鳢			+	+																
中国花鲈																				+
鳜					+						+									
黄颡鱼	+	+	+	+	+	+	+				+	+	+		+	+	+	+	+	+
长须黄颡鱼	+	+		+			+				+			+			+			
江黄颡鱼												+								
光泽黄颡鱼	+	+	+	+			+						+				+			
鲇																+				+
黄鳝					+										+					
乔氏新银鱼					+	+														
陈氏新银鱼					+	+	+													
大银鱼					+	+	+			+					+					
鲻																	+		+	
间下鱵								+	+										+	

注："+" 表示监测到。

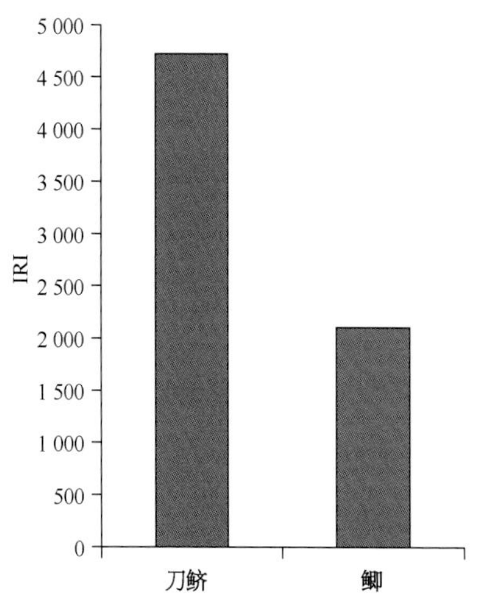

图4.3-9　鱼类相对重要性指数

的刺网的CPUEn与CPUEw较高，S12、S3、S17等站点的定置串联笼壶的CPUEn与CPUEw较高。宝应湖（S1 ～ S4）、高邮湖（S5 ～ S16）与邵伯湖（S17 ～ S20）相比，刺网及定置串联笼壶的CPUEn及CPUEw均无显著差异（$P > 0.05$）。

表 4.3-6　各季节鱼类多样性指数

季节	R	H'	J	λ
春季	15.08 ± 1.61	0.64 ± 0.17	0.63 ± 0.13	0.35 ± 0.15
夏季	16.99 ± 3.40	0.62 ± 0.20	0.66 ± 0.16	0.35 ± 0.18
秋季	5.83 ± 7.49	0.72 ± 0.18	0.69 ± 0.20	0.56 ± 0.26
冬季	30.15 ± 10.13	0.51 ± 0.10	0.84 ± 0.10	0.30 ± 0.08

表 4.3-7　各点位鱼类多样性指数

站　点	R	H'	J	λ
S1	21.92 ± 12.82	0.66 ± 0.24	0.73 ± 0.22	0.31 ± 0.21
S2	21.43 ± 13.16	0.79 ± 0.17	0.79 ± 0.09	0.19 ± 0.03
S3	17.84 ± 6.83	0.65 ± 0.17	0.74 ± 0.12	0.31 ± 0.04
S4	23.80 ± 19.57	0.66 ± 0.16	0.74 ± 0.14	0.23 ± 0.05
S5	15.91 ± 3.35	0.51 ± 0.12	0.56 ± 0.18	0.44 ± 0.15
S6	16.70 ± 2.50	0.49 ± 0.13	0.54 ± 0.15	0.47 ± 0.14
S7	19.27 ± 5.57	0.67 ± 0.22	0.75 ± 0.06	0.28 ± 0.11
S8	19.54 ± 6.92	0.60 ± 0.13	0.75 ± 0.16	0.31 ± 0.12
S9	18.07 ± 3.67	0.35 ± 0.17	0.46 ± 0.21	0.61 ± 0.21
S10	19.15 ± 7.43	0.48 ± 0.15	0.63 ± 0.17	0.42 ± 0.18
S11	20.75 ± 7.86	0.66 ± 0.19	0.72 ± 0.08	0.27 ± 0.13
S12	21.49 ± 9.35	0.55 ± 0.13	0.71 ± 0.18	0.36 ± 0.14
S13	17.13 ± 1.49	0.65 ± 0.24	0.64 ± 0.23	0.35 ± 0.24

（续表）

表 4.3-7 各点位鱼类多样性指数

站　点	*R*	*H'*	*J*	*λ*
S14	19.92 ± 4.87	0.60 ± 0.20	0.83 ± 0.12	0.31 ± 0.11
S15	23.78 ± 14.75	0.75 ± 0.24	0.80 ± 0.06	0.22 ± 0.07
S16	20.02 ± 5.50	0.68 ± 0.04	0.79 ± 0.12	0.26 ± 0.07
S17	17.15 ± 2.52	0.67 ± 0.14	0.72 ± 0.18	0.29 ± 0.15
S18	15.17 ± 1.21	0.74 ± 0.16	0.73 ± 0.10	0.25 ± 0.09
S19	19.24 ± 3.12	0.73 ± 0.26	0.65 ± 0.20	0.32 ± 0.21
S20	16.21 ± 3.13	0.69 ± 0.09	0.71 ± 0.02	0.26 ± 0.05

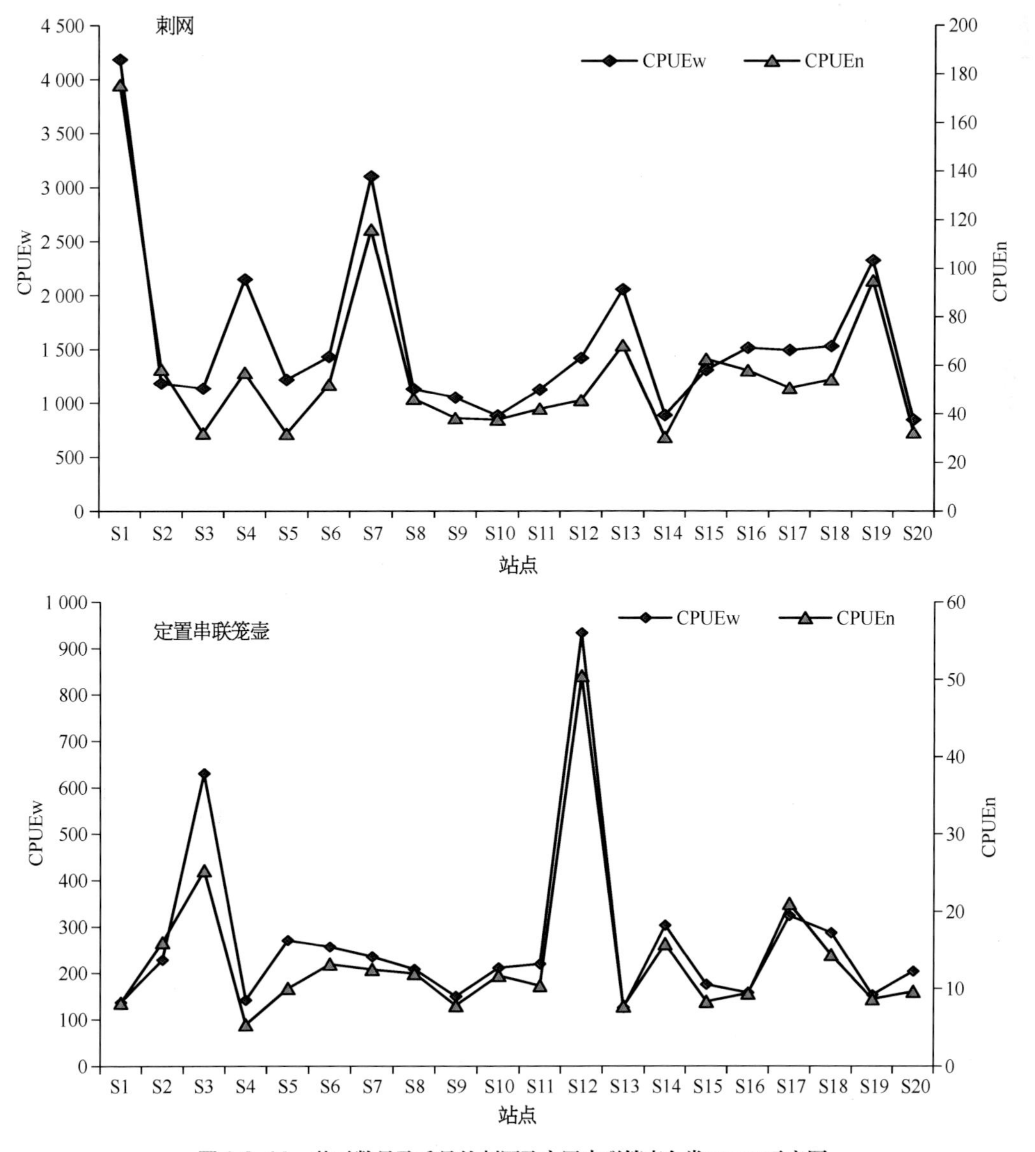

图4.3-10 基于数量及重量的刺网及定置串联笼壶鱼类CPUE示意图

表 4.3-8　各点单位努力捕捞量

站　　点	刺网 CPUEn（$ind.net^{-1}$ 12 h^{-1}）	刺网 CPUEw（$g.net^{-1}$ 12 h^{-1}）	定置串联笼壶 CPUEn（$ind.net^{-1}$ 12 h^{-1}）	定置串联笼壶 CPUEw（$g.net^{-1}$ 12 h^{-1}）
S1	144.3	4 184.4	6.8	136.8
S2	40.8	1 184.0	11.4	228.6
S3	39.2	1 136.0	31.5	630.9
S4	74.0	2 147.3	7.1	141.7
S5	42.0	1 217.5	13.5	270.7
S6	49.3	1 430.2	12.8	256.5
S7	106.9	3 100.3	11.8	235.3
S8	39.0	1 131.2	10.4	208.2
S9	36.2	1 050.5	7.5	149.8
S10	30.5	883.3	10.6	211.2
S11	38.8	1 125.1	11.0	219.6
S12	48.9	1 417.5	46.7	933.6
S13	70.8	2 052.1	6.3	125.4
S14	30.6	886.0	15.2	303.1
S15	45.0	1 305.3	8.8	175.4
S16	52.1	1 511.3	7.9	157.6
S17	51.4	1 490.3	16.2	323.7
S18	52.7	1 527.0	14.4	287.2
S19	80.1	2 323.6	7.7	153.0
S20	29.1	843.3	10.2	203.9

生物学特征

根据调查显示（图4.3-11和图4.3-12），高宝邵伯湖鱼类体长在0.9～84.2 cm，平均为10.6 cm；体重在0.2～2 785.6 g，平均为26.18 g。结果显示，6～8 cm体长组的鱼类较多，约占总数的20.8%，79%的鱼类体长在22 cm以下，只有2.8%的鱼类体长大于25 cm；88.7%的鱼类体重在50 g以下，96.8%的鱼类体重在100 g以下，300 g以上的鱼类占0.6%。

统计各季节及各站点鱼类生物学特征显示（图4.3-13和图4.3-14），冬季的鱼类平均体长较大，秋季平均体长较小；S6站点的鱼类体长和体重稍大。非参数检验显示，各季节（体长：X^2= 25.23，P<0.01；体重：X^2= 11 027.19，P <0.01）和各站点（体长：X^2= 25.51，P<0.01；体重：X^2= 11 145.4，P<0.01）体长及体重均存在显著性差异。

各鱼类平均体重显示（表4.3-9），仅鳙和鲢两种鱼类平均体重高于500 g；鲤、鳜、团头鲂等10种位于100～500 g；鳊、尖头鲌、花䱻等28种鱼类的平均体重位于10～100 g；䱗、长须黄颡鱼、彩鳑、棒花鱼等22种鱼类的平均体重小于10 g。

其他水生动物

调查显示，共采集非鱼类11种，包括螺5种（铜锈环棱螺、中华圆田螺、中国圆田螺、方格短沟蜷和

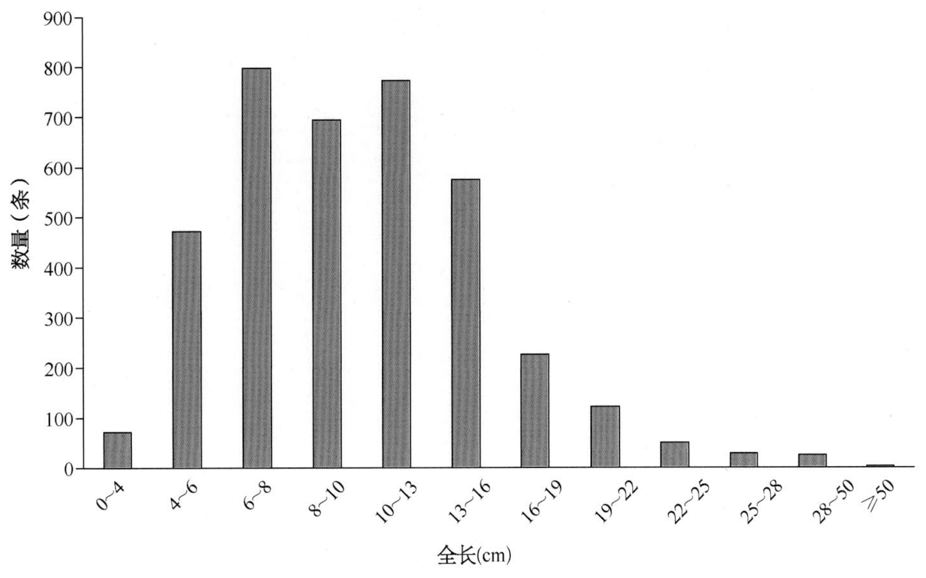

图4.3-11 鱼类全长分布

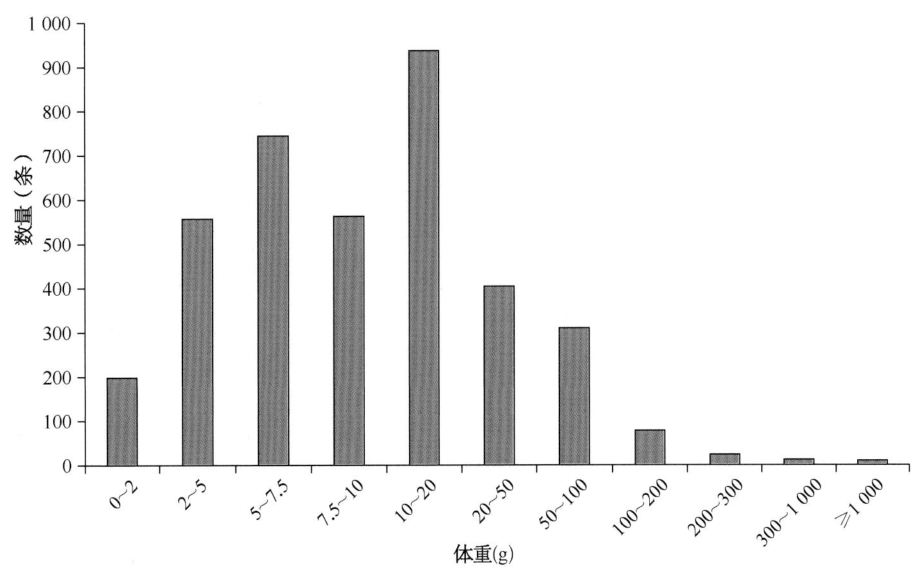

图4.3-12 鱼类体重分布

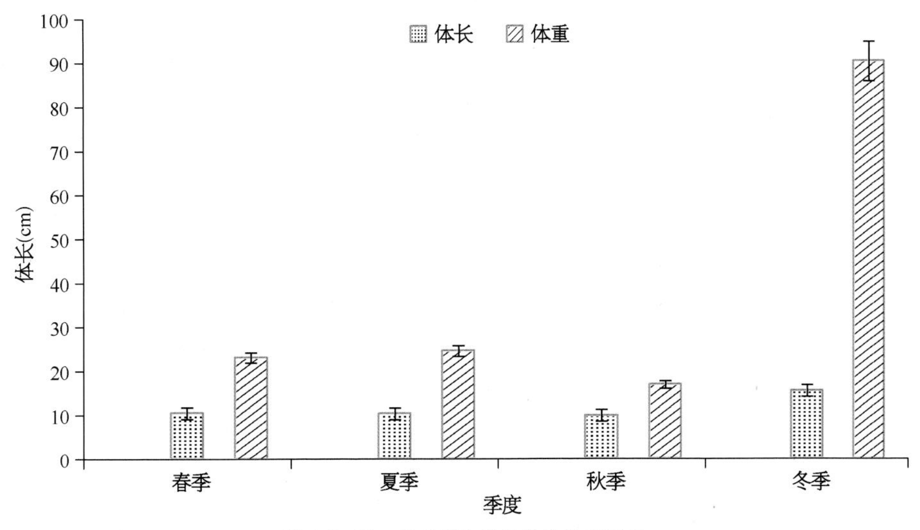

图4.3-13 各季节鱼类体长及体重组成

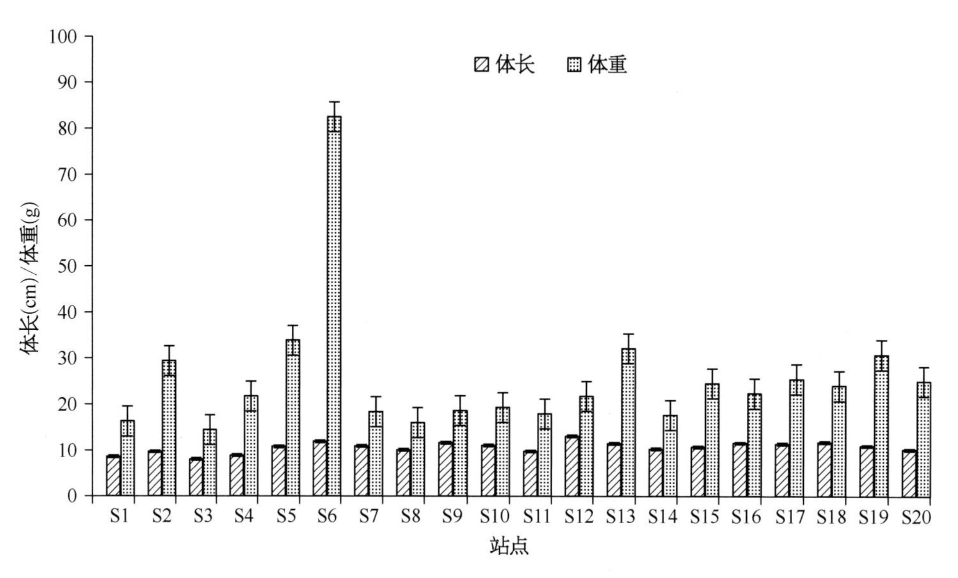

图4.3-14 各站点鱼类体长及体重组成

表4.3-9 鱼类体长及体重组成

种 类	体长（cm）			体重（g）		
	最小值	最大值	平均值	最小值	最大值	平均值
刀鲚	0.9	33.2	14.6	1.0	98.2	13.2
鳙	16.8	46.5	31.4	94.4	2 528.6	792.8
棒花鱼	3.2	10.3	7.2	0.4	19.7	8.1
贝氏鳘	4.5	14.5	8.5	1.8	33.8	8.8
鳡	23.5	38.6	31.1	133.2	540.0	336.6
鳊	12.5	25.6	16.6	40.0	217.3	98.9
鳘	4.2	16.6	9.1	1.2	55.2	9.8
草鱼	9.8	36.5	19.5	12.5	915.6	345.6
达氏鲌	4.5	23.1	11.8	1.2	159.8	36.2
大鳍鱊	1.7	17.2	6.3	0.7	23.0	6.2
鲂	14.6	21.2	16.9	64.0	254.9	131.3
红鳍原鲌	4.5	28.0	9.4	1.0	289.4	15.1
黑鳍鳈	4.7	11.6	8.6	2.9	24.6	13.5
花䱻	9.0	26.1	15.2	8.6	272.6	70.6
鲫	2.2	23.5	10.3	0.4	388.3	43.0
鲤	7.1	84.2	21.5	8.1	1 135.6	232.6
尖头鲌	7.5	30.6	12.4	5.4	861.0	82.5
黄尾鲴	8.5	34.4	11.9	8.5	67.1	17.6
鲢	19.3	58.0	29.7	123.6	2 782.6	771.1
麦穗鱼	1.9	11.4	6.3	0.4	58.0	5.6

（续表）

表 4.3-9 **鱼类体长及体重组成**

种　类	体长（cm）			体重（g）		
	最小值	最大值	平均值	最小值	最大值	平均值
蒙古鲌	4.3	20.8	12.5	1.5	115.6	41.1
翘嘴鲌	7.2	29.4	14.7	4.6	305.5	53.9
青鱼	9.6	47.8	23.5	15.6	1 986.5	357.4
似鳊	6.2	29.2	10.7	3.8	142.5	15.5
团头鲂	3.3	26.2	16.9	0.7	369.4	141.6
细鳞斜颌鲴	6.4	11.7	9.5	4.1	23.6	14.6
兴凯鱊	2.4	9.3	6.0	0.2	15.6	5.7
寡鳞飘鱼	7.6	9.3	8.4	5.0	11.7	7.1
飘鱼	11.7	15.7	13.4	13.6	18.6	16.8
似刺鳊鮈	8.3	18.0	12.4	8.2	93.6	34.9
似鲚	5.6	9.9	8.2	4.9	9.3	6.8
中华鳑鲏	2.2	17.1	4.6	0.4	62.5	6.2
高体鳑鲏	4.5	5.1	4.8	1.2	1.6	1.4
长蛇鮈	10.4	17.5	15.0	11.6	45.6	32.3
蛇鮈	13.6	33.4	16.0	15.2	41.4	30.1
银鮈	11.8	19.0	13.7	29.3	117.0	51.7
彩鱊	7.0	8.4	7.5	6.3	8.3	7.8
华鳈	8.9	13.4	10.6	15.4	28.8	14.3
泥鳅	12.7	16.9	14.6	14.3	27.6	19.4
大鳞副泥鳅	14.0	16.4	15.5	24.2	27.1	25.4
中华花鳅	6.8	6.8	6.8	2.2	2.2	2.2
乌鳢	5.4	27.0	17.4	1.5	284.8	113.3
波氏吻虾虎鱼	4.4	5.2	4.8	1.8	3.4	2.5
子陵吻虾虎鱼	1.2	18.3	5.4	0.2	106.2	7.5
拉氏狼牙虾虎鱼	7.9	8.5	8.3	1.4	1.8	1.7
须鳗虾虎鱼	7.1	8.2	7.6	1.0	1.7	1.3
中华刺鳅	12.3	19.6	15.6	4.0	21.0	13.3
小黄黝鱼	3.7	4.7	4.0	0.6	2.4	1.1
河川沙塘鳢	7.4	11.4	8.8	15.9	39.9	24.1
中国花鲈	8.7	17.6	12.0	11.9	110.3	42.7
鳜	21.2	21.6	21.3	214.5	218.5	215.8

（续表）

表 4.3-9 鱼类体长及体重组成

种　类	体长（cm）			体重（g）		
	最小值	最大值	平均值	最小值	最大值	平均值
黄颡鱼	5.7	21.1	14.3	1.6	125.8	53.8
长须黄颡鱼	5.5	11.6	7.6	2.7	24.6	8.9
江黄颡鱼	16.1	17.1	16.7	75.6	94.0	87.7
光泽黄颡鱼	11.4	14.6	12.8	16.8	37.8	28.3
鲇	21.6	30.7	26.8	93.8	269.4	200.0
黄鳝	50.5	60.0	55.5	165.2	220.8	183.4
乔氏新银鱼	3.5	4.8	4.3	0.2	0.6	0.4
陈氏新银鱼	3.5	5.0	4.4	0.2	0.6	0.4
大银鱼	9.6	20.9	14.3	2.3	26.4	10.5
鲻	14.5	40.3	20.5	120.4	898.5	164.0
间下鱵	9.8	14.0	12.1	1.6	5.3	3.1

纹沼螺）、虾蟹类5种（日本沼虾、秀丽白虾、中华小长臂虾、克氏原螯虾和中华绒螯蟹）、蚌1种（三角帆蚌），共11 409尾，占渔获物总数的33.3%，以秀丽白虾（52.8%）和日本沼虾（39.9%）较多；生物量为15 795.3 g，占渔获物总重的3.8%，以秀丽白虾（40.0%）和日本沼虾（36.2%）贡献较大。

根据调查数据显示，在11种非鱼类渔获物种中，以日本沼虾、铜锈环棱螺和秀丽白虾分布较为广泛，其中日本沼虾和秀丽白虾在所设20个站点均有分布，铜锈环棱螺在19个站点被捕获（表4.3-10）。日本沼虾、秀丽白虾、中华绒螯蟹和铜锈环棱螺在四个季度采样调查中均有捕获，方格短沟蜷和中华圆田螺在夏、秋两个季度有所捕获，而三角帆蚌、中国圆田螺和中华小长臂虾仅在春季有捕获，纹沼螺仅在夏季有捕获，克氏原螯虾仅在秋季有捕获（表4.3-11）。

表 4.3-10 高宝邵伯湖渔业资源调查中非鱼类渔获物的分布情况

站　点	三角帆蚌	方格短沟蜷	纹沼螺	日本沼虾	铜锈环棱螺	秀丽白虾	中国圆田螺	中华绒螯蟹	中华圆田螺	中华小长臂虾	克氏原螯虾
S1		+		+		+					
S2			+	+	+	+				+	
S3				+	+	+					
S4				+	+	+		+	+		
S5	+	+	+	+	+	+					+
S6				+	+	+					
S7	+	+		+	+	+	+				
S8		+		+	+	+			+		

（续表）

表 4.3-10 高宝邵伯湖渔业资源调查中非鱼类渔获物的分布情况

站 点	三角帆蚌	方格短沟蜷	纹沼螺	日本沼虾	铜锈环棱螺	秀丽白虾	中国圆田螺	中华绒螯蟹	中华圆田螺	中华小长臂虾	克氏原螯虾
S9				+	+	+		+			
S10				+	+	+		+			
S11		+		+	+	+			+		
S12			+	+	+	+					
S13				+	+	+		+			
S14			+	+	+	+	+		+		
S15			+	+	+	+					
S16				+	+	+		+			
S17		+		+	+	+					
S18				+	+	+		+			
S19				+	+	+					
S20				+	+	+					

表 4.3-11 非鱼类渔获物各季节出现频数

种 类	春 季	夏 季	秋 季	冬 季
三角帆蚌	+			
方格短沟蜷		+	+	
纹沼螺		+		
日本沼虾	+	+	+	+
铜锈环棱螺	+	+	+	+
秀丽白虾	+	+	+	+
中国圆田螺	+			
中华绒螯蟹	+	+	+	+
中华圆田螺		+	+	
中华小长臂虾	+			
克氏原螯虾			+	

结果与讨论

本次调查共采集到鱼类62种，隶属于8目14科，其中鲤形目较多（约占总种类数的64.5%），同时鲤形目的数量百分比与重量百分比远高于其他目的鱼类。刀鲚、鲫、鳘、红鳍原鲌、大鳍鱊等为高宝邵伯湖的鱼类优势种。

高宝邵伯湖为江苏第三大、全国第六大淡水湖，在我省的渔业生产中占有重要地位，渔业资源丰富。但至今鲜有公开发表的、反映高宝邵伯湖整体水域鱼类资源状况的文献。戴建华等曾于2012年至2014年，通过标本采集和走访调查的方法对宝应湖鱼类组成和优势种进行过调查和研究，共调查到宝应湖鱼类41种，优势种为鲫、红鳍原鲌、鳘、贝氏鳘等。与其41种相比，本次未采集到4种，分别是长吻鮠、大眼鳜、赤眼鳟和圆尾斗鱼。本次调查的结果可能是对该水域鱼类种类的首次较为全面的记录，可以为高宝邵伯湖鱼类资源的保护提供重要的数据资料。

从季节上看，夏、秋季节鱼类组成较为接近，刀鲚、鲫、鳘、红鳍原鲌等为优势种，占比较高；冬季的鱼类组成与其他三个季节差异较大，除了刀鲚、鲫为优势种以外，翘嘴鲌、鳙、鲢等种类的占比较大。总体上看，春季和夏季鱼类的资源量较大，而秋季和冬季较小，各季节采集到的鱼类在29 ～ 43种；不同季节鱼类群落的多样性指数整体上差异较小。近年来，在江苏省高宝邵伯湖渔业管理委员会办公室的组织下，高宝邵伯湖开展了以鲢、鳙为主的增殖放流。据调查结果，增殖放流与捕捞作业均可能对鱼类的季节分布、群落结构、优势种组成等产生一定的影响。

从站位上看，20个站点鱼类组成整体上较为接近；S1和S17与其余点位的鱼类组成差异较大；产生差异性主要原因可能在于优势种组成的差异，以及各优势种数量分布上的差异。各点鱼类种类数有一定的差异，最低为16种，最高为30种。整体上看，宝应湖和邵伯湖的各点位种类数相差较小，高邮湖各点位种类数相差较大。宝应湖（S1 ～ S4）、高邮湖（S5 ～ S16）与邵伯湖（S17 ～ S20）相比，刺网及定置串联笼壶的CPUEn及CPUEw均无显著差异。

4.4 · 滆湖

鱼类种类组成及生态、食性类型

鱼类种类组成

共采集鱼类38种7 549尾，隶属于6目9科30属（图4.4-1），其中鲤形目2科（鲤科和鳅科）共26种，鲈形目4科（鮨科、虾虎鱼科、鳗虾虎鱼科和月鳢科）5种，鲱形目（鳀科）1种，鲇形目（鲿科）4种，鲑形目（银鱼科）1种，颌针鱼目（鱵科）1种（表4.4-1）。对比两种网具的渔获物，刺网能捕获此次采集的所有种类，定置串联笼壶只捕获到27种，其中赤眼鳟、棒花鱼、鳜、黄尾鲴等9种鱼没有捕获到。

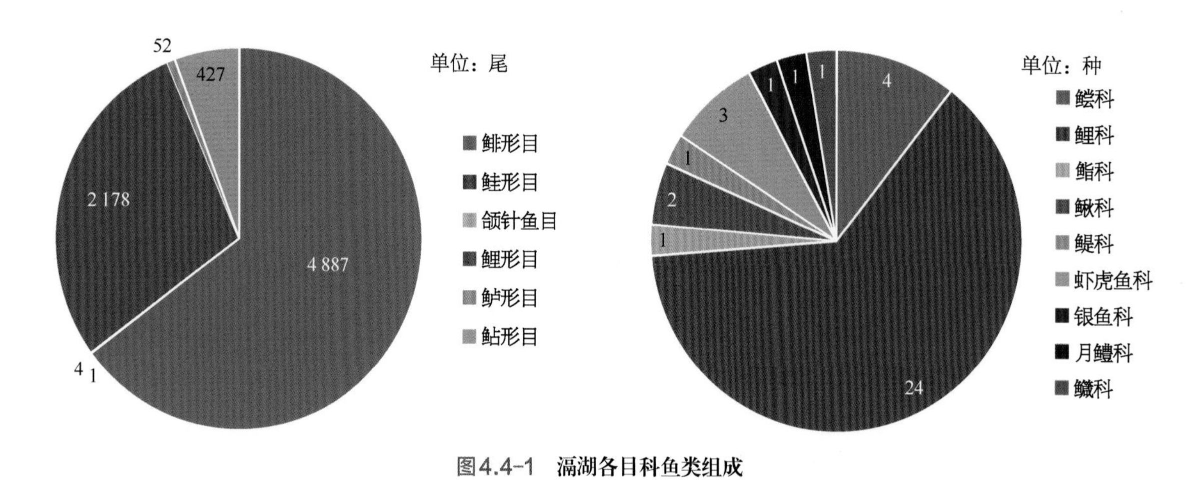

图4.4-1　滆湖各目科鱼类组成

表4.4-1　滆湖多网目刺网和定置串联笼壶渔获物组成

种　　类	生态类型	相对重要性指数（IRI）
一、鲤形目 Cypriniformes		
1. 鲤科 Cyprinidae		

（续表）

表 4.4-1 滆湖多网目刺网和定置串联笼壶渔获物组成

种　　类	生态类型	相对重要性指数（IRI）
（1）鳌 *Hemiculter leucisculus*	O.U.R	523.33
（2）鲢 *Hypophthalmichthys molitrix*	F.U.P	1 910.00
（3）蒙古红鲌 *Cultrichthys erythropterus*	C.U.R	26.67
（4）鳙 *Aristichthys nobilis*	F.U.P	353.33
（5）大鳍鱊 *Acheilognathus macropterus*	O.U.R	90.00
（6）翘嘴红鲌 *Erythroculter ilishaeformis*	C.U.R	363.33
（7）团头鲂 *Megalobrama amblycephala*	H.L.R	43.33
（8）达氏鲌 *Erythroculter dabryi*	C.U.R	686.67
（9）黄尾鲴 *Xenocypris davidi Bleeker*	H.L.R	10.00
（10）鲤 *Cyprinus carpio*	O.L.R	270.00
（11）似鲚 *Toxabramis swihhonis Günther*	O.U.R	43.33
（12）鲫 *Carassius auratus*	O.L.R	1 523.33
（13）红鳍原鲌 *Cultrichthys erythropterus*	C.U.R	466.67
（14）黑鳍鳈 *Sarcocheilichthys nigripinnis*	O.L.R	30.00
（15）华鳈 *Sarcocheilichthys sinensis*	O.L.R	17.10
（16）似鳊 *Pseudobrama simoni*	H.L.R	403.33
（17）麦穗鱼 *Pseudorasbora parva*	O.L.R	96.67
（18）贝氏鳌 *Hemiculter bleekeri*	O.U.R	440.00
（19）长蛇鮈 *Saurogobio dumerili Bleeker*	O.B.R	10.00
（20）鳊 *Parabramis pekinensis*	H.L.R	46.67
（21）兴凯鱊 *Acheilognathus chankaensis*	O.U.R	30.00
（22）赤眼鳟 *Squaliobarbus curriculus*	O.U.P	3.33
（23）方氏鳑鲏 *Rhodeus fangi*	O.U.R	3.33
（24）中华鳑鲏 *Rhodeus sinensis Günther*	O.U.R	23.33
（25）棒花鱼 *Abbottina rivularis*	O.B.R	3.33
2. 鳅科 Cobitidae		
（26）中华花鳅 *Cobitis sinensis*	O.B.R	113.33
（27）泥鳅 *Misgurnus anguillicaudatus*	O.B.R	33.33
二、鲈形目 Perciformes		
3. 鮨科 Serranidae		
（28）鳜 *Siniperca chuatsi*	C.U.R	3.33
4. 虾虎鱼科 Gobiidae		

（续表）

表 4.4-1 滆湖多网目刺网和定置串联笼壶渔获物组成

种　　类	生态类型	相对重要性指数（IRI）
（29）子陵吻虾虎鱼 *Rhinogobius giurinus*	C.B.R	143.33
（30）须鳗虾虎鱼 *Taenioides cirratus*	C.B.R	23.33
（31）红狼牙虾虎鱼 *Odontamblyopus rubicundus*	C.B.R	16.67
5. 月鳢科 Channidae		
（32）乌鳢 *Channa argus*	C.B.R	6.67
三、鲱形目 Clupeiformes		
6. 鳀科 Engraulidae		
（33）刀鲚 *Coilia nasus*	C.U.D	2 988.33
四、鲇形目 Siluriformes		
7. 鲿科 Bagridae		
（34）黄颡鱼 *Pelteobagrus fulvidraco*	O.B.R	506.67
（35）长须黄颡鱼 *Pelteobagrus eupogon*	O.B.R	3.33
（36）光泽黄颡鱼 *Pelteobagrus nitidus*	O.B.R	1 166.67
五、鲑形目 Osmeriformes		
8. 银鱼科 Salangidae		
（37）大银鱼 *Protosalanx chinensis*	C.U.R	3.33
六、颌针鱼目 Beloniformes		
9. 鱵科 Hemirhamphiade		
（38）间下鱵 *Hyporhamphus intermedius*	C.U.R	13.33

注：U.中上层，L.中下层，B.底层；D.江海洄游性，P.江湖半洄游性，E.河口性，R.淡水定居性；C.肉食性，O.杂食性，H.植食性，F.滤食性。

分析数量百分比（N%）和重量百分比（W%）（图4.4-2），从数量上看，鳀科最多，占总渔获量的55.9%，其次为鲤科和鲿科，分别占34.6%和7.8%；从重量上看，鲤科鱼类占据绝对优势，占91.7%，其次为鳀科和鲿科，分别占5.7%和2.1%。

单个种类来看，鳀科的刀鲚数量最多，为滆湖第一优势种，占总数量的55.9%；其次为鲢，占8.94%。而蒙古鲌、团头鲂、黄尾鲴等21种鱼数量比例均小于1%，为偶见种或稀有种；重量百分比（W%）显示，鲢的体重占比最多，为44.6%，其次为鳙（15.4%）和鲫（7.4%）等，而刀鲚虽然在数量上占据优势，但由于其体型小，因此在重量百分比（W%）中仅占5.7%。

生态类型与区系组成

生态类型：根据鱼类洄游类型、栖息空间和摄食的不同，可将鱼类划分为不同生态类群（表4.4-2）。

根据鱼类洄游类型，可分为：定居性鱼类有34种，包括鲤、鲫、鳊、黄颡鱼等，占总种数的87.18%；江湖半洄游性鱼类有3种，包括鲢、赤眼鳟和鳙，占总种数的7.69%；江海洄游性鱼类为刀鲚。

按栖息空间划分，可分为中上层、中下层和底栖三类。底栖鱼类有11种，包括泥鳅、鲇、黄颡鱼等，占总种数的28.21%；中下层鱼类有9种，包括鲫、鳊等，占总种数的23.08%；中上层鱼类有鲢、翘嘴鲌、鳙、刀鲚等19种，占总种数的48.72%。

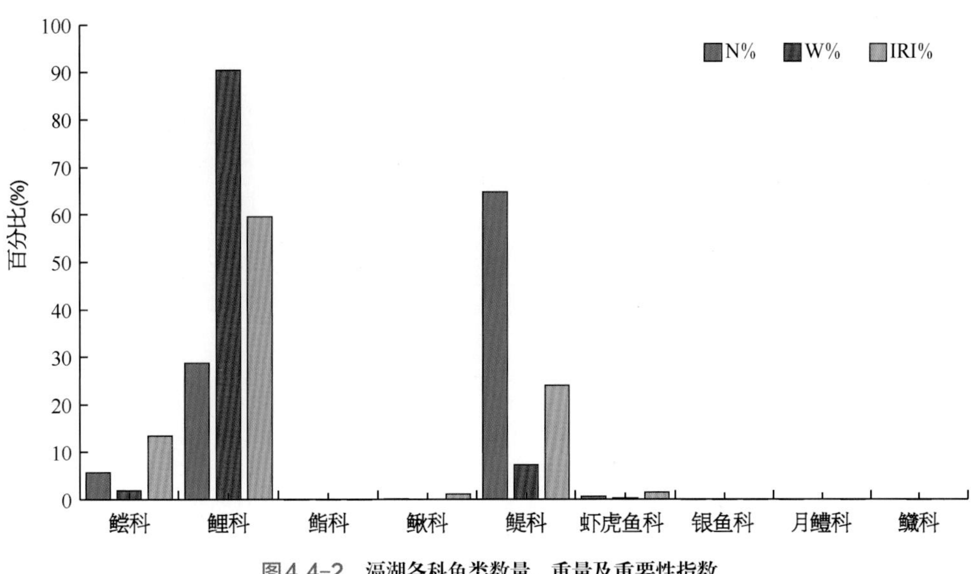

图4.4-2　滆湖各科鱼类数量、重量及重要性指数

表4.4-2　滆湖鱼类生态类型

生态类型	种类数	百分比（%）
洄游类型		
江湖半洄游性	3	7.69
江海洄游	1	2.56
河口性	0	0.00
淡水定居性	34	87.18
食性类型		
植食性	4	10.25
杂食性	19	48.72
滤食性	2	51.28
肉食性	13	33.33
栖息空间		
中上层	19	48.72
中下层	9	23.08
底栖	11	28.21

按摄食类型划分，有植食性、杂食性、滤食性和肉食性四类。植食性鱼类有鳊、鲂等，占总种数的10.25%；杂食性鱼类有鲤、鲫、赤眼鳟、泥鳅等，占总种数的48.72%；肉食性鱼类有鲇、乌鳢、翘嘴鲌等，占总种数的33.33%；滤食性有鲢和鳙两种。

区系组成：根据起源和地理分布特征，阳澄湖鱼类区系可分为4个复合体。

① 中国江河平原区系复合体：是在喜马拉雅山升到一定高度并形成东亚季风气候之后，为适应新的自然条件，从旧类型鱼类分化出来的。以鲢、鳙、鳊等为代表种类。

② 南方热带区系复合体：原产于南岭以南各水系中，而后向长江流域伸展。以乌鳢、黄颡鱼等鱼类为代表种。

③ 晚第三纪早期区系复合体：更新世以前北半球亚热带动物的残余，由于气候变化，被分割成若干不连续的区域。其种类有泥鳅、鳑鲏等。

④ 北方平原区系复合体：高纬度地区分布较广，耐寒种类多，耐氧力强，凶猛种类少，性成熟早，补充群体大，种群恢复力强。代表种类有麦穗鱼。

群落时空变化

季节组成

① 刺网渔获物的季节变化

聚类分析结果显示，刺网渔获物在季节上无显著差异，NMDS检验显示压力系数stress=0.12，说明此群落划分不合理。

② 定置串联笼壶渔获物季节变化

定置串联笼壶渔获物在季节上呈现显著差异，在季节上（ANOSIM，R=0.928，P<0.01）群落共划分为两类，夏季和秋季聚为一类，春季和冬季聚为另一类（图4.4-3）。据NMDS分析结果（图4.4-4），其压力系

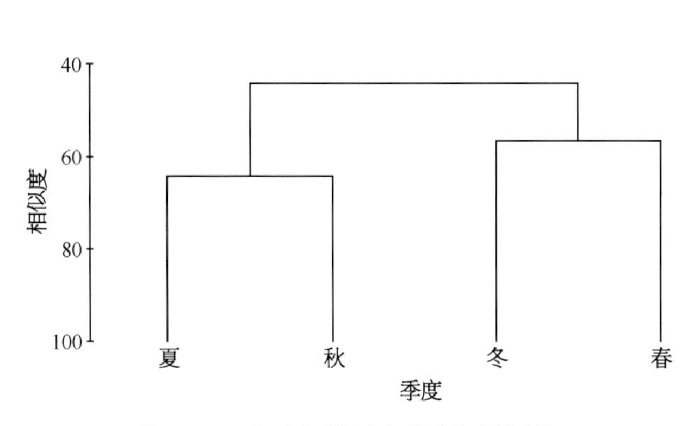

图4.4-3 定置串联笼壶鱼类群落季节聚类

Stress: 0

春 秋

夏

冬

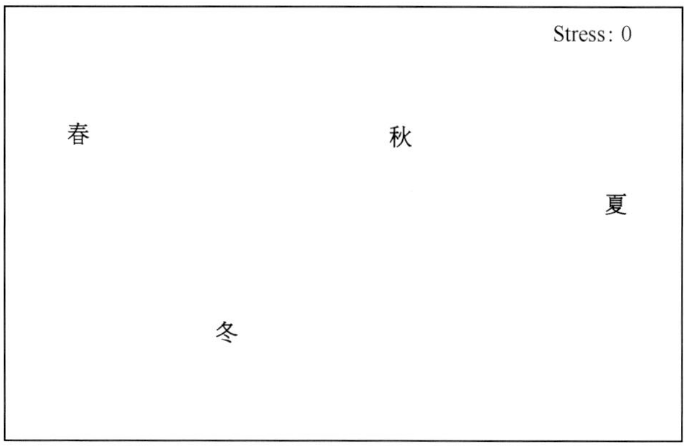

图4.4-4 定置串联笼壶鱼类群落季节聚类NMDS检验

数stress<0.01，证明此群落划分可行。

分析显示，刀鲚、鲫、红鳍原鲌、鲤、达氏鲌、似鳊等18种鱼类在四个季度均有采集到（表4.4-3）；仅在春季采集到的鱼类有长蛇鮈等3种；仅在夏季采集到的鱼类有黄尾鲴等2种；仅在秋季采集到的鱼类有鳜、棒花鱼等3种；仅在冬季采集到的鱼类有长须黄颡鱼、乌鳢等4种。对鱼类而言，各季节以刀鲚捕获较多，为每个季节的第一优势种；其次为鲢、鲤、鲫、鳙、似鳊等在每个季节出现较多，其中，鲢在夏季和秋季为数量第二优势种，重量百分比甚至超过刀鲚，为所有鱼类之最，鲫和鳙分别为春季和冬季第二优势种。具体来看，春季的优势种为刀鲚、鲫鱼、红鳍鲌和达氏鲌；夏季为刀鲚、鲢、鲤和似鳊；秋季为刀鲚、鲢、似鳊、红鳍原鲌和鲫；冬季为刀鲚、鳙、鲤和红鳍原鲌。

表4.4-3 不同季节鱼类相对重要性指数（IRI）

种　　类	春　季	冬　季	秋　季	夏　季
贝氏鳘	3.48	66.09	104.35	288.70
鳊	6.96	+	13.91	34.78
鳘	180.87	13.91	86.96	+
草鱼	+	3.48	+	+
达氏鲌	163.48	13.91	194.78	170.43
大鳍鱊	66.09	+	+	3.48
大银鱼	+	3.48	+	+
刀鲚	2 998.26	2 354.78	2 744.35	6 615.65
方氏鳑鲏	+	+	6.96	+
光泽黄颡鱼	813.91	+	+	+
鳜	+	+	3.48	+
黑鳍鳈	17.39	+	+	+
红狼牙虾虎鱼	3.48	+	+	+
红鳍原鲌	125.22	132.17	260.87	59.13
华鳈	+	3.48	+	+
黄颡鱼	153.04	121.74	38.26	316.52

（续表）

表 4.4-3 不同季节鱼类相对重要性指数（IRI）

黄尾鲴	3.48	+	+	6.96
鲫	431.30	59.13	205.22	417.39
间下鱵	+	13.91	+	+
江黄颡鱼	+	38.26	+	+
鲤	73.04	20.87	20.87	31.30
鲢	692.17	104.35	375.65	678.26
麦穗鱼	93.91	6.96	+	+
蒙古鲌	3.48	+	10.43	10.43
泥鳅	10.43	24.35	+	+
飘鱼	+	3.48	+	+
翘嘴鲌	13.91	27.83	73.04	233.04
似鳊	93.91	222.61	+	59.13
似鲚	45.22	410.43	+	+
团头鲂	13.91	+	3.48	17.39
乌鳢	+	+	3.48	+
兴凯鱊	+	6.96	+	3.48
须鳗虾虎鱼	+	+	10.43	10.43
鳙	86.96	146.09	132.17	45.22
长蛇鮈	+	+	+	10.43
长须黄颡鱼	+	+	3.48	+
中华花鳅	+	+	+	3.48
子陵吻虾虎鱼	80.00	6.96	55.65	6.96

注："+" 表示此季节没有采集到此种鱼类。

如图4.4-5和图4.4-6显示，滆湖各季节中，捕获渔获物数量最多的为夏季，占全年的38.3%，其次为春季，渔获数量占全年的27.6%，冬季最少，约占15.7%；从重量百分比来看，秋季捕获的渔获物生物量总数最大，占全年的27.3%，其次为冬季和春季，而夏季的鱼类生物量最少，仅占22.2%，可能与夏季捕获较多小型鱼类有关。

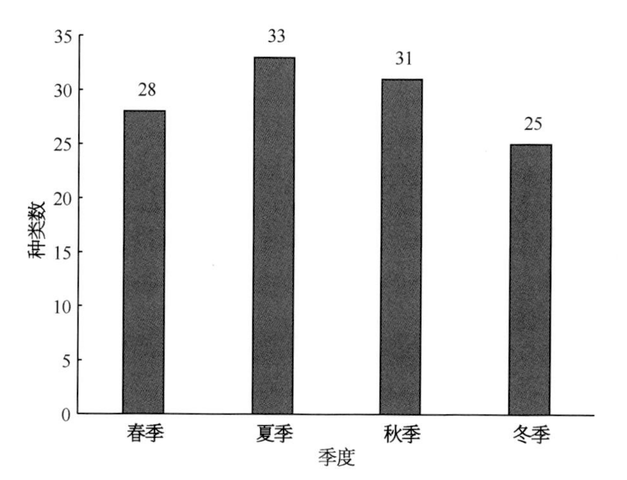

图4.4-5 不同季节鱼类种类数

· 空间组成

① 刺网渔获物空间分布

聚类分析结果显示，刺网渔获物在季节上无显著差异。NMDS检验显示，压力系数stress=0.14，说明此群落划分不合理。

② 定置串联笼壶渔获物空间分布

空间上（ANOSIM，R=0.723，P<0.01）定置串联笼壶渔获物共划分为5类，S1和S2站点聚为一类，S3和S9站点各单独聚为一类，S4、S5和S6站点聚为一类，其他站点共同聚为一类（图4.4-7）。NMDS分析结果显示，压力系数stress=0.1，证明此次群落划分可行。

我们根据滆湖的特殊地理形状、水流状况和采样点分布，将其分为北湖区、中部湖区、西南湖区和东南湖区，其中S1～S4站点属于西南湖区，S5～S8站点属于东南湖区，S9～S12站点属于中部湖区，S13～16属于北湖区。通过数量百分比和重量百分比来了解鱼类的空间分布特征（表4.4-4和表4.4-5）。

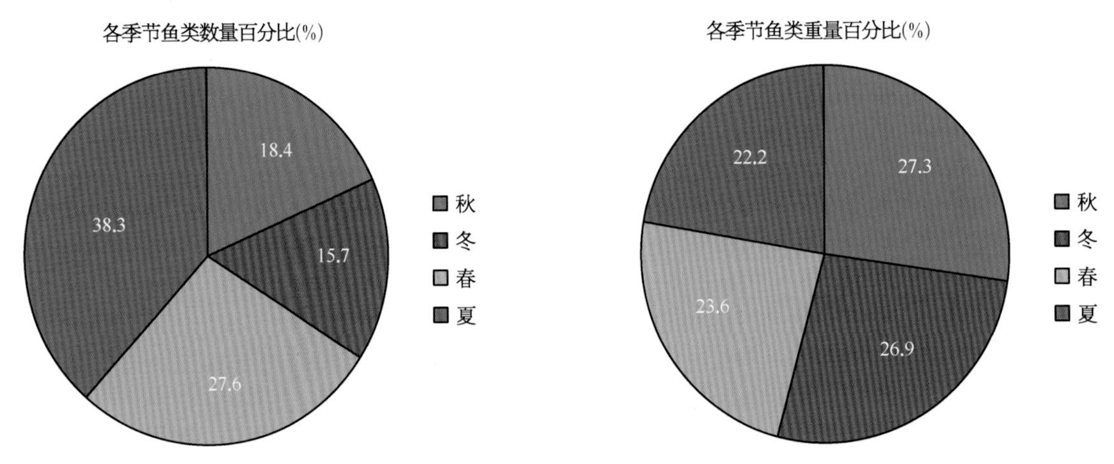

图4.4-6 滆湖各季节鱼类数量和质量百分比

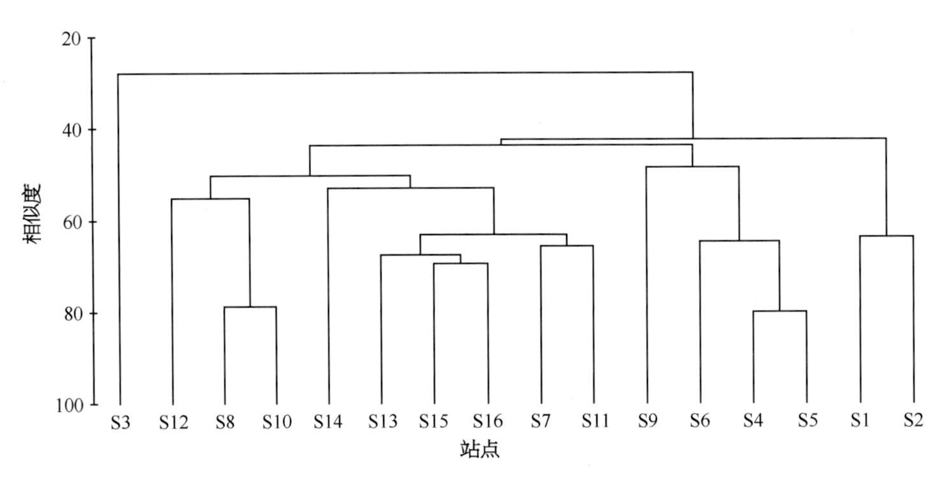

图4.4-7 定置串联笼壶渔获物空间分布

表4.4-4 各站点鱼类组成

站点	目	科	属	种	数量百分比（%）	重量百分比（%）
S1	4	4	13	16	3.58	3.29
S2	4	5	14	17	4.65	7.61
S3	4	5	17	22	9.13	7.54
S4	4	4	12	15	10.57	8.72
S5	5	5	13	15	6.62	2.05

（续表）

表 4.4-4　各站点鱼类组成

站　点	目	科	属	种	数量百分比（%）	重量百分比（%）
S6	4	4	14	18	3.30	4.05
S7	4	4	12	14	4.65	27.43
S8	4	4	12	16	10.36	5.61
S9	4	4	14	16	3.52	2.07
S10	4	4	13	14	4.24	4.04
S11	4	4	12	15	5.01	6.05
S12	4	5	17	22	9.87	3.60
S13	4	5	17	20	6.05	6.39
S14	6	7	20	26	6.85	3.82
S15	4	4	15	18	6.58	4.33
S16	5	7	17	21	5.02	3.40

表 4.4-5　各点鱼类分布

种　类	S1	S2	S3	S4	S5	S6	S7	S8	S9	S10	S11	S12	S13	S14	S15	S16
贝氏鳘	+	+	+	+	+	+	+	+	+	+	+	+	+	+	+	+
鳊										+		+	+	+	+	
鳘	+	+	+	+		+		+		+	+	+	+	+	+	+
草鱼			+													
达氏鲌	+	+	+	+	+	+	+	+	+		+	+	+	+	+	+
大鳍鱊			+		+	+		+				+		+	+	+
大银鱼														+		
刀鲚	+	+	+	+	+	+	+	+	+	+	+	+	+	+	+	+
方氏鳑鲏							+									
光泽黄颡鱼	+	+	+	+	+	+	+	+	+		+	+			+	+
鳜																+
黑鳍鳈													+			
红狼牙虾虎鱼						+										
红鳍原鲌	+	+	+	+	+	+	+	+	+	+	+	+	+	+	+	
华鳈	+															
黄颡鱼	+	+	+	+	+	+	+	+	+	+	+	+	+	+	+	+
黄尾鲴													+	+		
鲫	+	+	+	+	+	+	+	+	+	+	+	+	+	+	+	+

（续表）

表4.4-5 各点鱼类分布

种 类	S1	S2	S3	S4	S5	S6	S7	S8	S9	S10	S11	S12	S13	S14	S15	S16
间下鱵					+									+	+	+
江黄颡鱼			+										+	+	+	
鲤		+	+	+		+	+	+	+	+		+	+	+		+
鲢	+	+	+	+	+	+	+	+	+	+	+	+	+	+	+	+
麦穗鱼	+	+				+			+		+	+	+	+	+	+
蒙古鲌			+			+		+				+		+		+
泥鳅		+	+										+			+
飘鱼			+													
翘嘴鲌	+	+	+	+	+	+	+	+	+	+	+	+	+	+		+
似鳊	+	+	+	+	+	+	+		+	+	+	+		+	+	+
似鲚	+		+			+			+	+			+	+	+	+
团头鲂					+						+	+	+	+	+	
乌鳢														+		
兴凯鱊		+										+		+		
须鳗虾虎鱼								+	+			+		+		+
鳙	+	+	+	+	+		+	+	+	+	+	+	+	+	+	+
长蛇鮈			+	+												
长须黄颡鱼														+		
中华花鳅												+				
子陵吻虾虎鱼	+	+	+	+	+	+	+	+	+	+	+	+	+			+

注："+" 表示有。

如图4.4-8所示，北部湖区捕获的渔获物种类最多，有32种；西南湖区最少，只有22种。

数量百分比（N%）显示（图4.4-9），东南湖区捕获的渔获物数量最多，占28.6%；西南湖区紧随其后，为28.4%，这两湖区皆位于滆湖下游。总体上看，滆湖渔获物数量在下游居多，而中部湖区的渔获数量最少。

质量百分比（W%）显示（图4.4-9），作为下游的西南湖区和东南湖区，是渔获重量最多的两个湖区，分别占31.5%和27.4%；而中部湖区渔获重量同样最少，仅占总重量的14.7%。

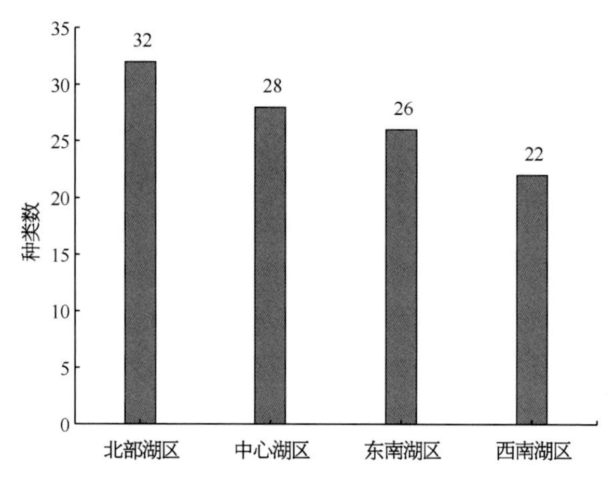

图4.4-8 滆湖各湖区渔获物种类数

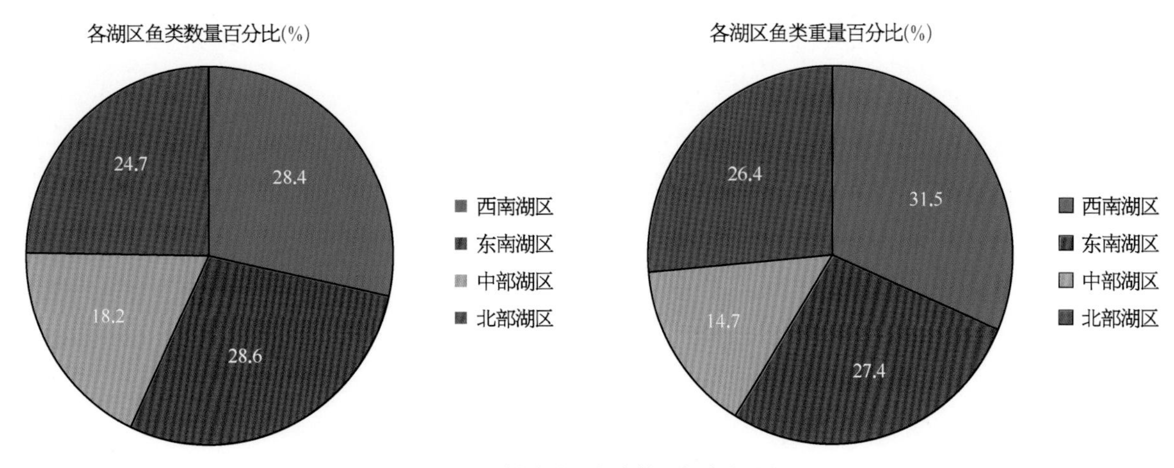

图4.4-9 滆湖各湖区鱼类数量和质量百分比

优势种及多样性指数

根据IRI（鱼类相对重要性指数）大于1 000定为优势种，100 < IRI < 1 000定为主要种。分析显示（图4.4-10），刀鲚、鲢、鲫和光泽黄颡鱼4种鱼类IRI大于1 000，达氏鲌、鳘、黄颡鱼、红鳍原鲌、贝氏鳘、似鳊、翘嘴鲌和鳙8种鱼类IRI位于100～1 000。

刺网渔获物多样性指数的时空变化

根据季度及站点为因素，对刺网渔获物各多样性指数进行双因素方差分析显示，4种多样性指数均无显著的季节及空间差异（R：季节：F=1.528，P=0.25及站点：F=1.511，p=0.25；H'：季节：F=1.068，P=0.4及站点：F=1.089，p=0.40；J：季节：F=0.112，P=0.58及站点：F=0.557，p=0.67；λ：季节：F=1.065，P=0.41及站点：F=1.200，p=0.31）。

根据季节来看，Margalef丰富度指数（R）显示夏季和冬季偏高；Shannon-Weaver多样性指数（H'）显示春季和冬季稍高；Pielou均匀度指数（J）显示春季最高；而Simpson优势度指数（λ）显示夏季和秋季最高（图4.4-11）。

根据站点来看，Margalef丰富度指数显示四个季节相差不大，位于上游的北部湖区偏高，中部湖区次之；同样，Shannon-Weaver多样性指数显示北部湖区最高，其次是西南湖区；而Pielou均匀度指数显示中部湖区和北部湖区最高，西南湖区最低；Simpson优势度指数显示位于下游的东南湖区和西南湖区最高，上游的北湖区最低（图4.4-12）。

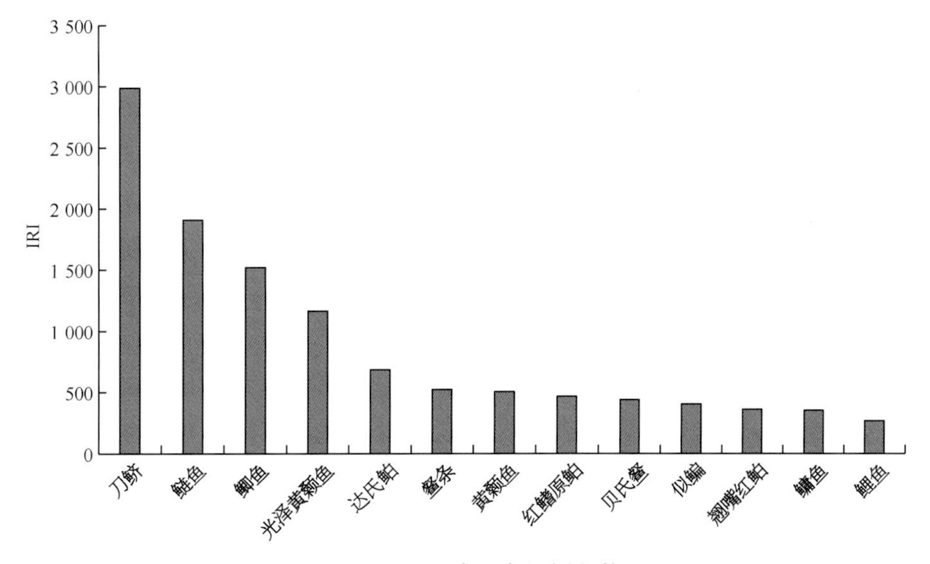

图4.4-10 鱼类相对重要性指数

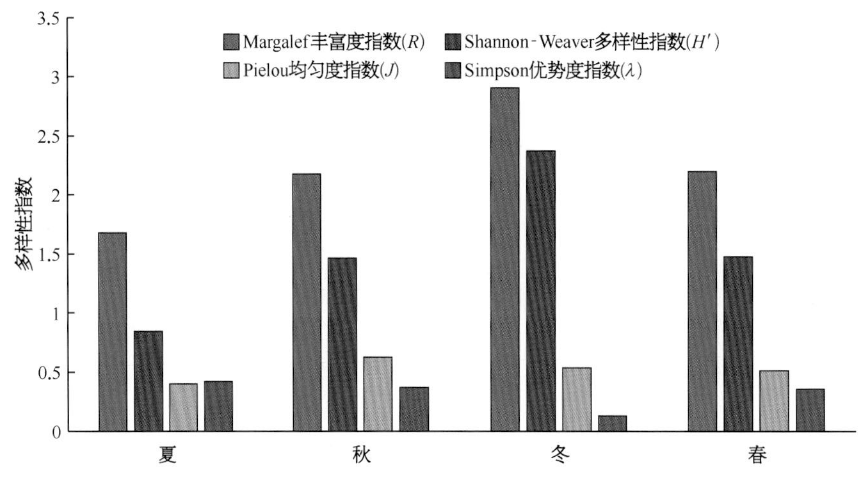

图4.4-11 刺网渔获物多样性指数季节变化

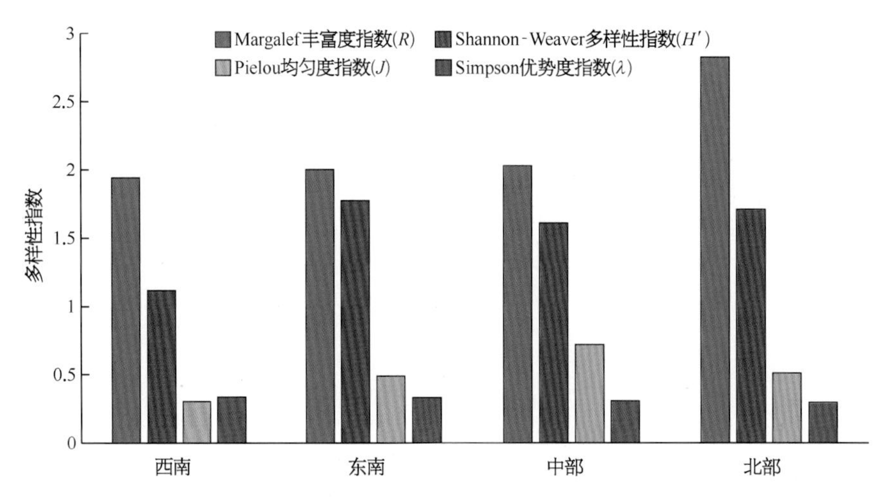

图4.4-12 刺网渔获物多样性指数空间变化

· 定置串联笼壶渔获物多样性指数的时空变化

以季度和站点为因素的定置串联笼壶渔获物各多样性指数进行双因素方差分析显示，4种多样性指数均无显著的季节及空间差异（R：季节：F=0.333，P=0.8及站点：F=1.125，p=0.38；H'：季节：F=0.556，P=0.67及站点：F=1.298，p=0.36；J：季节：F=0.889，P=0.81及站点：F=0.561，p=0.68；λ：季节：F=0.987，P=0.85及站点：F=1.128，p=0.35）。

具体来看，Margalef丰富度指数显示春夏季稍高，秋季最低；Shannon-Weaver多样性指数显示春季最高，冬季次之；Pielou均匀度指数显示春季最高，秋季最低；而Simpson优势度指数显示夏、秋季节最高，冬季最低（图4.4-13）。

通过对站点进行分析比较（图4.4-14），位于上游的北部湖区R、H'和J都是所有湖区最高，东南湖区是所有湖区最低；而对于λ，东南湖区最高，北湖区最低。结果说明北湖区捕获的物种数较多，鱼类物种多样性较大，且每个种类之间数量差距比较平均；而东南湖区的鱼类多样性则偏低，渔获物种类较少，且渔获物数量比较集中在一些优势种类上，导致其优势度指数较高。

单位努力捕获量

刺网和定置串联笼壶渔获物NPUE和BPUE的季节变化如表4.4-6和图4.4-15所示。从刺网渔获物季节来看，NPUE和BPUE差异性较大。NPUE夏季最高，春季次之，冬季最少；而BPUE则是秋季和冬季最高，夏季最少。定置串联笼壶的NPUE和BPUE变

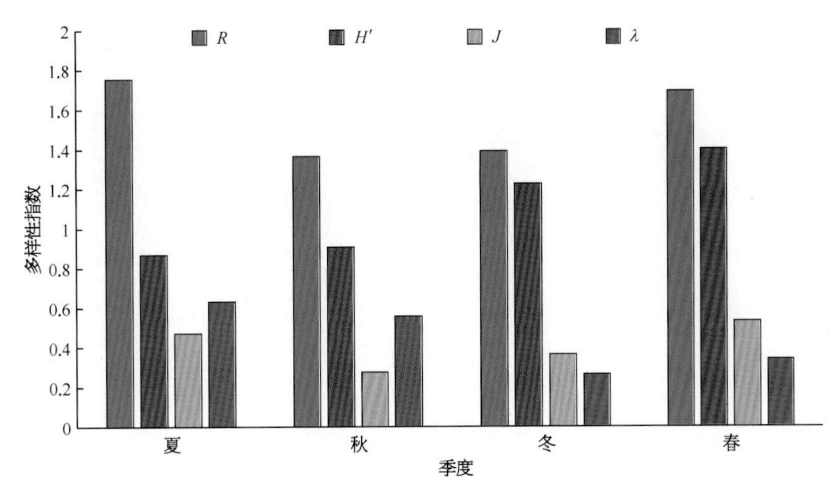

图4.4-13 定置串联笼壶渔获物多样性指数季节变化

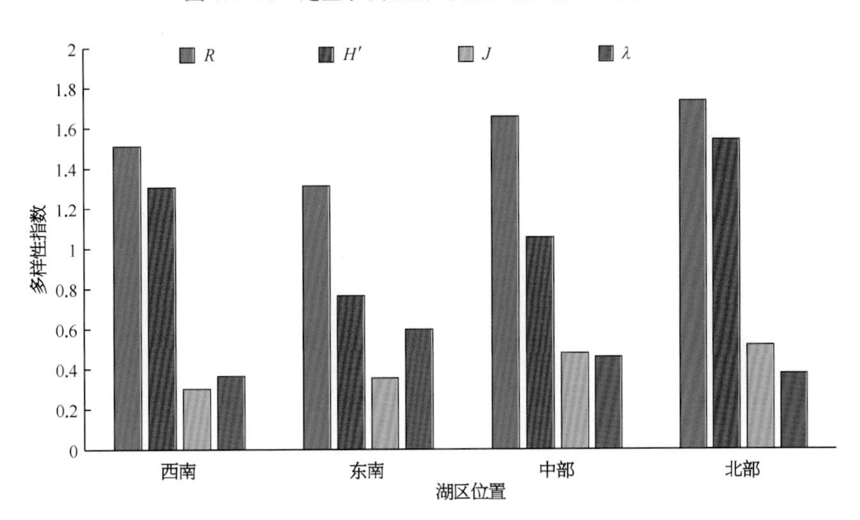

图4.4-14 定置串联笼壶渔获物多样性指数空间变化

表4.4-6 两种网具渔获物CPUE的季节变化

季　度	刺网CPUEn(ind · m^{-2} · h^{-1})	刺网CPUEb (g · m^{-2} · h^{-1})	定置串联笼壶CPUEn (ind · 1 000 m^{-3} · h^{-1})	定置串联笼壶CPUEb (g · 1 000 m^{-3} · h^{-1})
春季	0.524 200 463	63.293 661 06	5.500 966 607	93.052 753 54
夏季	0.524 351 666	56.917 552 33	23.142 721 95	313.658 602 1
秋季	0.306 873 986	72.078 491 68	3.976 776 065	133.469 674 6
冬季	0.297 732 729	74.353 126 84	2.305 296 056	28.256 652 05

化规律一致，都是夏季最高，冬季最低。

刺网和定置串联笼壶渔获物NPUE和BPUE的空间变化如表4.4-7和图4.4-16所示。刺网渔获物NPUE和BPUE变化规律相同，位于下游的西南湖区皆最高，而NPUE和BPUE在中心湖区都最低。同样，定置串联笼壶渔获物的NPUE和BPUE都在东南湖区最高，而位于上游的北部湖区在定置串联笼壶NPUE和BPUE中皆是最低的。

体长分布

总体来看，定置串联笼壶渔获物体长范围在2.5～58.5 cm，共分为10个体长组（图4.4-17和4.4-18），其中

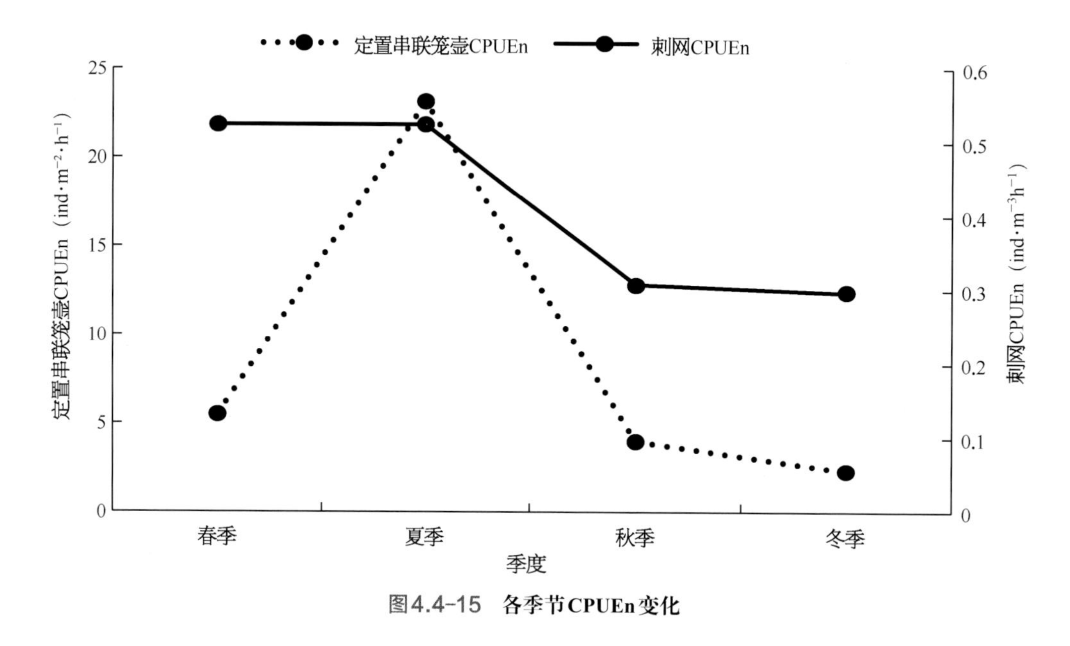

图4.4-15 各季节CPUEn变化

表 4.4-7 两种网具渔获物 CPUE 空间变化

区 域	刺网 CPUEn($ind·m^{-2}·h^{-1}$)	刺网 CPUEb ($g·m^{-2}·h^{-1}$)	定置串联笼壶 CPUEn ($ind·1\,000\,m^{-3}·h^{-1}$)	定置串联笼壶 CPUEb ($g·1\,000\,m^{-3}·h^{-1}$)
西南湖区	0.565 583 267	91.024 057 45	5.303 030 303	160.652 828 3
东南湖区	0.388 208 615	77.591 609 98	10.997 474 75	193.439 267 7
中心湖区	0.315 646 259	40.393 872 51	4.873 737 374	140.122 727 3
北部湖区	0.480 120 937	78.477 442 32	4.974 747 475	73.890 404 04

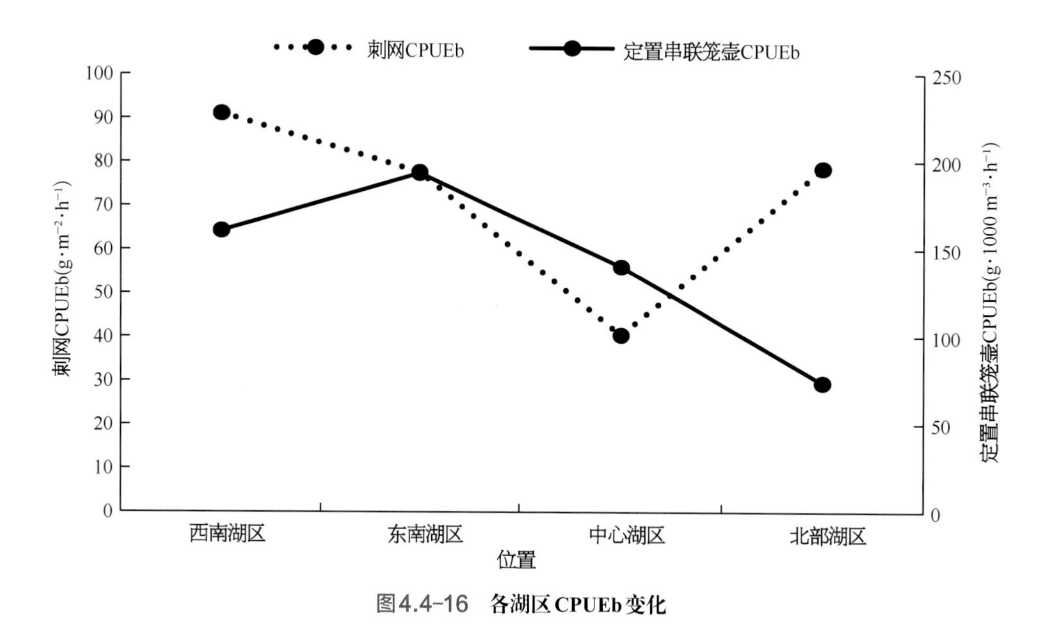

图4.4-16 各湖区CPUEb变化

10～15 cm体长组渔获量最多，占41.51%；其次为5～10 cm和15～20 cm，分别占38.1%和13.46%。刺网渔获物体长范围为3.5～82.6 cm，共分为16个体长组，其中15～20 cm体长组渔获物量最多，占46.46%；其次为10～15 cm体长组和20～25 cm体长组，分别占27.59%和12.82%。相对频度：0～15 cm的3个体长组中

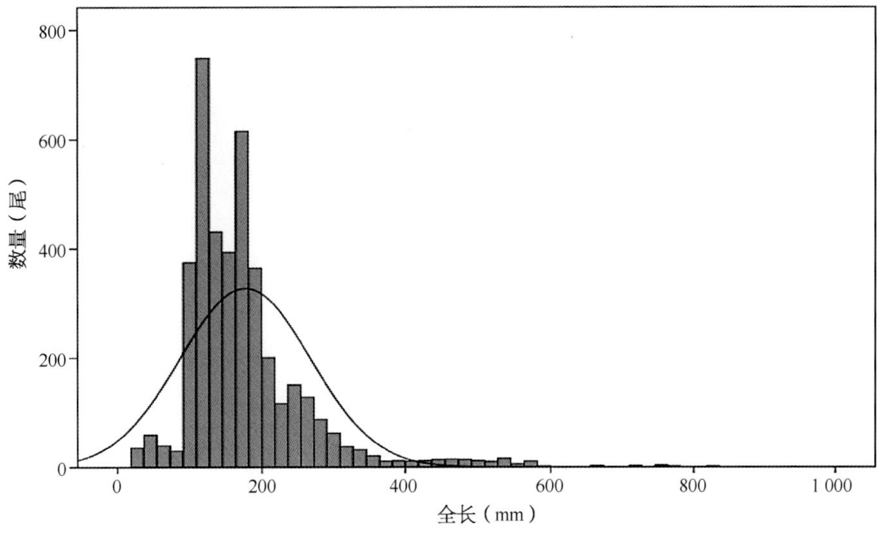

图4.4-17　鱼类全长分布

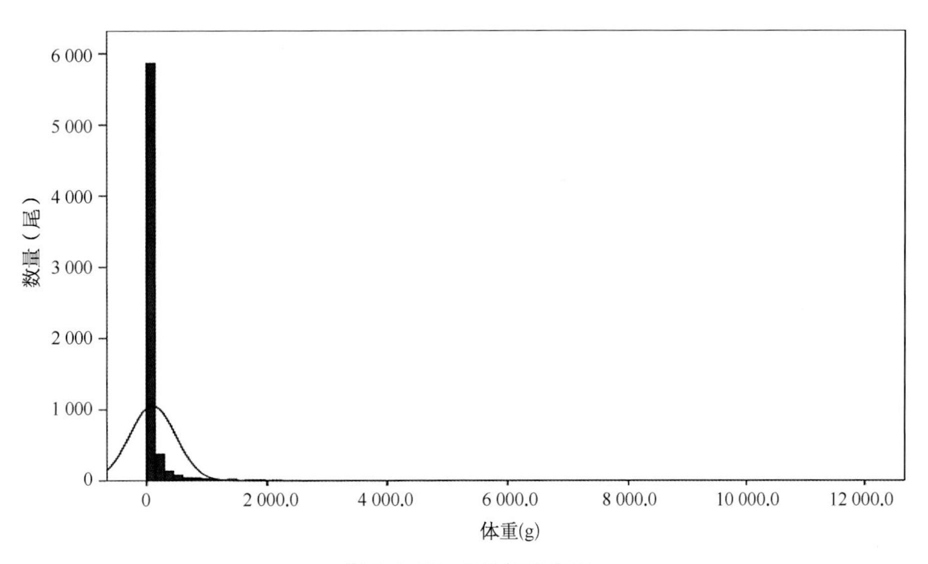

图4.4-18　鱼类体重分布

定置串联笼壶明显大于刺网；15～55 cm的8个体长组，刺网明显大于定置串联笼壶；在55～60 cm的体长组中，两个网具渔获物相对频度相当（表4.4-8）。

刺网和定置串联笼壶渔获物体长分布差异显著(X^2=2 540.953，df=11，p<0.001)（表4.4-9），刺网捕获到小尺寸个体的数量非常低，<6 cm的个体捕获量仅占0.14%，然而定置串联笼壶捕获到的小型个体的比例显然更高，<6 cm的个体约占7.95%。在对大个体渔获物捕获量中，刺网捕获的>20 cm的个体约占31.28%，而定置串联笼壶仅为2%。

表 4.4-8　渔获物体长分布的相对频度大小及卡方检验值

长度（cm）	体长相对频度	
	Z 值	*P* 值
0～5	3.391	0.001
5～9.9	0.928	0.354
10～14.9	0.441	0.659

（续表）

表 4.4-8 渔获物体长分布的相对频度大小及卡方检验值

长度（cm）	体长相对频度	
	Z 值	P 值
15 ～ 19.9	2.772	0.006
20 ～ 24.9	3.411	0.001
25 ～ 29.9	3.920	<0.001**
30 ～ 34.9	5.424	<0.001**
35 ～ 39.9	5.295	<0.001**
40 ～ 44.9	3.835	<0.001**
>45	3.279	0.001

表 4.4-9 滆湖鱼类体长分布

种　类	全长（mm）			体重（g）		
	最大值	平均值	最小值	最大值	平均值	最小值
棒花鱼	118.46	104.40	93.61	13.77	10.13	6.77
贝氏䱗	183.02	119.51	65.00	531.76	11.33	0.20
鳊	441.00	265.38	106.89	800.50	239.63	4.00
䱗	216.00	125.28	63.00	739.00	16.06	1.43
达氏鲌	420.00	187.92	28.20	700.00	72.06	0.15
大鳍鱊	132.04	90.99	31.25	403.00	10.15	0.05
大银鱼	86.73	81.91	77.09	1.90	1.65	1.39
刀鲚	354.93	158.07	35.00	4 762.00	19.43	0.29
方氏鳑鲏	135.00	135.00	135.00	30.00	30.00	30.00
光泽黄颡鱼	206.72	120.18	77.02	160.23	13.69	2.55
鳜	245.00	245.00	245.00	260.00	260.00	260.00
黑鳍鳈	119.00	102.73	80.65	17.08	11.02	6.05
红狼牙虾虎鱼	187.00	187.00	187.00	9.50	9.50	9.50
红鳍原鲌	510.00	157.05	28.20	514.00	41.24	0.14
花鲭	258.60	185.79	112.98	200.00	106.02	12.04
华鳈	86.19	86.19	86.19	6.60	6.60	6.60

（续表）

表 4.4-9 滆湖鱼类体长分布

种　类	全长（mm）			体重（g）		
	最大值	平均值	最小值	最大值	平均值	最小值
黄颡鱼	290.00	148.96	37.03	844.66	44.23	0.17
黄尾鲴	242.00	242.00	242.00	218.40	152.50	104.60
鲫	430.00	172.39	32.80	2 471.42	95.16	0.11
间下鱵	178.30	149.75	127.90	8.50	5.04	3.66
鲤	826.00	307.42	28.60	9 210.00	881.20	0.19
鲢	812.00	336.26	28.70	55 115.00	836.12	0.17
麦穗鱼	390.00	81.23	31.00	760.00	15.56	0.10
蒙古鲌	490.00	231.70	97.36	1 090.00	147.92	4.50
泥鳅	203.20	167.25	124.60	69.00	36.12	10.71
翘嘴鲌	522.00	196.42	36.50	969.80	105.83	1.19
似鳊	184.09	121.11	71.78	81.40	15.05	1.60
似刺鳊鮈	247.04	247.04	247.04	151.14	151.14	151.14
似鲚	211.95	126.59	62.97	2 060.00	15.48	1.43
团头鲂	485.00	258.03	159.16	1 500.00	323.38	44.65
乌鳢	311.00	123.78	76.98	390.00	81.50	4.38
兴凯鱊	101.97	85.53	66.45	12.30	6.97	3.18
鳙	823.00	367.37	56.00	6 930.00	987.56	1.90
长蛇鮈	144.94	144.94	144.94	18.15	10.01	3.10
长须黄颡鱼	265.00	265.00	265.00	100.00	100.00	100.00
中华花鳅	—	—	—	6.60	6.60	6.60
子陵吻虾虎鱼	134.00	59.21	29.97	2 010.00	17.46	0.17

其他水生动物

调查结果显示，非鱼类渔获物3种，虾蟹类3种（日本沼虾、秀丽白虾和中华绒螯蟹），共3 731尾，以秀丽白虾（83.03%）较多，日本沼虾占16.89%，中华绒螯蟹3只；生物量为5 407.41 g，以日本沼虾（26.69%）和秀丽白虾（68.48%）贡献较大。

根据调查数据显示（表4.4-10），在3种非鱼类渔获物种中日本沼虾和秀丽白虾在所设16个站点均有分布，中华绒螯蟹在S1和S3有捕获。日本沼虾和秀丽白虾在四个季度采样调查中均有捕获，中华绒螯蟹在冬季有捕获（表4.4-11）。

表 4.4-10 滆湖渔业资源调查中非鱼类渔获物的分布情况

种 类	S1	S2	S3	S4	S5	S6	S7	S8	S9	S10	S11	S12	S13	S14	S15	S16
日本沼虾	+	+	+	+	+	+	+	+	+	+	+	+	+	+	+	+
秀丽白虾	+	+	+	+	+	+	+	+	+	+	+	+	+	+	+	+
中华绒螯蟹	+		+													

表 4.4-11 非鱼类渔获物各季节出现频数

种 类	春 季	冬 季	秋 季	夏 季
日本沼虾	+	+	+	+
秀丽白虾	+	+	+	+
中华绒螯蟹		+		

结果与讨论

本次调查的滆湖属于浅层湖泊，具有典型的湖泊生态学特点，鱼类组成稳定，多以定居型鱼类为主，鱼类群落受人工捕捞及放流的影响较大，捕捞品种主要为刀鲚、红鳍原鲌、达氏鲌、似鳊等，还包括具有较高经济价值的鱼类，其中鲢、鳙、鲫等也有相当数量。而一些种类如鳜、团头鲂、鳊、乌鳢等以往在滆湖出现率较高的具有重要经济价值的商品鱼，在这次鱼类资源调查中，出现率非常低，只是作为偶见种或稀有种出现，甚至一些种类在本次调查中未被捕捞到，这种情况严重影响滆湖鱼类群落多样性和群落结构的生态平衡。这是由于周围渔民的大力捕捞导致其数量下降，还是由于两种网具对部分鱼类的捕捞率较低，目前还需要进一步研究。

数据分析显示，刺网渔获物在季节和空间上都无差异，而定置串联笼壶渔获物则在季节上聚为两类，空间上聚为五类。具体来看，滆湖各季节中，捕获渔获物数量最多的为夏季，冬季最少。从重量百分比来看，秋季捕获的渔获物生物量总数最大，其次为冬季和春季，而夏季的鱼类生物量最少，这可能与夏季捕获较多小型鱼类有关，虽然渔获物数量较多，但生物量却不高。数量百分比显示，东南湖区捕获的渔获物数量最多，西南湖区紧随其后，这两湖区皆位于滆湖下游，说明滆湖渔获物数量在下游居多，而中部湖区的渔获数量最少。重量百分比显示同样结果，作为下游的西南湖区和东南湖区是渔获重量最多的两个湖区，而中部湖区渔获重量最少。因此可以得出结论，滆湖下游鱼类数量、生物量最高，上游次之，而中游渔获物数量和重量较低。也可以间接说明，下游鱼类密度是全湖最高的，而中游鱼的密度较低。根据多样性指数空间分布特征，位于上游的北部湖区鱼类Margalef丰富度指数、Shannon-Weaver多样性指数和Pielou均匀度指数都是所有湖区中最高的，东南湖区是所有湖区最低的。而在Simpson优势度指数中，东南湖区则是最高，北湖区最低。说明北湖区捕获的鱼类物种数较多，物种多样性较高，而且每个种类之间数量差距比较小、较平均。而东南湖区的鱼类Shannon-Weaver多样性指数则偏低，渔获物物种类较少，且渔获物数量都比较集中在一些优势种上，所以北湖区Simpson优势度指数较高，其他指数较低。鱼类群落结构与栖息地异质性紧密相关，水草覆盖度是造成栖息地异质性大小的关键因子，通常水草覆盖度高的水域鱼类的多样性、密度和生物量也高。滆湖水草几乎已经完全消失，导致栖息地异质性非常低。非生物环境因子对湖泊鱼类群落的形成和维持也起着决定作用，湖泊水质和初级生产力因子可通过生理耐受性原理而直接改变鱼类群落结构，这些局域尺度因子对鱼类群落产生的影响甚至大于景观和湖泊尺度因子产生的影响。

有关滆湖鱼类群落结构和多样性的研究报道不多，根据刘振东等的报道，20 世纪50 年代滆湖鱼类约60 种；唐晟凯等采用鱼簖和定置串联笼壶于2008年在滆湖仅采集到了30种鱼类；本研究也仅调查到了38种鱼类。从有限的资料来看（表4.4-12），滆湖鱼类物种组成及产量构成已发生了较大的改变，水质污染、增殖放流、过度捕捞和江湖阻隔是导致滆湖鱼类多样性下降和物种组成变化的主要原因。20世纪90年代以前，滆湖为草性湖泊，但随着外源和围网投饵养殖污染的加剧，滆湖富营养化进程加速，到21世纪初，水质迅速恶化为劣V类。富营养化导致浮游植物和浮游动物的增殖加速，浮游植物生物量从20世纪80年代的0.807 mg/L，上升到21世纪的7 mg/L以上，为滤食性鱼类如鲢鳙的增殖放流提供了饵料基础。因此，2000年后滆湖鲢鳙产量比例较20世纪70年代和80年代明显提高，2017～2018年高达61.67%，而且藻类大量增殖导致透明度下降，从而导致耐污能力差的物种（如依赖视觉定位捕食的鱼食性鱼类）的种群数量逐渐减少。同时，2000年后的水质恶化引起了滆湖水草分布的急剧萎缩，2007年之后仅呈点状分布，水草的丧失导致栖息地异质性降低和水草资源的快速下降，进而导致滆湖草食性鱼类或草上产卵鱼类数量的下降。20世纪80年代，滆湖草食性鱼类如草鱼（Ctenopharyngodon idella）和团头鲂的产量比例在8%以上，21世纪已不足1%。不仅如此，水草的丧失还会导致附草藻类和螺类生物量的减少，青鱼（Mylopharyngodonpiceus）主要摄食软体动物，2014年滆湖软体动物生物量仅为3.2 g/m^2，经计算仅能支持软体动物食性鱼类约16.9 t的潜在产量，且面临鲫、鲤等杂食性鱼类的竞争。20世纪70年代和80年代滆湖青鱼产量比例在2.4%以上，2000年之后可以忽略不计。过度捕捞和江湖阻隔是导致鱼类多样性下降的重要因素，在滆湖鱼簖和刺网为合法捕捞方式，也存在“绝户网”定置串联笼壶、松毛把、密眼笼梢、电鱼器具等禁用渔具的偷捕行为，因此滆湖鱼类面临较高强度的捕捞压力。滆湖出入湖河道虽未建水闸，但生态环境污染严重会导致江湖阻隔，滆湖阻隔系数较高，与太湖一样同为0.71，因此影响河道作为鱼类洄游通道的功能，如江湖洄游性鱼类鲢、鳙主要依靠人工放流得以在滆湖高产，青鱼和草鱼只是偶尔能捕捞到，可能是因为混杂在主要放流品种中而进入滆湖。由于过度捕捞和江湖阻隔，历史上在太湖流域湖泊如太湖中出现而当前消失的洄游性和具有地域性经济价值鱼类（如日本鳗鲡、暗纹东方鲀、鲥和尖头鲌），在近两次滆湖鱼类调查中未曾捕获。

表4.4-12 不同历史时期滆湖主要鱼类产量构成比例（%）

鱼　类	1973年	1980年	2008年	2010年	2014年	2017～2018年
青鱼	2.43	4.30		0	0	0
草鱼	6.06	9		0.88	0.50	0
团头鲂	4.25	4.20			0.33	0.73
鲢鳙	14.55	4	32.68	12.54	40.79	61.67
鲤鲫	35.78	17.57	24	19.34	3.92	17.06
乌鳢	0.56	13.10		0.54	0	0.11
鲌类	12.74	0.20	4.07	1.93	2.36	11.46
鲚类	5.46	0.20	1.63	22.82	37.42	5.94
产量（t）	948.20	1 701.50		1 457.10	1 385.70	

4.5 · 骆马湖

鱼类种类组成及生态、食性类型

鱼类种类组成

调查显示，共采集鱼类62种40 143尾，重477.93 kg，隶属于8目17科，鲤形目较多，有2科38种（鲤科36种），占总种类数的61.3%，其次为鲈形目（6科10种）、鲇形目（3科6种）和鲑形目（1科3种），以及其他各1种（图4.5–1）。数量百分比显示鲱形目（84.1%）较多，重量百分比显示鲤形目（69.3%）比例较大，重要性指数显示鲤形目（理科）和鲱形目（鳀科）均高于1 000，鲱形目稍高（图4.5–2）。

根据相对重要性指数（IRI）大于1 000定为优势种，100 < IRI < 1 000定为主要种等。分析显示，刀鲚（3 996.73）、鲫（3 258.17）和麦穗鱼（3 448.54）3种鱼类IRI大于1 000；红鳍原鲌（353.07）、鳌（987.69）、大鳍鱊（513.45）等8种鱼类IRI处于100～1 000；鳊、似鲚、似鳊、鲢等7种鱼类IRI处于10～100；另41种鱼类IRI小于10，刀鲚的相对重要性指数占绝对优势（表4.5–1）。

生态类型与区系组成

生态类型：根据鱼类洄游类型、栖息空间和摄食的不同，可将鱼类划分为不同生态类群（表4.5–2）。

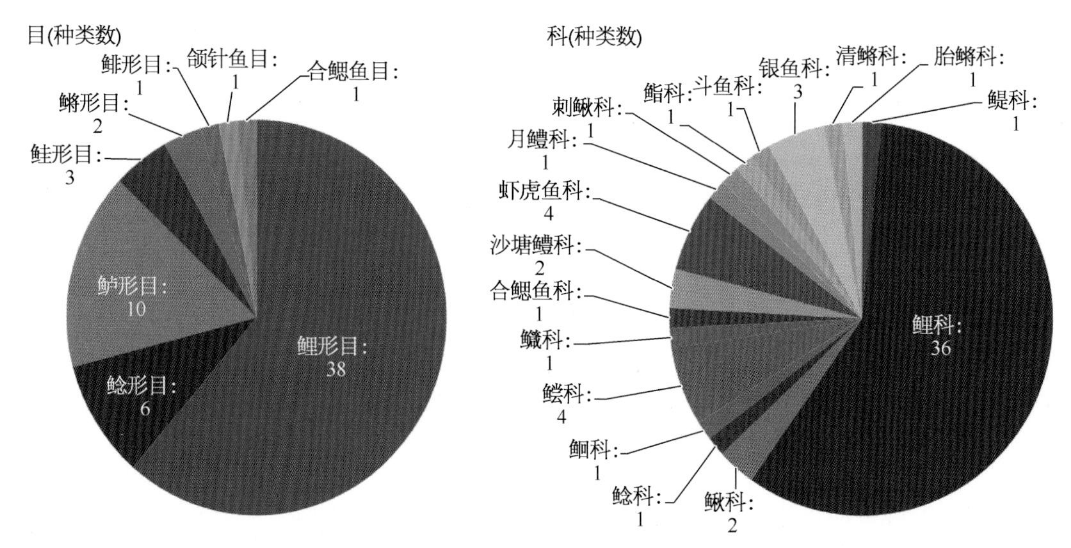

图4.5–1　骆马湖各目、科鱼类组成

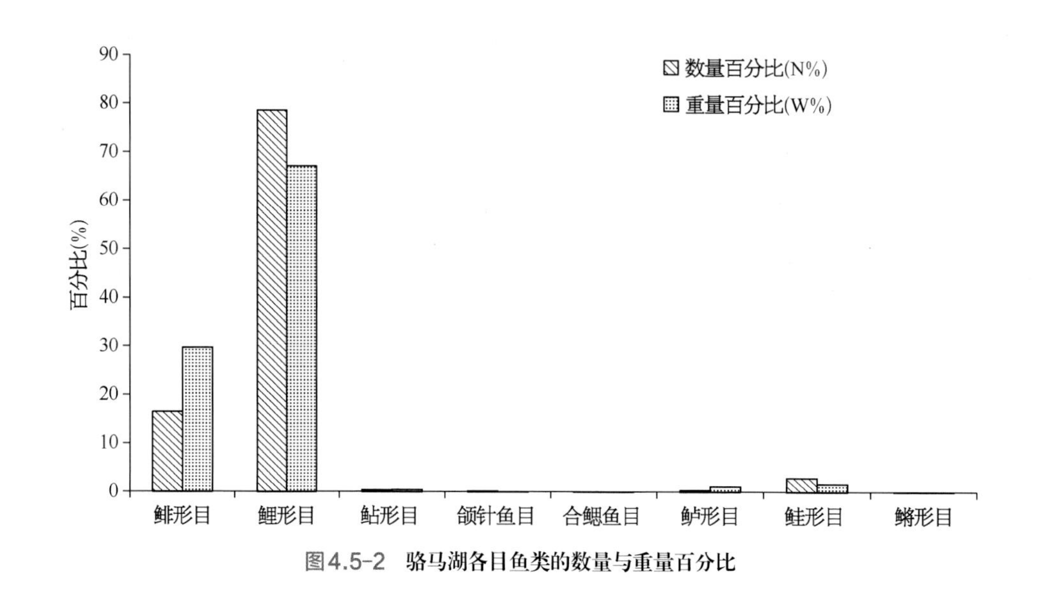

图4.5–2　骆马湖各目鱼类的数量与重量百分比

表 4.5-1 骆马湖渔获物种类组成

鱼类种类及其拉丁名	生态类型	数量百分比（%）	重量百分比（%）	相对重要性指数
一、鲱形目 Clupeiformes				
1. 鳀科 Engraulidae				
（1）刀鲚 *Coilia nasus*	C.U.D	16.47	29.65	3 996.73
二、鲤形目 Cypriniformes				
2. 鲤科 Cyprinidae				
（2）青鱼 *Mylopharyngodon piceus*	O.L.P	< 0.01	0.38	< 0.01
（3）草鱼 *Ctenopharyngodon idellus*	H.U.P	2.40	0.06	16.43
（4）翘嘴鲌 *Culter alburnus*	C.U.R	0.85	0.06	6.09
（5）蒙古鲌 *Culter mongolicus*	C.U.R	< 0.01	< 0.01	< 0.01
（6）达氏鲌 *Culter dabryi*	C.U.R	< 0.01	< 0.01	< 0.01
（7）尖头鲌 *Culter oxycephalus*	C.U.R	< 0.01	< 0.01	< 0.01
（8）红鳍原鲌 *Cultrichthys erythropterus*	C.U.R	3.48	4.08	353.07
（9）𬘘 *Hemiculter leucisculus*	O.U.R	8.03	6.78	987.69
（10）贝氏𬘘 *Hemiculter bleekeri*	O.U.R	0.21	5.12	357.11
（11）鳊 *Parabramis pekinensis*	H.L.R	0.08	0.08	10.72
（12）团头鲂 *Megalobrama amblycephala*	H.U.R	0.03	0.09	0.84
（13）鲂 *Megalobrama skolkovii*	H.U.R	0.02	0.05	1.89
（14）飘鱼 *Pseudolaubuca sinensis*	O.U.R	0.18	4.42	124.2
（15）寡鳞飘鱼 *Pseudolaubuca engraulis*	O.U.R	0.11	4.21	116.64
（16）似鲚 *Toxabramis swinhonis*	O.U.R	0.15	3.46	97.47
（17）似鳊 *Pseudobrama simoni*	H.L.R	1.38	0.63	54.27
（18）黄尾鲴 *Xenocypris davidi*	O.L.R	0.08	0.12	1.4
（19）大鳍鱊 *Acheilognathus macropterus*	O.U.R	3.17	3.83	513.45
（20）兴凯鱊 *Acheilognathus chankaensis*	O.U.R	1.32	2.14	230.23
（21）彩鱊 *Acheilognathus imberbis*	O.U.R	< 0.01	< 0.01	
（22）中华鳑鲏 *Rhodeus sinensis*	O.L.R	0.06	0.38	2.90
（23）高体鳑鲏 *Rhodeus ocellatus*	O.L.R	< 0.01	< 0.01	< 0.01
（24）麦穗鱼 *Pseudorasbora parva*	O.L.R	14.52	22.42	3 448.54
（25）棒花鱼 *Abbottina rivularis*	O.B.R	0.64	0.63	42.12
（26）长蛇鮈 *Saurogobio dumerili*	H.B.R	< 0.01	< 0.01	< 0.01
（27）蛇鮈 *Saurogobio dabryi*	H.B.R	0.08	0.03	1.43
（28）花䱻 *Hemibarbus maculatus*	O.L.R	0.55	0.06	4.11
（29）黑鳍鳈 *Sarcocheilichthys nigripinnis*	O.L.R	0.06	0.06	0.83

（续表）

表 4.5-1 骆马湖渔获物种类组成

鱼类种类及其拉丁名	生态类型	数量百分比（%）	重量百分比（%）	相对重要性指数
（30）华鳈 *Sarcocheilichthys sinensis*	O.L.R	< 0.01	< 0.01	< 0.01
（31）银鮈 *Squalidus argentatus*	H.B.R	0.08	0.13	2.71
（32）似刺鳊鮈 *Paracanthobrama guichenoti*	H.L.R	0.16	0.23	5.07
（33）小口小鳔鮈 *Microphysogobio microstomus*	H.B.R	< 0.01	< 0.01	< 0.01
（34）鲤 *Cyprinus carpio*	O.L.R	0.14	0.06	1.4
（35）鲫 *Carassius auratus*	O.L.R	37.27	7.16	3 258.17
（36）鲢 *Hypophthalmichthys molitrix*	F.U.P	2.93	0.13	40.73
（37）鳙 *Aristichthys nobilis*	F.U.P	0.12	0.05	1.19
3. 鳅科 Cobitidae				
（38）泥鳅 *Misgurnus anguillicaudatus*	O.B.R	0.12	0.03	1.95
（39）大鳞副泥鳅 *Paramisgurnus dabryanus*	O.B.R	0.23	0.13	4.81
三、鲇形目 Siluriformes				
4. 鲇科 Siluridae				
（40）鲇 *Parasilurus asotus*	C.B.R	< 0.01	< 0.01	< 0.01
5. 鮰科 Ictaluridae				
（41）斑点叉尾鮰 *Ietalurus Punetaus*	C.B.R	< 0.01	< 0.01	< 0.01
6. 鲿科 Bagridae				
（42）黄颡鱼 *Pelteobagrus fulvidraco*	O.B.R	0.28	0.19	6.29
（43）光泽黄颡鱼 *Pelteobagrus nitidus*	O.B.R	0.05	0.19	1.60
（44）江黄颡鱼 *Pelteobagrus vachelli*	O.B.R	< 0.01	< 0.01	< 0.01
（45）长须黄颡鱼 *Pelteobagrus eupogon*	O.B.R	< 0.01	< 0.01	< 0.01
四、颌针鱼目 Beloniformes				
7. 鱵科 Hemirhamphidae				
（46）间下鱵 *Hyporhamphus intermedius*	O.U.R	0.17	< 0.01	8.46
五、合鳃鱼目 Synbranchiformes				
8. 合鳃鱼科 Synbranchidae				
（47）黄鳝 *Monopterus albus*	C.B.R	< 0.01	< 0.01	0.03
六、鲈形目 Perciformes				
9. 沙塘鳢科 Odontobutidae				
（48）小黄黝鱼 *Micropercops swinhonis*	O.B.R	< 0.01	< 0.01	0.06
（49）河川沙塘鳢 *Odontobutis potamophila*	O.B.R	< 0.01	< 0.01	0.03
10. 虾虎鱼科 Gobiidae				

（续表）

表 4.5-1 骆马湖渔获物种类组成

鱼类种类及其拉丁名	生态类型	数量百分比（%）	重量百分比（%）	相对重要性指数
（50）子陵吻虾虎鱼 *Rhinogobius giurinus*	C.B.R	0.18	0.82	46.33
（51）波氏吻虾虎鱼 *Rhinogobius cliffordpopei*	C.B.R	0.02	< 0.01	< 0.01
（52）须鳗虾虎鱼 *Taenioides cirratus*	C.B.R	0.03	< 0.01	
（53）纹缟虾虎鱼 *Tridentiger trigonocephalus*	C.B.R	0.03	0.19	2.97
11. 月鳢科 Channidae				
（54）乌鳢 *Channa argus*	C.B.R	< 0.01	< 0.01	0.12
12. 刺鳅科 Mastacembelidae				
（55）中华刺鳅 *Mastacembelus sinensis*	O.B.R	< 0.01	< 0.01	0.11
13. 鮨科 Serranidae				
（56）鳜 *Siniperca chuatsi*	C.L.R	< 0.01	< 0.01	0.09
14. 斗鱼科 Belontiidae				
（57）圆尾斗鱼 *Macropodus chinensis*	C.U.R	< 0.01	< 0.01	0.04
七、鲑形目 Salmoniformes				
15. 银鱼科 Salangidae				
（58）大银鱼 *Protosalanx chinensis*	C.U.R	2.84	1.63	268.66
（59）陈氏新银鱼 *Neosalanx tangkahkeii*	C.U.R	0.03	< 0.01	2.4
（60）乔氏新银鱼 *Neosalanx jordani*	C.U.R	0.03	< 0.01	2.4
八、鳉形目 Cyprinodontiformes				
16. 青鳉科 Oryziinae				
（61）青鳉 *Oryzias latipes*	C.U.R	0.02	< 0.01	0.21
17. 胎鳉科 Poeciliidae				
（62）食蚊鱼 *Gambusia affinis*	C.U.R	0.02	< 0.01	0.21

注：U. 中上层，L. 中下层，B. 底层；D. 江海洄游性，P. 江湖半洄游性，E. 河口性，R. 淡水定居性；C. 肉食性，O. 杂食性，H. 植食性，F. 滤食性。

表 4.5-2 骆马湖鱼类生态类型

生态类型	种类（种）	百分比（%）
洄游类型		
江湖半洄游性	4	6.45
江海洄游	1	1.61
淡水定居性	57	91.94
食性类型		
植食性	10	16.13

（续表）

表 4.5-2　骆马湖鱼类生态类型

生态类型	种类（种）	百分比（%）
杂食性	29	46.77
滤食性	2	3.92
肉食性	215	33.87
栖息空间		
中上层	26	41.94
中下层	14	22.58
底栖	22	35.48

根据鱼类洄游类型，可分为：定居性鱼类57种，包括青鱼、鲫、鳊、似鳊、黄颡鱼等，占总种数91.94%；江湖半洄游性鱼类4种，包括青鱼、草鱼、鲢和鳙，占总种数的6.45%；江海洄游性鱼类仅刀鲚1种。

按栖息空间划分，可分为中上层、中下层和底栖三类。底栖鱼类22种，包括蛇鮈、长蛇鮈、棒花鱼、银鮈等，占总种数的35.48%；中下层鱼类14种，包括鳊、鲤、似鳊等，占总种数的22.58%；中上层鱼类有草鱼、翘嘴鲌、鳙、刀鲚等26种，占总种数的41.94%。

按摄食类型划分，有植食性、杂食性、滤食性和肉食性四类。植食性鱼类有草鱼、鳊、团头鲂等10种，占总种数的16.13%；杂食性鱼类有麦穗鱼、鲫、棒花等29种，占总种数的46.77%；肉食性鱼类有刀鲚、乌鳢、翘嘴鲌等21种，占总种数的33.87%；滤食性有鲢和鳙两种。

区系组成：根据起源和地理分布特征，骆马湖鱼类区系可分为4个复合体。

① 中国江河平原区系复合体：是在喜马拉雅山升到一定高度并形成东亚季风气候之后，为适应新的自然条件，从旧类型鱼类分化出来的。以青鱼、草鱼、鲢、鳙、鲂等为代表种类。

② 南方热带区系复合体：原产于南岭以南各水系中，而后向长江流域伸展。乌鳢、河川沙塘鳢、黄颡鱼等鱼类为代表种。

③ 晚第三纪早期区系复合体：更新世以前北半球亚热带动物的残余，由于气候变化，被分割成若干不连续的区域。其种类有泥鳅、鲇、鳑鲏等。

④ 北方平原区系复合体：高纬度地区分布较广，耐寒种类多，耐氧力强，凶猛种类少，性成熟早，补充群体大，种群恢复力强。代表种类有麦穗鱼。

群落时空特征

季节组成

以各季节鱼类数量为基础，聚类显示，四个季度鱼类组成可分为两类，春季和冬季一起与夏季为一类；秋季为一类。

调查显示，春季采集鱼类45种13 545尾（图4.5-

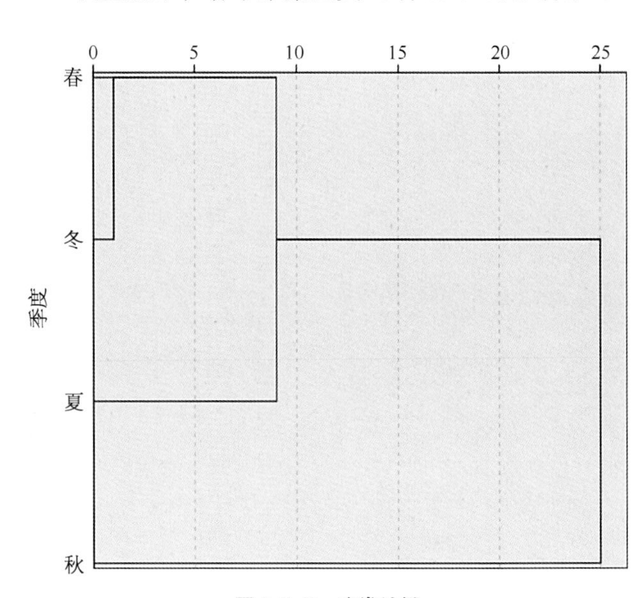

图4.5-3　聚类结果

4），占总数的33.74%，生物量占28.2%，隶属于8目15科。数量百分比（N%）显示，刀鲚（14.5%）比重较高，其次为鳘、鲫等；重量百分比（W%）显示刀鲚（13.7%）和鲫（12.1%）比重较高（图4.5-5）。不同季节鱼类相对重要性指数（IRI）显示刀鲚（1 372.29）、似鳊（1 301.63）和麦穗鱼（2 101.44）3种鱼类IRI高于1 000，为春季优势鱼类（表4.5-3）。

夏季采集鱼类46种15 795尾（图4.5-4），占总数的39.35%，生物量占33.97%，隶属于8目14科。数量百分比（N%）显示，刀鲚（12.1%）比重较高，其次为鲫、红鳍原鲌、鳘等；重量百分比（W%）显示刀鲚（11.2%）、鲫（12.7%）等比重较高（图4.5-5）。不同季节鱼类相对重要性指数（IRI）显示刀鲚（1 136.9）和鲫（1 014.3）为夏季优势鱼类（表4.5-3）。

秋季采集鱼类39种4 776尾（图4.5-4），占总数的11.9%，生物量占11.44%，隶属于6目10科。数量百分比（N%）显示，刀鲚（11.5%）比重较高，其次为鳘、麦穗鱼等；重量百分比（W%）显示刀鲚（13.7%）和鲫（12.1%）比重较高（图4.5-5）。不同季节鱼类相对重要性指数（IRI）显示刀鲚（3 996.73）、鲫（3 258.17）和麦穗鱼（3 448.54）3种鱼类IRI高于1 000，为秋季优势鱼类（表4.5-3）。

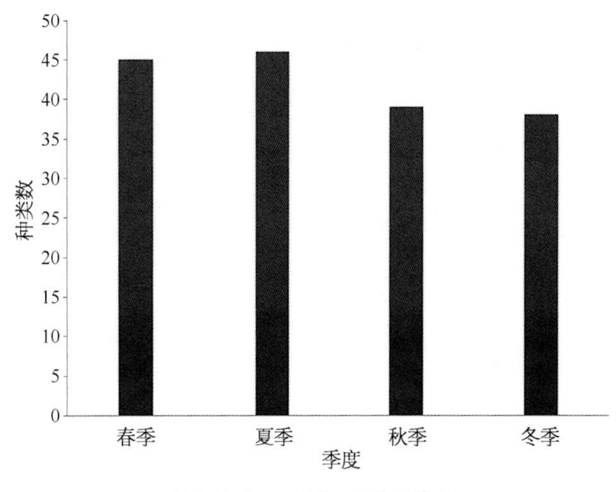

图4.5-4　不同季节鱼类种类数

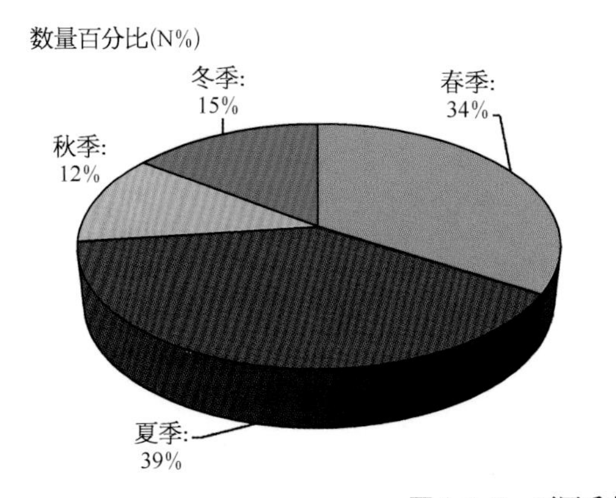

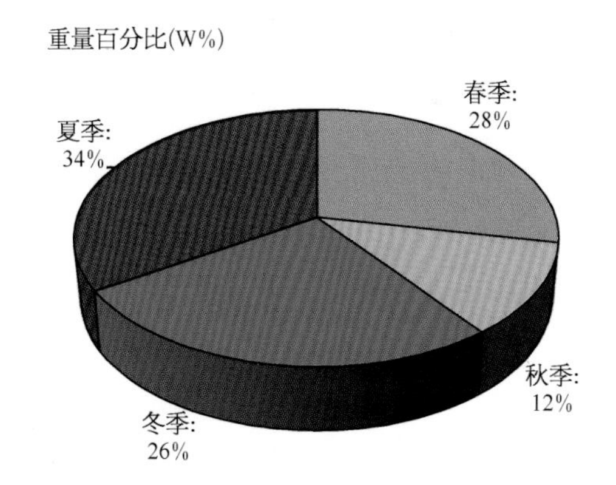

图4.5-5　不同季节鱼类数量及重量百分比

表4.5-3　不同季节鱼类相对重要性指数（IRI）

种　类	春　季	夏　季	秋　季	冬　季
刀鲚	1 372.29	1 136.9	3 996.73	3 299.5
青鱼	—	—	16.43	—
草鱼	38.88	—	—	<0.01
翘嘴鲌	—	299.42	6.09	<0.01
蒙古鲌	4.47	—	<0.01	—
达氏鲌	7.17	—	<0.01	<0.01
尖头鲌	0.54	49.56	—	—

（续表）

表 4.5-3 不同季节鱼类相对重要性指数（IRI）

种 类	春 季	夏 季	秋 季	冬 季
红鳍原鲌	545.23	579.77	353.07	—
䱗	950.56	529.18	987.69	419. 2
贝氏䱗	<0.01	11.25	12.4	—
鳊	—	132.13	25.6	—
团头鲂	<0.01	2.13	—	—
鲂	—	1.24	<0.01	—
飘鱼	<0.01	<0.01	—	21.7
寡鳞飘鱼	—	—	<0.01	<0.01
似鲚	—	<0.01	12.3	—
似鳊	1 301.63	245.8	53.57	73.6
黄尾鲴	178.43	—	—	<0.01
大鳍鱊	56.29	697.30	513.45	425.5
兴凯鱊	349.12	360.30	230.23	247.8
彩鱊	0.32	—	—	<0.01
中华鳑鲏	1.03	<0.01	2.90	<0.01
高体鳑鲏	8.15	—	—	1.2
麦穗鱼	2 101.44	537.8	3 448.54	478.9
棒花鱼	7.47	—	42.12	21.5
长蛇鮈	<0.01	<0.01	13.5	<0.01
蛇鮈	—	22.21	<0.01	—
花䱻	3.92	<0.01	4.11	—
黑鳍鳈	0.32	<0.01	0.83	0.65
华鳈	<0.01	—	<0.01	—
银鮈	2.32	<0.01	2.71	2.12
似刺鳊鮈	<0.01	23.8	—	—
小口小鳔鮈	1.36	<0.01	<0.01	—
鲤	24.5	12.6	—	—
鲫	2 979.00	1 014.3	3 258.17	2 345.3
鲢	5.41	12.5	40.73	—
鳙	34.6	27.9	23.5	—
泥鳅	0.46	—	—	<0.01
大鳞副泥鳅	—	<0.01	4.81	—

（续表）

表 4.5-3　不同季节鱼类相对重要性指数（IRI）

种　类	春　季	夏　季	秋　季	冬　季
鲇	<0.01	<0.01	—	<0.01
斑点叉尾鮰	—	—	<0.01	—
黄颡鱼	229.11	17.8	—	21.23
光泽黄颡鱼	12.21	2.3	1.60	—
江黄颡鱼	<0.01	1.6	—	<0.01
长须黄颡鱼	—	3.3	16.5	<0.01
间下鱵	<0.01	<0.01	6.7	—
黄鳝	—	<0.01	—	<0.01
小黄黝鱼	28.68	<0.01	<0.01	12.3
河川沙塘鳢	—	1.23	—	<0.01
子陵吻虾虎鱼	68.82	32.12	46.33	23.45
波氏吻虾虎鱼	—	<0.01	—	<0.01
须鳗虾虎鱼	—	<0.01	—	—
纹缟虾虎鱼	4.01	—	2.97	<0.01
乌鳢	0.26	—	—	—
中华刺鳅	11.17	12.1	15.6	12.12
鳜	<0.01	<0.01	—	<0.01
圆尾斗鱼	<0.01	—	—	<0.01
大银鱼	—	12.5	268.66	12.4
陈氏新银鱼	<0.01	<0.01	—	<0.01
乔氏新银鱼	—	—	<0.01	<0.01
青鳉	<0.01	<0.01	—	—
食蚊鱼	—	<0.01	—	<0.01

注：“—”表示此季节没有采集到此种鱼类。

冬季采集鱼类38种6 027尾（图4.5-4），占总数的15.01%，生物量占26.38%，隶属于7目13科。数量百分比（N%）显示，刀鲚（11.3%）比重较高；重量百分比（W%）显示刀鲚（10.3%）和鲫（6.3%）比较高（图4.5-5）。不同季节鱼类相对重要性指数（IRI）显示仅刀鲚（3 299.5）和鲫（2 345.3）两种鱼类IRI高于1 000，为冬季优势鱼类（表4.5-3）。

分析显示，仅刀鲚和鲫在各个季节均为优势种类，夏、春季鱼类数量较多，主要为刀鲚和鲫数量较多，四个季节均有采集到的鱼类有刀鲚、鳘、似鳊、大鳍鱊、兴凯鱊、鲫、麦穗鱼、小黄黝鱼和中华刺鳅等13种鱼类，仅在春季采集的鱼类有1种、夏季有2

种、秋季有1种。

· 空间组成

16个站点鱼类数量聚类显示，16个点鱼类组成可分为3类，其中S7单独为一类；S9、S10和S11为一类；其余站点为一类（图4.5-6）。

如图4.5-7所示，各站点鱼类种类数相差不大，最低为S7（13种），最高为S8（35种）。整体上看，西部湖区的物种数相对高于东部湖区的物种数（表4.5-4）。数量及重量百分比则是西部湖区相对低于东部湖区（图4.5-8）。

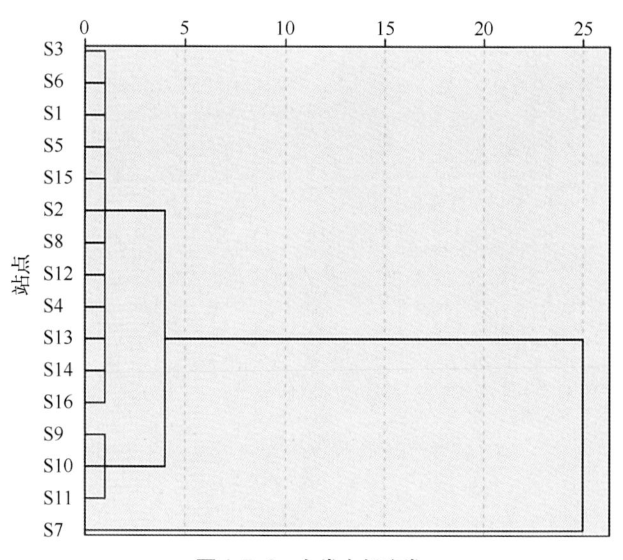

图4.5-6 鱼类空间聚类

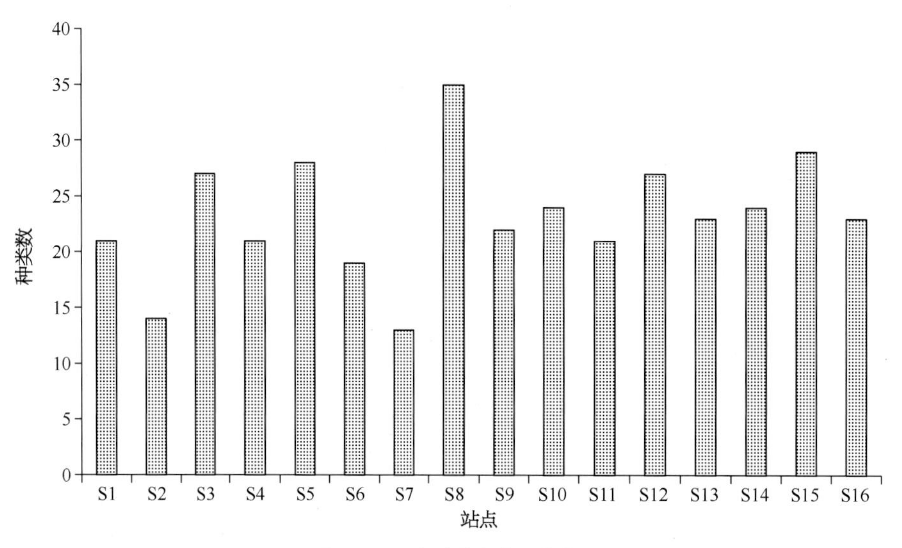

图4.5-7 各站点鱼类种类数

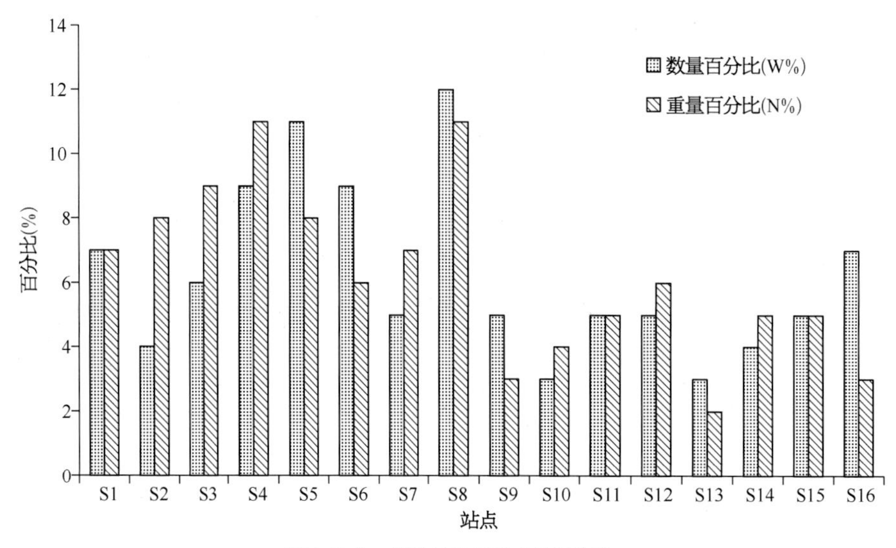

图4.5-8 各站点数量及重量百分比

表 4.5-4　各站点鱼类组成

站　点	目	科	种	数量百分比（%）	重量百分比（%）
S1	5	5	21	7	7
S2	3	3	14	4	8
S3	5	7	27	6	9
S4	6	10	21	9	11
S5	6	11	28	11	8
S6	3	3	19	9	6
S7	3	3	13	5	7
S8	6	13	35	12	11
S9	4	6	22	5	3
S10	5	6	24	3	4
S11	4	5	21	5	5
S12	5	7	27	5	6
S13	6	11	23	3	2
S14	5	7	24	4	5
S15	5	12	29	5	5
S16	7	10	23	7	3

表 4.5-5　各站点鱼类分布

种　类	S1	S2	S3	S4	S5	S6	S7	S8	S9	S10	S11	S12	S13	S14	S15	S16
刀鲚	+	+	+	+												
青鱼	+										+	+				+
草鱼									+		+	+				+
翘嘴鲌	+	+	+			+			+	+	+				+	+
蒙古鲌	+		+			+		+	+			+			+	
达氏鲌	+		+	+			+	+		+				+		
尖头鲌	+					+		+	+	+		+		+		
红鳍原鲌	+	+	+		+	+	+		+		+	+			+	
鳘	+	+	+				+			+	+				+	
贝氏鳘		+	+	+		+		+	+					+	+	
鳊				+			+		+			+		+		
团头鲂	+			+	+	+	+						+	+		+
鲂	+	+	+	+	+			+	+		+		+		+	+
飘鱼	+		+	+					+	+	+	+				+

（续表）

表 4.5-5 各站点鱼类分布

种　类	S1	S2	S3	S4	S5	S6	S7	S8	S9	S10	S11	S12	S13	S14	S15	S16
寡鳞飘鱼	+		+	+	+	+		+	+	+		+		+		
似鲚	+					+									+	
似鳊		+	+		+		+	+	+	+					+	
黄尾鲴		+					+	+		+			+		+	+
大鳍鱊	+	+	+		+		+		+			+	+			+
兴凯鱊	+	+	+			+				+		+	+	+		
彩鱊				+				+	+		+			+	+	
中华鳑鲏				+						+	+				+	
高体鳑鲏		+		+	+		+	+		+		+				
麦穗鱼					+		+		+			+		+	+	
棒花鱼						+		+	+		+	+		+		
长蛇鮈	+									+				+		
蛇鮈					+	+		+		+	+		+	+		
花䱻			+			+		+			+	+	+		+	
黑鳍鳈	+		+				+				+				+	
华鳈								+		+				+	+	
银鮈			+		+	+					+	+		+	+	
似刺鳊鮈			+			+		+	+	+	+	+				
小口小鳔鮈						+		+	+					+		
鲤			+											+		+
鲫			+		+	+				+	+	+	+			
鲢		+			+			+		+		+	+			
鳙		+	+					+		+		+	+			
泥鳅			+					+							+	
大鳞副泥鳅												+				+
鲇			+								+		+		+	
斑点叉尾鮰								+								
黄颡鱼	+		+		+			+		+	+	+				
光泽黄颡鱼	+		+		+					+			+	+		
江黄颡鱼				+	+			+					+	+	+	+
长须黄颡鱼		+		+	+							+				+
间下鱵	+															+

（续表）

表4.5-5　各站点鱼类分布																
种　类	S1	S2	S3	S4	S5	S6	S7	S8	S9	S10	S11	S12	S13	S14	S15	S16
黄鳝			+													
小黄黝鱼			+		+			+				+	+			+
河川沙塘鳢			+		+			+	+						+	
子陵吻虾虎鱼	+			+		+	+	+			+	+	+		+	
波氏吻虾虎鱼					+			+	+	+			+			
须鳗虾虎鱼					+			+				+			+	+
纹缟虾虎鱼				+		+					+					+
乌鳢					+			+					+	+	+	
中华刺鳅					+			+					+		+	+
鳜				+	+									+	+	+
圆尾斗鱼				+	+			+	+	+			+	+	+	
大银鱼				+	+					+		+	+	+		
陈氏新银鱼				+				+						+		+
乔氏新银鱼					+			+	+				+		+	+
青鳉				+	+			+								+
食蚊鱼				+				+					+		+	

多样性指数

多样性指数显示，Shannon-Weaver多样性指数（H'）为0.499～1.076，平均为0.755±0.177（平均值±标准差）；Pielou均匀度指数（J）为0.641～0.827，平均为0.774±0.094；Margalef丰富度指数（R）12.686～13.577，平均为15.35±2.38，Simpson优势度指数（λ）为0.133～0.625，平均为0.356±0.11。

以季节为因素对各多样性指数进行单因素方差分析，结果显示：各季节的H'、J'、λ和R均无显著差异（$P > 0.05$）。

以站点为因素对各多样性指数进行单因素方差分析，结果显示：各站点的H'、λ、R和J均无显著差异（$P > 0.05$）。其中，Shannon-Weaver多样性指数显示春季稍高，点位S7、S9和S12稍高；Margalef丰富度指数显示春季和夏季稍高，S1～S4稍高；Pielou均匀度指数显示春季和秋季稍高，S9和S11稍高（图4.5-9和图4.5-10）。

单位努力捕获量

如表4.5-6和图4.5-11所示的骆马湖16个站点基于重量的刺网及定置串联笼壶的单位努力捕获量（CPUE），发现刺网及定置串联笼壶的结果呈现相似趋势，S4、S4、S6和S8站点的刺网CPUEw较高，定置串联笼壶S4的CPUEn较高，其小型鱼类较多。

生物学特征

根据调查显示，骆马湖鱼类全长为12.9～678.1 mm，平均为120.65 mm；体重为0.24～4 234.3 g，平均为72.9 g。分析表明，82.50%的鱼类全长在200 mm以下，仅3.86%的鱼类全长高于300 mm，全长为120～150 mm的鱼类较多，占总数的27.74%（图4.5-12）；60.56%的鱼类体重在90 g以下（图4.5-13）。

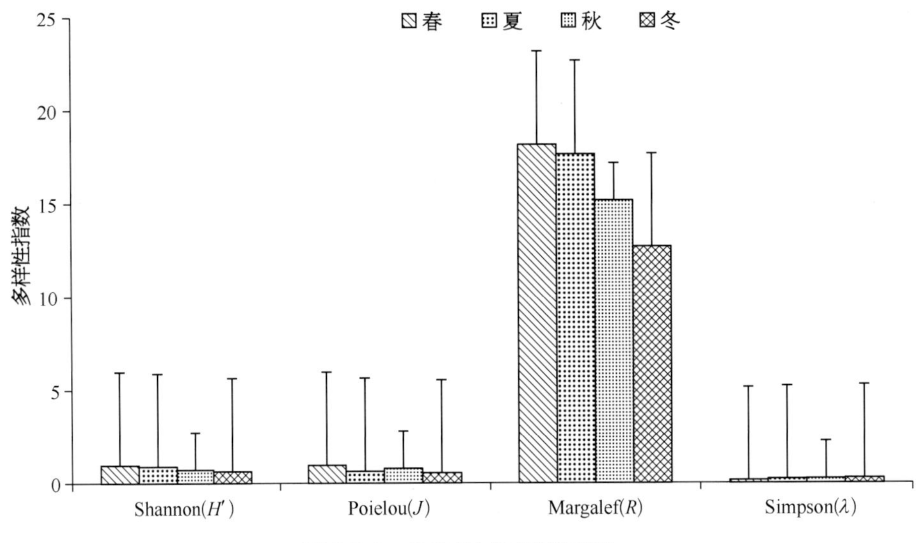

图4.5-9 各季度鱼类多样性指数

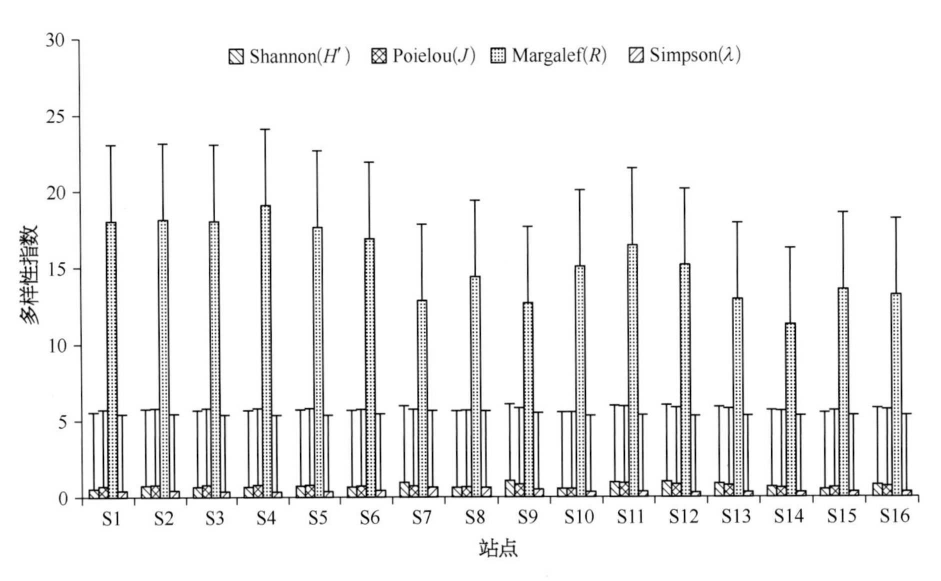

图4.5-10 各站点鱼类多样性指数

表 4.5-6 各点单位努力捕捞量

站　　点	刺网 CPUEn（g・net^{-1}・12 h^{-1}）	刺网 CPUEw（g・net^{-1}・12 h^{-1}）	定置串联笼壶 CPUEn（g・net^{-1}・12 h^{-1}）	定置串联笼壶 CPUEw（g・net^{-1}・12 h^{-1}）
S1	432	9 840.4	505	1 310.99
S2	326	5 175.3	744	1 196.92
S3	364	7 228.2	840	2 330.13
S4	232	12 949.4	1 240	1 388.10
S5	543	14 373.1	527	3 150.51
S6	324	11 145.1	479	3 192.40
S7	432	6 607	505	1 358.28
S8	622	12 678.4	850	6 438.26

（续表）

表 4.5-6　各点单位努力捕捞量

站　　点	刺网 CPUEn（$g \cdot net^{-1} \cdot 12\ h^{-1}$）	刺网 CPUEw（$g \cdot net^{-1} \cdot 12\ h^{-1}$）	定置串联笼壶 CPUEn（$g \cdot net^{-1} \cdot 12\ h^{-1}$）	定置串联笼壶 CPUEw（$g \cdot net^{-1} \cdot 12\ h^{-1}$）
S9	124	6 365.6	277	1 599.68
S10	231	2 763.4	304	2 015.77
S11	380	7 517.6	289	447.68
S12	453	7 861.6	350	103.68
S13	157	3 462.5	111	1 316.67
S14	356	5 337.2	313	1 035.02
S15	342	7 878.3	327	86.98
S16	243	8 437.7	158	2 713.69

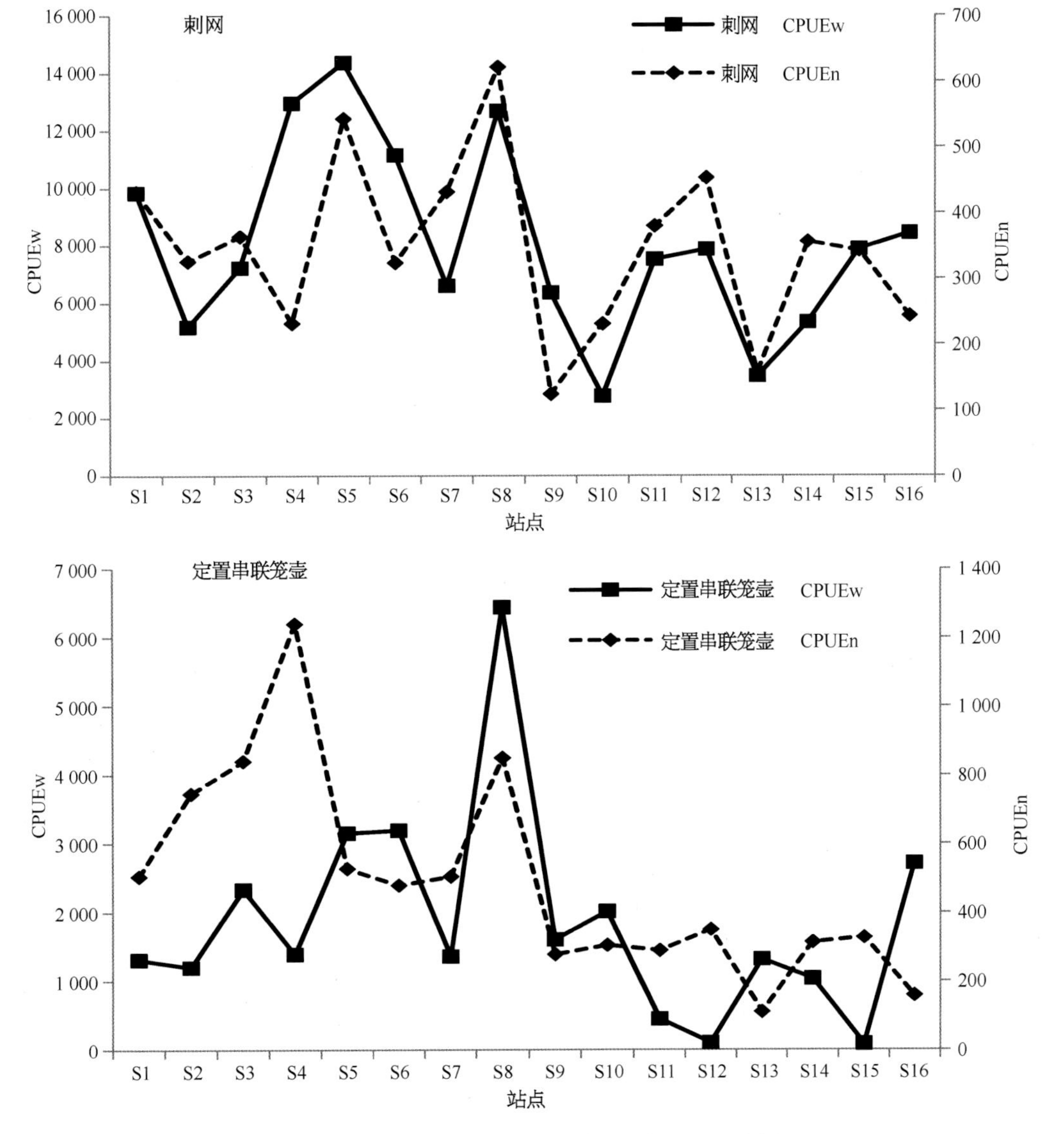

图4.5-11　基于刺网及定置串联笼壶鱼类CPUE示意图

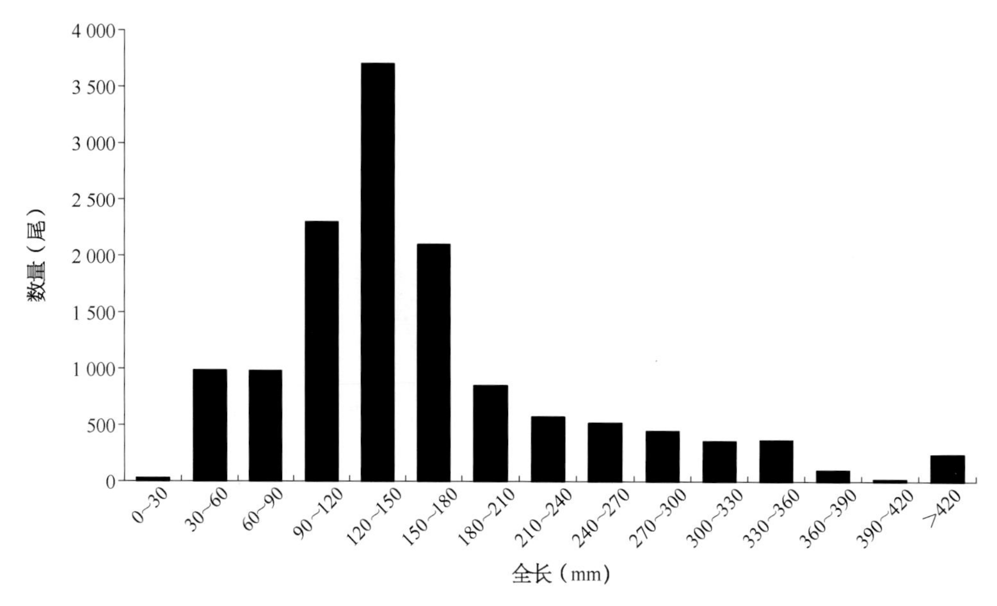

图4.5-12 鱼类全长分布

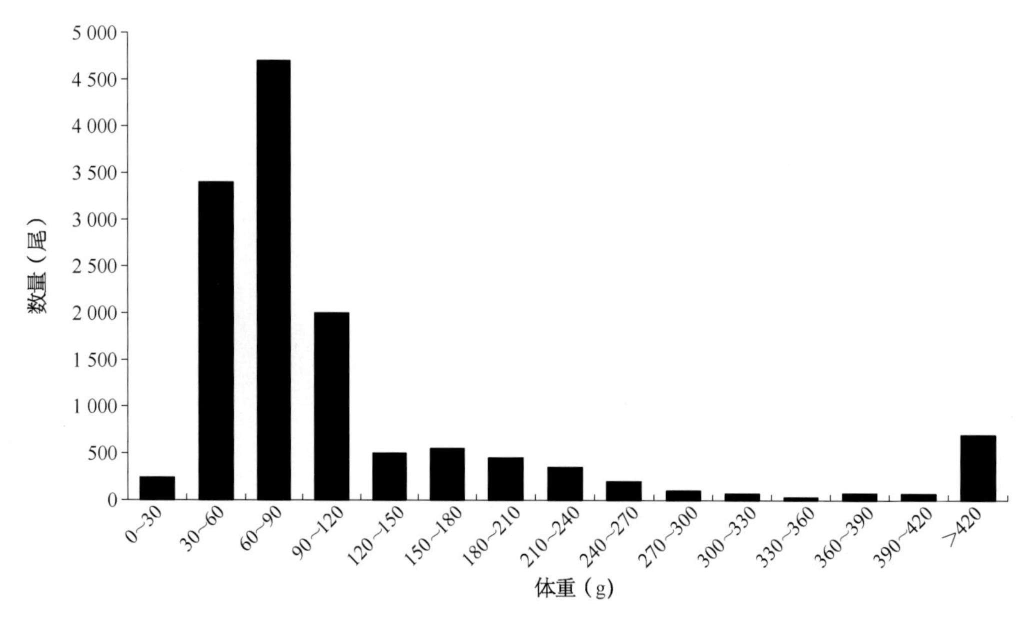

图4.5-13 鱼类体重分布

统计各季节及各站点鱼类生物学特征显示，秋季鱼类平均体长及体重较高（图4.5-14）；点位S11处的鱼类体长和体重稍高（图4.5-15）。非参数检验显示，各季节体长和体重均呈显著性差异（体长：X^2=10.20，P=0.017<0.05；体重：X^2=9.462，P=0.024<0.05）；各站点体长呈显著性差异，而体重无显著性差异（体长：X^2=10.385，P=0.016 < 0.05；体重：X^2=4.542，P=0.209>0.05）。

各鱼类平均体重显示，仅青鱼1种鱼类平均体重高于500 g；鲤、鲢、鳙等15种鱼类体重处于100 ～ 500 g；鲫、达氏鲌和黄尾鲴4种鱼类体重为50 ～ 100 g；大多数鱼类平均体重均低于50 g，刀鲚平均体重仅8.21 g，鲫最小体重仅1.85 g（表4.5-7）。

其他水生动物

调查结果显示，非鱼类有13种，包括蚌3种（背角无齿蚌、三角帆蚌和扭蚌）、螺3种（铜锈环棱螺、方格短沟蜷和中国圆田螺）、蚬1种（河蚬）和虾蟹类6种（日本沼虾、秀丽白虾、中华小长臂虾、中华锯齿米虾、克氏原螯虾和中华绒螯蟹），共5 100尾，

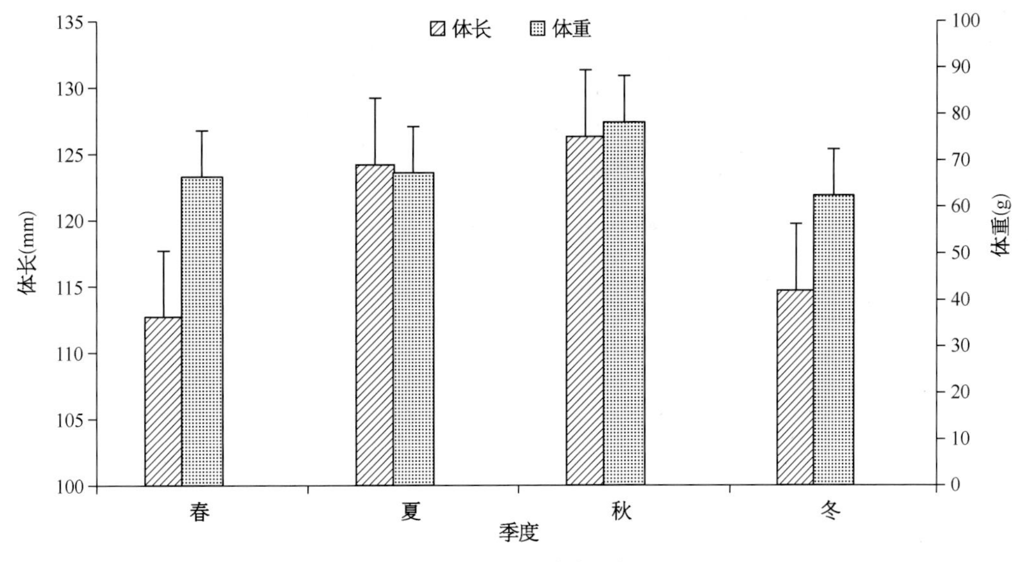

图4.5-14 各季节鱼类体长及体重组成

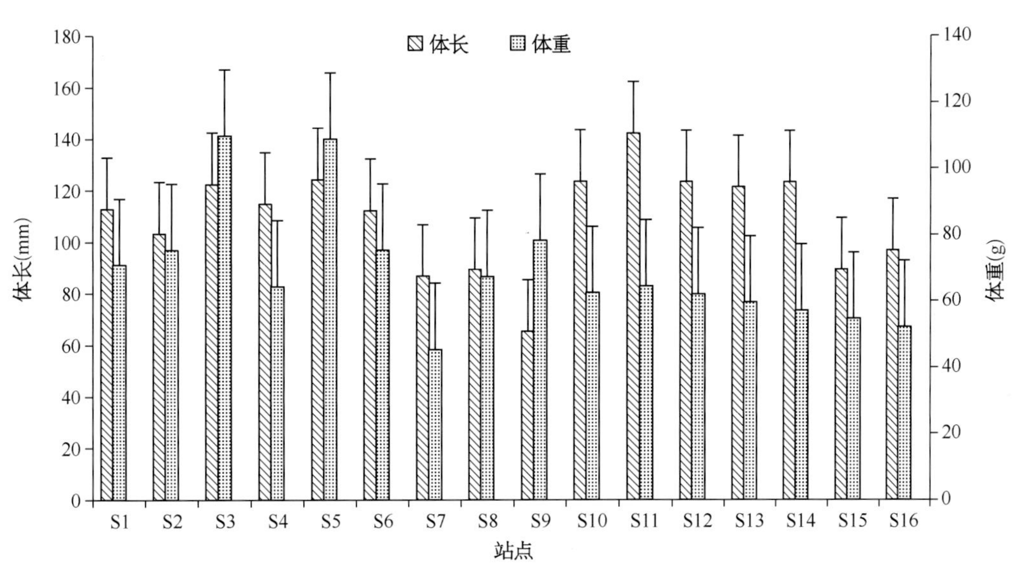

图4.5-15 各站点鱼类体长及体重组成

表 4.5-7 鱼类全长及体重组成

种类	全长（mm）			体重（g）		
	最小值	最大值	平均值	最小值	最大值	平均值
刀鲚	27.39	311.91	118.52	6.13	223.48	8.21
青鱼	135.6	678.1	343.8	132.1	4 234.3	785.2
草鱼	167.2	435.8	247.6	142.2	1 245.6	267.8
翘嘴鲌	73.80	445.00	233.64	156.27	527.96	155.28
蒙古鲌	157.90	286.02	212.13	91.82	134.92	74.81
达氏鲌	69.67	240.86	162.65	92.13	156.35	72.15
尖头鲌	234.6	278.4	252.3	156.1	298.1	231.1
红鳍原鲌	73.46	314.78	164.14	56.45	254.62	51.46

（续表）

表 4.5-7 鱼类全长及体重组成

种类	全长（mm）			体重（g）		
	最小值	最大值	平均值	最小值	最大值	平均值
鳌	35.49	166.25	135.62	17.32	114.78	16.32
贝氏鳌	61.74	183.23	119.20	15.65	56.88	15.65
鳊	77.16	285.10	147.97	73.01	209.00	157.8
团头鲂	56.97	346.84	175.32	118.27	616.26	118.27
鲂	72	350	125	3.36	643.75	45.3
飘鱼	62.76	184.63	121.34	16.75	56.87	25.24
寡鳞飘鱼	76.12	178.94	134.2	17.24	195.1	113.1
似鲚	78.87	162.03	120.52	10.74	49.59	10.74
似鳊	96	200	127.06	8.229	91.84	20.65
黄尾鲴	95.16	201.88	166.31	68.78	99.49	68.78
大鳍鱊	52	104	84.2	1.71	16.48	7.97
兴凯鱊	57	94	7.5	1.859	11.37	4.9
彩鱊	32.13	36.12	33.11	0.98	1.12	1.01
中华鳑鲏	27.12	34.12	18.12	0.79	1.08	0.89
高体鳑鲏	27.12	37.61	19.12	0.88	1.76	1.23
麦穗鱼	31.47	124.68	61.26	3.13	16.07	3.73
棒花鱼	30.75	125.15	92.2	14.32	59.43	14.42
长蛇鮈	150	195	165	15.23	44.85	27.13
蛇鮈	86	141	112.3	3.55	18.02	9.68
花䱻	76.64	318.38	203.03	107.69	620.50	107.69
黑鳍鳈	43.89	129.28	94.27	12.03	116.33	23.03
华鳈	98.19	199.17	134.21	35.20	96.60	35.20
银鮈	51.71	83.54	63.69	3.86	197.00	3.86
似刺鳊鮈	102.65	246.30	174.10	70.05	159.29	70.05
小口小鳔鮈	21.2	31.1	29.8	0.24	0.87	0.46
鲤	124.79	250.00	182.56	377.84	462.01	389.81
鲫	46.04	361.00	165.20	98.24	668.00	98.24
鲢	34.88	654.20	277.36	309.29	3 730.00	309.29
鳙	51.18	525.00	227.11	188.74	1 782.00	188.74
泥鳅	108.05	223.63	165.08	35.07	133.48	35.07

（续表）

表 4.5-7 鱼类全长及体重组成

种　类	全长（mm）			体重（g）		
	最小值	最大值	平均值	最小值	最大值	平均值
大鳞副泥鳅	112.1	223.12	138.12	43.12	151.12	112.12
鲇	24	42.5	28.1	100	636	199.58
斑点叉尾鮰	189	189	189	212	212	212
黄颡鱼	92	221	15.7	6.25	94.62	43.8
光泽黄颡鱼	38.90	120.87	85.94	5.74	13.80	5.74
江黄颡鱼	92	220	138.6	6.25	97.84	26.62
长须黄颡鱼	132.25	157.00	144.63	28.00	44.40	28.00
间下鱵	107.73	129.03	114.28	4.73	5.07	4.89
黄鳝	121.2	431.4	231.2	5.3	234.2	23.1
小黄黝鱼	44.00	44.00	44.00	0.86	0.86	0.86
河川沙塘鳢	60	129	9.58	2.63	27.69	11.89
子陵吻虾虎鱼	34	57	4.31	0.387	1.803	0.983
波氏吻虾虎鱼	44.31	59.92	52.76	1.68	2.24	1.98
须鳗虾虎鱼	66.19	191.24	112.87	3.69	16.00	3.69
纹缟虾虎鱼	54.82	98.33	68.53	4.13	11.82	4.13
乌鳢	141	241	17.8	72.1	167.1	134.1
中华刺鳅	75.27	190.28	131.32	5.51	16.62	7.62
鳜	171	261	19.2	69.1	537.1	234.1
圆尾斗鱼	33	72	5.16	0.566	4.239	2.13
大银鱼	74.55	182.42	138.57	7.14	38.17	11.66
陈氏新银鱼	72.63	85.11	73.54	1.85	2.13	1.96
乔氏新银鱼	73.12	83.13	74.12	1.62	2.32	1.87
青鳉	18.9	23.1	19.2	0.43	0.85	0.56
食蚊鱼	12.9	22.1	18.2	0.53	0.75	0.62

占总数的12.7%，以日本沼虾（4.72%）和铜锈环棱螺（2.78%）较多；生物量为11 037.3 g，占总重的2.3%，以三角帆蚌（1.45%）和日本沼虾（0.95%）贡献较大。

根据调查数据显示（表4.5-8），在13种非鱼类渔获物种中以日本沼虾、秀丽白虾和铜锈环棱螺分布较为广泛，其中日本沼虾和秀丽白虾在所设16个站点均有分布，铜锈环棱螺在13个站点被捕获。日本沼虾、秀丽白虾、中华绒螯蟹和铜锈环棱螺在四个季度采样调查中均有捕获，克氏原螯虾和河蚬在春、夏、秋三个季度有捕获，背角无齿蚌和中华锯齿米虾在两个季度有所捕获，而中华小长臂虾、中国圆田螺和方格短沟蜷仅在春季有捕获，三角帆蚌仅在秋季有捕获，扭蚌仅在冬季有捕获（表4.5-9）。

表 4.5-8 骆马湖渔业资源调查中非鱼类渔获物的分布情况

站点	日本沼虾	秀丽白虾	中华小长臂虾	克氏原螯虾	中华绒螯蟹	铜锈环棱螺	中国圆田螺	方格短沟蜷	扭蚌	被角无齿蚌	三角帆蚌	中华锯齿米虾	河蚬
S1	+	+				+							
S2	+	+	+			+							+
S3	+	+				+	+	+			+		
S4	+	+	+	+			+	+		+		+	+
S5	+	+			+	+		+					
S6	+	+				+	+	+	+		+		
S7	+	+		+	+	+					+	+	+
S8	+	+					+	+			+	+	
S9	+	+		+		+							+
S10	+	+			+	+	+	+			+		
S11	+	+	+			+	+					+	
S12	+	+			+	+	+		+				+
S13	+	+	+	+		+	+	+		+	+	+	+
S14	+	+						+					+
S15	+	+			+	+		+	+				
S16	+	+	+			+							

表 4.5-9 非鱼类渔获物各季节出现频数

种类	春季	夏季	秋季	冬季
日本沼虾	+	+	+	+
秀丽白虾	+	+	+	+
中华小长臂虾	+			
克氏原螯虾	+	+	+	
中华绒螯蟹	+	+	+	+
铜锈环棱螺	+	+	+	+
中国圆田螺	+			
方格短沟蜷	+			
扭蚌				+
背角无齿蚌			+	+
三角帆蚌			+	
中华锯齿米虾		+	+	
河蚬	+	+	+	

结果与讨论

江苏省淡水水产研究所和江苏省地理研究所根据1976年对骆马湖渔业资源状况调查，于1997年3月编写了《江苏省骆马湖水库渔业资源调查报告》（内部资料）。报告中列有9目16科56种的骆马湖鱼类名录（经分析实际为54种）。

徐州师范学院周化民和白延明根据1993年调查，于1994年报道了骆马湖鱼类56种，比先前的研究增加了4种（棒花鱼、花鳅、副沙鳅和河豚），提出来60种鱼类名录（实际为58种）。江苏省淡水水产研究所于2017年对该湖夏季的鱼类群落结构进行了研究，相比先前的研究，增加了方氏鳑鲏、长须黄颡鱼、波氏吻虾虎鱼和拉氏狼牙虾虎鱼4个品种，但一些洄游性鱼类则没有采集到。

本次调查共采集鱼类62种，隶属于8目17科，鲤形目较多，有2科38种（鲤科36种），占总种类数的61.3%，其次为鲈形目（6科10种）、鲇形目（3科6种）和鲑形目（1科3种），其他各1种。数量百分比显示鲱形目（84.1%）较多，重量百分比显示鲤形目（69.3%）比例较大。

调查显示，骆马湖的鱼类资源呈现“低龄化”与“小型化”；刀鲚、麦穗、鳘等小型鱼类在各区域均是优势种；鲫、翘嘴鲌、鲢、鳙等经济鱼类在目前较大的捕捞强度下，大部分在低龄时就被捕捞。因此，经济价值较高的鱼类体型大部分偏小。

骆马湖鱼类小型化和低龄化的原因可能以下几个情况导致的。

① 过度捕捞导致骆马湖鱼类种群结构的小型化和低龄化。在渔业生产中，经济鱼类中的较大个体因为具有更高的经济价值，故而易被优先捕捞，而小型个体和低龄个体则容易存活下来，在这种捕捞选择的长期影响下，可能会致使生长迅速的基因流失，而生长较慢的基因容易留存，过度捕捞的不良影响在短期中就会体现，使得低龄化现象明显。而个体较大的经济鱼类被捕捞，一方面留下的生态空缺则让小型鱼类有机可乘；另一方面凶猛鱼类的减少则使得小型鱼类减少被捕食的压力，从而其数量增多，进而造成群落结构方面的小型化。

② 增殖放流的经济鱼类中大多属于夏花或鱼种等小型个体或低龄个体，这些个体可能在采样中被捕获，从而增加了渔获物中低龄个体的比重。

骆马湖鱼类的多样性在降低，和周化民、冯照军等调查相比，本研究调查的骆马湖鱼类的生态类型有一定的变化。因为江湖阻隔的缘故，一些洄游性鱼类如鯮、鳡等可能已在骆马湖中消失，这4个频次的调查各点位均未发现其踪迹，但在和协助采样的渔民交流时，渔民谈及骆马湖偶有鳡被捕获，可能是人工养殖中混入并逃逸的零星个体。而根据湖区渔业管理部门汇编的资料数据来看，骆马湖每年会放流大量的鲢和鳙，这两种鱼类的数量大多来自于此。

一般而言，鱼类种类数下降、大中型鱼类资源衰退以及优势种单一化和小型化，都伴随着生物多样性的降低，虽然近些年的保护力度较强，鱼类资源有一定维持，甚至有所恢复，但骆马湖鱼类的衰退形势依然严峻，需要继续加强对其资源的保护；另一方面，也需要对生物入侵等情况进行防治。

4.6 · 阳澄湖

鱼类种类组成及生态、食性类型

鱼类种类组成

调查显示，共采集鱼类47种14 621尾，重413.46 kg，隶属于7目13科38属，鲤形目较多，有2科32种（鲤科31种），占总种类数的68.1%，其次为鲈形目（5科7种）和鲇形目（2科4种），其他各1种（图4.6-1）。数量及重量百分比显示鲤科（N%：85.6%；W%：89.6%）比例较大，相对重要性指数显示鲤形目（鲤科）和鲱形目（鳀科）均高于1 000，鲤形目明显较高（图4.6-2）。

数量百分数（N%）显示，似鲚（22.3%）、麦穗鱼（15.5%）和刀鲚（11.7%）稍高，其次为似鳊、鳘、鲫等，翘嘴鲌、子陵吻虾虎鱼、达氏鲌等32种鱼类数量比例均位于0.1%～1%，小黄黝鱼、中华鳑鲏、间下鱵等21种鱼均小于0.1%；重量百

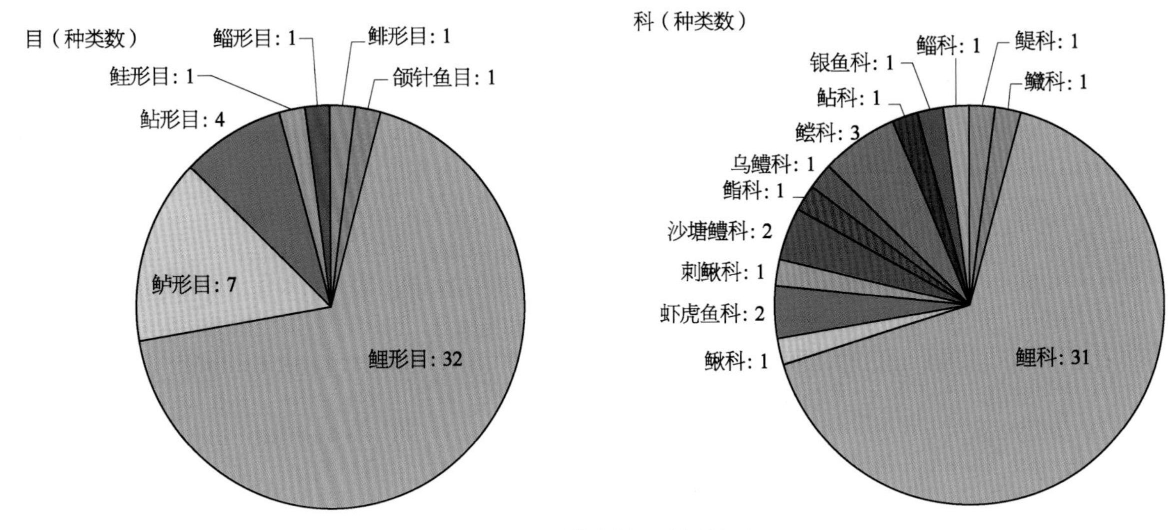

图4.6-1　阳澄湖各目、科鱼类组成

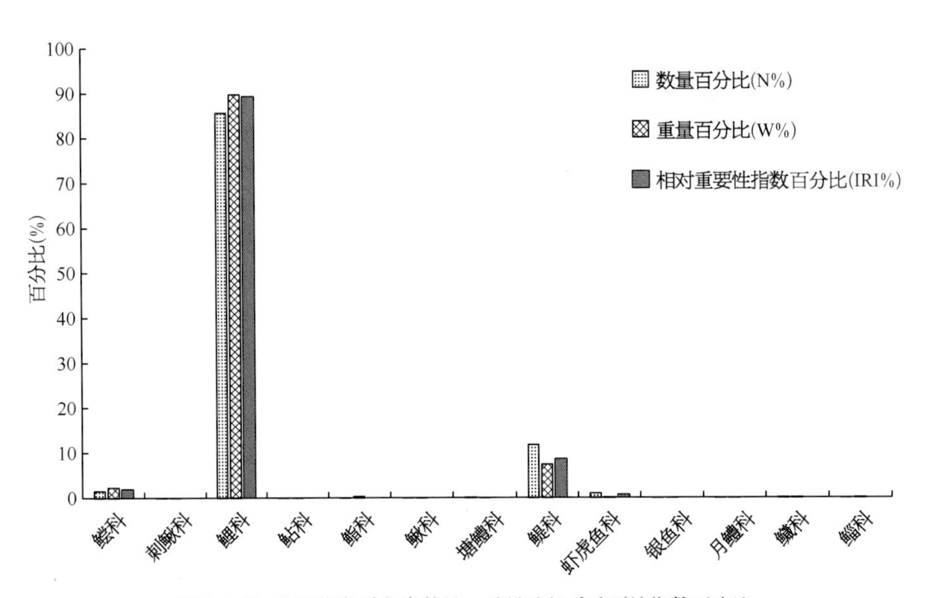

图4.6-2　阳澄湖各科鱼类数量、重量及相对重要性指数百分比

分数（W%）显示，鲢（28.4%）、鳙（16.6%）和鲫（10.0%）比重稍大，其他均较小，黄颡鱼、贝氏䱗、草鱼等31种鱼重量比例均位于0.1%～1%，间下鱵、彩鳑、赤眼鳟均小于0.1%（表4.6-1）。

表4.6-1　阳澄湖鱼类种类组成

种　　类	生态类型	数量百分比（%）	重量百分比（%）	相对重要性指数
一、鲱形目 Clupeiformes				
1. 鳀科 Engraulidae				
（1）刀鲚 *Coilia nasus*	C.U.D	11.65	7.37	1 268.35
二、颌针鱼目 Beloniformes				
2. 鱵科 Hemirhamphiade				

（续表）

表 4.6-1 阳澄湖鱼类种类组成

种　　类	生态类型	数量百分比（%）	重量百分比（%）	相对重要性指数
（2）间下鱵 *Hyporhamphus intermedius*	O.U.R	0.05	0.08	1.24
三、鲤形目 Cypriniformes				
3. 鲤科 Cyprinidae				
（3）棒花鱼 *Abbottina rivularis*	O.B.R	4.43	1.32	273.83
（4）贝氏鳌 *Hemiculter bleekeri*	O.U.R	1.83	0.77	70.03
（5）鳊 *Parabramis pekinensis*	H.L.R	0.21	1.60	49.01
（6）彩鱊 *Acheilognathus imberbis*	O.U.R	1.22	0.06	22.32
（7）鳌 *Hemiculter leucisculus*	O.U.R	7.74	4.32	822.81
（8）草鱼 *Ctenopharyngodon idellus*	H.U.P	0.01	0.67	2.17
（9）赤眼鳟 *Squaliobarbus curriculus*	O.U.P	0.04	0.06	0.16
（10）达氏鲌 *Culter dabryi*	C.U.R	0.62	1.10	70.90
（11）大鳍鱊 *Acheilognathus macropterus*	O.U.R	1.61	0.40	98.76
（12）高体鳑鲏 *Rhodeus ocellatus*	O.U.R	0.01	0.00	0.05
（13）黑鳍鳈 *Sarcocheilichthys nigripinnis*	O.L.R	0.44	0.17	19.63
（14）红鳍原鲌 *Cultrichthys erythropterus*	C.U.R	4.63	4.09	650.90
（15）花鱛 *Hemibarbus maculatus*	O.L.R	0.21	1.17	32.86
（16）黄尾鲴 *Xenocypris davidi*	H.L.R	0.01	0.04	0.08
（17）鲫 *Carassius auratus*	O.L.R	7.25	10.04	1 290.11
（18）鲤 *Cyprinus carpio*	O.L.R	0.03	0.47	3.97
（19）鲢 *Hypophthalmichthys molitrix*	F.U.P	2.02	28.42	1 594.92
（20）麦穗鱼 *Pseudorasbora parva*	O.L.R	15.53	1.73	1 287.39
（21）蒙古鲌 *Culter mongolicus*	C.U.R	0.12	0.35	5.22
（22）飘鱼 *Pseudolaubuca sinensis*	O.U.R	0.01	0.00	0.01
（23）翘嘴鲌 *Culter alburnus*	C.U.R	0.96	2.50	131.67
（24）蛇鮈 *Culter alburnus*	H.B.R	0.48	0.04	5.72
（25）似鳊 *Pseudobrama simoni*	H.L.R	9.03	4.35	807.41
（26）似刺鳊鮈 *Paracanthobrama guichenoti*	H.L.R	0.23	1.24	44.26
（27）似鲚 *Toxabramis swinhonis*	O.U.R	22.26	7.22	2 246.32
（28）团头鲂 *Megalobrama amblycephala*	H.L.R	0.03	0.32	8.53
（29）细鳞斜颌鲴 *Xenocypris microlepis*	H.L.R	0.01	0.02	0.05
（30）兴凯鱊 *Acheilognathus chankaensis*	O.U.R	2.92	0.58	249.93

（续表）

表 4.6-1 阳澄湖鱼类种类组成

种　　类	生态类型	数量百分比（%）	重量百分比（%）	相对重要性指数
（31）银鮈 *Squalidus argentatus*	O.B.R	0.01	0.00	0.01
（32）鳙 *Aristichthys nobilis*	F.U.P	1.60	16.57	1 125.08
（33）中华鳑鲏 *Rhodeus sinensis*	O.U.R	0.08	0.00	0.50
4. 鳅科 Cobitidae				
（34）泥鳅 *Misgurnus anguillicaudatus*	O.B.R	0.02	0.01	0.15
四、鲈形目 Perciformes				
5. 虾虎鱼科 Gobiidae				
（35）须鳗虾虎鱼 *Taenioides cirratus*	C.B.R	0.16	0.06	1.78
（36）子陵吻虾虎鱼 *Rhinogobius giurinus*	C.B.R	0.80	0.05	45.81
6. 刺鳅科 Mastacembelidae				
（37）中华刺鳅 *Sinobdella sinensis*	O.B.R	0.05	0.01	0.19
7. 沙塘鳢科 Odontobutidae				
（38）河川沙塘鳢 *Odontobutis potamophila*	O.B.R	0.01	0.00	0.06
（39）小黄黝鱼 *Micropercops swinhonis*	O.B.R	0.10	0.00	1.25
8. 鮨科 Serranidae				
（40）鳜 *Siniperca chuatsi*	C.L.R	0.02	0.31	1.57
9. 乌鳢科 Ophiocephalidae				
（41）乌鳢 *Channa argus*	C.B.R	0.01	0.05	0.09
五、鲇形目 Siluriformes				
10. 鲿科 Bagridae				
（42）黄颡鱼 *Pelteobaggrus fulvidraco*	O.B.R	0.44	0.91	40.72
（43）长须黄颡鱼 *Pelteobagrus eupogon*	O.B.R	1.04	1.39	119.57
（44）光泽黄颡鱼 *Pelteobaggrus nitidus*	O.B.R	0.01	0.00	0.02
11. 鲇科 Siluridae				
（45）鲇 *Silurus asotus*	C.B.R	0.01	0.00	0.01
六、鲑形目 Salmoniformes				
12. 银鱼科 Salangidae				
（46）陈氏短吻银鱼 *Salangichthys tangkahkeii*	C.U.R	0.03	0.00	0.11
七、鲻形目				
13. 鲻科 Mugiliformes				
（47）鲻 *Mugil cephalus*	O.L.E	0.01	0.12	0.20

注：U.中上层，L.中下层，B.底层；D.江海洄游性，P.江湖半洄游性，E.河口性，R.淡水定居性；C.肉食性，O.杂食性，H.植食性，F.滤食性。

· 生态类型与区系组成

生态类型：根据鱼类洄游类型、栖息空间和摄食的不同，可将鱼类划分为不同生态类群（表4.6–2）。

根据鱼类洄游类型，可分为：定居性鱼类41种，包括鲤、鲫、鳊、鲂、黄颡鱼等，占总种数的87.23%；江湖半洄游性鱼类4种，为草鱼、鲢、赤眼鳟和鳙，占总种数的8.51%；江海洄游性鱼类和河口性鱼类各一种，分别为刀鲚和鲻。

按栖息空间划分，可分为中上层、中下层和底栖三类。底栖鱼类14种，包括泥鳅、鲇、黄颡鱼、河川沙塘鳢等，占总种数的29.79%；中下层鱼类13种，有鲫、鳊、鲂等，占总种数的27.66%；中上层鱼类有鲢、翘嘴鲌、鳙、刀鲚等20种，占总种数的42.55%。

按摄食类型划分，有植食性、杂食性、滤食性和肉食性四类。植食性鱼类有草鱼、鳊、鲂等，占总种数的17.02%；杂食性鱼类有鲤、鲫、赤眼鳟、泥鳅等，占总种数的53.19%；肉食性鱼类有鲇、乌鳢、翘嘴鲌等，占总种数的25.53%；滤食性有鲢和鳙两种。

区系组成：根据起源和地理分布特征，阳澄湖鱼类区系可分为4个复合体。

表4.6–2　阳澄湖鱼类生态类型

生态类型	种类数	百分比（%）
洄游类型		
江湖半洄游性	4	8.51
江海洄游	1	2.13
河口性	1	2.13
淡水定居性	41	87.23
食性类型		
植食性	8	17.02
杂食性	25	53.19
滤食性	2	4.26
肉食性	12	25.53
栖息空间		
中上层	20	42.55
中下层	13	27.66
底栖	14	29.79

① 中国江河平原区系复合体：是在喜马拉雅山升到一定高度并形成东亚季风气候之后，为适应新的自然条件，从旧类型鱼类分化出来的。以青鱼、草鱼、鲢、鳙、鳊、鲂、赤眼鳟等为代表种类。

② 南方热带区系复合体：原产于南岭以南各水系中，而后向长江流域伸展。以乌鳢、河川沙塘鳢、黄颡鱼等鱼类为代表种。

③ 晚第三纪早期区系复合体：更新世以前北半球亚热带动物的残余，由于气候变化，被分割成若干不连续的区域。其种类有泥鳅、鲇、鳑鲏等。

④ 北方平原区系复合体：高纬度地区分布较广，耐寒种类多，耐氧力强，凶猛种类少，性成熟早，补充群体大，种群恢复力强。代表种类有麦穗鱼。

群落时空特征

· 季节组成

以各季节鱼类数量为基础，聚类结果显示四个季度鱼类组成可分为3类（图4.6–3），夏季为一类，为似鲚+鳘+麦穗鱼+鲫类；秋季为一类，为似鲚+似鳊+刀鲚类；冬季和春季为一类，为似鲚+麦穗鱼类。

调查显示，春季采集鱼类31种2 893尾（图4.6–4），占总数的19.8%，生物量占27.4%，隶属于5目8科27属。数量百分数（N%）显示，似鲚（20.7%）、麦穗鱼（14.4%）比重较高；重量百分数（W%）显示鲢（33.1%）、鳙（26.8%）和鲫（10.2%）比重较高（图4.6–5）。不同季节鱼类相对重要性指数（IRI）显示（表4.6–3）鲢、鳙、似鲚、麦穗鱼和鲫5种鱼类IRI均高于1 000，为春季优势鱼类（表4.6–3）。

夏季采集鱼类36种4 884尾（图4.6–4），占总数的33.4%，生物量占24.1%，隶属于5目8科29属。数量百分数（N%）显示，似鲚（28.9%）、鳘（15.4%）、麦穗鱼（12.9%）和鲫（12.6%）比重较高，其次为刀鲚、红鳍原鲌等；重量百分数（W%）显示鳙（16.8%）、鲢（16.7%）和似鲚（12.5%）比重较高（图4.6–5）。不同季节鱼类相对重要性指数（IRI）显示似鲚、鳘、鲫、刀鲚和麦穗鱼5种鱼类为夏季优势鱼类（表4.6–3）。

秋季采集鱼类28种4 309尾（图4.6–4），占总

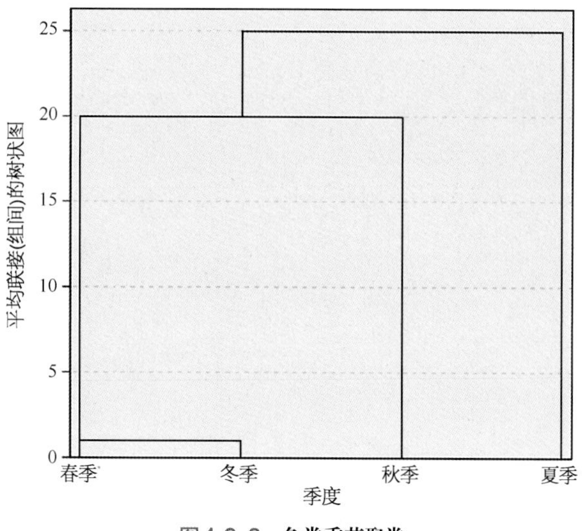

图4.6-3 鱼类季节聚类

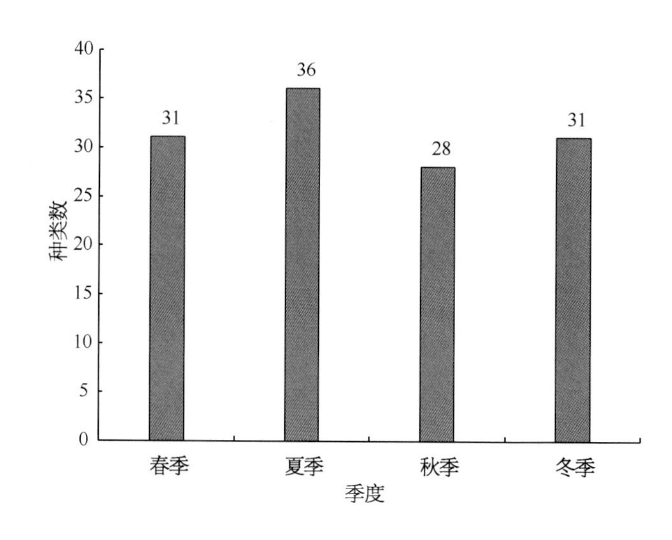

图4.6-4 不同季节鱼类种类数

数的29.5%，生物量占29.7%，隶属于7目11科29属。数量百分数（N%）显示，似鲚（23.7%）、似鳊（22.2%）、刀鲚（20.1%）比重较高，其次为麦穗鱼、鲫等；重量百分数（W%）显示鲢（38.6%）、刀鲚（13.0%）和似鳊（10.4%）比重较高（图4.6-5）。不同季节鱼类相对重要性指数（IRI）显示似鳊、刀鲚、鲢和似鲚4种鱼类IRI均高于1 000，为秋季优势鱼类（表4.6-3）。

冬季采集鱼类31种2 535尾（图4.6-4），占总数的17.3%，生物量占18.9%，隶属于7目11科29属。数量百分数（N%）显示，麦穗鱼（31.0%）和棒花鱼（18.1%）比重较高；重量百分数（W%）显示鲢（20.3%）、鳙（19.0%）和鲫（16.4%）比重较大（图4.6-5）。不同季节鱼类相对重要性指数（IRI）显示麦穗鱼、鳙、鲫、棒花鱼和鲢5种鱼类IRI均高于1 000，为冬季优势鱼类（表4.6-3）。

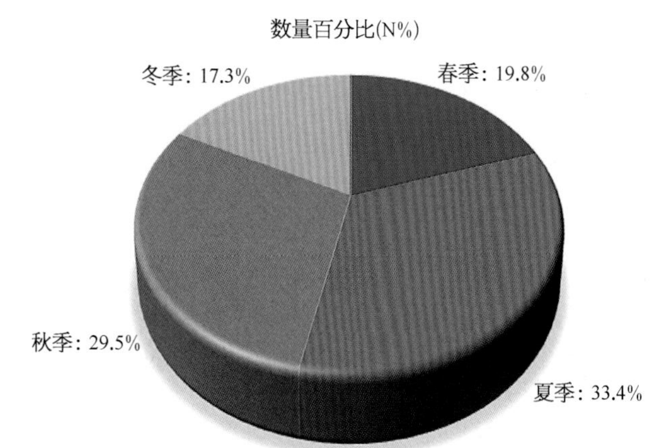

图4.6-5 不同季节鱼类数量及重量百分比

表4.6-3 不同季节鱼类相对重要性指数（IRI）

种类	春季	夏季	秋季	冬季
棒花鱼	227.48	54.75	17.12	1 604.12
贝氏鳘	110.52	9.07	309.86	—
鳊	26.10	28.70	164.84	3.07

（续表）

表 4.6-3 不同季节鱼类相对重要性指数（IRI）

种类	春季	夏季	秋季	冬季
彩鱊	—	234.14	0.15	—
鳘	533.02	2 524.57	161.32	342.64
草鱼	1.07	—	—	21.23
陈氏新银鱼	—	—	—	2.58
赤眼鳟	—	—	—	3.37
达氏鲌	35.97	148.65	39.57	60.31
大鳍鱊	240.56	2.30	263.37	36.53
刀鲚	594.58	1 270.04	2 691.81	523.08
高体鳑鲏	—	0.53	—	—
光泽黄颡鱼	0.30	—	—	—
鳜	—	1.17	2.14	6.00
河川沙塘鳢	0.29	0.15	—	—
黑鳍鳈	27.94	7.97	18.38	30.36
红鳍原鲌	354.54	735.40	583.53	676.10
花鲭	23.99	4.90	75.70	43.58
黄颡鱼	—	113.42	—	276.88
黄尾鲴	—	—	1.01	—
鲫	1 104.77	1 867.98	709.21	1 775.68
间下鱵	1.63	0.15	—	9.41
鲤	1.55	2.70	15.96	—
鲢	2 653.41	426.78	2 263.37	1 251.36
麦穗鱼	1 312.77	1 136.41	641.23	2 421.63
蒙古鲌	1.92	34.40	2.46	—
泥鳅	0.29	—	—	1.54
鲇	—	—	—	0.30
飘鱼	—	0.16	—	—
翘嘴鲌	—	392.35	68.16	298.41
蛇鮈	111.65	—	—	—
似鳊	768.68	107.10	3 056.28	107.53
似刺鳊鮈	103.75	0.74	96.84	24.45
似鲚	1 837.02	3 625.53	2 116.75	801.92
团头鲂	1.66	2.14	4.41	1.08

（续表）

表 4.6-3 不同季节鱼类相对重要性指数（IRI）

种　类	春　季	夏　季	秋　季	冬　季
乌鳢	1.33	—	—	—
细鳞斜颌鲴	—	0.71	—	—
小黄黝鱼	2.68	0.75	0.59	1.03
兴凯鱊	442.46	305.77	63.54	251.12
须鳗虾虎鱼	—	22.50	—	—
银鮈	—	—	—	0.28
鳙	2 165.37	752.27	248.77	1 869.63
长须黄颡鱼	177.74	433.71	49.50	—
中华刺鳅	—	14.12	—	—
中华鳑鲏	—	5.72	—	—
鲻	—	—	—	4.09
子陵吻虾虎鱼	63.29	31.09	30.86	67.24

注：“—”表示此季节没有采集到此种鱼类。

分析显示，夏季和秋季鱼类数量及重量稍高，各季节似鲚较多，其中似鲚、麦穗鱼、似鳊等20种鱼四个季度均有采集；仅在春季采集的鱼类有3种、夏季有6种、秋季有1种及冬季有5种。不同鱼类显示，53.4%的鲢、58.1%的鳙在春季采集；54.1%的鲫、68.7%的鳘在夏季采集；50.6%的刀鲚、72.4%的似鳊在秋季被采集；70.8%的棒花鱼在冬季被采集；各季节似鲚、麦穗鱼等均较多。

· 空间组成

对16个站点鱼类数量聚类显示，16个点鱼类组成可聚为3类，其中阳澄西湖（S1～S5）与相连的阳澄中湖部分站点（S6、S8等）为一类，为兴凯鱊+鲢+鳘+似鲚+刀鲚等，鱼类优势种不明显；阳澄东湖东西北湖湾（S11）单独为一类，为似鲚类，其次为刀鲚、麦穗鱼、棒花鱼等；其他中、东湖各点为一类，为似鲚+麦穗鱼+似鳊+鳘等，各类主要种差别不大（图4.6-6）。

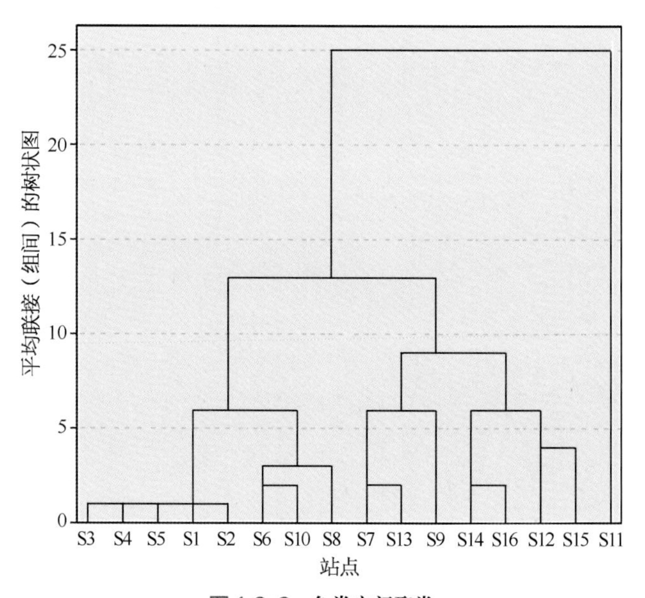

图4.6-6 鱼类空间聚类

如图4.6-7所示，阳澄西湖鱼类种类数明显较低，阳澄中湖及东湖种类数相差不大，明显高于西湖，S1最低，仅采集9种鱼类；S14最高，采集到33种鱼类（表4.6-4和表4.6-5）。数量及重量百分比显示相似结果（图4.6-8），整体显示阳澄东湖高于阳澄中湖，两者均明显高于阳澄西湖，特别是鱼类数量显示西湖较少，但鱼类生物量比例有所增加，这反映阳澄西湖采集的渔获物中有一定量的大型鱼类。

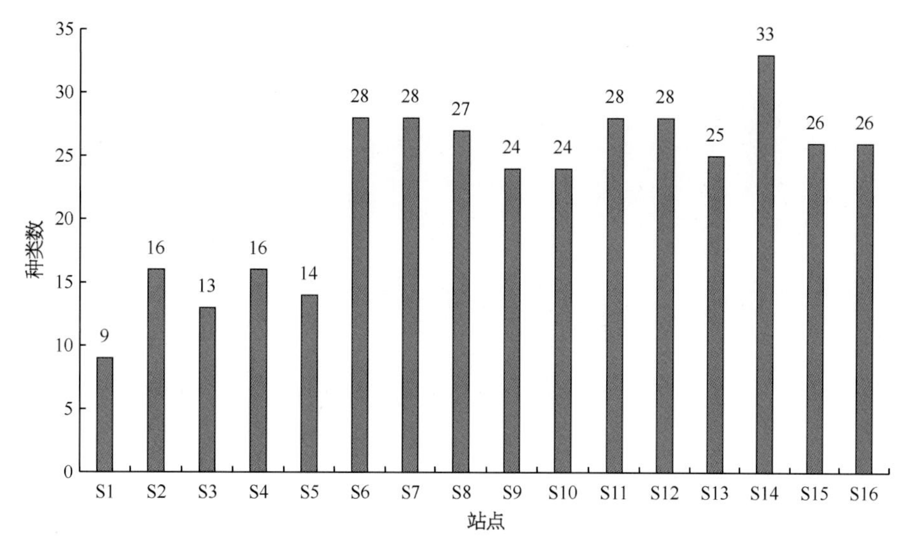

图4.6-7　各站点鱼类种类数

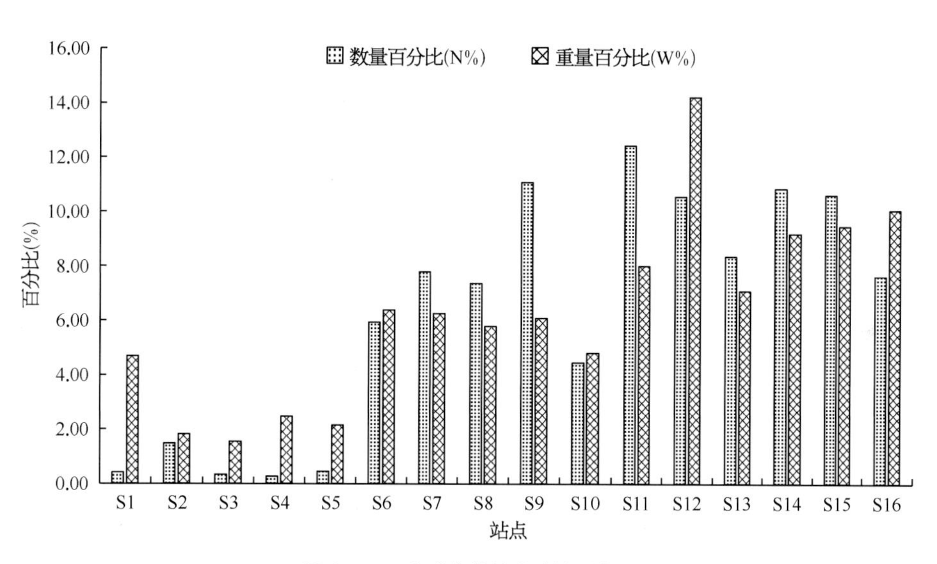

图4.6-8　各站点数量及重量百分比

表4.6-4　各站点鱼类组成

站　点	目	科	属	种	数量百分比（%）	重量百分比（%）
S1	3	3	8	9	0.42	4.70
S2	3	3	14	16	1.47	1.82
S3	3	3	12	13	0.34	1.55
S4	3	3	14	16	0.27	2.47
S5	4	4	13	14	0.45	2.15
S6	5	5	21	28	5.94	6.37
S7	4	5	22	28	7.80	6.26
S8	4	6	21	27	7.36	5.79
S9	5	7	20	24	11.08	6.08

（续表）

表 4.6-4　各站点鱼类组成

站　点	目	科	属	种	数量百分比（%）	重量百分比（%）
S10	4	5	20	24	4.45	4.80
S11	5	6	22	28	12.41	8.00
S12	5	7	23	28	10.55	14.22
S13	5	7	21	25	8.35	7.08
S14	5	8	26	33	10.85	9.19
S15	5	7	22	26	10.62	9.46
S16	4	7	22	26	7.63	10.06
总	7	13	38	47	100.00	100.00

表 4.6-5　各点鱼类分布

种　类	S1	S2	S3	S4	S5	S6	S7	S8	S9	S10	S11	S12	S13	S14	S15	S16
似鲚		+				+	+	+	+	+	+	+	+	+	+	+
刀鲚						+	+	+	+	+	+	+		+		+
麦穗鱼						+		+	+	+	+	+	+	+	+	
棒花鱼		+				+	+	+	+		+		+	+	+	+
红鳍原鲌	+	+	+	+		+	+	+	+	+	+	+	+	+	+	+
䱗												+				+
贝氏䱗											+	+				
蛇鮈														+		
达氏鲌				+	+	+	+	+		+	+	+	+	+	+	+
大鳍鱊	+	+	+	+		+	+	+	+	+	+	+	+	+	+	
似鳊		+		+	+	+	+	+	+	+	+	+	+	+	+	+
鲫							+							+		
子陵吻虾虎鱼						+										
兴凯鱊												+	+	+		
鳙							+									+
长须黄颡鱼		+	+	+		+	+	+	+	+	+		+			
黑鳍鳈					+	+	+	+	+	+	+	+	+	+	+	+
鲢		+	+		+	+	+	+				+		+	+	+
翘嘴鲌						+	+	+	+	+	+	+	+	+	+	+
鳊															+	
陈氏新银鱼		+	+	+		+	+	+	+	+	+	+	+	+	+	+

（续表）

表 4.6-5 各点鱼类分布

种　类	S1	S2	S3	S4	S5	S6	S7	S8	S9	S10	S11	S12	S13	S14	S15	S16
似刺鳊鮈									+				+	+	+	+
彩鱊							+			+		+		+		
黄颡鱼	+	+	+	+	+	+	+	+	+	+	+	+	+	+	+	+
蒙古鲌		+		+	+	+	+	+	+	+	+	+	+	+	+	+
团头鲂						+		+			+	+		+		
小黄黝鱼									+	+						+
中华鳑鲏														+		
花䱻							+									
草鱼				+	+	+	+	+	+	+	+	+	+	+	+	+
赤眼鳟				+		+	+		+	+	+	+				
高体鳑鲏		+	+	+	+	+	+	+	+	+	+	+	+	+	+	+
光泽黄颡鱼	+	+	+	+	+	+		+		+	+	+				+
鳜	+	+	+	+	+	+	+	+	+	+	+	+	+	+	+	+
河川沙塘鳢											+			+	+	+
黄尾鲴															+	
间下鱵														+		
鲤							+	+			+	+	+	+	+	
泥鳅	+	+	+	+	+	+	+	+	+	+	+	+	+	+	+	+
鲇						+		+					+	+	+	
飘鱼													+			
乌鳢	+	+	+	+	+	+	+	+	+	+	+	+	+	+	+	+
细鳞斜颌鲴	+	+	+		+	+	+	+	+	+	+	+	+	+	+	+
须鳗虾虎鱼								+	+							
银鮈							+				+			+		+
中华刺鳅						+										
鲻	+		+	+	+	+	+	+	+	+	+	+	+	+	+	+

注："+" 表示有。

优势种及多样性指数

根据鱼类相对重要性指数（IRI）大于1 000定为优势种，100<IRI<1 000定为主要种等，分析显示，似稣（2 246.3）、鲢（1 594.9）、鲫（1 290.1）、麦穗鱼（1 287.4）、刀鲚（1 268.4）和鳙（1 125.1）6种鱼类IRI均大于1 000；鳘、似鳊、红鳍原鲌等7种鱼类IRI均处于100 ～ 1 000；大鳍鱊、达氏鲌、鳊等10种鱼类IRI均处于10 ～ 100；另24种鱼类IRI均小于10。下图为IRI大于100的鱼类种类（图4.6–9）。

多样性指数显示，鱼类Margalef丰富度指数（*R*）为0.621 ～ 3.681，平均为2.312 ± 0.715（平均

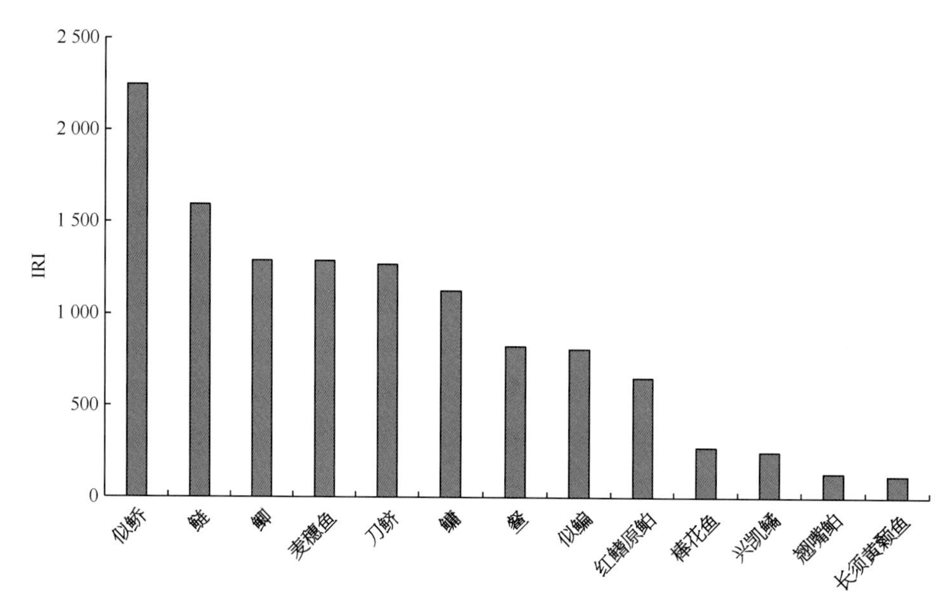

图4.6-9 鱼类相对重要性指数

值±标准差）；Shannon-Weaver多样性指数（H'）为0.500～2.344，平均为1.707±0.426；Pielou均匀度指数（J）为0.229～0.947，平均为0.550±0.204；Simpson优势度指数（λ）为0.129～0.680，平均为0.262±0.113。

以季度及站点为因素，对各多样性指数进行双因素方差分析显示，仅Pielou均匀度指数存在季节间的显著差异（F=3.299，P=0.03），其他多样性指数季节间无显著差异（R：F=1.187，P=0.33；H'：F=0.323，P=0.81）；各多样性指数站点间均呈现显著差异（H'：F=3.178，P=0.001；R：F=3.864，P < 0.001；J：F=7.952，P < 0.001；λ：F=2.337，P=0.02）。

其中，Shannon-Weaver多样性指数显示春季稍高，阳澄中湖稍高；Margalef丰富度指数显示夏季稍高，阳澄东湖稍高；Pielou均匀度显示春季稍高，阳澄西湖稍高；Simpson优势度指数显示秋季稍高，阳澄西湖处稍高（图4.6-10和图4.6-11）。

单位努力捕获量

如表4.6-6和图4.6-12所示的16个站点基于数量及重量的刺网及定置串联笼壶的CPEU（单位努力捕获量），刺网及定置串联笼壶的CPUEn及CPUEw结

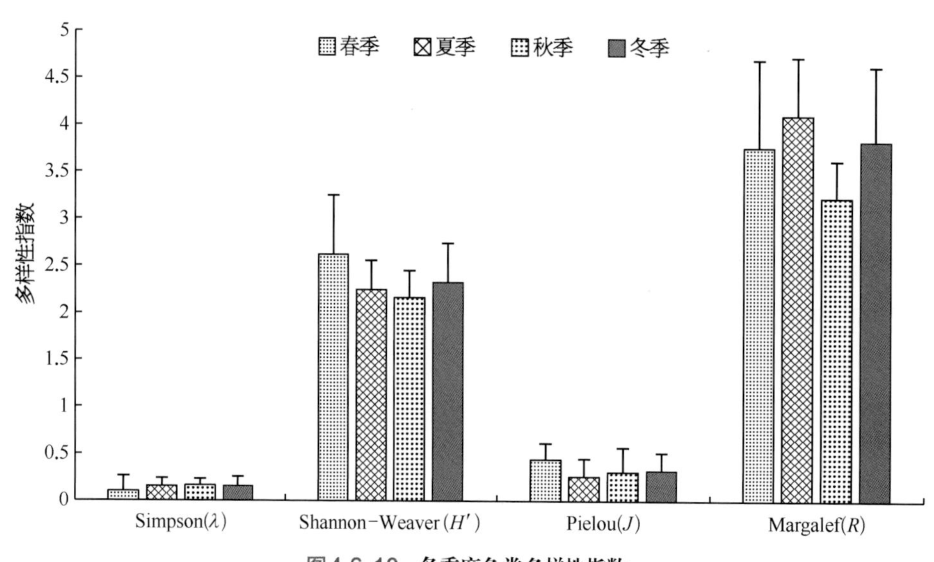

图4.6-10 各季度鱼类多样性指数

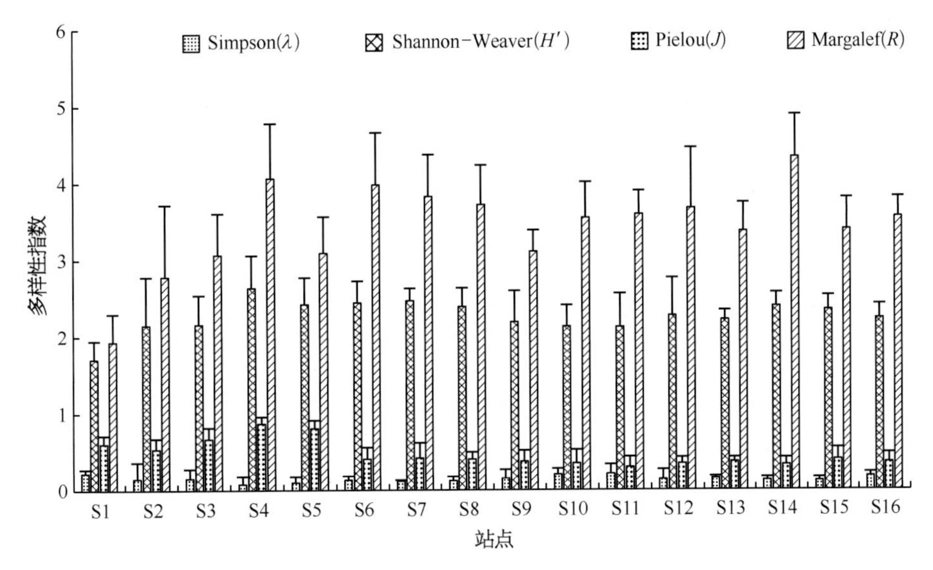

图4.6-11 各站点鱼类多样性指数

果呈现相似趋势，刺网CPUEn及CPUEw显示阳澄西湖较低（S1 ～ S5），阳澄东湖较高，定置串联笼壶CPUEn及CPUEw显示阳澄西湖（S1 ～ S5）较低，阳澄中湖稍高于东湖，差别不大。

生物学特征

根据调查显示，阳澄湖鱼类全长为16.3 ～ 670 mm，平均为124.7 mm；体长为13.3 ～ 570 mm，平均为

表4.6-6 各点单位努力捕捞量

站 点	刺网CPUEn（n/m²/h）	刺网CPUEw（g/m²/h）	定置串联笼壶CPUEn（n/m³/h）	定置串联笼壶CPUEw（g/m³/h）
S1	0.001	0.717	0.104	0.524
S2	0.003	0.255	0.595	2.913
S3	0.002	0.235	0.039	0.273
S4	0.001	0.374	0.078	0.670
S5	0.001	0.315	0.143	1.896
S6	0.027	0.940	0.651	4.493
S7	0.014	0.841	3.359	14.087
S8	0.032	0.823	0.924	7.724
S9	0.036	0.838	2.886	11.207
S10	0.021	0.679	0.438	6.893
S11	0.055	1.128	1.493	11.779
S12	0.047	2.126	1.311	6.770
S13	0.027	1.011	2.244	8.954
S14	0.048	1.359	1.332	6.130
S15	0.035	1.374	2.726	9.313
S16	0.033	1.508	1.011	4.281

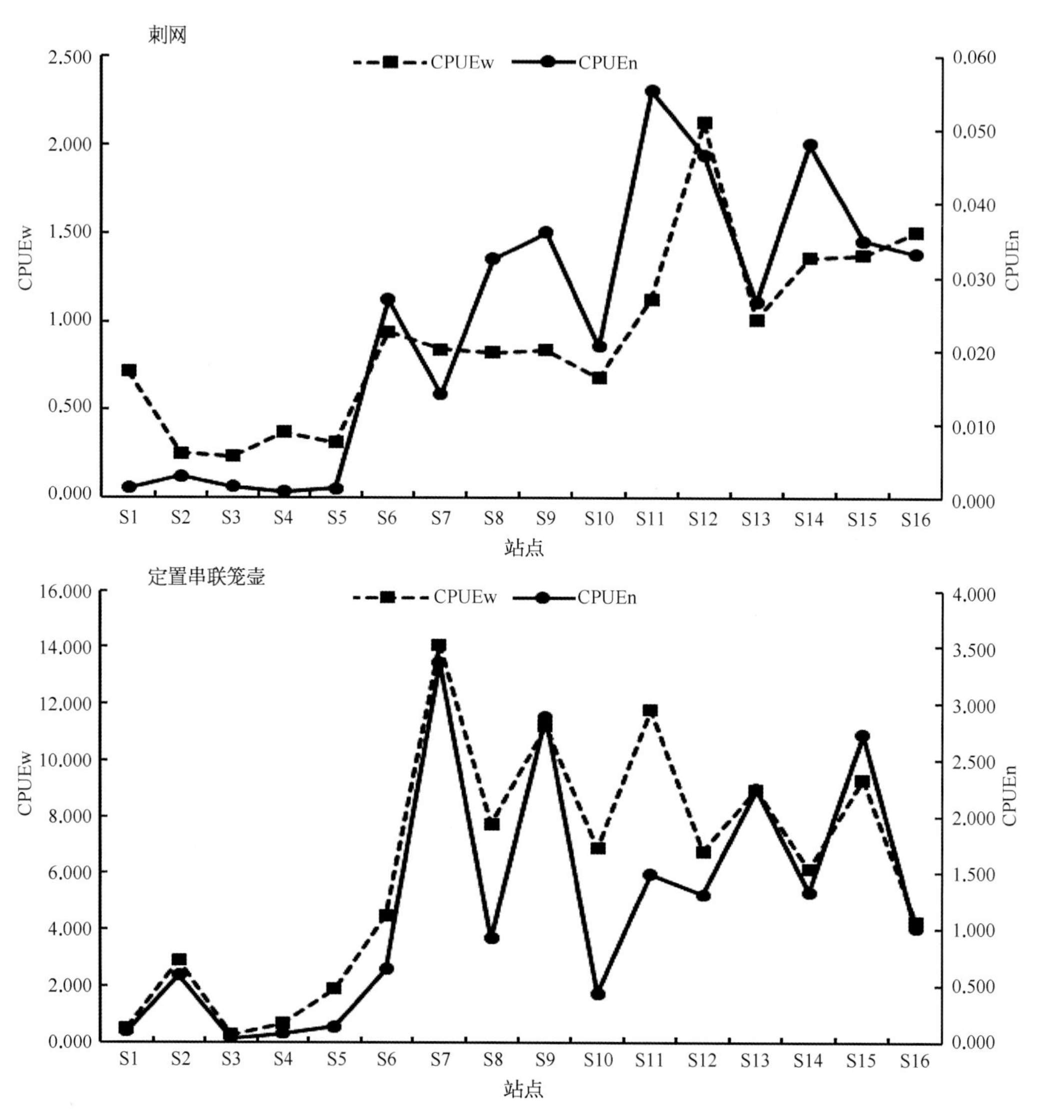

图4.6-12 基于数量及重量的刺网及定置串联笼壶鱼类CPUE示意图

104.1 mm；体重为0.01～2 925 g，平均为33.0 g。分析表明，89.06%的鱼类全长在200 mm以下，不到2%的鱼类全长高于300 mm，全长在100～110 mm的鱼类较多，占总数的10.98%；89.84%的鱼类体重在50 g以下，78.70%的鱼类体重在20 g以下，52.47%的鱼类体重在10 g以下，0～2 g及6～8 g的鱼较多，分别占总数的12.23%及13.53%（图4.6-13和图4.6-14）。

统计各季节及各站点鱼类生物学特征显示，春季和秋季鱼类平均全长、体长及体重较高，阳澄西湖鱼类全长、体长及体重稍高（图4.6-15和图4.6-16）。非参数检验显示，各季节（全长：X^2=159.12，P < 0.001；体长：X^2=104.94，P < 0.001；体重：X^2=116.63，P=0.006）和各站点（全长：X^2=1 005.54，P < 0.001；体长：X^2=1 061.30，P < 0.001；体重：X^2=871.21，P=0.006）全长、体长及体重均呈显著性差异。

各鱼类平均体重显示，仅草鱼1种鱼类平均体重高于1 000 g，其他鱼类均在500 g以下；鳜、鲢、鲤等11种体重为100～1 000 g；细鳞斜颌鲴、蒙古鲌、翘嘴鲌和黄颡鱼4种体重为50～100 g；达氏鲌、鲫、赤眼鳟等14种体重为10～50 g；其他似鲚、棒花鱼、河川沙塘鳢等17种鱼类低于10 g（表4.6-7）。

其他水生动物

调查结果显示，贝类和虾蟹有8种，包括蚌1种（圆顶珠蚌）、螺3种（钉螺、铜锈环棱螺和方格短沟蜷）、蚬1种（河蚬）和虾蟹类3种（日本沼虾、秀丽

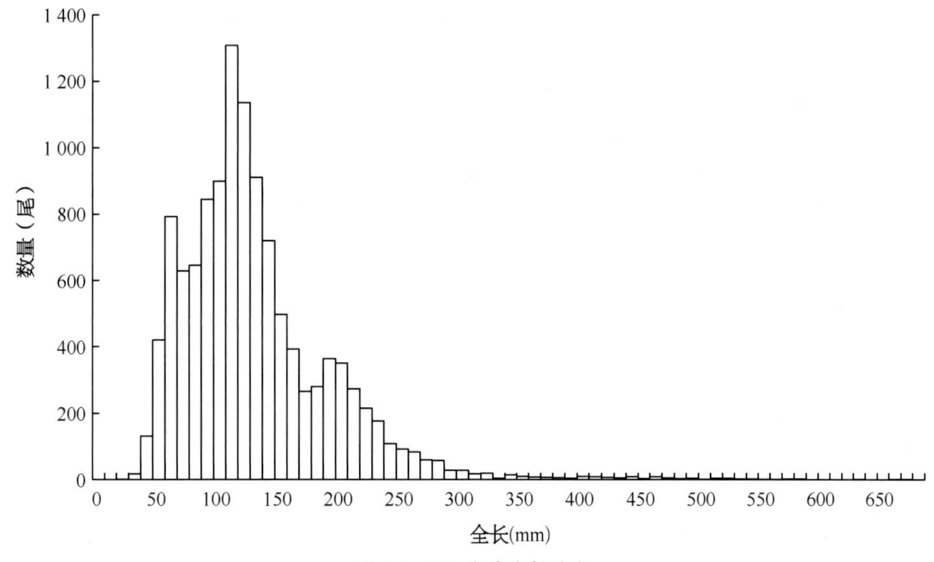

图4.6-13　鱼类全长分布

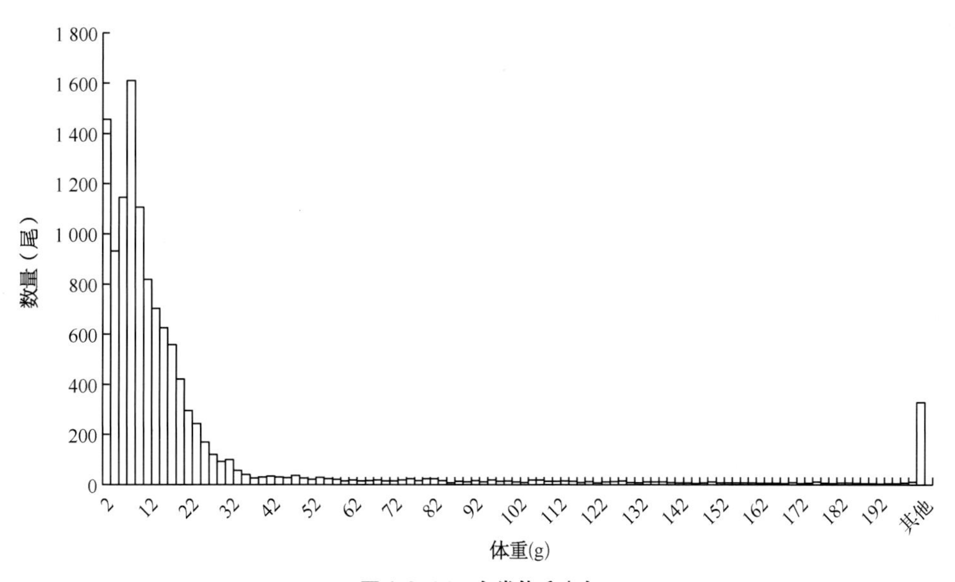

图4.6-14　鱼类体重分布

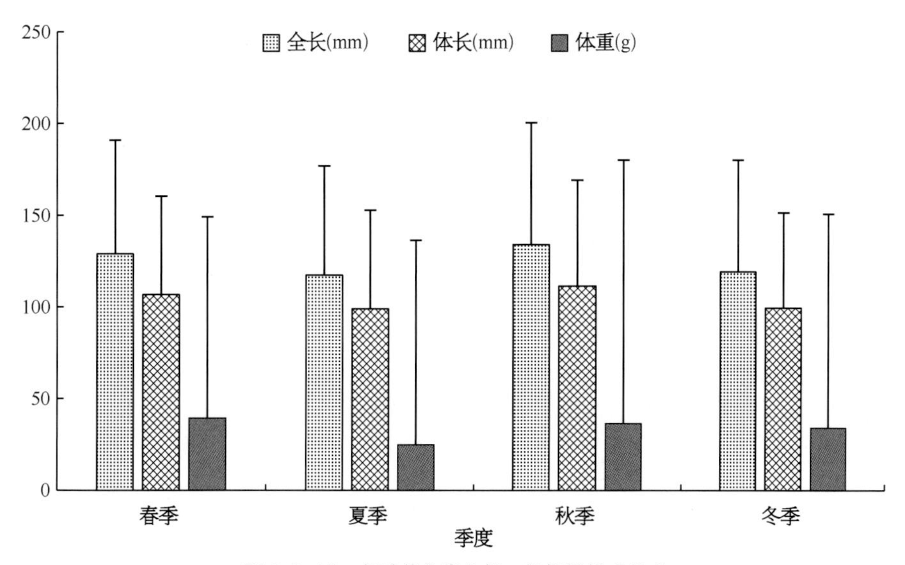

图4.6-15　各季节鱼类全长、体长及体重组成

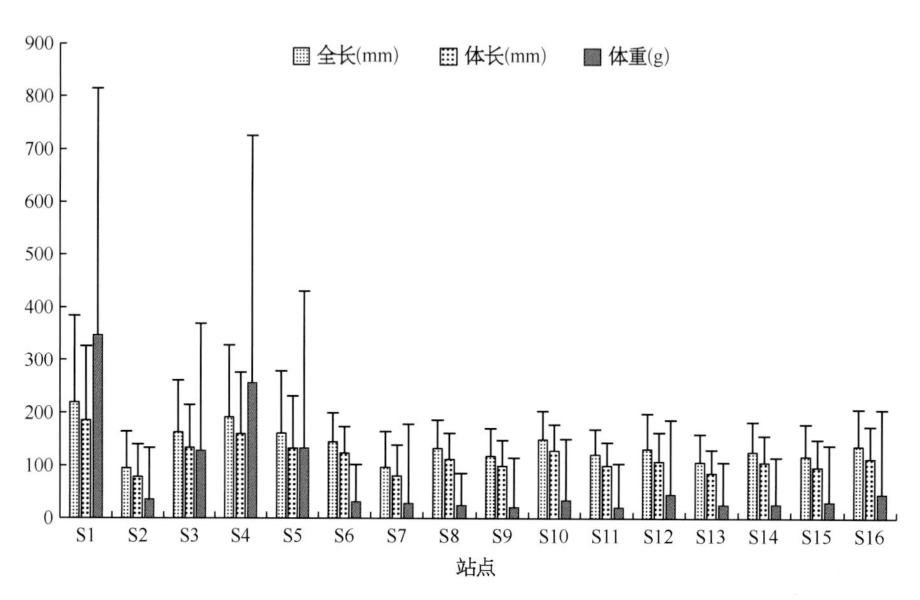

图4.6-16 各站点鱼类全长、体长及体重组成

表 4.6-7 鱼类全长及体重组成

种　类	全长（mm）			体重（g）		
	最小值	最大值	平均值	最小值	最大值	平均值
草鱼	234.98	575.00	404.99	154.00	2 620.80	1 387.40
鲻	320.00	320.00	320.00	480.00	480.00	480.00
鳜	228.05	333.00	279.88	169.56	718.20	426.42
鲢	28.37	651.00	292.14	20.70	2 925.00	397.04
鲤	176.37	493.00	263.90	67.34	1 385.00	385.43
鳙	135.24	540.00	260.83	8.98	1 897.00	292.85
团头鲂	134.43	355.43	239.58	27.10	838.00	267.95
鳊	164.25	320.00	257.12	22.43	415.10	213.96
乌鳢	276.27	276.27	276.27	201.10	201.10	201.10
黄尾鲴	275.13	275.13	275.13	170.00	170.00	170.00
花䱻	94.41	341.87	235.07	6.50	428.95	155.81
似刺鳊鮈	122.66	337.85	228.52	14.79	433.00	150.20
细鳞斜颌鲴	208.70	208.70	208.70	94.26	94.26	94.26
蒙古鲌	109.66	449.20	174.13	7.50	764.20	85.93
翘嘴鲌	49.35	670.00	162.06	0.72	2 490.00	73.79
黄颡鱼	46.84	264.12	156.73	1.23	198.82	57.60
达氏鲌	63.36	396.00	171.16	1.90	515.90	49.77
鲫	33.13	332.00	122.42	0.32	596.00	46.99
赤眼鳟	143.59	244.41	186.12	12.80	81.50	39.37

（续表）

表 4.6-7 鱼类全长及体重组成

种 类	全长（mm）			体重（g）		
	最小值	最大值	平均值	最小值	最大值	平均值
间下鱵	154.22	231.42	176.09	3.48	138.72	38.84
长须黄颡鱼	33.57	249.60	128.08	0.45	148.63	37.82
红鳍原鲌	42.21	335.85	131.92	0.64	415.63	25.01
刀鲚	27.42	335.00	188.20	2.00	95.50	18.40
餐	56.76	221.06	128.46	0.89	74.00	16.58
泥鳅	128.05	151.44	136.34	8.64	25.99	16.14
光泽黄颡鱼	121.99	121.99	121.99	15.40	15.40	15.40
似鳊	52.92	185.56	114.03	1.00	61.50	14.42
贝氏餐	80.36	192.16	114.16	2.00	34.50	11.77
黑鳍鳈	45.26	175.40	95.22	0.80	77.00	11.05
须鳗虾虎鱼	83.25	218.30	143.16	3.06	26.41	10.31
似鲚	38.98	209.54	113.88	0.30	1 105.00	9.89
棒花鱼	24.62	196.45	91.67	0.22	128.00	8.57
河川沙塘鳢	68.96	100.26	84.61	3.82	13.00	8.41
大鳍鱊	62.57	251.66	82.59	2.82	218.00	7.43
鲇	88.38	88.38	88.38	7.20	7.20	7.20
中华刺鳅	120.77	215.76	178.07	3.20	15.93	7.20
飘鱼	104.19	104.19	104.19	6.40	6.40	6.40
兴凯鱊	29.63	194.99	72.80	0.22	39.37	5.62
银鮈	81.84	81.84	81.84	3.57	3.57	3.57
麦穗鱼	32.62	174.75	69.78	0.01	25.00	3.53
蛇鮈	55.30	97.12	63.16	1.10	4.00	2.14
子陵吻虾虎鱼	25.47	110.64	50.83	0.06	10.61	1.72
高体鳑鲏	44.95	56.34	50.65	1.05	1.96	1.51
陈氏新银鱼	70.54	90.76	83.77	1.09	2.00	1.48
彩鱊	26.86	87.71	46.05	0.22	8.11	1.41
中华鳑鲏	30.79	60.46	42.40	0.43	2.08	1.06
小黄黝鱼	16.27	54.47	36.84	0.06	1.90	0.77

白虾和中华绒螯蟹），共3 908尾，占总数的21.2%，以日本沼虾（54.6%）较多，秀丽白虾占17.1%；生物量为6.62 kg，仅占总重的1.6%，以螺（50.5%）和日本沼虾（42.2%）贡献较大。

根据调查数据显示，在8种非鱼类渔获物种中以日本沼虾、铜锈环棱螺和秀丽白虾分布较为广泛，其中铜锈环棱螺在所设的16个站点均有分布（表4.6-8）。日本沼虾及秀丽白虾在四个季度采样调查中均有捕获，铜锈环棱螺在春、夏、秋三个季度有捕获，中华绒螯蟹在夏、秋、冬三个季度有捕获，河蚬在春季和秋季有捕获，钉螺及方格短沟蜷仅在秋季有捕获，而圆顶珠蚌仅在春季有捕获（表4.6-9）。

表4.6-8 阳澄湖渔业资源调查中非鱼类渔获物的分布情况

站点	钉螺	方格短沟蜷	河蚬	日本沼虾	铜锈环棱螺	秀丽白虾	圆顶珠蚌	中华绒螯蟹
S1					+			
S2			+	+	+	+		
S3				+	+			+
S4				+	+			+
S5				+	+			+
S6		+	+	+	+	+	+	
S7	+			+	+	+		
S8		+		+	+	+		
S9				+	+	+		
S10		+		+	+	+		
S11				+	+	+		
S12				+	+	+		
S13				+	+	+		
S14				+	+	+		
S15				+	+	+		+
S16				+	+	+		

表4.6-9 非鱼类渔获物各季节出现频数

种类	春季	夏季	秋季	冬季
钉螺			+	
方格短沟蜷			+	
河蚬	+		+	
日本沼虾	+	+	+	+
铜锈环棱螺	+	+	+	
秀丽白虾	+	+	+	+
圆顶珠蚌	+			
中华绒螯蟹		+	+	+

结果与讨论

鱼类种类组成

资料显示历史上的阳澄湖水产资源十分丰富，盛产70余种水产品。2001～2003年陈祖培使用鱼簖、刺网、拖网、定置串联笼壶等多种渔具调查与阳澄湖相连通的澄湖，共调查到鱼类9目16科63种，以鲤科鱼类为主（37种）。本次调查共调查到鱼类7目13科47种，依旧以鲤科鱼类为主（31种），但种类数减少了16种，一些鱼类如寡鳞新银鱼、大眼鳜、圆尾斗鱼、日本鳗鲡等均未调查到。一方面，跟鱼类调查所使用的网具有关。根据资料显示，不同网具对鱼类具有一定的选择性，因此需要多种网具相互配合，才能获得更全面的调查结果。另一方面，阳澄湖长期进行大规模围网养殖导致湖区长期处于富营养状态，加之过大强度的捕捞都有可能造成湖区鱼类种类的下降。

据IRI显示，阳澄湖有6种优势种类（似鲚、鲢、鲫、麦穗鱼、刀鲚和鳙），除了鲢和鳙为大型经济鱼类外，其余4种优势种类均为中小型鱼类。本次调查鱼类中，小型鱼类（似鲚、刀鲚等）数量占80%以上，而鲢、鳙、草鱼、鲤等大型鱼类仅占4.2%，且89%的鱼类全长小于20 cm，仅3%的鱼类体质量大于200 g，显示了小型鱼类占优的群落现状，这与太湖流域其他水域的情况相似。阳澄湖近年来，对鲢、鳙、鲤等鱼类的增殖力度越来越强，但就目前的调查而言，其资源衰退形势依然不容乐观，一是其捕获量占总渔获物的比例较小，二是在捕捞的鱼类中，低龄鱼类较多，能有效生长的大型鱼类较少。可见，阳澄湖鱼类主要优势种小型化趋势依然十分明显，增殖放流效果有待进一步评估，鱼类资源质量整体下滑。

阳澄湖鱼类群落时空变动

本次调查显示阳澄湖鱼类群落存在明显的时空差异。以各季度鱼类数量为基础可将四个季度鱼类组成聚类分析为三类。春季和冬季为一类，夏季和秋季各为一类。其中夏季和秋季采集鱼类数量分别占全年渔获物的33.4%和29.5%；春季和冬季采集鱼类数量占全年渔获物的19.8%和17.3%，主要原因是夏季和秋季水温高，鱼类活动旺盛，易于捕获；春季和冬季水温低，鱼类摄食等新陈代谢活动减弱甚至进入休眠状态，其被捕获的概率减低。鲢、鳙等大型鱼类在水温较低、鱼类活动相对较弱的情况下，其被捕获的概率相对较高，因此春季和冬季鲢和鳙成为优势种。随着水温上升，捕获其他小型鱼类的概率增加，使得大型鱼类比例减少，导致秋季优势种中大型鱼类只有鲢，而夏季优势种未见鲢、鳙等大型鱼类，均为似鲚、鳘等小型鱼类。

阳澄湖三个湖区鱼类群落也存在差异，聚类分析显示阳澄西湖明显不同于其他两个区。分析鱼类种类组成发现阳澄西湖（S1 ～ S5）鱼类种类数明显低于阳澄中湖及阳澄东湖，阳澄中湖及阳澄东湖种类数相差不大。分析单位努力捕获量（CPUE）发现不论是刺网还是定置串联笼壶，阳澄西湖的捕获量均低于阳澄中湖和东湖。这与阳澄西湖的围网养殖存在有一定的关系。高密度的养殖不可避免地造成水域生态环境的恶化，使得阳澄西湖捕获鱼类种类较少。分析鱼类生物学特征发现，阳澄西湖鱼类平均全长和体长稍高于阳澄中湖和东湖，鱼类平均体重明显高于阳澄中湖和东湖，这可能与渔获物多为养殖逃逸鱼类有关。

阳澄湖渔业资源保护建议

为了保护阳澄湖渔业资源，2016年初苏州市就出台文件，规定阳澄湖围网养殖面积缩减一半，以提升水域环境，以便恢复阳澄湖野生鱼类群落，实现渔业资源的可持续发展。除了减少围网养殖之外，还应该限制湖区的涉水工程，同时治理水域污染，制定合理的增殖放流和捕捞方案。过度捕捞已经成为我国各个水域威胁鱼类生存的主要因素之一，其导致鱼类种群数量的减少，使鱼类群落结构趋向于低龄化和小型化，尤其是对幼鱼资源的危害相当严重，其后果是后备补充群体数量减少，鱼类资源得不到有效补充，严重危害渔业资源的可持续性。因此，建议继续加强渔政管理，打击非法捕捞；提升水产种质资源保护区和珍稀水生动物的保护力度，做好渔民转产转业工作；完善增殖放流及后续的效果评估工作；同时，对水域环境进行实时监测，严格控制水域污染；此外，继续进行鱼类资源动态监测工作，及时掌握最新渔业资源变动趋势，进而提出切实可行的保护措施。

4.7 · 长荡湖

鱼类种类组成及生态、食性类型

鱼类种类组成

调查结果显示，共采集到鱼类29种13 998尾，重859.2 kg，隶属于4目7科24属，鲤形目最多，有1科21种（鲤科21种），占总种类数的72.4%，其次为鲈形目（3科4种）、鲇形目（2科3种），鲱形目1种（图4.7–1）。数量百分比显示鳀科（66.8%）较高，重量百分比显示鲤科（88.6%）比重较重，两类鱼类相对重要性指数高于1 000，且鲤形目稍高（图4.7–2）。

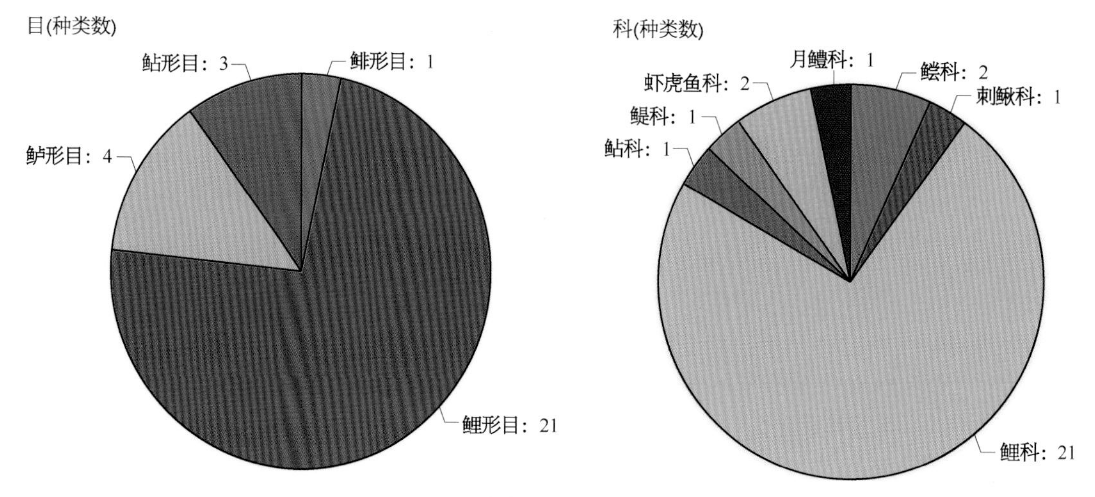

图4.7-1 长荡湖各目、科鱼类组成

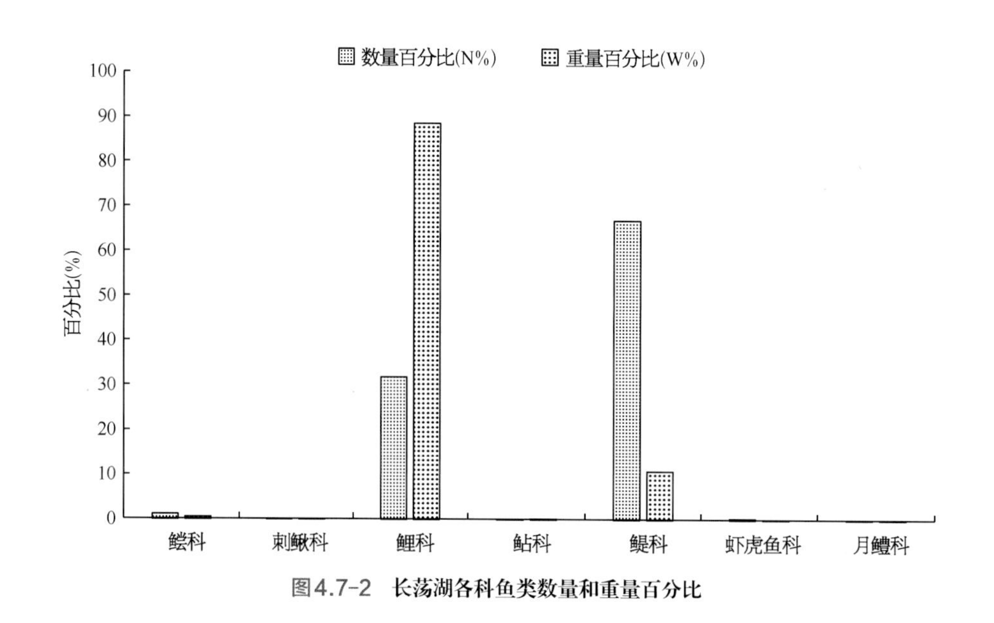

图4.7-2 长荡湖各科鱼类数量和重量百分比

数量百分比（N%）显示，刀鲚（66.8%）最高，其次为似鲚、鲫等，黄颡鱼、鳙、贝氏䱗等23种鱼类，其数量比例均处于0.1%～1%，鳙、兴凯鱊等10种鱼类均小于0.1%；重量百分比（W%）显示，鲢（55.7%）、鳙（13.4%）和刀鲚（10.8%）比重稍大，翘嘴鲌、蒙古鲌、团头鲂等21种鱼重量比例均处于0.1%～1%，光泽黄颡鱼、麦穗鱼、大鳍鱊等11种鱼类重量比例均小于0.1%（表4.7-1）。

· 生态类型与区系组成

生态类型：根据鱼类洄游类型、栖息空间和摄食的不同，可将鱼类划分为不同生态类群（表4.7-2）。

根据鱼类洄游类型，可分为：定居性鱼类26种，包括鲤、鲫、鳊、鲂、黄颡鱼等，占总种数的89.66%；江湖半洄游性鱼类2种，包括鲢和鳙，占总种数的6.90%；江海洄游性鱼类为刀鲚。

按栖息空间划分，可分为中上层、中下层和底栖三类。底栖鱼类9种，包括乌鳢、鲇、黄颡鱼等，占总种数的31.03%；中下层鱼类9种，有鲫、鳊、团头鲂等，占总种数的31.03%；中上层鱼类有鲢、翘嘴鲌、鳙、刀鲚等11种，占总种数的37.93%。

按摄食类型划分，有植食性、杂食性、滤食性和肉食性四类。植食性鱼类有草鱼、鳊、鲂等，占总种数的10.34%；杂食性鱼类有鲤、鲫等，占总种数的51.72%；肉食性鱼类有鲇、乌鳢、翘嘴鲌等，占总种

表 4.7-1　长荡湖渔获物种类组成

种　　类	生态类型	数量百分比（%）	重量百分比（%）	相对重要性指数
一、鲱形目 Clupeiformes				
1. 鳀科 Engraulidae				
（1）刀鲚 *Coilia nasus*	C.U.D	66.82	10.79	7 437.01
二、鲤形目 Cypriniformes				
2. 鲤科 Cyprinidae				
（2）棒花鱼 *Pseudolaubuca sinensis*	O.B.R	0.03	0.00	0.07
（3）贝氏鳘 *Hemiculter bleekeri*	O.U.R	0.71	0.15	14.46
（4）鳊 *Parabramis pekinensis*	H.L.R	0.09	0.32	7.82
（5）鳘 *Hemiculter leucisculus*	O.U.R	0.69	0.13	17.11
（6）草鱼 Ctenopharyngodon idellus	H.U.P	0.01	0.19	0.86
（7）达氏鲌 *Culter dabryi*	C.U.R	4.93	3.68	771.63
（8）大鳍鱊 *Acheilognathus macropterus*	O.U.R	0.12	0.02	1.1
（9）红鳍原鲌 *Cultrichthys erythropterus*	C.U.R	4.45	1.32	528.97
（10）花䱻 *Hemibarbus maculatus*	O.L.R	0.01	0.00	0.02
（11）鲫 *Carassius auratus*	O.L.R	6.87	8.27	1 355.79
（12）鲤 *Cyprinus carpio Linnaeus*	O.L.R	0.14	2.35	62.38
（13）鲢 *Hypophthalmichthys molitrix*	F.U.P	3.49	55.74	4 565.46
（14）麦穗鱼 *Pseudorasbora parva*	O.L.R	0.29	0.04	6.96
（15）蒙古鲌 *Culter mongolicus*	C.U.R	0.19	0.51	14.46
（16）飘鱼 *Pseudolaubuca sinensis*	O.U.R	0.01	0.00	0.02
（17）翘嘴鲌 *Culter alburnus*	C.U.R	0.66	0.54	72.28
（18）似鳊 *Pseudobrama simoni*	H.B.R	0.65	0.18	32.7
（19）似 鲚*Toxabramis swinhonis*	H.L.R	7.54	1.23	657.28
（20）团头鲂 *Megalobrama amblycephala*	H.L.R	0.11	0.50	11.49
（21）兴凯鱊 *Acheilognathus chankaensis*	O.U.R	0.05	0.00	0.57
（22）鳙 *Aristichthys nobilis*	F.U.P	0.76	13.39	854.61
三、鲈形目 Perciformes				
3. 刺鳅科 Mastacembelidae				
（23）中华刺鳅 *Mastacembelus aculeatus*	O.B.R	0.03	0.00	0.07
4. 月鳢科 Channidae				
（24）乌鳢 *Channa argus*	C.B.R	0.03	0.00	0.06
5. 虾虎鱼科 Gobiidae				
（25）须鳗虾虎鱼 *Taenioides cirratus*	C.B.R	0.04	0.00	0.19

（续表）

表 4.7-1 长荡湖渔获物种类组成

种　　类	生态类型	数量百分比（%）	重量百分比（%）	相对重要性指数
（26）子陵吻虾虎鱼 *Rhinogobius giurinus*	C.B.R	0.24	0.01	5.05
四、鲇形目 Siluriformes				
6. 鲿科 Bagridae				
（27）黄颡鱼 *Pelteobaggrus fulvidraco*	O.B.R	0.81	0.41	55.72
（28）长须黄颡鱼 *Pelteobagrus eupogon*	O.B.R	0.24	0.07	6.95
7. 鲇科 Siluridae				
（29）鲇 *Silurus asotus Linnaeus*	C.B.R	0.01	0.15	0.32

注：U. 中上层，L. 中下层，B. 底层；D. 江海洄游性，P. 江湖半洄游性，E. 河口性，R. 淡水定居性；C. 肉食性，O. 杂食性，H. 植食性，F. 滤食性。

表 4.7-2 长荡湖鱼类生态类型

生态类型	种类数	百分比（%）
洄游类型		
江湖半洄游性	2	6.90
江海洄游	1	3.45
河口性	0	0.00
淡水定居性	26	89.66
食性类型		
植食性	3	10.34
杂食性	15	51.72
滤食性	2	6.90
肉食性	9	31.03
栖息空间		
中上层	11	37.93
中下层	9	31.03
底栖	9	31.03

数的31.03%；滤食性有鲢和鳙两种。

区系组成：根据起源和地理分布特征，阳澄湖鱼类区系可分为4个复合体。

① 中国江河平原区系复合体：是在喜马拉雅山升到一定高度并形成东亚季风气候之后，为适应新的自然条件，从旧类型鱼类分化出来的。以草鱼、鲢、鳙、鳊、团头鲂等为代表种类。

② 南方热带区系复合体：原产于南岭以南各水系中，而后向长江流域伸展。以乌鳢、黄颡鱼等鱼类为代表种。

③ 晚第三纪早期区系复合体：更新世以前北半球亚热带动物的残余，由于气候变化，被分割成若干不连续的区域。其种类有鲇、鳑等。

④ 北方平原区系复合体：高纬度地区分布较广，耐寒种类多，耐氧力强，凶猛种类少，性成熟早，补充群体大，种群恢复力强。代表种类有麦穗鱼。

群落时空特征

季节组成

以各季节鱼类数量为基础，聚类显示，四个季度鱼类组成可分为3类（图4.7-3），春季和夏季为一类，为刀鲚+鲫+达氏鲌类；秋季为一类，为刀鲚+鲫+似鲚类；冬季为一类，为刀鲚+似鲚+鲫类。

具体显示，春季采集鱼类19种2 146尾（图4.7-4），占总数的15.3%，生物量占9.3%，隶属于4目4科15属。数量百分比（N%）显示刀鲚（64.9%）比重较高，其次为鲫（10.0%）、达氏鲌（9.5%）等；重量百分比（W%）显示鲢（23.8%）、鲫（23.4%）和刀鲚（18.9%）比重较高（图4.7-5）。不同季节鱼类相对重要性指数（IRI）显示刀鲚、鲫、达氏鲌和鲢4种鱼类IRI均高于1 000，为春季优势鱼类（表4.7-3）。

夏季采集鱼类20种5 419尾（图4.7-4），占总数

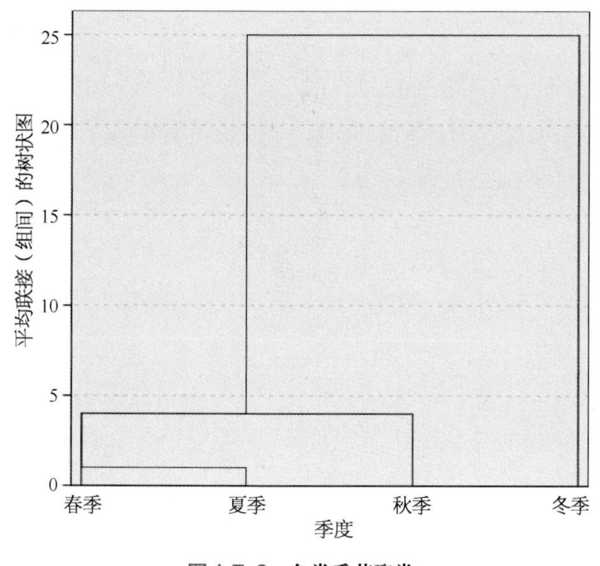

图4.7-3　鱼类季节聚类

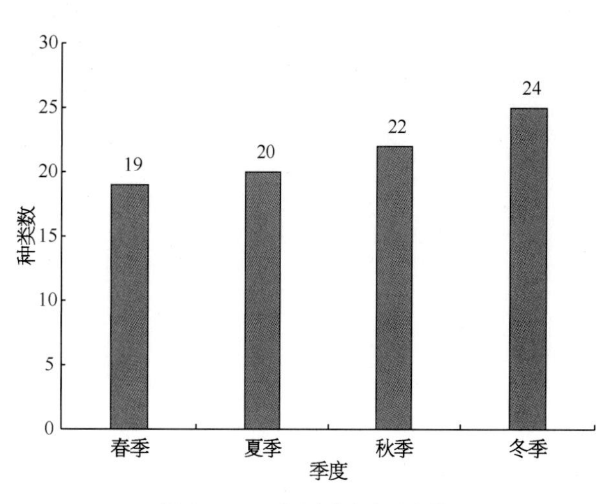

图4.7-4　不同季节鱼类种类数

的38.7%，生物量占32.2%，隶属于4目6科18属。数量百分比（N%）显示，刀鲚（69.4%）比重较高，其次为似鲚、鲫、达氏鲌等；重量百分比（W%）显示鲢（43.5%）、鲫（17.5%）和刀鲚（14.6%）比重较高（图4.7-5）。不同季节鱼类相对重要性指数（IRI）显示刀鲚、鲢、鲫和鳙4种鱼类IRI均高于1 000，为夏季优势鱼类（表4.7-3）。

秋季采集鱼类22种3 121尾（图4.7-4），占总数的22.3%，生物量占14.8%，隶属于4目4科18属。数量百分比（N%）显示，刀鲚（77.7%）比重较高，其次为鲫、似鲚、红鳍原鲌等；重量百分比（W%）显示鲢（49.7%）、刀鲚（18.0%）和鳙（14.8%）比重较高（图4.7-5）。不同季节鱼类相对重要性指数（IRI）显示刀鲚和鲢2种鱼类IRI均高于1 000，为秋季优势鱼类（表4.7-3）。

冬季采集鱼类24种3 312尾（图4.7-4），占总数的23.7%，生物量占43.7%，隶属于4目5科20属。数量百分比（N%）显示，刀鲚（53.6%）和似鲚（14.65）比重较高，其次为鲢、鲫、达氏鲌等；重量百分比（W%）显示鲢（73.6%）和鳙（10.3%）比重较高（图4.7-5）。不同季节鱼类相对重要性指数（IRI）显示鲢、刀鲚和似鲚3种鱼类IRI均高于1 000，为冬季优势鱼类（表4.7-3）。

分析显示，夏季鱼类数量较高，冬季鱼类重量较高，其中刀鲚、鲫、达氏鲌等16种鱼于四个季度均被采集到；仅在夏季被采集到的鱼类有2种、秋季有2种及冬季有1种。不同鱼类显示，各季节刀鲚均较多，鲫于冬季采集稍多，达氏鲌于春季和冬季稍多，鲢于夏季稍多，似鲚于夏季和冬季稍多等。

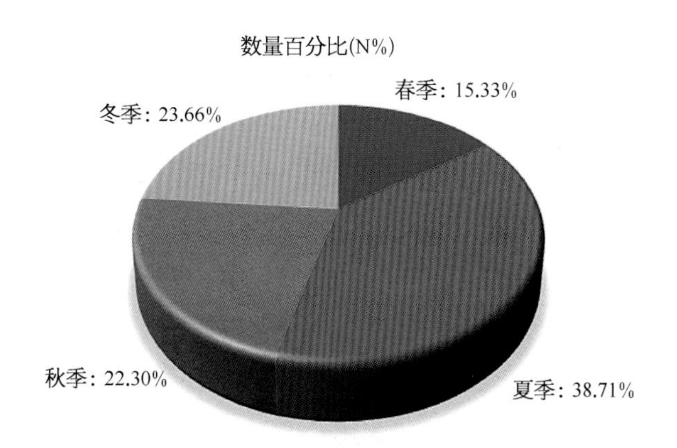

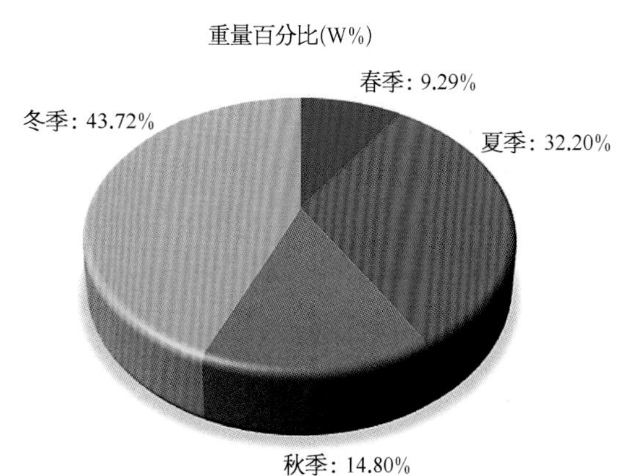

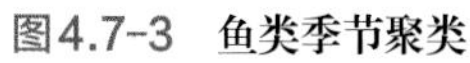

图4.7-5　不同季节鱼类数量及重量百分比

表 4.7-3　不同季节鱼类相对重要性指数（IRI）

种　类	春　季	夏　季	秋　季	冬　季
棒花鱼	—	—	—	1.10
贝氏𩾌	0.63	0.74	25.80	43.43
鳊	28.47	0.92	1.51	21.46
𩾌	—	—	4.18	214.44
草鱼	—	—	—	8.31
达氏鲌	2 086.54	898.87	367.81	522.79
大鳍鱊	18.58	—	1.04	—
刀鲚	7 682.73	8 396.58	8 775.72	5 740.87
光泽黄颡鱼	49.14	—	18.15	1.75
红鳍原鲌	920.46	545.43	352.56	501.27
花䱻	—	—	0.35	—
黄颡鱼	14.70	95.17	73.71	46.50
鲫	2 783.99	1 734.84	918.41	987.12
鲤	7.27	157.79	20.85	69.42
鲢	1 824.65	3 049.48	3 918.83	7 996.88
麦穗鱼	—	0.37	0.28	82.32
蒙古鲌	1.07	56.92	13.43	1.17
鲇	—	—	—	3.04
飘鱼	—	—	—	0.26
翘嘴鲌	88.59	40.91	178.51	67.98
似鳊	18.68	0.37	71.68	112.16
似鲚	34.90	777.46	317.63	1 431.95
团头鲂	14.53	11.35	13.11	10.21
乌鳢	—	0.67	—	—
兴凯鱊	5.17	0.34	—	0.28
须鳗虾虎鱼	—	—	3.49	—
鳙	745.83	1 067.20	899.23	720.71
中华刺鳅	—	0.71	—	—
子陵吻虾虎鱼	1.61	3.87	10.53	3.06

注：“—”表示此季节没有采集到此种鱼类。

• 空间组成

对12个站点鱼类数量聚类显示，12个站点鱼类组成可聚为4类，其中S5和S12各为一类，S5为刀鲚+似鲚类，S12为刀鲚类；S2、S9和S10为一类，为刀鲚+鲫类；其他为一类，主要为S3～S9大部分站点，以刀鲚为主，似鲚、鲫、红鳍原鲌等稍多，可以看出长荡湖鱼类群落沿湖泊方向可分东北沿岸、西南沿岸及中间水域三部分（图4.7-6）。

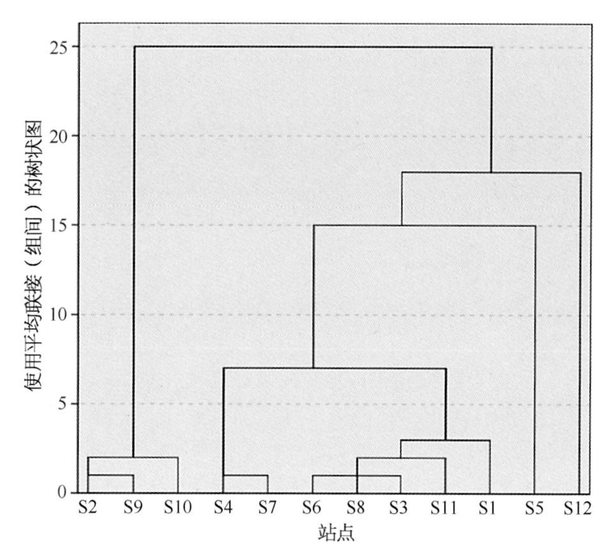

图4.7-6　鱼类空间聚类

如图4.7-7所示，沿长荡湖湖型，中间水域的部分站点种类数稍低，湖中心S7站点最低，两边岸边种类数稍高，东南沿岸S11和S12站点最高（表4.7-4和表4.7-5）。数量百分比显示相同变化，重量百分比显示相反变化，显示了沿湖中心线（S2—S4—S7—S10）较高的现状（图4.7-8）。根据IRI显示，刀鲚基本上为各站点的第一优势种类，其次优势种为鲢、鳙、鲫、达氏鲌、红鳍原鲌、似鲚等的几种。

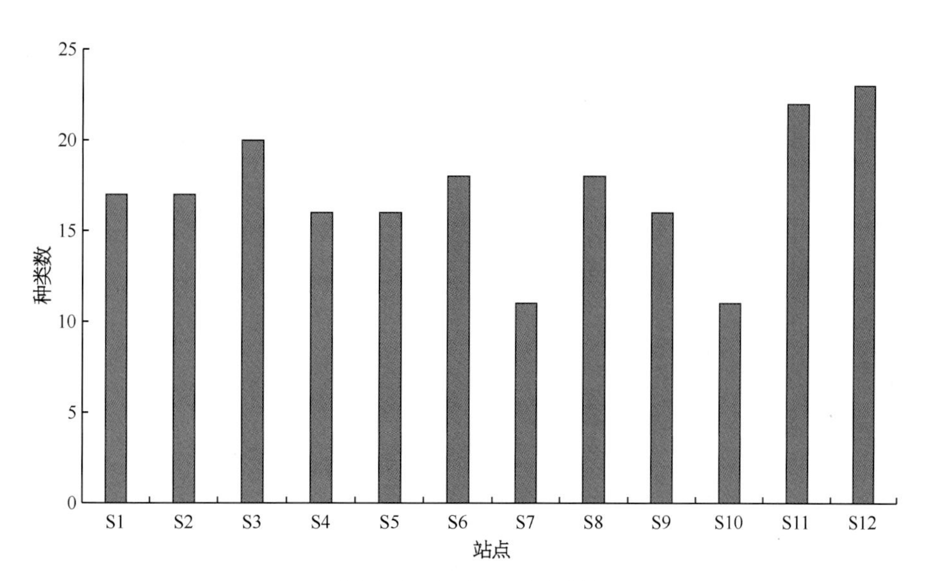

图4.7-7　各站点鱼类种类数

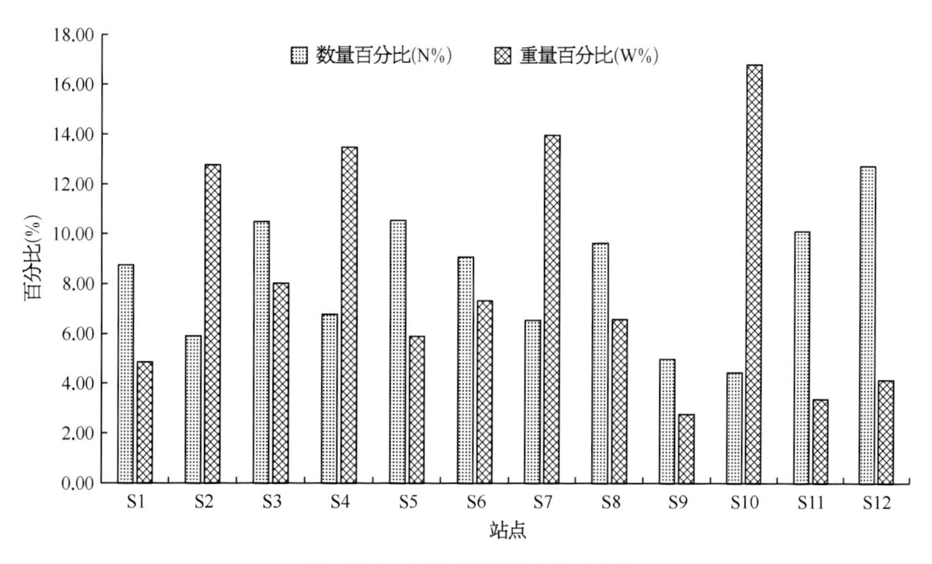

图4.7-8　各站点数量及重量百分比

表 4.7-4 各站点鱼类组成

站 点	目	科	属	种	数量百分比（%）	重量百分比（%）
S1	3	3	14	17	8.75	4.85
S2	3	3	14	17	5.91	12.77
S3	4	5	17	20	10.49	8.02
S4	4	4	13	16	6.77	13.49
S5	4	4	13	16	10.54	5.90
S6	3	3	14	18	9.07	7.32
S7	3	3	10	11	6.54	13.97
S8	4	4	16	18	9.64	6.58
S9	4	4	14	16	4.99	2.76
S10	3	3	10	11	4.44	16.83
S11	4	4	18	21	10.11	3.38
S12	4	6	18	23	12.74	4.15
总	4	7	24	30	100.00	100.00

表 4.7-5 各站点鱼类分布

种 类	S1	S2	S3	S4	S5	S6	S7	S8	S9	S10	S11	S12
棒花鱼												+
贝氏鳘		+			+	+		+	+			+
鳊	+		+		+			+	+		+	+
鳘	+	+	+	+		+	+	+	+		+	+
草鱼											+	+
达氏鲌	+	+	+	+	+	+	+	+	+	+	+	+
大鳍鱊		+						+				+
刀鲚	+	+	+	+	+	+	+	+	+	+	+	+
光泽黄颡鱼	+	+	+	+	+	+					+	+
红鳍原鲌	+	+	+	+	+	+	+	+	+	+	+	+
花䱻			+									
黄颡鱼	+	+	+	+	+	+	+	+	+	+	+	+
鲫	+	+	+	+	+	+	+	+	+	+	+	+
鲤	+	+	+		+	+		+		+	+	
鲢	+	+	+	+	+	+	+	+	+	+	+	+
麦穗鱼	+	+	+			+		+	+		+	+
蒙古鲌	+		+	+	+	+					+	+

（续表）

表 4.7-5　各站点鱼类分布

种　类	S1	S2	S3	S4	S5	S6	S7	S8	S9	S10	S11	S12
鲇			+									
飘鱼											+	
翘嘴鲌	+	+	+	+	+	+	+	+	+	+	+	+
似鳊	+	+	+	+	+	+	+	+	+	+	+	+
似鱎	+	+	+	+	+	+	+	+	+	+	+	+
团头鲂		+	+	+		+		+	+		+	
乌鳢												+
兴凯鱊	+					+					+	+
须鳗虾虎鱼			+	+								
鳙	+	+	+	+	+	+	+	+	+	+	+	+
中华刺鳅												+
子陵吻虾虎鱼				+	+			+	+		+	+

注 :“+” 表示有。

优势种及多样性指数

根据IRI（鱼类相对重要性指数）大于1 000定为优势种，100<IRI<1 000定为主要种等，分析显示，刀鲚（7 437.0）、鲢（4 565.5）和鲫（1 355.8）3种鱼类IRI大于1 000；鳙、达氏鲌、似鱎和红鳍原鲌4种鱼类IRI处于100 ～ 1 000；翘嘴鲌、鲤、黄颡鱼等8种鱼类IRI处于10 ～ 100；另鳊、麦穗鱼等15种鱼类IRI小于10。上图2.4-9为IRI大于100的鱼类种类。

多样性指数显示，鱼类Margalef丰富度指数（R）为0.353 ～ 2.669，平均为1.575 ± 0.540（平均值 ± 标准差）；Shannon-Weaver多样性指数（H'）为0.371 ～ 1.949，平均为1.089 ± 0.390；Pielou均匀度指数（J）为0.145 ～ 0.863，平均为0.355 ± 0.145；Simpson优势

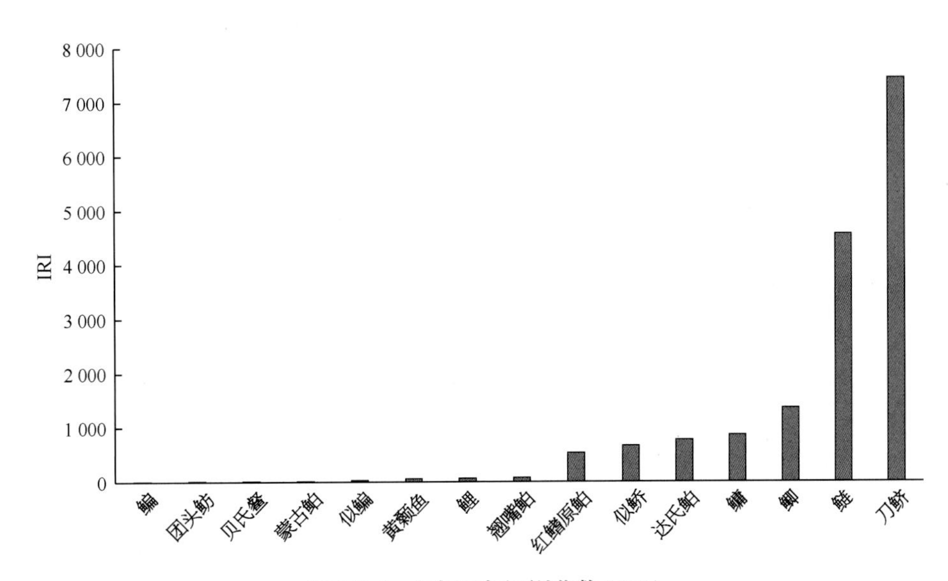

图4.7-9　鱼类相对重要性指数（IRI）

度指数（λ）为0.186 ~ 0.863，平均为0.509 ± 0.175。

以季度及站点为因素，对各多样性指数进行双因素方差分析显示，仅Pielou均匀度指数无季节间的显著差异（F=0.711，P=0.55），其他3个多样性指数季节间均呈现显著差异（R：F=3.941，P=0.02；H'：F=3.170，P=0.04；R：F=3.754，P=0.02）；各多样性指数站点间均无显著差异（H'：F=0.271，P=0.99；R：F=0.704，P=0.73；J：F=1.312，P=0.26；λ：F=0.386，P=0.95）。其中，Shannon-Weaver多样性指数显示夏季稍高，丰富度、均匀度显示夏季稍高，优势度指数显示夏季较低，各站点多样性指数差别不大（图4.7-10和图4.7-11）。

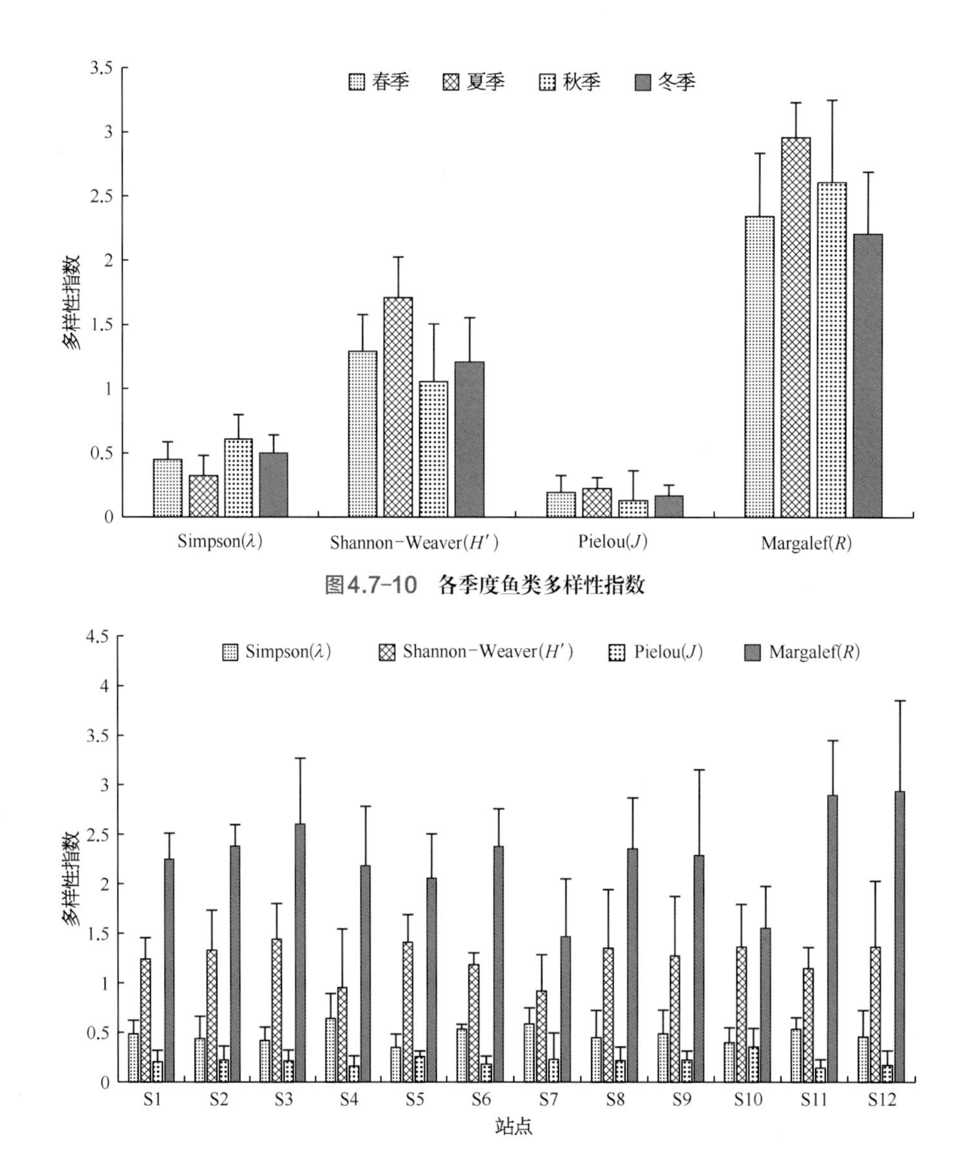

图4.7-10 各季度鱼类多样性指数

图4.7-11 各站点鱼类多样性指数

单位努力捕获量

如表4.7-6和图4.7-12所示的12个站点基于数量及重量的刺网及定置串联笼壶的CPEU（单位努力捕获量），刺网的CPUEn及CPUEw结果呈现相反趋势，沿湖泊南北中线站点CPUEw较高，而CPUEn较低；定置串联笼壶CPUEn及CPUEw结果呈现相似变化，西南部湖区部分站点较高，其他稍低。

生物学特征

根据调查显示，长荡湖鱼类全长在36.4 ~ 823 mm，平均为168.4 mm；体长在10.6 ~ 706 mm，平均为

表 4.7-6 各站点单位努力捕捞量

站　点	刺网 CPUEn（n/m²/h）	刺网 CPUEw（g/m²/h）	定置串联笼壶 CPUEn（n/m³/h）	定置串联笼壶 CPUEw（g/m³/h）
S1	0.029	1.272	1.957	31.720
S2	0.021	3.835	1.172	26.785
S3	0.036	2.269	2.196	33.082
S4	0.025	4.206	1.168	10.006
S5	0.041	1.681	1.576	22.977
S6	0.029	2.128	2.109	23.515
S7	0.019	4.212	1.740	27.402
S8	0.026	1.820	2.773	32.028
S9	0.020	0.828	0.673	5.917
S10	0.014	5.213	1.046	16.654
S11	0.037	0.911	1.771	19.084
S12	0.036	0.904	3.524	48.942

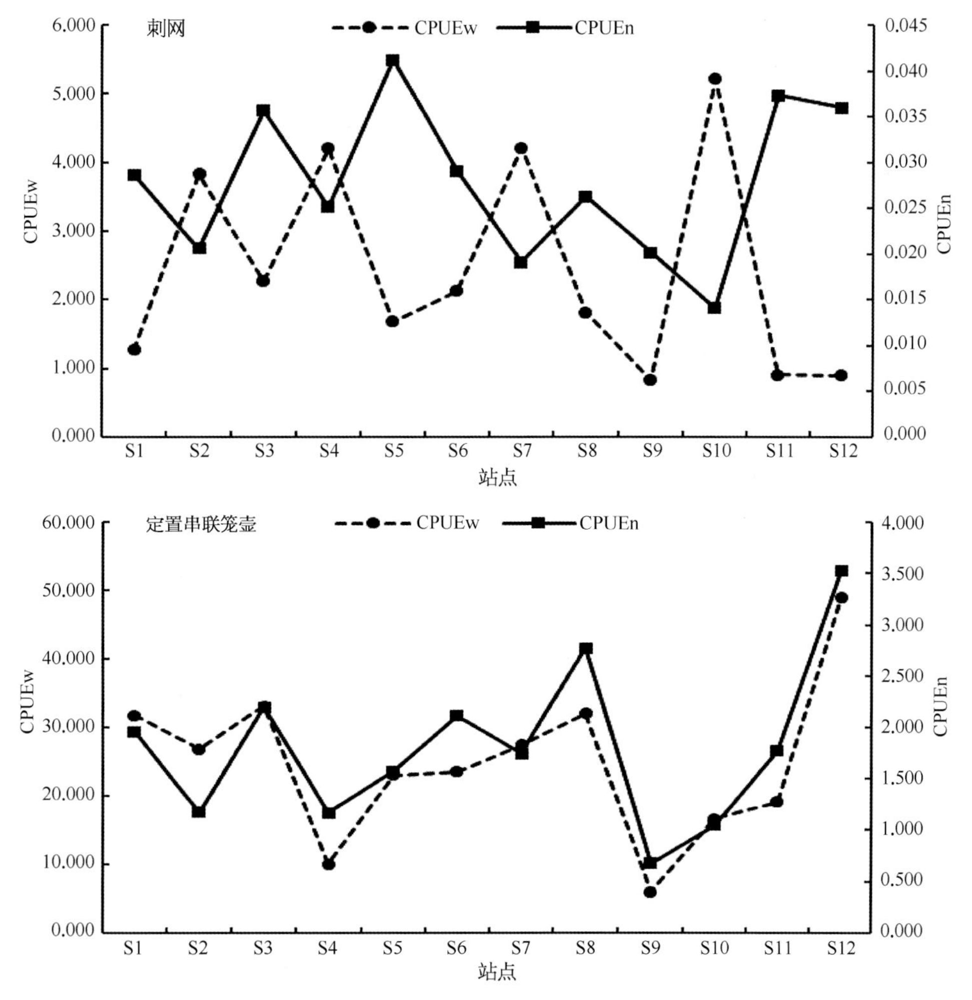

图4.7-12　基于数量及重量的刺网及定置串联笼壶鱼类CPUE示意图

143.5 mm；体重在0.2～6 930 g，平均为79.8 g。分析表明，88.01%的鱼类全长在200 mm以下，不到2%的鱼类全长高于400 mm，全长在140～170 mm的鱼类较多，占总数的33.86%；10%左右的鱼类体重高于100 g；80.91%的鱼类体重在50 g以下，72.34%的鱼类体重在20 g以下，37.37%的鱼类体重在10 g以下，6～14 g鱼类较多，占总数的48.16%（图4.7-13和图4.7-14）。

统计各季节及各站点鱼类生物学特征显示，春季和夏季鱼类平均全长及体长较高，冬季体重较高，长荡湖湖心区鱼类全长及体重稍高（图4.7-15和图4.7-16）。非参数检验显示，各季节（全长：X^2=421.97，$P < 0.001$；体长：X^2=372.85，$P < 0.001$；体重：X^2=467.08，P=0.006）、各站点（全长：X^2=413.36，$P < 0.001$；体长：X^2=391.65，$P < 0.001$；体重：X^2=172.19，P=0.006）的全长、体长及体重均呈显著性差异。

各鱼类平均体重显示，鲇、鳙和鲤3种鱼类平均体重高于1 000 g；草鱼和鲢2种鱼类体重为500～1 000 g；团头鲂、鳊和蒙古鲌3种鱼类体重为100～500 g；鲫和翘嘴鲌2种鱼类体重处于50～100 g；达氏鲌、黄颡鱼、红鳍原鲌等12种鱼类体重处于10～50 g；其他麦穗鱼、中华刺鳅等7种鱼类低于10 g（表4.7-7）。

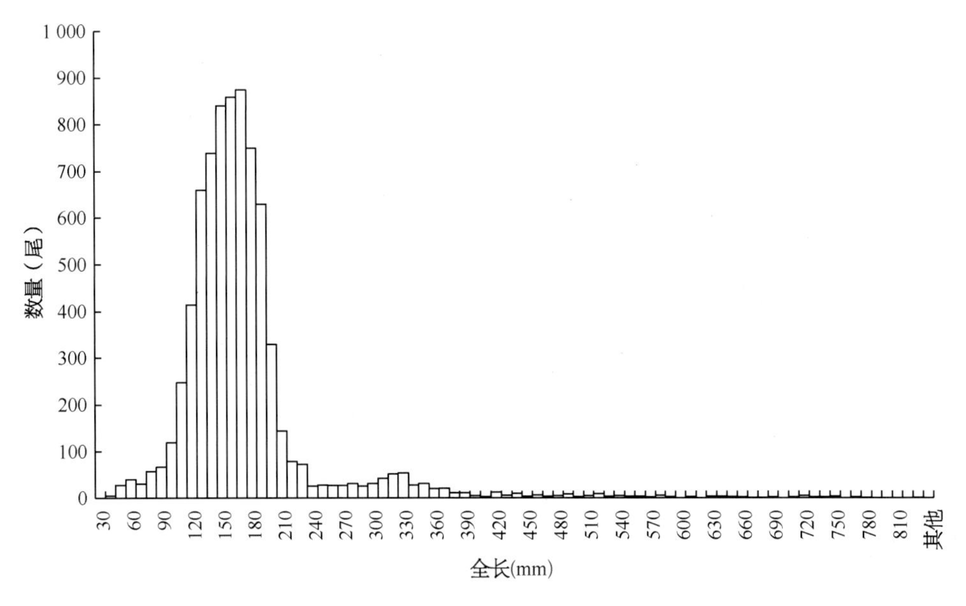

图4.7-13 鱼类全长分布

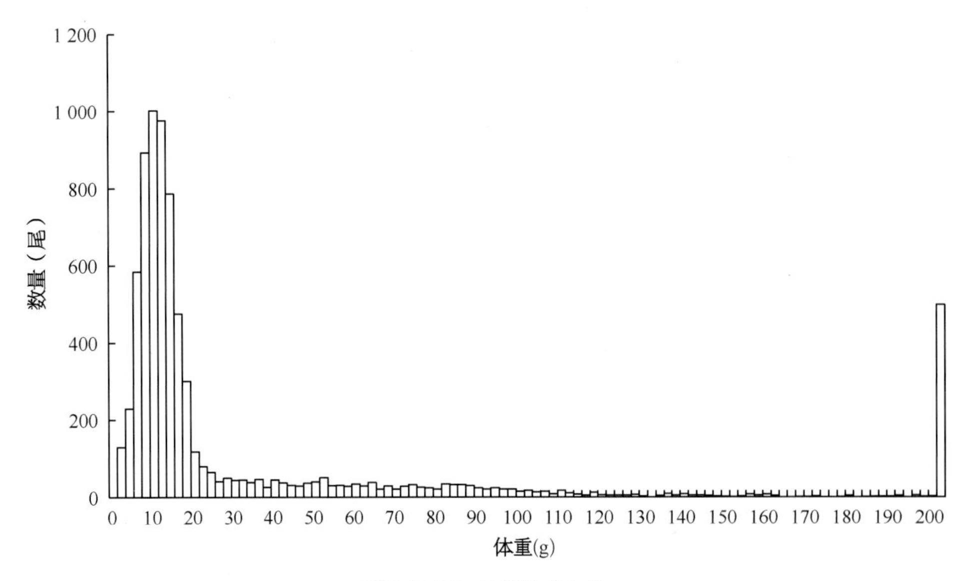

图4.7-14 鱼类体重分布

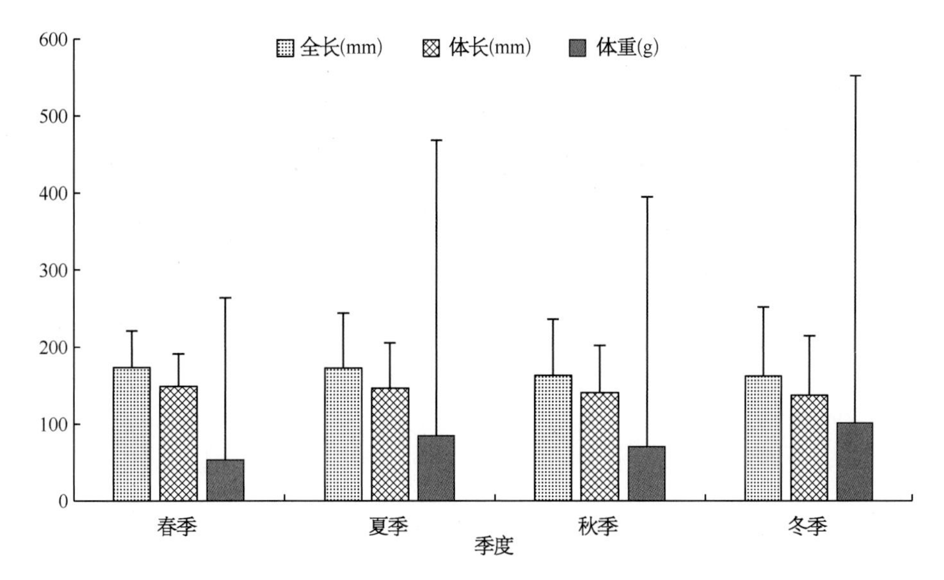

图4.7-15　各季节鱼类全长、体长及体重组成

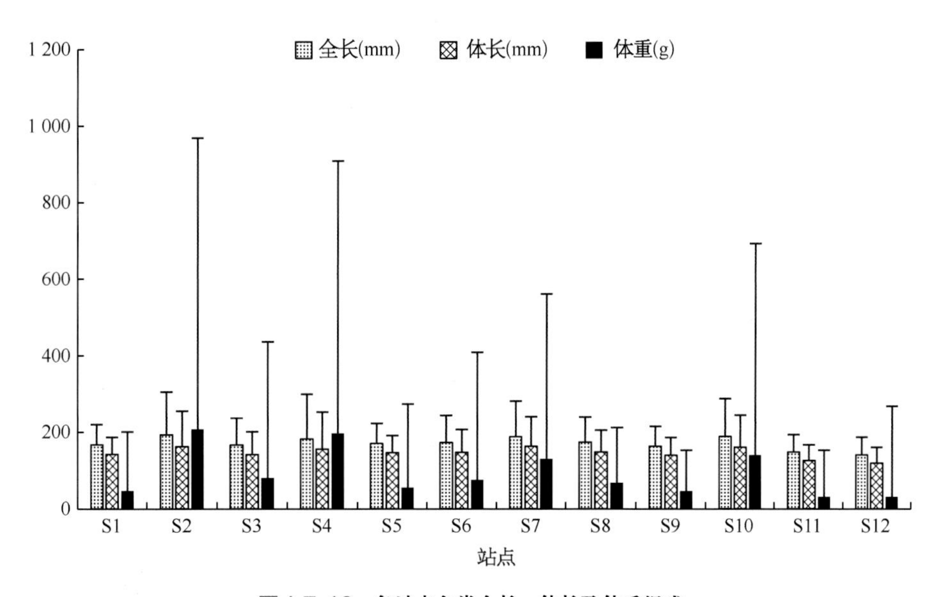

图4.7-16　各站点鱼类全长、体长及体重组成

表 4.7-7　鱼类全长及体重组成

种　类	全长（mm）			体重（g）		
	最小值	最大值	平均值	最小值	最大值	平均值
棒花鱼	93.6	118.5	104.4	6.8	13.8	10.1
贝氏䱗	75.0	183.0	125.2	3.9	71.3	14.8
鳊	106.9	314.0	246.4	9.5	800.5	214.3
䱗	96.7	174.6	121.7	4.0	34.5	11.4
草鱼	293.0	460.0	376.5	285.0	1 360.0	822.5
达氏鲌	63.9	420.0	176.8	1.8	555.0	45.9
大鳍鱊	73.8	118.7	97.7	5.2	22.9	12.2

（续表）

表 4.7-7　鱼类全长及体重组成

种　类	全长（mm）			体重（g）		
	最小值	最大值	平均值	最小值	最大值	平均值
刀鲚	59.9	354.9	159.2	0.3	1 011.0	11.1
光泽黄颡鱼	80.2	150.6	119.1	3.5	160.2	17.6
红鳍原鲌	47.6	510.0	135.8	1.0	514.0	18.2
花䱻	113.0	113.0	113.0	12.0	12.0	12.0
黄颡鱼	37.0	262.1	139.4	0.5	160.0	31.1
鲫	36.4	430.0	163.9	0.4	821.0	73.3
鲤	220.5	720.0	359.9	140.1	5 030.0	1 010.6
鲢	119.6	750.0	363.1	8.1	6 000.0	750.3
麦穗鱼	57.6	127.7	97.2	1.2	19.1	8.6
蒙古鲌	97.4	490.0	233.0	7.5	1 090.0	168.0
鲇	398.5	398.5	398.5	1 256.0	1 256.0	1 256.0
飘鱼	81.8	81.8	81.8	3.0	3.0	3.0
翘嘴鲌	65.6	480.0	165.0	1.4	731.0	50.3
似鳊	72.5	178.5	125.6	2.3	40.2	16.6
似鲚	63.0	212.0	128.6	1.4	112.4	10.5
团头鲂	159.2	369.8	247.0	44.7	757.5	267.7
乌鳢	77.0	77.0	77.0	4.4	4.4	4.4
兴凯鱊	67.0	95.8	78.9	3.2	11.2	5.4
须鳗虾虎鱼	80.8	134.7	112.6	1.2	6.9	3.6
鳙	62.7	823.0	363.6	1.9	6 930.0	1 085.2
中华刺鳅	146.6	146.6	146.6	8.2	8.2	8.2
子陵吻虾虎鱼	39.3	77.0	61.4	0.2	3.5	1.8

其他水生动物

调查结果显示，非鱼类渔获物有2种，为日本沼虾和秀丽白虾，共270尾，以秀丽白虾（193尾）较多，占71.48%，生物量为557.21 g，仅占总重的7.73%；日本沼虾（77尾）占28.42%，生物量为6 645.95 g，约占总重的92.27%，贡献较大。

根据调查数据显示，在2种非鱼类渔获物种，日本沼虾和秀丽白虾分布广泛，在所有采样点均有分布（表4.7-8）。

表 4.7-8　长荡湖渔业资源调查中非鱼类渔获物的分布情况

种　类	S6	S7	S8	S9	S10	S11	S12
日本沼虾	+	+	+	+	+	+	+
秀丽白虾	+	+	+	+	+	+	+

结果与讨论

长荡湖系太湖分化湖泊之一，属太湖鱼类区系，历史上湖水水源充足，水质清新无污染，水草、螺、鱼类等水生生物资源丰富。21世纪前期（2009年），湖区围网养殖十分发达，占湖泊总面积的53.1%，其中90%以上的养殖面积为河蟹，加之区域经济的快速发展导致生活、工业、农业等污染，致使长荡湖自然生态系统遭受到严重破坏，水体富营养化问题突出，水生生物资源衰减明显，历史上有鱼类60余种，21世纪几次调查仅发现20～30种，本次2016～2018年调查亦仅发现鱼类29种，鱼类种类数下降较为明显。尽管2009年和2016年连续推进围网整治工程，湖区内源污染得到一定控制，生态环境得到一定改善，但鱼类资源面临的压力依然巨大，需进一步保护。

本次调查长荡湖优势鱼类为刀鲚、鲢、鲫等，这与相近的太湖流域各湖泊鱼类群落基本一致，大部分湖泊均以湖鲚为第一优势种，反映了小型鱼类居多的现状，鲢、鳙、鲫等为放流主要种类，亦为长荡湖的优势鱼类。聚类显示，长荡湖鱼类群落季节及站点变化均较为明显，各季节、站点均以刀鲚为主，不同区域显示，沿岸带鱼类数量较多，但重量较低，而沿湖中心线站点鱼类数量较少，种类较高，中心站点多为大型鱼类，但各站点间Shannon-Weaver多样性指数并没有显著差异，且数值偏低，反映了长荡湖全湖水域鱼类资源衰退较为严重的现状，根据“十三五”期间的计划，将进一步展开长荡湖生态环境综合治理工作，以期恢复长荡湖野生鱼类群落，实现渔业资源的可持续发展。

4.8 · 石臼湖

鱼类种类组成及生态、食性类型

鱼类种类组成

调查显示，石臼湖共调查到鱼类36种29 205尾，重347.2 kg，隶属于6目7科28属，其中鲤形目较多，有25种（鲤科25种），占种类数的69.44%，其次为鲇形目（4种）、鲑形目（3种）、鲈形目（2种）、鲱形目及颌针鱼目各1种（图4.8–1）。数量及重量百分比显示鲤科（N%：66.3%；W%：78.9%）比例较大，相对重要性指数显示鲤形目（鲤科）和鲱形目（鳀科）IRI均高于1 000，且鲤形目明显较高（图4.8–2）。

数量百分比（N%）显示，似鲚和刀鲚最多，分别占总数量的47.1%和33.1%，其次为鲫（4.5%）、似鳊（3.0%）等，翘嘴鲌、棒花鱼、大鳍鱊等28种鱼数量比例均处于0.1%～1%，蛇鮈、飘鱼等15种鱼均小于0.1%；重量百分比（W%）显示，似鲚（28.3%）、鲫（24.8%）和刀鲚（19.7%）比重稍大，其次为鲤（5.7%）、贝氏鳘（3.0%）、红鳍原鲌（2.9%）等，棒花鱼、达氏鲌等24种鱼重量比例均处于0.1%～1%，间下鱵、飘鱼等11种鱼均小于0.1%（表4.8–1）。

生态类型与区系组成

生态类型：根据鱼类洄游类型、栖息空间和摄食

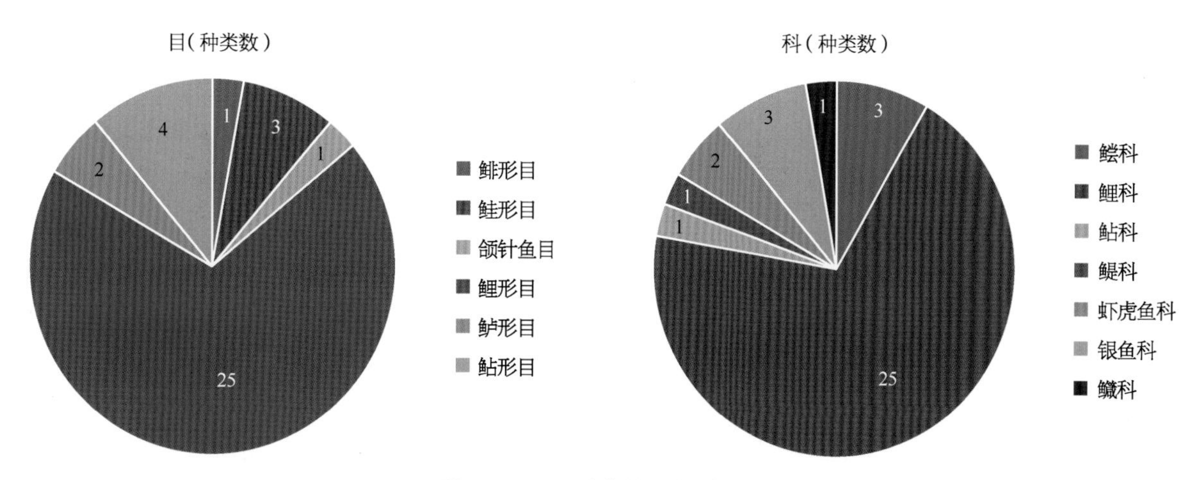

图4.8–1 石臼湖各目、科鱼类组成

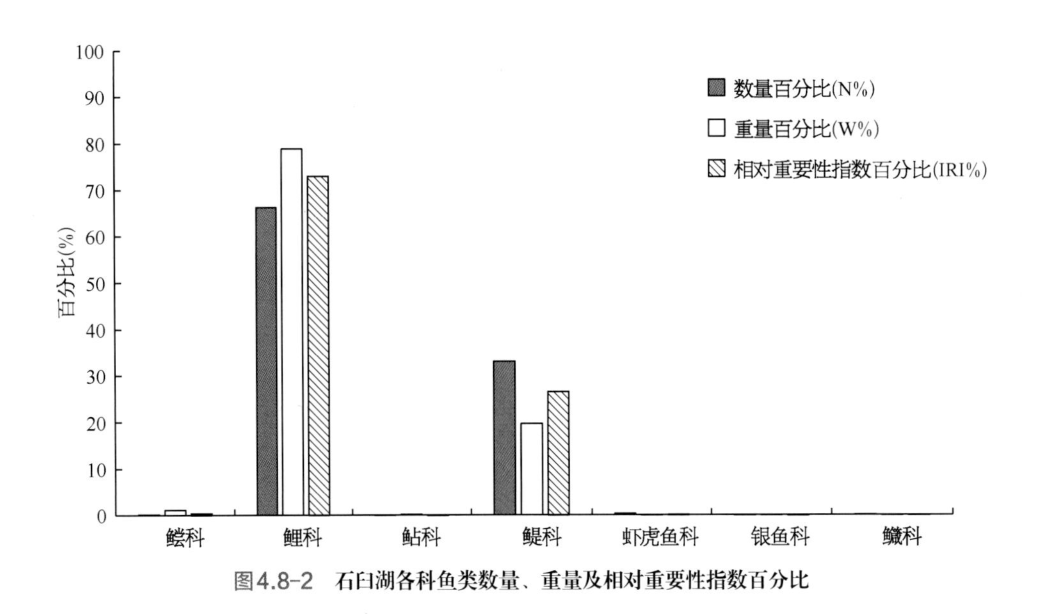

图4.8-2 石臼湖各科鱼类数量、重量及相对重要性指数百分比

表 4.8-1 石臼湖鱼类组成

种　　类	生态类型	数量百分比（%）	重量百分比（%）	相对重要性指数
一、鲑形目 Osmeriformes				
1. 银鱼科 Salangidae				
（1）大银鱼 Protosalanx chinensis	C.U.R	0.02	< 0.01	0.14
（2）陈氏新银鱼 Neosalanx tangkahkeii	C.U.R	0.02	< 0.01	0.09
（3）短吻间银鱼 Hemisalanx brachyrostralis	C.U.R	0.01	< 0.01	0.02
二、颌针鱼目 Beloniformes				
2. 鱵科 Hemirhamphiade				
（4）间下鱵 *Hyporhamphus intermedius*	O.U.R	0.09	0.04	2.06
三、鲤形目 Cypriniformes				
3. 鲤科 Cyprinidae				
（5）棒花鱼 *Abbottina rivularis*	O.B.R	0.95	0.89	137.89
（6）贝氏鳘 *Hemiculter bleekeri*	O.U.R	2.10	2.96	300.66
（7）鳘 *Hemiculter leucisculus*	O.U.R	1.20	1.84	213.72
（8）达氏鲌 *Culter dabryi*	C.U.R	0.21	0.88	39.10
（9）大鳍鱊 *Acheilognathus macropterus*	O.U.R	0.66	0.76	80.18
（10）红鳍原鲌 *Cultrichthys erythropterus*	C.U.R	1.68	2.89	400.11
（11）花䱻 *Hemibarbus maculatus*	O.L.R	0.26	1.38	81.93
（12）鲫 *Carassius auratus*	O.L.R	4.48	24.81	2 699.75
（13）鲤 *Cyprinus carpio Linnaeus*	O.L.R	0.24	5.68	267.85
（14）鲢 *Hypophthalmichthys molitrix*	F.U.P	0.01	0.38	2.45
（15）麦穗鱼 *Pseudorasbora parva*	O.L.R	2.55	1.73	361.51

（续表）

表 4.8-1 石臼湖鱼类组成

种 类	生态类型	数量百分比（%）	重量百分比（%）	相对重要性指数
（16）蒙古鲌 *Culter mongolicus*	C.U.R	0.08	0.06	1.74
（17）飘鱼 *Pseudolaubuca sinensis*	O.U.R	0.03	0.04	0.23
（18）翘嘴鲌 *Culter alburnus*	C.U.R	0.83	1.69	153.18
（19）青鱼 *Mylopharyngodon piceus*	C.L.P	0.01	0.01	0.04
（20）蛇鮈 *Saurogobio dabryi*	O.B.R	0.02	0.05	0.61
（21）似鳊 *Pseudobrama simoni*	O.L.R	3.05	2.81	302.10
（22）似鲚 *Toxabramis swinhonis*	O.U.R	47.12	28.31	6 953.49
（23）细鳞斜颌鲴 *Xenocypris microlepis*	H.L.R	0.01	0.06	0.32
（24）兴凯鱊 *Acheilognathus chankaensis*	O.U.R	0.22	0.12	11.83
（25）银鲴 *Xenocypris argentea*	H.L.R	0.01	0.01	0.06
（26）银鮈 *Squalidus argentatus*	O.B.R	0.23	0.16	14.56
（27）鳙 *Aristichthys nobilis*	F.U.P	0.01	0.76	2.38
（28）长蛇鮈 *Saurogobio dumerili*	O.B.R	0.33	0.61	30.76
（29）中华鳑鲏 *Rhodeus sinensis*	O.U.R	0.00	< 0.01	0.01
四、鲈形目 Perciformes				
4. 虾虎鱼科 Gobiidae				
（30）子陵吻虾虎鱼 *Rhinogobius giurinus*	C.B.R	0.28	0.03	14.74
（31）波氏吻虾虎鱼 *Rhinogobius cliffordpopei*	C.B.R	< 0.01	< 0.01	0.01
五、鲇形目 Siluriformes				
5. 鲿科 Bagridae				
（32）黄颡鱼 *Pelteobaggrus fulvidraco*	O.B.R	0.18	1.02	62.05
（33）光泽黄颡鱼 *Pelteobaggrus nitidus*	O.B.R	< 0.01	0.03	0.05
（34）圆尾拟鲿 *Pseudobagrus tenuis*	O.B.R	0.01	0.14	0.94
6. 鲇科 Siluridae				
（35）鲇 *Silurus asotus*	C.B.R	0.02	0.16	1.08
六、鲱形目 Clupeiformes				
7. 鳀科 Engraulidae				
（36）刀鲚 *Coilia nasus*	C.U.D	33.08	19.70	4 947.68

注：U.中上层，L.中下层，B.底层；D.江海洄游性，P.江湖半洄游性，E.河口性，R.淡水定居性；C.肉食性，O.杂食性，H.植食性，F.滤食性。

的不同，可将鱼类划分为不同生态类群（表4.8-2）。

根据鱼类洄游类型，可分为：定居性鱼类32种，包括鲤、鲫、鳊、黄颡鱼等，占总种数的66.89%；江湖半洄游性鱼类3种，为青鱼、鲢和鳙，占总种数的0.03%；江海洄游性鱼类一种，为刀鲚。

按栖息空间划分，可分为中上层、中下层和底栖

表 4.8-2 阳澄湖鱼类生态类型

生态类型	种类数	百分比（%）
洄游类型		
江湖半洄游性	3	0.03
江海洄游	1	33.08
淡水定居性	32	66.89
食性类型		
植食性	2	0.02
杂食性	20	63.71
滤食性	2	0.02
肉食性	12	36.25
栖息空间		
中上层	20	86.66
中下层	13	10.31
底栖	14	2.03

三类。底栖鱼类10种，包括泥鳅、鲇、黄颡鱼等，占总种数的2.03%；中下层鱼类8种，有青鱼、鲫、鲤等，占总种数的10.31%；中上层鱼类有鲢、翘嘴鲌、鳙、刀鲚等18种，占总种数的86.66%。

按摄食类型划分，有植食性、杂食性、滤食性和肉食性四类。植食性鱼类有银鲴和细斜颌鳞鲴，占总种数的0.02%；杂食性鱼类有鲤、鲫等，占总种数的63.71%；肉食性鱼类有鲇、翘嘴鲌等，占总种数的36.25%；滤食性有鲢和鳙两种，占总数的0.02%。

区系组成：根据起源和地理分布特征，阳澄湖鱼类区系可分为4个复合体。

① 中国江河平原区系复合体：是在喜马拉雅山升到一定高度并形成东亚季风气候之后，为适应新的自然条件，从旧类型鱼类分化出来的。以青鱼、鲢、鳙等为代表种类。

② 南方热带区系复合体：原产于南岭以南各水系中，而后向长江流域伸展。以黄颡鱼等鱼类为代表种。

③ 晚第三纪早期区系复合体：更新世以前北半球亚热带动物的残余，由于气候变化，被分割成若干不连续的区域。其种类有鲇、鳑鲏等。

④ 北方平原区系复合体：高纬度地区分布较广，耐寒种类多，耐氧力强，凶猛种类少，性成熟早，补充群体大，种群恢复力强。其代表种类有麦穗鱼。

群落时空特征

季节组成

以各季节鱼类数量为基础，聚类显示，四个季度鱼类组成有明显差异，可分为2大类（图4.8-3），春季和夏季为一类，秋季和冬季为一类。其中春季和夏季为似鲚+刀鲚+麦穗鱼类，秋季和冬季为似鲚+刀鲚类，各季度均以小型鱼类为优势。似鲚和刀鲚数量均较多，但秋季和冬季刀鲚数量显著多于春季和夏季。另秋季似鳊较多，春季棒花鱼较多。

具体显示，春季采集鱼类23种5 466尾（图4.8-4），占总数的18.7%，生物量占24.3%，隶属于5目6科20属。数量百分比（N%）显示，似鲚（61.0%）比重最高，其次为麦穗鱼（7.8%）、鲫（7.5%）、刀鲚（7.4%）等；重量百分比（W%）显示鲫（37.2%）比重较高，其次为似鲚（27.8%）、鲤（10.9%）等（图4.8-5）。不同季节鱼类相对重要性指数（IRI）显示似鲚（8 880.5）、鲫（4 462.5）、麦穗鱼（1 308.0）和刀鲚（1 090.3）4种鱼类IRI高于1 000，为春季优势鱼类（表4.8-3）。

夏季采集鱼类25种1 957尾，占总数的6.7%，生物量占11.6%，隶属于5目5科20属。数量百分比

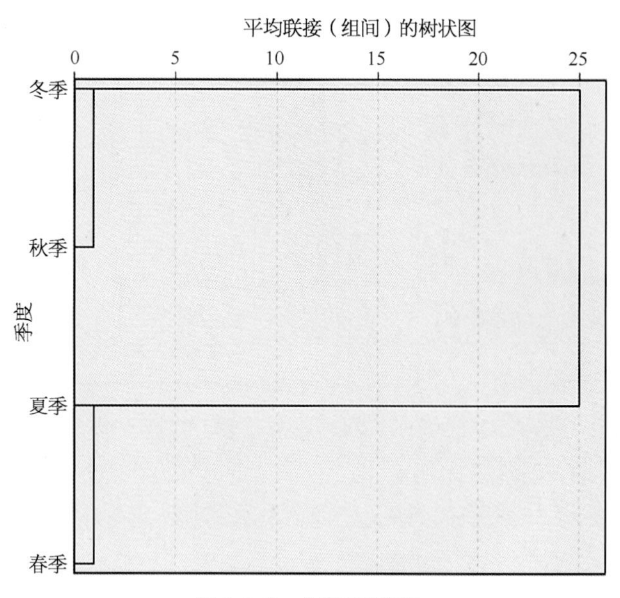

图4.8-3 鱼类季节聚类

（N%）显示，似鲚（37.7%）、刀鲚（19.0%）比重较高，其次为麦穗鱼（8.0%）、鳘（6.9%）、贝氏鳘（5.2%）等；重量百分比（W%）显示刀鲚（15.9%）、似鲚（15.0%）、鲫（11.2%）比重较高（图4.8-5）。不同季节鱼类相对重要性指数（IRI）显示似鲚（4 932.8）、刀鲚（3 488.7）、翘嘴鲌（1 379.9）、鲫（1 337.2）和鳘（1 194.8）5种鱼类IRI均高于1 000，为夏季优势鱼类（表4.8-3）。

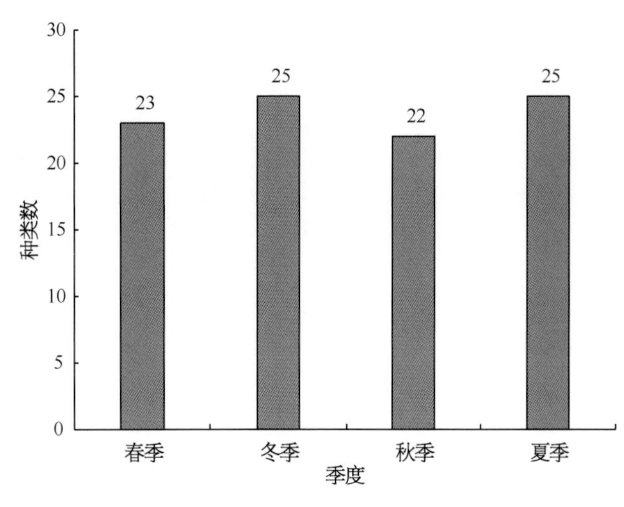

图4.8-4　不同季节鱼类种类数

秋季采集鱼类22种9 899尾，占总数的33.9%，生物量占30.8%，隶属于5目6科20属。数量百分比（N%）显示，刀鲚（49.3%）和似鲚（34.6%）比重较高，其次为似鳊（6.7%）、鲫（3.0%）、红鳍原鲌（2.8%）等，其余种类均低于1%；重量百分比（W%）显示刀鲚（29.4%）、似鲚（23.5%）和鲫（22.0%）比重较高（图4.8-5）。不同季节鱼类相对重要性指数（IRI）显示刀鲚（5 904.9）、似鲚（4 355.8）、鲫（1 869.0）和似鳊（1 026.6）4种鱼类IRI均高于1 000，为秋季优势鱼类（表4.8-3）。

冬季采集鱼类25种11 883尾，占总数的40.7%，生物量占33.3%，隶属于6目6科21属。数量百分比（N%）显示，似鲚（52.7%）和刀鲚（33.7%）比重较高，其次为鲫（4.6%）、贝氏鳘（3.9%）等；重量百分比（W%）显示似鲚（37.8%）、刀鲚（23.9%）和鲫（23.2%）等比重较高（图4.8-5）。不同季节鱼类相对重要性指数（IRI）显示似鲚（9 049.7）、刀鲚（5 755.7）、鲫（2 773.7）和贝氏鳘（1 046.4）4种鱼类IRI均高于1 000，为冬季优势鱼类（表4.8-3）。

分析显示，鲫、棒花鱼、贝氏鳘等11种鱼类于四个季度均有被采集到；仅在春季采集到的鱼类有波氏吻虾虎鱼、陈氏新银鱼、蛇鮈和中华鳑鲏4种；仅在夏季被采集到的鱼类有光泽黄颡鱼、青鱼、细鳞斜颌鲴和圆尾拟鲿4种；无仅在秋季被采集到的鱼类；仅在冬季被采集到的鱼类仅有鳙1种。对鱼类而言，各季节似鲚和刀鲚数量均较多。

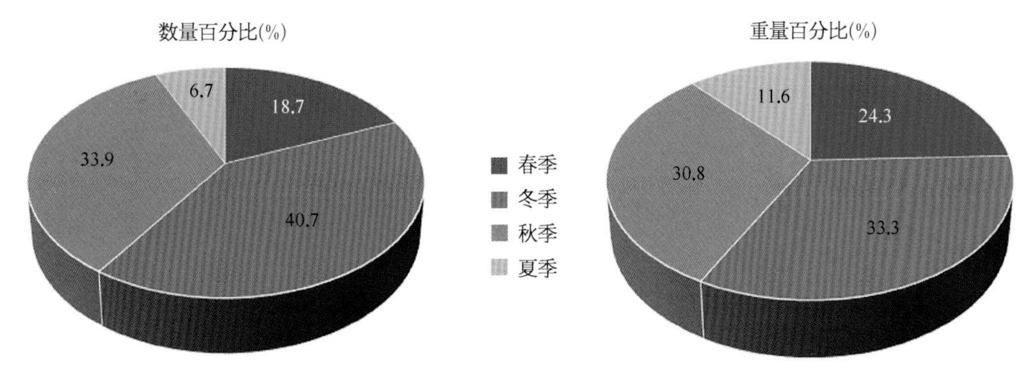

图4.8-5　不同季节鱼类数量及重量百分比

表4.8-3　不同季节鱼类相对重要性指数（IRI）

种　类	春　季	夏　季	秋　季	冬　季
棒花鱼	417.3	137.1	32.0	103.6
贝氏鳘	125.8	464.7	0.3	1 046.4

（续表）

表 4.8-3 不同季节鱼类相对重要性指数（IRI）

种　类	春　季	夏　季	秋　季	冬　季
波氏吻虾虎鱼	0.1	—	—	—
鳘	295.4	1 194.8	42.8	115.4
陈氏新银鱼	1.8	—	—	—
达氏鲌	—	692.5	22.2	2.4
大鳍鱊	371.0	228.2	—	35.0
大银鱼	1.7	—	—	0.1
刀鲚	1 090.3	3 488.7	5 904.9	5 755.7
短吻间银鱼	—	—	—	0.3
光泽黄颡鱼	—	1.9	—	—
红鳍原鲌	376.4	679.4	576.5	128.7
花鲭	136.0	393.4	29.7	24.6
黄颡鱼	31.8	400.4	55.6	12.1
鲫	4 462.5	1 337.2	1 869.0	2 773.7
间下鱵	—	2.0	0.1	13.5
鲤	944.2	170.5	380.7	11.2
鲢	2.2	—	18.7	—
麦穗鱼	1 308.0	788.7	64.5	127.8
蒙古鲌	—	5.3	—	9.3
鲇	11.0	0.0	0.7	—
飘鱼	—	4.8	0.0	0.1
翘嘴鲌	—	1 379.9	64.4	182.5
青鱼	—	1.9	—	—
蛇鮈	10.9	—	—	—
似鳊	655.3	0.0	1 026.6	5.2
似鲚	8 880.5	4 932.8	4 355.8	9 049.7
细鳞斜颌鲴	—	12.2	—	—
兴凯鱊	7.0	18.8	39.5	1.4
银鲴	—	—	0.8	—
银鮈	37.6	114.8	0.2	4.3
鳙	—	—	—	28.6
圆尾拟鲿	—	34.8	—	—
长蛇鮈	—	1.7	176.8	15.2

（续表）

表 4.8-3　不同季节鱼类相对重要性指数（IRI）

种　类	春　季	夏　季	秋　季	冬　季
中华鳑鲏	0.1	—	—	—
子陵吻虾虎鱼	59.8	53.5	3.8	2.2

注："—" 表示此季节没有采集到此种鱼类。

· 空间组成

对16个站点鱼类数量聚类显示，16个点鱼类组成可聚为2类，其中石臼湖西部（S1 ～ S8）为一类，为似鲚+刀鲚+鲫+似鳊等，似鲚、刀鲚和鲫这3种鱼类优势明显；石臼湖东部（S9 ～ S16）为一类，为似鲚+刀鲚+似鳊等，似鲚和刀鲚这两种鱼类优势明显。每大类分别又分为两小类，石臼湖西部可分为偏湖区西部（S13 ～ S16）和偏湖区中部（S9 ～ S12）两类；石臼湖东部可分为偏湖区东部（S1 ～ S4）和偏湖区中部（S5 ～ S8）两类（图4.8-6）。无论是分为2类还是4类，各主要种类差别均不大，且似鲚和刀鲚均为明显优势种。

如图4.8-7所示，石臼湖各区域鱼类种类数总体上无明显差异，部分点位（S1、S10和S11）稍高于其他点位，但不显著（表4.8-4和表4.8-5）。数量及重量百分比整体显示湖区东部高于湖区中部，两者均高于湖区西部；特别是湖区东部与西部之间数量及重量百分比差异显著，东部显著高于西部（图4.8-8）。

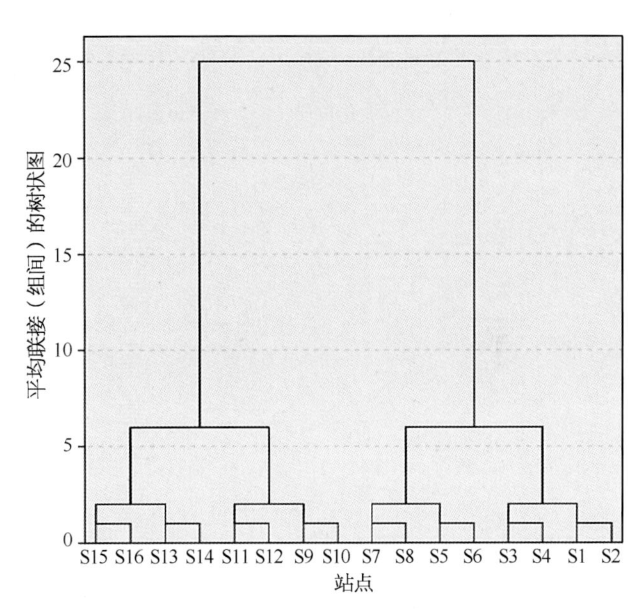

图4.8-6　鱼类空间聚类

优势种及多样性指数

根据IRI（相对重要性指数）大于1 000定为优势种，100<IRI<1 000为主要种等，分析显示，似鲚（6 953.5）、刀鲚（4 947.7）和鲫（2 699.7）3种鱼类IRI

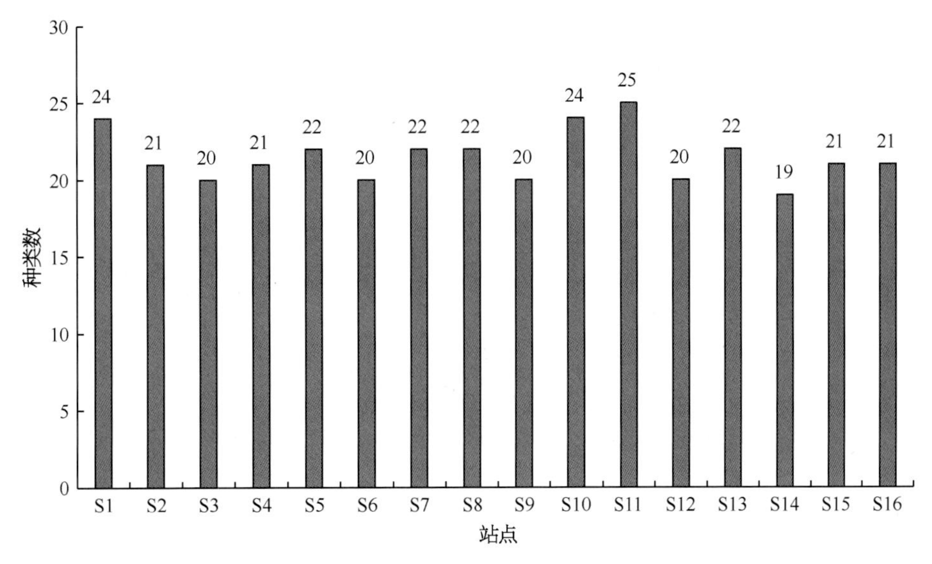

图4.8-7　各站点鱼类种类数

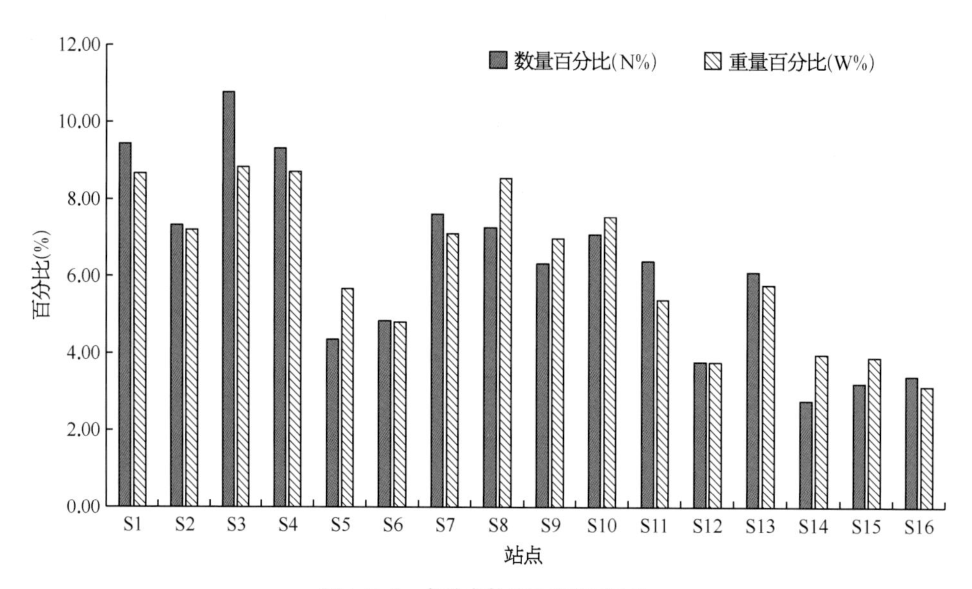

图4.8-8 各站点数量及重量百分比

表 4.8-4 各站点鱼类组成

站 点	目	科	属	种	数量百分比（%）	重量百分比（%）
S1	6	6	20	24	9.44	8.67
S2	5	5	18	21	7.32	7.20
S3	4	4	17	20	10.77	8.84
S4	4	4	18	21	9.32	8.71
S5	5	5	18	22	4.36	5.67
S6	4	4	15	20	4.84	4.81
S7	4	5	17	22	7.62	7.10
S8	5	5	19	22	7.26	8.55
S9	4	4	16	20	6.33	6.98
S10	6	6	20	24	7.08	7.54
S11	6	6	21	25	6.39	5.39
S12	5	6	17	20	3.77	3.76
S13	5	6	18	22	6.11	5.77
S14	4	4	16	19	2.76	3.96
S15	5	6	19	21	3.22	3.88
S16	5	5	17	21	3.40	3.15
总	6	7	28	36	9.44	8.67

大于1 000；红鳍原鲌（400.1）、麦穗鱼（361.5）、似鳊（302.1）等8种鱼类100<IRI<1 000；花䱻（81.9）、大鳍鱊（80.2）、黄颡鱼（62.0）等8种鱼类10<IRI<100；另鲢、红鳍原鲌、间下鱵等17种鱼类IRI小于10。下图为IRI大于100的鱼类种类（图4.8-9）。

多样性指数显示，鱼类Margalef丰富度指数

表 4.8-5 各站点鱼类分布

种 类	S1	S2	S3	S4	S5	S6	S7	S8	S9	S10	S11	S12	S13	S14	S15	S16
棒花鱼	+	+	+	+	+	+	+	+	+	+	+	+	+	+	+	+
贝氏鲨	+	+	+	+	+	+	+	+	+	+	+	+	+	+	+	+
波氏吻虾虎鱼							+									
鲨	+	+	+	+	+	+	+	+	+	+	+	+	+	+	+	+
陈氏新银鱼											+	+			+	
达氏鲌	+		+	+	+	+	+	+	+	+	+	+	+	+		+
大鳍鱊	+	+	+	+	+	+	+	+	+	+	+		+	+	+	+
大银鱼					+					+	+				+	
刀鲚	+	+	+	+	+	+	+	+	+	+	+	+	+	+	+	+
短吻间银鱼	+									+						
光泽黄颡鱼						+										
红鳍原鲌	+	+	+	+	+	+	+	+	+	+	+	+	+	+	+	+
花䱻	+	+	+	+		+	+	+	+	+	+	+		+	+	
黄颡鱼	+	+	+	+	+	+	+	+		+	+	+	+	+	+	+
鲫	+	+	+	+	+	+	+	+	+	+	+	+	+	+	+	+
间下鱵	+	+			+			+	+	+	+		+			+
鲤	+	+	+	+	+	+	+	+	+	+	+		+	+	+	+
鲢					+					+	+					+
麦穗鱼	+	+	+	+	+	+	+	+	+	+	+	+	+	+	+	+
蒙古鲌	+					+	+			+		+			+	+
鲇							+					+	+		+	
飘鱼	+												+			
翘嘴鲌	+	+	+	+	+	+	+	+	+	+	+	+	+	+	+	+
青鱼	+	+														
蛇鮈					+				+		+		+			+
似鳊	+	+	+	+	+	+	+	+	+	+	+	+	+	+	+	+
似鲚	+	+	+	+	+	+	+	+	+	+	+	+	+	+	+	+
细鳞斜颌鲴		+		+				+								
兴凯鱊	+	+	+	+	+	+	+	+	+	+	+		+	+		
银鲴		+			+											
银鮈	+		+	+	+		+	+	+	+	+	+		+	+	+
鳙								+					+			
圆尾拟鲿			+	+							+				+	
长蛇鮈	+	+	+	+	+	+	+	+	+	+	+	+	+	+		+

（续表）

表 4.8-5 各站点鱼类分布

种　类	S1	S2	S3	S4	S5	S6	S7	S8	S9	S10	S11	S12	S13	S14	S15	S16
中华鳑鲏												+				
子陵吻虾虎鱼	+	+	+	+		+	+	+	+	+	+	+	+	+	+	+

注："+" 表示有。

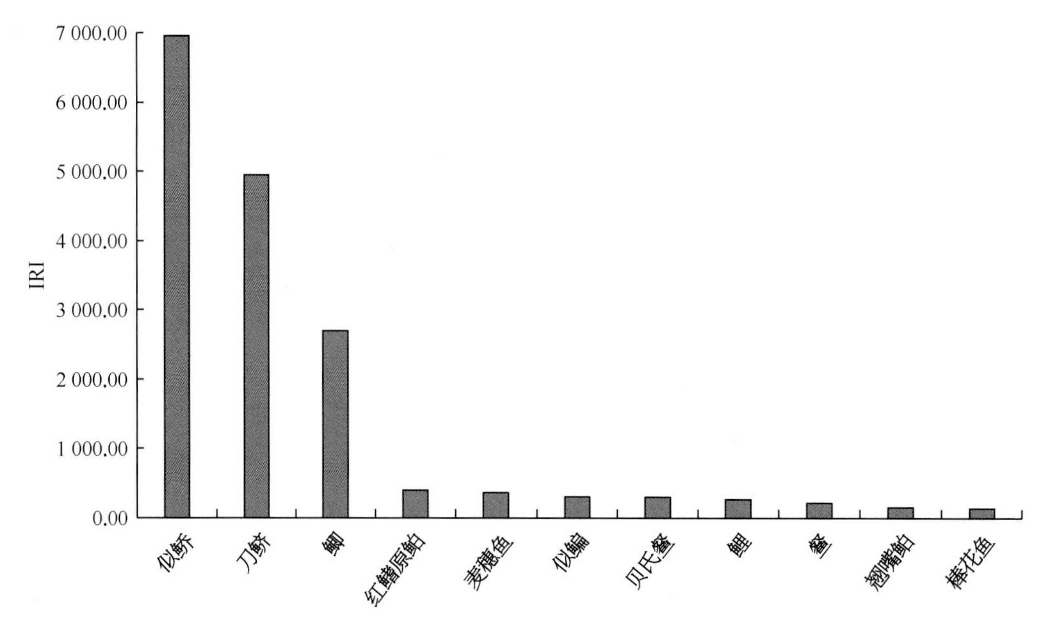

图4.8-9　鱼类相对重要性指数

（R）为1.217 ～ 4.030，平均为2.170 ± 0.544（平均值 ± 标准差）；Shannon-Weaver多样性指数（H'）为0.683 ～ 2.473，平均为1.427 ± 0.415；Pielou均匀度指数（J）为0.297 ～ 0.927，平均为0.553 ± 0.154；Simpson优势度指数（λ）为0.075 ～ 0.727，平均为0.370 ± 0.140。

以季度及站点为因素，对各多样性指数进行双因素方差分析显示，4种多样性指数有显著的季节差异，但无显著的空间差异（R：季节：F=12.975，P < 0.01及站点：F=0.804，p=0.67；H'：季节：F=18.041，P < 0.01及站点：F=1.386，p=0.20；J：季节：F=19.646，P < 0.01及站点：F=1.162，p=0.34；λ：季节：F=10.292，P < 0.01及站点：F=1.087，p=0.40）。

其中，R、H'和J均显示夏季稍高，其余3个季度之间差异不大；λ则与此趋势相反，夏季稍低，其余3个季度之间差异不大（图4.8-10）。在空间上则显示4种多样性指数在各站点之间均无显著性差异（图4.8-11）。

单位努力捕获量

如表4.8-6和图4.8-12所示的石臼湖16个站点基于数量及重量的刺网及定置串联笼壶的单位努力捕获量（CPUE），刺网的CPUEn及CPUEw结果类似，定置串联笼壶亦如此；各站点CPUEn之间及CPUEw之间无明显相关性及显著的规律可循。

生物学特征

根据调查显示，石臼湖鱼类全长为1.54 ～ 694.34 mm，平均为123.4 mm；体长为0.72 ～ 538.43 mm，平均为104.7 mm；体重为0.1 ～ 2 383 g，平均为22.2 g。分析表明，97.23%的鱼类全长在200 mm以下，不到0.15%的鱼类全长高于300 mm，全长为100 ～ 110 mm

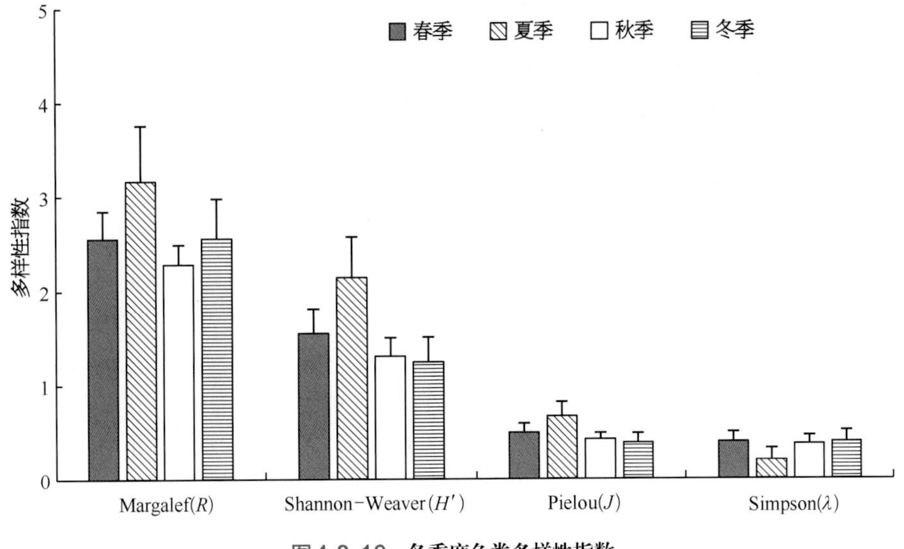

图4.8-10　各季度鱼类多样性指数

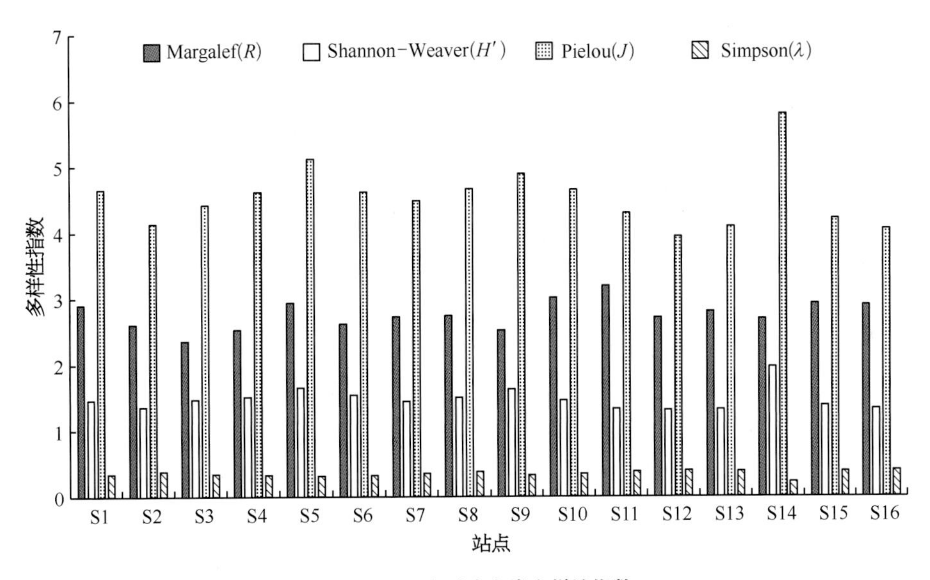

图4.8-11　各站点鱼类多样性指数

表 4.8-6　各点单位努力捕捞量

站　点	刺网 CPUEn（n/m²/h）	刺网 CPUEw（g/m²/h）	定置串联笼壶 CPUEn（n/m³/h）	定置串联笼壶 CPUEw（g/m³/h）
S1	0.087	1.012	1.784	11.125
S2	0.075	0.899	0.477	2.956
S3	0.107	1.076	1.128	6.594
S4	0.087	1.050	1.632	7.587
S5	0.044	0.711	0.395	1.955
S6	0.040	0.559	1.467	6.466
S7	0.069	0.847	1.615	7.176
S8	0.069	1.054	1.089	4.901

（续表）

表 4.8-6 各点单位努力捕捞量

站　点	刺网 CPUEn（n/m²/h）	刺网 CPUEw（g/m²/h）	定置串联笼壶 CPUEn（n/m³/h）	定置串联笼壶 CPUEw（g/m³/h）
S9	0.060	0.831	0.994	7.211
S10	0.060	0.858	1.975	12.078
S11	0.059	0.648	1.237	4.897
S12	0.035	0.452	0.734	3.459
S13	0.053	0.670	1.571	7.799
S14	0.024	0.474	0.668	3.855
S15	0.032	0.474	0.391	2.802
S16	0.023	0.317	1.584	9.510

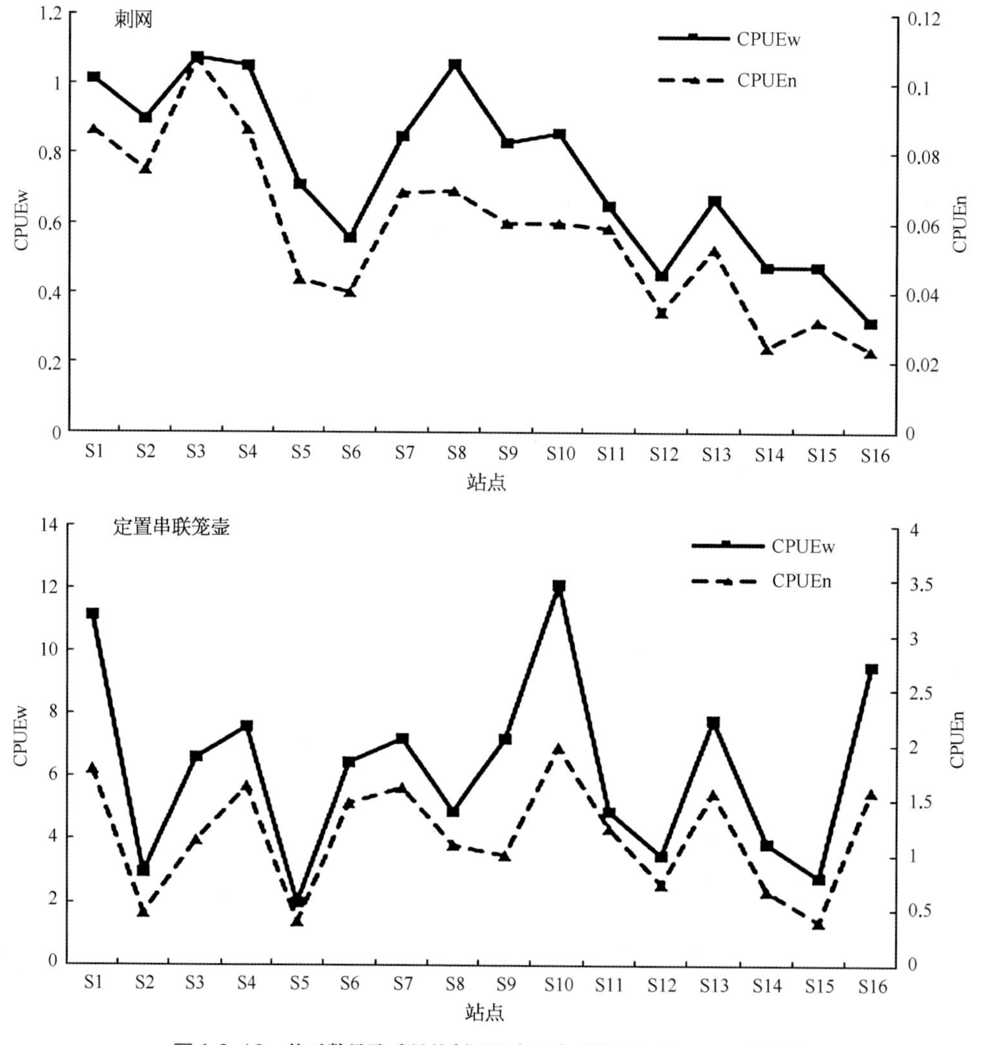

图4.8-12　基于数量及重量的刺网及定置串联笼壶鱼类CPUE示意图

的鱼类较多，占总数的17.94%；91.58%的鱼类体重在50 g以下，87.08%的鱼类体重在20 g以下，70.12%的鱼类体重在10 g以下，4～6 g和6～8 g鱼类较多，分别占总数的16.72%和28.76%（图4.8-13和图4.8-14）。

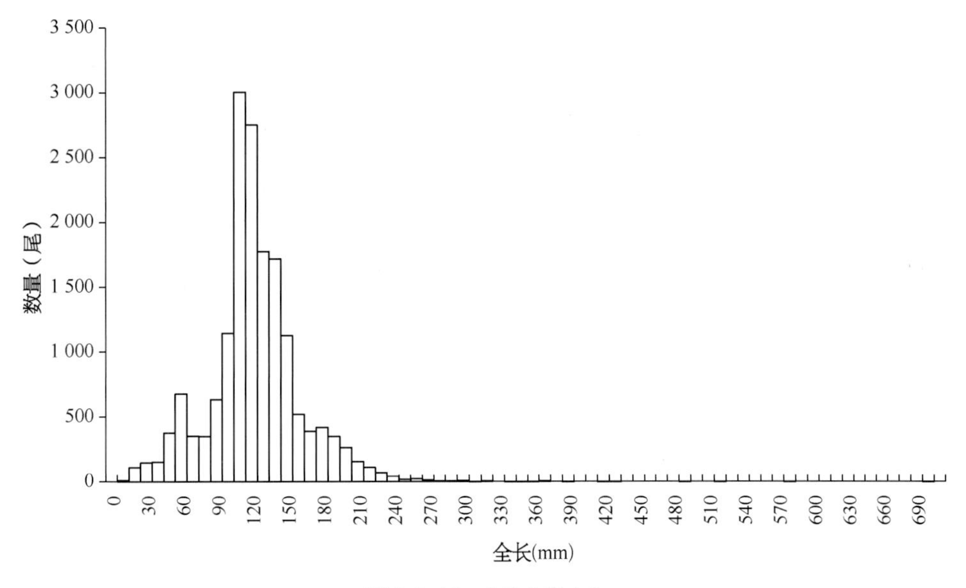

图4.8-13　鱼类全长分布

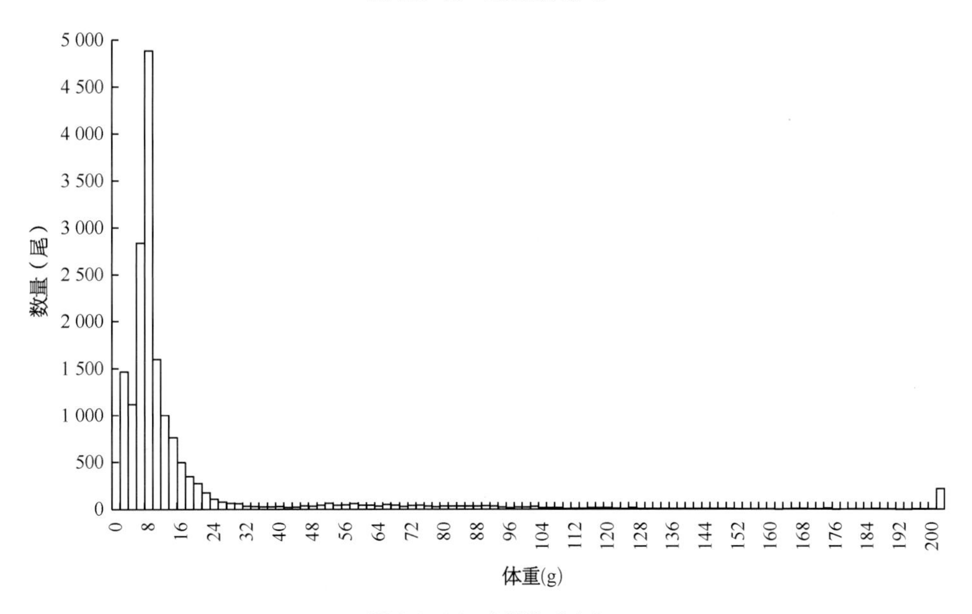

图4.8-14　鱼类体重分布

统计各季节及各站点鱼类生物学特征显示，各站点之间以及各季节之间全长、体长和体重的平均值无明显差异（图4.8-15和图4.8-16）。非参数检验显示，各季节（全长：X^2=286.35，$P < 0.001$；体长：X^2=356.13，$P < 0.001$；体重：X^2=219.84，$P < 0.001$）和各站点（全长：X^2=308.30，$P < 0.001$；体长：X^2=314.54，$P < 0.001$；体重：X^2=130.77，$P \leq 0.001$）的全长、体长及体重均呈显著性差异。

各鱼类平均体重显示，仅鳙1种鱼类平均体重高于1 000 g；鲤、鲢、圆尾拟鲿、鲇和光泽黄颡鱼5种鱼类体重处于100～500 g；细鳞斜颌鲴、鲫、黄颡鱼、花䱻和达氏鲌5种鱼类体重处于50～100 g；蛇鮈、翘嘴鲌、长蛇鮈等14种鱼类体重处于10～50 g；青鱼、银鮈、麦穗鱼等11种鱼类体重低于10 g（表4.8-7）。

其他水生动物

调查结果显示，非鱼类渔获物有6种，包括螺2种（铜锈环棱螺和方格短沟蜷）和虾蟹类4种（罗氏沼虾、日本沼虾、秀丽白虾和中华绒螯蟹），共1 598尾，占总数的5.19%，以日本沼虾（81.6%）较多，铜锈环棱螺占13.95%；生物量以铜锈环棱螺和日本沼虾贡献较大。

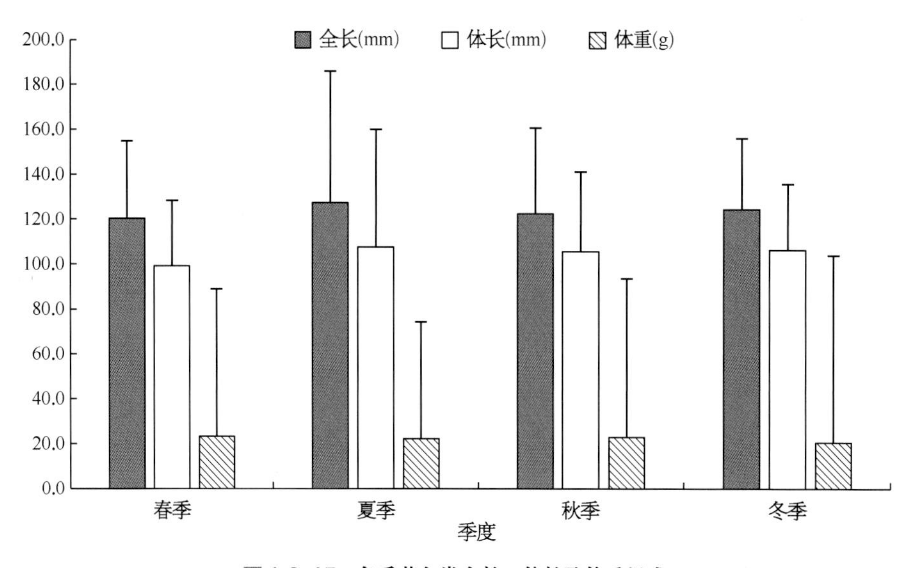

图4.8-15 各季节鱼类全长、体长及体重组成

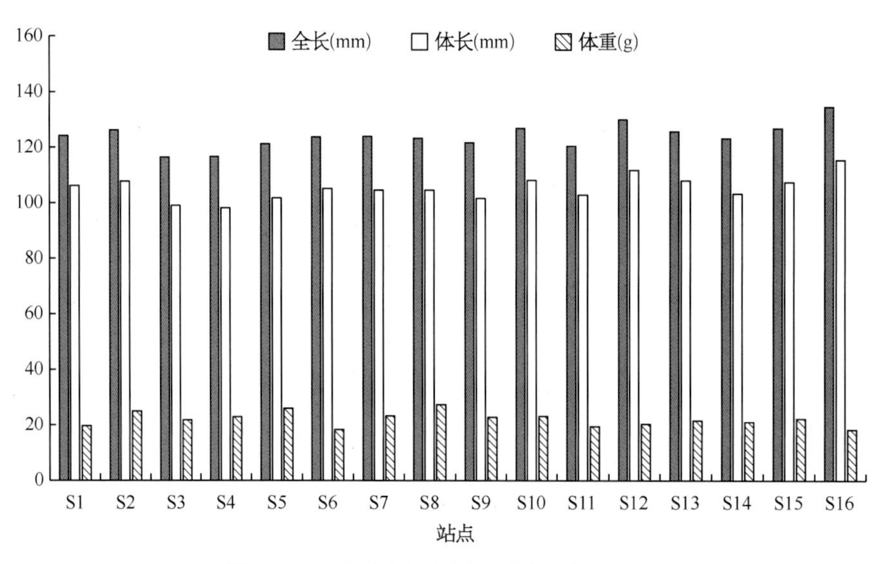

图4.8-16 各站点鱼类全长、体长及体重组成

表 4.8-7 鱼类全长及体重组成

种　类	全长（mm）			体重（g）		
	最小值	最大值	平均值	最小值	最大值	平均值
棒花鱼	26.38	177.72	98.65	0.39	148.8	11.16
贝氏䱗	70.17	177.54	130.58	4	252	17.85
波氏吻虾虎鱼	50.72	50.72	50.72	0.71	0.71	0.71
䱗	66.95	180	133.11	4.4	44.06	18.18
陈氏新银鱼	45.15	82.18	53.74	0.1	3.7	0.84
达氏鲌	74.63	253.09	176.53	4	129	50.04
大鳍鱊	9.10	114.31	85.82	0.72	658	13.76
大银鱼	42.61	153.09	87.82	0.3	6.2	3.32

（续表）

表 4.8-7　鱼类全长及体重组成

种　类	全长（mm）			体重（g）		
	最小值	最大值	平均值	最小值	最大值	平均值
刀鲚	10.73	302.23	138.78	0.38	1 062	14.65
短吻间银鱼	86.08	86.08	86.08	1.86	1.86	1.86
光泽黄颡鱼	218.49	218.49	218.49	100.11	100.11	100.11
红鳍原鲌	19.87	275.83	128.55	2	187.35	20.45
花鲳	88.64	268	176.25	5.99	220.78	62.97
黄颡鱼	62.51	253.8	178.86	3.96	138.7	65.49
鲫	14.63	265.62	159.59	1.09	809	65.91
间下鱵	65.47	180.15	130.07	2.56	8.84	5.05
鲤	141.60	519	255.81	37.1	1 720	285.58
鲢	225.08	363.67	289.21	181	598	328.25
麦穗鱼	8.33	135.14	84.79	0.67	837	8.08
蒙古鲌	64.13	223.77	103.22	1.5	78.25	10.14
鲇	253.75	292.99	282.69	12.5	153.1	108.66
飘鱼	111.17	132.16	120.07	9.29	18.97	13.28
翘嘴鲌	40.30	357.26	128.27	0.47	306.94	24.33
青鱼	65.36	113.34	89.35	5.48	14.03	9.76
蛇鮈	135.41	190.4	157.52	16.4	43	26.56
似鳊	1.54	213.47	108.08	0.116 9	745	12.71
似鱎	5.92	177.81	106.58	0.42	1 685	18.40
细鳞斜颌鲴	159.95	220.39	199.71	32.48	90.93	66.75
兴凯鱊	32.50	135.27	73.68	0.35	86.4	6.50
银鲴	106.70	120.76	112.41	9.38	16	11.79
银鮈	57.05	130.7	98.30	1.7	16.6	8.24
鳙	571.35	694.34	632.85	241.9	2 383	1 312.45
圆尾拟鲿	208.66	227.37	217.81	107.07	126.3	118.97
长蛇鮈	59.17	170.15	145.41	3.6	39.27	22.02
中华鳑鲏	51.60	51.6	51.60	0.8	0.8	0.80
子陵吻虾虎鱼	28.33	96.63	50.36	0.17	6.2	1.42

根据调查数据显示，在6种底栖渔获物种中以日本沼虾和铜锈环棱螺分布较为广泛，其中日本沼虾在所设16个站点均有分布（表4.8-8）。日本沼虾在四个季度采样调查中均有被捕获，铜锈环棱螺在春、夏、秋三个季度有被捕获，秀丽白虾在夏、冬两季有被捕获，中华绒螯蟹在春、冬两个季度有被捕获，方格短沟蜷在秋季有

表4.8-8 非鱼类渔获物的分布情况

站点	方格短勾蜷	日本沼虾	铜锈环棱螺	秀丽白虾	罗氏沼虾	中华绒螯蟹
S1		+	+	+	+	+
S2		+	+	+		
S3		+	+			
S4		+	+			
S5		+	+			+
S6	+	+	+	+		+
S7		+	+	+		
S8		+	+			
S9		+	+	+		
S10		+	+	+	+	
S11		+	+			
S12		+	+			
S13		+	+			
S14		+	+	+		
S15		+				
S16		+	+			

被捕获，罗氏沼虾在冬季有捕获（表4.8-9）。

表4.8-9 非鱼类渔获物各季节出现频数

种类	春季	夏季	秋季	冬季
方格短勾蜷			+	
日本沼虾	+	+	+	+
铜锈环棱螺	+	+	+	
秀丽白虾		+		+
罗氏沼虾				+
中华绒螯蟹	+			+

结果与讨论

石臼湖是安徽省与江苏省的界湖，又名北湖，面积为207.65 km^2，是一个纯净、天然的淡水湖泊，湖中盛产鱼虾、水禽、芡实、茨菰等水产品，历来是沿湖村民的副业收入之源，素有“日出斗金，日落斗银”之称。据《中国湖泊志》（王苏民，1998）记载，石臼湖1998年以前共有鱼类60种，并未列出完整名录。除此之外，关于石臼湖鱼类群落的研究资料较为匮乏，早期研究中种属记录尚不完全，仅见2012～2013年朱迪等人使用刺网以及虾笼对石臼湖、固城湖以及姑溪河鱼类进行调查，共采集到鱼类54种，其中石臼湖38种，但该调查的对象是针对商业捕捞的渔获物调查，不能全面反映鱼类群落结构及生物多样性情况。本次于2017～2018年四个季度4个站点使用定制网具调查显示，共计渔获物11科42种，其中鱼类7科36种，鲤科鱼类25种，与朱迪等人的调查相比，种类数变化不大。似鲚、刀鲚和鲫为调查水域优势种，全部为小型鱼类，特别是似鲚为第一优势鱼类。与相近的湖泊固城湖（33种）、长荡湖（37种）、滆湖（38种）、太湖（49种）等相比，石臼湖鱼类组成丰富度、群落完整度均不突出。与历史记录相比，石臼湖鱼类种类组成发生了一定的变化，曾为重要经济鱼类的草鱼、鳊、三角鲂和鳜在本次四季度调查中均未见踪迹；国家Ⅰ、Ⅱ级保护水生野生动物如中华鲟等，目前在湖区已绝迹，本次调查亦未发现。湖泊周围有较多居民居住，渔业、工业废水、生活污水等污染使水质逐渐恶化，整体水质为Ⅲ至Ⅳ，水体富营养化严重。石臼湖围垦活动致使湖面面积由264 km^{2}减少为207.65 km^2，减少了近21%，鱼类生存空间和栖息地显著减少，影响鱼类多样性，导致鱼类资源衰退。2018年以前，石臼湖养殖围网面积曾超过湖区的承载能力，达到30%多，严重干扰了湖区自然生态，致使自然鱼类群落结构朝单一化和同质化方向发展，造成鱼类多样性的减退，目前围网已全面拆除。因此，鱼类种类数在1997～2011年间大幅度减少，推测原因可能是人类活动不断加剧、污水排放、围垦、过度捕捞等，对湖泊生态环境造成严重干扰。

围垦还可能造成河湖格局改变和水力阻隔，对湖泊服务功能产生负面影响，如影响鱼类洄游通道。本次调查，石臼湖鱼类以湖泊定居性为主，洄游性鱼类较少，且出现较为明显的衰退。2012～2013年尚能调查到数量较少的赤眼鳟、鳗鲡等洄游性鱼类，此次调查未发现赤眼鳟和鳗鲡。造成这种现象的原因可能是围垦影响了鱼类的洄游通道。有研究表明，洄游通道被阻隔是导致洄游性鱼类减少的主要原因，如长江流域受水利工程建设（建闸筑坝）的影响，洄游性鱼类种群规模大幅度下降。王利民等研究发现，江湖阻隔会造成绝大多数洄游型和流水型鱼类消失，而水文连通性的增加有利于洄游性鱼类随洪泛进入湖泊以补充湖泊鱼类资源。

鱼类资源小型化既包含鱼类群落结构上的小型化，也包含种群结构上的小型化，前者是指鱼类群落中小型鱼类比例增加的现象，后者是指鱼类种群结构中小个体鱼比例增加。2012～2013年的研究表明石臼湖鱼类资源呈现出小型化趋势，而本次调查结果亦发现石臼湖存在鱼类资源小型化问题。主要表现在：石臼湖小型鱼类占优，高达24种，占总物种数的66.67%；优势种小型化，优势种中似鱎与刀鲚为小型鱼类，合计占优势种尾数的94.17%，占优势种重量的65.90%；鱼类规格较小，非小型鱼类鲤、鲫、青鱼等单尾均重仅58.78 g。分别用个体数量和生物量计算的鱼类多样性指数结果，也验证了鱼类小型化特点，本次调查基于个体数量计算的多样性指数H'_N小于基于生物量计算的多样性指数H'_W，而H'_N小于H'_W这种差异的主要原因是鱼类群落中小型鱼类占据了绝对优势。

鱼类小型化与肉食性鱼类种群衰退有关。本次调查中，凶猛肉食性鱼类仅翘嘴鲌、达氏鲌、蒙古鲌和红鳍原鲌4种，数量较少（占总渔获尾数的2.79%）；平均体重分别为24.33 g、50.04 g、10.14 g和20.45 g，规格均较小。较小规格的4种鲌类幼鱼主要以枝角类、桡足类等浮游动物为食，因此湖中小型鱼类缺少捕食类群。而刀鲚等小型鱼类具有较强的补充能力，因此可能造成小型鱼类逐渐占据优势，这与胡茂林等、王银平等的研究结果一致。另外，小型鱼类可能占据了其他鱼类的生态位，如似鱎、贝氏䱗等中上层、主要食浮游动物的小型鱼类与鲢、鳙等存在栖息水层和食物的竞争，小型鱼类生态位竞争能力强，从而导致鱼类群落结构趋向小型化和单一化。

石臼湖鱼类优势种在冬、夏、秋和春四季分别占各季节总渔获尾数的94.90%、71.38%、93.61%和83.66%，总渔获量的91.36%、58.89%、81.81%和73.75%。其中，夏季优势种渔获尾数和渔获量占比都最小，而且夏季的鱼类多样性指数R、H'、J均显著高于其他季节，说明夏季鱼类优势种的优势不如其他季节明显，各种类数量和重量分布更均匀。多样性指数在一定程度上可以反映鱼类群落结构的稳定性，因此石臼湖夏季较高的鱼类多样性指数在一定程度上反映夏季群落结构稳定。

以往对通江湖泊的研究中，通江湖泊由于季节性的洪泛，鱼类群落往往具有更高的季节动态。如RÖPKE CP等在针对亚马孙流域泛滥平原鱼类的研究中指出，河流季节性的洪泛在江湖连通的支持下驱动了通江湖泊鱼类群落和多样性的季节动态。蒋忠冠等研究发现长江流域季节性的洪泛周期使洞庭湖鱼类群落组成呈现出显著的季节差异。但在本研究中，鱼类群落组成在季节上变化不大，且引起季节上相对丰度和相对生物量差异的物种主要为似鱎、刀鲚和鲫这些定居性鱼类。这可能与石臼湖与长江的连通性受到一定程度的阻隔有关，虽然长江流域季节性的洪泛周期使湖区出现明显的汛期和水位涨落，但可能受水流驱动进入湖泊的鱼类较少。此外，石臼湖通江水道受阻隔情况并不明确，还需要进一步的研究。

本调查的结果体现了长期人类活动干扰下石臼湖鱼类资源现状，补充了通江湖泊鱼类群落研究的基础资料，对长江中下游鱼类多样性保护具有一定的意义。有研究发现，江湖阻隔会扰乱自然水流体制，导致湖泊物种多样性下降，生物群落结构发生根本改变，而江湖连通下的湖泊营养、生境时空异质性更高，可供给洄游性鱼类生活史过程中在不同生境中的迁移需求。因此建议保护和维持石臼湖的自由通江状态，以保持水文的自由连通。

石臼湖鱼类有明显的衰退趋势，鱼类小型化问题严重，湖泊整体受人类活动影响较强，水质下降，因此建议从源头控制污水排放总量和入湖污染负荷，加强流域河湖生态环境保护；将湖泊开发利用强度限制或恢复到湖泊可承载的范围之内，逐步改善石臼湖水生态系统服务功能。该湖是苏皖两省界湖，虽然20世纪80年代成立了联合管理委员会，但未形成真正的联合管理，相互间缺乏信息沟通和行动协调。因此可参照太湖、高邮湖等相关水域的经验，成立综合管理机构，制定石臼湖的统一规划和保护计划，做好石臼湖生态环境保护和增殖渔业发展的顶层设计，并加强管理法规条例的制定与完善。

有资料显示，为改善石臼湖环境，石臼湖围网已于2018年全部拆除。2020年长江干流全面禁捕，江苏和安徽两省将石臼湖列入禁捕水域。因此，应做好对石臼湖渔业资源和水环境的监测工作，掌握鱼类群落结构和水环境变化特征，为评估禁捕效果和做好湖泊生态保护提供依据。

4.9 · 白马湖

鱼类种类组成及生态、食性类型

调查结果显示，共采集渔获物64种，其中鱼类53种28 641尾（表4.9–1），重487.26 kg，隶属于9目16科，鲤形目较多，有2科37种（鲤科35种），占总种类数的69.8%，其次为鲈形目（6科7种）、鲇形目（2科3种）和鲑形目（1科1种），以及其他各1种（图4.9–1）。鲤形目的数量百分比（86.27%）与重量百分比（88.93%）均占绝对优势，相对重要性指数显示鲤形目（鲤科）和鲱形目占优（图4.9–2）。

表4.9–1 白马湖水库渔获物种类组成

鱼类种类及其拉丁名	数量百分比（%）	重量百分比（%）	出现频率（%）	相对重要性指数
一、鲱形目 Clupeiformes				
1. 鳀科 Engraulidae				
（1）刀鲚 *Coilia nasus*	32.76	13.19	75	998.29
二、鲤形目 Cypriniformes				
2. 鲤科 Cyprinidae				
（2）青鱼 *Mylopharyngodon piceus*	0.12	0.54	6.25	3.37
（3）草鱼 *Ctenopharyngodon idellus*	0.07	0.46	12.5	5.72
（4）翘嘴鲌 Culter alburnus	0.18	0.81	43.75	40.53
（5）蒙古鲌 *Culter mongolicus*	<0.01	<0.01	6.25	<0.01
（6）达氏鲌 *Culter dabryi*	<0.01	<0.01	6.25	<0.01
（7）红鳍原鲌 *Cultrichthys erythropterus*	4.26	3.14	25	80.21
（8）鳘 *Hemiculter leucisculus*	17.22	5.87	43.75	261.27
（9）贝氏鳘 *Hemiculter bleekeri*	<0.01	<0.01	6.25	<0.01

（续表）

表 4.9-1 白马湖水库渔获物种类组成

鱼类种类及其拉丁名	数量百分比（%）	重量百分比（%）	出现频率（%）	相对重要性指数
（10）鳊 *Parabramis pekinensis*	0.12	1.35	68.75	92.58
（11）团头鲂 *Megalobrama amblycephala*	0.03	0.74	18.75	14.15
（12）鲂 *Megalobrama skolkovii*	0.07	0.14	6.25	0.89
（13）寡鳞飘鱼 *Pseudolaubuca engraulis*	<0.01	<0.01	6.25	<0.01
（14）似稣*Toxabramis swinhonis*	<0.01	<0.01	6.25	<0.01
（15）似鳊 *Pseudobrama simoni*	40.40	15.54	50	782.63
（16）黄尾鲴 *Xenocypris davidi*	1.40	1.84	18.75	34.80
（17）银鲴 Xenocypris argentea	0.03	0.02	6.25	0.13
（18）细鳞斜颌鲴 Xenocypris microlepis	0.64	0.78	93.75	76.65
（19）大鳍鱊 *Acheilognathus macropterus*	2.41	0.80	68.75	56.10
（20）兴凯鱊 *Acheilognathus chankaensis*	3.51	0.84	31.25	27.40
（21）彩鱊 *Acheilognathus imberbis*	<0.01	<0.01	6.25	<0.01
（22）中华鳑鲏 *Rhodeus sinensis*	0.03	<0.01	6.25	0.01
（23）方氏鳑鲏 *Rhodeus fangi*	<0.01	<0.01	6.25	<0.01
（24）麦穗鱼 *Pseudorasbora parva*	6.82	1.45	43.75	66.36
（25）棒花鱼 *Abbottina rivularis*	0.58	0.27	50	14.49
（26）赤眼鳟 *Squaliobarbus curriculus*	<0.01	<0.01	6.25	<0.01
（27）蛇鮈 *Saurogobio dabryi*	<0.01	<0.01	6.25	<0.01
（28）花䱻 *Hemibarbus maculatus*	0.02	0.11	6.25	0.69
（29）黑鳍鳈 *Sarcocheilichthys nigripinnis*	0.02	0.01	6.25	0.03
（30）华鳈 *Sarcocheilichthys sinensis*	0.02	0.01	6.25	0.05
（31）鳡 *Elopichthys bambusa*	<0.01	<0.01	6.25	<0.01
（32）似刺鳊鮈 *Paracanthobrama guichenoti*	<0.01	<0.01	6.25	<0.01
（33）鲤 *Cyprinus carpio*	0.12	11.73	6.25	73.30
（34）鲫 *Carassius auratus*	6.89	14.19	100	1 425.91
（35）鲢 *Hypophthalmichthys molitrix*	1.09	22.92	25	573.08
（36）鳙 *Aristichthys nobilis*	0.22	5.37	6.25	33.58
3. 鳅科 Cobitidae				
（37）泥鳅 *Misgurnus anguillicaudatus*	<0.01	<0.01	6.25	<0.01
（38）大鳞副泥鳅 *Paramisgurnus dabryanus*	<0.01	<0.01	6.25	<0.01
三、鲇形目 Siluriformes				
4. 鲇科 Siluridae				

（续表）

表 4.9-1 白马湖水库渔获物种类组成

鱼类种类及其拉丁名	数量百分比（%）	重量百分比（%）	出现频率（%）	相对重要性指数
（39）鲇 *Parasilurus asotus*	<0.01	<0.01	6.25	<0.01
5. 鲿科 Bagridae				
（40）黄颡鱼 *Pelteobagrus fulvidraco*	0.79	0.84	75	64.19
（41）长须黄颡鱼 *Pelteobagrus eupogon*	0.10	0.13	6.25	0.81
四、合鳃鱼目 Synbranchiformes				
6. 合鳃鱼科 Synbranchidae				
（42）黄鳝 *Monopterus albus*	0.03	0.26	6.25	1.62
五、鲈形目 Perciformes				
7. 沙塘鳢科 Odontobutidae				
（43）小黄黝鱼 *Micropercops swinhonis*	0.12	0.01	50	2.01
（44）河川沙塘鳢 *Odontobutis potamophila*	0.07	0.00	18.75	0.07
8. 虾虎鱼科 Gobiidae				
（45）子陵吻虾虎鱼 *Rhinogobius giurinus*	2.79	0.10	31.25	3.73
9. 月鳢科 Channidae				
（46）乌鳢 *Channa argus*	<0.01	<0.01	6.25	<0.01
10. 刺鳅科 Mastacembelidae				
（47）中华刺鳅 *Mastacembelus sinensis*	<0.01	<0.01	6.25	<0.01
11. 鮨科 Serranidae				
（48）鳜 *Siniperca chuatsi*	0.02	1.57	18.75	29.50
12. 斗鱼科 Belontiidae				
（49）圆尾斗鱼 *Macropodus chinensis*	<0.01	<0.01	6.25	<0.01
六、鲑形目 Salmoniformes				
13. 银鱼科 Salangidae				
（50）大银鱼 *Protosalanx chinensis*	0.02	<0.01	12.5	<0.01
七、鳉形目 Cyprinodontiformes				
14. 青鳉科 Oryziinae				
（51）青鳉 *Oryzias latipes*	<0.01	<0.01	6.25	<0.01
八、鳗鲡目 Anguilliformes				
15. 鳗鲡科 Anguillidae				
（52）日本鳗鲡 *Anguilla japonica*	<0.01	<0.01	6.25	<0.01
九、颌针鱼目 Beloniformes				
16. 鱵科 Hemirhamphidae				
（53）间下鱵 *Hyporhamphus intermedius*	0.02	<0.01	6.25	0.02

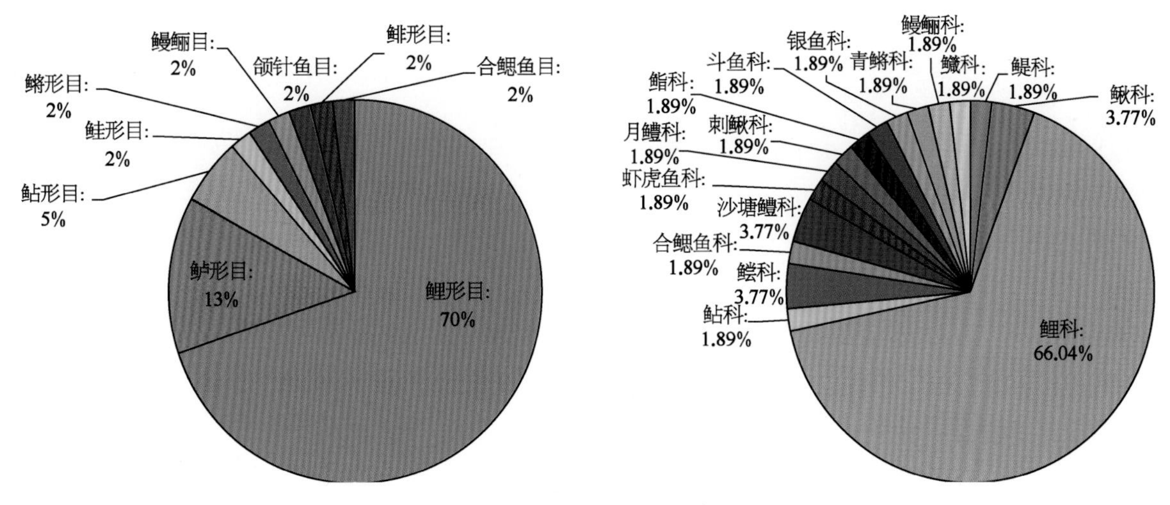

图4.9-1　白马湖各目、科鱼类组成

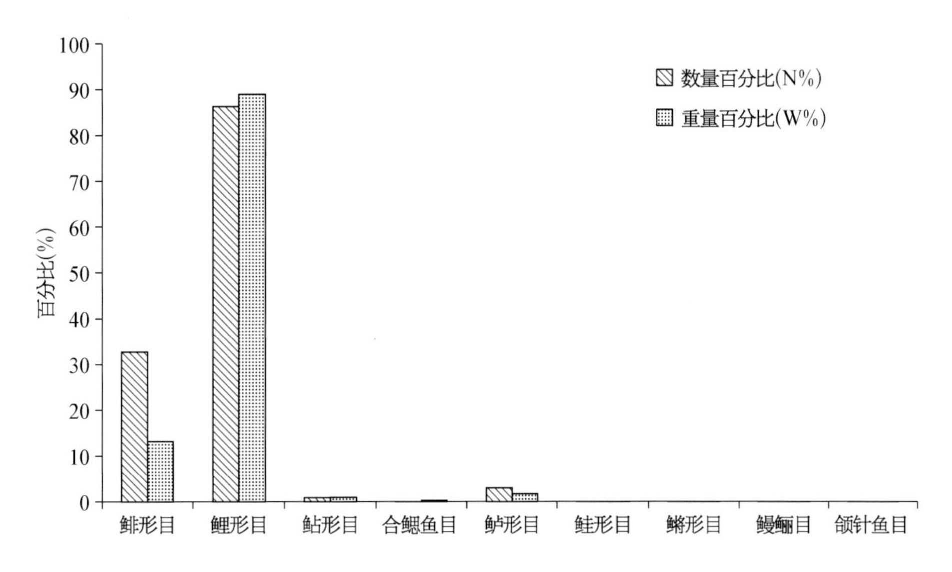

图4.9-2　白马湖各目鱼类的数量与重量百分比

共采集非鱼类11种（表4.9-2），包含螺5种（铜锈环棱螺、方格短沟蜷、中国圆田螺、中华圆田螺和钉螺）和虾蟹类6种（日本沼虾、秀丽白虾、中华小长臂虾、中华锯齿米虾、克氏原螯虾和中华绒螯蟹），共10 689尾，占总数的37.3%，以日本沼虾（7.70%）和秀丽白虾（20.88%）较多；生物量为11 037.3 g，占总重的2.18%，以秀丽白虾（0.74%）和铜锈环棱螺（0.74%）贡献较大。

根据IRI（相对重要性指数）大于1 000定为优势种，大于100定为主要种等，分析显示，鲫（1 425.91）IRI大于1 000，为优势种；刀鲚（998.29）、似鳊（782.63）、鲢（573.08）和䱗（261.27）4种鱼类IRI位于100～1 000；大鳍鱊、红鳍原鲌、兴凯鱊、麦穗、黄颡鱼、细鳞斜颌鲴、翘嘴鲌、棒花鱼等14种鱼类IRI位于10～100；另34种鱼类IRI均小于10，鲫和刀鲚的相对重要性指数占绝对优势。下图为IRI大于100的鱼类种类（图4.9-3）。

群落时空特征

季节组成

以各季节鱼类数量为基础，聚类显示，四个季度鱼类组成可分为2类（图4.9-4），春季、秋季和冬季为一类，夏季单独为一类。

具体显示，春季采集鱼类24种3 414尾，占总数的18.97%，生物量占17.04%，隶属于6目12科（图4.9-5）。数量百分比（N%）显示似鳊（29.1%）、兴

表 4.9-2 白马湖非鱼类渔获物种类组成

种　　类	数量（尾）	重量（g）
一、中腹足目 Mesogastropoda		
1. 黑螺科 Melanidae		
（1）方格短沟蜷 *Semisulcospira cancellata*	1.2	3
2. 田螺科 Viviparidae		
（2）铜锈环棱螺 *Bellamya aeruginosa*	3 624.3	1 539
（3）中国圆田螺 *Cipangopaludina chinensis*	48	308.1
（4）中华圆田螺 *Cipangopaludina cahayensis*	36	304.2
3. 觿螺科 Hydrobiidae		
（5）钉螺 *Oncomelania hupensis*	267.6	153
二、十足目 Decapoda		
4. 长臂虾科 Palaemonidae		
（6）日本沼虾 *Macrobrachium nipponense*	2 095.2	2 205
（7）秀丽白虾 *Exopalaemon modestus*	3 613.8	5 979
（8）中华小长臂虾 *Palaemonetes sinensis*	213	102.6
5. 匙指虾科 Atyoidea		
（9）中华锯齿米虾 *Neocaridina denticulata sinensis*	20.1	69
6. 螯虾科 Cambaridae		
（10）克氏原螯虾 *Procambarus clarkii*	217.2	9
7. 弓蟹科 Varunidae		
（11）中华绒螯蟹 *Eriocheir sinensis*	501.6	18

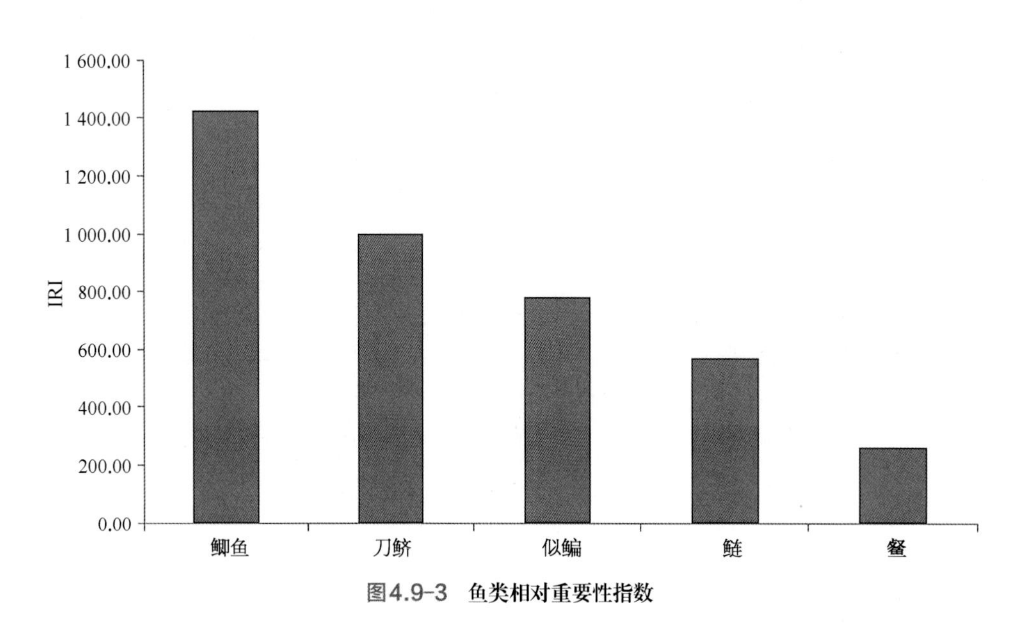

图4.9-3　鱼类相对重要性指数

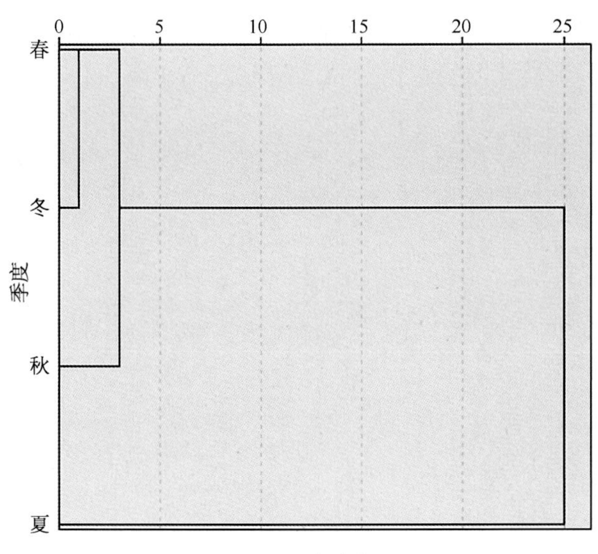

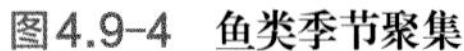
图4.9-4 鱼类季节聚集

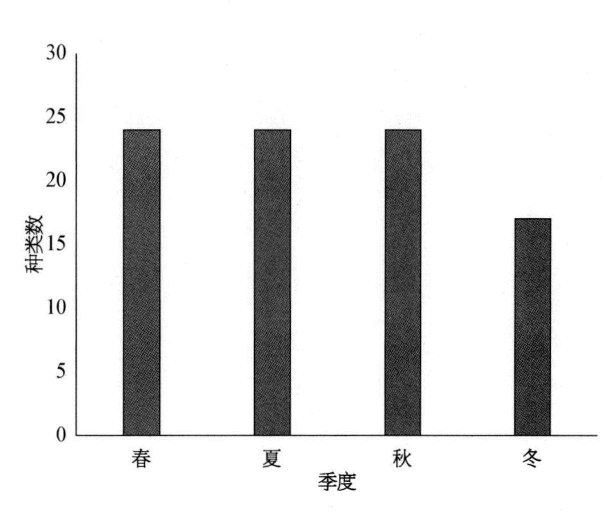

图4.9-5 不同季节鱼类种类数

凯鳊（12.1%）和䱗（12.1%）比重较高；重量百分比（W%）显示似鳊（25.6%）和鲢（22.1%）比重较高（图4.9-6）。不同季节鱼类相对重要性指数（IRI）显示似鳊（5 116.6）、兴凯鱊（1 456.4）、鲫（1 019.20）、䱗（1 015.9）和鲢（1 279.34 ）5种鱼类IRI均高于1 000，为春季优势鱼类（表4.9-3）。

夏季采集鱼类24种8 085尾，占总数的44.92%，生物量占45.04%，隶属于9目11科（图4.9-5）。数量百分比（N%）显示刀鲚（35.5%）和䱗（21.9%）比重较高，其次为似鳊等；重量百分比（W%）显示刀鲚（23.13%）和鲫（24.8%）比重较高（图4.9-6）。不同季节鱼类相对重要性指数（IRI）显示刀鲚（5 128.31）、䱗（3 078.80）、鲫（3 017.22）、似鳊（2 875.39）和红鳍原鲌（1 134.44）为夏季优势鱼类（表4.9-3）。

表4.9-3 不同季节鱼类相对重要性指数（IRI）

种 类	春	夏	秋	冬
刀鲚	636.72	5 128.31	5 043.32	3 937.4
青鱼	94.40	<0.01	<0.01	<0.01
草鱼	10.88	4.11	3.89	<0.01
翘嘴鲌	37.94	20.06	8.94	88.4
蒙古鲌	<0.01	3.00	<0.01	<0.01
达氏鲌	—	—	<0.01	—
红鳍原鲌	215.96	1 134.44	757.19	5.7
䱗	1 015.96	3 078.80	469.03	3 363.1
贝氏䱗	—	—	7.18	—
鳊	—	7.77	42.35	9.7
团头鲂	—	—	—	20.9
鲂	—	3.94	3.16	—
寡鳞飘鱼	—	<0.01		—

（续表）

表 4.9-3 不同季节鱼类相对重要性指数（IRI）

种类	春	夏	秋	冬
似鲚	—	—	<0.01	—
似鳊	5 116.60	2 875.39	2 266.83	—
黄尾鲴	683.89	20.70	1.72	—
银鲴	—	0.97	—	—
细鳞斜颌鲴	2.01	24.63	205.66	—
大鳍鱊	421.45	10.63	61.66	595.9
兴凯鱊	1 456.35	67.53	94.50	—
彩鱊	—	<0.01	—	—
中华鳑鲏	2.33	—	—	—
方氏鳑鲏	—	—	<0.01	—
麦穗鱼	964.91	543.84	602.58	649.2
棒花鱼	153.51	0.26	1.11	71.8
赤眼鳟	—	<0.01	—	—
蛇鮈	—	—	—	16.9
花䱻	2.27	—	—	—
黑鳍鳈	0.75	—	—	—
华鳈	0.85	—	—	—
鳡	—	—	<0.01	—
似刺鳊鮈	—	<0.01	—	—
鲤	—	9.90	188.59	56.1
鲫	1 019.20	3 017.22	1 964.44	691.2
鲢	1 279.34	9.23	81.37	851.0
鳙	151.74	—	129.47	67.2
泥鳅	—	<0.01	—	—
大鳞副泥鳅	—	—	<0.01	—
鲇	—	<0.01	—	—
黄颡鱼	63.60	154.58	11.24	—
长须黄颡鱼	7.19	2.05	2.05	—
间下鱵	—	<0.01	—	1.9
黄鳝	—	—	5.72	—
小黄黝鱼	5.51	0.73	—	1.7
河川沙塘鳢	—	—	1.80	—

（续表）

表 4.9-3 不同季节鱼类相对重要性指数（IRI）

种 类	春	夏	秋	冬
子陵吻虾虎鱼	182.89	216.83	17.83	3.5
乌鳢	—	—	<0.01	—
中华刺鳅	—	<0.01	—	—
鳜	—	39.66	—	—
圆尾斗鱼	—	—	<0.01	—
大银鱼	—	0.24	—	—
青鳉	—	—	<0.01	—
日本鳗鲡	—	—	<0.01	—

注 :"—" 表示此季节没有采集到此种鱼类。

秋季采集鱼类24种4 317尾，占总数的23.99%，生物量占33.40%，隶属于5目6科（图4.9-5）。数量百分比（N%）显示，刀鲚（42.7%）和似鳊（20.4%）比重较高，其次为鲫、麦穗等；重量百分比（W%）显示鲤（29.9%）、刀鲚（15.0%）和鲫（13.5%）比重较高（图4.9-6）。不同季节鱼类相对重要性指数（IRI）显示刀鲚（5 043.32）、似鳊（2 266.83）和鲫（1 964.44）3种鱼类IRI均高于1 000，为秋季优势鱼类（表4.9-3）。

冬季采集鱼类17种2 181尾，占总数的12.12%，生物量占24.62%，隶属于6目6科（图4.9-5）。数量百分比（N%）显示，刀鲚（42.5%）和䲗（28.3%）比重较高；重量百分比（W%）显示鲢（65.3%）比重较高（图4.9-6）。不同季节鱼类相对重要性指数（IRI）显示仅刀鲚（3 937.4%）和䲗（3 363.1）2种鱼类IRI高于1 000，为冬季优势鱼类（表4.9-3）。

分析显示，仅刀鲚在各个季节均为优势种类，夏季鱼类数量较多，四个季节均有采集到的鱼类有刀鲚、鲫、麦穗鱼等11种鱼类；仅在春季被采集的鱼类有3种、夏季3种、秋季1种及冬季5种。

· 空间组成

对16个站点鱼类数量聚类显示，16个点鱼类组成可分为3类，其中S1 ～ S3、S6、S8和S9为一类；S14、S15和S16为一类；其余站点为一类（图4.9-7）。

如图4.9-8所示，各点鱼类种类数相差不大，最低为S7（13种），最高为S8（31种）。整体上看，北部湖区的物种数相对多于南部湖区的物种数；数量百分比则是北部湖区相对低于南部湖区（图4.9-9、表4.9-4和表4.9-5）。

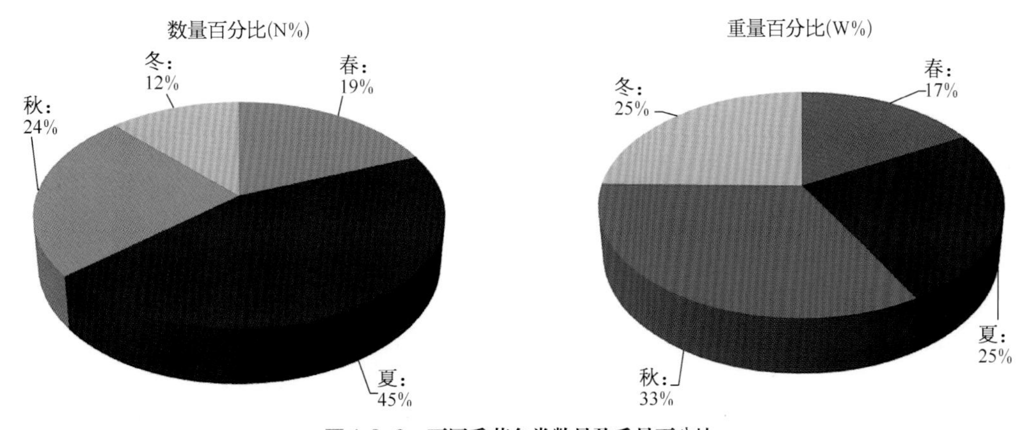

图4.9-6 不同季节鱼类数量及重量百分比

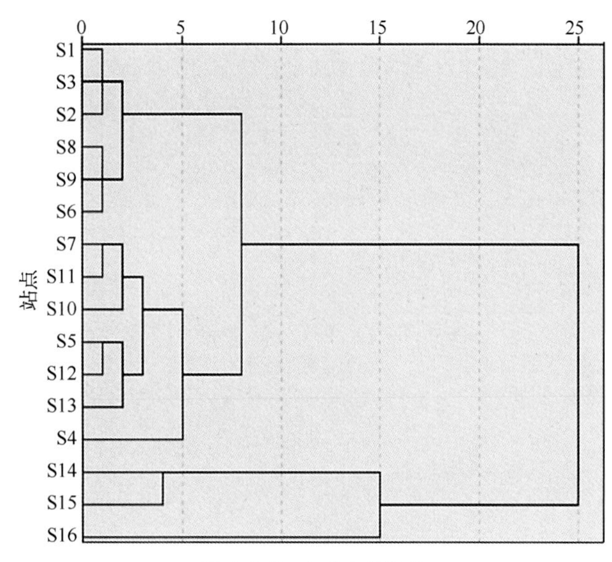

图4.9-7 鱼类空间聚类

多样性指数

多样性指数显示，鱼类Shannon-Weaver多样性指数（H'）为0.682 ～ 1.011，平均为0.82 ± 0.14（平均值 ± 标准差）；Margalef丰富度指数（R）为9.627 ～ 11.532，平均为10.601 ± 0.8；Pielou均匀度指数（J）为0.58 ～ 0.732，平均为0.619 ± 0.08，Simpson优势度指数（λ）为0.139 ～ 0.655，平均为0.366 ± 0.12。

以季节为因素对各多样性指数进行单因素方差分析，结果显示各季节的H'、J、λ和R均无显著差异（$P > 0.05$）。

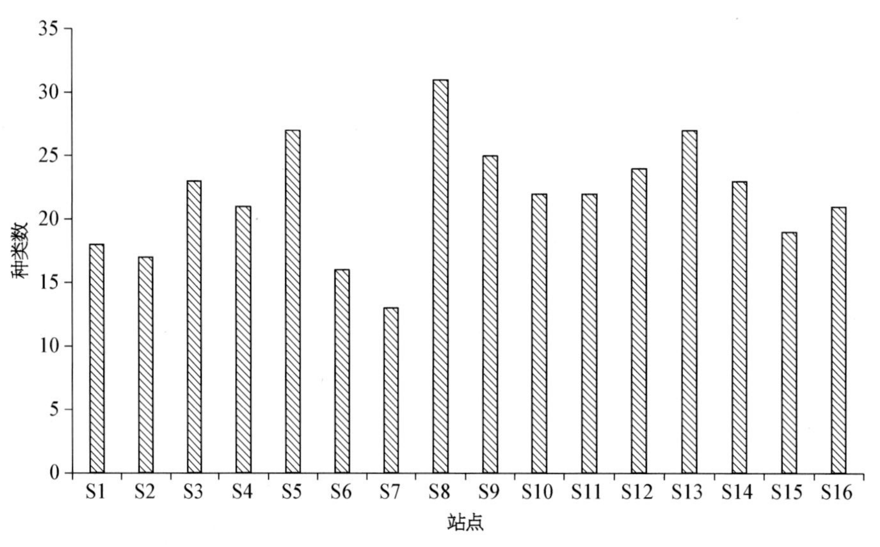

图4.9-8 各站点鱼类种类数

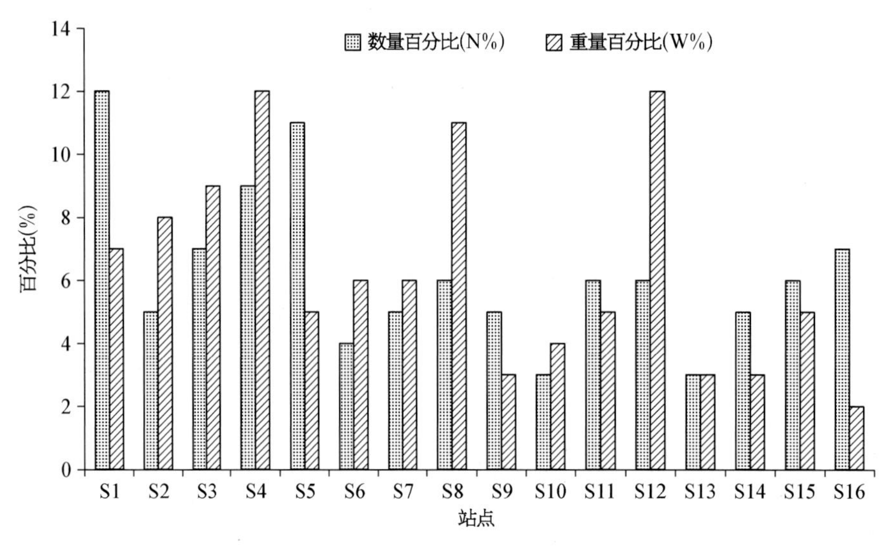

图4.9-9 各站点数量及重量百分比

表 4.9-4　各站点鱼类组成

站　点	目	科	种	数量百分比（%）	重量百分比（%）
S1	3	3	18	12	7
S2	2	2	17	5	8
S3	2	2	23	7	9
S4	3	3	21	9	12
S5	4	7	27	11	5
S6	3	4	16	4	6
S7	3	5	13	5	6
S8	6	9	31	6	11
S9	4	6	25	5	3
S10	3	4	22	3	4
S11	2	3	22	6	5
S12	6	7	24	6	12
S13	7	9	27	3	3
S14	2	3	23	5	3
S15	2	3	19	6	5
S16	2	3	21	7	2

表 4.9-5　各站点鱼类分布

种　类	S1	S2	S3	S4	S5	S6	S7	S8	S9	S10	S11	S12	S13	S14	S15	S16
刀鲚	+	+	+	+	+	+	+	+	+	+	+	+	+	+	+	+
青鱼		+						+						+		
草鱼	+		+			+					+	+	+		+	+
翘嘴鲌	+	+	+			+	+	+						+	+	
蒙古鲌	+			+				+	+		+	+	+	+		+
达氏鲌	+		+	+		+	+	+		+	+		+	+	+	
红鳍原鲌		+	+		+			+	+	+	+	+	+		+	+
鳘	+		+	+	+	+	+		+		+		+	+		+
贝氏鳘	+	+	+	+			+	+		+		+	+	+	+	
鳊		+		+	+	+	+	+	+	+		+		+	+	+
团头鲂	+		+	+	+				+	+	+		+	+		
鲂	+	+			+			+	+	+	+	+	+	+	+	+
寡鳞飘鱼		+		+	+	+		+	+				+			+
似鲚	+	+	+			+				+	+	+			+	

（续表）

表 4.9-5 **各站点鱼类分布**

种　类	S1	S2	S3	S4	S5	S6	S7	S8	S9	S10	S11	S12	S13	S14	S15	S16
似鳊	+		+		+		+	+	+		+	+				
黄尾鲴	+					+		+				+		+	+	+
银鲴		+	+				+	+			+	+	+	+	+	+
细鳞斜颌鲴			+	+	+	+			+		+					+
大鳍鱊	+	+		+	+				+	+	+	+	+	+	+	
兴凯鱊	+	+	+			+	+	+		+	+	+	+	+		+
彩鱊			+	+	+			+	+				+			+
中华鳑鲏		+		+	+				+	+	+	+	+	+		+
方氏鳑鲏		+				+				+	+	+	+			
麦穗鱼	+	+	+		+				+					+		
棒花鱼	+			+	+			+	+			+	+		+	+
赤眼鳟			+	+				+		+		+	+			
蛇鮈			+							+					+	+
花䱻		+		+	+				+			+	+	+	+	
黑鳍鳈			+							+	+		+			+
华鳈		+		+	+				+	+	+				+	+
鳡			+		+				+	+				+		
似刺鳊鮈				+			+	+			+	+		+		
鲤			+		+			+	+	+				+		
鲫	+	+	+	+				+			+	+				+
鲢				+	+			+	+	+	+	+				+
鳙				+				+		+				+	+	
泥鳅					+		+		+	+		+		+		+
大鳞副泥鳅					+			+	+		+			+	+	
鲇						+	+	+				+				
黄颡鱼													+			
长须黄颡鱼						+	+	+								
间下鱵				+								+	+			
黄鳝					+			+		+			+			
小黄黝鱼					+			+								
河川沙塘鳢												+	+			
子陵吻虾虎鱼					+											

（续表）

表 4.9-5 各站点鱼类分布

种 类	S1	S2	S3	S4	S5	S6	S7	S8	S9	S10	S11	S12	S13	S14	S15	S16
乌鳢					+											
中华刺鳅								+					+			
鳜													+			
圆尾斗鱼									+							
大银鱼													+			
青鳉	+							+								
日本鳗鲡							+									

注：“+” 表示有。

以站点为因素对各多样性指数进行单因素方差分析，结果显示各站点的H'、λ和R以及J均无显著差异（$P > 0.05$）。

其中，Shannon-Weaver多样性指数显示夏季稍高，S2和S9稍高；Margalef丰富度指数显示秋季稍高（图4.9-10和图4.9-11）。

单位努力捕获量

如表4.9-6和图4.9-12所示的白马湖16个站点基于数量及重量的刺网及定置串联笼壶的CPEU（单位努力捕获量），刺网及定置串联笼壶的CPUEn及CPUEw结果呈现相似趋势；刺网S11、S12和S15站点的CPUEn及CPUEw较高；定置串联笼壶S10、S11等处CPUEn及CPUEw较高，小型鱼类较多。

生物学特征

根据调查显示，体长为18.5 ～ 565.5 mm，平均为116.2 mm；体重为0.04 ～ 3 627 g，平均为21.9 g。分析表明，全长在120 mm以下的鱼类较多，占总数的76.21%；大多数鱼类体重均在60 g以下（图4.9-13和图4.9-14）。

统计各季节及各站点鱼类生物学特征显示，秋季鱼类平均体长较高，而冬季平均体重较高；站点S14处的鱼类体长和体重均较高（图4.9-15、图4.9-16和表4.9-7）。非参数检验显示，各季节体重和体长呈显著性差异（体重：X^2=4.542，P=0. 209>0.05；体长：

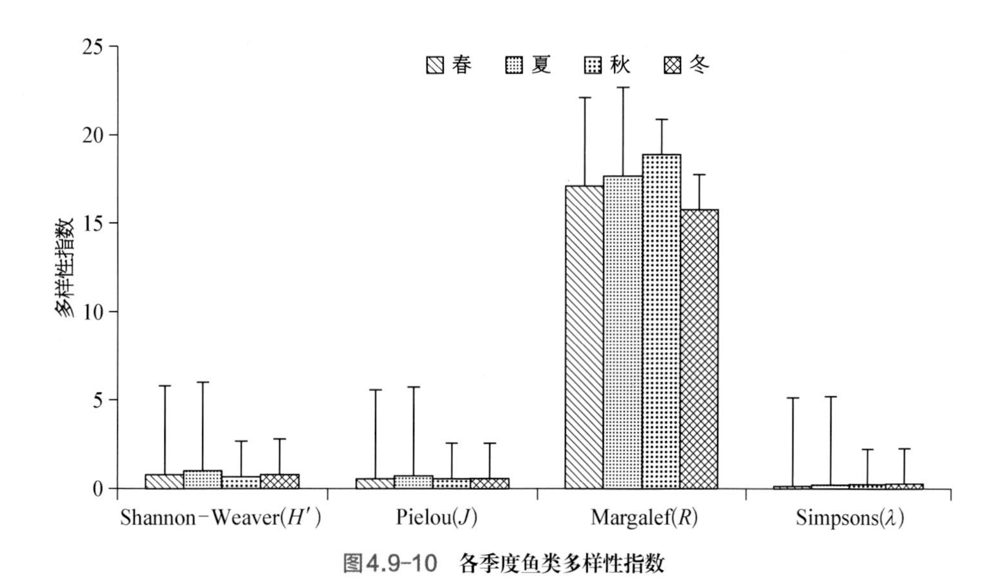

图4.9-10 各季度鱼类多样性指数

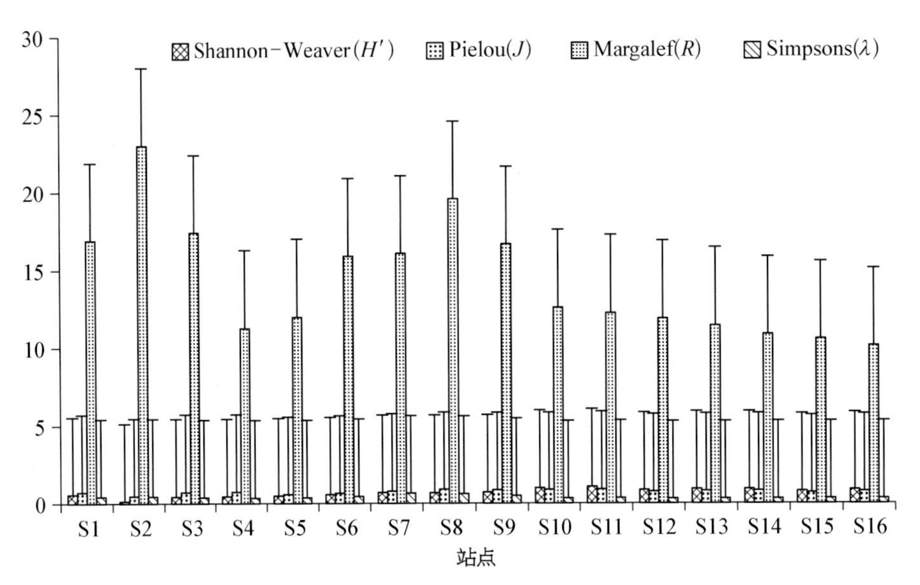

图4.9-11 各站点鱼类多样性指数

表 4.9-6 各站点单位努力捕捞量

站点	刺网 CPUEn（ind·net^{-1}·12 h^{-1}）	刺网 CPUEw（g·net^{-1}·12 h^{-1}）	定置串联笼壶 CPUEn（ind·net^{-1}·12 h^{-1}）	定置串联笼壶 CPUEw（g·net^{-1}·12 h^{-1}）
S1	89	2 370.9	63	159.3
S2	164	4 375.3	52	114.4
S3	132	3 486.9	54	376.3
S4	121	2 736.7	97	267.8
S5	243	7 477.7	67	459
S6	134	2 294.8	85	908.4
S7	206	4 968	151	469.2
S8	212	6 359.4	145	258.5
S9	309	5 510.8	167	677.6
S10	143	2 757.1	561	2 045.8
S11	578	8 022	341	199.4
S12	301	21 574.6	123	256.3
S13	151	8 181.1	215	473.9
S14	47	9 202.8	127	412.1
S15	349	48 279.7	178	513
S16	246	19 367.2	132	268.2

X^2=10.421，P=0.015<0.05），各站点体长和体重均无显著性差异（体重：X^2=7.205，P=0.066>0.05；体重：X^2=5.769，P=0.123>0.05）。

其他水生动物

根据调查数据显示，在11种非鱼类渔获物种中以

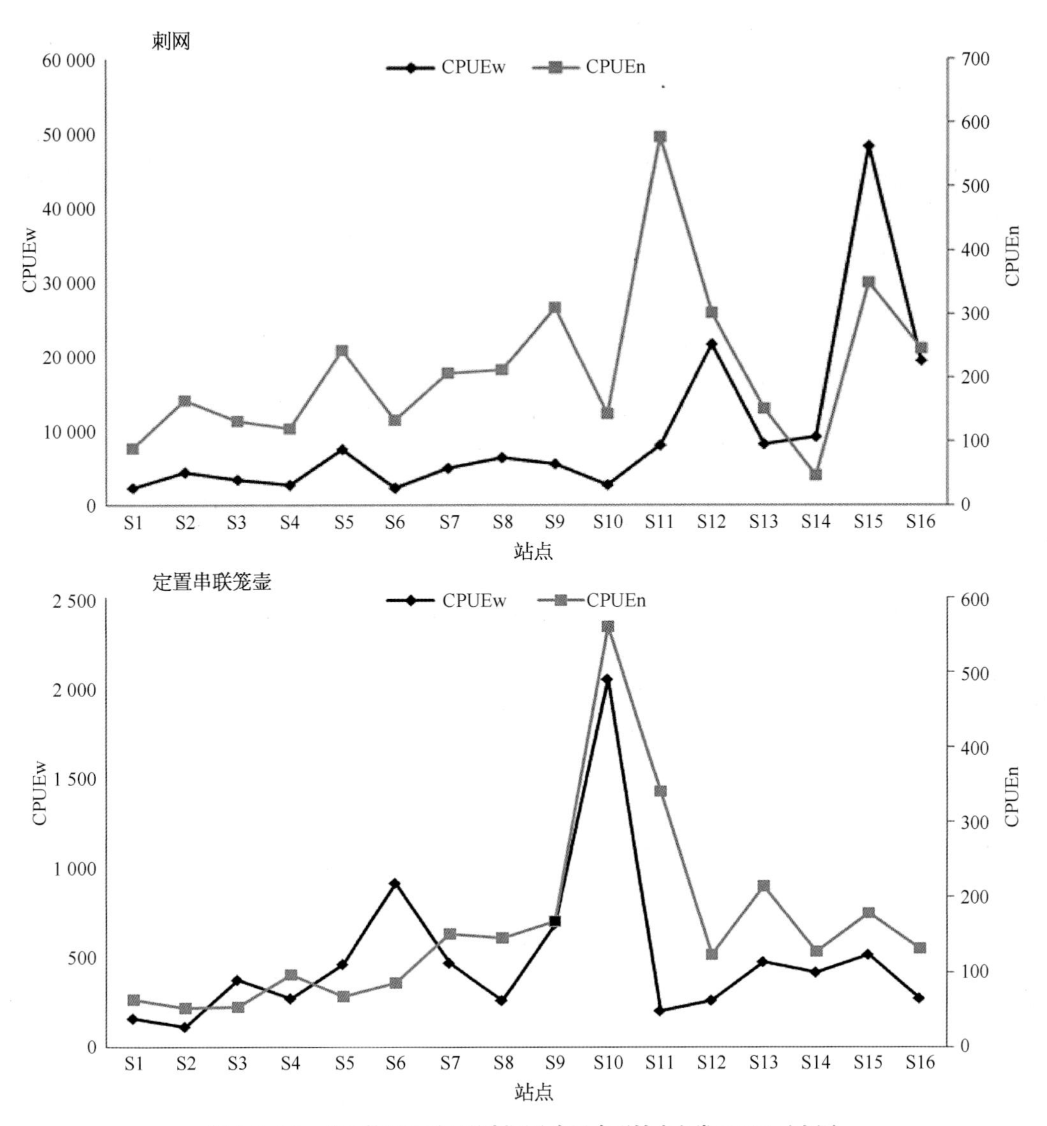

图4.9-12 基于数量及重量的刺网及定置串联笼壶鱼类CPUE示意图

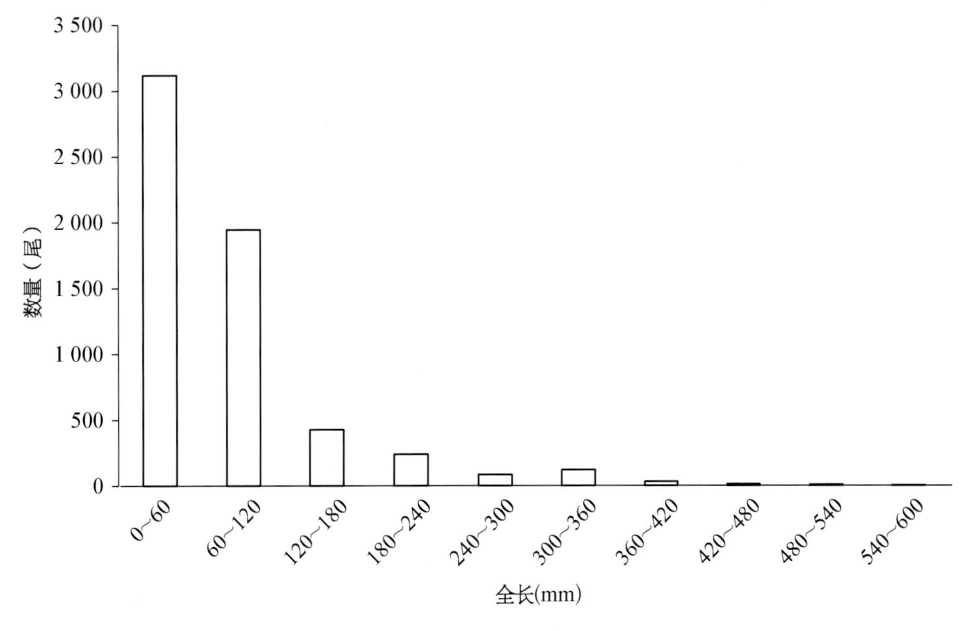

图4.9-13 鱼类全长分布

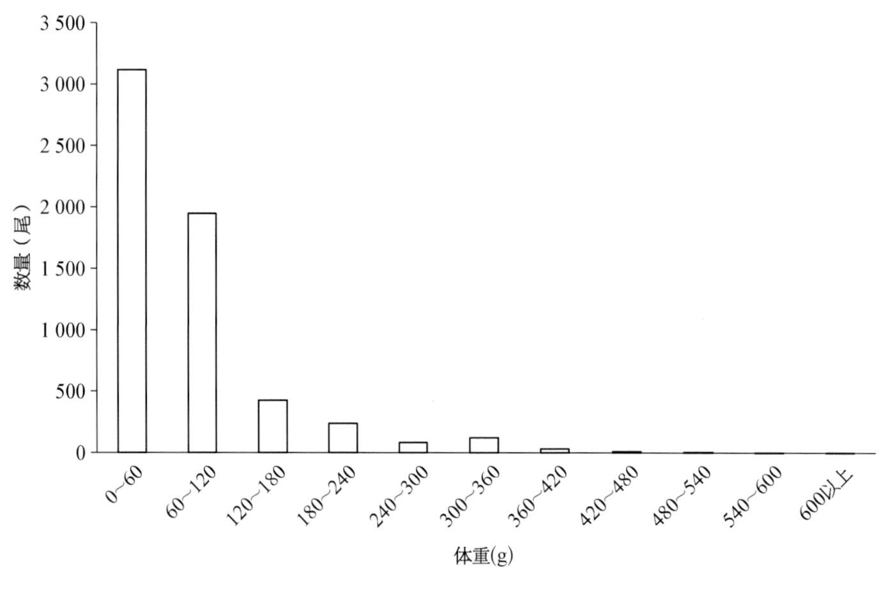

图4.9-14 鱼类体重分布

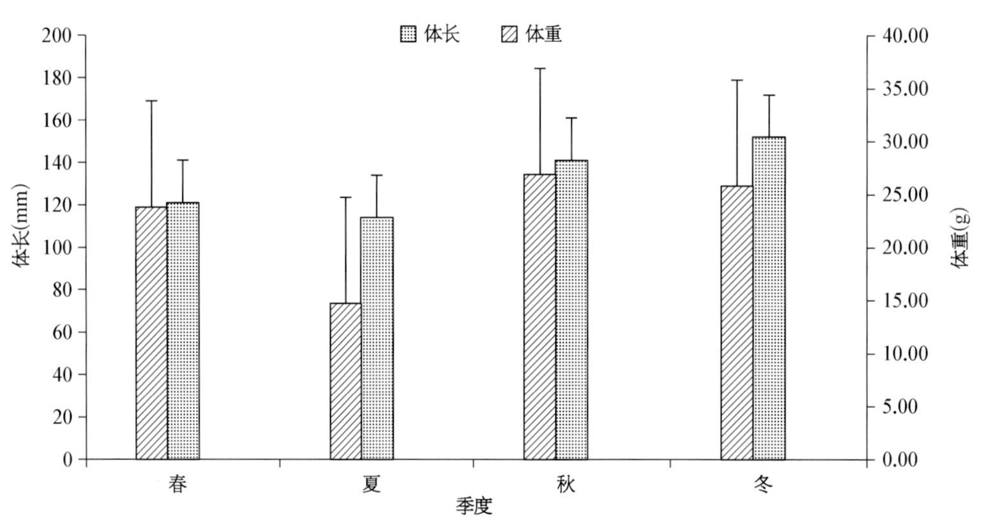

图4.9-15 各季节鱼类全长、体长及体重组成

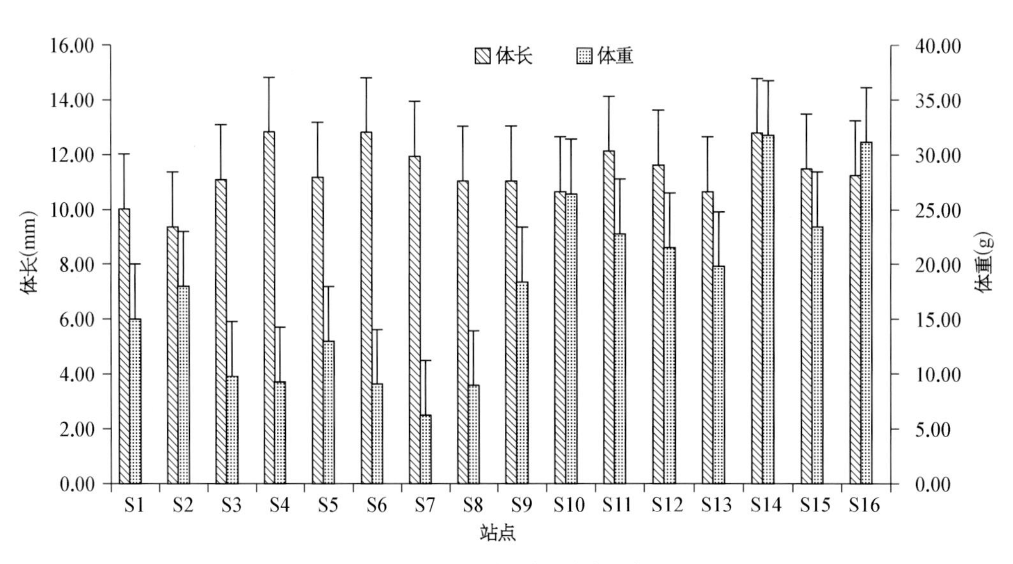

图4.9-16 各站点鱼类全长、体长及体重组成

表 4.9-7 **鱼类全长和体重组成**

种 类	全长（mm）			体重（g）		
	最小值	最大值	平均值	最小值	最大值	平均值
刀鲚	54 .11	231.21	144.91	3.21	52.10	14.17
青鱼	161.29	196.91	189.41	75.31	39.54	115.36
草鱼	61.22	511.50	227.81	9.13	2 274.00	309.13
翘嘴鲌	97.80	410.00	233.63	45.27	687.96	125.27
蒙古鲌	147.90	282.01	222.15	94.86	154.92	94.86
达氏鲌	84.67	290.86	181.65	21.05	126.25	61.07
红鳍原鲌	63.44	304.78	163.13	55.45	244.60	55.45
鳘	45.19	156.25	115.62	16.30	111.43	15.31
贝氏鳘	65.79	183.13	119.20	15.65	56.88	15.65
鳊	77.16	285.10	147.97	73.01	209.00	73.01
团头鲂	29.50	29.50	29.50	684.20	684.20	684.20
鲂	136.01	21.57	18.10	64.00	64.90	137.20
寡鳞飘鱼	43.19	151.25	113.62	15.30	101.23	13.31
似鲚	42.03	151.32	102.31	15.30	101.23	13.31
似鳊	64.01	160.12	116.91	5.90	56.20	17.25
黄尾鲴	182.02	191.01	138.01	68.00	73.00	70.50
银鲴	65.12	110.23	87.21	5.01	16.42	9.72
细鳞斜颌鲴	135.62	191.12	153.12	49.05	87.21	64.24
大鳍鱊	62.03	111.20	74.12	3.00	29.80	8.82
兴凯鱊	34.42	95.39	57.82	4.12	19.92	5.22
彩鱊	23.2	34.6	25.6	1.23	2.12	1.34
中华鳑鲏	24.1	35.6	28.6	1.21	2.32	1.56
方氏鳑鲏	23.2	24.2	23.3	0.32	0.33	0.32
麦穗鱼	43.12	191.21	93.62	1.21	19.01	10.17
棒花鱼	53.01	92.03	73.21	2.40	8.30	5.34
赤眼鳟	90.23	102.02	96.71	13.60	11.80	13.57
蛇鮈	40.37	175.36	132.76	13.56	23.32	16.56
花螖	104.01	195.03	132.12	16.50	107.60	38.06
黑鳍鳈	64.12	197.21	84.82	2.40	19.60	12.65
华鳈	48.9	97.8	55.6	23.3	54.2	29.8
鳡	155.2	289.7	213.1	32.1	245.6	67.2

（续表）

表 4.9-7 鱼类全长和体重组成

种　类	全长（mm）			体重（g）		
	最小值	最大值	平均值	最小值	最大值	平均值
似刺鳊鮈	123.3	143.2	132.1	32.3	45.6	34.5
鲤	151.12	341.23	232.41	73.80	907.10	357.89
鲫	24.23	214.5	138.11	0.40	368.00	90.61
鲢	148.82	651.21	277.36	309.29	3 730.00	309.29
鳙	51.18	545.00	217.11	188.74	1 782.00	188.74
泥鳅	108.05	223.63	165.08	35.07	133.48	35.07
大鳞副泥鳅	12.60	15.50	13.56	18.00	46.40	29.24
鲇	123.4	315.1	212.4	15.6	312.2	122.1
黄颡鱼	14.70	18.40	16.80	49.60	88.40	74.57
长须黄颡鱼	15.90	15.90	15.90	75.20	75.20	75.20
间下鱵	109.77	139.03	124.40	4.73	5.07	4.73
黄鳝	16.80	62.50	40.48	3.80	219.80	89.83
小黄黝鱼	44.00	44.00	44.00	0.86	0.86	0.86
河川沙塘鳢	160.90	160.90	160.90	56.70	56.70	56.70
子陵吻虾虎鱼	20.25	136.95	57.92	2.14	17.71	2.14
乌鳢	200.37	200.37	200.37	83.60	83.60	83.60
中华刺鳅	75.27	190.28	121.32	5.61	15.71	5.61
鳜	13.30	31.30	24.05	58.60	894.20	480.46
圆尾斗鱼	3.70	5.10	4.30	2.00	3.80	2.82
大银鱼	132.11	138.04	132.23	8.20	9.00	8.50
青鳉	21.2	32.1	22.6	0.12	0.86	0.34

日本沼虾、铜锈环棱螺和秀丽白虾分布较为广泛，其中日本沼虾在所设16个站点均有分布，秀丽白虾在12个站点有分布，铜锈环棱螺在15个站点被捕获（表4.9-8）。日本沼虾和铜锈环棱螺在四个季度采样调查中均有被捕获，秀丽白虾在春、夏、冬三个季度有被捕获，中华绒螯蟹在春、冬两个季度有被捕获，而中国圆田螺、中华圆田螺和中华锯齿米虾仅在春季有被捕获，克氏原螯虾仅在夏季有被捕获，方格短沟蜷、钉螺和中华小长臂虾仅在秋季有被捕获（表4.9-9）。

结果与讨论

鱼类种类组成

本次调查共采集到鱼类53种，隶属于9目16科，鲤形目较多，有2科37种（鲤科35种），占总种类数的69.8%，同时鲤形目的数量百分比与重量百分比亦远高于其他目的鱼类，刀鲚、鲫、似鳊、鲢等鱼类为优势种。白马湖至今没有公开发表的、反映该水域鱼类资源状况的文献，因此本次调查的结果可能是对该水域鱼类种类的首次较为全面的记录，可以为白马湖

表 4.9-8 白马湖渔业资源调查中非鱼类渔获物的分布情况

站 点	方格短沟蜷	铜锈环棱螺	中国圆田螺	中华圆田螺	钉螺	日本沼虾	秀丽白虾	中华小长臂虾	中华锯齿米虾	克氏原螯虾	中华绒螯蟹
1		+				+					
2		+				+					
3		+				+		+			
4		+				+	+				+
5		+	+			+	+				
6		+				+	+		+	+	
7		+		+		+	+				+
8		+				+	+				
9		+			+	+	+				
10		+	+			+	+				+
11		+				+		+			
12		+		+		+	+			+	
13		+				+	+				
14	+	+				+	+				+
15		+				+	+				
16						+	+		+		

表 4.9-9 非鱼类渔获物各季节出现频数

种 类	春季	夏季	秋季	冬季
方格短沟蜷			+	
铜锈环棱螺	+	+	+	+
中国圆田螺	+			
中华圆田螺	+			
钉螺			+	
日本沼虾	+	+	+	+
秀丽白虾	+	+		+
中华小长臂虾			+	
中华锯齿米虾	+			
克氏原螯虾		+		
中华绒螯蟹		+		+

鱼类资源的保护提供重要的数据资料。

· 鱼类时空分布特征

从季节上看，春季和冬季鱼类组成较为接近，夏季的鱼类组成与其他三个季节差异较大，原因可能在于夏季鱼类的优势种组成与其他三个季节差别较大。总体上看，夏季鱼类的资源量较大，冬季较小，但各季节采集到的鱼类种类相差不大，不同季节鱼类群落的多样性指数整体上差异较小。

从站位上看，物种数较多的站点多位于白马湖水库北部，而南部区域的物种数相对较少。刺网及定置串联笼壶的CPUEn及CPUEw呈现相似趋势，北部水域站点S11 ～ S16的CPUEw相对较高。虽然鱼类资源量在南、北部存在一定的差异，但多样性指数的大多数指标不存在显著的空间差异。

· 鱼类资源保护对策

本次调查显示，各站点调查到的鱼类体长、体重整体相似且整体偏小，且小型鱼类居多，由此可见，白马湖正在遭遇鱼类小型化和低龄化的问题。

白马湖的鱼类Shannon-Weaver多样性指数H'，整体上明显低于Magurran提出的Shannon-Weaver多样性指数H'的一般范围（1.5～3.5），这表明了白马湖鱼类群落多样性水平有待提高。一般而言，鱼类种类数下降、大中型鱼类资源衰退以及优势种单一化和小型化，均可能导致生物多样性的降低。

基于本次调查结果，建议在今后的白马湖渔业管理中，应将“增殖放流”与“控制捕捞强度”相结合。在遵循增殖放流相关规范的基础上，不断优化放流模式，增加放流品种。同时通过适当延长休渔期、重要品种限额捕捞等方式控制捕捞强度。

4.10 · 固城湖

鱼类种类组成及生态、食性类型

鱼类种类组成

调查显示，固城湖共采集到鱼类30种8 736尾，重119.28 kg，属于5目6科22属，其中鲤形目较多，有26种，占种类数的86.7%；其余为鲈形目、鲇形目、鲱形目、颌针鱼目各1种（图4.10–1）。分析数量及重量百分比（N%：86.7；W%：91.56）比例较大，相对重要性指数显示鲤形目（鲤科）高于10 000，鲤形目明显较高（图4.10–2）。

数量百分比（N%）显示，似鲚最多，占总数量的73.91%，其次为刀鲚（4.36%）、大鳍鱊（4.13%）、兴凯鱊（2.7%）等，麦穗鱼、银鮈、蒙古鲌等21种鱼类数量比例均处于0.1～1%，长蛇鮈、棒花鱼、点纹银鮈等8种鱼类数量均小于0.1%；重量百分比（W%）显示，似鲚（60.54%）比重最大，其次为鲫鱼（8.71%）、达氏鲌（5.82%）、刀鲚（4.86%）等，䱗、银鮈、似鳊等18种鱼重量比例均处于0.1～1%，其中长蛇鮈、点纹银鮈、细鳞斜颌鲴等10种鱼类重量比例均小于0.1%（表4.10–1）。

生态类型与区系组成

生态类型：根据鱼类洄游类型、栖息空间和摄食的不同，可将鱼类划分为不同生态类群（表4.10–2）。

根据鱼类洄游类型，可分为：定居性鱼类29种，包括鲫、似鳊、达氏鲌、黄颡鱼等，占总种数的96.43%；江海洄游性鱼类一种，为刀鲚，占总数的3.57%。

按栖息空间划分，可分为中上层、中下层和底栖三类。底栖鱼类8种，包括泥鳅、黄颡鱼、长蛇鮈等，占总种数的1.88%；中下层鱼类8种，有鲫、黄尾鲴、似鳊等，占总种数的4.08%；中上层鱼类有鲢、翘嘴鲌、鳙、刀鲚等14种，占总种数的93.94%。

按摄食类型划分，有植食性、杂食性和肉食性三类。植食性鱼类有黄尾鲴、细鳞斜颌鲴、似鳊和似刺鳊鮈，占总种数的2.10%；杂食性鱼类有鲫、似鲚、泥

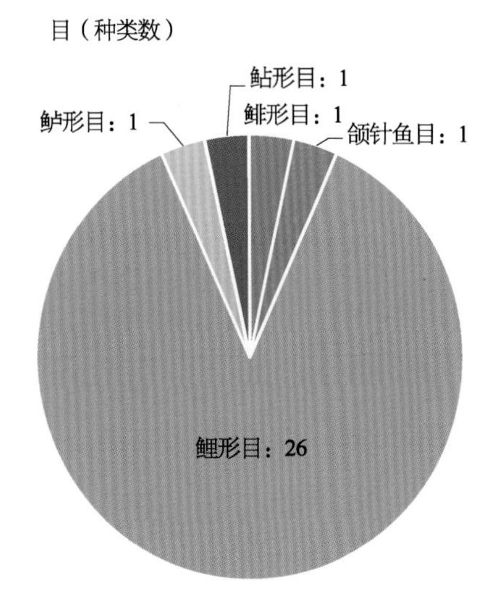

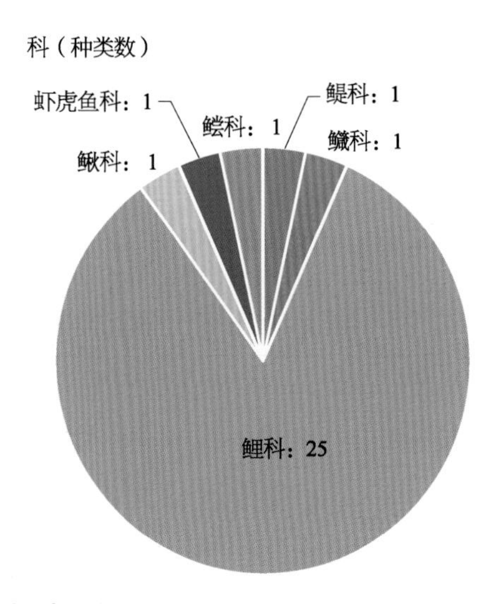

图4.10–1 固城湖各目、科鱼类组成

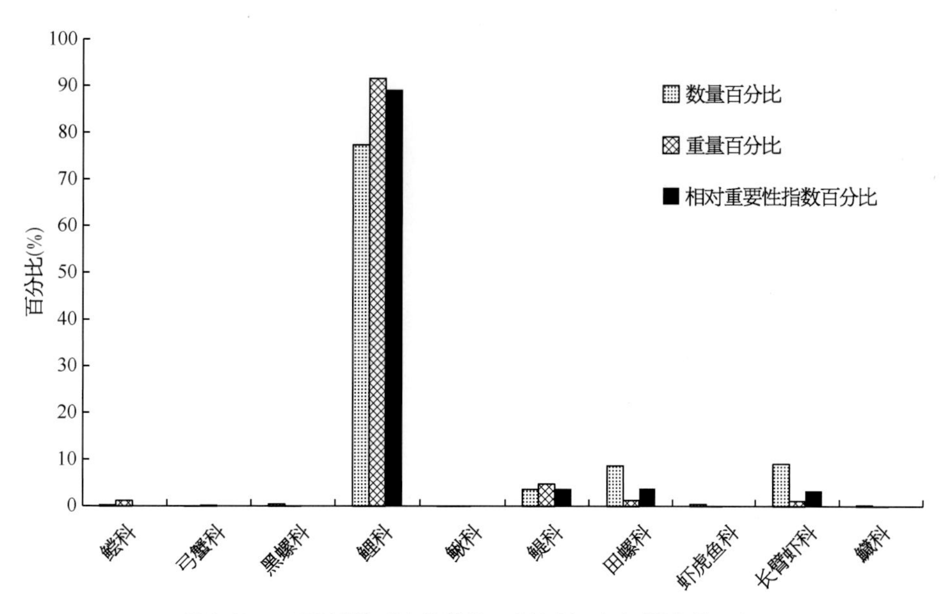

图4.10-2　固城湖各科鱼类数量、重量及相对重要性指数百分比

表 4.10-1　固城湖鱼类组成

种　　类	生态类型	数量百分比（%）	重量百分比（%）	相对重要性指数
一、鲱形目 Clupeiformes				
1. 鳀科				
（1）刀鲚 Coilia nasus	C.U.D	4.36	4.86	749.18
二、颌针鱼目 Beloniformes				
2. 鱵科 Hemirhamphiade				
（2）间下鱵 *Hyporhamphus intermedius*	O.U.R	0.23	0.08	0.16
三、鲤形目 Cypriniformes				
3. 鲤科 Cyprinidae				
（3）鲫 *Carassius auratus*	O.L.R	1.37	8.71	850.65
（4）棒花鱼 *Abbottina rivularis*	O.B.R	0.07	0.02	1.70
（5）贝氏鳘 *Hemiculter bleekeri*	O.U.R	1.44	1.23	117.11
（6）彩鱊 *Acheilognathus imberbis*	O.U.R	0.76	0.09	10.53
（7）鳘 *Hemiculter leucisculus*	O.U.R	0.69	0.97	62.08
（8）达氏鲌 *Culter dabryi*	C.U.R	2.32	5.82	661.97
（9）大鳍鱊 *Acheilognathus macropterus*	O.U.R	4.13	2.86	502.79
（10）点纹银鮈 *Squalidus wolterstorffi*	O.B.R	0.01	0.00	0.04
（11）黑鳍鳈 *Sarcocheilichthys nigripinnis*	O.L.R	0.38	0.16	15.15
（12）红鳍原鲌 *Cultrichthys erythropterus*	C.U.R	0.46	1.36	90.68
（13）花䱻 *Hemibarbus maculatus*	O.L.R	0.21	1.83	50.96
（14）黄尾鲴 *Xenocypris davidi*	H.L.R	0.01	0.05	0.19

（续表）

表 4.10-1 固城湖鱼类组成

种　　类	生态类型	数量百分比（%）	重量百分比（%）	相对重要性指数
（15）麦穗鱼 *Pseudorasbora parva*	O.L.R	1.10	0.24	79.51
（16）蒙古鲌 *Culter mongolicus*	C.U.R	0.89	1.56	130.54
（17）飘鱼 *Pseudolaubuca sinensis*	O.U.R	0.01	0.01	0.08
（18）翘嘴鲌 *Culter alburnus*	C.U.R	1.89	3.86	412.88
（19）蛇鮈 *Saurogobio dabryi*	O.B.R	0.01	0.01	0.06
（20）似鳊 *Pseudobrama simoni*	H.L.R	0.58	0.53	55.71
（21）似刺鳊鮈 *Paracanthobrama guichenoti*	H.L.R	0.40	2.73	156.41
（22）似鲚*Toxabramis swinhonis*	O.U.R	73.91	60.54	12 184.32
（23）细鳞斜颌鲴 *Xenocypris microlepis*	H.L.R	0.02	0.11	0.40
（24）兴凯鱊 *Acheilognathus chankaensis*	O.U.R	2.70	0.34	76.05
（25）银鮈 *Squalidus argentatus*	O.B.R	0.94	0.54	92.41
（26）长蛇鮈 *Saurogobio dumerili*	O.B.R	0.08	0.20	4.36
（27）中华鳑鲏 *Rhodeus sinensis*	O.U.R	0.24	0.04	2.61
4. 鳅科 Cobitidae				
（28）泥鳅 *Misgurnus anguillicaudatus*	O.B.R	0.02	0.03	0.17
四、鲈形目 Perciformes				
5. 虾虎鱼科 Gobiidae				
（29）子陵吻虾虎鱼 *Rhinogobius giurinus*	C.B.R	0.48	0.07	22.25
五、鲇形目 Siluriformes				
6. 鲿科 Bagridae				
（30）黄颡鱼 *Pelteobaggrus fulvidraco*	O.B.R	0.27	1.16	67.09

注：U.中上层，L.中下层，B.底层；D.江海洄游性，P.江湖半洄游性，E.河口性，R.淡水定居性；C.肉食性，O.杂食性，H.植食性，F.滤食性。

鳅、黄颡鱼等20种，占总种数的87.50%；肉食性鱼类有刀鲚、达氏鲌、蒙古鲌等6种，占总种数的10.40%。

区系组成：根据起源和地理分布特征，固城湖鱼类区系可分为4个复合体。

① 中国江河平原区系复合体：是在喜马拉雅山升到一定高度并形成东亚季风气候之后，为适应新的自然条件，从旧类型鱼类分化出来的。以鲫、翘嘴鲌、蒙古鲌、达氏鲌等为代表种类。

② 南方热带区系复合体：原产于南岭以南各水系中，而后向长江流域伸展。以黄颡鱼为代表种。

③ 晚第三纪早期区系复合体：更新世以前北半球亚热带动物的残余，由于气候变化，被分割成若干不连续的区域。其种类有泥鳅、鳑鲏等。

④ 北方平原区系复合体：高纬度地区分布较广，耐寒种类多，耐氧力强，凶猛种类少，性成熟早，补充群体大，种群恢复力强。其代表种类有麦穗鱼。

群落时空特征

季节组成

以各季节鱼类数量为基础，聚类显示，四个

表 4.10-2 固城湖鱼类生态类型

生态类型	种类数	百分比（%）
洄游类型		
江海洄游	1	3.57
淡水定居性	29	96.43
食性类型		
植食性	4	2.10
杂食性	20	87.50
肉食性	6	10.40
栖息空间		
中上层	14	93.94
中下层	8	4.08
底栖	8	1.88

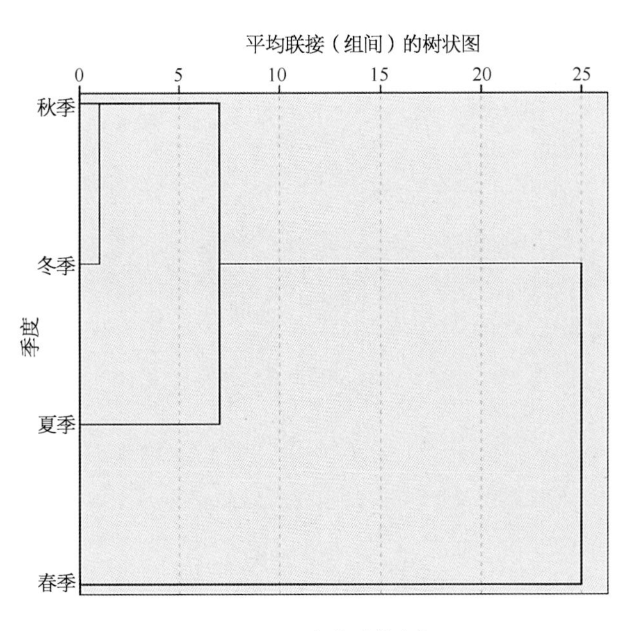

图4.10-3 鱼类季节聚集

季度鱼类组成有明显差异，可分为两大类（图4.10-3），春季为一类，其他季节为一类。春季鱼类数量较少，以似鲚和大鳍鱊较多；其他三季鱼类数量明显较多，均以似鲚为优，另夏季刀鲚较多，秋季大鳍鱊、贝氏䱗较多，冬季兴凯鱊、刀鲚和达氏鲌较多。

具体显示，春季采集鱼类20种442尾（图4.10-4），占总数的5.06%，生物量占7.2%，隶属于4目5科17属。数量百分比（N%）显示似鲚（47.29%）较多，其次为大鳍鱊（12.67%）等；W%显示似鲚（25.25%）和鲫（21.79%）比重较高，其次为达氏鲌、蒙古鲌等（图4.10-5）。不同季节鱼类相对重要性指数（IRI）显示似鲚（5 440.4）、鲫（1 990.8）和大鳍鱊（1 339.3）3种鱼类IRI均高于1 000，为春季优势鱼类（表4.10-3）。

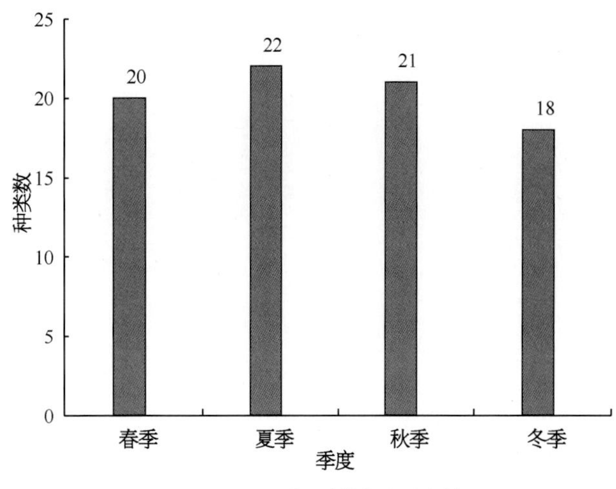

图4.10-4 不同季节鱼类种类数

夏季采集鱼类22种3 340尾（图4.10-4），占总数的38.23%，生物量占42.4%，隶属于5目5科16属。数量和重量百分比均显示似鲚占绝对优势（N%：86.6%；W%：72.8%）（图4.10-5）。不同季节鱼类相对重要性指数（IRI）显示似鲚为绝对优势种，IRI为13 940.1（表4.10-3）。

秋季采集鱼类21种2 305尾（图4.10-4），占总数的26.4%，生物量占23.0%，隶属于5目5科17属。数量和重量百分比均显示似鲚比重较高，其次为大鳍鱊和贝氏䱗（图4.10-5）。不同季节鱼类相对重要性指数（IRI）结果显示似鲚（13 097.4）为秋季绝对优势种鱼类（表4.10-3）。

冬季采集鱼类18种2 649尾（图4.10-4），占总数的30.3%，生物量占27.4%，4目4科15属。数量和重量百分比均显示似鲚比重较高，其次为兴凯鱊、刀鲚等（图4.10-5）。不同季节鱼类相对重要性指数（IRI）显示似鲚（11 644.2）、鲫（1 667.6）和刀鲚（1 026.7）为冬季优势种（表4.10-3）。

分析显示，鲫、达氏鲌、似鲚等11种鱼类于四

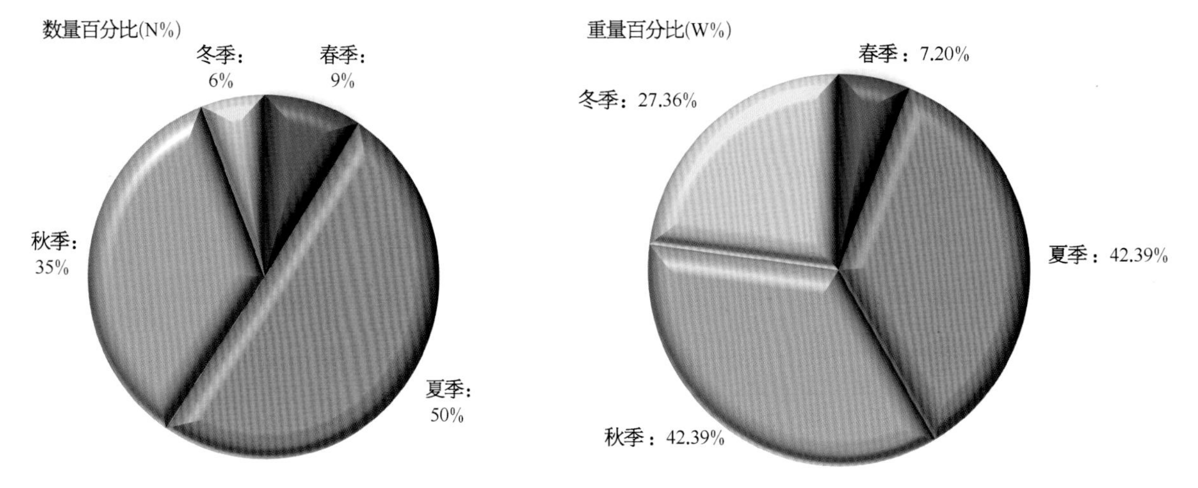

图4.10-5 不同季节鱼类数量及重量百分比

表 4.10-3 不同季节鱼类相对重要性指数（IRI）

种 类	春 季	夏 季	秋 季	冬 季
棒花鱼	—	0.42	0.74	10.85
贝氏䱗	144.02	3.53	976.48	—
彩鳑	—	—	177.84	—
䱗	—	299.92	79.39	0.80
达氏鲌	744.90	921.41	544.05	781.35
大鳍鳑	1 339.28	31.38	969.47	82.89
刀鲚	233.32	776.65	1 188.65	1 026.65
点纹银鮈	—	0.42	—	—
黑鳍鳈	245.14	—	52.33	1.08
红鳍原鲌	—	25.46	106.55	443.21
花䱻	261.06	—	—	354.63
黄颡鱼	100.74	91.74	6.16	136.01
黄尾鲴	—	1.87	—	—
鲫	1 990.85	357.36	749.62	1 667.61
间下鱵	—	0.47	71.84	—
麦穗鱼	271.13	18.84	9.42	230.34
蒙古鲌	761.11	28.24	11.41	418.09
泥鳅	11.08	—	—	—
飘鱼	—	—	1.87	—
翘嘴鲌	—	760.00	668.04	499.01
蛇鮈	4.36	—	—	—
似鳊	17.80	83.98	311.19	—

（续表）

表4.10-3 不同季节鱼类相对重要性指数（IRI）

种　类	春　季	夏　季	秋　季	冬　季
似刺鳊鮈	515.96	10.98	131.31	429.69
似鲚	5 440.36	13 940.07	12 072.76	11 644.21
细鳞斜颌鲴	—	3.86	—	—
兴凯鱊	14.74	10.11	—	244.52
银鮈	479.84	64.76	329.22	0.78
长蛇鮈	271.42	—	—	—
中华鳑鲏	197.76	—	—	—
子陵吻虾虎鱼	35.71	37.13	3.77	35.32

注："—" 表示此季节没有采集到此种鱼类。

个季度均有采集到；仅在春季被采集到的鱼类有蛇鮈、长蛇鮈、中华鳑鲏和泥鳅4种；仅在夏季被采集到的鱼类有点纹银鮈、黄尾鲴和细鳞斜颌鲴3种鱼类；仅在秋季被采集到鱼类的有彩鱊和飘鱼两种。对鱼类而言，各季节似鲚数量均最多，其中44.77%的似鲚在夏季被采集到；75.07%的大鳍鱊在秋季被采集。

- 空间组成

以各站点鱼类数量为基础，聚类显示，8个站点鱼类组成有明显差异，可分为两大类（图4.10-6），其中湖区北部从西至东沿岸4个站点（S1 ～ S4）为一类，往南4个站点为一类，各站点均以似鲚数量最多，其次为兴凯鱊、刀鲚、达氏鲌、贝氏鳘等，各站点有一定区别。

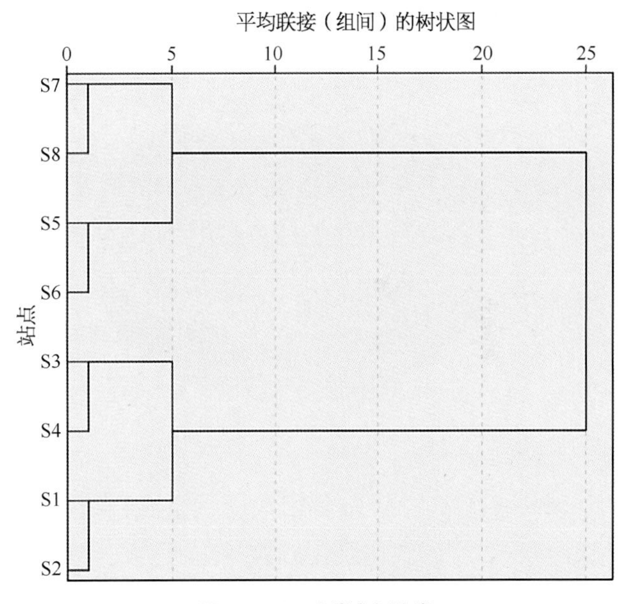

图4.10-6 鱼类空间聚类

如图4.10-7、图4.10-8、表4.10-4和表4.10-5所示，S1采集鱼类20种1 039尾，占总数的11.9%，生物量占12.8%，隶属于4目4科15属；数量和重量百分比显示似鲚占绝对优势（N%：80.94%；W%：70.78%）；IRI（相对重要性指数）显示似鲚为S1优势种。S2采集鱼类23种1 100尾，占总数的12.6%，生物量占15.0%，隶属于5目5科17属；数量和重量百分比均显示似鲚（N%：74.8%；W%：57.9%）较多；IRI显示似鲚、鲫和大鳍鱊为S2优势种。S3采集鱼类22种1 062尾，占总数的12.2%，生物量占13.6%，隶属于5目5科18属；数量和重量百分比均显示似鲚（N%：62.52%；W%：45.0%）较多；IRI显示似鲚、大鳍鱊和刀鲚为S3优势种。S4采集22种966尾，占总数的7.7%，生物量11.9%，隶属于4目4科17属；数量和重量百分比均显示似鲚（N%：73.5%；W%：60.8%）较多；IRI显示似鲚和鲫为优势种。S5采集鱼类21种675尾，占总数的7.7%，生物量占比7.8%，隶属于4目4科17属；数量和重量百分比均显示似鲚（N%：68.7%；W%：46.7%）较多；IRI显示似鲚、鲫和达氏鲌为优势种。S6采集鱼类18种1 268尾，占总数的

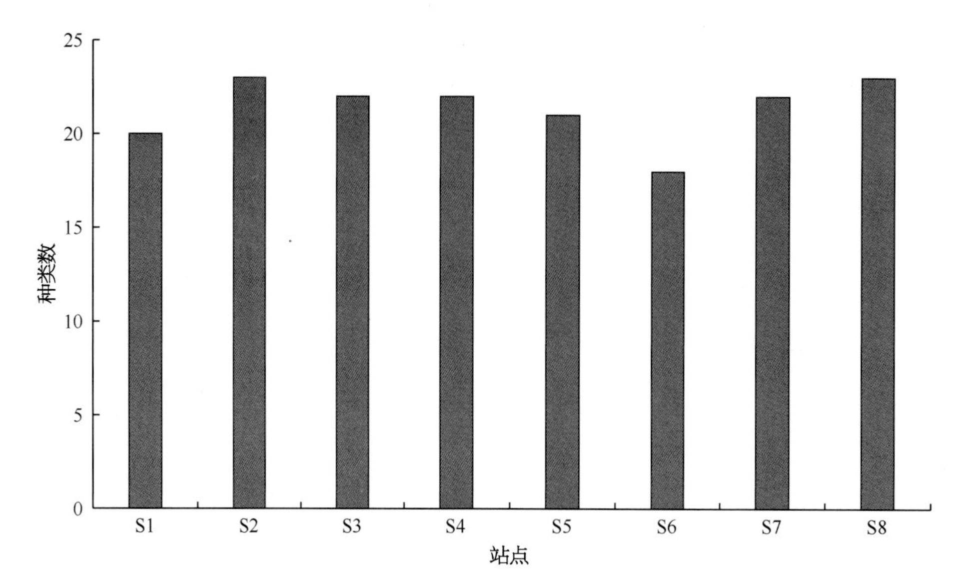

图4.10-7 各站点鱼类种类数

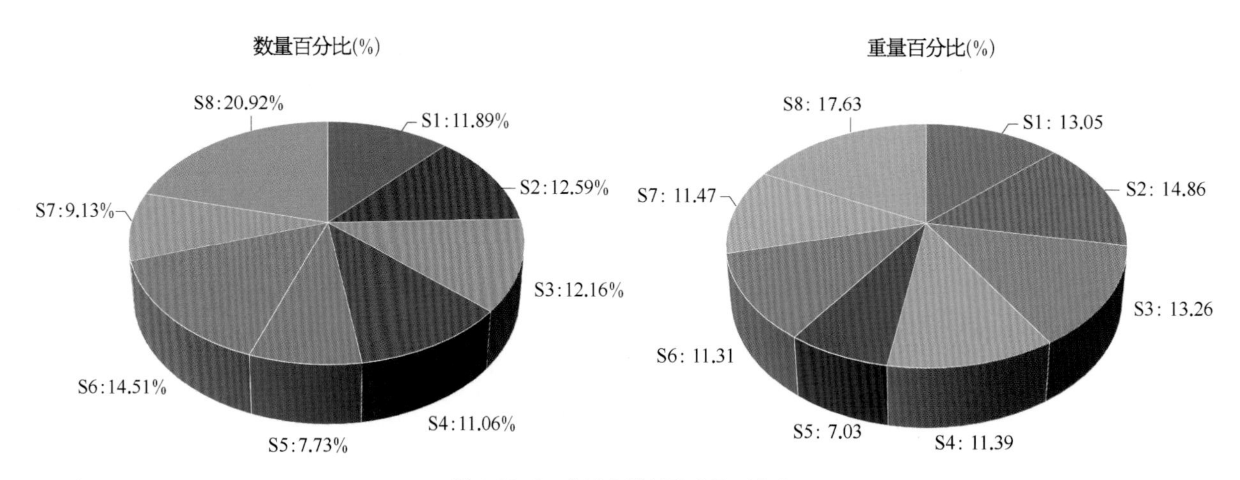

图4.10-8 各站点数量及重量百分比

表4.10-4 各站点鱼类组成

站　点	目	科	属	种	数量百分比（%）	重量百分比（%）
S1	4	4	15	20	11.89	13.05
S2	5	5	18	23	12.59	14.86
S3	5	5	18	22	12.16	13.26
S4	4	4	17	22	11.06	11.39
S5	4	4	17	21	7.73	7.03
S6	4	4	14	18	14.51	11.31
S7	4	5	19	22	9.13	11.47
S8	4	4	17	23	20.92	17.63
总计	5	6	22	30	100	100

表 4.10-5　各站点鱼类分布

种　类	S1	S2	S3	S4	S5	S6	S7	S8
棒花鱼		+		+	+	+	+	+
贝氏鳘	+	+	+	+	+	+	+	+
彩鱊	+	+	+	+				
鳘	+	+	+	+	+	+	+	+
达氏鲌	+	+	+	+	+	+	+	+
大鳍鱊	+	+	+	+	+	+	+	+
刀鲚	+	+	+	+	+	+	+	+
点纹银鮈								+
黑鳍鳈	+	+	+	+			+	+
红鳍原鲌	+	+	+	+	+	+	+	+
花鳎	+	+	+	+	+			
黄颡鱼		+	+	+	+	+	+	+
黄尾鲴							+	
鲫	+	+	+	+	+	+	+	+
间下鱵	+	+	+	+				
麦穗鱼	+	+	+	+	+	+	+	+
蒙古鲌	+	+	+	+	+	+	+	+
飘鱼			+					
泥鳅							+	
翘嘴鲌	+	+	+	+	+	+	+	+
蛇鮈								+
似鳊	+	+	+	+	+	+	+	+
似刺鳊鮈	+	+	+	+	+	+	+	+
似鲚	+	+	+	+	+	+	+	+
细鳞鲴					+			
兴凯鱊	+	+		+	+	+		+
银鮈	+	+	+	+	+	+	+	+
长蛇鮈		+	+	+			+	+
中华鳑鲏					+		+	+
子陵吻虾虎鱼	+	+	+		+	+	+	+

注："+" 表示有。

14.51%，生物量占比11.28%，隶属于4目4科14属；数量和重量百分比均显示似鲚（N%：63.56%；W%：69.07%）较多；IRI显示似鲚为优势种。S7采集鱼类22种798尾，占总数的9.13%，生物量占比11.01%，隶属于4目5科19属；数量和重量百分比均显示似稣（N%：66.7%；W%：46.0%）较多；IRI显示似稣和贝氏䱗为优势种。S8采集鱼类23种1 828尾，占总数的20.9%，生物量占比16.6%，隶属于4目4科17属；数量和重量百分比均显示似稣（N%：88.9%；W%：77.9%）比重较大；IRI显示仅似稣一种优势种。

优势种及多样性指数

根据鱼类IRI（相对重要性指数）大于1 000定为优势种，100 < IRI < 1 000定位主要种等，分析显示，似稣为绝对优势种，其IRI为12 184.32。鲫（850.65）、刀鲚（749.18）、达氏鲌（661.97）等8种鱼类100 < IRI < 1 000；银鮈（92.41）、红鳍原鲌（90.68）、麦穗鱼（79.51）等11种鱼类10 < IRI < 100；另间下鱵、长蛇鮈、中华鳑鲏等10种鱼类IRI均小于10。下图为IRI大于100的鱼类种类（图4.10–9）。

多样性指数显示，鱼类Margalef丰富度指数（R）为0.563～3.543，平均值为2.149 ± 0.665（平均值 ± 标准差）；Shannon-Weaver多样性指数（H'）为0.255～2.310，平均值为1.205 ± 0.560；Pielou均匀度指数（J）0.159～0.949，平均值为0.504 ± 0.239；Simpson优势度指数（λ）为1.130～6.969，平均值为2.661 ± 1.743。

以季节及站点为因素，对四种样性指数进行双因素方差分析显示（R：季节：F=0.236，P=0.871及站点：F=0.943，P=0.493；H'：季节：F=2.079，P=0.126及站点：F=0.338，P=0.928；J：季节：F=2.682，P=0.066及站点：F=0.214，P=0.979；λ：季节：F=0.986，P=0.414及站点：F=0.284，P=0.954）。其中，Margalef丰富度指数显示春季稍高，7号站点处稍高；Simpson优势度指数显示夏季稍高，7号和5号站点处稍高；Shannon-Weaver多样性指数显示夏季稍高，3号站点处稍高；Pielou均匀度指数显示春季稍高，7号和5号站点处稍高（图4.10–10和图4.10–11）。

单位努力捕获量

如表4.10–6和图4.10–12所示的固城湖8个站点基于数量及重量的刺网及定置串联笼壶的单位努力捕获量（CPUE），发现刺网的CPUE值及CPUEw结果相似，8号站位较高，而6号站位最低；定置串联笼壶CPUEn和CPUEw结果相似，均为6号站位最高。

生物学特征

根据调查显示，固城湖鱼类全长为27.19～334 mm，平均为124.75 mm；体长为16.26～275 mm，平均在102.19 mm；体重为0.23～380 g，平均为26.87 g。分析表明，89.27%的鱼类全长在170 mm以下，不到0.5%的鱼类全长高于260 mm，全长为120～140 mm的鱼类较多，占总数的46.29%；体重在25 g以下的鱼类占比87.9%，其中体重为10～20 g的鱼类较多，占总数的60.74%（图4.10–13和图4.10–14）。

统计各季节及各站点鱼类生物学特征显示，冬

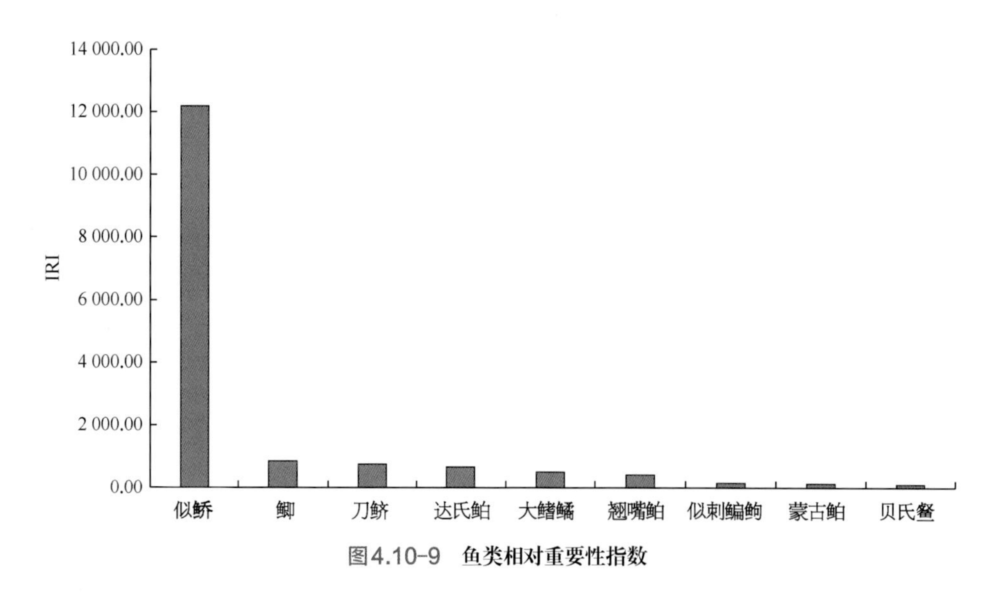

图4.10–9 鱼类相对重要性指数

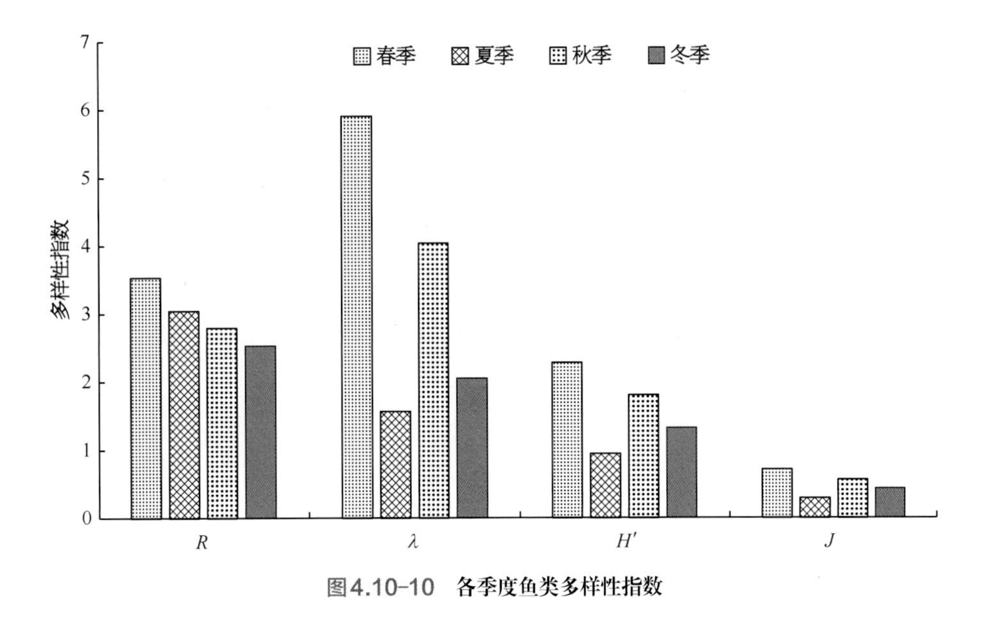

图4.10-10 各季度鱼类多样性指数

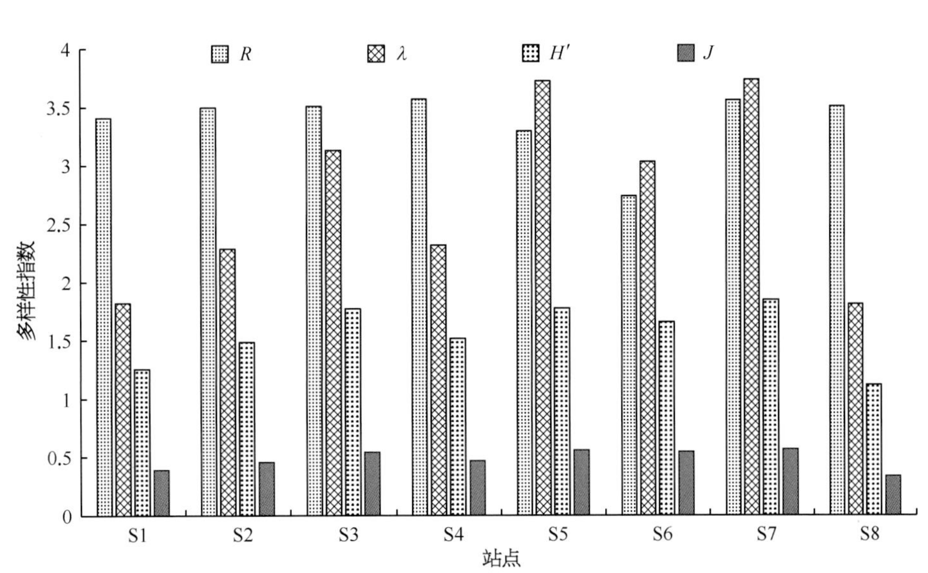

图4.10-11 各站点鱼类多样性指数

表 4.10-6 各站点单位努力捕捞量

站　点	刺网 CPUEn（n/m²/h）	刺网 CPUEw（w/m²/h）	定置串联笼壶 CPUEn（n/m³/h）	定置串联笼壶 CPUEw（w/m³/h）
S1	0.140	2.125	0.855	5.011
S2	0.128	2.169	1.753	15.786
S3	0.122	2.062	1.840	10.870
S4	0.116	1.799	1.402	9.430
S5	0.082	1.261	2.266	5.937
S6	0.075	1.148	4.275	26.314
S7	0.011	1.788	1.758	6.604
S8	0.232	2.581 2	2.843	12.980

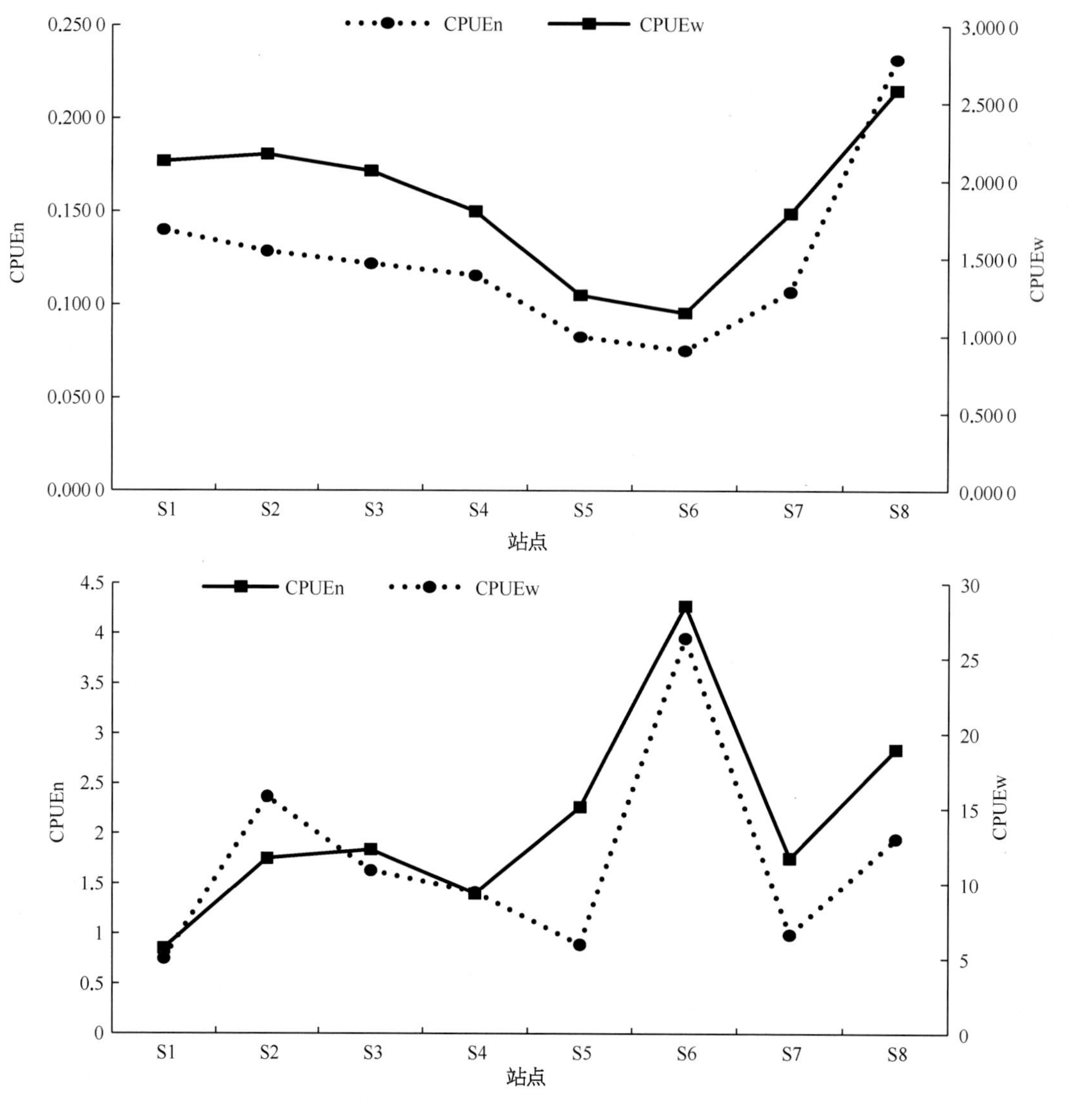

图4.10-12 基于数量及重量的刺网及定置串联笼壶鱼类CPUE示意图

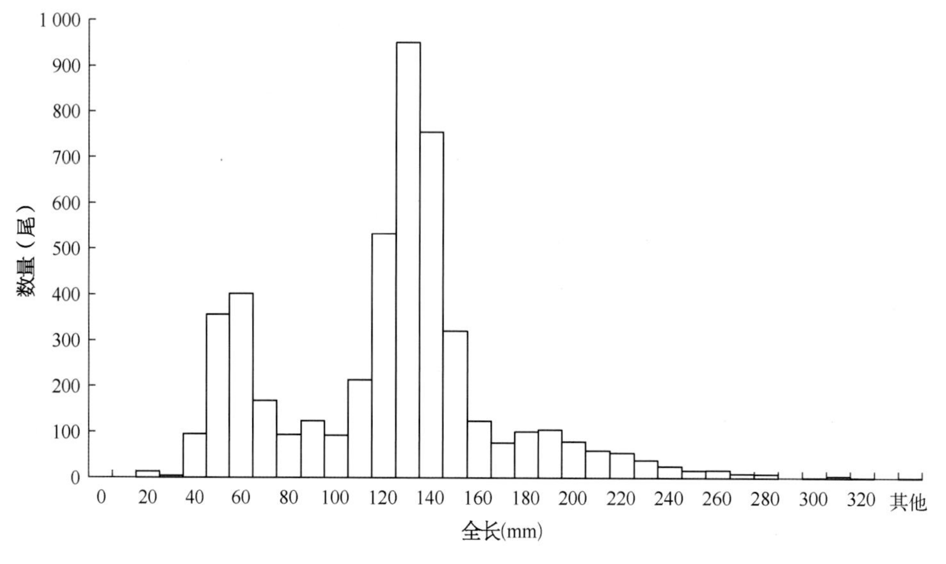

图4.10-13 鱼类全长分布

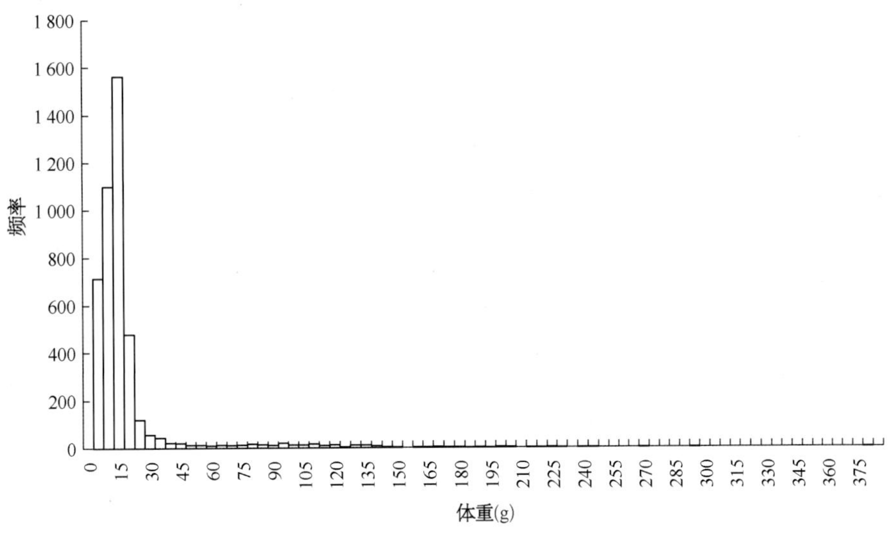

图4.10-14　鱼类体重分布

季鱼类平均全长及体长高，夏季和冬季平均体重稍高（图4.10-15）；固城湖7号站点处全长及体长稍高，8号站点处鱼类体重稍高（图4.10-16）。非参数检验显示，各季节（全长：X^2=354.98，$P < 0.001$；体长：X^2=470.05，$P < 0.001$；体重：X^2=301.1，$P < 0.001$）和各站点（全长;X^2=26.96，$P < 0.001$；体长：X^2=24.503，$P < 0.001$；体重：X^2=76.60，$P < 0.001$）的全长、体长及体重均无明显差异。个鱼类平均体重显示（表4.10-7），仅花䱻一种鱼类体重高于100 g，鲫、黄颡鱼、黄尾鲴和似刺鳊鮈4种鱼类体重为50～100 g，贝氏䱗、䱗、达氏鲌等14种鱼类体重为10～50 g，棒花鱼、点纹银鮈、黑鳍鳈等10种鱼类体重低于10 g。

其他水生动物

调查结果显示，底栖渔获物5种，包含螺2种（铜锈环棱螺和方格短沟蜷）和虾蟹类3种（日本沼虾、秀丽白虾和中华绒螯蟹），共1 948尾，占总数的18.23%，以日本沼虾（49.59%）和铜锈环棱螺（47.64%）贡献较大。

根据调查数据显示，在5种底栖渔获物种中以日本沼虾和铜锈环棱螺分布较为广泛，在所设8个站点均有分布（表4.10-8）。日本沼虾及铜锈环棱螺在四个季度采样调查中均有捕获，中华绒螯蟹在春、夏、冬三个季度有捕获，方格短沟蜷在春、秋两个季度有

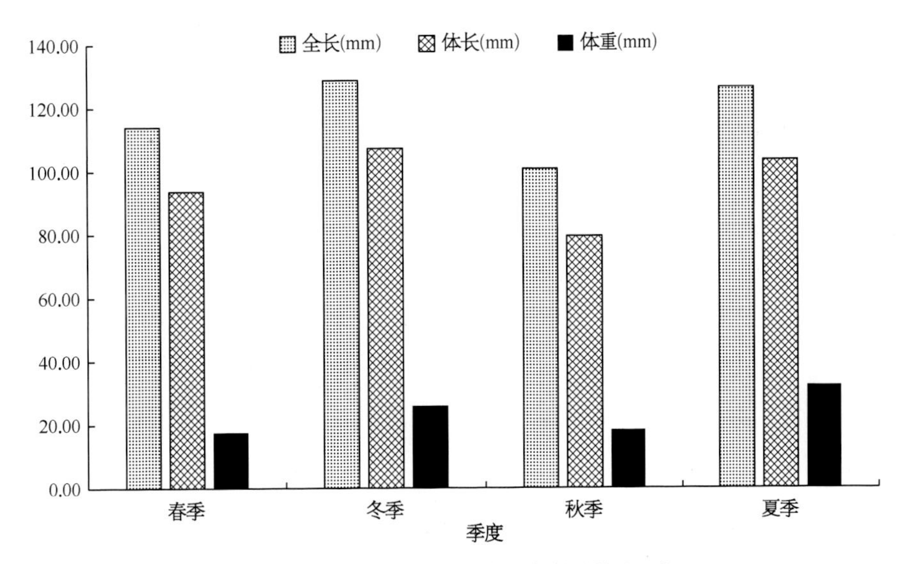

图4.10-15　各季节鱼类全长、体长及体重组成

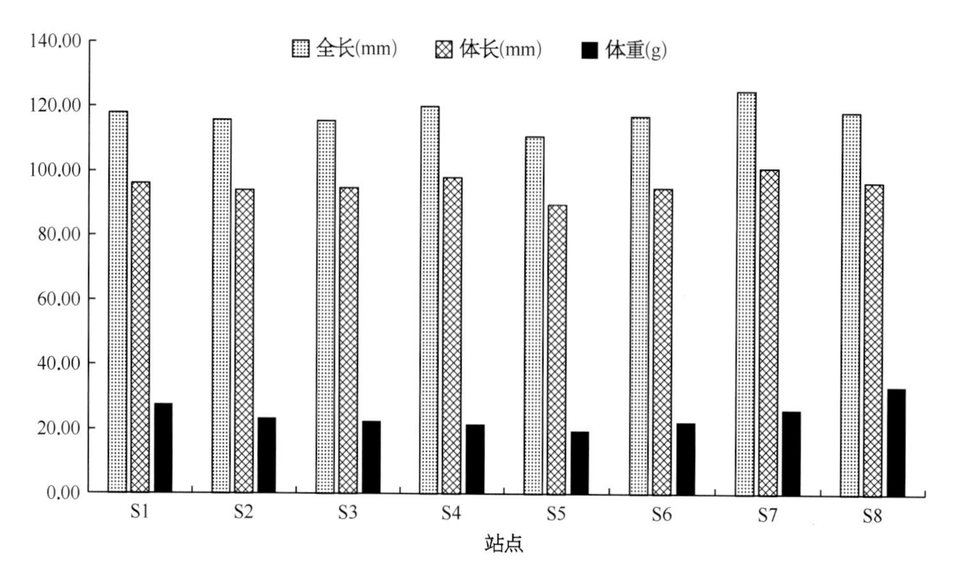

图4.10-16 各站点鱼类全长、体长及体重组成

表 4.10-7 鱼类全长及体重组成

种类	全长（mm）			体重（g）		
	平均值	最大值	最小值	平均值	最大值	最小值
鲫	158.51	280.00	42.27	86.56	380.00	0.77
棒花鱼	80.24	106.89	55.89	4.33	9.62	1.30
贝氏䱗	118.96	164.99	85.53	19.37	630.00	5.36
彩鳑	51.11	67.63	38.27	1.58	3.14	0.68
䱗	138.53	200.05	110.75	19.26	53.60	7.43
达氏鲌	156.87	290.34	51.38	35.62	168.32	0.63
大鳍鳑	62.41	117.26	27.19	10.26	189.00	0.60
刀鲚	173.36	280.00	100.40	15.21	114.41	3.39
点纹银鮈	57.56	57.56	57.56	1.98	1.98	1.98
黑鳍鳈	76.20	116.51	49.02	5.82	15.90	1.05
红鳍原鲌	155.57	256.94	59.61	40.43	137.70	1.29
花䱻	230.41	308.00	204.20	121.42	291.60	9.50
黄颡鱼	167.53	236.96	59.97	57.48	131.34	5.00
黄尾鲴	183.83	183.83	183.83	60.39	60.39	60.39
间下鱵	145.19	166.23	114.89	4.78	7.26	2.83
麦穗鱼	65.20	110.49	34.07	4.28	59.95	0.39
蒙古鲌	149.12	276.25	101.24	23.92	200.70	2.39
泥鳅	162.08	192.88	131.28	18.65	19.40	17.90
飘鱼	147.29	147.29	147.29	15.98	15.98	15.98
翘嘴鲌	142.43	334.00	49.50	27.87	185.94	0.66

（续表）

表 4.10-7 鱼类全长及体重组成

种类	全长（mm）			体重（g）		
	平均值	最大值	最小值	平均值	最大值	最小值
蛇鮈	112.37	112.37	112.37	10.50	10.50	10.50
似鳊	101.53	157.53	50.00	12.41	53.41	0.48
似刺鳊鮈	194.29	263.14	69.89	92.95	240.30	3.88
似鲚	124.94	199.08	42.13	29.22	3 202.90	0.64
细鳞斜颌鲴	191.12	194.91	187.32	62.88	64.44	61.31
兴凯鱊	56.18	78.96	38.90	9.91	324.06	0.62
银鮈	97.88	166.30	63.41	7.85	20.47	1.00
长蛇鮈	168.58	205.96	155.23	33.87	59.70	20.40
中华鳑鲏	53.53	66.13	47.35	2.14	5.00	0.50
子陵吻虾虎鱼	50.42	65.87	28.37	1.90	21.66	0.23

表 4.10-8 底栖渔获物的分布情况

站点	方格短沟蜷	日本沼虾	铜锈环棱螺	秀丽白虾	中华绒螯蟹
1	+	+	+	+	+
2		+	+		+
3	+	+	+	+	
4	+	+	+	+	
5	+	+	+		
6		+	+		+
7	+	+	+		+
8	+	+	+	+	+

捕获，秀丽白虾仅在夏季有捕获（表4.10-9）。

表 4.10-9 底栖渔获物各季节出现频数

种类	春季	夏季	秋季	冬季
方格短沟蜷	+		+	
日本沼虾	+	+	+	+
铜锈环棱螺	+	+	+	+
秀丽白虾		+		
中华绒螯蟹	+	+		+

结果与讨论

本次调查的固城湖水域是一个典型的浅水湖泊，湖岸平直，沿湖岸筑有人工防洪石堤，沿湖河道建有节制闸调节湖区库容，固城湖由过水型湖泊变为相对封闭的水库型湖泊。其鱼类组成以定居性鱼类为主，鱼类群落受人工捕捞和放流影响极大。此外，固城湖有着历史悠久的围垦活动，围垦会导致面积缩小，生境多样性降低，产卵场等环境遭到破坏，以1978～1981年的围垦最为剧烈（此次围垦导致固城湖面积减半）。历史上鱼类较为丰富，有鱼类11目25科82种，10余种名贵鱼类，随着社会发展，人为活动的不断加强，其水域环境发生较大变化，水生生物亦发生变化。资料显示，固城湖鱼类的调查较少，2012～2013年朱迪等调查到固城湖鱼类仅33种。本次于2016～2018年四个季度8个站点使用定制网具调查显示，共调查到鱼类5目6科30种，全部为淡水定居性鱼类，以鲤科鱼类（26种）为主，小型鱼类如似鲚、鲫、大鳍鱊等为固城湖优势种鱼类，特别是似鲚为第一优势种，广泛分布于固城湖水域。与相近的石臼湖、长荡湖等相比，固城湖鱼类组成相对较少，但鱼类组成亦有一定类似，相连的石臼湖中似鲚亦为其优势种类之一。整体显示，鱼类种类数减少，小型鱼类为主的现状。杨家湾建制闸、芜申运河等涉水工程的建设导致洄游通道阻塞，造成固城湖通江水道受阻生境碎片化，这应是固城湖江海洄游性及河湖洄游性鱼类资源衰退甚至灭绝的主要原因。另有相关研究证明固城湖水生植物等的渔业价值有大幅度下降，水生植物群落发生了较大变化。

分析显示，四个季度鱼类组成有显著差异，其中生物量占比中夏季最高（42.4%），春季最少，仅占7.2%。物种数显示季度间无明显差异，夏季稍多，为22种，冬季较少。而似鲚在四个季度中占有较大数量和重量比例。四个季度的优势种多为鲫、大鳍鱊、刀鲚等小型鱼类，显示固城湖水域小型鱼类较多的现象。分析显示，固城湖Shannon-Weaver多样性指数没有空间和季节间的差异（$P > 0.05$），显示固城湖鱼类群落的稳定性较好。作为封闭性小型湖泊，鱼类群落结构主要受人为因素影响。各季节鱼类多样性指数存在一定差异，其中春季多样性明显高于其他季节，此时鱼类处于繁殖季节，鱼类数量及种类明显增加。各站点间多样性指数无明显差异，5号和7号站点优势度指数稍高，反映其优势鱼类更为明显。从2016～2018年鱼类数量与生物量的ABC曲线图（图4.10-17）可知，2016～2018年固城湖鱼类群落的生物量优势度曲线与数量优势度曲线多次相交，且W值小于0，群落处于受干扰状态。

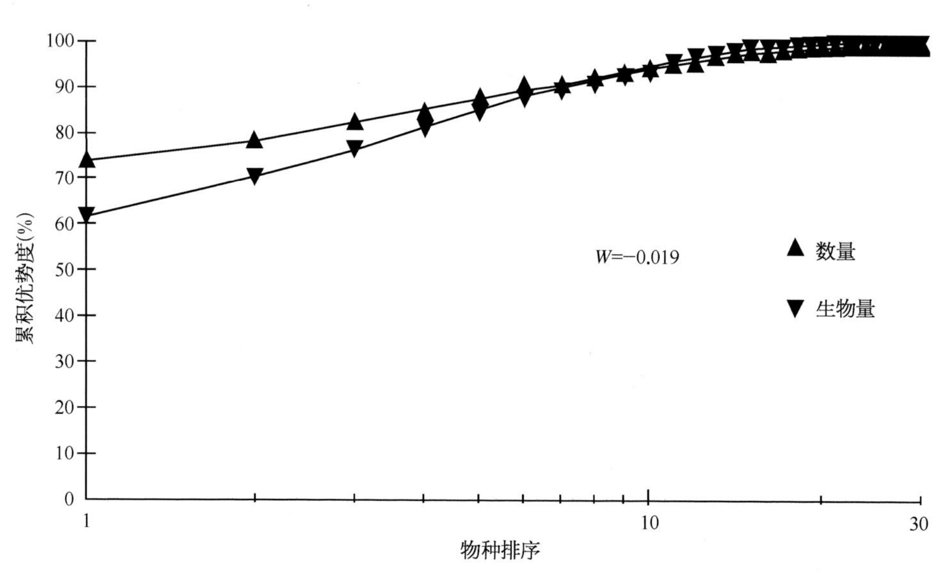

图4.10-17 鱼类群落结构的数量生物量曲线

第五章
渔业管理政策

5.1 · 渔业资源利用概况

江苏省淡水水域广阔，湖泊水库众多，其中苏南地区（包括南京至苏州），位于长江下游南岸，除西南部分地区（宜兴和溧阳）为低山丘陵地带外，其他区域多为平原，其内河流纵横，湖荡密布。该地区气候湿润，水网密集，星罗棋布的湖泊是大自然赐予该地区的“天然宝库”和最重要的生态景观资源。

苏南地区湖泊多呈浅碟形，岸边平缓，属外流淡水和浅水型湖泊。据了解，江苏全省列入《江苏湖泊保护名录》的湖泊共有137个，其中苏南地区占128个。太湖、滆湖、阳澄湖、淀山湖、澄湖、昆承湖、元荡湖、固城湖、石臼湖等多个湖泊组成的太湖流域湖群，约占江苏省湖泊面积的一半，加之季风气候明显，雨量充沛，其渔业资源十分丰富。

根据历史资料记载，江苏省鱼类476种，其中淡水鱼类18科105种，以江河平原区系、热带平原鱼类区系和上第三纪区复合体为主，通过江苏湖泊鱼类的研究发现以太湖最为丰富，太湖记载鱼类107种（淡水约90种），反映了20世纪太湖与长江畅通时期太湖天然鱼类资源量的丰富。然而，伴随着社会经济的快速发展，鱼类资源衰退现象也日益加重，自2012年始，中国水产科学研究院淡水渔业研究中心相关研究人员连续对太湖鱼类进行监测，各年种类数基本维持在50～60种（60种、48种、53种、47种、50种、57种、58种等），反映了太湖鱼类种类有所减少。除此之外，鱼类资源小型化趋势明显，刀鲚等小型鱼类在多个湖泊成为优势种，且优势度明显，各湖泊原有优质经济鱼类优势度下降，产量减少。

刀鲚

作为20世纪长江重要的鱼类资源，年捕捞量为1 000～2 000 t，近年来随着捕捞强度的增大和水质恶化，资源量明显减少，近年长江刀鲚的捕捞量已不足百吨。除了长江内的洄游性刀鲚外，在太湖、长荡湖、滆湖等中大型湖泊中还有定居性刀鲚，其资源量丰富，产量逐年增加，成为苏南主要湖泊的重要经济鱼类，其中以太湖产量最高，从1952年的640.5 t提升到2018年的30 100 t，产量增长了46倍（表5.1-1）。

表5.1-1 太湖刀鲚产量统计

年 份	产 量（t）	占比（%）
1952	640.5	15.8
1955	1 890.8	28.1
1960	3 557.0	47.5
1965	5 878.3	56.6
1970	6 102.3	60.4
1975	5 750.0	53.5
1980	5 667.9	48.8
1985	5 477.4	35.7
1990	8 142.3	51.7
1995	12 739.7	67.0
2000	12 755.8	50.6
2003	19 747.5	65.8
2008	19 877.0	49.3
2013	23 847.5	44.4
2016	27 660.0	40.5
2018	30 100.0	47.4

银鱼

银鱼为一年生小型鱼类，为湖泊定居性鱼类，是湖泊和水库的重要捕捞对象，江苏众多湖泊中均有分布，以太湖产量最高，产量年份波动较大，20世纪末银鱼产量约占太湖捕捞总产量的10%左右，是重要的渔业资源；近年来，随着太湖捕捞总量的提升，银鱼产量约占太湖捕捞总产量的比例逐年下降，2018年银鱼产量仅占太湖总产量的1.7%（表5.1-2）。

四大家鱼

四大家鱼为江湖半洄游性鱼类，成鱼在长江等急流水域中产卵，仔幼鱼随水流进入湖泊，是江苏省各个湖泊的主要经济鱼类。1960年全省四大家鱼捕捞量约为2.5万t，随着沿江众多水利设施的建设，洄游通道受阻，湖泊资源无法得到补充，产量明显下降。根

表 5.1-2　太湖银鱼产量统计

年　份	产　量（t）	占比（%）
1986	2 158.8	15.0
1988	1 822.0	11.4
1990	1 497.3	9.4
1992	1 696.9	12.3
1994	1 118.2	7.7
1996	500.1	2.5
1998	1 152.1	4.4
2007	298.0	0.77
2009	1 050.0	2.28
2011	2 014.5	3.77
2013	1 185.3	2.21
2015	1 178.4	1.99
2017	1 150.3	1.63
2018	1 179.9	1.70

据历史资料统计，太湖1958年四大家鱼产量为1 801 t，到了1974年仅为490.8 t，产量急剧下降。20世纪六七十年代后，各湖泊先后开展四大家鱼的增殖放流，一定程度上维持恢复了四大家鱼的产量，近几年通过对增殖放流的持续投入，其产量提升明显，2016年太湖四大家鱼产量已经达到27 441 t（表5.1–3）。

鲤、鲫、鳊和鲂

鲤、鲫、鳊和鲂均为淡水定居性鱼类，在江苏各个湖泊中均能繁殖生长，鲤和鲫为杂食性鱼类，鳊和鲂为草食性鱼类。20世纪50年代资源量较为丰富，鲤、鲫、鳊和鲂是各湖泊的主要捕捞种类。后由于各个湖泊的围网养殖引起水质变化，水草减少等，导致鳊和鲂产量明显下降，1958年太湖产量为1 758 t，占捕捞量的19.9%，到1976年产量仅为278.3 t，占捕捞量的2.4%。20世纪70年代后各湖泊开始重视生态恢复，相继开展繁殖保护和禁渔期制度，其产量有所回升。太湖鲤、鲫和鳊的产量在1989年达到1 089.8 t，2007年达到3 090.2 t，2017年产量更是高达6 840.8 t（表5.1–4）。

表 5.1-3　太湖四大家鱼产量统计

年　份	产　量（t）	占比（%）
1958	1 801	20.1
1974	490.8	4.9
1979	1 152.1	8.4
1984	2 339.4	16.5
1989	1 610.8	10.6
1994	1 638.7	11.2
1999	1 830.8	8.5
2003	1 548.2	5.2
2007	2 467.4	6.3
2009	8 560.3	18.6
2012	9 429.2	17.7
2017	20 641.1	29.3

表 5.1-4　太湖鲤、鲫、鳊、鲂产量统计

年　份	产　量（t）	占比（%）
1958	1 785	19.9
1976	278.3	2.4
1979	350.9	2.6
1984	1 030.3	7.3
1989	1 089.8	7.2
1994	1 074.6	7.4
1999	2 547.4	11.8
2003	2 747.9	9.2
2007	3 090.2	8.0
2009	2 083.1	4.5
2012	3 874.6	7.3
2017	6 840.8	9.7

鲌类

鲌类主要有红鳍原鲌、翘嘴鲌、蒙古鲌和达氏鲌，为淡水定居性鱼类。蒙古鲌和翘嘴鲌俗称红鱼和白鱼，苏南各个湖区均有分布，其肉质细腻，深受广大群众的喜爱，是重要的经济鱼类。全省在20世纪

10年代产量为800～1 000 t，60年代后产量逐渐下降。苏南湖泊以太湖为例，近50年以1987年产量最高，达到1 090.8 t，到1998年产量仅为102.8 t，之后产量一直较低，近10年产量逐渐恢复，2011年产量提高到231 t，到2018年产量恢复至788.3 t（表5.1–5）。

表5.1–5　太湖鲌类产量统计

年　份	产　量（t）	占比（%）
1987	1 090.8	7.7
1990	551.4	3.5
1993	922.3	6.6
1996	162.7	0.8
1999	119.7	0.5
2002	153.8	0.5
2007	133.7	0.3
2008	148.6	0.4
2011	231.9	0.6
2014	327.1	0.6
2017	510.8	0.7
2018	788.3	0.96

5.2 · 渔业可持续发展

渔业资源可持续发展实质上是渔业资源的合理配置与持续利用，指在不损及后代人满足其需求的渔业资源基础的前提下，来满足当代人对渔业资源需要的利用方式。渔业资源可持续利用是实现渔业可持续发展战略的一个重要内容，是渔业资源管理的本质所在。渔业可持续发展需要多学科的努力和良好的管理策略，包括鱼类种类学的深入了解，以及实际生产中鱼类捕捞措施、禁渔措施、保护措施、增殖措施等。

湖泊渔业是指在湖泊水域进行鱼类资源增殖和保护、鱼类养殖以及捕捞。我国湖泊渔业历史悠久，早在新中国成立前就已形成以养殖为主体的利用模式，然而渔业资源是一种循环可再生资源，如果进行合理的利用，可以成为一种取之不尽、用之不竭的资源，但如果毫无节制地获取，那就会出现捕获个体小型化、质量低劣化，甚至直接造成资源枯竭，这也是目前大多数水域渔业面临的问题。

维护水生环境的稳定是渔业可持续发展的重要发展基础，但是当前我国各部门对于湖泊渔业发展存在着争议。一方面，渔业生产部门以追求渔业自身利益为主要目标，忽略了渔业对湖泊环境产生的负面影响；另一方面，环境保护部门以追求湖泊水功能为主要目标，忽略了合理渔业对水环境的重要性，切割了渔业持续发展和水环境保护之前的内在平衡关系。生态渔业可以在合理发展渔业的同时使水质得以净化，实现“以渔促水、以渔保水”，可以同时兼顾生态效益、经济效益、社会效益等多方面因素。因此，探索湖泊的生态渔业、可持续发展道路是我国渔业发展的必然选择。

净水渔业试验

净水渔业是以保护水环境为目的，根据实施水体的环境条件、污染程度及原因等具体状况，选择适当的鱼、虾和贝类进行人工放养，以修复该水域被破坏的水生动物群落组成，提高水体自净能力，达到生态平衡，从而达到既保护水环境，又能充分利用水体增加渔产力的一种渔业发展模式。总的来说，净水渔业依据一定量的滤食性鱼类（鲢和鳙）和底栖动物（螺和贝）对水体中浮游生物进行有效摄食，控制水体中藻类的生长，并让水中的氮和磷通过营养级的转化，最终以渔产量的形式得到固定，最后经由鱼体的捕捞出水将固定的氮、磷等营养元素带出水体。

中国水产科学研究院淡水渔业研究中心曾对蠡湖开展净水渔业实验，通过放养一定规格的鲢鱼种和鳙鱼种，经过2～3年的自然生长（实验期间在实验水域禁捕），捕捞高规格成鱼。实验结果显示，蠡湖水体中的总氮和总磷负荷大幅度下降，蓝藻暴发得到有效控制，水体从Ⅴ类水提高到Ⅲ类水，水体质量明显改善。

鱼类保护及增殖

为了实现渔业的可持续发展和提高湖泊物种多样性，各个湖泊均开展了鱼类保护及增殖措施。主要措施有以下几个方面。

· 设置禁渔区和禁渔期

设置禁渔区和禁渔期主要针对重要鱼类的产卵场、索饵场、越冬场、洄游通道等主要栖息场所及繁殖期和幼苗生长期等关键生长阶段，设立禁渔区和禁渔期，即在一定时间内对特定水域严禁一切捕捞活动，对其产卵群体和捕捞群体实行重点保护，以恢复资源。

· 捕捞限额与合理捕捞规格

根据水域实际情况制定合理的捕捞限额制度，对渔业资源进行全面的评估，制定各主要经济鱼类的捕捞限额。为了更好地保护鱼类资源，必须实行渔业控制，限制捕捞努力量，减少捕捞死亡率，以保证有一定规模的繁殖群体参与繁殖活动，保障种群的补充与壮大。

· 建立人工产卵场、人工鱼巢等，改善繁殖条件

繁殖条件与鱼类种群的兴衰关系密切，改造和改善鱼类的繁殖条件，或在繁殖条件遭到破坏时，采取补救措施，弥补自然条件的不足，这是鱼类增殖的一项重要举措。在自然繁殖条件遭到破坏的水域，模拟天然繁殖的某些条件，建立半人工或全人工的鱼类产卵场，是补偿自然繁殖条件不足的一种有效方法。

· 人工增殖放流

人工放流是利用人工的方法补充渔业资源的一种主要手段，是利用湖泊的水体资源和天然饵料资源，对湖泊中不能自繁的洄游或半洄游性鱼类进行增殖的措施。简单来说就是把鱼类苗种培养到一定大小，使它可以进行独立生活，具有抵抗敌害的能力，然后放到自然水域（江河）中索饵、生长和发育，也就是有养、有放，借以增加渔业资源，提高捕捞量。通过人工放流，改变区系组成，促进生态环境保持动态平衡。

· 强化渔政管理

渔政管理要坚持“统一领导，分级管理”的原则，坚持“全湖一盘棋”的思想，统一管理办法和处罚标准。这就要求我们各部门相互配合，加强部门联动，加强水域管理，依法整治渔业生态环境。对于重点区域要有针对性地进行水陆巡查暗访，实施防控措施，重点打击电捕、偷鱼和药虾，开展捕捞保卫。同时，也要规范我们渔政工作人员的行为，明确其权利、义务和责任，有具体操作程序，做到有法可依、有章可循、程序合法。

渔具渔法和合理捕捞

渔具渔法是指对渔业资源合理利用的工具和方法，对可再生的渔业资源而言，合理的渔具渔法可以起到捕大留小、开发适度、实现渔业资源可持续利用的作用，破坏性的渔具渔法则会使渔业资源过度开发和破坏，严重的会使渔业资源彻底衰竭。常见的渔具包括网具、钓具、特种渔具等，在这些渔具中，网具是国内外普遍使用的渔具，以太湖为例主要有以下几类长江网具。

· 刺网

刺网是我国大水面捕捞的主要渔具之一。它是由若干片长方形网片连接成的一列长带形网具，垂直敷设在鱼类活动的通道上，鱼类在洄游或受惊逃窜时刺入网目，或者缠绕于网上而被捕获。主要的捕捞对象有鲢、鳙、青鱼、草鱼、鲤、鲫、鲌、鳊、鲂、鲴、刀鲚、凤鲚等鱼类。刺网适合于各种水体捕捞，结构简单，操作方便，成本低，渔获率高，而且对鱼的大小有较强的选择性。但也具有摘鱼慢的缺点。按作业方式，刺网有定置刺网、流刺网、围刺网和拖刺网之分。

· 围网（高踏网）

围网（高踏网）主要在湖泊、水库等水域广泛水面使用，这种渔法机械化程度高，生产效率高，机动灵活，生产规模也很大。围网呈长带形，中部稍高，两端稍矮。由网衣、绞括装置（有环围网）和属具组成。捕鱼原理是当发现鱼群后，机轮围绕鱼群所在区域呈圆形快速行驶，同时放出长带形网具，网衣垂直张开在水中形成圆柱形网壁包围鱼群，然后逐步缩小包围面积或收缩网封锁底口，使鱼集中到取鱼部而被捕捉。捕捞对象主要是鲢、鳙、草鱼、鲌等中上层鱼类。

· 网簖

此类渔具是定置网具。捕鱼原理是将网具固定设置在有一定水流的湖口，如水库溢洪道、江河急流

处、鱼类洄游通道上或鱼群密集的水域，拦截迫使鱼群入网中被捕获。网簖具有使用周期长，产量高等特点，但是网簖网目小，对鱼类选择性差，尤其是仔幼鱼。随着禁渔要求的全面落实，网簖被拆除，现在太湖已难见到该类网具。

• 拖网

拖网是一种流动性和过滤性网具。作业时可使用单船、双船或多船等形式，借助风力，水流或机械动力，带动一个或多个袋形网具在水中曳行，迫使在网口作用范围内的鱼、虾进入网内而被捕获。拖网类渔具的特点是：规模大、产量高、速度快、机动灵活；捕捞对象广，可捕各种经济鱼、虾、蟹；要求渔场水面宽广，底部平坦，障碍物少。按捕鱼水层，拖网分为浮拖网、中层拖网和底层拖网；按网具结构，可分为有翼拖网和无翼拖网，太湖常见的银鱼网和飞机网都属于拖网。

• 定置串联笼壶

定置串联笼壶为沉性固定网具，用方形铁框支撑成长方形网笼，鱼虾从定置串联笼壶网两侧的喇叭口进入，从两端的网口出鱼。太湖水域定置串联笼壶网多用于捕捞白虾和日本沼虾。

湖泊捕捞和养殖

• 捕捞渔业

历史上江苏水域渔业资源丰富，捕捞业发达。但20世纪80年代依赖随着经济发展引起的水域营养化、水质恶化、酷渔滥捕等问题，苏南地区湖泊的天然渔业资源发生了极为显著的衰退，低值化及小型化趋势明显。为保障渔业资源的自然恢复和可持续发展，太湖等各个湖泊管理部门均已出台了禁渔期及禁渔区制度。此处结合相关湖泊的实际情况，提出以下部分细化的渔业管理建议。

① 加强渔政管理，严格管理渔具及渔法，完善禁渔期及禁渔区制度。捕捞强度过大及渔业利用方式的不合理是渔业资源衰退的重要原因。在渔政管理层面，需对渔船、渔具、渔法等进行统一化及标准化管理，如设置所用网具的最小网目规格，取缔不合理的渔具、渔法，严禁电鱼、毒鱼等非法捕捞手段。具体实施时则要结合相关水域实际情况，如太湖因为自身渔获物特征，存在有刺网、飞机网、高踏网等多种网具，需要结合渔业资源现状等多方面因素对网具进行规范化管理。此外，还需进一步落实限额捕捞制度及捕捞许可证制度，在设置主要经济种的最小捕捞规格、最大允许捕捞量时要具体到种。

亲体是鱼类资源恢复的基础，亲体过少必然对资源恢复产生不利影响，因此在鱼类产卵期实行禁渔期制度十分必要。此外，还需划定专门的禁渔区，经过几十年人类活动的干扰，很多鱼类产卵场受到了极大的影响，这是鱼类资源衰退的重要原因之一。因此，需根据相关水域实际情况划定渔业资源保护区，对现有产卵场进行保护。苏南地区湖泊现有的保护区有阳澄湖大闸蟹国家级水产种质保护区、淀山湖河蚬翘嘴红鲌国家级水产种质资源保护区、长漾湖国家级水产种质资源保护区等，均已有相关保护措施。渔业资源恢复是一项长期性的工作，未来需要定期对保护区进行调查，时刻掌握保护区情况及相关物种的生物学状况，为后续政策的施行提供基础资料。对于阳澄湖大闸蟹、太湖三白等经济种类可进行专门的研究和保护工作。

② 加强各部门、各区域间的合作。除了加强渔政管理，保护渔业资源还需要环保等部门的配合。比如水质恶化会严重影响水生生物生存环境，进而导致鱼类资源受到影响，几十年来工农业发展等原因导致苏南地区湖泊存在普遍的营养化问题，太湖的营养化程度更是已达到超富营养化水平。由此可见，仅靠限制捕捞量等渔政管理措施并不能从根本上解决问题，需要相关部门间加强合作与协同，方能从根本上改善鱼类生存环境，促进渔业资源的恢复。此外，部分湖泊为界湖，为不同省（市和县）共管，如石臼湖为苏皖两省界湖、淀山湖为上海与江苏界湖等。因为各自行政区相关政策不同，导致同一水域不同片区存在很大差异，如石臼湖江苏的和安徽片的围网及围垦情况存在显著的空间差异，将来在制定相关保护制度时需加强区域间合作与交流。

③ 科学增殖放流。由于生境恶化、通江水道丧失等原因，很多湖泊的部分鱼类目前自繁能力较弱，需要

人工增殖放流补充资源量，很多鱼类如太湖鲢、鳙等则已完全依靠增殖放流进行补充。在放流时，需结合相关水域实际情况，制定详细的增殖放流计划，对放流物种组成、放流物种规格、放流量、放流时间等进行细化规定。同时，增殖放流也需考虑生态效益，比如面对太湖严重的蓝藻水华问题，持续性的鲢、鳙增殖放流可对蓝藻水华进行抑制，从而有助于湖泊营养化的治理。又如针对部分湖泊捕捞强度过大导致的鱼类资源小型化问题，可适当放流部分大型凶猛掠食性鱼类以调控低值小型鱼类的种群数量，使之通过营养级的联动效应，达到调控湖泊生态系统的目的，从而提高经济价值较高的鱼类的捕捞量，以提高经济及生态效益。

④ 加强渔业立法工作。针对渔业资源情况相比历史上变化较大的特征，需要与时俱进，对相关法律法规进行改进。

苏南地区湖泊的养殖渔业包括网箱养殖、围网养殖、拦网养殖等。相比于自然捕捞业，围网养殖等方式极大地提高了渔业产量，大大提高了湖泊的利用效率，带来可观的经济效益。使得湖泊渔业从单一的捕捞型向捕养结合型转化。苏南地区湖泊养殖业发展时间长、养殖规模大，早在20世纪80年代江苏省便从国外引进了相关技术，在长荡湖进行湖泊围网养鱼试验，并取得了成功。时至今日，人工养殖已经成为很多知名水产品的主要增殖方式（如阳澄湖大闸蟹）。经济利益驱使下导致网箱和围网盲目发展，缺少科学养殖方法的指导，给相关水域造成严重的生态问题。集约化养殖中的残饵及大量的鱼类粪便直接排入水中，导致水体氮、磷等理化指标超标严重，湖泊水质迅速恶化，从而导致蓝藻暴发。此外，因为养殖管理不善，非土著水生动物常有逃逸，进而造成外来物种入侵的威胁和危害。

在发展生态渔业的大背景下，目前苏南地区湖泊采取的策略是限制或逐步取缔围网等人工养殖。例如，淀山湖（江苏水域）和滆湖等已完成围网拆除工作；阳澄湖也实施了拆除全部围网，进行全域统一生态养殖的政策；太湖则仅保留有用于控藻的鲢、鳙围网养殖（无人工投喂）。围网拆除政策对于水域环境的恢复是有积极意义的，但同时还需考虑水产品供应量下降及养殖户失业等问题。针对湖泊养殖产生的一系列问题，给出如下建议：寻求人工养殖与水环境保护的平衡点，倡导科学养殖，逐步实现无人工投喂的放牧式养殖是未来的趋势之一。习近平总书记说过：绿水青山就是金山银山，在与水环境保护发生矛盾的情况下，必须服从大局，制止盲目发展，取缔水源处的养殖，做到合理利用水资源。具体到实施层面，可采取如下措施：对现有人工养殖种类、方法、规模等进行调查，在调查基础上进行统一的规范化管理；建立日常监测制度，掌握水质情况的实时数据；实行轮养制度，设置养殖间隔期；在饮用水源处不得设置人工养殖装置。

参考文献

[1] 秦建国.太湖地区2015年主汛期雨情展望及后期对比分析——以无锡站为例.江苏水利，2019（08）：14 ～ 20.
[2] 谷孝鸿，曾庆飞，毛志刚，等.太湖2007 ～ 2016十年水环境演变及“以渔改水”策略探讨.湖泊科学，2019，31（02）：305 ～ 318.
[3] 郭刘超，韩庚宝，邓俊辰，等.长荡湖浮游动物群落结构特征及影响因子分析.江苏水利，2019（02）：1 ～ 5+10.
[4] 刘孟宇.阳澄湖桡足类种类组成与季节变化.生物化工，2018，4（05）：63 ～ 64+70.
[5] 周静，刘松华.2015 ～ 2016年阳澄湖水质变化原因及对策研究.四川环境，2017，36（06）：130 ～ 133.
[6] 孔优佳，徐东炯，刘其根，等.滆湖湖滨带生态修复技术初步研究.水生态学杂志，2017，38（02）：17 ～ 24.
[7] 熊春晖.滆湖大型底栖动物群落结构及其与环境因子之间关系的研究.上海海洋大学，2016.
[8] 孔优佳，花少鹏，朱颖，等.滆湖鲢鳙鱼增殖放流效果初步评估.水产养殖，2015，36（10）：20 ～ 26.
[9] 蔡永久，薛庆举，陆永军，等.长江中下游浅水湖泊5种常见底栖动物碳、氮、磷化学计量特征.湖泊科学，2015，27（01）：76 ～ 85.
[10] 赵苇航，朱彧，朱亮，等.长荡湖水环境变化趋势及其主要影响因子.水资源保护，2014，30（06）：48 ～ 53.
[11] 贾佩峤，胡忠军，武震，等.基于ecopath模型对滆湖生态系统结构与功能的定量分析.长江流域资源与环境，2013，22（02）：189 ～ 197.
[12] 陶雪梅，王先云，王丽卿，等.滆湖后生浮游动物群落结构研究.生态与农村环境学报，2013，29（01）：81 ～ 86.
[13] 韦忠，王晓杰.滆湖氮磷来源及总量分析.治淮，2013（01）：92 ～ 93.
[14] 赵凌宇，李勤，翁建中.阳澄湖底栖动物群落调查及水质评价.污染防治技术，2012，25（06）：36 ～ 42+50.
[15] 石宇熙.常州滆湖湿地的保护与利用.水科学与工程技术，2012（04）：19 ～ 21.
[16] 王菲菲，李小平，陈小华，等.长荡湖近15年营养状态评价及限制因子研究.环境科学与技术，2012，35（S1）：353 ～ 357.
[17] 黄峰，李勇，潘继征，等.夏季富营养化滆湖中沉水植物群落重建及水质净化效果.环境污染与防治，2011，33（10）：9 ～ 14+28.
[18] 杨建新，田荣伟.加强长荡湖生态环境保护，创建生态湖泊.现代渔业信息，2011，26（01）：16 ～ 18.
[19] 黄峰，李勇，潘继征，等.冬春季富营养化滆湖中沉水植被重建及净化效果.环境科技，2010，23（04）：13 ～ 16.
[20] 吴云波，郑建平.滆湖入湖污染物控制对策研究.环境科技，2010，23（S1）：12 ～ 14+19.
[21] 唐晟凯，张彤晴，孔优佳等.滆湖鱼类学调查及渔获物分析.水生态学杂志，2009，30（06）：20 ～ 24.
[22] 王静，高俊峰.基于对应分析的湖泊围网养殖范围提取.遥感学报，2008（05）：716 ～ 723.
[23] 诸葛玮琳.长荡湖生态环境现状及防治对策.环境导报，2000（01）：32 ～ 34.
[24] 孔优佳，童合一.滆湖人工放流技术的改进及其效益分析.湖泊科学，1994（01）：55 ～ 61.
[25] 刘涛，揣小明，陈小锋，等.江苏省西部湖泊水环境演变过程与成因分析.环境科学研究，2011，24（09）：995 ～ 1002.
[26] 王冬梅，张震.石臼湖干涸后水量回复过程中生态特征变化研究.第四届中国水生态大会论文集，2016.

[27] 岑宇玉. 试论历史时期固城湖的变迁. 中国历史地理论丛，1994（03）：195 ～ 202.

[28] 谷孝鸿，范成新，胡本龙，等. 固城湖生物资源现状及近20年间的变化趋势. 生态与农村环境学报，2005（01）：7 ～ 11.

[29] 谷孝鸿，范成新，杨龙元，等. 固城湖冬季生物资源现状及环境质量与资源利用评价. 湖泊科学，2002（03）：283 ～ 288.

[30] 胡本龙，曾庆飞，赵小平，等. 固城湖水环境质量变化趋势分析. 水产养殖，2010，31（12）：1 ～ 3.

[31] 陆晓平，张继路，夏正创. 南京石臼湖固城湖水生态监测及修复措施探讨. 中国水利，2017（15）：37 ～ 39.

[32] 马祥中，闫浩，胡尊乐，等. 固城湖南河补水调度方案研究. 江苏水利，2018（10）：49 ～ 53.

[33] 唐雅萍，张哲海，梅卓华，等. 南京市主要湖泊浮游植物群落结构分析. 环境科技，2008（05）：14 ～ 16.

[34] 王德富. 石臼湖湿地生态及建立保护区论证. 安徽林业，2000（06）：12.

[35] 王荣娟，张金池. 石臼湖湿地水环境质量评价及富营养化状况研究. 湿地科学与管理，2011，7（02）：26 ～ 28.

[36] 邢平生. 对固城湖水资源保护的调查与思考. 江苏水利，2006（01）：37 ～ 38.

[37] 于忠华，刘海滨，张涨. 石臼湖流域江苏段生态环境驱动因素分析. 水资源保护，2010，26（06）：70 ～ 74.

[38] 张晓峰. 石臼湖控制运用浅析. 江苏水利，2009（04）：42 ～ 44.

[39] 赵红叶，孔一江. 固城湖水生植物的组成现状和动态变化研究初探. 环境监控与预警，2013，5（02）：46 ～ 49.

[40] 郑英铭，匡翠萍. 南京固城湖藻类潜在生产力试验研究. 水资源保护，1993（03）：6 ～ 9.

[41] 李勇，王超，朱亮，等. 长荡湖底泥污染特征及水体富营养化状况. 环境科学与技术，2005（02）：38 ～ 40.

[42] 郭刘超，韩庚宝，邓俊辰. 长荡湖浮游动物群落结构特征及影响因子分析. 江苏水利，2019（02）：1 ～ 5.

[43] 姜以才，徐小龙，姚锁洪. 对长荡湖水生态修复的几点思考. 中国水利，2009（05）：51 ～ 53.

[44] 蔡永久，刘劲松，戴小琳. 长荡湖大型底栖动物群落结构及水质生物学评价. 生态学杂志，2014，33（05）：1224 ～ 1232.

[45] 何玮. 长荡湖渔业生态环境评估及资源增殖对策. 2015.

[46] 王晓杰. 长荡湖水质变化分析及污染控制对策. 人民长江，2009，40（09）：20 ～ 22.

[47] 赵苇航，朱彧，朱亮. 长荡湖水环境变化趋势及其主要影响因子. 水资源保护，2014，30（06）：48 ～ 53.

[48] 王菲菲，李小平，陈小华. 长荡湖近15年营养状态评价及限制因子研究. 环境科学与技术，2012，35（S1）：353 ～ 357.

[49] 诸葛玮琳. 长荡湖生态环境现状及防治对策. 环境导报，2000（01）：32 ～ 34.

[50] 杨建新，田荣伟. 加强长荡湖生态环境保护，创建生态湖泊. 现代渔业信息，2011，26（01）：16 ～ 18.

[51] 周建立，付言言，张响. 推动长荡湖渔业高质量发展的措施. 科学养鱼，2018（07）：54 ～ 55.

[52] 张沛霖，李丹，汤旭光. 长荡湖流域生态资产动态遥感监测研究. 中国农村水利水电，2017（06）：78 ～ 80.

[53] 张卫星，靳一兵，于仲华，等. 长荡湖水环境现状及控制措施. 环境工程，2002（02）：64 ～ 65.

[54] 孙羊林，姚志刚. 江苏省十大湖泊. 森林与人类，2008（09）：54 ～ 57.

[55] 国超旋. 石臼湖江苏段浮游植物群落结构特征及与环境因子的关系. 水生态学杂志，2016，37（4）：23 ～ 29.

[56] 欧杰. 石臼湖地区百年尺度生态环境演变与人类活动关系研究. 南京师范大学，2012.

[57] 王冬梅，张震. 石臼湖干涸后水量回复过程中生态特征变化研究. 第四届中国水生态大会论文集，2016.

[58] 于忠华，刘海滨，张涨. 石臼湖流域江苏段生态环境驱动因素分析. 水资源保护，2010，26（6）：70 ～ 74.

江苏省
十大湖泊水生生物资源与环境

附　录

附录1 · 江苏省十大湖泊鱼类名录

种　　类	太湖	洪泽湖	高宝邵伯湖	滆湖	骆马湖	阳澄湖	长荡湖	石臼湖	白马湖	固城湖
一、鲱形目 Clupeiformes										
1. 鳀科 Engraulidae										
(1)刀鲚 *Coilia nasus*	+	+	+	+	+	+	+	+	+	+
二、鲑形目 Salmoniformes										
2. 银鱼科 Salangidae										
(2)陈氏新银鱼 *Neosalanx tangkahkeii*	+	+	+		+	+		+		
(3)大银鱼 *Protosalanx chinensis*	+	+	+	+	+			+	+	
(4)短吻间银鱼 *Hemisalanx brachyrostralis*								+		
(5)乔氏新银鱼 *Neosalanx tangkahkeii*		+	+		+					
三、合鳃鱼目 Synbgranchiformes										
3. 合鳃鱼科 Synbranchidae										
(6)黄鳝 *Monopterus albus*		+	+		+				+	
四、颌针鱼目 Beloniformes										
4. 鱵科 Hemirhamphiade										
(7)间下鱵 *Hyporhamphus intermedius*	+	+	+	+	+	+		+	+	+
五、鲤形目 Cypriniformes										
5. 鲤科 Cyprinidae										
(8)鲫 *Carassius auratus*	+	+	+	+	+	+	+	+	+	+
(9)鲤 *Cyprinus carpio*	+	+	+	+	+	+	+	+	+	
(10)鲢 *Hypophthalmichthys molitrix*	+	+	+	+	+	+	+	+	+	
(11)鳙 *Aristichthys nobilis*	+	+	+	+	+	+	+	+	+	
(12)鳊 *Parabramis pekinensis*	+	+	+	+	+	+	+		+	
(13)𩾌 *Hemiculter leucisculus*	+	+	+	+	+	+	+	+	+	+
(14)贝氏𩾌 *Hemiculter bleekeri*	+	+	+	+	+	+	+	+	+	+
(15)团头鲂 *Megalobrama amblycephala*	+	+	+	+	+	+	+		+	
(16)鲂 *Megalobrama skolkovii*	+	+	+		+				+	
(17)鳡 *Elopichthys bambusa*			+						+	
(18)草鱼 *Ctenopharyngodon idellus*	+	+	+	+	+	+	+		+	
(19)青鱼 *Mylopharyngodon piceus*	+	+	+		+			+	+	
(20)棒花鱼 *Abbottina rivularis*	+	+	+		+	+	+	+	+	+
(21)赤眼鳟 *Squaliobarbus curriculus*		+				+			+	

（续表）

种　　类	太湖	洪泽湖	高宝邵伯湖	滆湖	骆马湖	阳澄湖	长荡湖	石臼湖	白马湖	固城湖
（22）似鲚 *Toxabramis swinhonis*	+	+	+	+	+	+	+	+	+	+
（23）似鳊 *Pseudobrama simoni*	+	+	+	+	+	+	+	+	+	+
（24）达氏鲌 *Culter dabryi*	+	+	+	+	+	+	+	+	+	+
（25）蒙古鲌 *Culter mongolicus*	+	+	+	+	+	+	+	+	+	+
（26）红鳍原鲌 *Cultrichthys erythropterus*	+	+	+	+	+	+	+	+	+	+
（27）翘嘴鲌 *Culter alburnus*	+	+	+	+	+	+	+	+	+	+
（28）飘鱼 *Pseudolaubuca sinensis*			+	+	+	+	+	+		+
（29）寡鳞飘鱼 *Pseudolaubuca engraulis*		+	+		+				+	
（30）黑鳍鳈 *Sarcocheilichthys nigripinnis*	+	+	+	+	+	+			+	+
（31）花䱻 *Hemibarbus maculatus*	+	+	+		+	+	+	+	+	+
（32）华鳈 *Sarcocheilichthys sinensis*	+	+	+	+	+				+	
（33）尖头鲌 *Culter oxycephalus*			+		+					
（34）麦穗鱼 *Pseudorasbora parva*	+	+	+	+	+	+	+	+	+	+
（35）蛇鮈 *Saurogobio dabryi*	+	+	+		+	+		+	+	+
（36）点纹银鮈 *Squalidus wolterstorffi*										+
（37）似刺鳊鮈 *Paracanthobrama guichenoti*	+	+	+		+	+			+	+
（38）小口小鳔鮈 *Microphysogobio microstomus*					+					
（39）大鳍鱊 *Acheilognathus macropterus*	+	+	+	+	+	+	+	+	+	+
（40）彩鱊 *Acheilognathus imberbis*			+		+	+			+	+
（41）斑条鱊 *Acheilognathus taenianalis*	+									
（42）兴凯鱊 *Acheilognathus chankaensis*	+	+	+	+	+	+	+	+	+	+
（43）黄尾鲴 *Xenocypris davidi*	+	+	+	+	+	+			+	+
（44）细鳞斜颌鲴 *Xenocypris microlepis*	+		+			+		+	+	+
（45）银鲴 *Xenocypris argentea*	+							+	+	
（46）长蛇鮈 *Saurogobio dumerili*		+	+	+	+			+		+
（47）银鮈 *Squalidus argentatus*	+		+		+	+		+		+
（48）高体鳑鲏 *Rhodeus ocellatus*			+		+	+				
（49）方氏鳑鲏 *Rhodeus fangi*				+					+	
（50）中华鳑鲏 *Rhodeus sinensis*		+	+		+	+		+	+	+
6. 鳅科 Cobitidae										
（51）大鳞副泥鳅 *Paramisgurnus dabryanus*		+	+		+				+	
（52）泥鳅 *Misgurnus anguillicaudatus*	+	+	+	+	+	+			+	+
（53）中华花鳅 *Cobitis sinensis*	+		+	+						

（续表）

种　　类	太湖	洪泽湖	高宝邵伯湖	滆湖	骆马湖	阳澄湖	长荡湖	石臼湖	白马湖	固城湖
六、鲈形目 Perciformes										
7. 刺鳅科 Mastacembelidae										
（54）中华刺鳅 *Mastacembelus sinensis*	+	+	+		+	+	+		+	
8. 斗鱼科 Belontiidae										
（55）圆尾斗鱼 *Macropodus chinensis*					+				+	
9. 鮨科 Serranidae										
（56）鳜 *Siniperca chuatsi*		+	+	+	+	+			+	
（57）中华花鲈 *Lateolabrax maculatus*	+		+							
10. 沙塘鳢科 Odontobutidae										
（58）河川沙塘鳢 *Odontobutis potamophila*	+	+	+		+	+			+	
（59）小黄黝鱼 *Micropercops swinhonis*	+	+	+		+	+			+	
11. 虾虎鱼科 Gobiidae										
（60）斑尾刺虾虎鱼 *Acanthogobius ommaturus*										
（61）波氏吻虾虎鱼 *Rhinogobius cliffordpopei*	+	+	+		+			+		
（62）拉氏狼牙虾虎鱼 *Odontamblyopus lacepedii*		+	+	+	+					
（63）纹缟虾虎鱼 *Tridentiger trigonocephalus*	+	+	+		+					
（64）须鳗虾虎鱼 *Taenioides cirratus*	+	+		+	+	+	+			
（65）子陵吻虾虎鱼 *Rhinogobius giurinus*	+	+	+	+	+	+	+	+	+	+
12. 鲔科 Callionymidae										
（66）香鲔 *Callionymus olidus*	+									
13. 月鳢科 Odontobutidae										
（67）乌鳢 *Channa argus*	+	+	+	+	+	+	+		+	
七、鳗鲡目 Anguilliformes										
14. 鳗鲡科 Anguillidae										
（68）日本鳗鲡 *Anguilla japonica*		+							+	
八、鲇形目 Siluriformes										
15. 鲿科 Bagridae										
（69）光泽黄颡鱼 *Pelteobaggrus nitidus*	+	+	+	+	+	+	+	+		
（70）黄颡鱼 *Pelteobaggrus fulvidraco*	+	+	+	+	+	+	+	+	+	+
（71）江黄颡鱼 *Pelteobagrus vachelli*	+	+	+	+	+					
（72）圆尾拟鲿 *Pseudobagrus tenuis*		+						+		
（73）长须黄颡鱼 *Pelteobagrus eupogon*	+	+	+	+	+	+			+	
16. 鲇科 Siluridae										

（续表）

种　　类	太湖	洪泽湖	高宝邵伯湖	滆湖	骆马湖	阳澄湖	长荡湖	石臼湖	白马湖	固城湖
（74）鲇 *Silurus asotus*	+	+	+		+	+	+	+	+	
17. 鮰科 Ictaluridae										
（75）斑点叉尾鮰鱼 *Ictalurus punctatus*					+					
九、鲻形目 Mugiliformes										
18. 鲻科 Mugilidae										
（76）鲻 *Mugil cephalus*			+			+				
（77）鮻 *Liza haematocheilus*		+								
十、鳉形目 Cyprinodontiformes										
19. 青鳉科 Oryziatidae										
（78）青鳉 *Oeyzias latipes*		+			+				+	

注："+" 代表出现。

附录2 · 江苏省十大湖泊浮游植物名录

种　　类	太湖	洪泽湖	高宝邵伯湖	滆湖	骆马湖	阳澄湖	长荡湖	石臼湖	白马湖	固城湖
蓝藻门 Cyanophyta										
假鱼腥藻属										
假鱼腥藻 *Pseudanabaena* sp.	+			+		+	+	+		+
蓝纤维藻属										
针晶蓝纤维藻 *Dactylococcopsis rhaphidioides*	+	+	+	+	+	+	+	+	+	+
针状蓝纤维藻 *Dactylococcopsis acicularis*	+			+		+	+	+		+
纤维藻 *Ankistrodesmus* sp.		+	+		+					
卷曲纤维藻 *Ankistrodesmus convolutus*		+								
镰形纤维藻 *Ankistrodesmus falcatus*		+	+		+				+	
螺旋纤维藻 *Ankistrodesmus spiralis*		+	+		+				+	
狭形纤维藻 *Ankistrodesmus angustus*		+	+		+				+	
针形纤维藻 *Ankistrodesmus angustus*		+	+		+				+	
平裂藻属										
点状平裂藻 *Merismopedia punciata*	+			+		+	+	+		+
微小平裂藻 *Merismopedia minima*	+			+		+	+	+		+
细小平裂藻 *Merismopedia tenuissima*	+			+		+	+	+		+
旋折平裂藻 *Merismopedia convoluta*	+			+		+	+	+		
优美平裂藻 *Merismopedia elegans*		+							+	

（续表）

种　　类	太湖	洪泽湖	高宝邵伯湖	滆湖	骆马湖	阳澄湖	长荡湖	石臼湖	白马湖	固城湖
腔球藻属										
腔球藻 *Coelosphaerium* sp.	+			+		+	+			+
不定腔球藻 *Coelosphaerium dubium*		+			+			+	+	
色球藻属										
膨胀色球藻 *Chroococcus turgidus*	+			+		+	+	+		+
束缚色球藻 *Chroococcus tenax*	+			+		+	+	+		+
色球藻 *Chroococcus* sp.	+	+	+	+	+	+	+	+	+	+
小形色球藻 *Chroococcus minor*		+								
微小色球藻 *Chroococcus minutus*		+	+		+				+	
束丝藻属										
水华束丝藻 *Aphanizomenon flosaquae*				+			+			+
束丝藻 *Aphanizomenon* sp.	+			+		+	+	+		+
微囊藻属										
微囊藻 *Microcystis* sp.	+	+	+	+	+	+	+	+	+	+
具缘微囊藻 *Microcystis marginata*					+					
水华微囊藻 *Microcystis flos −aquae*		+			+				+	
念球藻属										
念珠藻 *Nostoc* sp.		+			+				+	
点形念珠藻 *Nostoc punctiforme*					+				+	
林氏念珠藻 *Nostoc linckia*				+	+				+	
普通念珠藻 *Nostoc commune*		+							+	
沼泽念珠藻 *Nostoc paludosum*		+		+	+				+	
鱼腥藻属										
卷曲鱼腥藻 *Anabaena circinalis*	+			+		+	+	+	+	+
水华鱼腥藻 *Anabaena circinalis*	+			+		+				
螺旋鱼腥藻 *Anabaena spiroides*	+					+	+			
鱼腥藻 *Anabaena* sp.	+	+		+		+	+	+		+
阿氏项圈藻 *Anabaenopsis arnoldii*				+		+				
螺旋鱼腥藻 *Anabaena spiroides*					+					
颤藻属										
尖细颤藻 *Oscillatoria acuminata*				+			+			
阿氏颤藻 *Oseillatoria agardhii*		+	+		+					
灿烂颤藻 *Oseillatoria splendida*			+	+		+	+	+		+

（续表）

种　　类	太湖	洪泽湖	高宝邵伯湖	滆湖	骆马湖	阳澄湖	长荡湖	石臼湖	白马湖	固城湖
巨颤藻 *Oscillatoria princeps*		+	+	+					+	
小颤藻 *Oscillatoria tennuis*		+	+	+					+	
颤藻 *Oseillatoria* sp.	+	+	+	+		+	+	+	+	+
席藻属										
席藻 *Phormidiaceae* sp.			+	+					+	
小席藻 *Phormidium tenus*		+	+	+					+	
蜂巢席藻 *phormidium foveolarum*			+	+					+	
皮状席藻 *Phormidium corium*		+	+	+					+	
窝形席藻 *Phormidium foveolarum*		+	+	+					+	
黄群藻属										
黄群藻 *Synuraceae urelin Her*	+			+		+		+		+
色金藻属										
色金藻 *Chromulina* sp.	+	+	+	+	+	+		+	+	+
鱼鳞藻属										
鱼鳞藻 *Mallomonas* sp.	+			+		+	+	+		+
锥囊藻属										
分歧锥囊藻 *Dinobryon divergens*						+	+			+
圆筒形锥囊藻 *Dinobryon cylindricum*	+			+		+	+	+		+
钟罩藻 *Dinobryon* sp.			+		+				+	
锥囊藻 *Dinobryon* sp.		+	+						+	
密集锥囊藻 *Dinobryon sertularia*			+		+					
棕鞭藻属										
棕鞭藻 *Ochromonas* sp.	+					+	+		+	
黄藻门 Xanthophyta										
黄管藻属										
头状黄管藻 *Ophiocytium capitatum*							+	+	+	+
小型黄管藻 *Ophiocytium parvulum*					+				+	
黄丝藻属										
近缘黄丝藻 *Tribonema affine*			+		+	+			+	
黄丝藻 *Tribonematales* sp.	+	+	+	+	+	+	+	+	+	+
拟丝藻黄丝藻 *Tribonemaul ulothrichoides*			+						+	
小型黄丝藻 *Tribonema minus*			+		+				+	
膝口藻属										

（续表）

种　　类	太湖	洪泽湖	高宝邵伯湖	滆湖	骆马湖	阳澄湖	长荡湖	石臼湖	白马湖	固城湖
膝口藻 *Gonyostomum semen*		+			+					
扁平膝口藻 *Gonyostomum depressum*		+	+							
硅藻门 Bacillariophyta										
波缘藻属										
草鞋形波缘藻 *Cymatopleura solea*	+		+				+	+		
布纹藻属										
尖布纹藻 *Gyrosigma acuminatum*	+			+		+	+	+		+
库津塞布纹藻 *Gyrosigma kuetzingii*				+						
斯潘塞布纹藻 *Gyrosigma spencerii*				+			+	+		
布纹藻 *Gyrosigma* sp.	+						+	+	+	+
细布纹藻 *Gyrosigma* sp.			+						+	
平板藻属										
平板藻 *Gyrosigma kützingii*			+						+	
窗格平板藻 *Tabellaria* sp.		+	+		+				+	
绒毛平板藻 *Tabellaria fenestrata*			+							
脆杆藻属										
短线脆杆藻 *Fragilaria brevistriata*								+		
钝脆杆藻 *Fragilaria capucina*	+					+		+	+	
中型脆杆藻 *Fragilaria intermedia*		+	+				+		+	
脆杆藻 *Fragilaria* sp.	+	+		+		+	+	+	+	+
等片藻属										
普通等片藻 *Diatoma vulgare*										+
冠盘藻属										
星形冠盘藻 *Stephanodiscus neoastraea*		+	+		+					
根管藻属										
长刺根管藻 *Rhizosolenia longiseta*	+		+		+	+	+	+		+
根管藻 *Rhizosolenia* sp.			+							
菱板藻属										
双尖菱板藻 *Hantzschia amphioxys*	+									
菱板藻 *Hantzschia* sp.					+					
菱形藻属										
谷皮菱形藻 *Nitzschia palea*	+	+	+		+	+	+	+		+
莱维迪菱形藻 *Nitzschia levidensis*	+				+	+	+	+		

（续表）

种　　类	太湖	洪泽湖	高宝邵伯湖	滆湖	骆马湖	阳澄湖	长荡湖	石臼湖	白马湖	固城湖
类 *S* 菱形藻 *Nitzschia sigmoidea*	+				+	+		+		
线性菱形藻 *Nitzschia linearis*	+				+	+	+	+		+
长菱形藻 *Nitzschia longissima*	+				+	+	+	+		+
针形菱形藻 *Nitzschia acicularis*	+	+	+	+	+	+	+	+	+	+
菱形藻 *Nitzschia* sp.	+		+		+	+	+	+		+
双头菱形藻 *Nitzschia amphibia*		+	+		+				+	
双壁藻属										
卵圆双壁藻 *Diploneis ovalis*		+	+							
美丽双壁藻 *Diploneis purlla*		+			+				+	
卵形藻属										
扁圆卵形藻 *Cocconeis placentula*	+				+	+	+	+		+
桥弯藻属										
膨大桥弯藻 *Cymbella turgida*						+		+		
膨胀桥弯藻 *Cymbella pusilla*	+	+	+			+	+	+		+
箱形桥弯藻 *Cymbella cistula*					+		+			
桥弯藻 *Cymbella* sp.		+			+	+	+		+	+
埃伦桥弯藻 *Cymbella lanceolata*			+						+	
近缘桥弯藻 *Cymbella cymbiformis*			+							
新月形桥弯藻 *Cymbella parua*					+					
曲壳藻属										
短小曲壳藻 *Achnanthes exigua*					+	+	+	+		+
曲壳藻 *Achnanthes* sp.	+				+	+	+	+		+
双菱形藻属										
粗壮双菱藻 *Surirella robusta*	+				+	+			+	+
双菱藻属										
端毛双菱藻 *Surirella caproniiBreb*									+	
线形双菱藻 *Surirella linearis*									+	
双菱藻 *Surirella* sp.					+	+		+		
二列双菱藻 *Surirella biseriata*							+			
双眉藻属										
卵圆双眉藻 *Amphora ovalis*		+			+					
辐节藻属										
双头辐节藻 *Stauroneis anceps*		+	+		+				+	

（续表）

种　　类	太湖	洪泽湖	高宝邵伯湖	滆湖	骆马湖	阳澄湖	长荡湖	石臼湖	白马湖	固城湖
小环藻属										
梅尼小环藻 *Cyclotella meneghiniana*	+	+	+	+	+	+	+	+	+	+
小环藻 *Cyclotella* sp.		+	+		+				+	
具星小环藻 *Cyclotella stelligera*		+	+		+				+	
科曼小环藻 *Cyclotella comensis Grun*		+	+		+				+	
短缝藻属										
蓖形短缝藻 *Eunotia factinalis*		+	+		+					
星杆藻属										
美丽星杆藻 *Asterionella formsa*	+				+	+	+	+	+	
华丽星杆藻 *Asterionella formosaHassall*			+						+	
胸膈藻属										
胸膈藻 *Mastogloia Thwaites*					+	+				+
异极藻属										
扁鼻异极藻 *Gomphonema simus*							+			
尖顶异极藻 *Gomphonema augur*							+			
塔形异极藻 *Gomphonema turris*	+				+	+		+		
纤细异极藻 *Gomphonema gracile*		+	+		+				+	
小形异极藻 *Gomphonema parvulum*					+		+			
小形异极藻近椭圆变种 *Gomphonema parvulum* var. *subellipticum*							+			
小形异极藻具领变种 *Gomphonema parvulum* var. *lagenula*					+					
缢缩异极藻 *Gomphonema constrictum*	+			+	+	+	+	+		
缢缩异极藻粗壮变种 *Gomphonema constrictum* var. *robustum*					+		+			+
缢缩异极藻膨大变种 *Gomphonema constrictum* var. *turgidum*							+			
缢缩异极藻膨胀变种 *Gomphonema constrictum* var. *wentricosum*							+			
窄异极藻 *Gomphonema angustatum*	+				+	+	+	+		+
异极藻 *Gomphonema* sp.	+	+	+		+	+	+	+	+	
羽纹藻属										
羽纹藻 *Pinnularia* sp.		+		+		+	+	+	+	+
大羽纹藻 *Cymatopleura solea*		+			+				+	
针杆藻属										

（续表）

种　　类	太湖	洪泽湖	高宝邵伯湖	滆湖	骆马湖	阳澄湖	长荡湖	石臼湖	白马湖	固城湖
尖针杆藻 *Synedra acus*	+	+	+	+	+	+	+	+	+	+
肘状针杆藻 *Synedra ulna*	+	+	+	+	+	+	+	+	+	+
肘状针杆藻凹入变种 *Synedra ulna* var. *impressa*					+					
肘状针杆藻二头变种 *Synedra ulna* var. *biceps*					+	+	+	+		+
针杆藻 *Synedra* sp.	+	+	+	+	+	+	+	+	+	+
双头针杆藻 *Synedra acus*		+	+		+				+	
直链藻属										
变异直链藻 *Melosira varians*	+	+	+	+	+	+	+	+		+
颗粒直链藻 *Melosira granulata*	+	+	+	+	+	+	+	+	+	+
颗粒直链藻螺旋变种 *Melosira granulata* var. *spiralis*	+				+	+	+	+		+
颗粒直链藻纤细变种 *Melosira granulata* var. *angutissima*	+				+	+	+	+		+
螺旋颗粒直链藻 *Melosira*		+			+				+	
舟形藻属										
喙头舟形藻 *Naviculaceae rhynchocephala*						+		+		
尖头舟形藻 *Navicula cuspidata*	+					+		+		+
舟形藻 *Navicula* sp.	+	+	+	+	+	+	+	+	+	+
扁圆舟形藻 *Navicula palcentula*			+							
放射舟形藻 *Navicula radiosa* Kutz		+			+				+	
简单舟形藻 *Navicula simplex*		+	+		+				+	
瞳孔舟形藻 *Navicula pupula*		+								
长圆舟形藻 *Navicula oblonga*									+	
弯月形舟形藻 *Navicula menisculus*									+	
隐藻门 Cryptophyta										
蓝隐藻属										
尖尾蓝隐藻 *Chroomonas acuta*	+	+	+	+		+	+	+	+	+
隐藻属										
卵形隐藻 *Cryptomons ovata*	+	+	+	+	+	+	+	+	+	+
啮蚀隐藻 *Cryptomonas erosa*	+	+	+	+		+	+	+	+	+
甲藻门 Dinophyta										
薄甲藻属										
薄甲藻 *Glenodinium* sp.	+	+	+		+	+	+	+	+	
多甲藻属										

（续表）

种　　类	太湖	洪泽湖	高宝邵伯湖	滆湖	骆马湖	阳澄湖	长荡湖	石臼湖	白马湖	固城湖
多甲藻 *Peridinium* sp.	+				+	+	+	+		+
埃尔多甲藻 *Peridinium elpatiewskyi*		+							+	
二角多甲藻 *Peridinium bipes*			+							
微小多甲藻 *Protoperidinium minutum Loeblich II*			+		+					
角甲藻属										
飞燕角甲藻 *Ceratium hirundinella*		+		+	+			+		+
角甲藻 *Ceratium hirundinella*		+	+		+				+	
裸甲藻属										
裸甲藻 *Gymnodimium* sp.	+				+	+	+	+		+
裸藻门 Euglenophyta										
扁裸藻属										
敏捷扁裸藻 *Phacus agilis*		+	+		+				+	
钩状扁裸藻 *Phacus hamatus*			+							
近圆扁裸藻 *Phacus circulatus*					+					
梨形扁裸藻 *Phacus pyrum*	+				+	+	+			+
扭曲扁裸藻 *Phacus tortus*										+
三棱扁裸藻 *Phacus triqueter*								+	+	
弯曲扁裸藻 *Phacus inflexus*						+				
长尾扁裸藻 *Phacus longicauda*		+	+		+	+		+	+	
扁裸藻 *Phacus* sp.		+	+		+		+	+	+	+
袋鞭藻属										
叉状袋鞭藻 *Peranema furcatum*	+									
裸藻属										
尾裸藻 *Euglena oxyuris*			+		+				+	
多形裸藻 *Euglena polymorpha*		+			+				+	
近轴裸藻 *Euglena proxima*			+							
血红裸藻 *Euglena sanguinea*		+							+	
尖尾裸藻 *Euglena oxyuris*					+				+	
静裸藻 *Euglena deses*					+		+		+	+
绿裸藻 *Euglena virids*	+		+		+	+	+	+	+	+
三棱裸藻 *Euglena tripteris*					+		+			
梭形裸藻 *Euglena acus*	+				+		+		+	+
鱼形裸藻 *Euglena pisciformis*	+		+		+	+	+	+		+

（续表）

种　　类	太湖	洪泽湖	高宝邵伯湖	滆湖	骆马湖	阳澄湖	长荡湖	石臼湖	白马湖	固城湖
裸藻 *Euglena* sp.	+	+	+		+	+	+	+		+
囊裸藻属										
糙纹囊裸藻 *Trachelomonas scabra*		+		+	+	+	+	+		+
极美囊裸藻 *Trachelomonas pulcherrima*					+		+			
矩圆囊裸藻 *Trachelomonas oblonga*		+	+	+		+	+		+	
矩圆囊裸藻 *Trachelomonas oblonga* var. *truncata*	+				+			+		
囊裸藻 *Trachelomonas* sp.	+	+	+	+		+	+	+	+	+
湖生囊裸藻 *Trachelomonas lacustris*		+								
华丽囊裸藻 *Trachelomonas superba*									+	
棘刺囊裸藻 *Trachelomonas hispida*			+							
尾棘囊裸藻 *Trachelomonas armata*		+	+							
相似囊裸藻 *Trachelomonas similis*					+					
旋转囊裸藻 *Trachelomonas volvocina*		+								
鳞孔藻属										
鳞孔藻 *Lepocinclis* sp.		+			+					
编织鳞孔藻 *Lepocinclis texta*									+	
纺锤鳞孔藻 *Lepocinclis fusiformis*		+							+	
卵形鳞孔藻 *Lepocincils oxyuris*		+	+		+				+	
梭形鳞孔藻 *Lepocinclis marssonii*					+					
椭圆鳞孔藻 *Lepocinclis steinii*		+			+					
陀螺藻属										
河生陀螺藻 *Strombomonas fluviatilis*	+	+		+	+		+	+		
剑尾陀螺藻 *Strombomonas ensifera*					+				+	
狭形陀螺藻 *Strombomonas angusta*					+					
陀螺藻 *Strombomonas* sp.	+						+			
绿藻门 Chlorophyta										
被刺藻属										
被刺藻 *Franceia ovalis*	+				+	+	+	+		+
并联藻属										
柯氏并联藻 *Quadrigula chodatii*	+				+	+	+	+		+
顶棘藻属										
十字顶棘藻 *Chodatella wratislaviensis*	+				+	+	+	+		
四刺顶棘藻 *Chodatella quadriseta*	+				+	+	+	+		+

（续表）

种　类	太湖	洪泽湖	高宝邵伯湖	滆湖	骆马湖	阳澄湖	长荡湖	石臼湖	白马湖	固城湖
纤毛顶棘藻 *Chodatella ciliata*	+					+	+			
多芒藻属										
多芒藻 *Golenkinia radiata*	+				+	+	+	+		+
纺锤藻属										
纺锤藻 *Elakatothrix gelatinosa*	+				+	+	+	+		+
弓形藻属										
弓形藻 *Schroederia setigera*		+	+	+	+		+	+	+	
螺旋弓形藻 *Schroederia spiralis*	+				+	+	+	+	+	+
拟菱形弓形藻 *Schroederia nitzschioides*	+	+	+	+	+	+	+	+	+	+
硬弓形藻 *Schroederia robusta*	+	+	+	+	+	+	+	+	+	+
鼓藻属										
鼓藻 *Cosmarium* sp.	+	+			+	+	+	+		+
双钝顶鼓藻 *Cosmarium biretum*		+								
角星鼓藻 *Staurastrum* sp.									+	
肾形鼓藻 *Cosmarium reniforme*		+	+		+				+	
布莱鼓藻 *Cosmarium blyttii*			+							
光滑鼓藻 *Cosmarium leave* Rab			+		+				+	
球鼓藻 *Cosmarium globosum* Buldh			+		+				+	
项圈鼓藻 *Cosmarium moniliforme*			+						+	
英克斯四棘鼓藻 *Arthrodesmus incus*									+	
圆鼓藻 *Cosmarium circulare*		+	+		+				+	
棘球藻属										
棘球藻 *Echinosphaerella limnetica*	+							+		
集星藻属										
河生集星藻 *Actinnastrum fluviatile*	+	+	+		+	+	+	+	+	+
葡萄异鞭藻 *Anisonema acinus*									+	
胶囊藻属										
球囊藻 *Sphaerocystis* sp.										+
角星鼓藻属										
浮游角星鼓藻 *Staurastrum planctonicum*						+		+		+
四角角星鼓藻 *Staurastrum tetracerum*						+				+
威尔角星鼓藻 *Staurastrum willsii*						+				+
角星鼓藻 *Staurastrum* sp.	+				+		+	+		+

（续表）

种　　类	太湖	洪泽湖	高宝邵伯湖	滆湖	骆马湖	阳澄湖	长荡湖	石臼湖	白马湖	固城湖
平卧角星鼓藻 *Staurastrum dejectum*			+							
纤细角星鼓藻 *Staurastrum gracile*		+	+						+	
空球藻属										
胶刺空球藻 *Eudorina Ehrenberg*	+				+	+	+			
空球藻 *Eudorina elegans*	+					+	+	+		+
空星藻属										
空星藻 *Coelastrum sphaericum*	+	+	+	+	+	+	+	+	+	
网状空星藻 *Coelastrum reticulatum*	+				+	+	+	+		+
小空星藻 *Coelastrum microporum*	+				+	+	+	+		+
卵囊藻属										
卵囊藻 *Oocystis* sp.	+	+	+		+	+	+	+	+	+
波吉卵囊藻 *Oocystis borgei*	+		+		+	+	+	+		+
单生卵囊藻 *Oocystis solitaria*		+	+		+				+	
湖生卵囊藻 *Oocystis lacustris*	+	+	+		+	+	+	+		+
球囊藻属										
球囊藻 *Sphaerocystis schroeteri*		+	+		+				+	
顶级棘藻属										
十字顶棘藻 *Chodatella wratislaviensis*			+		+				+	
绿梭藻属										
长绿梭藻 *Chlorogonium elongatum*	+				+	+	+	+		+
拟韦斯藻属										
线形拟韦斯藻 *Westellopsis linearis*						+				
盘星藻属										
单角盘星藻 *Pediastrum simplex*	+	+	+	+	+	+	+	+	+	+
单角盘星藻具孔变种 *Pediastrum simplex* var. *duodenarium*	+		+			+		+		+
短棘盘星藻 *Pediastrum boryanum*					+			+	+	
二角盘星藻 *Pediastrum duplex*	+	+	+	+	+	+	+	+	+	
二角盘星藻大孔变种 *Pediastrum duplex* var. *clathratum*						+	+	+		
二角盘星藻纤细变种 *Pediastrum duplex* var. *gracillimum*		+	+		+		+		+	
双射盘星藻 *Pediastrum biradiatum*					+	+	+	+		
斯氏盘星藻 *Pediastrum sturmii*					+	+		+		+

（续表）

种　　类	太湖	洪泽湖	高宝邵伯湖	滆湖	骆马湖	阳澄湖	长荡湖	石臼湖	白马湖	固城湖
四齿盘星藻 *Pediastrum tetras*					+	+	+	+	+	
四齿盘星藻 *Pediastrum tetras* var. *tetraodon*	+						+	+		
四角盘星藻 *Pediastrum tetras*	+				+	+	+	+		+
盘星藻 *Pediastrum* sp.		+	+		+				+	
盘藻属										
美丽盘藻 *Gonium formosum*						+				
盘藻 *Gonium* sp.								+		
肾形藻属										
肾形藻 *Nephrocytium agardianum*	+				+	+	+	+		+
十字藻属										
顶锥十字藻 *Crucigenia apiculata*	+				+	+	+	+		+
华美十字藻 *Crucigenia lauterbornii*		+	+	+	+	+	+		+	
四角十字藻 *crucigenia quadrata*	+	+	+	+	+	+	+	+	+	+
四足十字藻 *Crucigenia tetrapedia*	+	+	+	+	+	+	+	+	+	+
铜线形十字藻 *Crucigenia fenestrata*	+							+		
直角十字藻 *Crucigenia rectangularis*	+				+	+	+	+		+
四刺藻属										
四刺藻 *Treubaria triappendiculata*		+			+					
实球藻属										
实球藻 *Pandorina morum*	+	+	+		+	+	+		+	
浮球藻属										
浮球藻 *Planktosphaeria gelotinosa*		+	+						+	
杂球藻属										
杂球藻 *Pleodorina californica*		+	+				+		+	
水绵属										
水绵藻 *Spirogyra* sp.			+							
丝藻属										
丝藻 *Ulothrix* sp.	+				+	+	+	+		+
四胞藻属										
四胞藻 *Tetraspora* sp.					+	+		+		
四鞭藻属										
四鞭藻 *Carteria* sp.	+				+	+	+	+		+
四棘藻属										

（续表）

种　　类	太湖	洪泽湖	高宝邵伯湖	滆湖	骆马湖	阳澄湖	长荡湖	石臼湖	白马湖	固城湖
粗刺四棘藻 *Treubaria crassispina*	+				+	+	+	+		+
四棘藻 *Treubaria triappendiculata*						+		+		
扎卡四棘藻 *Attheya zachariasi*	+	+			+	+	+	+	+	+
四角藻属										
二叉四角藻 *Tetraedron bifurcatum*							+			
戟形四角藻 *Tetraedron hastatum*	+				+		+	+		+
具尾四角藻 *Tetraedron caudatum*	+	+	+	+	+	+	+	+	+	+
膨胀四角藻 *Tetraedron tumidulum*				+	+				+	
三角四角藻 *Tetraedron trigonum*	+	+	+	+	+	+	+	+	+	+
三角四角藻乳突变种 *Tetraedron trigonum* var. *papilliferum*						+		+		+
三角四角藻小型变种 *Tetraedron trigonum* var. *gracile*	+		+		+	+	+	+	+	+
三叶四角藻 *Tetraedron trilobulatum*	+	+	+	+	+	+	+	+	+	+
微小四角藻 *Tetraedron minimum*	+	+	+	+		+	+	+	+	+
细小四角藻 *Teraedton minimum*					+	+		+		
整齐四角藻砧形变种 *Tetraedron regulare* var. *incus*	+	+			+	+	+			
四角藻 *Tetraedron* sp.	+			+	+	+	+	+		+
四链藻属										
四链藻 *Tetradesmus wisconsinense*	+				+	+	+	+		+
四星藻属										
短刺四星藻 *Tetrastrum staurogeniaeforme*	+	+	+	+	+	+	+	+	+	
华丽四星藻 *Tetrastrum elegans*	+				+	+	+	+		+
孔纹四星藻 *Tetrastrum punctatum*	+				+	+	+			
平滑四星藻 *Tetrastrum glabrum*	+				+	+	+	+		+
异刺四星藻 *Tetrastrum heterocanthum*	+		+	+		+	+	+	+	
四星藻 *Tetrastrum* sp.		+	+		+				+	
四月藻属										
四月藻 *Tetrallantos lagerkeimii*					+					
湖生四孢藻 *Tetraspoca lacustris*									+	
塔胞藻属										
娇柔塔胞藻 *Pyramimonas delicatula*	+				+	+				
团藻属										
美丽团藻 *Volvox aureus*					+				+	

（续表）

种　　类	太湖	洪泽湖	高宝邵伯湖	滆湖	骆马湖	阳澄湖	长荡湖	石臼湖	白马湖	固城湖
蹄形藻属										
肥壮蹄形藻 *Kirchneriella obesa*	+			+	+	+	+	+		+
扭曲蹄形藻 *Kirchneriella contorta*	+			+	+	+	+	+	+	
蹄形藻 *Kirchneriella lunaris*	+	+	+	+	+	+	+	+	+	+
网球藻属										
美丽网球藻 *Dictyosphaerium pulchellum*	+				+	+	+	+		+
网球藻 *Dictyosphaeria cavernosa*	+				+	+	+	+		+
微星鼓藻属										
乳突微星鼓藻 *Micrasterias papillifera*									+	
微芒藻属										
博恩微芒藻 *Micractinium bornhemiensis*						+				
微芒藻 *Micractinium pusillum*	+		+		+	+	+	+		+
韦斯藻属										
丛球韦斯藻 *Westilla botryoides*	+	+			+	+	+	+	+	+
粗刺藻属										
粗刺藻 *Acanthosphaera* sp.		+	+		+				+	
纤维藻属										
镰形纤维藻 *Ankistrodesmus falcatus*	+				+	+	+	+		+
镰形纤维藻奇异变形 *Ankistrodesmus falcatus* var. *mirabilis*	+				+	+	+	+		
狭形纤维藻 *Ankistrodesmus angustus*	+				+	+	+	+		+
针状纤维藻 *Ankistrodesmus acicularis*	+				+	+	+	+		+
小球藻属										
小球藻 *Chlorella vulgaris*	+	+	+	+	+	+	+	+	+	+
雨生红球藻 *Haematococcus Pluvialis*		+	+		+				+	
胶网藻 *Dictyosphaerium* sp.		+	+		+					
美丽胶网藻 *Dictyosphaerium pulchellum*									+	
三角藻属										
三角藻 *Triceratium* sp.			+							
小桩藻属										
小桩藻 *Characium* sp.		+			+			+		
新月藻属										
莱布新月藻 *Closterium leibleinii*			+		+				+	

（续表）

种　　类	太湖	洪泽湖	高宝邵伯湖	滆湖	骆马湖	阳澄湖	长荡湖	石臼湖	白马湖	固城湖
尖新月藻 *Closterium acutum*	+				+	+	+	+		+
纤细新月藻 *Closterium gracile*	+		+	+	+	+	+	+	+	+
新月藻 *Closterium* sp.	+	+	+	+	+	+			+	
库津新月藻 *Closterium kutzingii*		+	+		+				+	
锐新月藻 *Closterium acerosum*			+							
厚顶新月藻 *Chlamydomonas mutabilis*									+	
膨胀新月藻 *Chlamydomonas miicrosphaerella*		+								
线痕新月藻 *Closterium lineatum*			+							
微小新月藻 *Closterium parvulum*		+			+				+	
月牙新月藻 *Closterium cynthia*		+	+		+				+	
叶衣藻属										
叶衣藻 *Lobomonas* sp.					+	+				
衣藻属										
衣藻 *Chlamydomonas* sp.	+	+	+		+	+	+	+	+	+
简单衣藻 *Chlamydomonas simplex*		+	+		+				+	
莱哈衣藻 *Chlamydomonas reinhardtii*		+								
球衣藻 *Chlamydomonas globosa Snow*		+	+		+				+	
斯诺衣藻 *Chlamydomonas snowiae*		+			+				+	
小球衣藻 *Chlamydomonas miicrosphaerella*			+							
中华拟衣藻 *Chloromonas sinica*		+			+				+	
翼膜藻属										
尖角翼膜藻 *Pteromonas aculeata*	+				+	+	+	+		+
尖角翼膜藻奇异变种 *Pteromonas aculeata* var. *mirifica*	+				+	+	+	+		+
游丝藻属										
游丝藻 *Planctonema lauterbornii*	+		+		+	+	+	+		+
单型丝藻 *Ulothrixac*									+	
环丝藻 *Ulothrix zonata*		+								
月牙藻属										
端尖月芽藻 *Selenastrum westii*	+				+	+	+	+		+
纤细月牙藻 *Selenastrum gracile*	+	+	+	+	+	+	+	+	+	+
小形月牙藻 *Selenastrum minutum*	+				+	+	+	+		+
月牙藻 *Selenastrum* sp.	+	+	+	+	+	+	+	+	+	+

（续表）

种　　类	太湖	洪泽湖	高宝邵伯湖	滆湖	骆马湖	阳澄湖	长荡湖	石臼湖	白马湖	固城湖
栅藻属										
被甲栅藻 *Scenedesmus armatus*					+	+	+		+	+
被甲栅藻双尾变种 *Scenedesmus armatus* var. *bicandatus*					+					
扁盘栅藻 *Scenedesmus platydiscus*	+				+	+	+	+		
齿牙栅藻 *Scenedesmus denticulatus*	+		+		+	+	+	+	+	+
多棘栅藻 *Scenedesmus abundans*		+	+		+				+	
二形栅藻 *Scenedesmus dimorphus*	+	+	+	+	+	+	+	+	+	+
丰富栅藻 *Scenedesmus abundans*	+				+	+	+	+		+
尖细栅藻 *Scenedesmus acuminatus*	+				+	+	+	+		
龙骨栅藻 *Scenedesmus carinatus*							+			
裂孔栅藻 *Scenedesmus perforatus*		+	+							
双对栅藻 *Scenedesmus bijuba*	+	+	+	+	+	+	+	+	+	+
双棘栅藻 *Scenedesmus bicaudatus*	+				+	+	+	+		+
双尾栅藻四棘变种 *Scenedesmus bicaudatus* var. *quadrispina*	+				+	+	+			
双尾栅藻小型变种 *Scenedesmus bicaudatus* var. *parvus*					+	+	+			
四尾栅藻 *Scenedemus quadricauda*	+	+	+	+	+	+	+	+	+	+
四尾栅藻四棘变种 *Scenedemus quadricauda* var. *quadrispina*	+				+	+	+	+		+
四尾栅藻小型变种 *Scenedemus quadricauda* var. *parvus*	+				+	+	+	+		+
弯曲栅藻 *Scenedesmus*		+	+		+				+	
爪哇栅藻 *Scenedesmus javaensis*		+	+	+	+				+	
栅藻 *Scenedemus* sp.	+				+		+	+		
转板藻属										
转板藻 *Mougeotia* sp.	+				+	+	+	+		+
鞘丝藻属										
湖泊鞘丝藻 *Lyngbya limnetica*		+	+		+				+	
马氏鞘丝藻 *Lyngbya martensiana*			+							
小胶鞘藻 *Phormidiumtenue*		+								
项圈藻属										
阿氏项圈藻 *Anabaenopsis arnolodii*		+	+		+				+	
拉氏项圈藻 *Anabaenopsis Raciborskii*									+	

（续表）

种　　类	太湖	洪泽湖	高宝邵伯湖	滆湖	骆马湖	阳澄湖	长荡湖	石臼湖	白马湖	固城湖
星球藻 *Asterocapsa*					+					
尖头藻属										
弯形尖头藻 *Raphidiopsis curvata*		+	+							
螺旋藻属										
螺旋藻 *Spirulina* sp.	+	+	+	+	+	+	+	+	+	+
钝顶螺旋藻 *Spirulina platensis*		+	+		+				+	
大螺旋藻 *Spirulina major*			+							
为首螺旋藻 *Spirulina princeps*			+		+					
隐球藻属										
美丽隐球藻 *Aphanocapsa pulchra*		+	+		+				+	
细小隐球藻 *Aphanocapsa elachista*			+							
微胞藻属										
丛毛微胞藻 *Microspora floccose*									+	

附录3 · 江苏省十大湖泊浮游动物名录

种　　类	太湖	洪泽湖	高宝邵伯湖	滆湖	骆马湖	阳澄湖	长荡湖	石臼湖	白马湖	固城湖
原生动物 Protozoa										
似铃壳虫属										
王氏似铃壳虫 *Tintinnopsis wangi*	+			+	+	+	+	+	+	+
钵杵似铃壳虫 *Tintinnopsis subpistillum*	+			+		+	+	+		+
中华似铃壳虫 *Tintinnopsis sinensis*	+		+	+	+		+	+	+	+
鐏形似铃壳虫 *Tintinnopsis potiformis*	+		+	+	+		+	+	+	+
倪氏似铃壳虫 *Tintinnopsis niei*							+			
长筒似铃壳虫 *Tintinnopsis longus*	+	+	+	+	+	+	+	+	+	+
雷殿似铃壳虫 *Tintinnopsis leidyi*	+		+	+	+	+	+	+	+	+
江苏似铃壳虫 *Tintinnopsis kiangsuensis*	+	+	+	+			+	+		+
安徽似铃壳虫 *Tintinnopsis anhuiensis*	+			+			+	+		+
恩茨拟铃壳虫 *Tintinnopsis entzii*					+				+	
麻铃虫属										
淡水麻铃虫 *Leprotintinnus fluviatile*	+			+		+	+	+		+
薄铃虫属										

（续表）

种　　类	太湖	洪泽湖	高宝邵伯湖	滆湖	骆马湖	阳澄湖	长荡湖	石臼湖	白马湖	固城湖
淡水薄铃虫 *Leprotintinnus fluviatile*		+	+		+				+	
筒壳虫属										
半毛筒壳虫 *Tintinnidium semiciliatum*							+			
小筒壳虫 *Tintinnidium pusillum*							+			
淡水筒壳虫 *Tintinnidium fluviatile*							+			
恩茨筒壳虫 *Tintinnidium entzii*	+			+		+	+	+		+
四膜虫属										
梨形四膜虫 *Tetrahymena pyrifomis*							+			
累枝虫属										
瓶累枝虫 *Epistylis urceolata*	+		+	+	+	+	+	+	+	
褶累枝虫 *Epistylis plicatilis*	+		+		+	+		+	+	
砂壳虫属										
木兰砂壳虫 *Difflugia mulanensis*	+			+				+	+	+
瘤棘砂壳虫 *Difflugia tuberspinifera*	+	+	+	+	+	+	+	+	+	+
乳头砂壳虫 *Difflugia mammillaris*	+			+			+	+		+
湖沼砂壳虫 *Difflugia limnetica*	+	+	+	+	+	+	+	+	+	+
球形叉口砂壳虫 *Difflugia gramen*							+			
球砂壳虫 *Difflugia globulosa*	+			+		+	+	+		+
橡子砂壳虫 *Difflugia glans*							+			
琵琶砂壳虫 *Difflugia biwae*	+		+	+		+		+	+	+
尖顶砂壳虫 *Difflugia acuminata*	+							+		
瓶砂壳虫 *Difflugia urceolata*	+			+			+	+	+	+
表壳虫属										
弯凸表壳虫 *Arcella gibbosa*	+	+		+	+				+	
盘状表壳虫 *Arcella discoides*	+	+	+	+	+	+			+	
半圆表壳虫 *Arcella hemisphaerica*	+				+			+		
匣壳虫属										
针棘匣壳虫 *Centropyxis aculeata*							+			
葫芦虫属										
杂葫芦虫 *Cucurbitella mespiliformis*	+			+			+	+	+	+
纤毛虫属										
纤毛虫 Ciliate	+		+	+	+	+	+	+	+	+
瞬目虫属										

（续表）

种　　类	太湖	洪泽湖	高宝邵伯湖	滆湖	骆马湖	阳澄湖	长荡湖	石臼湖	白马湖	固城湖
瞬目虫 *Glaucoma* sp.							+			
睫杵虫属										
睫杵虫 *Ophryoglena* sp.							+			
钟虫属										
钟虫 *Vorticella* sp.	+		+	+	+	+	+	+	+	+
太阳虫属										
太阳虫 *Actinophryida* sp.	+			+		+	+	+		+
草履虫属										
尾草履虫 *Paramecium caudatum*					+			+		
轮虫类 Rotifera										
腔轮虫属										
真胫腔轮虫 *Lecane eutarsa*		+	+						+	
圆形腔轮虫 *Lecane sphaericus*								+		
共趾腔轮虫 *Lecane sympoda*	+									
凹顶腔轮虫 *Lecane papuana*	+		+		+	+			+	
尖爪腔轮虫 *Lecane cornuta*					+	+			+	+
弯角腔轮虫 *Lecane curvicornis*									+	
梨形腔轮虫 *Lecane pyriformis*			+						+	
月形腔轮虫 *Lecane buna*					+				+	
囊形腔轮虫 *Lecane bulla*		+	+		+					
长圆腔轮虫 *Lecane ploenensis*									+	
平甲轮虫属										
十指平甲轮虫 *Plalyias militaris*		+							+	
鬼轮虫属										
方块鬼轮虫 *Trichotria tetractis*	+		+	+	+				+	
截头鬼轮虫 *Trichotria truncata*			+						+	
唇形叶轮虫 *Notholon labis*			+							
异尾轮虫属										
异尾轮虫 *Trichocerca* spp.							+			
纤巧异尾轮虫 *Trichocerca tenuior*	+			+	+		+		+	+
等刺异尾轮虫 *Trichocerca similis*	+	+	+	+	+	+	+	+	+	+
罗氏异尾轮虫 *Trichocerca rousseleti*							+			
暗小异尾轮虫 *Trichocerca pusilla*							+			

（续表）

种　　类	太湖	洪泽湖	高宝邵伯湖	滆湖	骆马湖	阳澄湖	长荡湖	石臼湖	白马湖	固城湖
瓷甲异尾轮虫 *Trichocerca porcsllus*							+			
冠饰异尾轮虫 *Trichocerca lophoessa*							+			
细异尾轮虫 *Trichocerca gracilis*							+			
刺盖异尾轮虫 *Trichocerca capucina*	+	+	+	+	+				+	
韦氏异尾轮虫 *Trichocerca weberi*							+			
尖头异尾轮虫 *Trichocerca tigris*							+			
圆筒异尾轮虫 *Trichcerca cylindrica*	+	+	+	+	+	+	+	+	+	
三肢轮虫属										
迈氏三肢轮虫 *Filinia maior*	+	+	+	+	+	+	+	+	+	+
长三肢轮虫 *Filinia longiseta*	+	+		+	+	+	+	+	+	+
臂三肢轮虫 *Filinia brachiata*						+				+
四肢轮虫属										
脾状四肢轮虫 *Tetramastix opoliensis*			+						+	
多肢轮虫属										
小多肢轮虫 *Polyarthra minor*							+			
真翅多肢轮虫 *Polyarthra euryptera*	+	+	+	+	+	+	+	+		
针簇多肢轮虫 *Polyarthra trigla*	+	+	+	+	+	+	+	+	+	+
疣毛轮虫属										
梳状疣毛轮虫 *Synchaeta pectinata*		+	+	+	+	+			+	
疣毛轮虫 *Synchaeta* sp.							+			
尖尾疣毛轮虫 *Synchacta atylata*			+		+				+	
皱甲轮虫属										
截头皱甲轮虫 *Ploesoma truncatum*	+		+		+	+			+	+
郝氏皱甲轮虫 *Ploesoma hudsoni*								+		
巨腕轮虫属										
奇异巨腕轮虫 *Pedalia mira*	+						+	+		
单趾轮虫属										
月形单趾轮虫 *Monostyla lunaris*							+			
鞍甲轮虫属										
盘状鞍甲轮虫 *Lepadella patella*	+		+		+				+	
尖尾鞍甲轮虫 *Lepadella acuminate*									+	
龟甲轮虫属										
缘板龟甲轮虫 *Keratella ticinensis*	+		+	+	+			+	+	

（续表）

种　　类	太湖	洪泽湖	高宝 邵伯湖	滆湖	骆马湖	阳澄湖	长荡湖	石臼湖	白马湖	固城湖
矩形龟甲轮虫 *Keratella quadrata*	+	+	+	+	+	+	+	+	+	+
螺形龟甲轮虫 *Keratella cochlearis*	+	+	+	+	+	+	+	+	+	+
曲腿龟甲轮虫 *Keratella valaa*	+	+	+	+	+	+	+	+	+	+
六腕轮虫属										
奇异六腕轮虫 *Hexarthra mira*							+			
同尾轮虫属										
纤巧同尾轮虫 *Diurella tenuior*							+			
腕状同尾轮虫 *Diurella brachyura*							+			
双齿同尾轮虫 *Diurella bidens*							+			
聚花轮虫属										
独角聚花轮虫 *Conochilus unicornis*	+	+	+	+	+	+	+	+	+	+
聚花轮虫 *Conochilus* sp.				+			+			
拟聚花轮虫属										
叉角拟聚花轮虫 *Conochiloides dossuarius*						+				
狭甲轮虫属										
爱德里亚狭甲轮虫 *Colurella adriatica*							+			
胶鞘轮虫属										
多态胶鞘轮虫 *Collotheca ambigua*							+			
彩胃轮虫属										
卵形彩胃轮虫 *Chromogaster ovalis*							+			
彩胃轮虫 *Chromogaster* sp.							+			
巨头轮虫属										
小巨头轮虫 *Cephalodella exigna*							+			
臂尾轮虫属										
壶状臂尾轮虫 *Brachionus urceus*	+			+		+	+	+		
方形臂尾轮虫 *Brachionus quadridentatus*		+	+	+			+		+	
矩形臂尾轮虫 *Brachionus leydig*				+						
剪形臂尾轮虫 *Brachionus forficula*	+	+	+	+	+	+	+	+	+	+
裂足臂尾轮虫 *Brachionus diversicornis*	+	+	+	+	+	+	+	+	+	+
尾突臂尾轮虫 *Brachionus caudatus*	+	+	+	+	+	+		+	+	+
萼花臂尾轮虫 *Brachionus calyciflorus*	+	+	+	+	+	+	+	+	+	+
蒲达臂尾轮虫 *Brachionus budapestiensis*				+	+	+		+	+	
角突臂尾轮虫 *Brachionus angularis*	+	+	+	+	+	+	+	+	+	+

（续表）

种　　类	太湖	洪泽湖	高宝邵伯湖	滆湖	骆马湖	阳澄湖	长荡湖	石臼湖	白马湖	固城湖
裂足臂尾轮虫 *Brachionus schizocerca*		+	+		+		+		+	
镰状臂尾轮虫 *Brachionus falcatus*	+	+		+		+		+	+	
晶囊轮虫属										
前节晶囊轮虫 *Asplachna priodonta*							+			
晶囊轮虫 *Asplachna* sp.	+	+	+	+	+	+	+	+	+	+
无柄轮虫属										
舞跃无柄轮虫 *Ascimorpha saltans*							+			
龟纹轮虫属										
裂痕龟纹轮虫 *Anuraeopsis fissa*		+	+	+		+	+	+		+
鬼纹轮虫 *Anuraeopsis* sp.							+			
轮虫属										
长足轮虫 *Rotaria neptunia*		+	+					+		
橘色轮虫 *Rotaria citrina*	+	+	+	+		+	+	+		+
轮虫 *Rotifera* spp.							+			
腹尾轮虫属										
腹尾轮虫 *Gastropus* sp.							+			
猪吻轮虫属										
猪吻轮虫 *Dicranophorus* sp.							+			
须足轮属										
大肚须足轮虫 *Euchlanis dilalata*		+			+					
双尖钩状狭甲轮虫 *Colurella bicuspidala*					+					
三翼须足轮虫 *Euchlanis triquetra*					+					
水轮虫属										
臂尾水轮虫 *Epiphanes brachionus*					+					
棘管轮虫属										
侧扁棘管轮虫 *Mytilina cortlpressa*			+							
厚实椎轮虫 *Notommata pachyura*									+	
柔细柔轮虫									+	
枝角类 Cladocera										
仙达溞属										
晶莹仙达溞 *Sida crystallina*							+			
基合溞属										
颈沟基合溞 *Bosminopsis deitersi*		+	+							

（续表）

种　　类	太湖	洪泽湖	高宝邵伯湖	滆湖	骆马湖	阳澄湖	长荡湖	石臼湖	白马湖	固城湖
尖额溞属										
方形尖额溞 *Alona quadrangularis*		+		+					+	
点滴尖额溞 *Alona guttata*					+				+	
平直溞属										
光滑平直溞 *Pleuroxus laevis*	+	+	+		+					
沟足平直溞 *Pleuroxus hamulatus*			+	+	+				+	+
裸腹溞属										
微型裸腹溞 *Monia micrura*	+			+		+	+	+		+
多刺裸腹溞 *Monia macrocopa*	+	+	+	+		+	+	+	+	
近亲裸腹溞 *Moina affinis*							+			
裸腹溞 *Moina* sp.							+			
薄皮溞属										
透明薄皮溞 *Leptodora Kindti*	+			+	+	+				+
秀体溞属										
长肢秀体溞 *Diaphanosoma leuchtenbergianum*	+	+		+	+	+	+	+	+	+
短尾秀体溞 *Diaphanosoma brachyurum*	+	+	+	+	+	+	+	+	+	
溞属										
蚤状溞 *Daphnia pulex*	+		+	+		+	+		+	+
鹦鹉溞 *Daphnia psittacea*	+	+		+						+
大型溞 *Daphnia magna*	+		+	+					+	
盔形透明溞 *Daphnia galeata*	+	+	+	+		+	+	+	+	+
僧帽溞 *Daphnia cucullata*	+	+	+			+		+		+
小栉溞 *Daphnia cristata*							+			
隆线溞 *Daphnia carinata*	+			+			+	+	+	+
溞 *Daphnia* sp.							+			
活泼泥溞 *Ilyocryptus agilis*		+							+	
盘肠溞属										
圆形盘肠溞 *Chydorus sphaericus*	+	+	+	+	+				+	+
网纹溞属										
角突网纹溞 *Ceriodaphnia cornuta*	+		+		+	+		+	+	
网纹溞 *Ceriodaphnia* sp.							+			
象鼻溞属										
长额象鼻溞 *Bosmina longirostris*	+	+	+	+	+	+	+	+	+	+

（续表）

种　　类	太湖	洪泽湖	高宝邵伯湖	滆湖	骆马湖	阳澄湖	长荡湖	石臼湖	白马湖	固城湖
脆弱象鼻溞 *Bosmina fatalis*	+	+	+	+	+		+	+	+	+
简弧象鼻溞 *Bosmina coregoni*	+	+	+	+	+	+	+	+	+	+
船卵溞属										
平突船卵溞 *Scapholeberis mucronata*		+								
壳纹船卵溞 *Scapholeberis kingi*		+								
低额溞属										
老年低额溞 *Simocephalus vetulus*		+			+					
桡足类 Copepoda										
桡足幼体 Copepodid	+	+	+	+	+	+	+	+	+	+
无节幼体 Copepod nauplii	+	+	+	+	+	+	+	+	+	+
近剑水蚤属										
微小近剑水蚤 *Tropocyclops parvus*							+			
温剑水蚤属										
虫宿温剑水蚤 *Thermocyclops vermifer*	+	+	+	+	+	+	+	+	+	+
台湾温剑水蚤 *Thermocyclops taihokuensis*	+	+		+	+	+	+		+	+
等刺温剑水蚤 *Thermocyclops kawamurai*	+	+	+	+	+	+	+	+	+	+
透明温剑水蚤 *Thermocyclops hyalinus*	+	+	+	+	+	+	+	+	+	+
粗壮温剑水蚤 *Thermocyclops dybowskii*	+	+	+	+	+	+	+	+	+	+
短尾温剑水蚤 *Thermocyclops brevifurcatus*	+	+	+		+		+		+	+
哲水蚤属										
汤匙华哲水蚤 *Sinocalanus dorrii*	+	+	+	+	+	+	+	+	+	+
许水蚤属										
火腿许水蚤 *Schmackeria poplesia*	+	+		+	+					
球状许水蚤 *Schmackeria forbest*	+			+			+			
指状许水蚤 *Schmackeria inopinus*									+	
新镖水蚤属										
右突新镖水蚤 *Neutrodiaptomus schmackeri*	+	+	+	+	+	+	+	+		+
中剑水蚤属										
广布中剑水蚤 *Mesocyclops leuckarti*	+	+	+	+	+	+	+	+	+	+
荡漂水蚤属										
特异荡漂水蚤 *Neutrodiaptomus incongruens*	+	+	+	+	+	+	+	+		+
拟猛水蚤属										
湖泊拟猛水蚤 *Harpacticella lacustris*	+					+				

（续表）

种　　类	太湖	洪泽湖	高宝邵伯湖	滆湖	骆马湖	阳澄湖	长荡湖	石臼湖	白马湖	固城湖
真剑水蚤属										
如愿真剑水蚤 *Eucyclops speratus*	+	+		+		+	+	+		+
锯缘真剑水蚤 *Eucyclops serrulatus*	+	+	+		+	+	+	+	+	+
大尾真剑水蚤 *Eucyclops macrurus*	+	+	+		+	+	+			
剑水蚤属										
近邻剑水蚤 *Cyclops vicinus*	+	+	+	+	+	+	+	+	+	+
剑水蚤 *Cyclops* sp.							+			
尖额蚤属										
点滴尖额蚤 *Alone guttata*	+			+						
窄腹剑水蚤属										
四刺窄腹剑水蚤 *Limnoithona tetraspina*		+			+					
猛水蚤目 Harpacticoida										
猛水蚤 *Harpacticoida*		+	+		+					

注："+" 代表出现。

附录4・江苏省十大湖泊底栖动物名录

种　　类	太湖	洪泽湖	高宝邵伯湖	滆湖	骆马湖	阳澄湖	长荡湖	石臼湖	白马湖	固城湖
寡毛类 Oligochaetes										
参差仙女虫 *Nais variabilis*						+				
拟仙女虫属 *Paranais* sp.							+			
克拉泊水丝蚓 *Limnodrilus claparedeianus*	+	+		+		+	+	+		+
巨毛水丝蚓 *Limnodrilus grandisetosus*	+			+	+	+	+	+		
霍甫水丝蚓 *Limnodrilus hoffmeisteri*	+		+	+	+	+	+	+		+
奥特开水丝蚓 *Limnodrilus udekemianus*	+									
水丝蚓属 *Limnodrilus* sp.	+	+	+	+	+	+	+	+	+	+
厚唇嫩丝蚓 *Teneridrilus mastix*	+						+	+		
皮氏管水蚓 *Aulodrilus pigueti*	+									
多毛管水蚓 *Aulodrilus pluriseta*	+			+		+	+	+		
湖沼管水蚓 *Aulodrilus limnobius*				+						
有栉管水蚓 *Aulodrilus pectinatus*								+		
管水蚓属 *Aulodrilus* sp.	+									

（续表）

种　　类	太湖	洪泽湖	高宝邵伯湖	滆湖	骆马湖	阳澄湖	长荡湖	石臼湖	白马湖	固城湖
尾盘虫属 *Dero* sp.	+									
森珀头鳃虫 *Branchiodrilus semperi*						+				
正颤蚓 *Tubifex tubifex*						+		+		
颤蚓属 *Tubifex* sp.	+	+	+		+				+	
特城泥盲虫 *Stephensoniana strivandrana*		+								
癞皮虫属 *Slavina* sp.									+	
河蚓属 *Rhyacodrilus* sp.					+					
维窦夫盘丝蚓 *Bothrioneurum vejdovskyanum*		+	+							
苏氏尾鳃蚓 *Branchiura sowerbyi*	+	+	+	+	+	+	+	+	+	+
水生昆虫 Aquatic Inscets										
羽摇蚊 *Chironomus plumosus*				+	+	+	+	+		+
摇蚊属 *Chironomus* sp.	+					+	+	+		+
异腹鳃摇蚊属 *Einfeldia* sp										+
哈摇蚊属 *Harnischia* sp.	+							+		
二叉摇蚊属 *Dicrotendipes* sp.					+					
德永雕翅摇蚊 *Glyptotendipes tokunagai*		+	+	+	+				+	
马速达多足摇蚊 *Polypedilum masudai*			+							
雕翅摇蚊属 *Glyptotendipes* sp.							+			+
喙隐摇蚊 *Cryptochironomus rostratus*										+
凹铗隐摇蚊 *Cryptochironomus defectus*	+									
隐摇蚊属 *Cryptochironomus* sp.	+	+	+	+		+	+			+
弯铗摇蚊属 *Cryptotendipes* sp.										+
多巴小摇蚊 *Microchironomus tabarui*	+			+						
软铗小摇蚊 *Microchironomus tener*				+		+	+	+		
小摇蚊属 *Microchironomus* sp.	+					+	+			+
多足摇蚊属 *Polypedilum* sp.	+		+							
伸展内摇蚊 *Endochironomus tendens*					+					
林间环足摇蚊 *Cricotopus sylvestris*					+					
蜻科 Libellulidae sp.			+							
细蟌科 Coenagrionidae sp.			+		+					
色蟌科 Calopterygidae sp.									+	
拟枝角摇蚊属 *Paracladopelma* sp.										+
摇蚊亚科 Chironominae sp.										+

（续表）

种　　类	太湖	洪泽湖	高宝邵伯湖	滆湖	骆马湖	阳澄湖	长荡湖	石臼湖	白马湖	固城湖
负子蝽科 Belostomatidae sp.			+						+	
菱跗摇蚊属 *Clinotanypus* sp.	+							+		+
花翅前突摇蚊 *Procladius* choreus				+				+		
前突摇蚊属 *Procladius* sp.	+					+	+	+		+
中国长足摇蚊 *Tanypus chinensis*	+			+		+	+	+		+
刺铗长足摇蚊 *Tanypus punctipennis*	+			+		+	+			
长足摇蚊属 *Tanypus* sp.							+			
直突摇蚊属 *Orthocladius* sp.										+
红裸须摇蚊 *Propsilocerus akamusi*	+		+	+	+	+	+	+		+
太湖裸须摇蚊 *Propsilocerus taihuensis*	+			+		+	+			
等叶裸须摇蚊 *Propsilocerus paradoxus*				+						
中华裸须摇蚊 *Propsilocerus sinicus*	+			+		+		+		
裸须摇蚊属 *Propsilocerus* sp.							+	+		
摇蚊蛹 Chironomidae pupa		+	+		+	+			+	
蠓科 Ceratopogouidae sp.										+
双翅目蛹 Diptera pupa										+
小石蛾科 Hydroptilidae sp.						+				
龙虱科 Dytiscidae sp.			+							
长角泥甲科 Elmidae sp.			+							
扁泥甲科 Ectopria sp.		+								
软体动物 Molluscs										
铜锈环棱螺 *Bellamya aeruginosa*	+	+	+		+	+			+	+
梨形环棱螺 *Bellamya purificata*	+	+	+		+	+		+	+	+
方形环棱螺 *Bellamya quadrata*		+	+	+	+	+				
角形环棱螺 *Bellamya angularia*		+	+		+				+	
环棱螺属 *Bellamya* sp.	+	+			+			+	+	
方格短沟蜷 *Semisulcospira cancellata*	+	+	+		+	+			+	
纹沼螺 *Parafossarulus striatulus*	+	+	+		+	+			+	+
大沼螺 *Parafossarulus eximius*		+	+		+	+			+	
沼螺属 *Parafossarulus*			+		+				+	
光滑狭口螺 *Stenothyra glabra*	+	+	+		+	+			+	
长角涵螺 *Alocinma longicornis*		+	+		+	+			+	
泉膀胱螺 *Physa foncinalis*					+					

（续表）

种　　类	太湖	洪泽湖	高宝邵伯湖	滆湖	骆马湖	阳澄湖	长荡湖	石臼湖	白马湖	固城湖
耳萝卜螺 *Radix auricularia*			+							
椭圆萝卜螺 *Radix swinhoei*		+	+		+				+	
折叠萝卜螺 *Radix plicatula*		+	+		+				+	
静水椎实螺 *Lymnaea stagnalis*			+		+				+	
小土蜗 *Galba pervia*		+			+					
尖膀胱螺 *Physa acuta*								+		
扁旋螺 *Gyraulus compressus*		+	+		+				+	
尖口圆扁螺 *Hippeutis cantori*		+	+		+				+	
大脐圆扁螺 *Hippeutis umbilicalis*		+	+		+				+	
圆扁螺属 *Hippeutis* sp.			+						+	
半球多脉扁螺 *Polypylis hemisphaerula*			+						+	
巴蜗牛科 Bradybaenidae sp.		+	+		+				+	
背瘤丽蚌 *Lamprotula leai*		+				+				
背角无齿蚌 *Anodonta woodiana*		+	+			+				+
具角无齿蚌 *Anodonta angula*		+			+					
球形无齿蚌 *Anodonta globosula*		+								
舟形无齿蚌 *Anodonta euscaphys*		+								
圆顶珠蚌 *Unio douglasiae*		+			+				+	
河蚬 *Corbicula fluminea*	+	+	+		+	+			+	+
射线裂脊蚌 *Schistodesmus lampreyanus*		+			+					
三角帆蚌 *Hyriopsis cumingii*		+			+					
圆头楔蚌 *Cuneopsis heudei*		+			+				+	
褶纹冠蚌 *Cristaria plicata*		+								
剑状矛蚌 *Lanceolaria gladiola*		+								
扭蚌 *Arconaia lanccolata*	+	+	+							
橄榄蛏蚌 *Solenia oleivora*			+							
湖球蚬 *Sphaerium lacustre*		+								
中国淡水蛏 *Novaculina chinensis*	+	+	+		+				+	
淡水壳菜 *Limnoperna lacustris*	+	+	+		+					
中国圆田螺 *Cipangopaludina chinensis*		+			+				+	
中华圆田螺 *Cipangopaludina cahayensis*			+		+					
泥泞拟钉螺 *Tricula humida*		+								
湖北钉螺 *Oncomelania hupensis*			+							

（续表）

种　类	太湖	洪泽湖	高宝邵伯湖	滆湖	骆马湖	阳澄湖	长荡湖	石臼湖	白马湖	固城湖
瘤拟黑螺 *Melanoides tuberculata*			+		+				+	
嫁蝛 *Cellana toreuma*									+	
其他类群 Others										
齿吻沙蚕科 Nephtyidae sp.	+					+	+			+
沙蚕科 Nereididae sp.	+					+				
缨鳃虫科 Sabellidae sp.	+									
小头虫科 Capitellidae sp.	+					+				
多毛纲 Polychaeta sp.	+									+
舌蛭科 Glossiphoniidae sp.						+		+		+
医蛭科 Hirudinidae sp.						+				+
石蛭科 Erpobdellidae sp.										+
线虫纲 Nematoda sp.	+			+				+		
栉水虱科 Asellidae sp.						+				
拟背尾水虱属 *Paranthura* sp.	+									
等足目 Isopoda sp.	+									
钩虾科 Gammaridae sp.						+				
钩虾属 *Gammarus* sp.	+									
涡虫纲 Turbellaria sp.							+			
长臂虾科 Palaemonidae sp.	+	+	+	+	+					+
十足目 Decapoda sp.	+	+	+		+					+
寡鳃齿吻沙蚕 *Nephtys oligobranchia*			+							
日本沙蚕 *Nereis japonica*		+								
宽身舌蛭 *Glossiphonia lata*		+			+					+
拟背尾水虱属 *Paranthura sp.*			+							
蜾蠃蜚科 Corophiidae sp.				+						
蜾蠃蜚属 *Corophium* sp.		+	+							

注：“+” 代表出现。